VERHANDLUNGEN DES DEUTSCHEN GEOGRAPHENTAGES

BAND 39

DEUTSCHER GEOGRAPHENTAG KASSEL

11. bis 16. Juni 1973

Tagungsbericht und wissenschaftliche Abhandlungen

im Auftrag

des Zentralverbandes der Deutschen Geographen

herausgegeben von

CARL RATHJENS und MARTIN BORN

10 Karten

130 Abbildungen

15 Bilder

FRANZ STEINER VERLAG GMBH · WIESBADEN

1974

ISBN 3-515-01859-X

Alle Rechte vorbehalten

Ohne ausdrückliche Genehmigung des Verlages ist es nicht gestattet, das Werk oder einzelne Teile daraus nachzudrucken oder photomechanisch (Photokopie, Mikrokopie usw.) zu vervielfältigen. Gedruckt mit Unterstützung des Kultusministeriums des Landes Hessen und der Deutschen Forschungsgemeinschaft. © 1974 by Franz Steiner Verlag GmbH, Wiesbaden. Satz und Druck: Main-Echo, Kirsch & Co., Aschaffenburg. Kartendruck: Otto W. Strecker, Darmstadt-Eberstadt.

Printed in Germany

VORWORT

Dieser Band „Tagungsbericht und wissenschaftliche Abhandlungen des 39. Deutschen Geographentages 1973 in Kassel" gibt die Ergebnisse eines Geographentages wieder, dessen Vorbereitung einige Mühen bereitet hat. Der Entschluß des Zentralverbandes der deutschen Geographen, der Einladung des Vorsitzenden des Verbandes deutscher Berufsgeographen, Herrn Stadtrat Dr. H. Michaelis, nach Kassel Folge zu leisten wurde erst relativ spät gefaßt, nachdem Versuche, den Geographentag in eine Universitätsstadt mit Geographischem Institut zu legen, gescheitert waren. An der neugegründeten Gesamthochschule Kassel waren 1973 die für Geographie ausgeschriebenen Stellen noch nicht besetzt, von hier war daher keine Hilfe zu erwarten. Ein Ortsausschuß konnte so erst gebildet werden, nachdem die Unterstützung der Geographischen Institute in Marburg (für die technischen Organisationsfragen) und Göttingen (für das Exkursionsprogramm) gewonnen war. Herr Professor Dr. P. Weber, damals Marburg, jetzt Münster, übernahm den Vorsitz des Ortsausschusses, ihm und dem Sekretär des Organisationsstabes, Herrn Dr. E. Thomale, Marburg, gebührt besonderer Dank. Unter diesen Umständen blieb auch keine andere Wahl, als die Gestaltung des Programmes nach der vom Zentralverband gebilligten Konzeption, Fragen der Angewandten Geographie, wiederum einigen fachlich kompetenten Kommissionen anzuvertrauen, wie das schon vorher in Erlangen-Nürnberg geschehen war. Der Ortsausschuß in Kassel wäre mit dieser wichtigsten Aufgabe des Geographentages weit überfordert gewesen. Wir sind allerdings der Meinung, daß Ortsausschüssen in Zukunft wieder mehr Mitsprache und Entscheidungsbefugnis am Tagungsprogramm überantwortet werden sollte.

Im Gegensatz zu Erlangen-Nürnberg 1971 ist es geglückt, die Ergebnisse von Kassel wieder in einem geschlossenen Bande darzulegen. Dies war allerdings nur dadurch möglich, daß die Manuskripte scharf auf den ursprünglichen Umfang der Referate beschränkt und die kartographischen Beilagen eng begrenzt wurden. Die Diskussionsbeiträge sind leider lückenhaft geblieben und geben nicht immer ein vollständiges Bild der Resonanz, die die Referate gefunden haben. Die finanzielle Sicherung für den Druck dieses Bandes wurde einmal dadurch erreicht, daß ein Landeszuschuß des hessischen Kultusministeriums für den Geographentag, der vom Ortsausschuß nicht in Anspruch genommen zu werden brauchte, zum Druck des Verhandlungsbandes verwendet werden konnte, zum anderen dadurch, daß die Deutsche Forschungsgemeinschaft bei der Bewilligung einer Druckbeihilfe großes Entgegenkommen zeigte, obwohl der Zentralverband entgegen früherer Übung von einer obligatorischen Subskription über den Tagungsbeitrag Abstand genommen hatte. Der Deutschen Forschungsgemeinschaft und dem Lande Hessen sagen wir für ihre Hilfe bei der Drucklegung großen Dank. Der Verlag Steiner hat sich mit bewährter Umsicht und Tatkraft eingesetzt und den Herausgebern manche Sorge abgenommen. Wir hoffen, daß der vorliegende Band nicht nur von den Teilnehmern des Kasseler Geographentages, sondern auch von anderen Interessenten an Fragen der Angewandten Geographie günstig aufgenommen wird.

Carl Rathjens · Martin Born

INHALT

Vorwort	V
Verzeichnis der Karten und Abbildungen	X
I. Leitung und Teilnehmer	1
II. Verlauf der Tagung	35
1. Tagungsfolge	35
2. Ansprachen zur Eröffnung des Geographentages	38
Eröffnungsansprache des 1. Vorsitzenden des Zentralverbandes der Deutschen Geographen, Prof. Dr. C. Rathjens	38
Begrüßungsansprache des Oberbürgermeisters der Stadt Kassel, Dr. K. Branner	39
Begrüßungsworte des Vizepräsidenten der Internationalen Geographischen Union, Prof. Dr. S. Leszczycki	40
3. Ansprachen zum Abschluß des Geographentages	41
Schlußansprache des scheidenden 1. Vorsitzenden des Zentralverbandes der Deutschen Geographen, Prof. Dr. C. Rathjens	41
Ansprache des neugewählten 1. Vorsitzenden des Zentralverbandes der Deutschen Geographen, Prof. Dr. H. Uhlig	43
III. Abhandlungen	47

1. Eröffnungssitzung

Rahmenthema „Der bildungs- und regionalpolitische Effekt von Universitätsneugründungen (Beispiel Kassel)"	47
Vortrag von L. von Friedeburg	47
Vortrag von R. Geipel	53

2. Didaktik der Geographie
Leitung: J. Birkenhauer, H. Friese, H. Hagedorn

H. Hagedorn, Studienpläne für das Grundstudium der Geographie — Studienplanmodell für eine Gesamthochschule	67
R. Krüger, Die Rolle der Geographie unter Reformbedingungen von Schule und Hochschule — dargestellt am Beispiel der Studiengangsplanung der Universität Oldenburg	82
K. Wolf, Haben Studiengänge der Geographie Auswirkungen auf Standort und Raumbedarf geographischer Hochschulinstitute	100

G. NAGEL und A. SEMMEL, Physisch-geographische Lehrinhalte und ihre Bedeutung für den Unterricht in der Sekundarstufe II 114

H. SCHRETTENBRUNNER, Lerntheoretische Grundlagen für die Konstruktion von geographischen Curriculum-Einheiten 123

K. ENGELHARD, Die Geographie in den Rahmenlehrplänen für den Lernbereich Gesellschaft/Politik der Gesamtschulversuche in Nordrhein-Westfalen 132

E. KROSS, Sozialgeographie im Sachunterricht der Grundschule 140

J.-U. SAMEL, Curriculare Überprüfung eines Continuums für den Übergang aus dem Sachunterricht der Grundschule in die „Welt- und Umweltkunde" der Orientierungsstufe ... 149

H. HENDINGER, Erfahrungen zu geographischen Grund- und Leistungskursen in der Kollegstufe 155

J. ENGEL, Das High School Geography Project (HSGP), ein Modell für ein deutsches Forschungsprojekt — Analyse und Kritik zum amerikanischen Geographie-Lernpaket und die sich daraus ergebenden Übertragungsperspektiven 170

M. REIMERS, Kreativität und programmierter Erdkundeunterricht 181

3. Geographie und Entwicklungsländerforschung

Leitung: R. JÄTZOLD, H.-J. NITZ, G. SANDNER

D. BRONGER, Probleme regionalorientierter Entwicklungsländerforschung: Interdisziplinarität und die Funktion der Geographie 193

G. RICHTER, Agrargeographische Kartierung in Südmoçambique: Erfassungsprobleme und Auswertungsmöglichkeiten in einem Entwicklungsland 216

K.-H. HASSELMANN, „Evolution de la population et Révolution urbaine" als Bezugsprozesse einer wirtschaftlich-regionalen Entwicklungsplanung in Senegal 235

J. P. BREITENGROSS, Wirtschaftsgeographische Untersuchungen als Grundlage der Entwicklungsplanung: Zaire 253

H. NUHN, Strukturelle und funktionale Raumgliederung als Basis regionaler Entwicklungsplanung in Costa Rica 265

W. BRÜCHER, Mobilität von Industriearbeitern in Bogotá 284

G. MERTINS, Kriterien der wirtschaftlichen und sozialen Beurteilung von Landreformprojekten in Kolumbien, am Beispiel des Landreformprojektes Atlántico 3 294

J. BLENCK, Slums und Slumsanierung in Indien 310

E. REINER, Der Beitrag der Geographie zur Entwicklungsländerforschung am Beispiel Nord-Australiens und Neu-Guineas 338

4. Raumordnung und Landesplanung

Leitung: K.-A. BOESLER, R. KLÖPPER, G. KRONER, H. SCHAMP

G. KRONER, Einführung 345

K. HOTTES, Entwicklungsschwerpunkte — Entwicklungsachsen — zentralörtliches System. Eine kritische Analyse 347

H. Reiners, Methodik und Problematik landesplanerischer Pläne 359

W. Danz, Integrierte Entwicklungsplanung — Forderungen an eine künftige Raumordnung und Landesplanung, dargestellt am Beispiel des deutschen Alpenraumes 379

H.-G. von Rohr, Zielkonflikte zwischen der Forderung integrierter Entwicklungsplanung und der Anwendung des punktachsialen Prinzips der Siedlungsentwicklung 388

W. Schultes, Tendenzen siedlungsstruktureller Veränderungen im Mannheimer Mittelbereich als Folge raumwirksamer Staatstätigkeit — politisch-geographische Bestandsaufnahme für die Stadtentwicklungsplanung 396

5. Landschaftsökologie und Umweltforschung
Leitung: W. Lauer, H. Leser, P. Müller, J. Schmithüsen, S. Schneider

J. Schmithüsen, Was verstehen wir unter Landschaftsökologie 409

H. J. Jusatz, Die Bedeutung der Geomedizin bei der ökologischen Landschaftsforschung 418

S. Schneider, Die Anwendung von Fernerkundungsverfahren zur Erfassung der Umweltbelastung mit Beispielen von der mittleren Saar 440

F. W. Dahmen, Das mit „Umwelt" angesprochene Beziehungssystem als Ausgangspunkt der Umweltforschung und Umwelthygiene 452

H. Leser, Thematische und angewandte Karten in Landschaftsökologie und Umweltschutz 466

A. Kessler, Die Strahlungsbilanz an der Erdoberfläche als ökologischer Faktor, im weltweiten Vergleich 481

Ch. Kayser und O. Kiese, Energiefluß und -umsatz in ausgewählten Ökosystemen des Sollings 485

U. Treter, Ökologische Standortdifferenzierungen auf der Basis von Jahrringanalysen im Baumgrenzbereich Zentralnorwegens 492

D. J. Werner, Landschaftsökologische Untersuchungen in der argentinischen Puna .. 508

O. Fränzle, Das transvaalische Lowveld als Lebensraum steinzeitlicher Jäger und eisenzeitlicher Bauern 529

A. Semmel, Geomorphologische Untersuchungen zur Umweltforschung im Rhein-Main-Gebiet 537

W. Hassenpflug, Das Wirkungsgefüge der Bodenverwehung im Luftbild 550

6. Thematische Kartographie
Leitung: U. Freitag, H. Pape, W. Plapper, W. Sperling

W.-F. Bär, Zur Methodik der Darstellung dynamischer Phänomene in thematischen Karten 557

G. Stäblein, Printermap, eine Computer-Kartogramm-Methode für komplexe, chorologische Information 572

W.-D. Rase, Entwurf und Reinzeichnung thematischer Karten im Dialog mit dem Computer 595

VERZEICHNIS DER KARTEN UND ABBILDUNGEN

Zum Beitrag R. Geipel

Karte 1   Entwicklung der Universitäten

Zum Beitrag R. Krüger

Abb. 1   Reformbedingungen zur Studiengangsplanung
Abb. 2   Verzahnung von Diplom- und Lehramtsstudiengängen
Abb. 3   Entwicklungsprobleme des oldenburgisch-ostfriesischen Küstenraumes durch Industrialisierung und ihre Auswirkungen auf konkurrierende gesellschaftliche Raumansprüche
Abb. 4   Entwicklung der qualitativen Bevölkerungsstruktur küstennaher Orte durch Veränderung ihrer Wirtschaftsfunktionen (Dominanz des Fremdenverkehrs).
Abb. 5   Studienzielkatalog
Abb. 6   Lehrmengen und -anteile im LA-Studiengang
Abb. 7   Themenkatalog

Zum Beitrag H. Schrettenbrunner

Abb. 1   Schwierigkeitsindex (P) der einzelnen Testitems (oben). Trennschärfe (r_{tet}) der einzelnen Testitems (unten).
Abb. 2   Formalismen der Testfrage 12
Abb. 3   Algorithmus des computergesteuerten Programms „DISTANZ". (Quelle für alle Abb.: Schrettenbrunner H., 1973.)

Zum Beitrag J.-U. Samel

Abb. 1   Richtlinien für den Sachunterricht im Primarbereich

Zum Beitrag H. Hendinger

Abb. 1   Problemfeldanalyse — Stadtplanung und Raumordnung

Zum Beitrag J. Engel

Abb. 1   Einkaufsreichweitedarstellung
Abb. 2   Städte mit besonderen Funktionen
Abb. 3   Wirtschafts- und Sozialplanung

Zum Beitrag M. Reimers

Abb. 1—3   3 Skizzen „Landgewinnung"

Zum Beitrag D. Bronger

Schaubild 1   Schematische Darstellung des Phasenablaufs in der Entwicklungsländerforschung, -planung und -politik

Zum Beitrag G. Richter

Abb. 1 Nordufer der Lagunenkette ostwärts des Jucomatitales bei Macanda. Luftbildbeispiel für die Hackbauregion des Küstengürtels
Abb. 2 Limpopotal bei Mundiane zwischen João Belo und Chibuto. Luftbildbeispiel für die Pflugbauregion der großen Täler
Abb. 3 Sábiè-Tal nahe der Mündung in den Jucomati. Luftbildbeispiel für die Region der Viehhaltung im Landesinneren von Südmoçambique
Abb. 4 Vereinfachter Ausschnitt aus der Karte „Südmoçambique" — Agrarlandschaften
Abb. 5 Traditionelle Landwirtschaft am unteren Limpopo
Abb. 6 Traditionelle Landwirtschaft am unteren Limpopo
Abb. 7 Vereinfachter Ausschnitt aus der Karte „Südmoçambique" — Flächennutzung
Abb. 8 Vereinfachter Ausschnitt aus der Karte „Südmoçambique" — Mögliche Erschließungsräume

Zum Beitrag K.-H. Hasselmann

Abb. 1 Kartographisches Modell der sukzessiven Migration in Liberia 1972/73
Abb. 2 Migrationsströme in Senegal in Richtung auf Dakar
Abb. 3 Migrationsströme in Senegal auf das Innenland zu
Abb. 4 Vorschlag eines Systems Urbaner Entwicklungsachsen in Senegal

Zum Beitrag J. P. Breitengross

Karte 1 Zaire — Bruttoinlandprodukt und Bevölkerungsdichte 1970
Abb. 1 Beziehungsgefüge

Zum Beitrag H. Nuhn

Fig. 1 Landwirtschaftliche Bodennutzung
Fig. 2 Einwohnerzahl, Flächengröße und Erschließung der Provinzen Costa Ricas 1972
Fig. 3 Verwaltungsgrenzen 1971
Fig. 4 Informationsgitter für regionale Daten
Fig. 5 Ausschnitt aus der Karte potentielle Agrarnutzung
Fig. 6 Häufigkeitsverteilung für den variablen Niederschlag
Fig. 7 Strukturmaßzahlen für den physisch-geographischen Faktor II
Fig. 8 Aufspaltungsstammbaum der Distanzgruppierung für die physisch-geographischen Strukturmaßzahlen
Fig. 9 Klassifizierung der physisch-geographischen Strukturmaßzahlen
Fig. 10 a-d Klassifizierung der physisch-geographischen Strukturmaßzahlen
Fig. 11 Einkaufszentren und ihr Einzugsbereich
Fig. 12 Zentrale Orte und ihre Einzugsbereiche 1971

Zum Beitrag W. Brücher

Abb. 1 Herkunftsorte von Industriearbeitern in Bogota und Medellin
Abb. 2 Gliederung von Bogota nach Sozialschichten
Abb. 3 Räumliche Mobilität von Industriearbeitern zwischen Vierteln verschiedener Sozialschichten in Bogota
Abb. 4 Zuordnung der Wohnviertel von Industriearbeitern zu sechs sozialen Schichten in Bogota

XII   Verzeichnis der Karten und Abbildungen

Zum Beitrag G. MERTINS

Karte 1	Kolumbien. Agrarreform 1962—1972
Karte 2	Landreform-Projekt Atlantico Nr. 3. 1954—1969
Karte 3	Landreform-Projekt Atlantico Nr. 3. Bestehende und geplante Teilprojekte 1969

Zum Beitrag J. BLENCK

Abb. 1	Die indische Großstadt. Entwurf zu einer idealtypischen Strukturskizze
Abb. 2	Jamshedpur — Bhalubasa Bustee: "open developed plots"
Abb. 3	Jaipur: Verdrängung von Bustees und Dorfkernen an den Stadtrand
Abb. 4	Jaipur — Hasanpura Bustee
Abb. 5	Jaipur — Hasanpura: Sanierungsplan
Abb. 6	Slumsanierung Madras — Thandavaraya Chatram
Abb. 7	Madras — Thandavaraya Chatram: Grundriß einer Einraum-Wohnung (3 gesch. Wohnblock)
Abb. 8	Entstehung und Auffüllung neuer Slums durch Slumsanierung in indischen Großstädten: Schematische Darstellung
Abb. 9	Bevölkerungsentwicklung Indiens 1901—1971
Bild 1	Vijayawada — Krishnalanka: Dhobi-(Wäscher-)Kolonie auf marginalem, drainagelosem Land
Bild 2	Vijayawada — Krishnalanka: Lebensmittelhändler, bei dem ein großer Teil der Slumbewohner verschuldet ist; ringsum Wohnhütten der Slumbevölkerung
Bild 3	Madras — Georgetown: Pavement Dweller in der Angappa Naicken Street. Wohnplatz von zwei Familien je fünf Personen. Rechts davon Warenlager der Nähmaschinenfabrik Singer
Bild 4	Jamshedpur — Mohulbera Bustee: "open developed plots". Trinkwasserbrunnen, offene Kanalisation. Ziegelgedeckte Lehmhäuser mit Innenhöfen. Im Hintergrund Abraumhalde des Stahlwerkes
Bild 5	Madras — Thandavaraya Chatram: 3 geschossige Wohnblocks für ehemalige Slumbewohner. Links Wasserzapfsäule
Bild 6	Madras — Thandavaraya Chatram: Cemetery Slum, auf einem Friedhof errichtet durch eine finanzschwache soziale Randgruppe im Gefolge einer Slumsanierung
Bild 7	Madras — Thandavaraya Chatram: Markthalle im Bau, als Rendite-Objekt zur Finanzierung der Slum-Sanierung
Bild 8	Madras — Mount Road: 4 geschossige Wohnblocks im Bau für dort ansässige Slum-Bewohner. Links Bauwerbungstafel des Slum Clearance Boards (= Parteiwerbung der regierenden dravidischen DMK-Partei) an der Hauptdurchgangsstraße von Madras

Zum Beitrag K. HOTTES

Karte 1	Achsiales und zentralörtliches System in schematischer Darstellung

Zum Beitrag H. REINERS

Karte 1	Landesentwicklungsplan I
Karte 2	Landesentwicklungsplan II

Zum Beitrag W. DANZ

Abb. 1	Integration der Organisation des Planungsprozesses
Abb. 2	Integration der gesamtgesellschaftlichen Strukturen des Planungsprozesses (nach Atteslander)
Abb. 3	Räumliche Integration von Öko- und/oder Sozialsystemen
Abb. 4	Regelkreisschema des integrierten Planungsprozesses

Verzeichnis der Karten und Abbildungen

Zum Beitrag H. J. Jusatz

Abb. 1   Der Zustand des Mäandertales und des Latmischen Golfes um 451 v. Chr.
Abb. 2   Topographie des Mäandertales im 20. Jahrhundert
Abb. 3   Vorkommen von Filarien-Befall und Vorkommen von Elephantiasis bei der Bevölkerung am Serajoe
Abb. 4   Endemisches Feldfieber-Vorkommen (Leptospirose) im tertiären Hügelland südlich der Donau
Abb. 5   Endemisches Feldfieber-Vorkommen (Leptospirose) im tertiären Hügelland südlich der Donau
Abb. 6   Geoökologische Darstellung des Naturherdes der Tularämie am Steigerwald
Abb. 7   Darstellung des Vorkommens von arteriosklerotischen Herzerkrankungen im Vereinigten Königreich
Abb. 8   Krankenhaus-Einzugsgebiete nordöstlich des Victoria-Sees mit zentralen Orten und Plätzen mit Health Centres
Abb. 9   Darstellung der nosochoretischen Typen (1—17) der Einzugsgebiete von 50 Krankenhäusern nordöstlich des Lake Victoria
Abb. 10 Konstanz des örtlichen Kropf-Vorkommens in den Schweizer Alpen (Beispiel über das Kropf-Vorkommen in den gleichen Dörfern 1912 und 20 Jahre später mit kropffreien Inseln)

Zum Beitrag S. Schneider

Abb. 1   Die elektromagnetischen Wellenbereiche, insbesondere des Sichtbaren und des Infrarot
Abb. 2   Spektrale Empfindlichkeit der photographischen Schichten beim Infrarotfarbfilm
Abb. 3   Multispektralbilder der dreilinsigen Zeiss-MUK 8/24
Abb. 4   Schema eines Infrarot-Linescanners
Abb. 5   Gesichtsfeld des Linescanners (Streifenabtastgerät) und des Strahlungsthermometers (IR-Radiometer)
Abb. 6   Einige charakteristische Erscheinungsformen von wäßrigen Immissionen in die Saar nach Multispektralbildern
Abb. 7   Thermalbild aus dem Bereich der Völklinger Hütte (Äquidensitenauszug). Unter den Rohr- und Bahnbrücken laufen vier Einleiter in die Saar, von denen sich der Einleiter des aufgewärmten Kühlwassers der Hütte am deutlichsten abhebt. Auch die Wärmeprozesse in der Produktion und das aufgewärmte Lockermaterial auf den drei Spitzhalden treten hervor
Abb. 8   Thermalbild bei Fenne/Saar mit drei Einleitern vom Kraftwerk Block II, Kraftwerk Fenne und vom Fürstenbrunnenbach. (Äquidensitenauszug)
Abb. 9   Die Oberflächentemperatur der Saar am 5. Oktober 1971 nach Aufzeichnungen des in einem Hubschrauber installierten Infrarot-Radiometers aus 100 m Flughöhe
Abb. 10 Wasserpflanzenvorkommen an der mittleren Saar. Zwischen Völklingen und Dillingen fällt das Fehlen jeglicher Wasserpflanzen auf

Zum Beitrag F. W. Dahmen

Schema 1   Beziehungskomplexe in Umweltsystemen
Abb. 1   Wie Umwelt zustande kommt
Abb. 2   Umweltsystem einer autotrophen (grünen) Pflanze — z.B. einer Alge — vereinfacht.
Abb. 3   Umweltsystem eines höheren Tieres — z.B. eines Bären — vereinfacht.

Zum Beitrag C. Kayser und O. Kiese

Abb. 1   Flußmodell der in den drei Beständen stattfindenden Energieumsätze und -ströme
Abb. 2   Gesamteinstrahlung aus der oberen Hemisphäre und Strahlungsbilanz
Abb. 3   Funktionsmodell klimatischer Kausalketten im einschichtigen Wald-Ökosystem

XIV   Verzeichnis der Karten und Abbildungen

Zum Beitrag U. Treter

Abb. 1   Jahrring-Mittelkurven für die verschiedenen Altersklassen der Standorte A—F und Juli-Mitteltemperatur der Stationen Alvdal und Röros. Die Ordinate ist logarithmisch unterteilt
Abb. 2   Das Untersuchungsgebiet Rondane mit den Standorten, von denen Stammscheibenmaterial vorliegt
Abb. 3   Verteilung und Bestandsdichte von *Betula tortuosa* und Lage der Standorte A—F
Abb. 4   Monatsmitteltemperaturen und Mittel verschieden zusammengefaßter Monatsmitteltemperaturen der Station Röros im Vergleich zu den Jahrringkurven zweier ausgewählter Bäume (F1 und F2) und dem Standortsmittel F_M im Döralen/Rondane für den Zeitraum 1896—1920.
Abb. 5   Durchmesserzuwachs in Abhängigkeit vom Lebensalter der Bäume an den Standorten A—F im Döralen/Rondane
Abb. 6   Vorläufige Trendkurve des Durchmesserzuwachses in Abhängigkeit vom Lebensalter der Bäume für verschiedene Standortstypen in Rondane

Zum Beitrag D. J. Werner

Abb. 1   Arbeitsgebiete in der argentinischen Puna und an ihrem Ostrand
Abb. 2   Niederschläge in der argentinischen Puna
Abb. 3   Jahresgang der Temperaturen von La Quiaca (3461 m)
Abb. 4   Geomorphologische Übersichtskarte der argentinischen Puna im Raum von La Quiaca
Abb. 5   Ausschnitt aus der zertalten Punahochfläche südlich von Yavi (Prov. Jujuy, NW-Argent.)
Abb. 6   Profil Salinas Grandes
Abb. 7   Geomorphologische Übersichtskarte der argentinischen Puna (zentraler Teil)
Abb. 8   Profil Cerro Tuzgle
Abb. 9   Profil Salar de Cauchari
Bild 1   Hochfläche bei Yavi Chico an der Grenze zu Bolivien mit Strauchsteppe (*Psila boliviensis-Gesellschaft*)
Bild 2   Flache Rinne am SE-Fuß des Cerro Tuzgle in ca. 4500 m Höhe

Zum Beitrag O. Fränzle

Karte 1   Verbreitungsgebiet der Sangoan-Industrien und Lage der im Text beschriebenen Aufschlüsse
Bild 1   Residuales Steinpflaster (Stone line) über vergrustetem archaischem Gneis auf Farm Dusseldorp (S_1)
Bild 2   Sangoan-Faustkeil, grobe Form (Quarzit)
Bild 3   Sangoan-Faustkeil, feingearbeitet (Quarzit)
Bild 4   Grober Schneidenkeil (Cleaver) des Escarpment-nahen Sangoan (Quarzit)
Bild 5   Schneidenkeil (Cleaver) des ‚Acheulio-Levalloisian' oder der Pietersburg-Kultur in der Eisenkruste über den Tsolameetse-Schottern (A_1)

Zum Beitrag A. Semmel

Abb. 1   Schematische Darstellung von durch junge Tektonik ausgelösten Rutschungen im Wickerbach- und Weilbachtal im südlichen Taunusvorland
Abb. 2   Bodenerosion auf der Oberen Niederterrasse des Mains bei Okriftel
Abb. 3   Dellenquerschnitte von lößbedeckten Hängen des Rhein-Main-Gebietes
Abb. 4   Schematische Darstellung der jungen linearen Erosion in den Dellentälchen im südlichen Taunusvorland

Verzeichnis der Karten und Abbildungen

Zum Beitrag W. HASSENPFLUG

Abb. 1	Faktoren der Bodenverwehung
Abb. 2	Bodenverwehung westlich von Nordhackstedt
Abb. 3	Bodenverwehung am Südrand des Staatsforstes Lütjenholm
Abb. 4	Beziehung zwischen Deflationslänge und Akkumulationslänge bei der Bodenverwehung vom März 1969
Abb. 5	Bodenverwehung mit Wall bzw. Wallücke in Lee des Deflationsfeldes
Abb. 6	Bodenverwehung am Westrand des Staatsforstes Lütjenholm
Abb. 7	Bodenverwehung westlich Goldelund

Zum Beitrag W.-F. BÄR

Abb. 1	Geometrische Signaturen — Lineare Darstellungen — Flächendarstellungen
Abb. 2	Eindimensionale Diagramme
Abb. 3	Zweidimensionale Diagramme

Zum Beitrag G. STÄBLEIN

Abb. 1	Printerkarten nach dem Programm PRINTERMAP. Dargestellt sind die Kreise Unterfrankens nach Strukturtypenklassen aufgrund einer Faktorenanalyse mit unterschiedlichem Distanzierungsniveau
Abb. 2	Printerkarte nach dem Programm CAMAP. Eine Choroisoplethenkarte einer Dichteverteilung in Schottland auf der Grundlage der Gemeindeareale
Abb. 3	Printerkarte nach dem Programm INSEE- Eine Choroplethenkarte des Wertzuwachses 1965/66 des bearbeitbaren Landes für die 95 Departements Frankreichs
Abb. 4	Printerkarte nach dem Programm INMAP. Eine Choroplethenkarte des Anteils des staatlichen Sektors an der Einschulung in die Primarstufe für die Gemeinden der Provinz Barcelona
Abb. 5	Printerkarte nach dem Programm LINMAP. Eine Distributionskarte für London und die umgebenden Counties
Abb. 6	Printerkarte nach dem Programm SYMAP. Eine Isoplethenkarte der Veränderung der Bevölkerungsdichte 1960—1970 in der spanischen Provinz Orense.
Abb. 7	Printerkarte nach dem Programm SYMAP. Eine Choroplethenkarte der Veränderung der Bevölkerungsdichte 1960—1970 in der spanischen Provinz Orense auf der Grundlage der einzelnen Gemarkungsflächen
Abb. 8	Printerkarte nach dem Programm GEOMAP. Eine Choroisoplethenkarte des %-Anteils der weiblichen 15—19jährigen an der Wohnbevölkerung in den Bezirken der Schweiz 1970
Abb. 9	Printerkarte nach dem Programm THEKA. Eine Choroisoplethenkarte des Verhältnisses der Analphabeten zur Gesamtbevölkerung in den Gemeinden des Beckens von Puebla und Tlaxcala in Mexico
Abb. 10	Printerkarte nach dem Programm PRINTERMAP. Eine Choroplethenkarte der Bettenkapazitäten von Übernachtungsbetrieben und Ferienwohnungen 1971 in den Festlandsprovinzen Spaniens
Abb. 11	Printerraster und Transparentkarte, daraus wird durch generalisierende Übertragung die Vorlagekarte der PRINTERMAP mit Kennung der Konstanten und Variablenplätzen entwickelt
Abb. 12	Protokoll der Eingabe der Grundkarte und der Problemlochkarten für den Ausdruck der PRINTERMAP von Abb. 1a
Abb. 13	Grundkarte der PRINTERMAP, Kreisgrenzenkarte der Kreise Unterfrankens. Alle Variablenplätze der Choren sind mit Punkten aufgefüllt
Anhang:	Protokoll des PRINTERMAP-Hauptprogramms in der Version für einen TR4-Computer in der Programmsprache FORTRAN

DEUTSCHER GEOGRAPHENTAG

KASSEL 1973

I. LEITUNG

Die wissenschaftliche und technische Planung für den 39. Deutschen Geographentag in Kassel sowie dessen Durchführung oblagen dem Vorstand des Zentralverbandes der Deutschen Geographen sowie dem Ortsausschuß des Geographentages in Kassel.

Vorstand des Zentralverbandes der Deutschen Geographen

Prof. Dr. C. RATHJENS (Saarbrücken), 1. Vorsitzender
StD Dr. W. PULS (Hamburg), 2. Vorsitzender
Prof. Dr. M. BORN (Saarbrücken), Schriftführer
Prof. Dr. H. HAHN (Bonn), Kassenwart
Prof. Dr. P. SCHÖLLER (Bochum)
OStD Dr. H. W. FRIESE (Berlin)
Stadtrat Dr. H. MICHAELIS (Kassel)
Wiss. Direktor Dr. H. SCHAMP (Bonn-Bad Godesberg)
Prof. Dr. W. KULS (Bonn)

Ortsausschuß des 39. Deutschen Geographentages   *Organisationsstab*

StD E. HÖHMANN (Kassel)
Stadtrat Dr. H. MICHAELIS (Kassel)
StD Dr. W. SCHRADER (Kassel)
Prof. Dr. P. WEBER (Marburg)

Ausstellung: Dr. E. THOMALE (Marburg)
Exkursionen: Prof. Dr. R. KLÖPPER (Göttingen)
            Prof. Dr. I. LEISTER (Marburg)
Festschrift: Prof. Dr. M. BORN (Saarbrücken)
Gesamtleitung: Prof. Dr. P. WEBER (Marburg)
Sekretariat: Dr. E. THOMALE (Marburg)
Stadtexkursionen: StD Dr. W. SCHRADER (Kassel)
Technik: Dipl. Volkswirt H. X. OSTERTAG (Kassel),
        Amtmann F. WARNKE (Kassel)

VERZEICHNIS DER TEILNEHMER

Abele, Gerhard, Prof. Dr. Wiss. Rat
  75 Karlsruhe, Schneidemühlerstr. 41B
Abeler, Marianne, Studentin
  4401 Roxel, Dorffeldstr. 24
Aberer, Markus, Student
  A-6010 Innsbruck, Maximilianstr. 41
Achenbach, Hermann, Prof. Dr.
  23 Kiel, Olshausenstr. 40—60
Adam, Klaus, Student
  355 Marburg, Biegenstr. 23
Albert, Irmgard, StRtin
  87 Würzburg, Spitalweg
Altemüller, Frithjof
  7 Stuttgart 1, Rotebühlstr. 77
Altenburger, Engelbert, Student
  8401 Oberisling, Bertholdstr. 5
Altmann, Josef, OStR
  8411 Lappersdorf, Michael-Bauer-Str. 13
Altpeter, Helmut
  7 Stuttgart 80, Eulerstr. 6B
Amann, Jürgen, Student
  7801 Jechtingen, Sponeckstr. 8
Amthauer, Helmut, Akad. Rat
  3331 Neindorf, Schulstr. 6
Anders, Michael, Wiss. Ass.
  61 Darmstadt-Eberstadt, Thüringerstr. 2
Anderson, Jörg, Student
  2 Hamburg 20, Gärtnerstr. 26
Angerer, Detlef, Dr. Wiss. Ass.
  4433 Borghorst, Brulandstr. 5
Ante, Ulrich, Wiss. Ass.
  3 Hannover, Schneiderberg 50
Anzeneder, Helmut, Gym. Prof.
  852 Erlangen, Steinknöck 5
Appelt, Stephan, Student
  74 Tübingen, Am unt. Herrlesberg 3
Arentz, Ludwig, Dr. Verlagsleiter
  46 Dortmund, Am Kohlrücken 16
Armbruster, Claudia, Studentin
  7601 Schattenwald, Ritterstr. 2
Arnold, Adolf, Dr. OStR
  3001 Ilten, Berliner Str. 23
Arnold, Rudolf, OStR
  68 Mannheim, Mollstr. 13

Aue, Birgitt, Studentin
  34 Göttingen, Friedländer Weg 66
Auernig, Magrit, Studentin
  602 Innsbruck, Innrain 64
Auf dem Kamp, Martin, Dr. StD.
  45 Osnabrück, Kurt-Schumacher-Damm 24b
Aufermann, Jürgen, Wiss. Ass.
  1 Berlin 10, Galvanistr. 3
Aufermann, Ute
  1 Berlin 10, Galvanistr. 3
Aust, Bruno, Prof. Dr.
  1 Berlin 41, Ceciliengärten 1

Bachmann, Hermann, OStR
  35 Kassel, Erich-Klabunde-Str. 15
Backes, Wieland, Student
  7 Stuttgart 1, Birkenwaldstr. 91
Bader, Frido, Prof. Dr.
  1 Berlin 41, Beckerstr. 1
Badewitz, Dietrich, Wiss. Ass.
  43 Essen, Cäsarstr. 3
Bähr, Jürgen, Dr. Akad. Oberrat
  5205 St. Augustin 3, Johannesstr. 47
Bär, Jürgen, Lehrer
  3501 Baunatal 4, Bahnhofstr. 32
Bär, Rosemarie, Lehrerin
  3501 Baunatal 4, Bahnhofstr. 32
Bär, Werner-Francisco, Dr.
  637 Oberursel, Dornbachstr. 57
Bätcke, Heike, Gym. Lehrerin
  2351 Hitzhusen, Forellenweg 8a
Balke, B. G.
  87 Würzburg, Gartenstr. 15
Baltes, Christine, Studentin
  66 Saarbrücken, Geogr. Institut
Bamberg, Brigitte, Dr. StRzA.
  63 Gießen, Sandfeld 18c
Banse, Friederike, Studentin
  3 Hannover, Hagenstr. 38
Barelmann, Klaus, StD.
  29 Oldenburg, Hardenbergstr. 7
Barsch, Dietrich, Prof. Dr.
  23 Kiel-Russee, Sandblek 16
Bartelmes, Jutta, Studentin
  3 Hannover 1, Jägerstr. 3—5

Bartels, Dietrich, Prof. Dr.
 5253 Lindlar, Rheinstr. 24
Barten, Heinrich, Dr. phil. Oberstudiendir. i. R.
 5541 Schönecken, Iltgestell 11
Barth, Hans Karl, Dr.
 7036 Schönaich, Seestr. 27
Barth, Joachim, Dr. Wiss. Oberrat, Dozent
 2057 Wentorf, Bergedorfer Weg 7
Basak, Tarak Nath, Student
 463 Bochum, Humboldtstr. 59—63
Battefeld, Gerd K., Student
 355 Marburg, Barfüßerstr. 14
Bauer, Berthold, Dr. phil. Wiss. Ass.
 A-1060 Wien, Turmburggasse 5/11
Bauer, Günter, Lehramtsreferendar
 3436 Hess. Lichtenau, Heinrichstr. 45
Bauer, Ludwig, Gym. Prof. Dr.
 8501 Rückersdorf, Ob. Bergstraße 32
Bay, Jörg, Reallehrer
 7541 Pfinzweiler, Hauptstr. 39
Bayer, Walther, Dr. StD.
 8 München 70, Neufriedenheimer Str. 40
Beck, Barbara, Studentin
 65 Mainz, Am Gonsenheimer Spieß 83
Beck, Christiane, Studentin
 3011 Garbsen, Bussardhorst 2
Beck, Günther, Wiss. Ass.
 34 Göttingen, Rastenburger Weg 11
Beck, Nordwin, Dr. phil. Wiss. Ass.
 65 Mainz, Am Gonsenheimer Spieß 83
Beck, Volker, StD.-Lehrer
 65 Mainz-Mombach, Westring 257
Beckedorf, Gisela, Studentin
 89 Augsburg, Paracelsusstr. 6/N VII
Beckedorf, Wilhelm, StR.
 89 Augsburg, Paracelsusstr. 6/N VII
Becker, Christoph, Dipl.-Geogr. Ass. Prof. Dr.
 1 Berlin 38 - Nikolassee,
 Pfeddersheimer Weg 37
Becker, Fritz, Wiss. Angst.
 43 Essen 14, Köllmannstr. 23
Becker, Volker, Student
 61 Darmstadt, Mornewegstr. 45
Beeger, Helmut, Wiss. Ass.
 6531 Waldalgesheim, Erlenstr. 7
Beeh, Wilfried, Student
 32 Hildesheim, Göttingstr. 7
Beer, Winrich, Realschullehrer
 29 Oldenburg, Sodenstich 82
Beerhorst, Joseph
 4408 Dühnen, Am Hange 3
Behr, Artur, StD.
 3101 Lachendorf, Südfeld 3

Behr, Olaf, StRef.
 1 Berlin 65, Ghanastr. 3
Behrendt, Hildegard, StR.
 221 Itzehoe, Suder Allee 27
Behrmann, Dierk
 507 Bergisch-Gladbach, Mutzer Str. 112
Beier, Hellmut, RLzA
 7143 Vaihingen/Enz, Eichendorffstr. 8
Beitinger, Eberhard, Student
 683 Schwetzingen, Berliner Str. 30
Bender, Gerhard, Dr.
 6233 Kelkheim, Rotlintallee 7
Berger, Birgid, Studentin
 29 Oldenburg, Haarenfeld 54a
Berger, Friederike, Studentin
 7 Stuttgart 1, Vogelsangstr. 31
Berger, Horst
 3 Hannover-Herrenhausen,
 Am Grebenberg 13
Berger, Otto, Redakteur
 3 Hannover, Stüvestr. 2
Berger, Wilhelm, StRef.
 29 Oldenburg, Haarenfeld 54a
Bergmann, Cornelia, Studentin
 74 Tübingen, Schleifmühleweg 1
Berndt, Ursula, Studentin
 7987 Weingarten, Päd. Hochschule
Besig, Barbara, StD.
 433 Mülheim/Ruhr, Adolfstr. 24
Beuerle, Elisabeth, OStR.
 4905 Spenge 1, Bielefelder Str. 9
Beuermann, Arnold, o. Prof. Dr. phil.
 334 Wolfenbüttel, Alter Weg 45
Beyer, Ellen, Dipl.-Geogr., Redakteurin
 4 Düsseldorf 1, Brehmstr. 18
Beyer, Lioba, Dr. Akad. Oberrätin
 44 Münster, Königsberger Str. 118
Beyran, Ettine, Studentin
 29 Oldenburg, Masurenstr. 25
Bibus, Erhard, Doz. Dr.
 635 Niedermörlen, Keltenweg 5
Bielefeld, K. H.
 6381 Seulberg
Bierschenk, Karin, Lehrerin
 1 Berlin 47, Mohriner Allee 80
Bierschenk, Wolfgang, Dipl.-Hdl. StD.
 1 Berlin 47, Mohriner Allee 80
Bille, Miranda, Studentin
 771 Donaueschingen, Friedhofstr. 3
Birke, Michael, Student
 445 Lingen, Weidestr. 10
Birkenhauer, Josef, Prof. Dr.
 7815 Kirchzarten, Scheffel 6

Birle, Siegfried, Wiss. Ass.
 1 Berlin 31, Waghäuseler 8
Bischoff, Heinrich, Student
 355 Marburg, Friedrich-Naumann-Str. 11
Bjørn-Bentzen, Ellen, Studentin
 23 Kiel, Jägersberg 12
Blankmann, August-Wilhelm, Student
 44 Münster, Jahnstraße 14
Blech, Monika, StRef.
 1 Berlin 45, Ortlerweg 42
Blenck, Jürgen, Dr. phil. Wiss. Ass.
 463 Bochum, Am Dornbusch 20
Bleyer, Burkhard, Student
 8 München 40, Graf-Konrad-Str. 5
Blobner, Heinrich, StR.
 3501 Fuldatal 1, Schulstr. 14
Blömer, Alfred, StD.
 405 Mönchengladbach, Schömkensweg 30
Blohm, Eberhard, StR.
 523 Altenkirchen, Friesenstr. 4
Blotevogel, Hans Heinrich, Dr. Wiss. Ass.
 463 Bochum, Gleiwitzer Str. 7
Bludau, Gerhard, Dipl.-Hdl. Studiendirektor
 4352 Herten, Scherlebecker Str. 105
Blümel, Wolf-Dieter, Dr. Wiss. Ass.
 75 Karlsruhe 1, Markgrafenstr. 35
Blume, Helmut, Prof. Dr.
 74 Tübingen, Wolfgang-Stock-Str. 19
Bluth, Friedrich, Stat.
 44 Münster
Bockamp, Gisela, Lektorin
 23 Kiel, Knooper Weg 159V
Böckler, Elisabeth, Studentin
 46 Dortmund-Somboen,
 Langendreer Str. 82
Boehm, E., Prof. Dr.
 45 Osnabrück, Backhausbrette 22
Böhm, Hans, Dr. Akad. Oberrat
 5205 St. Augustin 3, Johannesstr. 41
Böhme, Günter, StRef.
 355 Marburg, Stresemannstr. 16
Böhn, Dieter, Dr. StR.
 872 Schweinfurt, Am Feldtor 2a
Böhnke, Dieter, StR.
 282 Bremen 70, Lindenstraße 1A
Boenke, Helmuth, Student
 7987 Weingarten, Päd. Hochschule
Börsch, Dieter, Dr. StD.
 54 Koblenz-Lützel, Brenderweg 115
Bös, Angelika, Studentin
 355 Marburg, Frankfurter Str. 62
Boesler, Klaus-Achim, Prof. Dr.
 1 Berlin 39, Hugo-Vogel-Str. 14

Bötig, Carola, Studentin
 355 Marburg, Cappelerstr. 12
Böttcher, Ulrich, Stud. Ass.
 28 Bremen 1, Parkstr. 92
Böttcher, Wolfgang, Student
 35 Kassel, Fuldatalstr. 106
Bohlens, Karen, StR.
 2 Hamburg 62, Beim Schäferhof 67
Bohn, Rainer, Doktorand
 3571 Niederwald, Schönbacher Str. 155
Bohn, Ursula, Studienrätin
 3571 Niederwald, Schönbacher Str. 155
Bohnet, Iris, Studentin
 7987 Weingarten, Päd. Hochschule
du Bois, Holger, StD.
 2 Hamburg 70, Lengerckestr. 15
Bollen, Horst, Student
 33 Braunschweig, Kasernenstr. 22
Boller, Felix, Student
 CH-8049 Zürich, Imbisbuhlstr. 8
Bollhardt, Peter, Stud. Ref.
 2 Hamburg 26, Hamm-Hof 34B
Borcherdt, Christoph, Prof. Dr.
 7121 Pleidelsheim, Im Vogelsang 11
Borchers, Luise, Studentin
 78 Freiburg, Jacobistr. 54
Borchert, Johan G., Drs.
 Utrecht, NL, Heidelberglaan 2
Borghoff, Eberhard, cand. phil.
 5778 Meschede, Bahnhofstr. 6
Borghoff, Klaus, wiss. Ass.
 5303 Bornheim-Waldorf, Dahlienstr. 16
Borghoff, Theo, StR.
 4773 Möhnesee-Günne, Wiesenstr. 26
Born, Martin, Prof. Dr.
 667 St. Ingbert, An der Pulvermühle 126
Borowicki, Bruno, Realschullehrer
 3 Hannover, Davenstedter Holz 31B
Borsdorf, Axel, Student
 74 Tübingen, Haußerstr. 44
Boßler, Helmut, Dr. Oberreg. Rat
 715 Badenang, Lichtensteinstr. 38
Boßmann, Michael, Student
 53 Bonn-Beuel 1, Platanenweg 55
Bott, Heinz-Henning, wiss. Mitarb.
 6905 Schriesheim, Keltenstr. 12
Brachmann, Hermann, Student
 66 Saarbrücken, Geogr. Inst.
Braemer, Christiane, Studentin
 316 Lehrte, Grünstraße 22
Bramke, Dietrich, Student
 4 Düsseldorf, Brunnenstr. 10

Brand, Klaus, OStR.
    464 Wattenscheid, Vogelstr. 2
Branding, Ulrich, OStR.
    208 Pinneberg, Hollandweg 19a
Brandt, Hildegard, OStR.
    35 Kassel, Helmut v. Gerlachstr. 16
Bratzel, Peter, Student
    75 Karlsruhe 1, Treitschkestr. 2
Braun, Horst, Realschullehrer
    563 Remscheid 12, Boelckestr. 5
Braun, Ute, Dr. Akad. Rätin
    3 Hannover, Sextrostr. 21
Breunig, Willi, OStR.
    694 Weinheim/Bergstr., Wilhelmstr. 15
Brethauer, Volker, Lehrer
    3011 Letter, Lange-Feld-Str. 21
Bretschneider, Rolf, Dir. Stellvertr.
    465 Gelsenkirchen, Bergmannstr. 23
Breu, Rainer, Dipl.-Geogr.
    66 Saarbrücken, Preußenstr. 44
Breuer, Helmut, Dr. Akad. Oberrat
    51 Aachen, Bodelschwinghstr. 10
Breuer, Isolde, StD.
    4047 Dormagen, Am Hagedorn 18
Brinkmann, Wulf, Lehrer
    2083 Halstenbek, Gärtnerstr. 101
Brinkschulte, Henny, StR.
    5759 Bachum, Heidestr. 6
Brockmann, Maria, Studentin
    463 Bochum, Wittenerstr. 226
Brötje, Hans-Heinrich, Lehrer
    2961 Holtrop/Ostfr., Kirchweg 241
Bronger, Dirk, Dr. Wiss. Ass.
    463 Bochum, Dewinkelstr. 28
Bronny, Horst, Akad. Oberrat, Dr.
    463 Bochum, Roomersheide 71
Brosche, Karl-Ulrich, Dr. Ass. Prof.
    1 Berlin 47, Germaniapromenade 24
Broscheit, Frank, Student
    468 Wanne-Eickel, Langekampstr. 34
Bruch, Lotte, StD.
    1 Berlin 37, Argentinische Allee 8 f.
Brucker, Ambros, StR.
    808 Fürstenfeldbruck, Sternstr. 6
Brücher, Wolfgang, Dr. phil. Wiss. Ass.
    74 Tübingen, Schwärzlocherstr. 86
Brükner, Tillo, Student
    7987 Weingarten, Päd. Hochschule
Brüning, Herbert, Prof. Dr.
    65 Mainz 1, Reichklarastr. 1
Brüschke, Werner, Wiss. Ass.
    1 Berlin 21, Wikingerufer 4

Brugger, Ehrentraud, Studentin
    7987 Weingarten, Päd. Hochschule
Brugger, Eva Maria, Dr. Wiss. Redakteurin
    62 Wiesbaden, Tennelbachstr. 11
Brunk, Erika, OStR.
    75 Karlsruhe 41, Grüner Weg 1 II
Bruns, Brigitte, Stud. päd.
    29 Oldenburg, Bergstr. 8
Buchholz, Hanns Jürgen, Dr. Wiss. Angst.
    463 Bochum, Auf dem alten Kamp 20
Buchmann, Eginhard, Wiss. Ass.
    62 Wiesbaden, Röderstr. 44
Buchmann, Hans, Dr. StR.
    67 Ludwigshafen, F.-Freiligrath-Str. 15
Buck, Lothar, Prof. Dr.
    7145 Markgröningen, Hegelstr. 11
Buermeyer, Dagmar, Lehramtsanwärterin
    4937 Lage, Boelckestr. 2b
Budesheim, Ulrike, St. Ass.
    2057 Reinbek, Eichenbusch 69
Budesheim, Werner, StR.
    2057 Reinbek, Eichenbusch 69
Büchner, Hans-Joachim
    65 Mainz, Saar-Str. 22
Bücker, Hansjürgen, StR.
    4505 Bad Iburg, Osnabrücker Str. 32
Büdel, Julius, Prof. Dr.
    87 Würzburg, Franz Liszt-Str. 8
Büttner, Manfred, Dr. Dr. Dr. Doz.
    463 Bochum, Kiefernweg 40
Bugmann, Erich J., Dr. Lektor
    CH-8006 Zürich, Sonneggstr. 5
de Buhr, Kaete, Studentin
    44 Münster, Fliednerstr. 5
Bulwien, Hartmut, Student
    8 München 40, Ardisstraße 62/II
Bundschu, Inge, Studentin
    74 Tübingen, Mühlstr. 12
Busch, Heinz, Student
    1 Berlin 19, Reichsstr. 97/II
Busch, Paul, Prof. Dr.
    463 Bochum, In der Uhlenflucht 13
Buschmann, Alfons, Student
    464 Wattenscheid, Kemnastr. 12
Buß, Fokko, Student
    2962 Ostgroßefehn, Langer Weg 32
Busse, Armin
    304 Soltau, Schmiedeweg 15
Busse, Carl-Heinrich, Wiss. Oberrat
    2 Hamburg 66, Raarmstieg 31

Carstens, Helmut, Student
    2 Hamburg, Glindweg 26

Verzeichnis der Teilnehmer

Caspritz, Claus, Student
  355 Marbach, Höhenweg 34
Cassube, Gerhard, Seminarleiter
  28 Bremen 41, Ludwig-Beck-Str. 15
Cech, Diethard, Doz.
  33 Braunschweig, Deisterstr. 30
Ceisig, Jutta, StR.
  56 Wuppertal 1, Von-der-Tann-Str. 44
Christ, Angela, Studentin
  7987 Weingarten, Päd. Hochschule
Claes, Werner, Student
  3490 Bad Driburg-Langeland,
  Schwarzer Weg 6
Cloos, Gabi, Schülerin
  35 Kassel, Baumgartenstr. 62
Cloosterman, J. A. L., Dr. Doz.
  Brenda, Hobonkenstraat 569, NL
Consentius, Werner-Uwe, Wiss. Ass.
  1 Berlin 28, Am Rosenanger 55
Cordes, Gerhard, Dr. Akad. Oberrat
  463 Bochum, Auf dem Aspei 40
Corvinus, Friedemann, Wiss. Ass.
  6301 Rabenau, Grünbergerstr. 56
Cramer, Wilhelm, OStR.
  3538 Niedermarsberg, Am Meisenberg 48
Czajka, Willi, Prof. Dr.
  3401 Göttingen-Nikolausberg,
  Am Schlehdorn 5
Czeschinski, Christoph, Student
  4650 Gelsenkirchen, Gotenstr. 3

Dach, Peter, Student
  4 Düsseldorf 30, Uerdinger Str. 75
Dahlke, Jürgen, Prof. Dr.
  51 Aachen, Nordhoffstr. 4
Dahlmann, Georg, Student
  355 Marburg, Kaffweg 9b
Dahm, Claus, Prof. Dr.
  3 Hannover-Kirchrode,
  Aussiger Wende 6G
Daum, Egbert, Stud. Ass.
  4837 Verl, Zum Meierhof 38
Deckers, Dieter
  4050 Mönchengladbach,
  Bebericher Str. 42
Degenhardt, Bodo, Student
  1 Berlin 20, Gastenfelder Str. 106
Degenhardt, Hermann W., Lehrer
  6407 Schlitz, Günthergasse 25
Deigmann, Klaus, Student
  355 Marburg, Frankfurter Str. 62
Deiters, Jürgen, Wiss. Ass.
  7504 Weingarten, Goethestr. 54

Denig, Carl, Dr.
  Hilversum/NL, Kolhornseweg 200
Dern, Jutta, Studentin
  6331 Garbenheim, Friedensstr. 3
Dettmann, Klaus, Dr. Wiss. Ass.
  852 Erlangen, Kochstr. 4
Deutsch, Karin, Dr. Wiss. Ass.
  6601 Scheidt, Wacholderfeld
Dick, Angela, Studentin
  7 Stuttgart 1, Kantstr. 3
Dickel, Horst, Prof. Dr.
  355 Marburg, Schückingstr. 27
Dickhaut, Margret, OStR.
  35 Kassel, Trott 8
Dieckmann, Adolf, Dr. Red. Leiter
  7 Stuttgart 1, Rotebühlstr. 77
Dieckmann, Walter, Student
  3141 Embsen, Lärchenweg 15
Diedrichs, Karlheinz, Student
  3554 Cappel, Berliner Str. 7
Diehl, Werner, Dr. StD.
  6301 Großen-Linden, Tannenweg 31
Diekmann, Peter, Student
  5810 Witten, Annenstr. 64
Dietrich, Ellen, Studentin
  63 Gießen, Sandfeld 36
Dietrich, Käthe, StD.
  63 Gießen, Seltersweg 38
Dippell, Ludwig, OStR.
  6104 Jugenheim, Dreieichenröhr 11
Disch, Ricarda, Studentin
  355 Marburg, Weidenhauser Str. 60
Dissen, Monika, Studentin
  479 Paderborn, Grunigerstr. 8
Distel, Herbert, Wiss. Ass.
  7987 Weingarten, Am Rebhang 6
Ditterich, Albert, Student
  A-6020 Innsbruck,
  Reichenauer Str. 62/6
Dodt, Jürgen, Dr. Akad. Oberrat
  463 Bochum, Espenweg 1
Döpp, Wolfram, Dr. Doz.
  355 Marburg, Hans-Sachs-Str. 9
Dörrer, Ingrid, Dr. rer. nat. Wiss. Ass.
  68 Mannheim 51, Heilbronner Str. 2
Dohme, Ruth, Dr. OStR.
  35 Kassel-Wilh., Sachsenstr. 17
Dallidger, Brigitte, Studentin
  A-6071 Aldrans, Mayrweg 10
Domrös, Manfred, Prof. Wiss. Rat
  51 Aachen, Templergraben 55
Domsch, Albrecht, Student
  33 Braunschweig, Bundesallee 50

Donner, Ralf, Realschullehrer
  2941 Willen, Am Brink 20
Dorn, Christiane, Studentin
  7742 St. Georgen/Schw. Bergstr. 17
Drebes, Hans, OStR.
  208 Pinneberg, Friedrich-Ebert-Str. 4c/III
Dreesbach, Peter, Student
  53 Bonn, Rittershausstr. 13
Dreksler, Renate, Studentin
  5 Köln 41, Stolberger Str. 108
Dresler-Schenck, Martin, Realschullehrer
  544 Meyen, Amselweg 10
Drupp, Gerda, Studentin
  5841 Drüpplingsen, Dellwigerweg 8
Duckwitz, Gert, Dr. Wiss. Ass.
  463 Bochum, Wabenweg 3

Ebers, Lothar, Student
  355 Marburg, Sybelstr. 1
Eberhardt, Dietrich, Redakteur
  7051 Hegnach, Margaretenweg 9
Eberharter, Michael, Student
  A-6020 Innsbruck, Innrain 64
Eberle, Ingo, Student
  66 Saarbrücken, Geogr. Institut
Eberle, Ingrid, Studentin
  4321 Hattingen 16, Wolfskuhle 9
Ebinger, Helmut, Prof. Dr.
  2 Hamburg 13, Von-Melle-Park 8
Eckart, Karl, Dr. Wiss. Ass.
  425 Bottrop, An der Kornbecke 16a
Edzards, Heinz, Realschullehrer
  4597 Ahlhorn, Fichtestr. 20
Egbers, Gerard, Dr. Doz.
  Nijmwegen/Holland, Javastraat 142
Egerland, Wilfried, St. Ass.
  56 Wuppertal 12, Cronenfelderstr. 50
Eggers, Willy, Dr.
  2 Hamburg 33, Hellbrookstr. 91
Eggert, Erwin, Dr. OStR.
  2 Hamburg 65, Haberkamp 9
Eggert, Wilfried, Student
  6 Frankfurt 90, Kiesstr. 37
Ehlers, Eckard, Prof. Dr.
  355 Marburg, Gabelsberger Str. 23
Ehlgen, Hans-Joachim, Lehrer
  5450 Neuwied 12, Jahnstr. 8
Ehmann, Monika, Studentin
  7987 Weingarten, Päd. Hochschule
Ehrenfeuchter, Bernhard, Dr. Akad. Oberrat
  34 Göttingen-Geismar,
  Charlottenburger Str. 9a

Ehret, Wolfgang, OStR.
  752 Bruchsal, Leibnizstr. 41
Eichenauer, Hartmut, Akad. Rat
  593 Hüttental-Weidenau,
  Ludwig-Uhland-Weg 2
Eichler, Gert, Wiss. Ass.
  1 Berlin 47, Mollnerweg 28
Eichler, Horst, Dr. Akad. Rat
  69 Heidelberg, Im Eichwald 4
Eidemüller, Diether, OStR.
  61 Darmstadt-Ederstadt
  Eberstr./Marktstr. 10
Eidt, Robert C., Dr. Univ.-Professor
  33 Braunschweig, Burgplatz 1
Eikermann, Reinhard, StD.
  47 Hamm, Schellingstr. 7
Eilers, Gudrun, Studentin
  7987 Weingarten, Päd. Hochschule
Eilers, Ursula, Prof. Doz.
  5305 Alfter Witterschlik
  Willy-Haas-Str. 25
Eisenbach, Monika, Stud. Ref.
  65 Mainz, Am Stiftswingert 11
Elsas, Barbara, Studentin
  355 Marburg, Dörfflerstr. 1
Ender, Horst, Student
  33 Braunschweig, Marienstr. 22a
Engel, Detlef, Student
  1 Berlin 37, Sven-Hedin-Platz 10
Engel, Joachim, Prof. Dr.
  28 Bremen 33, Stadtländerstr. 22
Engel, Klaus, Student
  7987 Weingarten, Päd. Hochschule
Engelhard, Karl, Prof. Dr.
  44 Münster, Görlitzerstr. 44
Engelhardt, Hans Gerd, Dr. OStR.
  4307 Kettwig, Hinninghofen 23
Engelschalk, Willi, Dr. OStR.
  84 Regensburg, Kurt-Schumacher-Str. 6a
Englert, Ortwin, Student
  66 Saarbrücken, Geogr. Institut
Englert-Kröner, Arlinde, Dr. StR.
  7 Stuttgart 60, Kilianstr. 27
Engsfeld, Paul Albert, Student
  565 Solingen, Bismarckstr. 151
Erasmus, Wilhelm, Dr. StD.
  4597 Ahlhorn, Birkenweg 6B
Erdmann, Claudia, Dr. Wiss. Ass.
  51 Aachen, Roermonderstr. 94
Eriksen, Wolfgang, Prof. Dr.
  3 Hannover, Am Graswege 30
Erler, Helga, Dipl.-Geogr.
  6602 Dudweiler-Saar, Richard-Wagner-Str. 85

Erler, Siegfried, Landesplaner
  6602 Dudweiler-Saar,
  Richard-Wagner-Str. 85
Ernst, Christian, Student
  44 Münster, Piusallee 36
Ernst, Eugen, Prof. Dr.
  6392 Neu-Anspach, An der Erzkaut 4
Escherhaus, Hans, Student
  2841 Handorf
Espeter, Herbert, Wiss. Ass.
  4408 Dülmen, Coesfelder-Str. 112
Eusterbrock, Dirk, Dr. Doz.
  7801 Schallstadt, Schwarzwaldstr. 4
Ewald, Ursula, Dr. Wiss. Ass.
  6905 Schriesheim, Branig-Felsengrund
Eybisch, Ulrich, Student
  463 Bochum, Schmidtstr. 7

Faber, Marie Luise, Studentin
  5 Köln 41, Krementzstr. 2
Falkenhagen, Elisabeth, Studentin
  33 Braunschweig, Grünewaldstr. 1
Faust, Kurt, Student
  3550 Marburg, Wettergasse 39
Faust, Ursula, Stud. Ass.
  58 Hagen, Zur Höhe 49a
Fautz, Bruno, Prof. Dr.
  6671 Biesingen, Haas-Str. 2
Fehn, Hans, Prof. Dr.
  8 München, Hortensienstr. 5
Felber, Walter, Student
  A 1210 Wien, Brunnerstr. 108
Feld, Hans, Wiss. Ass.
  66 Saarbrücken, Geogr. Institut
Feldmeier, Ursula, Lehrerin
  29 Oldenburg, Quellenweg 157
Fellenz, Ulla, Lehramtsanw.
  41 Duisburg 11, Droste-Hülshoff-Str. 13
Felsch, Ernst-Otto, Wiss. Ass.
  84 Regensburg, Universität
Férault-Larue, Brunhilde, Studentin
  34 Göttingen, Färberstr. 9
Fey, Manfred, Dipl.-Geogr. Wiss. Ass.
  4 Düsseldorf-Wersten,
  Schlebuscher Str. 12
Fezer, Fritz, Prof. Dr.
  6904 Ziegelhausen, Moselbrunnenweg 91
Fick, Karl E., Prof. Dr.
  6 Frankfurt, Georg Voigt-Str. 8
Fiedler, Konrad, Student
  8632 Neustadt, Eisfelder Str. 75
Fieseler, Annette
  555 Bernkastel, Bergweg 3

Fieß, Gottfried, Student
  7601 Zusenhofen, Hauptstr. 55
Filke, Udo, Student
  5 Köln 41, Heisterbachstr. 20
Filla, Ingeborg, Stud. Ass.
  28 Bremen, Kohlmannstr. 3
Finke, Herbert, Dipl.-Geogr.
  7143 Vaihingen/Enz, Grempstr. 38
Finke, Lothar, Dr. Wiss. Ass.
  463 Bochum, Voßkuhlstr. 43
Fiolka, Johann, Student
  581 Witten, Marienstr. 7
Fischer, Giesela, Studentin
  46 Dortmund, Betenstr. 14
Fischer, Hans, Dr. Wiss. Ass.
  A-1190 Wien, Obkirchergasse 4
Fischer, Hans, Lehrer
  3041 Grossenwede/Soltau Nr. 11
Fischer, Hans-Joachim, Lehrer
  7612 Haslach, Pfarrer-Albrecht-Str. 13
Fischer, Klaus, Prof. Dr.
  8 München 71, Kemptener Str. 56
Flebbe, Gerhard, OStR.
  7031 Aidlingen, Badstr. 39
Fleck, Wolfdietrich, StR.
  545 Neuwied 1, Heddesdorfer Str. 62
Fleischhauer, Klaus, Student
  3 Hannover, Liebigstr. 40
Fliedner, Dietrich, Prof. Dr.
  6601 Ormesheim, Am Heerberg
Fliegel, Claus, Student
  35 Kassel, Körnerstr. 3
Fliessbach, Gabriele, Studentin
  1 Berlin, Dahlmannstr. 32
Flüchter, Winfried, Student
  463 Bochum, Eduardstr. 5a
Förster, Horst, Dr. Wiss. Ass.
  463 Bochum, Hustadtring 75
Förster, Wilhelm, Dipl.-Kaufm.
  Fachhochschullehrer
  605 Offenbach, Hermann-Str. 27
Follmann, Günter, StR.
  5401 Spay, In der Wesser 25
Fose, Wilhelm, Dr.
  46 Dortmund, Sahrwedeler 9
Fränzle, Otto, Prof. Dr.
  2308 Preetz, Stresemannstr. 12
Framke, Wolfgang, Dr. Lektor
  DK-8240 Risskov, Skodschøsen 7
Francke, Metfried, Akad. Tutor
  6144 Zwingenberg, Stuckertstr. 5
Frank, Brigitta, Studentin
  7801 An/Freiburg, Haus 15c

v. Fransecky, Reinhard, OStR.
  479 Paderborn, Schleswiger Weg 31/III
Franz, Johannes C., Student
  709 Ellwangen, Palais Adelmann
Franz, Reinhard, Lehramtsanwärter
  498 Bünde 1, Dünner Kirchweg 27
Franz, Werner, Student
  33 Braunschweig, Waller Weg 92a
Fresle, Franz, Prof. Dr.
  78 Freiburg, Karlstr. 57
Freund, Bodo, Prof. Dr.
  6 Frankfurt, Kiesstr. 2
Freund, Gerhard, Student
  1 Berlin 26, Birkenwerderstr. 14
Fricke, Dorothee, Studentin
  43 Essen, Pilotystr. 27
Fricke, Werner, Prof. Dr.
  69 Heidelberg, Landfriedstr. 2
Friedel, Peter, Student
  5 Köln 41, Hans Sachs Str. 10
Friedrich, Klaus, Wiss. Ass.
  61 Darmstadt, Scheppallee 15
Friedrich, Magdalene, OStR.
  6 Frankfurt, Am eisernen Schlag 31
v. Frieling, Hans-Dieter, Student
  34 Göttingen, Barfüsserstr. 13
Friemann, Martin
  2 Hamburg, Weddestr. 80
Fries, Marianne, Redakteurin
  62 Wiesbaden, Egidystr. 5
Friese, Heinz W., Dr. OStD
  1 Berlin 37, Andréezeile 26B
Fritz, Wilfried, Doktorand
  7411 Reutlingen-Betzingen
  Gottfried-Keller-Str. 32
Fritzsche, Astrid, Reallehrerin
  3 Hannover 1, Richard Wagner-Str. 27
Fröhlich, Gerhard, StR.
  8331 Gern, Post Eggenfelden,
  Gymnasium
Fröhlich, Manfred, Dr. Akad. Oberrat
  48 Bielefeld, Werther Str. 177
Fröhlich, Monika, stud. paed.
  7987 Weingarten, Doggenriedstr. 10
Fröhling, Margret, Dr. OStR.
  427 Dorsten, Vestische Allee 3
Frühauf, Helmut, Student
  66 Saarbrücken, Geogr. Institut
Fuchs, Friederun, Dr.
  6 Frankfurt 1, Günthersburgallee 20
Fuchs, Gerhard, Prof. Dr.
  7142 Marbach, Erdmannhäuser Str. 17/2

Fuchs, Richard, Student
  A-6020 Innsbruck, Innrain 50a
Fuchs, Werner, Student
  3551 Wehrda, Marburger Str. 2
Füldner, E., Prof. Dr.
  7411 Reutlingen-Oferdingen,
  Goethestr. 21
Fuhge, Bruno, StR.
  359 Bad Wildungen, Bubenhauser Str. 36
Funk, Horst, Dr. StD.
  1 Berlin 38, Pfeddersheimer Weg 39

Gabbey, Dietrich, Student
  2941 Hoohsiel, Lübbenstr. 1
Gabriel, Erhard, Dr. Repräsentant
  53 Bonn 12, Dahlmannstr. 20
Gaebe, Wolf, Dr. Wiss. Ass.
  5 Köln, Dürener Str. 187
Gams, Ivan, Professor
  61000 Ljubljana, Pohorskega Bat. 185,
  Jugoslawien
Ganser, Karl, Dr. Geograph
  53 Bonn-Bad Godesberg, Michaelstr. 8
Gavlinger, Franz, Student
  7987 Weingarten, Päd. Hochschule
Gebel, Wolfgang, StD.
  407 Rheydt, Urftstr. 120
Gebhardt, Dieter, StRef.
  644 Bebra, Gilfershäuser Str. 55
Gedamke, Eva-Maria, stud. nat.
  4019 Monheim, Geschw.-Scholl-Str. 65
Geers, Dietmar, Dr. akad. Oberrat
  46 Dortmund,
  Prinz-Friedrich-Karl-Str. 23
Gegenwart, Wilhelm, Dr.
  605 Offenbach, Friedensstr. 146
Gehrenkemper, Hans, Student
  355 Marburg, Richtsberg 88-A Nr. 508
Gehrenkemper, Kirsten, Studentin
  355 Marburg, Richtsberg 88-A Nr. 508
Geiger, Folkwin, Dr. rer. nat.,
  Hochschuldozent
  7141 Neckarweihingen, Silcherweg 14
Geiger, Michael, Dr. Akad. Rat
  674 Landau 22, Raiffeisenstr. 25
Geipel, Robert, Prof. Dr.
  8035 Gauting, Hangstr. 44
Geis, Manfred, Dr. StR.
  63 Gießen, Karl-Glöckner Str. 21
Geisenberger, Ursula, Studentin
  7987 Weingarten, Päd. Hochschule
Gensowski, Herbert O., StR.
  5 Köln 41, Robert-Koch-Str. 55

Gentsch, Barbara, Studentin
  23 Kiel, Samwerstr. 16
Gentz, Erwin, Ministerialrat
  53 Bonn-Bad Godesberg,
  Kennedyallee 40
Gerber, Lothar, Reallehrer
  7212 Deisslingen, Schwärzenstr. 2
Gerdes, Hella, Studentin
  29 Oldenburg, Am Schloßgarten 23
Gerkens, Walter, StR.
  2 Hamburg 13, Schlüterstr. 44
Gerlach, Brigitte, Dipl.-Geogr.
  464 Wattenscheid, Holzstr. 53
Gerloff, Fritz, OStR.
  899 Lindau, Ebnet 103
Gerloff, Norbert, Student
  7 Stuttgart 50, Freiburger Weg 11
Gertzen, Heiko, StR.
  28 Bremen, Lüder-v.-Bentheim 45
Gerstenhauer, Armin, Prof. Dr.
  5657 Haan, Lindenweg 16
Giese, Ernst, Prof. Dr.
  44 Münster, Mierendorffstr. 27
Giesen, Frank, Student
  3551 Wehrda, Dreihäusergasse 1
Gießner, Klaus, Dr. Akad. Rat
  3011 Bemerode, Timmermannweg 6
Gießübel, Jürgen
  6 Frankfurt 50, Kirchwaldstr. 20
Gifhorn, Uta
  313 Lüchow, Berliner Str. 43
Gilgen, Beate, Studentin
  CH-3008 Bern, Schloßstr. 101
Gillinger, Franz, Student
  A-1130 Wien, Auhofstr. 146
Gims-Gani, Simine, Dr.
  6142 Bensheim-Auerbach, Heinrichstr. 16
Glänzer, Eckhard, StR.
  3553 Cölbe, Heinrich-Heine-Str. 29
Gläsmer, Julia, Studentin
  34 Göttingen, Barfüßerstr. 15
Gläßer, Ewald, Dr. Priv. Doz.
  5 Tesch b. Köln, Röntgenstr. 37
Glaeßer, Hans-Georg, Dr.
  637 Oberursel, Im Rosengärtchen 8
Glatthaar, Dieter, Dr. Akad. Rat
  463 Bochum, Ruhruniv. Geogr. Inst.
Glattki, Ingeborg, Redakteurin
  7 Stuttgart, Rotebühlstr. 77
Glitz, Dietmar, Student
  2 Hamburg 73, Ringstr. 149
Glöckler, Konrad, Dr. OStR.
  79 Ulm, Kronengasse 4

Göbel, Peter, Dipl.-Geogr.
  643 Bad Hersfeld, Lappenlied 97
Goedvolk, A., Doz.
  Utrecht 't Harde, Zandsteenstraat 120
Gögelein, Joachim, Student
  8704 Uffenheim, Ansbacher Str. 31
Goehrtz, Heinz, Dr. OStR.
  4 Düsseldorf, Rembrandt-Str. 20
Gömann, Gerhard,
  35 Kassel, Untere Karlsstr. 8
Götte, Eva, Studentin
  355 Marburg, Fuchspaß 24
Götte, Margarethe, Taubst.-Oberlehrerin
  3588 Homberg, Hans-Staden-Allee 7
Gohl, Dietmar, Dr. Wiss. Ass.
  8501 Oberasbach, Steiner Str. 3
Goldmann, Sonja, Studentin
  632 Alsfeld, Schlesienstr. 2
Goossens, Modest, Prof. Dr.
  3040 Korbeek-Lo., Escoriallaan 8/Belg.
Gorki, Hans Friedrich, Prof. Dr.
  46 Dortmund, Markgrafenstr. 141
Gormsen, Erdmann, Prof. Dr.
  65 Mainz, An der Schanze 20
Goßmann, Hermann, Dr. Akad. Oberrat
  78 Freiburg, Innsbrucker Str. 2
Graafen, Helma, Lehrerin
  5413 Bendorf-Sayn, Olperstr. 64
Graafen, Richard, Prof. Dr.
  5413 Bendorf-Sayn, Olperstr. 64
Grabowski, Henning, Dr. Wiss. Ass.
  44 Münster, Königsberger Str. 79
Graf, Elisabeth, OStR.
  1 Berlin 42, Kanzlerweg 51
Grams, Dietmar, Realschullehrer
  3251 Hasperde Nr. 8
Greggers, Ingo, Wiss. Ass.
  34 Göttingen, Jenaer Str. 20
Greifenstein, Martin, Student
  8 München 40, Amalienstr. 42
Grein, Albert, Lehrer
  5161 Wollersheim, Schulstr. 9
Grein, Resi, Lehrerin
  5161 Wollersheim, Schulstr. 9
Grenzebach, Klaus, Dr. Doz.
  63 Gießen, Diezstr. 7
Grieff, Dagmar, Stud.-Ref.
  5 Köln 30, Tieckstr. 44
Grill, Gert, Dr. M. A. Redakteur
  69 Heidelberg, Leimer Str. 57
Grimmel, Eckhard, Dr.
  2 Hamburg 13, Rothenbaumchaussee 21—23

Groeber, Knut, Student
 344 Eschwege, Rheinstr. 3—5
Grögel, Angela, Dipl.-Geogr.
 3013 Barsinghausen, Am Waldwinkel 14
Grötzbach, E., Prof. Dr.
 3 Hannover, Alleestr. 16
Grosse, Edith, Studentin
 3538 Niedermarsberg, Hagemannstr. 19
Groß, Sr. M. Katharina, StD.
 43 Essen, Bardelebenstr. 9
Grotelüschen, Wilhelm, Prof. Dr.
 29 Oldenburg, Wienstr. 61
Groth, Marianne, StR.
 2 Hamburg 67, Lerchenberg 22
Grotz, Reinhold, Dr. Wiss. Ass.
 7 Stuttgart 31, Lindenbachstr. 75
Grünefeld, Hedda, Studentin
 29 Oldenburg, Devrientstr. 6
Grunert, Jörg, Wiss. Ass.
 8702 Gerbrunn, Eichendorffstr. 2
Günschmann, Karl Ludwig, RL
 652 Worms, Koehl-Str. 9
Günther, Ernst-Otto, Ref.
 35 Kassel, Max-Planck-Str. 12
Guessefeldt, Joerg, Dipl.-Geogr., Student
 63 Gießen, Eichendorffring 133
Gutmann, Peter, Verlagsleiter
 4830 Gütersloh, Mühlenweg 14
Gutmann, Waltraud, Studentin
 6162 Natters, Sonnalm 6

Haak, Renate, Studentin
 3001 Isernhagen, Mühlenweg 4
de Haar, Anita
 5301 Wachtberg-Pech, Huppenbergstr. 5
Haarmann, Viola, Studentin
 207 Großhansdorf, Neuer Achterkamp 18
Haas, Hans-Dieter, Dr. Akad. Rat
 74 Tübingen-Unterjesingen,
 Schönbuchweg 23
Haase, Günther, stud. rer. nat.
 34 Göttingen, Gutenbergstr. 36b
Habbe, Karl Albert, Prof. Dr. Wiss. Rat
 852 Erlangen, Kosbacher Weg 60
Habrich, Wulf, Dr. Akad. Rat
 415 Krefeld, Bloemersheimstr. 49
Hackenberg, Klaus, StD.
 4406 Drensteinfurt II, Föhrenkamp 16
Van der Haegen, Herman, Prof. Dr.
 B 3000 Leuven/Belg., Eikstraat 2
Hämmerle, Werner, Student
 6020 Innsbruck, Ittisnstr. 5

Härle, Josef, Prof. Dr.
 7988 Wangen-Epplings, Sonnenrain 11/3
Hafemann, Dietrich, Prof. Dr.
 65 Mainz 21, Mühltalstr. 25
Haffner, Willibald, Wiss. Rat Prof.
 51 Aachen, Pottenmühlenweg 18
Hagedorn, Horst, Prof. Dr.
 51 Aachen, Arndtstr. 19
Hagedorn-Thienhaus, Gisela
 207 Ahrensburg, Moltkeallee 2a
Hagel, Jürgen, Dr. Akad. Oberrat
 7015 Korntal, Banater Str. 25
Hagel, Robert, Student
 7987 Weingarten, Päd. Hochschule
Hagen, Dietrich, Wiss. Ass.
 29 Oldenburg, Nobelstr. 3
Hager, Karlheinz, Student
 7987 Weingarten, Päd. Hochschule
Hagmüller, Gertraud, Dr. StR.
 A-5310 Mondsee, St. Lorenz 140
Hahn, Helmut, Prof. Dr.
 53 Bonn, Lengsdorfer Str. 88
Hahn, Roland, Dr. Doz.
 7 Stuttgart 60, Rainstr. 28
Haible, Rainer, Student
 7 Stuttgart 71, Hochholzweg 8
Haimayer, Peter, Vertragsbediensteter
 6020 Innsbruck, Andechsstraße 7
Hain, Dorothee, Studentin
 433 Mülheim, Duisburger Str. 287
Hain, Elke S., Studentin
 51 Aachen, Kongreß Str. 10
Hake, Helmut, Dr. Redaktionsleiter
 3 Hannover-Döhren, Zeißstr. 10
Hamann, Astrid, Studentin
 4 Düsseldorf 12, Glashüttenstr. 29
Hamm, Jörg, Dr. OStR.
 7 Stuttgart 75, Walter Flex Str. 92
Hangen, Hermann Otto, Student
 581 Witten, Ardeystraße 120
Hanke, Reinhard, Dipl.-Geogr.
 1 Berlin 28 (Hermsdorf)
 Auguste-Viktoria-Str. 9
Hanle, Adolf, Dr. Redakteur
 68 Mannheim 51, Joseph-Bauer-Str. 1
Hannemann, Volker, Dipl.-Geogr.
 4630 Bochum, Wabenweg 7
Hannesen, Hans, Dr.
 53 Bonn-Röttgen, In der Wehrhecke 33
Hannss, Christian, Dr. Akad. Oberrat
 727 Nagold, Frankenweg 14
Hansmann, Jürgen, Student
 463 Bochum, Harpener Hellweg 153

Hart, Karl, Student
　4070 Rheydt, Lenssenstr. 36
Härter, Horst-A., StR.
　61 Darmstadt-Arheilgen, Stadtweg 53
Harres, Peter, Wiss. Mitarb.
　61 Darmstadt, Schwarzer Weg 3
Hartke, Wolfgang, Prof. Dr.
　8 München 40, Tengstr. 3
Hartleb, Peter, OStR.
　75 Karlsruhe, Winterstraße 39
Hartmann, Gerlinde, Studentin
　7531 Büchenbronn, Schattenbergstr. 16a
Hartmann, Regina, StR.
　1 Berlin 26, Alt-Wittenau 41a
Hartmann, Walter, Student
　7531 Büchenbronn, Schattenbergstr. 16a
Harvalik, Vinzenz, Doz. Dr.
　463 Bochum, Prinz-Regent-Str. 79b
Hasch, Rudolf, Prof. Dr.
　8 München 82, von Erckertstr. 72
Haserodt, Klaus, Dr. Wiss. Ref. ORegRat
　7801 Hochdorf b. Freiburg, Gartenstr. 3
Hasse, Michael, Wiss. Ass.
　51 Aachen, Markt 35
Hasselmann, K. H., Dr. Prof. of Geography
　Monrovia, University of Liberia
Hassenpflug, Wolfgang, Dr. Doz.
　239 Flensburg, An dem Kirchenweg 5
Hassler, Gudrun, Studentin
　7987 Weingarten, Päd. Hochschule
Hatje, Detlef, Student
　3011 Gehrden 1, Birkenweg 2
Haubitz, Kurt, OSchR. a. D.
　6202 Wiesbaden-Biebrich
　Normannenweg 7
Haubrich, Hartwig, Prof. Dr.
　78 Freiburg
Hauck, Martin, Student
　69 Heidelberg, Haselnußweg 7
Hausmann, Wolfram, Dr. OStD.
　8033 München-Krailling, Dahlienstr. 7
Heckmann, Annette, Stud. Ref.
　35 Kassel-Wilh, Kuhbergstr. 32
Hedewig, Roland, Fachhochschullehrer
　35 Kassel, Bergmannstr. 41
Heel, Karl-Ferdinand, Studiendirektor
　53 Bonn-Oberkassel, Hauptstr. 34
Heer, Anselm, StD.
　207 Schmalenbeck, Alte Landstr. 40
Heide, Friederike, Dr. StR.
　35 Kassel, Rudolphstr. 9
Heide, Helene, Dr. RS-Konrektorin
　7263 Bad Liebenzell, Hölderlinstr. 2

Heidt, Volker, StR.
　44 Münster, von Esmarchstr. 159
Heilmann, Ernst, Realschullehrer
　4992 Espelkamp, Stolper Weg 7
Heilweck, Inge, Studentin
　7 Stuttgart, Birkenwaldstr. 91
Heimberger, Anna, OStR.
　71 Heilbronn, Maybachstr. 18
Heimrath, Rolf, MA. Fachredakteur
　483 Gütersloh 1, Annenstr. 14
Heine, Klaus, Dipl.-Geogr. Dr. Wiss. Ass.
　53 Bonn, Franziskanerstr. 2
Heineberg, Heinz, Dr. Akad. Oberrat
　463 Bochum, Auf dem Backenberg 7
Heinritz, Günter, Dr. Wiss. Ass.
　852 Erlangen, Elise-Spaeth Str. 13
Heinze, Martin, Student
　34 Göttingen, Paulinerstr. 1
Heise, Ilse, OStR.
　2055 Aumühle, Pfingstholzallee 2
Heißenbüttel, Jürgen, StR.
　285 Bremerhaven, Goethestr. 61
Heist, Reiner, OStR.
　6101 Roßdorf, Schillerstr. 75
Heitzmann, Paul, OStR.
　7802 Titisee-Neustadt, Titiseestr. 43
Heller, Hartmut, Dr. StR.
　852 Erlangen, Saarstr. 5
Heller, Wilfried, Dr. Wiss. Ass.
　34 Göttingen, Gauss-Str. 11
Hellwig, Elke, StRef.
　1 Berlin 10, Gierkezestr. 47
Hendinger, Helmtraut, Dr.
　2 Hamburg 52, Bellmannstr. 5
Hennig, Monika, Lehrerin
　6231 Schwalbach-Limes, Thüringer Str. 2
Henze, Hans-Jürgen, OStR.
　3052 Bad Nenndorf, Harrenhorst 18
Herden, Wolfgang, Wiss. Ass.
　69 Heidelberg, Gaisbergstr. 54
Herfarth, Manfred, Stud. Ref.
　1 Berlin 33, Orberstr. 34
Hermann
　4401 Wolbeck, Münster-Str. 90
Herold, Alfred, Prof. Dr.
　8702 Gerbrunn, Rottendorfer Str. 26
Herold, Lothar, Dir. Stellv. Realsch.-Lehrer
　5 Köln 51, Kierberger Str. 15
Herrmann, Reimer, Prof. Dr.
　5038 Rodenkirchen, Mettfelder Str. 36
Herrmann, Werner, OStR.
　2408 Timmendorfer Strand, Bergstr. 52

Herwig, Dietrich, Dipl.-Geogr.
    8005 Mering, Tratteilstr. 49
Herzog, Wulf, OStR.
    591 Kreuztal, Friedrich-Flick-Gymn.
Hesse, Walter, Dr. StD.
    48 Bielefeld, Ludwig-Beck-Str. 6a
Heuss, Helmut, Ernst
    7 Stuttgart 1, Rotebühlstr. 77
Heuwinkel, Dirk, Student
    3 Hannover, Jenaer Weg 35
Hideya, Ichii, Student
    8 München 40, Frankfurter Ring 36
Hieret, Manfred A., Dipl.-Geogr. Gutachter
    469 Herne, Am Westbach 11
Higelke, Bodo, Dipl.-Geogr. Wiss. Angest.
    23 Kiel, Geogr. Inst. Neue Universität
Hildebrandt, Helmut, Dr.
    65 Mainz, Im Münchfeld 15
Hildebrand, Jutta, Realschullehrerin
    28 Bremen, Lüder-v.-Bentheim-Str. 45
Hillenbrand, Hans, Dr.
    87 Würzburg, Händelstr. 19a
Hiller, Jürgen, Student
    7 Stuttgart 75, Mendelssohnstr. 66
Hilsinger, Horst H., Wiss. Ass. Geograph
    463 Bochum, Uhlandstr. 92
Hingst, Klaus, Prof. Dr.
    23 Kiel, Hohenbergstr. 20
Hinkfoth, Bernd, Wiss. Mitarb.
    623 Ffm.-Sindlingen
    Hugo-Kallenbach-Str. 24
Hintzke, Annerose, Studentin
    463 Bochum, Mozartstr. 35
Hirscher, Bruno, Student
    7987 Weingarten, Päd. Hochschule
Hirt, Hartmut, StR.
    34 Göttingen, Rohnsweg 64
Hirt-Reger, Götz, Verleger, Gesch.-Führer
    23 Kiel, Schauenburgerstr. 36
Hoch, Bernhard, Fachlehrer a. PH
    7804 Glottertal, Hartererweg 86
Hochbein, Heinz-Jürgen, Lehrer
    3541 Nordenbeck/Waldeck, Nr. 23
Höfle, Konrad, Student
    6020 Innsbruck, Innrain 64
Höhl, Gudrun, Prof. Dr.
    68 Mannheim 23, Im Lohr 22
Höhmann, Ernst, StD.
    35 Kassel, Elbeweg 3
Höller, Klaus, Lektor
    33 Braunschweig, Homburgstr. 11
Höllhuber, Dietrich, Dr. phil. Wiss. Ass.
    75 Karlsruhe, Sinsheimer Str. 10

Hölzner, Sigrun, Dr. rer. nat. StudR.
    1 Berlin 27, Grußdorfstr. 19
Höner zu Siederdissen, Ulrike, Studentin
    463 Bochum, Nordstr. 29
Hoerschelmann, Ernst, Dr. Lektor
    6368 Bad Vilbel, Paul-Gerhardt-Str. 2
Howenen, Elisabeth, Studentin
    29 Oldenburg, Donnerschweer Str. 48
Hoffmann, Friedrich, Reg. Dir.
    448 Remagen, Bergstr. 77
Hoffmann, Gerhard, Student
    4790 Paderborn, Cheruskerstr. 55
Hoffmann, Günter, Dr. StD.
    28 Bremen 1, Hemelinger Str. 5
Hoffmann, Jürgen, StR.
    614 Bensheim, Taunusstr. 6
Hoffmann, Patricia, Studentin
    7987 Weingarten, Päd. Hochschule
Hoffmann, Sibylle, Studentin
    7987 Weingarten, Päd. Hochschule
Hofmann, Manfred, Dr. Akad. Oberrat
    479 Paderborn, Von-Moltke-Str. 2
Hofmeister, Burkhard, Prof. Dr.
    1 Berlin 33, Hagenstr. 25a
Hofmeister, Ruth, Dipl.-Geogr.
    1 Berlin 33, Hagenstr. 25a
Hohberger, Günter, Student
    7987 Weingarten, Päd. Hochschule
Hohmann, Hans-Joachim, Student
    2 Hamburg 67, Gussau 23
Holtkamp, Jürgen, StR.
    4132 Kamp-Lintfort, Neuendickstr. 43
Holz, Axel, Student
    63 Gießen, Kirchenplatz 4
Homburger, Wolfgang, Ass. d. L.
    78 Freiburg, Robert-Koch-Str. 12
Hommel, Manfred, Dr. Wiss. Ass.
    4630 Bochum, Am Langen Seil 101
Hoppe, Barbara, Studentin
    53 Bonn 1, Wesendonkstr. 12
Hoppe, Dieter, StR.
    35 Kassel, Schenkelsbergstr. 29
Hormann, Klaus, Dr. Doz.
    2308 Preetz, Brunnenweg 13
Horn, Hans Karl, StR.
    43 Essen 16, Kamillusweg 59
Hornbacher, Friedhard, OStR.
    629 Weilburg, Frankfurter Str. 24
Hornberg, Gerhard, LAA
    4803 Steinhagen, Grenzweg 467
Hornberger, Theodor, Prof. Dr.
    74 Tübingen, Rotbad 8

Hottes, Karlheinz, Prof. Dr. Dr.
  463 Bochum, Lessingstr. 56
Hoyermann, Gisa, StR.
  62 Wiesbaden, Gertrud-Bäumer-Str. 38
Hruschka, Anneliese, OStR.
  6 Frankfurt 50, Hinter den Ulmen 69
Hübner, Marianne, OStR.
  35 Kassel, Leuschnerstr. 97
Hübschmann, Eberhard-Walter, Dr. Kreisplaner
  4020 Mettmann, Leyerstr. 4
Hüser, Klaus, Dr. Wiss. Ass.
  75 Karlsruhe, Pascalstr. 7
Hüttermann, Armin, Wiss. Angest.
  74 Tübingen, Breuningstr. 6
Huismann, Jaap, Dr. Doz.
  Oisterwyk/Holland Dekene Swaensstraat 15
Hunscher, Hans Hugo, OStR.
  43 Essen 1, Langensalzastr. 4
Huth, Ivo, stud.
  1 Berlin 33, Trabener Str. 11
Hutter, Carola, Studentin
  7987 Weingarten, Päd. Hochschule

Ibrahim, Barbara, OStR.
  305 Wunstorf, H.-Holbein-Str. 49A
Ibrahim, Touad, StR. Hochschullehrer
  305 Wunstorf, H.-Holbein-Str. 49A
Ihde, Gustav, OStR.
  43 Essen, Habichtstr. 43
Isensee, Klaus, Dipl.-Geogr.
  53 Bonn-Bad Godesberg, Annabergerstr. 244
Istel, Wolfgang, Dr. Wiss. Mitarbeiter
  8 München 2, Gabelsbergerstr. 30
Ittermann, Reinhard, Wiss. Ass.
  4401 Wolbeck, Münsterstr. 90

Jacob, Hildegard, Studentin
  51 Aachen, Lousbergstr. 16
Jacobs, Mathias
  514 Erkelenz-Gronterath, Hauptstr. 40
Jacobsen, Jörn, Student
  2 Hamburg 61, Vienenburger Weg 10
Jäger, Friedrich, Dr. OStR.
  6331 Gießen-Allendorf, Gießener Str. 33
Jäger, Heinrich, Prof. Dr.
  6101 Roßdorf, Taunusstr. 3
Jäkel, Dieter, Prof. Geograph
  1 Berlin 45, Unter den Eichen 27
Jahn, Gert, Prof. Dr.
  63 Gießen, Karl-Glöckner-Str. 21
Jakubec, Irmtraud, Studentin
  A-6020 Innsbruck, Innrain 64
Jander, Lothar, Student
  355 Marburg, Schwanallee 16

Jank, Renate, OStR.
  2211 Münsterdorf, Schallenbergstr. 13
Janke, Bernd, Wiss. Ass.
  3 Hannover, Hamsunstr. 4
Janke, Ralph, Dipl.-Geogr. Wiss. Redakteur
  3301 Hondelage, Ackerweg 1A
Jannen, Gert, Dr. Ass.-Prof.
  1 Berlin 37, Berliner Str. 11c
Jansen, Uwe, StR.
  22 Elmshorn, Meteorstr. 1
Jansche, Wolfgang, Student
  6020 Innsbruck, Hirnstr. 5
Janßen, Gerold, Student
  3 Hannover, Dorotheenstr. 5b/8
Janßen, Günter, StR.
  285 Bremerhaven, Hafenstr. 78/80
Janssen, Matthias, Student
  4179 Weeze, Küstersweg 11
Janssen, Merve, Studentin
  355 Marburg, Hölderlinstr. 11
Jaschke, Dieter, Dr. Wiss. Ass.
  2057 Reinbek, Lübecker Str. 5
Jentsch, Christoph, Prof. Dr.
  6683 Spiesen, Rohrbacher Str. 13
Jeschke, Erhard, StR.
  2067 Reinfeld/Holst., Jahnstr. 11
Jetelina, Libor, Student
  2919 Remels, Lindenallee 29
Joachim, Detlev
  1 Berlin 30, Lützowstr. 105—106
Joachim, Hermann, Dr.
  694 Weinheim, Lönsstr. 35
Johannknecht, Wolf-D., Ass. Lehrer
  576 Neheim-Hüsten, Schulstr. 18
Johow, Ursula, Dr. OStR.
  6238 Hofheim, Herderstr. 51
Jonas, Fritz, Dr. StD.
  34 Göttingen, Auf der Wessel 28
Jonczyk, Reinhard, Student
  3014 Misburg, Uferzeile 3
Jordan, Ekkehard, Wiss. Ass.
  3003 Ronnenberg 1, Gartenweg 1
Josuweit, Werner, Dr. Bibliotheksrat
  29 Oldenburg, Quellenweg 2
Jülg, Felix, Dr. Wiss. Ass.
  A-1130 Wien, Lainzer-Str. 91
Jüngermann, Rolf, Wiss. Ass.
  59 Siegen, Tiergartenstr. 49
Jüngst, Peter, Dr. Akad. Rat
  355 Marburg, Am Richtsberg 74
Jürgens, Marlis, OStR.
  794 Riedlingen, Mörikestr. 58

Juhnke, Siegfried, Dr. Stud. Ass.
  207 Ahrensburg, Hagener Allee 37a
Jung, Gerhard, Realschullehrer
  2 Wedel, Tinsdaler Weg 62
Jung, Gernot, Dr. Doz.
  29 Oldenburg, Hauptstr. 17
Jungnickel, Christel, StR. z. A.
  2 Hamburg 6, Felix-Dahn-Str. 2
Jurczek, Peter, Student
  6 Frankfurt 61, Steinauer Str. 37
Justus, Annegret, LAA
  4905 Spenge 1, Bielefelder Str. 30

Kachur, Wolfgang, Student
  1 Berlin 48, Waldsassener Str. 58
Kaiser, Klaus, Dipl.-Geogr. Wiss. Mitarb.
  7 Stuttgart 75, Schweitzerstr. 3
Kaiser, Liselotte, ROL
  675 Kaiserslautern, Stresemannstr. 27
Kaiser, Ruth, Studentin
  463 Bochum, Hustadtring 61
Kalbinger, Sigrid Friedel, Studienrätin
  2 Hamburg 61, Königskinderweg 28
Kamm, Eckhart, Stud.Assessor
  72 Tuttlingen, Scheffelstr. 2
van Kampen, Helmut, Student
  29 Oldenburg, Edewechter Landstr. 100
Kaneda, Masaski, Prof. Dr.
  463 Bochum, Humboldtstr. 59/63
  Gästehaus der Ruhr-Universität
Kanzler, Christine, Studentin
  29 Oldenburg, Huntemannstr. 2
Kapala, Karl-Heinz, Lehrer
  44 Münster, Meckmannweg 15/5
Karrasch, Heinz, Dr. rer. nat. Univ.-Doz.
  69 Heidelberg, Geographisches Institut
  Neue Universität
Kast, Aurelia, Studentin
  7987 Weingarten, Päd. Hochschule
Kast, Friedrich, Prof. Dr.
  7 Stuttgart 1, Dornbuschweg 15
Kauffmann, Wolf-Dietrich,
  Dipl.-Geogr. Senatsrat
  24 Lübeck, Ruhleben 5
Kautz, Gerhard, StR.
  614 Bensheim, Taunusstr. 4
Kayser, Christiane, Dipl.-Geogr. Wiss. Ass.
  3 Hannover, Simrockstr. 26
Keil, Ekkehart, Student
  3 Hannover, Schleswiger Str. 36
Keilbach, Gerhard, Student
  7 Stuttgart 50, Aachener Str. 18

Keimer, Wolfhard, Verlagsredakteur
  69 Heidelberg, Keplerstr. 5
Keiser, Klaus, Stud.-Ref.
  28 Bremen, Humboldtstr. 91
Keller, Wilfried, Dr. Wiss. Ass.
  A-6060 Solbad Hall, Kiechlanger Str. 11
Kellermann, Rolf, StR.
  873 Bad Kissingen, Dr. Georg-Heim-Str. 4
Kellersohn, Heinrich, Prof. Dr.
  507 Bergisch Gladbach,
  An der Engelsfuhr 37
Kellner, Hans-Josef, StAss.
  4724 Wadersloh, B.-E.-Str. 21
Kemper, Franz-Josef, Wiss. Ass.
  53 Bonn, Rittershausstr. 29
Kerbunsk, Wilhelm, Wiss. Dokumentar
  5205 Sankt Augustin, Berliner Str. 109
Kern, Hans, Wiss. Ass.
  1 Berlin 45, Potsdamer Str. 64
Kern, Wolfgang, Student
  A-1120 Wien XII, Altmannsdorfer Str. 37
Kersberg, Herbert, Prof. Dr.
  58 Hagen, Cunostr. 92
Kersting, Herbert, Wiss. Ass.
  585 Hohenlimburg, Goethestr. 17
Kesselring, Rudolf, Gymn.-Prof.
  88 Ansbach, Hochstr. 3
Kessler, Albrecht, Prof. Dr.
  7801 Horben b. Freiburg, Heubuck 30
Kessler, Margrit, Dr. Oberrätin,
  5 Köln 41, Lindenburger Allee 26
Kettler, Erwin, stud. paed.
  34 Göttingen, Grotefendstr. 42
Kevenhörster, Heinz, VS-Lehrer
  4791 Westerloh Nr. 10
Kieker, Karin, Studentin
  78 Freiburg, Alemannensteige 3
Kiene, Andrea, Studentin
  355 Marburg, Alte Kasseler Str. 50a
Kienel, Gerd, Lehrer
  5882 Meinerzhagen 1, Dränkerkampstr. 37
Kiese, Olaf, Dr. Akad. Rat
  7 Stuttgart 80, Allgäustr. 25
Kilgert, Hans, Student
  8401 Graßlfing, Kirschgäßchen 69
Kinscher, Angelika, Dr. Lektorin
  2 Hamburg-Altona, Bernadottestr. 3
Kirchberg, Günter, StR.
  672 Speyer, Eichendorffstr. 15
Kistler, Helmut, Dr. Gymn.-Prof.
  8 München 70, Waldgartenstr. 5
Klapper, Ludwig, Realschullehrer
  4805 Brake, Friedrich-Ebert-Str. 1083

Klasen, Jürgen, Dr. Akad. Rat
  84 Regensburg, Heckenweg 15
Kleewein, Gerhard, Student
  6020 Innsbruck, Dorfgasse 2
Klein, Edeltraud, Studentin
  7743 Furtwangen 6, Haus 85
Klein, Heinz-Werner, Student
  53 Bonn, Wilhelmstr. 9
Klein, Monika, StR.
  21 Hamburg 90, Baererstr. 63a
Kleinert, Christian, Wiss. Ass. Dipl.-Ing.
  58 Hagen, Zur Höhe 35
Kleinn, Hans, Dr. Akad. Oberrat
  44 Münster, Lortzingstr. 8
Klemm, Christiane
  1 Berlin 39, Tristanstr. 11
Klingler, Rosel, Studentin
  6251 Münster, Neustr. 33
Klingsporn, Sonja, Seminarleiterin
  1 Berlin 20, Prinz-Eitel-Weg 7
Klingsporn, Willy, Lehrer
  1 Berlin 20, Prinz-Eitel-Weg 7
Klink, Hans-Jürgen, Dr. Akad. Oberrat
  53 Bonn-Bad Godesberg, Tulpenbaumweg 5
Klocke, Udo, Student
  3551 Niederweimar, Herborner Str. 40
Klopsch, Ulrich, Dr. StAss.
  2401 Ratekau, Westring 10
Klotz, Bernhard, Fachleiter
  4831 Verl, Kolpingstr. 3
Kluczka, Georg, Dr. Wiss. Oberrat
  53 Bonn-Bad Godesberg, Ahornweg 35
Klug, Heinz, Prof. Dr.
  23 Kiel 1, Amrumring 61
Knauer, Peter, Student Doktorand
  1 Berlin 27, Namslaustr. 89
Knaupp, Ulrike, Studentin
  76 Offenburg, Zeller Str. 85
Kneubühl, Urs, Planer
  CH 3400 Burgdorf, Neumattstr. 1
Knisch, Rudolf, Päd. Mit.
  6461 Niedermittlau, Heinr. Hofmannstr. 35
Knöllner, F. H., Dr. StD.
  435 Recklinghausen, Vockeradtstr. 9
Knoke, Helga, Dr. OStR.
  3011 Letter, Engelkestr. 4
Knopp, Volker, Student
  66 Saarbrücken, Geogr. Inst.
Knops, Guido, Wiss. Ass.
  Mechelen/Belgien, Schuttersvest 9
Knorr, Gudrun, Wiss. Ang.
  69 Heidelberg, Werderstr. 6a

Knübel, Hans, Dr. StD.
  56 Wuppertal-Barmen, Hinsbergstr. 82
Knübel, Regina, Studentin
  2 Hamburg 63, Fuhlsbüttler Str. 613
Koch, Gisbert, Student
  3 Hannover-Buchholz, Hamsunstr. 23
Koch, Josef, Wiss. Ass.
  74 Tübingen, Ebertstr. 5
Koch, Monika, stud. päd.
  479 Paderborn, Zur Schmiede 48
Koch, Peter, Student
  44 Münster, Wallgasse 6
Koch, Traugott
  S 223 62 Lund - Sverige - Sölvegatan 13
Köhler, Adolf, Prof. Dr.
  7987 Weingarten, Rebbachstr. 18
Köhler, Josef, StD.
  435 Recklinghausen, Dr. Isbruchstr. 21a
Könecke, Gerald, Student
  3411 Großenrode 30
König, Dietrich, Student
  1 Berlin 31, Hildegardstr. 19
König, Hella, StD.
  565 Solingen, Nachtigallenweg 4
Köppen, Eva-Maria, StR.
  1 Berlin 37, Kilstetter Str. 36
Körber, Hubert, Dr. St. Ass.
  43 Essen 1, Goldfinkstr. 19
Kötter, Heinrich, Dr.
  8 München 40, Wartburgplatz 9
Kohl, Franz Rud., Prof. Dr.
  A-8043 Graz, Mariagrünerstr. 38
Kohl, Manfred, Dipl.-Geogr.
  6332 Ehringshausen, Breslauer Str. 9
Kohlhepp, Gerd, Prof. Dr.
  68 Mannheim 1, L 12, 18
Kohlmann, Richard, Oberreg.-Schuldir.
  75 Karlsruhe 1, Fichtestr. 3
Kohlsche, Elly, StAss.
  8027 Dresden, Plauenscher Ring 51
Kohtz, Wolfgang, Student
  463 Bochum, Hustadtring 41
Koke, Elisabeth, Studentin
  4792 Bad Lippspringe, Antoniusstr. 5
Koletzko, Barbara, Studentin
  4 Düsseldorf, Heinrich-Str. 103
Komp, Klaus-Ulrich, Student
  44 Münster, Piusallee 36
Komp, Kurt, StR.
  61 Darmstadt-Eberstadt, Hagenstr. 13
Konrad, Helge, Student
  75 Karlsruhe 51, Pfauenstr. 15

Kosack, Klaus-Peter, Student
    53 Bonn 1, Schüllerweg 2
Koseck, Hans-Joachim, Realschullehrer
    4504 Georgsmarienhütte, Suendorfweg 16
Kracht, Rudolf, Realschulrektor
    3 Hannover, Engelbosteler Damm 128
Kramer, Monika, Studentin
    46 Dortmund, Semerteichstr. 25
Krammel, Elisabeth, StR.
    83 Landshut, Oberndorfer Str. 96
Kraschewski, Karin, Gymn.-Lehrerin
    48 Bielefeld, Wilbrandstr. 77
Kratzenberger, Renate, Studentin
    23 Kiel 1, Westring 314
Krause, Hans-Ulrich, Student
    75 Karlsruhe 1, Insterburger Str. 6A
Kreibich, Barbara, OStR.
    8 München 80, Oberföhringer Str. 12a
Kreisel, Werner, Dr. Wiss. Ass.
    51 Aachen, Templergraben 55
Krell, Dieter, StRef.
    35 Kassel, Heckenbreite 28
Krenn, Hilmar, Dr. Akad. Oberrat
    65 Mainz-Mombach, Westring 247
Krenzke, Susanne, Studentin
    2832 Twistringen, Luchtenburgstr. 36
Krenzlin, Anneliese, Prof. Dr.
    6233 Kelkheim, Mozartstr. 1B
Kress, Hans-Joachim, Dr. StR.
    6415 Petersberg, Bertholdstr. 17
Kreth, Ruediger, Dipl.-Geogr. Wiss. Ass.
    2 Hamburg 73, Birkenallee 18A
Kretschmer, Ingrid, Dr.
    A-1120 Wien, Wilhelmstr. 21/I/10
Kreuer, Werner, Prof. Dr.
    5357 Swisttal-Dünstekoven,
    Zum Gut Capellen 89
Krick, Gertrud
    1 Berlin 52, Antonienstr. 29
Krick, Wolfgang, Student
    1 Berlin 52, Antonienstr. 29
Krieg, Peter, Student
    2 Hamburg 64, Borstels Ende 1
Krigar, Dietmar, Hauptlehrer
    7987 Weingarten, Gutenbergstr. 6
Krigar, Michaela, Studentin
    7987 Weingarten, Päd. Hochschule
Krings, Wilfried, Dr. Wiss. Ass.
    53 Bonn-Beuel 5, Bachstr. 10
Kritzer, Dorothea, Studentin
    29 Oldenburg, Huntemannstr. 2
Kröner-Englert, Arlinde, Dr.
    7014 Kornwestheim, Parkstr. 9

Kroll, Ekkehard, Lektor
    23 Kiel, Goethestr. 22
Kroner, Günter, Dr. Wiss. Dir.
    53 Bonn-Bad Godesberg, Volkerstr. 7
Kroß, Eberhard, Dr. Akad. Rat
    314 Lüneburg, Barckhausenstr. 32
Krüger, Christel, StR.
    62 Wiesbaden-Dotzheim, Kettingsacker 12
Krüger, Joachim
    7 Stuttgart 1, Reinsburgstr. 127
Krüger, Klaus, Student
    1 Berlin 20, Magistratsweg 19
Krüger, Rainer, Prof. Dr.
    29 Oldenburg, Quellenweg 157
Krumm, Wolfgang, Student
    1 Berlin 62, Hauptstr. 14
Krüger, C., Lehrer
    De Moer/Loon op Zandf./Holland
    P. Kampstraat 5
Kühne, Ingo, Prof. Dr. Wiss. Rat
    8521 Heßdorf 97
Kühnhold, Gertrud, StD.
    1 Berlin 41, Rückertstr. 5
Kümmerle, Ulrich, StD.
    7968 Saulgau, Gutenbergstr. 36/1
Küpper, Utz Ingo, Dr. Dipl.-Kauf. Wiss. Ref.
    5 Köln 30, Röntgenstr. 3
Küppers, Bernd, StAss.
    799 Friedrichshafen 5, Wachtelweg 9
von Kürten, Wilhelm, Prof. Dr.
    583 Schwelm, Am Steinbruch 12
Kuhne, Sabine, Lektorin
    23 Kiel, Caprivistr. 22
Kulinat, Klaus, Dr. Akad. Rat
    703 Böblingen, Taunusstr. 33
Kullen, Siegfried, Dr.
    7411 Reutlingen-Oferdingen,
    Breitensteinstr. 12
Kuls, Wolfgang, Prof. Dr.
    53 Bonn 1, Lutfridstr. 12
Kunst, Harro, OSR.
    206 Bad Oldesloe, W. Sonderweg 22
Kurowski, Ewald, Dipl.-Geogr. Akad. Rat
    5 Köln 71, Maiglöckchenweg 10
Kyburz, Walter, Biblioth. Ass.
    CH-8006 Zürich, Blümlisalpstr. 10

Längle, Veronika, Studentin
    7987 Weingarten, Päd. Hochschule
Lamping, Heinrich, Dr. Akad. Rat
    8702 Würzburg-Rottendorf, Parkstr. 5a
Landen, Günter, Student
    4 Düsseldorf, Kronenstr. 14

Lang, Paul, Student
 A-6020 Innsbruck, Mitterweg 9
Lange, Ingold, Student
 1 Berlin 41, Hähnelstr. 3
Langenfeld, Antje, StAss.
 415 Krefeld, Sundwall 42
Langer, Christine, Dr. OStR.
 635 Bad Nauheim, Keltenweg 14
Lanz, Irmgard, Studentin
 7987 Weingarten, Päd. Hochschule
Larisch v. Woitowitz, Bruno, StD.
 497 Dorsten 2, Hüttenstr. 14
Laspeyres, Barbara, OStR.
 3501 Ahnatal-Heckershausen, Im Billchen 2
Lauer, Wilhelm, Prof. Dr.
 53 Bonn, Franziskanerstr. 2
Laupheimer, Rolf, Student
 7987 Weingarten, Päd. Hochschule
Lehmann, Inge, Realschullehrerin
 3013 Barsinghausen, Weidenweg 22
Lehnen, Reinhard, Student
 6203 Hochheim, Herderstr. 27
Lehnhardt, Gudrun, Studentin
 33 Braunschweig, Schunterstr. 48
Leidlmair, Adolf, Prof. Dr.
 A-6020 Innsbruck, Freundsbergstr. 22
Leipold, Manfred, Realschullehrer
 4102 Homberg-Hochheide, Hanielstr. 19
Lentjes, Wouter, Albertus Josef, Dr. Doc.
 Sprang-Capelle/NL, Hoopfdstr. 21
Lentz, Werner, OStR.
 5038 Rodenkirchen, Adolf-Menzel-Str. 20
Lenz, Helga, OStR.
 2357 Bad Bramstedt, Maienbass 68
Lenz, Karl, Prof. Dr.
 1 Berlin 39, Petzower Str. 30
Lenz, Werner, Verlagsleiter
 483 Gütersloh 1, Schillstr. 23
Lerche, Evelin, StR.
 1 Berlin 61, Monumentenstr. 18
Leser, Hartmut, Prof. Dr.
 3 Hannover, Schneiderberg 50
Leske, Jörg, StR. Lehrer
 2 Hamburg 74, Rodeweg 13
Leszczycki, St., Prof. Dr.
 P-Warszawa, Geogr. Inst.
Leusmann, Klaus, Student
 355 Marburg, Geschw.-Scholl-Str. 11/548
Leuze, Eva, Dr.
 28 Bremen, Gabriel-Seidl-Str. 13
Lichtenberger, Elisabeth, o. Prof. Dr.
 A-1040 Wien IV, Schikanedergasse 13

Liebermann, Hartmut, Student
 44 Münster, Moyastr. 3
Liebetruth, Wilfried, Student
 3 Hannover 1, Jägerstr. 3—5
Liebmann, Claus Christian,
  Dipl.-Geogr., Wiss. Ass.
 1 Berlin 41, Holsteinische-Str. 60
Liedtke, Herbert, Prof. Dr.
 463 Bochum, Kellermannsweg 1
Liedtke, Petra, Studentin
 78 Freiburg, Kaiser-Joseph-Str. 172
Lienau, Cay, Dr. Wiss. Ass.
 63 Gießen, Holzweg 8
Lienau, Wiltrud, OStR.
 2448 Burg/Fehmarn, Mathildenstr. 3a
Lindemann, Angelika, Studentin
 581 Witten, Sonnenschein 52
Lindemann, Rolf, Dr. Wiss. Ass.
 4401 Altenberge, Am Hang 3
Lindemeier, Andreas, Student
 34 Göttingen, Walkemühlenweg 19
Linke, Michael, Student
 33 Braunschweig, Wabestr. 11a
Linke, Volker, StR.
 5 Köln 41, Mommsenstr. 17
Lison, Anneliese
 4 Düsseldorf 30, Heideweg 111
Lison, Eberhard, StD.
 4 Düsseldorf 30, Heideweg 111
Liss, Carl-Christoph, Wiss. Ass.
 34 Göttingen, Stauffenbergring Nr. 1
List, Elisabeth, Dr.
 Garmisch-Partenk., Paul-List-Str. 4
Lob, Reinhold, Dr. Wiss. Ass.
 46 Dortmund-Grevel, Werzenkamp 23
Löbbe, Heidi, StAss.
 41 Duisburg 1, Winkelstr. 10A
Löffler, Ernst, Dr.
 CSIRO, Division Land Research, PO Box 1666
 Canberra Alt / Australia
Loerke, Dieter, Student
 6 Frankfurt 50, Bernadottestr. 19
Lommel, Henner, StR.
 63 Gießen, Lärchenwäldchen 1
Lorentzen, Marie, OStR.
 2 Hamburg 26, Hammer Hof 19 III
Louis, Herbert, Prof. Dr.
 8 München 90, Lindenstr. 13a
Ludewig, Werner, Dipl.-Geogr. Chefredakteur
 483 Gütersloh 11, Franz-von-Sales-Str. 11
Ludwig, Edgar, StudAss.
 28 Bremen, Lüneburger Str. 10

Ludwig, Manfred, Ass.-Prof. Dr.
  6236 Eschborn, Hauptstr. 100
Lühe, Klaus-Dietrich, Student
  463 Bochum, Dibergstr. 20c
Lundkowski, Peter, StR.
  1 Berlin 20, Paul-Gerhardt-Ring 25
Lupberger, Ernst, Student
  7987 Weingarten, Päd. Hochschule
Luther, Regine, Studentin
  6 Frankfurt-Nied, Coventrystr. 49
Luttinger, Monika, Studentin
  A-6020 Innsbruck, Riedgasse 7
Lutz, Wilhelm, Prof. Dr.
  6 Frankfurt, Sem. f. Wirtschaftsgeogr.
Lutze, Ingrid, Studentin
  2878 Wildeshausen, Mittelstr. 3

Maaß, Elisabeth, Studentin
  A-6020 Innsbruck, Innrain 64
Machura, Erich, Student
  3 Hannover, Rampenstr. 16
Madl, Franz, Dr.
  A-1070 Wien, Neustiftgasse 66/3/11
Mägdefrau, Günter, Wiss. Ass.
  1 Berlin 41, Niedstr. 19
Männle, Barbara, StRef.
  64 Fulda, Nikolausstr. 5
März, Rolf, Dipl.-Historiker
  7 Stuttgart 80, Untersicherstr. 62
Mäschig, Georg J., StR. z. A.
  5530 Gerolstein, Eichendorffstr. 1
Mäschig, Sigurd, Student
  4150 Krefeld 1, Rott 216
Mahler, Henning, Dr.
  2 Hamburg 74, Rhiemsweg 14a
Mahlmann, Jürgen, Studienrat z. A.
  3501 Vellmar 1, Forstbreite 1
Mahnke, Hans-Peter, Dr. Wiss. Ass.
  7 Stuttgart 1, Reinsburgstr. 81
Mai, Ulrich, Dr. Wiss. Ass.
  48 Bielefeld, Freiligrath-Str. 15
Malaun, Bernhard, Student
  A-6020 Innsbruck, Santifallerstr. 3
Malz, Angela, StD.
  48 Bielefeld 6, Sieboldstr. 4a
Manns, Luise, OStR.
  35 Kassel, Simmedenweg 6
Manshard, Walther, Prof. Dr.
  63 Gießen-Klein Linden,
  Gregor-Mendel-Str. 1
Manske, Dietrich, Dr. Akad. Oberrat
  8401 Burgweinting, Langer Weg 18

Manth, Götz, Geschäftsführer
  1 Berlin 30, Lützowstr. 105—106
Manthey, Rolf, Student
  3257 Springe, Ellernstr. 28
Maqsud, Neek Moh., Dipl.-Geol. Dr. Ass.-Prof.
  65 Mainz-Münchfeld, Hegelstr. 51
Marandow, Jean-Claude, Dr.
  463 Bochum, Humboldtstr. 59
Maraun, Wolf-Peter, StR.
  35 Kassel, Weißdornweg 18
Mark, Lothar, StAss.
  68 Mannheim 51, Schefflenzer Str. 25
Marquaß, Reinhard, Student
  463 Bochum, Braunsberger Str. 58
Marschause, Hartmut, StR.
  414 Rheinhausen, Güterstr. 25
Marx, Hans, Student
  3554 Cappel, Frauenbergstr. 15
Masseck, Eckhard, Redakteur
  6941 Laudenbach, Goethestr. 29
Mathey, Heinz, Student
  66 Saarbrücken, Geogr. Inst.
Mattes, Herbert, Student
  7987 Weingarten, Päd. Hochschule
Mattes, Theresa, Studentin
  78 Freiburg, Runzstr. 81
Matznetter, Josef, Prof. Dr.
  6078 Neu Isenburg 2, Meisenstr. 20
Matznetter, Walter, Student
  A-1140 Wien, Linzer Str. 54
Mauder, Karl
  34 Göttingen-Weende, Ulmenweg 7
Maurer, Helmut, Student
  7121 Mundelsheim, Wasenstr. 2
Maurmann, Karl Heinz, Wiss. Ass.
  46 Dortmund, Springmorgen 26
Maxeiner, Irene, Studentin
  7987 Weingarten, Päd. Hochschule
May, Hans Erich, Dr. StD.
  671 Frankenthal, Foltzring 19
May, Helga
  671 Frankenthal, Foltzring 19
Mayer, Eberhard, Prof. Dr.
  53 Bonn-Ippendorf, Im Eichholz 10
Mayer, Ferdinand, Dr.-Ing. Prokurist
  33 Braunschweig,
  Georg-Westermann-Allee 66
Mayr, Alois, Dr. Akad. Oberrat
  463 Bochum, Laerheidestr. 28
Mecklein, Wolfgang, Prof. Dr.
  7 Stuttgart 1, Viergiebelweg 21
Mehle, Gisela, StR.
  1 Berlin 28, Burgfrauenstr. 79

Meibeyer, Wolfgang, Dr. Univ. Doz.
  33 Braunschweig, Stopstr. 11
Meier, Heidrun, StR.
  47 Hamm, Soester Str. 161a
Meier-Hilbert, Gerhard, Dr. StR.
  32 Hildesheim, Steingaube 11
Meis, Roland, Geograph
  5308 Rheinbach, Dahlienstr. 8
Meisel, Sofie, Dr. StR.
  546 Linz, Hangweg 11
Meixner, Annemarie, StD.
  7501 Forchheim, Durmersheimer Str. 17
Melzer, Heinz, Student
  7987 Weingarten, Päd. Hochschule
Mengel, Hans-Ulrich, Student
  355 Cappel
Menger, Harald, Student
  3501 Niestetal-Sandershausen, Milchstr.
Menk, Lothar, Dr. Stud.Rat.
  3 Hannover, Robert-Str. 28
Mensching, Horst, Dr. rer. nat. Prof.
  Hannover, Steimbker Hof 11
Mensing, Peter, Magister, Lehrer
  2901 Edewechterdamm, an der Schule
Mensing, Wolfgang, Wiss. Ass.
  4619 Bergkamen-Overberge,
  Erlentiefenstr. 30a
Mentzel, Irmgard, Studentin
  29 Oldenburg 10, Eßkamp 76
Merk, Wolf-E., Dipl.-Geogr.
  4 Düsseldorf 11, Dominikanerstr. 26
Mertins, Günter, Prof. Dr.
  6301 Krofdorf-Gleiberg, Seestr. 13
Metzger, Hans-Peter, Student
  355 Marburg, Ortenbergstr. 4
Meurer, Manfred, Student
  51 Aachen, Rutscherstr. 57
Meusburger, Peter, Dr. Wiss. Ass.
  A-6020 Innsbruck, Innrain 52
Meuschke, Gerda, StD.
  1 Berlin 37, Rilkepfad 4
Meyer, Christel, Studentin
  34 Göttingen, Von-Bar-Str. 12
Meyer, Marie-Luise, Studentin
  66 Saarbrücken, Geogr. Inst.
Meyer, Reinhold, Student
  71 Horkheim, Markgraf-Ludwig-Str. 1
Meyer, Rolf, Prof. Dr.
  6301 Heuchelheim, Kinzenbacher Str. 45
Meyer, Ulrike, Studentin
  2 Hamburg 56, Wateweg 14
Meyer, Uwe, Student
  5758 Froendenberg, Körnerstr. 1

Meyer, Werner, Student
  34 Göttingen, Rote Str. 5
Meyerhoff, Anke, Studentin
  23 Kiel, Jahnstr. 10
Meynen, Emil, Prof. Dr.
  53 Bonn-Bad Godesberg, Langenbergweg 82
Michaelis, Herbert, Dr. Stadtrat
  35 Kassel, Oberbinge 23 D
Michel, Heinz, OStR.
  857 Pegnitz, Comeniusstr. 8
Michel, Margaretha, StR.
  857 Pegnitz, Comeniusstr. 8
Michels, Hermann, Student
  33 Braunschweig, Bültenweg 11
Michelsen, Frauke, Studentin
  355 Marburg, Barfüßertor 7
Mikus, Werner, Dr. Wiss. Rat
  463 Bochum, Auf dem Backenberg 7
Mink, Ursula, Studentin
  355 Marburg, Weidenhäuserstr. 90
Minninger, Claus, StR. z. A.
  556 Wittlich, Kalkturmstr. 63
Miotke, Franz-Dieter, Dr. Dipl.-Geogr.
  3 Hannover, Alte Herrenhäuser Str. 13B
Mißling, Heinz E., StR.
  5407 Boppard, Humperdinckstr. 24
Mödl, Gustav, Studienassessor
  8832 Weißenburg, Augsburger Str. 9
Möller, Hans-Georg, Wiss. Ass.
  316 Lehrte, Steigerweg 8
Möller, Ilse, Dr.
  2 Hamburg 39, Sierichstr. 73
Möncke, Achim-F., Dr. ORR.
  6204 Taunusstein 2, Hemmermühle
Moewes, Winfried, Prof. Dr. Dipl.-Geogr.
  6301 Trohe, Friedhofstr. 31
Mohr, Bernhard, Dr. Akad. Rat
  7801 Stegen, Andreasstr. 26
Mohr, Hans-Ulrich
  A-6501 Oberolm
Mohr, Hermann, StR. z. A. Gymn. Lehrer
  807 Ingolstadt, Goethestr. 68
Monheim, Felix, Prof. Dr.
  51 Aachen, Preusweg 70
Monheim, Rolf, Dr. Wiss. Ass.
  53 Bonn-Bad Godesberg, Wiedemannstr. 23
Morgenthal, Peter, Student
  2 Hamburg 13, Koopstr. 3
Moritz, Günther, Student
  6301 Heuchelheim, Sudetenstr. 20
Moser, Werner, Student
  1 Berlin 37, Kilstetter Str. 42

Mücke, Rosemarie, Studentin
 29 Oldenburg, Vereinigungsstr. 6
Mühlgassner, Dietlinde, Wiss. Hilfskraft
 A-1200 Wien XX, Sachsenplatz 3/16
Müller, Dietbert, StR.
 8481 Eschenbach, An der Krenzkirche 52
Müller, Dietrich, O. Wiss. Ass.
 1 Berlin 37, Rendtorffstr. 13
Müller, Dorothea, Studentin
 4814 Senne 1, Post Windelsbleiche
 Beethovenstr. 30b
Müller, Franz-Josef, Student
 468 Wanne-Eickel, Hauptstr. 183
Müller, Gerhard, Dr. Wiss. Ass.
 4794 Schloß Neuhaus, Amselweg 5
Müller, Gerhard, Stud. paed.
 7441 Zizishausen, Untere Steigstr. 4
Müller, Gertrud, OStR.
 35 Kassel, Grüner Weg 2
Müller, Guido, Dr. Wiss. Ass.
 A-5020 Salzburg, Akademiestr. 20
Müller, Helmut, StD.
 314 Lüneburg, Stöteroggestr. 79 III
Müller, Jutta, Realschullehrerin
 314 Lüneburg, Stöteroggestr. 79 III
Müller, Jutta, Studentin
 66 Saarbrücken, Geogr. Inst.
Müller, Karl-Heinz, Dr. Wiss. Ass.
 355 Marburg, Alter Kirchhainer Weg 13
Müller, Klaus G., StR.
 294 Wilhelmshaven, Schüttweg 21
Müller, Monika, Studentin
 355 Marburg, Von-Behring-Weg 2
Müller, Paul, Prof. Dr.
 66 Saarbrücken,
 Univ. Abt. f. Biogeographie
Müller, Ulrich, OStR.
 498 Bünde 1, Bahnhofstr. 21a
Münker, Adolf, StD.
 43 Essen, Wupperstr. 11
Münstermann, Silvia, Studentin
 439 Gladbeck, Bellingrottstr. 33
Mull, Uwe, Student
 332 Salzgitter 1, Erzbahnstr. 74
Munck, Elisabeth, Dr. Bibliotheksrätin
 DK 8000 Aarhus, H. Pontoppidansgade 16
Muske, Gitta, Studentin
 8 München 40, Franz-Joseph-Str. 4
Mustroph, Wilfried, Dipl.-Geogr. Wiss. Ass.
 2 Hamburg 20, Mansteinstr. 35

Nägele, Erhard, Dr. Verleger
 7 Stuttgart 1, Johannesstr. 3A

Nägele, Joachim, Student
 7987 Weingarten, Päd. Hochschule
Nagel, Günther, Prof. Dr.
 6 Frankfurt, Senckenberganlage 36
Nagel, Karin, Studentin
 66 Saarbrücken, Geogr. Inst.
Nehlsen, Eva
 2 Hamburg 54, Grandweg 90D
Nehlsen, Friedrich, Lehrer
 2 Hamburg 54, Grandweg 90D
Nehring, Bodo, Dr. StR.
 6148 Heppenheim 4, Odenwaldschule
Neisecke, Lieselotte, OStR.
 35 Kassel, Kölnischestr. 49 II
Neitzel, Hartmut, Student
 22 Elmshorn, Nibelungenring 60
Nellner, Werner, Dr.
 Leitender Regierungsdirektor
 53 Bonn-Bad Godesberg, Zanderstr. 56
Neßler, Roland, StD.
 3013 Barsinghausen, Am Teichfeld 2
Nestmann, Liesa, Prof. Dr.
 239 Flensburg, Solituder Str. 83
Nettelbeck, Dieter, StR.
 63 Gießen, Rodtbergstr. 140
Neubauer, Traute
 69 Heidelberg, Quinckestr. 46
Neubert, Elfriede, StR.
 43 Essen, Klosterstr. 10
Neuhaus, Dietmar, Lehrer
 756 Gaggenau, Scheffelstr. 14
Neukirch, Dieter, Prof. Dr.
 3340 Wolfenbüttel, Am Schiefen Berg 3a
Neuland, Herbert, Dipl.-Geogr. Wiss. Ass.
 64 Fulda, Wasserkuppenstr. 30
Neumann, Christian, OStR.
 8728 Haßfurt, Thüringer Str. 5
Neumann, Joachim, Dr.
 53 Bonn, Uhlandstr. 5
Nickmann, Harald, StR.
 61 Darmstadt, Roßdörfer Str. 71
Nicolas, Rolf, Student
 7 Stuttgart 1, Knallstr. 23
Nicolaus, Helmuth, Student
 34 Göttingen, Rosenbachweg 6/114
Niederböster, Heinrich, Dr.
 209 Winsen/Luhe, Schloßplatz 1
Niemann, Ilse, Dr. StR.
 325 Afferde, Königsberger Str. 23
Niemeier, Georg, Prof. Dr.
 6309 Hausen, Kirchweg 9
Niemz, Günter, Prof. Dr.
 6078 Neu Isenburg 2, Meisenstr. 22

Niggemann, Josef, Dr. Wiss. Ass.
  463 Bochum, Hustadtring 81
Niggestich, Jutta, Studentin
  463 Bochum-Querenburg, Overbergstr. 15
Nipper, Josef, Student
  44 Münster, Grüne Gasse 54
Nitschke, Werner, Stud.Dir.
  463 Bochum, Blumenfeldstr. 100
Nohl, Walter, Dr. Redakteur
  7 Stuttgart 1, Am oberen Weg 13
Nolzen, Heinz, Dr. Doz.
  7801 Stegen, Am Schloßpark 5
Norkowski, Theo, Redakteur
  48 Bielefeld, Johanniskirchplatz 8
Notzke, Claudia, Stud. Nat.
  4 Düsseldorf, Am Schnepfenhof 4
Nowak, Barbara, Studentin
  1 Berlin 20, Chamissostr. 41
Nübler, Wilfried, Wiss. Ass.
  78 Freiburg, Waldhofstr. 42
Nuhn, Helmut, Dr. Doz.
  2 Hamburg 54, Gemseneck 18

Oberbeck, Gerhard, Prof. Dr.
  2 Hamburg 13, Rothenbaumchaussee 21—23
Oberessel, Johann, Student
  7987 Weingarten, Päd. Hochschule
Obst, Johannes, Prof. Dr.
  84 Regensburg, Praschweg 3a
Oelfke, Ingeborg, OStR.
  3 Hannover, Raabestr. 16
Oltersdorf, Bernhard, Prof. Dr.
  48 Bielefeld, Hellweg 86
Ommen, Eilert, Student
  29 Oldenburg, Goerdelerstr. 12
Orthwein, Wilfried, Student
  355 Marburg, Biegenstr. 2
Osmenda, Diethard, Student
  53 Bonn-Beuel, Helenenstr. 4
Ostermann, Heide, Studentin
  637 Oberursel, Kolbergerstr. 14
Ostertag, Hans Xaver, Dipl. VW
  355 Kassel, Untere Karlsstr. 8
Ostheider, Monika, Studentin
  8044 Lohhof, Birkenstr. 19
Otremba, Erich, Prof. Dr.
  5 Köln 41, Mariawaldstr. 7
Otto Brigitte, Studentin
  3551 Wehrda, Marburger Str. 26

Pachner, Heinrich, Student
  7014 Kornwestheim, Jägerstr. 101
Paesler, Reinhard, Wiss. Ass.
  8 München 5, Kapuzinerstr. 43

Panzer, Günther, Lehrer
  3444 Reichensachsen, Langenhainer Str. 5
Pape, Charlotte, Prof. Dr.
  1 Berlin 42, Bayernring 26
Pape, Heinz, StD.
  1 Berlin 42, Bayernring 26
Pape, Heinz, Dr. Kartogr. Dir.
  46 Dortmund, Klüsenerskamp 10
von Papp, Alexander, Dr. Dipl.-Geogr.
  53 Bonn, Brüsseler Str. 9
Partl, Florian, Student
  6064 Rum, Lärchenstr. 31
Paszkowski, Wilfried, Wiss. Ass. Lehrer
  3171 Abbesbüttel, Hauptstr. 4
Patrzek, Eva-Maria, Studentin
  5828 Ennepetal, Plessenweg 39
Patten, Hans-Peter, Dr. StD.
  2057 Reinbek, Eichenbusch 61
Pauly, Friedrich, Lehrer
  6451 Nenberg 2, Hasentalweg 2
Pauly, Joachim, StR. z. A.
  55 Trier, Irscher Berg 29
Pawlitta, Manfred, Dipl.-Kaufm. Wiss. Ass.
  1 Berlin 30, Keithstr. 36—38/119
Pelz, Wolfgang, Doz. d. VHS
  78 Freiburg, Wasserstr. 11
Pelzer, Friedhelm, Dr. Akad. Oberrat
  44 Münster, Mecklenburger Str. 23
Penz, Hugo, Dr. Univ. Ass.
  A-6020 Innsbruck, Reithmannstr. 20
Perle, Hans J., Studienleiter
  34 Göttingen, Am Kalten Born 48
Peschel, Manfred, Lehrer
  354 Korbach, Sandweg 25a
Petersen, Bernhard, StD.
  295 Leer, Händelstr. 22
Petersen, Karl, Student
  60 Heidelberg, Bergheimer Str. 25
Petersen, Petra, Studentin
  714 Ludwigsburg, Königsberger Str. 62
Petzoldt, Irmgard, StD.
  41 Duisburg 11, Kaiser-Friedrich-Str. 5
Peuckmann, Karl-Heinz, Student
  435 Recklinghausen, Verdistr. 19
Pfeffer, K.-H., Prof. Dr.
  6083 Walldorf, Odenwaldstr. 19
Pfeifer, Gottfried, Prof. Dr.
  6901 Wilhelmsfeld, Alte Römerstr. 17
Pfeifer, Werner, Dr.
  614 Bensheim, Arnauerstr. 6
Pfeuffer, Hans-Dieter, StR.
  86 Bamberg, Promenade 5/IV

Pfrommer, Friedrich, Prof. Dr. Direktor i. R.
  75 Karlsruhe 51, Graf-Eberstein-Str. 19
Pieper-Grell, Ingrid, Dipl.-Geogr. Wiss. Ass.
  3005 Hemmingen-Westerfeld, Langer Bruch 5
Pieske, Gerhard, StD.
  24 Lübeck 1, Fährbergweg 12
Pilarski, Hartmut, Student
  34 Göttingen, Jüdenstr. 41
Piotrowiak, Gerda, Studentin
  462 Castrop-Rauxel 3, Am Markt 12
Pippan, Therese, Prof. Dr.
  A-5020 Salzburg, Althofenstr. 3
Pischel, Renate, Studentin
  6170 Zirl, Fragensteinweg 1
Pitzer, Paul, Dr. StD.
  6634 Wallerfangen, Bungertstr. 65
Pletsch, Alfred, Dr. Akad. Rat
  355 Marbach, Am Hasenküppel 33
Plewnia, Ursula, Ausbildungsleiterin
  3203 Sarstedt, Fr.-Ebert-Str. 23
Plocharzyk, Karl-Heinz, StR.
  45 Osnabrück, Ameldung-Str. 43
Plucinsky, Wolfgang, Student
  355 Marburg, Ockershäuser Allee 25
Plümpe, Horst, Realschullehrer
  4401 Ottmarsbocholt, Heitkamp 6
Pobanz, Wolfram, Dipl.-Geogr.
  1 Berlin 30, Potsdamer Str. 148
Pochadt, Ingeborg, OStR.
  478 Lippstadt, Merschweg 30
Pölke, Evasusanne, Wiss. Ass. 463 Bochum-
  Laer, Am Krenzacker 9
Pohlmann, Gunda, StR. z. A.
  2 Hamburg 61, Wählingsallee 22
Piottner, Barbara, Dr. StD.
  655 Bad Kreuznach, Ellerbachstr. 13
Pollex, Wilhelm, Prof. Dr.
  23 Kiel, Graf-Spee-Str. 18a
Pongratz, Erica, Dr. Wiss. Ass.
  84 Regensburg, Dechbettener Weinberg 3
Popp, Herbert, Student
  852 Erlangen, Anton-Bruckner-Str. 12
Pracht, Helga, Studentin
  463 Bochum, Laerholzstr. 84 II A 104
Praschinger, Harald, Student
  A-1050 Wien, Strobachgasse 518
Preusser, Hubertus, Akad. Rat
  66 Saarbrücken 2, St. Albertstr. 82
Prillinger, Ferdinand, Dr. Hofrat Gymn. Dir.
  A-5020 Salzburg, Reichenhaller Str. 13
Puls, Willi Walter, Dr. StD.
  2 Hamburg 63-Fuhlsbüttel
  Hummelsbütteler Kirchenweg 63

Pump, Tedsche, StRef.
  23 Kiel 16, Lindenweg 4
Puschmann, Antje, Studentin
  34 Göttingen, Johannisstr. 9

Quasten, Heinz, Dr. Ass. Prof.
  6602 Dudweiler, Rehgrabenstr. 1
Quehl, Hartmut, Fachhochschullehrer
  3501 Baunatal 4, Ob. Sommerbachstr. 8
Quist, Dietmar, Student
  69 Heidelberg, Römerstr. 7
Quitter, Carl-Heinz, Dr. Redakteur
  62 Wiesbaden-Klarenthal,
  Otto-Witte-Str. 60
Quitter, Hildegard, OStR.
  62 Wiesbaden-Klarenthal,
  Otto-Witte-Str. 60

Rabus, Ingeborg, Dipl.-Hdl. Studentin
  8501 Schwarzenbruck, Beethovenstr. 31
Rädler, Karl, Student
  6020 Innsbruck, Innrain 64
Raidl, Hansgeorg, StD.
  7778 Markdorf, Reußenbachstr. 30
Ramakers, Günter, Akad. Oberrat
  404 Neuss, Hagebuttenweg 8
Rambousek, Walter, Student
  CH-8047 Zürich, Ginsterstr. 29
Rank, Franz, StD.
  7 Stuttgart 70, Hofgärten 12D
Rapp, Hildegard, Dr. OStR.
  729 Freudenstadt, Saarstr. 29
Rase, Wolf-Dieter, Dipl.-Geogr. Wiss. Ass.
  53 Bonn-Bad Godesberg, Kirchberg 39
Rathjens, Carl, Prof. Dr.
  66 Saarbrücken 3, Hellwigstr. 19
Rauscheb, Axel, StRef.
  1 Berlin 41, Lepsiusstr. 41
Recktenwald, Helmut, Student
  66 Saarbrücken, Geogr. Inst.
Redlin, Hans-M., StRef.
  226 Niebüll, Friedrich-Paulsen Str. 6
Reh, Günter, Student
  468 Wanne-Eickel, Am Stöckmannshof 11
Reiche, Annemarie, Dr. Akad. Rätin
  46 Dortmund, Querstr. 10
Reichelt, Gisela, Studentin
  4018 Langenfeld, Friedensstr. 11
Reimers, Marianne, StD.
  2 Hamburg 39, Krochmannstr. 34
Reiner, Ernst, Dr.
  5251 Post Kalkkuhl, Nieder-Gelpe,
  Gelpestraße 46

Reiners, Herbert, Dr. Reg. Dir.
  405 Mönchengladbach, Göckelsweg 81
Reinhardt, Karl Heinz, Dr. Doz.
  6079 Sprendlingen, Hegelstr. 26
Reitel, Franz, Prof. Dr.
  F 57000 Metz, Rue du Sablon 7 bis
Reitz, Hans Günter, Dr. StR.
  6603 Sulzbach-Neuweiler, Hochstr. 108
Renk, Wolfgang, Student
  23 Kiel, Samwerstr. 16 I
Rettig, Achim, StR.
  8023 Pullach, Richard-Wagner-Str. 22
Retzlaff, Christine, Dr. OStR.
  2 Wedel, Rolandstr. 3
Reuter, Wulf Henrich, Dipl.-Geogr. Wiss. Ass.
  1 Berlin 15, Bundesallee 17
Rhode-Jüchtern, Tilman, Student
  355 Marburg, Frankfurter Str. 13
Richter, Angelika, St. Ass.
  3001 Wettbergen, Friedrichstr. 10
Richter, Dieter, Dr. StD.
  3006 Großburgwedel, Von-Eltz-Str. 5
Richter, Gerold, Prof. Dr.
  5501 Mertesdorf, Auf Krein 18a
Richter, Werner, Dr. Wiss. Ass.
  5 Köln 41, Remigiusstr. 23
Ridjanovic, Josip, Prof. Geogr.
  Zagreb, Trnskot 16a/III
Riecken, Guntram, Realschullehrer
  2391 Hürup, Priestertaft 2
Riess, Konrad, Wiss. Ass.
  3011 Gehrden 1, Auf der Worth 5
Riffel, Egon, Dr. Dipl.-Hdl. Wiss Ass.
  5 Köln-Sülz, Redwitzstr. 28
Rill, Karl-Heinz, Student
  2117 Fostedt, Breslauer Str. 45
Rinschede, Gisbert, Wiss. Ass.
  44 Münster, Robert-Koch-Str. 26—28
Ritter, Gert, Prof. Dr.
  43 Essen 1, Renatastr. 27
Ritter, Wigand, Prof. Dr.
  61 Darmstadt, Schnittspahnstr. 9
Rocke, Eberhard, Dipl.-Geogr. Berufssoldat
  65 Mainz, Am Rodelberg 13
Rode, Alfried-Peter, OStR.
  43 Essen, Effmannstr. 6
Röll, Werner, Prof. Dr.
  63 Gießen, Landgraf-Philipp-Pl. 2
Rösel, Ralf-Erik, Student
  63 Gießen, Schlehdorn 4
Röth, Doris, Studentin
  6 Frankfurt 70, Mörfelder Landstr. 179

Rohleder, Dieter, Student
  85 Nürnberg, Findelgasse 7—9
Rohleder, Meinolf, Student
  463 Bochum, Tröskenstr. 29
v. Rohr, Hans-Gottfried, Dr. Dipl.-Geogr.
  211 Buchholz, Sperberweg 10
Rolshoven, Marianne, Studentin
  5 Köln 80, Archimedesstr. 42
Rom, Ursula, StRef.
  51 Aachen, Warmweinerstr. 2—8
Romann, Hans-Peter, Lehrer Studienleiter
  35 Kassel-W., Wilhelmshöher Allee 276
Rommelfanger, Ursula, Studentin
  66 Saarbrücken, Geogr. Inst.
Ronge, Anneliese, Studentin
  43 Essen 15, Scharpenhang 89
Roring, Birgit, Studentin
  46 Dortmund, Arndtstr. 38
Roschke, Gerhard, Dr. OStR.
  3548 Arolsen, Parkstr. 18
Rose, Jürgen, Student
  34 Göttingen, Hannoversche Str. 12
Roseeu, Roswitha, Studentin
  8 München 90, Sankt-Martins-Pl. 7
Rosenbohm, Günter, Dr. Doz.
  588 Lüdenscheid, Am Willigloh 26
Rost, Reinhard, Dr.
  8 München 71, Allgäuer Str. 110
Rost-Roseeu, Rotraute, StR.
  8 München 71, Allgäuer Str. 110
Roth, Walter, Redakteur
  7057 Winnenden, Im Kesselrain 26
Rother, Heidrun, Lehrerin
  3452 Bodenwerder, Sahlfeldstr. 13
Rother, Klaus, Prof. Dr. Wiss. Rat
  533 Königswinter 51, Eichenbachstr. 8
Rother, Michael, Student
  509 Leverkusen, Hermann-Hesse-Str. 12
Rothgang, Erwin, Dipl.-Geogr.
  56 Wuppertal 2, Stahlsberg 103
Rothlauf, Elisabeth, Dr. Gymn.-Prof.
  8 München 21, Viebigplatz 2/V
Rudolf, Bertold, Prof. Doz.
  75 Karlsruhe, Friedlanderstr. 3
Rüdlin, Helmut, Student
  78 Freiburg, Jahnstr. 26
Rühl, Ulrich, StR.
  6102 Pfungstadt, Moselstr. 8
Rühl, Ute, StRef.
  6102 Pfungstadt, Moselstr. 8
Ruhrmann, Margret, Studentin
  355 Marburg, Zwischenhausen 5

Runge, Irmgard, Studentin
  21 Hamburg 90, Schüslerweg 16F
Rupp, Theo, OStR.
  7501 Karlsbad-Spielberg, Marktstr. 9
Ruppert, Helmut, Dr. Wiss. Ass.
  8520 Erlangen, Riemenschneiderstr. 18
Rust, Gerhard, Dr. Redaktionsleiter
  8 München 15, Goethestr. 43
Rutz, Werner, Dr. Prof.
  463 Bochum, Marktstr. 262

Säuberlich, Gerhard, Student
  6 Frankfurt, Vogtstr. 48
Sager, Edgar, Lehrer
  2962 Ostgroßefehn, Kanalstr. Süd 55
Sailer, Hermann, Student
  7 Stuttgart 50, Austr. 151
Samel, Joachim-Ulrich, Prof. Dr.
  3011 Ahlem, Im Winkel 3
Sandner, Gerhard, Prof. Dr.
  2081 Ellerbek, Im Wiesengrund 15
Sasaki, Hiroshi, Prof. Dr.
  53 Bonn-Ippendorf, Am Engelspfad 12
Sauer, Ulrich, StR.
  351 Hann-Münden, Tannenkamp 17a
Saul, Harald, Wiss. Ass.
  34 Göttingen, Herzberger Landstr. 2
Sauelkowls, A. W. J. C., Dr. Doz.
  Boxtel/NL, Europalaan 16
Sauter, Walter, Student
  7451 Trillfingen, Obertorstr. 117
Schacht, Siegfried, Dr. Akad. Rat
  51 Aachen, Am Weißenberg 2
Schadlbauer, Eva Maria, Prof. Dr.
  A-1100 Wien, Reumannplatz 17/2/11
Schadlbauer, Friedrich G., Dr. HS-Ass.
  A-1100 Wien, Reumannplatz 17/2/11
Schädlich, Detlef, StRef.
  28 Bremen 1, Buchenstr. 68
Schäfer, Hans, Dipl.-Hdl. Lehrer
  4352 Herten, Nimrodstr. 15
Schäfer, Hans-Peter, Wiss. Ass.
  8702 Gerbrunn, Eichendorffstr. 2
Schäfer, Heinrich, Student
  69 Heidelberg, Hauptstr. 9
Schäfer, Paul, Prof. Dr.
  3201 Barienrode/Hildesheim, Ahornweg 14
Schätzl, Ludwig, Dr. Priv. Doz.
  8 München 40, Degenfeldstr. 10
Schallhorn, Eberhard, Wiss. Ass.
  78 Freiburg, Wintererstr. 57
Schamp, Heinz, Dr. Wiss. Dir.
  53 Bonn-Bad Godesberg, Kopernikusstr. 15

Schanter, Waltraut, Dr. StD.
  314 Lüneburg, Bei Mönchsgarten 27
Schaper, Jürgen, StD.
  2941 Middelsfähr, Blumenweg 22
Schattat, Cornelia, Studentin
  63 Gießen, Wilhelmstr. 13
Scheelke, Heinrich, Student
  3392 Clausthal-Zellerfeld, Rollstr. 11
Scheer, Hans-Dieter, Dipl.-Geogr. Student
  637 Oberursel, Hauffstr. 11
Scheer, Manfred, StR.
  424 Emmerich-Borghees, Drosselweg 4
Schemionnek, Sigrid-Elisabeth, Dr. OStR.
  1 Berlin 38, An der Rehwiese 3
Schenkel, Gerold, Wiss. Ass.
  75 Karlsruhe, Bachstr. 50
Scherer, Walter, Student
  777 Überlingen, Carl-Benz-Weg 20
Schick, Manfred, Prof. Dr.
  6101 Traisa, Röderstr. 55
Schielke, Lilli, StR.
  65 Mainz-Hechtsheim, Heinestr. 71
Schiesches, Detlef
  2 Hamburg, Sierichstr. 19
Schiller, Karin, StR. z. A.
  2 Hamburg 62, Rittmerskamp 8
Schillig, Dietmar, Prof. Dr.
  7987 Weingarten, Brunnenweg 6
Schillig, Hans-Heinrich, Student
  34 Göttingen, Stauffenbergring 1
Schilter, Manfred, Realsch.-Lehrer
  298 Norden, Baumstr. 36
Schipull, Klaus, Wiss. Ass.
  2 Hamburg 13, Rothenbaumchaussee 21/23
Schlaus, Peter, Werbeleiter
  2302 Flintbek, Hasselbusch 45
Schlegel, Bärbel, Realsch.-Lehrerin
  7407 Rottenburg, Fasanenweg 15
Schlegel, Walter, Dr. Univ.-Doz.
  7407 Rottenburg, Fasanenweg 15
Schlie, Karl F., Dozent
  33 Braunschweig, Ludwigstr. 26
Schlie-Huck, Magdalene F. O. L.
  33 Braunschweig, Ludwigstr. 26
Schliephake, Konrad,
  Dr. Dipl.-Geogr. Wiss. Ass.
  2 Hamburg 54, Flaßheide 39
Schlötelburg, Ute, Studentin
  2872 Hude, Neuer Weg 28
Schlüter, Jan, Dr. StRef.
  6101 Traisa, Lindenstr. 19
Schmalacker, Inge, Studentin
  7 Stuttgart 61, Johannisbeerstr. 2

Schmalz, Birgit, Studentin
463 Bochum/Langendreer, Ümmingerstr. 18
Schmalz, Ilse, OStR.
5 Köln 80, Melissenweg 50
Schmelz, Hans-Joachim, StRef.
35 Kassel, Querallee 22
Schmiedecken, Wolfgang, Akad. Rat
53 Bonn, Franziskanerstr. 2
Schmidlin, Fritz, OStR.
7487 Gammertingen, Untere Bohlstr. 3
Schmidt, Bernd, Dr. StR.
2 Hamburg 19, Eichenstr. 84
Schmidt, Elfriede, Dr. Gymn.-Prof.
8 München 19, Wilhelm-Düllstr. 33/II
Schmidt, Enno, Verlagslektor
6 Frankfurt, Hochstr. 31
Schmidt, Horst, StD.
675 Kaiserslautern, St.-Marien-Platz 24
Schmidt, Jürgen, StR.
34 Göttingen, Am Kalten Born 65
Schmidt, Karl L., Dr. Akad. Oberrat
671 Frankenthal, Albr.-Dürer-R. 25
Schmidt, Klaus, Stud.Rat
3551 Wehrda, Auf dem Schaumrück 2
Schmidt, Margot, Studentin
69 Heidelberg, Am Rohrbach 45
Schmidt, Rolf Diedrich, Dr. Wiss. Dir.
53 Bonn-Bad Godesberg,
Deutschherrenstr. 42
Schmidt, Ulrich, Student
852 Erlangen, Nachtigallenweg 9
Schmidt-Wulffen, Wulf-D., Dr. Wiss.Ass.
3 Hannover, Raimundstr. 8
Schmithüsen, Fritz, OStR.,
757 Baden-Baden, Gernsbacherstr. 72
Schmithüsen, J., Prof. Dr.
66 Saarbrücken, Mecklenburgring 31
Schmitt, Edith
6783 Dahn, Trifelsstr. 16
Schmitt, Otto, StR.
6783 Dahn, Trifelsstr. 16
Schmittdiel, Werner, Wiss. Kartograph
8 München 60, Polkostraße 52
Schmitz, Hermann, StD.
55 Trier-Olewig, Trimmelterweg 13
Schmitz, Karl-Peter, Student
5033 Knapsack, Alleestr. 104
Schmitz, Wolfgang, StR.
53 Bonn-Ippendorf, Am Engelspfad 2
Schneider, Carmen, Studentin
A-6020 Innsbruck, Maria-Hilf-Str. 24
Schneider, Gertrud, StD.
35 Kassel-Wilhelmshöhe, Im Druseltal 12
Schneider, Heinrich, Dr. Wiss. Ass.
7 Stuttgart 1, Sonnenbergstr. 42
Schneider, Martin, Dipl.-Geogr. ORR.
62 Wiesbaden-Bierstadt,
Bodelschwinghstr. 8
Schneider, Peter, Prof. Dr.
5604 Neviges, Jägerstr. 5
Schneider, Sigfrid, Prof. Dr. Wiss. Dir.
53 Bonn-Bad Godesberg, Kastanienweg 5
Schneiderhan, Christof, Student
7987 Weingarten, Päd. Hochschule
Schnell, Peter, Dr. Wiss. Ass.
44 Münster, Robert-Koch-Str. 26
Schöler, Siegrun, Sportlehrer
404 Neuss, Heerdter Str. 6
Schöller, Peter, Prof. Dr.
44 Münster, Auf der Horst 3
Schönemann, Joachim, Student
1 Berlin 20, Steinmeisterweg 46
Schoenmaker, G. J., Dozent
Maastricht/NL., Pandectendonk 25
Schönwälder, Hans Günter, Dr. rer. nat.
Regierungsberater
Abidjan/Elfenbeinküste, B. P. 1572
Schöpf, Adalbert, Student
A-6020 Innsbruck, Innrain 64
Scholz, Fred, Dr. Akad. Rat
3401 Göttingen-Elliehausen,
Am Burggraben 21
Schamaker, Karin, Studentin
29 Oldenburg, Kreyenstr. 73
Schott, Carl. Prof. Dr.
355 Marburg, Dörfflerstr. 6
Schott, Horst, Student
4703 Bönen, Dorfstr. 5
Schrader, Walter, Dr. StD.
35 Kassel-W., Max-Planck-Str. 29
Schreiber, Detlef, Prof. Dr. Wiss. Rat
463 Bochum, Auf dem Backenberg 9
Schreiber, Karl-Friedrich, Doz.Dr.Wiss.Rat
798 Ravensburg, Schwanenstr. 68
Schrettenbrunner, Helmut, Dr. OStR.
8 München 60, Chopinstr. 20
Schrimpff, Ernst, Dipl.-Ing. Wiss. Ass.
5159 Türnich, Platanen Allee 9
Schröder, Carl August, Dr., Verlagsdirektor
33 Braunschweig
Georg-Westermann-Allee 66
Schröder, Peter, Dipl.-Geogr. Ass.
74 Tübingen, Ludwigstr. 17
Schubert, Udo, Student
4791 Elsen, Eichsfelder Str. 11

Schüller, Rosemarie, Studentin
 78 Freiburg, Schützenallee 10
Schünemann, Gerhard, StR.
 35 Kassel, Bienenweg 2
Schütte, Elisabeth, Studentin
 2878 Wildeshausen, Mittelstr. 22
Schüttler, Adolf, Prof. Dr.
 48 Bielefeld, Theodor-Hanbach-Str. 20
Schüttler, Herbert, Student
 46 Dortmund, Saarlandstr. 40
Schulenburg, Günter, Student
 33 Braunschweig, Brahmsstr. 8
Schulte, Bruno, OStR.
 437 Marl, Langehegge 223
Schulte, Meinolf, Student
 355 Marburg, Alte Kasseler Str. 50a
Schulte, Paul-Günter, Wiss. Mitarb.
 44 Münster, Institut für vergleichende Städtegeschichte, Syndikatplatz 4/5
Schultes, Wolfgang
 6901 Leutershausen, Schriesheimer Str. 11
Schultheis, Eva, Studentin
 58 Hagen, Röntgenstr. 7
Schultz, Horst, OStR.,
 352 Hofgeismar, Hohes Feld 1
Schulz, Bolko, Wiss. Ass.
 652 Worms 21, Berliner Str. 37
Schulz, Hildegard, OStR.
 43 Essen 14, Laurentiusweg 82
Schulz, Rainer, StR.
 2082 Uetersen, Kleine Twiete 41
Schulze, Christa, Doktorandin
 34 Göttingen, Henberger Landstr. 21
Schulze, Hartmut, Dr. StRef.
 355 Marburg, Zwischenhausen 18
Schulze, Helmut, Dr. Redaktionsleiter
 7032 Sindelfingen, Emil-Nolde-Weg 3
Schulze, Renate, Studentin
 355 Marburg, Zwischenhausen 18
Schulze, Willi, Prof. Dr.
 6301 Leihgestern, Steinweg 5
Schulze-Göbel, Hansjörg, Dr.
 355 Marburg, Renthof 31
Schultze, Arnold, Prof. Dr.
 314 Lüneburg, Dömitzer Str. 7
Schumacher, Joachim, Student
 463 Bochum, Laerholzstr. 80 I B 209
Schumacher, Marita, StR.
 68 Mannheim 51, Jahnstr. 89
Schumann, Karsten, OStR.
 63 Gießen, Anneröder Weg 56
Schumann, Walter, Prof. Dr.
 8 München 60, Slezakstr. 1 A

Schurdel, Harry, Angestellter
 638 Bad Homburg v. d. Höhe 1, Dietigheimer Str. 1
Schurig, Paul, StD.
 44 Münster, Ossenkampstiege 71
Schwalm, Eberhardt, Dr. StD.
 24 Lübeck, Schönböckener Hauptstraße 28
Schwanck, Eckhard, StR.
 2 Hamburg 63, Gnadenbergweg 11
Schwanzer, Monika, Studentin
 A-6020 Innsbruck, Domanigweg 8
Schwarz, Hans-Reinhold, StRef.
 1 Berlin 13, Hefnersteig 7
Schwarz, Hubert, OStR.
 7070 Schwäbisch-Gmünd, Oberbettringer Str. 34
Schwarz, Regina, Studentin
 78 Freiburg, Neumattenstr. 37
Schwarz, Reiner, Dr. Akad. Rat
 74 Tübingen, Heuberger Torweg 9/3
Schwarz, Reinhard, Student
 3401 Settmarshausen, Osterbergstr. 2
Schwarz, Rudolf, Dr., Lehrer
 A-6020 Innsbruck, Andechsstr. 23
Schwede, Dietrich, StR.
 405 Mönchengladbach, Badenstr. 24
Schweizer, Günther, Dr.
 74 Tübingen, Eichenweg 7
Schweizer, Roswita, Studentin
 A-6020 Innsbruck, Gumppstr. 25
Schwind, Martin, Prof. Dr.
 3004 Isernhagen-Süd, Große Heide 14
Schwippe, Heinr. Joh., Wiss. Ass.
 473 Ahlen, Weststraße 115
Schwippe, Hildegard, Studentin
 473 Ahlen, Weststraße 115
Schymik, Franz, Student
 6 Frankfurt, Röderbergweg 126
Sedlacek, Peter, Dr. Wiss. Ass.
 44 Münster, Uppenkampstiege 8
Seel, Karl August, Dr. Geograph, Soldat
 5485 Sinzig-Bad-Bodendorf, Schillerstr. 64
Seele, Enno, Dr., Akadem.-Oberrat
 852 Erlangen, Kochstr. 4
Sehr, Monika, Studentin
 7911 Unterelchingen, Tulpenweg 12
Seidel, Wolfgang, Student
 444 Rheine, Devesburgstr. 40
Seitz, Edith, StR.
 517 Jülich, Röntgenstr. 6
Semmel, Arno, Prof. Dr.
 6238 Hofheim, Theod.-Körner-Str. 6

Sewing, Jutta, Studentin
  4231 Drevenack, Birkenweg 2
Seyler, Karl-Günter, StR.
  6507 Ingelheim, Binger Str. 97
Sgries, Wolfgang, Ausbildungsleiter
  3043 Schneverdingen, Overbeckstr. 23
Sick, Wolf-Dieter, Prof. Dr.
  7809 Denzlingen, Markgrafenstr. 7
Siebert Anneliese, Dr. phil.
  Wissenschaftl. Hauptreferent
  3 Hannover-Kirchrode, Lange-Hop-Str. 131
Sievers, Angelika, Prof. Dr.
  2848 Vechta, Dominikanerweg 28
Simon, Wilhelm, Wiss. Ass.
  355 Marburg, Hofstatt 21
Simonsen, Ruth, Dipl.-Volks. u. Dipl.-Hdl.
  OStR
  239 Flensburg, Brixstr. 38
Sinke, Paul, Student
  355 Marburg, Frankfurter Str. 62
Sinn, Peter, Dr. Stud. Ass.
  69 Heidelberg, Trühnerstr. 38
Sinnhuber, Karl A., Prof. Dr.
  CU2 5JD Guildford,
  Mountside 41/England
Sitte, Wolfgang, Prof. Dr.
  A-1010 Wien, Reyung 6/4/9
Slupetzky, Heinz, Dr. Doz.
  A-5020 Salzburg, M. Cebotary-Str. 24/12
Smolinski, Gerda
  65 Mainz 31, Palestrinaweg 7
Smotkine, Henri, Prof. Dr.
  75007 Paris, 112 rue du Bac
Sobotha, Ernst, Dr. StD.
  3558 Frankenberg, Wolfspfad 16
Sölle, Roswitha, Studentin
  66 Saarbrücken, Geogr. Inst.
Söllner Elfriede, OStR.
  35 Kassel, Fr.-Ebert-Str. 114
Soltau, Dieter, Dipl.-Volkswirt. Wiss. Ass.
  2 Hamburg 13, Isestraße 29
Sommer Helmut, Stud.-Dir.
  44 Münster, Breul 20
Sommerer, Rolf, Student
  858 Bayreuth, Ferstelstr. 12
Sondey, Erik Bernd, StRef.
  6452 Steinheim, Karlstr. 1
Späth, Hans-Joachim, Dr. Wiss. Ass.
  433 Mülheim, Auf den Hufen 12a
Späth, Heinz, Dr. rer. nat. Wiss. Ass.
  8702 Lengfeld, Albrecht-Dürer-Str. 6
Späth, Wolf, Wiss. Ass.
  852 Erlangen, Gerh.-Hauptmann-Str. 15

Spangenberg, Annaliese, Dr. OStR.
  355 Marburg, Heinrich-Heine-Str. 37a
Speck, Karsten, Student
  3011 Letter, Im Sande 60
Spengler, Charlott-Dorothee, Studentin
  423 Wesel 1, Breiter Weg 77
Sperling, Walter, Prof. Dr.
  55 Trier, Schneidershof, Postfach
Sperling, Werner, StRef.
  1 Berlin 48, Waldsassener Str. 36
Spielmann, Hans O., Dr. Wiss. OR.
  2 Hamburg 13, Schröderstiftstr. 17
Spitznagel, Michael, Student
  87 Würzburg, Nikolaus-Fey-Str. 9
Spreitz, Walburg, StRef.
  1 Berlin 20, Galenstr. 15
Sprengel, Udo, Dr. Wiss. Ass.
  3 Hannover, Schneiderberg 50
Stadelbauer, Jörg, Dr. Wiss. Ass.
  78 Freiburg, Geogr. Inst. II Werderring 4
Stadelhofer, Ursula, Studentin
  7987 Weingarten, Päd. Hochschule
Stäblein, Gerhard, Prof. Dr.
  3554 Cappel, Im Sohlgraben 18
Stäblein-Fiedler, Gisela, Dr.
  3554 Cappel, Im Sohlgraben 18
Stammer, Inge, Studentin
  78 Freiburg, Fehrenbachallee 31
Stefan, Karin, Studentin
  355 Marburg, Uferstr. 10a
Steffek, Erika, Studentin
  7501 Busenbach, Kinderschulstr. 14
Steffek, Heinz, Student
  7501 Busenbach, Kinderschulstr. 14
Steffen, Gerhard, Student
  3411 Fredelsloh, Am Hainberg 13B
Stegen, Heinz-Helmut, Student
  Barsinghausen-Egesdorf, Schmiedestr. 12
Stehle, Willi, Student
  74 Tübingen 6, Hauptstr. 114
Steinbrucker, Christel
  1 Berlin 41, Südwestkorso 14
Steinbrucker, Theo, StD.
  1 Berlin 41, Südwestkorso 14
Steinecke, Albrecht, Student
  23 Kiel, Lehmberg 9
Steinhäuser, Karin, Akad. Rat
  5 Köln 1, Moltkestr. 99
Steinkamp, Horst, Student
  4703 Bönen, Bahnhofstr. 31
Steinke, Ulrich, Student
  3554 Cappel, Schillerstr. 6

Steinmetz, Otto, StRef.
 35 Kassel, Kurt-Schumacher-Str. 27
Steinsiek, Otto, OStR.
 28 Bremen, Habenhauser Windmühlenberg 63
Stemzel, Malyine, Dr. Univ. Ober-Ass.
 A-5061 Glasenbach, Hellbr.-Verbindungsstr. 5
Stenzel, Rüdiger, Prof. Dr.
 7505 Ettlingen, Mozartstr. 13
Sticker, Anna, Dr. h. c. Schriftstellerin
 4 Düsseldorf 31-Kaiserswerth
 Kesselsbergweg 17
Sticker, Elisabeth, OStR.
 4 Düsseldorf 31-Kaiserswerth
 Kesselsbergweg 17
Stiehl, Eckart, Dr. Wiss. Ass.
 534 Bad Honnef, Kreuzweidenstr. 73
Stierlen, Heidrun, Studentin
 7144 Asperg, Grafenbühlstr. 28
Stiller, Wolfhart, StR.
 1 Berlin 41, Sieglindestr. 3
Stobbe, Keith, StR.
 6836 Oftersheim, Hardtwaldring 97
Stonjek, Diether, Dr. Wiss. Ass.
 45 Osnabrück, Klaus-Stürmer-Str. 19
Stonjek, Ilse, OStR.
 45 Osnabrück, Knappsbrink 30
Storkebaum, Werner, Dr. StD.
 29 Oldenburg, Roggemannstr. 27
Stoth, Rudolf, Fachleiter
 5768 Sundern, Michaelstr. 29
Strätz, Barbara, Studentin
 29 Oldenburg, Habichtsweg 15
Stratmann, Thomas, Student
 5620 Velbert, Kampstr. 6
Strauss, Emil, Student
 A-6060 Arsam-Eichat, Kreuzstraße 17
Strobel, Jane, Stud.
 75 Karlsruhe, Gartenstr. 1
Stroebel, Karl, Redakteur
 68 Mannheim 1, Mollstr. 15
Stroh, Jochem, Student
 565 Solingen, Bismarckstr. 151
Stroppe, Werner, Lehrer
 8031 Stockdorf, Baierplatz 2
Strümpler, Helmut, Seminarleiter
 2862 Worpswede, Auf der Dohnhorst 6
Stubert, Rudolf, Gym.-Prof.
 8650 Kulmbach, Weiherer Str. 20
Stucke, Manfred, LAA.
 498 Bünde 1, Holzhauser Str. 67
Stuckmann, Günther, Dr. Akad. Rat
 3012 Langenhagen, Eifelweg 18

Stübner, Kurt, Dr. OStR.
 3501 Fuldabrück, Untere Feldstr. 7
Sturm, Rolf, Dr. Wiss. Ass.
 7 Stuttgart 80, Tangegartstr. 13
Stutzkowsky, Herbert
 519 Stolberg/Rhld., Hastenrather Str. 154
Supp, Joachim, Doktorand
 53 Bonn 1, Dorotheenstr. 157
Szieleit, Frank-Heino, StRef.
 1 Berlin 28, Edelhofdamm 57

Tangermann, Karin, Lektorats-Ass.
 33 Braunschweig, Georg-Westermann-
 Allee 66
Taubert, Karl, Dr. Doz.
 3001 Bennigsen, Schieranger 14
Taubmann, Wolfgang, Dr. StR.
 84 Regensburg, Alfons-Auer-Str. 16a
Teichert, Klaus, Dipl.-Hdl. OStR.
 62 Wiesbaden, Wilhelminenstr. 37
Temlitz, Klaus, Dr. Wiss. Ass.
 44 Münster, Wolbecker Str. 170
Terhalle, Hermann, Dr. StR.
 4426 Vreden, Adelheidstr. 34
Terlingen, M. J. M., Dr.
 Hilvarenbeek/NL, Valentina-Tereskowa
 Straat 4
Teschendorff, Wolfgang, Wiss. Ass.
 51 Aachen, Wittekindstr. 4
Tesdorpf, Jürgen, Dr. Wiss. Ass.
 78 Freiburg, Reichsgrafenstr. 6
Teufel, Hannelore, Studentin
 7987 Weingarten, Päd. Hochschule
Teune, Peter, Dr. Doz.
 Oisterwijk/NL, Berkenlaan 52
Thauer, Walter, Dr. Redaktionsleiter
 4814 Senne I, Friedhofstr. 116
Theens, Dietmar, Dr.
 2352 Wattenbek, Hermann-Berndt-Str. 5
Thiede, Hans-Henning, Student
 34 Göttingen, Reinhäuser Landstr. 42
Thiele, Helmut, StD.
 35 Kassel-Wilh., Pangesweg 7
Thiem, Marlis, Realschullehrerin
 3004 Isernhagen N. B.-Süd, Elsternbusch 6
Thiem, Wolfgang, Dr. StR.
 3004 Isernhagen N. B.-Süd, Elsternbusch 6
Thieme, Günter, StRef.
 5452 Weissenthurm, Hauptstr. 175
Thieme, Karlheinz, Dipl.-Geogr.
 483 Gütersloh 1, Antenbruks Weg 23
Thierling, Erhard, StR.
 3418 Uslar, Lärchenweg 7

Thies, Ellen, Wiss. Ass. Realsch.-Lehrerin
334 Wolfenbüttel, Ahlumer Str. 88
Thieße, Barbara, Studentin
355 Marburg, Weidenhäuser Str. 60
Thieße, Frank, Student
355 Marburg, Weidenhäuser Str. 60
Tholl, Reinhard, Student
552 Bitburg, Heinrichstr. 14
Thomale, Eckhard, Dr. Wiss. Ass.
355 Marburg, Rotenberg 14
Thomas, Arndt, Student
355 Marburg, Weidenhäuserstr. 60
Thomas, Charlotte
54 Koblenz, Linnéstr. 8
Thomas, Rudolf, Dr. Akad. Oberrat
54 Koblenz, Linnéstr. 8
Thomé, Helga, Studentin
463 Bochum, Auf dem Aspei 52
Thomes, Alois, Wiss. Ass.
44 Münster, Hans-Kleve-Weg 12
Thorwarth, German, Gym. Prof.
87 Würzburg, Silcherstr. 30
Thumerer, Renate, Studentin
239 Flensburg, Osterkoppel 32
Thumerer, Richard, Student
239 Flensburg, Osterkoppel 32
Tichy, Franz, Prof. Dr.
852 Erlangen, Spardorfer Str. 51
Tietze, Wolf, Dr.
3180 Wolfsburg, Einsteinstraße 5
Tiggemann, Rolf, Dipl.-Geogr.
44 Münster, Niesertstr. 15
Tiggemann, Ulrike, StRef.
44 Münster, Niesertstr. 15
Tillig, Maria, StAss.
4 Düsseldorf 1, Gutenbergstr. 47
Timmermann, Otto Friedrich, Prof. Dr.
5 Köln 51, Mönkestr. 3
Tippkötter, Rolf, Student
3001 Eigenbostel, Danzigerstr. 24
Tkocz, Hilmar, OStR.
86 Bamberg, Schiffbauplatz 2
Toepfer, Helmuth, Dr. Wiss. Ass.
504 Brühl, Schlaunstr. 2
Topel, Theo, Dipl.-Geogr. Redakteur
33 Braunschweig, Lange Str. 40
Topp, Manfred, Dr.
61 Darmstadt, Erbacher Str. 99
Trauth, Gerhard, Stud.-Direktor
675 Kaiserslautern, Rörschwaldstr. 10
Treter, Uwe, Dr. Wiss. Ass.
23 Kiel, Geogr. Inst.

Triska, Gerhard, StAss.
73 Esslingen/N., Auchtweg 93
Tschierske, H., Dr. OStD.
862 Lichtenfels, Sonnleite 8
Tschorn, Wolfgang, Student
355 Marburg, Schneidersberg 3
Türk, Gottfried, Student
69 Heidelberg, Seminarstr. 2
Tzschaschel, Sabine, Studentin
8 München 80, Richard Strauß-Str. 19

Ubbens, Wilma, Ass. OStR.
707 Schwäb. Gmünd, Berliner Weg 49
Uhlig, Harald, Prof. Dr.
6301 Krofdorf, Neuer Weg
Uhrig, Horst, Dr.
5309 Meckenheim, Dechant-Kreiten-Str. 14
Ulrich, Christoph, Student
355 Marburg, Weidenhäuserstr. 75
Uppendahl, Wilhelm, Realschullehrer
2 Norderstedt 2, Fasanenweg 70
Usinger, Walter, StD.
672 Speyer, Am Spinnrädel 5

Valentin, Hartmut, Prof. Dr.
1 Berlin 41, Paulsenstr. 53
Veit, Ursula, Studentin
355 Marburg, Wettergasse 43
Verbeek, H., Dr. Doz.
Amsterdam/NL., Hetlaagt 202
Verduin-Muller, Henriätte, Dr. Univ. Doz.
Maartensdyk/NL., Valklaan 17
Verpoort, Ruth, Studentin
355 Marburg, Steinweg 12
Vetter, Friedrich, Ass.-Prof. Dr.
1 Berlin 38, Spanische Allee 95c
Visser, Ulrike, Studentin
34 Göttingen, Am Brachfelde 11
Vogel, Nikolaus, stud. rer. nat.
6000 Frankfurt/M 90, Solmsstr. 5
Vogelsang, Roland, Dr. Wiss. Ass.
479 Paderborn, Engernweg 26
Vogler, Lutz, Wiss. Ass.
1 Berlin 12, Sybelstr.
Vogt, Henri, Dr. Doz.
F 67100 Strasbourg, Rue de Benfeld 11
Voigt, Christa, Wiss. Ass.
1 Berlin 41, Odenwaldstr. 7
Voigt, Hartmut, Student
5982 Neuenrade, Wieser Weg 51
Volkmann, Hartmut, Dr. StR.
6501 Bodenheim, Rheinallee 25
Voll, Dieter, Wiss. Ass.
1 Berlin 10, Iburger Ufer 4

Vollhardt, Uwe, StR.
  3501 Dörnberg
Vollmar, Rainer, Dipl.-Geogr. Wiss. Ass.
  1 Berlin, Detmolder Str. 66
Volz, Peter
  7310 Blochingen, Im Burris 12
Vonderbank, Klaus, Dipl.-Geogr.
  7404 Ofterdingen, Burggasse 1
Voppel, Götz, Prof. Dr.
  3 Hannover, Eickenriede 3 E
Vorlaufer, Karl, Prof. Dr.
  6 Frankfurt, Arzelbergstr. 21

Wabnitz, Erika, Studentin
  66 Saarbrücken, Geogr. Inst.
Wäldele, Wolfgang, Student
  75 Karlsruhe, Grabenstr. 9
Wäldin, Eckart, Student
  7502 Malsch, Merkurstr. 4
Wagner, Brigitte, Studentin
  78 Freiburg, Zasiusstr. 60
Wagner, Martha, Studentin
  78 Freiburg, Alemannensteige 3
Wagner, Werner, OStR.
  866 Münchberg, Friedlandstr. 3
Wahle, Ilse, Lehrerin
  48 Bielefeld, Lange Wiese 27
Wallbaum, Ursula, Studentin
  56 Wuppertal 1, Ob. Grifflenberg 155
Wallich, Heinrich, Dipl. Hdl., Oberstudienrat
  6796 Schönenberg-Kübelberg,
  Am Klingbach 7
Walter, Hans-Hubert, Akad. Oberrat
  4791 Schwaney, Am Brokhof 311
Walter, Inge, Lehrerin
  43 Essen, Planckstr. 35
Walter, Lothar, StRef.
  1 Berlin 27, Süderholmer Weg 16
Walter Monika, StRef.
  75 Karlsruhe 21, Agathenstr. 52
Walter, Ruthard, Lehrer z. A.
  75 Karlsruhe 21, Agathenstr. 52
Walther, Dierk, Student
  5931 Netphen-Deuz, Am Freibad 16
Warnke, Fritz, Amtmann
  Witzenhausen, Rosenweg 2
Warrlich, Marianne, OStR.
  85 Nürnberg, Reichelsdorfer Hauptstr. 160
Wauer, Harald, Student
  78 Freiburg, Markgrafenstr. 93
Weber, Hans-Ulrich, Dipl.-Geogr. Dr. Wiss. Ass.
  463 Bochum, Gutenbergstr. 17

Weber, Peter, Prof. Dr.
  355 Marburg, Weintrautstr. 12
Weber, Petra, StR.
  3548 Arolsen, Mannelstr. 3
Weck, Dagmar, Studentin
  463 Bochum, Hans-Böckler-Str. 26/b
Wedler, Ingeborg, Lektorin
  7 Stuttgart/Klett
Wegmann, Klaus, StR. z. A.
  5 Köln 91, Wodanstr. 4
Wegmann, Rosemarie, StR.
  5 Köln 91, Wodanstr. 4
Wehrhahn, Ernst, Student
  4 Düsseldorf 1, Albertstr. 63
Weichbrodt, Ernst. Dipl.-Geogr. Wiss. Ass.
  1 Berlin 37, Hammerstr. 54
Weichmann, Udo, OStR.
  854 Schwabach, Gutenbergstr. 12.
Weicker, Martin, Student
  78 Freiburg, Sundgauallee 4—10/09
Weidauer, Walter, Studienassessor
  758 Bühl, Nelkenstr. 24
Weidner, Magdalene, Studentin
  35 Kassel, Wißmannstr. 66 B
Weigand, Karl, Prof. Dr.
  239 Flensburg, Jahnstr. 2
Weigand, Marga
  239 Flensburg, Jahnstr. 2
Weigt, Ernst, Dr. phil. Univ. Prof.
  85 Nürnberg, Lohengrinstr. 23
Weiler, Ulrich, Student
  2901 Metjendorf, Schulweg 20
Weilinger, Hermann, Student
  A-1210 Wien, Freytaggasse 4/16/9
Weis, Albrecht, Redakteur
  33 Braunschweig, Burgplatz 1
Weis, Antje
  78 Freiburg, Horbenerstr. 8
Weis, Wolfgang, Gymn. Prof.
  78 Freiburg, Horbenerstr. 8
Weise, Otfried R., Dr. Wiss. Ass.
  87 Würzburg, Schwabenstr. 16
Weise, Otto, Dr. Wiss. Ass.
  48 Bielefeld, In den Barkwiesen 10
Weiss, Berno, Student
  757 Baden-Baden, Im Eichelgarten 2
Weiß, Elfriede
  721 Rottweil, Karpfenweg 9
Weiß, Joachim, Student
  752 Leonberg, Karlstr. 35
Weiß, Sigrid, Studentin
  6 Bergen-Enkheim, Danziger Str. 3

Weißinger, Kurt, Studienrat
  2223 Meldorf, Jungfernstieg 12
Weit, Eberhard, Lehrer (GHS)
  7931 Rechtenstein, Obere Aue 99
Wendebourg, Falke, Dipl.-Geogr. Wiss. Ref.
  5 Köln 1, Elisenstr. 13
Wenke, Ingo-Gerald, Dipl.-Geogr. Redakteur
  479 Paderborn, Im Lichtenfeld 72
Wenzel, Hans-Joachim, Dr. Doz.
  63 Gießen, Professorenweg 9
Werner, Bruno, Realschullehrer
  492 Lemgo, Wilmersiek 15
Werner, Dietrich, Dr. Wiss. Ass.
  23 Kiel 1, Holtenauer Str. 348
Werner, Frank, Dr. Ass. Prof.
  1 Berlin 41, Friedrichsruher Str. 54
Werner, Hans-Ulrich, StRef.
  61 Darmstadt, Bruchwiesenstr. 6
Wertz, Michael, Student
  66 Saarbrücken, Geogr. Inst.
Westermann, Bernd, StR.
  4155 Grefrath 1, Burgweg 30a
Wetzel, Konrad, StRef.
  28 Bremen, Saarlauterner Str. 38
Wiebe, Dietrich, Dr. Wiss. Ass.
  23 Kiel 1, Sophienblatt 48
Wiedemann, Gertrud, StD.
  6980 Wertheim, Schützenstr. 11
Wiegand, Gottfried, Dr. Wiss. Ass.
  463 Bochum-Querenburg, Buscheystr.
Wieger, Axel, Wiss. Ass.
  51 Aachen, Mittelstr. 11
Wiegmann, Hans-Peter, Student
  33 Braunschweig, Am Tafelacker 4
Wiehl, Heinrich, Realschullehrer
  6453 Seligenstadt, Marianstr. 22
Wiertz, Hannelore, Dipl.-Geogr. Wiss. Ass.
  463 Bochum, Marktstr. 407 B
Wiesner, Karl-Peter, M. A.
  5483 Bad Neuenahr-Ahrweiler 31,
  Frankenstr. 24a
Wilke, Gisela
  5109 Kalterherberg, Theisbaumweg 23
Wille, Franz, Student
  6020 Innsbruck, Frau Hitlstr. 14
Wille, Volker, Dr.
  3001 Kleinburgwedel, Wallstraße 188
Williger, Elisabeth, OStR.
  5 Köln 60, An der Flora 7
Willingshofer, Rainer, Dipl.-Geogr.
  2 Hamburg 50, Lippmannstr. 57
Willmes, Monika, Studentin
  3551 Wehrda, Marburger Str. 2

Wimmer, Angelika,
  463 Bochum, Braunsbergerstr. 58
Wimmer, Gerold, Lehrer
  1 Berlin 48, Greizer Str. 28
Winckler, Eckart, Päd. Mitarbeiter
  6331 Lützellinden, Sudetenlandstr. 6
Windhorst, Hans-Wilhelm, Dr. Wiss. Ass.
  2848 Vechta, Gerhart-Hauptmann-Str. 11c
Winkler, Peter-Michael, Student
  7141 Großbottwar, Wendenstr. 24
Winter, Eckhard, StRef.
  3013 Barsinghausen, Langenäcker 4
Winter, Margot, Studentin
  7845 Ruggingen, Eisenbahnstr. 6
Wirth, Eugen, Prof. Dr.
  852 Erlangen, Membacher Weg 41
Witt, Jürgen, Student
  2171 Lamstedt, Nindorf Nr. 21
Witt, Knut, Dr. Lehrer
  2 Hamburg 52, Stockkamp 5
Wittich, H. Jochen, StR.
  6079 Buchschlag, Im Bachgrund 3c
Wittig, Klaus, Student
  23 Kiel, Körnerstr. 3
Wittmann, Hans Friedrich, Dipl.-Geogr., Wiss. Ass.
  3 Hannover-Buchholz, An der Silberkuhle 1
Wochinger, Helga
  5 Köln 41, Sulzgürtel 56
Wocke, M. F., Prof. Dr.
  314 Lüneburg, Wilchenbrucher Weg 85
Wöhlke, Wilhelm, Prof. Dr.
  1 Berlin 37, Heimat 61a
Wöhrle, Hermann, Student
  7746 Hornberg, Leimattenstr. 5
Wohlschlägl, Helmut, Wiss. Ass.
  A-1230 Wien, Taglieberstraße 6/5/5
Wolcke, Rainer, Lehrer
  2 Hamburg 61, Sethweg 65
Wolf, Cornelia, Studentin
  78 Freiburg, Ebneterstr. 5
Wolf, Klaus
  6236 Eschborn 1, Hamburger Str. 1/XII
Wolf, Roland, Student
  7987 Weingarten, Päd. Hochschule
Wolfermann, Gisela, Dipl.-Geogr. Wiss. Ass.
  1 Berlin 65, Sparrstr. 22
Wolff, Irmtrud, Studentin
  463 Bochum, Markstr. 391
Wroz, Winfried
  355 Marburg, Friedr.-Ebert-Str. 29
Wudtke, Ingrid, StD.
  415 Krefeld, Fr.-Ebert-Str. 150

Wübbenhorst, Edo, Student
 33 Braunschweig, Auerstraße 5
Wunderlich, Doris, Studentin
 5 Köln 41, Säckinger Str. 14
Wycisk, Heidrun, StR. z. A.
 43 Essen, Baumstr. 6

Zaft, Hans-Joachim, StR.
 28 Bremen, Lübecker Str. 14
Zaft, Silke
 28 Bremen, Lübecker Str. 14
Zemlin, Beate, Studentin
 3250 Hameln, Langes Kreuz 2
Zenge, Gerhard, OStR.
 228 Westerland/Sylt, Friesische Str. 56a
Zepmeisel, Thomas, Student
 1 Berlin 31, Halenseestr. 1 A
Zepp, Josef, Dr., o. Prof.
 5 Köln 60, Lohmüllerstr. 32
Zickenheimer, Georg-Wilhelm, Prof. Dr.
 1 Berlin 27, Rautensteig 11a
Ziegler, Gert, Dipl.-Geogr. Akad. Rat
 5 Köln 51, Mannsfelder Str. 18
Ziegler, Monika, Studentin
 7 Stuttgart 1, Elisabethenstr. 29
Ziemendorff, Berthold, OStR.
 6233 Kelkheim, Feldbergstr. 67
Zimmer, Dietrich, Dr. Akad. Rat
 5503 Konz, St.- Ursula-Str. 9
Zimmermann, Gerd R., Dr. Wiss. Ass.
 65 Mainz, Geogr. Inst.
Zimmermann, Wolfgang, Student
 34 Göttingen, Weidenbreite 8
Zögner, Lothar, Dr. Bibl.-Dir.
 1 Berlin 42, Burgherrenstr. 7
Zschocke, Reinhart, Dr. Wiss. Rat u. Prof.
 5023 Lövenich b.Köln, Wupperstr. 49
Zwittkovits, Franz, Dr.
 A-2492 Zillingdorf, Am Griss 3
Zylka, Hans-Jürgen, Ing. f. Landkartent.
 1 Berlin 30, Nachodstr. 19
Zylka, Renate, Studentin
 1 Berlin 45, Schwaflostraße 22
Zywietz, Gerhard, OStR.
 282 Bremen 70, An der Aue 28

II. VERLAUF DER TAGUNG

1. Tagungsfolge

Das Programm des 39. Deutschen Geographentages lief nach folgendem Plan ab[1]:

Dienstag, 12. Juni 1973

Vormittags:	Eröffnungssitzung: Begrüßungsansprachen, Rahmenthema
Nachmittags:	Sitzung: Didaktik der Geographie
Abends:	Podiumsdiskussion

Mittwoch, 13. Juni 1973

Vormittags und nachmittags:	Sitzung: Geographie und Entwicklungsländerforschung
Nachmittags:	Sitzung: Didaktik der Geographie

Donnerstag, 14. Juni 1973

Vormittags:	Sitzung: Raumordnung und Landesplanung
Vormittags und nachmittags:	Sitzung: Landschaftsökologie und Umweltforschung
Nachmittags:	Sitzung: Thematische Kartographie
Nachmittags:	Schlußversammlung des Geographentages
Abends:	Geselliger Abschlußabend

---

[1] Themen und Reihenfolge der in den einzelnen Sitzungen gehaltenen Vorträge siehe Inhaltsverzeichnis

Verlauf der Tagung

Besichtigungsfahrten und Exkursionen

Exkursionen

Mittwoch, 13. Juni 1973

Kassel als Dienstleistungszentrum (Standorthäufungen und daraus resultierende Verkehrsprobleme). Wachstumsimpulse und ihre Auswirkungen auf die wirtschafts- und sozialräumliche Gliederung der Stadt (Industrieansiedlung und Erschließung neuer Industrieflächen, Errichtung von „Wohnstädten", Gesamthochschulstandort)

Freitag, 15. Juni 1973

Der Knüll. Beispiel eines dezentralen Schwächeraumes und seiner Entwicklungsproblematik, Leitung: R. MEYER
Der hessische Braunkohlebergbau und seine ökologischen Probleme, Leitung: H. DONGUS
Sulfatkarst im Ausstrich des Zechsteins am südwestlichen Harzrand (Schwerpunkt: Prozesse und Prozeßbilanzen), Leitung: K. PRIESNITZ
Salzgitter, Neuplanung einer Fehlplanung, Leitung: H. J. NITZ — H. TRIBIAN
Entwicklungsprobleme und Planungsaufgaben im Westharz: Fremdenverkehr — Landschaftsschäden — Wasserwirtschaft, Leitung: D. UTHOFF
Verebnungsflächen im Buntsandstein und ihr Verhältnis zu Flächen in anderen Gesteinen im Fulda-Werra-Bergland, Leitung: C. C. LIEBMANN

Samstag, 16. Juni 1973

Fritzlarer Becken und Schwalm. Agrarstrukturprobleme nordhessischer Beckenlandschaften, Leitung: A. PLETSCH
Werratal und Ringgau. Siedlungsgenese im Grenzraum Osthessen — Thüringen, Leitung: I. LEISTER
Die Rhön. Siedlungs- und agrargeographische Strukturen, Leitung: W. RÖLL
Die Terrassen der Werra zwischen Richelsdorfer Gebirge und Eichenberg, Leitung: K. U. BROSCHE

Freitag/Samstag, 15./16. Juni 1973

Das Oberwesergebiet. Kleinstädte und ihre Entwicklungsprobleme, Waldbergland als Standort von Gewerbe und Erholung, Standortfaktoren eines Atomkraftwerkes (Würgassen), Leitung: R. KLÖPPER
Das Waldecker Land. Umformungsprozesse in der Kulturlandschaft seit dem Spätmittelalter, Leitung: K. ENGELHARD
Bevölkerungsstruktur, Bevölkerungsbewegung und Kulturlandschaftswandel im Gebiet von Eschwege, Leitung: W. WÖHLKE
Regional- und Ortsplanung als Aufgabe der Angewandten Geographie am Beispiel Mittelhessens, Leitung: W. MÖWES, H. DANNEBERG, J. LEIB
Oberharz, der Fremdenverkehr in Nachfolge des Bergbaus, Leitung: F. JÄGER

Als Festschrift zum Geographentag Kassel wurde den Teilnehmern Heft 60 der „Marburger Geographischen Schriften" überreicht.

BEITRÄGE ZUR LANDESKUNDE VON NORDHESSEN

FESTSCHRIFT

zum 39. Deutschen Geographentag vom 11. bis 16. Juni in Kassel

herausgegeben von

Martin Born

Marburg/Lahn 1973

M. Born:	Nordhessen: Einheit und Gegensatz
A. Semmel:	Geomorphologische Fragen im Kasseler Raum
R. Herrmann:	Eine multivariate statistische Klimagliederung Nordhessens und angrenzender Gebiete
H. Michaelis:	Wirtschaftsgeographische und verkehrsgeographische Schwerpunkte im Raum Kassel
H. Petereit:	Zur Flächennutzungsplanung in der Stadt Kassel und im engeren Umlandbereich
G. Gömann:	Der Pendlereinzugsbereich der Stadt Kassel
W. Schrader:	Der Regionalflughafen Kassel-Calden als Indikator für strukturelle Veränderungen im nordhessischen Raum
H. X. Ostertag:	Ausgewählte Strukturdaten der Region Nordhessen
W. Döpp:	Die Industrie in Nordhessen. Standortnetz — Strukturmerkmale — Siedlungen als Industriestandorte
P. Weber:	Demographische Daten als Merkmale sozialräumlicher Strukturen in der Planungsregion Nordhessen
K. Engelhard:	Kulturlandschaftsveränderungen am Nordostrande des Rheinischen Schiefergebirges zwischen Schwalm und Diemel im Zeitalter der Industrialisierung
H. Hildebrandt:	Grundzüge der ländlichen Besiedlung nordhessischer Buntsandsteinlandschaften im Mittelalter
A. Pletsch:	Agrarstrukturelle Wandlungen in der Niederhessischen Senke
F. Fuchs:	Die Rhön — Wandlungen der Kulturlandschaft eines Mittelgebirgsraumes
W. Brüschke, L. Vogler, W. Wöhlke:	Prozesse der Kulturlandschaftsgestaltung: Empirische Untersuchungen zu raumrelevanten Verhaltensweisen gesellschaftlicher Gruppierungen am Beispiel von neun ländlichen Gemeinden des Kreises Eschwege
H. Schulze-Göbel:	Der ländliche Fremdenverkehr und seine Funktion in der Raumplanung
H. Dickel, W. Döpp:	Funktionelle und strukturelle Umorientierung im regionalen und lokalen Gefüge des Lebensmitteleinzelhandels im Raum Marburg

2. Ansprachen zur Eröffnung des Geographentages

Eröffnungsansprache des 1. Vorsitzenden des Zentralverbandes Deutscher Geographen, Prof. Dr. C. Rathjens (Saarbrücken):

Meine Damen und Herren!

Im Namen des Zentralverbandes der Deutschen Geographen eröffne ich den 39. Deutschen Geographentag und begrüße Sie herzlich als Teilnehmer und Gäste. Der Vorstand war sich darin einig, daß schon dieser Vormittag zu einer Arbeitssitzung mit Diskussionsmöglichkeiten gestaltet werden sollte. Daher werden Sie uns nachsehen, daß wir auf ausführliche Begrüßungsworte ebenso verzichten wie auf einen eingehenden Lage- und Tätigkeitsbericht. Im Augenblick wäre zu dem vorzüglichen Überblick nur wenig hinzuzufügen, den mein Vorgänger Kollege Schöller 1971 in Nürnberg gegeben hat. Über organisatorische Fragen wird in der Schlußsitzung zu berichten sein.

Wir danken zunächst der Stadt Kassel, vertreten durch den Herrn Oberbürgermeister, daß sie uns die Durchführung eines so großen Kongresses in ihren Mauern ermöglicht hat. Wir haben bei der Wahl des Standortes natürlich sehr stark an die neugegründete Gesamthochschule gedacht, hier durch ihre Präsidentin vertreten, an der die Geographie bisher leider noch nicht die Stellung gefunden hat, die sie zum Tagungsträger hätte machen können. Um so mehr sind wir den Kasseler Schulgeographen zu Dank verpflichtet, die erst vor wenigen Jahren bei einem Schulgeographentag Erfahrungen gesammelt haben. Außerdem hat sich eine Reihe von Kollegen der Nachbaruniversitäten Marburg und Göttingen mit vielfältigen Aufgaben eingesetzt. Unser Dank gehört schließlich auch dem Herrn Kultusminister von Hessen, Professor von Friedeburg, der uns nicht nur einen namhaften finanziellen Zuschuß bewilligte, sondern sich auch als erster Vortragsredner dieses Morgens zu einem höchst aktuellen Thema zur Verfügung gestellt hat.

Internationale Zusammenarbeit ist für unser Fach mehr denn je unentbehrlich. Erfreulicherweise sind wieder viele Geographen aus dem benachbarten Auslande zu uns gekommen. Von Frankreich bis Jugoslawien, von Dänemark bis Österreich können wir viele Kollegen aus Nachbarländern bei uns begrüßen. Professor Dresch, Paris, derzeit Präsident der Internationalen Geographenunion, und Akademiker Gerasimov, Vorsitzender des nächsten Internationalen Geographenkongresses 1976 in Moskau, haben uns schriftlich einen erfolgreichen Verlauf der Tagung gewünscht. Wir sind froh, Professor Leszczycki, Präsident 1968—72 und derzeit Vizepräsident der Internationalen Geographenunion, Direktor des Geographischen Instituts der Polnischen Akademie der Wissenschaften in Warschau, unter uns zu haben, er wird anschließend einige Worte an uns richten.

Erlauben Sie mir noch einige Sätze zum Programm, zumal dieses in den letzten Monaten nicht ohne Kritik geblieben ist. An wissenschaftlichem Umfang und Gewicht wird sich dieser Geographentag nicht mit dem von Erlangen/Nürnberg vor zwei Jahren messen können, dessen Ergebnisse nun in vier stattlichen Bänden vorliegen. In diesem Punkte schien uns der letzte Geographentag kein erreichbares, aber auch kein unbedingt erstrebenswertes Vorbild. Wir hoffen, daß Kassel seinen Niederschlag wieder in einem einzigen erschwinglichen Verhandlungsbande finden kann. Der durch viele Fakten begründete Zwang zur zeitlichen und sachlichen Raffung legte es nahe, einmal Fragen der Didaktik unseres Faches in den Vordergrund zu rücken, die heute Schule und Hochschule mehr und mehr beschäftigen, und zwar mit Rücksicht auf die Lehrer, die meist keine Pfingstferien mehr haben, schon an den ersten beiden Tagen. Das Ferienproblem ist übrigens auch Schuld daran, daß wir aus Nordrhein-Westfalen nur so wenige Teilnehmer verzeichnen können. Die wichtigste Frage, der sich die Geographie heute konfrontiert sieht, ist meines Erachtens ferner ihre Anwendung in Staat und Gesellschaft, also in der Raumordnung und Landesplanung, in der Entwicklungsländerforschung und der Umweltforschung. Im Rahmen der letzteren war es nötig, die in Erlangen so fruchtbar begonnene Diskussion um die Landschaftsökologie fortzuführen. Nur am Rande sei bemerkt, daß hier auch die Geomorphologie Verpflichtungen hat und durchaus mehr Platz hätte finden können. Wieweit dieser Programmplan gelungen ist, mögen Sie selbst beurteilen und in rückhaltloser Kritik zum Ausdruck bringen. In Zukunft wird es erforderlich sein, neben dem Geographentag die Veranstaltungen der Teilverbände noch besser arbeitsteilig aufeinander abzustimmen. Ehe wir nun an die Arbeit gehen, möchte ich Sie bitten, den Anstrengungen und dem guten Willen der Veranstalter Gerechtigkeit widerfahren zu lassen.

Begrüßungsansprache des Oberbürgermeisters der Stadt Kassel, Dr. Karl Branner

Ihnen allen darf ich die herzlichen Grüße der Stadt Kassel und ihrer Körperschaften übermitteln, und in diesem Gruß möchte ich Sie, Herr Kultusminister, an erster Stelle mit einschließen; nicht zuletzt wegen Ihres heutigen Referats über ein für uns hier in Kassel besonders wichtiges und naheliegendes Thema sind Sie uns — dazu bedarf es sicher keiner ausführlichen Begründung — besonders willkommen. Einen ebenso herzlichen Gruß entbiete ich den ausländischen Referenten und Tagungsteilnehmern, die in diesen Tagen Gäste unserer Stadt sind.

Ich bitte um Nachsicht, wenn ich wegen der Anwesenheit so vieler namhafter Vertreter von Wissenschaft und Forschung sowie des öffentlichen Lebens statt einer weiteren namentlichen Begrüßung Sie alle ebenso kurz wie herzlich willkommen heiße.

Ich darf das gleiche Verständnis voraussetzen, wenn ich versichere, daß diese an Namen und Teilnehmerzahl so reiche Tagung für unsere Stadt Kassel ein besonderer Anlaß zur Freude ist — Freude darüber, daß eine so große und bedeutende Bundestagung wie der Deutsche Geographentag in Kassel stattfindet.

Sie alle haben hoffentlich Gelegenheit, sich von den Vorzügen Kassels als Tagungs- und Kongreßstadt zu überzeugen; Sie würden dabei allerdings auch erkennen, wie notwendig ein Ausbau der vorhandenen Tagungsstätte selbst ist. Aus städtischer Sicht bedeutet dies für uns eine vordringliche Aufgabe, und wir rechnen — Herr Kultusminister Professor von Friedeburg weiß das ebenso gut wie sein als Wirtschaftsminister zuständiger Kollege in Wiesbaden — damit, daß auch die Hessische Landesregierung uns tatkräftig bei den Bestrebungen unterstützt, um die Chancen unserer Stadt als Tagungs- und Kongreßstadt — die sich ja nicht zuletzt aus ihrer günstigen geographischen Lage ergeben — künftig noch besser nutzen zu können.

Wenn auch über die entsprechende Planung und Größenordnung einer Landeshilfe noch verhandelt wird, so glaube ich doch heute schon ruhigen Gewissens versprechen zu können, daß Sie zu Ihrem nächsten Deutschen Geographentag in Kassel bestimmt großzügigere und modernere Einrichtungen vorfinden werden, denn die voraussehbare Frist von über zwei Jahrzehnten, bis der Deutsche Geographentag erneut nach Hessen und dann möglicherweise wieder nach Kassel kommen wird, dürfte bestimmt ausreichen, um mit dem Land Hessen über diese geplanten Maßnahmen einig geworden zu sein.

Ich meine, Herr Kultusminister, dahin werden auch Sie mir als der anwesende Vertreter der Landesregierung beipflichten können, im Gegensatz zu den Problemen um den Ausbau der Integrierten Gesamthochschule Kassel kann sich aus einer solchen Zustimmung für Sie ja sicherlich weder Zeitdruck noch Zugzwang ergeben.

Allerdings — um das gleich hinzuzufügen — bei aller berechtigten Ungeduld, mit der von vielen Seiten, wie von Herrn Professor Rathjens in seiner Eröffnungsansprache aus der Sicht der wissenschaftlichen Lehre zu hören war, so auch aus der Interessenlage der Stadt die Weiterentwicklung der Integrierten Gesamthochschule Kassel verfolgt wird, darf doch der Objektivität willen nicht übersehen werden, wie schnell sich das Land nicht nur zur Gründung dieses Hochschulmodells entschlossen hat, sondern auch unverzüglich an ihren Aufbau gegangen ist.

Schneller war nur noch, und dazu muß ich den leitenden Herren des Zentralverbandes Deutscher Geographen mein Kompliment machen, der Vorstand Ihrer Vereinigung mit seinem Beschluß, diesen Deutschen Geographentag 1973 in gewohnter Weise in einer Universitätsstadt, nämlich in der Hochschulstadt Kassel zu veranstalten, obwohl diese Stadt damals zwar längst Hochschulstadt werden wollte, aber die Gründung der Gesamthochschule von der Landesregierung noch gar nicht beschlossen war.

Die naheliegende Vermutung, daß ein besonders guter Draht zwischen dem Kasseler Rathaus und Ihrem Verband bestehen muß, findet ihre Bestätigung darin, daß ein Kasseler Magistratsmitglied der Vorsitzende eines Ihrer drei Teilverbände ist, nämlich des Verbandes Deutscher Berufsgeographen.

Ich wage nicht zu beurteilen, ob sich aus dieser guten Verbindung nicht auch der Deutsche Schulgeographentag vor nunmehr fünf Jahren in Kassel ergeben haben könnte, obwohl Stadtrat Dr. Michaelis ja Berufsgeograph, genauer: Wirtschaftsgeograph ist.

Meine Damen und Herren, lassen Sie mich aber den Bereich des Spekulativen verlassen und auf den festen Boden des Faktischen und die konkrete Thematik dieses Geographentages zurückkehren.

Unsere Freude, daß Kassel für eine so große Tagung auserwählt wurde, wird verstärkt durch die Tatsache, daß Sie sich hier mit der vielseitigen Thematik und vielschichtigen Problematik der jungen, noch im Wachstumsstadium befindlichen Integrierten Gesamthochschule Kassel beschäftigen werden.

Vor allem aus den heutigen Referaten und der anschließenden Podiumsdiskussion dürfen wir wesentliche Erkenntnisse, Folgerungen und Impulse für die Weiterentwicklung dieser für den gesamten nordhessischen Raum, und — darüber hinaus — auch für eine zeitgemäße Hochschulstruktur in der Bundesrepublik so wichtigen Bildungsstätte erwarten. Sie können sicher sein, daß Sie mit der Behandlung dieser Fragen das besondere Interesse unserer Bürger finden werden, und zugleich ist gerade diese Konzentration auf die örtlich begrenzten Probleme des nordhessischen Raumes, dieser Region und der Mittelpunktstadt Kassel — mit der Sie dem Prinzip aller Geographentage durch die intensive Beschäftigung mit dem jeweiligen Tagungsgebiet treu bleiben — für die Öffentlichkeit eine anschauliche Demonstration des breitgefächerten Forschungs- und Anwendungsbereichs der modernen Geographie an einem überschaubaren Beispiel.

Meine Damen und Herren, ich möchte mich mit meinen Grußworten auf diese Feststellung beschränken, ohne mich auf das weitere und sehr weite Feld Ihres Fachgebietes und seiner Forschungsbereiche zu begeben, von dem ja das umfangreiche Vortragsprogramm von der Unterrichts-Didaktik über Fragen der Raumordnung und Landesplanung bis hin zu der Entwicklungsländerforschung und der Mitwirkung an der Lösung der Umweltprobleme bereits einen eindrucksvollen Begriff vermittelt.

Ich hoffe, daß Sie alle von dieser Tagung und diesen Tagen in Kassel bereichert an Ihre berufliche Wirkungsstätte zurückkehren werden, und zwar nicht nur mit neuen fachlichen Erkenntnissen, sondern ebenso auch mit erweiterten Kenntnissen über unser Kassel und Nordhessen sowie bereichert durch vielfältige und lebendige persönliche Eindrücke von unserer Stadt und unserer Umgebung.

In den letzten Teil dieser meiner Wünsche möchte ich vor allem auch Ihre Damen einschließen, die sich dem, was Stadt und Umgebung an kulturellen und landschafts-geographischen Vorzügen bieten, besonders intensiv widmen können. Daß sie dennoch dabei nicht den bequemsten Weg gehen und Anstrengungen nicht scheuen, beweist ihr Fitness-Programm; und wenn ich Ihre Interessen und diejenigen Ihrer Damen, die Sie gemeinsam zu dem Deutschen Geographentag 1973 hierher nach Kassel geführt haben, auf einen gemeinsamen Wunsch und Nenner bringen möchte, dann ist es der: Mögen diese drei Tage in Kassel für Sie alle ein erfolgreiches Fitness-Programm sein.

Begrüßungsworte des Vizepräsidenten der Internationalen Geographischen Union, Prof. Dr. S. Leszczycki (Warschau)

Herr Vorsitzender! Meine Damen und Herren!

Im Namen der Internationalen Geographischen Union möchte ich die Teilnehmer des 39. Deutschen Geographentages begrüßen und meine Zufriedenheit zum Ausdruck bringen, daß ich an dieser Tagung persönlich teilnehmen kann.

Die deutsche Geographie hat immer eine führende Rolle in der Welt gespielt. Im 19. Jahrhundert entstanden in Deutschland die herrlichen Synthesen des Wissens von der Erde, geschrieben von Alexander von Humboldt und Carl Ritter. Am Anfang des 20. Jahrhunderts haben die deutschen Geographen die Grundlagen für die Geographie als Wissenschaft geschaffen.

Bis zum heutigen Tage spielen die deutschen Geographen eine bedeutende Rolle in der Entwicklung der zeitgenössischen Geographie. Sie arbeiten auf allen Kontinenten in dem sehr breiten Bereich sämtlicher geographischer Disziplinen. Allgemein bekannt sind ihre Arbeiten auf dem internationalen Forum.

Sie nehmen einen sehr aktiven Anteil an den Arbeiten der Internationalen Geographischen Union. Die Union rechnet auf ihre Beteiligung an der internationalen Zusammenarbeit.

Sei es mir also gestattet, den deutschen Geographen — im Namen der Internationalen Geographischen Union — meine Glückwünsche anläßlich der bisherigen Errungenschaften auf dem Gebiet der Geographie auszusprechen und ihnen gleichzeitig weitere Erfolge zu wünschen.

3. Ansprachen zum Abschluß des Geographentages

Schlußansprache des scheidenden 1. Vorsitzenden des Zentralverbandes Deutscher Geographen, Professor Dr. C. Rathjens (Saarbrücken)

Meine Damen und Herren!

Wir stehen am Ende des Vortragsprogrammes des 39. Deutschen Geographentages. Viele von Ihnen wollen in den nächsten Tagen noch an Exkursionen teilnehmen, ich wünsche Ihnen dafür gutes Wetter, neue Erkenntnisse und anregende Diskussionen.

Die Neuformierung unserer Verbandsorganisationen hat seit dem 38. Geographentag 1971 in Erlangen/Nürnberg Fortschritte gemacht, hat jedoch noch nicht zum Abschluß gebracht werden können. Aus den Beratungen in den Teilverbänden, aus der Arbeit der Kommission für Satzungsreform, die wiederum unter dem Vorsitz von Herrn Wiss. Direktor Dr. Schamp getagt hat und weiter arbeiten wird, und aus den Diskussionen zweier Vorstandssitzungen des Zentralverbandes, die im November 1972 in Bonn und im April 1973 in Gießen stattfanden, ist ein neuer Satzungsentwurf hervorgegangen, der bereits einer juristischen Überprüfung standgehalten hat, der aber trotzdem noch wesentliche Lücken aufweist. Der Entwurf versucht durch eine Gliederung in Sektionen die differierenden Interessen und Aufgaben der bisherigen Teilverbände und ihrer unterschiedlichen Funktionen soweit wie irgend möglich zu wahren und in die Organisation eines neuen Gesamtverbandes überzuleiten. Das Konzept schien dem Vorstand jedoch noch nicht so weit ausgereift, um es hier in Kassel zur Abstimmung zu bringen. Der Entwurf hat aber vorgestern der Mitgliederversammlung des Zentralverbandes vorgelegen und wurde von ihr zur weiteren Beratung in den Teilverbänden empfohlen. Satzungskommissionen der Teilverbände und des Zentralverbandes werden sich weiter mit ihm beschäftigen.

In der Zwischenzeit ergab sich die Notwendigkeit, den neugebildeten Verbänden, die bisher nicht im Zentralverband vertreten waren, sondern mit beratender Stimme zu den Vorstandssitzungen zugezogen wurden, eine angemessene Mitsprache einzuräumen. Die Mitgliederversammlung des Zentralverbandes hat daher den Aufnahmeanträgen des Verbandes Deutscher Hochschulgeographen, der im Kern aus den wissenschaftlichen Mitarbeitern der Hochschulen besteht, und des Hochschulverbandes für Geographie und ihre Didaktik entsprochen, der eine entsprechende Vertretung der Geographie und ihrer Didaktik an den Pädagogischen Hochschulen und Fakultäten gewährleisten soll. Beide Verbände sind nun durch zwei Vorstandsmitglieder im Zentralverband vertreten. Die Entwicklung hat dazu geführt, daß es mehr und mehr Doppelmitgliedschaften zwischen den Verbänden gibt. Sie sollten dazu genutzt werden, um die Verbände weiter zusammenzuführen und die notwendigen Satzungsreformen vorbereiten zu helfen.

Die Vertreter des studentischen Fachverbandes Geographie wurden in den letzten zwei Jahren zunächst von der Universität Göttingen, dann von Marburg gestellt. Die Vertretung ist nun an Studenten der Universitäten Bochum und Köln übergegangen. Sie sollen auch weiter mit beratender Stimme zu den Vorstandssitzungen des Zentralverbandes zugezogen werden.

Der neue Vorstand des Zentralverbandes setzt sich demgemäß nunmehr wie folgt zusammen:

1. Vorsitzender: Professor Dr. UHLIG, Gießen
2. Vorsitzender: Studiendirektor Dr. PULS, zugleich 1. Vorsitzender des Verbandes Deutscher Schulgeographen

Schriftführer: Professor Dr. EHLERS, Marburg

Kassenwart: Professor Dr. LIEDTKE, Bochum

dazu:

2. Vorsitzender des Verbandes Deutscher Hochschullehrer der Geographie,
   Professor Dr. RATHJENS, Saarbrücken

2. Vorsitzender des Verbandes Deutscher Schulgeographen, Oberstudiendirektor Dr. FRIESE, Berlin

1. Vorsitzender des Verbandes Deutscher Berufsgeographen, Stadtrat Dr. MICHAELIS, Kassel

2. Vorsitzender des Verbandes Deutscher Berufsgeographen, Wiss. Direktor Dr. SCHAMP, Bonn-Bad Godesberg

1. Vorsitzender des Verbandes Deutscher Hochschulgeographen, Professor Dr. NAGEL, Frankfurt

2. Vorsitzender des Verbandes Deutscher Hochschulgeographen, Dr. MEYER, Gießen

1. Vorsitzender des Hochschulverbandes Geographie und ihre Didaktik, Professor Dr. KRÜGER, Oldenburg

2. Vorsitzender des Hochschulverbandes Geographie und ihre Didaktik, Professor Dr. HAUBRICH, Freiburg

Vertreter der Geographischen Gesellschaften, Professor Dr. MECKELEIN, Stuttgart.

Die Tatsache, daß wir uns in einem Übergangsstadium befinden, kommt auch bei den ständigen Kommissionen des Zentralverbandes zum Ausdruck. Die Mitglieder des Zentralausschusses für deutsche Landeskunde haben ihren Vorstand beauftragt, bis zum Herbst eine neue Satzung zu erarbeiten, wozu u. a. die Umstrukturierung der Bundesforschungsanstalt für Landeskunde und Raumordnung einen Anstoß gegeben hat. Die Mitglieder haben aus diesem Grunde der Satzungsänderung auch die Ergänzung des Vorstandes und Neuwahl des Vorsitzenden aufgeschoben.

Die Leitung des Zentralausschusses bleibt also zunächst noch in den Händen von Herrn Professor Dr. Schott, Marburg, der an sich zurücktreten wollte. Wir danken ihm für die Bereitschaft zur Weiterarbeit. Der Lenkungsausschuß für das Raumwissenschaftliche Curriculumforschungsprojekt, der erstmals 1971 in Erlangen gewählt wurde und unter dem Vorsitz von Herrn Professor Geipel, München, seine Arbeit aufnahm, wurde vom Vorstand des Zentralverbandes auf zwei weitere Jahre in seiner Tätigkeit bestätigt, da mit der Bewilligung finanzieller Mittel seine eigentliche Arbeit nun erst beginnt. Eine Neuwahl wird also erst auf dem nächsten Geographentag in zwei Jahren erfolgen. Wir erwarten, daß das Projekt dann auf die ersten wesentlichen Erfolge seiner Arbeit hinweisen kann.

Wie immer zwischen den Geographentagen hat eine umfangreiche wissenschaftliche Arbeit auf zahlreichen Tagungen und Symposien stattgefunden. Hier ist nicht der Raum, um über die gesamten Aktivitäten der deutschen Geographie im Zeitraum der letzten zwei Jahre zu berichten. Zu erwähnen ist jedoch, was in diesen Tagen in Kassel seinen Anfang genommen hat. Am Montag hat sich eine Gruppe von Geomorphologen zu einem Arbeitskreis für Geomorphologie zusammengeschlossen, um in alljährlichen Symposien ein Forum für die Diskussion aktueller Fragen und Arbeitsergebnisse zu schaffen. Der Verband der Berufsgeographen hat dem Geographentag die nachfolgende Resolution vorgelegt, die ich verlese:

Antrag

Der 39. Deutsche Geographentag 1973 in Kassel möge gemäß Beschluß des Verbandes Deutscher Berufsgeographen aufgrund des Ergebnisses der Arbeitstagung vom 11. November 1972 in Bonn folgendes beschließen:

1. Der Deutsche Geographentag befürwortet die Bildung einer Arbeitsgemeinschaft „Verwaltungsgebietsreform", bestehend aus Mitgliedern aller Teilverbände.

2. Der Arbeitsgemeinschaft wird der Auftrag erteilt, Vorschläge für eine einheitliche Verwaltungsgebietsreform in den Bundesländern der Bundesrepublik Deutschland zu erarbeiten.
   In diese Untersuchung ist die mögliche Auswirkung der beabsichtigten Länderreform, unter Einschluß der grenzüberschreitenden Aspekte, einzubeziehen.

3. Dem Vorstand des Zentralverbandes ist bis Ende 1973 ein Zwischenbericht vorzulegen.

Die Mitgliederversammlung und der neue Vorstand des Zentralverbandes haben sich diese Resolution zu eigen gemacht. Sie bitten alle Interessenten an dieser Sache, sich an den Vorsitzenden des Berufsgeographenverbandes, Herrn Stadtrat Dr. Michaelis, zu wenden.

Das Schlußwort des Geographentages wird üblicherweise vom neuen Vorsitzenden gesprochen. Herr Professor Dr. Uhlig wird Ihnen einige Folgerungen aus den Ergebnissen der letzten Tage für die Arbeit der nächsten zwei Jahre und für den nächsten Geographentag darlegen. Ich selbst halte unsere Planung für Kassel trotz der vorgekommenen Fehler und Pannen im wesentlichen für gerechtfertigt. Ich möchte daher auch allen Mitgliedern des Ortsausschusses sehr herzlich danken, voran Herrn Dr. Michaelis, von dem die Initiative zur Durchführung dieses Geographentages in Kassel ausging, ferner Herrn Professor Dr. Weber und Herrn Dr. Thomale aus Marburg, die wir erst im Herbst 1971 zur Mitarbeit gewinnen konnten und die sich mit großer Energie und Umsicht der unerwarteten Aufgabe angenommen haben. Großer Dank gebührt auch den ortsansässigen Schulgeographen, in erster Linie den Herren Höhmann und Dr. Schrader. Wir dürfen auch nicht vergessen, alle Göttinger Geographen in unseren Dank einzuschließen, die sich in der Vorbereitung des Exkursionsprogrammes verdient gemacht haben. Als scheidender Vorsitzender habe ich auch für die gute Zusammenarbeit im Vorstande des Zentralverbandes zu danken, an erster Stelle dem wiedergewählten zweiten Vorsitzenden Herrn Studiendirektor Dr. Puls, ferner dem ausscheidenden Schriftführer Professor Dr. Born, der sich für diesen Geographentag durch die Herausgabe der Festschrift über Nordhessen besondere Verdienste erworben hat, und Herrn Professor Dr. Hahn, der nach sechs Jahren Tätigkeit als Kassenwart sein Amt nun in andere Hände gibt.

Jeder Geographentag gibt Anlaß zur Rückschau und Besinnung. In gewisser Weise spiegelt ein Geographentag die Lage des Faches wider. Das gilt allerdings nur bedingt. Ein angebotenes Vortragsprogramm kann nicht besser sein als der Entwicklungsstand des Fachgebietes, aus dem es gespeist wird. Umgekehrt kann ein Programm aber auch erheblich gegenüber dem Forschungsstande und den Aussagemöglichkeiten eines Fachgebietes zurückbleiben, wenn einzelne Fachleute, die zu diesen Aussagen befähigt sind, ein Auftreten vor der Öffentlichkeit des Faches verweigern. Kritik, zu der ich am Anfang aufgefordert habe, ist sicher in vielen Punkten berechtigt. Sie sollten allerdings auch bedenken, daß auf einem Geographentage nicht nur Fachgebiete zu Worte kommen können, die in der Blüte wissenschaftlicher Entfaltung stehen, sondern auch solche, die noch schwach entwickelt sind und durch die Diskussion vor der fachlichen Öffentlichkeit gefördert werden können. Der Verlauf dieses Geographentages sollte uns aber vor allem zum Nachdenken anregen, was in Zukunft besser zu machen ist. Mag der Geographentag auch mit manchen Mängeln behaftet gewesen sein, so sollte er doch in die Zukunft wirkend das gegenseitige Verständnis und die Zusammenarbeit fördern. Unter diesem Stichwort und in diesem Geiste möchte ich nun mein Amt an meinen Nachfolger übergeben.

Herr Dr. Puls spricht über den nächsten Deutschen Schulgeographentag 1974 in Berlin und lädt alle Teilnehmer dorthin ein.

Ansprache des neugewählten 1. Vorsitzenden des Zentralverbandes der Deutschen Geographen, Prof. Dr. H. Uhlig (Gießen)

Meine sehr verehrten Damen und Herren, liebe geographische Fachkollegen!

Es entspricht der Tradition der Geographentage, daß der neu gewählte Vorsitzende des Zentralverbandes das Schlußwort spricht.

Ich folge gerne diesem Brauch, der mir vor allem die Gelegenheit gibt, noch einmal allen am Gelingen des Kasseler Geographentages Beteiligten unseren herzlichsten Dank zu sagen. Herr Kollege Rathjens ist eben schon darauf eingegangen und hat als mein Vorgänger im Amt allen Mitarbeitern gedankt, die ihre Kräfte für diesen Geographentag eingesetzt haben. Er hat dabei auch selbstkritisch für die eine oder andere kleine Schwäche der hinter uns liegenden Tagung um Nachsicht geben — eine Bescheidenheit, die wirklich nicht von Nöten wäre! Ich möchte im Gegenteil noch einmal hervorheben, welche besonders große Leistung es von allen Beteiligten, vom Ortsausschuß und allen seinen Mitarbeitern und Helfern, von der wissenschaftlichen wie der organisatorischen Leitung, gewesen ist, diesen Geographentag noch so erfolgreich ablaufen zu lassen, denn vergessen wir nicht, daß Kassel erst mit Verspätung und unter Überwindung vieler Hindernisse in die Bresche gesprungen ist, nachdem die bereits zugesagte Übernahme dieses Geographentages durch eine andere, namhafte deutsche Universität bzw. Universitätsstadt wieder rückgängig gemacht worden war.

Wir alle sind dankbar, daß die Stadt Kassel, die Mitarbeiter des Geographischen Instituts der Universität Marburg und die zahlreichen Helfer aus diesen beiden Städten und von den benachbarten Universitäten in so selbstloser Weise eingesprungen sind und unter Anspannung aller Kräfte in viel kürzerer Zeit und unter schwierigeren Umständen als sonst, diese Tagung noch zum Erfolg geführt haben!

Durch die Lokalisierung am Standort einer eben ihre Tätigkeit aufnehmenden, neuen Gesamthochschule und zum anderen durch die teilweise damit verbundenen aktuellen Probleme der Curriculumforschung stand dieses Treffen der deutschen Geographen stark unter dem Eindruck der Diskussion didaktischer Fragen, von Lehrplanreformen an Schulen und Hochschulen und der Bewältigung der Verbindung von geographischen Fachfragen mit akuten sozialwissenschaftlichen Problemstellungen; beides führte zwangsläufig auch zu Fragen der praktischen Auswirkungen und damit zu Problemen der Angewandten Geographie. Wir konnten der Mitwirkung der Geographie in der Regional- und Stadtplanung und der Sicherung unserer Umwelt breiten Raum widmen; in Verbindung mit den Diskussionen über die Lokalisierung der neuen Kasseler Hochschule drängte sich gleichzeitig die Verknüpfung von Fragen der räumlichen Ordnung und der Bildungspolitik auf.

Die Curriculumforschung wird darüber hinaus wieder im Mittelpunkt des Deutschen Schulgeographentages in Berlin, 1974, stehen — die von Herrn Kollegen Puls ausgesprochene Einladung, daß auch über den engeren Kreis der Schulgeographen hinaus recht viele Kollegen an dessen Diskussionen teilnehmen möchten, kann ich nur wärmstens unterstützen.

Die Vortragssitzungen über Landschaftsökologie und Umweltforschung, Geographie und Entwicklungsländer, Raumordnung und Landesplanung, Thematische Kartographie und Curriculumforschung ließen erkennen, daß sich die Geographie der Forderung gestellt hat, an der Lösung gegenwartsbezogener Aufgaben für die Gesellschaft mitzuwirken und daß sie gegenüber anderen, in den Zeitströmungen besonders kräftig mitschwimmenden Sozial- und Politikwissenschaften keine Minderwertigkeitsgefühle zu hegen braucht. Auch auf dieser Tagung bestätigte sich dabei freilich der Eindruck, daß das zugleich hinsichtlich der von diesen Disziplinen entwickelten, rasch wuchernden Fachsprache gilt, die mit den Bemühungen um gegenwartsbezogene Aussagen auch von der Geographie nicht nur assimiliert, sondern, wie mir scheinen will, auch schon etwas überstrapaziert worden ist! Hier sollten wir ruhig abwägen, uns neuen Erkenntnissen auch aus Nachbarwissenschaften öffnen, aber auch nicht kritiklos alles aufnehmen und nachahmen, was mit dem Schein der Modernität — besonders im Terminologischen — z. T. schon auszuufern droht!

Eine erfreuliche Bestätigung für die spezifisch geographischen Aufgaben und Methoden war auf dieser Tagung darin zu erkennen, daß die Probleme der Umwelt sowohl unter ihren geo-ökologischen wie in ihren sozial-ökonomischen Aspekten — in der geographischen Substanz eng miteinander verschmolzen — behandelt worden sind. Das bestätigt das moderne Verständnis der Geographie als einer raumbezogenen Behandlung des weltweiten Ökosystems Mensch-Erde bzw. Mensch-Umwelt!

Lassen Sie uns von dieser kurzen Reflektion über die hinter uns liegende Tagung zur Zukunft kommen! Zu den wichtigsten Aufgaben des Zentralverbandes gehört die Vorbereitung und Veranstaltung der Geographentage. Ich darf mit besonderer Freude bekanntgeben, daß uns für den nächsten, den 40. Deutschen Geographentag, Pfingsten 1975, unsere österreichischen Kollegen nach Innsbruck eingeladen haben. Wir nehmen diese Einladung dankbar an, zumal die Innsbrucker Geographen schon mit Eifer an die Vorbereitung gegangen sind und zum Sammeln von Erfahrungen bereits hier in Kassel nicht nur mit mehreren Professoren und Assistenten, sondern auch mit einer größeren Gruppe von Studenten — den künftigen Helfern für den Innsbrucker Geographentag — vertreten sind! Auch innerhalb des Zentralverbandes haben wir die Vorbereitungen für die Innsbrucker Tagung schon anlaufen lassen.

Innsbruck — das als Universitätsstadt mitten im Hochgebirge den meisten Geographen ans Herz gewachsen ist — war schon einmal, 1912, der Standort eines Deutschen Geographentages. 1975 soll es zum ersten Male wieder seit dem Ende des Zweiten Weltkrieges die Stätte eines Deutschen Geographentages außerhalb der Grenzen der Bundesrepublik Deutschland werden. Damit wird besonders betont, was der Deutsche Geographentag schon immer war und sein soll: die große Fachtagung, die periodische Bestandsaufnahme und Neuorientierung, der Ort des Erfahrungsaustausches und der persönlichen Begegnungen der ganzen deutsch*sprachigen* Geographie! Wir freuen uns, daß bei der Wahl dieses Standortes sicher auch eine größere Zahl von Geographen aus Österreich und Südtirol, aus der Schweiz und, wie wir hoffen, vielleicht auch wieder aus den deutschen Universitäten und Akademien, Schulen usw. in dem Teil Deutschlands dabei sein könnten, die trotz der anlaufenden Verträge zwischen den beiden deutschen Staaten bisher — und gerade auch hier in Kassel, der Stätte einer der ersten, historischen Begegnungen in dieser Lebensfrage unserer Nation — nicht teilnehmen konnten!

Ebenso hoffen wir, daß mit der Wahl dieses Standortes außerhalb der Bundesrepublik unsere Einladung an die größere europäische und darüber hinaus an die ganze internationale „Geographenfamilie" eine noch stärkere Resonanz finden mag, obwohl auch diesmal eine erfreuliche Zahl von ausländischen Geographen unsere Tagung besucht hat, mit dem Vizepräsidenten der Internationalen Geographischen Union, Herrn Prof. Dr. Leszczycki, Warschau, an der Spitze.

Nachdem, wie schon begründet wurde, auf diesem (und auch auf dem vorigen, dem Erlanger) Geographentag mit der Curriculumforschung und der Regionalplanung den didaktischen und den angewandt-praktischen Aufgaben unseres Faches besonders breiter Raum eingeräumt worden war — und selbstverständlich auch in Innsbruck ihnen wieder ein gebührender Anteil gesichert werden soll — haben die Überlegungen der vorbereitenden Kommissionen dazu geführt, für 1975 den Schwerpunkt wieder einmal etwas stärker auf das Feld der engeren, fachwissenschaftlichen Forschung zu verlegen.

In jeweils ganztägigen Vortragssitzungen soll das Programm drei Hauptthemen enthalten, von denen die beiden ersten besonders den „genius loci" Innsbrucks ansprechen: Vergleichende Hochgebirgsforschung, Fremdenverkehrsgeographie, Siedlungs- und Agrargeographie. Zu ihnen sollen Halbtagssitzungen über die folgenden Gebiete treten: Geomorphologie, Industriegeographie, Quantitative Methoden und Modelle, Didaktik und Curriculumforschung im internationalen Vergleich.

Wir haben uns vorgenommen, zur Bewältigung dieses Programms mehrere Parallelsitzungen in Kauf zu nehmen, um einerseits zu vermeiden, daß die Themenwahl zu eng begrenzt und berechtigte Interessen beschnitten werden müßten, zum anderen um durch den Zwang zur Option für die eine oder andere Sitzung die Auditorien in einigermaßen arbeitsfähiger Größe zu halten. Vor allem aber wollen wir danach streben, und auch dafür erscheint uns der Standort Innsbruck als besonders angemessen, wieder etwas mehr Zeit für die Pflege der persönlichen und gesellschaftlichen Kontakte zu gewinnen und das Programm so einzuteilen, daß die Tagungsteilnehmer nicht einer ständigen Hast durch die Terminierung der Vorträge und Sitzungen unterliegen.

Eine Steigerung der Qualität erhoffen wir durch eine möglichst intensive Vorbereitung, es wurden deshalb schon jetzt für jede Sitzung vorbereitende Kommissionen gebildet, denen, im Kontakt mit dem Vorstand und dem Ortsausschuß, die thematische Profilierung und die Auswahl und Beratung der Referenten unterliegen soll. Dem von den Innsbrucker Kollegen vorbereiteten Exkursionsprogramm in den Alpen sehen wir ebenso freudig entgegen wie der angekündigten Festschrift in der Form eines Exkursionsführers, der sicher allen willkommen und nützlich sein wird.

Außer der Vorbereitung des nächsten Geographentages und der laufenden Diskussion der fachlichen Arbeit in Forschung, Lehre und Anwendung wird unser Verband hinsichtlich seiner Organisationsformen in den nächsten Jahren noch beträchtliche Aufgaben zu lösen haben. Auch hier habe ich zunächst in Ihrer aller Namen den Kollegen herzlich zu danken, die sich schon in den vergangenen Jahren in langwieriger Arbeit und, wenn nötig, auch in harten, aber stets fairen, Auseinandersetzungen zwischen den verschiedenen Interessen, Aufgabengebieten, Teilverbänden usw. um diese Fragen, besonders die der Satzungsreform, intensiv bemüht haben.

Als Zwischenergebnis heißen wir zunächst zwei neue Teilverbände, den „Verband Deutscher Hochschulgeographen" und den „Hochschulverband für Geographie und ihre Didaktik" in unserem Zentralverband willkommen; weiter hat sich als fachlich ausgerichtete Interessengruppe eine „Arbeitsgemeinschaft für Geomorphologie in der Deutschen Geographie" etabliert.

Die Verhandlungen um die endgültige Gestaltung des Verbandes und seine Satzung sind noch im Gange, wir sind alle dabei engagiert und bereit, diese Fragen kräftig voranzutreiben. Dem widerspricht es nicht, wenn ich gleichzeitig als neugewählter Vorsitzender darum bitte, daß nichts in überstürzter Hast geschieht, und daß wir auch davor bewahrt bleiben, daß diese für alle Mitglieder wichtigen organisatorischen Arbeiten etwa auf Kosten unserer eigentlichen fachlichen Zielsetzungen die Vorhand gewinnen und die primären Aufgaben eines wissenschaftlichen Fachverbandes zeitweilig überwuchern. Ich spreche dieses Problem an dieser Stelle an, weil auch die Bemühungen um eine Reorganisation unseres Verbandes in der Gefahr stehen, mit in den Sog einer Zeitströmung gerissen zu werden, die uns bereits an den Hochschulen wie an den Schulen und in anderen Bereichen — mehr als es der Wissenschaft und Lehre dienlich ist — in Atem hält! Bei aller Offenheit für Neuerungen wollen wir uns im Verband deshalb nicht von jenem Trend mitreißen lassen, den vor einigen Tagen gerade der scheidende Präsident der Deutschen Forschungsgemeinschaft, Julius Speer, in seiner Abschiedsrede als „verkrampften Reformfetischismus" gekennzeichnet hat, der, politisch aufgeladen, gegenwärtig die Forschung behindert!

Mit dem Stichwort „Deutsche Forschungsgemeinschaft", meine Damen und Herren, komme ich nun zu jener angenehmen Pflicht eines neugewählten Vorsitzenden, den Dank an die abzustatten, von denen wir — wie den Stab einer Stafette — die Aufgaben übernehmen, die vor uns dafür eingestanden sind, daß für den Verband und das Fach, dem er dient, gut gesorgt worden ist. Wir haben unter unseren Gästen wieder Herrn Ministerialrat a. D. Erwin Gentz, der über 20 entscheidende Jahre hin der Sachbearbeiter für die Geographie und ihr unermüdlicher Förderer in der Deutschen Forschungsgemeinschaft gewesen ist, und der uns mitteilte, daß dies wegen der längst überschrittenen Altersgrenze der letzte Geographentag sei, dem er als „amtlicher Besucher" beiwohne. Lieber Herr Gentz! Wir respektieren gern, daß Sie nach den vielen Jahren der angespannten Arbeit, in der Sie die Betreuung der Geographie neben vielen anderen Aufgaben fast als ein freudig ausgeübtes Ehrenamt noch zusätzlich, aber besonders effektiv, wahrgenommen haben, einmal rasten wollen — wir möchten Sie aber dennoch schon jetzt zum Geographentag nach Innsbruck einladen — wenn auch nicht mehr in „amtlicher Funktion", dann doch mindestens als alten Freund und als „Geographen aus Passion"! Wir verbinden dies mit der herzlichen Einladung an Ihre Nachfolger als Sachbearbeiter der Geographie in dieser wichtigen Institution und mit der Bitte, uns die gleiche Unterstützung und persönliche Anteilnahme für unsere Probleme und Aufgaben entgegenzubringen!

Unser Dank gilt weiter dem scheidenden Vorsitzenden des Zentralverbandes und zugleich des Verbandes der Hochschullehrer der Geographie, Herrn Prof. Dr. Rathjens, Saarbrücken; seinem Geschäftsführer, Herrn Prof. Dr. Born, Saarbrücken, und unserem langjährigen Kassenwart, Herrn Prof. Dr. Hahn, Bonn; weiter den Vertretern der Teilverbände, die mit dem heutigen Tage ihre Pflichten in andere Hände übergeben: Herrn Prof. Dr. Birkenhauer, Freiburg, vom Hochschulverband für Geographie und ihre Didaktik, sowie Herrn Prof. Dr. Kuls, Bonn, als Vertreter der Geographischen Gesellschaften im Vorstand. An ihrer Stelle begrüße ich einen früheren Vorsitzenden unseres Zentralverbandes, Herrn Prof. Dr. Meckelein, Stuttgart, als Vertreter der Gesellschaften wieder im Kreise des Vorstandes, und Herrn Prof. Dr. Krüger, Oldenburg, als den neuen Vorsitzenden des Verbandes für Geographie und ihre Didaktik. Den Herren Dr. W. Puls, Hamburg, Dr. Michaelis, Kassel, und Dr. Nagel, Frankfurt, danke ich als den Vorsitzenden ihrer Teilverbände und damit zugleich als Vorstandsmitgliedern des Zentralverbandes für die bisher geleistete Arbeit und für ihre Bereitschaft, diese auch in den kommenden zwei Jahren fortzuführen. Weiter gilt unser Dank allen Mitarbeitern und Helfern in Kommissionen und anderen Arbeitsgruppen, besonders in der Satzungskommission, für ihre selbstlose Arbeit — und nicht zuletzt noch einmal allen Mitarbeitern des Ortsausschusses, der Stadt Kassel, den Vortragenden, Vortragsleitern und Diskussionsrednern, den Exkursionsleitern und den Mitarbeitern der Festschrift und allen weiteren Helfern dieses hinter uns liegenden Geographentages, und allen Teilnehmern für das intensive Engagement, mit dem sie während dieser Tagung bei der Sache waren!

Wir beschließen den 39. Deutschen Geographentag! Ich wünsche Ihnen gute Heimkehr und ein fruchtbares Nachwirken der fachlichen Erträge und der persönlichen Kontakte. Auf ein gutes Wiedersehen in Innsbruck!

III. ABHANDLUNGEN

1. ERÖFFNUNGSSITZUNG

RAHMENTHEMA „DER BILDUNGS- UND REGIONALPOLITISCHE EFFEKT VON UNIVERSITÄTSNEUGRÜNDUNGEN (BEISPIEL KASSEL)"

Vortrag von Ludwig von Friedeburg (Wiesbaden)

Das Rahmenthema dieser Eröffnungssitzung des 39. Deutschen Geographentages: „Der bildungs- und regionalpolitische Effekt von Universitätsneugründungen (Beispiel Kassel)" läßt mehr als den freundlichen Tribut an die Gastgeberstadt erkennen. In ihm wie in den Themen der Vortragssitzungen: Geographie und Entwicklungsländerforschung, Raumordnung und Landesplanung, Landschaftsökologie und Umweltforschung sowie thematische Kartographie weist sich eine bedeutsame Entwicklung geographischer Wissenschaft aus, die über die Sozialgeographie zur Raumwissenschaft heranwächst. Wenn dabei ein anderer Schwerpunkt dieser Tagung der Didaktik der Geographie gewidmet ist, so drückt sich darin sehr begrüßenswerte Aufmerksamkeit für die Fragen der Vermittlung dieser heranwachsenden Raumwissenschaft aus, die für das Lehren und Lernen in der Schule von erheblicher Bedeutung sind. Als Kultusminister eines Landes, das sich um die Reform des Lehrens und Lernens besonders bemüht und dabei den Anschluß herzustellen sucht an die Entwicklung der Fachwissenschaften und ihrer Didaktik ebenso wie an die der Erziehungswissenschaft, habe ich das Programm des 39. Deutschen Geographentages mit großem Interesse gelesen. Im Namen der hessischen Landesregierung möchte ich Sie herzlich in Kassel begrüßen und der Tagung mit diesem Programm einen erfolgreichen Verlauf wünschen.

Zum Thema der Eröffnungssitzung bin ich — über dieses Grußwort hinaus — um eine einleitende Bemerkung gebeten worden. Die Bestandsaufnahme und systematische Untersuchung von Universitätsneugründungen bleiben Herrn Geipels Festvortrag vorbehalten. Ich möchte einige Hinweise zum gesellschaftlichen Hintergrund des Motivwandels für Universitätsgründungen beisteuern, den Herr Geipel beschreibt.

Die Interdependenz von Bildungs- und Regionalpolitik ist in der Bundesrepublik erst spät erkannt worden. Die Nachkriegszeit ist — wenn man damals überhaupt von Bildungs- und Regionalpolitik sprechen kann — eher durch ein widersprüchliches Verhältnis beider gekennzeichnet. Das hatte vor allem ökonomische Gründe. Die deutsche Wirtschaft, seit jeher exportlastig, reproduzierte im Wiederaufbauprozeß ihre tradierte Struktur, indem vorrangig — durch geld- und finanzpolitische Maßnahmen gestützt — im Produktions- und Investitionsgütersektor investiert wurde. Konsequenz war, daß die ohnehin bestehenden industriellen Ballungszentren noch stärkeres Gewicht erhielten, während auf der anderen Seite, vor allem entlang der Ostgrenze, benachteiligte Gebiete entstanden, zu ihnen gehört auch Nordhessen.

Von ihrem Hinterland abgetrennt, waren die Impulse, die zu Beginn der 50er Jahre über Subventionen Industrieunternehmungen zur Ansiedlung bewegen sollten, zu mäßig, um den gewünschten Effekt zu erzielen. Wesentlich ist dabei zweierlei: Erstens war damals nicht nur das Angebot an Arbeitskräften allgemein ausreichend, sondern — bei einem relativ niedrigen technologischen Niveau — auch die Qualifikationsstruktur des Arbeitskräftepotentials günstig; zweitens begünstigten staatliche Maßnahmen, denkt man an den Wohnungsbau, die Abwanderung von Arbeitskräften aus den ländlichen Gebieten in die Ballungszentren und potenzierten damit die ohnehin bestehenden Ungleichgewichte.

Denn mit der allmählichen Verbesserung der Ernährungsbedingungen auch in den Städten verloren die ländlichen Gebiete zunehmend an Attraktivität. Sie entvölkerten, weil sie vor allem für die Heranwachsenden auf längere Sicht geringere Chancen beruflicher Tätigkeit boten und Stätten beruflicher Qualifizierung wie weiterführende Schulen und Hochschulen ebenfalls in den städtischen Zentren und Ballungsgebieten konzentriert waren und als Folgen des Zuzugs von Jugendlichen auch weiter ausgebaut wurden. Die Bildungspolitik, soweit man in jener Zeit davon sprechen konnte, orientierte sich am unmittelbaren Bedarf, der in den Ballungszentren am größten war. Damit wurde eine Entwicklung noch bestärkt, die kurzfristig durch die wirtschaftlichen Erfolge zwar berechtigt schien, langfristig sich aber sowohl sozial- wie wirtschaftspolitisch als Dilemma erwies. Nicht genutzt wurde die Möglichkeit, die regionale Verteilung von Einrichtungen der materiellen Infrastruktur und die Standortverteilung der Industriebetriebe zu verändern und Arbeitsplätze und Möglichkeiten der Versorgung mit infrastrukturellen Dienstleistungen dort zu schaffen, wo sich Arbeitskräfte befanden.

Diese Entwicklung ist für eine Zeit charakteristisch, in der es an Arbeitskräften nicht mangelte. Wie erinnerlich, war erst gegen Ende der 50er Jahre die Arbeitslosigkeit beseitigt, mit der die Bundesrepublik noch Mitte der 50er Jahre stark belastet war.

In dem uns interessierenden Zusammenhang war für jene Zeit ein Zweites charakteristisch: Die allgemein unzureichenden Investitionen für Wissenschaft, Forschung und Ausbildung. Die BRD hat, einem unklugen Unternehmer gleich, während der 50er Jahre nicht nur gewissermaßen aus dem vollen geschöpft, sondern zugleich aus ihren eigenen Reserven gelebt.

Die mit amerikanischer Hilfe schnell auf- und ausgebauten Produktionskapazitäten, ein vergleichsweise niedriges Lohnniveau, die fehlende Rüstungsbelastung, der Zustrom von qualifizierten Arbeitskräften aus der DDR schienen die Befürworter der von staatlichen Reglementierungen ungehinderten Marktkräfte zu bestätigen, so daß auf längerfristige Planung und eine vorausschauende Wirtschaftspolitik weitgehend verzichtet wurde. Die Euphorie der Wirtschaftswunderentwicklung wurde aber gegen Ende der 50er Jahre empfindlich gedämpft. Die mangelhaften Bildungsinvestitionen begannen sich in einer Phase rasch abnehmender Wachstumsraten auszuwirken. Der technologische Vorsprung gegenüber den Konkurrenzländern verringerte sich, ohne daß er durch Vorteile kompensiert werden konnte, die vordem im Fehlen der Rüstungskosten und im reichlichen Arbeitskräftepotential gelegen hatten.

Spät, sehr spät besann man sich in der Bundesrepublik darauf, eine gleichsam naturwüchsige Entwicklung zu steuern. Nicht nur im viel später berufenen Interesse einer Verbesserung der Lebensqualität, sondern vorrangig im Interesse des ökonomischen Wachstums begannen zaghaft planende Überlegungen Platz zu greifen, um Disproportionalitäten zu verringern und die dringend gebotenen Investitionen im Bildungssektor zu forcieren. Der Wissenschaftsrat wurde berufen: Er legte als erste Veröffentlichung *1960* die Empfehlungen zum Ausbau der wissenschaftlichen Hochschulen vor. Bis dahin waren mit anderen Motiven als denen des gesellschaftlichen Bedarfs in der Bundesrepublik und Westberlin während der Nachkriegszeit lediglich die Universitäten Mainz, Saarbrücken und die Freie Universität Berlin gegründet worden. Sehr spät erst war erkannt worden, daß die Wirtschaft zur wichtigsten Produktivkraft entwickelter Industriegesellschaften wird. Kaum braucht betont zu werden, wie sehr die Konkurrenzfähigkeit gerade eines so vom Export abhängigen Landes wie die Bundesrepublik ihrerseits von den Möglichkeiten technologischer Innovationen abhängt. *Wissenschaft* und *Ausbildung* als Vermittlung von wissenschaftlichen Erkenntnissen und technischen Fähigkeiten bestimmen weitgehend den gesellschaftlichen Fortschritt.

Bildungs- und regionalpolitische Momente verschränken sich dabei. Aus zahlreichen Erfahrungen und Untersuchungen wissen wir, wie wichtig für den Besuch von weiterführenden Schulen aller Art die räumliche Nähe von Bildungseinrichtungen, wie sehr die Mobilität von Jugendlichen von sozio-ökonomischen und sozio-kulturellen Faktoren abhängig ist. Die Nähe von Bildungseinrichtungen hilft jene Schwelle zu überwinden, die sozial benachteiligte Bevölkerungsgruppen daran hindern, ihre Kinder auf weiterführende Schulen zu schicken — abgesehen von den Kosten, die bei größerer Entfernung des Ausbildungs- und Studienortes vom Heimatort entstehen, in einkommensschwachen Schichten aber besonders ins Gewicht fallen. Die Tatsache andererseits, daß ein überwiegender Teil von Abiturienten unterentwickelter Regionen aus Arbeitsplatz- oder Studiengründen in die Ballungsgebiete abwandert, bedeutet paradoxerweise, daß gewissermaßen Entwicklungshilfe in umgekehrter Richtung geleistet wird: Die ärmeren Regionen werden noch ärmer und die ohnehin begünstigten noch reicher. *Impulse* zur Umkehr dieses Prozesses oder bescheidener, ihn auch nur aufzuhalten, können sich in der Beschwörung der Mißstände nicht erschöpfen oder im Appell an den guten Willen der Betroffenen. Geht man von der Erfahrung aus, daß Jugendliche ihr Berufsfeld weitgehend dort suchen, wo sie auch ihre Ausbildungszeit verbracht haben, müssen vielmehr in unterentwickelten Regionen nicht nur Möglichkeiten der Ausbildung und Weiterbildung geschaffen werden, sondern genügend differenzierte Arbeitsplätze zur Verfügung stehen, die horizontale und vertikale Mobilität ermöglichen. Es wäre widersinnig, auf der einen Seite die so dringend erforderliche bessere Bildung und Ausbildung zu propagieren und auf der anderen Seite zu erwarten, daß Jugendliche in ländlichen, infrastrukturell unversorgten Gebieten bleiben, die ihnen später keine großen Chancen einer angemessenen Berufstätigkeit bieten können. Das gleiche gilt für den Anreiz zur Ansiedlung von Wachstumsindustrien in strukturschwachen Gebieten. Die Neigung, vor allem Zweigwerke in den Problemgebieten zu errichten, ist ebenso vom Arbeitsmarkt im allgemeinen und dem spezifischen Arbeitskräfteangebot im besonderen abhängig wie von der Infrastrukturausstattung. Es läßt sich absehen, daß in zunehmendem Maße nicht nur hochqualifizierte Arbeitskräfte gebraucht werden, sondern vor allem auch Arbeitskräfte, die außer ihrer spezifischen Qualifikation über ein Grundwissen verfügen, das sie befähigt, sich Veränderungen im Arbeitsprozeß flexibel anzupassen. Das heißt mit anderen Worten: Wesentliche Voraussetzung für die Verbesserung der Lebenschancen bisher benachteiligter Regionen ist der Auf- und Ausbau von Bildungseinrichtungen, die auf der einen Seite Gewerbeunternehmen anziehen, auf der anderen Seite aber selbst vielfältige, weit differenzierte Arbeitsplätze schaffen.

Bei dieser Sachlage braucht nicht eigens erklärt zu werden, warum Kassel als Zentrum Nordhessens einen so hervorragenden Standort für eine neue Hochschule abgibt. Ein Blick auf die *bildungs-* und *regional*politische Landkarte genügt, um das Zusammenklingen *beider* Bedingungsreihen festzustellen. Einer Erklärung bedürfte vielmehr, warum der Standort Kassel nicht bereits unter den ersten zu Beginn der 60er Jahre unter bildungs- und regionalpolitischen *Bedarfs*gesichtspunkten entschiedenen Gründungsbeschlüssen zu finden ist — wie Bochum 1961, Dortmund und Regensburg 1962 und Bremen 1964. Die Erklärung wird darin zu suchen sein, daß das Land Hessen sich an den älteren Standorten erheblich engagiert hatte. So wurde in den 60er Jahren neben dem Ausbau in Marburg und Darmstadt in Gießen (nach der Wiedergründung der Universität 1957) de facto eine neue Universität errichtet und die Universität Frankfurt mit erheblichen Verpflichtungen aus einer Teilhabeschaft mit der Stadt ganz vom Land übernommen.

Der Gründungsbeschluß für Kassel kam daher sehr spät — erst 1970 — zustande, sogleich mit der Entscheidung für den ersten Versuch einer Gesamthochschule in der Bundesrepublik. Die Entfaltung der neuen Universität in den vergangenen zwei Jahren und die Perspektiven ihrer weiteren Entwicklung in dem gegenwärtig überschaubaren Zeitraum bestätigen zugleich die mit dieser Standortwahl verknüpften bildungs- und regionalpolitischen Erwartungen, wie sie die besonderen Schwierigkeiten einer Neugründung in dem gegebenen Finanzrahmen der Mitte der 70er Jahre erkennen lassen (von den inhaltlichen Problemen der Entfaltung einer Gesamthochschule sehe ich hier ganz ab).

Gegenwärtig ist während des Aufbaues der Gesamthochschule mit einem Baumittelvolumen von durchschnittlich jährlich 20 bis 25 Millionen DM zu rechnen. Diese Millionen stellen Aufträge an Industrie- und Gewerbebetriebe dar, die für Jahre gesichert sind. Berücksichtigt man auch die Zulieferbetriebe, die an den Aufträgen partizipieren, läßt sich ungefähr abschätzen, wie groß die wirtschaftliche Potenz einer im Aufbau befindlichen Universität als Gesamthochschule ist und welche wirtschaftlichen Wachstumsimpulse von ihr ausgehen.

Die Baumittel alleine erschöpfen das Ausgabevolumen der Universität nicht. Hinzu kommen sächliche Verwaltungsausgaben von zur Zeit 5,5 Millionen mit voraussichtlich erheblichen Steigerungsraten. Sie umfassen die laufenden Aufwendungen, die ebenfalls eine sichere, kontinuierliche Nachfrage darstellen. Dabei sind die persönlichen Verwaltungsausgaben zu nennen. Sie betragen zur Zeit rund 20 Millionen DM und werden im nächsten Jahr um weitere 3 Millionen DM gesteigert. Die persönlichen Verwaltungsausgaben stellen laufende Einkommen dar und werden — wie alle Lohn- und Gehaltseinkommen — fast vollständig für Lebensmittel, kurz- oder langlebige Gebrauchsgüter, Mieten, Energie, Verkehrsmittel, Dienstleistungen etc. ausgegeben. Dabei ist Steuermehraufkommen außer acht gelassen, dessen Mittel die öffentliche Hand befähigt, die gewachsenen Bedürfnisse der materiellen Infrastruktur zu befriedigen.

Die Verflechtungen dieser sich gegenseitig bedingenden Faktoren sind vielfältig. Bei ihrer Aufzählung muß der Multiplikatoreffekt, den Sach- und Personalausgaben, private und öffentliche Einkommen haben, immer auch mitgedacht werden. Dann leuchtet ein, daß die Gründung einer Universität im Hinblick auf die Investitionen mit der Errichtung eines Industrieunternehmens von der Größenordnung eines Volkswagenwerkes durchaus zu vergleichen ist, nicht aber dessen Konjunkturabhängigkeit teilt.

Lassen Sie mich das noch an einem weiteren Zahlenbeispiel verdeutlichen: Die Gesamthochschule beschäftigt zur Zeit 718 Bedienstete — sie wird im Endausbau rund 4000 beschäftigen. Die Mantelbevölkerung von 4000 in der Universität Beschäftigten beträgt etwa 30 000; die derzeitige Mantelbevölkerung ca. 8000 Personen. Mit Mantelbevölkerung sind die unmittelbar von den Universitätsbediensteten abhängigen Personen, also Familienangehörige, ebenso wie Studenten einschließlich deren Kinder gemeint. Daß durch ihre Nachfrage nach Gütern des täglichen Bedarfs und nach Dienstleistungen die Ansprüche an den Einzelhandel wesentlich gesteigert werden, liegt auf der Hand. Der wachsende Besuch der Gesamthochschule, der wiederum zu ihrem Aus- und Aufbau beiträgt — zusammen mit den übrigen Bildungseinrichtungen, dem vorhandenen Arbeitskräftepotential und den gemessen an den Ansprüchen an Lebensqualität besonders günstigen Bedingungen stellen wichtige Anreize zur Industrieansiedlung dar. Nicht zuletzt wird die Gesamthochschule mit ihrem in Zukunft deutlicher ausgeprägten technischen Akzent und ihrer Praxisbezogenheit den erhöhten Bedarf industrieller Unternehmungen an qualifizierten Mitarbeitern befriedigen, so daß auch unter arbeitsmarktpolitischen Gesichtspunkten der Aufbau der Gesamthochschule für die Standortentscheidung von Industrieunternehmungen besonders ins Gewicht fällt.

So schließt sich der Kreis. Infrastruktur- und Bildungsinvestitionen sichern und schaffen Arbeitsplätze, unterstützen die Ansiedlung von Gewerbebetrieben, Verwaltungen, verkehren eine bislang negative Wanderungsbewegung, erhöhen damit den Bedarf an Bildungseinrichtungen und die Neigung der Bevölkerung, sie auch zu benutzen. Dem Einwand, in unterentwickelten Regionen sei für eine Hochschulgründung das Studentenaufkommen zu gering, ein Bedenken, das auch für Nordhessen erhoben wurde, widerspricht die Erfahrung. Standort und Struktur der neuen Hochschule sind — im Unterschied etwa zu Konstanz und Bielefeld — sogleich angenommen worden. Von den gegenwärtig rund 4000 Studierenden in Kassel stammt weit über die Hälfte aus Kassel bzw. dem engeren Einzugsbereich. Etwa zwei Drittel aller Studierenden kommen aus Nordhessen.

Die Daten für das Sommersemester 1973 sind im einzelnen folgende:

	Studiengänge für Lehrerausbildung	Studiengänge der ehemal. HBK	Fachhochschulstudiengänge
Kassel-Stadt	262 (27 %)	127 (23 %)	537 (25 %)
Kassel-Umland (Kreise Kassel-Land, Fritzl-Hbg., Waldeck, Melsungen, Witzenhausen)	315 (32 %)	50 (9 %)	646 (30 %)
übriges Nordhessen (Kreise Fulda-Stadt und -Land, Marburg-Stadt und -Land, Eschwege, Frankenberg, Hersfeld, Ziegenhain)	138 (13 %)	23 (5 %)	281 (13 %)
Nordhessen zusammen:	715 (72 %)	200 (37 %)	1464 (68 %)
Südhessen	71 (7 %)	50 (8 %)	98 (5 %)
Hessen insgesamt	786 (79 %)	250 (45 %)	1562 (73 %)
übrigens Bundesgebiet	198 (20 %)	265 (48 %)	545 (25 %)
Ausländer	11 (1 %)	44 (7 %)	58 (2 %)
Zusammen	995 (100 %)	559 (100 %)	2165 (100 %)

In den Studiengängen für die Lehrerbildung und in den Fachhochschulstudiengängen stammt etwa die gleiche Quote von Studierenden aus Hessen und den übrigen Bundesländern. Dies ist deshalb bemerkenswert, weil zu den Studiengängen der Lehrerausbildung alle Inhaber der allgemeinen Hochschulreife — gleichgültig woher sie kommen — zugelassen werden können, während bei den Fachhochschulstudiengängen bisher Bewerber mit mittlerem Abschluß aus anderen Bundesländern nur dann in Hessen studieren können, falls dies in ihrem Bundesland ebenfalls möglich ist. Der hohe Anteil von Studierenden aus Nordhessen bei progressiver Zunahme der Gesamtstudentenzahl bestätigt die Vorhersagen des Gutachtens der Arbeitsgruppe Standortforschung in Hannover.

Ich breche hier ab. Reizvoll wäre es, den gesellschaftlichen Hintergrund der bildungs- und regionalpolitischen Überlegungen zum Mikrostandort ebenso zu untersuchen. Doch fehlen uns zureichende Materialien. Ein Gutachten ist in Auftrag gegeben. Es wird alle erreichbaren Materialien präsentieren. Zu wünschen aber bleibt, daß sich die an den Mikrostandort zu knüpfenden Erwartungen später ebenso erfüllen, wie sich die Erwartungen, die mit dem Makrostandort Kassel verbunden waren, bereits erfüllt haben.

RAHMENTHEMA „DER BILDUNGS- UND REGIONALPOLITISCHE EFFEKT VON UNIVERSITÄTSNEUGRÜNDUNGEN (BEISPIEL KASSEL)"

Mit 1 Karte

Vortrag von R. Geipel (München)

Ein öffentlicher „Festvortrag" verführt leicht dazu, an sich bereits bekannte Fakten noch einmal, gefällig geglättet, zusammenzufassen, niemandem wehzutun und einen Kongreß in harmonische Stimmung zu versetzen. Gestatten Sie, daß ich diesen Brauch durchbreche und die Anwesenheit des für die Kulturpolitik dieses Landes verantwortlichen Ministers dazu benutze, über die Pflicht der Politikberatung zu sprechen, der sich keine Wissenschaft entziehen sollte. Das sollte sie vor allem dann nicht tun, wenn Politik ihrerseits — wie im Falle der Geographie — so gründlich das Objekt dieser Wissenschaft — den Raum — verändert. Ich möchte deshalb in diesem Vortrag zwei Ziele verfolgen:
1. Die Frage beantworten, an welcher Stelle die geographischen Wissenschaften entscheidungsvorbereitend den Begründungsakt neuer Universitätsstandorte begleiten können. Dies wäre ein methodischer Beitrag.
2. Einige Konflikte aufzuzeigen, in die jeder Akt der Standortbegründung einmünden muß. Dies wäre ein planungspolitischer Beitrag.

I. DIE GEOGRAPHISCHE BESTANDSAUFNAHME

a) Typologie von Gründungsmotiven

Die Neugründung einer Gesamthochschule, wie sie hier in Kassel erfolgt, ermöglicht es, dieses Vorhaben an einen konkreten Gegenstand zu binden. Universitäten sind die hierarchische Spitze eines weitverästelten Systems von Ausbildungseinrichtungen und haben als solche eine zentralörtliche Bedeutung innerhalb regionaler Versorgungsnetze. Deshalb müssen ihre Standorte nach raumordnungs- und landesentwicklungspolitischen Gesichtspunkten sorgfältig gewählt werden, und sie dürfen nicht aus Gründen politischer Opportunität oder als Beschwichtigungsgeschenke von Proporzarithmetikern über die Lande verteilt werden. Das heute in der Bundesrepublik bestehende Netz von Universitätsstandorten beruht auf der Konsistenz früher abgelaufener Prozesse und gibt spezifische Gründungsmotive zu erkennen, die sich — stark vereinfachend — in einer Karte typisieren lassen. (Abb. 1.)
1. Landesherren gründen zur Hebung des dynastischen Prestiges Hauptstadtuniversitäten, deren Einzugsbereiche häufig mit den politischen Territorien zusammenfallen. Kassel, obwohl seit 1272 Hauptstadt, verliert seine 1633 gegründete „Ritterakademie" 1653 an die Universität Marburg.

2. Wanderungen der Lehrkörper und Studenten bei Universitätsspaltungen (MÜLLER, K. 1962) führen zu Neugründungen, die häufig in bewußter Grenzlage mit einem erhofften Ausstrahlungseffekt auf Nachbarterritorien vorgenommen werden. Deshalb liegen sich die Universitäten von Gießen und Marburg heute in dem ganz anders zugeschnittenen Territorium des Landes Hessen unerwünscht nahe, während dem nördlichen Hessen bis zur Neugründung einer Universität in Kassel ein verkehrszentraler Hochschulstandort im regionalen Oberzentrum fehlte. Im Netz der heute noch existierenden Universitäten füllte sich namentlich der Norden.

3. Von der großen territorialen Flurbereinigung des napoleonischen Zeitalters an entstehen Universitäten meist in den Provinzhauptstädten großzügiger zugeschnittener Territorien, Kassel wird zwar 1806 bis 1813 Hauptstadt des Königreichs Westfalen von Napoleons Gnaden, erhält aber wiederum keine Universität, auch nicht, als in den 70er Jahren zahlreiche Technische Hochschulen entstanden. Die letzten bedeutenden Gründungen, die Universitäten Hamburg, Köln und Frankfurt, ent-

standen zu Beginn des 20. Jahrhunderts bereits nicht mehr aus obrigkeitlicher, sondern aus stadtbürgerlicher Initiative und nachfrageorientiert[1].

4. Nach der Gründung der Bundesrepublik treten zunächst alle Motive wieder auf, die aus den ersten drei Phasen bereits bekannt sind: Mainz und Saarbrücken folgen in neuen Bundesländern dem Hauptstadtmotiv, die Freie Universität Berlin entsteht nach dem Muster der Universitätsspaltung und kooperativen Wanderung, und der damalige baden-württembergische Ministerpräsident Kiesinger greift mit der Gründung von Konstanz als der beabsichtigten geistigen Mitte eines zirkumbodenseeischen Alemannentums aus den drei Staaten Bundesrepublik, Schweiz und Österreich sogar ein fast archaisches Muster einer peripheren Gründung wieder auf. Konstanz zielt dabei deutlich nicht auf die ansässige Regionalbevölkerung, sondern auf den Typ des mobilen Studenten aus einem bereits bildungsgewohnten Elternhaus und versucht sich durch den Charakter einer „post-graduate-university" mit Eliteprestige dem sich bereits abzeichnenden verschulten Massenbetrieb der Großstadtuniversitäten zu entziehen.

Bis zu dieser Gründung läßt sich die Hypothese aufstellen, daß die für die Universitäten Verantwortlichen noch vom Modell einer überregionalen, an fast beliebigem Orte begründbaren und ein lokales Image verwaltenden oder überhöhenden Honoratiorenuniversität ausgingen, zu der begüterte Studenten von weither kommen, um bei einem bestimmten, namhaften Gelehrten zu hören. Dieses Modell ging von der Erfahrungstatsache aus, daß das Rekrutierungsmilieu der Akademiker eine relativ homogene Schicht von ca. 4 % der Bevölkerung umfaßte, die durch hochbegabte Aufstiegswillige aus den sogenannten Grundschichten ergänzt wurde, wann immer Staat und Wirtschaft einen höheren Bedarf an qualifiziert Ausgebildeten anmeldeten. Einem solchen Nachfragemodell konnte das Verortungsmuster der traditionellen Universitäten genügen. Allerdings entstanden dabei erhebliche Disparitäten auch regionaler Art beim relativen Hochschulbesuch, die C. Geissler (GEISSLER, C. 1965) für 1960/61 bei den damals rund 200 000 Studenten nachwies. Universitätsstandorte und Verdichtungsgebiete liegen nicht in allen Fällen kongruent zueinander.

Dieses Jahr 1960 kann in gewissem Sinn als Wendepunkt zu einer erhöhten Sensibilisierung der Öffentlichkeit für Fragen der Bildungspolitik betrachtet werden, und daß die Gründungsbeschlüsse für Konstanz und Bochum zeitlich ganz nahe beieinanderliegen, entbehrt nicht eines gewissen Symbolcharakters: Konstanz kann als Nachhutgefecht des 19. Jahrhunderts, Bochum aber als Vorsignal einer neuen Entwicklung gewertet werden, für die stellvertretend ganz wenige Namen genannt sein:

Friedrich Edding (EDDING, F. 1963) hatte als erster in Deutschland den Blick der Öffentlichkeit auf regionale Disparitäten der Bildungsbeteiligung in der Bundesrepublik, aber auch auf amerikanische Untersuchungen gelenkt, welche zeigten, daß die Zunahme der volkswirtschaftlichen Produktivität zu immer geringeren Teilen aus den beiden Produktionsfaktoren Arbeit und Kapital erklärt werden konnte, sondern aus verbesserten Produktionstechniken zusammen mit dem „Dritten Faktor", der durch Bildung qualifizierteren Arbeitskraft resultierte. Von diesem zunächst vorder-

---

[1] 1929 gab es an den Universitäten des Deutschen Reiches ca. 112 000 Studenten. Diese Zahl sank in den folgenden zehn Jahren bis zum WS 1938/39 im wissenschaftsfeindlichen Hitler-Staat auf genau die Hälfte: 56 000. 11 der damals bestehenden Universitäten liegen heute nicht mehr auf dem Territorium der BRD, die verbleibenden 24 waren zu 60 % kriegszerstört. Erst 1951 ist die Zahl der Studenten von 1928/29 mit 111 000 wieder erreicht, und dies in der kleineren BRD.

gründigen Manpower-Ansatz aus, wie er von zahlreichen, sogleich heftig umstrittenen Hochrechnungen des Bedarfs an Hochschulabsolventen verfolgt wurde[2], ging ein, von Georg Picht (PICHT, G. 1964) populär gemachter Anstoß zur Bildungswerbung aus, der wiederum von der öffentlichen Hand die „Durchführung von Komplementärinvestitionen" (FALLER, R. 1971) bei Schulbauten und Lehrkräften forderte. Inzwischen wurde der Manpower-Ansatz von Dahrendorfs Formel (DAHRENDORF, R. 1965) des Bürgerrechts auf Bildung überwunden, die Entscheidung über Universitätsstandorte trat in ihre fünfte Phase:

5. Die gezielte, regionalpolitisch reflektierte Gründung neuer Universitäten wird als gemeinsame raumordnungspolitische Aufgabe von Bund und Ländern erkannt. Der Typus der im Regionalzentrum lokalisierten Universität zur Deckung des Bedarfs einer immer seßhafter gewordenen Nachfrage entsteht am Beispiel von Bochum, Dortmund, Bremen, Regensburg, Bielefeld, Augsburg oder Kassel, durch den — außer bei Bochum — Mittelpunktsorte funktionsfähiger Regionen um die Universitätsfunktion bereichert werden. Statt der Fernwanderung zu den traditionsreichen Alt-Universitäten bevorzugt namentlich die erste Studierendengeneration ohne elterliche Vorerfahrung (aber auch mit knapperen Mitteln) das Studium am Zielort täglicher Ausbildungs-Pendelwanderung. Die Gesetzgebung verstärkt, z. B. durch die sehr frühe Einführung der Studiengeldfreiheit in Hessen (GEISSLER, C. 1965, Tafel C 34) oder — wie in Bayern — durch einen „Landeskinderbonus" bei den Abiturienten in zulassungsbeschränkten Fächern diese Neigung zur „Ausbildungsseßhaftigkeit".

Bis zu dieser Stelle in unserem Gedankengang finden Sie den Geographen bei seiner weithin typischen Beschäftigung. Er registriert die bereits abgelaufenen Prozesse[3] in ihren räumlichen Aspekten und notiert die dabei entstandenen Verortungsmuster, verweist z. B. als Stadtgeograph auf die Ausprägung „typischer Universitätsstädte" wie etwa Göttingen, Heidelberg, Marburg, Gießen oder gar Tübingen mit einem Verhältnis von Einwohner zu Student wie 5 zu 1.

b) Der Beitrag der regionalen Bildungsforschung

Wendet sich eine Kultusverwaltung mit der Bitte um Politikberatung an einen Regionalwissenschaftler, etwa, um die Frage zu klären, ob in einer bestimmten Region, z. B. der Kasseler, das bisher manifest gewordene Bildungsverhalten der Bevölkerung neue Investitionen nötig macht, so wird dieser die sozialräumlich bedingten Strukturen solchen Verhaltens zu klären versuchen.

Er wird dabei auf die unterschiedliche Distanzempfindlichkeit sozialer Gruppen gegenüber den verorteten Bildungseinrichtungen stoßen. Er wird schichtenspezifisch unterschiedliche Aktionsreichweiten sowie Disparitäten bei der Geschlechts- oder Konfessionsverteilung feststellen. Bei konkreten Untersuchungen in Nordhessen zeigte sich z. B., daß das über eine Zehnjahresperiode hinweg beobachtete Abiturientenaufkommen dieses Raumes (GEIPEL, R. 1968, S. 96) überdurchschnittlich hoch war, daß diese Absolventen aber in geringerem Maße zur Universität überwechselten

---

[2] Vgl. dazu Arbeiten von G. BOMBACH, H. RIESE und H. P. WIDMAIER.
[3] Vgl. dazu Arbeiten von E. WEIGT, J. BLÜTHGEN, TH. KRAUS, W. MÜLLER-WILLE, E. EHLERS, H. J. WENZEL, K. NIEDZWETZKI, A. MAYR, R. GEIPEL, I. LEISTER, G. STÄBLEIN u. a.

als in anderen Regierungsbezirken Hessens. Es zeigte sich ferner, daß auch die im übrigen Hessen rasch expandierende Bereitschaft, statt an einem der bisherigen Pädagogischen Institute nun an den Universitäten Frankfurt oder Gießen das Lehramt für Grund-, Haupt- oder Realschulen zu studieren, in Nordhessen merklich geringer war (*Arbeitsgruppe Standortforschung*, Bd. 13, a. a. O., S. 28 f.). Obwohl durch bedeutende Industriebetriebe in der Region Kassel die Motivation der Bevölkerung für technische Ausbildungsgänge der tertiären Stufe als gegeben angenommen werden kann und Fachschulen diese Interessenlage unterstreichen, sind doch die Chancen der Bevölkerung dieses Raumes wegen der Entfernung zu den Technischen Universitäten Darmstadt und Hannover schlecht. Kassel liegen mit Göttingen und Marburg traditionsreiche Universitäten mit der klassischen Fakultäteneinteilung am nächsten. Göttingen nahm etwa 12 % und Marburg etwa 30 % der Studienwilligen auf, die übrigen mußten auf entferntere Hochschulstandorte ausweichen. Die Grenznähe der DDR und die Lage abseits der EWG-Wohlstandsachse hatte im Kasseler Raum eine zögernde Investitionsbereitschaft von Wirtschaftsunternehmen und einen Peripherie-Effekt bewirkt, wie er weitaus stärker auch an der viel älteren Westgrenze der Bundesrepublik zu beobachten ist (GEIPEL, R. 1968/II). An solchen Grenzen wird immer wieder eine „erste Aufstiegsgeneration" gebildet, die in ihrem Herkunftsgebiet keine zureichend qualifizierten Arbeitsplätze findet und deshalb durch Abwanderung in die zentralen Verdichtungsräume dort das Potential an qualifiziert ausgebildeter Bevölkerung im gleichen Maße verstärkt, wie in den Abwanderungsgebieten eine soziale Erosion stattfindet. Die Politikberatung seitens der regionalen Bildungsforschung müßte so weit gehen, durch ein „regionales Gegencurriculum" neue Ausbildungsinteressen in den Horizont einer einseitig festgelegten Bevölkerung hineinzuheben und Innovationen anzuregen. Eines solchen strukturellen Ausgleichs wegen hätten z. B. bei der rheinland-pfälzischen Neugründung einer Doppeluniversität Trier-Kaiserslautern gerade die naturwissenschaftlichen Fächer nach Trier und die geisteswissenschaftlichen in den bereits industrialisierten Raum von Kaiserslautern gelegt werden können.

Nach der Klärung des Problems, ob in einer bestimmten Region Schwächen der kulturellen Infrastruktur zutage getreten sind, wird der Bildungspolitiker dem Regionalwissenschaftler die Frage nach dem optimalen Standort vorlegen, an dem eine solche ungesättigte Studiennachfrage befriedigt werden soll. In unserem Fall waren die Standortqualitäten Kassels zu überprüfen. Seine hohe Verkehrszentralität, die über Jahrhunderte zurückreichenden städtebaulichen Investitionen in der ehemaligen Residenzstadt Kurhessens, sein hoher Freizeitwert und das zum Studium komplementäre kulturelle Angebot heben Kassel weit aus der Reihe der Konkurrenten um universitäre Einrichtungen heraus. Bei der Wahl des Makrostandorts zeigt sich häufig, daß sich eine Kluft zwischen zwei Planungs-Teilzielen auftut:

— regionalpolitisch geht es um Strukturverbesserung in unterversorgten Gebieten, in denen meist nur Mittelstädte liegen,
— interessenpolitisch geht es um den Wunsch der planungsbetroffenen Studenten und des Hochschulpersonals, bei ihrer täglichen Arbeit am geistigen Anregungsklima einer lebendigen Stadt teilnehmen zu können.

Rothe sagt in einem Gutachten für die Neugründung einer Universität in Bremen: „Der Student ... sollte während seines Studiums Gelegenheit erhalten, die ‚moderne Gesellschaft' kennenzulernen. Diese so sehr wichtige Nebenfunktion des Studiums erfüllt eine Großstadtuniversität in ganz anderer Weise als eine Universität in einer

Mittelstadt. Aus diesem Grunde sollten heute Universitäten, wenn möglich, an Brennpunkten des modernen Lebens gegründet werden." (ROTHE, H. W. 1968).

Die Einwohnerzahlen von Städten, die in der letzten Generation von Universitäts-Neugründungen als Standorte bestimmt oder diskutiert wurden, kommen dieser verständlichen Forderung der Planungsbetroffenen immer weniger nach (Stand 1972 gerundet):

Essen	692 000	Regensburg	132 000	Bayreuth	64 000
Bremen	585 000	Oldenburg	132 000	Konstanz	62 000
Duisburg	450 000	Koblenz	106 000	Paderborn	61 000
Wuppertal	417 000	Heilbronn	103 000	Siegen	58 000
Bochum	354 000	Trier	103 000	Emden	47 000
Augsburg	214 000	Flensburg	100 000	Fulda	45 000
KASSEL	214 000	Kaiserslautern	100 000	Kempten	45 000
		Ulm	93 000	Offenburg	37 000
Bielefeld	170 000	Ingolstadt	72 000	Rosenheim	36 000
Osnabrück	142 000	Bamberg	69 000	Passau	32 000

Kassel steht an 27. Stelle unter den Städten der Bundesrepublik und ist mit rund 650 000 Einwohnern in seiner Region (MICHAELIS, H. 1968) das unumstrittene Oberzentrum zwischen Frankfurt und Hannover (KLUCZKA, G. 1970). Seine Wahl als Standort einer Gesamthochschule und die geplante Akzentsetzung in Richtung technischer Fächer, die bereits von einer Reihe von Studiengängen der ehemaligen Fachhochschulen nahegelegt wird, fügt sich gut in die Standortsequenz zwischen den Technischen Universitäten von Darmstadt und Hannover ein und setzt notwendige Gegenakzente zu den unmittelbaren Nachbarn Marburg und Göttingen. Zum *Makrostandort* Kassel ist das Land Hessen zu beglückwünschen. Es verfügt nunmehr über eine Standortkette, die von Darmstadt über Frankfurt, Gießen und Marburg bis hierher nach Kassel reicht und in ihrer ausgeglichenen Symmetrie von keinem anderen Bundesland erreicht wird. Lediglich im Raum von Fulda gibt es noch einen Landesteil, der weiter als 50 km von einem Universitätsstandort entfernt ist. So weit — so gut.

Damit möchte ich mich dem *Mikrostandort* zuwenden und gleichzeitig jenem Teil dieses Vortrags, der weitere Konflikte aufzeigen und planungspolitische Fragen aufwerfen soll.

II. PLANUNGSKONFLIKTE, DIE BEI DER WAHL DES MIKROSTANDORTES ENTSTEHEN KÖNNEN

Der Staat, in dem wir leben, hat nur wenig Eingriffsmöglichkeiten, Investitionen in benachteiligte Regionen zu lenken. Er kann meist nur die unrentierlichen Infrastrukturelemente bereitstellen. Im übrigen muß er mit systembedingter Zurückhaltung darauf warten, daß Unternehmer diese und die in wirtschaftlichen Schwächezonen angebotenen Vergünstigungen wie Investitionsprämien, Steuererleichterungen, Sondertarife usw. als attraktiv genug ansehen, in Grenzgebiete zu gehen. Denn billige Arbeitskräfte lassen sich auch mit geringerem Risiko und Aufwand in den zentralen Gebieten in den kasernierbaren Massen ausländischer Arbeitnehmer finden, deren soziale Hypothek man auf die Kommunen abwälzt.

Neben Großbetrieben der Bundesbahn, Großflughäfen, militärischen Garnisonen oder der schmalen Manövriermasse unter staatlichem Einfluß stehender Betriebe, von denen der VW-Zweigbetrieb nach Baunatal bei Kassel kam, stellen Universitäten eine der wenigen Großinvestitionen dar, mit denen der Bund — und noch dazu auf dem sonst der Länderhoheit unterstehenden Kultursektor — Finanzmittel direkt in einzelne Regionen lenken und eine hochqualifizierte Bevölkerung in Entleerungsgebiete bringen kann. Ohne daß man den Auftriebseffekt einer Universitätsneugründung überschätzen sollte, so lassen sich doch mit der Entscheidung für einen konkreten Standort in einer bestimmten Region ausbildungspolitische, sozialpolitische (GEISSLER, C. und STORBECK, D. 1967) und landespolitische Ziele erreichen[4].

Analysiert man die, in den zahlreichen, von Kommunen oder Fördervereinen veröffentlichten Werbeschriften für Hochschulstandorte genannten Argumente für und Hoffnungen auf die Effekte einer solchen Ansiedlung, so tritt ein schillerndes Bild zutage:

Da werden die erhofften Mietausgaben der Studenten von Hausbesitzern für die Erhaltung schützenswerter historischer Bausubstanz in mittelalterlichen Stadtkernen in Ansatz gebracht, da spekulieren Unternehmer auf die billige Teilzeitbeschäftigung zuverdienstwilliger oder -gezwungener Studenten, da erwarten Stadtverordnete den Zuzug gewerbesteuerträchtiger, forschungsorientierter Industriebetriebe und eine bessere Auslastung der Sitzkapazität des subventionierten Stadttheaters. In Regensburg expandierten ortsansässige kleine Verlage und Buchhandlungen in Erwartung von ca. 50 % des jährlichen Auftragsvolumens der Universitätsbibliothek in Höhe von 6—7 Mill. DM[5]. In Gießen lebten 1965 rund 20 000 der 73 000 Einwohner ausschließlich von der Universität (WOLL, A. 1966). Eine Studie über Bochum (SCHNEIDER, H. K. 1964) rechnet der Begründung der Universität einen Auftriebseffekt zu, der mit der Neuansiedlung des Opel-Zweigwerkes verglichen wird. Die Verbrauchsausgaben der Hochschulbevölkerung wurden bereits für das Jahr 1962 auf ca. 32 Mio. DM geschätzt, wobei allerdings nicht überlegt wurde, ob dieser lokale Einkommenseffekt tatsächlich Bochum zugute kam oder sich etwa vielmehr auf attraktivere Einkaufsstädte des Ruhrgebietes verteilte. Auch das Gehaltsvolumen von Beamten, Angestellten und Arbeitern der neuen Universität Regensburg beläuft sich bei 1544 Bediensteten 1973 auf 34 Mio. DM. Für die Stadt Kassel erwartet ein Gutachten *(Arbeitskreis für Stadt- und Regionalplanung 1971)* ein Investitionsvolumen, das nur mit dem des Wiederaufbaus der total zerstörten Stadt nach 1945 verglichen werden könne. AMINDE und HECKING (1972) legen einen ganzen Katalog überregionaler, regionaler und kommunaler Aufgaben vor, die eine Hochschule zu erfüllen hat. Er reicht vom primären Ausbildungsauftrag beim Erst-, Kontakt- und Erwachsenenstudium über eine Vielzahl materieller Effekte, wie der Verbesserung der medizinischen Regionalversorgung durch hochspezialisierte Kliniken, bis zu immateriellen Effekten, wie der allgemeinen Vermehrung des regional verfügbaren „know-how" bei fachlicher Beratung und bei kulturellen Aktivitäten. Schließlich verlangt man auch einen stadtgestalterischen Beitrag von der Universität, der bis zu Sanierungseffekten weitergeführt werden kann. Gerade in dieser letzten Hoffnung ist die entscheidende Frage des Mikrostandorts angesprochen.

---

[4] MAYR, A., Die Ruhr-Universität Bochum in geographischer Sicht. Ber. z. dt. Landeskunde 44, 1970/2. H., S. 224, zeigt, daß z. B. die Gründung in Bochum die Wiedergutmachung eines Erlasses bewirkte, mit dem in den 90er Jahren des letzten Jahrhunderts Kaiser Wilhelm II. aus Mißtrauen gegenüber der Bevölkerung des Ruhrgebietes die Errichtung von Universitäten und Garnisonen untersagt hatte.   [5] Schriftliche Mitteilung von W. TAUBMANN, Regensburg, vom 23. 1. 1973.

Zwar vermag ein *guter* Mikrostandort einen schlechten Makrostandort nicht auszugleichen, wohl aber kann ein *schlechter* Mikrostandort die meisten Vorzüge zunichte machen, die selbst ein so vorzüglicher Makrostandort wie Kassel anbietet (AMINDE und HECKING 1972).

Drei Beispiele:

1. Was nützt den Studenten der in der für Passau werbenden Denkschrift ausgebreitete Charme der Dreiflüssestadt, wenn der erste Geländevorschlag für ihre Universität eine Lage „hinten im Wald", neben einem Truppenübungsplatz, 5 km vom Stadtkern entfernt, in Erwägung zog? (*Universität Passau* 1970).
2. Was haben die Universitätsangehörigen Triers von dem Reichtum antiker Traditionen ihrer Stadt, wenn ihnen in Tarforst, wiederum neben Kasernenanlagen, ihr Studienort zugewiesen wird?
3. Leuchtet München auch für jene zahlreichen Studenten der gängigen Fachverbindung Mathematik—Physik, denen das eine Fach im Stammgelände nahe dem Leibniz-Rechenzentrum, das andere aber (GEIPEL, R. 1972) 16 km nördlich in der Garchinger Heide angeboten wird, in die auf absehbare Zeit kein leistungsfähiges Massenverkehrsmittel führt?

Schuld an den hier beschriebenen Symptomen ist die folgenschwere Entscheidung des Wissenschaftsrats vom Jahre 1960, für Universitätsgründungen grundsätzlich eine Geländegröße von mindestens 150 Hektar für 8000 Studenten vorzusehen, „... so daß die vielerorts zu beklagende stadträumliche Isolierung neuer Hochschulen auf riesigen Arealen weitgehend diesen Empfehlungen anzulasten ist..." (AMINDE und HECKING 1972, S. 556).

Wir nannten das Jahr 1960 bereits als Drehpunkt der bildungspolitischen Entwicklung. Zu diesem Zeitpunkt verfügten die Entscheidungsträger noch nicht über heute selbstverständliche hochschuldidaktische Erkenntnisse, die ihre bis heute mitgeschleppten Flächen-Normen in Frage stellen. Ich nenne nur zwei und enthalte mich bewußt aller mediendidaktischen Futurologie:

1. Unter allen Lehrformen ist die große Massenvorlesung vor passiven Hörern am wenigsten effektiv.
   Folgerung: Das große, zentrale Hörsaalgebäude als Kern einer zusammenhängenden Hochschulanlage ist überholt.
2. Die Idee eines weitangelegten Studium Generale, bei dem der Student neben seinem Fachstudium allgemeinbildende Vorlesungen aus vielen Fächern zu seiner eigenen kulturellen Bereicherung hört, ist angesichts der Wissensexplosion und der Expansion der Studentenzahlen nicht mehr zu realisieren. Das berufsbezogene Fachstudium ist im Vordringen, so sehr es auch eines sozialwissenschaftlichen Begleitstudiums bedürfte.
   Folgerung: Es ist nicht nötig, *alle* denkbaren Studienfächer von der Tiermedizin bis zur Altphilologie in enger Nachbarschaftslage zueinander auf *einem* Hochschulgelände zu vereinigen.

Damit fällt aber auch der Zwang, zusammenhängende Flächen von mindestens 150 Hektar Größe zu suchen, die heute im Großstadtbereich, wenn überhaupt, nur an der äußersten Peripherie und wegen des geltenden Bodenrechts selbst dort nur zu fast unerschwinglichen Preisen zu bekommen sind. Von dieser, die Architekteneitelkeit des „großen Wurfs" befriedigenden Auflage des Wissenschaftsrats konnten sich weitblickende Stadtväter leicht verführen lassen, jene 150 Hektar exakt an jener Stelle ihrer Stadtregion zu suchen und zu finden, zu der hin sich nur in kühnsten Expansionsträumen die Entwicklung des Stadtgebietes ohne den Lokalisationsimpuls einer Universität vollzogen haben würde. Steht aber die Universität erst einmal draußen, wird sich, gezwungen vom Protest der Lehrenden und Lernenden, auch ein Geldgeber für den Verkehrsanschluß finden. Die Hochschulbevölkerung wird ungefragt zu Entwicklungshelfern ehrgeiziger Stadtbaupolitik.

In manchen neuen Universitäten haben Zufälle und mehr oder weniger emotionale Gestaltungsmotive stärker über den Mikrostandort entschieden als Ergebnisse kommunikationssoziologischer, verkehrsgeographischer und die funktionale Verflechtung der Studiengänge analysierender Detailstudien über die Benutzerbedürfnisse. Einer der Planungsverantwortlichen für Bochum führte eine Studiengruppe hinaus ins offene Feld und verwies mit berechtigtem Architektenstolz auf die imposante Silhouette der neuen Universität mit der Frage: „Sieht sie nicht aus wie eine Gralsburg des Geistes?" Andererseits unterband in München die Anpassung an die klassizistischen oder neudeutschen Flachbauten in der Nähe der Pinakothek und die Rücksichtnahme auf die Stadtsilhouette mit Hilfe sehr niedriger Geschoßflächenzahlen jeden Ansatz zu einem sinnvollen Universitäts-Hochbau in der Münchener Max-Vorstadt und nahm einerseits die Verdrängung von Wohnbevölkerung und andererseits die Verbannung auch jener TU-Institute an den Standort des Atomreaktors in Kauf, die gar keine studienbedingten Kontaktnotwendigkeiten zu diesem haben. Die wegen des Sicherheitsabstandes zu einem zunächst noch für gefährlich angesehenen Reaktor bewußt in siedlungsfernster Lage angekauften 500 Hektar lagen für einzelne Wissenschaftler mit privatem Pkw forschungsoptimal. Für einen Standort der Lehre mit 10 000 Studenten gilt aber das Kriterium optimaler Erreichbarkeit durch *Massen*verkehrsmittel. Die u. U. konträren Standortkriterien für Forschung und Lehre wurden bei diesem Beispiel unzulässig vermengt. Außerdem wird bei der zur Einbettung der Außen-Universität in eine geplante Mantelbevölkerung von ca. 40 000 Einwohnern erwartete weitere Zuzug nach München inzwischen von der Stadtverwaltung weder mehr gewollt, noch ist er nach Abklingen der olympischen Euphorie mehr wahrscheinlich. Zudem wäre das regionalpolitische Instrumentarium gar nicht vorhanden, diese 40 000 Zuzugswilligen, welche die Rentabilität eines Massenverkehrsmittels ermöglichen würden, überhaupt in den Norden Münchens mit seinem geringen Lageimage zu dirigieren. Stadtplanung und Universitätsplanung laufen hier reichlich unverbunden nebeneinander her. Bund, Land und Stadt lenkten Milliardeninvestitionen in die olympischen Bauten und deren optimale Verkehrsanbindung durch U-Bahn und S-Bahn, ohne deren nacholympische Nutzung durch eine Universität vorauszukalkulieren, obwohl deren Benutzerrhythmen: die Universität werktags, das Sportgelände an den Wochenenden besonders stark frequentiert, optimal gewesen wäre.

Ziel dieser knappen, beliebig vermehrbaren Beispiele ist es, in die *Mikro*standortdiskussion für eine Gesamthochschule am idealen *Makro*standort Kassel einige Erfahrungen anderer Hochschulstädte einzubringen. Eine Reihe von Gutachten (*Arbeitsgruppe Standortforschung* Bd. 14) hat sich mit sechs Standorten vergleichend befaßt (*Arbeitsgruppe Standortforschung* Bd. 14, S. 19, Abb. 3), und ein Hearing am 29. 1. 1971 brachte schließlich noch einen siebenten, citynäheren — die Giesewiesen — ins Spiel[6]. Es steht dem Ortsfremden nicht zu, unmittelbar in die auch von den Finanzierungsmöglichkeiten bestimmten Erwägungen hineinreden zu wollen, die das

---

[6] Vgl. Stadtausgabe der Hessischen Allgemeinen vom Samstag, 30. 1. 1971.

Beharren des Kultusministers auf dem mit 6,50 DM/m² billigen, bereits der öffentlichen Hand gehörenden Gelände der Dönche begründen, auf dem bereits das Verfügungszentrum errichtet wurde und gegen das recht spät die Standortqualitäten (*Arbeitsgruppe Standortforschung* 1971) der innenstadtnäheren Giesewiesen herausgestellt werden. Es sei hier aber auf einige Kriterien verwiesen, die namentlich für den neuen Typus einer Integrierten Gesamthochschule mehr noch als für die herkömmlichen Universitätsmodelle anzuwenden wären, so daß auch durch die Baustruktur auf Integration und Reform gezielt werden könnte.

Unsere Städte leiden unter einer Trennung der Daseins-Grundfunktionen. Die Monofunktionalität der abends entleerten Geschäfts-, aber auch Universitätsviertel, der tagsüber verödeten Schlafstädte und der meist nur sonntäglich genutzten Sport- und Kulturstätten verführt zur exzessiven Nutzung umweltschädigender und flächenbeanspruchender individueller Verkehrsmittel, durch welche solche Monofunktionen gegenseitig erreichbar gemacht, deren Benutzer aber zu einem unrationellen Aufwand von Zeit, Kosten und Mühe genötigt werden. Citynahe, von Wohnungen durchsetzte und an den öffentlichen Verkehr angebundene Institutsgruppen miteinander kommunikationsverflochtener Nachbarfächer kommen wahrscheinlich mit weitaus kleineren Teilarealen aus (Aminde und Hecking 1972) als der auf 150 Hektar vereidigte Universitäts-Monolith auf zusammenhängender Fläche. Ermöglicht das eine Denkmodell ständige Funktionsüberlagerungen, so spiegelt das andere ein Leistungsverständnis der Universität wider, das zu sehr an der „industriellen Produktionsweise" orientiert ist. Universitätsangehörige haben aber durch Aktivitätsanalysen (Becker et al. 1972) ermittelbare Verhaltensweisen und Bedürfnisse (Schmidt-Relenberg, N. 1973), die ein charakteristisches Zeitbudget entstehen lassen, so z. B.

— fließende Übergänge zwischen konzentrierter Arbeit und Muße
— Diskontinuität des Veranstaltungs-Tagesplanes und der Zusammensetzung der Lerngruppen
— hohe kulturelle und kommunikative Bedürfnisse.

Wird bei der „zunehmenden Entwicklungsgeschwindigkeit der Wissenschaftsprozesse" das Studium nicht mehr zu einem einmaligen Abschnitt zwischen dem 20. und 25. Lebensjahr komprimiert, sondern zu einem zwischen Praxiszeiten und Kontaktstudien wechselnden lebenslangen Prozeß, so muß die Gesamthochschule im täglichen Pendlerspielraum der Regionalbevölkerung liegen und darf sich nicht abseits der Stadtmitte und der Massenverkehrsmittel isolieren. Sie muß Aufforderungscharakter für alle Bürger haben, also bereits durch ihre stadtgeographische Lokalisation in die täglichen Handlungsabläufe des Individuums verflochten und seiner Aktionsreichweite zugänglich sein.

Bei den ersten, nach dem Kriege neugegründeten Universitäten konnte man den Planungsträgern noch zugute halten, daß sie ihre politischen Entscheidungen ohne das Instrumentarium einer sich erst allmählich entwickelnden Hochschulforschung treffen mußten. Die heutigen Planer können von den z. T. negativen Erfahrungen der ersten Neugründungen lernen, ihr Instrumentarium hat sich verfeinert, und auch die Planungsbetroffenen haben gelernt, ihre Bedürfnisse zu artikulieren. Neu ist aber vor allem, daß durch das Konzept der Integrierten Gesamthochschule den Planenden von Anfang an der Auftrag mitgegeben wird, an bereits seit Jahrzehnten ererbte und meist an räumlich getrennten Standorten bestehende Fachhochschulen anzuknüpfen (Reiff, B. et al.). Das Maß an stadtgeographischer Phantasie, das in solche Koordinationskonzepte räumlicher Art eingeht, läßt Rückschlüsse auf die Ernsthaftigkeit des Integrationswillens zu.

Was man dazugelernt hat, zeigt ein Vergleich zwischen den nur 16 km voneinander entfernten Universitäten Bochum und Essen: die eine als Monolith auf 500 ha Fläche, die andere als dezentralisierte City-Universität mit Hauptstandort in einem citynahen Sanierungsgebiet und im Übergang zur Emscherzone mit ihrer mangelhaften kulturellen Infrastruktur. Auch ein Vergleich mit Osnabrück ist lehrreich, wo die Stadt als Festsetzende des Bauleitplans Alleingänge des Landes in Hinsicht auf den Standort verhindern konnte (AMINDE, H. J. u. a. 1972). Auch die Kasseler Stadtverwaltung sollte hart bleiben: wenn zur bestehenden historischen Achse Kassels (*Arbeitsgruppe Standortforschung* Bd. 14, S. 23, Abb. 4) von der Altstadt zur Wilhelmshöhe eine zweite im Fuldatal hinzutreten soll, dann müssen auch die Universitätseinrichtungen innerhalb einer integrierten Planung als Entwicklungsmotoren dafür dienen. Leider hat sich dieses Konzept gerade durch die Standortsdiskussion erst zu einem Zeitpunkt ausgeformt, als schon Investitionen des Landes in der Dönche vorlagen.

Ein letztes Wort zu den Studiengängen: es wäre eine Vereitelung der Idee einer „Gesamthochschule", wenn die bereits in Kassel bestehenden Technischen Fachhochschulen in einer Sackgasse endeten und nicht durch einen universitären Fachbereich Technik weitergeführt würden. Kassel darf nicht nur „billige Buchfächer" erhalten. Mit dem Aufbau der Berufspädagogik wird der jugendlichen Berufsbevölkerung der Region ein höherer Grad von Kenntnissen vermittelt. Die Grenzgebietsförderung braucht qualifizierte Arbeitsplätze für qualifizierte junge Menschen (MEYER, TH. 1973). Dann müssen aber in Kassel als dem Standort in genauer Mitte zwischen den Technischen Universitäten Darmstadt und Hannover auch technische Studiengänge angeboten werden: die regionale Komponente muß in alle bildungspolitischen Entscheidungen eingehen. Sie beginnt beim Makrostandort und geht über den stadtgeographisch so entscheidenden Mikrostandort bis hinein in die Fächerstruktur. Der Politiker, gerade auch der Bildungspolitiker, gehört heute zu den großen „geography-makers". Seine Entscheidungen beeinflussen die Lebensqualitäten in einer bestimmten Region. Er kann sie durch seine Investitionen zukunftssicherer machen. Für die Region Kassel ist mit ihrer Gesamthochschule ein solcher Trittstein für eine richtungsweisende Regionalpolitik gelegt. Der 39. Deutsche Geographentag wünscht der Gesamthochschule Kassel einen zügigen Ausbau zum Nutzen der nordhessischen Bevölkerung. Für unsere eigene Disziplin, die Geographie, wünschen wir uns unsererseits die institutionellen Möglichkeiten, in dieser Gesamthochschule zu beweisen, daß es sich bei unserer Wissenschaft um eine realitätsbezogene, den Problemen unserer Zeit offene und zur Politikberatung fähige Disziplin handelt, die in der Schule auf die Heranbildung kritischer und planungsbewußter Staatsbürger zielt und deshalb auch in den Rahmenrichtlinien und Bildungsplänen der hessischen Schulen einen angemessenen Platz erhalten sollte.

Literatur

AMINDE, H. J. und G. HECKING: Regionale Hochschulentwicklungsplanung aus der Sicht der kommunalen und regionalen Entwicklungsplanung. In: Inf. 1972, Nr. 21 d. Inst. f. Raumordnung 22. Jg.

ders. u. a.: Mikrostandorte für eine Gesamthochschule in Osnabrück im Rahmen der Standortentwicklung. Stuttgart, März 1972, Planungsgutachten.

BECKER, R. et al.: Aktivitätsanalyse als Entscheidungshilfe zur Standortfindung von Hochschuleinrichtungen. In: Colloquium über Planungsverfahren zur Gesamthochschulentwicklung. 15.—17. 3. 1972, Texte und Daten zur Hochschulplanung 5, Stuttgart 1972.
DAHRENDORF, R.: Bildung ist Bürgerrecht. Plädoyer für eine aktive Bildungspolitik. Bramsche 1965.
EDDING, F.: Ökonomie des Bildungswesens. Lehren und Lernen als Haushalt und als Investition (Sammelband), Freiburg 1963.
FALLER, P.: Zur Problematik der investitionstheoretischen Rechtfertigung von Bildungsausgaben. In: Wirtschaftsdienst 1971, VII, S. 365.
GEIPEL, R.: Bildungsplanung und Raumordnung, Frankfurt 1968, Abb. 14, S. 96.
— Probleme der Universitätsstadt München. Mitt. der Geogr. Ges. in München, Bd. 57, 1972, S. 7—49.
— Regionale Verbreitung, relative Dichte und soziale Herkunft der Abiturienten in Rheinland-Pfalz, Mainz 1968/II, Abb. 13, S. 67.
— Die Universität als Gegenstand sozialgeographischer Forschung. In: Mitt. d. Geogr. Ges. München, Bd. 56, 1971.
— Überlegungen zur Standortwahl für neue Hochschulen in Süddeutschland. In: Raumforschung und Raumordnung, Bd. 29, 1971, H. 4, S. 167—175.
GEISSLER, C.: Hochschulstandorte — Hochschulbesuch. Hannover 1965, Tafel D 2.
GEISSLER, C. u. D. STORBECK: Standortbestimmung einer Universität. Zentralinstitut für Raumplanung. München 1967, S. 66 f.
KLUCZKA, G.: Zentrale Orte und zentralörtliche Bereiche mittlerer und höherer Stufe in der Bundesrepublik Deutschland. Forsch. z. dt. Landeskunde, Bd. 194, Bonn-Bad Godesberg 1970.
MAYR, A.: Standort und Einzugsbereich von Hochschulen. In: Berichte zur deutschen Landeskunde. Bd. 44 (1971) H. 2.
— Die Ruhr-Universität Bochum in geographischer Sicht. In: Berichte zur deutschen Landeskunde. Bd. 44 (1971), H. 2.
MEYER, TH.: Räumliche Aspekte beruflicher Ausbildung in Nordhessen. In GR 1973/5, S. 165.
MICHAELIS, H.: Die Region Kassel und ihre Wirtschaftsstruktur. GR 1968, H. 5, S. 165.
MÜLLER, K.: Die Standortbestimmung bei der Neugründung von Universitäten. In: Universität neuen Typs? Göttingen 1962.
PICHT, G.: Die deutsche Bildungskatastrophe. Olten und Freiburg 1964.
REIFF, B. et al.: Das Verhältnis zwischen Strukturfragen und Standortanforderungen: Grundlagen zur Bestimmung von Organisationseinheiten einer integrierten Gesamthochschule. In: Colloquium a. a. O. (1972), S. 121.
ROTHE, H. W.: Über die Gründung einer Universität zu Bremen. In: Dokumente zur Gründung neuer Hochschulen 1960—1966, Wiesbaden 1968, S. 279.
SCHMIDT-RELENBERG, N.: Universität im Flächennutzungsplan, S. 9, Universität in der Stadt. In: Informationen 9, ZA f. Hbau.
SCHNEIDER, H. K. (Hrsg.), Die Veränderung der gewerblichen Existenzgrundlagen und die Errichtung der Ruhruniversität in Bochum . . ., Münster 1964.
WOLL, A.: Die wirtschaftliche und fiskalische Bedeutung der Universität für die Stadt. Gießen 1966.

Gutachten

Arbeitsgruppe Standortforschung: Regionale Hochschulplanung in Hessen. Kassel als Hochschulstandort. Hannover 1971, Bd. 13, S. 28 f.
— Mikrostandort für die Gesamthochschule Kassel. Einordnung der Hochschule in den Siedlungsraum. Bd. 14, Hannover 1971.
— Überlegungen zum Bau der Gesamthochschule Kassel — Bausystem, Standort Giesewiesen. Planungsverfahren. Manuskript Nr. 34, November 1971.
Arbeitskreis für Stadt- und Regionalplanung: Standort für eine integrierte Gesamthochschule in Kassel. Kassel, April 1971, S. 2.

Arbeitskreis für Stadt- und Regionalplanung im SPD-Unterbezirk Kassel-Stadt: Standort für eine integrierte Gesamthochschule in Kassel. Kassel 1972.

Gründungsbeirat Gesamthochschule Kassel: Empfehlungen zum Standort der Gesamthochschule Kassel (E 22) vom 13. 7. 1971 (mit vergleichendem Gutachten).

HAMER, H.: Universität Kassel, Möglichkeiten der Stadtentwicklung bei verschiedenen Universitätsstandorten im Stadtbezirk.

Planungsamt der Stadt Kassel: Gesamthochschule Kassel. Vergleich der Standorte Dönche und Fuldaraum (Giesewiesen), Kassel 1. 10. 1971.

Universität Passau: Denkschrift des Kuratoriums. Passau 1970, S. 40.

2. DIDAKTIK DER GEOGRAPHIE

LEITUNG: J. BIRKENHAUER, H. FRIESE, H. HAGEDORN

STUDIENPLÄNE FÜR DAS GRUNDSTUDIUM DER GEOGRAPHIE — STUDIENPLANMODELL FÜR EINE GESAMTHOCHSCHULE

Von Horst HAGEDORN (Würzburg)

GRUNDSTUDIUM:

Nach mehreren Sitzungen hatte der Arbeitskreis für Hochschuldidaktik unter Leitung von Eugen Wirth 1968 Vorschläge zur Gestaltung des geographischen Hochschulunterrichts gemacht. Diese Vorschläge vom 10. 9. 1968 beruhten inhaltlich auf der „Rahmenordnung (Ausbildungsprogramm) für Studierende der Geographie (Lehramtskandidaten)" vom 31. 10. 1964, die in Bad Hersfeld von den dort versammelten Hochschullehrern der Geographie mit großer Mehrheit angenommen worden war.

Folgende wesentliche Punkte wurden für die Grundausbildung in dem Papier vom 10. 9. 1968 angeschnitten:
1. Das Grundstudium bedarf einer verhältnismäßig straffen Reglementierung.
2. Es sollten vier systematisch aufeinander aufbauende Übungen (Kurse/Seminare) sowie kleine Exkursionen und ein einführendes Geländepraktikum zur *Pflicht* gemacht werden (Curricularer Aufbau).
3. Inhaltlich sollte der Schwerpunkt bei der Allgemeinen Geographie liegen.
4. Die Grundausbildung sollte für alle Abschlüsse gleich sein.

Es wurden darüber hinaus noch einige praktische Ratschläge zur Durchführung der jeweiligen Lehrveranstaltungen gegeben (z. B. bei hoher Teilnehmerzahl zusätzliche Gruppen, Anfertigung von Skripten etc.).

In den folgenden Jahren hat sich dann der Arbeitskreis sehr viel mit wissenschaftstheoretischen Fragen und Problemen der Lernzielfindung beschäftigt bzw. beschäftigen müssen. Nachdem auf diesem Sektor eine gewisse Abklärung erfolgt war — der Arbeitskreis ist dabei natürlich auch in hochschulpolitische Probleme verstrickt worden — wurde wieder die Frage der Gestaltung des Studiums und die Erstellung von Studienplänen in den Vordergrund gerückt. Dieses erneute Aufgreifen der didaktischen Gestaltung des Hochschulunterrichts — wobei es auch um Lernziele und Inhalte geht — ist von den verschiedenen Gruppen mit unterschiedlichen Motiven betrieben worden, hat aber zu erneuter Diskussion geführt. Geradezu aktuell wurde diese Frage nach Studienplanmodellen durch die fast allen Instituten von ihren Ministerien bzw. Hochschulen gestellte Aufgabe, umgehend Studienpläne vorzulegen, nach denen sich Aus- und Aufbau der Institute in Zukunft richten soll. Hierbei wird ausdrücklich nach Inhalten mit entsprechenden Begründungen der Stoffauswahl aufgrund von allgemeinen und speziellen Lernzielen, Curricula etc. gefragt.

Der Arbeitskreis für Hochschuldidaktik hat sich im März 1972 mit dem Problem der Gestaltung der Lehre im Bereich des Grundstudiums (1. und 2. Studienjahr) und den zu erstellenden Lehrplänen befaßt und eine ganze Anzahl Fragenkreise diskutiert. Bei dieser Diskussion stellte sich nun heraus — und zwar unabhängig von den unterschiedlichen Auffassungen über Inhalte, die dann auch auf das Wie? zurückschlagen —, daß doch wohl erhebliche Unterschiede nach Form und Inhalt in der Durchführung des Grundstudiums an den einzelnen Universitäten existieren müssen. Um hier Klarheit zu bekommen, wurde der Vorsitzende des Arbeitskreises beauftragt, den Ist-Zustand mit einer Fragebogenaktion in groben Zügen zu ergründen. Die Fragebogenaktion begann im August 1972; Ende März 1973 waren nach mehrmaligen Mahnungen 29 ausgefüllte und auswertbare Fragebogen an die Versender zurückgekommen.

Der Fragebogen (s. Anhang) enthält in erster Linie Fragen nach dem formalen Aufbau des Studiums, die im allgemeinen ausführlich beantwortet worden sind. Die wenigen Fragen, die sich auf die inhaltliche Gestaltung des Studiums beziehen, sind entweder sehr knapp oder kaum verwendbar bearbeitet worden; in einigen Fällen wurde auch die Antwort verweigert mit der Begründung, die Fragen seien zu weitgehend.

Nach Lernzielen und Gründen für die stoffliche Auswahl in den einzelnen Lehrveranstaltungen wurde in dieser ersten Fragebogenaktion noch nicht gefragt; dieses soll einer weiteren Aktion nach Auswertung der ersten und Mitteilung der Ergebnisse vorbehalten bleiben. Zu bemerken ist noch, daß die Auswertung der Fragebogen noch nicht abgeschlossen ist.

Im folgenden sollen kurz einige Ergebnisse der Fragebogenaktion erläutert werden. Die genaue Formulierung der jeweiligen Frage kann aus dem im Anhang beigegebenen Fragebogen entnommen werden.

Der formale Aufbau des Studiums ist relativ gut aus den gegebenen Antworten zu entnehmen. In 11 von 29 Instituten besteht ein dreistufiger und in 17 ein zweistufiger Aufbau (1 keine Antwort). In der Frage nach unterschiedlichen Studiengängen für verschiedene Abschlüsse (Frage 1.2 s. Anhang) wurde von 20 Instituten ein einheitlicher Studiengang für alle Abschlüsse angegeben, während drei Institute den Studiengang differenzieren, vier Institute haben nur eine Abschlußmöglichkeit und zwei haben die Frage nicht beantwortet. Zur Erläuterung muß hinzugefügt werden, daß die Studiengänge für die verschiedenen Lehrämter nach der Zwischenprüfung hinsichtlich der Zahl der Hauptseminare und Übungen differieren. Eine Zwischenprüfung wird ausnahmslos bei 21 Instituten gefordert, während sie bei vier Instituten nur für das Diplom erforderlich ist; drei Institute kennen keine Zwischenprüfung, und einmal wurde die Frage nicht beantwortet (Frage 1.3). Abgelegt wird die Zwischenprüfung zwischen dem 3. und 6. Semester, in zwei Fällen schon nach dem 2. Semester. In 18 Instituten wird die Zwischenprüfung mündlich und in fünf Instituten schriftlich abgenommen, während in zwei Instituten die Zwischenprüfung durch studienbegleitende Prüfungen (Scheine) durchgeführt wird (Fragen 1.3.1 und 1.3.2). Geprüft werden in 20 Instituten alle Fächer aus dem Bereich der Allgemeinen Geographie, in zwei Instituten liegt der Schwerpunkt der Prüfung im Bereich der Sozialgeographie, und in zwei Instituten haben die Kandidaten eine Wahlmöglichkeit zwischen Natur- und Kulturgeographie; einmal wurde die Frage nicht beantwortet (Frage 1.3.3).

Für das Grundstudium sind in 14 Instituten spezielle Einführungsvorlesungen und in 21 Instituten spezielle Unterseminare bzw. Einführungsübungen aus Natur- und Kulturgeographie vorgeschrieben (Frage 2.1). Für hochschulpolitische Auseinandersetzungen um Kapazitäten und Lehrdeputate sind die Antworten auf die Fragen 2.4, 2.4.1 und 2.4.2 interessant. So lagen bei 18 Instituten die Teilnehmerzahlen in den Übungen im Durchschnitt bei 30 (Schwankung 25—35), in vier Fällen zwischen 50 und 70 und in drei Fällen bei mehr als 70 (von den restlichen Instituten nicht beantwortet).

Durchgeführt wurden die Übungen im Grundstudium überwiegend von wissenschaftlichen Assistenten (24 Fälle) und/oder habilitierten Dozenten (18 Fälle); weniger häufig wurden Studienräte i. H. (drei Fälle) und Akademische Räte (vier Fälle) genannt; zusammen mit Tutoren wurden die Übungen nur in vier Fällen abgehalten. Die Zahl der Parallelübungen liegt in neun Fällen bei 2, in sechs Fällen bei 3, in sieben Fällen bei 4 und in zwei Fällen bei 5 und mehr.

Weitaus weniger ausführlich und für eine Statistik kaum verwendbar wurden die Fragen nach Inhalten der Übungen, Vorlesungen und Prüfungen beantwortet. Dieses wird schon bei der Frage (1.3.4) nach dem Prüfungsstoff der Zwischenprüfung deutlich.

Die Prüfungsgegenstände, die hier aus Platzmangel nur schlagwortartig angegeben werden können, sind nach den Antworten in der Reihenfolge ihrer Häufigkeit folgende: Definitionen und Fachvokabular (28), Allgemeine Fragen an regionalen Beispielen dargestellt (15), Beispiele für Theorien (13), Grundbegriffe (Wissen) aus der allgemeinen Geographie (10), Erkennen und Darstellen von Gesetzmäßigkeit und/oder Prozessen (6), Darlegung von Methoden und Arbeitsmitteln (4), Aufzeigen von Problemstellungen (3).

Von Interesse ist nun der Vergleich des Prüfungsstoffes der Zwischenprüfung mit den Angaben zur Frage (2.2) über den inhaltlichen Aufbau des Grundstudiums.

Wichtigster Lehrstoff in den Übungen innerhalb des Grundstudiums ist die Vermittlung von Arbeitsmethoden (21) und Grundwissen (21). Diese Lehrstoffe werden nach den Angaben überwiegend an Beispielen geübt und aus dem ganzen Bereich der allgemeinen Geographie entnommen. In zwei Fällen wird einseitig nur der Bereich der Kulturgeographie behandelt.

Theoriebildung, Problemstellungen und Erkennen von Gesetzmäßigkeiten werden nur in wenigen Fällen (3) genannt. Diesen in der Zwischenprüfung doch relativ häufig als Prüfungsstoff genannten Lehrstoff müssen sich die Studierenden in den Vorlesungen und sonstigen Lehrveranstaltungen innerhalb des Grundstudiums aneignen. Die Arbeit in den Seminaren bzw. Übungen beruht überwiegend auf Kurzreferaten (15), während Gruppenarbeit nur in sechs Fällen als wesentliche Unterrichtsform angegeben wird.

Aus dem aufgezeigten Rahmen fallen drei Institute. Eines berichtet von Versuchen mit objekt- und problembezogenen Gemeinschaftsveranstaltungen mit Gruppenarbeit als Ersatz für die herkömmlichen Seminare. Diese Versuche sind nur dadurch möglich, daß eine sehr große Zahl von Tutoren eingesetzt werden kann. Als problematisch hat sich dabei die notwendige Vermittlung von Grundkenntnissen erwiesen. Den herkömmlichen Formen des Unterrichts wird daher doch noch eine Daseinsberechtigung zuerkannt bzw. neu zugewiesen. Bei zwei Instituten ist der Inhalt der Übungen bzw. Seminare im Grundstudium vollständig in die Hand des jeweiligen Dozenten gegeben, was nach Aussage der beigegebenen Veranstaltungsthemen zu einer sehr engen Spezialisierung schon in den Anfangssemestern führt. Zu erwähnen ist noch, daß der Versuch der objektbezogenen Gemeinschaftsveranstaltung an einer als konservativ bezeichneten Universität durchgeführt wird, während die völlige Stoffwahl und -bestimmung durch den Dozenten an sehr reformfreudigen Universitäten praktiziert wird.

Zusammenfassend läßt sich aus der bisherigen Auswertung der Fragebogenaktion sagen, daß im formalen Aufbau das Grundstudium verhältnismäßig einheitlich und schon entsprechend „verschult" ist. Es könnte hier ohne wesentliche Eingriffe zu einer Verständigung unter den Instituten und damit zu einem einheitlichen Aufbau des Grundstudiums kommen. Bei der inhaltlichen Gestaltung des Grundstudiums ist eine Verständigung dagegen weitaus schwieriger. Zwar werden Arbeitsmethoden und Grundbegriffe bzw. -wissen von fast allen Instituten als wichtigster Lehrstoff genannt, jedoch versteht man unter diesen Begriffen offensichtlich sehr Verschiedenes. Es muß allerdings einschränkend noch einmal betont werden, daß die Fragebögen noch nicht vollständig ausgewertet sind und gerade die Frage nach den Inhalten weitaus stärker aufgeschlüsselt und durch Ergänzungsfragen genauer umrissen werden muß.

GESAMTHOCHSCHULE

Durch die Bestellung in einen Ausschuß zur Aufstellung von Studienplänen für eine neu zu gründende Gesamthochschule bin ich mit den Fragen und Problemen dieses neuen Hochschultyps konfrontiert worden. Ich habe mich daher an sämtliche Kultusministerien gewandt und um Materialien zu den Vorstellungen über die inhaltliche Gestaltung und das Funktionieren dieser Hochschulen gebeten. Das Ergebnis ist nicht gerade erfreulich. Abgesehen von den Unterschieden in den einzelnen Ländern — in einigen existiert keine Gesamthochschule, ja sie ist nicht einmal geplant —, muß grundsätzlich zwischen
1. kooperativer Gesamthochschule und
2. integrierter Gesamthochschule
unterschieden werden.

Nach den mir zugesandten Materialien aus den einzelnen Ministerien — es haben leider noch nicht alle geantwortet — existieren beide Formen nebeneinander, wobei wohl das Endziel bei den meisten politischen Willensbildnern, welche die Gesamthochschule forcieren, die *integrierte* Gesamthochschule ist. Die Unterschiede zwischen den beiden Typen der Gesamthochschule seien hier kurz definiert:

Die kooperative Gesamthochschule wird in Anlehnung an den Dahrendorf-Kreis (1969) als ein Modell definiert, „das von der Selbständigkeit der bestehenden Einrichtungen ausgeht und durch ein gemeinsames Koordinierungsgremium das Zusammenwirken zwischen den verschiedenartigen Einrichtungen des Hochschulgesamtbereiches in optimaler Weise gestaltet", während die integrierte Gesamthochschule als ein Modell beschrieben wird, „das mehrere verschiedenartige Institutionen zur gemeinsamen Aufgabenbewältigung in einer organisatorisch einheitlichen Einrichtung zusammenfaßt".

Während die kooperativen Gesamthochschulen am bisherigen Organisationsschema festhalten und nur dazu angehalten sind, aufeinander bezogene abgestufte Studiengänge zu entwerfen und durchzuführen, ist für die integrierte Gesamthochschule die Forderung: eine einheitliche Hochschule mit einem gemeinsamen Lehrkörper und einer gemeinsamen Studentenschaft, die aufeinander bezogene vertikal und horizontal durchlässige, abgestufte Studiengänge anbietet. Die Stufung der Studiengänge ist eine Aufeinanderfolge von Studienabschnitten. Horizontale Gliederung ergibt sich durch Fachbereiche, denen Studiengänge zugeordnet sind; die vertikale Gliederung aus der Stufung der Studienabschnitte.

Der Bildungsstoff muß vertikal und horizontal neu gegliedert werden; daraus folgt: es muß eine *neue* Hochschule werden. Wichtig ist dabei noch der Begriff der Differenzierung, der besagen soll, daß Lehre und Forschung in differenzierter Weise vor sich zu gehen haben, und zwar bezogen auf die Studienabschlüsse. (Begriff der differenzierten Gesamthochschule von Dahrendorf mit der Sicht, daß historisch bedingte Zufälligkeiten in den Studiengängen und Hochschuleinrichtung von den Funktionen her neu gegliedert werden müßten.)

Es ist hier nun nicht der Platz, die allgemeinen Probleme der Gesamthochschulen und die Realisierung der politischen Absichtserklärungen zu diskutieren. Es gilt hier nur einige konkrete Aussagen zur Lehrerbildung zu machen, wie ich sie an einem praktischen Beispiel erlebt habe. Ausgeklammert werden also Fragen nach Zulassungsvoraussetzungen, Lehrkörperstruktur usw. Auch sind Fragen der Einbindung von Fachhochschulen etc. hier nicht zu behandeln.

Eine wesentliche Aufgabe der Gesamthochschule wird in der integrierten Ausbildung des Stufenlehrers gesehen, was zu einem Integrationsmodell „Lehrerbildung" geführt hat. Hier sind nun konkret sehr unterschiedliche Wege beschritten worden. In Nordrhein-Westfalen wurden per Gesetz fünf Gesamthochschulen errichtet, in denen zumeist ehemalige Pädagogische Hochschulen mit Fachhochschulen zusammengeschlossen wurden. Auch die Gesamthochschule Kassel stellt ein ähnliches Modell dar. Ein anderer Weg wurde in Berlin und Niedersachsen beschritten, wo die ehemaligen Pädagogischen Hochschulen zu Universitäten (neuen Stils) erhoben wurden.

Ein anderes System wurde in Bayern angewandt. Hier wurden der größte Teil der ehemaligen Pädagogischen Hochschulen als Erziehungswissenschaftliche Fakultäten den Universitäten zugewiesen, oder es wurden an den Plätzen der ehemaligen Pädagogischen Hochschulen (Augsburg, Bayreuth) neue Universitäten bzw. Gesamthochschulen errichtet. Die Organisationsform ist dabei in Bayern schon so weit fortgeschritten, daß Lehrstühle für Didaktik der einzelnen Fächer geschaffen wurden mit Hauptsitz in der Erziehungswissenschaftlichen Fakultät und Zweitsitz in der jeweiligen Fach-Fakultät.

Aus dieser unterschiedlichen Herkunft der Lehrerbildungsinstitutionen in der Integration — also einmal im Aufstocken einer bisherigen Primarstufe- evtl. auch Sekundarstufe-I-Ausbildung und zum anderen die Angliederung des bisherigen Ausbildungsganges Primarstufenlehrer an Sekundarstufe-I- und/oder Sekundarstufe-II-Ausbildung — sind auch schon unterschiedliche Vorstellungen über Lehr- und Studienplangestaltung erwachsen, ohne daß eine wissenschaftstheoretische und den zukünftigen Bildungsprinzipien gerechte Begründung gegeben wird. Hier herrschen auch bei den zuständigen staatlichen Stellen nur allgemeine politische Zielvorstellungen, die mit Worten wie: Chancengleichheit, Durchlässigkeit, Stufenlehrer mit einheitlicher Berufscharakteristik zu beschreiben sind; über konkrete Lernziele, Stoffgliederung etc. ist nichts zu erfahren.

Die aus den oben gemachten Äußerungen zur Herkunft der einzelnen Studiengänge sich ergebenden Studiengangsmodelle wie Anrechnungsmodell, Baukastenmodell,

Konsekutivmodell, Y-Modell seien nur erwähnt, ohne daß sie auf ihre Brauchbarkeit hin abgeklopft werden können. Gemeinsam ist allen neuen Lehrerbildungsstudiengängen eine erhebliche Reduzierung der fachspezifischen Ausbildung und überproportionale Ausdehnung der pädagogischen und didaktischen Unterweisung.

Hierzu möchte ich gleich kritisch aus meiner subjektiven Erfahrung anmerken, daß diese plötzliche Stundenerweiterung im Bereich des EGS (Erziehungswissenschaftliches und gesellschaftswissenschaftliches Begleitstudium) und der Fachdidaktik diesen eher zum Fluch als zum Segen gereicht. Während sich die Fachwissenschaftler bemühen, Ballast abzuladen und den Wissenskanon zu durchdenken und zu durchforsten beginnen, was ich für sehr gut halte, müssen Pädagogen und Fachdidaktiker aufblähen, ohne daß dabei vernünftig reflektiert werden kann. Dabei kommt es dann zu Forderungen wie beispielsweise nach pädagogischen Praktika (nicht studienbegleitende Praktika) mit der Begründung, daß ja schließlich alle Fächer Praktika hätten, und die wolle man im EGS-Bereich auch.

Als Beispiel für ein Studienplanmodell möchte ich nun einen Entwurf vorstellen, den ich innerhalb einer Klausurtagung zusammen mit Kollegen von anderen Fächern durchführen mußte. Es kommt mir dabei weniger auf die Darstellung des erarbeiteten Studienplans an als vielmehr auf das Verfahren, welches Ihnen die Problematik und die Kleinarbeit aufzeigen soll.

Bei der Ausarbeitung des hier beigegebenen Studienplans wurden vom Kultusministerium bestimmte Forderungen gestellt, welche die einzelnen Bearbeiter zu erfüllen hatten. Der eigenen Initiative waren also bestimmte Grenzen gesetzt.

Eine erste Forderung war, daß die Studienpläne trotz reformerischer Aspekte mit den zur Zeit gültigen Prüfungsordnungen in Übereinstimmung stehen müssen. Ein weiterer Katalog mit Zielsetzungen, die zu beachten waren, galt Kapazitätsberechnungen, Unterrichtsverfahren, Verbindlichkeitsstufen der einzelnen Lehrveranstaltungen bis hin zu Hinweisen für die Durchführung der Studienpläne.

Genau vorgeschrieben war auch die zur Verfügung stehende Auswahl der Semesterwochenstunden. Sie wurde wie folgt berechnet: Von einer wöchentlichen Arbeitszeit des Studenten von etwa 50 Stunden ausgehend, würden 25 davon für Lehrveranstaltungen zur Verfügung stehen. Daraus ergibt sich für den Gesamtrahmen des Grundstudiums (zwei Studienjahre) 25 x 4 = 100 Semesterwochenstunden. Davon wird ein Freiraum für den Studenten von knapp einem Drittel und 14 Semesterwochenstunden für das EGS-Studium abgezogen. Es bleiben dann für zwei Fächer einschließlich Fachdidaktik 56 Semesterwochenstunden (100 − 30 − 14 = 56). Für jedes Fach bleiben also 28 Stunden pro Studienjahr oder 14 Stunden pro Semester. Für die Fachdidaktik waren ebenfalls bindend für das 2. Studienjahr vier Semesterwochenstunden festgelegt, so daß für die eigentliche Fachwissenschaft nur ein verhältnismäßig kleiner Stundenrahmen übrigbleibt. (Kritische Anmerkungen zu dem Mißverhältnis zwischen EGS-Studium und Fachwissenschaft wurden schon oben gemacht.)

Der so vorgegebene Rahmen zwang zu einer straffen Gliederung der Lehrveranstaltungen, wie es auch aus dem Studienplan ersichtlich ist. Die Forderung des Ministeriums, die Inhalte der Fachwissenschaft wegen der starken Straffung genau festzulegen, wurde jedoch von mir abgelehnt. In einem schon relativ eng gesetzten Rahmen sollte nach meiner Meinung die Freiheit des Dozenten in der Stoffwahl nicht auch noch angetastet werden. Sie ist ja schon durch die verbindlichen Lernziele stark eingeschränkt.

Im Anhang ist der zusammengefaßte Studienplan für die Ausbildung der Lehrer für die Sekundarstufe I und II beigelegt. Über die Integration der Ausbildung des Primarstufenlehrers, der ebenfalls an der Gesamthochschule ausgebildet werden soll, ist nichts gesagt. Dieses liegt überwiegend daran, daß keinerlei Konzepte oder Richtlinien seitens der Behörden zu dieser Frage vorliegen. Hinzu kommt die zur Zeit noch geltende, völlig anders geartete Prüfungsordnung für den Primarstufenlehrer.

Dem Studienplan im Anhang sind weiter Ausschnitte aus den ausführlichen „Allgemeinen Hinweisen" und „Erläuterungen" beigegeben, die mit dem Studienplan angefertigt werden mußten und Bestandteil des Planes sind. Hierin wird auf allgemeine Lernziele und Zielvorstellungen eingegangen. Aus diesen allgemeinen Lernzielen wurden kognitive und instrumentale Lernziele für die jeweiligen Lehrveranstaltungen abgeleitet. Diese ganzen Materialien können hier aber leider aus Platzmangel nicht vollständig vorgelegt werden. Die im Anhang beigebenen Beispiele der nach vorgeschriebenem Muster ausgearbeiteten Pläne geben einen kleinen Einblick in die Art, wie der Studienplan weiter aufgegliedert und erläutert werden mußte.

Der vorgelegte Studienplan kann sicherlich nicht als Muster für einen neuen optimal angelegten Studiengang angesehen werden. Er soll nur deutlich machen, wie in einer konkreten Situation mit allen erläuterten Einschränkungen doch eine vorläufige Lösung gefunden werden kann, die vielleicht einen winzigen Schritt vorwärts in der Neugestaltung des Geographiestudiums bedeutet.

ANHANG 1

Arbeitskreis für Hochschuldidaktik
— Fachausschuß Geographie —

87 Würzburg
Landwehr
Geogr. Inst. d. Univ.

Fragebogen zum Aufbau des Grundstudiums

Geographisches Institut der Universität ....

1. Allgemeiner Studienaufbau
1.1. Wie ist das Studium an Ihrem Institut aufgebaut?
    z.B.: zweistufig: mit 1 od. 2 Unterseminar(en)/Proseminar/Übungen für Anfänger/andere Bezeichnungen/mit Exkursionen (Anzahl)/Vorlesungen usw. im Grundstudium und 1 od. 2 Hauptseminaren/Oberseminaren/Übungen für Fortgeschrittene/Exkursionen, Praktika, Vorlesungen im Hauptstudium. Dazu kommen Pflichtübungen usw.
    dreistufig: mit 1 od. 2 Unterseminar(en)/Proseminar . . . . . s. o./1 od. 2 Mittelseminar(en)/ Übungen für Fortgeschrittene/Vorlesungen s. o. im Grundstudium und 1 oder 2 Hauptseminaren/Oberseminaren/ . . . . s. o. im Hauptstudium.

Bitte genau erläutern:

Geographisches Institut der Universität ....

1.2. Sind unterschiedliche Studiengänge für Dipl.-Geogr., Lehramt an Gymnasien, — an Realschulen, — an Gewerbeschulen eingeführt? Wird noch nach Hauptfach und Nebenfach im Studiengang unterschieden?
    Wenn ja; worin unterscheiden sich die einzelnen Studienabschlüsse formal und inhaltlich?
    (z.B. formal: Lehramt an Realschulen wie — an Gymnasien, jedoch 1 Hauptseminar (Mittelseminar o. ä.) weniger usw.
    inhaltlich: nur eine Vorlesung in Phys. Geogr. (Anthropogeogr.) oder besondere Vorlesungen mit mehr Faktendarstellung für Lehramt an Gewerbeschulen usw.)

Bitte genau erläutern:

Geographisches Institut der Universität ....

1.3. Für welche Studiengänge (-abschlüsse) gibt es an ihrem Institut eine Zwischenprüfung?
1.3.1. Nach wieviel Semestern kann/muß die Zwischenprüfung abgelegt werden?
1.3.2. Wie wird die Zwischenprüfung durchgeführt? (z.B. mündliche, schriftliche Prüfung, studienbegleitende Prüfungen usw.; in Gruppen, Einzelprüfungen usw.)
Bitte genau erläutern!
1.3.3. Welche Fachrichtungen werden geprüft? (z.B. Phys. Geographie mit Klimatologie, Geomorphologie...usw. Anthropogeogr. mit Siedlungsgeogr., Wirtschaftsgeogr.)
Bitte genau erläutern!
1.3.4. Welche Lerninhalte werden in der Zwischenprüfung erwartet und gefragt? (z.B. Definitionen, Fachvokabular, regionale Beispiele, Darstellung von Theorien, usw.)
Bitte genau erläutern!

Geographisches Institut der Universität ....

2. Das Grundstudium (1—4/5 Semester)
2.1. Wie ist das Grundstudium an ihrem Institut formal aufgebaut? (z.B. 2 Unterseminare, 2 Praktika in der Kartographie, x Tage Exkursionen, Einführungsvorlesungen, usw.)
2.2. Wie ist das Grundstudium *inhaltlich* aufgebaut? (z.B. 2 Seminare Einführung in Arbeitsmethoden der Anthropogeogr. mit Beispielen aus dem Bereich der Stadtgeographie unter Verwendung von Lehrbüchern, Originalaufsätzen, Karten; Kurzreferate usw.)
Bitte ausführlich erläutern:

Geographisches Institut der Universität ....

2.3. Welche Themen wurden in den letzten 4 Semestern in den unter 2.1. aufgeführten Veranstaltungen behandelt? Bitte nach Veranstaltungen gliedern! (z.B. Unterseminar: Stadtgeographie....)
2.4. Wurden die Pflichtveranstaltungen in den letzten 4 Semestern in mehreren Parallelkursen durchgeführt? (z.B. Welche? Anzahl, usw.)
2.4.1. Wie hoch lagen die Teilnehmerzahlen in den einzelnen Kursen? Bitte aufgliedern! (z.B. Unterseminar: max., durchschnittl., minimal)

Geographisches Institut der Universität ....

2.4.2. Wer hat die Pflichtveranstaltungen jeweils durchgeführt? (z.B. Unterseminar: wiss. Ass. (promoviert), mit Tutoren, usw.)
2.4.3. Wurden die Parallelkurse nach einem einheitlichen Schema durchgeführt? (Wenn ja: wer legte Thema, Inhalt und Form fest? Wenn nein: Konnten die Kursleiter Thema, Inhalt und Form selbst bestimmen? Gab es Kontakte zwischen den Leitern von Parallelkursen?)
Bitte ausführlich erläutern!

3. Fragebogen wurde beantwortet von: ....

ANHANG 2

Erläuterungen zum Studienplan S I

Fach Geographie

Das Grundstudium ist curricular mit einem Vorlesungszyklus und begleitenden Übungen aufgebaut. Abgesehen von einer möglichen zyklischen Vertauschung der ersten vier Grundvorlesungen und jeweils der Proseminare bzw. Mittelseminare sollte möglichst der angegebene Aufbau eingehalten werden, da die einzelnen Vorlesungen und Übungen inhaltlich ineinandergreifend geplant sind.

In den vier Grundvorlesungen (lfd Nr. 1, 2 und 8, 9) sollte neben einer Übersicht über die Grundlagen der Teildisziplin, die Vermittlung von Problemen, Methoden und Denkansätzen exemplarisch angestrebt werden. Schon wegen der geringen Stundenzahl ist eine enzyklopädische Vorlesung nicht möglich, so daß der Dozent gezwungen ist, Schwerpunkte zu setzen. Diese Schwerpunkte ergeben sich aus den abgesteckten allgemeinen Lernzielen. Die so konzipierten Grundvorlesungen setzen eine aktive Mitarbeit der Studierenden voraus. Es wird erwartet, daß diese sich den notwendigen Stoff aus Lehrbüchern, die Vorlesung begleitend, erarbeiten. Die bei den Vorlesungen eingeplanten Diskussionen bzw. Fragestunden sollen der Kontrolle dieser begleitenden Arbeiten dienen.

Hinweise auf die Struktur und inhaltlichen Schwerpunkte der Grundvorlesungen sind in den Mustern (B) angegeben und können dort entnommen werden (lfd Nr. 1, 2 und 8, 9).

Die Proseminare sind als Übungen geplant, in deren Mittelpunkt die Aneignung von Arbeitsmethoden und Arbeitstechniken steht. Nach Möglichkeit sollten die Übungen in Anlehnung an die Formen des Projektstudiums durchgeführt werden. Hierdurch wird eine bessere Motivierung für den Studierenden angestrebt und ihm die Möglichkeit der eigenen Erfolgskontrolle eröffnet. Die notwendige Auswahl der für die Seminare geeigneten Projekte oder exemplarischen Themen muß im unmittelbaren Kontakt mit dem Fachdidaktiker geschehen; denn Inhalte und Aufbau der Projekte für solche Lehrveranstaltungen beinhalten eine große Zahl didaktischer Probleme, die noch nicht gelöst worden sind. Hier muß noch viel Grundlagenarbeit geleistet werden. Das eben Gesagte gilt auch für die Mittelseminare im zweiten Studienjahr.

Mit der fünften Grundvorlesung wird der neue Akzent, den das Fach Erdkunde auch in der Schule bekommen soll, besonders gut sichtbar. Da diese Vorlesung schon ein breites Wissen und Beherrschung der Methoden voraussetzt, kann sie nur am Ende des zweiten Studienjahres sinnvoll gebracht werden. In dieser Vorlesung sollen anwendungsbezogene Themen aus allen Teildisziplinen der Geographie behandelt und in ihrer Bedeutung für die menschliche Gesellschaft untersucht werden. Ich könnte mir vorstellen, daß diese Vorlesung auch für andere Disziplinen wie Sozialkunde, Politologie, Wirtschaftswissenschaften usw. von Bedeutung ist und als Wahlpflichtveranstaltung für einzelne Fächer angeboten werden kann.

Ein integrierender Bestandteil jedes Geographiestudiums sind die Geländepraktika (Exkursionen). Ihnen sollte daher auch in Augsburg größte Aufmerksamkeit gewidmet und durch eine entsprechende Ausstattung mit Exkursionsmitteln Rechnung getragen werden. Da viele Elemente der Geländepraktika auch später in der Schule Verwendung finden, ist eine Beurteilung des Fachdidaktikers auch am Aufbau des Geländepraktikums erwünscht.

Die Übungen aus den Hilfswissenschaften der Geographie müssen speziell auf die Bedürfnisse des Faches zugeschnitten und notfalls durch Lehraufträge wahrgenommen werden. Wichtigstes Ziel dieser Übungen muß es sein, dem Studierenden einerseits die Möglichkeiten und die Bedeutung der Hilfswissenschaften für sein Fach, andererseits aber auch die Abgrenzung und Distanz gegen das Fach deutlich zu machen.

Neben den aufgeführten Veranstaltungen muß noch eine breite Palette Vorlesungen und Übungen den Studierenden angeboten werden. Hierbei sollten besonders neue Forschungsergebnisse und wissenschaftstheoretische Grundlagen des Faches berücksichtigt werden. Sie sind notwendig, um den Studierenden über das augenblickliche berufsbezogene Fachwissen hinaus die Möglichkeit zur höheren fachwissenschaftlichen Qualifikation zu eröffnen.

In der Fachdidaktik fehlen noch konkrete Erfahrungen, wie sie in größerem Umfang in die Fachwissenschaft integriert werden kann. Hier muß noch viel Raum für Experimente gelassen und eine schnelle Revision des Studienplans ermöglicht werden.

Inhaltlich ist die Fachdidaktik noch schwer zu beschreiben. Folgende Punkte sollten jedoch auf jeden Fall behandelt werden:

Ständige Richtlinienanalyse für das Fach Geographie.
Diskussion der Lernziele und der darauf bezogenen Inhalte.
Kritische Betrachtung von Unterrichtsmaterialien.
Das Verhältnis von Erdkundeunterricht zu anderen Schulfächern.
Aufbereitung von Fachinhalten für die Schule und Erprobung im Rahmen der Curriculumforschung.
Aufnahme von Fakten und Inhalten raumwissenschaftlicher Fächer in den Lehrplan, die nicht zum Kanon der geographischen Disziplinen gehören.

Für das Hauptstudium wird ein möglichst großer Freiraum für die Studierenden angestrebt, um den individuellen Neigungen und Schwerpunktbildungen Rechnung zu tragen.

ANHANG 3

Studiengang S I
Fach Geographie

Allgemeine Hinweise

Der vorgelegte Studienplan basiert in seinen Zielvorstellungen auf den Ergebnissen der Beratungen über neue Bildungsziele im Fach Erdkunde, wie sie im Protokoll der Studientagung in Tutzing (vgl. GEIPEL: Der Erdkundeunterricht, Sonderheft 1, Stuttgart 1971) niedergelegt sind, und den Diskussionen auf dem letzten Deutschen Geographentag 1971 in Erlangen, der schwerpunktmäßig diesen Problemen gewidmet war.

Ein wesentliches Lernziel im Schulfach Erdkunde ist u. a. allgemein: dem Schüler die Fähigkeit zu vermitteln, räumliche Prozesse und raumrelevante Dispositionen der Gesellschaft kritisch beurteilen und an Entscheidungen aktiv mitarbeiten zu können. Aus diesem grundsätzlichen Lernziel ergibt sich ein Lernzielkatalog, der sich vorwiegend — *aber nicht allein* — an den Grundfunktionen menschlichen Daseins orientiert, die spezifische Flächen- und Raumansprüche bedingen und durch regional differenzierte Gesellschaftsstrukturen unterschiedliche räumliche Muster hervorrufen (vgl. RUPPERT in GEIPEL a. a. O.).

Eine Aufgabe der Ausbildung muß es demnach sein, den angehenden Lehrern die nötigen Fertigkeiten und das notwendige Wissen für die Bewältigung der angedeuteten Aufgaben zu vermitteln. Darüber hinaus muß aber unbedingt gesichert und im Studiengang fest verankert sein, daß die angehenden Lehrer eine fachwissenschaftliche Ausbildung bekommen, die ihnen erlaubt, die wissenschaftliche Weiterentwicklung des Faches weiter zu verfolgen und für den Schulunterricht nutzbar zu machen. Diesen beiden Komponenten der Ausbildung versucht der vorgelegte Studienplan gerecht zu werden.

Im vorgelegten Studienplan wird versucht, die leidige Antithese zwischen allgemein geographischen und länderkundlichen Fragestellungen aufzuheben. Diesem Ziel dient die konsequente Behandlung allgemeingeographischer Fragestellungen in ihrer räumlichen Differenzierung, wie sie für den Kanon der Grundvorlesungen vorgeschrieben worden ist. Besonderer Wert liegt auch auf der Synthese der Teildisziplinen der Allgemeinen Geographie.

Der Fachdidaktik fällt bei einem nach obigen Gesichtspunkten aufgebauten Studienplan eine wichtige Aufgabe zu, die sie nur in enger Anlehnung an die Fachwissenschaft bewältigen kann. Einer ihrer Schwerpunkte sollte die Erarbeitung von Unterrichtspaketen sein, die die Behandlung von Themen aus dem Bereich der räumlichen Sozialplanung, der physischen Umwelt des Menschen usw. (s. z. B. Themenkatalog bei GEIPEL a. a. O.) im Schulunterricht ermöglicht. Statt bloßer Information sollte in einem solchen Projekt der Erwerb von Fertigkeiten und Fähigkeiten und die Lösung von Problemaufgaben stehen.

Die Übersicht über die möglichen Lehrinhalte kann nur als Rahmen verstanden werden und soll eine detaillierte Aufstellung der Studiengänge nicht präjudizieren.

Eine wesentliche Voraussetzung für die erfolgreiche Durchführung des vorgelegten Studienplans ist die Begrenzung der Teilnehmerzahlen auf höchstens 25 in den als Seminar oder Übung bezeichneten Lehrveranstaltungen. Die Hauptseminare nach der Zwischenprüfung sollten nicht mehr als 12—15 Teilnehmer haben.

Wenn die vorgenannten Zahlen eingehalten werden, erübrigen sich besondere Vorkehrungen für Gruppen- und Blockunterricht, da diese Formen der Lehre ohne Schwierigkeiten in die Lehrveranstaltungen mit begrenzter Teilnehmerzahl integriert werden können.

Der vorgelegte Studiengang geht in seiner Konzeption davon aus, daß das Grundstudium stark reglementiert ist und mit einer Zwischenprüfung ohne Zeitverlust nach zwei Studienjahren abgeschlossen wird. Der Stoff der Prüfung muß sich an den Grundvorlesungen orientieren; die Form der Prüfung sollte sich nach den Gegebenheiten der jeweiligen Universität richten.

ANHANG 4

Studiengang S I

Fach Geographie

Lfd. Nr.	1. Studienjahr	
	a) Vorlesungen	
1	Grundvorlesung: Die Siedlungen der Erde	2 Std.
2	Grundvorlesung: Die Klimate und Vegetationsformen der Erde	2 Std.
	b) Wissenschaftliche Übungen	
3	Proseminar: Grundlagen und Arbeitsmethoden der Geographie Projektschwerpunkt Kulturgeographie	2 Std.
4	Proseminar: Grundlagen und Arbeitsmethoden der Geographie Projektschwerpunkt Physische Geographie	2 Std.
5	Praktikum: Kartenkurs (Thematische und Topographische Karte)	2 Std.

6	Übung: Wahlfach aus den Hilfswissenschaften Soziologie, Geologie, Mathematik, Politik, Botanik, Geschichte, Wirtschaftswissenschaften	2 Std.
7	Praktikum: Praktische Arbeiten im Gelände 6 Tage (in der vorlesungsfreien Zeit) Zusätzlich sollen praktische Übungen angeboten werden (z. B. Luftbildauswertung, Operationalisierungsverfahren usw.)	2 Std.
		14 Std.

2. Studienjahr
a) Vorlesungen

8	Grundvorlesung: Die Wirtschaftslandschaften der Erde	2 Std.
9	Grundvorlesung: Die Landformen und Landformung in den Klimazonen der Erde	2 Std.
10	Grundvorlesung: Grundfragen und Methoden räumlicher Umweltgestaltung	2 Std.
	b) Wissenschaftliche Übungen	
11	Mittelseminar: Ausgewählte Grundprobleme und Denkmodelle aus Teilgebieten der Physischen Geographie	2 Std.
12	Mittelseminar: Ausgewählte Grundprobleme und Denkmodelle aus Teilgebieten der Kulturgeographie	2 Std.
13	c) Geographische Fachdidaktik Dazu Übung oder Vorlesung aus einem Teilgebiet der Regionalen Geographie	4 Std.
		14 Std.

Zwischenprüfung

Lfd. Nr. *3. Studienjahr*
a) Vorlesungen

15	Vorlesung zur Regionalen Geographie (Wahlmöglichkeit)	2 Std.
16	Weiterführende Vorlesungen aus Kulturgeographie und Physischer Geographie (Wahlmöglichkeit)	2 Std.
	b) Wissenschaftliche Übungen	
17	Hauptseminar: Thema nach Wahl	2 Std.
18	Hauptseminar: Thema nach Wahl (Wahlfreiheit insofern eingeschränkt, als ein Hauptseminar mit Themen aus der Regionalen Geographie gewählt werden muß)	2 Std.
19	Weiterführende Übung nach Wahl (Schwerpunkt)	2 Std.
20	c) Geographische Fachdidaktik	4 Std.
		14 Std.
21	Geländepraktikum (große Exkursion) (10—20 Tage in der vorlesungsfreien Zeit)	5—10 Std.

4. Studienjahr (S II)
Vorlesungen und Übungen nach freier Wahl

ANHANG 5

Studienfach: Geographie Muster B Studienjahr: I

Lfd. Nr.	Titel der Lehrveranstaltung	Kommentar bzw. Lernziel	Eingangsniveau	Anz. TW Std.	Art der Lehrveranstaltung	Lernzielkontrolle	Bemerkungen
1	Die Siedlungen der Erde	Grundvorlesung: Überblick über die Grundlagen der Besiedlung der Erde; Erkennen allgemein-geographischer Fragestellungen und Probleme in ihrer räumlichen Differenzierung (Integration von Allgemeiner und Regionaler Geographie)	Abitur	2	Vorlesung mit Diskussions- bzw. Fragestunden	Prüfungsgegenstand in der Zwischenprüfung	Reihenfolge von 1 und 2 kann ausgetauscht werden (auch 1 und 2 gegen 8 und 9)
2	Die Klimate und Vegetationsformen der Erde	Grundvorlesung: Darlegung der wichtigsten Gesetzmäßigkeiten und Prozeßgefüge in der Atmosphäre, ihre räumliche Struktur und Auswirkungen auf andere Geofaktoren. Die Vegetationsformen und ihre räumliche Anordnung im Zusammenhang mit dem Klima. Auswirkungen auf den Menschen; Einwirkungen durch den Menschen auf die Naturlandschaft	Abitur	2	Vorlesung mit Diskussions- bzw. Fragestunden	Prüfungsgegenstand in der Zwischenprüfung	
3	Grundlagen und Arbeitsmethoden der Geographie. Projektschwerpunkt Kulturgeographie	Lernziel ist die Aneignung wissenschaftlicher Methoden und Arbeitstechniken. An ausgewählten Beispielen sollten in Form des Projektstudiums evtl. unter einem regionalen Rahmenthema Methoden der Kulturgeographie demonstriert und durch Lösung von Aufgaben im Zusammenhang mit einem Projekt geübt werden. Im Mittelpunkt müssen Methoden und Arbeitstechniken stehen.	Abitur	2	Proseminar (Übungen mit Kurzreferaten und/oder schriftlichen Übungsarbeiten)	Überprüfung der Aufgaben, Abschlußtest (Scheinpflichtig)	
4	Wie 3 Projektschwerpunkt Physische Geographie	Wie 3 jedoch Arbeitsmethoden der Physischen Geographie und Arbeitstechniken auch experimenteller Natur (Labor, Gelände)	Abitur	2	Wie 3	Wie 3	

Literatur

GEIPEL, Robert (Hsgb.) (1971): Wege zu veränderten Bildungszielen im Schulfach „Erdkunde". Der Erdkundeunterricht, Sonderheft 1, Stuttgart.
Gesamthochschule Hamburg Planung und Diskussion: Bericht über ein Seminar 1972 Hamburger Dokumente 2.73.
Berichte und Dokumente der Kultusministerien der Länder zur Gesamthochschule.
Richtlinien für das Studium der Geographie. (Hersfelder Rahmenordnung.) Manuskript. Bad Hersfeld 1964.
WIRTH, Eugen (1968): Überlegungen und Vorschläge des Fachausschusses Geographie für Hochschuldidaktik zur Gestaltung des geographischen Hochschulunterrichts. Manuskript. Erlangen 1968.

Diskussion zum Vortrag Hagedorn

Prof. Dr. Dr. h. c. W. Hartke (München)

Eine Frage: Was sollen die nun sehr stark mit Fachdidaktik — studienbegleitend — belasteten Studierenden in der nach dem 1. Examen folgenden Assessorenzeit, die doch die praktische, pädagogische und didaktische Ausbildung bringen soll, in Zukunft machen?

Prof. Dr. K. E. Fick (Frankfurt)

Die dankenswerte vergleichende Erhebung des Kollegen HAGEDORN hat gezeigt, daß es zur Zeit noch schwer ist, Genaueres über die Inhalte, Zielvorstellungen und Lernhorizonte akademischer Veranstaltungen zu sagen. Ist hier aus verständlichen Gründen eine Koordination zwischen den Universitäten der BRD sicherlich schwierig, so muß beunruhigen, daß auch formal Tendenzen einer Aufsplitterung deutlich werden. Es fragt sich, ob man nicht bemüht sein sollte, bewährte Namen wie Proseminar (Unterseminar), Mittelseminar, Haupt- (Ober-) seminar beizubehalten und sie nicht durch vage Bezeichnungen wie Anfängerübungen, Einführungskurs usw. zu ersetzen. Glaubt man aber, solchen Namen den Vorzug geben zu sollen, dann wäre grundsätzlich ein Konsensus unter allen Universitätsinstituten anzustreben, einmal im Interesse jener Studenten, die eine Universität wechseln, zum anderen zwecks rascher und präziser Verständigung zwischen der Hochschullehrerschaft, die auf Bundesebene etwa über die curricularen Inhalte solcher Veranstaltungen diskutiert.

Eine Festigung bewährter Veranstaltungsnamen erscheint auch darum notwendig, da — wie beispielsweise in Hessen — auch andere allgemein anerkannte Organisationsformen abgelöst werden. Das neue hessische Hochschulgesetz sieht vor, daß die in Generationen erprobten Verwaltungseinheiten wie Institut für Geographie oder Seminar für Wirtschaftsgeographie fortan weder dem Namen nach noch ihrer inneren Struktur nach verwendet werden sollen. Man fragt sich, wem mit derartigen Veränderungen praktisch gedient ist.

Dr. G. Jannsen (Berlin)

Bedingungen für die Studienplanung, die als formale Vorschriften von außen gesetzt werden — wie es der Vortrag darstellte —, sind ebensowenig spezifisch für die Geographie wie die Art und Form von Lehrveranstaltungen, sondern sie gelten für alle Fächer. Hier wäre jedoch zu diskutieren gewesen, welche Inhalte eingebracht werden müssen, um die Studenten zu befähigen, später in der Schule tätig zu werden. Daß das nach diesem Vortrag nicht möglich war, scheint mir verständlich.

Prof. Dr. E. Otremba (Köln)

Bei der Organisation des Studiums interessiert sicherlich nicht nur die Frage des Stoffaufbaus von den Grundstufen der Wissensvermittlung bis zu den höchsten Stufen der freien wissenschaftlichen Methodendiskussion in der Endstufe des Studiums, sondern auch die Art und Weise des Einsatzes der Lehrkräfte.

Es gibt zwei Möglichkeiten: man kann die ersten Stufen der Grundausbildung in die Hände von Anfängern legen, d. h. in die Hände von jungen Assistenten und Tutoren, die sich erproben und bewähren sollen. Man kann aber auch die Grundausbildung in die Hände von erfahrenen Lehrkräften legen, um von vornherein ein gutes Fundament für die gesamte wissenschaftliche Ausbildung in Geographie zu legen. Hierüber hätte ich gern eine Konzeption für das Grundstudium. Ich persönlich meine, daß eine Einführung in das Studium durch den erfahrensten Fachvertreter erfolgen sollte und nicht in die Hände eines sich erst noch zu bewährenden Anfängers gehört.

Prof. Dr. H. Hagedorn (Würzburg)

Für die Diskussionsbemerkungen und die darin gegebenen Anregungen bedanke ich mich recht herzlich. Auf die angeführten Bedenken zum Studienplan kann ich nur antworten, daß ich sie teile. Es war mein Bemühen zu zeigen, welchen Einflüssen von außerhalb der Hochschulen die Verfasser solcher Studienpläne ausgesetzt sind und in welch engen Grenzen sich ihr Entscheidungsspielraum hält. Wenn im Vortrag die formale Seite des Studienaufbaus im Vordergrund stand, so bedeutet dieses nicht, daß sich nicht auch um Inhalte gekümmert worden ist. In der schriftlichen Fassung wird auch über Inhalte gesprochen werden, es war aber nicht meine Aufgabe, hierüber Erhebungen anzustellen. Es erschien mir aber wichtig, darauf aufmerksam zu machen, daß bei allen inhaltlichen Diskussionen die formale Seite — und damit die Möglichkeit der Durchsetzung neuer Inhalte in der Lehre — nicht vergessen werden darf und einen hohen Stellenwert besitzt.

DIE ROLLE DER GEOGRAPHIE UNTER REFORMBEDINGUNGEN VON SCHULE UND HOCHSCHULE — DARGESTELLT AM BEISPIEL DER STUDIENGANGSPLANUNG DER UNIVERSITÄT OLDENBURG

Mit 7 Abbildungen

Von R. Krüger (Oldenburg)

1. VORBEMERKUNG[1]

Das Referat gibt einen Zwischenbericht aus der laufenden Studiengangsplanung der Universität Oldenburg, an der zum SS 1974 der Studienbetrieb eröffnet werden wird. Der Planungsbericht, der sich auf inzwischen erarbeitete Vorstellungen zu Organisation und Inhalten von Forschung, Lehre und Studium im Rahmen einer zukünftigen Gesamthochschule stützt, möchte als Anregung zur laufenden hochschul- und fachdidaktischen Diskussion mit Blick auf die Geographie verstanden werden.[2]

2. REFORMBEDINGUNGEN ZUR STUDIENGANGSPLANUNG IN OLDENBURG

Die Einbindung von Inhalten und Methoden einzelner Disziplinen und Fachdidaktiken in die neuen Hochschulcurricula verläuft nach Kriterien, die einen allgemeinverbindlichen Bedingungsrahmen der Studiengangsplanung bilden.

2.1. Neue Fächerstrukturen in Schule und Hochschule

Die Erfassung der Grundstrukturen gesellschaftlicher Wirklichkeit durch Wissenschaft und die dadurch ermöglichte Wissensvermittlung sprengen den traditionellen Fächerkanon von Schule und Hochschule. Neue *fächerübergreifende Forschungsbereiche und Lernfelder* sind logische Konsequenz dieser Entwicklung.

Während die Schule mit einer Reform ihrer Fächerstruktur nur langsame Fortschritte erzielen kann, eröffnet eine Hochschulneugründung hierfür einen großzügigeren Experimentierspielraum (Abb. 1). So lautet eine der Thesen zum Oldenburger Reformmodell der „Einphasigen Integrierten Lehrerausbildung"[3]: „Die Lehrer werden für ein ,*Fach neuer Art*' ausgebildet, das sich weder an die Grenzen der herkömm-

---

[1] Eine ausführlichere Darlegung des Projektstudiums für Geographie erfolgt im Beiheft der Geogr. Rundschau, 1974.

[2] In der Studiengangsplanung ist die Geographie durch eine Arbeitsgruppe vertreten, der neben mir Herr Wiss. Ass. Dietrich Hagen, Herr Dozent Dr. Gernot Jung und Herr Eilert Ommen angehören. Ihnen sei hier für ihre zügige Mitarbeit an der Erstellung des Studienkonzepts gedankt.

[3] Gründungsausschuß der Universität Oldenburg: Zur Neuordnung der Lehrerausbildung an der Universität Oldenburg. In: Erziehung und Wissenschaft, Ausgabe Niedersachsen, 10/1972, S. 5 ff.

lichen Hochschuldisziplinen noch an die Grenzen herkömmlicher Schulfächer halten muß."

Abb. 1
REFORMBEDINGUNGEN ZUR STUDIENGANGSPLANUNG

SCHULE	HOCHSCHULE
Neue Fächerstruktur	a) *„Fach neuer Art"* und mögliche Fakulten
1. Orientierungsstufe (5./6. Schulj.) WELT- UND UMWELTKUNDE (aus Geographie, Geschichte, Sozialkunde)	1. SOZIALWISSENSCHAFTLICHER LEHRER Schwerpunkt: — Geschichte — Ökonomie — Soziologie/Politik — Sozialgeographie
2. Hauptschule (10. Klasse), Modellversuch POLITISCH-SOZIALE WELTKUNDE (aus Geographie, Geschichte, Gemeinschaftskunde)	2. NATURWISSENSCHAFTLICHER LEHRER Schwerpunkt: — Biologie — Chemie — Geographie — Physik (Wahl zweier Fakulten)

Die Lehrbefähigung wird für *zwei Fakulten* unterschiedlicher Fächer erworben.

2.2. Verzahnung von Diplom- und Lehramtsstudiengängen

Das Oldenburger Konzept sieht Diplomlangzeit- und -aufbaustudiengänge sowie Lehramtsstudiengänge vor. Eine Verzahnung der Studiengänge und damit eine teilweise Gemeinsamkeit ihrer Ausbildungsinhalte ergibt sich durch das *Überlappen von Gegenstandsbereichen und Methoden*, die für verschiedene Studienrichtungen notwendige Qualifikationen bereitstellen (Abb. 2).

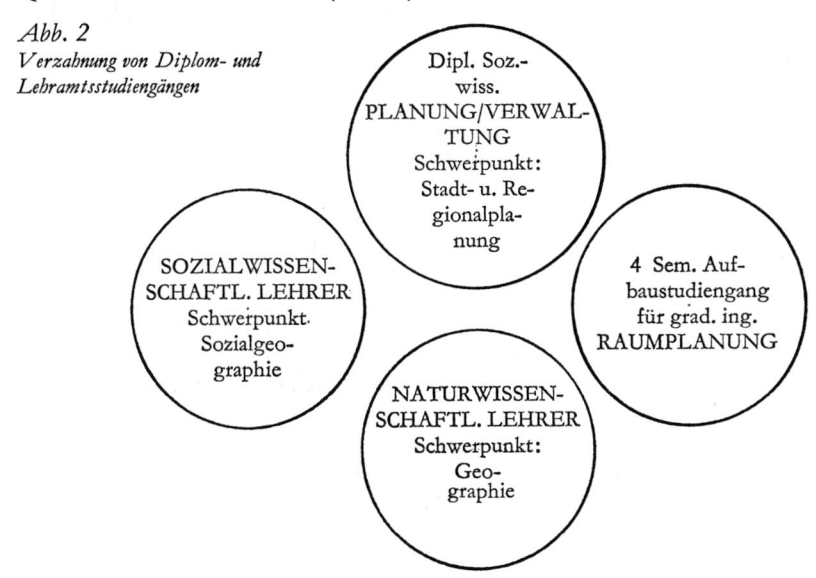

Abb. 2
Verzahnung von Diplom- und Lehramtsstudiengängen

Dipl. Soz.-wiss. PLANUNG/VERWALTUNG
Schwerpunkt: Stadt- u. Regionalplanung

SOZIALWISSENSCHAFTL. LEHRER
Schwerpunkt: Sozialgeographie

4 Sem. Aufbaustudiengang für grad. ing. RAUMPLANUNG

NATURWISSENSCHAFTL. LEHRER
Schwerpunkt: Geographie

Beispiele studiengangsübergreifender Gegenstandsbereiche und Methoden sind: Teilkomplexe der Ökologie, Stadt-, Regionalplanung, Grundlagen empirischer Sozialforschung usw.

2.3. Projektstudium als didaktisch-methodisches Instrument zur Realisierung der angesprochenen Zielsetzungen der Studiengangsplanung

Das Studium nach dem Oldenburger Modell vollzieht sich vorzugsweise in *Projekten*. Das folgende Planungsbeispiel wird Inhalt und Organisation des Studiums in Projekten erläutern, so daß zunächst nur eine Definition von Projektstudium anzugeben ist.

Projektstudium ist durch folgende Kriterien gekennzeichnet:[4]

a) Ausbildung vollzieht sich nicht durch „Rezeptives Lernen". Vielmehr wird die Gestaltung von Lernprozessen innerhalb echter Forschungssituationen, durch „*Forschendes Lernen*", verwirklicht. Lernprozesse sind demnach nicht vorprogrammiert.

b) Thematisch beschäftigen sich Projekte mit *problem-* und *praxisbezogenen* und damit *fächerübergreifenden* Sachverhalten.

c) Projekte sind nicht alleinige Studienform, sondern v. a. *lernmotivierender Leitfaden* eines Studienganges. *Projektorientierte Kurse* schließen im Verlauf von Arbeitsvorhaben erkannte Kenntnislücken. *Unabhängig von Projekten bestehende Kurse* vermitteln ergänzend fachsystematisch geordnetes Wissen.

2.4. Lernziele und Gegenstandsbereiche der Studiengänge

Die einem oder mehreren Studiengängen zuzuordnende Projektthematik entspringt keiner inhaltlichen Beliebigkeit. Vielmehr übernehmen Projekte im Studiengang die Funktion eines Qualifizierungsangebots für festzulegende *Ausbildungsziele*.

Die inhaltliche Bestimmung der Projekte ist somit eine Festlegung auf Gegenstandsbereiche, durch die Lernziele realisiert werden.

Die Oldenburger Studiengangsplanung fällt hier unter die Misere der allgemeinen Curriculumforschung. Zu konstatieren ist ein vorläufiges Scheitern globaler Ansätze zur Curriculumrevision durch Ableitung von Lernzielen aus übergeordneten Normen und aus Lebenssituationen.

Der erarbeitete *Studienzielkatalog* für den Schwerpunkt Geographie/Geowissenschaften (s. 3.1.4) liegt insofern mehr auf einer pragmatischen Linie approximativer Lernzielbestimmung, wie sie von der Fachdidaktik betrieben wird.[5]

In diesem Zusammenhang messen wir die Einphasigkeit unseres Lehrerausbildungsmodells (Hineinnahme des Referendariats in das zehnsemestrige Studium) große Bedeutung bei: Durch die im Studiengang institutionalisierte Verknüpfung von Theorie und Praxis des Unterrichts ergibt sich die Chance zu kontinuierlicher basisnaher Curriculumreform. So stehen endgültig konzipierte Hochschul- wie Schulcurricula nicht am Anfang der Planung, sondern sind ein wesentlicher Forschungsschwerpunkt der Universität Oldenburg (Zentrum für pädagogische Berufspraxis) im Rahmen der Diplom- und Lehrerausbildung.

---

[4] BAK-Schrift 5 (1970): Forschendes Lernen und wissenschaftliches Prüfen.
BAK-Schrift 7 (1970): Integrierte Lehrerausbildung.

[5] Vgl. Arbeitsmaterialien zu einem neuen Curriculum, Beiheft 1 der Geographischen Rundschau, 1971.

Die Rolle der Geographie unter Reformbedingungen von Schule und Hochschule 85

3. ERGEBNISSE BISHERIGER STUDIENGANGSPLANUNG: BEDEUTUNG DES PROJEKTSTUDIUMS FÜR DIE GEOGRAPHIE

Die Planung der Studiengänge erfolgte in einem *zweigleisigen Vorgehen*. Sie betrifft zum einen die Aufstellung der *fachlichen* wie allgemein *erziehungs- und gesellschaftswissenschaftlichen Studienziele*, zum anderen die *Konzipierung möglicher Projekte*, in deren Verlauf Lernziele realisiert werden.

3.1. Planungsbeispiel:

Zur Projektplanung wurde das folgende Thema gewählt:
Entwicklungsprobleme des oldenburgisch-ostfriesischen Küstenraumes durch Industrialisierung und ihre Auswirkungen auf konkurrierende gesellschaftliche Raumansprüche (Abb. 3)[6]

Am vorgelegten Planungsbeispiel sollen die wesentlichen Strukturmerkmale eines Projekts erläutert werden.

3.1.1. Projekt und Teilprojekt

a) Ein Projekt läßt sich mit zunehmendem Grad an Spezialisierung unterteilen in das *Projekt*(thema), *Teilprojekte* und *Arbeitsvorhaben*.

b) Das Projektthema erfordert die interdisziplinäre Zusammenarbeit von Mathematik, Sozial-, Natur- und Ingenieurwissenschaften. Dieses „*Prinzip der Interdisziplinarität" wird bis zur Basis*, d. h. den einzelnen Arbeitsvorhaben durchgehalten.
Insofern bietet das Projekt ein *studiengangsübergreifendes* Lehrangebot an. Gleiche Projektveranstaltungen werden von Studierenden unterschiedlicher Ausbildungsrichtung belegt werden können.

c) Das Projektthema erfordert gleichzeitig Arbeitsteilung. Das bedeutet, daß zum Zwecke der Bearbeitbarkeit einzelner Fragestellungen, die im Projektthema enthalten sind, eine stärkere natur- oder sozialwissenschaftliche Akzentuierung und Fachkompetenz notwendig werden, wie es in der Untergliederung nach Teilprojekten zum Ausdruck kommt. Dieses „*Prinzip der Arbeitsteilung" wird bis zur Basis*, d. h. den einzelnen Arbeitsvorhaben, aufrechterhalten.

Abb. 3

Projekt: Entwicklungsprobleme des oldenburgisch-ostfriesischen Küstenraumes durch Industrialisierung und ihre Auswirkungen auf konkurrierende gesellschaftliche Raumansprüche.

Zielvorstellungen:

1. — Einsicht in die unterschiedliche Interessenlage der Bevölkerung in bezug auf Raumbeanspruchung und -nutzung der Nordwestregion.

— Einsicht in das Vorhandensein untereinander konkurrierender Produktionsansprüche sowie der Konkurrenzsituation von Produktionssphäre mit anderen gesell-

---

[6] 1. Der folgende Projektvorschlag enthält eine Auflistung möglicher Arbeitsvorhaben zum Projektthema. In der tatsächlichen Realisierung durch Forschung und Lehre wird nur ein Teil von ihnen zur gleichen Zeit angeboten werden können.
2. Andererseits ist die vorliegende Beispielsammlung weder vollständig noch ausgewogen hinsichtlich der von einzelnen Fächern einzubringenden Themen. Dies liegt an der einseitig geographischen Fachkompetenz der Projektplaner. Die Lücken und Leerstellen im Projektvorschlag sind nur durch Mitwirkung von Repräsentanten anderer natur- wie sozialwissenschaftlicher Disziplinen zu füllen.

schaftlichen Daseinsbereichen (z. B. Wohnen, Freizeit, öff. Belange).
— Kritische Würdigung der jeweils innerhalb der konkurrierenden Raumansprüche zu setzenden Prioritäten.
2. — Einsicht in die Notwendigkeit der interdisziplinären Anwendung exakter wissenschaftlicher Methoden und Kenntnisse aus natur-, sozial- und ingenieurwissenschaftlichen Disziplinen zur politischen Durchsetzbarkeit sinnvoller Raumordnung im Interesse der Bevölkerung.

Teilprojekte:
1. Analyse und Bewertung des ökologisch definierten Raumpotentials.
1.1. Eingriffe in Ökosysteme durch Veränderungen des Wasserhaushaltes.
1.1.1. *Melioration von Niedermoorgebieten durch Aufschlickung und begleitende Entwässerung. (Riepster Hammrich)*
1.1.2. *Funktion der Entwässerung von Hochmooren für Veränderungen des Landschaftshaushaltes und Bewertung dieser Maßnahmen für mögliche volkswirtschaftliche Nutzungen. (Esterweger Dose, Ipweger Moor).*
1.1.3. ......
1.2. Veränderung des Grundwasserspiegels durch erhöhten Wasserbedarf (Versalzung, Verschwendung von Trinkwasser für industrielle Zwecke, ...).
1.2.1. ......
1.2.2. ......
1.3. Naturräumliche Gliederung als Voraussetzung raumordnerischer Maßnahmen für Landwirtschaft und Fremdenverkehr.
2. Standorte und Produktionsabläufe der Industrien im Nordwestraum.
2.1. Industrielle Entwicklung des Küstenbereichs in Abhängigkeit von naturräumlichen und infrastrukturellen Standvoraussetzungen, technisch-ökonomischen Bedingungen der Seeschiffahrt und Interessen der Industrieansiedlungspolitik.
2.1.1. *Bewertung der norddeutschen Häfen unter Berücksichtigung küstenmorphologischer Gegebenheiten und technisch-ökonomischer Veränderungen der Seeschiffahrt (am Beispiel Wilhelmshaven).*
2.1.2. *Räumliche Differenzierung von Produktionsabläufen und Lokalisierung einzelner Produktionsphasen im norddeutschen Küstenbereich.*

1.3.1. Ökologische Bewertung von Raumeinheiten für multifunktionale Nutzung.
1.3.1.1. *Fremdenverkehrsgebiet Hooksiel in Nachbarschaft zur Grundstoffindustrie.*
1.3.1.2. *Verkehrserschließung durch Autobahnbau (Jadelinie) mit begleitender Einrichtung von Erholungsgebieten.*
1.3.2. ......
1.3.3. ......
1.4. Sedimentationsvorgänge in der Jade in Abhängigkeit von Strombaumaßnahmen.
1.5. Störungen in Ökosystemen fließender Gewässer durch Abwärme von Kraftwerken.
1.5.1. ......
1.5.2. ......
1.6. Der Einfluß des Wetters auf die Verbreitung von Schadstoffen.
1.6.1. ......
1.6.2. ......

2.1.3. *Flächenbedarf (u.a. Neulandgewinnung) und Lagerungsfazilitäten (u.a. Kavernen) für rohstoffverarbeitende Industrien und deren Abfallprodukte.*
2.1.4. ......
2.2. Fertigungstechnologien rohstoffverarbeitender Industrien und Auswirkungen auf das Arbeitsplatzangebot.
2.2.1. ......
2.2.2. ......
2.3. Standorttheorien zur Beurteilung der Industrieansiedlung im nordwestdeutschen Raum.
2.3.1. ......
2.3.2. ......
2.4. ......

3. Analyse und Prognostik von Umweltbelastung durch fortschreitende Industrialisierung.
3.1. Belastung küstennaher Gewässer durch Industrieabfälle.
3.1.1. Beeinträchtigung mariner Ökosysteme durch Verklappung biozider Industrieabwässer.
3.1.2. Auswirkung von Ölverschmutzungen im Küstenbereich und prophylaktische Maßnahmen zu deren Verhinderung.
3.2. Veränderung der Wohnqualität durch die Luftverunreinigung in der Nähe von Industrien.
3.2.1. SO$_2$-Belastung der Luft durch Raffinerien, Kraftwerke und das Titanwerk an der norddeutschen Küste.
3.2.2. Staubbelästigung und Anfall evtl. krebsfördernder Stoffe bei der Asbestproduktion in Nordenham.
3.2.3. ......
3.3. Möglichkeiten zur Weiterverarbeitung von Industrieabfällen.
3.3.1. Weiterverarbeitung des bei der Tonerdeproduktion anfallenden Rotschlamms (Ziegelsteine, Flockungsmittel).
3.3.2. ......
3.4. Schwermetallrückstände und Schädigung der Lebewelt.
3.4.1. ......
3.4.2. ......
3.5. ......
3.6. ......

4. Veränderung der Sozial- und Wirtschaftsstruktur durch Industrialisierung.
4.1. Räumliche und soziale Mobilität von Arbeitskräften (Pendlerwesen, Gastarbeiter, ...).
4.1.1. Bedarf und Möglichkeiten der Eingliederung von Arbeitskräften aus dem agraren Bereich in die Grundstoffindustrien.
4.1.2. Entwicklung zentralörtlicher Ausstattung durch veränderte Pendlereinzugsbereiche und Bevölkerungszunahme küstennaher Orte.
4.1.3. Entwicklung der qualitativen Bevölkerungsstruktur küstennaher Orte durch Veränderung ihrer Wirtschaftsfunktionen (Dominanz des Fremdenverkehrs).
4.2. Bewertung der Arbeitsplätze in den Grundstoffindustrien unter Berücksichtigung möglicher psychischer Schädigungen.
4.2.1. ......
4.2.2. ......
4.3. Sozialräumliche Differenzierung durch Industrialisierung.
4.3.1. Sozial negative Bevölkerungsumschichtung in industrienahen Wohnvierteln oder ländlichen Wohnbereichen.
4.3.2. Wohnfreundlichkeit als Maßstab der Lokalisierung von Betrieben.
4.3.3. ......
4.4. ......

5. Zukünftige regionale Ordnung des Nordwest-Raumes durch Einsatz geeigneter Planungs-, Verwaltungs-, und politischer Instrumente.
5.1. Kommunalpolitik und Verwaltungsrecht in der Gemeinde- und Gebietsreform.
5.1.1. ......
5.1.2. ......
5.2. Gegenseitige Abhängigkeit industrieller und infrastruktureller Entwicklungen.
5.2.1. Beeinflussung der Infrastruktur von Großräumen von Personen-, Güter- und Nachrichtentransport zwischen städtischen Kernbereichen und Industriegebieten.
5.2.2. Entwicklung von Bildungsangebot und Arbeitsplatzqualifizierung unter den Bedingungen der Industrieansiedlung.
5.2.3. ......
5.3. Instrumente regionaler Wirtschaftsförderung.
5.3.1. ......
5.3.2. ......
5.4. ......
5.5. ......

Kursivdruck = mögliche Arbeitsvorhaben

3.1.2. *Arbeitsvorhaben* (Abb. 4)

a) Im Arbeitsvorhaben (AV) wird ein thematischer Teilaspekt des Projektes behandelt. Es ist gleichzeitig die für Studiengänge relevante *curriculare Grundeinheit*, d. h., daß ein Arbeitsvorhaben in der Regel *zwei Semester* dauert, und Studierende am Gesamtverlauf des Arbeitsvorhabens mit einer wöchentlichen Belastung von 2—3 Stunden teilnehmen. Arbeitsvorhaben sind Grundbausteine des Studiums vom ersten bis zum letzten Semester.

b) Ein Arbeitsvorhaben zerfällt je nach notwendiger inhaltlicher wie methodischer Differenzierung des Problemlösungsweges in mehrere *Arbeitsgruppen*. Eine Arbeitsgruppe wird von einem Team gebildet (ein oder mehrere Hochschullehrer und Tutoren sowie bis zu 10 Studierende).

c) Eine die Arbeitsvorhaben vorbereitende wie den Arbeitsfortschritt begleitende Aktivität ist die *Arbeitsplanung* unter den Beteiligten. Die Arbeitsvorhabenplanung erfolgt in Plenumssitzungen: Ergebnissicherung und -zusammenführung der Gruppenarbeit, Planung weiterer Arbeitsschritte.
Darüber hinaus sollen Plenumsveranstaltungen zur Koordinierung und zum Informationsaustausch zwischen allen gleichzeitig laufenden Arbeitsvorhaben des Projektes stattfinden.

Abb. 4

ARBEITSVORHABEN 4.1.3.: *Entwicklung der qualitativen Bevölkerungsstruktur küstennaher Orte durch Veränderung ihrer Wirtschaftsfunktionen (Dominanz des Fremdenverkehrs).*

Dauer in Wochen			
1. Sem.			
0 1	Projektplanung		
1 2	1. Sozioökonomische Strukturanalyse der jeverländischen Küste.		
2 3	1.1. *Analyse der bisherigen Bevölkerungs- und Wirtschaftsstruktur*	1.2. *Räumlich-soziale Mobilität der Wohn- und Erwerbsbevölkerung der ausgewählten Orte.*	1.3. *Natürliche Standortfaktoren und bestehende Einrichtungen des Fremdenverkehrs.*
4	.... 1 .... SZ: 3.2.2./3.3.1./ 4.1.1./4.1.4./4.3.2./ 4.3.4./4.3.5.	.... 2 .... SZ: 3.2.1./3.2.2.	.... 3 .... SZ: 1.3.2./4.3.5.
5	.... GK: Methoden empirischer Sozialforschung und Statistik.	.... GK: siehe 1.1.	....

Dauer in Wochen		
6	1.4. *Analyse der Sozialstruktur des Fremdenaufkommens.*	
7	 1	
8	.... SZ: 3.2.2./4.3.5. .... GK: siehe 1.1.	
9		
10	Berichterstattung zu 1.1., 1.2. und 1.3. Zwischenbericht zu 1.4.	
2. Sem.		
0 1	Projektplanung	
	2. Entwicklungsplanung für jeverländische Küste.	
1 2 3 4	2.1. *Erstellung örtlicher Fachpläne „Fremdenverkehr und Erholung".*	2.2. *Bewertung und Koordinierung der Fachplanung „Fremdenverkehr und Erholung" mit den sonstigen Ansprüchen eines Regionalentwicklungs-*
5		*programms.*
	....	....
6	4 u. a. aus *1 + 3*	5 u. a. aus *1 —+ 3*
7	....	....
8	SZ: 4.3.5./5.3.1./5.3.2.	SZ: 5.3.2./5.3.3.
	....	....
9 10	GK 1: Raumplanung	GK: siehe 2.1.
10 11 12	Berichterstattung und Diskussion.	

Abkürzungen/Erläuterungen:

GK = Grundkurs: Inhalte und Methoden eines wissenschaftlichen Teilbereichs; unabhängig von einzelnen Arbeitsvorhaben; offen für Studierende verschiedener Arbeitsvorhaben; Dauer in der Regel ein Semester.

GK 1 als Qualifikationsvoraussetzung für Teilnahme am Arbeitsvorhaben. Deshalb zeitlich vor Beginn des Arbeitsvorhabens zu absolvieren.
GK 2 einzurichten, sofern mehrere parallel laufende Arbeitsvorhaben diese Thematik berühren.
GK 3 als Veranstaltung des darauffolgenden Semesters einzurichten.
EK = Ergänzungskurs: Arbeitsvorhaben begleitender Exkurs zu Inhalten und Methoden eines wissenschaftlichen Teilbereiches; Dauer in der Regel ein- oder mehrwöchig, kürzer als ein Semester.
1 = Arbeitsgruppe (laufend), 3 = Teilnehmer einer Arbeitsgruppe mit bereits abgeschlossenen Ergebnissen.
SZ = Studienziel.

3.1.3. *Verzahnung von Arbeitsvorhaben mit anderen Veranstaltungsformen: Kurse*

Die Arbeitsvorhaben der Projekte können nicht sämtliche Curriculumelemente in Studiengängen abdecken.

a) Eine Realisierung aller formulierten Arbeitsvorhaben ist aus organisatorischen, zeitlichen, kapazitativen Gründen unmöglich. In der tatsächlichen Durchführung in Studiengängen wird man sich *phasenweise auf wenige für das Projektthema repräsentative Arbeitsvorhaben* beschränken müssen.

b) Im curricularen Aufbau eines Studienganges sind neben fachwissenschaftlichen Aspekten der erziehungs- und gesellschaftswissenschaftliche Bereich (EGB) und die Fachdidaktik zu berücksichtigen. Ein Teil dieser Curriculumbausteine kann in Arbeitsvorhaben eingebunden werden. Andere Curriculumelemente werden wegen der für das EG- und Fachstudium festliegenden und damit nicht beliebig vermehrbaren Semesterwochenstunden in *zeitlich ökonomischen Veranstaltungsformen* zu realisieren sein (s. auch Abb. 6 „Lehrmengen im LA Sudium").

c) Das Planungsbeispiel zeigt, daß auch bei einer differenziert und zeitlich ausreichend angelegten Abfolge und Gliederung von Arbeitsvorhaben und Arbeitsschritten sich *nicht alle* für die Bearbeitung des jeweils nächsten Schrittes *erforderlichen Qualifikationsvoraussetzungen* im Arbeitsvorhaben selbst im Sinne eines linearen Lernfortschritts ergeben. Notwendige Informationen und Lerninhalte werden z. T. durch Zusatzveranstaltungen abzudecken sein.

d) Gleichermaßen können nicht alle im Arbeitsvorhaben *motivierten Bedürfnisse* an weiterführenden Informationen im Fortgang des Arbeitsvorhabens befriedigend beantwortet werden.

In Konsequenz dieser Einsichten wird ein System von Veranstaltungen vorgeschlagen.

— Arbeitsvorhaben (siehe Beispiel)
— Kurse
  — Grundkurse (GK 1, GK 2, GK 3)
  — Ergänzungskurse (EK)

Definition der verschiedenen Kursformen:

GK = Grundkurs: Inhalte und Methoden eines wissenschaftlichen Teilbereiches; unabhängig von einzelnen Arbeitsvorhaben; offen für Studierende verschiedener Arbeitsvorhaben; Dauer in der Regel ein Semester.
GK 1 als Qualifikationsvoraussetzung für Teilnahme am Arbeitsvorhaben. Deshalb zeitlich vor Beginn des Arbeitsvorhabens zu absolvieren.
GK 2 einzurichten, sofern mehrere parallellaufende Arbeitsvorhaben diese Thematik berühren.
GK 3 als Veranstaltung des darauffolgenden Semesters einzurichten.

EK = Ergänzungskurs: Arbeitsvorhaben begleitender Exkurs zu Inhalten und Methoden eines wissenschaftlichen Teilbereichs; Dauer in der Regel ein- oder mehrwöchig, kürzer als ein Semester.

3.1.4. Funktion der Arbeitsvorhaben zur Realisierung von Studienzielen

Eine Effektivitätskontrolle im Hinblick auf die Realisierung der Studienziele eines fachlichen Schwerpunkts ergibt sich aus einem Vergleich der inhaltlich-methodischen Festlegung der Arbeitsvorhaben mit dem (unter 2.4) angesprochenen Studienzielkatalog. Der gesamte Studienzielkatalog kann hier nicht veröffentlicht werden. Einige Ausschnitte aus ihm mögen den geschilderten Zusammenhang verdeutlichen (Abb. 5). Die für ein Arbeitsvorhaben geltenden Studienziele sind gleichermaßen im Arbeitsvorhabenvorschlag aufgelistet (Abb. 4) als auch mit Symbolen im Studienzielkatalog angegeben (0 = realisiertes Studienziel aus AV 4.1.3).

STUDIENZIELKATALOG
(Auszug)

STUDIENANTEILE GEOGRAPHIE FÜR STUDIENGANG: — Naturwiss. Lehrer
— Sozialwiss. Lehrer
— Raumplanung

Problemkreise	Fachliche Hauptlernziele	Themenbeispiele
1.3. „Horizontaler" Ökotopenzusammenhang	1.3.1. Organisation von Ökosystemen in Raumeinheiten verstehen (×O)	
	1.3.2. Naturräumliche Gliederung als flächenhaftes Ordnungssystem der Ökologie erkennen (×O).	1.3.2.1. Analyse naturräumlicher Gliederung im Umweltbereich.
. . . .	. . . .	. . . .
3. Horizontale und vertikale Mobilität der Bevölkerung.	3.2.1. Die Ursachen und Tendenzen der vertikalen und horizontalen Mobilität der Gesellschaft erkennen und daraus erwachsende Aufgaben der Raumordnung beurteilen können. (O)	3.2.1.1. Ursachen und Probleme der Arbeitsplatz- und Wohnplatzmobilität in Stadtregionen (Beispiele aus dem Nahraum oder aus Weltstädten).
		3.2.1.2. Räumliche Auswirkungen von Veränderungen in der Berufsstruktur (Abwanderung vom primären und sekundären in den tertiären Sektor, Veränderung der Branchenstruktur, Automatisierung).
	3.2.2. Sozialgeographisch bestimmte Gruppen nach Merkmalen und Verhalten und nach ihrem Entscheidungsspielräumen unterscheiden. (+ ×O)	3.2.2.1. Durch wirtschaftliche Intensitätsgefälle ausgelöste Wanderungen aus Passiv- in Aktivräume und die daraus sich ergebenden Probleme in

Problemkreise	Fachliche Hauptlernziele	Themenbeispiele
		den Herkunfts- und Zielräumen (z. B. Arbeiterwanderungen in Europa und Südafrika, Tages- und Wochenpendler).
		3.2.2.2. Durch politische Ursachen ausgelöste Wanderungen im 19. und 20. Jahrhundert und die daraus erwachsenden politischen, sozialen und wirtschaftlichen Probleme.
3.3. Natürliche Bevölkerungsbewegung.	3.3.1. Vorstellungen von Umfang und Tendenz der natürl. Bevölkerungszunahme in den verschiedenen Räumen erwerben und das Problem der Tragfähigkeit der Erde als globale Aufgabe erfassen. (O)	3.3.1.1. Die Bevölkerungsentwicklung in der BRD und ihre Bedeutung für die bisherige und künftige Entwicklung des Landes.
		3.3.1.2. Die Entwicklung und Verteilung der Erdbevölkerung im Zusammenhang mit dem Nahrungsspielraum und der Tragfähigkeit der Erde; Grundlagen und Grenzen (Unsicherheiten) von Bevölkerungsprognosen.
		3.3.1.3. Bevölkerungsexplosion in Entwicklungsländern: Ursachen, Folgerungen für die Raumordnungspolitik (Bsp. Indien, Ostpakistan, China).
4. Räumlich-wirtschaftliche Prozesse.		
4.1. Industrie	4.1.1. Räumliche Grundlagen und wirtschaftliche und soziale Funktionen der Industrie erkennen und konkurrierende Zielvorstellungen industrieller Planungen beurteilen können. (O)	4.1.1.1. Industrie als Objekt kommunaler Gewerbepolitik (Arbeitsplätze, Steueraufkommen, Raumbedarf, Standort u.a.).
....	....	....
4.3. Dienstleistungen (Handel, Kommunikation, Fremden-	4.3.1. Erkennen, daß das Steigen der Produktion und das Steigen des Konsums	4.3.1.1. Die verschiedene Verkehrsbedienung in Verdichtungsräumen und

Problemkreise	Fachliche Hauptlernziele	Themenbeispiele
verkehr, Infrastruktur).	und der mit zunehmender Freizeit rasch anwachsende Tourismus eine Ausweitung des Verkehrs und sonstiger Kommunikationssysteme mit sich bringen. (+ × O)	wirtschaftlich zurückgebliebenen Gebieten; Verbindungs- und Erschließungsfunktion des Verkehrs (Bsp. Fernstraßenbauprogramm in der BRD). Aufgaben der Verkehrsplanung.
		4.3.1.2. Konkurrenz der verschiedenen Verkehrsmittel für den Transport von Personen, Gütern und Nachrichten im Nah-, Fern- und Interkontinentalverkehr; Konkurrenz des öffentlichen und privaten Verkehrs (auch Probleme der Tarifgestaltung).
	4.3.2. Einen Katalog der Grundbedürfnisse der Bevölkerung kennen und ordnen können nach substituierbaren und nicht substituierbaren Bedürfnissen, nach der Termingebundenheit der Bedürfnisse, nach der Reichweite der Nachfrage bei nicht transportablen Gütern und Leistungen, nach dem Prestigewert der angestrebten Güter und Leistungen bei verschiedenen Sozialgruppen. (O)	4.3.2.1. Auswirkungen der Veränderung der Energieträger, der industriellen Produktionsbedingungen, der Technologie und der Marktlage auf Handel und Verkehr (Beispiele: Erdöl, Eisenerz und Kohle).
	4.3.4. Ver- und Entsorgung von öffentlichen Dienstleistungen in Bildung, Kultur, Hygiene und Verwaltung. Beurteilung gleichgerichteter oder konkurrierender Ansprüche aufgrund infrastruktureller Entwicklungsnotwendigkeiten und privatwirtschaftlicher Interessen. (O ×).	4.3.4.1. Strukturwandel im privaten Dienstleistungsbereich und seine Auswirkungen auf Standortwahl und qualitatives Versorgungsangebot.

Problemkreise	Fachliche Hauptlernziele	Themenbeispiele
	4.3.5. Das Wachsen des tertiären Sektors. Anforderungen der wachsenden Freizeit und des sich ändernden Freizeitverhaltens an den Raum. (O)	4.3.5.1. Bedarf verschiedener Kategorien von Erholungsstätten und ihre räumliche Zuordnung zu den Wohn- und Arbeitsstätten verschiedener Sozialgruppen.
5.3. Raumordnung und Raumplanung	5.3.1. Raumplanung als wissenschaftlich begründetes Handlungsfeld zur rationalen Lösung von regionalen Ordnungsproblemen im ökonomischen, sozialen und kulturellen Bereich erkennen. (O×)	
	5.3.2. Durch vertiefte Beschäftigung mit Grundlagen und Zielvorstellungen an ausgewählten Raumordnungsprojekten die Voraussetzungen für eine engagierte Beteiligung an Planungsprozessen erwerben. (OO×)	5.3.2.1. Konkrete Vorhaben der Stadt-, Regional- und Landesplanung (im Nahraum, Gebietsentwicklungsplan, Küstenplan usw.).
		5.3.2.2. Beispiel eines konkreten Entwicklungshilfeprojektes.
	5.3.3. Aufgaben des Gesetzgebers für die Raumordnung erkennen .(O)	

1 = × = Lernziele in Arbeitsvorhaben 1.1.1.
2 = O = Lernziele in Arbeitsvorhaben 4.1.3.
3 = + = Lernziele in Arbeitsvorhaben 2.1.1.

4. KANN PROJEKTSTUDIUM BREITE UND QUALITÄT NOTWENDIGER HOCHSCHULAUSBILDUNG LEISTEN?

Die Entwicklung eines Studiengangsmodells nach dem durchgängigen Prinzip der Projektarbeit führt verständlicherweise zu skeptischen Fragen.
— Führt das Projektstudium zur *Verengung* der Ausbildung auf wenige Gegenstandsbereiche (z. B. im Geographiestudium nur „regional räumliche Umweltkunde")?
— *Wie viele Arbeitsvorhaben* sind *im Studium realisierbar?*
— Wie steht es um die *studiensteuernde* und *-motivierende* Funktion des Projektstudiums?
— Werden Studierende von dieser Veranstaltungsform stärker angesprochen und zu intensiverem Studium motiviert?
Es soll abschließend versucht werden, die berechtigten Fragen zu beantworten.
Zur Studienmotivierung läßt sich derzeit feststellen, daß beispielsweise im Fach Geographie an der PHN, Abteilung Oldenburg, im Vorlauf zur Eröffnung der Universitätsstudiengänge die Anfängerausbildung seit einem Jahr auf das Studienjahr,

d. h. den zweisemestrigen Rhythmus der Arbeitsvorhaben, umgestellt worden ist. Der direkte Einstieg in „forschende Situationen" im Rahmen einfacher ökologisch wie sozialgeographisch orientierter Arbeitsvorhaben führte zu weitaus *stärkerer Beteiligung und Engagement* der Studierenden an der Lehrveranstaltung. Die durch das Projektstudium motivierten Lerneinschübe zum Erwerb kognitiven und instrumentalen Fachwissens (v. a. im Selbststudium) erbrachten u. E. einen *größeren Wissenszuwachs* als bei Anwendung konventioneller Veranstaltungsformen, etwa der Einführungsvorlesungen.

4.1. Lehrmengenanteile von Arbeitsvorhaben und Kursen im Studiengang, Lehrangebot für das Geographiestudium

Diese Frage soll etwas ausführlicher zur Sprache kommen, da sie mitentscheidend für die Frage der Anwendbarkeit des Projektstudiums im Studiengang ist.

Die vorliegende Verteilung der Lehrmengen auf verschiedene Veranstaltungsformen (Abb. 6) geht von 16 fest betreuten Semesterwochenstunden (SWS) aus, von denen 4 SWS auf Praxisausübung im gewählten Berufsfeld (z. B. Schule) innerhalb der Studienzeit entfallen. Die Fachdidaktik ist im Gesamtstundendeputat enthalten. Es ergeben sich insgesamt *8 mögliche (zweisemestrige) Arbeitsvorhaben* und *14 sonstige (einsemestrige) Veranstaltungen* (28 SWS). Sofern man bei einem Zweifachstudium annimmt, daß ein Studierender die Fakultas Geographie wählt, entfallen auf dieses Fach bis zu *5 mögliche Arbeitsvorhaben* und *7 sonstige fachwissenschaftliche Veranstaltungen*.[7] Dies ergibt

Tabelle: *Lehrmengen und -anteile im LA-Studiengang*

Studien-abschnitt	Sem.	EGB: Spezialst. in %	EGB: Spezialst. in Sem.-Wochenstd. 12 Std. = 100%	Spezialst. K: AV in %	Spezialst. K: AV in Sem.-Woch.-Std.	Zahl mögl. AV/Sem.	Zahl mögl. AV/ Studium
I.	1.		6:6		4:2	1	1
	2.	50:50	6:6	60:40	4:2	1	
	3.		6:6		3:3	1	1
II.	4.		4:8		3:5	2	
	5.	33:66	4:8	40:60	3:5	2	2
	6.		4:8		3:5	2	
	7.		4:8		3:5	2	2
III.	8.		4:8		2:6	2–3	
	9.	30:70	4:8	20:80	2:6	2–3	2
	10.		3:9		1:7	2–3	
					28:46		8

EGB = Erziehungs- und Gesellschaftswissenschaften
K = Kurse
AV = Arbeitsvorhaben
Spezialstudium = Studium zweier Wahlfächer

[7] Die Oldenburger Studiengangsplanung geht davon aus, daß gerade das interdisziplinär angelegte Projektstudium zu *sinnvoller* und sich ergänzender *Fakultenkombination* führen wird. Deshalb ist eine

eine sinnvolle durchschnittliche Semesterbelastung von ca. 7,5 SWS für den fachwissenschaftlichen Studienanteil.

Man kann einen Schritt weitergehen und sich fragen, ob im Ablauf eines Projektstudiums nicht nur quantitativ, sondern auch qualitativ die Ansprüche eines konventionellen Geographiestudiums erreicht werden. Hierzu ist ein kurzer Vergleich der von uns erarbeiteten drei Arbeitsvorhaben (1.1.1, 2.1.1 und 4.1.3 in Abb. 3) mit einem Themenkatalog (fachwissenschaftlicher Ausbildungsteil) sinnvoll, den D. BARTELS anläßlich seines Vortrages auf dem Deutschen Schulgeographentag 1972 in Ludwigshafen vorgeschlagen hat.[8]

Abb. 7

Grundstudium		Hauptstudium	
Grundprobleme der sozialräumlichen Ordnung und Planung	4	Vergleichende Agrarnutzungsforschung	2
Einführung in die Geoökologie	4	Gewerbliche Standortforschung und -politik	3
Verfahrenskurse:		Stadtforschung und Stadtplanung (mit Großpraktikum)	6
Empirische Beobachtung	2	Ländl. Raumforschung und	
Kartographie	2	Regionalplanung (mit Großpraktikum)	6
Statistik	2		
Allgemeine raumwissenschaftliche Theoriebildung und Methodik	4	Umweltschutz und Landschaftspflege im Zeichen gesellschaftlicher Ansprüche	3
Wirtschaftswissenschaft (Grundansätze aus Mikro- u. Makroökonom.)	4	Großräumliche Ordnung und Landesplanung in Deutschland und Nachbarländern	3
Soziologie	4	Vergleichende Entwicklungsländerforschung, Wachstumstheorie und Entwicklungspolitik	4
Naturräumliche Weltübersicht Zonenlehre usw.)	2	Weltwirtschaftliche Verflechtung und weltpolitische Integration	3
Kulturräumliche Weltübersicht (Großkreise, Staaten usw.)	2		
	30		30

BARTELS bietet 15 Themenbereiche an. Zusätzlich weist er 3 Verfahrenskurse aus.[9] Von seinen 15 Themenbereichen werden 5 direkt durch unsere Arbeitsvorhaben an-

Aufteilung fachwissenschaftlich verfügbarer Lehrmengen auf Einzelfächer wenig sinnvoll und hier nur zur rechnerischen Demonstration vorgenommen worden.

[8] Abgedruckt in: GEOGRAPHIE UND IHRE DIDAKTIK, Mitteilungsblatt des Hochschulverbandes für Geographie und ihre Didaktik, H. 1, 1973, S. 7.

Obwohl wir einen sehr viel genaueren Studienzielkatalog erarbeitet haben, wird der Einfachheit halber der Vergleich über die drei Arbeitsvorhaben gewählt.

[9] Wir halten die getrennte Durchführung von Veranstaltungen im Sinne von Verfahrenskursen für unglücklich, da sich Verfahren von der Erarbeitung inhaltlicher Fragestellungen nicht lösen lassen. In allen unseren Arbeitsvorhaben sind die genannten Verfahrenskurse implizite enthalten.

gesprochen, 2 weitere (Wirtschaftswissenschaft und Soziologie) werden im Oldenburger Modell im allgemeinen erziehungs- und gesellschaftswissenschaftlichen Studienteil berücksichtigt. Ein von uns geplantes weiteres Projekt „Entwicklungsländer — Entwicklungshilfe" wird weitere 2 der Bartelsschen Vorschläge abdecken.

Somit wird allein durch 4 in unserem Studiengang ablaufende Arbeitsvorhaben 9 Themenbereichen des Angebotskatalogs von Bartels entsprochen. Es dürfte evident sein, daß sich mit den in Oldenburg — bei nur theoretisch angenommener isolierter Einzelfachausbildung — noch 7 freien fachwissenschaftlichen Veranstaltungen ein Äquivalent zu den restlichen 5 Themenbereichen von Bartels finden läßt.

De facto dürfte durch ein projektorientiert interdisziplinäres Studienangebot noch weit mehr qualitativen Anforderungen an eine wissenschaftliche (Fach-) Ausbildung entsprochen werden können als in konventionellen Studiengängen.

4.2. Funktion projektkonstituierender Elemente:
Arbeitsvorhaben — Studienberatung — Selbststudium

Wenn rein rechnerisch vergleichend zumindest eine *Gleichwertigkeit von Projektstudium zu konventionellen Studienformen* angenommen werden darf, so sollte die didaktische Überlegenheit der neuen Konzeption v. a. dann gewährleistet sein, wenn die folgenden Komponenten in ihrem Zusammenwirken zum Gelingen des Projektstudiums beitragen.

— *Steigerung der Lernmotivation* durch das Prinzip des „Forschenden Lernens" in *Arbeitsvorhaben* (ausführlich besprochen).
— *Intensive Studienberatung:* Die Studienberatung hat die wichtige „Synchronisierung" zu leisten zwischen einem fixierten Rahmencurriculum des Studienganges (in Ableitung von Studienzielen) und den sich im forschenden Ansatz flexibler thematisierenden studiengangsübergreifenden Arbeitsvorhaben der Projekte. (Welche Arbeitsvorhaben sind in welchem Studienabschnitt zu wählen? Welche Ergänzungsveranstaltungen sichern die nötige Qualifikationsbreite in einem Studiengang?)
— Das *Selbststudium* ist als eine nicht nur curricular, sondern auch qualifikationsmäßig wichtige *Ergänzung* des Projektstudiums anzusehen: Bei 16 betreuten Semesterwochenstunden verbleibt den Studierenden weit mehr Zeit zum Selbststudium als im überfrachteten konventionellen Studiengang. Auch dies dürfte zu einer höheren Qualifizierung im Studium beitragen.

5. ZUSAMMENFASSUNG

5.1. Projektstudium

1. Projektstudium nimmt die Reformaspekte moderner hochschuldidaktischer Diskussion auf.
2. Projektstudium entspricht den Bedürfnissen, die die Gesellschaft an die Hochschulausbildung stellt: problemorientierte und praxisbezogene Ausbildung.
3. Projektstudium sichert eine stärkere Studienmotivation.
4. Projektstudium ist als strukturierendes Prinzip des Studiengangs tauglich und zeitlich im Ausbildungsgang realisierbar.
5. Projektstudium deckt die Qualifikationsanforderungen inhaltlich-methodischer Ausbildungsziele ab.

5.2. Rolle der Geographie unter Reformbedingungen der Hochschulausbildung

1. Die geplante Lernbereichsstruktur, Studiengangsverzahnung und das Projektstudium stärken das *Weiterbestehen einer Geographie mit reformierten Forschungs- und Lehrinhalten.*
2. Der Weg der Geographie in dieser Richtung führt über die folgenden Stationen:
   a) Die „Verunsicherung" des Selbstverständnisses der Fachwissenschaft wird als erster Schritt zur „Heilung" angesehen.
   b) Denn die Verunsicherung fördert die Bereitschaft zum interdisziplinären Kontakt zwischen politischen, sozialgeographischen, natur- und raumwissenschaftlichen Fachgebieten und ihrer Ausrichtung auf gesellschaftlich vorhandene Problemstellungen.
   c) Die interdisziplinär gemeinten Problembereiche erlangen Bedeutung für eine längst fällige Konzeption *intergrierter berufsbezogener* wie *allgemeinbildender Curricula*.
   d) Hierbei kann die Geographie durch intensive Mitarbeit in produktiver Konkurrenz zu anderen Disziplinen in Forschung und Lehre eine neue *Profilierung* im Sinne einer *Selektion brauchbarer Inhalte und Methoden* gewinnen.
3. Das Projektstudium hilft der Geographie auf diesem Weg.
   a) Es eröffnet ihr zwar keinen starren Rechtfertigungskatalog von Lernzielen und Gegenständen, der unabdingbar die Existenzberechtigung gerade dieses Faches beweist.
   b) *Projektstudium eröffnet der Geographie aber die Chance zur Weiterentwicklung und Anwendung ihrer Verfahren und Einsichten auf Probleme, die in verschiedenen Berufsfeldern und in der Schulausbildung anstehen.*

In dieser Funktion werden Geographie und Geowissenschaften weiterbestehen. Mögen wir diesen Weg einschlagen!

Diskussion zum Vortrag Krüger

K. Hackenberg (Hamm)

Wie soll ein Projektstudium, das eine schulpraktische Ausbildung einschließt (10 Sem. — Verzicht auf Seminarausbildung), diese zusätzliche Aufgabe inhaltlich und organisatorisch meistern? Liegen hier nicht unüberwindliche Schranken von der praktischen Verwirklichung her gesehen der Euphorie der Planung im Wege?

Dr. L. Finke (Bochum)

Unter welchen Bedingungen haben Sie in Oldenburg die hier vorgetragenen positiven Erfahrungen mit dem Projektstudium gemacht, d. h. in welchem Verhältnis von Lehrenden : Studierenden? In der Abteilung „Raumplanung der Universität Dortmund" wird z. B. die Meinung vertreten, daß ein Projektstudium nur zu einem Verhältnis Lehrende : Studierende von 1 : 5, maximal von 1 : 8 durchführbar ist. Wenn wir jetzt bedenken, daß in Nordrhein-Westfalen dieses Verhältnis im Schnitt etwa bei 1 : 45 liegt, stellt sich die Frage, wo ein Projektstudium dann durchführbar sein soll?

Prof. Dr. H. Louis (München)

Bei der Durchführung von Projektstudien, die als Möglichkeit zu vielseitiger Ausbildung einleuchtet, sollte auch an das Studium gescheiterter oder mehr oder weniger fehlgelaufener Projekte gedacht werden. Denn diese lassen sich bereits in ihren Ergebnissen überblicken, und man kann nach den Ursachen dieser Ergebnisse fragen. Besonders sollten auch solche Projekte in wesentlich anders gearteten Ländern untersucht werden (Beispiele erwähnt). Ihre Untersuchung würde deutlich machen, daß die in Mitteleuropa gültigen Kriterien der Beurteilung in fremdartigen Ländern vielfach wesentlicher Modifizierung bedürfen. Ebenso würde bei der Untersuchung solcher Projekte zweifellos die große Bedeutung geographischer Gegebenheiten sehr klar werden.

Prof. Dr. H. Hagedorn (Aachen)

Wie kann das Projektstudium in dieser vorgestellten Form an anderen Universitäten durchgeführt werden?

Wie stellt sich das Kultusministerium (hinsichtlich Prüfungsordnung) zu einem solchen Studium?

Prof. Dr. E. Füldner (Reutlingen)

Die gesteigerte Lernmotivation ist sicher nachzuweisen. Die Frage ist nur, ob die Studienplanung nicht aus den Fugen gerät, wenn die Lernmotivation zu stark wird, d. h. eine Eigendynamik entwickelt wird, die letztlich die angestrebte Lernzielkontrolle unmöglich macht. Erfahrungen über ein mehrsemestriges Projekt „Dritte Welt" in Reutlingen legen diese Frage nahe.

Prof. Dr. R. Krüger (Oldenburg)

Die Diskussionsbemerkungen lassen sich wie folgt beantworten:

1. *Rechtlich-organisatorische* Voraussetzungen für das Projektstudium

Das Projektstudium an der Universität Oldenburg wird als Modellversuch vom Bund und Land Niedersachsen gefördert. Hieraus resultieren günstige materielle und organisatorische Bedingungen: Kleingruppenarbeit unter Mitwirkung von Hochschullehrern und Tutoren, „Zentrum für pädagogische Berufspraxis" und regional angegliederte Außenstellen mit je einer Gruppe zugeordneter Schulen zur Sicherung des schulpraktischen Studiengangteils, „Kontaktlehrer" mit Stundenverlagerung an die Hochschule zur Betreuung der schulpraktischen Ausbildung.

2. *Studiengangscurriculum — Eigendynamik des „Forschenden Lernens"*

Die Spannung zwischen zwei zunächst gegensätzlich wirkenden Gestaltungsprinzipien der Studiengänge läßt sich unter folgenden Aspekten relativieren:

a) formal: Intensive Studienberatung (institutionalisiert) soll zwischen festliegenden Rahmenstudienordnungen und Lernmotivationen der Studierenden vermitteln.

b) inhaltlich: (1) Projekte und Arbeitsvorhaben sind interdisziplinär thematisiert, so daß beispielsweise durch wenige Veranstaltungen ein grundlegender Kanon natur- oder sozialwissenschaftlicher Methoden und ihrer Anwendung abgedeckt wird. (2) Fachsystematisch geordnete Kurse und Seminare ergänzen das fächerübergreifend angelegte Projektveranstaltungsangebot. In beiden Veranstaltungstypen wird bei der Ausbildung von Geographielehrern über den räumlichen Umweltbereich hinaus die Behandlung ferner Räume berücksichtigt werden.

Die einphasige integrierte Lehrerausbildung und das Projektstudium haben hochschuldidaktisch innovativen Charakter und sind als ein Modellversuch zu werten, der bei Bewährung ein Wegweiser zur notwendigen Reform der Lehrerausbildung werden könnte.

HABEN STUDIENGÄNGE DER GEOGRAPHIE AUSWIRKUNGEN AUF STANDORT UND RAUMBEDARF GEOGRAPHISCHER HOCHSCHULINSTITUTE?

Von Klaus Wolf (Frankfurt/Main)

Spätestens seit dem Geographentag Erlangen-Nürnberg 1971 ist das Nachdenken über die Ausbildung der Schüler in den einzelnen Schulstufen und der Studierenden an Hochschulinstituten stärker ins Blickfeld der Lehrenden gerückt. Ursache dafür sind — leider — nicht zuletzt Überlegungen und Maßnahmen der Kultusbehörden, den Schulunterricht neu zu organisieren und die Schwerpunkte der traditionellen Schulfächer im Hinblick auf veränderte Lernziele neu zu gewichten. Zu den von einer Reduzierung der Ausbildungszeiten betroffenen Fächer gehört, man könnte fast sagen, wie sollte es anders sein, die Geographie. Diese Tatsache vor allem hat zu einer Reihe von Aktivitäten, besonders von seiten der in der Schule tätigen Geographen geführt, die Lernziele der Geographie für die Schule neu zu definieren und sie mit Unterrichtspraxis zu füllen, wie etwa die Veröffentlichungen der Geographischen Rundschau oder auch die heutigen Referate zeigen.

Auch an vielen Hochschulinstituten, und hier nicht zuletzt durch den Anstoß von Studenten und jüngeren Mitarbeitern der Institute (vgl. Schaffer, F., 1972, S. 225 ff. oder die Ergebnisse der Lindenfelser Wochenendseminare des Verbandes deutscher Hochschulgeographen) kam und kommt es zu einem Überdenken tradierter Lehrinhalte und Lehrformen. Nach langen, häufig zu isoliert geführten Diskussionen sind heute hier erste, institutsübergreifende Vorstellungen für einen neuen Studiengang für das Grundstudium der Geographie von Herrn Hagedorn vorgestellt worden. Dabei ist zu beobachten, daß sich anscheinend zaghaft die Tendenz auch in der Geographie durchsetzt, kleingruppenorientierte Unterrichtsformen einzuführen, Ausbildungseinheiten von mehreren Semestern anzubieten und schon im Grundstudium projektorientierte Ausbildung als Vorbereitung für das Hauptstudium einzuführen. Dabei wird die Berufsbezogenheit der Studiengänge stärker betont als seither. Hier könnten jedoch nach meiner Meinung noch bessere Ergebnisse erzielt werden, wenn die unbedingt notwendige institutionelle Zusammenarbeit von Didaktikern und Fachwissenschaftlern für die Entwicklung schulstufenbezogener Studiengänge noch wesentlich intensiviert würde, damit lernzielorientierte Inhalte des Geographieunterrichts in der Schule noch stärker Auswirkungen hätten auf das auf Lehrerstudenten auszurichtende Lehrangebot der Hochschulinstitute und umgekehrt. Auf die Wundertüte des RCFP sollte man dabei vielleicht nicht zu lange oder allein warten.

Sind in den letzten Jahren, wie kurz umrissen, auf dem Feld der didaktischen Aufbereitung und Umsetzung von Forschungsergebnissen in die geographische Lehre nachweislich Fortschritte erzielt worden, so bleibt andererseits auch jetzt wieder und das auffallenderweise schon lange eine Tatsache unberücksichtigt, daß nämlich alle Forschung und Lehre nicht losgelöst von konkreten Hochschulstandorten und

Hochschulbauten betrieben werden kann. Leider ist die Zahl von Veröffentlichungen zu diesem Problemkreis merkwürdig gering und es haben kaum Überlegungen stattgefunden, die über institutsinterne Diskussionen oder auch ad hoc-Ergebnisse hinausgeführt hätten, wo und in welchen räumlichen Dimensionen Geographie betrieben und gelehrt werden sollte. Nur dann, wenn bei einem Hochschullehrertreffen einer der Kollegen vor dem Problem steht, innerhalb von 4 Wochen der örtlichen Universitätsbauverwaltung Daten über die gewünschten Räume angeben zu sollen, falls er überhaupt gefragt wird und nicht für Geographie a priori 4—6 qm/Student auf Grund von Berechnungen verschiedener Bildungskommissionen (etwa Bund-Länder-Kommission, Kultusministerkonferenz u. a.) für Lehramtsstudenten festgelegt wurden, setzt das große Umhören bei möglichen „Leidensgenossen" ein, um Vergleichsdaten zu erhalten, mit denen die über die 4 oder 6 qm hinausgehenden Raumwünsche besser dokumentiert werden können.

Beim Treffen der Hochschullehrer der Geographie in Bad Hersfeld am 1. Mai 1972 wurden daraus erste Konsequenzen gezogen. Mit Hilfe einer Umfrage über die Raumkapazitäten und den Raumbedarf Geographischer Hochschulinstitute, deren Durchführung mir übertragen wurde, sollten den einzelnen Hochschulinstituten Richtwerte an die Hand gegeben werden, mit deren Hilfe Raumforderungen besser durchsetzbar seien.

Bevor ich über die Ergebnisse und Schwierigkeiten eines solchen Auftrags berichte, muß ich gerade hier in Kassel noch einige Vorbemerkungen machen, die verdeutlichen sollen, wie schwer es mir vor allem in letzter Zeit fiel, den Auftrag auszuführen, da ich mehr und mehr der Meinung bin, daß von Hochschullehrern entwickelte Gedankengänge doch nie Eingang finden in die Maßnahmen der Verwaltung. Konkret läßt sich das z. Zt. etwa an folgender Politik des hessischen Kultusministeriums ablesen: Nicht die Tatsache, daß die Geographie stärker mit Sozialkunde und Geschichte nach dem Willen der Rahmenrichtlinien für Lernbereich Gesellschaftslehre integriert werden soll und deshalb vielleicht stärker als bisher gezwungen ist, im Kontext schulischer Realität den spezifischen Aspekt des Faches bewußt zu machen, erzeugt Unbehagen, vielmehr ist es die Politik des hessischen Kultusministeriums, in Studienführern und ähnlichen Veröffentlichungen, etwa neben Geschichte und Englisch immer wieder Geographie als in Zukunft weniger gefragtes (damit gemeint ist wohl: nicht mehr gefragtes) Fach zu apostrophieren, während die Sozialkunde nie darunter zu finden ist. Dabei bilden aber alle drei Fächer: Geographie, Geschichte und Sozialkunde den neuen Bereich Gesellschaftslehre. Wie die Prognosen des Ministeriums zustande kommen, ist nicht zu ermitteln, denn die hessischen Hochschullehrer der Geographie sind bis heute nicht unterrichtet *von*, geschweige denn beteiligt worden an der Ermittlung des tatsächlichen Bedarfs an Geographielehrern in der Zukunft. Sollte ein Vertreter des Ministeriums auch noch am heutigen Nachmittag unter den Zuhörern sein, dann darf ich unseren Willen, ja unsere Forderung zumindest nach Anhörung in bezug auf die Schulentwicklungspolitik im Fach Geographie aufs neue unterstreichen und hoffen, daß diese Passage meines Referats von dem Adressaten nicht überhört wird. Es ist allerdings fraglich, ob dann, wenn eine Neuabstimmung des Geographielehrerbedarfs in Hessen zwischen Kultusministerium und Hochschule zustandekommen sollte, wirklich eine positive Veränderung der derzeitigen Situation einträte, da der finanzministerielle Überbau zumindest in Hessen Ausbaumaßnahmen im Hochschulbereich weitgehend eingefroren hat. Unter solchen Vorzeichen, die alle Überlegungen hinsichtlich Kapazitätserweiterungen doch nur als akademisches Sandkastenspiel erscheinen lassen, sind wohl Bearbeitungsphasen, in denen Gedanken, daß Schubladenproduktionen überflüssig und daher zu unterlassen seien, wohl nicht verwunderlich.

Nachdem ich nun dieses Fragezeichen am Sinn der Untersuchung losgeworden bin, will ich die wichtigsten Gesichtspunkte und Rahmenbedingungen, die sich ergeben, wenn man sich mit Standortkriterien und Dimensionierung geographischer Hochschulinstitute auseinandersetzt, vortragen und dabei die Ergebnisse der Raumumfrage an Geographischen Hochschulinstituten, soweit sie verwertbar waren, heranziehen. Es stellte sich heraus, daß der an 46 Hochschulinstitute der Bundesrepublik Deutschland verschickte und von 21 Instituten beantwortete Fragebogen nur bedingt für die Beantwortung der Frage nach Richtwerten für den Raumbedarf der Geographie zu verwenden war. Hauptursache dafür scheint mir zu sein, daß an nur wenigen Instituten eine Reflexion über Studiengänge eingesetzt hat, die etwa das Verhältnis von Physischer Geographie, Geographie des Menschen und Wirtschaftsgeographie, ganz zu schweigen von dem Einbau der entsprechenden Didaktiken klärt und dadurch auch die Beantwortung der gestellten Fragen im Fragebogen erschwerten oder nicht zuließ. Eine direkte Umsetzung der Fragebogenergebnisse in Richtwerte war daher nicht möglich. Durch die Umfrage stellte sich auch heraus, daß der Ausbildungs- und Personalbestand bzw. die Personalstruktur in den einzelnen Bundesländern noch so heterogen ist, daß die auf Studiengänge bezogene Richtwertberechnung so gestaltet werden mußte, daß alle Eingangsvariablen überprüfbar und für die örtlichen Verhältnisse variierbar blieben. Wie weiter unten beschrieben, hat sich ein auch mit anderen Disziplinen vergleichbares Berechnungssystem gefunden, in das die Umfrageergebnisse eingebracht werden konnten.

Diesen Ergebnissen seien zunächst noch einige Gedanken zur Standortwahl von Geographischen Hochschulinstituten vorangestellt: abgesehen davon, daß Geographische Institute immer an Hochschulstandorte gebunden sein sollten und deren Standortorientierung heute hier schon abgehandelt wurde und noch diskutiert werden wird, ist für die Geographie an externen Faktoren bei der Standortwahl zweierlei wichtig: einmal sollte die gesamte Raumkapazität des Standorts nicht zuletzt davon abhängen, ob eine genügend große Zahl von Hochschulabsolventen der Geographie auch in vertretbarer Entfernung vom Hochschulstandort eine Anstellung finden kann, dies nicht zuletzt deshalb, weil in Zukunft die Weiter- und Fortbildung in Zusammenarbeit mit der Hochschule viel stärker beachtet werden muß als seither und deshalb möglichst viele Geographen im Beruf in möglichst großer Nähe angesprochen werden könnten. Andererseits sollten besonders beim Studiengang Diplomgeographie nur solche Standorte ausgesucht bzw. gefördert werden, die den Studierenden schon während des Studiums die Möglichkeit bieten, mit Institutionen der Planung und ähnlichen für ihr späteres Berufsfeld relevanten Einrichtungen in Kontakt zu treten. Damit wird ausgesagt, daß in Zukunft eine räumliche Gewichtung der geographischen Hochschulstandorte nach spezifischen Studiengängen durchaus notwendig wäre.

In bezug auf die internen (sprich: räumliche Vergesellschaftung der einzelnen Hochschulinstitute) Standortfaktoren und -bestimmungsgründe Geographischer Hochschulinstitute gibt es bis heute recht wenige Überlegungen. Diese internen Standortfaktoren sollten vor allem von den zukünftigen Aufgaben des Faches in Forschung und Lehre maßgebend bestimmt sein. Wenn, wie es BARTELS, DEITERS und FRÄNZLE (1972, S. 211) formuliert haben, die Geographie als Forschungs- und Lehrgegenstand Systeme hat und sich speziell solchen Systemen widmet, in denen erdräumlich-distanzielle Variable als wesentliche Elementrelationen angesehen werden und sich die wissenschaftliche Analyse sowohl auf physische Systeme oder Systeme, die sich aus dem Zusammenspiel menschlicher Entscheidungsprozesse ergeben, konzentriert, dann bedeutet das u. a., daß auch in Zukunft Geographie nicht in zwei vollkommen getrennte Fächer zu spalten ist, sondern daß sie die Aufgabe hat, das Verhältnis zwischen realer und wahrgenommener Umwelt bewußt zu machen. Daraus folgt, daß die naturökologischen und sozioökonomischen Faktoren in ihrer jeweiligen Bestimmung menschlichen distanziellen Verhaltens und daraus resultierender Inwertsetzungen in der Analyse gleichrangig nebeneinanderstehen und damit auch den internen Standort Geographischer Institute oder Einrichtungen im universitären Standortgefüge bestimmen. Geographische Institute oder Fachbereiche können demnach weder einseitig naturwissenschaftlichen Standorten zugeordnet noch einseitig sozialwissenschaftlichen Einrichtungen zugeschlagen werden. Für manche von Ihnen mag es banal klingen, diese Gedankengänge hier vorzutragen, — zu einem Zeitpunkt, in dem auf beiden Seiten, sowohl in der Physischen Geographie als auch in der Geographie des Menschen starke Tendenzen vorhanden sind, die ich selbst zeitweilig kräftig unterstützt habe, die Natur ohne die menschliche Gesellschaft und die menschliche Gesellschaft ohne die Natur zu betrachten, scheint es notwendig, erneut darauf hinzuweisen, daß Geographie ein Fach ist und bleiben muß, das sich unter dem Aspekt räumlich-distanzieller Wahrnehmungskategorien mit der Gesellschaft in ihrer Auseinandersetzung mit der Natur — oder moderner ausgedrückt, der Umwelt, befaßt. Der hochschulinterne Standort Geographischer Institute oder Fachbereiche kann demnach nur zwischen (im eigentlichen Sinne des Wortes) Natur- und Sozialwissenschaften — Informatik eingeschlossen — bei den traditionellen Hochschulgliederungen und zwischen Natur-, Sozial- und Planungswissenschaften bei den auf diese Forschungsrichtungen ausgerichteten Hochschulen angesiedelt sein.

Diese eigene Stellung des Faches zwischen Natur- und Sozialwissenschaften kommt auch in den Flächenansprüchen Geographischer Institute, Betriebseinheiten oder Fachbereiche zum Ausdruck, ohne daß dieser Tatsache bis jetzt nach außen hin genügend Nachdruck verliehen worden wäre. Vor allem auf Grund der INFORMATION 18 des Zentralarchivs für Hochschulbau in Stuttgart (1971) scheint es gelungen, trotz der Heterogenität des bundesdeutschen geographischen Ausbildungswesens und der manchmal erschreckend geringen Selbstreflexion einzelner Institute, den 4,3 qm Fläche/Student der Bund-Länderkommission einen an der Realität geographischer Ausbildung besser orientierten Richtwert entgegenzusetzen. In der angesprochenen Veröffentlichung sind die Ergebnisse und Berechnungsgrundlagen eines Arbeitskreises Bedarfsplanung niedergelegt, die besonders auf Grund der Bedarfsplanungsrechnungen für die Fachbereiche Wirtschaftswissenschaften und Biologie, die nach dem gleichen „vereinfachten Bemessungsverfahren" durchgeführt wurden, für unsere Überlegungen wichtig waren. Mit Hilfe der von dem Arbeitskreis vorgelegten Berechnungsverfahren ist es möglich, über 50 Eingangsvariablen die verschiedensten Studiengänge in ihren Raumansprüchen zu erfassen und die daraus resultierenden Flächenrichtwerte global oder getrennt nach 13 verschiedenen Einzelflächenrichtwerten, die von Flächen des formalen theoretischen Unterrichts über Praktikumsflächen, Lager- und Sammlungsflächen bis hin zu zentralen Verwaltungs- und Sozialflächen reichen, zu bestimmen. In dem von mir durchgerechneten Beispiel bin ich von der Annahme ausgegangen, daß ein Student der Sekundarstufe I und II (höheres Lehramt), gleich, ob er schwerpunktmäßig Physische Geographie oder Kulturgeographie betreibt, ein gleiches Zeitbudget und gleiche Raumansprüche hat. Im übrigen bereiteten die unterschiedlichen, schon angesprochenen Hochschulstrukturen in den einzelnen Bundesländern besondere Schwierigkeiten. Durch genaue Angabe der Eingangsvariablen für die einzelnen Gruppen, die damit bei Analogrechnungen den geänderten Verhältnissen angepaßt werden können, hoffe ich dem Problem einigermaßen beigekommen zu sein. Da das Berechnungsverfahren und Einzelwerte hier nicht vorgetragen werden können (die Musterrechnung mit den Eingabevariablen ist im Anhang beigefügt) will ich nur auf die wichtigsten Grundannahmen für Studiengänge der Geographie, die in die Berechnung eingingen, hinweisen und dann den Globalrichtwert zur Diskussion stellen. Wichtige Grundannahmen sind:

1. Der Kleingruppenunterricht steht im Vordergrund der Lehre.
2. Im Grund- und Hauptstudium sind Praktika und Projekte Hauptbestandteile des Studiums und erfordern mehr oder minder regelmäßig zu benutzende Arbeitsplätze für die Studierenden.
3. Boden- und Gesteinsproben sowie statistische Daten und Umfrageerhebungen müssen in forschendem Lernen von Studierenden des Grund- und Hauptstudiums selbst in entsprechenden Räumen an entsprechenden Geräten (Labor- und Rechenräume) bearbeitet werden können.
4. Die Studiendauer für die Sekundarstufe wird in Zukunft de facto 4,5 Jahre nicht unterschreiten.
5. Das Betreuungsverhältnis Lehrende/Studenten ist mit ca. 1:10 anzusetzen.
6. Der in dem Beispiel ermittelte Flächenrichtwert gilt für einen jährlichen Neuzugang von ungefähr 100 Studienanfängern. (Der Richtwert kann auch für jede beliebige andere Studenteneingangszahl berechnet werden.)
7. Als Gruppengröße für die Lehrveranstaltungen werden 15 Studierende/Gruppe angenommen.

Ohne die weiteren Eingangsvariablen aufzählen zu wollen, sei nur erwähnt, daß auch Größen wie Anwesenheitsfaktor der Studierenden, Erfolgsquote, Doktorandenfaktor, Lehrdeputate der Lehrenden (aufgegliedert nach verschiedenen Gruppen), Ausnutzbarkeit von Vorlesungs- und Übungsräumen und viele andere Faktoren Eingang in die Rechnung fanden, so daß die Hoffnung besteht, daß damit in Zukunft besser als seither der Raumbedarf als abhängige Variable spezifischer geographischer Studiengänge gesehen und anerkannt wird.

Als globaler Flächenrichtwert pro Student in der Modellrechnung unter den genannten Annahmen ergibt sich ein Wert von 21,65 qm/Student, der zu multiplizieren ist mit dem Faktor SH, der wiederum überschlägig von den Faktoren 4 und jährliche Studienanfänger gebildet wird und zur Raumdimensionierung eines Instituts, einer Betriebseinheit oder eines Fachbereichs führt. Wie weiter oben ausgeführt, können die Richtwerte auch für 13 Teilflächen angegeben werden (vgl. Tab. im Anhang).

Bei überschlägigem Rechnen wird vielen von Ihnen dieser Wert zunächst utopisch hoch vorkommen, er liegt jedoch zwischen den Werten von Wirtschaftswissenschaften und Biologie. Das allein kann natürlich keine Begründung für seinen Realitätsanspruch sein. Vielmehr beweist er, wie wenig seither in unser Bewußtsein und das Bewußtsein der Öffentlichkeit eingedrungen ist, daß Forschung und Lehre in der Geographie nicht mit den spärlichsten, geisteswissenschaftlichen Ausstattungskriterien gemessen werden können, sondern auch im außer- und innenuniversitären Standort- und Institutsflächenbereich geprägt wird von den Anforderungen schul- und planungspraxisorientierter Studiengänge, die weder natur- noch sozialwissenschaftlich einordenbar sind.

Strukturmerkmale zur Ermittlung des Flächenbedarfs für Hauptfachstudenten im Fachbereich GEOGRAPHIE.
(berechnet nach Unterlagen der: INFORMATION 18, hrsg. vom Zentralarchiv für Hochschulbau, Stuttgart, Jg. 4, v. 15. 11. 1971 und einer eigenen Umfrage bei 46 Hochschulinstituten der Geographie der BR Deutschland im Jahre 1972).

lfd. Nr.	Kurzbez.	Definition der Einflußgrößen	Wert	Kommentar + Quelle
1	ALFA	Anwesenheitsfaktor Verhältnis der Anzahl der anwesenden Studenten zur Anzahl der Studenten, die die Lehrveranstaltung belegt haben. (Wird bei Veranstaltungen mit kleiner Teilnehmerzahl nahe 1 angenommen.) ALFA ist der mittlere Anwesenheitsfaktor für alle Lehrveranstaltungen.	0,85	Der Wert 0,9 ist laut Beschluß des Arbeitskreises Bedarfsplanung gültig für Unterricht in kleinen Gruppen, für Vorlesungen gilt der Wert 0,8. Da in der Geographie auch Vorlesungen stattfinden, wird der Wert 0,85 eingesetzt.
2	BBS	Buchbestände pro Student Die Buchbestände werden aus der Studentenzahl abgeleitet. Die Anzahl pro Student verringert sich bei steigenden Studentenzahlen. $BB = BB_1 + BB_2 = 100 + 60 = 160$	160 Bde./ Student	Der Wert kommt zustande auf Grund von Berechnungen für einen Fachbereich Wirtschaftswissenschaften (vgl. Informationen 18, Blatt 97), Berechnungen für einen Fb Biologie (vgl. Informationen 18, Blatt 115) und Umfrage Raumbedarf Geographische Institute.
3	BVH	Betreuungsverhältnis. Das Betreuungsverhältnis ist eine abgeleitete Größe. Es wird errechnet aus dem Lehrkräftebedarf für den Unterricht in kleinen Gruppen. In die Berechnung geht ein: die Unterrichtsmenge in kleinen Gruppen HSHV, die Gruppengröße GG und das Lehrdeputat der Hochschullehrer.	0,12 oder $\sim$ 1:10	vgl. Informationen 18, Blatt 95, Empfehlungen des WR. Seine Formel dient als Berechnungsgrundlage.
4	D	Mittlere Studiendauer	4,5 Jahre	Verf. ist der Auffassung, daß trotz aller Vorschläge und Richtlinien die Studiendauer auch in Zukunft im Durchschnitt nicht kürzer anzusetzen sein wird.
5	DELTA	Doktorandenfaktor Quotient aus der Summe von Doktoranden und Lehrpersonal, geteilt durch Lehrpersonal.	2,5	nicht unbedingt gesicherter Wert, ermittelt aus den BE Physische und Kulturgeographie d. Geogr. Inst. Ffm.

lfd. Nr.	Kurzbez.	Definition der Einflußgrößen	Wert	Kommentar + Quelle
6	ETAH	Erfolgsquote Die Erfolgsquote ist das Verhältnis zwischen der Zahl der je Examenstermin erfolgreich das Studium beendenden Studenten und der Aufnahmequote SHAUF. Die Abbruchquote ist die Komplementärgröße zur Erfolgsquote.	0,8	Der Wert wurde ermittelt aufgrund der langjährigen Statistik des Prüfungsamtes für das Lehramt an Gymnasien und der im Geographischen Institut Ffm. geführten Studentenkartei (vgl. auch Informationen 18, Blatt 97 und 114).
7	FFA	Flächenfaktor für Lehrräume. Mittelwert aus verschiedenen Platzgrößen (für große Hörsäle, für kleine Hörsäle, Seminarräume, Kursräume).	1,75 qm/Pl.	Mittelwert aus den Ansätzen für a) Flächenfaktor für Hörsäle 300 Plätze 0,9 qm/Platz 200 Plätze 1,0 qm/Platz 100 Plätze 1,2 qm/Platz b) Flächenfaktor für Kleingruppenräume für 40–60 Plätze 2,0 qm/Platz für 20–40 Plätze 2,2 qm/Platz für 10–20 Plätze 2,5 qm/Platz
8	FFD	Flächenfaktor für Leseplätze der Studenten durchschnittliche Größe eines theoretischen Arbeitsplatzes (Seminar-Leseplatz) für Studenten.	2,8 qm/Pl.	Vom AK Bedarfsplanung erarbeiteter Wert, der sich zusammensetzt aus: 3,0 für Arbeitsgruppen 6–10 Personen 2,5 Normalleseplatz 4,0 Plätze in A-V-Carrels. Dimension: qm/Person.
9	FFB	Flächenfaktor für Praktikumsräume für die Unterstufenpraktika.	4,0 qm/Pl.	Erfahrungswert Geogr. Inst. Ffm.
10	FFC	Flächenfaktor für Oberstufenpraktika und Praktikumsräume für Diplomanden/Doktoranden.	4,0 qm/Pl.	Erfahrungswert Geogr. Inst. Ffm.
11	FFE	Buchstellflächen Der Wert gilt bei Freihandaufstellung, die sogen. „Funktionsflächen" des Aufsichtspersonals und die Anleseplätze sind anteilig enthalten.	5,5 qm/ 1000 Bde.	nach Ermittlungen aus Raumumfrage Geogr. Institute und Vergleichswerte Informationen 18.
12	FFEK	Flächenfaktor für Katalogstellflächen je 1000 Bde.	0,23 qm/ 1000 Bde.	vgl. Informationen 18, Bl. 98.
13	FFN	Flächenfaktor für technische Dienstleistungseinrichtungen.	0,25 qm/ Pers.	ermittelt durch Vergleich mit Informationen 18, Bl. 115.
14	FFFA	Flächenfaktor für Arbeitsplätze von Doktoranden.	5,0 qm/ Pl.	Raumumfrage u. Flächenansatz vom AK f. Bedarfsplanung.

lfd. Nr.	Kurzbez.	Definition der Einflußgrößen	Wert	Kommentar + Quelle
15	FFFL	Flächenfaktor für Arbeitsplätze der Lehrkräfte (einschl. Besprechungsbereiche u. Aktenablagen).	11 qm/Platz	alle an der Lehre beteiligten Personen sind in den Mittelwert eingegangen. Die Raumumfrage lieferte die Daten.
16	FFFU	Flächenfaktor für Arbeitsplätze der wissenschaftlichen Hilfskräfte	5,0 qm/Platz	Wert wurde vom AK Bedarfsplanung bestätigt für einfachen Schreibplatz ohne Ablage.
17	FFFV	Flächenfaktor für Plätze des Verwaltungspersonals.	9,0 qm/Platz	Vom AK Bedarfsplanung u. dessen Gästen diskutierter und akzeptierter Mittelwert. 30% Verwaltungskräfte im Einzelzimmer mit je 10 qm. 70% Verwaltungskräfte im Mehrpersonenraum mit je 7,5 qm.
18	FFH	Flächenfaktor für ergänzende Einrichtungen.	0,20 qm/Stud.	Flächenansatz des Zentralarchivs.
19	FFK	Flächenfaktor für Lager und Sammlungen.	0,40 qm/Stud.	Raumumfrage.
20	FFO	Flächenfaktor für zentr. Verwaltungs- u. Verfügungsflächen.	0,20 qm/Stud.	Flächenansatz des Zentralarchivs.
21	FFG	Flächenfaktor für experimentelle Arbeitsplätze der Wissenschaftler, d. h. für die diesen zuzuweisenden persönlichen Labors oder Rechen- und Zeichenräume.	25 qm/Platz	für die Ermittlungen vgl. Information 18, Bl. 115.
22	FFP	Flächenfaktor für Sozialflächen, Aufenthaltsräume usw.	0,2 qm/Person	Ein vom Zentralarchiv aus Programmvergleichen abgeleiteter Wert.
23	GG	Gruppengröße Mittlere Teilnehmerzahl in Unterrichtsveranstaltungen mit begrenzter Teilnehmerzahl.	15 Stud./Gruppe	Erfahrungswerte der Geograph. Institute in Hessen.
24	GSHT	Gleichzeitigkeitsfaktor für Theoretische (buchabhängige) Arbeitsplätze für Studenten Verhältniszahl aus der Anzahl der Leseplätze für Studenten in Bibliotheken zur Anzahl der Hauptfachstudenten oder: Nutzungsanteil eines Hauptfach-Studenten an einem Bibliothekslseseplatz.	0,73 Pers./Platz	Berechnet nach der Hilfsformel: $$GSHT = \frac{TBSH - HSH - SSW}{ZB \cdot RB} = \frac{45 - 13 - 7}{74 \cdot 0,45}$$
25	GSHE	Gleichzeitigkeitsfaktor für den Bedarf an experimentellen Arbeitsplätzen für Diplom- und Staatsexamensarbeiten.	0,09 Pers./Platz	Ein Mittelwert, der analog den Berechnungen Information 18, Bl. 116 gefunden wurde.

lfd. Nr.	Kurzbez.	Definition der Einflußgrößen	Wert	Kommentar + Quelle
26	GSHP	Gleichzeitigkeitsfaktor für die fest zugewiesenen Plätze in Oberstufenpraktika. Der Wert wird über folgende Hilfsformel ermittelt: $GSHP = \dfrac{SHP}{D \cdot GGP}$ SHP = Dauer des Oberstufenpraktikums = 1 Jahr D = s. Nr. 4 GGP = Gruppengröße = 3 Pers.	0,074 Plätze/Student	Erfahrungswerte Geogr. Inst. Ffm.
27	HSH	Lernleistung Durchschnittliche wöchentliche Lernleistung im theoretischen Unterricht. Richtet sich nach dem der Bemessung zugrunde gelegten Studienplan.	11 h/Woche	Studienpläne verschiedener Institute.
28	HPSH	Durchschnittliche wöchentliche Lernleistung in den Praktika.	0,5 Halbtage/Woche	Studienpläne
29	HSHV	Lernleistungen in Vorlesungen.	3 h/Woche	Erfahrungswert.
30	HSHU	Lernleistung im Unterricht in kleinen Gruppen.	8 h/Woche	Erfahrungswert.
31	NHA	Aufnahmetermine der Studienanfänger pro Jahr	1	
32	LDPO	Lehrdeputat der Hochschullehrer H 2 – H 4.	6 h/Woche	uneinheitliche Bezeichnung und Stellung in den einzelnen Bundesländern.
33	LDPA	Lehrdeputat der sonstigen Lehrpersonen (Dozenten, Assistenzprofessoren, wiss. Mitarbeiter).	3,66 h/Woche	Mittel aus verschiedenen Anforderungen.
34	QH	Verhältnisfaktor für ergänzende Einrichtungen, in Abhängigkeit von den in RFB, RFC, RFG ermittelten Regelflächen.	0,50	mit Hilfe der Raumumfrage und im Vergleich mit Information 18, Bl. 116 ermittelt.
35	QI	Verhältnisfaktor für Werkstattflächen als Zuschlag, abhängig von den in RFB, RFC, RFG ermittelten Regelflächen.	0,05	eigene Ermittlung aufgrund der Raumumfrage und Erfahrungen am Geogr. Inst. Ffm.
36	QK	Verhältnisfaktor für Sammlungs- und Lagerflächen in Abhängigkeit von den in RFB, RFC, RFG ermittelten Regelflächen.	0,06	eigene Ermittlung aufgrund der Raumumfrage und Erfahrungen am Geograph. Inst. Ffm.
37	QT	Quotient aus der Anzahl des technischen Werkstattpersonals und den Lehrpersonen.	1,0	ermittelt mit Hilfe des AK Bedarfsplanung.

Studiengänge der Geographie

lfd. Nr.	Kurzbez.	Definition der Einflußgrößen	Wert	Kommentar + Quelle
38	QO	Verhältnisfaktor Hochschullehrer zu den übrigen Lehrpersonen.	0,27 Pers./Pers.	
39	QU	Faktor wissenschaftl. Hilfskräfte. Quotient aus der Anzahl der wissenschaftlichen Hilfskräfte u. der Zahl der Lehrpersonen.	1,0	Wert ermittelt aus den Anforderungen und der Ausstattung am Geogr. Inst. Ffm.
40	QV	Faktor Verwaltungspersonal. Quotient aus der Anzahl der Verwaltungskräfte zur Zahl der Lehrpersonen.	0,5 Pers./Pers.	an der Univ. Ffm. angestrebte Relation und vom AK für Bedarfsbemessung empfohlener Wert.
41	R	Durchschnittliche platzmäßige Ausnutzung von Unterrichtsräumen. Verhältnis der belegten zu den vorhandenen Plätzen in Unterrichtsräumen.	0,7 Pl./Stud.	es können nur 70% des Platzangebotes ausgenutzt werden. (Vgl. Information 18, Bl. 116.)
42	RB	Ausnutzungsfaktor Platzangebot in Bibliotheken.	0,45 Plätze/Student	Beschluß des Arbeitskreises Bedarfsplanung. Empirische Grundlage: Diss. Gerken.
43	RP	Platzmäßige Ausnutzung von Praktikumsplätzen in den Unterstufenpraktika.	3,5 Pers./Platz	der Arbeitsplatz wird von durchschnittlich 3,5 Studenten in Anspruch genommen.
44	SHAUF	Aufnahmerate für Studenten pro Aufnahmetermin.	100 Stud.	Erfahrungswert Ffm.
45	SSE	Zeitbudget-Anteil für Arbeit in der Bibliothek. Betrifft alle Lehrpersonen, wissenschaftl. Angestellten, Doktoranden.	10 h/Woche	vgl. Information 18, Bl. 117.
46	SSH	Durchschnittlicher wöchentlicher Zeitbudget-Anteil für Selbststudium in der Bibliothek.	15 h/Woche	Ermittelte Restgröße aus einem Gesamtzeitbudget von 40 h/Woche und Berücksichtigung eines 2. Faches bei Lehramtskandidaten.
47	Z	Durchschnittliche zeitliche Ausnutzbarkeit von Unterrichtsräumen.	30 h/Woche	Internationaler Erfahrungswert. Der Wert kann bis auf 40 Stunden pro Woche gesteigert werden, falls EDV Stundenplanung vorhanden.
48	ZB	Öffnungszeiten der Bibliotheken.	74 h/Woche	übliche Öffnungszeiten der Bibliotheken.
49	ZP	Zeitliche Ausnutzung der Praktikumsräume in Halbtagen pro Woche.	7 Halbtage/Woche	vgl. Information 18, Bl. 117.
50	SH	Hauptfachstudenten. Gesamtzahl der gleichzeitig im Studium befindlichen Studenten.	405	berechnet nach der Hilfsformel Information 18, Bl. 119. $SH = SHAUF \cdot NHA \cdot D \cdot \frac{1+ETA\,H}{2}$

Berechnungsformeln des „Vereinfachten Verfahrens der Bedarfsbemessung" für Geographiestudenten
(vgl. INFORMATION 18, Blatt 103 und Blatt 120)

Lfd. Nr.	Teilrichtwerte Kurzbez.	Definition	Berechnungsformel	Berechnungsbeispiel
1	RFA	Flächen des formalen theoretischen Unterrichts getrennte Berechnung für Hörsäle und Kleingruppen-unterrichtsräume möglich	$RFA = ALFA \cdot HSH \cdot \overline{FFA} / (\overline{R} \cdot \overline{Z})$	$RFA = 0{,}85 \cdot 11 \cdot 1{,}75 / (0{,}7 \cdot 30)$ $= 0{,}779$
2	RFB	Praktikumsflächen	$RFB = HPSH \cdot FFB / (RP \cdot ZP)$	$RFB = 0{,}5 \cdot 4 / (3{,}5 \cdot 7)$ $= 0{,}0816$
3	RFC	Experimentelle Arbeitsfläche der Studenten	$RFC = (GSHP + GSHE) \cdot FFC$	$RFC = (0{,}074 + 0{,}09) \cdot 4$ $= 0{,}656$
4	RFD	Arbeitsplätze der Studenten im Selbststudium (theor. ad hoc Arbeitsgruppen u. Bibliotheks-Leseplätze)	$RFD = \dfrac{[SSH + (BVH \cdot DELTA \cdot SSE)] \cdot FFD}{RB \cdot ZB}$	$RFD = \dfrac{[15 + (0{,}12 \cdot 2{,}5 \cdot 10)] \cdot 2{,}8}{0{,}45 \cdot 74}$ $= 1{,}514$
5	RFE	Buchstellflächen	$RFE = \dfrac{FE}{SH}$ $= \dfrac{BB_1 \cdot FFE_1 + BB_2 \cdot FFE_2 + BB \cdot FFEK}{SH}$	$RFE = \dfrac{100 \cdot 5{,}5 + 60 \cdot 3{,}0 + 160 \cdot 0{,}23}{405}$ $= 1{,}984$
6	RFF	Theor., büroartige Arbeitsplätze des Personals (Lehrkr., Dokt., wiss. Hilfskr., Verw.- und Bibliothekspersonal)	$RFF = BVH \cdot [FFFL + (DELTA - 1) \cdot FFFA + QU \cdot FFFU + QV \cdot FFFV]$	$RFF = 0{,}12 \cdot [11 + (2{,}5 - 1) \cdot 5 + 1{,}0 \cdot 5{,}0 + 0{,}5 \cdot 9{,}0]$ $= 3{,}36$
7	RFG	Exper. Arbeitsplatz d. Wissensch.	$RFG = BVH \cdot DELTA \cdot FFG$	$RFG = 0{,}12 \cdot 2{,}5 \cdot 25$ $= 7{,}5$
8	RFH	Ergänzende Einrichtungen	$RFH = (RFB + RFC + RFG) \cdot QH$	$RFH = (0{,}0816 + 0{,}656 + 7{,}5) \cdot 0{,}5$ $= 4{,}119$

Studiengänge der Geographie 111

9	RFI	Werkstattflächen	$RFI = (RFB+RFC+RFG) \cdot QI$ $RFI = (0{,}0816+0{,}656+7{,}5) \cdot 0{,}05$ $= 0{,}4119$
10	RFK	Lager und Sammlungen	$RFK = (RFB+RFC+RFG) \cdot QK$ $RFK = (0{,}0816+0{,}656+7{,}5) \cdot 0{,}06$ $= 0{,}494$
11	RFN	Technische Dienstleistungsflächen	$RFN = FFN1 \cdot BVH \cdot (DELTA+QV+QT)$ $RFN = 0{,}25 \cdot 0{,}12 \, (2{,}5+0{,}5+1{,}0)$ $= 0{,}36$
12	RFO	Zentrale Verwaltungs- und Verfügungsfläche	$RFO = FFO1 \cdot BVH \cdot (DELTA+QV+QT)$ $RFO = 0{,}20 \cdot 0{,}12 \, (2{,}5+0{,}5+1{,}0)$ $= 0{,}096$
13	RFP	Sozialflächen	$RFP = FFP \cdot [1+BVH \cdot (DELTA+QT+QV)]$ $RFP = 0{,}2 \cdot [1+0{,}12 \cdot (2{,}5+1{,}0+0{,}5)]$ $= 0{,}296$
			Richtwert = 21,65 qm / Student

Hilfsformeln

14	SH	Anzahl der Hauptfachstudenten im System (wird für jede Studentenart getrennt berechnet)	$SH = SHAUF \cdot NHA \cdot D \cdot \dfrac{1+ETAH}{2}$
15	GSHE	Gleichzeitigkeitsfaktor für den Bedarf an exp. Arbeitspl. für Dipl.- u. Staatsexamenskandidaten	$GSHE = \dfrac{\text{Dauer der Diplomarbeit (Examensarbeit)}}{SHE}$ Studiendauer · Gruppengröße im Examen $= \dfrac{SHE}{D \cdot GGE} \cdot \dfrac{\text{Jahre}}{\text{Jahre} \cdot \frac{\text{Stud.}}{\text{Platz}}} = \dfrac{\text{Plätze}}{\text{Stud.}}$
16	GSHP	Gleichzeitigkeitsfaktor für den Bedarf an exp. (Dauer-)Arbeitspl. für Oberstufenpraktikanten	$GSHP = \dfrac{\text{Dauer v. Oberstufen-Großpraktikum}}{SHP}$ Studiendauer · GG im Oberstufenpraktikum $= \dfrac{SHP}{D \cdot GGP} \cdot \dfrac{\text{Jahre}}{\text{Jahre} \cdot \frac{\text{Stud.}}{\text{Platz}}} = \dfrac{\text{Plätze}}{\text{Stud.}}$

Literatur

BARTELS, D., 1972: Zum Auftrag der Hochschulgeographie. In: Deutscher Geographentag Erlangen—Nürnberg 1971, Tagungsbericht und wissenschaftl. Abhandlungen, S. 206 ff., Wiesbaden.

Bedarfsplanung der Fachgruppe Biologie. = Beiträge zur Bedarfsbemessung wissenschaftlicher Hochschulen, 4. Hrsg.: Arbeitsgruppe Bedarfsbemessung wissenschaftlicher Hochschulen im Finanzministerium Baden-Württemberg und Zentralarchiv für Hochschulbau, Stuttgart 1966.

Bemessung des Flächenbedarfs geisteswissenschaftlicher Fachrichtungen. Ergebnisbericht über die Arbeit an den Richtwerten und Methoden zur Bemessung des Flächenbedarfs in den Fachrichtungen Rechtswissenschaften, Wirtschafts- und Sozialwissenschaften, Disziplinen der Philosophischen Fakultäten, Theologische Wissenschaften, Stand: Mai 1968. = Beiträge zur Bedarfsbemessung wissenschaftlicher Hochschulen, Heft 15, Bd. I: Ergebnisse, Bd. II: Dokumentarischer Anhang. Hrsg.: Arbeitsgruppe Bedarfsbemessung wissenschaftlicher Hochschulen im Finanzministerium Baden-Württemberg und Zentralarchiv f. den Hochschulbau, Stuttgart 1968.

Flächenbedarfsberechnung für eine neue Universität. Beitrag zur Reformdiskussion der Pädagogischen Hochschulen in Nordrhein-Westfalen, durchgeführt von einer Arbeitsgruppe der HIS GmbH in Zusammenarbeit mit der Pädagogischen Hochschule Westfalen-Lippe. = HIS Brief 20 (Hochschulinformationssystem GmbH, Hannover, Prinzenstr. 12) 1972.

Information 18, hrsg. v. Zentralarchiv für Hochschulbau, 7000 Stuttgart 1, Ossietzkystraße 4, Jahrgang 4, Stuttgart, den 15. 11. 1971. Ergebnis der 1. bis 6. Tagung 1971 des Arbeitskreises Bedarfsplanung. (Enthält Planungsunterlagen für die Fachbereiche Rechtswissenschaft, Wirtschaftswissenschaften, Biologie und Chemie sowie methodische Grundlagen.)

Mitteilungen für Hochschulgeographen. Hrsg.: Verband deutscher Hochschulgeographen, 1, Frankfurt 1972.

Planungswerte für wissenschaftliche Hochschulen, Düsseldorf o. J.

SCHAFFER, F., 1972: Gewandelte Lernziele der Geographie und einige Aspekte für den wissenschaftlichen Nachwuchs. In: Deutscher Geographentag Erlangen—Nürnberg 1971, Tagungsbericht und wissenschaftl. Abhandlungen, S. 225 ff., Wiesbaden.

Wissenschaftsrat: Empfehlungen zur Struktur und zum Ausbau des Bildungswesens im Hochschulbereich nach 1970, Bd. 1: Empfehlungen, Bd. 2: Anlagen, Bd. 3: Statistische Unterlagen, vorgelegt im Oktober 1970.

Zweiter Rahmenplan für den Hochschulbau nach dem Hochschulbauförderungsgesetz. Vom Planungsausschuß für den Hochschulbau beschlossen am 7. Juli 1972. Textteil und Anhang.

Diskussion zum Vortrag Wolf

Prof. W. Fricke (Heidelberg)

Wir müssen Herrn WOLF dafür danken, daß er diese offenbar in ihrer Bedeutung von der Versammlung unterschätzte Fragestellung verfolgt hat. Durch zu niedrige Richtwerte werden die beengten Studienverhältnisse der meisten alten Institute fortgeschrieben, da die Finanzminister der Länder und Bundeskommissionen Institutsflächen bzw. Baumittel nach diesen Schlüssen genehmigen. Die genannten 4,5 m² pro Fall Geographiestudent im 1. Hauptfach — also nicht Kopf Hauptfachstudent — stehen im Gegensatz zu 16 m² für den gleichen Fall (Lehramtskandidat) Biologie, 24 m² Chemie und 25 m² empirische Geowissenschaften. Inzwischen wurden von der Arbeitsgruppe für Bedarfsbemessung Stuttgart zwar 6,5 m² pro Geographiestudentenfall errechnet und dazu dem Fach ein „Dienstleistungsfaktor" 1,5 zur Multiplikation der Fälle zugebilligt, er ist dennoch zu niedrig. Bei diesem ungewohnten Berechnungsmodus erscheinen mir 12 m² pro Fall als Untergrenze, um für die Lehr- und Forschungsfunktionen gerade ausreichende Institutsfläche zu bekommen. In Heidelberg gelang es mir als Mitglied der Bauplanungskommission, indem ich 1/3 des Studiums als experimentelle Geowissenschaft veranschlagte. Da unser Fach die eminente Bedeutung von Flächenrelation zu Bewohnern kennt, sollte der Geographentag die Forderung nach arbeitsgerechter Raumausstattung energisch unterstützen.

Prof. Dr. K. E. Fick (Frankfurt)
Die vom Kollegen WOLF durchgeführten Erhebungen sind ein Stück praktischer Grundlagenforschung. Wie der Herr Minister am Vormittag zu Recht betont hat, nehmen die Arbeiten der hauseigenen Planungsabteilungen bei Kultusministerien und Universitätsverwaltungen einen immer größeren Raum ein. Mit den Ergebnissen dieser Analysen und Entwicklungsprognosen werden die Fakultäten bzw. Fachbereiche konfrontiert, ohne daß sie vielfach in der Lage wären, zu den vorgelegten Zahlenwerten sachkundig und kritisch Stellung zu nehmen. Die dankenswerte Umfrage und fachgründliche Interpretation der eingeholten Werte erlaubt künftig, bei Verhandlungen mit den Ministerien auf realitätsnahes Zahlenmaterial zurückzugreifen und damit zumindest die raumtechnischen Arbeitsbedingungen der Geographen entscheidend zu verbessern. Hierzu wäre allerdings wohl eine weitere Aufbereitung der Grundzahlen nötig, eine kontinuierliche kritische Überprüfung und verfeinerte Durchgliederung.

Prof. Dr. H. Hagedorn (Aachen)
Das Problem des Raumbedarfs ist nicht nur ein statistisches Problem der Baukapazität usw., sondern berührt unmittelbar die Möglichkeit der Lehre, die bei noch so schönen Projektstudienplänen ohne entsprechende Raumausstattung unmöglich ist.

Dr. J. Härle (Wangen-Epplings)
Die Ausführungen von Herrn WOLF scheinen mir noch aus einem zweiten Grund recht bedeutsam, und zwar als wertvolle Unterstützung für die berechtigte Forderung nach einem speziellen Geographie-Fachraum in den Schulen, den es bisher nur sehr selten gibt.

Prof. Dr. K. Wolf (Frankfurt)
Abschließend darf ich für die Diskussionsbemerkungen danken und bin mit ihnen der Meinung, daß auch heute noch die hier vorgetragenen Ergebnisse zu wenig von den einzelnen Instituten beachtet werden, obwohl wissenschaftliches und didaktisches Arbeiten m. E. als Grundvoraussetzung neben einer genügenden Zahl von qualifizierten Mitarbeitern und ausreichenden Finanzmitteln auch eine gute Raumausstattung voraussetzt. Ich hoffe, daß dieser Beitrag dieses Problem etwas stärker ins allgemeine Bewußtsein gerückt hat.

PHYSISCH-GEOGRAPHISCHE LEHRINHALTE UND IHRE BEDEUTUNG FÜR DEN UNTERRICHT IN DER SEKUNDARSTUFE II

Mit 2 Abbildungen

Von G. Nagel und A. Semmel (Frankfurt a. M.)*

Worin liegt die didaktische Relevanz geomorphologischer Erkenntnisse vor dem Hintergrund der heute geltenden Bildungsziele und Curricula und was sind in diesem Zusammenhang verwertbare Ergebnisse?

Wenn Ganser diese Frage im Rundbrief 1973/2, 22, stellt, so gehen wir sicher nicht fehl in der Annahme, daß in der Formulierung der Frage auch zum Ausdruck gebracht werden soll, daß weder eine didaktische Relevanz noch verwertbare Ergebnisse vorhanden sind.

Die Beantwortung der gestellten Frage ist unserer Ansicht nach so nicht möglich, da Ganser nicht erkennen läßt, welche Bildungsziele er als gültig anerkennt. Es gibt aber heute weder ein allgemein anerkanntes Bildungsziel noch für alle Schulbereiche verbindliche Curricula. Aus der jüngsten Literatur und aus den Bildungsplänen der einzelnen Kultusministerien ließe sich ein ganzer Katalog von geltenden Bildungszielen aufstellen. In Hessen haben wir uns seit einiger Zeit mit dem Entwurf der Rahmenrichtlinien für die Sekundarstufe I auseinanderzusetzen. Das oberste Bildungs- und Lernziel dieser Rahmenrichtlinien ist „Die Befähigung zur Selbst- und Mitbestimmung".

Wenn wir das hier postulierte oberste Lernziel als für uns verbindlich anerkennen, dann ist auch die Aufgabe der Geographie in der Schulerdkunde innerhalb des Lernbereichs Gesellschaftslehre umschrieben.

Nehmen wir als Beispiel das Lernfeld „Öffentliche Aufgaben". Die Lösungsmöglichkeiten öffentlicher Aufgaben wie zum Beispiel Raumplanung und Maßnahmen zur Umweltgestaltung und Umweltschutz sind nicht nur von den sozio-ökonomischen Verhältnissen und den technischen Möglichkeiten einer Gesellschaft abhängig, sondern sie werden in allen Gesellschaftsformen auch durch die natürlichen Bedingungen wie Relief, Gestein, Boden, Klima, Vegetation und Wasserhaushalt bestimmt.

Wenn über diese Feststellung ein allgemeiner Konsens besteht, was unserer Ansicht nach unter Geographen gleich welcher Fachrichtung der Fall sein sollte, dann muß daraus für den Erdkundeunterricht folgende Schlußfolgerung gezogen werden: Die Organisation und die Durchführung bestimmter öffentlicher Aufgaben kann im Unterricht nicht befriedigend diskutiert werden, ohne daß die dynamischen Vorgänge in der Geosphäre und die Wechselbeziehungen zwischen Mensch und natürlicher Umwelt selbst zum Gegenstand des Unterrichts werden.

Eine Arbeitsgemeinschaft hessischer Geographen, die sich mit den Rahmenrichtlinien auseinandersetzt, hat im Zusammenhang damit das folgende Lernziel formuliert:

---

*) Der Vortrag wurde von G. Nagel gehalten.

„Der Schüler soll befähigt werden, den Raum als eine gesellschaftliche Konkretisierungsebene zu verstehen. Er soll dabei das Gefüge der raumbedingenden Naturfaktoren im Zusammenhang mit den Sozialfaktoren erkennen und bewerten können. Der Schüler soll beteiligt werden, die strukturverändernden Prozesse rational zu beurteilen und seine Möglichkeiten an der Gestaltung des Raumes zum Zwecke der Optimierung der Lebenschancen und der Umweltsicherung einzuschätzen und wahrzunehmen." Dieses Lernziel ist aber ohne Kenntnisse der naturräumlichen Faktoren und ihres Wirkungsgefüges sowie ihrer Wechselbeziehung zum Menschen nicht zu verwirklichen.

Danach zeigt sich die didaktische Relevanz der Physischen Geographie in der Schule in dem Maße, wie sie es versteht, die Geofaktoren in bezug zu dem den Raum gestaltenden Menschen zu setzen.

Aus vielen Forschungsbereichen der Physischen Geographie liegen hier bereits verwertbare Ergebnisse vor. Für die Bestimmung der Auswahlkriterien und für die Umsetzung der wissenschaftlichen Ergebnisse in die Schule ist allerdings mehr als bisher die Zusammenarbeit von Schule, Didaktik und Fachwissenschaft notwendig. Es kann nicht die Aufgabe der Fachwissenschaft sein und ist von ihr allein auch kaum zu leisten, bestimmte Problemkreise und Stoffgebiete didaktisch und methodisch so aufzuarbeiten, daß sie als Lehreinheiten von der Schule unmittelbar übernommen werden können.

Die Aufgabe der Physischen Geographie an der Hochschule ist es dazu, aus ihren Forschungsbereichen verwertbare Ergebnisse auszuwählen und entsprechende Materialien bereitzustellen, die neben und zusammen mit den Erkenntnissen aus der Sozialgeographie (der Geographie des Menschen — der Kulturgeographie) als Grundlage gesellschaftlicher Entscheidungsprozesse dienen können und die in der Schule dazu beitragen, in einem entsprechenden Lernzielzusammenhang die geforderten Qualifikationen (vgl. hierzu KREIBICH und HOFMANN, 1970), die sich aus dem allgemeinen oder übergeordneten Lernziel ergeben, zu vermitteln. Damit ist ein Auswahlkriterium auch für physisch-geographische Lehrinhalte gegeben.

Die Verwirklichung dieser Lernziele erfordert aber nicht nur die Auswahl geeigneter Lehrinhalte, sondern auch eine bestimmte Organisation des Unterrichts und die Einführung fachwissenschaftlicher Methoden und Arbeitsweisen. Im Bereich der Physischen Geographie bedeutet das, daß nicht nur die Topographische Karte und das Luftbild als Arbeitsmittel herangezogen, sondern auch die Geologische Karte, die Bodenkundlichen und Klimatologische Karten und nicht zuletzt auch die Arbeit im Gelände mit in den Unterricht eingegliedert werden.

B. KREIBICH und G. HOFMANN (1970, 7) haben unter der Überschrift „Fähigkeit der Auseinandersetzung mit den von der Natur gegebenen Möglichkeiten für den Menschen" eine Reihe von Qualifikationen aufgeführt, die der Schüler zum Teil nur am Objekt selbst, das heißt durch Beobachtung und Analyse der Geofaktoren und Auswertung der Geländefunde erwerben kann. Wenn die Physische Geographie bislang ihren Aufgaben in der Schule nicht voll gerecht werden konnte, so liegt das nicht nur an der Ausbildung der Lehrer, sondern zum Teil auch an der Organisation des Schulunterrichtes, die eine Geländearbeit außerhalb des Schulzimmers nicht erlaubte. So selbstverständlich, wie im Physik- und Chemieunterricht dem Schüler heute eine Laboreinrichtung zum Experimentieren zur Verfügung steht, so sollte auch der Geographielehrer die Feldarbeit in den Unterricht einbauen können.

Um die zukünftigen Geographie-Lehrer in den Stand zu setzen, entsprechende Unterrichtsveranstaltungen anzubieten, bilden in unserem Lehrangebot für Studierende der Geographie Themen, die die Wechselwirkungen zwischen dem Menschen und den naturräumlichen Faktoren aufzeigen, und die Arbeit im Gelände einen besonderen Schwerpunkt. Da sich nach unserer Kenntnis derzeit an den Schulen viele Lehrer nicht imstande sehen, Kurse mit entsprechenden Problemstellungen anzubieten, möchten wir hier einige Themenbeispiele geben und den Inhalt einiger unserer Lehrveranstaltungen umreißen, von denen wir meinen, daß sie in abgewandelter Form auch an Schulen abgehalten werden könnten. Vor allem müßte dieses für die Sekundarstufe II gelten. Denn wenn in den Klassen dieser Jahrgänge bereits laut Empfehlung der Kultusministerkonferenz eine wissenschaftsorientierte Ausbildung stattfinden soll, sind hier wohl am ehesten Inhalte von Hochschullehrveranstaltungen anzubieten. Im folgenden seien Themenbeispiele angeführt, die in Seminaren und Geländepraktika des Geographischen Institutes der Universität Frankfurt a. M. behandelt werden:

1. Rezente Reliefformung im Rhein-Main-Gebiet und ihre Bedeutung für den Umweltschutz
2. Relikte periglazialer Formungsvorgänge in den Mittelgebirgen und Tiefländern und ihre praktische Bedeutung
3. Die Bodenerosion als Folge natürlicher und quasinatürlicher Vorgänge und ihre Bedeutung für die Bodennutzung
4. Anthropogen bedingte Reliefformung und ihre landschaftsökologische Auswirkung
5. Ursachen und Folgen der Klimaänderung in den Stadtregionen. Maßnahmen zur Verbesserung des Stadtklimas und ihre Durchsetzbarkeit
6. Der Bodenwasserhaushalt als ökologischer Faktor in den verschiedenen Klimazonen

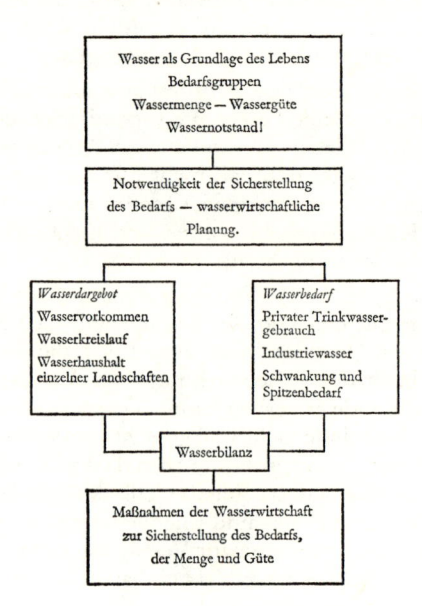

```
┌─────────────────────────────────┐
│  Wasser als Grundlage des Lebens │
│         Bedarfsgruppen           │
│    Wassermenge — Wassergüte      │
│        Wassernotstand!           │
└─────────────────────────────────┘
                 │
┌─────────────────────────────────┐
│  Notwendigkeit der Sicherstellung│
│  des Bedarfs — wasserwirtschaftliche│
│            Planung.              │
└─────────────────────────────────┘
         │                 │
┌──────────────────┐  ┌──────────────────┐
│ Wasserdargebot   │  │ Wasserbedarf     │
│ Wasservorkommen  │  │ Privater Trinkwasser-│
│ Wasserkreislauf  │  │ gebrauch         │
│ Wasserhaushalt   │  │ Industriewasser  │
│ einzelner Landschaften│ │ Schwankung und│
│                  │  │ Spitzenbedarf    │
└──────────────────┘  └──────────────────┘
              │     │
           ┌──────────┐
           │Wasserbilanz│
           └──────────┘
                 │
┌─────────────────────────────────┐
│  Maßnahmen der Wasserwirtschaft  │
│  zur Sicherstellung des Bedarfs, │
│      der Menge und Güte          │
└─────────────────────────────────┘
```

7. Auswertbarkeit topographischer und bodenkundlicher Karten für Planungsmaßnahmen
8. Wasserbedarf und Wasserdargebot als Grundlage wasserwirtschaftlicher Planung.

Die hier als Auswahl wiedergegebenen Themenbeispiele sind unserer Ansicht nach nicht nur geeignet, bestimmte Lernziele zu realisieren, sondern sie ermöglichen es auch, daß die hier implizierten Grundeinsichten, ausgehend von dem Situationsfeld des Schülers, in der näheren Umgebung des Schulortes im Gelände erfahrbar gemacht werden können. Besonders im Hinblick auf das Kurssystem der Sekundarstufe I und II sollten auch vom fachwissenschaftlichen Standpunkt aus die Stoffgebiete und Problemkreise bei der Auswahl bevorzugt werden, die es ermöglichen, daß der Schüler die entsprechenden Erkenntnisse und Fähigkeiten im Gelände selbst erarbeiten kann.

In unserem derzeitigen Studienplan werden im ersten Semester den Studierenden sowohl in Kulturgeographie als auch in Physischer Geographie zwei Einführungsvorlesungen angeboten, die mit Anfängerübungen gekoppelt sind. Im zweiten Semester schließt sich daran die „Einführung in das Gelände" an. Das Lernziel der letztgenannten Veranstaltung ist es, die wichtigsten naturräumlichen Faktoren eines Gebietes zu erfassen, ihre gegenseitigen Verknüpfungen sowie ihre Wechselbeziehungen zu menschlichen Nutzungsansprüchen zu erkennen und zu bewerten. Dabei wird zugleich in einfache physisch-geographische Arbeitsmethoden eingeführt.

Auf einen Kurs innerhalb der Sekundarstufe II übertragen, stellen wir uns den Ablauf wie folgt vor:
1. Schritt

In der Umgebung des Schulortes wird anhand der Topographischen Karte ein möglichst repräsentatives Profil ausgewählt, und von der Karte auf mm-Papier übertragen. Hier kann bereits eine erste Erörterung der Fragen einsetzen, wie die aus dem Profil abzulesenden unterschiedlichen Lagesituationen gegenüber bestimmten Nutzungsansprüchen bewertet werden können.

Ein Profil durch ein Mittelgebirgstal zeigt in der Regel folgende schematische Gliederung:

Hochflächen, steile Talhänge, terrassierte Talhänge-Terrassenflächen, Kanten und Stufen-Talaue mit Flußbett, Altlaufrinnen und Bodensenken. Jedes dieser Reliefglieder ist im Hinblick auf die unterschiedlichen Nutzungsarten in seiner Qualität anders zu bewerten. Eine optimale Nutzung kann aufgrund folgender ausgewählter Faktoren diskutiert werden:
1. Topographische Lage
2. Hangneigung
3. Exposition
4. Bodenaufbau, Bodenart, Bodengüte, Wasserversorgung
5. Geologischer Untergrund
6. Rezente bis subrezente Formungsvorgänge, z. B. Bodenerosion, Hangrutschungen.

Die Faktoren 1—3 können schon anhand des topographischen Profils diskutiert werden, wie die folgenden Beispiele zeigen sollen: Die Lage in der Talaue ist für Bebauung und Verkehrserschließung günstig wegen ihrer Ebenheit, andererseits oft benachteiligt durch Hochwassergefährdung. Die bevorzugte Lage an Hängen bringt für die Neuerschließung meist Schwierigkeiten wegen der großen Gefällsunterschiede mit sich (Straßen, Böschungen, Kanalisation). Günstiger zu bewerten sind in dieser Hinsicht in der Regel die häufig vorhandenen Terrassen oder Hochflächen. Des weiteren muß die Existenz von Altläufen beachtet werden, die schwierigen Baugrund darstellen und in denen sich wegen ihrer besonders tiefen Lage häufig Kaltluftseen bilden.

Der Überflutungsgefahr kann durch Kanalisierung und Rückhaltebecken begegnet werden. Es ist aber zu prüfen, inwieweit dabei etwa durch Grundwasserabsenkung nachhaltige Folgen entstehen (Verschlechterung von Auestandorten, Sackungsgefahr).

2. Schritt

Das aus der Karte gezeichnete Profil könnte durch eine Geländebegehung noch verfeinert und damit sein Informationsgehalt vergrößert werden. Durch eine derartige Kartierung könnten z. B. Ackerberge, Kanten, Stufen und flache Bodensenken, die oft aus den Karten nicht zu entnehmen sind, erfaßt werden. Damit kann auch eine Nutzungskartierung verbunden werden. Das Gelände bietet auch eine bessere Möglichkeit, die Fragen nach den Faktoren 4—6 zu stellen. Die Schüler selbst werden hier zu weiterführenden Fragen beitragen.

3. Schritt

Zur Lösung der angesprochenen Fragen muß das topographische Profil durch die Auswertung der Geologischen — und soweit vorhanden Hydrologischen und Bodenkundlichen Karte ergänzt werden.

Hier einige Beispiele zur Interpretation dieser Karten: Der Geologischen Karte kann man entnehmen, daß unter der Aue Kiese liegen, die meist als Baumaterial abgebaut werden und zugleich als nutzbarer Grundwasserspeicher dienen. In der Regel sind auf der TK Kiesgruben und Trinkwasserbohrungen eingetragen. Hier ist auf die Beeinträchtigung des Grundwassers durch den Kiesabbau hinzuweisen, vor allem auch dann, wenn aufgelassene Kiesgruben mit Müll verfüllt werden.

Der Bodenkarte läßt sich entnehmen, ob in der Aue Klimaxböden (Braunerden oder Parabraunerden) fehlen und damit Überflutungsgefahr besteht, möglicherweise auch nur bei sogenannten „Jahrhundert-Hochwässern" wie etwa 1970 im Main-Bereich. Auf den Hängen liegt häufig Löß oder lehmiger Solifluktionsschutt. Darunter befinden sich verschiedene Fest- oder Locker-Gesteine (Kies, Sande, Tone, Mergel). Es ist ihre Eignung als Baugrund, als Wasserspeicher etc. zu diskutieren, ebenso die Funktion der Lößdecke (schützt das Grundwasser vor Verunreinigungen, erhöht aber dessen Härte und erschwert die Grundwasserneubildung, ist Träger der besten land- und forstwirtschaftlichen Standorte, kann durch Bodenerosion leicht entfernt werden). Die durch Bodenerosion gefährdeten Flächen lassen sich auf der Bodenkarte leicht auskartieren.

4. Schritt

Die aus den Karten ermittelten Befunde müßten in bestimmten Abständen durch Geländeuntersuchungen ergänzt werden. Dabei ist auch besonders auf Fehler in der Kartendarstellung hinzuweisen. Nach unseren Erfahrungen gelingt es relativ leicht, Schüler für diese Fragestellungen zu motivieren und sie von der „gesellschaftlichen Relevanz" dieser Themen zu überzeugen. Vor allem die Ausflüge in das Gelände finden in der Regel große Zustimmung, und sehr oft ergeben sich dabei allein aus den von den Schülern aufgeworfenen Fragen weiterführende Diskussionen, die zur Vertiefung des Stoffes anregen.

Das hier angeführte schematische Standardprofil eines Tales läßt sich fast immer in der näheren Umgebung eines Schulortes finden. Das Profil kann mit Hilfe von 1-Meter-Bohrungen leicht aufgenommen und durch die Bodenkundliche bzw. Geologische Karte ergänzt werden. An derartigen Profilen sind sowohl die natürlichen als auch die anthropogen bedingten Formungsvorgänge — Kolluvium, Ackerberge, erodierte Böden — abzulesen.

5. Schritt

Um die räumliche Verknüpfung besser aufzeigen zu können, empfiehlt es sich, die an dem Profil erarbeiteten Erkenntnisse in einem größeren Landschaftsausschnitt zu überprüfen.

Der zweite Problemkreis, der hier näher beschrieben werden soll, stammt aus dem Bereich der Hydrogeographie. Im letzten Winterhalbjahr hatte G. NAGEL im Rahmen eines Lehrauftrages die Gelegenheit, einen 4stündigen Kurs in Physischer Geographie in der Sekundarstufe durchzuführen. Die Schulstunden waren in einem Block nachmittags zusammengefaßt, so daß einer Geländearbeit vom Organisatorischen her nichts im Wege stand.

Lernziele dieses Kurses:

Der Schüler soll erfahren, daß der Gebrauch und die Nutzung eines so lebensnotwendigen Allgemeingutes wie des Wassers gesetzlich geregelt werden und daß hier bestimmten Bedarfsgruppen und Bedarfsarten Priorität eingeräumt werden muß.

Er soll erkennen, daß die Bewirtschaftung und Planung des Wassers auf der Kenntnis des natürlichen Wasserdargebotes und des Wasserbedarfs aufbauen muß. Ausgehend von dem Wasserkreislauf soll der Schüler die wichtigsten Geofaktoren in ihrer Bedeutung für den Wasserhaushalt einer Landschaft kennenlernen. Er soll an konkreten Beispielen das Ausmaß der möglichen Einwirkung des Menschen auf den Wasserkreislauf sowohl in positiver als auch in negativer Hinsicht prüfen lernen.

Die notwendigen Materialien zu diesem Kurs konnten zum größten Teil aus der Vorlesung „Einführung in die Hydrogeographie", den zugehörigen Übungen und dem hydrologischen Geländepraktikum übernommen werden. Der Stoff wurde entsprechend der genannten Lernziele und den Bedürfnissen der Schule angepaßt strukturiert. In dem folgenden Schema ist die inhaltliche Bestimmung und die Strukturierung mit Schlagworten wiedergegeben.

In der hier gebotenen Kürze ist es leider nicht möglich, die einzelnen in sich mehr oder weniger abgeschlossenen Lehreinheiten, die durch die Blöcke im Schema dargestellt sind, ausführlicher zu beschreiben. Wir beschränken uns daher auf einige Erläuterungen zum Wasserdargebot.

Ausgangspunkt bildete der globale Wasserkreislauf, seine physikalischen und meteorologischen Bedingungen und seine Bedeutung für die ständige Erneuerung der Frischwasservorräte der Erde. Schlagwort: Wasserkreislauf als Kläranlage. Der Einfluß der Geofaktoren und des Menschen auf den Wasserkreislauf und den Wasserhaushalt einer Landschaft wurde weitgehend durch Exkursionen und einfache Feldarbeiten erarbeitet. Zur Nachbereitung der Feldarbeiten und zur Vertiefung der hier gewonnenen Erkenntnisse wurden klimatologische und gewässerkundliche Statistiken sowie fachwissenschaftliche Veröffentlichungen herangezogen.

Es wurden folgende Feldarbeiten durchgeführt:

1. Es wird ein möglichst repräsentatives Profil abgegangen und die Beobachtungen und Diskussionsergebnisse in einem Protokoll und einer schematischen Skizze festgehalten.

Der Wasserkreislauf
Verteilung und Bewegung des
Wassers in der Geosphäre
Meteorologische Vorgänge
Physikalische Bedingungen
Wasserhaushaltsbilanz N = A + V
Wasserkreislauf als „Kläranlage"

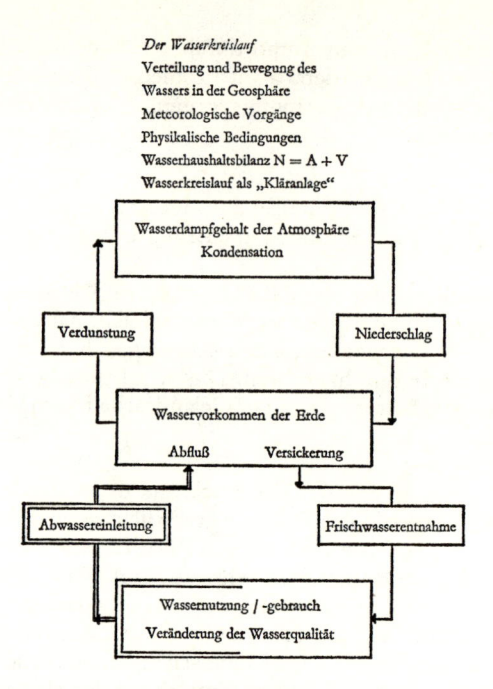

```
           ┌─────────────────────────────┐
           │ Wasserdampfgehalt der Atmosphäre │
           │      Kondensation           │
           └─────────────────────────────┘
        ↑                                   ↓
   ┌──────────┐                       ┌──────────────┐
   │Verdunstung│                       │ Niederschlag │
   └──────────┘                       └──────────────┘
        ↑                                   ↓
           ┌─────────────────────────────┐
           │  Wasservorkommen der Erde   │
           │     Abfluß    Versickerung  │
           └─────────────────────────────┘
        ↑                                   ↑
  ┌────────────────┐                 ┌────────────────────┐
  │Abwassereinleitung│                │Frischwasserentnahme│
  └────────────────┘                 └────────────────────┘
        ↑                                   ↓
           ┌─────────────────────────────┐
           │   Wassernutzung / -gebrauch  │
           │ Veränderung der Wasserqualität│
           └─────────────────────────────┘
```

Fragen, die zur Beobachtung anregen sollten:
Wo und in welcher Weise kann Wasser auf der Erde gespeichert werden?
Können Trockenstandorte und Naßstandorte aufgrund der Vegetation unterschieden werden (Talaue, feuchte Wiesen, Quellaustritte)?
Welchen Einfluß haben die unterschiedlichen Nutzungsarten Wald, Wiese, Ackerland und Bebauung auf die Versickerung und den Bodenwasserhaushalt?
In der Nachbereitung zu dieser Exkursion wird ein schematisches Modell entwickelt, das die einzelnen Speicherräume und die Bewegungsvorgänge in der Geosphäre zeigt. Anhand dieses Modells kann auch die Frage diskutiert werden, wie der Mensch durch eine Veränderung der Speicherräume und der Abflußvorgänge den Wasserhaushalt einer Landschaft beeinflussen kann.

2. Innerhalb des Profils werden an den unterschiedlichen Standorten Bodenprofile mit 1-Meter-Bohrungen aufgenommen und in verschiedenen Bodenhorizonten die Bodenfeuchte quantitativ bestimmt. Die Bestimmung der Bodenfeuchte diente als Indikator für den Einfluß des Reliefs, des Bodens, der Vegetation und der Bodennutzung auf die Versickerung — Grundwasserneubildung — und die Wasserspeicherung sowie für die Verdunstung an der Bodenoberfläche und die Transpiration der Pflanzen.
Die beiden Exkursionen sollten möglichst zweimal durchgeführt werden, und zwar einmal nach einer längeren Trockenwetterperiode und unmittelbar nach einem ergiebigen Niederschlag.

3. Abflußmessungen und Bestimmung des Sauerstoffdefizits zur hygienischen Beurteilung eines Fließgewässers und seiner Selbstreinigungskraft. Zur Ergänzung wäre

eine biologische Kartierung des Gewässers wünschenswert. Diese Feldarbeiten werden mit der Besichtigung einer Wasseraufbereitungsanlage und einer Kläranlage verbunden.

Zum Abschluß des Kurses wurde eine kleine Fallstudie ausgearbeitet, in der verschiedene Möglichkeiten wasserwirtschaftlicher Maßnahmen zur Sicherstellung des Wasserbedarfs in Menge und Güte gegenübergestellt wurden. Es handelte sich hier um die Wasserversorgung der Stadt Frankfurt und es lagen der Fallstudie auch die Ergebnisse der hydrologischen Untersuchungen im Testgebiet des Frankfurter Stadtwaldes zugrunde.

In dem Kurs wurden keine Schulerdkundebücher, sondern ausschließlich fachwissenschaftliche Aufsätze und Originalmaterial wie klimatologische und hydrologische Daten benutzt, die von den Schülern selbst aufbereitet und zum Teil in Diagramme umgesetzt wurden. Die Schüler haben sich aktiv an der Beschaffung von Informationsmaterial insbesondere über die Themen Wassernotstand, Wasserbedarf und Wasserwirtschaft mit großem Erfolg beteiligt. Hierzu gehörte auch die Beschaffung von Informationen über die Situation der Wasserversorgung und Abwasserbeseitigung in der eigenen Wohngemeinde. Gerade dieser Kurs hat auch gezeigt, daß die Geländearbeit zur Motivation des Schülers beiträgt.

Literatur

KREIBICH, BARBARA und GÜNTER HOFFMANN: 1970: Liste von Abschluß-Qualifikationen, die als übergeordnete Lernziele den Lehrplan strukturieren sollen (Stand Dezember 1970). — Beiheft Geographische Rundschau. 1. 1971 S. 63—68.

Diskussion zum Vortrag Nagel/Semmel

K. Schmidt (Wehrda)

Einwand: Physische Geographie kann nicht Selbstzweck sein. Problem des Oberstufenunterrichts ist es, den Unterricht zu „problematisieren". Die Probleme für den Schüler ergeben sich aus dem kultur-geographischen Bereich. Nicht die Frage „Wo ist ein Ackerberg, wo sind rezente Terrassen vorhanden?" ist für den Schüler eine motivationsgeladene Fragestellung. Die physische Geographie kann nur Hilfsfunktion und Einzelelement innerhalb einer übergeordneten kulturgeographischen Problematik sein.

Kritik: Der Redner gibt zu, keine Lernzielkontrolle in Erwägung gezogen zu haben. Jeder Kurs muß bei der Lernzielerstellung zugleich die Lernzielkontrolle mit ins Auge fassen. Die Evaluation des Unterrichtskurses ist damit unzureichend.

H. Carstens (Hamburg)

Frage: Wieviel Stunden wurden zur Durchführung der geschilderten Unterrichtseinheit benötigt?
Frage: Wie ist die Unterrichtseinheit im jetzigen Klassen-Schulsystem durchzuführen?

U. Branding (Pinneberg)

Wir müssen dem Referenten dankbar sein, daß er auf Sachzwänge hingewiesen hat. Aus politischen Gründen wollte man von diesen naturwissenschaftlich begründbaren Sachzwängen in letzter Zeit nichts mehr hören. Der Gedankengang des letzten Diskussionsredners ist dafür bezeichnend.

Prof. Dr. G. Nagel (Frankfurt)

Den Einwand von Herrn SCHMIDT muß ich zurückweisen, da hier weder gefordert wurde, daß die Physische Geographie um ihrer selbst willen in der Schule zu betreiben ist, noch wurde an irgendeiner

Stelle die Frage „Wo ist . . ." aufgeworfen. Die Probleme für den Schüler ergeben sich nicht aus *einem* Teilbereich der Geographie sondern aus seinem Situationsfeld. Übergeordnet ist nur das Lernziel.

Ich habe nicht gesagt, daß wir eine Lernzielkontrolle nicht in Erwägung gezogen hätten, sondern daß diese nicht durchgeführt wurde. Das hier vorgestellte Beispiel aus dem Bereich der Hydrogeographie ist meines Wissens der erste Versuch, in einer Zusammenarbeit von Hochschule und Schule einen naturwissenschaftlich ausgerichteten Problemkreis im Kurssystem der Oberstufe zu behandeln. Ein geeignetes Verfahren zur Lernzielkontrolle stand mir nicht zur Verfügung. Ich erhoffe hier die Mitarbeit der Fachdidaktik.

Zur Durchführung des Kurses standen wöchentlich 4 Stunden (Blockstunden) über das ganze Winterhalbjahr hin zur Verfügung. In einem Klassen-Schulsystem müßte die Durchführung des Unterrichts anders organisiert werden.

LERNTHEORETISCHE GRUNDLAGEN FÜR DIE KONSTRUKTION VON GEOGRAPHISCHEN CURRICULUM-EINHEITEN

Mit 3 Abbildungen

Von H. Schrettenbrunner (München)

Lerntheoretische Aspekte finden gegenwärtig Eingang in die Geographie einerseits bei einer sozialwissenschaftlich ausgerichteten Fachwissenschaft und andererseits bei einer quantitativ arbeitenden Fachdidaktik.

Bei der verhaltensanalytischen Fachwissenschaft werden Vorbilder aus dem angloamerikanischen Bereich der letzten eineinhalb Jahrzehnte übernommen, die Zusammenhänge zwischen Wahrnehmung, Interessenlage, vorgestelltem Bild der Wirklichkeit und Handlungsmustern im Raum aufgedeckt haben (1). Dabei handelt es sich um Untersuchungen, die unterschiedliche Wahrnehmung von Naturrisiken oder Naturkatastrophen durch einzelne Gruppen analysierten, seltener die Wahrnehmung und die mental maps von sozio-ökonomischen Räumen. Die Grundannahme besteht — vereinfachend formuliert — darin, daß der einzelne aufgrund der Lebenserfahrung in einem Raum — und das sind langsame Lernvorgänge — eine bestimmte Disposition für Handlungen zeigt, die dann wiederum typisch für viele Individuen ähnlicher Merkmalsausprägungen in diesem Raum sind. Dieser Forschungsansatz, der natürlich auch eine lange behavioristische Tradition miteinschließt, erscheint gegenwärtig deshalb besonders aktuell, weil die dem Verhalten zugrunde liegenden Lernprozesse relativ leicht gesteuert werden können. Der lerntheoretische Ansatz bedeutet also, daß nicht mehr nur eine geographische Bestandsaufnahme von Situationen erarbeitet, sondern auch der Zusammenhang erforscht werden kann, wie die Prozesse, die räumlich wirksam werden, teilweise auch gesteuert werden können (2).

Eben diese Steuerung von Lernprozessen ist nun auch ein Hauptforschungsgebiet der Fachdidaktik. Sie untersucht ja unter anderem, wie gezielte Informationseingabe in der Schule das Verhalten des Schülers verändert. Der Aspekt der Planung und Steuerung hat hier aber eine noch viel größere Bedeutung als im oben angedeuteten Falle. Lerntheoretische Grundlagen sollten demnach jedes Unterrichten bestimmen, wobei unter Lerntheorie hier Aussagen über systematische Zusammenhänge bei der Informationsverarbeitung in der Schule verstanden werden soll (3).

Eine solche Lerntheorie existiert jedoch nicht.

Aus Forderungen, die trotz dieses bekannten Mangels gleichzeitig an jeden in der Praxis arbeitenden Lehrer und alle Autoren von Unterrichtsmaterial gestellt werden müssen, weil eben lerntheoretische Grundlagen unentbehrliche Prämissen für das Unterrichten sind, resultiert die Problemstellung dieses Vortrags.

Gerade durch die seit mehreren Jahren laufende Curriculum-Diskussion unter Geographen ist eine Vielzahl von Problemen der theoretischen Fundierung aufgeworfen worden, die in den ersten Jahren unterschätzt wurden. Der Ansatz von Robinsohn schien bestechend, weil er eine Revision mit Hilfe von wissenschaftlichen Methoden postulierte und eine Vision einer curricularen Superwissenschaft anbot (4). Wie der Artikel von MEYER/OESTREICH aus der Geographischen Rundschau 1973/3 zeigt, sind die Differenzen zwischen den einzelnen Curriculumtheorien gerade nach dem Tode ROBINSOHNS viel schärfer formuliert worden, wobei das Fach Geographie nur einen konkreten Anlaß gab (5).

Nach einer Phase idealistischer, völlig verwissenschaftlicher Curriculumplanung, die nur langfristig konzipiert sein konnte, macht sich in den Disziplinen, die konkrete Arbeit in der Curriculumentwicklung geleistet haben, wie z. B. in der Geographie, eine beängstigend große Anzahl von ungelösten Problemen bemerkbar, deren Begründung auf mangelnde theoretische Absicherung und auf zu hoch gesteckte Erwartungen zurückgeht (6). Das beginnt bei dem Hauptaufgabenbereich der Didaktik, nämlich der Bestimmung von Lernzielen und Lerninhalten, einer Aufgabe, die trotz einer wissenschaftlichen Curriculumentwicklung nach wie vor eine politische ist. Das führt weiter zu den Schwierigkeiten, die mit der Festlegung und Zuordnung von Zielen und Inhalten sowie dem Aufbau von Lernzielmatrizen verbunden sind. Das betrifft genauso die fehlende Grundlage lerntheoretischer Art, wenn an die Konstruktion von Curriculum-Einheiten gegangen wird.

Die Zielsetzungen, die häufig mit einer Curriculumforschung verbunden wurden, sind zu umfassend und zu langfristig, als daß sie verwirklicht werden könnten. Sie reichen von politischen, gesellschaftlichen, fachlichen bis zu pädagogischen, psychologischen und schulorganisatorischen Zielen. Jeder, der konkrete Umsetzungsversuche in der Schule oder mit Unterrichtsmaterial vornimmt, muß dabei scheitern (7).

Obwohl von der Curriculumtheorie, innerhalb derer ja eine Lerntheorie zu beurteilen ist, keine eindeutigen Präferenzen formuliert werden können, erscheint doch in den letzten Jahren teilweise eine Aversion gegen alle diejenigen lerntheoretischen Ansätze, die mit einem größeren unterrichtstechnologischen Aufwand verbunden sind oder die quantifizierbare Überprüfungen von Lernzielen ermöglichen (8). Der programmierte Unterricht ist aus solchen Gründen ein gutes Beispiel, um die gegenwärtige lerntheoretische Situation aufzuzeigen.

Auch hier muß betont werden, daß es keinerlei einheitliche Lerntheorie gibt, wenngleich der Laie oftmals annimmt, daß sie in der Verhaltenspsychologie gesucht werden müßte, was sicherlich mit der weitverbreiteten Kenntnis von verhaltensanalytischen Untersuchungen mit Ratten und Tauben zusammenhängt. Eine solche theoretische Reduzierung ist jedoch falsch. Vielmehr sind theoretische Konzepte aus folgenden drei Bereichen entscheidend für die Grundlage einer quantitativ arbeitenden Unterrichtsforschung (9):

Lernpsychologie, Informationstheorie und Kybernetik.

Sieht man einmal davon ab, daß die Grundlagenforschung in jedem der drei Bereiche abgesicherte Ergebnisse in Miniaturfeldern liefert, die für die praktische Konstruktion von Curriculumeinheiten ohne Belang sind (z. B. Informationsgehalt eines Buchstabens, Kapazität des Kurzspeichergedächtnisses in bit/sec), so besteht doch eine ganze Reihe von thesenhaften Aussagen, die auch in praktischen Versuchen überprüft wurden. Aus der Lernpsychologie bestehen vor allem Aussagen über Prinzipien von Reaktionen auf Stimuli, von Verstärkung beim Lernvorgang, von Motivation und selbsttätiger Erarbeitung. Die Informationstheorie liefert Ergebnisse zum Informationsgehalt von Zeichen und stellt Beziehungen zwischen Redundanz und Speicherung im Gedächtnis auf. Aus der Kybernetik stammt das Grundprinzip des Regelkreises, das auf den Vorgang des Lernens angewendet wird.

Keiner dieser drei theoretischen Ansätze liefert ein umfassendes theoretisches System, alle tragen jedoch modellhafte Teilstücke bei. In den Einzelaussagen sind die Modelle für die Praxis brauchbar und bedeutungsvoll, wenn man gleichzeitig berücksichtigt, daß sie insgesamt auf dem einschränkenden Hintergrund des jeweiligen Betrachtungssystems stehen.

Geht man von dieser Analyse der lerntheoretischen Forschung aus, an der ein Fachdidaktiker kaum etwas wird ändern können, dann bietet sich parallel zur Situation in der Curriculumtheorie die fatale Reaktion an, jegliche unterrichtspraktische Tätigkeit einzustellen, da kein ausreichender theoretischer Hintergrund vorhanden ist.

Dagegen soll gestellt werden, daß Theorien, die ihren langfristigen Anspruch nicht auf mittel- und kurzfristige Schritte operationalisieren können, unbrauchbar sind. Bei den folgenden Beispielen wird die Auffassung vertreten, daß eine praxisnahe Curriculum-Entwicklung notwendig ist, die sich an mittelfristigen Curriculumzielen orientieren soll und ihre lerntheoretischen Prämissen klar angeben soll, um damit einen überprüfbaren Konstruktionsrahmen zu erhalten. Nur wenn diese Reduzierung des Anspruches akzeptiert wird, können heute Curriculum-Einheiten erstellt werden (10).

Als Grundprinzip für die folgenden Beispiele wird angenommen, daß sich Lernen in einem kybernetischen Regelkreis abspielt, der durch Analyse eines IST-Zustandes, durch Formulierung eines SOLL-Zustandes, durch Instrumentierung eines Informationsvorganges und durch jeweilige Überprüfungen gekennzeichnet ist. Der Proband ist dabei der Maßstab für die Beurteilung der Instrumentierung, während das Ziel als solches absolut gesetzt wird. Die Analyse einer Testfrage aus einem Kapitel „Stadtsanierung" für 12jährige soll dabei zeigen, in welchem Maße eine Versuchsanlage, die quantitativ ausgewertet werden kann, zur Revision der Curriculum-Einheit führt (11).

ITEM 12, FASSUNG 1

Aus welchen Gründen verschlechtert sich zunehmend die allgemeine Lage in einem heruntergekommenen Altstadtviertel? (Wähle eine der folgenden Antworten.)
1. Weil die Gebäude immer älter werden und kaum etwas zu ihrer Erneuerung getan wird.
2. Weil viele Betriebe ausziehen und meist nur rückständige Betriebe zurückbleiben, die wenig zur Modernisierung beitragen können.
3. Weil viele Einwohner, die sich eine bessere Wohnlage leisten können, das Altstadtviertel verlassen, untere Einkommensgruppen bleiben zurück.
4. Viele der Häuser und Grundstücke sind so klein, daß man mehrere zusammennehmen müßte, um ein modernes Gebäude zu erstellen.
5. Alle Aussagen (Nr. 1, 2, 3, 4) sind richtig.
6. Alle Aussagen (Nr. 1, 2, 3, 4) sind falsch.
7. Weiß nicht.

Diese Testfrage bezieht sich auf Lernziele, die der Curriculum-Einheit zugrunde liegen. Die Auswertung der Testergebnisse zeigt, daß gerade dieses Item Hinweise gibt, daß entweder die Frage nicht gut ist (also das Testinstrument versagt) oder daß die Lernziele nicht erreicht werden (also die Einheit nicht richtig angelegt ist). Als zwei Kriterien seien herausgegriffen: der Schwierigkeitsindex und die Trennschärfe (12). Der Schwierigkeitsindex von 30 im Vortest und von 30 im Nachtest gibt an, daß nur ein kleiner Teil der Schüler die Frage richtig beantwortet hat und daß kein Lernzuwachs (z. B. 3 auf 62 bei Item Nr. 5) eingetreten ist. Die negative Trennschärfe sagt aus, daß bei diesem Item die Schüler besser abgeschnitten haben, die im gesamten

Text schlechte Leistungen gezeigt haben, oder mit anderen Worten, daß die besseren Schüler vielleicht durch die Frage so verwirrt wurden, daß sie nicht die richtige Lösung gefunden haben.

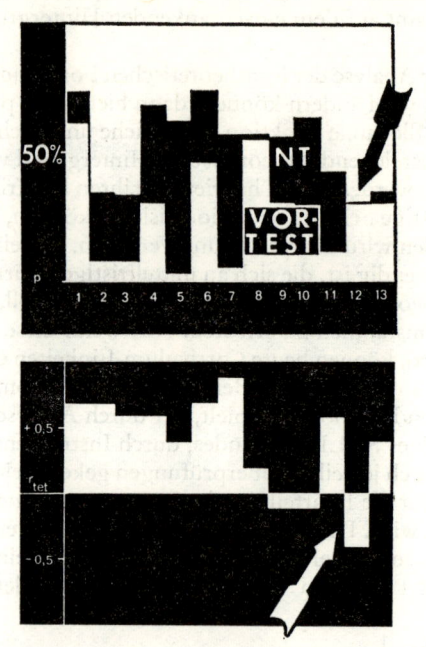

Abb. 1
Schwierigkeitsindex (P) der einzelner Testitems (oben).
Trennschärfe (r_{tet}) der einzelnen Testitems (unten).

Anhand dieses Items von schlechter Qualität soll gezeigt werden, welche Möglichkeiten der gewählte lerntheoretische Ansatz für eine Revision des Tests bietet. Betrachtet man die allgemeinen Aussagen, die in dem Item verborgen sind, und formalisiert man sie, um eine klare Aussage über die Struktur des Inhalts zu erreichen, dann lassen sich folgende Teile unterscheiden.
1. Der Prozeßablauf von Gebäuden allgemein zu Gebäuden mit Sanierungsmerkmalen, wobei als Prozeßerklärung aufgeführt wird, daß es sich dabei um Beziehungen zwischen Zeitablauf (t) und Investitionen (i) handelt.
2. Der Prozeßablauf von Betrieben allgemein zu solchen, die in einem Sanierungsgebiet zurückbleiben. Dabei wird auf Abhängigkeiten von der Wirtschafts- und Betriebsstruktur (w) und von Investitionen hingewiesen (i).
3. Im nächsten Teil wird dargestellt, wie durch Segregationsvorgänge, die vom Einkommen (i) gesteuert sein können, eine besondere Einwohnerzusammensetzung im Sanierungsgebiet (E_s) entsteht.
4. Schließlich werden Häuser und Gebäude im Sanierungsgebiet als Sonderfall definiert.
Der Schüler hätte nun aufgrund des Unterrichts erkennen müssen, daß alle diese Merkmale richtige Beschreibungen und Erklärungen für ein Sanierungsgebiet sind;

Deutscher Geographentag 1973, zur Abhandlung J. Blenck, Seite 317

Abkürzungen:

				Wohnkolonien		
Industrie	Rly	Railway Workshop (Eisenbahnreparatur-Werkstätte)		vor 1947	C 1	Railway-Colony (Eisenbahn)
					C 2	Police Lines (Polizei)
Civil Lines	R	Race Course (Pferderennbahn)			C 3	Sweeper Colony (Feger und Reiniger)
	P	Polo			C 4	State Bank Colony (Bankangestellte)
	G	Golf			C 5	Company Housing Colony (Werkssiedlung)
Cantonment	SE	Sadr-Bazar		nach 1947	C 6	University Colony (Universität)
	H	Hospital			C 7	Airport Colony (Flughafen)
	K	Kirche			C 8	Refugee Colony (Flüchtlinge)
	C	Club			C 9	Industrial Housing Colony (Staatl. Arbeiterwohnungen)
	L	Kino			C 10	Slum Clearance Colony (Slum Sanierung)
	WO	Wohngebiet Offiziere			C 11	Low-Income-Group-Housing (Niedrige Einkommensgruppen)
	I	Infanterie				
	A	Artillerie			C 12	Middle-Income-Group-Housing (Mittl. Einkommensgruppen)
	D	Lager, Depots				
	E	Exerzierplatz			C 13	Civil Servants (Mittl. Reg. Beamte)
	S	Schießplatz				
	F	Friedhof				Entwurf: J. Blenck
						Kartographie: P. Kamelski

er hätte die Möglichkeit Nr. 5 ankreuzen sollen. Da nachgeprüft werden kann, daß in anderen Items ohne Schwierigkeiten diese Antwortkategorie (alles ist richtig) gewählt wurde, läßt sich die Hypothese aufstellen, daß die geforderte Addition der Einzelformalismen zu schwierig für 12jährige ist. Die revidierte Fassung lautet deshalb in den folgenden Teilen 2, 3, 4 anders:

ITEM 12, FASSUNG 2
(Frage wie in Fassung 1)
1. Weil die Gebäude immer älter werden und kaum etwas zu ihrer Erneuerung getan wird.
2. Weil aus den immer schlechter werdenden Gebäuden viele Betriebe ausziehen und meist nur rückständige Handwerksbetriebe zurückbleiben. Diese können kaum etwas zu ihrer Modernisierung beitragen.
3. Weil aus den heruntergekommenen Gebäuden viele Einwohner ausziehen, die sich eine modernere Wohnung leisten können, untere Einkommensgruppen bleiben zurück.
4. Weil viele der alten Gebäude so klein sind, daß sich ein moderner Betrieb nicht ansiedeln kann.
(5, 6, 7 wie Fassung 1)

Die Darstellung der Formalismen zeigt nun, in welcher Form dieses Item verändert wurde, um die Addition zu erleichtern. Die einzelnen Aussagen wurden also so deutlich mit einander verbunden, daß der Schüler leichter als vorher die Zusammenhänge erkennen kann und damit zu einer Aussage über Bestimmungsmerkmale und Prozesse in einem Sanierungsgebiet kommen kann. So läßt also diese Testanordnung einerseits eine Korrektur der Konstruktionshypothese zu, daß ein 12jähriger völlig unverbundene Teilmengen in ein prozessuales Konzept einordnen kann (13), und bietet andererseits den Ansatzpunkt, quantitative Aussagen über Schwierigkeitsgrade zu machen.

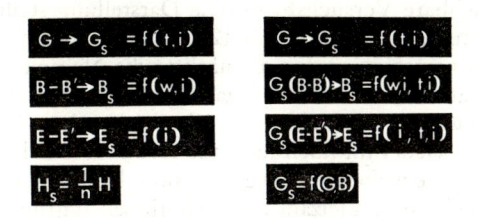

$$G \rightarrow G_s = f(t,i)$$
$$B - B' \rightarrow B_s = f(w,i)$$
$$E - E' \rightarrow E_s = f(i)$$
$$H_s = \frac{1}{n} H$$

$$G \rightarrow G_s = f(t,i)$$
$$G_s(B-B) \rightarrow B_s = f(w i, t,i)$$
$$G_s(E-E) \rightarrow E_s = f(i, t,i)$$
$$G_s = f(GB)$$

Abb. 2
Formalismen der Testfrage 12, Fassung 1 (links) und Fassung 2.
Abkürzungen:
G: Gebäude, B: Betrieb, E: Einwohner, H: Häuser und Grundstücke, s: Sanierungsgebiet, t: Zeitablauf, i: Investitionen, w: Wirtschafts- und Betriebsstruktur.

Das Ergebnis solcher Detailuntersuchungen muß es dann sein, raumwissenschaftliche Sachstrukturen so weit zu ermitteln und zu formalisieren, daß angegeben werden kann, welche Abfolge und welche Kombination zur Erreichung von Lern- und Inhaltszielen für einzelne Populationen optimal sind.

Wenn es darauf ankommt, einzelne Schritte so weit zu überprüfen, daß Aussagen über solche Strukturen gemacht werden können, dann ist der computerunterstützte

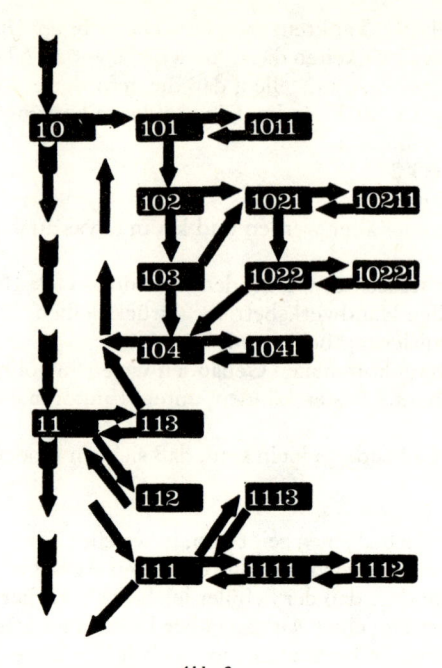

Abb. 3
Algorithmus des computergesteuerten Programms „DISTANZ".
(Quelle für alle Abb.: SCHRETTENBRUNNER H., 1973.)

Unterricht eine brauchbare Versuchsform. Die Darstellung stellt den Lehralgorithmus aus dem Programm „DISTANZ" für 12jährige dar. Wenn der Schüler die Aufgabe 10 richtig beantwortet, wird ihm als nächste die Nummer 11, dann die Nummer 12 angeboten. Hat er aber bei der Aufgabe 10 durch seine Antwort gezeigt, daß er z. B. Grundprinzipien des Maßstablesens nicht beherrscht, wird er zur Einheit 101 geleitet. Sollte er hier wiederum noch fehlende Kenntnisse haben, so besteht durch die Einheit 1011 noch eine weitere Verzweigungsmöglichkeit. Der Konstruktion dieses Algorithmus liegt also eine Vielzahl von Hypothesen zugrunde, die in diesem Fall für das Bewältigen der Aufgabe Nr. 10 mehrere Verzweigungsmöglichkeiten (insgesamt 10 Teile) vorsehen und diese als Voraussetzungen für die komplexere Aufgabe verstehen. Je nach der individuellen Reaktion des Schülers, die nicht nur im Eintippen von Lösungsnummern in das Schreibgerät, sondern auch im freien Formulieren von Antworten bestehen kann, wird der für ihn optimale Weg eingeschlagen. Das gleiche Programm kann also von Schülern mit unterschiedlichem Vorwissen benutzt werden, wobei sich die Anzahl der benötigten Lernschritte nach diesen Vorbedingungen richtet. Damit wird gleichzeitig eine Aussage möglich, wie Lernziele und Lerninhalte strukturiert werden sollen in Abhängigkeit von der jeweiligen Lernsituation des Schülers.

Sicherlich kann dieses Beispiel genau die beschränkte Aussage, die bei jedem der möglichen lerntheoretischen Ansätze in Kauf genommen werden muß, so weit veranschaulichen, daß einerseits die präzisen Ergebnisse eine Weiterarbeit ermöglichen, daß aber andererseits auch durch den kybernetischen Regelkreis keineswegs die Gesamtheit aller Vorgänge, die beim Lernen ablaufen, erfaßt wird. Eine lerntheoretische Ausrichtung an einzelnen modellhaften Beiträgen zu einer langfristig anzustrebenden, umfassenden Lerntheorie ist heute jedoch die einzige Möglichkeit, um Unterrichtseinheiten zu erstellen, die sich als operationalisierte Beiträge zu einer mittelfristigen Curriculum-Entwicklung verstehen.

Literatur

1. Für einen Überblick s.: GOLLEDGE, R. G. u. a.; Behavioural approaches in Geography: An overview; in: The Australian Geographer 1972, S. 59—79.
2. S. hierzu z. B.: RUHL, G.; Das Image von München als Faktor für den Zuzug; Münchner Geogr. Hefte 1971, Nr. 35.
3. Hierzu ausführlich: HILGARD, E. R. und BOWER, G. H.; Theorien des Lernens, Stuttgart 1971.
4. ROBINSOHN, S. B.; Bildungsreform als Revision des Curriculum; Neuwied 1969.
5. MEYER, H. L. und OESTREICH, H.; Anmerkungen zur Curriculumrevision Geographie; in: Geogr. Rundschau 1973, S. 94—103.
6. S. hierzu auch: BLANKERTZ, H. (Hrsg.), curriculumforschung — strategien, strukturierung, konstruktion: in: neue pädagogische bemühungen Nr. 46, Essen 1971.
7. Sehr deutlich mit dieser Vielfalt von Veränderungstendenzen setzt sich auseinander: WESTPHALEN, K.; Praxisnahe Curriculumentwicklung, Donauwörth 1972.
8. S. BECKER, E. und JUNGBLUT, G.; Strategien der Bildungsproduktion; Frankfurt 1972.
9. Ausführlich dazu: SCHRÖDER, H.; Lerntheorie und Programmierung; München 1971.
10. ACHTENHAGEN, F. und MEYER, H. (Hrsg.); Curriculum-Revision — Möglichkeiten und Grenzen, München 1971.
 GERBAULET, S. u. a.; Schulnahe Curriculumentwicklung, Stuttgart 1972.
11. Die folgenden Beispiele stammen aus:
 SCHRETTENBRUNNER, H.; Multimedien-Paket Stadtsanierung: in: Der Erdkundeunterricht, Nr. 17, 1973.
12. Nach LIENERT, G. A.; Testaufbau und Testanalyse, Weinheim 1967.
13. S. GAGNÉ, R. M.; Problem Solving; in: MELTON, A. M. (ed.); Categories of human learning, New York 1964, S. 312.

Diskussion zum Vortrag Schrettenbrunner

W. Bauer (München)

Es ist positiv zu vermerken, daß nur jene Stundenthemen realisiert werden sollen, die operationalisiert werden können. Andererseits hat der Referent keine Angabe darüber gemacht, ob die uns vorgeführte programmierte Unterweisung an einer konkreten Stadt oder an einem fiktiven Modell gebracht wird. Sollte letzteres zutreffen, muß darauf verwiesen werden, daß 11—12jährige (nach der Entwicklungspsychologie von OERTER) geistig überfordert werden, wenn sie sich in ihren Gedankengängen nicht auf Erfahrbares abstützen können.

B. Bleyer (München)

Ohne Pädagoge zu sein, erscheint mir die Vermittlung von Teilwissen fraglich. Das erste Problem ist, ob man dem Schüler nicht noch mehr Fakten bieten sollte (Bodenspekulation, Verfügung über Grund und Boden durch eine Minderheit). Weiter möchte ich fragen, wie die Schüler das angeeignete Wissen verarbeiten.

Prof. Dr. H. Haubrich (Freiburg)

Ich habe zwei Fragen an Sie zu stellen: Meine erste Frage bezieht sich auf den Inhalt des Frames, den Sie hier vorgestellt haben. Glauben Sie nicht auch, daß dieser vorwiegend deskriptiver Natur ist? Setzen Sie sich damit nicht dem Vorwurf aus, den Geographen immer wieder zu hören bekommen, unsere Arbeit beschränke sich vorwiegend auf die Deskription formaler Dinge. Warum haben Sie nicht ein Beispiel ausgewählt, das zu einer Stellungnahme bzw. Bewertung der sozialräumlichen Phänomene und Prozesse mehr motiviert?

Meine zweite Frage bezieht sich auf die Erstellung eines geographischen Curriculums. Sie bedauern das Fehlen einer allgemeingültigen Lerntheorie und leiten daraus ab, daß z. Zt. nur ein mittelfristiges Curriculum zu erstellen sei. Meinen Sie aber nicht auch, daß auch für die Entwicklung eines kurz- bis mittelfristigen Curriculums ein Konsens über Auswahlkriterien geschaffen und damit dessen Aufbau transparent gemacht werden muß? Oder führt die Resignation über die mangelnde Schützenhilfe der allgemeinen Curriculumforschung in unserem Falle dazu, daß „Geographie ist, was Geographen machen"? Ich möchte Sie bitten, einige Kriterien zur Erstellung eines mittelfristigen geographischen Curriculums vorzutragen.

Dr. J. L. Huisman (Oisterwyk)

Wie ist die Rolle der Technik (Computer, Monitor)? Fraglich ist, ob der Lehrer nicht vermißt wird, wenn der Schüler mit einem Apparat zu „leben" hat.

Prof. Dr. W. W. Puls (Hamburg)

Welche Schwierigkeiten sind bei der Curriculum-Arbeit aufgetreten? Können Sie nicht eine Reihe von Aufgaben für die nächste Periode der Curriculumsarbeit stellen, damit die Arbeit der nächsten Jahre nicht gar zu regellos vor sich geht?

U. Branding (Pinneberg)

Die Diskussionsredner haben das Thema umgebogen. Der Referent wollte ein Unterrichtsverfahren schildern und das Verfahren der Leistungsmessung. Die Diskussionsredner wollen, wie sie sagen, manche Dinge gar nicht im Unterricht bringen, wenn sie politischen Zielen widersprechen. Sie wollen den parteilichen Geographieunterricht.

Dr. J. Härle (Wangen-Epplings)

Auf eine Grenze von Tests der gezeigten Art, nämlich die Bedeutung der Formulierung, wurde schon hingewiesen. Eine zweite scheint mir noch bedeutsamer, sie betrifft das problematische Zurückdrängen des eigenen Nachdenkens, Begründens, Formulierens zugunsten bloßen Sich-Entscheidens zwischen schon vorgegebenen Möglichkeiten.

Dr. H. Schrettenbrunner (München)

Die auf den Inhalt der Unterrichtseinheiten ausgerichteten Diskussionsfragen zeigen, daß eine ausführlichere Information des Inhalts erwartet worden ist, während die Zielsetzung des Vortrages eine andere gewesen ist.

Im Medienpaket werden die Situationen von konkreten Städten dargestellt und auf ihre Erklärungszusammenhänge hin untersucht, wobei die allgemein übertragbaren Ergebnisse anschließend auch in einem Planspiel einer fiktiven Stadt angewendet werden sollten. Die Frage nach der Überforderung der Schüler soll nicht absolut gesetzt werden, sondern kann mit Testmethoden überprüft werden. Gerade dies ist eine der Zielsetzungen.

Das Problem der Vermittlung von Teilwissen ist sicherlich ein pädagogisches Anliegen, denn jede Informationsweitergabe im Unterricht muß sich auf Teile beschränken; wahrscheinlich wird aber mit der Frage die politische Ausrichtung des Inhalts gemeint.

Bei der Auswahl von einer einzigen Testfrage sollte nicht der Eindruck entstehen, daß die verwendete Methode nun global für alle Einheiten gelte. Aber auch die vorgestellte Testfrage verlangt vom Schüler, daß er die in den Einheiten erworbenen Kenntnisse über prozessuale Vorgänge als solche erkennt und richtig benennt.

Die möglichen Arbeitsweisen bei der gegenwärtigen curricularen Situation sind im ersten Teil des Vortrags dargelegt worden. Sie bestehen zum Beispiel in der Orientierung an der bereits veröffentlichten, bundesweiten Lernzieldiskussion im Fach Geographie und in der Offenlegung der jeweiligen Arbeitsprämissen, wobei Testanlagen zu einer teilweisen Abklärung der vorgenommenen Hypothesen führen. Es kann jedoch nur noch einmal betont werden, daß für die Auswahl von Lernzielen und Lerninhalten keine zwingenden Deduktionen oder wissenschaftlichen Methoden bestehen. Dies führt dann konsequenterweise auch dazu, daß die Mehrzahl der Diskussionsredner eben diesen politischen Aspekt der Auswahl ansprach.

Die Testmethoden und die Verwendung von Unterrichtsmaschinen bedeuten ohne Zweifel ein verändertes Lehrer-Schüler-Verhältnis; doch beschränken sich die Möglichkeiten des Schülers nicht nur auf das Auswählen von vorgefertigten Antworten, ebensowenig wie sich der Lehrer nur mehr als Aufsichtsperson verstehen sollte. Durch die sehr unterschiedlichen Methoden, die im Paket angewendet werden, ergeben sich vielfältige Interaktionsmöglichkeiten.

DIE GEOGRAPHIE IN DEN RAHMENLEHRPLÄNEN FÜR DEN LERNBEREICH GESELLSCHAFT/POLITIK DER GESAMTSCHULVERSUCHE IN NORDRHEIN-WESTFALEN

Von K. Engelhard (Münster)

In der Eröffnungssitzung hat Kultusminister v. Friedeburg den Aufforderungscharakter der hessischen Rahmenrichtlinien für die Sekundarstufe I herausgestellt und zu kritischer Stellungnahme und konstruktiver Mitarbeit an der Revision und Ausfüllung der Rahmenrichtlinien aufgerufen.

Den gleichen Aufforderungscharakter haben auch die „Rahmenlehrpläne für den 5. und 6. Jahrgang an den Gesamtschulen in Nordrhein-Westfalen." Sie legen über die Vorgabe der Lernziele und teilweise der Themenstichworte bereits auch den Rahmen für die Jahrgänge 7—10 fest. Der Lehrplan, der für sich in Anspruch nimmt, wissenschaftsorientiert ausgerichtet zu sein, wird ausdrücklich als dialogischer Lehrplan bezeichnet; damit wird seine grundsätzliche Offenheit für permanente, den gesellschaftlichen Veränderungen Rechnung tragende Revision bekundet.

Angesichts der Aktualität der Diskussion der Gesamtschullehrpläne und der Dringlichkeit, diese Lehrpläne so zu gestalten und auszubauen, daß sie zu einer wissenschaftlich abgesicherten und damit tragfähigen Basis der Gesamtschule werden, möchte ich die knappe, mir zur Verfügung stehende Redezeit dazu benutzen, nach einer kurzen Einführung in den Aufbau der Lehrpläne einige Kernfragen anzureißen, die den Stellenwert und die Möglichkeiten der Geographie im Rahmen des Lernbereichs Gesellschaft/Politik, der mit der Gesellschaftslehre in Hessen identisch ist, verdeutlichen.

Im Lernbereich Gesellschaft/Politik lehnen sich die nordrhein-westfälischen Rahmenlehrpläne nach Inhalt und Wortlaut eng an die hessischen Rahmenrichtlinien an.

Diese „Anlehnung an den hessischen Entwurf für die Konzeption des Lernbereiches G/P (in Hessen ‚Gesellschaftslehre') bedeutet unter anderem:
Grundsätzliche Entscheidung für Integration als Ziel; Orientierung der gesamten Lehrplanarbeit und ihrer Einzelbereiche an einer obersten Zielsetzung (Selbst- und Mitbestimmung); starke Betonung des engen Verhältnisses zwischen Lernzielen und Unterrichtsorganisation im weitesten Sinne; Gliederung des gesamten unterrichtspraktischen Inhaltsbereichs in vier Arbeitsbereiche (Sozialisation; Wirtschaft; Öffentliche Aufgaben; Internationale Konflikte und Friedenssicherung)" (S. III/IV).

Diese 4 Arbeitsbereiche werden als Gesichtspunkte genannt, unter denen Gesellschaft betrachtet werden kann.

Die aus Lernzielzusammenhängen abgeleiteten Lernziele und die in Form von Themenstichworten angegebenen Inhalte des Lernbereichs Gesellschaft/Politik werden diesen 4 Arbeitsbereichen zugeordnet und einer obersten Zielsetzung untergeordnet. Sie besteht für eine demokratische Gesellschaft in der Befähigung zur Selbst- und Mitbestimmung (S. 1).

Diese Zielsetzung wird methodisch auf 3 Ebenen entfaltet.
Selbst- und Mitbestimmung sollen erreicht werden:
a) durch Befähigung zum Erkennen der Grundstrukturen gesellschaftlicher Wirklichkeit,
b) durch Erlangen der Fähigkeit zu begründeter Stellungnahme, d. h. zu rationaler Beurteilung gesellschaftlicher Verhältnisse,
c) durch Qualifizierung „für strategisches und taktisches Handeln" (S. 3).

Im Unterricht erfolgt die Bewältigung dieser Aufgaben in Form von:
Projekten,
Fallanalysen,
Strukturanalysen
und Lehrgängen.

Aus Zeitgründen können Lehrplanprobleme, der Stellenwert der Geographie und Möglichkeiten ihrer Mitarbeit bei der Ausgestaltung und Revision der Lehrpläne nur in thesenhafter Form angesprochen werden.

These 1: So berechtigt aus politischer Sicht die pragmatische Ausrichtung des gesamten Lernbereichs, seiner fachspezifischen Aspekte, seiner Teillernziele, Inhalte und Unterrichtsentscheidungen auf die oberste Zielsetzung, den Schüler zur Selbst- und Mitbestimmung, zur Teilnahme an der produktiven Gestaltung gesellschaftlicher Realität zu befähigen, auch sein mag, die Rahmenlehrpläne sind damit in die Schwierigkeiten der Deduktionsproblematik jeder normativen Didaktik geraten (JEISMANN/ KOSTHORST 1973, S. 263). H. L. MEYER (1971, 1972, 1973) hat in verschiedenen Veröffentlichungen, auf H. BLAKERTZ (1969) fußend, überzeugend dargelegt, daß es schlüssige, kontrollierbare Verfahren und Instrumente zur Ableitung von Lernzielen aus übergeordneten Normen beim gegenwärtigen Stand der Forschung nicht gibt. Die vermeintliche Stringenz bei der Ableitung der Lernziele der Rahmenlehrpläne ist nur scheinbar. Die Teillernziele lassen sich nicht zwingend aus der obersten Norm ableiten, denn in Wirklichkeit „sind die didaktisch — methodischen Entscheidungsgründe durch viele Faktoren mitbedingt, die nicht aus Sinn-Normen wie sie als philosophisch explizierte Vernunftpostulate, als religiös-theologisch ausgelegte Offenbarungswahrheiten oder als Weltanschauungen mit politisch-gesellschaftlichen Zielen auftreten, ... abgeleitet werden können" (BLANKERTZ 1969, S. 19 f.).

Oberste Sinn-Normen sind sicher in allen didaktischen Konzeptionen enthalten; die Setzung von Lernzielen ist bei entsprechender Transparenz des Begründungs- und Bedingungszusammenhangs durchaus ein legitimes Mittel der Lehrplangestaltung. Anfechtbar wird dieser Weg aber dann, wenn Sinn-Normen unter Ausschaltung der übrigen Bedingungsfaktoren verabsolutiert werden (MEYER 1971, S. 108).

Der Anspruch der Wissenschaftsorientiertheit steht dazu im Widerspruch. Wenn es auch z. Zt. noch kein wissenschaftlich voll abgesichertes Verfahren der Curriculum-Entwicklung gibt, so muß doch angestrebt werden, den gegenwärtigen Stand der Curriculumforschung zu berücksichtigen.

Bei der Entwicklung der Rahmenlehrpläne ist primär der fächerübergreifende, auf Integration abzielende politische Ansatz vertreten worden. Der immer stärker in den Vordergrund rückende fachspezifische Ansatz ist — aus der politischen Zielsetzung verständlich — ausgeklammert worden. Um der Gefahr der Verabsolutierung einer Norm zu entgehen, bedarf es bei der Revision und Ausgestaltung der Lehrpläne einer gleichwertigen Einbeziehung des fachspezifischen Ansatzes, d. h. u. a. auch der Korrektivfunktion der Fächer und Fachwissenschaften. Hier liegt eine wichtige Aufgabe der Geographie. Sie hat in den zurückliegenden Jahren, ganz im Sinne der Rahmenlehrpläne, ihre Gegenstände unter gesellschaftspolitischen Gesichtspunkten neu geordnet und vermag von dieser neuen Position aus nicht allein als Korrektiv zu wirken, sondern den politischen Ansatz zu erweitern und fachlich zu unterbauen.

Es muß anerkannt werden, daß die Rahmenlehrpläne im Abschnitt „Geographischer Aspekt" die Möglichkeiten der Geographie durchaus sehen. Aussagen wie „Der Raum (wird) als Verfügungsraum sozialer Gruppen betrachtet." „Der geographische Raum ist in Funktion, Struktur, Genese und Dynamik als eine Gefügeeinheit gesellschaftlichen Handelns und Verhaltens zu definieren. Gegenstände seiner unterrichtlichen Betrachtung müssen so die Menschen in ihrer Raumgebundenheit, Mobilität, Dynamik und Genese in allen räumlichen Korrelationssystemen und Wirkungsfeldern sein;" (oder:) „Fachliche Grundbegrifflichkeit und Funktionalität müssen den Lehrplan bestimmen..." (S. 21 ff.), können sicher volle Zustimmung finden. Nur bleiben sie in der bisherigen unterrichtsbezogenen Ausfüllung des Lahrplanes noch weitgehend irrelevant. Spezifische Struktur-, Funktions- und Prozeßkategorien des Raumes, die unbezweifelbar gesellschaftliche Bezüge aufweisen, wie die geographische Lage, Landschaftsgürtel, vertikale und horizontale Funktionszusammenhänge — z. B. räumliche Ökosysteme —, Inwertsetzung und Umwertung von Räumen oder das Prinzip der Konsistenz raumrelevanter Entscheidungen, um nur einige zu nennen, werden vorwiegend sektoriell, nicht zentral gefragt. Das aber wäre notwendig, um den Raum als Verfügungsraum sozialer Gruppen sachgerecht beurteilen zu können. Es muß jedoch gleichzeitig darauf hingewiesen werden, daß der vorliegende Rahmenlehrplan alle Möglichkeiten zum Ausbau in dieser Richtung offen läßt. Das bei der Forschungsgruppe Gesamtschule an der PH Ruhr in Dortmund angelaufene Projekt „Intensivkurse Geographie" ist ein erster Schritt zur Realisierung dieser Aufgabe. Die im Rahmenlehrplan auftretende Diskrepanz zwischen dem Abschnitt „Geographischer Aspekt" und dem unterrichtspraktischen Teil läßt sich durch Bereitstellung entsprechender Arbeitsmaterialien, die die o. a. Aussagen erkenntnis- und handlungswirksam machen, in absehbarer Zeit beseitigen. Darüber hinaus sollte den Fächern ein konstitutives Mitwirken bei Grundsatzfragen zugestanden werden.

Schließlich sei auf die Notwendigkeit hingewiesen, das oberste Lernziel „Befähigung zur Selbst- und Mitbestimmung" klar zu definieren und damit die Möglichkeit zu ambivalenter und kontroverser Auslegung auszuschalten (JEISMANN/KOSTHORST 1973, S. 264).

These 2: Nach dem Wortlaut der Rahmenlehrpläne ist „Unterricht im Lernbereich Gesellschaft/Politik grundsätzlich auf Vollintegration ausgerichtet und auszurichten" (S. IV). Damit ist nicht allein die Aufhebung der seitherigen Selbständigkeit der Fächer gemeint, das kann hingenommen werden, wenn die für die Befähigung zur Selbst- und Mitbestimmung erforderlichen fachlichen Substanzen davon unberührt bleiben. Vollintegration schließt auch die Möglichkeit der Eliminierung jener fachspezifischen Teilbereiche ein, die der obersten Zielsetzung nicht unmittelbar entsprechen oder im Widerspruch zu ihr stehen. Aufgrund des Fehlens einer eindeutigen Interpretation des obersten Lernzieles besteht so zumindest die Gefahr subjektiver Willkür bei der Auswahl fachspezifischer Integrationselemente.

Daß infolge des Fehlens eindeutiger Definitionen Relativierungen von Begriffen möglich sind, zeigt bereits die Diskrepanz zwischen den volle Zustimmung findenden Aussagen des Abschnitts „Geographischer Aspekt" und dem unterrichtspraktischen Teil des Lehrplanes in bezug auf den Integrationsbegriff. Grundsätzlich ist die Einbeziehung der Geographie in den Lernbereich Gesellschaft/Politik als ein notwendiger Versuch zur Zusammenführung von einander korrespondierenden Fächern zu begrüßen. Es muß anerkannt werden, daß es vielfältige fächerübergreifende Bezüge gibt, die eine Integration nicht nur rechtfertigen, sondern fordern. Jedoch muß bei jedweder Integration gewährleistet bleiben, daß die Integrationsfaktoren in ihrer je fachspezifischen Substanz, d. h. in ihren Sachstrukturen gesehen werden und sich interdependent entfalten können. Vollintegration, deren Wesen in einer absoluten Unterordnung der Teile unter eine oberste Zielsetzung besteht und die jene fachspezifischen Elemente ausschließt, die damit nicht in Einklang stehen, führt — in diesem Zusammenhang sei nochmals auf das Deduktionsproblem verwiesen — in eine Sackgasse. Sie ist gleichzusetzen mit totaler Integration, die das Interaktions- und Spannungsfeld der integrierten Fächer und der ihnen zugehörigen Wissenschaften zerstört, weil sie ihre Entfaltungsmöglichkeiten beschneidet.

Deshalb stellt sich die Forderung nach einer didaktischen Konzeption des Lernbereichs Gesellschaft/Politik, die die fachliche Substanz als Integrationsfaktor voll anerkennt, die die Elemente ebenso bewertet wie das Ergebnis der Integration angestrebte Ganze. Befähigung zu verantwortlicher Selbst- und Mitbestimmung erfordert beides: sachliche/fachliche Kompetenz und politische Urteils-, Entscheidungs- und Handlungsfähigkeit. Die Rolle der geistigen Auseinandersetzung mit der wissenschaftlich-technischen Welt im weitesten Sinne zielt auf Sachkompetenz. Sie ist vorwiegend fachlich zu erwerben. Die politische Rolle als kritischer, mitbestimmender Bürger setzt Sach- bzw. Fachkompetenz in verschiedenen Bereichen voraus. Sie verlangt Integration fachlicher Erkenntnisse und Einsichten.

In bezug auf den Raum heißt das:
Wenn über den Raum als Aktionsfeld sozialer Gruppen politisch verantwortlich entschieden werden soll, muß er zuvor in seiner Struktur, in seinen Funktionen und in seiner Genese, im Hinblick auf zur Entscheidung gestellte Veränderungen analysiert und beurteilt werden. Das aber ist Aufgabe der dafür kompetenten Geographie. Mit seinem neuen Selbstverständnis ist unser Fach, um mit R. GEIPEL (1973) zu sprechen, eine „politikberatungsfähige", ja ich möchte überspitzt formulieren, eine „politikberatungsnotwendige" Disziplin. Nur durch die enge Verschränkung beider Kompetenzbereiche kann erreicht werden, daß Selbst- und Mitbestimmung nicht zu Leerformeln werden und Ideologien gegenüber immun bleiben. Auch für das Integrationsproblem bahnen sich mit dem Einbau fachspezifischer Kurse in den Lehrplan erste Lösungsmöglichkeiten an. Die schwierigste Aufgabe stellt dabei die wissenschaftlich begründete und die oberste Zielsetzung berücksichtigende Festlegung von Inhalt und Umfang der Kurse dar, eine Aufgabe, die eine enge Kooperation der im Lernbereich G/P integrierten Fächer erfordert und nur im Zusammenhang mit der Bestimmung und Erarbeitung der fächerübergreifenden Lehrplaninhalte gelöst werden kann.

These 3: Eine Reihe raumbezogener Lernziele basiert auf Voraussetzungen, die im Lehrplan selbst nicht geschaffen werden. Es bleibt offen, wie eine Reihe zum großen Teil sehr anspruchsvoller Lernziele ohne entsprechende, im Lehrplan nicht berücksichtigte Basisvoraussetzungen erreicht werden können. Wie z. B. soll der Schüler alternative Formen der Entwicklungshilfe beurteilen, ohne über die unterschiedlichen naturräumlichen und wirtschafts- und sozialräumlichen Strukturen von Entwicklungsländern informiert zu sein, ohne daß ihm z. B. die Funktion der geographischen Lage bewußt ist. Oder: Wie soll der Schüler beurteilen lernen, ob bei infrastrukturellen Maßnahmen gesamtgesellschaftliche oder partikulare Interessen sich durchsetzen, wenn er die Elemente und Funktionen von Infrastruktur nicht kennt? Wenn sektoriale geographische Erkenntnisse aus ihrem räumlichen Struktur- und Funktionszusammenhang beliebig herausgelöst werden, besteht ohne Kenntnis dieses Zusammenhangs die Gefahr der Oberflächlichkeit und Halbwisserei. Das aber kann keine Grundlage für die Entwicklung von Denk- und Urteilsfähigkeit sein, es untergräbt die Befähigung zur Selbst- und Mitbestimmung. Somit erwächst als eine vordringliche Aufgabe der Lehrplanausfüllung die Differenzierung von Richt- und Groblernzielen in für das Sachverständnis notwendige und aufeinander abgestimmte fachspezifische und fächerübergreifende Feinlernziele. Darüber hinaus erscheint es notwendig, ein Raster für Grundeinsichten im fachlichen wie im fächerübergreifenden Rahmen zu entwickeln, die für die Erlangung der Befähigung zur Selbst- und Mitbestimmung erforderlich sind.

These 4: Ein noch offenes Problem ist die unterrichtspraktische Realisierung der Integration. Nach dem Scheitern anderer Integrationsversuche — ich nenne nur die Gemeinschaftskunde — kommt es darauf an, aus den Erfahrungen und Fehlern der Vergangenheit Konsequenzen zu ziehen.
Sie liegen:
a) Im Bereich der Lehrerausbildung und -fortbildung. Ich nenne nur die Stichworte „Wahl sinnvoller Fächerkombinationen" und „Integrierte Studiengänge".
b) In einer inhaltlich, methodisch und organisatorisch sinnvollen Zuordnung fachspezifischer und integrativer Lernelemente. Projekte, Fallstudien, Strukturanalysen und Lehrgänge bieten den Rahmen dafür.
c) In der Erarbeitung und Bereitstellung lernziel- und sachadäquater Unterrichtsmaterialien.

These 5: Es besteht die Gefahr, daß die teilweise starke sprachliche Komprimierung des Lehrplans die Verständnisebene der Unterrichtspraxis verfehlt. Vor allem im Hinblick auf die große Zahl fachfremd eingesetzter Lehrkräfte wird dadurch die Realisierung des Lehrplans unnötig erschwert. Es stellt sich außerdem die Frage, ob angesichts von 3—4 Wochenstunden Unterrichtszeit für den gesamten Lernbereich G/P der anspruchsvolle Lernzielkatalog nicht eine Wunschvorstellung ist, die den Schüler überfordert. Unter diesem Aspekt empfiehlt sich eine Durchmusterung auf das unabdingbar Notwendige und das unterrichtszeitlich Mögliche hin.

These 6: Ein weiteres Problem ist die Aufgliederung des Lernbereichs in die 4 genannten Arbeitsbereiche. Sie gelten als Sektoren, die die Erfahrung von Gesellschaft strukturieren und sich deshalb für die Einordnung von Lernsituationen eignen. Demgegenüber wird die Systematik der Fachwissenschaften als ungeeignet für die didaktische Strukturierung erklärt. Im Gegensatz dazu stehen die Ergebnisse der Blankertz-Kommission für die Reform der Kollegstufe in NW (Kollegstufe NW, 1972), deren Arbeit die Kriterien der Wissenschaftsorientierung und der Kritik bestimmen (S. 25 ff.).

Es ist eine unbewiesene Behauptung, daß die 4 Arbeitsbereiche „Sozialisation", „Wirtschaft", „Öffentliche Aufgaben", „Internationale Konflikte und Friedenssicherung" Erfahrungsbereiche seien; sie sind im Grunde selbst Gegenstand von Wissenschaftsdisziplinen, „die das komplexe Erfahrungsfeld bereits abstrahieren: Sozialisationsforschung — Wirtschaftswissenschaften — und zwei Disziplinen der Politikwissenschaft; Innere Politik und Internationale Beziehungen" (JEISMANN/KOSTHORST 1973, S. 268). Die Begründung für diese Wahl, die nur einige Wissenschaften einbezieht, ist nicht überzeugend. Ob diese 4 Kategorien geeignet sind, den geographischen Raum als gesellschaftliches Aktionsfeld dem Schüler erfahrbar zu machen, bleibt dahingestellt. Sie tragen m. E. eher zur Zerschlagung jener fachspezifischen geographischen Kategorien bei, die für das Raumverständnis notwendig sind. Eine offene sachadäquate (wissenschaftsorientierte) Gliederung der Lernbereiche, wie sie F. JONAS (1973) fordert, wäre sicher angebrachter.

These 7: Das an den hessischen Rahmenrichtlinien besonders von F. JONAS (1973) kritisierte Defizit an geographischen Lerninhalten, die den Fernraum abdecken, trifft nicht für die nordrhein-westfälischen Rahmenlehrpläne zu. Der größte Teil der Lernziele des Arbeitsbereichs „Internationale Konflikte und Friedenssicherung" ist geradezu auf die Bearbeitung des „Fernraumes" zugeschnitten. In den Lernzielen kommt klar zum Ausdruck:

a) Daß die Erfahrung der Relativität der eigenen Wirklichkeit notwendig ist für Weltverständnis. Selbst- und Mitbestimmung sind ohne Weltverständnis in unserer Zeit enger wirtschaftlicher, kultureller und politischer Verflechtungen und intensiver Kommunikation zwischen den verschiedenen Teilen der Erde nicht denkbar.

b) Daß die Erfahrung des Fremden, Andersartigen als eine notwendige konstitutive Voraussetzung für das Verstehen der Einheit unserer Welt anerkannt wird.

Ich fasse zusammen:

Die Rahmenlehrpläne stellen einen zukunftsweisenden Neuansatz dar, der — zunächst als Diskussionsgrundlage gedacht — einer gründlichen Überprüfung und der weiteren Ausgestaltung bedarf. Von grundsätzlicher Bedeutung ist dabei die Ausweitung und Ergänzung des fächerübergreifenden politischen Ansatzes durch den fachspezifischen Ansatz und die befriedigende Lösung des Integrationsproblems sowohl im inhaltlichen wie im unterrichtspraktischen Bereich. Dazu kann die Geographie in ihrer gegenwärtigen Position einen substantiellen Beitrag leisten.

Literatur

BLANKERTZ, H.: Theorien und Modelle der Didaktik. München 1969.
FRIEDEBURG, L. v. u. R. GEIPEL: Der bildungs- und regionalpolitische Effekt von Universitätsneugründungen (Beispiel Kassel). Eröffnungsvortrag, Geographentag. Kassel 1973.
HENDINGER, H.: Lernzielorientierte Lehrpläne für die Geographie. In: Geogr. Rdsch. 1973, S. 85—93.
JEISMANN, K. E. u. E. KOSTHORST: Geschichte und Gesellschaftslehre. In: Geschichte in Wissenschaft und Unterricht 1973, S. 261—289.
JONAS, F.: Die Geographie in der Gesellschaftslehre. In: Geogr. Rdsch. 1973, S. 156—159.
MEYER, H. L.: Das ungelöste Deduktionsproblem in der Curriculumforschung. In: F. ACHTENHAGEN/H. L. MEYER: Curriculumrevision — Möglichkeiten und Grenzen. München 1971, S. 106—132.
— Einführung in die Curriculum-Methodologie. München 1972.
MEYER, H. L. u. H. OESTREICH: Anmerkungen zur Curriculumrevision. Geographie. In: Geogr. Rdsch. 1973, S. 94—103.
Der Kultusminister des Landes Nordrhein-Westfalen: Rahmenlehrpläne für den 5. und 6. Jahrgang an den Gesamtschulen in Nordrhein-Westfalen. Düsseldorf 1972.
Kultusministerium NW (Hrsg.): Kollegstufe NW. Strukturförderung im Bildungswesen des Landes Nordrhein-Westfalen. Ratingen, Kastellaun, Düsseldorf 1972.

Diskussion zum Vortrag Engelhard

Prof. Dr. R. Krüger (Oldenburg)

1. Herr ENGELHARD akzeptiert die überfachliche gesellschaftspolitische Fixierung eines Lernbereiches „Gesellschaftslehre". Hierbei ist er jedoch nicht bereit, einer Auswahl von Lernzielen und Gegenstandsbereichen zuzustimmen, die zwangsläufig zu einer funktionalen Unterordnung von Fachaspekten zur Qualifikationsrealisierung in übergeordneten Lernzielen führt. Deutlich abzulehnen ist eine Unterscheidung nach „Vollintegration" im Sinne des Lernbereiches „Gesellschaftslehre" und einer von ENGELHARD propagierten „Integration" nur von Teilbereichen der einzelnen Fächer, die alle die Lerninhalte eines immobilen alten Fächerkanons durchs Hintertürchen in den Unterricht einschleust, die nicht von den neu konstruierten Lernbereichen der Gesellschaftslehre betroffen werden. Entweder unterwirft sich die Geographie einer echten Integration zu neuen Lernfeldern mit den m. E. positiven Konsequenzen einer verstärkten Berücksichtigung raumwissenschaftlicher Curriculumbausteine. Sollte sie dazu nicht bereit sein, wird sie um den Preis ihrer vermeintlich fortdauernden Eigenständigkeit an Bedeutung für den Schulunterricht verlieren.
2. Die Meinung von Herrn ENGELHARD, ein integrativer Ansatz fächerübergreifender Zusammenarbeit könne zur Beharrung bestehender Lerninhalte führen, ist abzulehnen. Vielmehr bietet sich umgekehrt im interdisziplinären Zusammengehen zwischen Wissenschaft wie Schulfächern die Chance kontinuierlicher Curriculumsreform.

Prof. Dr. M. Schick (Traisa)

Es sollte ermöglicht werden, diesen Vortrag wegen seiner Aktualität vorab separat abzudrucken; er könnte dann den Landtagsabgeordneten der beiden betroffenen Bundesländer zur Verfügung gestellt werden, um ihnen als Entscheidungshilfe zu dienen.

Dr. G. Jannsen (Berlin)

Die Diskussion hat bisher zwei Dinge unzulässig vermischt, die beide mit dem Wort Integration bezeichnet werden, nämlich einerseits die Integration verschiedener Aussagenkomplexe in einem Lehr- und Lernkanon für die Schule und andererseits die Integration spezialisierter Fachwissenschaften. Während man sich über das erstere einigen kann und muß, enthält das zweite Probleme, die eine andere Basis für die Diskussion verlangen. Diese hätte mindestens historisch gebundene Sachstrukturen spezialisierter Wissenschaften zu berücksichtigen.

U. Klocke (Niederweimar)

Es ist richtig, daß fachspezifische Lernziele oder untergeordnete Lernziele nicht formal logisch aus übergeordneten Lernzielen deduziert werden können. Die untergeordneten Lernziele müssen aber aus den übergeordneten gerechtfertigt werden können. Eine Ableitung auf der Rechtfertigungsbasis ist möglich und notwendig.

Sie sagten sinngemäß, eine völlige oder totale Integration der fachspezifischen Teildisziplinen in das Fach Gesellschaftslehre sei nicht möglich. Ich bin im Gegenteil der Auffassung, daß diese völlige Integration im Fach Gesellschaftslehre unbedingt notwendig ist und daß das neue Fach nicht lediglich eine Kumulation der alten Fächer sein kann. Das Fach Gesellschaftslehre hat seinen eigenen Gegenstand, seine eigene Zielsetzung und seine eigene Methode. Es ist zu fordern, daß es auch zu einer eigenen wissenschaftlichen Disziplin an der Hochschule wird.

Der Versuch einer kumulativen Zusammenfassung von Geographie, politischer Wissenschaft und Geschichte im Fach Gesellschaftslehre bedeutet meiner Meinung nach nichts anderes als die alte Geographie, die sich arg in Bedrängnis — und wie ich meine mit Recht — befindet, in das neue Fach hinüberzuretten. Der Anspruch auf Sachkompetenz, der hier immer wieder betont wird, soll lediglich die Existenzangst der herkömmlichen Geographie verschleiern.

Prof. Dr. K. Engelhard (Münster)

1. Herr KRÜGER unterstellt mir, daß ich zu einer echten Fächerintegration in einem Lernbereich „Gesellschaftslehre" nicht bereit sei. Diese Unterstellung muß ich entschieden zurückweisen; ich habe

niemals die Eigenständigkeit der Fächer, an mehreren Stellen meines Vortrages aber ausdrücklich die Integration gefordert, allerdings nicht in einer unreflektierten Unterordnung unter ausschließlich im deduktiven Verfahren abgeleitete übergeordnete Lernziele. Ich vertrete vielmehr eine Integration, die bei voller Anerkennung des obersten Lernziels der Befähigung zur Selbst- und Mitbestimmung von den Elementen, d. h. fachspezifischen Substanzen mit ihren verschiedenen Sichtweisen von Gesellschaft und Raum und den unterschiedlichen fachwissenschaftlichen Methoden des Angehens getragen wird. Das bedeutet weder Erhaltung der Selbständigkeit der Fächer — darauf können wir getrost verzichten, wenn gesichert ist, daß zur Gestaltung gesellschaftlicher Realität notwendige fachspezifische Denk- und Arbeitsweisen, z. B. in fachgebundenen Kursen, Berücksichtigung finden — noch, wie Herr KRÜGER meint, ein Einschleusen aller jener Lerninhalte eines alten Fächerkanons durch die Hintertür, die für eine Integration bedeutungslos sind. Das gerade möchte ich ebenso unterbunden wissen wie willkürliche Eliminierung solcher fachspezifischer Elemente, die für die Realisierung übergreifender Lernziele bedeutsam sind. Deshalb müssen in einem revidierten Lehrplan des Lernbereichs Gesellschaft/Politik die Interdependenzen zwischen allgemeinen und fachspezifischen Lernzielen überzeugend aufgewiesen und hinreichend begründet werden.

Darüber hinaus bedarf es einer eindeutigen Absteckung und Begründung der zuzuordnenden Inhalte und Methoden und der Entwicklung von Modellen interdisziplinärer Zusammenarbeit. Es geht also um nichts anderes als um Ausfüllung vorhandener Leerstellen. M. E. können diese Probleme nicht befriedigend von allgemeinen Lernzielen allein her gelöst werden; als Korrektiv ist der Ansatz von den Fächern her ebenso notwendig, um zu einem befriedigenden Consensus zu gelangen. „Unterordnung" und „Unterwerfung" scheinen mir allerdings nicht die geeigneten Vokabeln zu sein, um das Wesen einer partnerschaftlich verstandenen Integration auszudrücken; sie betonen zu sehr den Aspekt der Passivität; „Einfügung", „Einordnung" dagegen tragen stärker das Kennzeichen der Aktivität.

2. Die Unterscheidung „Vollintegration — Integration" stammt nicht von mir, sie wird in den Rahmenlehrplänen vorgenommen; ich lehne sie als überflüssig und mißverständlich ab.
3. Mit seinem zweiten Diskussionspunkt bestätigt Herr KRÜGER nur meine Aussagen. Solange ein interdisziplinäres Zusammenwirken zwischen dem Lernbereich Gesellschaft/Politik und den darin integrierten Fachaspekten und -substanzen einerseits und den entsprechenden Fachwissenschaften andererseits gewährleistet ist, ist um eine kontinuierliche Weiterentwicklung des Curriculums nicht zu fürchten. Die Gefahr der Erstarrung ist nur dann gegeben, wenn durch eine Verdrängung fachspezifischer Denk- und Arbeitsweisen als Integrationssubstanzen das bestehende Spannungs- und Interaktionsfeld zerschlagen wird.

Ich stimme mit Herrn KLOCKE darin überein, daß sich untergeordnete Lernziele aus übergeordneten rechtfertigen lassen müssen. Das würde sich zwangsläufig aus der Korrektivfunktion des von mir geforderten doppelten Ansatzes — des deduktiven von obersten Setzungen her und des induktiven von fachspezifischen Elementen her ergeben.

Vollintegration im Sinne eines völligen „Unterbutterns" notwendiger fachspezifischer Elemente lehne ich ebenso ab wie eine bloße Addition von Fächern. Notwendige fachspezifische Lernelemente lassen sich in fachspezifischen Kursen erarbeiten. Sie sind erforderlich, um Sachkompetenz zu gewährleisten. Diese Elemente sind aber dann unabdingbare Integrationsbestandteile auf der übergeordneten politischen Urteils- und Entscheidungsebene. Fachspezifische Inhalte und Arbeitsweisen und Integration schließen sich also nicht aus, sondern bedingen sich wechselseitig. Politische Urteils- und Entscheidungsfähigkeit ohne Sachkompetenz ist m. E. eine höchst fragwürdige Angelegenheit und von den Lehrplanautoren auch nicht gewollt. Die Begriffe „Kumulation" und „Addition" sind von mir weder dem Inhalt noch der sprachlichen Form nach gebraucht worden. Sie werden von Gegnern einer auf fachlichen Elementen basierenden Integration nur zu gern aus Mangel an besseren Argumenten der anderen Seite unterstellt, um eine Angriffsbasis zu haben.

SOZIALGEOGRAPHIE IM SACHUNTERRICHT DER GRUNDSCHULE

Von E. Kross (Lüneburg)

1959 noch äußerte der Deutsche Ausschuß für das Erziehungs- und Bildungswesen die Überzeugung, daß die Grundschule „für die Erfüllung ihrer Aufgaben ... eine pädagogische Haltung und unterrichtliche Verfahren gewonnen (hat), die zwar der weiteren Ausgestaltung und Festigung, aber keiner grundsätzlichen Wandlung mehr bedürfen" (Rahmenplan 1961, S. 23).

In nur wenigen Jahren ist diese Gewißheit gründlich verlorengegangen. Lernforschung, Begabungsforschung und Sozialisationsforschung haben vor dem Hintergrund gewandelter gesellschaftspolitischer Zielvorstellungen die Lehrangebote und Lehrverfahren dieser Grundschule einer scharfen Kritik ausgesetzt (vgl. Neuhaus 1968). Die Heimatkunde, die nach z. T. noch gültigen Lehrplänen aus den fünfziger Jahren als das Zentralfach der Grundschule angesehen wurde (vgl. Höcker 1968; Horn 1970), ist besonders betroffen.

Die schärfste und in vieler Hinsicht fruchtbarste Kritik kam von außen. Die Vertreter der naturwissenschaftlich-technischen Disziplinen bedienten sich der kühnen Hypothese des amerikanischen Lernpsychologen Bruner (1963, S. 33), daß „jedes Fach in intellektuell redlicher Weise jedem Kind in jeder Stufe seiner Entwicklung wirksam vermittelt werden kann". Sie nahmen diese Hypothese als Rechtfertigung, um ihre als zu wissenschaftlich und zu abstrakt abqualifizierten Lerngegenstände in die Primarstufe einzuführen, in der sie bisher praktisch nicht vertreten waren. Auf Bruner (1963, S. 24 f.) berufen sie sich, wenn sie grundlegende naturwissenschaftliche Konzepte oder Strukturen für den Aufbau fachspezifischer Lehrgänge verwenden.

Ihre Forderung lautet: Ablösung des heimatkundlichen Gesamtunterrichts durch einen gefächerten Sachunterricht. Von den Rahmenrichtlinien in Nordrhein-Westfalen (*Richtlinien* 1969) und Bayern (*Lehrplan* 1971) wird sie auch akzeptiert. In beiden sind u. a. fachgeographische Lernziele und Unterrichtseinheiten gesondert ausgewiesen.

Während die Geographie in der Sekundarstufe, vor allem in der Orientierungsstufe, ihre Selbständigkeit mehr und mehr verliert und in den verschiedensten Formen mit anderen Fächern kooperieren muß, schien sich in der Primarstufe ein Schonraum aufzutun — doch nicht lange.

Die Grundschule wird immer weniger als abgeschirmter Teil unseres Schulwesens mit eigenständiger Zielsetzung verstanden. Sie dient auch nicht ausschließlich der Vorbereitung auf spätere Schulstufen, wie gerade diese neuen naturwissenschaftlichen Lehrgänge befürchten lassen (etwa Spreckelsen 1971). Die Primarstufe orientiert sich wie alle anderen Stufen an den allgemeinen Erziehungszielen der Schule. Auch in der Primarstufe müssen qualifizierende Lernprozesse angestrebt werden. Anders als in einer Pädagogik „vom Kinde" aus kann heute die Grundschule nicht darauf beschränkt bleiben, die vorhandenen Lernerfahrungen der Schüler aufzubereiten.

Sie wird die Schüler zukünftig stärker mit den Lernerfordernissen der Gesellschaft konfrontieren müssen.

Durch gezielte Unterrichtsprozesse wird eine aktive Erforschung der Umwelt eingeleitet, die den Schülern Qualifikationen für die Auseinandersetzung mit der Lebenswirklichkeit außerhalb der Schule vermitteln soll. Der Unterricht hat realistische Lern- und Anwendungssituationen bereitzustellen. Die Reutlinger CIEL-Gruppe fordert sogar (z. B. HILLER-KETTERER 1972), die vielschichtige Realität, die der Schüler durch gezielte Anschauung zumeist in eindimensionaler, sehr individueller Weise erlebt, im Unterricht so zu zerlegen und neu zu rekonstruieren, daß unterschiedliche Perspektiven unserer pluralistischen Gesellschaft offenbar werden.

Doch nicht allein der Aspekt ist neu. Die Umwelt der Schüler hat sich in den letzten Jahren so radikal gewandelt, daß die aus der heilen Welt des traditionellen Heimatkundeunterrichts stammenden Inhalte unglaubwürdig geworden sind. Neue Inhalte konfrontieren den Schüler mit den Konflikten und Problemen unserer technisierten, verwalteten, von ökonomischem Denken bestimmten Welt. Daß dabei höhere Lernanforderungen an das Kind gestellt werden, ist kein Nachteil. Im Gegenteil — man kommt dem starken, erst neu entdeckten Lernbedürfnis der Kinder entgegen. Die Lernforschung hat gezeigt, daß Lernanreize zur Förderung der Intelligenz notwendig sind.

Die Lebensumwelt der Schüler hat eine individuelle, eine sachliche und eine gesellschaftliche Dimension. Bei der didaktischen Aufbereitung werden je nach Schulstufe unterschiedliche Akzente gesetzt. Die Primarstufe geht von Anfang an stärker von individuellen und gesellschaftlichen Gesichtspunkten aus. Der Gegenstand, um den man sich bemüht und der häufig irreführend als „Sache" bezeichnet wird, ist noch in umfassende Sinnzusammenhänge eingebettet. Mit Hilfe des Sachunterrichts können erst im Laufe der Grundschulzeit fachliche Aspekte isoliert und in das Blickfeld der Schüler gehoben werden.

Eine grobe Untergliederung der Lernstoffe nach Lernbereichen — nicht nach Fächern — kommt dieser Auffassung entgegen. Für die Unterscheidung der Lernbereiche sind unterschiedliche Situationen des Menschen wesentlich. Ein Lernbereich wird sich mit dem Standort des Menschen und dessen Handeln im Raum befassen. Er hat dabei nicht von Fachvorstellungen auszugehen, sondern von Situationen des Menschen im Raum. Der Name „Geographie" würde eine vorzeitige Festlegung auf ein enges Ordnungsschema bedeuten und die mögliche Spannweite der Intentionen einengen.

Für den Grundschüler ist der Raum in der Vielfalt seiner Erscheinungsformen nicht an sich, sondern als Schauplatz menschlichen Handelns — als ein Aktionsfeld — erlebnisträchtig und relevant. Der Grundschüler hat — auch im übertragenen Sinne — seinen Standort im Raum erst zu bestimmen. Er hat Orientierungsmethoden zu entwickeln, und er hat sich mit den räumlichen Auswirkungen auseinanderzusetzen, die sein Handeln sowie das Handeln menschlicher Gruppen, in die er eingebunden ist, hervorrufen. Eine sozialgeographische Betrachtungsweise (RUPPERT/SCHAFFER 1969) kommt diesem Anliegen am weitesten entgegen. Sie dürfte selbst in der Lage sein, geoökologische Gesichtspunkte zu integrieren (vgl. NEEF 1969).

Der Bezug zwischen Erscheinungen im Raum und sozialen Gruppen als deren Trägern muß deutlich erkennbar hergestellt werden. Gerade dadurch entsteht für die Grundschüler eine Lernmotivation.

Zur Erläuterung dieser Überlegungen möchte ich den Lehrgang „Einkaufen auf dem Wochenmarkt" vorstellen, der vom BEVENSER ARBEITSKREIS für eine 4. Klasse entworfen und erprobt wurde.[1]

Im alten Heimatkundeunterricht wurde das kindliche Interesse während eines Marktbesuchs auf das bunte Leben, das Gedränge der Käufer, die Vielfalt der ausgestellten Waren, die lebhaften Kaufverhandlungen gelenkt. Die Unterrichtsintentionen waren schlicht. Sie beschränkten sich zumeist auf die begriffliche Klärung physiognomisch-erlebnishafter Eindrücke. Die Namen der Marktwaren boten darüber hinaus Anknüpfungspunkte für den muttersprachlichen Unterricht (etwa FIKENSCHER/RÜGER/WEIGAND 1963, S. 128—130).

Wir gehen zwar ebenfalls davon aus, daß sich der Wochenmarkt erst im Erlebnis voll erschließt. Wir arbeiten aber nicht nur das Erlebnis auf, sondern fragen nach den größeren Sach- und Sinnzusammenhängen. Wir untersuchen am Beispiel des Wochenmarktes Versorgungsbedingungen und Konsumbedürfnisse. Es geht um zwei Hauptfragen: „Kann man aus dem Geschehen auf dem Wochenmarkt auf Versorgungsbedingungen und Konsumbedürfnisse menschlicher Gruppen schließen?" Wenn ja: „Wie sehen diese Versorgungsbedingungen und Konsumbedürfnisse aus?"

Um die Schüler von Anfang an für eine solche Fragestellung zu interessieren, haben wir einen Film vom Wochenmarkt gedreht und diesen Film als Einstieg benutzt. Der Film zeigt Käufer, Marktstände, Warenangebote und Kaufverhandlungen. Er soll als Gesprächsanlaß dienen und dazu beitragen, das Vorwissen zu aktivieren, zu klären und zu ordnen. Das ist die entscheidende Voraussetzung für den zweiten Schritt des Unterrichts, die Vorbereitung für die Erkundung eines Wochenmarktes.

Die Schüler sind jetzt ohne weiteres in der Lage, ihre Erwartungen, die sie mit dem beabsichtigten Besuch des Wochenmarktes verbinden, so zu konkretisieren, daß sie detaillierte Arbeitsaufträge für eine Erkundung vorschlagen können. Es soll ein Überblick über Art, Zahl und Verteilung der Stände gewonnen werden, die Herkunft der Marktbeschicker sowie einzelner Waren muß erfaßt, Preisunterschiede bei Produkten müssen festgestellt und Werbemaßnahmen von Händlern beobachtet werden.

Damit die unmittelbare Anschauung für die Schüler bereichernd wirken kann, müssen Kategorien erarbeitet werden, die transferierbar sind. Deshalb folgt auf die Erkundung als vierter Unterrichtsschritt eine sorgfältige Auswertung des gesammelten Materials. Die Stände werden typisiert, der Marktaufbau rekonstruiert, der Händlereinzugsbereich dargestellt, die Preisbildung erklärt, das Käufer- und Verkäuferverhalten charakterisiert. Damit wäre die Momentaufnahme abgeschlossen.

Doch kein Wochenmarkt ist wie der andere. In Hinblick auf die sozialgeographische Zielsetzung sind weitere Verallgemeinerungen notwendig. Das einmalige Erlebnis des Marktbesuches wird in einem letzten Unterrichtsschritt ausgeweitet. Die Schüler spielen unter Veränderung einzelner Faktoren das Einkaufsgeschehen auf dem Wochenmarkt im Klassenzimmer nach. Abschließend werden sie mit einem fremdländischen Beispiel konfrontiert, in unserem Falle mit einem Indianermarkt in der Sierra Perus.[2]

---

[1] Der *Bevenser Arbeitskreis* wurde von Herrn G. PIDD, Altenmedingen, und vom Verfasser geleitet. An der Ausarbeitung und Erprobung dieses Lehrgangs haben mitgewirkt: M. KNÜDEL, H. KRAMER, B. KRACK, I. SCHNEIDER, U. SCHMIDT, B. SCHWIERSKE und U. SCHWIERSKE.

[2] Dieser Gegensatz wurde anhand von zwei Dias verdeutlicht.

Dieser für den Heimatkundeunterricht ungewöhnliche Sprung auf einen fernen Kontinent ist vom gewählten thematischen Ansatz her völlig natürlich. Er dient selbstverständlich nicht als Einstieg in eine nähere Betrachtung Perus. Hier geht es nur um die fundamentale, transferierbare Einsicht, daß aus dem regional unterschiedlichen Erscheinungsbild vom Wochenmarkt Rückschlüsse auf unterschiedliche Versorgungsbedingungen und Konsumbedürfnisse menschlicher Gruppen — etwa in einem Industrieland und in einem Entwicklungsland — möglich sind. Der Kontrast soll vor allem die eigene Situation verdeutlichen.

Das Ziel des Lehrgangs kann von den Schülern nur dann erreicht werden, wenn sie bestimmte Fertigkeiten für den Umgang mit dem Material beherrschen und anwenden. Im Zusammenhang mit dem Lehrgang wird eine Fülle geographischer Arbeitsmittel und Arbeitstechniken eingeübt. Ich nenne in chronologischer Reihenfolge: Interpretation eines Films, Aufstellen und Ausfüllen von Erkundungsbögen, dabei Schulung von Formen der Beobachtung und der Befragung, Typisierung der Stände, Darstellung ihrer Anordnung durch Symbole in einem Grundriß, Darstellung ihrer Anzahl in einem Säulendiagramm, Darstellung von Preisbewegungen bei einzelnen Produkten im Kurvendiagramm, kartographische Erfassung des Händlereinzugsbereichs, Interpretation dieses Einzugsbereiches, Interpretation von Dias eines Indianermarktes, Auswertung eines Grundrisses von einem Indianermarkt, Vergleich des heimischen und des fremden Wochenmarktes[3].

Der Unterricht versucht, das gesammelte Material zu klassifizieren, zu interpretieren und zu bewerten. Er bemüht sich dabei um wissenschaftliche Erkenntnishaltung (Genauigkeit, Vorsicht vor voreiligen Schlußfolgerungen, logische Argumentation). Im Grunde durchläuft er auch die Phasen, die ein wissenschaftliches Projekt kennzeichnen (Problemstellung, Formulierung einer Arbeitshypothese, Materialsammlung und -auswertung, Überprüfung der Arbeitshypothese). Man kann geradezu von einer Wissenschaftsorientierung sprechen. Wissenschaftsorientierung bezieht sich in diesem Sinne nicht so sehr auf die Erarbeitung von Fachbegriffen als auf die Schulung von Methoden und den Einsatz dieser Methoden zur Lösung anstehender Probleme. Arbeitsmittel und Arbeitstechniken sollen als Hilfe bei der Auseinandersetzung mit der Umwelt erfahren werden.

Die Arbeitsmittel und Arbeitsverfahren besitzen nach unserer Auffassung im sozialgeographischen Unterricht einen besonderen Stellenwert. Sie werden nicht umfassend wie bisher in speziellen Kursen eingeübt, sondern selektiv zur Lösung einer Aufgabe. Innerhalb eines Lehrgangs sehen die Schüler den Sinn und die Notwendigkeit solcher Fertigkeiten ohne weiteres ein und lassen sich leicht motivieren.

Man braucht dabei keineswegs auf die Einübung in komplexere Arbeitsmittel und -techniken zu verzichten. Wir haben sie in aufeinander abgestimmten Lehrgängen zu erreichen versucht. Dazu ein Beispiel:

In der 4. Klasse kann man erwarten, daß die Schüler einen einfachen Fragebogen mit drei bis vier Fragen — etwa zur Erkundung des Einzugsbereiches eines Warenhauses — erarbeiten, einsetzen und auswerten. Diese Leistung setzt detaillierte Vorkenntnisse voraus, die in vorhergehenden Klassen eingeübt wurden. Bereits in der 1. oder 2. Klasse müssen die Schüler einfache Fragen nach dem richtigen Weg, dem Standort von Waren im Laden oder dem von Objekten im Raum stellen können. In der 3. Klasse müssen sie Verkäufer nach dem Warensortiment in ihrem Laden befra-

---

[3] Von diesen Arbeitstechniken wurden vier mit Hilfe von Schülerzeichnungen näher erläutert.

gen können sowie die Versorgungsmöglichkeiten ihrer Klassenkameraden durch Fachgeschäft und Selbstbedienungsladen kartographisch darstellen können.

Der Abfolge der Lehrgänge liegt die Idee eines Curriculums zugrunde, das spiralig konstruiert ist (s. BRUNER 1963, S. 52). Der spiralige Aufbau scheint für die Grundschule besonders geeignet zu sein. Neben der Entwicklung von Fertigkeiten ermöglicht er die fortlaufende Vertiefung von Einsichten und Fähigkeiten.

Es liegt bereits eine ganze Anzahl sozialgeographisch orientierter Entwürfe für den Sachunterricht der Grundschule vor. Einige von ihnen wollen offenbar alle sieben Daseinsgrundfunktionen abdecken (s. KOPP 1972, S. 42). Das scheint problematisch zu sein, denn damit dürfte die Fachdidaktik ihre eigentliche Aufgabe verfehlen. Der vollständige Kanon der sieben Daseinsgrundfunktionen, der selbst von der Fachwissenschaft noch nicht aufgearbeitet worden ist (THOMALE 1972, S. 222), muß nicht a priori für die Schule geeignet sein. Durch die Addition von Beispielen aus dem Kanon besteht vielmehr die Gefahr, daß wie beim länderkundlichen Unterricht das Problem der Stoffülle auftritt. Es droht, Lehrer und Schüler gleichermaßen von anspruchsvolleren sozialgeographischen Intentionen abzulenken. Eine Verminderung der Beispiele — selbst unter Auslassung einiger Daseinsgrundfunktionen — erscheint notwendig zugunsten einer exemplarischen Vertiefung in längeren Lehrgängen. Um die Bedeutung gruppenspezifischen Raumverhaltens anhand einer Analyse räumlicher Gegebenheiten zu ermitteln, reichen durchaus die Daseinsgrundfunktionen „Wohnen" in Verbindung mit „Erholen" sowie „Versorgen" in Verbindung mit „Arbeiten" und „Verkehrsteilnahme" aus.

Was kann insgesamt der Ertrag eines solchen Unterrichts sein? Am auffallendsten sind wohl die fachspezifischen Methoden, die recht anspruchsvoll und intensiv eingeübt werden. Dabei wird der Kartenarbeit, wie zu erkennen war, keineswegs eine Vorzugsstellung eingeräumt. Die Karte dient wohl als Orientierungshilfe bei der Erkundung und als Veranschaulichungsmittel bei der Auswertung der Erkundungsergebnisse. Bedeutungsmäßig über ihr steht die Erkundung im Gelände, gleichrangig neben ihr das Interview, das Planspiel sowie der Umgang mit Lichtbild, Quellentext, Tabelle und Diagramm.

Über moderne Ansätze bei der Kartenarbeit sind wir durch ENGELHARDT (1971) gut unterrichtet. Die anderen Arbeitsmittel sind bisher nicht so differenziert erprobt worden. Hier ist praxisbezogene Forschungsarbeit notwendig.

So wesentlich die genannten Fertigkeiten sind, nach der Klassifikation des kognitiven Bereichs durch BLOOM (1972) zählen sie zu den Kategorien des Wissens, des Verstehens und der Anwendung, den unteren Stufen von sechs möglichen also. Die folgenden Stufen bei BLOOM heißen „Analyse", „Synthese" und „Evaluation". Für den sozialgeographischen Unterricht bedeutet das z. B. die Fähigkeit, Erkundungsaufträge zur Lösung bestimmter Fragestellungen vorzuschlagen, z. B. die Fähigkeit der räumlichen Orientierung, z. B. die Beurteilung der Erreichbarkeit bestimmter Punkte, z. B. die Bewertung raumrelevanter Handlungen durch einzelne Gruppen.

Die lange akzeptierte Stufung unseres Schulsystems nach Schichten der Bildung erscheint damit überholt. Während man sich noch vor wenigen Jahren um eine volkstümliche Bildung bemühte und die Aufgaben der Grundschule auf die schlichte Deutung von Welt beschränkt wissen wollte (vgl. GLÖCKEL 1964), wird heute von ihr eine Ausbildung verlangt, die gesellschaftspolitische Fragen aufgreift und sich bei ihrer Behandlung wissenschaftlicher Forschungs- und Darstellungsmethoden bedient. Bezogen auf den geographischen Aspekt handelt es sich um keine Propädeutik mehr, sondern um einen methodisch und didaktisch abgerundeten, auf die Belange des Grundschülers abgestimmten, selbständigen ersten Teil eines Geographiecurriculums. Diese Ausgangsbasis für ein Geographiecurriculum kann unabhängig davon geschaffen werden, ob der geographische Aspekt in fachspezifischen oder — wie es hier vorgeschlagen wurde — stärker integrierten Lehrgängen entwickelt wird.

Ich habe abschließend die Frage zu beantworten, wo unsere Arbeit ihren Platz findet. Es gibt nämlich bereits in Bayern (*Lehrplan* 1971) und in Hessen (*Rahmenrichtlinien*) sozialgeographisch orientierte Grundschullehrpläne. Der von Niedersachsen, der einige zentrale Gedanken des *Bevenser Arbeitskreises* aufnimmt, wird noch in diesem Jahr fertiggestellt. Während in Bayern innerhalb eines recht vollständigen Kanons der Daseinsgrundfunktionen der Akzent stärker auf den Einrichtungen zur Befriedigung dieser Daseinsgrundfunktionen liegt, werden in Hessen im Rahmen des überaus stark integrierten Lernbereichs „Gesellschaftslehre" gesellschaftspolitische Zielsetzungen bevorzugt betont. Wir versuchen einen Mittelweg.

Der vorgestellte Lehrgang „Einkaufen auf dem Wochenmarkt" diente mir als konkretes Beispiel, um die Einführung sozialgeographischer Kategorien in die Grundschule zu zeigen. Er soll Hinweise dafür geben, auf welche Weise Fertigkeiten und Fähigkeiten angebahnt und Themenkreise vorbereitet werden können, die in der Sekundarstufe dann weiter zu behandeln sind. Er soll auch als Aufforderung dienen, die Grundschule bei den didaktischen Überlegungen nicht zu vernachlässigen, sondern sie als ein Feld früher und intensiver geographischer Bildungsmöglichkeit zu entdecken. Dabei sollten die Inhalte im Gegensatz zu manchen Reformbemühungen nicht primär von der Sekundarstufe her bestimmt werden. Wir sollten uns vielmehr von der Frage leiten lassen, wie man den Grundschülern bei ihrer Daseinsbewältigung helfen kann.

Literatur

BLOOM, B. S., u. a.: Taxonomie von Lernzielen im kognitiven Bereich. Weinheim 1972.
BRUNER, J.: The Process of Education. Vintage Books V 234. New York 1963.
ENGELHARDT, W.-D.: Einführung in das Arbeiten mit thematischen Karten — ein Beitrag zur Anbahnung geographischen Denkens. In: Fachgemäße Arbeitsweisen in der Grundschule. Bad Heilbrunn/Obb. 1971, S. 85—111.
FIKENSCHER, F./RÜGER, K./WEIGAND, G.: Die weiterführende Heimatkunde im 4. Schuljahr. Prögels schulpraktische Handbücher, Bd. 7, Ansbach, 5. Aufl., 1963.
GLÖCKEL, H.: Volkstümliche Bildung? Versuch einer Klärung. Weinheim 1964.
HILLER-KETTERER, I.: Wissenschaftsorientierter und mehrperspektivischer Sachunterricht Die Grundschule, 4. Jg., 1972, S. 321—328.
HÖCKER, G.: Inhalte des Sachunterrichts im 4. Schuljahr. Die Grundschule, Beiheft z. Westermanns Päd. Beitr., H. 3, 1968, S. 10—14.
HORN, H. A.: Kritische Bemerkungen zu den Grundschulrichtlinien aus neun Ländern. In: Inhalte grundlegender Bildung. Grundschulkongreß '69, Bd. 3, Frankfurt 1970, S. 29—42.
KOPP, F.: Von der Heimatkunde zum Sachunterricht. Donauwörth 1972.
Lehrplan für die Grundschule in Bayern mit Erläuterungen und Handreichungen. Hrsg. v. E. Kitzinger, F. Kopp u. E. Selzle. Donauwörth 1971.
NEEF, E.: Der Stoffwechsel zwischen Gesellschaft und Natur als geographisches Problem. Geographische Rundschau, Jg. 21, 1969, S. 453—459.
NEUHAUS, E.: Frühkindliche Bildungsförderung und Grundschulreform. In: Die Reform der Grundschule, Teil I. Auswahl, Reihe A, H. 10, Hannover 1970, S. 7—30.

Rahmenplan zur Umgestaltung und Vereinheitlichung des allgemeinbildenden öffentlichen Schulwesens. Empfehlungen und Gutachten des Deutschen Ausschusses für das Erziehungs- und Bildungswesen, Folge 3, Stuttgart 1961.

Rahmenrichtlinien Primarstufe Sachunterricht, Aspekt Gesellschaftslehre. Hrsg. v. Hessischen Kultusminister. O. O., o. J.

Richtlinien und Lehrpläne für die Grundschule. Schulversuch in Nordrhein-Westfalen. Die Schule in Nordrhein-Westfalen, H. 40, Wuppertal—Ratingen—Düsseldorf 1969.

Ruppert, K./Schaffer, F.: Zur Konzeption der Sozialgeographie. Geographische Rundschau, Jg. 21, 1969, S. 205—214.

Spreckelsen, K.: Stoffe und ihre Eigenschaften. Naturwissenschaftlicher Unterricht in der Grundschule. Frankfurt a. M., 2. Aufl., 1971.

Thomale, E.: Sozialgeographie. Eine disziplingeschichtliche Untersuchung zur Entwicklung der Anthropogeographie. Marburger Geogr. Schriften, Bd. 53, 1972.

Diskussion zum Vortrag Kroß

Prof. Dr. K. E. Fick (Frankfurt)

1) Man ist heute, gerade bei der jüngeren Generation, geneigt, nach Veränderungen und Verbesserungen der Tagungsinhalte zu verlangen. Der Beitrag des Kollegen Kross beweist, daß man dazu durchaus bereit und befähigt ist. Es stellt ein Novum dar, daß auf einem Geographentag über das Verhältnis der Grundschule zu einem neuverstandenen Geographie-Curriculum referiert wird. Wir dürfen dem Vortragenden und der Sitzungsleitung danken, daß sie dieses Thema ausgewählt haben.

2) Die Heimatkunde traditioneller Art hat, wie der Vortrag exemplifizierte — ihre Ablösung durch einen gefächerten, wissenschaftlich fundierten Sachunterricht erfahren. Auf diesem Wege sind unverkennbare Fortschritte erzielt worden. Weniger durchdacht wurde bisher, wie sich nun die von den einzelnen Disziplinen erarbeiteten Sachverhalte verschränken, geistig verbinden und überfachlich integrieren lassen. Diese Funktion erfüllte einst das heimatkundliche Prinzip, dessen Bildungsrelevanz Eduard Spranger beispielhaft interpretierte. In der Gegenwart sollte sich die Geographie neben ihrer fachlichen Intensivierung auf der Primarstufe auch gerade der übergreifenden Lernziele annehmen.

3) Herr Kross hat, wie ich meine, mit Recht festgestellt, daß der junge Mensch in erster Linie die Umwelt als Schauplatz menschlichen Handelns versteht. Man sollte dabei aber wohl auf dieser Altersstufe nicht verkennen, daß eine sehr ursprüngliche Beziehung und Motivation des Grundschulkindes gegeben ist für Elementaria der Landschaft, etwa für Stein und Pflanze, Quelle und Tal, Strand und Düne usw. Auch diesen Aspekten darf die künftige curriculare Forschung ihre Aufmerksamkeit nicht versagen.

Prof. Dr. J. Birkenhauer (Kirchzarten)

Zunächst zwei allgemeine Bemerkungen:

1) Führt die Summierung erhöhter Lernanforderungen in allen „Gegenstandsbereichen" der Grundschule letztlich nicht zu einer Überforderung des Grundschulkindes, zumal die lern- und entwicklungspsychologischen Zusammenhänge bei weitem nicht geklärt sind?

2) Sind in dieser Hinsicht die „Lehrgänge" einwandfrei evaluiert? Was sind die konkreten Ergebnisse?

Schließlich zwei geographische Bemerkungen:

1) Zu begrüßen ist die Lösung von einem starren Schematismus der Grunddaseinsfunktionen, denn ein solcher starrer Schematismus birgt die Gefahr der Verkrustung in sich, die auf die Dauer für die Geographie an Schule und Hochschule schlimmer sein könnte als das alte „länderkundliche Schema".

2) Der soziale Ansatz als solcher ist begrüßenswert, der Planungsablauf des vorgestellten Lehrganges in sich überzeugend. Es fehlt die Zusammenbindung in den größeren geographischen Gegenstandsbereich. Vorgeschlagen wird — auch für den in Frage stehenden Lehrgang — als übergreifendes Lernziel: „erstes Verständnis der Schüler für infrastrukturelle Verknotungen des Raumes". Damit wäre auch die Frage eines aufbauenden Spiralcurriculums lösbar.

Th. Steinbrucker (Berlin)

Die Berliner Rahmenpläne von 1968 kennen das Fach Sachkunde mit verschiedenen Aspekten, darunter sozialkundlich und erdkundlich. Das angestellte Projekt gehört in den ersten der beiden Bereiche, Geographisches war zu wenig vorhanden.

Prof. Dr. R. Krüger (Oldenburg)

Den Ausführungen des Diskussionsvorredners, Herrn STEINBRUCKER, muß energisch widersprochen werden:
1) Das Referat von Herrn KROSS ist ein prächtiges Beispiel dafür, wie Teilaspekte der uns umgebenden Lebenswirklichkeit, die von der Wissenschaft in interdisziplinär verstandene Problemfelder aufgenommen werden, auf die Schule übertragen werden können.
2) Hinzu kommt der Vorteil, daß das Unterrichtsvorhaben bereits in der Primarstufe angesiedelt werden kann und eine Basis legt zu kontinuierlicher Lernmotivation in wissenschaftsorientierter Haltung der Schüler.
3) Geographische Arbeitsmethoden, -techniken und -mittel können im Arbeitsvorhaben „Wochenmarkt" funktionsgerecht angewandt und eingeübt werden. Sie bilden damit ständig verfügbare Qualifikationen über die Primarstufe hinaus.
4) Das Unterrichtsvorhaben liegt ebenso im kognitiven Bereich. Grundlagen für ein weiterführendes Spiralcurriculum. Als Beispiel sei der Einstieg in das Problem zentralörtlicher Raumorganisation erinnert.
5) Die wehleidige Klage von Geographen, Inhalte solcher Unterrichtsvorhaben seien nicht „geographisch" genug, ist in diesem Einzelfall unbegründet, insgesamt aber sowieso eine oberflächliche Argumentationsweise, die dem Weiterbestehen unseres Faches eher schadet.

Dr. E. Kroß (Lüneburg)

Ich bin Herrn KRÜGER dankbar für seine Ausführungen. Sie nehmen weitgehend meine Schlußbemerkungen vorweg. Die Fragen der übrigen Diskussionsredner kann ich deshalb kürzer beantworten.

Der vorgestellte Lehrgang will sich nach Auswahl und Zuschnitt der Inhalte nicht in erster Linie an den Anforderungen unseres Faches auf weiterführenden Bildungsstufen orientieren. Er knüpft vielmehr an außerschulische Lehrsituationen der Schüler an. Solche Lernsituationen sind in der Regel nicht fachspezifisch vorgeprägt. Trotzdem ist es möglich, fachspezifische Anliegen zur Geltung zu bringen, vor allem bei der Methodenwahl. In der breiten und differenzierten Behandlung fachgemäßer Arbeitstechniken und -mittel wird ein wesentlicher Ertrag des Lehrgangs gesehen. Es müßte leicht möglich sein, in ähnlicher Weise physiogeographische Inhalte in übergreifende Sach- und Sinnzusammenhänge einzubetten.

Der vorgestellte Lehrgang ist anspruchsvoll. Die Frage, ob die Schüler nicht überfordert werden, ist deshalb notwendig. Nun wird in der neueren lernpsychologischen Literatur immer wieder auf die erhöhte Lernbereitschaft der Kleinkinder wie der Grundschüler hingewiesen. Dabei wird eher vor der Gefahr einer Unterforderung gewarnt. Trotzdem wurden Sicherungen in den Lehrgang eingebaut. Ich weise nur darauf hin, daß fachspezifische Konzepte sehr vorsichtig eingeführt werden, daß die Schüler in langen Phasen der Selbsttätigkeit das Lernniveau korrigieren können und daß nicht zuletzt durch den übergreifenden Sach- und Sinnzusammenhang Motivations- und Denkhilfen geschaffen werden sollten. Darüber hinaus verhindern zwei Zwischentests eine Überforderung. Diese Tests haben die zusätzliche Aufgabe, die Lehrgänge zu evaluieren. Beispiele für solche Tests habe ich in der Zeitschrift „Die Grundschule" (4. Jg. 1972, S. 342—351) veröffentlicht.

CURRICULARE ÜBERPRÜFUNG EINES CONTINUUMS FÜR DEN ÜBERGANG AUS DEM SACHUNTERRICHT DER GRUNDSCHULE IN DIE „WELT- UND UMWELTKUNDE" DER ORIENTIERUNGSSTUFE

Mit 1 Abbildung

Von J.-U. Samel (Hannover)

Der große Wandel der Sichtweisen, dem der Geographieunterricht in den letzten Jahren ausgesetzt war, ist auch an der Grundschule nicht spurlos vorübergegangen. An die Stelle der Heimatkunde, die in den Klassen 3 und 4 erste räumliche Ordnungen im engeren Raum des Schulortes, dann aber auch darüber hinaus in andere Regionen des Heimatlandes stiftete, ist allmählich in immer mehr Bundesländern — gefördert vor allem durch das Eindringen naturwissenschaftlicher und anderer, besonders gesellschaftsrelevanter Themen — der Sachunterricht getreten. In seinen Lernbereichen soll das Kind schon früh in die Probleme der Gesellschaft und das Leben mit der Technik eingeführt werden.

So sehr es zu begrüßen ist, daß in einer technisch so geprägten Zeit wie der unseren Kinder schon in den ersten Schuljahren mit Phänomenen der Technik bekannt gemacht werden, so sehr muß doch auch bedacht werden, ob das Bemühen, Grundschulkinder besonders unter einem gesellschaftspolitischen Aspekt zur Reflexion über ihr eigenes Rollenspiel in der Gesellschaft anzuregen, nicht eine eklatante Verfrühung darstellt, ob dieses sehr ratiogesteuerte Lernziel nicht affektive und emotionale Entwicklungen im Kinde unterbewertet; auf jeden Fall wird die räumliche Eroberung der Umwelt völlig vernachlässigt!

Da auch die weiterführenden Schulzweige in manchen Bundesländern Erdkundeunterricht in landläufigem Sinne nicht mehr kennen, scheint es an der Zeit, die Brocken erdkundlicher Stoffe, die in den Klassen 3 bis 6 noch vorhanden sind, so zu sammeln, daß ein noch einigermaßen vertretbares Raumverständnis bei den Kindern entwickelt werden kann. Denn geographische Unwissenheit ist derart teuer, daß wir sie uns auf die Dauer gar nicht leisten können!

Gleichgültig, ob Welt- und Umweltkunde in der Orientierungsstufe, der „Fachbereich Gesellschaft" in der Gesamtschule oder Politische Weltkunde in der Sekundarstufe II die Sammelbecken geographischer Inhalte sind, es muß gewährleistet sein, daß geographische Elementaria auch in sog. Integrationsfächern gesicherter geistiger Besitz der Schüler werden, wenn man das Erziehungsziel ‚Mündiger Bürger', der ja später auch befähigt sein soll, zu weltweiten Ereignissen Stellung zu nehmen, ernst nimmt! Mit Integrationsfächern werden wir es in Zukunft bis auf Fachleistungskurse in der Sekundarstufe II allerdings zu tun haben.

Angesichts der noch fehlenden Curricula in manchen Schulstufen und Fächern scheint es deshalb wichtig, zu überprüfen, ob und welche geographischen Elementaria in den einzelnen Klassen im Stoffkanon enthalten sind, ob sie und wie sehr sie noch aus fachegoistischer, also integrationshemmender Sicht konzipiert sind, vor allem aber, ob ein Continuum von Schulstufe zu Schulstufe erkennbar ist. Diese letzte Frage sei hier an der Nahtstelle von der Primarstufe zur Orientierungsstufe untersucht.

In der Primarstufe ist mit dem Einzug des Sachunterrichts der heimatkundliche Aspekt, d. h. die geistige Eroberung des Raumes in den Hintergrund getreten. Andererseits sind so viele Tatbestände des Sachunterrichts im Raum verankert bzw. werden von geographischen Faktoren gesteuert, daß ein auf ‚forschendes Lernen' zielender Unterricht an geographischen Elementarien gar nicht vorbeikommt!

Um die thematische Fülle und Reichhaltigkeit im Sachunterricht zu verdeutlichen, sei hier auf ein Schema zurückgegriffen, nach dem in Niedersachsen Richtlinien für den Sachunterricht im Primarbereich erarbeitet werden.

Bei dieser Arbeit wurden sechs Lernbereiche ermittelt, mit denen alle Sachstoffe des Primarbereichs erfaßt werden können. Es sind dies folgende ‚Lernbereiche':
1. Naturphänomene und ihre Zusammenhänge
2. Das Zusammenleben der Menschen
3. Entwicklung und Wandel
4. Forschung und Technik
5. Beziehungen zwischen Mensch und Raum
6. Sicherung und Gefährdung menschlicher Existenz

Lernbereiche	Lehr-Aspekte								
	Soz.	Polit.	Wirtschaft.	Recht	Kult.	Geogr.	Biol.	phys.	chem.
1: Naturphänomene und ihre Zusammenhänge									
2: Das Zusammenleben der Menschen									
3: Entwicklung und Wandel									
4: Forschung und Technik									
5: Beziehungen zwischen Mensch und Raum									
6: Sicherung und Gefährdung menschlicher Existenz									

Zwar wird der Lernbereich 3. ‚Entwicklung und Wandel' wegen des noch unzureichend entwickelten Zeitsinnes des Grundschulkindes vielleicht nicht den gleichen Stellenwert haben, wie die anderen Lernbereiche. Doch unter der Fragestellung: „Früher — Heute" wird auch schon in der Grundschule manches Phänomen gesehen und behandelt werden müssen, ja, vielleicht hat das Grundschulkind unserer schnellebigen Zeit schon eigene Erfahrungen mit ‚Entwicklung und Wandel' gemacht. Da der Sachunterricht nicht gefächert werden soll und wegen der Altersstufe der Kinder wohl auch nicht gefächert werden darf, andererseits aber jeder Sachverhalt von mehreren Seiten betrachtet werden kann, wurden ‚Lehraspekte' aufgestellt, die teils aus dem Kanon traditioneller Schulfächer, teils aber auch weit darüber hinaus gewonnen wurden. Sie reichen von politisch-soziologischen bis hin zu rein naturwissenschaftlichen Sichtweisen (s. Abb. S. 150).

In einem Raster werden die beiden Systeme der Lernbereiche und Lehraspekte in Beziehung zueinander gesetzt. Mit diesem Raster wird dann folgendes erreicht:

1. Jeder gewählte Unterrichtsinhalt kann darauf abgetastet werden, in welcher Reichhaltigkeit er in einzelnen Lernbereichen auftritt und unter welchen Aspekten er gesehen werden kann.
2. Mögliche Verzahnungen mehrerer Unterrichtsinhalte werden sichtbar.
3. Es wird ein Beziehungsnetz zwischen den einzelnen Unterrichtsinhalten deutlich.

Ein Beispiel möge dies erläutern:

Thema 1: Wohnen in verschiedenen Lebenssituationen.

Das Thema ist angesiedelt im Lernbereich 5, tendiert indes auch stark zum Lernbereich 2 sowie in gewissem Maße zum Lernbereich 6. Ob auf dieser Altersstufe auch Entwicklung und Wandel zur Sprache kommen soll (kulturgeschichtlicher Aspekt), ist eine Frage der Lernpsychologie. Die verschiedenen Lehraspekte seien hier nur angedeutet: wirtschaftlich, soziologisch, geographisch, kulturell.

Thema 2: Umweltschutz — Umweltverschmutzung.

Hier finden sich enge Beziehungen zwischen den Lernbereichen 5 und 6, Ausstrahlungen gehen noch in die Lernbereiche 1 und 2, und wieder sind mehrere Lehraspekte für das Thema relevant.

Soviel sei zur Erklärung des Rasters gesagt.

Mit dem Raster ist nun einmal ein Auswahlkriterium gewonnen, das um so notwendiger ist, solange die Curriculum-Arbeiten nicht wenigstens Ansätze eines Lehrkanons anbieten können, zum anderen zeigt aber die Projektion eines Stoffes auf den Raster auch, ob ein Unterrichtsstoff ggf. so speziell fachgebunden ist, d. h. in nur wenige Aspekte ausstrahlt, daß er zur Gesamterhellung der Lernbereiche nur wenig beiträgt, also späteren Fachkursen zugewiesen werden sollte, oder, ob der Stoff so vielseitig betrachtet werden kann, daß er sowohl mehrere Lernbereiche miteinander verklammert als auch verschiedene Aspekte einbezieht (s. Thema: Umweltschutz). Es ist hier nicht der Ort, wo alle Inhalte des Sachunterrichts in der Primarstufe abgehandelt werden können. Es seien nur die Themenkreise des Lernbereichs „Beziehungen zwischen Mensch und Raum" kurz genannt:

1. Der Mensch erschließt sich den Raum
2. Durch wirtschaftliche Nutzung verändert der Mensch die Landschaft
3. Der Mensch schafft sich Wohnungs- und Erholungseinrichtungen
4. Der Mensch braucht Versorgungseinrichtungen
5. Der Mensch muß seine Lebensgrundlagen schützen.

Auf einzelne Altersstufen verteilt werden dabei folgende Themenkreise zu behandeln sein:

a) Schulweg mit Weg-Zeit-Relation, Verkehrsmittel und Wege;
b) Wohnen in verschiedenen Orts- und Lebenslagen;

c) Fragen der Versorgung, Entsorgung und Erholungsmöglichkeit;
d) Ortsplan, Stadtviertel-Begehung und Untersuchung;
e) Katastrophenschutz, Küstenschutz und Landgewinnung;
f) Arbeitsformen und Dienste: z. B. Landwirtschaft, Handwerk, Post, Bahn, Wasserwerk u. a.

Darüber hinaus werden natürlich auch aus den anderen Lernbereichen erdkundlich relevante Stoffe angeboten. Wichtiger ist hier indes die Frage nach dem Continuum des Unterrichts, d. h.: Was können die Schüler am Ende der Primarstufe und wie soll es in der Orientierungsstufe weitgehen?

Bei der Durchsicht der Richtlinien der einzelnen Bundesländer fällt dabei zweierlei auf: Zum einen wird versucht, an den alten Vorstellungen vom gefächerten Unterricht festzuhalten, d. h. die Integration einzelner Schulfächer findet nicht statt. Hier setzt sich mit ziemlicher Sicherheit die Tradition des Stoffkanons von früher fort, das bedeutet, daß für die Schüler in Kl. 5 die Sachkunde in ihre Bestandteile zerfällt und nur noch fachspezifische Zusammenhänge gesehen werden.

Zum anderen herrschen in manchen Richtlinien Fächerkombinationen vor, die z. B. im Fachbereich „Gesellschaft" sehr willkürliche Verbindungen zwischen Geographie, Geschichte und etwa Religion konstruieren, die weder vom Inhalt noch von den Denkstrukturen her gerechtfertigt sind; hier wird das Bestreben, Fächer zu integrieren, zur Sucht!

Bei weiterer Verwendung des Rasters wird man der Tatsache Rechnung tragen müssen, daß ähnlich wie in den gesellschaftlich relevanten Fächern auch im naturwissenschaftlichen Bereich eine Konzentration eintreten wird. Es kann hier unerörtert bleiben, wann und in welcher Form dies geschieht. Fraglos sind aber die Denkkategorien in den experimentellen Naturwissenschaften von denen der anderen Lehraspekte so verschieden und unter sich so ähnlich, daß in dem Raster eine Trennung vorzunehmen ist, hie: Natur, da: Gesellschaft. Dann bleiben für die weitere Betrachtung die soziokulturellen Aspekte erhalten, um in dem verbleibenden Sachbereich — gleichgültig unter welchem Namen — eine auch geographisch relevante Stoffplanung fortzusetzen. Bei den Lernbereichen wird lediglich der Bereich „Forschung und Technik" etwas an Bedeutung verlieren, sofern man nicht die ‚Arbeitslehre' in die Lehraspekte einbezieht, erhalten bleiben sie alle:

So erhält man genau so wie für die Primarstufe ein Kontrollinstrument, mit dem die Gewichtigkeit eines beliebigen Unterrichtsstoffes gemessen werden kann.

Dabei sei besonders darauf hingewiesen, daß der Lernbereich I „Naturphänomene" für die geographischen Themen eine besondere Bedeutung gewinnt, liegen doch hier die Schlüsselgedanken für alle anderen Lernbereiche (außer vielleicht Forschung und Technik).

Daß die Daseinsgrundfunktionen inzwischen ein gutes Kriterium für die Stoffauswahl geworden sind, ist bekannt. Nimmt man wieder als Beispiel für den Raster den Themenkomplex: Wohnen — Sich versorgen — Arbeiten, dann wären z. B. folgende Themenreihen auf Reichweite und Tragfähigkeit zu untersuchen:

1. Abnahme der Temperatur mit zunehmender Höhe
2. Zunahme des Niederschlages mit zunehmender Höhe
3. Verarmung der Vegetation mit zunehmender Höhe
4. Schrumpfen der Anbaumöglichkeiten und Lebensentfaltung

d. h. Naturphänomene geben die Erklärung für Lebensumstände. Ein Transfer in jede andere Gegend und in jeden anderen Wirtschaftsbereich ist möglich. Angesiedelt ist das Thema in fast allen Lernbereichen und in mindestens drei Aspekten! (Thema 3 im Raster).

Die Verquickung von Naturgegebenheiten mit gesellschaftlichen Forderungen wird in einem anderen Zusammenhang an dem Thema: Sich versorgen, deutlich: (Thema 4 im Raster)
1. Kennenlernen von Böden: Sand, Lehm, Löß u. a.
2. Kennenlernen von Kulturpflanzen auf diesen Böden
3. Schlußfolgern bzgl. Arbeitsaufwand auf diesen Böden
4. Schlußfolgern bzgl. Rentabilität des Arbeitsaufwandes
5. Projekte und Konsequenzen: Vergenossenschaftlichung, Spezialisierung (Sonderkulturen), Aufstockung, Umschulung.

Auch hier genügt ein Blick auf den Raster: Das Thema ist in drei Lernbereichen (2, 3, 5) ggf. auch in 6 angesiedelt und reicht über mindestens fünf Lehraspekte, über deren geographische, soziale, wirtschaftliche oder politische Relevanz sich eine Diskussion erübrigt. Auch hier leistet der Raster eine besondere Hilfe: Reichweite und Wichtigkeit eines Stoffbereiches ist ohne weiteres abzulesen. Es erübrigt sich auch die oft krampfhafte Suche nach Stoffen, in denen die bisherigen Schulfächer möglichst gleichgewichtig zu Worte kommen sollen und deren Unterrichtsbedeutung vornehmlich dahingehend interpretiert wird, daß die Prozente fachtypischer Gedanken möglichst ausgewogen verteilt seien. Welchen Stellenwert ein Stoff im Gesamtgefüge besitzt, wird man ohne ein Curriculum ohnehin kaum objektiv feststellen können.

Im Hinblick auf ein Continuum und unter Berücksichtigung der jetzt in Niedersachsen entstehenden Lehrpläne für den Primarbereich sind einige derartige Themenkreise für die Orientierungsstufe in Arbeit bzw. schon in der Erprobung. Neben den vorhin genannten werden besonders gesellschaftspolitische Themenreihen nach einer Art Baukastenprinzip ausgearbeitet, die gewährleisten sollen, daß einmal Erfahrenes in einer zweiten Themenreihe angewendet bzw. immanent wiederholt werden kann. Ein Beispiel sei hier genannt:

Menschen am Arbeitsplatz

1. Von selbständigen Bauern zum landwirtschaftlichen Spezialarbeiter
2. Vom selbständigen Handwerker zum lohnabhängigen Industriearbeiter
3. Arbeitsplätze im Dienstleistungsbereich (öffentlich und privat).

Mit etwa 10 bis 12 Unterrichtsstunden für jedes Teilthema werden ca. 3—4 Wochen einem Thema gewidmet.

Eine Leistungskontrolle in der z. Z. laufenden Erprobung zeigt die Notwendigkeit eines Continuums in den Stoffplänen besonders deutlich.

Da Richtlinien für den Primarbereich in Niedersachsen zur Zeit noch fehlen, wird in den Schulen je nach Neigung und Tradition teils noch eine Art Heimatkunde, teils aber auch Physik oder Chemie auf der Grundschule betrieben, wofür Arbeitshefte für Schüler und Lehrer vom Lehrmittelangebot zur Verfügung stehen. Die wissensmäßigen Voraussetzungen der Schüler in der Orientierungsstufe sind infolgedessen äußerst heterogen.

Der hier vorgestellte Raster kann vielleicht dahin wirken, daß auch in Schulkonferenzen schon heute Überlegungen angestellt werden, nach welchen Gesichtspunkten fächerintegrierende Stoffe für die einzelnen Jahrgänge so ausgewählt werden können, daß sie zu einem harmonischen Gesamtkonzept zusammenwachsen.

Diskussion zum Vortrag Samel

Prof. Dr. J. Birkenhauer (Kirchzarten)

1. Erfahrungen zeigen, daß die Schüler in der Orientierungsstufe an der Daseinsfunktion „Arbeiten" (Arbeitsplatzanalyse u. dgl.) noch nicht interessiert und motiviert sind. Vor einem zu prononcierten Eingehen ist zu warnen.

2. Zu begrüßen ist der Versuch, den Bruch zwischen Primar- und Sekundarstufe zu überbrücken. Der vorgelegte „Raster" bietet einen Ansatz, aber nicht mehr. Das von BLANKERTZ und Mitarbeitern entwickelte sog. didaktische Strukturgitter könnte in angepaßter Form diesen Ansatz befruchten helfen.

Prof. Dr. J.-U. Samel (Hannover)

Zu 1.: Versuche in mehreren Klassen verschiedener Einzugsgebiete (Stadt, Land, Industrieviertel, Stadtrandgebiet) haben ergeben, daß Schüler der Klassen 5 und 6 über einige Stunden mit der Thematik befaßt werden können. Sie sind auch in der Lage, einen gewissen Transfer zu vollziehen (Thema: Menschen am Arbeitsplatz; hier: Bauernhof — Farm — Plantage).

Zu 2.: Der Raster ist eine Arbeitsgrundlage für eine Richtlinienkommission. Er will hier nur Gedankenanregung sein, sich anhand der in den Richtlinien gegebenen Stoffempfehlungen zu orientieren, auf welchen Grundlagen aus der Primarstufe in der Orientierungsstufe weitergearbeitet werden kann. Die Verwendung weiterer Anregungen soll deshalb keineswegs ausgeschlossen werden.

ERFAHRUNGEN ZU GEOGRAPHISCHEN GRUND- UND LEISTUNGSKURSEN IN DER KOLLEGSTUFE

Mit 1 Abbildung

Von Helmtraut Hendinger (Hamburg)

I. PROBLEMFELD DER UNTERRICHTSPLANUNG VON GEOGRAPHISCHEN GRUND- UND LEISTUNGSKURSEN

I.1. Die Stellung von geographischen Grund- und Leistungskursen im Rahmen der KMK-Vereinbarung

Der Rahmen für die Durchführung von geographischen Grund- und Leistungskursen ist durch den Beschluß der Ständigen Konferenz der Kultusminister der Länder in der Bundesrepublik Deutschland vom 7. 7. 1972 über eine „Vereinbarung zur Neugestaltung der gymnasialen Oberstufe in der Sekundarstufe II" abgesteckt. Es sind für eine nähere Bestimmung der Inhalte und der Gestaltung von geographischen Grund- und Leistungskursen vor allem die folgenden Abschnitte der Vereinbarung heranzuziehen: KMK II.1, II.3.3, II.4.1, II.4.3 und II.6.3 (vgl. auch: Geographie in der Kollegstufe, G.R. 1971/12, S. 481). Die grundsätzliche Auffassung der Kultusminister erfährt in dem „Einführenden Bericht der KMK" im Abschnitt I.2.3 noch eine nähere Erläuterung.

Inzwischen sind bereits in mehreren Bundesländern (z. B. Bayern, Hamburg, Niedersachsen, Nordrhein-Westfalen) Ausführungsbestimmungen in Form von Lehrplänen, Rahmenrichtlinien, modellartigen Handreichungen oder Curriculum-Darstellungen für einzelne Fächer erschienen. Beim Vergleich der hier erfolgten Interpretationen über die Stellung von Grund- und Leistungskursen im gesellschaftswissenschaftlichen Aufgabenfeld (gemäß KMK, II.4.1, II.4.3 und II.6.3) zeigt sich deutlich die Schwierigkeit in der Abgrenzung beider Kursformen.

Fachspezifische Methoden bis hin zur Behandlung von aktuellen Forschungsaufgaben des Faches bei gleichzeitiger Berücksichtigung der facheigenen Grenzen bei integrativem Forschungsansatz prägen vor allem die Leistungskurse (Schulreform NW..., Erdkunde D.5.5 und Vorläufige Rahmenrichtlinien..., Hamburg o. J., Abschnitt 1.3.11 bzw. 2.1.33). Grundkurse sollen durch Vermittlung von „Verhaltensweisen, Methoden und Kenntnissen" (Schulreform NW) bzw. einer „Breite an Einsichten" (Hamburg) in erster Linie der allgemeinen Kommunikationsfähigkeit der Schüler dienen, statt durch „vertiefte Betrachtung einzelner Fragen spezielle Einsichten und fachspezifische Methoden zu entwickeln" (Vorläufige Rahmenrichtlinien..., Hamburg o. J., Abschnitt 2.1.33).

I.2. Inhaltliche Problematik der Polarität von Wissenschaftsorientierung und politischer Bildung in der Geographie

Als Leistungsfach ist die Geographie der Forderung nach vertieftem wissenschaftspropädeutischen Verständnis und erweiterten Spezialkenntnissen unterworfen; als integrativer Bestandteil des gesellschaftswissenschaftlichen Aufgabenfeldes ist sie der politischen Bildung verpflichtet und damit auf unmittelbar sozialrelevante Lerninhalte auszurichten. Es ist nun zunächst die Frage zu stellen: Kann ein Schulfach Wissenschaftsorientierung, d. h. Wissenschaftspropädeutik im Sinne einer Einführung in vertieftes, wissenschaftlich sauberes methodisches Arbeiten leisten, wenn es zugleich zur Mitarbeit an übergreifenden Fragen und zur Lösung von integrativen Problemzusammenhängen aufgefordert wird?

Wissenschaftsorientierung in der Geographie erscheint optimal an die Behandlung allgemeingeographischer Probleme gebunden. Jeder Teilbereich der Geographie hat im Grunde seine eigenen Methoden, so daß die Wissenschaftspropädeutik zunächst spezifisch an einer speziellen Thematik mit einem ganz schmalen Methodenausschnitt erarbeitet werden muß. Bei integrativen Problemstellungen — wie sie z. B. im Bereich der Stadtplanung und Raumordnung vorliegen — müssen nicht nur gleichzeitig zur Problemlösung die ganz verschiedenen Arbeitsmethoden der Teilgebiete der Geographie herangezogen werden, sondern das politisch relevante Problem erfordert die Aufschlüsselung mit Hilfe von Methoden der verschiedensten Wissenschaften aus den Geistes-, Natur-, Wirtschafts- und Sozialwissenschaften. Grundsätzlich erscheint der Geographielehrer angesichts einer derartig vielseitigen Einführung in wissenschaftspropädeutisches Arbeiten überfordert. Es bleibt also nur der exemplarische Einsatz spezifisch geographischer Methoden als Einführung in wissenschaftspropädeutisches Arbeiten, es sei denn, auf Grund kollegialer Zusammenarbeit kann ein team-teaching verschieden ausgebildeter Fachlehrer organisiert werden.

Muß aber nicht aufgrund dieser Doppelaufgabe die eine oder andere Forderung bei der Durchführung zumindest im Grundkurs schon rein zeitlich zu kurz kommen, auch selbst wenn wissenschaftspropädeutisches Arbeiten — wie angedeutet — nur beispielhaft eingesetzt wird?

I.4. Der Anspruch auf Wissenschaftspropädeutik und Methodenbewußtsein in Grund- und Leistungskursen

Nun ist allerdings aufgrund der Konzeption der Vereinbarung der KMK, an der Studienberechtigung für alle Fächer festzuhalten (KMK, I.2.2), es unerläßlich, auch Grundkurse studienbezogen, d. h. wissenschaftsorientiert durchzuführen. Dazu bedarf es dann aber eines Bekanntwerdens mit fachspezifischen Methoden, die möglichst nach dem gebotenen Übertragungseffekt für wissenschaftliches Arbeiten überhaupt ausgewählt werden sollten. Ziel ist dabei der wissenschaftsnahe Arbeitsstil (KMK, I. 3), der die größere Selbständigkeit der Schüler fordert, aber zugleich auch fördert. Zweifellos wird es in der Praxis stets so sein, daß die in den Leistungskursen intensiv eingeübten Arbeitsmethoden in ihrer Anwendbarkeit auf die Grundkurse ausstrahlen. Ist eine wissenschaftliche Arbeitsweise mit Transfercharakter erst einmal eingeübt, wird sie vom Schüler auch in anderem Zusammenhang verwendet und damit der Umgang mit wissenschaftlichen Methoden überhaupt erweitert. Hier wird gleichzeitig ein wesentlicher Beitrag zum „Lernen lernen" geleistet, das ja überhaupt erst die Selbstverwirklichung ermöglicht.

I.5. Die Schulung kontroversen Denkens und die Aufarbeitung von Konfliktsituationen im Rahmen der politischen Bildung

Entsprechend wie die Forderung nach Wissenschaftspropädeutik bedarf auch der Anspruch auf politische Bildung im Rahmen der Grund- und Leistungskurse noch einer Erläuterung.

Als sozialrelevantes Fach kann die Geographie sich dem Auftrag der Mitwirkung an der politischen Bildung nicht entziehen. Mit der Feststellung der KMK, daß „die Schule entschiedener in ein dynamisches Verhältnis zur gesellschaftlichen Wirklichkeit tritt", ist zugleich auch die „stärkere Zusammenarbeit der Fächer im Hinblick auf gemeinsame Lernziele" (KMK I. 2.3) und Problemlösungen sowie Vorbereitung zukünftiger Verhaltensweisen.

Wenn der Schüler gegenüber aktuellen Problemen und politischen Auseinandersetzungen über die gegenwartsnahe Gestaltung unserer Wirklichkeit die Freiheit zur Meinungsbildung wirklich ausnutzen soll, ist es notwendig, ihm die gegensätzlichen, d. h. kontroversen Denkansätze bei der Lösung politischer Probleme einsichtig zu machen. Er muß in die Lage versetzt werden, kontroverse Positionen selbst durchzuspielen und zu entwickeln. Das ist gemeint, wenn man von der Schulung kontroversen Denkens spricht. Der Spielraum zur Verwirklichung dieses pädagogischen Auftrags liegt für die Geographie vor allem im Bereich der vielfältigen Planungsaufgaben und -entscheidungen.

Der Auftrag gilt gleichermaßen für Grund- und Leistungskurse. Grundsätzlich sollte dabei von den Inhalten her der Grundkurs in Geographie relativ stärker auf die Lernziele politischer Bildung bezogen sein als der vornehmlich fachspezifisch wissenschaftsorientierte Leistungskurs in Geographie.

II. ZIELVORSTELLUNGEN, UNTERRICHTSPLANUNG UND -DURCHFÜHRUNG IN GEOGRAPHISCHEN GRUND- UND LEISTUNGSKURSEN

Die Grundlage der folgenden Ausführungen stellen die Erfahrungen bei der Lehrplanarbeit in Hamburg sowie bei der Durchführung von Grund- und Leistungskursen im 1. bis 3. Semester der Studienstufe dar.

II.1. Verhaltensdispositionen als zu forderndes Unterrichtsergebnis in ihrer Auswirkung auf die Methodik und Didaktik des geographischen Unterrichts

Die Vermittlung von Spezialkenntnissen und Wissenschaftspropädeutik zielt zunächst auf angemessenes Verhalten in der von Wissenschaft und Technik rationalisierten Welt (v. HENTIG), ferner auf die Entwicklung von Vorstellungen und die Ausbildung von Kreativität, ohne die besonders problemlösendes Verhalten nicht denkbar ist.

Speziell von der Geographie ist vorzubereiten: das Leben in der arbeitsteiligen Welt, das Leben in der Auseinandersetzung mit den Naturbedingungen, das Leben als soziales Wesen; dazu kommen, bedingt durch den an die Geographie gerichteten politischen Auftrag: das Leben in der Demokratie, in der Konsumgesellschaft und das Leben in der „Einen" Welt. (Lernziele nach v. HENTIG in HENDINGER u. a., 1972, Zur Oberstufenreform des Gymnasiums).

Übergreifend geht es um die Emanzipation des Schülers, seine Selbstverwirklichung, die nur durch „Lernen lernen" als ständige Verhaltensdisposition im Spannungsverhältnis zwischen Kooperation und Selbständigkeit zu erreichen ist. Dazu gehören als unerläßliche Komponenten: Wissen, Kritikfähigkeit, Methodenbewußtsein (HENDINGER u. a., 1972, Zur Reform der Oberstufe, S. 20).

Diese soeben umschriebenen Zielsetzungen müssen im Rahmen von Kursthemen ausdifferenziert und verifiziert werden.

II.2. Lerntheorie und Wissenschaftspropädeutik in ihrer Rolle für die Übertragbarkeit von Erkenntnissen im Rahmen der Geographie und der Nachbarwissenschaften

Für eine sorgfältige Kurs- und Unterrichtsplanung wäre es nun notwendig, lerntheoretische und wissenschaftspropädeutische Grundlagen zur Verfügung zu haben, aus denen ein Kriterienkatalog erstellt werden könnte.

Leider muß hier aber festgestellt werden, daß gerade auf diesem Gebiet noch gewaltige Lücken vorliegen, die erst allmählich von der Erziehungswissenschaft aufgearbeitet werden können. Die vorliegenden klassischen Lerntheorien befriedigen jedenfalls in keiner Weise, wie wir bereits gestern in der Diskussion im Anschluß an das Referat von Herrn Schrettenbrunner gesehen haben.

In der Geographie wäre es sicher besonders wichtig, zunächst einmal Strategien zur Bewältigung von Informationsmassen zu entwickeln. Es wäre zu prüfen, ob hier „Zentrieren" der Informationen oder aber „forschendes Lernen" besser weiterführen (SKOWRONEK, 1970^2, S. 127).

Eine noch wichtigere Frage ist gerade in unserem Fach die Strukturierung des Lernstoffes (SKOWRONEK, 1970^2, S. 132 ff.). Darüber liegen noch keine Untersuchungen hinsichtlich Effektivität vor. Dabei müßte allerdings auf jeder Klassenstufe stärker als bisher die bereits vorhandene „kognitive Struktur" eingeplant werden. Diese Überlegung muß insbesondere auch für die Studienstufe gelten. Die Strukturierung sollte hier ausgerichtet sein auf:

„Probleme erkennen, lösen und Kreativität entfalten."

Dabei muß die logische oder begriffliche Struktur des Problemgegenstandes in Beziehung gesetzt werden zur bereits angelegten oder anzulegenden „kognitiven Struktur" des Schülers. Der Unterricht dient durch die oben angedeutete Unterrichts- und Problemstrukturierung zur Erweiterung der „kognitiven Struktur". Das Problem der Erkenntnisübertragung auf andere Teildisziplinen des Faches oder Nachbarfächer stellt sich dann als das Problem der Entwicklung einer zureichenden „kognitiven Struktur" (SKOWRONEK, 1970^2, S. 136) dar. Der geographische Unterricht muß auf die allgemeinen Zusammenhänge des Wissens gerichtet sein, er muß eine Entdeckung allgemeinerer Zusammenhänge bewußt herbeiführen. Damit wird für den Schüler das Lernen strukturiert, werden Beobachtungen und Erfahrungen durch allgemeine Denkprinzipien geordnet und zentriert. Ein solcher Unterricht erfordert Vorplanung, diese sollte gemeinsam mit den Schülern erarbeitet werden, z. B. durch Aufstellung einer Problemfeldanalyse. Die Vororganisation wird damit zum motivierenden Moment im Bildungsprozeß, die Lernziele erhalten in diesem Zusammenhang für die Kursorganisation der Oberstufe und die Unterrichtsdurchführung einen besonderen Stellenwert.

Nicht nur, um die Motivation durchzuhalten, sondern vor allem auch, um eine weitgehende Übertragbarkeit der Kenntnisgewinnung und der Denkfähigkeiten zu sichern, erscheinen Problemlösungsstrategien unerläßlich. Sie wären durch wissenschaftliche Untersuchungen in ihrem Wert für Denk- und Lernschulung zu überprüfen.

II.3. Die Eignung geographischer Themen in lerntheoretischer und wissenschaftspropädeutischer Sicht

Nach den oben ausgeführten Zusammenhängen erscheint die Frage nach der Eignung geographischer Themenbereiche für die Einführung in wissenschaftspropädeutisches Arbeiten als fundamental. Ihre Beantwortung hängt eng mit dem Entwicklungsstand der verschiedenen geographischen Teildisziplinen und mit der Hierarchie ihrer logischen Denkstruktur zusammen. Es nimmt nicht wunder, daß hierbei gerade die Geomorphologie in ihrer konsequent aufgebauten Denkstruktur einer klaren Gliederung in einzelne Lernschritte entgegenkommt. Hier ist zugleich ein prozessualer Denkansatz bei der Lösung von Problemen möglich, der durch Laborversuche und Beobachtung unmittelbar in der Landschaft gestützt werden kann. Der Schüler kann beispielhaft erfahren, wie man durch gezielten Aufbau von Fragen und Lernschritten sich ein Problemfeld erschließen kann. Im Hinblick auf die Motivation des Schülers sollte allerdings die Anwendbarkeit geomorphologischer Erkenntnisse bei der Auswahl der Probleme Vorrang haben. Hierfür eignen sich z. B. Fragen des Grundwassers oder auch der Erosion und Abtragung, wie sie bei künstlichen Absenktrichtern oder Rutschungen im Zuge von Kanalbauten (Elbe-Seitenkanal) auftreten können. Bei derartigen Problemstellungen, wo die Wissenschaft selbst noch um Erkenntnisse ringt, ist dann zugleich auch die wissenschaftliche Offenheit des Problemfeldes gewährleistet; Durchsichtigkeit und Überprüfbarkeit der Untersuchungsmethoden sind gegeben.

Im Anwendungsbereich der Geomorphologie ist auch der Methodenvergleich wissenschaftspropädeutisch für die Schüler besonders eindrucksvoll und aufschlußreich. Es liegt dies daran, daß hier — anders als in der Sozialgeographie — nicht nur qualitative, sondern auch genaue quantitative Aussagen möglich sind. Damit aber werden die Methoden nicht nur vom Denkansatz her, sondern auch im Hinblick auf ihre quantitativen Ergebnisse vergleichbar. Sehr deutlich konnte das im Rahmen eines geographischen Leistungskurses im Sommersemester 1973 mit dem Thema „Der Raum Neuwerk/Scharhörn als Verkehrsträger und Baugrund für einen deutschen Tiefwasserhafen" nachgewiesen werden (RENNACK 1973, S. 25 ff. und HENDINGER, PETERS, HOLSTEN 1973, S. 5., S. 37 ff.). „Die Bewertung der Leistungsfähigkeit von Methoden zur Erfassung morphologischer Veränderungen in der Küstenvorlandzone" war in diesem Kurs Gegenstand von intensiver Gruppenarbeit mit anschließender gemeinsamer Auswertung im Hinblick auf deren Aussagefähigkeit für den geplanten Hafenbau.

Es waren zunächst drei Arbeitsgruppen gebildet worden, die anhand eines Arbeitsbogens und umfangreichen, jeweils verschiedenartigen Materials die Frage der morphologischen Stabilität verschiedener Gebiete im Raum Neuwerk/Scharhörn beantworten sollten. Die erste Gruppe hatte Kartenskizzen und Karten nach historischem Quellenmaterial zu vergleichen, die zweite eine Serie von Luftbildern aus dem Elbmündungsraum zu interpretieren, und die dritte sollte Karten zur Gezeitenstrommessung und zur Materialtransportmessung auswerten. Als sehr wesentlich erwies sich dabei aus wissenschaftspropädeutischer Sicht die Aufgliederung der drei Aufgaben in einzelne Arbeitsschritte durch gezielte Leitfragen in Form von Arbeitsthemen, die die Gruppe geschlossen oder arbeitsteilig erledigen konnte. So war von vornherein ein Einbau der neu zu gewinnenden Erkenntnisse in die bereits vorhandene „kognitive Struktur" gewährleistet. Die Arbeitsschritte wurden für den Schüler somit überschaubar und konnten auch tatsächlich bewältigt werden. Die Auseinandersetzung in den einzelnen Gruppen trug dabei sehr zur Klärung und Festigung der Arbeitsergebnisse bei. Es ging nicht in erster Linie um das Erkennen und Erfassen morphologischer Veränderungen im Küstenraum, sondern vielmehr um die Bewertung der verwendeten Methoden. Das letztere Ergebnis konnte allerdings nur im Vergleich der mit den einzelnen Methoden erkannten Veränderungstendenzen im Wattbereich gewonnen werden. Dabei erwies es sich als notwendig, daß durch den Lehrer die verschiedenen Leitfragen der einzelnen Arbeitsgruppen auf bestimmte Beobachtungs-Fixpunkte gelenkt und zentriert wurden. So konnte, für alle Schüler sichtbar, eine synoptische Betrachtungsweise der Resultate verschiedener Forschungsmethoden durch gezieltes Zusammentragen der Einzelergebnisse an der Tafel erreicht werden. Die Schüler vermochten beispielhaft zu erkennen, wie man durch vielfältigen Methodeneinsatz die Problemlösung einer wesentlichen Frage, nämlich der Stabilität der Sandablagerungen im zukünftigen Hafenraum Neuwerk, angehen muß, daß eine klare Entscheidung über die endgültige Lage des Hafens aber nur durch Synopsis der verschiedenen Teilergebnisse mit gleichzeitig entsprechender Methodenkritik gesichert werden kann.

Es liegt nahe, daß gerade im Bereich der Geomorphologie auch die Formen der Leistungsüberprüfung weit eher als in anderen geographischen Teilbereichen den logischen Grundstrukturen des Lernens entsprechen können. Sowohl die Anwendung des gelernten Wissens und der Methoden im Rahmen an sich bekannter Zusammenhänge als auch die Behandlung von Fragen ähnlicher Problemstruktur, die die Übertragung entscheidender Denkzusammenhänge fordern, können aufgrund der jeweils vorliegenden logisch folgerichtigen kognitiven Sachstruktur als allgemein bedeutsam im Rahmen wissenschaftspropädeutischen Arbeitens angesehen werden. Andere Teilbereiche der Geographie erreichen hinsichtlich allgemeiner wissenschaftspropädeutischer Schulung und der Strukturierung des Lernprozesses kaum so eindeutig überzeugende Ergebnisse.

Selbst die Klimageographie ist nicht in gleichem Maße wie die Geomorphologie in logisch folgerichtige kleinste Denkschritte zerlegbar bzw. durch verschiedene Methoden aufschlüsselbar. Die Erklärung klimatologischer Prozesse bedarf weit stärker der Theoriebildung, ohne daß wie in der Geomorphologie so stark auf Experiment und Beobachtung zurückgegriffen werden könnte. In der Landschaftsökologie zeigt bereits das Faktorendreieck von Boden — Klima — Vegetation, daß es sich aufgrund der Wechselbeziehungen von Boden, Klima und Vegetation um komplexere Abhängigkeiten handeln muß, wobei speziell die verschiedenen Situationen ökologischen Fließgleichgewichts interessieren.

In der Wirtschafts- und Sozialgeographie bestimmen teils zwingende, teils freibleibende willkürliche Entscheidungen ein Wirkungsgeflecht, das vom Rentabilitätsansatz, sowohl kurz- und mittelfristig als auch langfristig, ausgehend relativ leicht erschlossen werden kann. Als Spezialgebiet eignet sich die Agrargeographie besonders gut, Zusammenhänge zwischen Landschaftsökologie und Wirtschaftsgeographie aufzuzeigen. Als Beispiel sei auf das Leistungskursmodell „Rentabilität und Sanierung von Weinbaugebieten" (HENDINGER, NEUKIRCH in G. R. 1971/12) verwiesen. Die Übertragbarkeit der in diesem Modell gewonnenen Grundeinsichten auf Probleme von Sonderkulturen überhaupt (Gemüse-, Obstbau, Monokulturen) liegt auf der Hand.

Je mehr man sich nun in die Bereiche der Wirtschaftsgeographie hineinbegibt, in denen die gezielte Einzel- oder Gruppenentscheidung bestimmend wird für das prozessuale Geschehen, desto mehr wird der sozialgeographische Denkansatz entscheidend. Dies gilt insbesondere für die Verkehrs- und Industriegeographie. Daraus ergeben sich wesentliche Schwierigkeiten für die lerntheoretische Strukturierung dieser Gebiete. Sie sind nicht mehr linear logisch in Gedankenketten zu zergliedern, sondern die hierher gehörenden Probleme müssen in ihrem komplexen Charakter erfaßt werden. Damit aber eignen sich diese Gebiete kaum für die erste Einführung in wissenschaftspropädeutsches Denken und Arbeiten.

Ein noch komplexeres Beziehungsgeflecht stellen die eigentlichen Bereiche der Sozialgeographie und der Raumplanung dar. Es ist nicht mehr möglich, eindeutige Gedanken- und Schlußketten zu entwickeln. Vielmehr steht der Betrachter und Forscher stets vor einem Problemfeld, das — sozial bestimmt — jeweils von ganz verschiedenen Denkansätzen her erschlossen werden kann und muß. Die Analyse solcher Problemfelder gehört zweifellos auch in den Bereich wissenschaftspropädeutischen Denkens und Arbeitens, ist aber gewissermaßen als eine gehobene Stufe zu bewerten und muß auf einfacheren, vorher anzulegenden Denkstrukturen aufbauen.

Auch die Erkundung eines Landes und seiner Probleme ist als komplexes Problemfeld anzusehen. Im Gegensatz zu anderen komplexen Fragestellungen, z. B. im Bereich der Raumplanung, ergibt sich aber keine grundsätzlich neue methodische Verfahrensweise, sondern es geht darum, die verschiedenen Aspekte und Faktoren, die die Raumprägung bestimmen, zu analysieren und in ihrem Zusammenwirken aufzuzeigen. Eine neue Möglichkeit des Transfers von wissenschaftspropädeutischer Methode ist hier offenbar nicht gegeben. Insofern ist die Fruchtbarkeit länderkundlicher Problemstellungen für die angestrebte grundsätzliche, übertragbare Studierfähigkeit insgesamt relativ gering, obgleich der allgemeine Erkenntniswert derartig komplex strukturierter Gegenstände für die Auseinandersetzung mit der Wirklichkeit nicht zu leugnen ist. In diesem Zusammenhang ist auch die politisch geforderte Behandlung der Entwicklungsländer im Rahmen geographischer Grund- und Leistungskurse zu sehen.

II.4. Der Themenbereich „Stadtplanung" im Hinblick auf die Verwirklichung einer fachbezogenen Wissenschaftspropädeutik

Im dritten Semester der Studienstufe wurde im Rahmen des Leistungskurses Geographie das Thema „Stadtplanung und Raumordnung" angeboten. Voraufgegangen waren im ersten Semester: „Grundlagen und Methoden ausgewählter Gebiete der Geomorphologie und Bodenkunde in ihrer Anwendung auf verkehrsgeographische Fragestellungen. Verwirklichung am Beispiel des Elbe-Seitenkanals" (HENDINGER, HOLSTEN, PETERS, 1973) und im zweiten Semester: „Rentabilität und Sanierung von

Weinbaugebieten" (HENDINGER, NEUKIRCH in G. R. 1971/12). Während der Einstieg in wissenschaftspropädeutisches Arbeiten den Schülern anhand der Geomorphologie zunächst wegen der unzureichenden Vorbildung in der Mittelstufe erhebliche Schwierigkeiten bereitete, bot der Kurs über den Weinbau überaus günstige Bedingungen für eine motivierte, intensive Mitarbeit der Schüler. In Gruppenarbeit und entwickelndem Unterrichtsgespräch konnten die spezifischen Methoden und Fragestellungen dieses Problemkreises relativ gut bewältigt werden. Die Schüler lernten wissenschaftspropädeutische Verfahren kennen, die sie dann auch selbst handhaben und bei Problemlösungen in Leistungskontrollen verwenden konnten.

In einzelnen Fällen gelang es, auf der Grundlage langsam aufgebauter, fundierter kognitiver Strukturen bei Problemlösungen eigene Kreativität der Schüler freizusetzen. Wesentlich war dabei, wie die Schüler selbst äußerten, die Einsichtigkeit der Schlußweisen und Gedankenketten, die es gestattete, mit gegebenen „Bausteinen" zu neuen Erkenntnissen vorzustoßen.

Diese positiven Lernerfahrungen der Schüler sollten nun in einem wissenschaftsorientierten Leistungskurs über Stadtplanung und Raumordnung weiter ausgebaut werden. Hierbei war schon in der Planung die erhöhte Komplexität der auftretenden Problemstellungen zu berücksichtigen. Um auch dem Schüler bereits in einem möglichst frühen Stadium des Kurses Einblick in die Gesamtproblemlage zu geben, haben sich Problemfeldanalysen (Abb. 1) als nützlich erwiesen. Sie können zu Beginn des Kurses, ausgehend von einem aktuellen Problem, gemeinsam mit den Schülern entwickelt werden. Anschließend sollte dann ebenfalls gemeinsam ein Arbeitsplan für den Leistungskurs aufgestellt werden. Die dem Arbeitsplan zugrunde zu legenden Zielsetzungen erwachsen praktisch aus der Problemfeldanalyse und werden als Lernziele für die Kursarbeit festgelegt.

Dem durchgeführten Unterrichtsmodell sind folgende Abschnittslernziele zugeordnet worden:

1. Abschnitt: Einstieg — Zuordnung zur 1. Phase: Wirkfeld

LZ: *Stadtplanung als emotionale und rationale Austragung von Interessengegensätzen mit der Möglichkeit zu eigener Beteiligung deuten.*

2. Abschnitt: Zuordnung zur 2. Phase: Wissenschaftliche Problemstruktur

LZ: *Faktorenanalysen und -kartierungen von Städten in ihrem Wert als Planungsunterlagen erkennen und beurteilen.*

3. Abschnitt: Zuordnung zur 3. und 4. Phase: Projektentfaltung und Einordnung in kognitive Struktur (Kritikphase)

LZ: *Realisierungsmöglichkeiten für bestimmte Entwicklungsvorstellungen zu einem städtisch geprägten Raum erarbeiten und beurteilen.*

4. Abschnitt: Zuordnung zur Übertragungsphase auf Probleme der Raumordnung und Raumplanung

LZ: *Raumordnung und Raumplanung als übergreifende Aufgabe verschiedener Regionen und Länder erkennen und zentrale Probleme angehen können.*

Es liegt auf der Hand, daß ein Kurs, der im Sinne obiger Lernziele wissenschaftsorientiert durchgeführt werden soll, einer intensiven Vorplanung und Vororganisation durch den Lehrer bedarf, wenn er nicht nur bildungspolitisch zwar bedeutsame Informationen geben, sondern auch wissenschaftlich haltbare Problemlösungsstrategien vermitteln und fundieren soll. Außerdem muß in Betracht gezogen werden, daß hierfür nicht nur geographische Arbeitsmethoden erforderlich sind, sondern darüber hinaus der fächerübergreifende Lösungsansatz angemessen zu berücksichtigen ist.

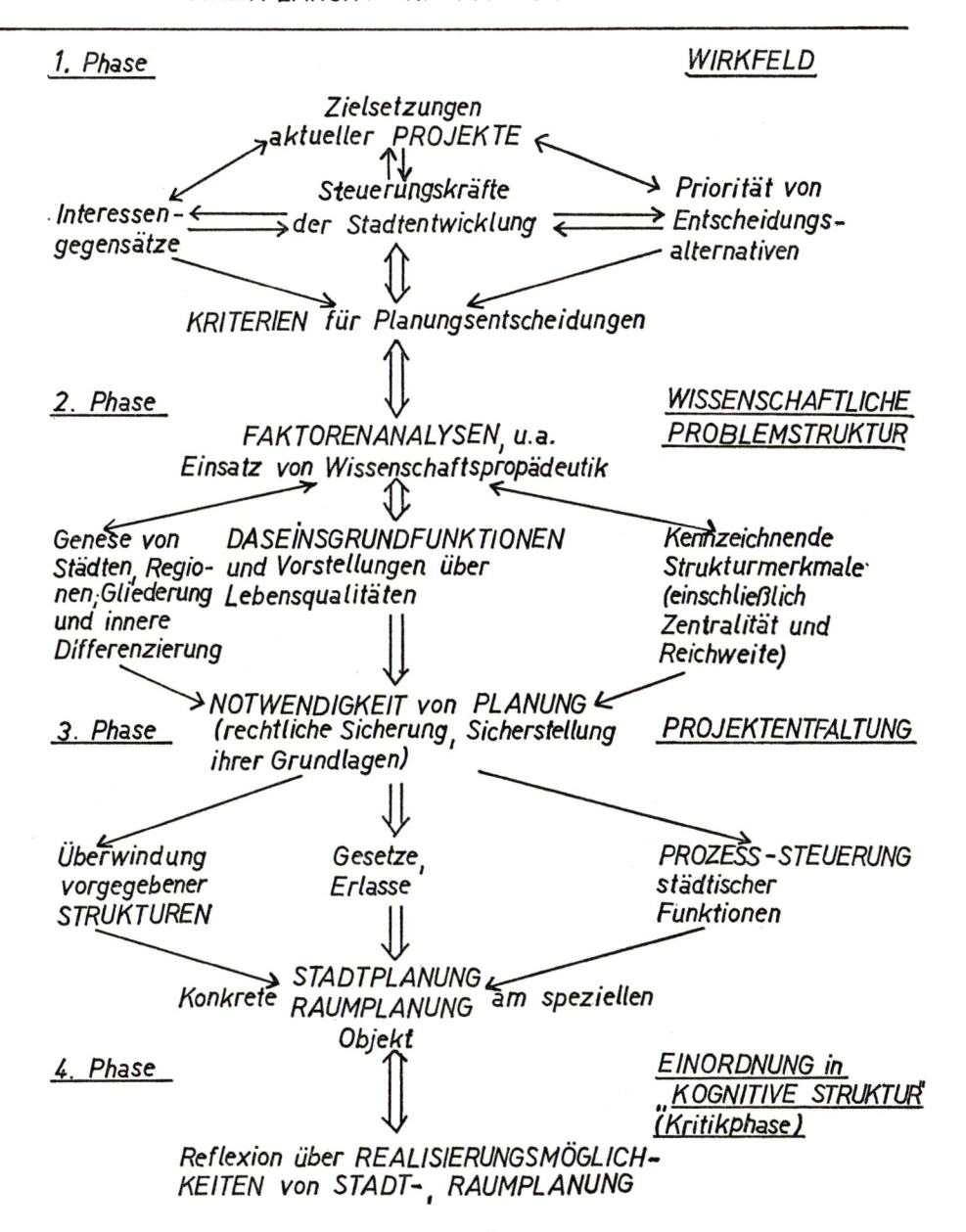

Problemfeldanalyse

STADTPLANUNG UND RAUMORDNUNG

---

1. Phase **WIRKFELD**

Zielsetzungen
aktueller PROJEKTE
Steuerungskräfte
Interessen- ← → der Stadtentwicklung ⇌ Priorität von
gegensätze Entscheidungs-
alternativen

KRITERIEN für Planungsentscheidungen

2. Phase **WISSENSCHAFTLICHE PROBLEMSTRUKTUR**

FAKTORENANALYSEN, u.a.
Einsatz von Wissenschaftspropädeutik

Genese von DASEINSGRUNDFUNKTIONEN Kennzeichnende
Städten, Regio- und Vorstellungen über Strukturmerkmale
nen, Gliederung Lebensqualitäten (einschließlich
und innere Zentralität und
Differenzierung Reichweite)

→ NOTWENDIGKEIT von PLANUNG ←
3. Phase (rechtliche Sicherung, Sicherstellung **PROJEKTENTFALTUNG**
ihrer Grundlagen)

Überwindung Gesetze, PROZESS-STEUERUNG
vorgegebener Erlasse städtischer
STRUKTUREN Funktionen

Konkrete → STADTPLANUNG ← am speziellen
RAUMPLANUNG Objekt

4. Phase **EINORDNUNG in „KOGNITIVE STRUKTUR"**
(Kritikphase)

Reflexion über REALISIERUNGSMÖGLICH-
KEITEN von STADT-, RAUMPLANUNG

Entwurf: H. Hendinger 73

Das Thema „Stadtplanung" kann selbstverständlich auch Gegenstand eines Grundkurses sein. Die gegebene zeitliche Beschränkung auf 30 bzw. 45 Wochenstunden im Semester erfordert dann entsprechende Abstriche. In erster Linie muß die Sicherung der Übertragbarkeit von Methoden zeitlich gegenüber der Vermittlung von Begriffen und Grundeinsichten zurücktreten. Eventuell müßte der Grundkurs — wie z. B. in Hamburg gefordert wird — auch stärker auf die Lernziele politischer Bildung bezogen sein. Das heißt, der Ausschnitt aus dem umfangreichen Stoffplan des Leistungskurses ist so zu wählen, daß der Teil mit politischem Bezug und sozialwissenschaftlicher Relevanz ungekürzt erhalten bleibt. Die eigentliche Erarbeitung geographischer Methoden und Grundlagen hingegen muß entsprechend beschnitten und soweit notwendig durch Informationen ersetzt bzw. ergänzt werden.

II.5. Reflexion von Arbeits- und Unterrichtsformen in ihrer Bedeutung für die Erzeugung wissenschaftsorientierter Verhaltens- und Lernweisen

An den vier Phasen des Unterrichtsmodells „Stadtplanung und Raumordnung" läßt sich besonders klar die Bedeutung verschiedener Unterrichtsformen für die Effektivität der Kursarbeit aufzeigen. Die erste Phase der Wirkfeld-Analyse sollte dem entwickelnden Unterrichtsgespräch breiten Raum geben. Aktuelle Zeitungsberichte oder Schülerreferate können dafür das notwendige Informationsmaterial bereitstellen. Die Faktorenanalysen der 2. Phase dienen der Aufbereitung der wissenschaftlichen Problemstruktur und liefern zugleich die wissenschaftliche Fundierung hinsichtlich der Methoden und der allgemeinen Kenntnisse für spezielle Projektstudien. Hier geht es insbesondere um den Forschungsbereich der Stadtgeographie als Beschäftigung mit manifest gewordener Stadtplanung und Stadtentwicklung. Selbststudium, Gruppenarbeit, Schülerkurzreferate und entwickelndes Unterrichtsgespräch sind in diesem Rahmen als die geeigneten Formen des Lernenlernens zu nennen. Konkrete, in der Literatur aufgearbeitete Modellfälle sollten jeweils als Grundlage dienen. Aus den so gewonnenen Erkenntnissen muß sich in Konfrontation zu den Daseinsgrundbedürfnissen und heutigen Vorstellungen über Lebensqualität die Notwendigkeit von Planung schlüssig ergeben. Damit ist dann eine Basis geschaffen, auf der eigene Projektstudien der Schüler aufbauen können. Die Projektentfaltung kann arbeitsteilig bezogen auf verschiedene Problemaspekte erfolgen oder aber auch sich gruppenweise verschiedenen Projekten zuwenden. Wichtig erscheint im Rahmen wissenschaftspropädeutischen Arbeitens, daß ein Freiraum für selbständige Schülerleistungen gegeben wird. Facharbeiten und Fachreferate haben hier ihren legitimen Standort. Es ist allerdings wesentlich, daß der eigenständigen Erarbeitung von Stadtplanungsprojekten sich eine Kritikphase anschließt, die durch intensive Auseinandersetzung und Reflexion sowie durch abschließende Bewertung vorgeschlagener oder getroffener Maßnahmen zur gesicherten Einordnung der neugewonnenen Erkenntnisse in die „kognitive Struktur" des Schülers führt.

Wie weit die Sicherung der neugewonnenen Erkentnisse und Lernziele jeweils gelungen ist, läßt sich nur durch entsprechende Leistungskontrollen entscheiden. Da in Hamburg zwei derartige Leistungskontrollen auf einen Leistungskursabschnitt von ca. 60—65 Stunden entfallen, mußte die erste Leistungskontrolle sich zunächst stärker Problemen der Faktorenanalyse zuwenden. Für eine insgesamt zweistündige Bearbeitungszeit wurden drei Aufgaben gegeben, eine davon soll mit Vorlagen und Aufgabenformulierung hier vorgestellt werden.

Vorlagen:
a) Räumliche Entwicklung von Passau (SCHNEIDER 1944)
b) Rekonstruktionsversuch des alten Donauarmes über den Neumarkt mit Angabe der Höhenlinien und der geomorphologischen Verhältnisse (SCHNEIDER 1944).

Aufgabe:
1. Geben Sie Problemstellungen an, die sich mit Hilfe *gleichzeitiger* Verwendung der *beiden* vorgegebenen Karten bearbeiten lassen.
2. Greifen Sie eine der von Ihnen gefundenen Problemstellungen auf und versuchen Sie eine Lösung mit Hilfe der beiden Karten (unter Verwendung des Westermann Schulatlas, Große Ausgabe).
3. Vergleichen Sie die historische und heutige Lage Passaus (Westermann Schulatlas, Gr. Ausg. und Westermanns Geschichtsatlas, S. 107 und 122). Leiten Sie daraus Gründe für sein vergleichsweise geringes Wachstum und seinen Bedeutungswandel ab.

Lernziele:
s. 2. Abschnitt: Faktorenanalysen (S. 162)

Aus den Formulierungen unter 1. und 2. wird ersichtlich, daß hier nicht nur Faktenwissen, sondern auch methodisches Vorgehen und Problemverständnis erwartet werden. Dabei muß erwähnt werden, daß Passau im Unterricht nicht Gegenstand der Erörterung war, hier also zugleich Transferleistungen verlangt sind.

Die zweite Leistungskontrolle am Abschluß des Leistungskurses „Stadtplanung und Raumordnung" gibt der Transferleistung im Bereich der Materialsichtung und -auswertung sowie der eigenständigen Planung noch mehr Spielraum und setzt selbständige Arbeitsweise und durchdachte Planung der Durchführung der Aufgabe voraus.

Vorlagen:
a) Karte des Bürgervereins Flottbek-Othmarschen über den möglichen Einzugsbereich des Hallenbades
b) Karte der Staatlichen Pressestelle in Hamburg: „Freizeit und Erholung in und um Hamburg"
c) Verschiedene Zeitungsartikel 1973

Themenstellung:
Planung und Bau eines Hallenbades aufgrund einer Bürgerinitiative auf städtischem Grund und Boden.

Arbeitsanweisung:
1. Untersuchen Sie die spezielle Eignung und Lage der Baugrundstücke für das geplante Schwimmbad.
2. Geben Sie einen Überblick über die Daseinsgrundfunktion „Sich erholen" und ihre Verwirklichungsmöglichkeiten im Hamburger Westen und ordnen Sie die möglichen Neuplanungen entsprechend ein.
3. Entwickeln Sie die Kriterien für die Entscheidung über die vorliegenden Möglichkeiten und Zielsetzungen. Zeigen Sie auf, welche Fragen vor einer endgültigen Lösung des Problems noch geklärt werden müßten (unabhängig vom bereits vorgegebenen Material).
4. Entscheiden Sie sich selbst entsprechend der voraussichtlichen Ergebnisse der Klärung für eine der Möglichkeiten und geben Sie eine angemessene Begründung.

Lernziele:
Neben den drei Abschnittslernzielen (S. 162) kommen insbesondere folgende den drei ersten Abschnitten zugeordneten weiteren Lernziele in Betracht:

LZ 1: Kontrastierende Vorstellungen über Stadt und Stadtentwicklung bei verschiedenen Interessengruppen herauszuarbeiten.

LZ 2: Strukturanalysen als Mittel der Vermeidung von Fehlplanungen und der Beschaffung von Unterlagen für Entscheidungsalternativen erläutern und deren Notwendigkeit erkennen.
LZ 3: Die sozioökonomischen Kräfte als bestimmend für vorhandene Strukturen im Stadtbild aufzeigen.
LZ 4: Demographische Grundlagen der Stadtentwicklung und die phasenhafte Auswirkung auf die Raumansprüche und Stadtgestaltung erklären.
LZ 5: Vorstellungen über Lebensqualitäten, über Ausstattung des städtisch geprägten Raumes und die Befriedigung von Daseinsgrundbedürfnissen in der Stadt aufzeigen.
LZ 6: Bedingungen für die Entwicklung eines Planungsmodells angeben und erläutern.
LZ 7: Stadtplanung in Abhängigkeit von funktionalen Zielsetzungen, vorgegebenen Stadtstrukturen und freizusetzenden Mitteln beurteilen, Methoden der Strukturanalyse und der Planung kennen und anwenden lernen.

Es zeigt sich, daß bei aktuell bezogenen Aufgabenstellungen aus dem Bereich der Planung ein ganzes Bündel von Lernzielen angesprochen wird, die alle in engem Bezug zu geographischen Methoden und Inhalten zu sehen sind.

Entsprechend der Verschiebung des Schwergewichts bei der Durchführung von geographischen Grundkursen muß auch in den Leistungskontrollen eine Abwandlung erfolgen. Angabe und Anwendung von Wissensgrundlagen innerhalb knapper, eng begrenzter Fragestellungen stehen an erster Stelle. Die daneben zu fordernde eigene Kombinations- und Interpretationsleistung sollte umfangmäßig gegenüber den Anforderungen im Leistungskurs zurücktreten und grundsätzlich mit den bereits erarbeiteten Wissens- und Erkenntnisgrundlagen möglich sein, also im allgemeinen keinen Transfer von Methoden auf für den Schüler völlig neue Probleme verlangen.

III. SCHWIERIGKEITEN WISSENSCHAFTSPROPÄDEUTISCHEN ARBEITENS IN DER GEOGRAPHIE UND DEREN BEHEBUNG

Die folgenden Ausführungen stützen sich auf die Erfahrungen aus Leistungs- und Grundkursen, der Referendarausbildung und auf Unterrichtsversuche und Betreuung von Referendaren bei der Durchführung von Leistungskursen.

III.1. Schwierigkeiten wissenschaftspropädeutischen Arbeitens aufgrund der besonderen fächerübergreifenden Situation von Denkstrukturen und Methoden der Geographie und die Notwendigkeit wissenschaftlicher Begleitung von Grund- und Leistungskursen zur Klärung dieses Fragenkomplexes

Es ist einmal die Methodenvielfalt der Geographie, die dem Schüler Schwierigkeiten bereitet. Dabei herrschen im naturgeographischen Bereich Methoden von einfacher, meist linearer Denkstruktur vor, in der Wirtschafts- und Sozialgeographie sind Methoden von sehr komplexer Denkstruktur bestimmend, was zum Beispiel bei der Durchführung einer Problemfeldanalyse deutlich wird. Bei den Ergebnissen ist stets der jeweils zu differenzierende Aussagewert zu beachten. Er ist unterschiedlich, je nachdem es sich um ein Einzelbeispiel, einen gesamten Erscheinungskomplex oder aber um eine Serie von Erscheinungsformen mit der Möglichkeit der Übertragbarkeit der Ergebnisse handelt.

Ebenso verschieden ist die Möglichkeit der Überprüfbarkeit der gewonnenen Ergebnisse. Einmal kann sie nur erfolgen, indem die eingesetzten Denk- oder Untersuchungsschritte einzeln überprüft werden, ein anderes Mal ist der Vergleich mit den Ergebnissen anderer Methoden (Methodenkritik) der einzig gangbare Weg. Gelegentlich ist die Wiederholung der Untersuchung an einer weiteren Serie von Objekten unausweichlich. Schließlich kommt auch die Deduktion aus übergeordneten Annahmen bzw. Kenntnissen als Weg der Überprüfung in Betracht. Diese Vielfalt der Wege zur Überprüfung erschwert dem Schüler zweifellos den Einstieg in selbständiges wissenschaftspropädeutisches Arbeiten und die Sicherung der gewonnenen Ergebnisse.

Auch die Übertragbarkeit von Methoden ist bei geographischen Untersuchungsobjekten nicht ohne weiteres gewährleistet. Im allgemeinen ist der Transfer auf Teilbereiche ähnlicher Struktur beschränkt. Hinzu kommt die Fragwürdigkeit des Methodeneinsatzes ohne Kenntnis der mit der jeweiligen Methode verbundenen spezifischen Fragehaltung.

Es besteht infolgedessen ein dringendes Bedürfnis, daß die hier aufgezeigten Probleme einer wissenschaftlichen Bearbeitung und Klärung unterworfen werden, so daß ein gezielteres wissenschaftspropädeutisches Arbeiten in geographischen Leistungs- und Grundkursen ermöglicht wird.

III.2. Schwierigkeiten in der mangelnden Bereitstellung geeigneter Arbeitsmaterialien, in der Qualifikation der Lehrer und in der unzureichenden sachlichen Vorbildung der Schüler

Während die unter III.1. aufgezeigten Schwierigkeiten mehr oder weniger als fachspezifisch anzusehen sind, sind die Mängel hinsichtlich Arbeitsmaterial, Qualifikation der Lehrer und entsprechender Vorbildung der Schüler durchaus allgemein für alle Fächer gültig. In der Geographie fehlen besonders wissenschaftlich genügend methodisch strukturierte und entsprechend aufbereitete Fallstudien, die Material für die Einübung wissenschaftspropädeutischer Arbeitsweisen anbieten. Um diesen Mangel möglichst schnell zu beheben, muß ein Ausbau fachdidaktischer Forschung angestrebt werden und in den Studienseminaren gezielt eine Strukturierung vorliegender Materialien für den Einsatz im Oberstufenunterricht vorgenommen werden.

Grundsätzlich muß aber auch der Lehrer selbst in die Lage versetzt werden, eine solche Strukturierung der Stoffe vorzunehmen. Ihm müssen Möglichkeiten zur Einführung in wissenschaftspropädeutisches Arbeiten im Rahmen der Lehrerfortbildung und im Studienseminar aufgezeigt werden. Dabei müssen derartige Fortbildungsveranstaltungen auf die Dienstzeit anrechenbar sein.

Die unzureichende sachliche Vorbildung und die fehlenden Fertigkeiten der Schüler lassen sich ebenfalls nur beheben, wenn auch der Lehrer in der Mittelstufe um die Anforderungen in der Studienstufe weiß. Schon in der Mittelstufe muß das selbständige „Lernen lernen" vorbereitet werden und Formen der kooperativen Zusammenarbeit der Schüler eingeübt werden. Das aber bedeutet grundsätzlich die Forderung einer Reform der Mittelstufe in inhaltlicher und methodischer Sicht. Auch hier zeichnen sich bereits Ansätze zu einer Besserung ab. Erste Anregungen zu grundsätzlichen Änderungen bieten die Lehrplanmaterialien der Sekundarstufe I. Darauf läßt sich aufbauen. Die Chancen einer Verbesserung der Voraussetzungen sollten genutzt werden!

Literatur

Bergius, R.: 1969², Analyse der „Begabung": Die Bedingungen des intelligenten Verhaltens. In: H. Roth, Begabung und Lernen, S. 229—268, Stuttgart.

Blankertz, H.: 1970⁴, Theorien und Modelle der Didaktik, München.

Flechsig, K. H. u. a.: 1969², Die Steuerung und Steigerung der Lernleistung durch die Schule. In: H. Roth, Begabung und Lernen, S. 449—504, Stuttgart.

Gagel, W.: 1967, Gestalt und Funktion von Unterrichtsmodellen zur politischen Bildung. In: Politische Bildung 1967/4, Stuttgart.

Gagné, R. M.: 1969, Die Bedingungen des menschlichen Lernens. Hannover.

Geographie in der Kollegstufe, 1971. Empfehlungen der Arbeitsgruppe „Lehrpläne" des Verbandes Deutscher Schulgeographen. In: Geographische Rundschau 1971/12, S. 481—492.

Giesecke, H.: 1970⁵, Didaktik der politischen Bildung, München.

Gerlach, S.: 1966, Die Großstadt als Thema eines fächerübergreifenden Erdkundeunterrichts. Reihe: „Der Erdkundeunterricht", H. 6, Stuttgart.

Hendinger, H. u. a.: 1972, Zur Reform der Oberstufe des Gymnasiums. Curriculumrevision, Organisationsreform, Methodenwandel, Objektive Bewertung, Stuttgart.

Hendinger, H. und D. Neukirch: 1971, Rentabilität und Sanierung von Weinbaugebieten. In: Geographische Rundschau 1971/12, S. 493—496.

Hendinger, H., Peters, B., Holsten, J.: 1973, Grundlagen und Methoden ausgewählter Gebiete der Geomorphologie und Bodenkunde — Anwendung und Leistungsfähigkeit bei Problemlösungen im Verkehr, in der Landwirtschaft und beim Bau von Staudämmen. In: Rahmenrichtlinien Gemeinschaftskunde, Geschichte, Erdkunde ... in der Studienstufe. Amt für Schule, Hamburg.

Hoffmann, G.: Die Physiogeographie in der Oberstufe. In: Geographische Rundschau 1968, S. 451—457.

Jonas, F.: Erdkunde und politische Weltkunde in der Oberstufe des Gymnasiums, Kamps pädagogische Taschenbücher, Band 46, Bochum o. J.

KMK — Ständige Konferenz der Kultusminister der Länder in der Bundesrepublik Deutschland, Vereinbarung zur Neugestaltung der gymnasialen Oberstufe in der Sekundarstufe II. 7. 7. 1972.

Mickel, W.: 1971, Curriculumforschung und politische Bildung. In: Aus Politik und Zeitgeschichte B 19/1971.

Neef, E.: 1970. Vom Fachgebiet Geographie zum Erkenntnisbereich Geographie. In: Pet. Mitt., 1970, S. 132—135.

Niedersächsisches Kultusministerium, 1972, Handreichungen für Lernziele, Kurse und Projekte im Sekundarbereich II für das gesellschaftswissenschaftliche Aufgabenfeld, Hannover.

Rennack, K.: 1973, Einführung in wissenschaftspropädeutisches Arbeiten im Leistungskurs Erdkunde — Probleme der Küstenmorphologie am Beispiel des Raumes Neuwerk/Scharhörn, Studienseminar Hamburg, Examensarbeit (Mskr.).

Scheuerl, H.: 1969, Kriterien der Hochschulreife. In: Zeitschrift für Pädagogik 1969/1.

Schulreform NW (Nordrhein-Westfalen), Sekundarstufe II, 1972, Curriculum Gymnasiale Oberstufe — Erdkunde.

Skowronek, H.: 1970², Lernen und Lernfähigkeit, München.

Vorläufige Rahmenrichtlinien für die Studienstufe (12./13. Kl.), Gesellschaftswissenschaftliches Aufgabenfeld, Hamburg o. J. (1972).

Diskussion zum Vortrag Hendinger

K. Schmidt (Wehrda)

1) Wie sind die Schüler bereits bei der Themen- bzw. Groblernzielvorauswahl mitbeteiligt worden?
2) Die Kurse laufen ein halbes Jahr. Nach 2—3 Monaten setzt meist ein Motivationsabfall ein. Wie haben Sie diesem Motivationsabfall entgegengewirkt?

Prof. Dr. L. Nestmann (Flensburg)

Die Publikationen der Open University, Walten Hall, Walten, Bletchley Bucks, England, geben wertvolle Anregungen und Material für die Geographiearbeit in der Sekundarstufe II. Das Kursmaterial wurde speziell entwickelt, und zwar im Social Sciences-, Geo-Sciences- und Technology-Bereich. Es ist fächerübergreifend integriert, modern und enthält auch Arbeits- und Testeinheiten.

An der Pädagogischen Hochschule Flensburg werden die Einheiten Major Features of the Earth's Surface, Maintaining the Environment, Coastal Environments, Rivers and Lakes und andere benützt. Das Lehrmaterial ließe sich auch direkt in englischer Sprache als Lehr- und Arbeitsbuch verwenden. Dies hätte den Vorteil, daß in dem Geographieleistungskurs gleichzeitig die Sprachkenntnisse gefördert und erweitert würden. Verzeichnisse der relevanten Publikationen können von der Open University angefordert werden. Die Reihen werden laufend ergänzt.

U. Branding (Pinneberg)

Das Referat hat gezeigt, wie eine Integration verschiedener Fächer zur Gemeinschaftskunde möglich ist, nämlich nur an einem einzelnen Thema. Die einzelnen Fächer haben ihre eigene Logik, sie können aber zu einem Thema etwas beitragen. Eine Gesamtmethodik für Gemeinschaftskunde gibt es nicht, die Einheit des Faches ist eine politische Forderung.

Dr. H. Hendinger (Hamburg)

1. Zu den Vorbedingungen der Schüler kann auf die vorangegangenen Leistungskurse verwiesen werden (s. S. 161). Speziell für diesen Kurs über „Stadtplanung und Raumordnung" wurde die Kursplanung gemeinsam mit den Schülern vorbereitet. Die Lernzielauswahl wurde unter Mitarbeit der Schüler skizzenhaft vor Beginn des Kurses vorgenommen, die eigentliche Formulierung blieb allerdings noch Aufgabe des Lehrers. Allen Schülern wurde zu Beginn das gesamte Kursprogramm mit den gemeinsamen Lernzielen ausgehändigt.

   Der angedeutete häufig beobachtbare Spannungsabfall der Motivation nach einem Drittel des Kurses konnte aufgefangen werden, da die dann einsetzende Arbeit in Projektgruppen eine erstaunliche, erneute Motivierung der Schüler bedeutete.

2. Die mißliche Material- und Quellenlage bei der Gestaltung derartiger wissenschaftspropädeutisch ausgerichteter Leistungskurse läßt sich leider nur bedingt durch den Einsatz ausländischen Kursmaterials beheben. Im Rahmen des wissenschaftspropädeutischen Ansatzes ist die Übertragung von Fertigkeiten und Erkenntnissen auf den Nahbereich unerläßlich, das aber erfordert gerade die Sammlung und Aufarbeitung umfangreicher Materialgrundlagen.

3. Daß die Integration im Rahmen der Gemeinschaftskunde und des Faches Politik nur jeweils am einzelnen Thema verwirklicht werden kann, bestätigt sich auf den verschiedensten Ebenen. Insbesondere hat das Hamburger Gesamtschulkonzept für das Fach Politik dieser Tatsache Rechnung getragen. Hier werden facheigene und integrierte Lehrgänge unterschieden. Beim Aufbau von Fertigkeiten und Einsichten für ein Fach mit übergreifenden Zielsetzungen ist ebenso wie bei der Einübung wissenschaftspropädeutischen Arbeitens ein fachspezifisches Vorgehen neben dem integrativen Problemansatz unerläßlich.

DAS HIGH SCHOOL GEOGRAPHY PROJECT (HSGP), EIN MODELL FÜR EIN DEUTSCHES FORSCHUNGSPROJEKT

Analyse und Kritik zum amerikanischen Geographie-Lernpaket und die sich daraus ergebenden Übertragungsperspektiven

Mit 5 Abbildungen

Von J. Engel (Bremen)

R. Dahrendorf beendet sein Amerikabuch „Die angewandte Aufklärung" mit den Abschnitten „Europa geht nach Amerika" und „Amerika kommt nach Europa" (Dahrendorf, 1968, S. 189 u. 198). Der da beschriebene Ideenaustausch, vornehmlich auf das Feld der Soziologie bezogen, läßt sich auf die Pädagogik übertragen. Im 19. Jahrhundert gingen die Ideen Pestalozzis, Herbarts und Montessoris nach Amerika und beeinflußten das dortige Denken um Schule und Unterricht. In der Mitte dieses Jahrhunderts kommen aus der Neuen Welt Anregungen zurück, die sich mit den Stichworten kennzeichnen lassen „empirische Erforschung von Erziehung und Erziehbarkeit" und „curriculares Lernen".

Erstmals sieht sich auch die deutsche Schulgeographie von diesem Ideenrückfluß aus den USA berührt. Für sie ist das aufwendig entwickelte, auf Können und bestimmte Verhaltensdispositionen ausgerichtete Unterrichtspaket des „High School Geography Projekt" (HSGP) neu und anregend. Mit der Gründung eines „Raumwissenschaftlichen Cirruculum-Forschungsprojekts" (RCFP) in der BRD wird der Initialcharakter des amerikanischen Lehr- und Lernwerkes erkennbar (Geipel, 1971). Ein unterrichtlich zu handhabendes Instrumentarium, das den Kernsatz J. Bruners „knowing is a process and not a product" zu realisieren in der Lage ist, stellt eine pädagogische Neuerung dar, die die Kraft der Selbstentfaltung und Selbstverbreitung in sich trägt (Bruner, 1966, S. 72). Mit einem Seitenblick auf die von T. Hägerstrand und in Deutschland von Chr. Borcherdt betriebene Innovationsforschung könnte man davon sprechen, daß sich vor unseren Augen ein räumlicher Ausbreitungsprozeß einer gewichtigen fachdidaktischen Idee vollzieht: Boulder, Colorado, ist das ursprüngliche Innovationszentrum vom Lernen in geographischen Konzepten, Tutzing und Erlangen könnten als Subzentren bezeichnet werden, aus denen das curricular eingebundene Raumdenken eigene Ausbreitungswellen, eigene RCFP-Kreise erzeugt.

Ob das räumliche Umsichgreifen dieser neuen Zielsetzungen erfolgreich ist, hängt nicht zuletzt von der Klärung eines Problems ab: in welchem Verhältnis stehen Kern- und Folgeidee zueinander, wieviel Fremdbestimmung ist zulässig, wieviel Eigenentfaltung ist nötig, welche Rolle spielt die HSGP-Konzeption im Rahmen des RCFP-Vorhabens? — Hier gilt es die kritischen Bemerkungen Ch. Wulfs, H. Meyers und H. Oestreichs (Wulf, 1971; Meyer u. Oestreich, 1973, S. 94—103) ebenso zu beachten wie die Warnung Dahrendorfs, daß sich ein bloßer Antiamerikanismus nicht selten als später Nachfahre der Maschinenstürmerei und als virulenter Kulturpessimismus der Rembrandtdeutschen entpuppt (Dahrendorf, 1968, S. 199). In der Behandlung dieser Frage, nämlich des amerikanischen Einflusses auf die Ansätze einer neuen deutschen Schulgeographie, sind folgende Gliederungspunkte von Bedeutung: 1. Was ist positiv am HSGP, was an ihm muß kritisch gesehen und daher besser gemieden werden? 2. Welche Übertragungsmöglichkeiten ergeben sich für die Praxis? 3. Folgerungen für die RCFP-Strategie.

1. EINE KRITISCHE ANALYSE DES HSGP

Wenn, wie A. Schultze in Erlangen sagte, die Operationalisierung des Geographieunterrichts unser gegenwärtig wichtigstes Anliegen ist, dann kann das HSGP als Beispiel nicht übersehen werden (SCHULTZE, 1972, S. 193). Es zeichnet sich durch drei fachdidaktische Merkmale aus: die curriculare Grundstruktur, die thematische Schwerpunktbildung und die Vermittlungsformen.

Die curriculare Einbindung des amerikanischen Projektes orientiert sich an bestimmten Konzepten, die aus neuzeitlichen fachwissenschaftlichen Ansprüchen abgeleitet werden und beim Schüler bestimmte Fähigkeiten und Einstellungen gegenüber seiner räumlichen Umwelt erzeugen sollen. So sind diese auf Raumkonzepte ausgerichteten Lernziele ein formal operationalisierbares fachdidaktisches Grundmuster, das sich von den hiesigen Bestrebungen um zeit- und lebensbezogene Lernzielkataloge deutlich unterscheidet. Stehen auch wir hier am Beginn einer noch zu leistenden Projektion von Lebenssituationen in Lernaufgaben, so ist die im HSGP erkennbare unvollkommene Ableitung der Lernziele eine nicht zu übersehende Hypothek. Dies zu erkennen, ist wichtig für unsere RCFP-Ansätze; doch man sollte sich damit auch nicht den Blick für das, was anregend und beispielgebend wirken kann, verstellen. Schließlich hat in den USA gerade das Ausklammern schwieriger, offenbar in kurzer Zeit nicht zu leistender Grunddiskussionen um Normengefüge konkrete Ergebnisse ermöglicht. Es ist die „angewandte Aufklärung", die Amerika das HSGP bescherte.

Die thematische Schwerpunktbildung ist das zweite Merkmal des amerikanischen Projektes. In einer Zeit, in der urbane Lebensformen tatsächlich oder im Wunschstreben der Menschen als der Inbegriff ihrer Existenzerfüllung erscheinen, wurde die auf Planung und Entwicklung angelegte Stadtgeographie zum Zentrum der Arbeit gemacht. Damit soll zugleich deutlich werden, daß „Geography in an Urban Age", wie der Titel des HSGP lautet, eine Absage an die den amerikanischen Erdkundeunterricht bisher beherrschende Länderkunde (World Geography) ist (High School Geography Project, 1970). Diese begrüßenswerte Wende birgt eine andere Gefahr. Die Konzentration auf die städtische Lebensform wird nicht selten eine solche auf die eigene gesellschaftliche Grundüberzeugung. Trotz des Farmerinterviews mit polnischen Agronomen (HSGP, Unit 2), trotz der äußerst dynamisch entwickelten Unterrichtseinheit zur Verwaltungsreform Londons (HSGP, Unit 4), trotz des interessanten Planspieles über die Vorteile und Gefahren der Rutilgewinnung an der Ostküste Australiens (HSGP, Unit 5) ist der erdumspannende Zyklus unbefriedigend. Die globale Interdependenz der in geographisches Denken heute mehr denn je einfließenden gesellschaftspolitischen Konstellationen, konkret gesprochen, die Kluft zwischen Nord und Süd, wurde oder konnte unter der genannten Themenstellung nicht berücksichtigt werden. Amerikanisch-ethnozentrische Betrachtungsweisen im Sinne des bekannten Schulbuchtitels „The World Around Us" scheinen damit noch nicht voll überwunden zu sein (THRALLS, 1961). Ein deutsches Projekt sollte hieraus lernen und die raumwissenschaftliche Themenbildung nicht zu eng fassen. Etwas anderes ist freilich das mit der inhaltlichen Bestimmung in Zusammenhang stehende Problem fachdidaktischer Zielsetzung: sollen Schüler hauptsächlich Erkenntnisse über sozialräumliche Prozesse vermittelt bekommen oder sollen sie künftige räumliche Lebensansprüche planen lernen, d. h. entsprechende Entscheidungen suchen und fällen können. Wie im HSGP sollte die deutsche Schulgeographie das vorausschauende Denken und Handeln, das immer auch die Information über das Gewordene und über das z. Z. Seiende einschließt, zur bildenden Leitidee machen. Hier liegt in der Tat das Neue, das für uns aus dem HSGP Verwertbare: etwas dem jungen Menschen geben, was er morgen gebrauchen kann, ihm etwas zur Verfügung stellen, was ihn veranlaßt, im Fluß gesellschaftlicher Veränderungen, im Ringen um Raumansprüche gleichermaßen Lebenselastizität und Standpunktbildung zu gewinnen.

Das dritte Merkmal am HSGP, die besonderen Vermittlungsformen — heuristische Methoden, Modellbildung, Medienverbund u. a. — sind schon mehrfach beschrieben worden, sie brauchen hier nicht noch einmal erläutert zu werden (STEINLEIN, 1969, und ENGEL, 1969, 1970, 1971).

Um die Grenzen einer HSGP-Adaption zu verdeutlichen, soll abschließend auf 2 Beispiele verwiesen werden.

In der 5. Unterrichtseinheit „Der Mensch und seine Umwelt" befindet sich ein Lernprogramm zum Wasserkreislauf (HSGP, Unit 5, Student Manual, S. 4—19). Eine der Informationen dort heißt: „Der Wasserkreislauf kann mit dem in ein Geschäft einmündenden und aus ihm herausgehenden Geldstrom verglichen werden. Wenn ein Kaufmann in seinem Geschäft Geld erhält, nennt man das ‚Einkommen', das entweder wieder ausgegeben oder gespart werden kann." — Das Wort „Einkommen" ist kursiv gedruckt, denn es ist der Schlüsselbegriff für den nächsten Lernschritt, bei dem es heißt: „In ähnlicher Weise kann die Feuchtigkeit, die das Land empfängt, als Feuchtigkeits ... (das Wort „Einkommen" ist einzusetzen) aufgefaßt werden." Diese Analogie des Wasserkreislaufes mit dem Geldstrom, sie wird auf Scheck- und Bargeldverkehr, auf Zahlungsraten und auf Geldanlageformen ausgedehnt, ist für deutsche Verhältnisse ungewöhnlich. Mit G. Gorer muß man sich aber vergegenwärtigen, daß dieser geradezu natürliche Bezug zum Geld, der Amerikanern und eben auch jungen Menschen dort mitgegeben zu sein scheint, auf den doppelten Symbolwert des Dollars zurückzuführen ist: Geld repräsentiert Kaufkraft und sozialen Status (GORER, 1956, S. 124). Wir vermerken kritisch: eine Elementarisierung von Naturvorgängen durch kapitalistisch-ökonomische Prozesse ist ungeeignet, weil sich die Erklärungszusammenhänge in zu unterschiedlichen Ebenen befinden. Auf eine künftige RCFP-Strategie bezogen, sollte hieraus gefolgert werden, daß kapitalismusimmanente Lernformen, wie sie besonders auch in Planspielen anzutreffen sind, zu vermeiden sind oder, wenn unumgänglich, an Inhalte gebunden werden, die neue raumverwaltende und dadurch raumerhaltende Lebensformen zum Ziel haben. In den USA ist man im Begriff, entsprechende Korrekturen vorzunehmen, wie das 1972 an der Clark University in Massachusetts entwickelte Wasserversorgungsplanspiel zeigt (Aquarius, 1972). Doch generell sollte hier der Blick mehr auf England gerichtet werden. Wie G. HOFFMANN und E. KROSS berichten, kommen von dort Denkanstöße, die über die Einseitigkeiten eines vor 10 Jahren begonnenen amerikanischen Projektes hinausführen können (HOFFMANN, 1972 und KROSS, 1973). Der englische Schulgeograph R. WALFORD gibt in seinem jüngsten Buch „Simulation in the classroom" Beispiele von Lernspielen, die sich mehr an „cooperation" und an „contest", d. h. an Zusammenarbeit und an Wettspiel orientieren als vorherrschend das Prinzip der Gewinnmaximierung und damit zugleich die an Sieg oder Niederlage gebundene „Zerreißmethode" (competition) zu verfolgen (WALFORD, 1972).

Ein zweites Beispiel zur Problematik der HSGP-Adaption ist der in der gleichen Unterrichtseinheit wiedergegebene Vergleich zweier Räume mit ähnlicher Naturausstattung (HSGP, Unit 5 Teacher's Guide, S. 7—12 und Student Resources, S. 13—20). Am Nildeltabereich und am Salton-Sea-Becken des unteren Colorados sollen die Schüler erkennen, wie sich beide Flußniederungslandschaften durch jeweils eigene Formen der Inwertsetzung verschiedenartig entwickelten. Die lange und reiche Kulturgeschichte Ägyptens, der mit der Zeit immer größer werdende Bevölkerungsdruck, die religiösen und politischen Überzeugungen und die Besonderheiten der Marktlage erklären die wirtschaftliche Rückständigkeit des afrikanischen Raumes; die späte Erschließung des Salton-Sea-Beckens, das Erfolgstreben, die größere glaubensmäßige Offenheit und die demokratisch-liberale Einstellung seiner Bewohner zusammen mit der wirtschaftlichen Verflechtung mit einem hochentwickelten Markt erklären die günstigen Betriebs- und Wirtschaftsformen und damit den relativen Wohlstand der im amerikanischen Vergleichsraum lebenden Menschen. — Dieser länderkundliche Vergleich zeigt, daß Ellen Semples Milieutheorie überwunden ist, amerikanische Geographen halten es heute mit E. OTREMBA, der sagt: „Der Naturraum ist die passive Grundlage, der Mensch trägt die Aktivitäten hinein." (OTREMBA, 1951/52, S. 519). Doch bei weiterem Nachdenken über den Salton-Sea-Nildelta-Vergleich regen sich Zweifel in doppelter Richtung: Tritt nicht an die Stelle eines naturwissenschaftlichen Determinismus ein solcher gesellschaftlicher Prägung? Die in beiden Raumdarstellungen erkennbar werdenden, fast linear aneinandergereihten Abhängigkeiten anthropogener Faktoren lassen das zu Recht vermuten. Die anderen weit wichtiger zu nehmenden Bedenken sind die einer in diesen Lernabschnitten spürbaren amerikanischen Ethnozentrismus-Tendenz. Fremde Kulturen werden an der eigenen gemessen. Was in wissenschaftlicher Ebene durchaus vertretbar ist, bedeutet im Feld der Schule möglicherweise eine Verstärkung nationaler Stereotypbildung. Aus dem bereitgestellten Material, das durch weitere Filter objektiver Informationen nicht ohne weiteres zu relativieren ist, ergibt sich sehr leicht die Schlußfolgerung: Fortschritt im Sinne wirtschaftlichen Wohlstandes ermöglichen am besten die im eigenen Land geltenden gesellschaftlichen Bedingungen.

Mit diesen beiden HSGP-Abschnitten werden die Grenzen eines hauptsächlich fachstrukturell ausgerichteten Lernpaketes sichtbar. Sie sollten im Blick behalten werden, wenn eigene Projektformen zu entwickeln sind.

2. MÖGLICHKEITEN ZUR VERWENDUNG VON HSGP-LERNABSCHNITTEN

Die folgenden Versuche der Projektübertragung — es sind die Arbeitsergebnisse Bremer PH-Seminargruppen — sind nichts Abgeschlossenes, sie zeigen Ansätze von Lernsequenzen, die durch intensive Forschung in voll funktionsfähige Unterrichtseinheiten auszubauen wären.

a) Der 5. Abschnitt der stadtgeographischen HSGP-Einheit, „Sizes and Spacing of Cities", regte an, eine auf den näheren Umkreis bezogene Einkaufsreichweitedarstellung zu entwerfen und unterrichtlich in einer Grundschulklasse auszuprobieren (HSGP, Unit 1, Teacher's Guide, S. 59—75 und Student Resources, S. 47—64). Im Gegensatz zu der erkundungsgebundenen Fachgeschäftskartierung von E. KROSS wurde hier von den gegebenen Verhältnissen bestimmter Schülersituationen ausgegangen, Unterrichtsgänge waren nicht nötig.

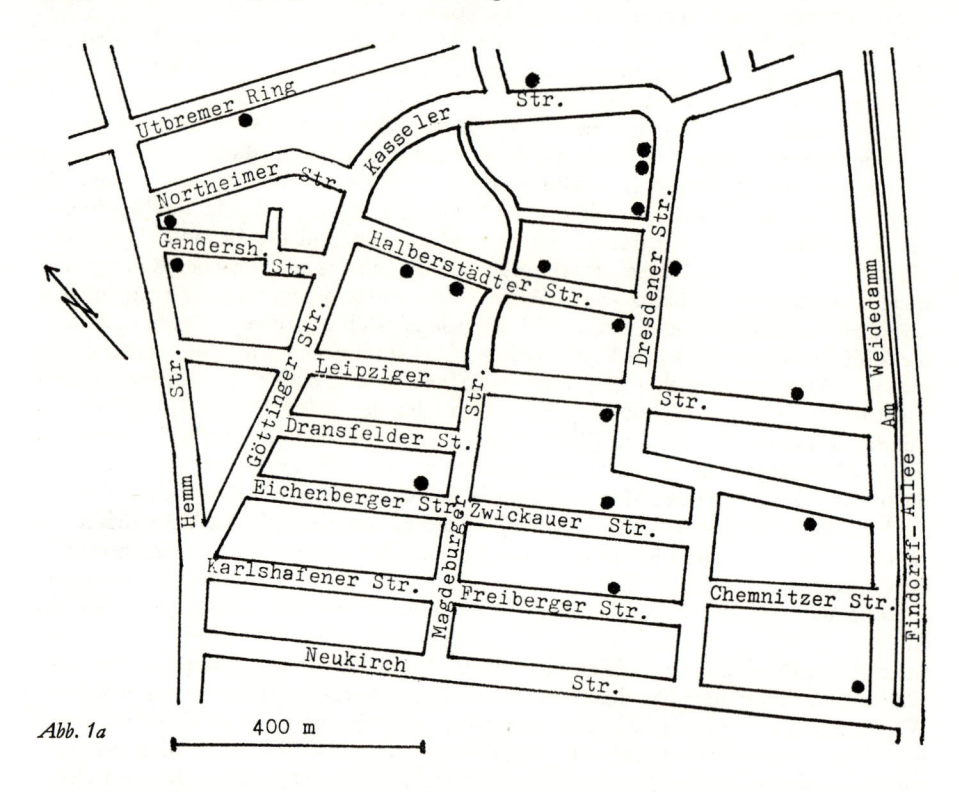

Abb. 1a

Nach einer entsprechenden Einführung zeichneten die Schüler in einen durch die Klasse wandernden Stadtteilplan die Lage ihres Wohnhauses ein (Abb. 1a); diese Arbeit diente dem „Sichzurechtfinden". Danach folgte ein zweiter Plan, der die Überschrift „Bäcker" trug. In ihn mußte jeder Schüler erneut die Lage des eigenen Wohnhauses, dazu aber auch den Ort des Bäckers, bei dem überwiegend eingekauft wird, eintragen, und beide Punkte mußten miteinander verbunden werden (Abb. 1b). Es folgten weitere Einkaufskarten, bei denen stets entsprechende Eintragungen vorzunehmen waren. So lagen am Ende neben der Bäckerkarte (Abb. 1c) Einkaufsreichweiteerhebungen für das Lebensmittelgeschäft, für den Zahnarzt, Schreibwarenladen, Fahrradhändler und für die Drogerie vor. Die Ergebnisse wurden diskutiert, und die Schüler kamen zu Einsichten wie: Wenn ein Bäcker gute Brötchen bäckt, gibt es Überschneidungen mit anderen Bäckereinzugsgebieten; wenn ein Fahrradhändler zugleich Mofas verkauft, zieht er die Kunden aus entfernter gelegenen Straßen an; wenn in der Nähe, wo meine Oma wohnt, eine Drogerie ist, dann kaufen wir beim Besuch von Oma gleich dort ein, auch wenn das sehr weit weg ist.

b) Der 6. Abschnitt der stadtgeographischen HSGP-Einheit heißt „Städte mit besonderen Funktionen". Es war sehr leicht, diese Lernphase in Schulklassen durchzuführen (Abb. 2).

Abb. 1b |—— 400 m ——|

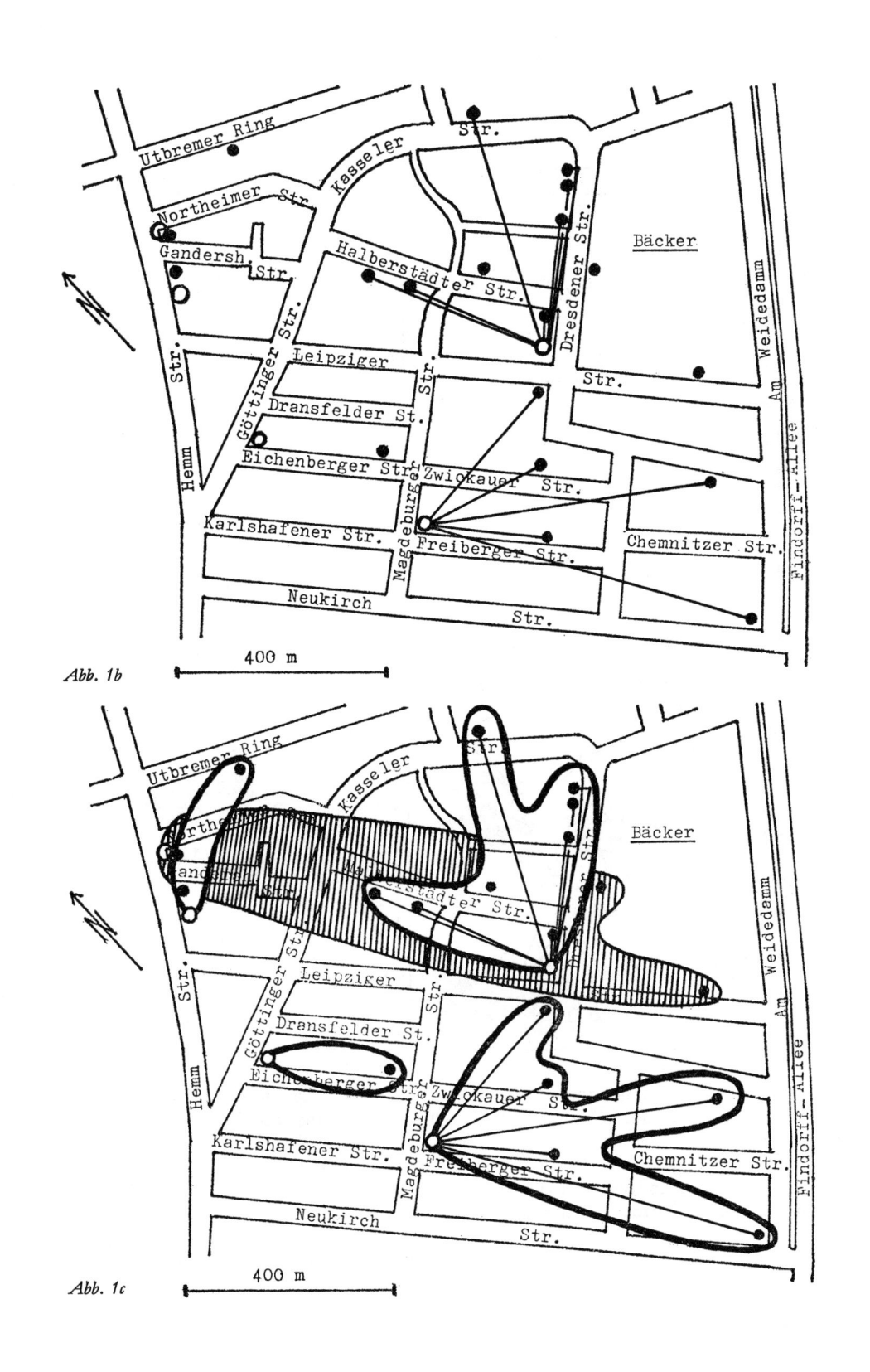

Abb. 1c |—— 400 m ——|

176 J. Engel

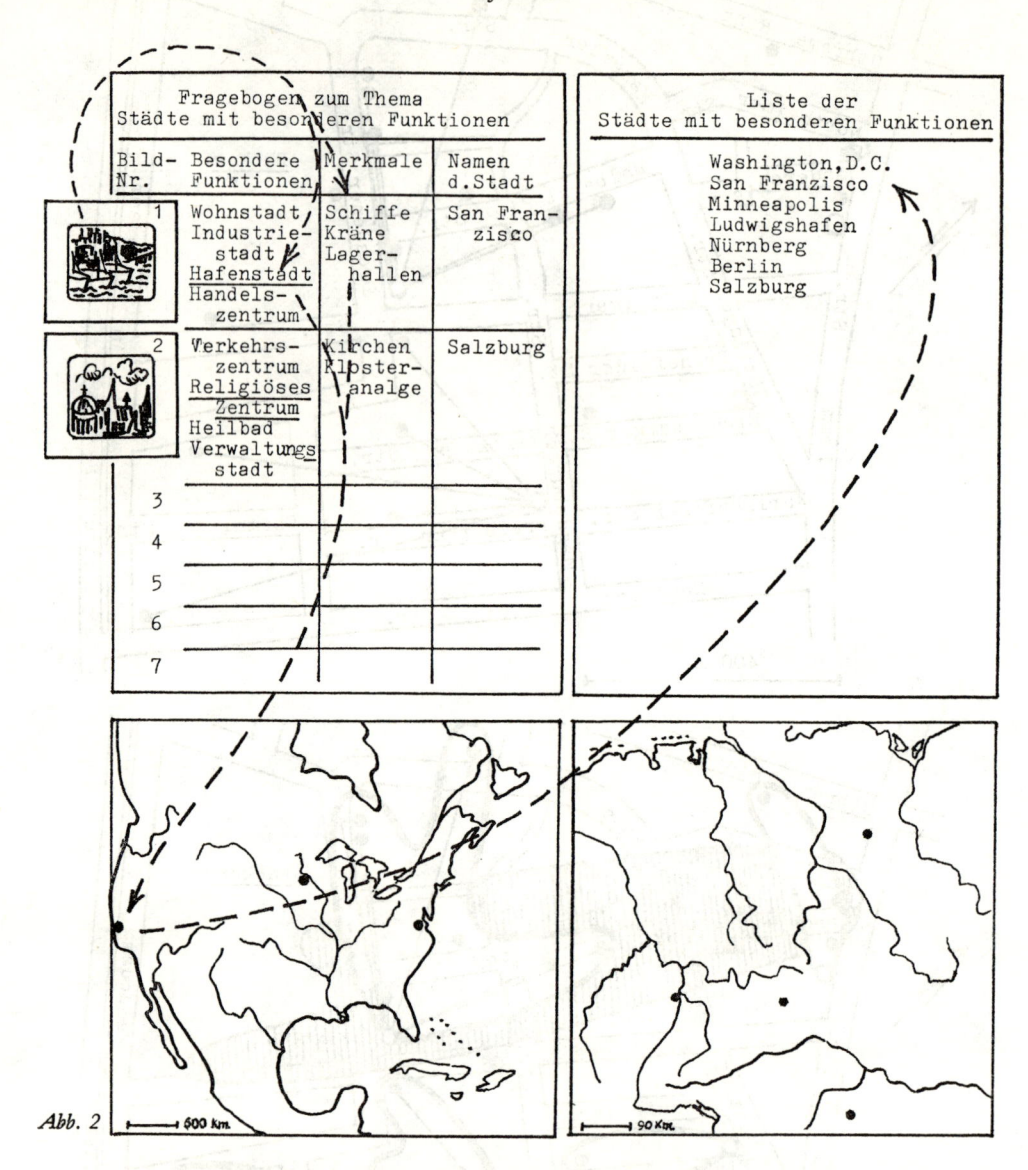

Bild-Nr.	Fragebogen zum Thema Städte mit besonderen Funktionen			Liste der Städte mit besonderen Funktionen
	Besondere Funktionen	Merkmale	Namen d.Stadt	Washington, D.C. San Franzisco Minneapolis Ludwigshafen Nürnberg Berlin Salzburg
1	Wohnstadt Industriestadt Hafenstadt Handelszentrum	Schiffe Kräne Lagerhallen	San Franzisco	
2	Verkehrszentrum Religiöses Zentrum Heilbad Verwaltungsstadt	Kirchen Klosteranalge	Salzburg	
3				
4				
5				
6				
7				

Abb. 2   ⊢—— 500 km   ⊢—— 90 Km.

Die Studenten gingen in der Bildstelle die Lichtbildserien durch und suchten Diapositive einer typischen Hafenstadt, Regierungsstadt, eines religiösen Zentrums, einer Industrie- und einer ausgesprochenen Wohnstadt heraus. Nachdem in vorausgegangenen Stunden Grundlegendes über Städte und ihre Funktionen erarbeitet worden war, wurden einer Klasse diese ausgewählten Lichtbilder kommentarlos gezeigt. Bei einem zweiten Durchgang der Bilder hatten die Schüler dann in einem Fragebogen Funktionsangaben zu überprüfen, um die jeweils zutreffendste zu unterstreichen, und sie mußten in einer weiteren Spalte entsprechende Merkmale, die als Beleg für die getroffene Stadttypus-Entscheidung anzusehen waren, niederschreiben. Im weiteren waren die Lage der Städte durch beigegebene Karten und die einer Liste zu entnehmenden Namen einzelbildmäßig zu identifizieren. Auf diese Weise mußte der durch das Bild erkannte Funktionstyp mit konkreten Merkmalen und weiterhin mit der auf das Individuelle zielenden Lage und Benennung verbunden werden. Der Unterrichtsgang vom Generellen zum Besonderen wurde fortgesetzt, indem die Schüler schließlich noch in einem Textblatt zu jeder Stadt eine kurze Charakteristik zu lesen hatten. Die vorgegebene Monofunktionalität wurde auf diese Weise in Frage gestellt, es wurde möglich, die Realität in voller Breite zu erfassen.

In Erfüllung des Lernweges (Abb. 2) bestehen keine Restriktionen. Die Schüler können, wenn sie wollen, vom Nachbarn absehen, sie dürfen im Atlas nachschlagen, andere Hilfsquellen heranzuziehen ist statthaft. Mithin hat diese Arbeit einen völlig anderen Stellenwert als der bisher übliche Umgang mit Bildern, Texten, Merksätzen und stummen Karten. Lehrbuchabhandlungen oder Vorträge über Städte sind nicht das Zentrum, Stadtlagen und Städtenamen brauchen nicht memoriert zu werden, detaillierte Bildbeschreibungen entfallen. Was die Schüler hier tun mußten, war gezieltes Beobachten, logisches Denken, räumliches Einordnen und relativierend etwas überprüfen; geographisches Lernen bedeutet auf Fachkategorien ausgerichtetes kombinatorisches Denken.

c) Die 2. und 4. Unterrichtseinheit im HSGP regten vor allem an, Planspiele für unsere Verhältnisse zu entwickeln. Das Standortfaktorenspiel „Location of the Metfab Company" (HSGP, Unit 2, Teacher's Guide, S. 21—24 und Student Resources, S. 15—29), bei dem für eine Metallwarenfabrik der günstigste Ansiedlungsort in den USA zu suchen ist, wurde auf einen Raum der Dritten Welt übertragen. Das politisch-geographisch ausgerichtete „Section-Spiel" (HSGP, Unit 4, Teacher's Guide, S. 1—16 und Student Resources, S. 1—17) wurde in eine bremische Auseinandersetzung über Häfen umgewandelt. Da das letzte Simulationsvorhaben bereits erprobt wurde und in einer Unterrichts-Mitschau-Aufnahme der Universität Bremen vorliegt, soll hierüber weiter berichtet werden.

So wie im amerikanischen Beispiel Abgeordnete und Bürger eines hypothetischen Staates Wirtschafts- und Sozialplanung betreiben, so müssen sich im Fall Bremen der Bürgermeister, der Wirtschaftssenator, der Hafen- und Finanzsenator und ein Bürger einzeln und später als ganze Gruppe entscheiden, ob die seit langem geplanten Hafenerweiterungsbauten im nächsten Haushaltsjahr unmittelbar in Angriff zu nehmen sind oder ob weiter hauptsächlich Straßen, Wohnungen, Parkhochhäuser in der Innenstadt und Schulen gebaut werden sollen (Abb. 3). Die an diesem Planspiel beteiligten Schüler müssen die allgemeinen und speziellen Bedingungsfelder analysieren und strukturieren, um hieraus Schlüsse ziehen zu können. Dazu erhalten sie je eine Rollenkarte, eine vereinfachte Grafik des Bremer Haushaltsplanes, zwei der jeweiligen Rollenkarte exakt zugemessene Arbeitsblätter mit Informationen, statistischen Angaben und Aufgaben sowie eine auf das Entscheidungsfeld zugeschnittene Übersichtskarte. Mit Hilfe dieser Materialien lernen die Schüler etwas zur Funktion eines Hafens, zur Bedeutung des Hinterlandes und der Überseeverbindungen, sie lernen, städtische Daseinsfunktionen räumlich zu erfassen und deren Auswirkungen einzuschätzen, und sie lernen, aus den ihnen vorgegebenen Sachzusammenhängen heraus zu argumentieren, um entsprechende Entscheidungen fällen und begründen zu können. Rollenspiele dieser Art sind fachdidaktisch von polyvalenter Bedeutung, durch sie lassen sich kognitive, affektive und psychomotorische Lernziele operationalisieren,

Abb. 3

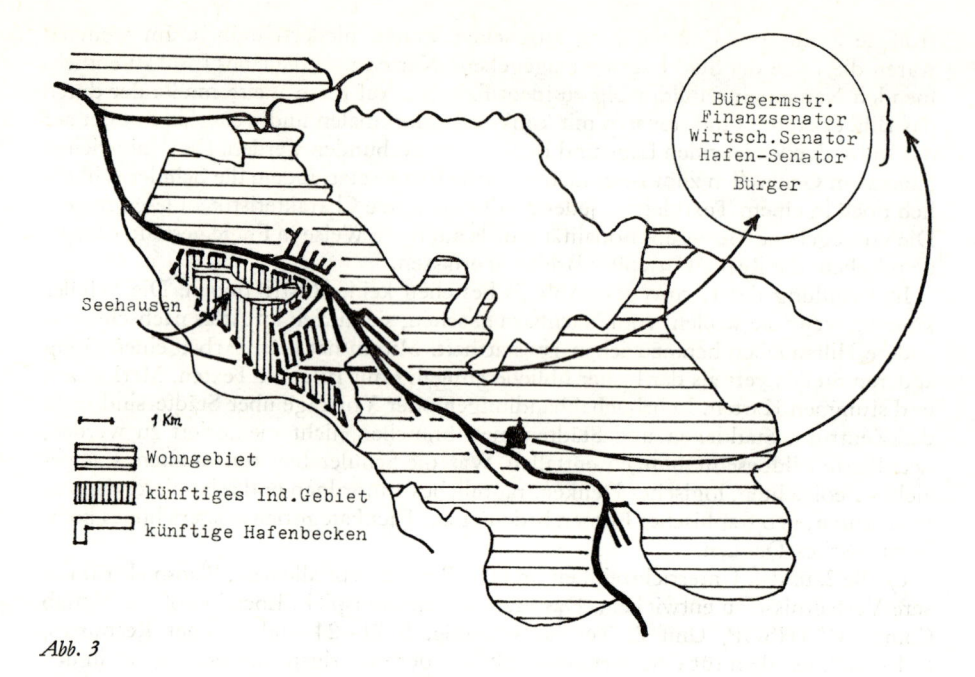

durch sie sind — vorausgesetzt, Rollensimulation und konzeptionelles Denken stehen in einem ausgewogenen Verhältnis — zueinander, soziale und individuell-persönlichkeitsbildende Lernformen zu verwirklichen.

Das HSGP bietet noch eine Reihe weiterer Übertragungsmöglichkeiten etwa im Bereich der Stadt- und Raumplanung, der Agrarstruktur, der Ökologie und der Innovationsgeographie. Auf sie kann an dieser Stelle nicht weiter eingegangen werden.

3. FOLGERUNGEN FÜR DIE RCFP-STRATEGIE

Die zusammenfassenden Schlußgedanken können auf 2 Fragen und entsprechende Empfehlungen reduziert werden.
1. Besteht der Wert des HSGP nur in seiner stimulierenden Wirkung, nicht aber in seiner Adaptionsfähigkeit?
2. Ist ein geschlossener Ein- oder Zweijahreskurs oder eine aufgelockerte, auf mehrere Jahre verteilte Projektbildung zu bevorzugen?

Zur Beantwortung der ersten Frage ist der Blick auf das aus den USA kommende Fernseh-Vorschulprogramm „Sesamestreet" nützlich (Sesamstraße, 1973). Um möglichst wirksam und schnell zugleich sein zu können, wurde die Diskussion um eine völlig eigene Sendung oder um eine mögliche Adaption des amerikanischen Programms so entschieden, daß zu 70 % die ausländischen Bildstreifen übernommen und zu etwa 30 % neue, hier gefertigte Szenenfolgen eingefügt wurden. Auf diese Weise glaubten Pädagogen und Medienmänner in kürzester Zeit neue Erkenntnisse über das Vorschullernen zu gewinnen, und die Spiegelredakteure sind obendrein der Meinung: „Zum Schaden des deutschen Kindes jedenfalls ist das Geld nicht angelegt."

Wenngleich die Situation bei Sesamstraße und HSGP grundverschieden ist, so ist aus diesem Vergleich zu folgern, daß dort, wo Lernziele und Inhalte beim amerikanischen Lernpaket oder bei anderen in- oder ausländischen Projektansätzen mit den eigenen, aus fachlichen Überlegungen kommenden curricularen Bestrebungen übereinstimmen, Übertragungen vorgenommen werden sollten. In einem deutschen raumwissenschaftlichen Lernprojekt sollten daher nicht nur grundständig neue, eigene Entwicklungen Platz beanspruchen; eine RCFP-Gruppe müßte möglichst schnell Fremdmaterial sichten, Übertragbares sinnvoll umwandeln und in eine erste Erprobungsphase einbringen. Nur so kann das immer brennender werdende Problem „Neue Geographie, wie macht man das?" im positiven Sinne beantwortet werden.

Die zweite Frage hängt mit der ersten zusammen. Etwas grundlegend Neues kann aus einem Guß sein, könnte einen geschlossenen Kompaktkurs ergeben. Doch schon die jetzige Verschiedenartigkeit der Projektgruppenthemen im RCFP wird einen Zusammenschluß sehr erschweren, wenn nicht verhindern. Im übrigen lehren gerade die amerikanischen Erfahrungen, daß die Konzentration auf ein Lernthema (Geography in an Urban Age) andere wichtige raum- und gesellschaftswissenschaftliche Aspekte zu kurz kommen läßt. Beispielsweise sind die Themenfelder der Entwicklungsproblematik, der Marginalität, der Friedensforschung völlig unzureichend im HSGP vertreten. Hieraus wäre zu folgern, daß eine größere Themenstreuung den fachdidaktischen und überfachlichen Ansprüchen mehr gerecht wird, daß eine dadurch notwendig werdende jahrgangsmäßige Entzerrung der deutschen Schulsituation gerechter wird. Die gegenwärtigen Bestrebungen um ein Spiralcurriculum gehen in die gleiche Richtung.

Am Ende ist festzustellen: das High School Geography Project, so unvollkommen vieles ist, sollte uns Beispiel sein, indem wir übertragen, was für unsere Zwecke übertragenswert ist. Das HSGP sollte uns aber auch Beispiel sein in der pragmatischen Verfahrensweise angewandter fachdidaktischer Forschung. Das bei uns in den letzten Jahren erfreulicherweise aufgebaute Lernzielbewußtsein muß nun seinen Niederschlag in unterrichtspraktischen Lösungen finden. Wenn wir vorurteilsfrei ausländische Vorarbeiten als Transmissionsriemen für ein eigenes Projekt begriffen, müßte es gelingen, das bisherige „Erdkundigsein" bald in ein „Können auf dieser Erde" umzusetzen.

Literatur

AQUARIUS: an urban water resources planning project, Curriculum Development Fund, Department of Geography, Clark University, Worcester, Mass. 1972.

BRUNER, J.: Toward a Theory of Instruction, Cambridge, Mass. 1966.

DAHRENDORF, R.: Die angewandte Aufklärung, Frankfurt am Main 1968.

ENGEL, J.: Das Verhältnis von Social Studies und Erdkunde in den Schulen der USA, in: Die Deutsche Schule, 61. Jg. 1969, H. 5, S. 294—306; Wiederabdr. in: Schultze, A. (Hrsg.), Dreißig Texte zur Didaktik der Geographie, Braunschweig, 1971, S. 140—157 und in: Roth, H. u. Blumenthal, A. (Hrsg.), Curriculumentwicklung und Schule, Auswahl Reihe A, H. 12, Hannover 1973, S. 101—115.

— Prospektive Bildungstendenzen im Schulwesen der USA, in: Pädagogik und Schule in Ost und West, 18. Jg. 1970, H. 10, S. 231—239.

— Eine neue Erdkunde: Der sozialräumliche Fachbereich, in: Lebendige Schule, 26. Jg. 1971, H. 8, S. 299—308.

— Grundzüge des amerikanischen „High School Geography Project (HSGP)" in: Geipel, R. (Hrsg.), Wege zu veränderten Bildungszielen im Schulfach „Erdkunde", Der Erdkundeunterricht, Sonderheft 1, Stuttgart 1971, S; 118—137.

Geipel, R. (Hrsg.): Wege zu veränderten Bildungszielen im Schulfach „Erdkunde", in: Der Erdkundeunterricht, Sonderheft 1, Stuttgart 1971.

Gorer, G.: Die Amerikaner, Hamburg 1956.

High School Geography Project: Geography in an urban age, Association of American Geographers, Unit 1—6, London 1970.

Hoffmann, G.: Einführung in die deutsche Ausgabe von Walford, R., Lernspiele im Erdkundeunterricht (Übers. Geipel, E.), in: Geipel, R. (Hrsg.), Der Erdkundeunterricht, H. 14, S. 3—8.

Kross, E.: Geographie an englischen Sekundarschulen, in: Geographische Rundschau, 25. Jg. 1973, H. 10, S. 402—408

Meyer, H., Oestreich, H.: Anmerkungen zur Curriculumrevision Geographie, in: Geographische Rundschau, 25. Jg. 1973, H. 3, S. 94—103.

Otremba, E.: Der Bauplan der Kulturlandschaft, in: Die Erde, Bd. 3, 1951/52, S. 233—245; Wiederabdr. in: Storkebaum, W. (Hrsg.), Zum Gegenstand und zur Methode der Geographie, Darmstadt, 1967, S. 515—533.

Schultze, A.: Neue Inhalte, neue Methoden? Operationalisierung des Geographieunterrichts, in: Schöller, P. und Liedtke, H. (Hrsg.), Tagungsber. u. wiss. Abh., Bd. 38, Deutscher Geographentag, Erlangen-Nürnberg 1971, Wiesbaden 1972, S. 193—205.

Sesamstraße: Vorschulfernsehen—Sesamstraße, in: Der Spiegel, 1973, Nr. 10.

Steinlein, B., Kreibich, V.: Wie erneuern wir die Schulgeographie?, in: Geographische Rundschau, 21. Jg., 1969, H. 6, S. 221—226.

Thralls, Z.: The World Around Us, New York 1961.

Walford, R., Taylor, J.: Simulation in the classroom, Penguin, B., Harmondsworth, Mdsx. 1972.

Wulf, Ch.: Veränderte Bildungsziele im Schulfach Erdkunde, in: Gesellschaft — Staat — Erziehung, 16. Jg. 1971, H. 5.

KREATIVITÄT UND PROGRAMMIERTER ERDKUNDEUNTERRICHT

Mit 3 Abbildungen

Von M. Reimers (Hamburg)

Mit diesem Thema sind zwei höchst aktuelle und dringliche Anliegen der modernen Pädagogik und Didaktik angesprochen, nämlich
1. die Bemühung, in einer Zeit zunehmenden Konsumverhaltens der Schüler die in ihnen liegenden schöpferischen Kräfte zu mobilisieren — eine Bemühung, die im Zusammenhang mit politischen Bestrebungen zu sehen ist, von denen heute aber nicht die Rede sein soll, obwohl die Geographie auch zu diesen ihren Beitrag zu leisten vermag. — Als
2. Anliegen ist die Absicht zu nennen, durch den Einsatz von Programmen die Aktivität jedes einzelnen Schülers und dessen individuelle Beratung zu fördern und gleichzeitig eine Entlastung des Lehrers zu erreichen.

Ich möchte Ihnen heute Gedanken vortragen, die aus dem Bündel der für dieses Thema relevanten Aspekte einige herausgreifen und damit nur wenige Schlaglichter auf das Gesamtproblem werfen.

Mein Vortrag gliedert sich in drei Abschnitte:
1. Die Situation des programmierten Erdkundeunterrichts, wie sie sich z. Z. darstellt;
   dabei beziehe ich mich nur auf deutschsprachige Programme;
2. Kreativität und programmierter Unterricht;
3. Vorschläge zur Verbesserung des programmierten Unterrichts in Richtung Förderung der Kreativität;
   dabei werde ich die Möglichkeiten zur Erstellung von Kurzprogrammen durch den Lehrer selbst vorstellen.

1.1. Die Stellung von Programmen im Unterrichtsgeschehen und ihre Bedeutung für den Lernprozeß sind in den letzten Jahren in einer rasch anwachsenden Zahl von Aufsätzen und Büchern untersucht und dargestellt worden. Die positiv zu bewertenden Möglichkeiten bei dem Einsatz von Programmen sind ebenso wie die Grenzen und Gefahren ihrer Verwendung gründlich durchdacht und z. T. systematisch erprobt worden. Während und nach der Lektüre der meisten Schriften über programmierten Unterricht stellt sich aber bei einem Leser, der als Lehrer aufgeschlossen ist für diese Bereicherung der methodischen Möglichkeiten zur Gestaltung des Unterrichts, leicht das Gefühl eines gewissen Unbefriedigtseins ein. Das mag auf zwei Gründe zurückzuführen sein. Zum ersten geht von den interessanten, anregenden und wichtigen Aussagen insofern nicht immer die wünschenswerte Überzeugungskraft aus, als sie meistens dem rein theoretischen Bereich verhaftet bleiben und verdeutlichende Programmbeispiele den Erörterungen nicht zugeordnet sind. Die nach Veranschaulichung verlangende Vorstellungskraft des Lesers wird nicht befriedigt. Es bleibt aus, was ich mit einem in diesem Zusammenhang ungebräuchlichen Wort bezeichnen möchte: der „Werbeeffekt". Für den Geographen verstärkt sich diese Empfindung noch insofern, als selbst dann, wenn die theoretischen Arbeiten durch Beispiele ergänzt werden, diese in der Mehrzahl aus dem Bereich der Mathematik oder Physik entnommen und für ihn daher in der Regel unverständlich oder uninteressant sind. Der zweite Grund für das Unbefriedigtsein des Lesers ergibt sich aus dem Vergleich zwischen dem Glanz der Theorie und der Misere der Realisierbarkeit. So stellt sich bei dem Lehrer, der sich mit Neuem vertraut machen möchte, nur allzu leicht eine skeptische, resignierende oder gar ablehnende Haltung ein.

Vielleicht ließe sich das Unbehagen des Lesers rasch beheben, wenn man Möglichkeiten aufzeigen würde, das, was in der theoretischen Darstellung so einleuchtend erscheint, gestaltend in die Wirklichkeit umzusetzen. Dazu möge der dritte Abschnitt meines Vortrages als Versuch und Anregung dienen. Doch erscheinen zunächst noch einige andere Überlegungen notwendig und wichtig und als Begründung für die Vorschläge gerechtfertigt zu sein.

1.2. Wendet sich der um Verbesserung seines Unterrichts bemühte Lehrer nach der Lektüre allgemein-pädagogischer Schriften über programmierten Unterricht an spezielle Werke zur Didaktik und Methodik des Geographieunterrichts, so wird er auch dort nur wenig zu diesem Thema finden, am meisten noch in dem 1971 erschienenen Werk von Josef Birkenhauer (Erdkunde, Teil 2, S. 35—41). Ein fortlaufend geführtes Verzeichnis der in den verschiedenen Verlagen erschienenen, z. Z. also einsetzbaren erdkundlichen Programme ist erstmals im Sonderheft zu den Arbeitsheften des Schöningh-Verlages (Bahrenberg, Thomä, Windhorst) abgedruckt.

1.2. Überblickt man die Reihe der bisher für den Erdkundeunterricht erschienenen Programme, so fallen drei Beobachtungen besonders auf:

1. Seit Erscheinen der ersten Programme ist eine deutliche Verbesserung in dem Sinne festzustellen, daß durch eine erfindungsreichere Gestaltung der Programme die Ansprüche an die Denkfähigkeit des Schülers und deren Schulung gestiegen sind. Dies drückt sich in einer variationsreicheren Textabfassung und Aufgabenstellung, der Verwendung von kartographischen Skizzen und Statistiken sowie der Einfügung von Planspielen aus.

2. Wenn der Einsatz von Karten- und Planskizzen auch begrüßt werden muß, so bleibt es doch bedauerlich, daß nicht auch beim Lernen mit Hilfe von Programmen dem Schüler die Arbeit mit den „echten", den authentischen geographischen Hilfsmitteln, also dem Atlas u. a. Karten, mit Bildern oder Texten häufiger, als es bisher der Fall ist, abverlangt wird (vergl. das Programm von Riedmüller: Maßnahmen z. Verbesserung der Agrarstruktur). In diesem Zusammenhang sei auch auf Gert Ritter hingewiesen, der für die Verwendung von Bildmaterial auch im programmierten Unterricht plädiert (H. 12 d. „Erdkundeunterricht"). Bei der Erstellung von käuflichen Programmen wird diese Normalsituation des übrigen Unterrichts aber wohl kaum je angestrebt werden bzw. zu verwirklichen sein, da ja dem Autor nicht bekannt sein kann, mit welchen Atlanten, Lehrbüchern usw. die Schule bzw. Klasse arbeitet, in der sein Programm eingesetzt werden wird. Fiktive Pläne von Stadtvierteln oder vereinfachte Statistiken und elegante Lösungen von Berechnungen vermögen aber zur Operationalisierung instrumentaler Lernziele nicht die gleichen Dienste zu leisten wie unaufbereitete

Karten und Quellen mit ihrem komplexeren Gehalt und daher höherem Schwierigkeitsgrad.

1.3. So wenig wie der Autor von Programmen die geographischen Hilfsmittel der Programmbenutzer kennt, so wenig weiß er um den genauen Zusammenhang, in den sein Programm hineingestellt werden wird, und das Anspruchsniveau der Schüler, die es benutzen werden. Als Folge dieses Einanderfremdseins von Autor und Schüler ist ein Einpendeln des Anspruchsniveaus auf einen — gemessen an den Erfordernissen des Stoffes — mittleren Schwierigkeitsgrad zu bemerken, der insbesondere für Gymnasiasten zu niedrig liegen dürfte. Die Lernschritte werden zu kurz, und der Kreativität bzw. dem selbständigen Denken der Schüler sind durch vorweggenommene Gedankengänge enge Grenzen gesetzt.

1.4. Dem Einsatz der vorhandenen Programme steht als Hindernis auch der Kostenfaktor im Wege. Um mit einem Programm richtig arbeiten zu können, muß der Schüler darin selbst schreiben, zeichnen, rechnen usw. dürfen; das bedeutet aber, daß das Programmheftchen nach einmaliger Benutzung für andere Klassen nicht wieder gebraucht werden kann und eine Neuanschaffung erforderlich wird. Das gefährdet die Bereitwilligkeit der Schulen, häufiger Programme einzusetzen.

Wie lassen sich die unter 1.1. bis 1.4. genannten Mängel bzw. Erschwernisse abbauen? Es ist wiederholt darauf hingewiesen worden, daß der Einbau von Kurzprogrammen in den Unterrichtsverlauf sinnvoller ist als die Verwendung langer Programme, die in erster Linie häuslicher Arbeit vorbehalten bleiben sollten. Besonders Bruno Krapf hat in seinem Buch „Unterrichtsverlauf und programmierte Lernhilfen", 1971, betont, daß ein Programm seiner Form nach am besten als „Lernhilfe" begriffen würde und in Kurzform in den übrigen Unterricht zu integrieren sei.

Damit komme ich zu Abschnitt 2: Kreativität und programmierter Unterricht. Im Zusammenhang mit den Bestrebungen der modernen Pädagogik fällt immer wieder das Wort von der Förderung der Kreativität des Schülers. Der Unterricht soll so organisiert sein, daß er Raum gibt für selbständiges Denken des Schülers, möglicherweise sogar im Gespräch innerhalb einer Gruppe. Dieser Grundsatz, kreatives Denken anregen zu wollen, dürfte aber auch durch das Lernen mit Hilfe von Programmen nicht vernachlässigt werden. Wie schwer diese Forderung zu verwirklichen ist, mögen die folgenden Ausführungen zeigen.

Dazu müssen wir zunächst kurz auf den Begriff „Kreativität" eingehen, um ihn dann im Verhältnis zum programmierten Unterricht zu betrachten. Rainer Krause stellt in seinem die Untersuchungen über Kreativität zusammenfassenden Buch fest, daß es bisher in der Forschung weder gelungen ist, eine eindeutige Definition dessen, was Kreativität ist, festzulegen, noch diesen Begriff genau gegen den der Intelligenz abzusetzen. Ich erinnere an die Forschungen, die mit den Namen Guilford, Bruner, Wallach, Kogan u. a. verbunden sind. Ungelöst ist auch das Problem der Meßbarkeit kreativen Verhaltens bzw. kreativer Leistungen.

Die Kürze der mir zur Verfügung stehenden Zeit gebietet es, nur wenige Punkte aus dem Komplex Kreativität herauszugreifen, um sie als Aspekte für unser Thema vorzustellen:

2.1.1. Mit Mednick wollen wir unter „Kreativität" den „Prozeß der Umformung assoziativer Elemente zu neuen Kombinationen" (zitiert nach Krause, S. 70) verstehen. Vielleicht hilft uns bei der Klärung dessen, was mit Kreativität gemeint ist, auch Corrells Terminus „schöpferisches Denken".

Da wir es im Fach Geographie nicht mit einer irgendwie gearteten künstlerischen Kreativität, d. h. einer auf genuin Neues gerichteten Aktivität zu tun haben, müssen wir zweierlei feststellen:

2.1.2. Kreativität kann sich nur äußern auf der Basis vorhandenen Wissens bzw. vorgegebener Informationen. In diesem Zusammenhang sei erwähnt, daß man festgestellt hat, daß Kreativität in enger Beziehung zum Umfang abrufbaren bzw. verfügbaren Wissens steht;

2.1.3. Die eben erwähnte Formulierung „neue Kombinationen" kann also nur heißen „für das Kind neue Kombinationen vorhandener kognitiver Elemente" bzw. deren Umformung (Krause, S. 42).

2.2.1. Die Befürwortung des programmierten Unterrichts muß in unmittelbarem Zusammenhang mit der Forderung nach Verwirklichung lernzielorientierten Unterrichts und einer Objektivierung der Leistungsmessung gesehen werden. Ich erinnere nur an die Ausführungen von Mager in seinem Büchlein „Lernziele und programmierter Unterricht".

Nehmen wir die Definition von Hitt, daß „kreatives Verhalten eine Kombination von Intuition und Logik, Raten und systematischem Austesten von Neuem und Konventionellem" (zitiert bei Krause, S. 36) sei" zu Hilfe, so ergibt sich, daß auf die meßbare Erreichung von Lernzielen ausgerichteter Unterricht und Kreativität nur schwer vereinbar sind, wobei das Problem der Schulung oder Erlernbarkeit von Kreativität noch ganz außen vor geblieben ist. Wie soll etwas meßbar sein, bei dem Intuition und Raten im Spiel sind?

2.2.2. Ist dem aber so, so wird es höchst fraglich, ob solche Bestrebungen der modernen Pädagogik wie Förderung der Kreativität und Erhöhung der Objektivität bei Leistungskontrollen gleichzeitig zu verwirklichen sind.

Prüft man nun die vorhandenen erdkundlichen Programme im Hinblick auf die vorgetragenen Gesichtspunkte, so sieht man sie geprägt durch die von den Lerntheoretikern um der Sicherheit und Kontrolle des Lernerfolges willen geforderten Kleinschrittigkeit. Die häufige Verwendung von Auswahlantworten bzw. Zuordnungs- und Ergänzungsaufgaben zwängt die Gedankenrichtung des Schülers von vornherein in enge Bahnen. Das drückt sich besonders deutlich in der Kürze der geforderten Antworten aus, die oft nur aus einem Wort, aus einer Zahl bestehen. Beispiele:

LE 74 in „Hunger — ein Weltproblem":

„Die Bevölkerung der UdSSR braucht viel Weizen selbst; außerdem verarbeitet die UdSSR viel Weizen zu chemischen Erzeugnissen.

Sie kann daher kaum Weizen ..."

LE 9 in „Sozialgeographie/Stadt/Sich erholen":

„Unterstreiche das Richtige! Auch mehrere Antworten können richtig sein!

A. Welche Gruppe wirst Du an einem schönen Frühlingsmorgen in Parks und Grünanlagen sehr häufig antreffen? 1. Pensionäre. 2. Mütter mit Kleinkindern. 3. Berufstätige. 4. Schüler.

LE 11 in demselben Programm:

C. „Was sollte ein Stadtplaner tun, damit die Bewohner an der Hauptverkehrsstraße von dem Verkehrslärm abgeschirmt werden? Er sollte: 1. Ihnen raten, auszuziehen. 2. Ihnen raten, beim Hauptverkehrslärm die Fensterläden zu schließen. 3. Grünstreifen mit Bäumen auf beiden Seiten der Straße anpflanzen lassen."

Erinnern wir uns noch einmal der Definition von Mednick, so zeigt sich, daß die Möglichkeit, auf assoziativem Wege durch relativ unabhängiges oder gar ganz unabhängiges Denken gedankliche Bausteine neu zu kombinieren sehr stark eingeengt, wenn nicht gar zunichte gemacht worden ist. Gewiß werden wir in Programmen um eine gewisse Vorstrukturierung der Probleme nicht herumkommen — sie ergibt sich bereits aus der Zusammenstellung der ausgewählten Informationen —, aber die Aufgabenstellung in einer Lerneinheit sollte eben wirklich problemorientiert sein, um dieses Modewort einmal zu gebrauchen. Wenn Kreativität ihren Ausdruck in dem findet, was man als „Bandbreite des Denkens" bezeichnet, so fordern die meisten der vorhandenen Programme nur ein „Schmalband- bzw. Schmalspur-Denken".

Es wird also in den angeführten Beispielen gedankliche Arbeit vorweggenommen bzw. auf ein Minimum reduziert. Und doch ließe sich m. E. Kreativität, ließe sich selbständiges Denken auch bei der Programmarbeit im Schüler wecken, wenn nur die Fragen entsprechend gestellt sind. Vor allem aber muß ein entsprechender Spielraum bei der Beantwortung freigegeben werden. Das erfordert, daß der Schüler volle Sätze bilden oder den nur mit einem kurzen Anfang begonnenen Satz vollenden muß. Selbständige Gedankengänge lassen sich nun einmal nicht anders ausdrücken, und in einem wissenschaftlichen Fach wie der Geographie ist die Sprache das flexibelste Ausdrucksmittel, auch wenn andere Möglichkeiten, z. B. zeichnerische, hinzukommen.

Folgende Beispiele mögen verdeutlichen, was gemeint ist; die Aufgabe lautet:

LE 6 des selbstgefertigten Programms „Landgewinnung" (5. Kl.):

„Um mit Deinen Überlegungen, wie man Neuland gewinnt, weiterzukommen, sieh Dir noch einmal die Zeichnung zu LE 1 an! Du erkennst dort dunkle Streifen bzw. Striche, die vom Ufer aus in das Wattenmeer hineinragen; man nennt sie Lahnungen.

Trage sie, senkrecht von oben gesehen, in die Skizze A ein!

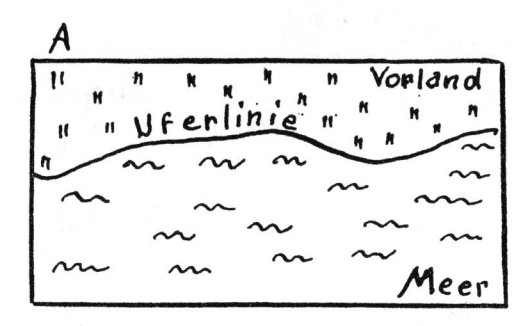

Die Lahnungen bestehen aus einer doppelten oder dreifachen Reihe von etwa 1 m aus dem Watt herausragenden Holzpfählen, die von Flechtwerk aus Reisig durchzogen ist.
Überlege: Welche Wirkung haben die Lahnungen auf die Bewegung des Wassers?
Vervollständige den Satz: Man legt Lahnungen an, ...
Oder: LE 9 desselben Programms:
„An den Schlickablagerungen können wir zwei Beobachtungen machen, die zunächst scheinbar nichts miteinander zu tun haben und doch eine gemeinsame Ursache haben.
1. Wenn Du versuchen wolltest, auf dem Schlick zu gehen, würdest Du sehr rasch bestrebt sein, wieder umzukehren: Du sinkst knöcheltief oder sogar bis zum Knie ein!
2. Auf frischem Schlick können die meisten Pflanzen, die Du kennst, nicht gedeihen; es siedeln sich nur sehr wenige Arten dort an.
Die Skizze soll Dir helfen, den Grund für beide Beobachtungen zu finden! Sieh sie Dir genau an!

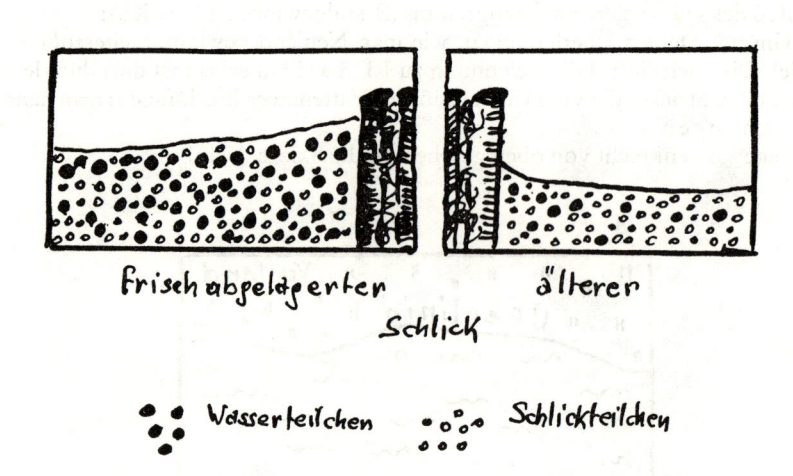

frisch abgelagerter Schlick   älterer

• • Wasserteilchen   • ° ° ° Schlickteilchen

Gib die gemeinsame Ursache für beide Beobachtungen in einem Satz an!
Antworten zu LE 6:
„... damit das Wasser ruhig liegt und die Schwebstoffe sich ablagern können."
„... um das Wasser etwas zu beruhigen."
„... um die stärkeren Strömungen zu unterbrechen, daß die Strömung sich nicht auswirken kann."
„..., damit sich die Sinkstoffe daran befestigen und ablagern können."
„..., um Land zu gewinnen, die Lahnungen brechen die Wellen."
Antworten zu LE 9:
„Weil der Schlick viele Wasserteilchen enthält, sinkt man ein und die Pflanzen können sich nicht festsetzen."
„Die meisten Pflanzen können in dem weichen Schlick nicht gedeihen."

„Der Schlickboden ist noch mit Wasser gefüllt, und daher können kaum Pflanzen gedeihen."
„Die meisten Pflanzen können dort ihre Wurzeln nicht pflanzen, weil der Schlick noch zu naß ist."

Bei unterschiedlicher Formulierung wird doch deutlich, daß die Schüler den Zusammenhang verstanden haben, aber auch, in welchem Maße. Gedanklichen Spielraum zu lassen, bedeutet allerdings auch, daß Antworten unterschiedlichen Inhalts in Kauf genommen werden müssen.

LE 14:
Für einen Beobachter auf dem Deich (*) erscheint die neue Küstenlinie (------) nach der Landgewinnung weit hinausgeschoben gegenüber der bisherigen (———). Das Neuland liegt nun etwa 0,3 m über der mittleren Höhe des Hochwassers; aber von Sturmfluten wird es noch bedroht. Daher deicht man es so rasch wie möglich ein.
1. Trage die neue Deichlinie —— in die Skizze ein!
2. Kennzeichne den neuen Deich, indem Du ihn mit dem bisherigen vergleichst. Wähle für Deine Beschreibung unter den folgenden Ausdrücken die passenden aus und verwende sie!
besser — schlechter — kürzer — gekrümmter — einfacher — gerader — verkürzt — billiger zu unterhalten — kostspieliger — zu unterhalten — teurer als — geeigneter als — länger als

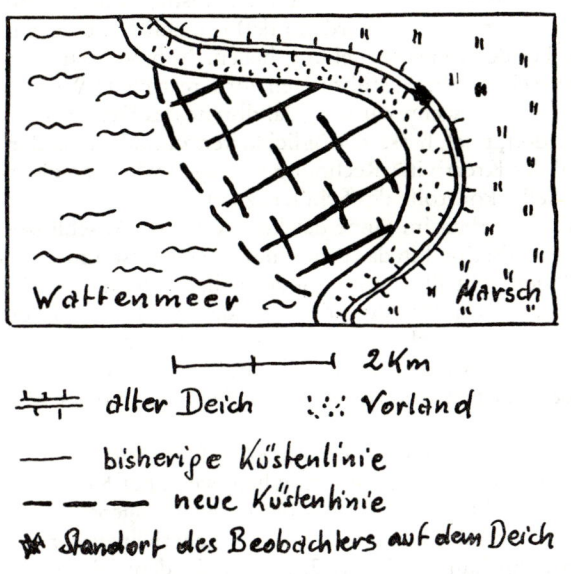

LE 14: Nachdem in eine Skizze die neue Deichlinie eingetragen worden ist, soll sie mit der alten verglichen werden. Antworten:
„Man hat die Deichlinie verkürzt, man verbilligt die Kosten."
„Ein zweiter Deich gibt doppelte Sicherheit für das Land hinter dem Deich."
„Die Küstenlinien sind verkürzt worden."
„Daß man mehr anpflanzen kann."

Als Pädagoge wird der Lehrer erfreut sein, in den verschiedenen Antworten die Lebendigkeit gedanklicher Arbeit sich spiegeln zu sehen; als Programmautor ist er auf Grund der herrschenden Regeln des Programmierens gezwungen, an der Qualität seines Programms zu zweifeln. Nichts beleuchtet besser als dieser soeben aufgezeigte Widerspruch die gedankliche Enge, in die der Schüler mit den in den meisten Programmen bevorzugten Antworttypen getrieben wird.

Gerade geographische Lernstoffe sind aber auf Grund ihrer Komplexität geeignet, kreatives Denken zu fördern, und darum müßte die Form der Programme dem mehr angepaßt werden.

Die im Programm abgedruckte Antwort kann dann allerdings dem Wortlaut nach nicht die einzig richtige sein; es müssen mehrere mögliche Formulierungen als richtig angegeben werden, bzw. es muß dem Schüler gesagt werden „Deine Antwort muß in diesem Sinn lauten:...". Bei einem solchen Verfahren werden gelegentlich Antworten auftauchen, die dem Lehrer unerwartet kommen, an die er nicht gedacht hatte. Ich meine, daß gerade sie, wenn sie sinngemäß gegeben wurden, ein positives Zeichen für das selbständige Denken des Schülers sind und daß es schade gewesen wäre, wenn sie durch eine einengende Aufgabenstellung unterdrückt worden wären. Nun wird man einwenden, daß 1. durch die Forderung nach selbständiger Formulierung Kinder mit geringerem sprachlichen Ausdruckvermögen benachteiligt seien und 2. daß die Erfolgskontrolle durch den Schüler selbst bzw. durch den Lehrer beeinträchtigt würde. Diesen Einwänden muß durch den nochmaligen Hinweis begegnet werden, daß 1. gedankliche Arbeit nur durch Verbalisation ihren Ausdruck findet und 2. Programmarbeit in der Regel nicht bewertet wird, so daß sprachlich weniger gewandte Schüler keine Nachteile bei der Zensurengebung haben. Nehmen wir nochmals Bezug auf Punkt 2. der eingeschobenen Ausführungen zur Kreativität: Wenn wir gedanklichen Spielraum geben wollen, wenn wir die „Bandbreite des Denkens" fördern wollen, so sind wir aufgefordert, noch bessere Möglichkeiten zu finden, bei der Vorprägung der Antwort sowohl der Kreativität Rechnung zu tragen wie auch die größtmögliche Sicherheit für die Selbstkontrolle des Schülers zu erreichen.

Auf je intensivere Arbeit im Sinne des konsequenten Abschlusses von Gedankengängen durch Verbalisation hin das Programm angelegt ist, um so kürzer muß es sein, wenn es den Schüler nicht allzu sehr ermüden soll. Solcherart konzipierte Programme verlangen auch nach zwei, längstens drei Stunden den Einbau in den nichtprogrammierten Unterricht. Entsprechend gestaltete Kurzprogramme, bei denen es wesentlich auf die Einübung der Fähigkeit zu selbständiger Denkarbeit ankommt und deren Integration in den übrigen Unterricht rasch erfolgt, kann der Erdkundelehrer selbst verfassen.

Wenn ein Programm durch die Form seiner Aufgabenstellung das kreative Denken der Schüler fordern soll, so ist das nur möglich, wenn der Kenntnisstand der Schüler bekannt und die sowohl daraus wie aus der entwicklungspsychologischen Situation resultierende Leistungsfähigkeit mit ziemlicher Sicherheit abschätzbar sind.

Wir kommen damit auf Punkt 2.1.2. zurück, in dem ich das Ergebnis der Forschung mitteilte, daß Kreativität abhängig ist von der Zahl der verfügbaren kognitiven Elemente. Es kann gar nicht anders sein, als daß käufliche Programme nur mit dem Wissen, sprich den Informationen, die vom Programm vorgegeben sind, arbeiten. Das aber bedeutet, daß eben die Zahl der abzurufenden kognitiven Elemente zwar nicht gering zu sein braucht, aber doch eine deutliche Begrenzung erfährt. Gehen wir aber davon aus, daß der Lehrer selbst Programme gestaltet, so kann er sie in einen weiteren Kenntniszusammenhang einbauen, also kognitiv weiter ausholen, indem er an vorhandene Kenntnisse anknüpft bzw. daran erinnert. Damit vergrößert sich die Chance für den Schüler, kreativ arbeiten zu können. Außerdem steht dann die Programmarbeit nicht so leicht in einer gewissen Isolierung im Verhältnis zum übrigen Unterricht, wie sie bei käuflichen Programmen in Kauf genommen werden muß, wenn der Lehrer nicht ganz sorgfältig auf nahtloses Ineinandergreifen der Arbeitsweisen achtet. Während in den exakten Wissenschaften wie etwa in der Mathematik die Teilbereiche eines Stoffgebietes in ihrer Folge weitgehend von der Sache bestimmt werden, gibt es gerade in der Geographie mit ihren sehr komplexen Sachgebieten meist mehrere Möglichkeiten der Anordnung und Verknüpfung der Teilbereiche, denen fertige Programme kaum gerecht zu werden vermögen. Jedenfalls könnte ihre Verwendung bereits die Spontaneität und Beweglichkeit der Gedankenführung in dem dem Einsatz des Programms vorangehenden Unterricht beeinträchtigen. Wollte aber der Lehrer selbst längere Programme entwickeln, so träte die gleiche Situation ein. Nur Kurzprogramme lassen sich jeweils kurzfristig auf die unmittelbaren Gegebenheiten abstimmen.

Da sie aus den oben genannten Gründen höhere Ansprüche an die gedankliche Arbeit des Schülers stellen können, sind sie gleichzeitig besonders geeignet, ein Gespräch der Schüler in Kleingruppen (2—3) herbeizuführen und zu fördern. Jedes der vorhandenen erdkundlichen Programme und jedes, das den gängigen Prinzipien des Programmierens folgt, bietet aber nur eine so kleinschrittige Aufgabenstellung, daß Ansatzpunkte zu gemeinsamen Überlegungen nicht gegeben sind.

Selbstgefertigte Programme haben aber noch einen weiteren Vorteil, und damit beziehe ich mich zurück auf 1.2.2. Keinem Autor käuflicher Programme wird es gelingen, die wichtigen Arbeitsmittel des Geographieunterrichts — Atlas, Handkarte, Bild, Relief, Buch — in die Programmarbeit einzubeziehen. Selbst die Verwendung von Statistiken ist bei solchen Programmen problematisch, da die Zahlen relativ rasch veralten. Bei selbstgefertigten Kurzprogrammen lassen sich aber die alten Angaben bei einem Neudruck ohne Schwierigkeiten durch neuere Zahlen ersetzen. Die Ausstattung käuflicher Programme mit Karten- und Bildmaterial, das auch nur annähernd dem der Atlanten und Bücher entspricht, dürfte aber zu teuer sein. Ein selbstgefertigtes Programm dagegen erlaubt die Benutzung des jeweils zur Verfügung stehenden Atlas in vollem Umfang, d. h. es können z. B. thematische Karten mit physischen und auch untereinander verglichen werden. Selbst eine Abänderung der Seitenzahlen bei einer Neuauflage des Atlas bringt den Lehrer bei einem selbstgefertigten Programm von etwa 10—15 Lerneinheiten nicht in Verlegenheit. Buchbilder, Aufnahmen aus Prospekten oder Postkarten, also Material, das leicht in der Vielzahl zu beschaffen ist, kann ausgewertet und in Beziehung zu Karten gebracht werden. Das Bildmaterial läßt sich durch Skizzen und Profile ergänzen. Ein Programm über die kulturlandschaftlichen Wandlungen der Lüneburger Heide für eine 5. Kl. z. B. kann bereits Karten über Bodenarten und -güte sowie über die Verbreitung von Bodenschätzen und Industrie benutzen. Hier würde auch nur neuestes Zahlenmaterial etwa über den Fremdenverkehr ein richtiges Bild vermitteln. Da ein käufliches Programm nicht an einen bestimmten Atlas gebunden sein darf, ist also nur ein selbstgefertigtes Programm in vollem Umfang geeignet, zur Einübung derjenigen Fertigkeiten im Umgang mit geographischen Arbeitsmitteln beizutragen, die als instrumentale Lernziele so oft genannt werden.

Wenn sich aus den bisherigen Darlegungen ein Plädoyer für die Anfertigung von Kurzprogrammen durch den Lehrer selbst ergibt, so muß eine Anleitung dazu gegeben werden. Über allgemeine Regeln für die Erstellung von Programmen gibt es bereits Arbeiten (eine kurze Zusammenfassung ließe sich leicht geben, würde aber den Rahmen dieses Aufsatzes sprengen); Ratschläge für die Anfertigung geographischer Programme finden sich an keiner Stelle! Die folgende Zusammenstellung möge dafür nützlich sein:

1. Motivation und Begründung der Programmarbeit müssen vom vorangehenden Unterricht (Film, Schilderung, Bildbetrachtung, Problemerörterung, topographische Orientierung ...) ausgehen.
An dieser Stelle sei auch erwähnt, daß ein enger Zusammenhang zwischen Motivation und Kreativität besteht.
2. So viel und so oft als irgend möglich sind geographische Arbeitsmittel einzubeziehen, und zwar nicht in einer Form, die eigens für das Programm zurechtgemacht ist. Geographische Programme sollten die Gelegenheiten zum Erwerb von Fertigkeiten im Umgang mit geographischen Hilfsmitteln möglichst wenig einengen.
3. Geographische Programme sollten den gleichen Lerninhalt in verschiedenen Formen anbieten, also eine Transformation verlangen. Z. B.
    1. Umsetzung von Karten (Atlas, amtliche Karten), durch vereinfachendes Nachzeichnen zur (Faust-) Skizze. — Mit diesen Skizzen kann dann im Programm weitergearbeitet werden.
    2. Umsetzen des Kartenbildes in ein Profil.
    3. Kartenbild mit evtl. vorgegebenem geologischem Profil verbinden.
    4. Skizzen vorgeben, durch Vergleich mit Karte beschriften lassen.
    5. Vergleich von Karten aus verschiedenen Zeiten (z. B. Nordseeküste, Lüneburger Heide, Ruhrgebiet, Rheinlauf ...)
4. Profilreihen erstellen oder erstellen lassen (nicht unbedingt in aufeinanderfolgenden Lerneinheiten erforderlich), um Entwicklungsreihen aufzuzeigen (z. B. für morphologische Themen).
5. Skizzen vorgeben und — mit Karte vergleichen lassen (s. 3.4.) — ergänzen lassen — abwandeln lassen — ausmalen lassen — benennen lassen — mehrere ordnen lassen.
6. Bildmaterial (im Programm enthalten, im Lehrbuch, auf Postkarten, in Prospekten, vorher gezeigte Dias) oder Bildskizzen im Programm benutzen und Bildelemente suchen lassen, Bildbetrachtung mit Kartenarbeit kombinieren, um wichtige Bildelemente herauszufinden; Bildauswertung mit Bearbeitung von Zahlenmaterial (Klima, Flächengröße) kombinieren.
7. Klimadaten in das Programm einbauen. — Angaben begründen lassen (evtl. an Hand vorgegebener Informationen oder des vorangegangenen Unterrichts, also vorhandener Kenntnisse); Angaben durch Arbeit an Karten erklären lassen; Angaben mit thematischen Karten vergleichen lassen, so daß kausale Beziehungen hergestellt werden.
8. Geographische Fachausdrücke z. B. durch Gegenüberstellung einprägen: Abtragung/Ablagerung — Ebbe/Flut — Luv/Lee — Merkmale der Mittel- und Hochgebirge u. a.
9. Strukturskizzen herstellen lassen, um komplexe Bezüge zu verdeutlichen, etwa durch Einzeichnen von Pfeilen, z. B.

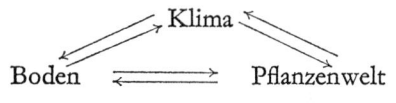

```
            Klima
       ↗          ↘
Boden  ⇌    Pflanzenwelt
```
Beispiele lassen sich aus dem naturwirtschafts- und sozialgeographischen Bereich finden.

Besonders bei solchen Aufgaben wird die Denkarbeit des Schülers gefordert. Solche Aufgaben bieten auch Möglichkeiten, den Abschluß eines Programms zu gestalten.

Nun wird man sicherlich einwenden, daß solchen selbstgefertigten Programmen die Validierung fehle und daher die Gefahr bestünde, daß der Schüler mit nicht genügend durchdachten Forderungen konfrontiert werde. Diese Gefahr läß sich nicht leugnen; sie wird aber durch die kritische Analyse der Lernergebnisse und anschließende Verbesserung u. U. desselben Programms, kurz durch selbstkritische Erweiterung der Erfahrung des Lehrers ständig vermindert. Man kann sich leicht davon überzeugen, daß auch vorgedruckte, also einer Validierung unterzogene Programme nicht frei sind von Mängeln an Diktion, Eindeutigkeit der Aufgabenstellung und solchen im Aufbau. Gerade um das Risiko gering zu halten, eben auch der Vorschlag der Abfassung von *Kurz*programmen, deren Intergration in den übrigen Unterricht rasch erfolgt. Auf diese Weise wird auch einer Verselbständigung der Arbeit an einem Programm entgegengewirkt — ich sprach bereits davon —, wie sie sich aus der Verwendung käuflicher Programme leicht ergibt. Manche der in ihnen behandelten Einzelheiten (z. B. im Programm „Hunger — ein Weltproblem" und „Sich erholen") bedürften einer ausführlicheren Erörterung im Klassengespräch, gerade weil geographische Themen in der Regel sehr komplex sind; es ist aber sehr schwer, diese Komplexität erst im Nachhinein aufzurollen und in zahlreichen Rückgriffen aufzuzeigen.

Mit der Erstellung von Kurzprogrammen ergibt sich also eine Akzentverschiebung in der Aufgabe der Programmarbeit: Auf Kosten der Erfassung eines umfangreichen Gesamtgebietes und dessen vollständiger Aneignung (z. B. Tropenprogramm) durch den Schüler werden Teilkomplexe ausgewählt, die dem Schüler mehr Raum zur Entfaltung selbständigen Denkens lassen. Sie erlauben eine Präzisierung und Vertiefung in der Betrachtung eines geographischen Beziehungsgefüges, die manchen Teilen der bisher vorliegenden erdkundlichen Programme abgeht. Man sollte den Schritt zu solchen geographischen Kurzprogrammen, die eine Mittelstellung zwischen Langprogrammen und Einzelaufgabenstellungen (etwa für den Gruppenunterricht) energischer tun, denn die selbstgefertigten Kurzprogramme werden der eigentlichen geographischen Arbeitsweise in besonders ausgeprägtem Maße gerecht, sie werden aber ebenso der Forderung nach Förderung der Kreativität besser gerecht als manche der vorgefertigten Programme.

Wenn Correll sich dahingehend äußert (Programmiertes Lernen und schöpferisches Denken, S. 68), daß kein Zweifel darüber besteht, „daß grundsätzlich auch schöpferisches Denken programmierbar ist", so scheint mir diese Formulierung vom sprachlichen her wenig geglückt. Dennoch teile ich die — angesichts aller skeptischen Äußerungen, ob die Schule überhaupt Kreativität fördern könne — optimistische, wohl aber doch berechtigte Ansicht und Hoffnung, daß sogar das Lernen mit Hilfe von Programmen geeignet sein kann, kreatives Denken zu schulen.

Diskussion zum Vortrag Reimers

Prof. Dr. H. Haubrich (Freiburg)

Gestatten Sie einige Bemerkungen, die auf langjähriger Erfahrung bei der Entwicklung und Erprobung geographischer Unterrichtsprogramme beruhen.

Zunächst zum gedanklichen Ansatz Ihres Referates! Ich verstehe nicht, wie Sie gerade mit und in Unterrichtsprogrammen Kreativität gewährleisten wollen. Verkennen Sie da nicht die Möglichkeiten und Funktionen der programmierten Instruktion? Programme sind doch immer — ob linear oder verzweigt — vorstrukturiert bzw. vorgedacht. Dem Schüler bleibt nichts anderes übrig, als den programmierten Bahnen zu folgen. Deshalb kann programmiertes Denken niemals kreatives Denken sein. Programme haben vorwiegend die Funktion, Informationen und Methoden zu übermitteln. Im Anschluß an ihre Erarbeitung geben wir z. B. bei unseren Westermann-Kurzprogrammen dem Schüler die Gelegenheit, in einem Planspiel, einem Projekt oder Unterrichtsgespräch kreativ zu werden. An dieser Stelle kann sich Kreativität ereignen. Ihr Versuch, Kreativität in Programmen zu gewährleisten, ist der Versuch der Quadratur des Kreises.

Nun noch eine Bemerkung zu einem Detail!

Wenn Sie statt der multiple-choice-Methode empfehlen, den Schüler ganze Antwortsätze formulieren zu lassen, dann entfällt doch wohl die Selbstkontrolle durch den Schüler und damit das ständige Erfolgserlebnis bzw. die Verstärkung des Lernprozesses, d. h. ein wesentliches Strukturmerkmal der programmierten Instruktion ist nicht mehr gegeben.

Prof. Dr. J. Birkenhauer (Kirchzarten)

1. Wieviel Lernschritte sollen die sog. Kurzprogramme erfassen?
2. „Kreative Programme" im möglichst umfassenden Sinn sind als „Dialogprogramme" ungeheuer aufwendig und vom Lehrer in der Schule nicht zu leisten, wenn sie abgesichert sein sollen. Es sei auf den Forschungsbereich „Computer-unterstützter Unterricht" in Freiburg verwiesen. Mit Hilfe der VW-Stiftung sind bereits mehrere Millionen DM in ein einziges praktikables „Dialogprogramm" investiert worden.

StD. M. Reimers (Hamburg)

Es war die Absicht meines Referates, zwei Anliegen moderner Pädagogik bzw. Methodik, nämlich Förderung der Kreativität und Ausbau des programmierten Unterrichts in ihrem Verhältnis zueinander zu beleuchten. Ich meine deutlich gemacht zu haben, daß sie im Widerspruch zueinander stehen, wenn man an der herkömmlichen Form der Programme festhält. Ich bin natürlich nicht der Ansicht, daß man gerade durch programmierten Unterricht Kreativität fördern könnte; das vermag der herkömmliche Unterricht viel besser zu tun. Da aber Programme in immer größerem Umfang eingesetzt werden und wir uns mit der bisherigen Form der erdkundlichen Programme nicht zufriedengeben sollten, plädierte ich für eine offenere Form in der Gestaltung, die dem Schüler mehr gedanklichen Spielraum läßt, und versuchte, Beispiele aus eigenen Programmen dafür zu geben. Außerdem bemühte ich mich, die Bedingungen aufzuzeigen, unter denen allein solche Programme sinnvoll gestaltet werden können.

Kurzprogramme in dem von mir skizzierten Sinne sollten nicht länger als 15 LE sein. Bei entsprechender Schulung müßte der Lehrer imstande sein, gelegentlich — und anders sind Programme ohnehin nicht einsetzbar — Kurzprogramme zu erstellen, die genau auf die jeweilige Unterrichtssituation bezogen sind.

3. GEOGRAPHIE UND ENTWICKLUNGSLÄNDER-FORSCHUNG

Leitung: R. Jätzold, H.-J. Nitz, G. Sandner

PROBLEME REGIONALORIENTIERTER ENTWICKLUNGSLÄNDER-FORSCHUNG: INTERDISZIPLINARITÄT UND DIE FUNKTION DER GEOGRAPHIE

Mit 1 Schaubild

Von Dirk Bronger (Bochum)

Mit der Themenstellung sind meines Erachtens 5 Problemkreise angesprochen, die mir für die Thematik des heutigen Tages von genereller Bedeutung erschienen und die ich im einzelnen folgendermaßen überschreiben möchte:
1. Methoden, Aufgaben und Ziele der Entwicklungsländerforschung
2. Entwicklungsländerforschung — Diskrepanz zwischen Forschung und Praxis
3. Zum Konzept der vergleichenden Regionalforschung in der Entwicklungsländerforschung
4. Probleme der interdisziplinären Entwicklungsländerforschung
5. Möglichkeiten und Aufgaben der Geographie.

Selbstverständlich können diese Themenkomplexe hier nur andiskutiert werden. Darüber hinaus mußten eine ganze Reihe von — bisweilen sogar fragwürdigen — Verallgemeinerungen getroffen werden, die im einzelnen z. T. erheblich zu modifizieren wären. Ferner muß darauf hingewiesen werden, daß für die Thematik „Geographie und Entwicklungsländerforschung" wichtige Problemkreise nicht detailliert angesprochen werden können; die didaktische Auswirkung der oben genannten Fragen auf die Schul- und Hochschulgeographie sei hier nur als Beispiel genannt. — Es sei an dieser Stelle darauf hingewiesen, daß zu den Problemkreisen 1., 2. und 4. mittlerweile eine umfangreiche Literatur[1] von vor allem wirtschafts- und sozialwissenschaftlicher Seite existiert, auf die hier verwiesen sein soll.

Bevor wir in die Behandlung der genannten Problemkreise eintreten, erscheint es mir notwendig, den Begriff der „Forschung" zu erläutern:

Die begriffliche Abgrenzung des Terminus „Forschung" kann naturgemäß unter sehr verschiedenen Gesichtspunkten erfolgen (vgl. Freund, E., 1966, S. 1). Dabei gehe ich von der Prämisse aus, daß sich die Entwicklungsländerforschung nicht allein auf angewandte Forschung beschränken kann, sondern auch Grundlagenforschung betreiben muß, um methodologische Probleme zu lösen und den noch immer beste-

---

[1] Vgl. Literaturverzeichnis.

henden eklatanten Mangel an Primärinformation zu überwinden. Unter diesem Gesichtspunkt erscheint es mir sinnvoll, die von Freund (1966, S. 2) aufgestellten Forschungskategorien auch in der Entwicklungsländerforschung zu verwenden. Er unterscheidet:

1. freie Grundlagenforschung:
   reine Forschung, die auf neue Erkenntnisse gerichtet ist, ohne unmittelbar auf bestimmte Ziele und Zwecke hin orientiert zu sein.
2. anwendungsorientierte Grundlagenforschung:
   Grundlagenforschung, die bestimmt ist durch die besondere praktische Bedeutung eines Themenbereichs.
3. angewandte Forschung:
   Forschung, die allein oder überwiegend auf die praktische Anwendbarkeit ihrer Ergebnisse abzielt. Von ihr erwartet man einen praktischen Beitrag zur Gestaltung der Realität (Bohnet, M., 1971, S. 123).

Die Übergänge zwischen diesen Kategorien sind bekanntlich fließend; in der Forschungspraxis sind sie häufig nicht streng voneinander zu trennen.

Problemkreis 1: *Methoden, Aufgaben und Ziele der Entwicklungsländerforschung*[2]

Beinhalten die oben genannten Forschungskategorien in erster Linie die Motivation der Forschung, so muß hier in aller Kürze einiges über die Methoden innerhalb der Entwicklungsländerforschung gesagt werden, vor allem, da sie mir als Hintergrund für die nachfolgenden Ausführungen von Bedeutung erscheinen. Auf dieser Ebene herrschen auch heute noch Meinungsverschiedenheiten, die im Zusammenhang mit dem Methodenstreit innerhalb der Sozialökonomie zu sehen sind[3] und die sich vor allem auf folgende Streitpunkte beziehen:

1. *Theoretische versus empirische Auffassung:* Dieser Streit ist nicht zuletzt zurückzuführen auf den sehr unterschiedlichen Gebrauch des Terminus „Theorie". Gerade innerhalb der Wirtschaftswissenschaften werden unter diesem Begriff sehr häufig die Bezeichnungen „Hypothese", „Modell", „theoretischer Ansatz" und „Theorie"

---

[2] Sehr häufig werden die Termini „Entwicklungsforschung" und „Entwicklungsländerforschung" synonym gebraucht. Im Unterschied zu dem bislang allgemein üblichen Sprachgebrauch ziehe ich den Terminus „Entwicklungsländerforschung" vor, weil a) der Begriff „Entwicklung" in den einzelnen Wissenschaftsdisziplinen, aber auch im sonstigen Sprachgebrauch eine sehr unterschiedliche Bedeutung, sowohl nach Inhalt als auch nach Spannbreite des Begriffes, erfahren hat (z. B. betreibt ein Biologe auch „Entwicklungsforschung", meint damit aber etwas ganz anderes!) und b) weil sich die hier zur Diskussion stehende Forschungsrichtung in ihrer Thematik unbestreitbar primär auf die Probleme der sog. Entwicklungsländer bezieht, wenn auch dazu z. B. das Thema der komplexen Beziehungen zwischen Industrie- und Entwicklungsländern gehört.

[3] Grundlegend hierzu: Albert, H., Theorie und Prognose in den Sozialwissenschaften, in: Schweizerische Zeitschrift für Volkswirtschaft und Statistik, 93 (1957), S. 60—76; ders., Probleme der Theoriebildung. Entwicklung, Struktur und Anwendung sozial-wissenschaftlicher Theorien, in: Albert, H. (Hrsg.), Theorie und Realität. Tübingen 1964, S. 3—70.

subsummiert. Von daher versteht eine noch immer erhebliche Anzahl der Ökonomen die Theorie im Sinne eines bloßen Denkwerkzeuges (KÜLP, B., 1967; S. 12). Für sie ist die Theorie eine Methode, unser Wissen zu erweitern, sie ist aber nicht dieses Wissen selbst. Daraus folgt explicite die Auffassung, die Wirtschaftstheorie könne die Gültigkeit ihrer, aus bereits bekannten Fakten gewonnenen, Annahmen nicht selbst überprüfen; mit anderen Worten: das Auffinden neuer Faktenzusammenhänge sei Sache anderer Disziplinen, nicht aber Sache des Wirtschaftstheoretikers (ebenda, S. 13). Von den Neopositivisten wurde dieser neoklassischen Auffassung vorgehalten, sie verwechsele logische Richtigkeit mit empirischer Gültigkeit. Sehr viel krasser bringt JOAN ROBINSON dieses Dilemma zum Ausdruck: „An einem Bein ungeprüfte Hypothesen, am anderen unprüfbare Slogans — so humpelt die Nationalökonomie daher." (1965, S. 35).

Es muß aber an dieser Stelle festgehalten werden, daß unter den die Entwicklungsländerforschung noch immer weitgehend beherrschenden Ökonomen die Vertreter der Neoklassik auch heute noch immer eine einflußreiche, wenn nicht sogar die dominierende Richtung stellen.

2. *Makrostrukturforschung versus Mikrostrukturforschung*: Der Wirtschaftstheoretiker sieht seine Aufgabe in der Regel darin, eine nicht nur thematisch, sondern auch räumlich möglichst umfassende Theorie des Entwicklungsprozesses zu erarbeiten, um daraus — wiederum möglichst allgemeingültige — Entwicklungsstrategien zu entwickeln ohne Zwischenschaltung der empirischen Phase, d. h., ohne vorher die aufgestellten Hypothesen auf ihre Gültigkeit hin zu überprüfen. Eine Umorientierung im Sinne einer stärkeren Berücksichtigung der Mikrostrukturforschung in der Entwicklungsländerforschung beginnt sich erst in jüngster Zeit anzubahnen. — Im Zusammenhang damit steht

3. *die Frage nach der künftigen Organisation der Entwicklungsländerforschung*: Hier ist seit einiger Zeit eine wachsende Übereinstimmung in der Methode in Richtung auf eine Zusammenarbeit unter den Wissenschaftsdisziplinen zu konstatieren, wenn auch wichtige Einzelfragen noch nicht geklärt sind.

In Anbetracht dieser ungelösten Grundsatzfragen möchte ich mich hier darauf beschränken, die Funktion des Begriffes „Entwicklungsländerforschung" kurz zu umreißen: Die Aufgabe der Entwicklungsländerforschung besteht darin, die wirtschaftlichen, sozialen und kulturellen Bedingungen und Voraussetzungen zur Verbesserung der Lebensverhältnisse in den Entwicklungsländern zu untersuchen, Lösungsvorschläge zu erarbeiten und diese auf ihre Anwendungsmöglichkeit zu überprüfen. Mit anderen Worten bedeutet dies, daß sich die Entwicklungsländerforschung nicht als akademische Selbstbefriedigung begreifen darf, sondern sie muß in erster Linie den Entwicklungsländern dienen (MEYER-DOHM, P., 1971, S. 40), d. h. durch die von ihr gewonnenen Erkenntnisse zur Besserung der dortigen Verhältnisse beitragen.

Dies impliziert gleichzeitig die Auffassung, daß innerhalb der Entwicklungsländerforschung auch die Grundlagenforschung von einem problemorientierten, d. h. entwicklungspolitisch relevanten Forschungsansatz auszugehen hat. Dieses Postulat aber bedeutet, daß von den beiden Kategorien der Grundlagenforschung nur die anwendungsorientierte Grundlagenforschung als Entwicklungsländerforschung anzusprechen ist.

Diese Aussage sei an einem Beispiel verdeutlicht: eine Untersuchung der Siedlungsformen von Mali *allein* ist noch keine Entwicklungsländerforschung, vor allem, wenn eine solche Studie keinen entwicklungspolitisch orientierten Ansatz aufweist und infolgedessen keine Lösungsmöglichkeiten bieten kann, die von Praxisrelevanz für die Entwicklung des betreffenden Landes/Region sind. Um hier aber Mißverständnissen von vornherein vorzubeugen: derartige Untersuchungen können als Basisinformation von großem Nutzen für eine darauf aufbauende Entwicklungsländerforschung sein, die wiederum die wissenschaftliche Grundlage für die Verwirklichung einer zielgerichteten effizienten Entwicklungsplanung bilden soll. — Im oben verstandenen Sinne soll im weiteren Verlauf dieser Ausführungen von Entwicklungsländerforschung die Rede sein.

Problemkreis 2: *Entwicklungsländerforschung — Diskrepanz zwischen Forschung und Praxis*

Die gegebene Begriffsbestimmung besagt weiterhin, daß die Forschungsergebnisse letztlich dazu dienen sollten, der Entwicklungspolitik Entscheidungshilfen an die Hand zu geben.

Es erhebt sich die Frage: Wie sieht und beurteilt der Entwicklungspolitiker dieses Problem?

Sehr deutlich hat der ehemalige Bundesminister für wirtschaftliche Zusammenarbeit, Wischnewski, die Erwartungen des Politikers an den Wissenschaftler zum Ausdruck gebracht. Danach verspricht sich die Entwicklungspolitik von der Forschung Entscheidungshilfen auf drei Ebenen:
1. Erstellung wissenschaftlicher Analysen.
2. Zusammenfassung fachlicher Einzelergebnisse durch eine problemorientierte Integration.
3. Hilfe bei der Erarbeitung konzeptioneller Entwürfe unter Berücksichtigung
   a) des effektiv verfügbaren Handlungsspielraumes
   b) der konkret möglichen Handlungsalternativen (Wischnewski, H.-J., 1968, S. 29).

Die hier pauschal wiedergegebene, aber unbestreitbare Tatsache, daß die Ergebnisse und Erkenntnisse der Entwicklungsländerforschung insgesamt — von wenigen Ausnahmen abgesehen — bislang von untergeordneter Relevanz für die politische Praxis und damit auch von geringem Nutzen für die betroffenen Länder selbst waren, läßt die Frage nach den Ursachen hierfür akut werden — ein Problem, das hier nur von der Seite der Forschung aus betrachtet werden kann.

Das Grundproblem ist nach meiner Auffassung auf folgende grundsätzliche, miteinander im Zusammenhang stehende Schwierigkeiten zurückzuführen:

Dilemma Nr. 1: Eine umfassende Bestimmung des in der Bezeichnung „Entwicklungsländerforschung" enthaltenen Begriffes „Entwicklung" ist bislang nicht erbracht worden (RINGER, K., 1966, Sp. 4; RIEGER, Chr., 1972, S. 6 f.). Die einzelnen Fachwissenschaften wenden sich verschiedenen Gegenständen und Zielen der „Entwicklung" zu, wobei sie jeweils „ihren" Entwicklungsbegriff zugrunde legen. Die Auswirkungen dieses Tatbestandes sei am Beispiel der an der Entwicklungsländerforschung bislang in erster Linie beteiligten Disziplinen der Ökonomie und Soziologie erläutert. Indem die Entwicklungs*ökonomen* vielfach den Begriff „Entwicklung" mit dem des „Wachstums" identifizierten, reduzierten sie diese Problematik auf die Erarbeitung von Wachstumsmodellen (vgl. noch: FRITSCH, BR., 1968, S. 15). Der Hauptvorwurf der Entwicklungs*soziologen* bestand besonders darin, die Wirtschaftstheoretiker hätten den Unterschied zwischen theoretischer Entwicklungsmöglichkeit und faktischer Entwicklungsbereitschaft übersehen und unreflektiert angenommen (BEHRENDT, R. F., 1968, S. 110). Dahinter steht der — einleuchtende — Sachverhaltzusammenhang, daß der Begriff des „Wachstums", der lediglich quantitative Veränderungen beinhaltet, nicht mit dem Begriff der „Entwicklung", der auch auf qualitative Veränderungen abzielt, gleichgesetzt werden darf.

Dilemma Nr. 2: Eine empirische Überprüfung der am Schreibtisch erarbeiteten ökonomischen Teiltheorien in den Entwicklungsländern selbst fand nur in seltenen Fällen, zumeist aber überhaupt nicht statt.

Dilemma Nr. 3: Bislang ist die Entwicklungsländerforschung nahezu ausschließlich von den Einzeldisziplinen betrieben worden und — was häufig noch gravierender ist — von Einzelpersonen durchgeführt worden. Das aber bedeutet: es wurden stets nur Teilaspekte der Entwicklungsländerproblematik, fachspezifische Einzelprobleme behandelt, die der betreffenden Disziplin thematisch adäquat waren.

Zusammenfassend können wir sagen, daß diese Schwächen grundsätzlicher Art in ihrem Zusammenwirken in der Entwicklungsländerforschung in fast allen Fällen zu folgendem, für die Praxis weitgehend irrelevanten, Forschungsablauf geführt haben:
1. Stufe: Erarbeitung von Entwicklungs„theorien" (in den meisten Fällen: Wachstums„theorien")
2. Stufe: Entwicklung eines Strategiekonzeptes
(Dieser letzte Schritt wurde zudem nur zum Teil vollzogen).[4]

Der für die Praxisrelevanz erstrebenswerte, ja notwendige Ablauf in der Entwicklungsländerforschung bis hin zur Entwicklungsplanung und Entwicklungspolitik sollte hingegen folgende Schritte umfassen (vgl. Schaubild 1).*

---

[4] Besonders in der wirtschaftswissenschaftlichen Entwicklungsländerforschung hat das zu einer großen Anzahl von empirisch nicht oder nur selten überprüfter Theorien bzw. Theorieansätze geführt (es gibt hier fast so viele Theorien wie Autoren!), die, gerade weil es sich hier nur um partielle, zudem an „westlichen" Denkmustern orientierte, Entwicklungstheorien handelt, für die entwicklungspolitische Praxis nur von sehr bedingter Relevanz sein können. Sie sind darüber hinaus in Nichtforscherkreisen weitgehend unbekannt und spielen deshalb für den Politiker in den betr. Ländern überhaupt keine Rolle (vgl. BOHNET, M., 1969, S. 22 f., der diese Frage für Ostafrika untersucht hat). Eigene Gespräche mit Vertretern aus Politik, Planung und Verwaltung in verschiedenen Teilen Indiens, bestätigten die Richtigkeit dieser Auffassung).

* Bei der Wiedergabe der Abb. sind leider einige Druckfehler unterlaufen. Insbesondere muß es in Stufe 4 der Einzelphase 2 (Empirische Phase I) an Stelle von Bau-: Bev.(ölkerungspotential) heißen.

Dieser Phasenablauf ist — bereits was die Einzelphasen 1—3 anbelangt — nur in einer vergleichsweise geringen Anzahl von Fällen und die für die Umsetzung in die Praxis entscheidenden Einzelphasen 4—6 bis dato nur in ganz wenigen Ausnahmefällen vollzogen worden. Um in der Sprache des Politikers, die in der o. g. Forderung ihren Ausdruck fand, zu sprechen, bedeutet dies, daß sich die Wissenschaftler weitgehend lediglich auf Punkt 1, die Erstellung einer wissenschaftlichen Analyse und gleichzeitig sich auf nur einen, d. h. seinen fachspezifischen, Teilaspekt beschränkt haben. „Das Problem besteht also darin, daß der Forscher nicht über die Kenntnis aller für den Entscheidungsprozeß wichtigen Kriterien verfügt. Dem Politiker ist jedoch daran gelegen, alle Entscheidungskriterien, die unterschiedliche Forschungsbereiche berühren, wissenschaftlich abzustützen. Dies liegt im legitimen Interessenbereich des Politikers, der für die Gesamthandlung verantwortlich ist" (BOHNET, M., 1971, S. 122).

Natürlich liegt eine wesentliche Ursache für diesen Mißstand darin, daß in der Regel kaum eine Kommunikation, geschweige denn eine Zusammenarbeit zwischen den Forschern (weder mit den einheimischen und zumeist noch seltener mit den ausländischen) und den Entscheidungsträgern in den betreffenden Ländern besteht. Doch mit dieser Begründung sollte sich die Forschung nicht aus der Verantwortung stehlen. Die Frage muß also lauten: Wie ist diese Diskrepanz zwischen Forschung und Praxis zu überwinden? — Zunächst ist festzustellen, daß dieses Dilemma im wesentlichen auch eine Funktion der Forschungssituation innerhalb der Entwicklungsländerforschung selbst ist, da sie bislang stets monodisziplinär vorgehend, nur *Teil*aspekte des Entwicklungsprozesses analysiert hat, mit dieser Arbeitsweise aber nicht imstande war, seine komplexe Gesamtheit zu erfassen. Daraus ergeben sich zwangsläufig Aufgaben vor allem in zweierlei Hinsicht:

1. Stärkere Umorientierung in der Entwicklungsländerforschung von der bisher vorwiegend betriebenen Untersuchung von Makro-Strukturen hin zu der Erforschung der Mikro-Strukturen, d. h. zu einer regional- bzw. lokalorientierten Entwicklungsländerforschung.
2. eine Re-integration der Forschung im Sinne einer Zusammenarbeit der Einzelwissenschaften zur interdisziplinären Entwicklungsländerforschung.

Problemkreis 3: *Zum Konzept der vergleichenden Regionalforschung in der Entwicklungsländerforschung*

Auf die Notwendigkeit der Regionalorientierung in der Entwicklungsländerforschung brauche ich hier nicht näher einzugehen, da dieser Gesichtspunkt zu den Axiomen der Geographie gehört. — Andererseits erscheint mir eine weitere Präzisierung zur Methode der empirischen Untersuchung von Mikro-Strukturen notwendig: Die empirische Entwicklungsländerforschung erschöpft sich bislang fast ausschließlich in Einzeluntersuchungen. Woran es aber als Grundlage für eine Entwicklungsplanung, die sich auf größere Räume bezieht, noch vor allem mangelt, sind Reihenuntersuchungen, in denen Entwicklungsprobleme in mehreren Regionen unterschiedlicher Struktur und Gefüge in vergleichender Gegenüberstellung behandelt werden.

Die besondere Bedeutung solcher regional vergleichender Untersuchungen gerade in der Entwicklungsländerforschung sei in aller Kürze erläutert. Sie ergibt sich in zweierlei Hinsicht:

1. Wir hörten, daß der faktischen Entwicklungsbereitschaft der Bevölkerung als letztendlich dem alleinigen Träger der in Aussicht genommenen Entwicklung eine entscheidende Bedeutung bei jeglicher Entwicklungsplanung und Entwicklungspolitik zukommt. Damit ist die Erforschung sozial, kulturell und wirtschaftlich determinierter Verhaltensmuster der sozialökonomischen Schichten ein elementares Forschungsanliegen in der Entwicklungsländerforschung. Von besonderem Interesse erscheint mir dabei die Erfassung der Aufnahmebereitschaft der Bevölkerung für Innovationen als Gradmesser für die Beurteilung der Angemessenheit und Durchsetzbarkeit von sozial-, kultur- und wirtschaftspolitischen Maßnahmen. Bei solchen Untersuchungen ist es mit einer Einzelstudie eines Dorfes oder einer Region nicht getan, da daraus mit Sicherheit noch keine generalisierbaren oder gar allgemeingültigen Einsichten im Hinblick auf eine für das ganze Land anwendbare Entwicklungsplanung gewonnen werden kann (Beispiel: „*das* Marktbewußtsein des *indischen* Bauern")[5]. Will die Entwicklungsländerforschung für das Entwicklungsland wirklich von Nutzen sein, so ist es erforderlich, verschiedene Regionen, deren Repräsentanz durch möglichst vielseitig ausgewählte Kriterien bestmöglich abgesichert sein sollte, in *vergleichender* Betrachtung zu untersuchen. Erst dann kann eine Entwicklungsplanung erarbeitet werden, die die Leistungsfähigkeit und Leistungsmöglichkeit des politischen und sozialen Systems berücksichtigt, das die Planung in die Praxis umsetzen soll.

2. Das Konzept der vergleichenden Regionalforschung erscheint mir noch in weiterer Hinsicht wichtig: Es ist ein spezifisches Kennzeichen gerade der Entwicklungsländer, daß der Entwicklungsstand ihrer Einzelregion eminent voneinander divergiert. Die regional vergleichende Betrachtung von Räumen möglichst unterschiedlichen Entwicklungsstandes bietet drei grundsätzliche Vorteile:

    a) die Möglichkeit, die ganze Variationsbreite im derzeitigen Entwicklungsstand des gesamten Untersuchungsraumes strukturell wie funktional, qualitativ als auch quantitativ aufzuzeigen

    b) genauere Einblicke, welches die Ursachen für diesen Entwicklungsstand sind und mit welchen Mitteln und Möglichkeiten hier am effizientesten Abhilfe zu schaffen ist

    c) da es an ausreichendem Quellenmaterial für eine historische Analyse des Entwicklungsprozesses in der Regel mangelt, bietet eine derartige räumlich differenzierende Betrachtung die Möglichkeit, zusätzliche Einblicke in die Dynamik des Entwicklungsvorganges zu erhalten. Ohne diese Erkenntnisse aber ist der heutige Zustand der Entwicklung letztlich nicht zu verstehen, darüber hinaus bilden sie die Voraussetzung, die künftigen Entwicklungsmöglichkeiten realistisch abzuschätzen.

---

[5] Vgl. z. B. Kantowsky, D., Dorfentwicklung und Dorfdemokratie in Indien, Bielefeld 1970, S. 108; Junghans, K. H., Nieländer W., Indische Bauern auf dem Wege zum Markt, Stuttgart 1971, S. 55; Nitz, H.-J., Formen der Landwirtschaft und ihre räumliche Ordnung in der oberen Gangesebene, Wiesbaden 1971, S. 81.

Problemkreis 4: *Probleme der interdisziplinären Zusammenarbeit in der Entwicklungsländerforschung*

Die Interdependenzen zwischen den von BEHRENDT (1968, S. 101) genannten drei Dimensionen des Entwicklungsprozesses — Technik, Wirtschaft und Gesellschaft — sind meines Wissens bis heute nicht eingehend untersucht worden. Gerade die Diskrepanzen, die zwischen diesen drei Ebenen bestehen, sind für die meisten Probleme der Entwicklungspolitik verantwortlich (vgl. BEHRENDT, R. F., 1968, S. 101 f., 116). Je wichtiger es daher ist, zu einer umfassenden Analyse der Gesamtheit des Entwicklungsprozesses als Grundlage einer realistischen Entwicklungsplanung zu gelangen, um so dringender wird die Notwendigkeit, solche mehrdimensionalen Entwicklungsprobleme, noch dazu in uns ganz fremden Kulturen, in Zusammenarbeit der einzelnen Fachwissenschaften, interdisziplinär (so bereits: HOSELITZ, B. F., Sociological Aspects of Economic Growth, Glencoe 1960) zu erarbeiten (vgl. KNALL, BR., 1971, S. 1). — Auch hier sei einem häufig aufkommenden Mißverständnis von Anfang an begegnet: Entwicklungsländerforschung muß keineswegs ausschließlich interdisziplinär erfolgen. Es gibt eine ganze Reihe von fachspezifischen Einzelproblemen, für die auch weiterhin der monodisziplinäre Ansatz adäquat ist (KNALL, BR., 1971, S. 1; MEYER-DOHM, P., 1971, S. 11). Zu einem umfassenden Konzept einer Entwicklungsplanung wird man, abgesehen vielleicht von räumlich sehr begrenzten Einzelregionen, aber mit dieser Methode nicht gelangen.

Nun ist jedoch diese Forderung ungleich leichter zu formulieren als zu erfüllen. Bei einer solchen interdisziplinären Kooperation(: gemeinsame Problemstellung, übergreifendes Forschungskonzept, Abstimmung in den Methoden und der Terminologie, Erstellung eines interdisziplinären Gesamtberichtes) sieht sich der Einzelne mit Problemen konfrontiert, die zugleich auf mehreren Ebenen liegen und auf die er vorher weder psychologisch noch von seiner wissenschaftlichen Ausbildung her vorbereitet war.[6]

Eine solche Kooperation verlangt die Ausrichtung und Unterordnung auf ein Forschungsziel, mit dem der Fachwissenschaftler in Einzelfragen vielleicht nicht übereinstimmt, dazu die Zusammenarbeit mit Disziplinen, die ihm vorher teilweise sehr fremd waren. Auf der Kommunikationsebene ergeben sich besondere Schwierigkeiten dadurch, daß die meisten Disziplinen über eine eigene Fachsprache mit dahinter stehenden Theorien und Theoremen verfügen, die für die Vertreter der anderen Disziplinen nur schwer verständlich ist. Die daraus abzuleitende Notwendigkeit, sich in die fremde Terminologie aller beteiligten Disziplinen einzuarbeiten, dürften den Einzelnen in fachlicher und zeitlicher Hinsicht überfordern, so daß in praxi Kommunikationsschwierigkeiten nie zu vermeiden sind. Zusammengefaßt erfordert ein solcher interdisziplinärer Forschungsablauf vor allem — und das sehe ich als das Hauptproblem — sehr viel Zeit, was wiederum bedeutet, daß der Einzelne jahrelang eigene Forschungen zurückstellen muß.

In der Forschungspraxis ist, infolge dieser gebündelt auftretenden Schwierigkeiten, keines der interdisziplinären Forschungsprojekte in der Entwicklungsländerfor-

---

[6] Zum folgenden vgl.: KNALL, BR., 1971, S. 9 ff.; MEYER-DOHM, P., 1971, S. 12 ff.; STEGER, H.-A., 1973, S. 11 ff.

schung der BRD bislang in nennenswertem Maße über die multidisziplinäre Stufe hinausgelangt, was in Anbetracht des kurzen Erfahrungszeitraumes in Verbindung mit den nahezu völlig fehlenden Voraussetzungen, wie ich meine, in keiner Weise verwundern darf. Wir haben hier noch einen *sehr* langen Lernprozeß vor uns.

Problemkreis 5: *Möglichkeiten und Aufgaben der Geographie*

Ausgehend von der gegebenen Zielsetzung der Entwicklungsländerforschung, hatte sich als vordringliche Frage ergeben: wie kann die Wissenschaft dieser Aufgabe zum bestmöglichen Nutzen für die betreffenden Länder am ehesten gerecht werden? Die Antwort bestand darin
1. die mehrdimensionalen Entwicklungsprobleme interdisziplinär zu bearbeiten und
2. mit Ausnahme der Behandlung von Einzelregionen bot sich dabei das Konzept der vergleichenden Regionalforschung in mehrerer Hinsicht als praktikable Untersuchungsmethode an.

Die bisherige Forschungspraxis, die allerdings erst auf einem sehr kurzen Erfahrungszeitraum beruht, hat gezeigt, daß auf dem Wege zu einer wirklichen interdisziplinären Zusammenarbeit noch erhebliche, grundsätzliche Schwierigkeiten zu überwinden sind. Nach meiner Meinung sind wir von dieser Endstufe – und im Hinblick auf ihre wissenschaftlichen Möglichkeiten *muß* sie das Endziel in der Entwicklungsländerforschung *bleiben!* – noch so weit entfernt, daß wir auch in absehbarer Zeit, von Ausnahmen vielleicht abgesehen, nicht zu einer wirklichen interdisziplinären Zusammenarbeit kommen werden (vgl. dazu: STEGER, H.-A., 1973, S. 11, 36).

Nun können wir nicht erwarten, bis sich diese Endstufe eingespielt hat, vor allem werden sich die Länder selbst und deren Entscheidungsträger nicht so lange gedulden. Auch kann sich die Entwicklungsländerforschung nicht allein darauf beschränken, Teilaspekte der Entwicklungsländerproblematik in Einzelregionen zu untersuchen.

Stellen wir diese Erfahrungen und Ergebnisse in den Zusammenhang mit unserem Thema, den Möglichkeiten der Geographie in der Entwicklungsländerforschung, so muß die Frage lauten: Welchen Beitrag kann die Geographie leisten, um der o. g. Zielsetzung der Entwicklungsländerforschung in möglichst optimaler Weise zu dienen?[7]

Die Geographen haben ihre eigenen Vorstellungen hierzu sehr unterschiedlich artikuliert. So heißt es an einer Stelle: „Geographen sind in der Entwicklungshilfe nicht verwendbar, weil sie nicht in der Lage sind, ihre Untersuchungsergebnisse hinreichend exakt zu quantifizieren und praktisch durchführbare Lösungen vorzuschlagen." (Aus: Verband deutscher Berufsgeographen e. V., Arbeitskreis Entwicklungshilfe — Rundschreiben Nr. 1, März 1970: Thesen zu Geographie und Entwicklungs-

---

[7] Auf Einzelfragen (Geographie und Regionalplanung, Stellung des Geographen im interdisziplinären Team etc.) kann hier nicht eingegangen werden.

hilfe, II, 3). Auf der anderen Seite wird gefordert: „(Es) sollte auf jeden Fall zur Regel werden, daß solchen Arbeitsgruppen auch je ein landeskundlicher Geograph beigegeben wird." (WIRTH, E., 1966, S. 78). Und zur Begründung dieses Anspruches heißt es: „Denn niemand vermag besser als er, Teilergebnisse in einer Synthese zusammenzufassen, die vielfältigen Verflechtungen und gegenseitigen Abhängigkeiten zu berücksichtigen und im Endresultat dann die Gewichte richtig zu verteilen und das Einzelne sinnvoll in die größeren Zusammenhänge einzuordnen." (Ebenda, S. 78.)

Es besteht sicher kein Zweifel, daß die Geographie eine große Zahl von umfassenden Untersuchungen über Entwicklungsländer vorgelegt hat. Darüber hinaus haben Geographen eine Reihe von z. T. detaillierten Regionalanalysen erarbeitet, die als unentbehrliche Vorarbeiten zur Regionalplanung und damit als Grundlage für eine derartige realistische Entwicklungsplanung bezeichnet werden können. Dennoch wäre es notwendig, hier selbstkritisch zu prüfen, ob und inwieweit die Geographie, was ihre eigenen Ergebnisse auf dem Gebiet der Entwicklungsländerforschung anbetrifft, diesem selbstgestellten Anspruch bislang gerecht geworden ist. Das aber wäre die Voraussetzung für ihre Forderung, maßgeblich in der Entwicklungsplanung beteiligt zu werden. Um deutlicher zu sein: Will die Geographie hier nicht in die Isolierung geraten und dieses Feld allein den anderen Disziplinen oder den Consulting-Firmen überlassen, muß sie bereit sein, hier einen Schritt weiter als bisher zu gehen, über die Erarbeitung von Regionalanalysen muß sie selbst in den Bereich der Entwicklungsplanung vordringen, um von da aus bei der Umsetzung in die Praxis mit tätig zu werden.

Die entscheidende Frage muß daher lauten: Wie kann die Geographie diesem Anspruch besser als bisher gerecht werden, wie kann sie einen möglichst effizienten Beitrag für die Entwicklungsländerforschung leisten?

In Anbetracht der Tatsache, daß der Einzelne bei umfassenden Analysen und darauf aufbauenden Prognosen und Planungen in diesen Ländern mit ihren uns fremden Kulturen stets überfordert ist, scheint gerade die Geographie aufgrund ihres Selbstverständnisses als eine auch auf Synthese zielende Wissenschaft für den Bereich der Entwicklungsländerforschung besonders prädestiniert zu sein. In einer Koordinierung ihrer Teildisziplinen einschließlich deren engen Bezug zu den entsprechenden Nachbarwissenschaften, d. h. in intradisziplinärer Zusammenarbeit kann die Geographie dem o. g. Anspruch am ehesten gerecht werden.

Zusammengefaßt sind es demnach vor allem zwei miteinander in engem Zusammenhang stehende Tatbestände, die eine Abkehr von der bislang weitgehend individuell betriebenen Entwicklungsländerforschung meines Erachtens zu einem zwingenden Erfordernis machen:

1. die bereits in dem vielschichtigen Begriff der „Entwicklung" (s. o.) implizierte Unabdingbarkeit, sich nicht, wie bislang überwiegend, auf die Untersuchung von Einzelproblemen zu beschränken, sondern zu versuchen, die komplexe Gesamtheit des Entwicklungsprozesses zu erfassen und zu analysieren.
2. Entwicklungsvorgänge und Entwicklungsprobleme weisen aber nicht nur einen mehrdimensionalen Charakter auf. Ihre Erfassung und Analysierung kompliziert sich noch besonders dadurch, daß sie sich in uns ganz oder weitgehend fremden Lebensweltbereichen vollziehen.

Die unter diesen Umständen zwingende Notwendigkeit einer intradisziplinären Zusammenarbeit innerhalb der geographischen Entwicklungsländerforschung wird bereits augenscheinlich, wenn man sich eine sektorale Untersuchung, wie z. B. Möglichkeiten und Probleme der Entwicklung der Agrarwirtschaft eines Landes/Region zur Aufgabe stellt. Will eine solche Studie dem Anspruch „Entwicklungsländerforschung" gerecht werden, so genügt — und das dürfte aus den bisherigen Ausführungen klar geworden sein — eine Untersuchung über das Nutzflächengefüge der Agrarlandschaft einschließlich ihrer räumlichen Abgrenzung sicher nicht. Es gehört dazu eine Untersuchung der wechselseitigen Zusammenhänge zwischen den betriebswirtschaftlichen Merkmalen der Agrarstruktur (einschließlich ihrer historischen Entwicklung) und der sozial-ökonomischen Schichtung der wirtschaftenden Menschen auf dem Lande. Es gehört darüber hinaus aber auch das Studium von weiteren, den Entwicklungsprozeß determinierenden Faktoren dazu. Dazu zählen so heterogen erscheinende Gesichtspunkte bzw. Einflußgrößen wie Bevölkerungswachstum, die staatliche Kreditpolitik einschließlich der Praktiken bei der Vergabe der Mittel, die Verhaltensweisen der Bevölkerungsschichten gegenüber Innovationen sowie das wirtschaftliche und soziale Beziehungsgefüge der sozialökonomischen Gruppen einer Gemeinde bzw. eines Gemeindeverbandes (nach Möglichkeit unter Einbeziehung der Verschuldungsverhältnisse). Erst alle diese Faktoren[8] im Zusammenhang gesehen geben uns Aufschlüsse nicht nur über die Entwicklungs*bereitschaft,* sondern vor allem auch über die *Möglichkeiten* des Einzelnen, an den agrarpolitischen Maßnahmen zu partizipieren und damit auch über die Chancen zu einer möglichst effizienten Verwirklichung dieser Maßnahmen selbst. Die Untersuchung der genannten Entwicklungsdeterminanten sollte keineswegs von den Geographen übergangen werden.

Das entscheidende Argument für die Intradisziplinarität in der geographischen Entwicklungsländerforschung ist also nach meiner Auffassung die durch solche Teamarbeit einzige Chance, die — soweit möglich — Gesamtheit der kausalen Zusammenhänge gerade in ihrem komplexen Zusammenwirken aufzudecken. Erst derartige Untersuchungen in regional vergleichender Betrachtung liefern uns die — unentbehrliche — Grundlage für eine zielgerichtete, effiziente Entwicklungsplanung und -politik. — Durch eine solche intradisziplinäre Kooperation gibt sich die Geographie darüber hinaus selbst die Chance, die Einheit ihres Faches zu dokumentieren und damit gleichzeitig der zentrifugalen Spezialisierung entgegenzuwirken, d. h. einen Beitrag zur Reintegration des Faches zu leisten.

Zum Nutzen der Entwicklungsländerforschung bietet sich die intradisziplinäre Zusammenarbeit als Zwischenlösung auch aus folgenden praktischen Erwägungen heraus an: auf der Kommunikationsebene ist ein Konsensus über Theorievorstellungen, Methode und Terminologie mit großer Wahrscheinlichkeit intradisziplinär eher zu erreichen. Die bei Arbeiten in fremden Kulturen unerläßliche Mitarbeit von Fachvertretern der betreffenden Länder würde wesentlich erleichtert. Insgesamt ließe sich dadurch der Zeit- und Kostenfaktor ganz erheblich reduzieren.

---

[8] Die hier genannten Entwicklungsdeterminanten sind keinesfalls als ein vollständiger Katalog von Gesichtspunkten aufzufassen. Es sind hier nur solche genannt, die in erster Linie für geographische Forschungen von Relevanz sind bzw. es sein sollten. Den Ökonomen beispielsweise interessieren andere Indikatoren für die Innovationsbereitschaft der Bevölkerung als Maßstab für die Effizienz von agrarpolitischen Maßnahmen. Als Beispiel sei hier die Ausweitung oder Einschränkung des Anbaus bestimmter Kulturen infolge Veränderung des Preisgefüges oder steuerlicher Maßnahmen genannt.

Angesichts der Interdependenzen zwischen
a) Anspruch auf angemessene Beteiligung in der Entwicklungsländerforschung und -planung
b) der immer wieder beschworenen Einheit des Faches
c) der vielfältigen Möglichkeiten einer solchen Zusammenarbeit

erscheint es mir nur schwer verständlich, warum diese Chance bis heute nicht genutzt wurde. Wie lange wollen und wie lange *können* wir es uns noch leisten, daß — jedenfalls ist das die Regel — die Angehörigen eines Instituts jeder für sich in einem anderen Land oder Landesteil arbeiten?

Nun ist auch diese Forderung sehr viel leichter zu formulieren als in die Tat umzusetzen. Als bislang nicht berücksichtigtes, jedoch gravierendstes Hindernis steht einer solchen Zusammenarbeit ein genereller Tatsachenzusammenhang entgegen, der sich als „Divergenz zwischen Wissenschaft und Forschung" bezeichnen läßt. Der sich aus der zunehmenden Spezialisierung der Probleme und der daraus resultierenden Zersplitterung der Wissenschaft ergebenden Notwendigkeit zur Synthese der Einzelergebnisse und damit zur interdisziplinären Forschung steht unser traditionelles Ausbildungs- und Forschungssystem mit der Betonung und Ausrichtung auf die Einzelforschung diametral entgegen.

*

Da mir dieser Aspekt im Hinblick auf die Probleme, die sich daraus für die Entwicklungsländerforschung im allgemeinen als auch der geographischen Entwicklungsländerforschung im besonderen ergeben, von besonderer Bedeutung erscheint, sei auf diese Zusammenhänge noch etwas näher eingegangen.[9] — Das o. g. grundsätzliche Dilemma läßt sich wie folgt spezifizieren:

Auf der *einen* Seite gelangen wir durch den stetigen Ausbau des Wissenschaftsbetriebes zu immer detaillierteren Forschungsergebnissen in den Einzeldisziplinen, was gleichzeitig zu einer fortschreitenden Aufgliederung in Unterdisziplinen führt (Departementalisierung). Diese Entwicklung hat nun wiederum zwei — wie ich meine einschneidende — Folgen: Sie bewirkt zwangsläufig 1. eine immer stärkere Orientierung zur fachspezifischen Einzelforschung (mit der Gefahr der Erziehung zum „Fachidiotentum"), woraus sich dann 2. in den meisten dieser Disziplinen eine eigene Fachsprache entwickelt hat, die zur Kodifizierung von Informationen führt.[10] Zusammen mit der Etablierung einer Flut neuer Periodicals, die für einen Einzelnen kaum noch zu überblicken sind, schaffen sich die Einzeldisziplinen ein eigenes Speichersystem: Diese Entwicklung führt letztlich zunehmend zu einer Sekretierung von Forschungsergebnissen.

---

[9] Für viele Anregungen zu den folgenden Ausführungen sei Herrn Dr. H. Kruse, Institut für Entwicklungsforschung und Entwicklungspolitik, Bochum, herzlich gedankt.

[10] Hierfür ein Beispiel: „Um nicht den Fehler der implizit rationalistischen, um nicht zu sagen idealistischen Anthropologie des historischen Materialismus zu tradieren und damit politischem Illusionismus zu huldigen, müssen die Modellvorstellungen über die psychische Struktur und die damit verbundene Art der Handlungsbereitschaft im Sinne einer nicht-subjektivistischen, historischen Theorie des Subjekts entwickelt werden." (Aus dem „Editorial" zur Neugründung von „Leviathan", Zeitschrift für Sozialwissenschaft, 1, 1973, S. 5).

Auf der *anderen* Seite ergibt sich daraus die Notwendigkeit, ja Zwang zu einer auf Synthese zielenden Betrachtungsweise, wobei man dann (fast) gleichzeitig zu der Erkenntnis kommt, daß die Fragestellungen und Probleme infolge der o. g. Entwicklung immer komplexer und zugleich unüberschaubarer werden. Dieses Erfordernis einer komplexen Forschung stößt nun mit der Strukturentwicklung auf unseren Hochschulen zwangsläufig zusammen (vgl. auch: STEGER, H.-A., 1973, S. 9).

*

Welche Auswirkungen hat diese nur kurz andiskutierte Wissenschaftssituation nun für die geographische Entwicklungsländerforschung?

Für einen derart komplexen Wissenschaftszweig wie die Entwicklungsländerforschung, gerade wenn man sie intradisziplinär betreibt, hat diese Situation besonders gravierende Folgen: man ist dadurch gezwungen, Literatur aus einer ganzen Reihe anderer Wissenschaftsdisziplinen (Ökonomie, Sozialanthropologie, Kulturanthropologie, Soziologie, Ethnologie, Religionswissenschaft) in besonders intensivem Maße heranzuziehen, was zunächst erst einmal eine Einarbeitung in deren Denkkategorien, Sprache etc. voraussetzt. Das aber bedeutet: ist man bestrebt, Entwicklungsländerforschung im eigentlichen Sinne des Wortes zu betreiben und sich nicht nur auf die Erforschung fachspezifischer Einzelprobleme zu beschränken, die wegen der Vielschichtigkeit der Entwicklungsprozesse eben *nicht* oder unvollständig erfaßt werden können und daher auch nur von sehr untergeordneter Praxisrelevanz für die Entwicklungsplanung und Entwicklungspolitik sind, so erfordert dies zwingend Teamwork, auch in der geographischen Entwicklungsländerforschung.

Damit kommen wir zu einem weiteren Gesichtspunkt: Die Beschäftigung und Auseinandersetzung mit einer Vielfalt von komplexen und, in der Regel, interdependenten Gegebenheiten und Zusammenhängen, wie dies in der Entwicklungsländerforschung ständig erforderlich ist, stellt ganz spezifische Anforderungen an den Wissenschaftler, ja erfordert einen besonderen „Typ" des Forschers. Prägnant artikuliert KNALL den Aspekt der fachlichen Eignung: „Für die symbiotische Teamarbeit sind Wissenschaftler erforderlich, die nicht nur ihr eigenes Fach hervorragend beherrschen, sondern darüber hinaus auch gute Einsichten in Nachbardisziplinen haben und vor allem die Sachzusammenhänge zwischen mehreren Disziplinen erkennen können." (KNALL, BR., 1971, S. 9).[11]

Auf die übrigen Eignungsmerkmale, die in ihrer Bedeutung für die praktische Zusammenarbeit keineswegs unterschätzt werden dürfen (ständige Bereitschaft zur Kooperation, Ein- und ggfls. auch Unterordnung und damit Anpassung in der Gruppe etc.), kann hier nur hingewiesen werden. Man darf sich keinesfalls darüber hinwegtäuschen, daß eine Zusammenarbeit in der Forschung mit Sicherheit gegen verschiedenartige Störungseinflüsse sehr viel anfälliger ist als die Einzelforschung. Das hat für die intradisziplinäre Forschung in vieler Hinsicht seine Gültigkeit wie für die interdis-

---

[11] An anderer Stelle führt er dazu aus: „Das ständige Bemühen, die eigenen Fachbeiträge in Funktion anderer Disziplinen zu reflektieren, stellt an alle Beteiligten hohe Anforderungen: Nicht nur in bezug auf die geistige Beweglichkeit, sondern auch deswegen, weil jeder Wissenschaftler permanent bereit sein muß, sein angelerntes monodisziplinäres Wissen in Frage stellen zu lassen durch von ihm noch nicht perzipierte Aspekte, auf die ihn andere Disziplinen aufmerksam machen." (Ebenda, S. 15—16.)

ziplinäre, zumindest dürfte dies in ganz überwiegendem Maße für den organisatorischen und personellen Bereich, z. T. aber auch für den methodischen, am wenigsten wahrscheinlich für den rein fachlichen Bereich gelten (s. o.)[12]. Mit Recht betont KNALL, daß die wissenschaftliche Qualität von Forschungsergebnissen mit der Eignung der beteiligten Forscher „steht und fällt" (ebenda, S. 9).

Wir sind damit an einem sehr entscheidenden Punkt angelangt: dem Problem der Ausbildung eines Wissenschaftlers des bezeichneten — notwendigen — Zuschnitts. Die hier zu stellende Frage muß also lauten: Sind wir Geographen auf eine solche Aufgabe überhaupt vorbereitet?

Was den Aspekt der *Ausbildung* anbelangt, der, langfristig gesehen, für die intradisziplinäre Forschung von großer Bedeutung ist, muß die Antwort lauten: „sehr unzulänglich". Ist es nicht ein Paradoxon, daß auf der einen Seite

1. die Geographie eine angemessene Beteiligung an der Entwicklungsländerforschung fordert (vgl. z. B. WIRTH, E., 1966, op. cit.),
2. die Geographie den Anspruch erhebt, einen wirklichen Beitrag über die Entwicklungsländerforschung zur Entwicklungsplanung und damit zur Entwicklungspolitik leisten zu wollen und zu können — ein Anspruch, der nur in intradisziplinärer Zusammenarbeit, im Teamwork, zu verwirklichen ist,

daß wir Geographen aber auf der anderen Seite nicht nur — überwiegend — in der Forschungspraxis, sondern bereits in der Ausbildung den traditionellen Weg mit einseitiger Betonung und Ausrichtung des Nachwuchses hin zum Einzelforscher weiterverfolgen?

Zwar ist es allgemein üblich, und dies bereits seit längerer Zeit, daß in den unteren Stufen des Ausbildungsvorganges kooperative Arbeitsweisen die Lehrinhalte bilden (mit Gruppenarbeit in den Seminaren und Praktika in der Unterstufe). Andererseits verlangt der Modus der Abschlußexamina immer noch *einseitig*, daß der Einzelne, auf sich allein gestellt, ein vorgegebenes Thema bearbeitet. Das beginnt in der Regel bereits mit der Erstellung der Hauptseminarreferate und setzt sich, nunmehr obligatorisch, bei den Diplom- und Staatsexamensarbeiten, Promotionen und Habilitationen fort. Wohlgemerkt: hier ist nur die Rede davon, daß dem Einzelnen die *Möglichkeit* gegeben werden sollte, eine solche Arbeit *zusammen* mit einem oder mehreren zu erstellen.

Werden diese Voraussetzungen nicht geschaffen, so wird es darüber hinaus kaum möglich sein, Wissenschaftler zur Mitarbeit an einem intradisziplinären Projekt — und das bedeutet jahrelange Zusammenarbeit und damit Absorbierung von eigenen Forschungsarbeiten! — zu gewinnen. Da es unter den genannten Umständen in der Praxis nur in seltenen Fällen möglich sein wird, für jedes intradisziplinäre Projekt eine ausreichende Zahl von qualifizierten Forschern zu finden und zusammenzubringen, so ist es nicht nur vorstellbar (so: KNALL, Br., 1971, S. 10, der diesen Gedanken bereits betont), sondern im Sinne der Heranbildung des wissenschaftlichen Nachwuchses gerade auch als Vorbereitung auf künftige derartige Projekte, notwendig, auch qualifizierte Studenten zur Mitarbeit in solchen Projekten mit heranzuziehen und sie unter wissenschaftlicher Anleitung mit Teilaufgaben zu betrauen.

---

[12] Diese Äußerungen können hier, und darauf möchte ich nachdrücklich hinweisen, nur mit Vorbehalten gemacht werden. Ernsthaft hat man sich mit den theoretischen und praktischen Problemen einer Kooperation in der Entwicklungsländerforschung bislang wissenschaftlich kaum auseinandergesetzt.

Fassen wir zusammen:
1. Geographische Entwicklungsländerforschung (im komplexen Sinne) setzt intradisziplinäre Zusammenarbeit von Wissenschaftlern aus verschiedenen Unterdisziplinen der Geographie, von der Ökologie bis zu der Wirtschafts- und Sozialgeographie, voraus.
2. Das Erfordernis der Intradisziplinarität steht dem überkommenen, jedoch ganz weitgehend noch immer einseitig praktizierten Ausbildungsmodus diametral entgegen, ein Tatbestand, der im Zusammenhang mit der festgefahrenen Struktur unserer deutschen Hochschulen gesehen werden muß.

Hier, an diesem Punkt, muß die Geographie ansetzen und von sich aus Änderungen herbeiführen, um damit erst einmal die *Voraussetzungen* zu schaffen, wirkliche Entwicklungsländerforschung betreiben zu können. Schärfer formuliert: Nur wenn es der Geographie gelingt, diesen Circulus vitiosus an dieser Stelle zu durchbrechen, wird sie aus ihrer bisherigen Rolle, überwiegend lediglich Basisinformationslieferant zu sein, zumindest als solcher bezeichnet zu werden, herauskommen können. Nur dann kann sie der Verpflichtung, in der Entwicklungsländerforschung einen effizienten Beitrag zu liefern, gerecht werden und zugleich ihren Anspruch als integrative Beziehungswissenschaft erfüllen.

Literatur

Vorbemerkung: Die Entwicklungsländerforschung im hier definierten Sinne ist ein verhältnismäßig sehr junger Wissenschaftszweig. Dennoch existiert bereits eine sehr umfangreiche Literatur zu diesem Themenkreis. Sie ist in den letzten 10—15 Jahren so stark angewachsen, daß sie heute von einem Einzelnen kaum noch überschaubar ist. Die nachfolgend angeführten Literaturhinweise stellen daher auch nur eine sehr bescheidene Auswahl dar.

Regionalorientierte Untersuchungen konnten nicht berücksichtigt werden. Die mit *) gekennzeichneten Arbeiten enthalten ausführliche Literaturhinweise. Im Text zitierte, nicht zur Entwicklungsländerforschung gehörende Literatur, wird im folgenden nicht noch einmal aufgeführt.

I Bibliographien

DANCKWORTT, H. u. D. (1961): Entwicklungshilfe, Entwicklungsländer. Ein Verzeichnis von Publikationen in der BRD und West-Berlin 1950—1959. Im Auftrag der Carl-Duisberg-Gesellschaft, Köln, mit Förderung durch das Land Nordrhein-Westfalen, Köln.

DEUTSCHE STIFTUNG FÜR ENTWICKLUNGSLÄNDER (1966 ff.): Entwicklungsländer-Studien, Bd. 1 — Bonn.
1—3 Bibliographie der Entwicklungsländer-Forschung 1958—64 nebst Reg. 1966.
4 Bibliographie der Entwicklungsländer-Forschung 1965—67. 1968.
5 Bibliographie der Entwicklungsländer-Forschung 1968. 1969.
6 Bibliographie der Entwicklungsländer-Forschung 1969. 1970.
7 Bibliographie der Entwicklungsländer-Forschung 1970. 1971.
8 Bibliographie der Entwicklungsländer-Forschung 1971. 1972.

FORSCHUNGSSTELLE DER FRIEDRICH-EBERT-STIFTUNG, SCHRIFTENREIHE DER FORSCHUNGSSTELLE DER FRIEDRICH-EBERT-STIFTUNG (1961 ff.): Literatur über Entwicklungsländer. Hannover.
A.: Sozialwissenschaftliche Schriften:
Bd. I: Eine Zusammenstellung des wichtigsten Schrifttums deutscher, englischer und französischer Sprache 1950—1959. 1961.
Bd. II: Eine Zusammenstellung des wichtigsten Schrifttums russischer Sprache 1950—1959. 1961.

Bd. III: Eine Zusammenstellung des wichtigsten Schrifttums deutscher, englischer und französischer Sprache 1960, bearbeitet von I. HEIDERMANN. 1963.

Bd. IV: Eine Zusammenstellung des wichtigsten Schrifttums russischer Sprache 1960, bearbeitet von Eva BRAUN u. Miroslav PETRUSZECK. 1963.

Weitere Angaben s. u.: FRITSCH, BR. (1968), S. 436 ff.

II Sammelwerke. Allgemeine Darstellungen

BEHRENDT, R. F. (1967): Zwischen Anarchie und neuen Ordnungen, Freiburg i. Br.
BESTERS, H. — BOESCH, E. E. (Hrsg.) (1966)*): Entwicklungspolitik. Handbuch und Lexikon, Stuttgart/Berlin/Mainz.
BLANCKENBURG, P. v. — CREMER, H. D. (Hrsg.) (1967): Handbuch der Landwirtschaft und Ernährung in Entwicklungsländern, 2 Bde, Stuttgart.
BOETTCHER, E. (Hrsg.) (1964): Entwicklungstheorie und Entwicklungspolitik. Festschrift für Gerhard Mackenroth, Tübingen.
BOHNET, M. (Hrsg.) (1971)*): Das Nord-Süd-Problem. Konflikte zwischen Industrie- und Entwicklungsländern, München (Piper Sozialwissenschaft, Bd. 8).
EPPLER, E. (1971): Wenig Zeit für die dritte Welt, Stuttgart/Berlin/Köln/Mainz (Urban-Taschenbücher, 822).
FRITSCH, BR. (Hrsg.) (1968): Entwicklungsländer, Köln/Berlin (Neue Wissenschaftliche Bibliothek 24).
FRITSCH, BR. (1970): Die Vierte Welt, Stuttgart.
GUTH, W. (Hrsg.) (1965): Die Stellung von Landwirtschaft und Industrie im Wachstumsprozeß der Entwicklungsländer, Berlin (Schriften des Vereins für Sozialpolitik, N. F., Bd. 43).
GUTH, W. (Hrsg.) (1967): Probleme der Wirtschaftspolitik in Entwicklungsländern. Beiträge zu Fragen der Entwicklungsplanung und regionalen Integration, Berlin (Schriften des Vereins für Sozialpolitik, N. F., Bd. 46).
HEINTZ, P. (Hrsg.) (1962): Soziologie der Entwicklungsländer, Köln/Berlin.
KÖNIG, R. (Hrsg.) (1969): Aspekte der Entwicklungssoziologie, Köln/Opladen.
KRUSE-RODENACKER, A. (1964): Grundfragen der Entwicklungsplanung. Eine Analyse und die Ergebnisse einer Tagung, Berlin (Schriften der Deutschen Stiftung für Entwicklungsländer, Bd. 1).
MYRDAL, G. (1968): Asian Drama. An Inquiry in the Poverty of Nations. Vol. I—III, New York.
MYRDAL, G. (1970): Politisches Manifest über die Armut in der Welt, Frankfurt.
REIMANN, H. — MÜLLER E. W. (Hrsg.) (1969): Soziologische und ethnologische Aspekte des sozialkulturellen Wandels, Tübingen.
Der Pearson-Bericht (1969): Bestandsaufnahme und Vorschläge zur Entwicklungspolitik (aus dem Engl.), Wien/München/Zürich.
Handbuch der Entwicklungshilfe (1960 ff.). Loseblatt-Ausgabe, Baden-Baden/Bonn.

III Methodologische Literatur zur Theorie und Begriffsbildung
A Zum Begriff: Entwicklungsländer, Entwicklungspolitik

BAUER, P. TH. (1961)*): Entwicklungsländer. Ökonomische Problematik, in: Handbuch der Sozialwissenschaften, 3, Stuttgart/Tübingen/Göttingen, S. 242—258.
BEHRENDT, R. F. (1961)*): Entwicklungsländer. Soziologische Problematik, in: Handbuch der Sozialwissenschaften, 3, Stuttgart/Tübingen/Göttingen, S. 230—241.
CLAUSEN, L. — DAMS, TH. (1969)*): Entwicklungspolitik, in: Staatslexikon, Bd. 9, Freiburg, Sp. 719—779.
LORENZ, D. (1961): Zur Typologie der Entwicklungsländer, in: Jahrbuch für Sozialwissenschaft, 12, S. 354—380.
OTREMBA, E. (1966): Die Natur der Entwicklungsländer, in: BESTERS, H. — BOESCH, E. E. (Hrsg.): Entwicklungspolitik. Handbuch und Lexikon, Stuttgart/Berlin/Mainz, Sp. 29—52.

Ringer, K. (1966)*): Zur Begriffsbestimmung der Entwicklungsländer, in: Besters, H. — Boesch, E. E. (Hrsg.): Entwicklungspolitik. Handbuch und Lexikon. Stuttgart/Berlin/Mainz, Sp. 1—28.
Salin, E. (1959): Unterentwickelte Länder. Begriff und Wirklichkeit, in: Kyklos, 12, S. 402—427.

B Theoretische Grundlagen

Adelman, I. (1961): Theories of Economic Growth and Development, Stanford (2nd ed. 1966).
Arndt, H. — Swatek, D. (Hrsg.) (1971): Grundfragen der Infrastrukturplanung für wachsende Wirtschaften, Berlin (Schriften des Vereins für Socialpolitik, N. F., Bd. 58).
Behrendt, R. F. (1965): Gesellschaftliche Aspekte der Entwicklungsförderung, in: Weltwirtschaftliche Probleme der Gegenwart (Schriften des Vereins für Socialpolitik, N. F., Bd. 35), S. 507—554. Abgedruckt in: Fritsch, Br. (Hrsg.), Entwicklungsländer, Köln 1968, S. 95—118.
Behrendt, R. F. (1965): Soziale Strategie für Entwicklungsländer. Entwurf einer Entwicklungssoziologie, Frankfurt.
Boesch, E. E. (1966): Psychologische Theorie des sozialen Wandels, in: Besters, H. — Boesch, E. E. (Hrsg.): Entwicklungspolitik. Handbuch und Lexikon. Stuttgart/Berlin/Mainz, Sp. 335—416.
Cornehls, J. V. (Hrsg.) (1972): Economic Development and Economic Growth, Chicago.
Fei, F. C. H. — Ranis, G. (1961): A Theory of Economic Development, in: American Economic Review, 51, S. 533—565.
Fritsch, Br. (1965): Die ökonomische Theorie als Instrument der Entwicklungspolitik, in: Kyklos, 18, S. 259—276.
Heintz, P. (1969): Ein soziologisches Paradigma der Entwicklung mit besonderer Berücksichtigung Lateinamerikas, Stuttgart.
Hirschmann, A. O. (1967): Die Strategie der wirtschaftlichen Entwicklung, Stuttgart (Ökonomische Studien, Bd. 13). (Original: 1958.)
Hoffmann, W. G. (1962): Wachstumsnotwendige Wandlungen in der Sozialstruktur der Entwicklungsländer, in: Kyklos, 15, S. 80—94.
Hondrich, K. O. (1972): Sozialer Wandel und Entwicklung. Zu den Büchern von Zimmermann, Tjaden und Heintz, in: Zeitschrift für Wirtschafts- und Sozialwissenschaften, Berlin, S. 79—83.
Hoselitz, B. F. (1969): Wirtschaftliches Wachstum und sozialer Wandel, Berlin (Schriften zur Wirtschafts- und Sozialgeschichte, Bd. 15). (Original: 1959—1965.)
Jochimsen, R. (1965): Dualismus als Problem der wirtschaftlichen Entwicklung, in: Weltwirtschaftliches Archiv, 95, S. 69—88.
Kade, G. (1964): Wachstumsmodelle, Input — Output — Analyse und Entwicklungsprogrammierung, in: Konjunkturpolitik, Zeitschrift für angewandte Konjunkturforschung, 10, S. 20—80.
Knall, Br. (1962): Wirtschaftserschließung und Entwicklungsstufen, Rostows Wirtschaftsstufentheorie und die Typologie von Entwicklungsländern, in: Weltwirtschaftliches Archiv, Bd. 88, S. 184—258.
Knall, Br. (1969): Grundsätze und Methoden der Entwicklungsprogrammierung. Techniken zur Aufstellung von Entwicklungsplänen, Wiesbaden (Schriftenreihe des Südasien-Instituts der Universität Heidelberg).
Leibenstein, H. (1957): Economic Backwardness and Economic Growth, New York.
Lewis, W. A. (1956): Die Theorie des wirtschaftlichen Wachstums, Tübingen/Zürich. (Original: 1955.)
Myrdal, G. (1959): Ökonomische Theorie und unterentwickelte Regionen, Stuttgart. (Original: 1957.)
Nurkse, R. (1953): Problems of Capital Formation in Underdeveloped Countries, Oxford.
Pötzsch, R. (1972)*): Stadtentwicklungsplanung und Flächennutzungsmodelle für Entwicklungsländer, Berlin (Schriftenreihe zur Industrie- und Entwicklungspolitik, Bd. 9).
Robinson, Sh. (1972): Theories of Economic Groth and Development, in: Economic Development and Cultural Change, Chicago, S. 54—67.

RÖPKE, J. (1970)*⁾: Primitive Wirtschaft, Kulturwandel und die Diffusion von Neuerungen. Theorie und Realität der wirtschaftlichen Entwicklung aus ethnosoziologischer und kulturanthropologischer Sicht, Tübingen (Walter Eucken Institut Freiburg i. Br., Wirtschaftswissenschaftliche und wirtschaftsrechtliche Untersuchungen, 6).

ROSTOW, W. W. (1960): Stadien wirtschaftlichen Wachstums, Göttingen. (Original: 1959.)

TINBERGEN, J. (1967): Development Planning, New York/Toronto.

ZIMMERMANN, G. (1969)*⁾: Sozialer Wandel und ökonomische Entwicklung, Stuttgart (Bonner Beiträge zur Soziologie, Nr. 7).

IV Forschung versus Praxis in der Entwicklungsländerforschung

BOHNET, M. (1969): Wissenschaft und Entwicklungspolitik, in: Ifo-Studien, 15, S. 57—92.

BOHNET, M. (1971): Das Ende der traditionellen Entwicklungsländerforschung, in: Internationales Asienforum, 2, S. 106—111.

BOHNET, M. (1971): Die Beziehungen zwischen Forschungsinstituten und Regierungen in Entwicklungsländern unter besonderer Berücksichtigung Ostafrikas, in: Internationales Afrikaforum, 7, S. 121—126.

KAPP, K. W. (1968): Wirtschaftliche Entwicklung, nationale Planung und öffentliche Verwaltung, in: FRITSCH, BR. (Hrsg.): Entwicklungsländer, Köln, S. 197—223. (Original: 1960.)

MEYER-DOHM, P. (1972): The Effect of Scientific Relations on Development, in: Law and State, Institute for Scientific Co-operation, 5, Tübingen, S. 26—50.

MUSTO, ST. A. (1972)*⁾: Evaluierung sozialer Entwicklungsprojekte, Berlin.

WISCHNEWSKI, H. J. (1968): Nord-Süd-Konflikt, Hannover.

V Interdisziplinarität und Entwicklungsländerforschung

HECKHAUSEN, H. (1970): Disciplinarity and Interdisciplinarity, Bochum. (Vervielf. Manuskript.)

KNALL, BR. (1971): Die interdisziplinäre Zusammenarbeit in der Entwicklungsländerforschung, Heidelberg (vervielf. Manuskript).

LIPTON, M. (1970): Interdisciplinary Studies in Less Developed Countries, in: The Journal of Development Studies, 7, S. 5—18.

MEYER-DOHM, P. (1971): Interdisziplinarität und Partnerschaftlichkeit in der Entwicklungsforschung, Bochum (Materialien und kleine Schriften Nr. 1. Herausgegeben vom Sonderforschungsbereich Nr. 20: Entwicklungspolitik und Entwicklungsforschung — Entwicklungsstrategien).

RIEGER, H. CHR. (1971): Entwicklungsländerforschung ohne Entwicklungsländer?, in: Entwicklung und Zusammenarbeit, 12, S. 12—14.

RIEGER, H. CHR. (1972): Interdisziplinäre Entwicklungsforschung. Ein Diskussionsbeitrag, Heidelberg (vervielf. Manuskript).

STEGER, H.-A. (1973): Stand und Tendenzen der gegenwartsbezogenen Lateinamerikaforschung in der BRD, in: Informationsdienst Arbeitsgemeinschaft Deutsche Lateinamerikaforschung, 8, S. 5—40.

VI Geographie und Entwicklungsländerforschung

BERRY, B. J. L. (1960): An Inductive Approach to the Regionalization of Economic Development, in: GINSBURG, N. (Hrsg.): Geography and Economic Development, Chicago, S. 78—107.

BOBEK, H. (1962): Zur Problematik der unterentwickelten Länder, in: Mitteilungen der Österreichischen Geographischen Gesellschaft, 104, Wien, S. 1—24.

BORCHERT, G. (1971): Methoden wirtschaftsräumlicher Gliederung in Entwicklungsländern, in: BORCHERT, G. — OBERBECK, G. — SANDNER, G. (Hrsg.): Wirtschafts- und Kulturräume der Außereuropäischen Welt. Festschrift für A. Kolb, Hamburg, S. 27—38 (Hamburger Geographische Studien, H. 24).

HARTSHORNE, R. (1960): Geography and Economic Growth, in: GINSBURG, N. (Hrsg.): Geography and Economic Development, Chicago, S. 3—25.
KOLB, A. (1962): Die Entwicklungsländer im Blickfeld der Geographie, in: Deutscher Geographentag Köln, Tagungsbericht und wissenschaftliche Abhandlungen, Wiesbaden, S. 55—72.
OTREMBA, E. (1962): Die raumwirtschaftliche Problematik der Entwicklungsländer, in: Studium Generale, 15, S. 519—529.
SCHEIDL, L. (1963): Die Probleme der Entwicklungsländer in wirtschaftsgeographischer Sicht, Wien (Wiener Geographische Schriften, Bd. 16).
TROLL, C. (1960): Die Entwicklungsländer. Ihre kultur- und sozialgeographische Differenzierung, in: Politik und Zeitgeschehen, Beilage zur Wochenzeitung „Das Parlament", B 52/60, 28. Dez. 1960.
TROLL, C. (1963): Die geographische Strukturanalyse in ihrer Bedeutung für die Entwicklungshilfe, in: Basler Beiträge zur Geographie und Ethnologie, Geographische Reihe, H. 5, Basel, S. 25—52.
TROLL, C. (1966): Die pluralistischen Gesellschaften der Entwicklungsländer. Ein Beitrag zur vergleichenden Sozialgeographie, in: TROLL, C.: Die räumliche Differenzierung der Entwicklungsländer in ihrer Bedeutung für die Entwicklungshilfe, Wiesbaden, S. 64—128 (Erdkundliches Wissen, H. 13).
UHLIG, H. (1971): Die Geographie in der Grundlagenforschung und Raumplanung der Entwicklungsländer und ihre Behandlung im Unterricht, in: Der Erdkundeunterricht, Sonderheft 1, Stuttgart, S. 84—95.
ULLMAN, E. L. (1960): Geographic Theory and Underdeveloped Areas, in: GINSBURG, N. (Hrsg.): Geography and Economic Development, Chicago, S. 26—32.
WEIGT, E. (1963): Natur- und Anthropogeographische Probleme der Entwicklungsländer, in: SIEBER, E. (Hrsg.): Entwicklungsländer und Entwicklungspolitik, Berlin, S. 179—202.
WIRTH, E. (1966): Über die Bedeutung von Geographie und Landeskenntnis bei der Vorbereitung wirtschaftlicher Entscheidungen und bei langfristigen Planungen in Entwicklungsländern, in: Angewandte Geographie (Festschrift für E. Scheu), Nürnberg, S. 77—84 (Nürnberger wirtschafts- und sozialgeographische Arbeiten, Bd. 5).

Diskussion zum Vortrag Bronger

Dr. Vetter (Berlin)

Herr BRONGER, Sie bemerken in Ihrem Referat, daß Entwicklungsländerforschung zur Verbesserung der Lebensverhältnisse in den Entwicklungsländern beitragen solle.

Nun kann man die Entwicklungsländer nicht unabhängig von den wirtschaftlichen und sonstigen Möglichkeiten der Industrienationen betrachten. Auch sollten Prioritätenkataloge für regionale Förderung von Projekten aufgestellt werden. Mir scheint, daß in Ihrem Referat die ausbaufähigen Interdependenzen Entwicklungs- und Industrieländern, die ja durch Ausloten der Hilfsmöglichkeiten der entwickelten Länder erst Grundlagen für die Entwicklungsforschung schaffen, zu wenig berücksichtigt worden sind.

Prof. W. Ritter (Darmstadt)

Herr BRONGER, Sie haben es so dargestellt, als ob wir durch verfeinerte Forschungsorganisation und -methoden helfen könnten, die Probleme der Entwicklungsländer zu lösen. Ich glaube, daß dieser Ansatz falsch ist. Von Nutzen für die Entwicklungsländer wird die Forschung nur sein können, wenn es den europäischen Forschern gelingt, ihre Ergebnisse in die Hände der einheimischen Wissenschaftler weiterzugeben. Erst dieses ist die Ebene, wo interdisziplinär gearbeitet werden kann.

Zweitens möchte ich an Sie die Frage richten, welchen Entwicklungsbegriff die Geographie hat, bzw. welchen Entwicklungsbegriff Sie vertreten, nachdem Sie ja jenen der Wirtschaftswissenschaften ablehnen?

Prof. Dr. Otremba (Köln)

Ich möchte bemerken, daß es auch außerhalb der Geographie eine recht intensiv arbeitende „Entwicklungsländerforschung" gibt, die im wesentlichen von Volkswirten, Landwirten, Soziologen getragen wird. Sie erfolgt im Rahmen von Consultingfirmen und im Rahmen von amtlichen Aufträgen. Die geringe Beteiligung der Geographen an dieser Arbeit beruht auf der Zielstellung der Entwicklungsforschung. Man möchte den Fortschritt des wirtschaftlichen Wachstums der Bevölkerung, d. h. des Wachstums des Sozialprodukts. Erst seit einiger Zeit, in der zweiten Entwicklungsdekade, legt man mehr Wert auf die regionalen Einsatzbereiche als auf die sektoralen Einzelprojekte. Die Arbeitsbereiche des Bundesministeriums für wirtschaftliche Zusammenarbeit stehen für die Mitarbeit der Geographie offen. Sie entsprechen in ihrer regionalen Gliederung der Referate der Tätigkeit des Geographen und beachten auch jenseits der Staatengrenzen die inneren regionalen Wirkungsfelder in der Wahrung überregionaler Zusammenschlüsse. Schwierigkeiten der Ansprache des Wissenschaftlers für die Verwaltungspraktiker sind freilich zu überwinden. Die Sprache des Geographen, denen es um den Raum geht, wird weniger verstanden als die Sprache des Ökonomen, dem es um das wirtschaftliche Wachstum geht.

Dr. Duckwitz (Bochum)

Zum Problemkreis 3 (vergleichende Regionalkunde):

In welcher Weise dient die Methode als Vergleich der Auffindung von Entwicklungszielen für die Entwicklungsplanung. Soll durch Vergleich positiver Regionalbeispiele in Regionen mit negativen Merkmalstrukturen ein ähnlicher Innovationsprozeß eingeleitet werden wie derjenige, der in der positiven Region qualitative und quantitative Verbesserungen gebracht hat. Oder gibt es eine Theorie der vergleichenden Regionalkunde mit Methoden zur Auffindung von Zielen der Entwicklungsplanung in Entwicklungsländern?

Prof. Dr. Birkenhauer (Freiburg)

Herr Bronger ist uns den Zentralpunkt schuldig geblieben: wie ist eine vergleichende Regionalforschung möglich? Welche Kriterien gibt es dafür? Als Möglichkeit bietet sich ein der Bodenforschung analoges Verfahren an. Die Catenaerfassung und Catenabildung — nun regional geographisch. Nur wenn wir das haben, ist sinnvoll interdiziplinäre Arbeitsteilung möglich, ist eine sog. geographische Synthese der Einzelergebnisse möglich.

Nachträgliche ergänzende Diskussionsbemerkung

Prof. Dr. Dr. K. Hottes (Bochum)

Für die Zusammenarbeit mit ausländischen Universitäten könnte die Partnerschaft zwischen der Osmania-Universität Hyderabad und dem Institut für Entwicklungsforschung und Entwicklungspolitik der Bochumer Universität eines der möglichen Modelle sein.

Unseren in Indien/Andhra Pradesh tätigen Forschern stehen zur Seite:
a) indische senior-counterparts auf Hochschullehrerebene,
b) indische junior-counterparts auf Assistentenebene; indische investigators auf MA oder MSC-Stufe als Interviewer und Feldforschungspersonal, die a) und b) zuarbeiten und — leider zu selten — mit
c) deutschen studentisch/wissenschaftlichen Hilfskräften zusammenarbeiten können.

Ein deutsch-indischer Research-Board koordiniert die Forschungsarbeiten.

Dr. D. Bronger (Bochum)

Die von Ihnen angeschnittenen Themen, Herr Vetter, sind für den Gesamtkomplex „Entwicklungsländerforschung" ohne Zweifel von großer Bedeutung; das ist bereits aus der sehr umfangreichen Literatur über diese Fragen ersichtlich. Sie gehören allerdings nicht in den *unmittelbaren* Zusammenhang des hier gewählten Themas.

Ihre Bemerkung läßt mir notwendig erscheinen, nochmals auf folgendes hinzuweisen: der erste Schritt der empirischen Entwicklungsländerforschung *muß* immer der sein, zunächst die wirtschaftlichen, sozialen, kulturellen und politischen Bedingungen und Voraussetzungen zur Verbesserung der Lebensverhältnisse des betreffenden Landes zu untersuchen. Dabei kommt es auf die Erforschung der Zusammenhänge der genannten Lebensbereiche (die natürlich eng miteinander verwoben sind) an, will man eine reale Grundlage für eine daraus zu erstellende Entwicklungsplanung gewinnen. Die bisherigen Ergebnisse geographischer Forschung in Entwicklungsländern zeigen die besondere Notwendigkeit, den genannten Zusammenhängen in Zukunft, wenn schon nicht interdisziplinär, so doch wenigstens in intradisziplinärer Zusammenarbeit nachzugehen.

Die von Ihnen geforderte Aufstellung von „Prioritätenkataloge für die regionale Förderung von Projekten" ist nach dem gegenwärtigen Stand der Forschung bislang allenfalls für Einzelregionen einiger weniger Entwicklungsländer möglich. In der Entwicklungsländerforschung — und das trifft für die geographische ebenso zu — sind wir noch weit davon entfernt, hierzu generelle, d. h. allgemeingültige profunde Aussagen machen zu können, solange wir beim Zurücklegen des ersten Schrittes noch ganz in den Anfängen stecken. Den genannten Zusammenhängen einschließlich der durch sie mitbedingten Verhaltensweisen der einzelnen Schichten der Bevölkerung und damit dem Entwicklungsbewußtsein des wirtschaftenden Menschen, in regionaler Differenzierung betrachtet, gilt es sich zunächst verstärkt zuzuwenden — und hier liegen meines Erachtens die besonderen Möglichkeiten gerade der Geographie. In der Erforschung dieser Fragen müssen wir zunächst weiterkommen, *bevor* wir an die o. g. Forderung der Aufstellung derartiger Prioritätenkataloge herangehen können. Das gleiche gilt für die Untersuchung der „Hilfsmöglichkeiten" der Industrieländer, will man bei diesbezüglichen Aussagen nicht in Allgemeinplätzen stecken bleiben.

Ganz bestimmt lassen sich die Probleme der Entwicklungsländer, Herr RITTER, *nicht* mit „verfeinerter Forschungsorganisation und -methode" allein lösen. Solche Vorstellungen gehen weit an der Wirklichkeit vorbei. Eine derartige Behauptung ist hier auch an keiner Stelle aufgestellt worden.

Dagegen teile ich Ihre Auffassung, und das wurde bereits im Vortrag betont (vgl. Schaubild 1 und meine Ausführungen zu Problemkreis 2), daß die Forschungsergebnisse unbedingt den zuständigen Stellen in den betreffenden Ländern zugänglich gemacht werden sollten. Es muß jedoch darauf hingewiesen werden, daß auch dies leichter gesagt als getan ist. Die ersten Schwierigkeiten beginnen bereits auf der sprachlichen Ebene. Ich halte es für eine bedauerliche, aber sehr häufig zu beobachtende Tatsache, daß für die Forschungen selbst zwar ausreichende Mittel, jedoch für die Übertragung der Forschungsergebnisse in die betreffende Landessprache nur unzureichende oder überhaupt keine Mittel zur Verfügung stehen, ja, daß Mittel dafür nicht einmal eingeplant waren. Das aber ist die Voraussetzung, um die für die Umsetzung der Ergebnisse in die Praxis entscheidenden Stufen 4—6 (siehe Schaubild) überhaupt zu erreichen, geschweige denn verwirklichen zu können.

Aus dem von mir aufgestellten Phasenablauf in der Entwicklungsländerforschung geht hervor, daß die interdisziplinäre Kooperation *nicht* erst mit der Kenntnisgabe der Forschungsergebnisse an die einheimischen Wissenschaftler, Planer und Politiker beginnen sollte, sondern bereits so frühzeitig wie irgend möglich, d. h. tunlichst schon bei der Ausarbeitung des entwicklungspolitisch relevanten Forschungsansatzes einzusetzen hat. Ein wirklich umfassendes, die wirtschaftlichen, sozialen, kulturellen und politischen Zusammenhänge berücksichtigendes Konzept kann nicht, und das sei hier nochmals ausdrücklich betont, von einer einzelnen Wissenschaftsdisziplin erstellt werden.

Daneben sollten ebenfalls so frühzeitig wie möglich, d. h. am besten bereits bei der Problemfindung selbst, die partnerschaftliche Zusammenarbeit mit den betreffenden wissenschaftlichen Institutionen dieser Länder gesucht werden (vgl. Schaubild 1). Ich halte dies für sehr wichtig und dringlich, nicht nur, um die vorhandene einheimische wissenschaftliche Forschung von vornherein mit einzubeziehen, sondern vor allem, weil es sich um Forschungen in uns ganz oder weitgehend fremden Lebensweltbereichen handelt. Wenn auch die bisherigen Erfahrungen auf diesem Gebiet gezeigt haben, daß hiermit mannigfache Probleme und Konsequenzen verbunden sind (sie umfassen die gesamte Spannweite von den Schwierigkeiten des gegenseitigen Verständnisses sowohl bei den theoretischen Vorstellungen als vor allem der praktischen Durchführung eines solchen Projektes bis hin zu der Auswärtigen Kulturpolitik), so halte ich doch eine derartige interkulturelle Interdisziplinarität bei komplexer Feldforschung in Entwicklungsländern für eine zwingende Notwendigkeit. Die Zeit, daß jeder für sich in einem ihm auch bei intensiver Vorbereitung doch weitgehend fremden Kulturkreis arbeitet, sollte sobald als möglich der Vergangenheit angehören. Bislang sind wir jedoch in der Entwicklungsländerforschung über Ansätze zur Überwindung der bisherigen Forschungspraxis nicht hinausgekommen. Schärfer formuliert: Die bisher weitgehend in der Form akademischer Beutezüge (wie dies einmal sehr drastisch, aber durchaus nicht unzutreffend bezeichnet wurde) durchgeführte empirische Forschung in den Entwicklungsländern nützt den betreffenden Ländern wenig oder überhaupt nicht, ja sie machte sich häufig nicht einmal die Mühe, sich an den Bedürfnissen dieser Länder zu orientieren. Derartige Untersuchungen sind daher auch nicht als Entwicklungsländerforschung (im obigen Sinne) zu bezeichnen.

Zusammengefaßt geht es in erster Linie darum, die Entwicklungsländerforschung auf ihr eigentliches Anliegen auszurichten: diesen Ländern zu dienen bis hin zur Mithilfe der Umsetzung ihrer Ergebnisse in die Praxis. Zu einer Operationalisierung aller dieser Anliegen und damit zu einer wirklichen Entwicklungsländerforschung ist es bislang nur in Ansätzen gekommen. Das betrifft nicht nur die unmittelbare Forschungspraxis. Vielmehr sind bislang nicht genügend Anstrengungen unternommen worden, diese Probleme mit ihren Konsequenzen sowohl von der theoretischen als auch von der praktischen Seite her wissenschaftlich zu reflektieren.

Was den *Entwicklungs*begriff angeht, so kann ich unmittelbar an das eben Ausgeführte anknüpfen: Die vor allem in den 50er und zu Beginn der 60er Jahre bei den Wirtschaftswissenschaftlern sehr häufig vertretene Gleichsetzung der Begriffe „Wachstum" und „Entwicklung" darf in der Entwicklungsländerforschung nunmehr als überholt angesehen werden. Auch bei der überwiegenden Anzahl der Ökonomen besteht heute Übereinstimmung darüber, daß „Entwicklung" eines sehr viel differenzierteren Instrumentariums verschiedenster Maßnahmen bedarf. Das aber bedeutet: man muß einen sehr viel komplexeren Entwicklungsbegriff zugrunde legen, einen Entwicklungsbegriff, der nicht nur die wirtschaftlichen Fragen (Wachstum des Sozialproduktes) berücksichtigt, sondern — wie dies vor allem BEHRENDT mit vollem Recht fordert — die anthropologischen, soziologischen und psychologischen Dimensionen miteinbezieht. BEHRENDT kommt somit zu einem sehr viel weiter gefaßten, zu einem *dynamischen* Entwicklungsbegriff, „der Entwicklung als entschiedenen dynamischen Kulturwandel versteht, welcher sich in den drei Dimensionen der Technik, der Wirtschaft und der Gesellschaft abspielt — Dimensionen oder Ebenen, die natürlich in enger Wechselwirkung untereinander stehen, zwischen denen jedoch erhebliche Diskrepanzen bestehen können und tatsächlich meistens bestehen, welche für die meisten Probleme der Entwicklungsländer verantwortlich sind." (BEHRENDT, R. F., 968, S. 101).

Der von den Herren BIRKENHAUER und DUCKWITZ gestellten Frage nach den *Kriterien* für die Auswahl der Beispielregionen kommt in der Tat für die Operationalisierung des methodischen Ansatzes der vergleichenden Regionalforschung eine zentrale Bedeutung zu. Aus Zeitgründen konnte hierauf im Vortrag nicht eingegangen werden. Auch im Rahmen einer Diskussionsbemerkung kann ich diese Frage nicht entfernt erschöpfend beantworten; eine eingehende Beantwortung muß einer gesonderten Darstellung vorbehalten bleiben.

Zunächst seien noch einmal kurz die Voraussetzungen bzw. die Ansprüche genannt, unter denen die Methode der vergleichenden Regionalforschung mir als sinnvoll, ja notwendig erscheint:

1. Ausgehend von einem komplex aufgefaßten Entwicklungsbegriff, geht es in der Entwicklungsländerforschung um die Erforschung der — soweit möglich — Gesamtheit der den gegenwärtigen Stand, vor allem aber den Entwicklungsprozeß determinierenden Faktoren. Entscheidend ist dabei, nach meiner Auffassung, daß diese Entwicklungsdeterminanten in ihrem komplexen Zusammenwirken analysiert werden.

2. Das dem Konzept der vergleichenden Regionalforschung zugrunde liegende Forschungsfeld soll einen größeren Raum, z. B. ein Land, als politische Einheit, umfassen. Mit anderen Worten: Sowohl die im Vortrag gemachten als auch die folgenden Ausführungen beziehen sich *nicht* auf Analysen von *Einzel*regionen als Grundlage einer von vornherein isoliert konzipierten Regionalplanung.

Unter Zugrundelegung dieser Prämissen ist die Frage nach den Kriterien für die Auswahl der Beispielregionen im Grundsatz bereits beantwortet: Die Indikatoren, mit denen der jeweilige Entwicklungsstand in seinen Strukturen und den Formen seiner Verflechtung qualitativ und auch quantitativ sichtbar gemacht werden soll, müssen so vielseitig, so interdisziplinär wie irgend möglich erfaßt; mit anderen Worten, es müssen die Kriterien so umfassend wie möglich zugrunde gelegt werden. Nur so ist dem gesteckten Ziel, eine fundierte wissenschaftliche Grundlage für eine auf diese Ergebnisse aufbauende realistische Entwicklungsplanung zu bilden, auch gerecht zu werden.

Die zu analysierenden Indikatoren rekrutieren sich aus den folgenden drei Hauptbereichen:
1. das ökologische Potential des Untersuchungsraumes
2. die infrastrukturelle Gesamtausstattung, d. h. die Gesamtheit der wirtschaftlichen, soziokulturellen und politischen Rahmenbedingungen, einschließlich des Standes (nach Möglichkeit auch der Entwicklung) der funktionalen Verflechtung. Die Formen der Verflechtung sind dabei sowohl intra- und intersektoral als auch räumlich zu erfassen.
3. die die Entwicklung determinierenden Faktoren: unter ihnen kommt, wie im Vortrag bereits ausgeführt, der faktischen Entwicklungsbereitschaft der Bevölkerung eine entscheidende Bedeutung bei jeglicher Entwicklungsplanung und Entwicklungspolitik zu.

Die Erforschung sozial, kulturell und wirtschaftlich determinierter Verhaltensmuster sollte von den Geographen keinesfalls übergangen werden.

Auf die Kriterien kann hier im einzelnen nicht näher eingegangen werden. Entscheidend ist, wie bereits betont, daß sie stets in ihrem *Zusammenwirken* zu sehen sind. Als Beispiel sei in diesem Zusammenhang auf ein bislang kaum berücksichtigtes Problem aufmerksam gemacht: die Frage nach den Interdependenzen zwischen dem ökologischen Potential eines Untersuchungsraumes und der Mobilität seiner Bewohner.

AGRARGEOGRAPHISCHE KARTIERUNG IN SÜDMOÇAMBIQUE ERFASSUNGSPROBLEME UND AUSWERTUNGSMÖGLICHKEITEN

Mit 8 Abbildungen

Von G. Richter (Trier)

1. Einführung

Im Rahmen des Afrika-Kartenwerkes der DFG hatte es der Verfasser übernommen, gemeinsam mit D. Cech (Braunschweig) die Karten der Agrar- und Bevölkerungsgeographie des Blattes SO im Raum von Südmoçambique zu bearbeiten. Die entsprechenden Kartenteile für den Anteil von Swaziland und Transvaal bearbeiteten K. H. Schneider und B. Wiese (Köln). Die Karten im Maßstab 1 : 1 Mill. sind inzwischen nach sechsjähriger Arbeitsdauer fertiggestellt, die zugehörigen Erläuterungshefte in Bearbeitung. Der Deutschen Forschungsgemeinschaft ist dafür zu danken, daß sie die Durchführung eines derartig umfangreichen Projektes ermöglichte. Waren doch die Bearbeiter innerhalb der Arbeitsdauer auf drei Forschungsreisen insgesamt 10—12 Monate im Arbeitsgebiet.

Zur Agrar- und Bevölkerungskarte des Blattes SO im Afrika-Kartenwerk wird bald eine umfassende Darstellung gegeben werden. Darüber soll hier nicht berichtet werden, sondern über die Erfassungsprobleme und die Auswertungsmöglichkeiten einer solchen Kartierung unter Verhältnissen tropischer Entwicklungsländer, also über die methodische Seite. Wenn diese Ausführungen bei der Auffindung geeigneter Methoden für die Agrarkartierung größerer Räume in Entwicklungsländern eine Anregung sein können, ist ihr Ziel erreicht.

Betrachten wir einerseits die Aufgaben der Geographie in der Entwicklungsländerforschung und andererseits den von der DFG ermöglichten Umfang der Geländearbeiten, so wäre es bei aller Einrechnung der vielfältigen Schwierigkeiten zu wenig, wenn sich eine solche Kartierung auf die hergebrachte Erfassung der Produktionsgebiete bestimmter Feldfrüchte, auf eine Gliederung in Agrarlandschaften und auf Angaben über Bearbeitungsmethoden, Betriebsstrukturen, Vermarktungsorganisationen und Neuland-Erschließungsgebiete beschränkte. Sicher sind alle diese Angaben von Wert. Was darüber hinaus jedoch oft fehlt, sind genauere Angaben über die Grundlagen solcher Kartierungen unter der erschwerten Quellenlage, wie sie für viele Entwicklungsländer charakteristisch ist. Was weiterhin oft fehlt, ist die prognostische Seite, also die praktische Auswertung der von Geographen erarbeiteten Unterlagen. Sollen und dürfen wir diese Auswertung anderen überlassen?

Wichtig erscheint dabei gerade für Afrika die Einschätzung der Tragfähigkeit eines Raumes unter den herrschenden agrarischen Bedingungen, also die Erfassung von Räumen, die unter den heutigen Bedingungen agrarisch übersetzt, d. h. übernutzt und ökologisch in Gefahr sind. Sind solche Räume vorhanden, so muß versucht werden, in ihrer Nachbarschaft geeignete Entlastungsräume zu finden. Ist dies nicht möglich, so müssen diese Gebiete vordringlich als Entwicklungszonen ausgewiesen werden, in denen die fehlende agrarische Nutzfläche durch Neulandgewinnung und Intensivierung der Landwirtschaft zu ersetzen ist. Wie wir aus einer Reihe agrargeographischer Untersuchungen wissen, wird diese Intensivierung der Landwirtschaft heute in vielen Teilen Afrikas durch Landnot und Bevölkerungsdruck allmählich erzwungen (z. B. SCHULTZE, HECKLAU und BADER 1967, LUDWIG 1967). Die vorangehende Übernutzung gefährdet jedoch das ökologische Gleichgewicht und kann schwerwiegende Auswirkungen auf Boden, Vegetation und Gewässernetz haben. Häufig müssen dann der Staat oder Programme der Entwicklungshilfe mit erheblichen Anstrengungen und Mitteln für die Wiederherstellung des ökologischen Gleichgewichts sorgen, bevor sie sich der eigentlichen Landwirtschaftsförderung zuwenden können.

Vom planerischen Gesichtspunkt sind solche Maßnahmen defensiv ausgerichtet. Wäre es nicht besser und richtiger, die derzeit übernutzten Gebiete genau zu erkunden, sie zu Entwicklungsschwerpunkten zu erklären und hier alle Anstrengungen zur Intensivierung der Landwirtschaft zu unternehmen, noch bevor schwere Schäden der Ökologie eingetreten sind? Mag diese aktive Lösung noch so schwierig zu verwirklichen sein: sie berührt das Grundproblem vieler Entwicklungsländer und muß daher verfolgt werden. Die geographische Wissenschaft kann dafür wichtige planerische Grundlagen erarbeiten.

2. Die Arbeitsgrundlagen

Das Untersuchungsgebiet war der Südteil von Moçambique zwischen der südlichen Landesgrenze und dem südlichen Wendekreis. Es erfaßte mit dem Distrikt Lourenço Marques sowie großen Teilen der Distrikte Gaza und Inhambane einen Raum von etwa 500 x 500 km. Unter Einrechnung der etwa dreieckigen Form des Arbeitsgebietes ergibt sich eine Fläche, die rund der Hälfte der Fläche der Bundesrepublik entspricht.

Genaue, auf aerotopographischer Grundlage hergestellte Karten standen nur für die unmittelbare Umgebung von Lourenço Marques und den Raum südlich davon zur Verfügung. Im Laufe unserer Untersuchungen schob sich die Bearbeitungsgrenze dieser topographischen Karten im Maßstab 1 : 50 000 und 1 : 250 000 allmählich nach Norden vor. Für den weitaus größeren Teil des Arbeitsgebietes, vor allem für den Trockenraum im Landesinneren, bestehen jedoch auch heute noch die einzigen topographischen Unterlagen in Karten 1 : 250 000 aus den 40er Jahren, die auf Routenaufnahmen basieren und völlig veraltet sind.

Die exakteste topographische Grundlage bildeten etwa 15 000 Luftbilder im Maßstab 1 : 20 000 oder 1 : 40 000, die die Deutsche Forschungsgemeinschaft dankenswerterweise für die Arbeitsgruppe kaufte. Den zuständigen portugiesischen Behörden ist für die Freigabe der Luftbilder zu danken. Bildeten sie doch für weite Teile des Arbeitsgebietes die einzige topographische Unterlage.

An statistischem Unterlagenmaterial standen uns nicht nur die stark zusammengefaßten gedruckten Agrarstatistiken zur Verfügung, sondern auch die Betriebsbefragungsbögen sämtlicher erfaßter Betriebe aus den Jahren 1965 und 1966, die uns freundlicherweise durch die Missão de Inquerito Agricola zur Verfügung gestellt wurden. So besaßen wir für die marktbezogene Landwirtschaft der Farmen, Pflanzungen und Plantagen genaue statistische Grundlagen. Für den so viel größeren Bereich der traditionellen Landwirtschaft bestehen jedoch solche Statistiken nicht. Hier konnte die Missão de Inquerito Agricola nur ca. 150 Repräsentativbefragungen von Dorfschaften aus den Jahren 1965 und 1966 zur Verfügung stellen. Immerhin ergab die Auswertung der Urfragebögen dieser Repräsentativbefragungen ein sehr eingehendes und genaues Bild der gesamten landwirtschaftlichen Aktivität der traditionell wirtschaftenden Bantu. Bei der Weite des Raumes waren dies jedoch nur einzelne Punkte, über die nähere Angaben vorlagen.

Insgesamt läßt sich sagen, daß die sowohl an Umfang wie an Qualität sehr uneinheitlichen Arbeitsgrundlagen eine einheitliche flächendeckende Erfassung, wie sie für die Agrarkartierung im Afrika-Kartenwerk gefordert wurde, erschwerten. Besonders für den Bereich der traditionellen Landwirtschaft schien eine solche flächendeckende, gesicherte Darstellung zunächst so gut wie unmöglich zu sein.

3. Die Geländearbeit und ihre Auswertung

Die für Europa üblichen agrargeographischen Bearbeitungsschritte sind hier in den Tropen aus verschiedenen Gründen nur zum Teil gangbar. Einerseits ist es die Weite des Untersuchungsraumes, andererseits die schwierige Zugänglichkeit vieler Gebiete, die zu andersartigem Vorgehen zwingen. Die Hauptschwierigkeit aber liegt zweifellos in der Ungenauigkeit oder dem Fehlen detaillierter statistischer Unterlagen.

Durch das Entgegenkommen der Missão de Inquerito Agricola besaßen wir derartig genaue statistische Unterlagen für die marktbezogene Landwirtschaft. So konnte auf die Geländearbeiten mit Befragungen und Kartierungen von Einzelbeispielen der marktbezogenen Landwirtschaft die Herstellung einer Karte der Betriebstypen erfolgen. Sie wurde ermöglicht durch die Geländearbeiten und durch die Auswertung des statistischen Urmaterials der Missão de Inquerito Agricola, Lourenço Marques, aus der alle nötigen Angaben über Besitztitel, Flächen und Flächennutzung, Anbaufrüchte, Erntemengen, Verkaufsmengen, Viehbesatz, Mechanisierungsgrad und Arbeitskräfteeinsatz zu entnehmen waren. Diese Karte der Betriebstypen, auf der im Maßstab 1 : 250 000 über 800 Farmen, Pflanzungen und Plantagen erfaßt wurden, zeigte schließlich, daß sich die Farm- und Pflanzungsgebiete in Südmoçambique nicht nur strukturell gut voneinander abgrenzen lassen, sondern daß sie auch eine funktionale Gliederung im Sinne der Thünenschen Ringe rund um die Hauptstadt Lourenço Marques aufweisen. Hierüber wird an anderer Stelle mehr berichtet.

Für die traditionelle Landwirtschaft konnte dieser Weg nicht beschritten werden. Hier stand eben nur ein recht weitmaschiges Netz von Repräsentativbefragungen durch die Missão de Inquerito Agricola zur Verfügung. CARVALHO (1969) hat versucht, von diesen Repräsentativbefragungen durch Hochrechnung zu einem Überschlag über die Anbauflächen, Ernteerträge und Produktionsmengen zu kommen. Die Ergebnisse dieser an sich sehr verdienstvollen Arbeit scheinen jedoch zu unsicher zu sein, vor allem, da sich die so weit verbreiteten Mischkulturen einer statistischen Auswertung hinsichtlich der Ernteerträge und Produktionsmengen entziehen. Von den drei methodischen Untersuchungsrichtungen der Landwirtschaftsgeographie, wie sie WAIBEL (1933, S. 7—12) als statistische, ökologische und physionomische Untersuchungsrichtung beschreibt, fällt damit die erste, die statistische, für den Bereich der traditionellen Landwirtschaft Moçambiques weitgehend aus.

Die Geländearbeiten zur Erkundung der traditionellen Landwirtschaft und ihrer Differenzierung brachten Befragungen und Kartierungen vieler Einzelbeispiele. Eine

Reihe häufig wiederkehrender Betriebsformen konnte identifiziert werden. Ihre Verbreitung wurde an Hand der Physionomie der Agrarlandschaft bei Routenbefahrungen etwa auskartiert. Weiterhin wurde das vorhandene Befragungsnetz durch 30 weitere Repräsentativbefragungen von Dorfschaften im Rahmen der Geländearbeiten verdichtet. Befragt wurden dabei möglichst viele Bereiche der wirtschaftlichen Aktivität wie Hauptanbaufrüchte, Verkaufsprodukte, Fruchtbaumnutzung, Bestellungsweise, Arbeitsteilung in der Landwirtschaft zwischen Mann und Frau, Zahl der Ernten, Erntekonservierung, Viehhaltung und Viehverkauf, Tauschverkehr auf Märkten und mit Läden, Bodenrecht und anderes. Aus den Dorfbefragungen, den Einzelbefragungen und Kartierungen sowie den Routenaufnahmen konnten schließlich drei große Agrarräume der traditionellen Landwirtschaft ausgegliedert werden, die in sich noch weiter differenziert sind. WAIBEL hätte diese agrargeographischen Einheiten wahrscheinlich Wirtschaftsformationen genannt. Nachdem der Begriff der Wirtschaftsformation jedoch in der Folgezeit viel großräumiger, ja weltweit angewendet wurde (OTREMBA 1960, S. 343 ff., HAMBLOCH 1972, S. 136 ff., sowie Abb. 39), erheben sich jedoch Bedenken, die relativ kleinräumigen Differenzierungen der traditionellen Landwirtschaft Südmoçambiques mit diesem Begriff zu belegen. SCHULTZE, HECKLAU und BADER (1967) haben diese Agrarräume bei ihren Geländearbeiten in Kenia und Tansania mit dem Begriff „Flächennutzungsstilregionen" belegt. Gemeint sind damit Agrarräume, die sich durch einen ganz bestimmten Stil der Flächennutzung in traditioneller Landwirtschaft auszeichnen, vertreten durch die Stilelemente Hauptanbaufrüchte, Verkaufsprodukte, Fruchtbaumnutzung, Bestellungsweise, Zahl der Ernten, Viehhaltung, Bodenrecht und anderes mehr, ohne daß ihre Abgrenzung auf gesicherten quantitativen Grundlagen beruht wie Betriebsgrößen, Anbauflächen, Verkaufsmengen, Hektarerträge u. a. m. Verfasser hat darauf hingewiesen, daß die Differenzierung der Agrarlandschaft nach diesen Stilelementen nicht allein den Stil der Flächennutzung umfaßt, sondern den Stil der gesamten Wirtschaft der Bantu. Daher ist der Begriff der Wirtschaftsstilregion besser angebracht (RICHTER 1970, 1971). Heute erscheint es mir richtiger, beide Begriffe zu verwenden: Flächennutzungsstil immer dann, wenn es sich lediglich um die Elemente der Flächennutzung handelt. Wirtschaftsstil dagegen dann, wenn alle Bereiche der wirtschaftlichen Tätigkeit umfaßt werden.

Die Geländearbeiten und Befragungen führten zur kartographischen Ausgliederung von drei großen Wirtschaftsstilregionen mit weiterer Untergliederung. Da sich ihre kartographische Darstellung jedoch auf ein relativ weitmaschiges System von Befragungspunkten und Routenaufnahmen stützte, konnten die Grenzen der Wirtschaftsstilregionen nur schematisch gezogen werden. Ein weiterer Nachteil dieser Karte war, daß die flächenhaften Signaturen der Wirtschaftsstilregionen den Eindruck einer kontinuierlichen, gleichmäßig verteilten Flächennutzung des gesamten Raumes erweckte.

4. Die Luftbildauswertung

Angesichts der oben geschilderten Quellenlage konnte die notwendige weitere Differenzierung der Agrarkartierung Südmoçambiques nur noch durch Luftbildauswertung verfeinert werden. Ziel dieser Luftbildauswertung mußte es sein, die besiedelten und agrarisch genutzten Räume des Untersuchungsgebietes auszukartieren und von den nicht genutzten und nicht besiedelten abzugrenzen. Weiterhin sollten die unterschiedlichen Wirtschaftsstilgebiete, die mit den Mitteln der Geländearbeit nur schematisch voneinander abgegrenzt werden konnten, genauer auskartiert werden. Das Hauptproblem bildete bei dieser Luftbildauswertung die Frage der Erkennbarkeit der unterschiedlichen Wirtschaftsstilgebiete im Luftbild. Wie es sich zeigte, bereitete diese Identifizierung keine großen Schwierigkeiten, da der unterschiedliche Wirtschaftsstil in den drei Regionen die Physionomie der Agrarlandschaft in sehr unterschiedlicher Weise prägte. Ohne die weitere Untergliederung der Wirtschaftsstilregionen hier zu berücksichtigen, seien die drei Regionen kurz geschildert und im Luftbild miteinander verglichen:

a) *Die Hackbauregion mit Fruchtbaumnutzung im Küstengürtel*

Diese Region begleitet die Küste des Indischen Ozeans. Sie setzt im Raum der Delagoa-Bai schmal an und verbreitert sich nach Norden von 20 auf 60—80 km Breite. Damit umfaßt die Hackbauregion die Zone der fossilen Küstendünen mit zwischengeschalteten Seesandebenen und Restseen, gleichzeitig die Zone des mit 700 bis über 1000 mm Jahresniederschlag gut beregneten Küstengebietes. Hinreichende Niederschläge und leichte, für Wasser speicherfähige Sandböden haben dazu geführt, daß in dieser Region eine Reihe von Fruchtbäumen gedeiht, die weiter im Landesinneren fehlen. Hervorzuheben ist unter diesen Fruchtbaumkulturen die Kokospalme, die im küstennahen Teil des Fruchtbaumgürtels nördlich des Limpopo gedeiht. Daneben treten in der gesamten Region der Cajubaum (Anacardium occidentale), der Mafurrabaum (Trichilia emetica) und der Mangobaum (Mangifera indica) auf.

Die günstigen naturgeographischen Bedingungen und die gute Verkehrserschließung des küstennahen Gebietes haben dazu geführt, daß diese Region fast durchgehend und recht dicht bevölkert ist. Die Einwohnerdichten liegen bei 30 bis über 100 Einwohnern pro km². Die Bantubevölkerung betreibt einen Regenfeldhackbau in Landwechselwirtschaft. Die leichten Böden der Region erschöpfen sich schnell, so daß die Nutzungsperiode der Felder meist nicht mehr als 5 Jahre beträgt. Im ersten Jahr nach der Rodung wird Mais gebaut, vom dritten Jahr an gedeihen fast nur noch Erdnuß und Maniok. Mengenmäßig dominieren sie daher ganz eindeutig. Die Einführung des Pflugbaues war bisher wegen des Fehlens von Zugvieh unmöglich. Die Rinderhaltung spielt keine Rolle, da es auf Grund der dichten Besiedelung und ackerbaulichen Nutzung an den dafür nötigen weiten Buschweideflächen fehlt.

Die zunehmende Landverknappung hat in der Hackbauregion zu einer Weiterentwicklung des traditionellen Stammesbodenrechtes geführt. Die einzelnen Familien haben nicht nur das Nutzungsrecht über die derzeit angelegten Felder, sondern ihnen ist ein festumgrenztes Areal zugewiesen, in dessen Grenzen sie ihre Felder verlegen können. Weiterhin gehören der Familie sämtliche Fruchtbäume, die auf diesem Areal stehen.

Die Hackbauregion im Küstengürtel steht unter der Dominanz der Subsistenzwirtschaft. Nur in sehr guten Erntejahren gelangen größere Mengen an Erdnuß und anderen Feldfrüchten auf den Markt und werden von den Cantinas (Läden) aufgekauft. Die einzige regelmäßige Einnahmequelle der Bantubauern besteht in der Sammelwirtschaft auf Kokosnüsse, Cajunüsse und Mafurrakerne, von denen besonders die Cajunuß alljährlich in großen Mengen aufgekauft wird.

Im Luftbild (s. Abb. 1) finden wir einen bedeutenden Teil der eben geschilderten Züge dieser Agrarlandschaft wieder. Die dichte Besiedlung hat den ursprünglich geschlossenen Wald bis auf Reste verschwinden lassen. Zwischen den in Streusiedlung liegenden Wohnplätzen findet sich ein Gewirr unregelmäßig begrenzter Feldflächen, ein deutliches Zeichen für den Hackbau. Die Landwechselwirtschaft äußert sich in der unterschiedlichen Vegetationsbedeckung der Feldparzellen. Da gibt es ganz helle vegetationsfreie Flächen, die noch in der letzten Nutzungsperiode in Kultur waren und jetzt in der Trockenzeit abgeerntet sind. Daneben bestehen andere deutlich umgrenzte Feldflächen, die in unterschiedlichem Maße von Vegetation wieder besiedelt wurden. Es handelt sich um früher genutzte Feldflächen, die jetzt in Regenerierung stehen. Überall aber finden sich auf den jetzt oder früher genutzten Feldern viele verstreute Einzelbäume, die Fruchtbäume, die man als einzige auf den Feldern stehen ließ.

b) *Die Pflugbauregion der großen Täler*

Diese Wirtschaftsstilregion schiebt sich in die Hackbauzone ein und umfaßt die Unterläufe der großen Flußtäler wie Limpopo und Incomati. Mit lehmigen, nährstoffreichen Schwemmlandböden stellt diese Region überall dort einen Gunstraum dar, wo der Grundwasserspiegel nicht zu hoch liegt. Diese Räume sind die dichtestbesiedelten des Arbeitsgebietes. Die Einwohnerdichten steigen oft auf Werte zwischen 100 und 200 Einwohner je km² an. Fruchtbare Böden und Zuschußwasser vom Grundwasser her machen generell zwei Ernten im Jahr möglich. Es ist jedoch nicht üblich, ein und dieselbe Fläche zweimal im Jahr zu bebauen, sondern man wechselt die Flächen von der ersten zur zweiten Einsaat. So ist es möglich, ein und dieselbe Fläche etwa acht Jahre lang ohne Düngung unter Kultur zu halten. Der den Boden stark beanspruchende Maisanbau nimmt einen bedeutenden Teil der Anbauflächen ein. Daneben werden unter anderem Bohne, auf tiefliegenden, sumpfigen Flächen auch Reis angebaut. Die Fruchtbaumnutzung spielt dagegen keine Rolle. Bei der Bestellungsweise dominiert der Pflugbau eindeutig. Die meisten Betriebe verfügen selbst über einige Rinder als Zugvieh, die in den tiefsten, ackerbaulich nicht genutzten Teilen der Talaue auch in der Trockenzeit ihre Weide finden.
Die Bemühungen landwirtschaftlicher Institutionen, die Bantulandwirtschaft weiterzuentwickeln und an den Markt heranzuführen, sind hier bisher relativ am erfolgreichsten gewesen. Mit der staatlich gelenkten Einführung des Weizen- und Baumwollanbaues gelang bei vielen Betrieben die Etablierung von Marktkulturen, die sehr viel hochwertiger und einträglicher sind als der heimische Maisbau. Das traditionelle Bodenrecht wurde auch hier weiterentwickelt. Jede Familie verfügt über fest umgrenzte Flächen, die sie nur bei Fortzug aus dem Gebiet verliert. Dennoch behält der Häuptling das Recht, angesichts der Landverknappung und der Notwendigkeit, allen hier wohnenden Familien Nutzflächen zuzuweisen, den Boden umzuverteilen. Seit der Intensivierung der Landwirtschaftsberatung und der Einführung neuer Marktkulturen, also etwa seit 10 Jahren, mehren sich die Fälle, daß Familien die katastermäßige Sicherung ihres Besitzes beantragen. Ein weiteres Zeichen für die Landverknappung in den großen Tälern ist der allmähliche Übergang von der Landwechselwirtschaft zum Dauerfeldbau mit eingeschalteten kürzeren oder längeren Brachperioden.

Insgesamt steht diese Wirtschaftsstilregion im Übergang von der Subsistenzwirtschaft mit gelegentlichen Verkäufen zu marktbezogenem Wirtschaften, wobei neben die Subsistenzkulturen in mehr oder weniger großem Umfang reine Verkaufskulturen treten. Die traditionelle Wirtschaftsform ist dabei, sich zur Kleinbauernwirtschaft weiterzuentwickeln.

Das Luftbild (s. Abb. 2) spiegelt wichtige Züge dieser Agrarlandschaft wider. Wir erkennen die dichte Besiedelung mit der Häufung von Wohnplätzen und der weiten Ausdehnung von Feldflächen. Die Wohnplätze ordnen sich häufig auf den natürlichen Flußuferdämmen zu Siedlungsketten an. Die regelmäßig begrenzten Blöcke und Streifen der Nutzungsparzellen tragen die Züge des Pflugbaues. Die Aufnahme stammt aus der ersten Hälfte der Regenzeit. Ein Teil der Felder steht bereits unter Kultur, der größere Teil liegt brach. Im Bereich der feuchteren Altwasserarme ist eine Vielzahl von kleinen, durch flache Dämme eingefaßten Parzellen zu erkennen (z. B. am linken Bildrand). Hier wird Reis angebaut, in der Trockenzeit auch Süßkartoffel. Nur die tiefsten Teile der Talaue sind nicht kultiviert und dienen als Weideplätze für das Zugvieh.

c) *Die Wirtschaftsstilregion der Viehhaltung im Landesinneren*

Diese Region umfaßt das wenig zertalte Tiefland im Landesinneren, das an der südafrikanischen Grenze mit 300—200 m Höhe ansetzt und sich zur Dünenregion des Küstengürtels hin abdacht. Die Böden dieser tertiären und altquartären Plattenregion sind lehmig bis sandig-lehmig und weisen allgemein eine tiefgründigere Verwitterung als in der Dünenregion auf.

Klimatisch handelt es sich um den Übergang zum Trockenraum und um den Trockenraum im Bereich der Limpopofurche, wo die Jahresniederschläge bis unter 400 mm absinken. Die Regenzeit ist hier kürzer und weniger ergiebig. Die Fruchtbäume des Küstengürtels, wie den Cajubaum, trifft man hier im Randbereich des Trockenraumes vereinzelt an, jedoch trägt er kaum noch.

Dieser Raum ist sehr dünn besiedelt. Rechnerisch liegen die Einwohnerzahlen bei unter 1 pro km². In der Tat aber konzentriert sich die Bevölkerung wegen der Wasserversorgung um ergiebige Brunnen und Wasserstellen, besonders aber entlang der Flußtalränder. Dazwischen bleiben oft weite Gebiete fast unbesiedelt. Im ganzen Gebiet dominiert die Viehhaltung von Rindern und Ziegen. Der zusätzlich betriebene Pflugbau auf Mais, Hirse, Erdnuß und Bohne hat Ergänzungsfunktion und nimmt zum Trockenraum hin immer mehr ab. Durch Befragungen ließ sich rekonstruieren, daß die verbreitete Einführung des Pflugbaues in diesem Raum erst zwischen den 30er und 50er Jahren dieses Jahrhunderts erfolgte. In verschiedenen Teilen dieses Raumes, besonders entlang der Täler des Limpopo, des Changane, des Elefantenflusses und des Uanetze ist es zwar in den letzten Jahren gelungen, den Baumwollanbau einzuführen. Weiterhin organisierte die Regierung im gesamten Trockenraum regelmäßige Viehmärkte mit Aufkaufgarantien zu Festpreisen. Dennoch beharrt diese Wirtschaftsstilregion nach wie vor in Selbstversorgerwirtschaft mit gelegentlichen Verkäufen, hauptsächlich von Vieh.

Das Hauptproblem dieser Wirtschaftsstilregion ist die ganzjährige Wasserversorgung für Mensch und Vieh. Die meisten der Brunnenbohrungen trafen hier nur brakkiges Wasser an. Rückhaltebecken wurden meist nach wenigen Jahren durch Fluten wieder zerstört. In besonders trockenen Jahren werden dadurch große Herdenwanderungen, besonders ins Changane- und Limpopo-Tal, erzwungen. Die dadurch vorhandene Mobilität der Bevölkerung erschwert die wirtschaftliche Entwicklung des Raumes noch weiter.

Im Luftbild (s. Abb. 3) sind die Charakteristika in der Physionomie dieser Agrarlandschaft sehr deutlich von denen der übrigen abzuheben. Es handelt sich um einen Ausschnitt aus dem Randbereich des Sábiè-Tales. Den verstreut am Talrand liegenden großen Wohnplätzen ist fast immer ein Viehkral beigegeben. In der Vergrößerung des Luftbildes hebt er sich deutlich als dunkler Kreis ab. Die streifenförmig gegliederten Feldkomplexe deuten auf Pflugbau hin. Sie sind umgrenzt von feinen dunklen Linien. Es handelt sich dabei um Dornverhaue, die um die Felder herum gebaut werden, damit das im freien Busch weidende Vieh nicht in die Feldkomplexe eindringt. Innerhalb dermaßen eingekralter Feldkomplexe wird Landwechselwirtschaft betrieben. Nur ein Teil der Komplexe ist zur Zeit in Anbau. Das Bild wird ergänzt durch die hellen Linien der breiten Viehtriften, die an mehreren Stellen auf das Altwasser am Talrand als Viehtränke hinführen. Schließlich sind auch die im Tal jenseits des Altwassers liegenden Felder durch ein Verhau vor dem Einbruch des Viehs geschützt.

Wie man sieht, macht die Identifizierung der drei Wirtschaftsstilregionen im Luftbild an Hand der formalen Kennzeichen ihrer Physionomie keine Schwierigkeit. Kennt man die Details des Wirtschaftsstils durch Bodenaufnahmen, Befragungen und Kartierungen, so kann man einen bedeutenden Teil ihrer physionomischen Merkmale eindeutig im Luftbild kartieren. Diese Kartierung erfolgte durch eine Studentengruppe des Faches Geographie an der Universität Trier. Die Umsetzung in die Karte erfolgte über die photomechanische Einpassung der Befliegungspläne in Karten 1 : 250 000. Das Ergebnis war eine wesentlich detailliertere Karte, von der ein Beispiel dieser Arbeit beigegeben ist (s. Abb. 4).

Gleichzeitig mit dieser Luftbildauswertung erfolgte ein zweiter Auswertungsschritt, nämlich die Schätzung des Grades der Flächennutzung in der Landwechselwirtschaft. Diese Kartierung ging von folgender Überlegung aus: In den Sanden der Hackbauregion beträgt die Nutzungszeit ein und derselben Fläche nach den vorhandenen Befragungen etwa 5 Jahre. Dann folgt eine Regenerierungsphase der Böden von etwa 20 Jahren. Erst dann wird das Feld neu gerodet und in Kultur genommen. In den Tälern dagegen beträgt die normale Nutzungszeit acht Jahre, dann schließt sich die Regenerierungsphase an. Solange also Landwechselwirtschaft betrieben wird, muß in der Hackbauregion die vierfache Fläche der derzeit genutzten Areale als Reservefläche zur Verfügung stehen, damit sich die Böden regenerieren können. Für die Täler kann man entsprechend die etwa 2—2 1/2fache Fläche als notwendige Reservefläche ansetzen, wenn die Landwechselwirtschaft ohne Düngung funktionieren soll. Anders ausgedrückt, liegt die tragfähige Flächennutzung im Hackbaugebiet bei etwa 20 % der Gesamtfläche, in den Tälern bei etwa 30 %. Die Werte für das Viehhaltungsgebiet im Landesinneren liegen zwischen denen des Hackbaugebietes und der großen Täler, jedoch stellt sich hier diese Frage kaum, da im Viehhaltungsgebiet bei der geringen Bevölkerungszahl noch genügend Reserveflächen bereitstehen.

Als Kartierungsmethode für die Feststellung der derzeitigen Flächennutzung im Verhältnis zur Gesamtfläche schied die genaue Ausplanimetrierung der genutzten Flächen auf dem Luftbild wegen der großen Zahl der Luftbilder aus. Es wurden jedoch so lange Einzelbeispiele von Luftbildern ausplanimetriert, bis für die unterschiedlichen Landnutzungsmuster von Hackbau und Pflugbau Beispielsbilder bereitstanden, die das Landnutzungsareal im Verhältnis zur Gesamtfläche in folgenden Stu-

VEREINFACHTER AUSSCHNITT AUS DER KARTE

SÜDMOÇAMBIQUE

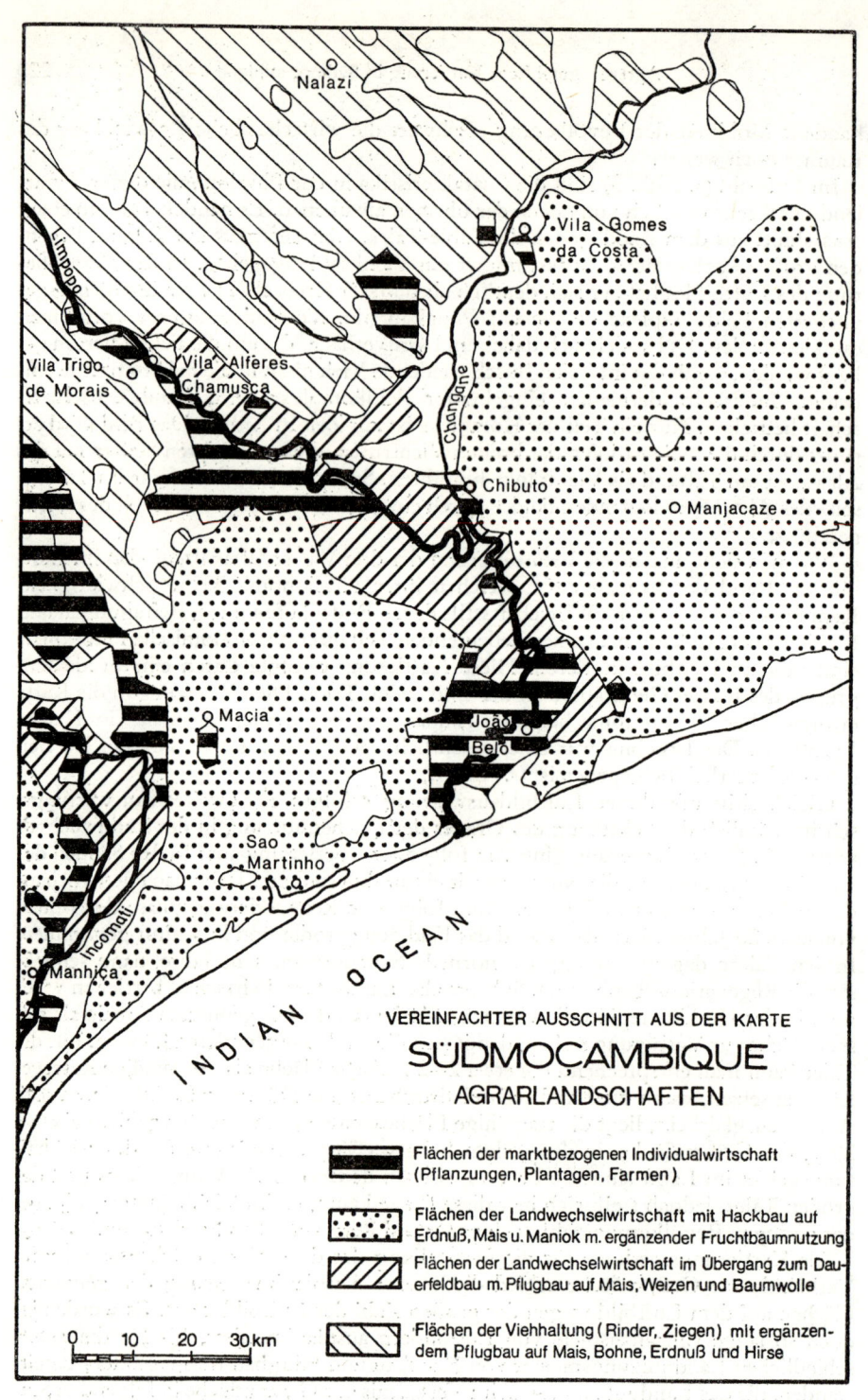

AGRARLANDSCHAFTEN

- Flächen der marktbezogenen Individualwirtschaft (Pflanzungen, Plantagen, Farmen)
- Flächen der Landwechselwirtschaft mit Hackbau auf Erdnuß, Mais u. Maniok m. ergänzender Fruchtbaumnutzung
- Flächen der Landwechselwirtschaft im Übergang zum Dauerfeldbau m. Pflugbau auf Mais, Weizen und Baumwolle
- Flächen der Viehhaltung (Rinder, Ziegen) mit ergänzendem Pflugbau auf Mais, Bohne, Erdnuß und Hirse

Abb. 4

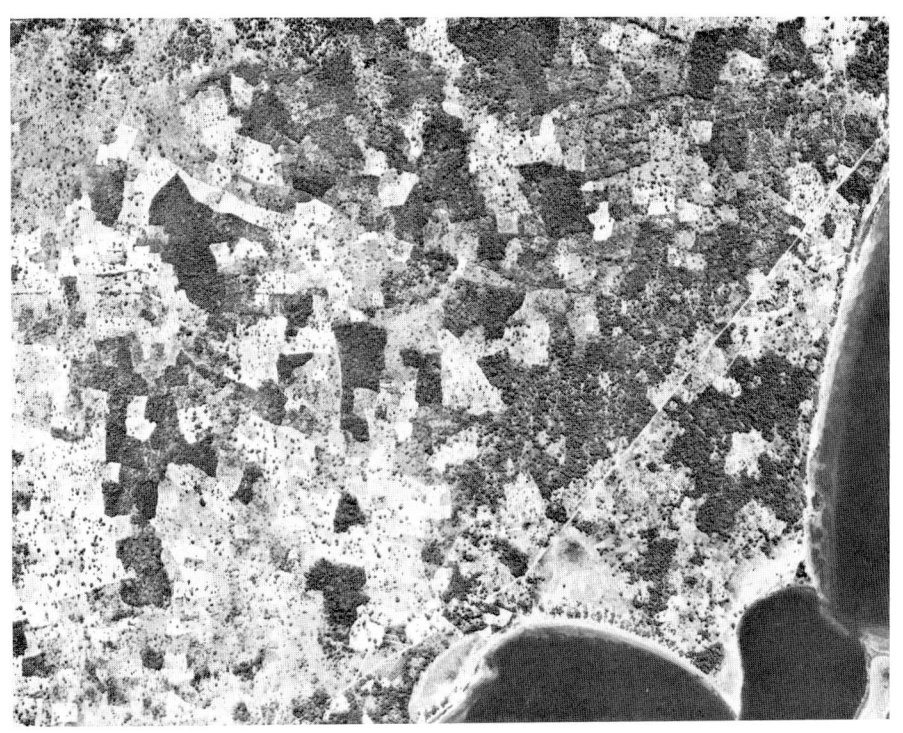

Abb. 1 Nordufer der Lagunenkette ostwärts des Jucomatitales bei Macanda. Luftbildbeispiel für die Hackbauregion des Küstengürtels

Abb. 2 Limpopotal bei Mundiane zwischen João Belo und Chibuto. Luftbildbeispiel für die Pflugbauregion der großen Täler.

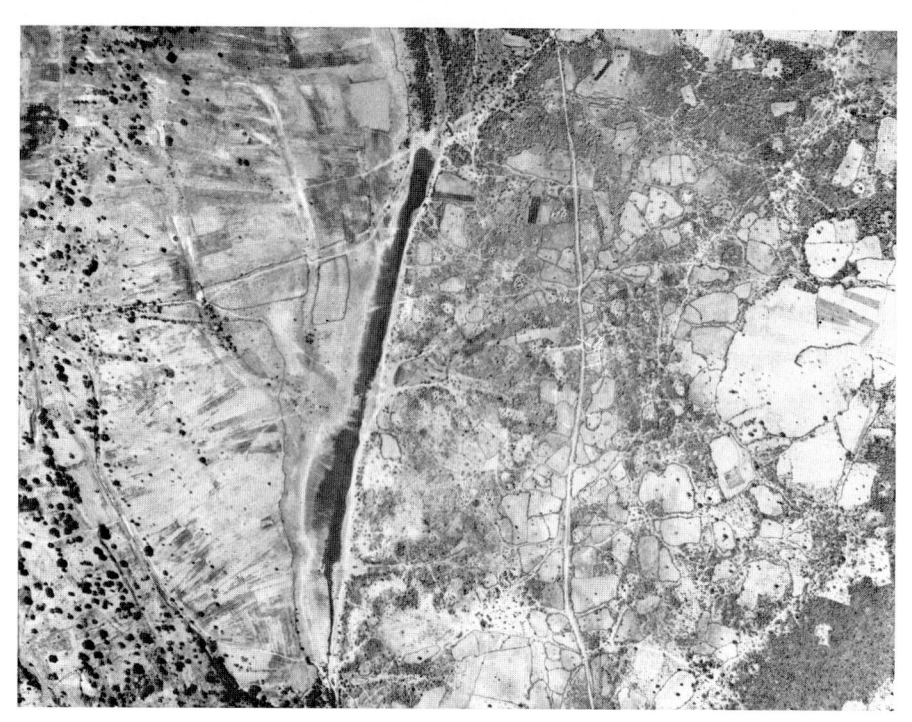

Abb. 3 Sábiè-Tal nahe der Mündung in den Jucomati. Luftbildbeispiel für die Region der Viehhaltung im Landesinneren von Südmoçambique

fen wiedergaben: 0—5 %, 5—10 %, 10—20 %, 20—30 % und über 30 %. Eine studentische Arbeitsgruppe verglich darauf jedes einzelne Luftbild des entsprechenden Landnutzungsmusters mit den Testbildern und vollzog danach die Schätzung des Flächennutzungsanteiles. Die Ergebnisse wurden in entsprechende Kartogramme eingezeichnet, wie wir eines in Abbildung 5 wiederfinden. Anschließend wurden diese Kartogramme unter Generalisierung in den Maßstab 1:1 Mill. transformiert (s. Abb. 6).

Ganz sicher haften dieser Auswertungsart der Flächennutzungsanteile an der Gesamtfläche vom Luftbild aus Fehler an. Sie sind bei dieser Methode nicht ausschließbar. Zwar wurde der größte Teil des Luftbildmaterials in der Trockenzeit geflogen, und die in der letzten Nutzungsperiode bebauten Felder hoben sich dadurch klar als helle, von Dauervegetationen noch nicht wiederbesiedelte Flächen ab. Einige Befliegungen aber stammen aus der ersten Hälfte der Regenzeit. Hier wurden die noch hellen, nicht bebauten Flächen der letzten Ernteperiode mit den unter Kultur stehenden Flächen zusammen bewertet. Die Begründung liegt darin, daß während der ersten Hälfte der Regenzeit normalerweise erst die Hälfte der Flächen in Kultur stehen, während für die zweite Hälfte der Regenzeit und den Beginn der Trockenzeit die zweite Hälfte in etwa gleich großer Fläche in Anspruch genommen wird. Dennoch sind im einzelnen Fehlentscheidungen nicht auszuschließen. Weitere Fehler liegen in der Vergleichsmethode, bei der jeweils ein halbes Luftbild mit den Testbildern verglichen wurde. Auch hier kann es im Grenzbereich zwischen zwei Stufen durchaus zu einer Fehleinstufung kommen. Dennoch erscheint diese Auswertungsmethode brauchbar, da der Fehler im Detail durch die starke Generalisierung weitgehend verschwindet. Beruhen doch die Kartogramme 1:250 000 auf der Auswertung der Luftbilder im Maßstab 1:20 000 bzw. 1:40 000, und für die Auswertung wird nochmals unter Generalisierung von 1:250 000 in den Maßstab 1:1 Mill. transponiert. Fehler im Detail lassen wohl kaum einen Zweifel darüber aufkommen, daß eine derartige Auswertungsmethode brauchbar und erlaubt ist, besonders in einer Region, in der sonst keine brauchbaren Statistiken, ja zum Teil nicht einmal brauchbare topographische Karten vorhanden sind.

5. Ergebnis und Prognosen

In Abb. 7 ist der Grad der Flächennutzung und Flächenbeanspruchung, basierend auf der Luftbildauswertung für einen größeren Raum im Gebiet des unteren Limpopo dargestellt. Die Abbildung zeigt, daß gerade in den Tälern und in der Hackbauregion erhebliche Gebiete vorhanden sind, die in Landwechselwirtschaft bis an die Grenze der Tragfähigkeit oder sogar darüber hinaus genutzt werden. Dies ist besonders für die Region des unteren Limpopo-Tales zwischen João Belo und Vila Trigo de Morais festzustellen, ebenso für die Bereiche der Dünenregion zwischen Macia und João Belo sowie zwischen Chibuto und Manjacaze. Andererseits vermittelt die Karte den Eindruck, daß weite, unter Tragfähigkeit genutzte Gebiete daneben vorhanden sind, die als Ergänzungsräume für den Bevölkerungsüberschuß dienen könnten.

Beachtet man jedoch, daß unter Tragfähigkeit genutzte Räume nur dann als Ergänzungs- und Entlastungsräume in Frage kommen, wenn sie innerhalb der gleichen Wirtschaftstilregion liegen, d. h. vergleichbare oder ähnliche naturgeographische Bedingungen aufweisen, dann schrumpft die Ausdehnung der möglichen Entla-

TRADITIONELLE LANDWIRTSCHAFT am unteren Limpopo

Kartogramm der Flächennutzungsanteile, entworfen auf der Basis der Luftbildauswertung

Flächennutzungs-Stil

HACKBAU-ZONE / PFLUGBAU-ZONE

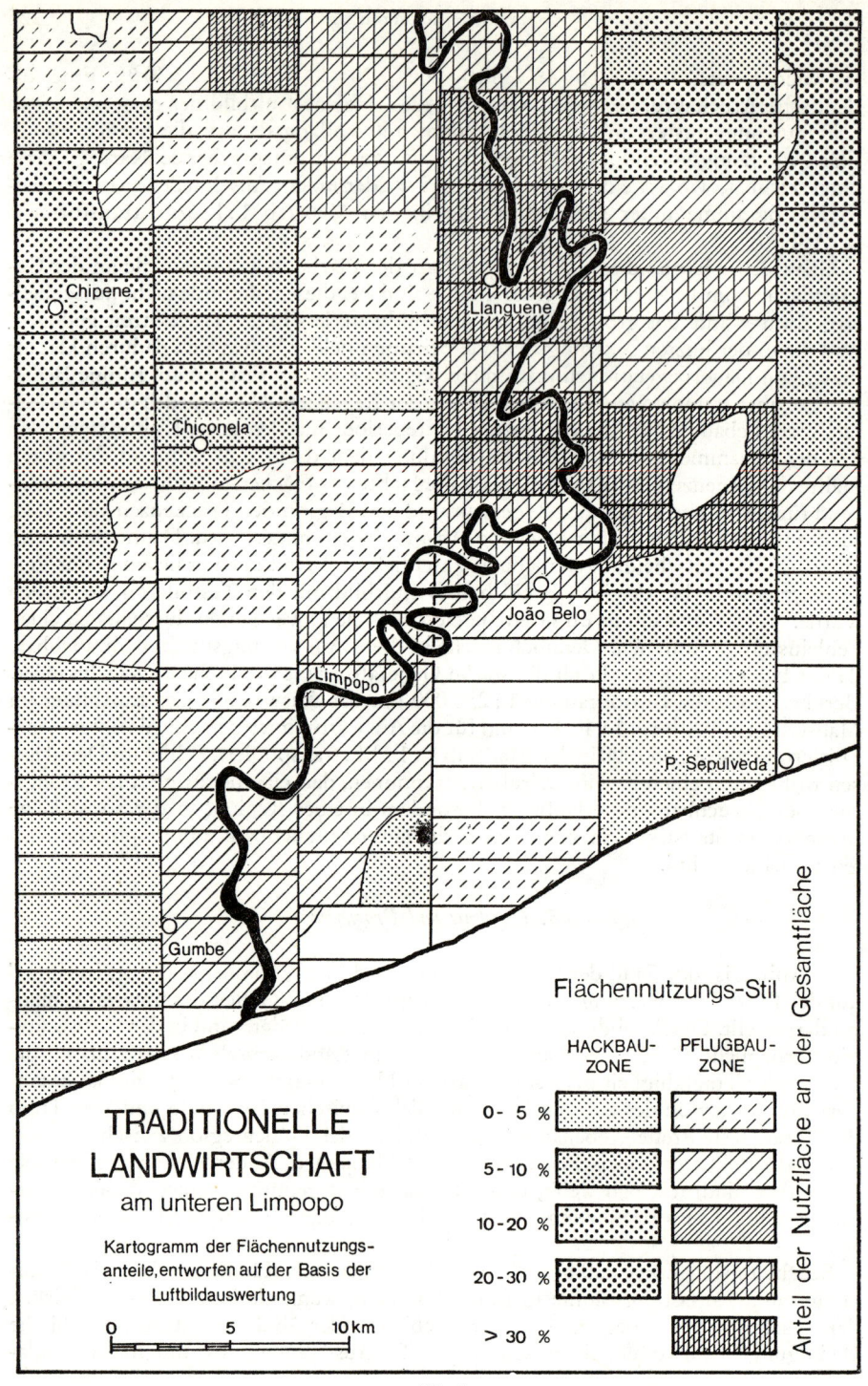

- 0 – 5 %
- 5 – 10 %
- 10 – 20 %
- 20 – 30 %
- > 30 %

Anteil der Nutzfläche an der Gesamtfläche

Orte: Chipene, Chiconela, Llanguene, João Belo, Limpopo, Gumbe, P. Sepulveda

Abb. 5

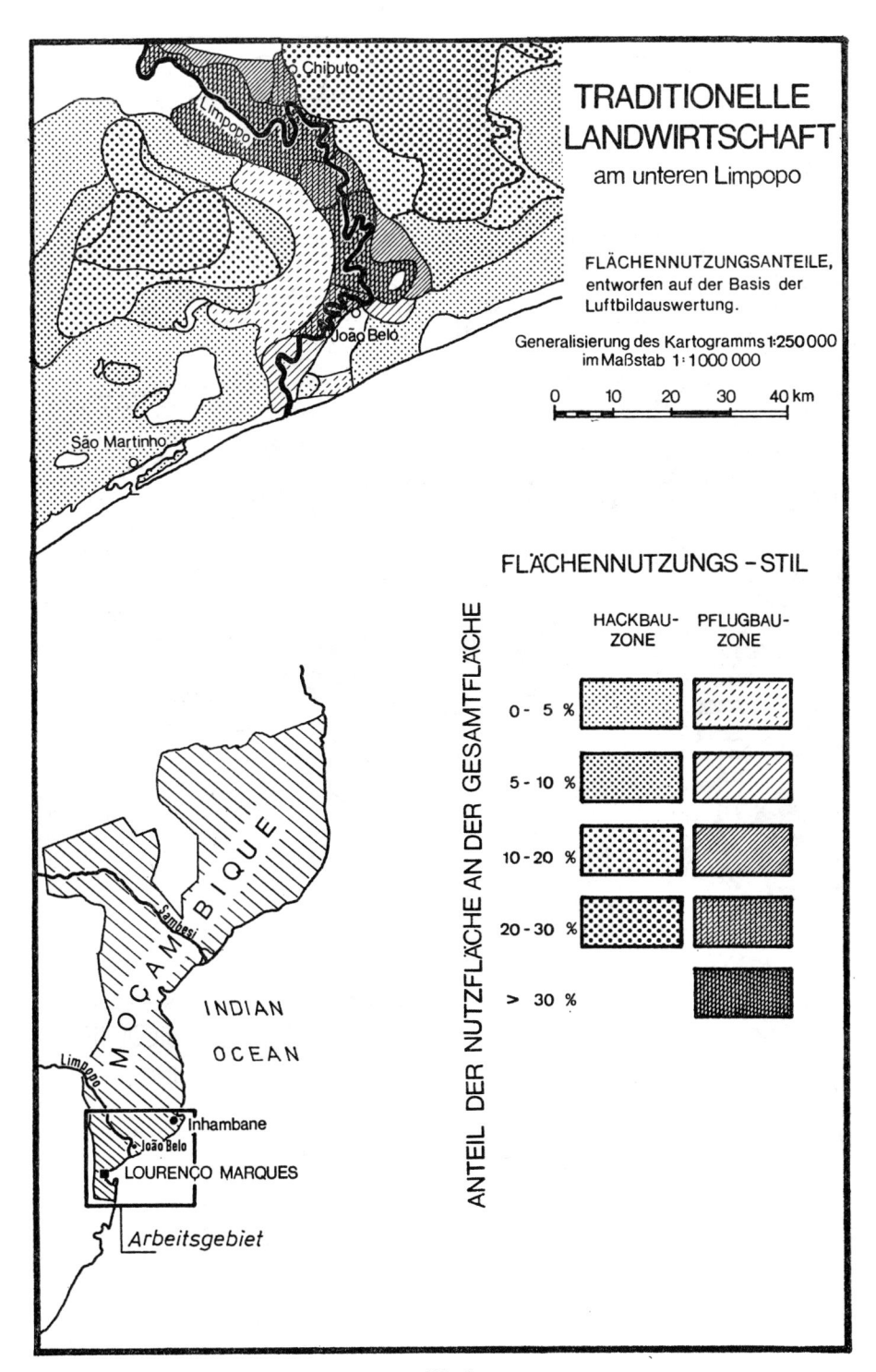

Abb. 6

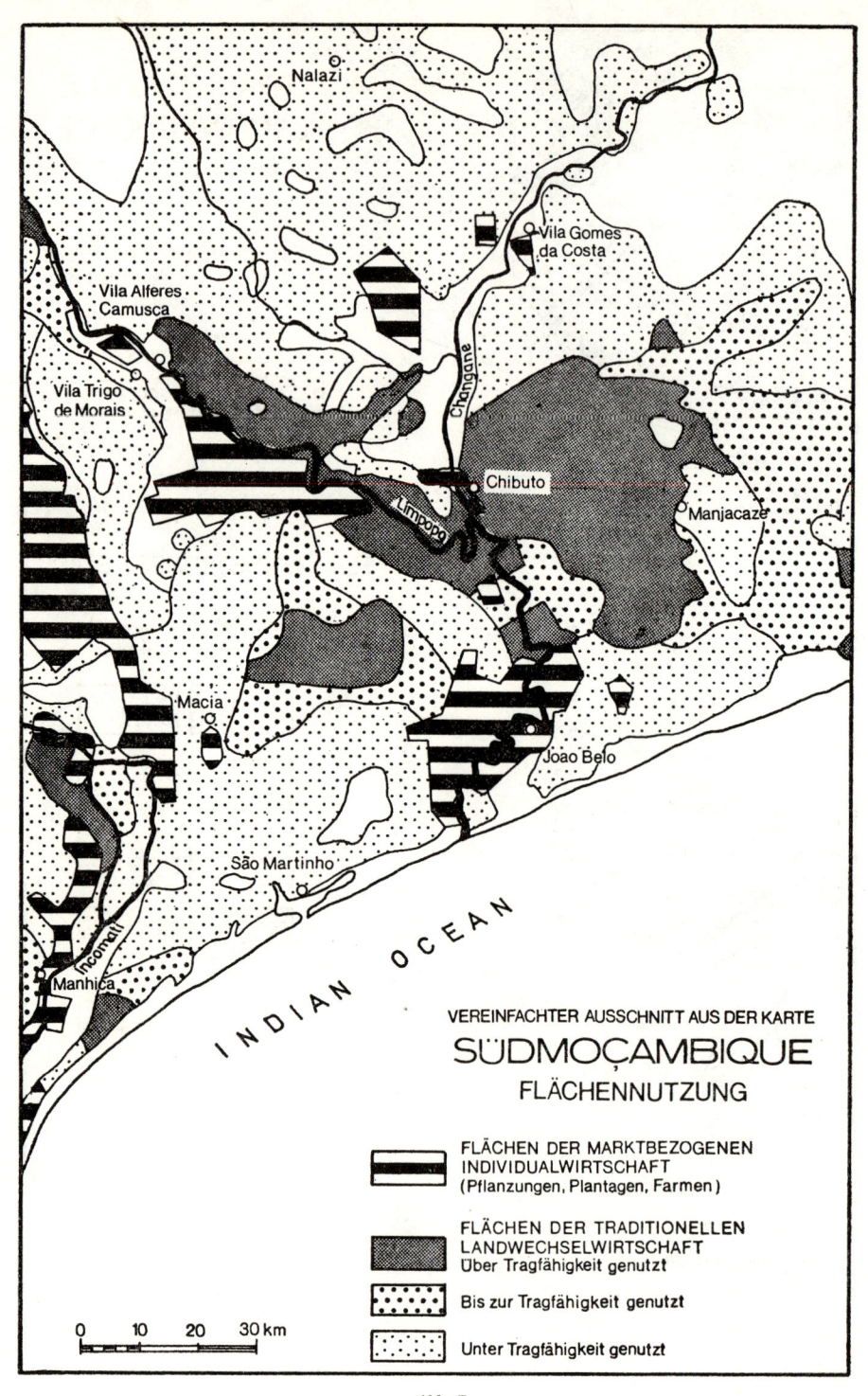

Abb. 7

stungsräume stark zusammen. So können z. B. die Pflugbauern der großen Täler nicht ohne völlige Veränderung ihres Wirtschaftsstils in die Dünenregion der Hackbauzone ausweichen. Und für die Hackbauern der Dünenregion wiederum können die Weiden des Viehhaltungsgebietes im Trockenraum des Landesinneren nicht als Entlastungsräume dienen. Unter Tragfähigkeit genutzte Gebiete sind also nur dann als Entlastungsräume zu werten, wenn sie über vergleichbare geologisch-bodenkundliche und klimatisch-hydrologische Bedingungen verfügen. Zur Überprüfung dieser Bedingungen wurde die Karte der Verbreitung unter Tragfähigkeit genutzter Flächen mit einer Karte der wichtigsten, großräumig wirksamen naturgeographischen Faktoren zur Deckung gebracht (s. Abb. 8). Aufgeführt sind in dieser Karte die geologisch-bodenkundliche Situation mit Gliederung in holozäne Tal- und Beckensedimente der großen Täler und Niederungen mit schweren Böden und relativ hochstehendem Grundwasser, die tertitären und quartären Platten im Landesinneren mit geringer Permeabilität, hohem Abfluß und starker Austrocknung in der Trockenzeit und die quartäre Dünenregion mit leichten sandigen, zum Teil noch unvollkommen verwitterten Böden, aber guter Wasserspeicherfähigkeit. Eingezeichnet wurden weiter die Isohyethen und die Verbreitungsgrenze der wichtigsten Dauerkulturen wie Kokospalme und Cajubaum, die eine wesentliche Wirtschaftsgrundlage für die Hackbauern der Dünenregion bilden.

Die Auswertung beider zur Deckung gebrachter Karten führt zu folgender Aussage: In der Pflugbauregion der großen Täler sind keine größeren Entlastungsräume mehr vorhanden. Kleinere Bereiche, wie das Gebiet nordwestlich von Vila Alferes Chamusca, könnten noch mit relativ geringem Aufwand erschlossen werden. Das Ostufer des unteren Incomati-Tales beiderseits Manhica ist ein weiter Schilfsumpf und kann nur mit hohem Aufwand unter Bau von Hochwasserschutzdeichen erschlossen werden. In der Hackbauregion sind noch Entlastungsräume vorhanden, aber sie liegen fast alle in zwei einander parallelen Streifen. Einer dieser Streifen zieht sich direkt an der Küste entlang, der zweite an der Verbreitungsgrenze des Cajubaumes zum Landesinneren hin. Beide Streifen sind die Grenzsäume des Hackbaugebietes und Räume geringerer Tragfähigkeit. In der küstennahen Zone sind die hellen, wenig verwitterten Sandböden der Dünenregion sehr wenig fruchtbar und erschöpfen sich schneller als weiter im Landesinneren. An der Grenze zum Trockenraum dagegen, gut markiert durch die Verbreitungsgrenze des Cajubaumes, steigt die Zahl der Mißernten infolge zu trockener Jahre stark an.

Ergänzungsräume sind innerhalb der Hackbauregion in größerem Umfang also nur noch in ökologisch ungünstigerer Grenzlage vorhanden. Lediglich der Trockenraum im Landesinneren bietet noch genügend Landreserven, jedoch sind diese für einen reinen Ackerbau nicht geeignet. Für den Übergang größerer Bevölkerungsteile vom Hackbau zur Viehhaltung bestehen jedoch wenig Chancen, ganz abgesehen von der schwierigen Wasserversorgung im Landesinneren und vor allem von Schwierigkeiten, die sofort auftauchen, wenn Bevölkerungsteile aus einem Stammesgebiet in ein anderes überwechseln.

Das Ergebnis der Untersuchung muß also wie folgt zusammengefaßt werden:

1. Die Landwechselwirtschaft ist in den agrarischen Gunsträumen von Südmoçambique an der Grenze der ökologischen Tragfähigkeit angelangt und hat diese in größeren Gebieten bereits überschritten.

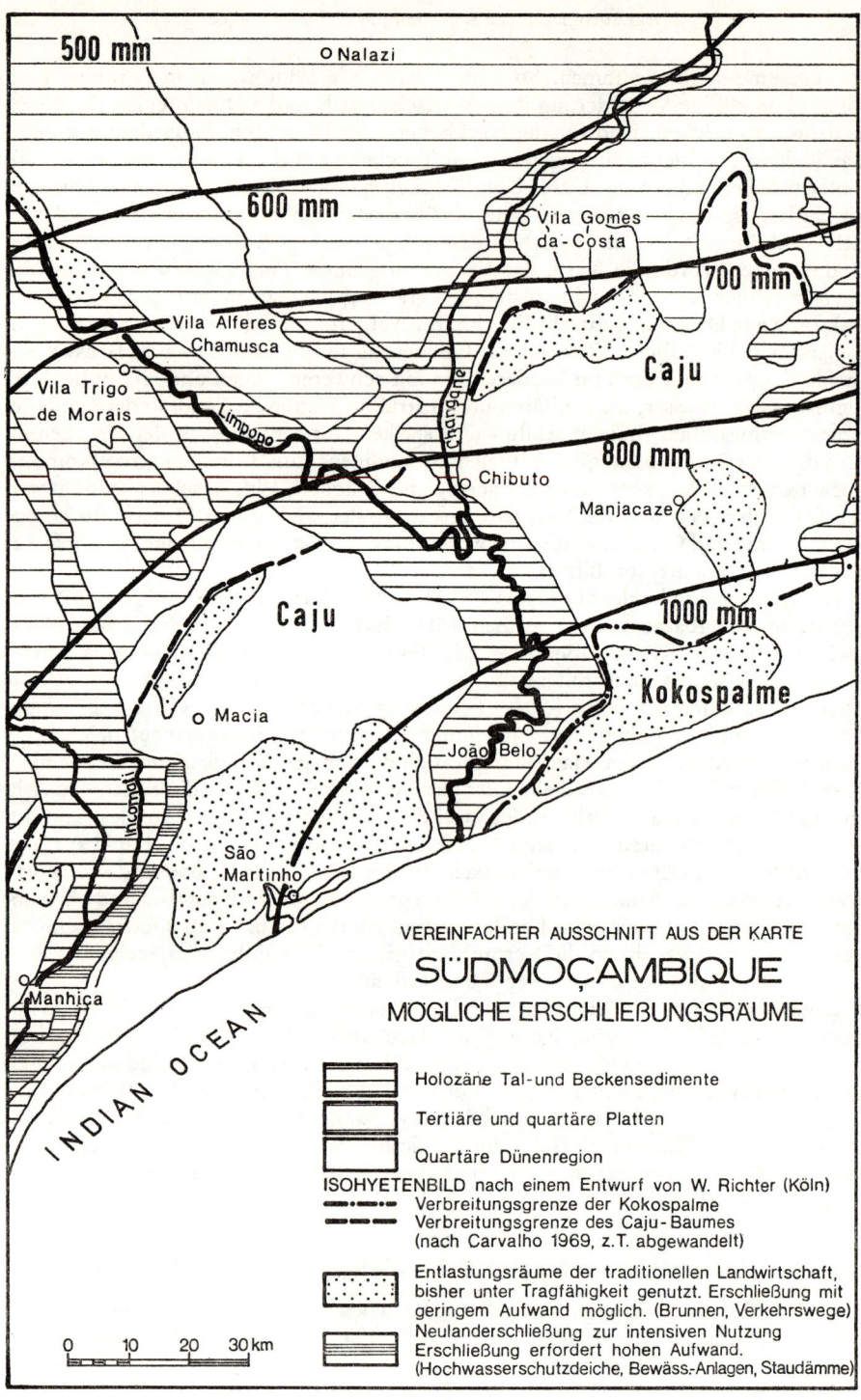

Abb. 8

2. Die Erschließung der noch nicht voll bis zur Tragfähigkeit genutzten Räume durch Verkehrswege, Brunnenausbau und Handelsposten kann nur noch für begrenzte Teilräume und für eine begrenzte Zeit Entlastung bringen.
3. In den Tälern muß in Zukunft eine verstärkte Neulandgewinnung durch Deichbau, Entwässerung und Bewässerung einsetzen. Dies ist jedoch nicht ohne erheblichen Kapitalaufwand möglich. Die vorhandenen Demonstrativvorhaben in diesen Talräumen, wie z. B. das Limpopo-Kolonat oder einzelne Parcelamentos lösen das Problem nicht, da hier nur ein relativ kleiner Teil der Gesamtbevölkerung der Talregionen angesiedelt werden konnte.
4. Die Abwanderung der Bevölkerung in die Städte, besonders nach Lourenço Marques, kann dort nicht geregelt aufgefangen werden, scheidet also als Patentlösung aus.
5. Das Hauptproblem aber ist und bleibt die Veränderung der sehr flächenaufwendigen Landwechselwirtschaft. Gelänge eine Intensivierung dieser Landwechselwirtschaft, ein Übergang zur Kleinbauernwirtschaft mit Marktanschluß, hochwertigeren Anbaukulturen und Düngerwirtschaft, dann ließe sich die Tragfähigkeit des Raumes bedeutend erhöhen. Ansätze dazu sind in den großen Tälern vorhanden. Sie zu fördern und damit eine Entwicklung der Intensivierung der Landwirtschaft voranzutreiben, noch ehe der wachsende Bevölkerungsdruck diese Intensivierung erzwingt, ist eines der brennenden Probleme in Südmoçambique wie in vielen anderen Entwicklungsländern Afrikas.

Die agrargeographische Raumanalyse soll und kann dafür eine wesentliche Planungsgrundlage sein, wenn sie über die Beschreibung der Physionomie und der Struktur der Agrarräume hinausgeht und ihre methodischen Möglichkeiten voll zu nutzen versucht.

Literatur

BORCHERT, CH.: Waibels Bedeutung für die Entwicklung der theoretischen Fragestellungen in der Agrargeographie. In: Symposium zur Agrargeographie, Heidelberger Geogr. Arbeiten, Heft 36, Heidelberg 1971, S. 91—95.
CARVALHO, MARIO DE: A Agricultura tradicional de Moçambique. Lourenço Marques 1969.
CECH, D.: Inhambane — Kulturgeographie einer Küstenlandschaft in Südmoçambique. Dissertation in Maschinenschrift, Braunschweig 1972.
HAMBLOCH, H.: Allgemeine Anthropogeographie. Wiesbaden 1972.
HECKLAU, H.: Landwirtschaftliche Flächennutzungsstile in Ostafrika. Schriftenreihe des Afrika-Kartenwerkes der DFG (im Druck).
LUDWIG, H. D.: Ukara. Ein Sonderfall tropischer Bodennutzung im Raum des Viktoria-Sees. Jahrbuch der Geographischen Gesellschaft zu Hannover 1967, Sonderheft 1, München 1967.
MANSHARD, W.: Einführung in die Agrargeographie der Tropen. BI-Hochschultaschenbücher 356/356a, Mannheim 1968.
Missão de Inquerito Agricolo de Moçambique: Landwirtschaftsbefragung 1965 u. 1966 in den Distrikten Lourenço Marques, Gaza und Inhambane. (Unveröffentl. Urfragebögen.)
Missão de Inquerito Agricola de Moçambique: Recenseamento Agricola de Moçambique, IX — Inhambane. Lourenço Marques 1966. X — Gaza. Lourenço Marques 1966. XI — Lourenço Marques. Lourenço Marques 1968.
Missão de Inquerito Agricola de Moçambique: Estatistica Agricola de Moçambique 1968. Lourenço Marques 1970.

Niemeier, G.: Moderne Bauernkolonisation in Angola und Moçambique. Abhandlungen des Dt. Geographentages in Bochum 1965, Wiesbaden 1967, S. 276—282.
Otremba, E.: Allgemeine Agrar- und Industriegeographie. Erde und Weltwirtschaft Bd. 3, 2. Aufl. Stuttgart 1960.
Pössinger, H.: Landwirtschaftliche Entwicklung in Angola und Moçambique. Afrika-Studien Heft 31, München 1968.
Richter, G.: Junge Wandlungen in der Agrarwirtschaft der Bantu Südostafrika. In: Moderne Geographie in Forschung und Unterricht (Grotelüschen-Festschrift), Hannover 1970, S. 253—269.
— Das Umland von Lourenço Marques — Wandlungen in der Agrarlandschaft unter dem Einfluß einer afrikanischen Großstadt. In: Braunschweiger Geographische Studien, Heft 3, (Niemeier-Festschrift), Wiesbaden 1971, S. 207—230.
Schultze, J. H., Hecklau, H. u. Bader, F.: Vorläufige Ergebnisse der Untersuchungen im Rahmen des Afrika-Kartenwerkes der DFG. Die Erde Jg. 98, H. 2, Berlin 1967, S. 135—149.
Uhlig, H.: Die geographischen Grundlagen der Weidewirtschaft in den Trockengebieten. Gießener Beiträge zur Entwicklungsforschung Reihe 1, Bd. 1, Stuttgart 1965, S. 1—28.
Waibel, Leo: Probleme der Landwirtschaftsgeographie. Wirtschaftsgeographische Abhandlung Nr. 1, Breslau 1933.
Weigt, E.: Beiträge zur Entwicklungspolitik in Afrika. Reihe „Die industrielle Entwicklung" Abt. C Bd. 3, Köln u. Opladen 1964.

Diskussion zum Vortrag Richter

Prof. Dr. G. Niemeier (Braunschweig)

Theorien der Entwicklungsländerforschung können zu einer mehr oder minder vollständigen Überschau über sozialökonomische Probleme eines Entwicklungsgebietes hinleiten und sind damit notwendige Orientierungshilfe. Dazu muß aber intensive Feldarbeit kommen — wie sie eben vorgeführt wurde — Feldarbeit, die zu einer intimen Kenntnis von Land und Leuten einer fremdartigen Umwelt führt. Die jahrelangen Arbeiten am Afrika-Kartenwerk der DFG, deren Feldarbeiten weitgehend abgeschlossen sind, haben einer großen Zahl deutscher Geographen reiche Erfahrungen vermittelt. Es handelt sich vor allem um Grundlagenforschung, die jedoch zu wichtigen Einsichten in Entwicklungsprobleme führt: dies hat auch Richters Vortrag eben verdeutlicht.

Wenn man den personalen und finanziellen Aufwand für das Kartenwerk betrachtet, drängt sich die Überlegung auf, daß auch dann, wenn alle forschenden deutschen Geographen sich allein der Arbeit in Schwarzafrika widmen würden, sie nur Teile dieses Kontinents bearbeiten könnten. Die Folgerung: es muß auch hierbei zu mehr internationaler Arbeitsteilung und Zusammenarbeit kommen, so wie sie in der UNO z. B. in der FAO oder in der Weltgesundheitsorganisation praktiziert wird. Die Aufgaben sind so groß wie die Not der Entwicklungsländer.

Mehr noch als aus Berichten an die DFG oder aus Publikationen erfährt man in persönlichen Gesprächen von einer besonders schwierigen Aufgabe aller Entwicklungshilfe: von der pädagogischen Aufgabe. So wird oft berichtet, daß Schwarze mit Grundschul- und einer agronomischen oder technischen Ausbildung nicht dorthin wollen, wo sie eingesetzt werden sollten, nämlich im „Busch"; sie streben mehr in die größere Stadt, auf einen Posten, für den sie oft nicht ausgebildet sind und den sie auch dann vorziehen, wenn sie dort geringer bezahlt werden als für die Arbeit im „Busch". Oder: Ich sah einem schwarzen Bauern zu, der sich bemühte, eine Schraube an einem modernen Pflug anzuziehen — 5mal rechts, 5mal links, die Schraube wollte nicht stramm sitzen. Ich versuchte dann, dem Bauern zu helfen: Schraube immer nur nach rechts drehen; der Bauer versuchte es mehrmals, endlich mit Erfolg. Mein portugiesischer Begleiter sagte dann: „Da haben Sie die Schwierigkeit unserer wichtigsten Aufgabe erlebt. Morgen hat der Bauer die Lehre von heute schon wieder vergessen. Wir müssen die Geduld aufbringen, ihn so lange zu schulen, bis er die vielen kleinen neuen Aufgaben bewältigen kann, damit die Umstellung von der traditionellen in die technische Welt."

Und noch eine Beobachtung sei mitgeteilt. Heute wird oft von wirtschaftlicher „Regionalisierung" gesprochen, die sehr verschiedene primäre Grundlagen haben kann. Nicht selten ist das Faktum zu beachten, daß benachbart wohnende Stämme oder Stammesteile ganz verschiedenen Wirtschaftsgeist zeigen: die eine Gruppe läßt sich relativ leicht beeinflussen zu marktorientierter Wirtschaft, zu genossenschaftlichem Arbeiten, zur Verwendung moderner Arbeitsgeräte u. a.; die Nachbargruppe in der gleichen kleinen Region dagegen erweist sich dafür als schwer zugänglich und klammert sich an ihre traditionelle wirtschaftliche und soziale Ordnung.

All das sind nur scheinbar Randerscheinungen; de facto erschweren sie oft Entwicklungshilfe oder lassen sie gar verpuffen.

Prof. Dr. G. Pfeifer (Wilhelmsfeld)

Im Referat wurde im wesentlichen die marktwirtschaftliche Leistung als Maßstab zugrunde gelegt. Meine Frage zielt nun dahin: Haben Sie auch die Ernährungssituation berücksichtigt, die sich sonst in den von Ihnen unterschiedenen Agrarregionen einstellt? Die Spanne zwischen Notlage und Überfluß ist meist sehr groß, das tatsächliche Potential sollte jedoch auch aufgrund der Ernährungslage eingestuft werden.

Dr. L. Finke (Bochum)

Am Anfang des Referates war eine Antwort auf die Auswertungsmöglichkeiten der erarbeiteten Karten angekündigt worden, die Beantwortung dieser Frage ist m. E. nicht erfolgt, außer daß zum Schluß darauf hingewiesen wurde, daß die Agrarkartierung eine Grundlage und Hilfe zur Entwicklung in Moçambique sein kann.

Wie das Referat gezeigt hat, liegen die Probleme einer Intensivierung der Landnutzung auf ökologischem Gebiet — es stellt sich daher die Frage, ob überhaupt und, wenn ja, wie eine Intensivierung bei den vorgegebenen ökologischen Bedingungen möglich ist. Diese Frage läßt sich m. E. mit Hilfe der vorgelegten Karten in keiner Weise beantworten.

Prof. Dr. K. Hottes (Bochum)

Inwieweit ist es möglich, durch den Einbau der Fruchtfolge-Rotationen, deren Benutzung offenbar von der Eigenart der landbewirtschaftenden Bevölkerung abhängig ist, zu einer strukturellen und funktionalen Gliederung in agrarräumliche Einheiten zu kommen? Hier dürfte der alte Denkansatz Rühls — Wirtschaftsstiles — methodisch Hilfe leisten können.

Prof. Dr. G. Richter (Trier)

Die Entwicklungsländerforschung hat mit sehr vielfältigen Problemen zu tun: mit landschaftsökologischen Differenzierungen, stammes- und wirtschaftsgeschichtlichen Problemen und mit der Vielfalt von Erscheinungen und Problemen, die sich aus der heutigen politischen, wirtschaftlichen und soziologischen Situation der einzelnen Regionen ergeben. Das Gesamtfeld dieser Problemkreise kann nicht allein vom Geographen behandelt werden. Die Geographie hat jedoch die Aufgabe, auch ihre Methoden der Geländearbeit und der Karten- und Luftbildauswertung in den Dienst der Entwicklungsländerforschung zu stellen. Von den in einem speziellen Fall angewendeten Methoden der agrargeographischen Raumgliederung und von der Aussage dieses Materials wurde hier berichtet.

Herr Dr. Finke irrt sich, wenn er die Probleme einer Intensivierung der Landnutzung in Entwicklungsländern allein auf ökologischem Gebiet sieht. Zwischen der Möglichkeit, einen Raum in dieser oder jener Form und Intensität zu nutzen, und der tatsächlichen agrarischen Nutzung liegen bedeutende Unterschiede. Diese gehen auf die unterschiedlichsten Sachverhalte zurück und greifen weit in wirtschaftshistorische, soziologische und ökonomische Bereiche ein, wie das bereits erwähnt wurde. Herr Prof. Niemeier hat dazu ein paar schöne Einzelbeispiele gegeben.

Fruchtfolgerotationen, von denen Herr Prof. Hottes sprach, sind in der traditionellen Landwirtschaft Moçambiques nur in Ansätzen zu erkennen. Die Frage, wie oft auf einem Feld Mais gebaut werden kann, wie schnell auf Erdnuß umgestellt werden muß und wie lange ein Feld überhaupt in Nutzung bleiben kann, hängt vornehmlich an den mehr oder weniger großen Nährstoffreserven lehmiger oder sandiger Böden. Hinzu kommt die weite Verbreitung von Mischkulturen. Gerade weil in der traditionellen Landwirtschaft Moçambiques sowohl die statistische wie auch die physionomische

Differenzierung fehlt, könnte die Gliederung in Agrarlandschaften nur auf dem Umweg über die Erfassung der gesamten wirtschaftlichen Aktivität der Bantu erfolgen. Diese Gesamtheit wurde hiermit dem Begriff Wirtschaftsstil umfaßt.

Das Problem, die agrargeographische Gliederung und die Einschätzung der Tragfähigkeit des Raumes auf die Ernährungssituation zurückzuführen, stellt sich wohl nur für viel größere Räume, für die Überschau über Kontinentteile. In diesem Land reicht die Spanne zwischen Notlage und Überfluß tatsächlich sehr weit, jedoch nicht zwischen den einzelnen Teilräumen, sondern zwischen den einzelnen Jahren. In der trockenen Jahresfolge 1960—1966 war die Notlage allgemein und führte gerade im Trockenraum des Landesinnern zur Aufgabe vieler Siedlungen. Feuchte Jahre mit guter Ernte lassen dagegen größere Überschüsse aus der landwirtschaftlichen Produktion der Bantu auf den Markt gelangen. Dies ist das beste Zeichen dafür, daß die Eigenversorgung der traditionell wirtschaftenden Bantu in diesen Jahren gesichert ist.

Die größte Schwierigkeit, das größte Problem, liegt meiner Ansicht nach weniger in der Überbrückung von Trockenjahren mit Mißernten, sondern in der voranschreitenden Übernutzung weiter Räume durch die traditionelle Landwechselwirtschaft, bei der es schließlich nicht mehr zur Einhaltung der Regenerierungszeiten der Böden kommt. Kartographische Darstellung und qualitative Einstufung der Agrarregionen unter diesem Gesichtspunkt scheint mir der beste Weg zu sein, die jetzigen und künftigen Problemräume der traditionellen Landwirtschaft und damit die vordringlichsten Entwicklungsräume im Rahmen einer Agrarkartierung zu fixieren.

„ÉVOLUTION DE LA POPULATION ET RÉVOLUTION URBAINE"

als Bezugsprozesse einer wirtschaftlich-regionalen Entwicklungsplanung in Senegal.

Mit 4 Abbildungen

Von Karl-Heinz Hasselmann (Monrovia)

I. Der Titel dieses Referates soll hervorheben, daß durch zwei dominierende Prozesse die staatlichen und regionalen Entwicklungen gegenwärtig in Tropisch Afrika bestimmt sind: Erstens durch mittelstarke und mittelschnelle Veränderungen der demographischen Systeme und zweitens durch einen sehr starken und sehr schnellen Ausbau der urbanen Systeme. Bevölkerungs- und Städteentwicklung wirken induzierend und regulierend innerhalb bestehender politischer, gesellschaftlicher und wirtschaftlicher Strukturen. Sie beeinflussen durch ihre Stärke, ihren Verlauf und durch ihre Prozeßträger die Zukunft der jungen Entwicklungsländer. Beide Prozesse sind miteinander in einem „feedback"-System verbunden. Sicherlich sind Bevölkerungs- und Städteentwicklung folgenreiche Prozesse, die für eine Landes- und Regionalplanung aufgrund ihrer korrelativen Abhängigkeiten grundsätzliche Reglerfunktionen haben. Aber dennoch ist zu fragen, ob sie als Primärprozesse aufgefaßt werden können, ob sie als die allein wichtigsten Bezugsprozesse für die Raumordnung und Landesplanung Senegals anzusehen sind oder ob eine Überprüfung ihres Stellenwertes erforderlich scheint.

II. In allen westafrikanischen Entwicklungsländern vergrößert sich der Gegensatz zwischen bevölkerungsgeographischen Verdichtungs- und Ausdünnungsgebieten immer mehr. Er beruht in den unterschiedlichen demographischen Entwicklungen ruraler und urbaner Gebiete. Sie sind Folgen vornehmlich historisch-sozioökonomischer Raumstrukturen, die sich entweder in der jüngsten politischen Zeit schnell verändern konnten oder sich starr verhielten. Solange diese Polarität im kulturgeographischen Raummuster erhalten bleibt, werden sich auch die demographischen Entwicklungen kaum ändern. Dies hätte zur Folge, daß sich die Kluft zwischen ruralen und urbanen Räumen ständig verbreitern würde. Für Senegal kann mit wenigen Daten diese Annahme in den folgenden Abschnitten belegt werden.

III. Zwischen 1960 und 1970 nahm die Bevölkerung Senegals von 3,109 Mio. E auf 3,755 Mio. E zu. Die Geburtenrate beträgt gegenwärtig 4,7 und die Sterberate 2,4 %. Das ergibt eine jährliche natürliche Zuwachsrate von 2,2 %. Sie kann sich auf 3,3 % im Jahre 2000 erhöhen. Die gesamte Bevölkerung würde dann ca. 8,4 Mio. E betragen. Nimmt man für die ländliche Bevölkerung und für das Jahr 2000 eine Beibehaltung der jetzigen Geburtenrate an und reduziert die augenblickliche ländliche Sterberate von 2,7 % auf den Wert der gegenwärtigen städtischen Sterberate von 1,7 %, so wird zwar eine natürliche Zuwachsrate von ca. 3 % erreicht, die sich aber auf eine jährliche wirkliche Zuwachsrate der ländlichen Bevölkerung von 1 % erniedrigen wird, was vornehmlich mit Mobilitätserscheinungen in Zusammenhang zu bringen ist. Die ländliche Bevölkerung betrug 1970 72,1 % der Gesamtbevölkerung. Im Jahre 2000 würde die ländliche Bevölkerung dann auf 42 % der Landesbevölkerung zurückgehen.

IV. Im Gegensatz zur Gesamtbevölkerung Senegals und zu seiner ländlichen Bevölkerung liegt die jährliche Zuwachsrate der städtischen Bevölkerung bei 3 %. Sollte sich die Sterberate in der Zukunft von 1,7 % auf 1,2 % senken, würde die städtische Bevölkerung dann im Jahre 2000 auf 4,8 Mio. E ansteigen (mit einem Anteil von 58 % der Landesbevölkerung). Die schnelle Entwicklung der städtischen Bevölkerung Senegals erfolgt bereits seit Jahrzehnten. Sie betrug für Städte mit 10 000 E zwischen 1915 und 1965 ca. 5 %. Im Jahre 1970 hatte die städtische Bevölkerung Senegals in Städten mit 10 000 E schon 1,065 Mio. E erreicht und stellte damit 27,9 % der Gesamtbevölkerung dar. Es waren 1960 bereits 25,7 %. Man kann den Grad der Urbanisierung besser für Städte mit 20 000 E berechnen und kommt dann auf eine städtische Bevölkerung für 1970 von 1,028 Mio. E mit einem Konzentrationseffekt von 26,8 %.

V. Die seit langem anhaltende unterschiedliche bevölkerungs- und wirtschaftsgeographische Entwicklung der ländlichen und städtischen Gebiete führte zu außerordentlich großen regionalen Gegensätzen im Staate Senegal mit merklichen Disparitäten der Bevölkerungsdichte, der Pro-Kopf-Einkommen und der infrastrukturellen Einrichtungen. Um vor allem die wirtschaftlich-regionalen Gegensätze zu mildern, sind zwei Arten von Entwicklungsprojekten geschaffen worden: Projekte für wirtschafts- und bevölkerungsgeographische Konzentrations- und Rückstandsgebiete. Projekte, die die Konzentrationsgebiete betreffen, existieren für den ländlichen und städtischen Bereich, solche, die Rückstandsgebiete betreffen, nur für den ländlichen Bereich.

VI. Da die Landwirtschaft heute immer noch in hohem Maße der Träger der Staatswirtschaft ist, entfallen auf sie die umfangreichsten Entwicklungsprojekte.

1. *Le bassin arachidier surpeuplé:* Die langsame, aber stetige Konzentration von Erdnußbauern in den Gebieten umfangreicher Kultivierung führte zu Überbevölkerung im Erdnußkerngebiet (75—100 E/qkm), zu kleinen Betriebsgrößen, Bodenerschöpfung, Rückgang der Erträge und zu ungenügenden Einnahmen. Das für dieses Gebiet vorgesehene Entwicklungsprojekt betrifft die Umsiedlung von 70 000 Personen bis Ende 1980 nach Sénégal-Oriental, da bereits heute mit einer Überbevölkerung bis ca. 200 000 Arbeitskrafteinheiten zu rechnen ist. Um rentable Betriebsgrößen von 8—10 ha bei einem mittleren Jahreseinkommen von 30 000—35 000 F/CFA per AK zu erhalten, müßte die Bevölkerungsdichte auf 40—50 E/qkm herunter gesetzt werden. Da diese dicht besiedelten Erdnußgebiete in der Nähe des westlichen, städtereichen Bevölkerungsgürtels liegen, steigt die Gefahr des vermehrten Abwanderns in die Städte ständig.

2. *La région régressive du Fleuve:* Die ehemalige Hirsekammer Senegals, die traditionellen Subsistenz- u. Kleintierzuchtgebiete der Toucouleur im Norden des Landes sind ein einziges Gebiet enormer wirtschaftlicher Regression, in dem die rückläufige Bevölkerungsbewegung für den Staat nahezu ein unlösbares Problem geworden ist. Die kultivierten Landflächen gingen von 234 300 ha im Jahre 1967/68 auf 128 800 ha

1970/71 zurück, was einer absoluten Abnahme von 105 500 ha oder einer relativen von 43 % entspricht. Die für den lokalen Verbrauch wichtige Hirse ging von 20 000 t im Jahre 1945 auf nur 5000 t zehn Jahre später zurück (DIOP, 1965, S. 36), was einem Verlust von 15 000 t oder 75 % gleichkommt. Die Einnahmen aus der gesamten landwirtschaftlichen Produktion erniedrigten sich von 2,3476 Mio. F/CFA im Jahre 1967/68 auf 1,2185 Mio. 1970/71 (REP. DU SENEGAL 1970 u. 1972: SITUATION ÉCONOM. DU SÉNÉGAL). Am empfindlichsten ist diese Regression für den Bauern selbst zu spüren, dessen jährliches Einkommen sich von 10 000 F/CFA in den Jahren 1940—45 auf ca. 4500 F/CFA 1959 (um 55 %) ermäßigt hatte (DIOP 1965, S. 205). Erste Pläne sind in Ausarbeitung, diesen infrastrukturlosen, wirtschaftstechnisch zurückgebliebenen, politisch-administrativ vernachlässigten, industrieleeren, städtisch völlig unterentwickelten, verkehrsmäßig unerschlossenen Raum aufzuwerten.

3. *Les terres neuves du Sénégal-Oriental:* Die evolutionäre Bevölkerungsentwicklung vollzog sich im Raum zwischen Kongheul und Tambacounda äußerst langsam und führte zu einer gegenwärtigen Bevölkerungsdichte von nur 5 E/qkm. Mit Hilfe von ORSTOM wird hier ein Gebiet untersucht und erschlossen, das zwischen 1972 und 1976 20 000 AKs in 5000 Betrieben aufnehmen soll, die 17 000 ha unter Produktion nehmen können. Bis März 1971 waren 41 Familien in Koumpentoum-Maka angesiedelt worden. Im ganzen gesehen handelt es sich um ein Langzeitprojekt, nach dem in 15 Jahren 200 000 AKs mit 50 000 Betrieben auf 1 250 000 ha bei einer Anbaufläche von 360 000 ha umgesetzt sein sollen. In 30 Jahren sollen sich die Gesamtfläche auf fast 2 Mio. ha und die Produktionsfläche auf 0,8 Mio. ha erweitert haben, so daß dann in 77 000 Betrieben ca. 307 000 AKs beschäftigt sein werden (REP. DU SÉNÉGAL 1972, S. 88).

4. *Le grenier à riz de la Casamance:* Beispiel einer mittelfristigen ländlichen Entwicklungsplanung mit einer Gesamtinvestition in Höhe von 14 Mio. F/CFA ist das Gebiet Diavone/Bignona-Marsassoum-Sedhiou, in dem zwischen 1967 und 1972 eine Steigerung der Produktion durch Verbesserung der traditionellen Anbautechniken, eine Diversifikation von agraren Produkten und eine Untersuchung zu den natürlichen Grundlagen dieses Raumes aufgenommen wurden. Es handelt sich um ein Gemeinschaftsprojekt des senegalesischen Staates und der USA. Im Vordergrund standen Bemühungen um eine erfolgreichere Reis- (Sumpf- u. Trockenreis), Erdnuß-, Hirse- und Maiskultur, die insgesamt 1000 ha umfassen sollten, von denen 1970/1971 etwa 73 % bearbeitet worden waren. Für dieses Projekt war ein Gebiet in der mittleren Casamance ausgesucht worden, in dem die Bevölkerungsentwicklung entweder sehr schwach gewesen ist (Zunahme um ca. 5—10 E/qkm in 10 Jahren) oder gar einen Zustand der Stagnation erreicht hatte. Plandirektive war, durch Aufwertung der landwirtschaftlichen Produktion Bauern hierher zu locken und Umsiedler aus den übervölkerten Gebieten hier seßhaft zu machen und um eine höhere Bevölkerungsdichte im südlichen Grenzland zu fördern. Für eine Neuansiedlung von Bauern eignet sich dieser Raum in der zentralen Casamance im Kontaktgebiet der Diola (Basse Casamance) und der Mandinques (Moyenne Casamance) recht gut, da im Gebiet der Basse Casamance nach NE und W hin noch 42 % und im Süden noch ein Anteil von 57 % freies Land vorhanden waren. Außerdem liegt das Siedlungsgebiet zwischen zwei wichtigen Zentren der Basse und der Moyenne Casamance, nämlich zwischen Bignona und Sedhiou.

VII. Ende 1970 war vom Ministère des Travaux Publics de L'Urbanisme et des Transports, Direction de L'Urbanisme et de L'Habitat eine Note an alle Gouverneure der 7 Regionen Senegals, an alle Prefekten und regionalen Stadtplaner verfaßt worden, um den Beamten Inhalt und Bedeutung eines „Plan d'Urbanisme", „Lotissement", „Plan Directeur", „Aménagement" etc. zu erläutern. Schon aus der Fülle dieser Termini und aus ihrer unscharfen Abgrenzung gegeneinander ist zu schließen, daß die städtische Raumplanung und die zu erwartenden regionalpolitischen Maßnahmen recht jung im unabhängigen Senegal (1960 Unabhängigkeit) sind. Daß aber überhaupt einer städtischen Raumordnung und einer Stadtplanung Beachtung gegeben wird, spricht von der Weitsicht eines Entwicklungslandes, das anderen westafrikanischen Staaten hierin ein Beispiel sein könnte.

VIII. Die modernen Programme der 60er und 70er Jahre für eine Stadtplanung fußen auf den Prinzipien und den Vorarbeiten der Pläne von 1946. Am 17. 7. 1963 ist das Dekret Nr. 63 501 erlassen worden, in dem zum Ausdruck kommt, daß eine der wichtigsten Vorsorgeprogramme, die die Regierung anpacken muß, eine ausgeglichene Landesentwicklung sei, wobei in erster Linie die Bevölkerungs- und Wirtschaftsentwicklung gemeint ist. Am 25. 7. 1964 hatte die Nationalversammlung das Gesetz Nr. 6460 beraten und verabschiedet, das am 15. 8. 1964 veröffentlicht wurde und in Kraft trat. Danach soll eine energische Urbanisierungspolitik betrieben werden, da nach den damals vorliegenden Schätzungen sich die Bevölkerung Senegals in 15 Jahren verdoppeln würde. Der Regierung war früh klar geworden, daß sie versuchen mußte, in jedem Fall mit einer gesetzlichen Maßnahme zu beginnen, um die Programme durchführen zu können. Heute erkennt man wesentliche Mängel darin, daß das Gesetz nicht genügende Maßnahmen und Möglichkeiten geschaffen hat, um eine sofortige und schnelle Regionalpolitik durchsetzen zu können. Im jetzigen dritten (1969—1973) und im kommenden vierten Entwicklungsplan gewinnen die „Plans Directeurs" gegenüber allen anderen städtischen Entwicklungsprojekten mehr und mehr Gewicht. Sie stellen ein staatliches, überregionales Dokument und ein Generalschema für die zukünftige Stadtgliederung und Stadtstruktur dar, das die Leitlinien für eine städtische Raumordnung festlegt, und zwar für jene großen Städte, die bereits eine bestimmte Einwohnerzahl erreicht haben und in denen bereits bestimmte infrastrukturelle und wirtschaftliche Einrichtungen vorhanden sind.

Gegenwärtig liegen „Plans Directeurs" für folgende Städte im Maßstab 1:10 000 vor:
— Dakar
— Rufisque
— Thiès
— St. Louis
— Ziguinchor
— Tambacounda.

Bis auf Ziguinchor handelt es sich dabei um wenige große Städte Senegals. Die meisten von ihnen liegen im westlichen Senegal, wo sich die Bevölkerung in einem breiten Streifen von N nach S konzentriert hat.

IX. Nach den eben dargestellten, gegenwärtigen Schwerpunkten der Landesplanung bleibt zu fragen, ob dieser dipolare Ansatz einer Entwicklungsstrategie der Förderung und Verbesserung wirtschaftlicher Produktions- und zentralörtlicher Urbanisierungsbedingungen ausreichend ist für eine wesentliche Weiterentwicklung der unterentwickelten Raumeinheiten. Die Verneinung dieser Frage kommt nicht unerwartet. Die Polarisation des raumstrategischen Entwicklungsgedankens selbst ist eine empirisch und theoretisch unbegründete Konzeption, die ernste Folgen gezeigt hat. Es müßten ein anderes Grundproblem und ein anderes Grundprogramm aufgegriffen werden, die zwar beide in der unterschiedlichen Bevölkerungsentwicklung des ruralen und urbanen Bereiches beruhen, die sich aber auf diejenigen intraregionalen Prozesse beziehen sollten, die *zwischen* den bereits hochgradig verstädterten und den traditionellen ländlichen Räumen ablaufen. Diese Prozesse sind an die *Bevölkerungsmobilität* gebunden, deren Aktualität für die Regionalplanung in Westafrika bisher kaum erkannt ist. Die wenigen Untersuchungen, Daten, Diskussionen und Problemstellungen, die die Bevölkerungsmobilität Senegals betreffen, zeigen an, daß die Bedeutung der Migrationsströme für die Interdependenz ländlicher und städtischer Entwicklungsprozesse noch nicht in das politische Bewußtsein gelangt ist. Es gibt fast keine speziellen Programme, Projekte, Politiker oder Wissenschaftler, die sowohl ländliche als auch städtische Entwicklungsplanung miteinander verknüpfen. Daß jedoch gerade in den Entwicklungsländern mit einer allgemein hohen nationalen Bevölkerungsmobilität zu rechnen ist, konnte an ersten Untersuchungen gezeigt werden (HASSELMANN 1972a).

X. Rurale Entleerung und urbane Verdichtung sind diejenigen Bezugsprozesse, auf denen heute die Regionalplanung beruht. Ihre Polarität und ihre Überbetonung verdecken wesentliche Entwicklungsabläufe, die mehr zwischen ihnen zu finden sind. Nicht nur allein der rurale Emissionsprozeß und der urbane Rezeptionsprozeß sollten als grundlegende Bezugsprozesse einer wirtschaftlich-regionalen Entwicklungsplanung aufzufassen sein, sondern auch der *interferrierende Mobilitätsprozeß* müßte als ein wesentlicher Prozeßregler für die beiden erstgenannten in Betracht gezogen werden und sollte als ein vorrangiger *Bezugsprozeß für eine Entwicklungsplanung* gelten. Mit welchen Argumenten ist eine solche Feststellung zu begründen?

Der interferrierende Mobilitätsprozeß spiegelt sich insbesondere in der Stellung, Bedeutung und Entwicklung der afrikanischen Mittel- und Kleinzentren wider. Diese liegen heute am Rande der Entwicklungsplanung. Ihre politische, wirtschaftliche und kulturelle Kraft ist gering. Sie sind selten oder fast gar nicht eigenständige Objekte von Fördermaßnahmen, viel weniger noch beachtenswerte Bestandteile eines auf die Staatsebene bezogenen Raumordnungssystems. Der interferrierende Mobilitätsprozeß verläuft als intra-urbane (zwischenstädtische) Migration, d. h. als städtische *Stufenwanderung* ab und ist in Tropisch Afrika eine Form der Land-Stadt-Wanderung mit gleichzeitig äußerst starken vertikalen und horizontalen Mobilitätseffekten.

Sukzessive Migration oder schrittweise, streckenweise Wanderung, Stufenwanderung, step-wise oder chain migration, migration au pas, migration graduée, pas à pas migration oder migration successive sind zwar bekannte Termini, jedoch noch in zu geringem Maße in den entwickelten Ländern Gegenstand moderner theoretischer oder empirischer Forschung, viel weniger noch in den Ländern Tropisch Afrikas.

Die Zentren eines hierarchischen Systems zwischen den Dörfern und der Hauptstadt haben in Tropisch Afrika eine viel stärkere Bedeutung für die mobile Bevölkerung und für die Planung als in den Industrieländern: erstens weil sie dem mobilen Ansturm der sehr jungen Migranten strukturell und funktional nicht gewachsen sind und zweitens weil sie selbst erst in einer recht jungen Entwicklungsphase sich befinden.

XI. Im Prozeß der rezenten Bevölkerungsmobilität Tropisch Afrikas verifiziert sich viel weniger eine individuelle Wanderungsentscheidung, sondern vielmehr ein sozio-ökonomischer Ausgleichszwang, der in der kulturhistorischen, gesellschaftspolitischen und wirtschaftsgeographischen Ungleichheit der Teilräume dieser Entwicklungsländer beruht. Die Diskrepanz zwischen ruraler Subsistenzwirtschaft und urbaner Finanzwirtschaft, zwischen hohen Analphabetenquoten auf dem Lande und steigenden Universitätsabsolventenzahlen, zwischen Polygamie und christlicher Einehe, z. B., baut heute energiereiche Spannungsfelder innerhalb der Dritten Welt auf. Sie lösen Entwicklungen aus, deren Prozeßträger zum großen Teil die Migranten sind. Der Druck eines solchen Spannungsfeldes könnte primär in Tropisch Afrika gegenwärtig nur durch die Änderung sozio-ökonomischer Strukturen verringert werden, weniger durch die Beeinflussung der individuellen Entscheidung wie in Europa. Das liegt zum Teil schon in der einfachen Tatsache begründet, daß derjenige, der sich dieses Druckes bewußt wird, nur aus der traditionellen ruralen Gemeinschaft zur anderen Seite dieses Spannungsfeldes, zur urbanen Individualität hin, entlassen werden kann. Die Motivationen für die Wanderungen ergeben sich aus dem Spannungsfeld selbst. Sie differenzieren sich in push out- und in pull in-Faktoren und basieren letztlich auf dem Gegensatz der Tetralogie ruraler und der Hexalogie urbaner Existenz. Zwischen der ländlichen und der städtischen Daseinsform bestehen vielschichtige Distanzen.

Die Distanzen sind räumlicher, sozialer, ökonomischer und kultureller Art. Sie können nur durch einen migratorischen Akt horizontaler und vertikaler Bewegung überwunden werden. Diese Bewegung verläuft nicht generell vom Dorf zur Stadt, sondern speziell vom Dorf zur Hauptstadt. Das verlangt die Überwindung maximaler Distanzen, die schnell durchlaufen werden müssen, weil sich sonst die materielle und immaterielle Substanz der Migration erschöpft.

Tetralogie ruraler Existenz		Hexalogie urbaner Existenz	
Nahrung	Wohnung	Beschäftigung	Wohnung
Gemeinschaft		Verkehrsbewegung	Kommunik./Informat.
		Dienstleistung	Individualisierung

Die Diskrepanz, die zwischen diesen beiden Daseinsformen zu finden ist, ist die Grundlage des vielschichtigen Spannungsfeldes. Es setzt sich aus recht unterschiedlichen Faktoren zusammen. Es muß sich in mindestens zwei geographisch getrennte Gebiete teilen lassen, um eine räumliche Mobilität zu gewährleisten. Alle diese Faktoren können unter push out- und pull in-Faktoren (P_o und P_i) subsummiert und zu folgender Relation und Hypothese für Tropisch Afrika zusammengestellt werden:

$$M = f \left(\frac{P_o \times P_i}{1 + (P_i - P_o)} \right)$$

Die Bevölkerungsmobilität ist eine Funktion der Relation von push out- und pull in-Faktoren, wobei die pull in-Faktoren von größerer regulierender Kraft für die Bevölkerungsmobilität sind als die push out-Faktoren, weil sie Verlauf und Ziel der Migration bestimmen.

Die Frage, zu der sich die Überlegungen hier herantasten, ist die nach der Bedeutung dieser Relation von push out- und pull in-Faktoren im ruralen Emissionsgebiet und im urbanen Rezeptionsgebiet. Während die push out-Faktoren auf einen Ausgangspunkt beschränkt bleiben, können sich die pull in-Faktoren auf zahlreiche Zielpunkte innerhalb eines hierarchischen Systems zentraler Orte beziehen. Die Stärke, Struktur und auch die irrational begründete Attraktivität von Zentren ist von grundlegendem Einfluß auf die sukzessive Bevölkerungsmobilität. In den einzelnen Zielpunkten haben die unterschiedlichen Distanzfaktoren einen ganz verschiedenen Wert. Sie sind es, die die quantitative, qualitative und zeitliche Kraft des Migrationsstromes bestimmen. Soweit es die bisherigen Erfahrungen zulassen, kann für die westafrikanischen Verhältnisse folgende Regel abgeleitet werden:

$$M = f \left(\frac{D_A, D_B, D_I}{D_R, D_E, D_U, D_K} \right)$$

M = Mobilität
A = Attraktivität
B = Bevölkerungsdruck
I = Information
R = Räumliche Entfernung
E = Einkommen
U = Urbanisierung
K = Kulturniveau
D = Distanz zwischen Emissions- u. Rezeptionsgebiet

Der Grad der Bevölkerungsmobilität ist direkt proportional den Attraktivitäts-, Informations- und Dichtedistanzen und umgekehrt proportional den Verkehrs-, Einkommens-, Kultur- und Urbanisierungsdistanzen.

Mit diesen generellen Bedingungen lassen sich die wesentlichsten Charakteristika der Migration erklären. Für Senegal käme es darauf an, die langsame, stagnierende oder rückläufige Bevölkerungsentwicklung der ländlichen Regionen und die weitaus schnellere der städtischen Regionen unter den genannten Aspekten und Regeln zu untersuchen. Ganz besonders müßte der interferrierende Mobilitätsprozeß und die Stufenmigration unter diesen theoretischen Prämissen für praktische Entwicklungslösungen diskutiert werden.

Beispiele für Distanzfaktoren:

1. Positive Proportionalität:
— große Attraktivität von Zentren
— starker Bevölkerungsdruck
— viele Familienglieder   starke
— zahlreiche Informationen   Mobilität

2. Negative Proportionalität:
— große räumliche Entfernung   geringe
— umfassende rurale Zufriedenheit Mobilität

— geringes Einkommen
— tiefes Kulturniveau   starke
— schwache Urbanisierung   Mobilität

In diesem Relationsmodell sind Schulbildung, Analphabetentum, Berufsdifferenzierung, Geschlecht, Gruppenstatus und -rolle, Wohnort der Verwandten des Migranten nicht berücksichtigt worden, da sie als Variable in einer Matrix von Faktoren, die die Wanderung beeinflussen, von schwacher oder unklarer Aussage sind. Mit diesem Problem haben sich BEALS, LEVY und MOSES 1967 und CALDWELL 1969 in Ghana beschäftigt, RIDDEL und HARVEY 1972 in Sierra Leone. Eigene Untersuchungen am Department of Geography/University of Liberia laufen seit 1971.

XII. Das für eine Staats-, Regional- und Stadtentwicklung, für eine Raumordnung und Landesplanung ernste Problem einer die Hierarchie der Zentren eines Landes benutzenden Stufenmigration ist in Westafrika bisher fast unbekannt. CALDWELL (1960, S. 21—22) stellte für Ghana fest, daß es für ihn schwierig gewesen sei, zwischen dem Zufallsmigranten und dem Stufenmigranten, der diese intra-urbane Wanderung systematisch durchmacht, zu unterscheiden, besonders dann, wenn er nach und nach in größere Städte unter Beibehaltung einer konstanten Richtung letztlich einem klaren geographischen Ziel zusteuert. Seine Erfahrungen lassen vermuten, daß der hier diskutierte Typ der sukzessiven Migration gerade in der jüngsten Zeit von keiner großen Bedeutung für die Land-Stadt-Wanderung in Ghana gewesen sei.

RIDDEL (1970, S. 110) bemerkt, die Migranten in Sierra Leone betreffend, daß "at such centres they aquire urban ways, and later they move on to Freetown" oder "the strength of the urban dimension indicates that a step-wise migration process is occuring" (1970, S. 125—126). Er meint, daß die Provinzstädte als Katalysatoren wirken, die die Migranten vom Lande weg zu den kleinen Zentren anlocken. Später, vielleicht nicht vor der nächsten Generation, würden dann viele der Migranten zu den besseren Möglichkeiten des Lebens in den Großstädten hin die Wanderung fortsetzen. RIDDEL u. HARVEY begannen 1972, die sukzessive Mobilität zu untersuchen. Sie konnten nur in wenigen Gebieten von Sierra Leone Formen von Stufenwanderung feststellen. Ihre Vermutung (1972, S. 280), daß in rein bäuerlichen Gebieten die Migration nur auf das umgebende Umland beschränkt bleibt, mag zunächst für distanzielle Überlegungen richtig sein, läßt jedoch den quantitativen Effekt außer acht. Aufgrund ihrer Annahmen, daß nur in Abwesenheit bestimmter, ablenkender Faktoren eine sukzessive Mobilität erfolgen kann, erwarten sie, daß diese spezielle Mobilität durch ein hierarchisches System hindurch von nur geringer Bedeutung sei, und zwar aufgrund folgender Setzungen: schwache lokale Zentren, relative Nähe zu größeren städtischen Zentren, Isolation von Mittelzentren und Existenz anderer, nichtstädtischer pull in-Faktoren. Sie können den Zusammenhang zwischen hierarchischen Zentren und dem sukzessiven Migrationsstrom nicht quantitativ, sondern nur idealisierend darstellen. Ihnen ist nicht bewußt, welche Bedeutung die Migranten für die

a) Entwicklung der Mittel- und Kleinzentren selbst haben,
b) welchen Einfluß die sukzessive Mobilität für die strukturelle und funktionale Differenzierung der hierarchisch geordneten Zentren hat,
c) welches die Gründe sind, die die Migranten zur Weiterwanderung veranlassen, und
d) in welcher Weise die Zentren entwickelt werden müssen, um den Migrationsstrom für eine regionale Landesentwicklung zu nutzen.

Das *liberianische Modell* einer sukzessiven Migration (HASSELMANN 1972 c u. d) zeigt eine sehr starke Zuwanderung von den ländlichen Gebieten zu den Lokalzentren hin. Läßt man einmal die Wanderungen in die Hauptstadt Monrovia außer acht, dann sind

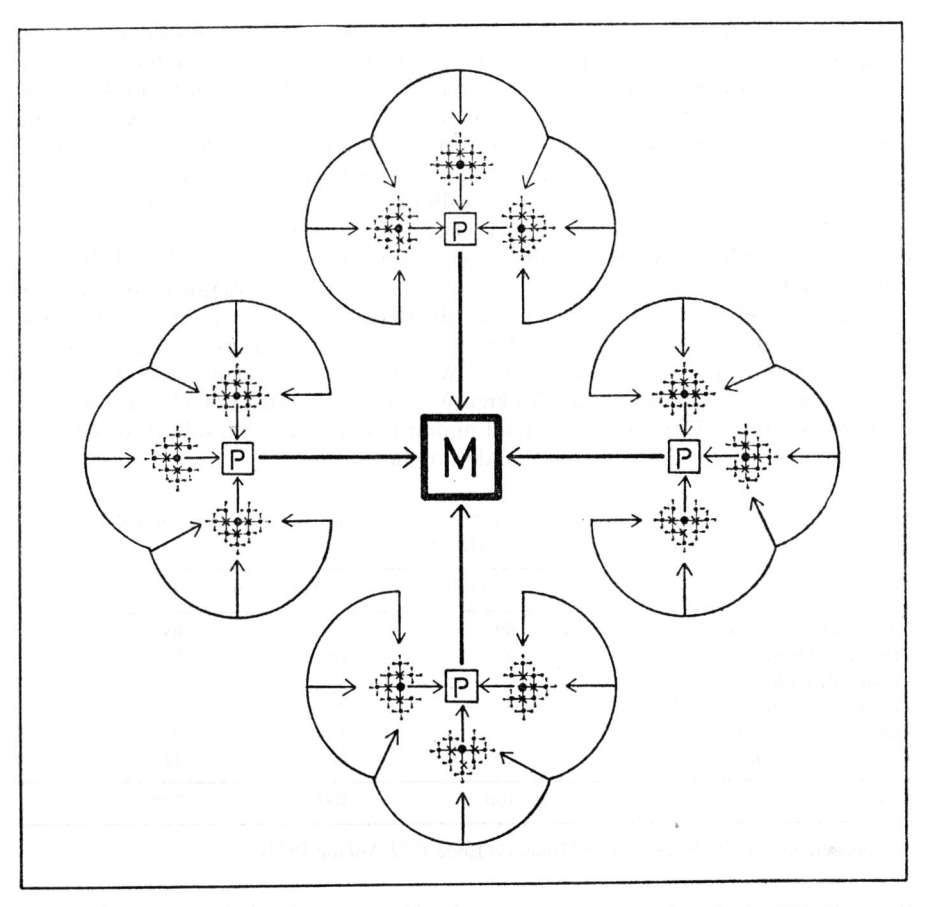

Abb. 1 Kartographisches Modell der sukzessiven Migration in Liberia 1972/73

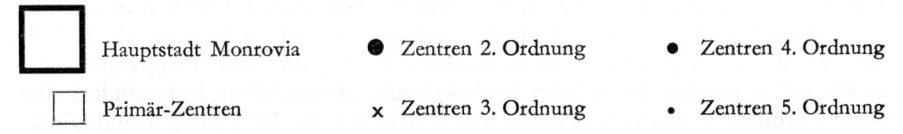

▪ Hauptstadt Monrovia   ● Zentren 2. Ordnung   • Zentren 4. Ordnung

▫ Primär-Zentren   x Zentren 3. Ordnung   · Zentren 5. Ordnung

(Die Länge der Pfeile entspricht dem %-Anteil der zu den Zentren hin wandernden Personen)

Entwurf und Zeichnung: K. H. Hasselmann

diese auf die kleinsten Zentren hin gerichteten Wanderungen überraschenderweise die stärksten innerhalb des gesamten hierarchischen Systems. Auffallend ist hierbei, daß diese Wanderungen noch von der ersten zur 3. Migration merklich zunehmen. Das spricht für eine außerordentlich hohe Latenz der Mobilität zwischen den Lokalzentren. Bei relativ großen Distanzen zwischen den Lokalzentren scheint daher die Limitierung der Migration auf das nächste Umland nach RIDDEL u. HARVEY (1972, 280) unbegründet zu sein. Mobilitätserscheinungen dieser Art und Stärke innerhalb des ruralen, traditionellen „immobilen" Systems sind von Wichtigkeit für die Planung von agraren Entwicklungsprojekten. Sie geben uns jetzt die Fakten zur Hand, zu verstehen, warum z. B. die seit Jahren mit erheblichen Mitteln der FAO, USA und USAID finanzierten Reisprojekte in Liberia ohne jeden Erfolg auf die Aktivierung des Reisanbaues durch die Bauern im Innenland geblieben sind. Sehr gering ist die Mobilität zu den Zentren 4. bis 2. Ordnung hin. Sie erreichen zusammen nur zwischen 6 und 9 % aller Migrationen innerhalb des hierarchischen Systems und fallen bei der 4. Migration ganz und gar aus der Betrachtung heraus. Eine verstärkte Wanderung setzt zu den Zentren 1. Ordnung ein, so daß ihr Abstand zu den niedrigeren Zentren und zur Hauptstadt, als dem einzigen, übergeordneten Zentrum, beträchtlich ist. Aufschlußreich ist zu beobachten, daß die Bedeutung dieser Zentren mit zunehmender Migration nicht größer, sondern geringer wird. Von großer Gewalt ist die Migration zur Hauptstadt Monrovia hin. Weit mehr als die Hälfte aller Migranten steuert unmittelbar während einer direkten Wanderung das sich schnell vergrößernde Küstenzentrum an. Der Sog dieser Stadt nimmt mit erhöhter Anzahl der Wanderungen zu und erreicht während der 4. Wanderung bereits 84 %.

Migrationen innerhalb eines 6stufigen hierarchischen Systems zentraler Orte in Liberia in % (1972/73)

Zentralitätsgrad	1. Migration	2. Migration	3. Migration	4. Migration
Hauptstadt	58	69	57	84
Zentren 1. Ordnung	16	5	10	5
Zentren 2. Ordnung	3	1	5	0
Zentren 3. Ordnung	3	3	2	0
Zentren 4. Ordnung	2	2	2	0
Zentren 5. Ordnung	18	20	24	11
Insgesamt	100	100	100	100

(Untersuchung von 319 Migranten in Monrovia Ende 1972/Anfang 1973)

XIII. Eine Entwicklungsplanung zur Verbesserung der Balance zwischen den wirtschaftlichen Regionen Senegals kann am Problem und an der Realität dieser sukzessiven Mobilität in Zukunft nicht mehr vorbeigehen. Der interferrierende Mobilitätsprozeß kann als Regler für rurale und urbane Regressions- bzw. Progressionsprozesse angesehen werden. Er ist heute noch weitgehend unbekannt, insbesondere eine spezielle Form, die stufenweise Wanderung. Welche Folgen, Erkenntnisse und Direktiven ergeben sich aus der Evaluierung der angeführten westafrikanischen Beispiele?

Der interferrierende Mobilitätsprozeß zwischen Land und Stadt trägt in sich die Chance, die evolutionäre Entwicklung Gesamt-Senegals und vor allem die des ländlichen Raumes und die revolutionäre Entwicklung der städtischen Räume zu beeinflussen, zu regulieren. Diese Regulierung muß Reduzierung der Emigration und Immigration heißen. Die Retardierung der Migrationen in den Klein- und Mittelzentren bietet eine vernünftige Möglichkeit an. Die retardierende Kraft könnte selbst aus der sukzessiven Migration heraus entstehen. Sie müßte sich in Abhängigkeit von den pull in-Faktoren der Mittel- und Kleinzentren bestimmen lassen. Der Mobilitätsprozeß aber läuft an diesen Klein- und Mittelzentren fast völlig vorbei und hat daher für diese Zentren erstens gegenwärtig einen viel zu geringen Wert und kann daher zweitens für die Retardierung der Migration zur Zeit nicht wirksam werden. Denjenigen Zentren, an denen der Migrationsstrom vorbeifließt, fehlt die Attraktivität vornehmlich des tertiären Sektors. Die hohe Bevölkerungsmobilität ist in Senegal und in Westafrika nicht nur als eine Wanderung in die Bevölkerungsgruppe der Gelegenheitsarbeiter oder der ungelernten Arbeiter hinein zu verstehen, sondern vielmehr in die der privaten und öffentlichen Dienstleistungen der Groß-, Küsten- und Hauptstädte.

Die Mittel- und Kleinzentren könnten diese Entwicklung zunächst abfangen, und zwar durch die Weckung zentripetaler Kräfte, die den Migrationsstrom zu den Klein- und Mittelstädten hin ansaugen könnten. Die mit der afrikanischen Kolonialgeschichte verbundene Bedeutung des tertiären Sektors an die Küsten- und Hauptstädte erklärt den Selbstverstärkungseffekt der Gegenwart, eine Alternativentwicklung könnte von den Zentren des Innenlandes ausgehen. Obwohl die Entwicklung des tertiären Sektors dem sekundären vorauseilt, muß dem letzteren ebenfalls planerische Aufmerksamkeit zukommen. Hier ergeben sich vielfältige Schwierigkeiten, die Zentren mittlerer hierarchischer Ordnung z. B. in den Industrialisierungsprozeß miteinzubeziehen. In bezug auf die sehr starken Migrationen scheint im Rahmen der möglichen Umorientierung folgende Vorstellung erwägenswert zu sein: Kapitalintensive Investitionen in den Haupt- und Küstenzentren vorzunehmen und arbeitsintensive Investitionen in die Zentren des Inlandes zu lenken, um der fortschreitenden Ballung in den heutigen Dichtegebieten mit hohen Arbeitslosenziffern zu entgehen. Gibt es Anzeichen für die bevölkerungsgeographische Entwicklung der Mittel- und Kleinzentren, könnten diese eine Täuschung sein. Oftmals handelt es sich nicht um wirkliche Zuwachsraten, sondern die Erhöhung der Anzahl von Personen pro Zentrum beruht vielleicht auf der vermehrten Durchgangsrate von Migranten. In den anglophonen Ländern Westafrikas erfreut sich jene These einer allgemeinen Beliebtheit, nach der die Mittel- und Kleinzentren einen katalysatorischen Effekt auf die Bevölkerungsmobilität haben sollen (insbesondere RIDDEL u. HARVEY 1972). Zunächst kann rein quantitativ anhand der Bedeutung der Anzahl von Migranten, die die Zentren anlaufen, für mehrere Länder in Westafrika ein solcher katalysatorischer Effekt bestritten werden.

Zweitens beeinflussen die Mittel- und Kleinzentren kaum die Richtung der Migrationsströme. Drittens wirken sie nicht durch ihre bloße Gegenwart, denn diese ist nicht zur Erhaltung des Mobilitätsstromes notwendig. Der katalysatorische Effekt der Mittelzentren auf die Bevölkerungsmobilität kann daher verneint werden. Ein gewisser katalysatorischer Effekt wird von den Kleinzentren in dem Sinne ausgehen, daß sie zur Umpolung der Lebensweise, zur Einstellung traditioneller Sitten und Gebräuche in bestimmten Grenzen, zur Lösung aus ruralen Bindungen und zur Mobilisierung von potentiellen Unzufriedenen beitragen. Ein Planungsschema zur Entwicklung der Mittel- und Kleinzentren muß bei den Orten niedriger Zentralität ansetzen, weil hier außerordentlich viele Migrationen sichtbar geworden sind. Das bedeutet gleichzeitig, daß ein 3dimensionales hierarchisches System (bei RIDDEL und HARVEY 1972) nicht ausreichend für eine Regionalplanung ist. Zur Erfassung der Migration in den Mittel- und Kleinzentren wird ein 6dimensionales hierarchisches System vorgeschlagen. Für Senegal würde dies eine Erweiterung der Planungsprogramme bedeuten, die den Plans Directeurs ihre Priorität nehmen müßten.

Die in Senegal verbreitete Argumentation, sich auf die großen Zentren innerhalb der Entwicklungsplanung zu beschränken, weil man nicht für 15 000 villages elementaires, villages centres oder chef lieux die finanzielle Basis hat, ist nicht stichhaltig und geht am Kernproblem vorbei. Es kommt nicht auf die hierarchische Stellung des einen oder anderen Zentrums heute an, noch spielt die augenblickliche Größe des Zentrums eine Rolle, sondern man sollte in Erwägung ziehen, wie stark die einzelnen Zentren vom Migrationsstrom tangiert werden.

XIV. Für eine wirtschaftlich regionale Entwicklungsplanung sind sicherlich die beiden Prozesse des allmählichen Bevölkerungswachstums und des schnellen Städtewachstums wichtige Eckpfeiler der Entwicklungsstrategie. Rurale oder urbane Entwicklungspolitik ist heute keine Alternative mehr. Doch werden die Akzente leider nur sehr ungleich gesetzt, wenn man z. B. die Investitionen in den städtischen oder ländlichen Raum betrachtet. Aus den beiden Bezugsprozessen von *Évolution de la Population* und *Révolution Urbaine* ergibt sich als Resultat und Postulat für eine Planungsintegration ein dritter Bezugsprozeß, nämlich die *Succession en Migration*. Die sukzessive Wanderung innerhalb des ganzen bevölkerungsgeographischen Mobilitätssystems vollzieht sich zwischen den Polen von ruraler Emigration und urbaner Immigration. Sie umfaßt damit nicht nur den weitest möglichen Aktionsraum kulturgeographischer Kräfte, sondern sie steht auch inmitten der ländlichen und städtischen Entwicklungsplanung. Sie ist als Bindeglied zwischen den äußerst konträren Wirtschaftsräumen Senegals aufzufassen und beeinflußt beide in ihren regionalen Entwicklungstendenzen. Dennoch ist die sukzessive Migration noch nicht von den Planungsgremien in Wert gesetzt, viel weniger ihre Bedeutung für eine Landesentwicklung erkannt und die Forderung nach einer Entwicklungsplanung, die die sukzessive Migration fest miteinschließt, akzeptiert worden. Die Propagierung, Durchsetzung und Durchführung dieser geographischen Ideen würden auch dazu beitragen, entwicklungsfähige Staatsstrukturen in den Ländern Tropisch Afrikas aufzubauen. Die geographische Diskussion der Stärke, Form, Richtung und der Motivation aller Migrationen, die das zentralörtliche Netz in mannigfacher Weise durchlaufen, ist ein grundlegender Beitrag zur Erkenntnis eines ganz wesentlichen und vorrangigen Bezugsprozesses für die Entwicklungsplanung, nämlich der *stufenweisen Bevölkerungsmobilität*.

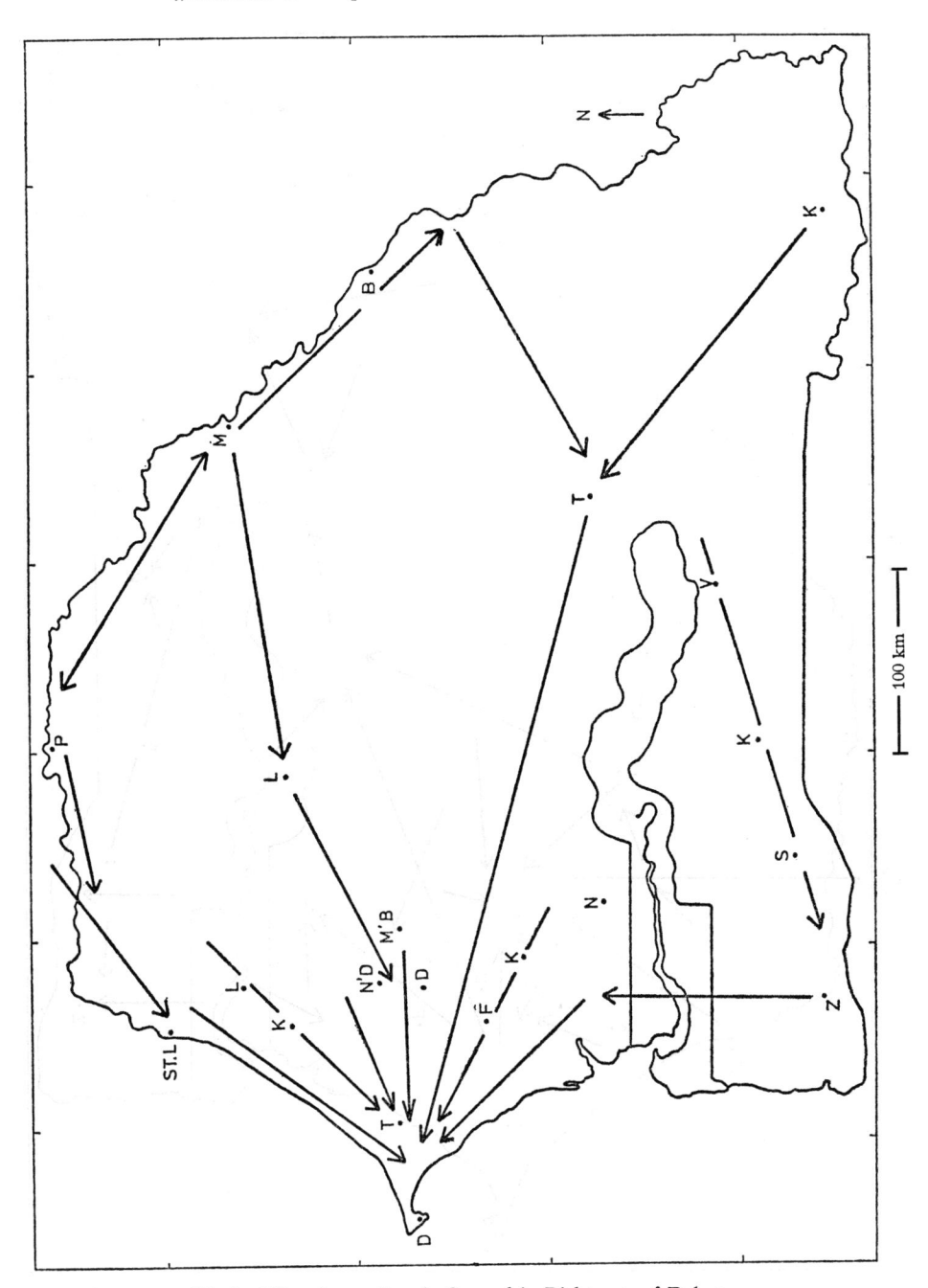

Abb. 2 Migrationsströme in Senegal in Richtung auf Dakar
Entwurf und Zeichnung: K. H. Hasselmann

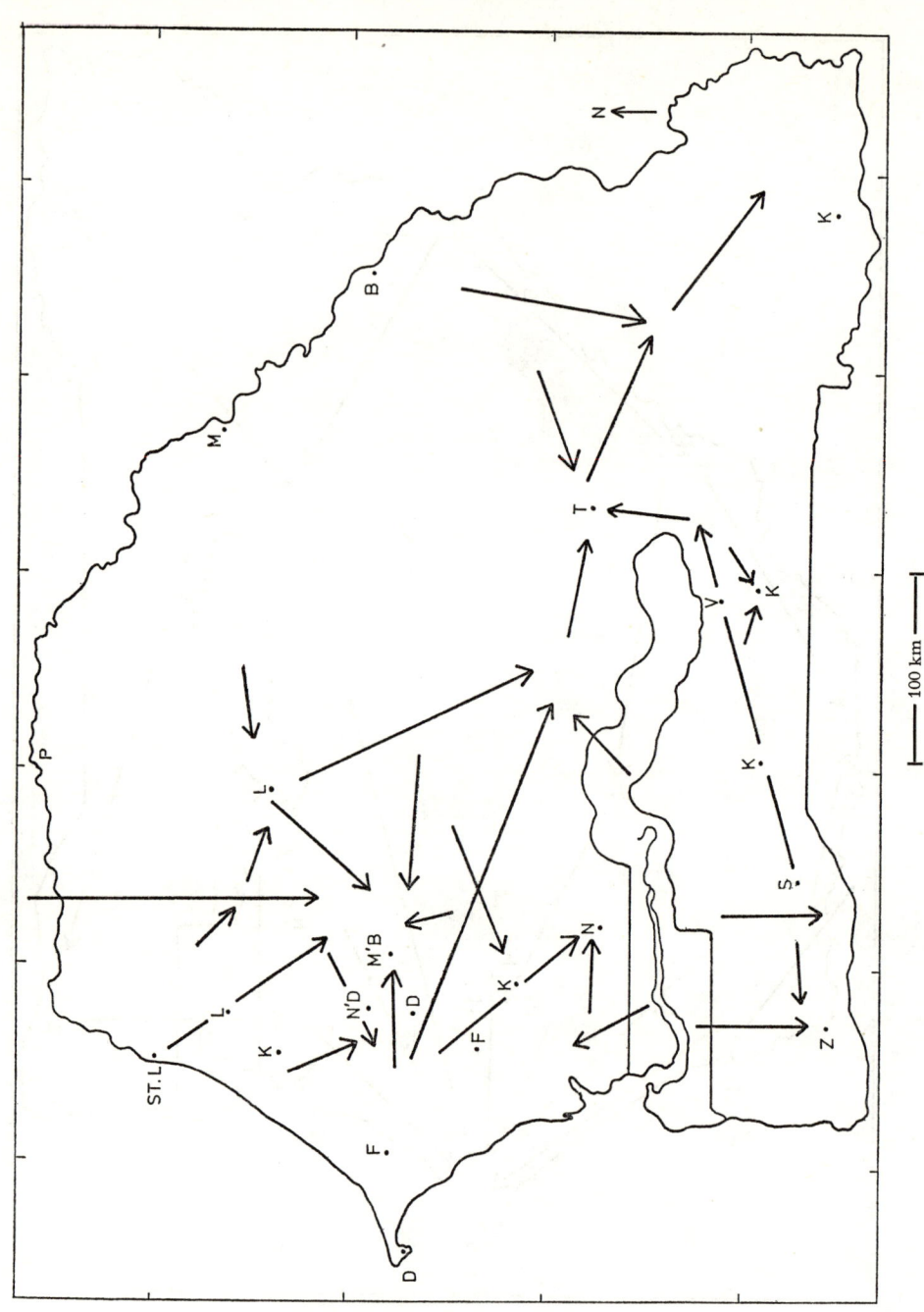

Abb. 3 Migrationsströme in Senegal auf das Innenland zu
Entwurf und Zeichnung: K. H. Hasselmann

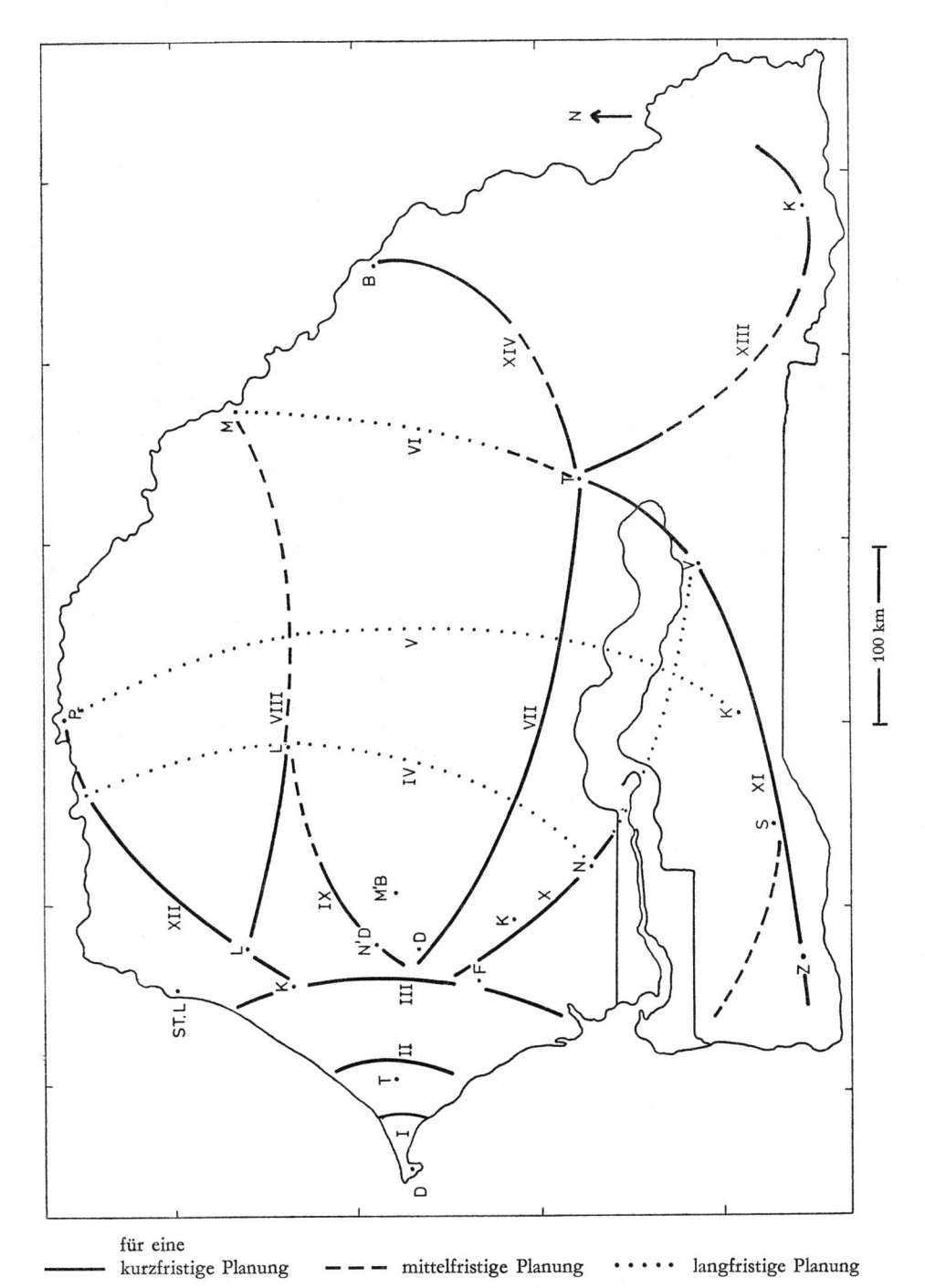

für eine		
——— kurzfristige Planung	– – – mittelfristige Planung	· · · · · langfristige Planung

Abb. 4 Vorschlag eines Systems urbaner Entwicklungsachsen in Senegal
Entwurf und Zeichnung: K. H. Hasselmann

Literatur

BEALS, R. E.; M. B. LEVY u. L. N. MOSES: 1967: Rationality and migration in Ghana. (Review of Economics and Statistics, *49*, 480—486.)
CALDWELL, J.: 1969: African rural — urban migration. New York.
DIOP, A. B.: 1965: Société Toucouleur et migration. IFAN, Initiations et Etudes, No. 18. Dakar.
GRENZEBACH, K.: 1968: Länder an der Oberguineaküste. *In:* Westermann Lexikon der Geographie. Braunschweig.
HASSELMANN, K. H.: 1972a: The relationship between population migration and urbanization in Liberia, West Africa. (Paper No. IDEP/ET/CS/2337—35, presented to the 11th Intern. African Seminar on Modern Migration in Western Africa, March 27th to April 6th, 1972, Dakar.)
— 1972b: The recent development and present importance of the groundnut economy of Senegal, West Africa. Im Druck.
— 1972c: The impact of migration on the socio-economic development of Liberia. (Paper presented to the semi-annual conference of the Liberian Research Assoc., Nov. 11th 1972 at the Univ. of Liberia, Monrovia.)
— und U. K. BRINKMANN 1972d: Patterns of metropolitan population migration in Liberia. Monrovia.
— 1973e: Migrancy and its effect on economy in Liberia. (Occasional Research Paper of the Dept. of Geography at the Univ. of Liberia No. 2, Monrovia.)
N'DOYE, E.: 1972: Peuplement des Arrondissements et Mouvements des Populations 1900—1970. (Paper No. IDEP/ET/SC/2337—30, presented to the 11th Intern. African Sem. on Modern Migration in Western Africa, March 27th to April 6th, 1972, Dakar.)
RIDDEL, J. B.: 1970: The spatial dynamics of modernization in Sierra Leone: Structure, diffusion, and response. Northwestern Univ. Press, Evanston.
— und M. E. HARVEY 1972: The urban system in the migration process: an evaluation of step-wise migration in Sierra Leone. (Economic Geography, *48*, 3, 270—283.)
Gouvernement du Sénégal: 1904: Recensement de la population du Senegal. St. Louis.
République du Sénégal: 1962: La constitution de groupe des villages en Casamance. Dakar.
République du Sénégal: 1962: Recensement Dakar 1955. Dakar.
République du Sénégal, Min. du Plan et du Dev., Service de la Statistique: 1964: Repertoire des villages. Dakar.
République du Sénégal, Min. des Fin. et des Affaires Econ., Dir. de La Statistique 1970: Situation économique du Sénégal 1969. Dakar.
— 1971: Situation économique du Sénégal 1970. Dakar.
République du Sénégal, Min. du Dev. Rural, Dir. des Services Agricoles: 1970: Rapport Annuel 1968/69. Dakar.
— 1972: Rapport Annuel 1970/71. Dakar.
République du Sénégal, Min. des Fin. et des Aff. Econ., Dir. de la Statistique: 1971: Enquète Démographique Nationale 1970/71, Résultats provisoires du 1er Passage. Dakar.
République du Sénégal, Secr. d'Etat auprés du Premier Min. chargé du Plan, Dir. de l'Aménagement du Territoire: 1972: Projet de Schéma d'Aménagement du Territoire. Horizon 2000. Dakar.
SECK, A.: 1970: Dakar. Métropole Ouest-Africaine. IFAN. Dakar.

Diskussion zum Vortrag Hasselmann

Dr. H. Schönwälder (Abidjan)

In vielen westafrikanischen Ländern ist eine beachtliche zwischenstaatliche Migration aus dem Sahel-Raum zur Küste bekannt. Teilweise hat diese Wanderung nur saisonären Charakter. Inwieweit ist dieses Phänomen in den von Ihnen betrachteten Ländern bekannt und inwieweit hat diese Migration ihren Niederschlag in Ihren Modellen gefunden?

Dr. F. Vetter (Berlin)
Leider haben die gezeigten Darstellungen etwas unter den relativ schlechten Beleuchtungsverhältnissen gelitten.
Zwei Fragen zum Referat:
1. Exakte Extrapolationen der Bevölkerungsentwicklung und auch der Mobilität müssen Programme zur Geburtenkontrolle einschließen. Sind solche Maßnahmen von den behandelten Ländern in Angriff genommen oder überhaupt in der Planung, und wenn ja, sind sie dann in die Extrapolationen bis zum Jahre 2000 quantitativ mit eingegangen?
2. Die gezeigten Migrations-Modelldarstellungen an afrikanischen Regionalbeispielen sind bei der Fülle von die Migration beeinflussenden Faktoren äußerst einprägsam in ihrer simplifizierenden, nur die Haupteinflüsse berücksichtigenden Tendenz. Allerdings ist mir nicht ganz klar geworden warum das zuerst gezeigte Migrationsmodell nur Pfeildarstellungen von den jeweils geringere, wichtigen Regionalzentren in Richtung auf die nächsthöheren zentralen Orte anzeigt. Sollten die Pfeile nicht auch direkt von den kleinsten zentralen Orten etwa zum größten Zentrum führen?

Prof. Dr. W. Manshard (Freiburg)
Für den Vergleich mit anderen tropischen Entwicklungsländern in Afrika, Lateinamerika und Asien wäre die Angabe einiger genauer statistischer Schwellenwerte über die Zuwachsraten der ländlichen und städtischen Bevölkerung von Interesse. Diese Werte müßten dann in Beziehung gesetzt werden zur Entwicklung des Pro-Kopf-Einkommens, um damit die Auswirkungen des bekannten Konzepts der sog. Low Level Equilibrium Population Trap nachprüfen zu können. Wie weit werden z. B. auf dem Lande oder in den kleineren Zentren die Raten des wirtschaftlichen Wachstums durch die natürliche Bevölkerungsvermehrung aufgezehrt? Zeigen sich hier schon Gegensätze zwischen der Metropole Dakar, den mittleren Zentren wie St. Louis, Kaolack, Thiès, Ziguinchor und den ländlichen Gebieten im Osten und Nordosten des Landes?

Dr. J. Blenck (Bochum)
1. Wie und wo haben Sie die Wanderungsbewegungen erfaßt?
2. Wie hoch ist die Rückwanderungsquote? Bei unseren Studien im Hinterland Liberias stießen wir auf ehemalige Minenarbeiter, die das im Eisenerzbergbau verdiente Geld in kleinen Pflanzungen oder in kleinen Einzelhandelsgeschäften anlegten.
3. Die wirtschaftlich tragenden Schichten sitzen in Westafrika an der Küste, so in Liberia die Americo-Liberianer und die Libanesen. Lassen sich bei dieser Ausgangssituation überhaupt Entwicklungsprojekte im Hinterland realisieren?

Dr. K. H. Hasselmann (Monrovia)
1. Saisonäre Wanderungen sind absichtlich nicht, zwischenstaatliche Wanderungen nur dann berücksichtigt worden, wenn sie generell zur Ansiedlung der Migranten führten. Für Senegal und Ghana sind beide hinsichtlich der Bevölkerungsmobilität bekannt und raumwirksam. In Sierra Leone und Liberia kommt ihnen nur geringe Bedeutung zu. In den Modellen, die Senegal betreffen, sind solche Wanderungen besonders von Mauretanien und Gambia berücksichtigt worden. In Liberia beeinflussen sie die innerstaatlichen Wanderungen kaum, wenn man von den nördlichen Gebieten Liberias absieht.
2. a) Programme zur Geburtenkontrolle fanden bei den Extrapolationen für Senegal keine Berücksichtigung. Obwohl sie in manchen westafrikanischen Ländern von recht unterschiedlichen Organisationen durchgeführt werden, ist ihre Effektivität sehr gering. Dies aus folgendem Grund: Die Regierungen mit geringen Bevölkerungszahlen sind in Wirklichkeit gar nicht daran interessiert, die Zuwachsraten zu drosseln, denn höhere Bevölkerungszahlen führen zur Aufstockung von Finanzmitteln in der Entwicklungshilfe.
b) Das liberianische Modell stellt insbesondere und ausschließlich sukzessive Migrationen dar. Direkte Wanderungen zwischen kleinsten und größten zentralen Orten fallen per definitionem fort, wenn sie keine Zwischenstationen durchlaufen.

3. Mit einer derartigen Frage habe ich gerechnet, kann jedoch aufgrund nicht ausreichender Untersuchungen bisher nur an einigen Zahlen deutlich machen, daß sich erhebliche Gegensätze in der Entwicklung urbaner Zentren zeigen:

Jährliche Wachstumsraten ausgewählter Städte
Senegals zwischen 1955 und 1970 in %:

Louga	7,8	Kaolack	3,3
Tambacounda	7,4	Rufisque	2,7
Dakar	5,5	Thiés	2,7
St. Louis	5,2	Diourbel	2,3
M'Bour	5,2	Podor	0,9
Ziguinchor	4,3	Matam	0,4

4. a) In Liberia sind 319 Migranten in Monrovia interviewt worden, die sich annähernd gleich stark auf den tertiären und sekundären Sektor verteilen.
b) Eine Rückwanderungsquote kann z. Z. nicht angegeben werden, dazu muß das Material aus Dorfuntersuchungen vorliegen. Die Rückwanderungen von Minen- und Plantagenarbeitern sind wahrscheinlich größer als die von Arbeitern aus Monrovia, sie dürften insgesamt aber gering sein.
c) Für Liberia mag das Konzept der kapitalintensiven Investitionen im Küstenkernland und der arbeitsintensiven Investitionen im Innenland ebenso gelten wie in anderen Küstenländern Westafrikas. Zur Zeit erstreckt sich allerdings die kapitalintensive Investitionspolitik über das gesamte Land, was nicht allein ökonomische, sondern auch sozialpolitische Hintergründe hat.

WIRTSCHAFTSGEOGRAPHISCHE UNTERSUCHUNGEN ALS GRUNDLAGE DER ENTWICKLUNGSPLANUNG: ZAIRE

Mit 1 Karte und 1 Abbildung

Von J. P. Breitengross (Hamburg)

Grundlagen für die Entwicklungsplanung wollen fast alle Arbeiten geben, die Entwicklungsländer zum Forschungsgegenstand haben. Keine Wissenschaft kann jedoch für sich in Anspruch nehmen, den Erfordernissen einer integrierten Entwicklungsplanung gerecht zu werden. In dem folgenden Beitrag soll zu zeigen versucht werden, in welcher Weise ein Wirtschaftsgeograph Arbeitsansätze ermitteln kann, die für eine Entwicklungsplanung relevant sind. Die Verhältnisse im Staate Zaire dienen dabei nur als Beispiel — dem Wunsch der Veranstalter entsprechend werden hier Ergebnisse der eigenen Arbeiten nur randlich präsentiert, während einige grundsätzliche Aspekte und Thesen stärker zur Diskussion gestellt werden sollen.

1. PRIORITÄTENSETZUNG BEI WIRTSCHAFTSGEOGRAPHISCHEN UNTERSUCHUNGEN

Die Diskrepanz zwischen dem Bedarf der Entscheidungsträger an Planungsunterlagen und der tatsächlichen Planungsrelevanz geographischer Entwicklungsländerbeiträge ist außerhalb des Bereiches der Auftragsforschung erheblich. Dabei wollen geographische Beiträge oft anwendbar sein und leiten aus diesem Anspruch z. T. sogar ihre Rechtfertigung ab, zumal, wenn mit durchaus bekannten Verfahren ein bisher nicht bearbeiteter Daten- oder Regionalbereich interpretiert wird.

Die Gründe für die Diskrepanz zwischen Anspruch und Planungsrelevanz sind vielfältig. Neben den Schwierigkeiten der Verständigung des Wissenschaftlers mit dem Praktiker und neben dem Problem der Einordnung wissenschaftlicher Ergebnisse in den Planungsmechanismus ist häufig die Deckungsungleichheit der Fragestellungen zwischen Wissenschaftler und Entscheidungsträger ausschlaggebend für die mangelnde Wirksamkeit geographischer Forschungsbeiträge. Gleichzeitig aber sind die Klagen der Planer über den Informationsmangel erheblich, er wird oft als ein Hauptargument zur Begründung des meist nur bescheidenen Erfolgs der Entwicklungsplanungen genannt (Moncef 1971, Chenery 1971). Es liegt nahe, nach Möglichkeiten für einen zumindest partiellen Ausgleich von Angebot und Bedarf zu suchen.

1.1. Der thematische Bezugsrahmen unter Berücksichtigung entwicklungspolitischer Zielsetzungen

Fast alle wirtschaftsgeographischen Arbeiten, die nicht primär der methodischen und theoretischen Weiterentwicklung der Wissenschaft dienen, können leicht für sich in Anspruch nehmen, Informationen zu Globalbereichen wie ‚Entwicklung der Landwirtschaft', ‚Industrialisierung' oder ‚regionaler Ausgleich' zu liefern.

Diese auch von staatlicher Seite proklamierten Globalzielbereiche der Entwicklungsstrategien sind zwar von einem starken deklamatorischen Wert, liegen jedoch oft in Zielkonkurrenz untereinander und weisen einen hohen Grad an Unverbindlichkeit auf. In der Realität geht Entwicklungsplanung selektiv vor, und zwar stark selektiv. Es können nicht alle Sektoren und Regionen eines Staates gleichzeitig ‚entwickelt' werden. Vielmehr zwingt die Optimierung des Einsatzes der zur Verfügung stehenden Mittel zu einer gezielten Lenkung auf einige als prioritär erkannte Bereiche.

Auf diese Ebene der politisch festgelegten Prioritäten sollten sich geographische Arbeiten beziehen, wenn sie wirksame Entscheidungshilfe liefern wollen. Nicht hieran orientierte Untersuchungen stellen bis zu einem gewissen Grad wissenschaftlichen Luxus dar, wenn man nur das Kriterium der entwicklungspolitischen Planungsrelevanz gelten lassen könnte. Nun mag man einwenden, daß gerade Arbeiten, die nicht auf die von politischer Seite als prioritär festgelegten Bereiche zielen, Ergebnisse zeigen könnten, aus denen dann erst die Notwendigkeit bestimmter Maßnahmen ersichtlich würde. Dieser Glaube ist jedoch realitätsfremd und überschätzt gleichermaßen den Einfluß geographischer Forschungen wie er die Priorität der politischen Determination von Hauptzielbereichen unterschätzt.

Wenn Geographen ihre Arbeiten zukünftig nicht stärker an den formulierten Bedürfnissen der Entscheidungsträger ausrichten, laufen sie Gefahr, in diesen souveränen Staaten die Möglichkeit zu Feldforschungen gänzlich einzubüßen. Der Trend zur Sperrung des Territoriums für ‚frei' forschende Fachwissenschaftler ist in vielen Staaten Afrikas unverkennbar.

Bezugsrahmen anwendbarer Untersuchungen müssen die Ziele sein, die von Entscheidungsträgern im Bereich der konkreten Sektoral- und Regionalziele und deren Hilfsziele formuliert sind.

1.2. Der regionale Bezugsrahmen unter Berücksichtigung der sozio-ökonomischen Ungleichgewichte

Eine thematische Einengung ist im Sinne der Beschränkung auf anwendbare Zielkomplexe noch nicht ausreichend. Es sollte auch eine regionale Einengung der Untersuchungen erfolgen, da eine Erfassung des Gesamtterritoriums wegen des dabei erforderlichen Aufwandes oft nicht notwendig und sinnvoll ist. FISCHER (1972, S. 26) verweist die Vorstellung einer ausgewogenen und harmonischen Entwicklung aller Teilräume eines Staates zu Recht in den Bereich sozialromantischer Träumereien. Ebenso können entwicklungspolitische Maßnahmen oft nur bestimmte Regionen treffen. Vorrangig sind für die Entwicklungsplanungen im allgemeinen die Aktivräume und die Konflikträume. Sie bilden den regionalen Bezugsrahmen für einzuleitende Untersuchungen. Die hierfür zu treffende Vorauswahl erfordert keinen hohen Untersuchungsaufwand, derartige Räume sind aus den Grundstrukturen der zu untersuchenden Länder leicht ableitbar. Natürlich können hierfür ergänzende Arbeiten anderer Wissenschaften, z. B. der Entwicklungssoziologie nur nützlich sein.

Räumlicher Bezugsrahmen anwendbarer Untersuchungen müssen die Regionen sein, die unmittelbar von den politischen Zielvorstellungen des Staates berührt werden. Dies sind neben den Aktivräumen und dem Hauptstadtbereich häufig die aktuellen oder potentiellen Konflikträume.

1.3. Der dynamische Bezugsrahmen unter Berücksichtigung raumimmanenter Kräfte und Prozesse

Regionaler und thematischer Bezug auf die entwicklungspolitischen Prioritäten schaffen erste Voraussetzungen für die Anwendbarkeit dieser Arbeiten. Dennoch werden sie auch in dieser Form nur selten für konkrete Planungen verwendbar sein. Dies ist vor allem dadurch bedingt, daß derartige Regionalisierungen als gröbere oder feinere Bestandsaufnahme zwar einen recht guten Überblick über die strukturell oder funktional unterschiedliche Raumsituation geben, letzten Endes aber im statischen Bereich verharren. Die Kräfte und Prozesse, die eben dies Bild der Regionalisierung bestimmen, werden oft nicht deutlich. Genau diese Bereiche sind es aber, in denen die Entwicklungsplanung ansetzen kann. Der Planer benötigt Informationen über die Funktionsmechanismen, besonders über das Wirkungsgefüge der von ihm beeinflußbaren Faktoren.

Regionalisierungen sollten also nur als Arbeitsschritte, als Hilfsmittel angesehen werden, die ihren Wert für die Entwicklungsplanung erst dann erhalten, wenn anschließend Untersuchungen über die Zusammenhänge und Interdependenzen der hier wirksamen Kräfte nachfolgen.

Diese Untersuchungen können oft stichprobenartig erfolgen und sollten in Zusammenarbeit mit anderen Wissenschaften durchgeführt werden, wenn man eine vollständige Erarbeitung des prozessualen Geschehens wünscht. Der Geograph sollte jedoch auf jeden Fall die raumdifferenzierenden Kräfte in ihrer gegenseitigen Beeinflussung berücksichtigen.

Regionalisierung ist nicht Selbstzweck und kann nur als ein Arbeitsschritt aufgefaßt werden. Nachfolgen muß eine Untersuchung derjenigen Kräfte und Prozesse, die das Bild der Regionalisierung bestimmen. Als gegenwärtig kaum zu realisierendes Fernziel sollte auf eine systemanalytische Betrachtung bis hin zur Netzplananalyse hingearbeitet werden.

2. PRIORITÄTENSETZUNG WIRTSCHAFTSGEOGRAPHISCHER UNTERSUCHUNGEN AM BEISPIEL DER REPUBLIK ZAIRE

Gegenwärtig besteht in Zaire keine integrierte Gesamtplanung der sozio-ökonomischen Entwicklungsvorhaben. Es gibt jedoch ein gewisses Grundzielgerüst, das sicher auch die Prioritäten für eine spätere Gesamtplanung abgeben wird, wenn die Stabilität der politischen Macht gewahrt bleibt. Diese Ziele können ohne weiteres abgeleitet werden aus dem natürlichen Interesse der gegenwärtigen Machtträger an der Erhaltung der Machtstrukturen. Sie sind zwangsläufige Folgerungen aus den Rebellionen und Schwierigkeiten der Vergangenheit und wurden in Abstimmung zwischen Politikern und Wissenschaftlern formuliert (COMELIAU, 1971; KAPAJI 1972):
1. Verbesserung des Transportnetzes, besonders Straßentransport;
2. Beseitigung von Engpässen bei der Vermarktung von Agrarprodukten;
3. Anhebung der ländlichen Einkommen;
4. Deckung des Nahrungsmittelbedarfes durch nationale Produktion;
5. Schaffung eines dritten Wachstumspoles im Nordosten (Kisangani);
6. Wachstum und Diversifizierung der Industrie.

Die wichtigsten Bereiche berühren also den Agrarsektor. Die beiden letztgenannten Ziele, zu denen kritische Anmerkungen leicht möglich wären, sollen hier nicht weiter behandelt werden. — Dem Agrarsektor will der Präsident künftig die ‚Priorität der Prioritäten' (VERHAEGEN, 1973) einräumen, er folgt damit einer Erkenntnis zahlreicher afrikanischer Länder, daß nämlich Industrialisierung allein kein Allheilmittel zur Beseitigung der Entwicklungsprobleme dieser Staaten sein kann. Kapitalintensive Industrien können zwar leuchtende Aushängeschilder der ‚Modernität' eines Landes sein, sie erwirtschaften jedoch oft betriebs- und häufiger noch volkswirtschaftliche Verluste, zeigen bisweilen nicht einmal einen Nettodeviseneffekt, können die Manpower-Situation nicht fühlbar entlasten und verstärken noch die Stadt-Land-Einkommensdisparitäten (BREITENGROSS/MÜHLENBERG, 1972, S. 197—232).

Eine thematische Einengung der Untersuchung auf den Agrarbereich im weitesten Sinne deckt sich also mit den politischen Zielvorstellungen. Arbeiten im Rahmen folgender Grundbereiche erscheinen demnach sinnvoll:
— regionale Geldeinkommen und Geldausgaben;
— regionales Agrarpotential;
— regional vermarktete Produktion bzw. Produktionswert;
— regional differierende Kostensituation der Vermarktung;
— Transportkostenrentabilität für einzelne Produkte und Regionen;
— Erschließungsfunktion des Verkehrs; Struktur und Leistung der Verkehrsträger.

Indem man sich bei der Untersuchung dieser Bereiche in den Dienst der Interessen der gegenwärtigen politischen Macht stellt, zieht man nur die zwangsläufige Konsequenz aus dem Wort ‚Anwendbarkeit'. Es ist durchaus legitim, andere als die hier skizzierten Prioritäten als Ausgangspunkt zu wählen, nur muß man sich dann darüber im klaren sein, daß der tatsächliche Beitrag zur Entwicklungsplanung klein bleiben wird. Weiterhin bedeutet der unbedingte Bezug auf die entwicklungspolitischen Prioritäten dieser unabhängigen Staaten nicht eine Verringerung der kritischen Distanz gegenüber diesen Vorhaben. Gerade eine äußerst kritische Durchdringung der Planungen kann den Entscheidungsträgern Hilfen bieten, aus der diese allerdings selbst die für sie vorrangigen Konsequenzen zu ziehen haben.

Nach dieser thematischen Einengung folgt nun die regionale Eingrenzung des Untersuchungsgebietes. Sie ergibt sich aus der sozio-ökonomischen Gesamtsituation des Landes. Im Falle Zaires sind folgende Faktoren ausschlaggebend (vgl. Karte 1):
1. Konzentration des Bruttoinlandproduktes auf zwei relativ kleine Gebiete, die 1800 km voneinander entfernt liegen;
2. Agrargebiete mit sich bereits abzeichnendem Bevölkerungsdruck in peripheren Teilen des Staatsgebietes;
3. dünnbesiedelte Zentralgebiete mit einem gewissen Agrarpotential, jedoch ohne deutliches Konfliktpotential;
4. Gefahr von erneuten Sezessionsbewegungen in den bevölkerungsstarken Passivräumen und dem peripher im Staate liegenden Bergbauzentrum Haut-Shaba/Lualaba;
5. katastrophale Situation im Bereich der Straßen-Infrastruktur in allen Landesteilen außerhalb der Aktivräume.

Maßnahmen sind also dringend erforderlich in den relativ dicht besiedelten Teilräumen zwischen Kinshasa und Shaba, deren wirtschaftliche Benachteiligung zu einer Verstärkung des Gegensatzes zur Zentralregierung führt. Weiterhin zeigt sich als Problemraum der gesamte Nordosten, und zwar vor allem die Gebiete außerhalb des geplanten Entwicklungspols Kisangani. Wirtschaftsgeographische Arbeiten sollten vorrangig also auf diese stärker besiedelten Savannenräume im Südwesten und Nordosten ausgerichtet sein.

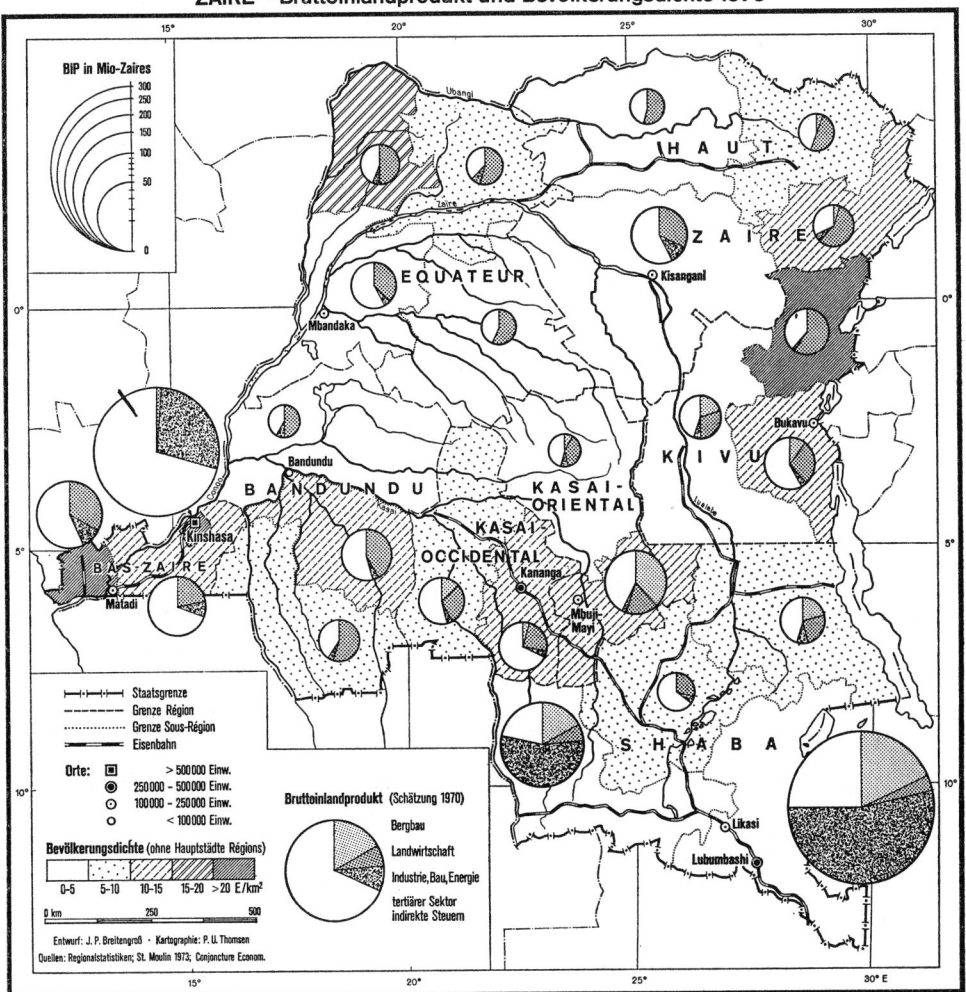

Wirtschaftsgeographische Untersuchungen als Grundlage der Entwicklungsplanung: Zaire 257

ZAIRE – Bruttoinlandprodukt und Bevölkerungsdichte 1970

3. EXEMPLARISCHE DARSTELLUNG: NAHRUNGSMITTELPRODUKTION UND LÄNDLICHE EINKOMMEN IM SÜDWESTEN ZAIRES

3.1. *Verteilungsmuster von Produktion, Marktproduktion und Einkommen*

Als einer der vielen möglichen Ansatzpunkte wurde als Beispiel aus den oben hergeleiteten Themenbereichen die Problematik der ländlichen Einkommen und der verstärkten Nahrungsmittelproduktion in den dichter besiedelten Savannen zwischen Kinshasa und Shaba gewählt.

Der Untersuchungsraum ist recht einheitlich strukturiert. Wesentliche Strukturunterschiede zeigen sich nicht einmal in den städtischen Verdichtungsräumen — von ihnen geht kein Impuls für die Entwicklung von Teilregionen oder auch nur ein Anreiz für die Lokalisation weiterer bescheidener Nahrungsmittelindustrien aus. Lediglich in den beiden Kasai-Regionen zeigt sich im Bereich der Eisenbahn eine Zone größerer Agraraktivität. Dieser Teilraum ist auch durch einen Wanderungsgewinn gekennzeichnet. Insgesamt umfaßt dieser Raum die südlichen Teilregionen der Provinzen Bandundu und der beiden Kasais.

Die Anhebung der Agrareinkommen ist durch Aktivitäten im Bereich der Exportproduktion oder im Bereich der Nahrungsmittelproduktion möglich. Hier erfolgt eine Einschränkung auf die für die Nahrungsmittelproduktion maßgebenden Faktoren. Erste weiterführende Ergebnisse erbrachte eine Regionalisierung nach folgenden Gesichtspunkten:

— Erfassung des Produktionswertes der vermarkteten Produktion;
— Transportkostenbelastung der vermarkteten Produktion in Abhängigkeit zum Absatzgebiet;
— regionale Preis- und Einkommensgefüge.

Dagegen erbrachten Übersichten zu Bereichen wie Nutzfläche pro Betrieb, Anteil der Dauerkulturen, Höhe der Erträge pro Hektar keine den Raum merklich gliedernden Faktoren. Für diese Bereiche sind allerdings auch die vorliegenden Statistiken besonders schlecht — oft muß noch auf belgische Unterlagen zurückgegriffen werden. Dies ist insofern gerechtfertigt, als sich in diesen Räumen seit der Unabhängigkeit keine oder nur negative Strukturverschiebungen ereignet haben.

Als Ergebnis dieser ersten Arbeitsstufe, die hier im einzelnen nicht nachvollzogen werden kann, bleibt festzuhalten:
1. Die Produktionsmenge pro Einwohner ist über das Gesamtgebiet relativ einheitlich. Auch das Verhältnis der einzelnen Nahrungsmittelprodukte untereinander ist weitgehend für alle untersuchten Teilregionen gleich.
2. Die Marktproduktion im Wert von nur 1,9 Mio. Zaires (Z) (1970, Kasai-Provinzen) stammt fast ausschließlich aus einem die staatlichen Verkehrsträger umschließenden Gürtel von 30 bis 50 km Breite.
3. Die Breite dieses Vermarktungsgürtels variiert nicht in Abhängigkeit mit der Entfernung zu den Verbrauchsgebieten Kinshasa und Lubumbashi.

3.2. Bestimmungsfaktoren des Verteilungsmusters

Wichtiger als die Bestandsaufnahme regional unterschiedlicher Faktoren ist die Bestimmung der determinierenden Faktoren für dieses Verteilungsmuster. Dies soll für das Produkt Mais angedeutet werden, das gegenwärtig als einziges Nahrungsmittel aus den Untersuchungsregionen über größere Entfernungen vermarktet wird. Mais spielt auch die größte Rolle bei den Nahrungsmittelimporten des Landes, 1971 wurden 106 000 t importiert, größtenteils von Zambia nach Shaba (CONJONCTURE Ec. No. 12, 1972).

Der aus den Kasai-Regionen nach Lubumbashi und der kleinen Mühle nach Kananga (ONRD KANANGA, 1972) gebrachte Mais stammt fast ausschließlich aus dem Gürtel entlang der Eisenbahn, obwohl Produktionsweisen und Anbauverhältnisse in der gesamten Region relativ einheitlich sind. Es liegt daher nahe, die Vermarktung auf die Nähe des Verkehrsträgers zurückzuführen. Hierzu werden ergänzend Untersuchungen durchgeführt, die folgende Ergebnisse zeigen:
— Es wird nur gelegentlich anfallende Überschußproduktion vermarktet. Einführung eines intensiven und marktorientierten Maisanbaus wird gegenwärtig versucht, ist jedoch quantitativ noch bedeutungslos (ZAIRE 217/1972, S. 15).

Beziehungsgefüge

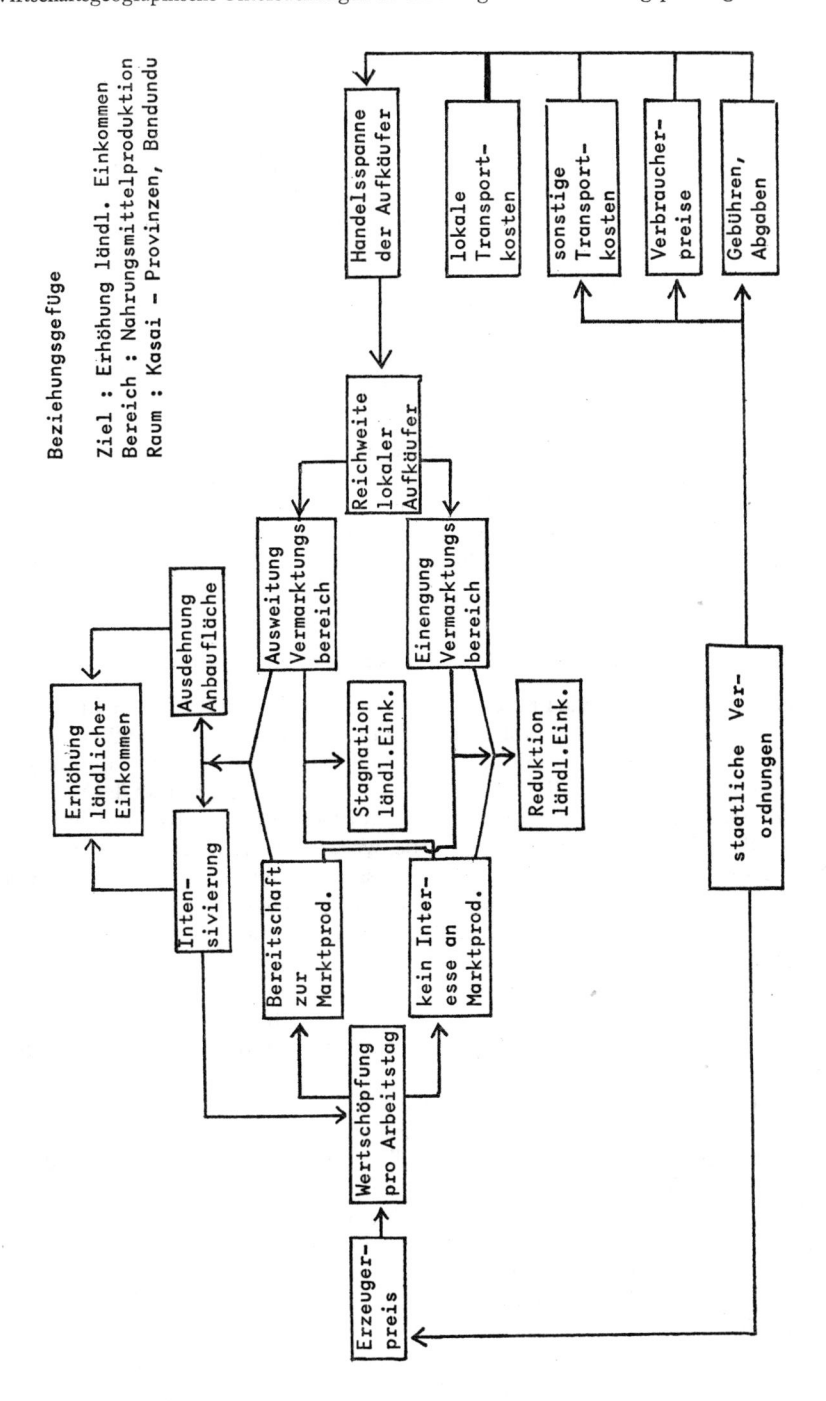

Ziel : Erhöhung ländl. Einkommen
Bereich : Nahrungsmittelproduktion
Raum : Kasai – Provinzen, Bandundu

[Diagram content:]

- Erhöhung ländlicher Einkommen
- Ausdehnung Anbaufläche
- Intensivierung
- Ausweitung Vermarktungsbereich
- Einengung Vermarktungsbereich
- Stagnation ländl. Eink.
- Reduktion ländl. Eink.
- Reichweite lokaler Aufkäufer
- Handelsspanne der Aufkäufer
- lokale Transportkosten
- sonstige Transportkosten
- Verbraucherpreise
- Gebühren, Abgaben
- Bereitschaft zur Marktprod.
- kein Interesse an Marktprod.
- Wertschöpfung pro Arbeitstag
- Erzeugerpreis
- staatliche Verordnungen

— Die Vermarktung von Überschußproduktion ist weniger bestimmt von der Vermarktungsbereitschaft der Produzenten als von der Bedienung der entsprechenden Räume durch lokale Aufkäufer und lokale Transporteure.
— Eine Regionalisierung der Transportkosten ergibt, daß die Aufkäufer die Höhe der Bahnfrachten trotz erheblicher Distanzunterschiede bis Lubumbashi über das Gesamtgebiet als quasi-stationär einplanen können (KDL 1971, ONATRA 1967 ff.).
— Dagegen sind die Kosten der lokalen Transporte entscheidend für die Kalkulation des Ankäufers: Lastwagentransport kostet mindestens 0,05 Z/tkm und ist damit 15—20fach teurer als der stark subventionierte Eisenbahntransport. 300 km Schienentransport entsprechen knapp 20 km LKW-Transport.
— Obwohl somit der raumdifferenzierende Faktor für die Vermarktung die Entfernung zum Massenguttransporteur ist, führt dies nicht zu einer Raumdifferenzierung der Einnahmen der Produzenten: Der staatlich fixierte Erzeugerpreis wird von den Aufkäufern nur selten überschritten.

Folglich wirken sich Erhöhungen der Verbraucherpreise kaum auf die Höhe der Erzeugerpreise aus. Es wird lediglich der Raum ausgeweitet, den der Aufkäufer noch zu bedienen bereit ist. Hieraus wird deutlich, daß eine kontinuierliche Marktproduktion nur in den Räumen erfolgen kann, die regelmäßig von Aufkäufern erfaßt werden oder in denen die Produzenten ggf. in Form einer Kooperative ihre Produkte selbst noch zur Bahn schaffen können.

3.3. Möglichkeiten und Grenzen der Zielerfüllung

Die sich hieraus ergebende Frage ist, ob wenigstens in den Regionen, in denen mit einer kontinuierlichen Vermarktung gerechnet werden kann, Anreize für eine marktorientierte Produktion und damit zu einer Erhöhung der ländlichen Einkommen gegeben sind. Bei der Klärung dieses Sachverhalts vermag das Kriterium der Wertschöpfung pro Arbeitstag (WpA), wie es von BORCHERT 1972 zur Kennzeichnung von Regionen der Elfenbeinküste benutzt wurde, wesentliche Hinweise zu geben.

Die WpA liegt beim traditionellen Maisanbau der Kasai-Regionen (Ertrag 850 kg/ha, ca. 80 Arbeitstage) bei maximal 0,15 Z. Dies liegt deutlich unter dem staatlich festgelegten Mindestlohn für die Landgebiete Kasais, der Ende 1972 0,20 Z (DM 1,30) betrug. Die äußerst geringe Wertschöpfung ist ein wichtiger Grund für die fehlende Marktorientierung. Auch eine Intensivierung des Anbaus ist unter diesen Umständen nicht verlockend, da erheblich gesteigerten Inputs an Saatgut, Düngemitteln, Insektiziden und vor allem Arbeit kein entsprechend überproportional gesteigerter Ertrag entspricht.

Dies gilt entsprechend auch für den Reisanbau, der gegenwärtig zwar noch unbedeutend ist (1971 in den Kasais und Bandundu 32 000 t Paddy), dessen Ausweitung jedoch stark propagiert wird. Bei traditionellen Bergreis-Mischkulturen werden hier WpA von nur 0,13 Z erreicht. Auch mit erheblichen Intensivierungsmaßnahmen läßt sie sich nur auf etwa 0,16 Z/Tag steigern. Dabei bleibt noch unberücksichtigt, daß zur Finanzierung der erforderlichen Investitionen kein Eigenkapital vorhanden und das Agrarkreditsystem weitgehend funktionsunfähig ist.

Es ist also zunächst in keinem Bereich ein Anreiz zur Ausweitung der lokalen Nahrungsmittelproduktion und damit zur Erfüllung des Entwicklungszieles gegeben.

Die ermittelten Interdependenzen werden in einem einfachen Schaubild graphisch verdeutlicht, um etwaige Ansatzmöglichkeiten der Entwicklungsplanung aufzeigen zu können. Aus diesem Bild wird deutlich, daß wirksame staatliche Eingriffe in einer Erhöhung der Erzeugerpreise oder in einer grundlegenden Reform des Vermarktungssystems liegen könnten.

Die Erzeugerpreise waren seit 1967 eingefroren, während die staatlichen Mindestlöhne von 1968 bis 1972 um rund 75 % stiegen. Seit Mitte 1972 wird zögernd für einzelne Produkte der Erzeugerpreis erhöht (BANQUE DU ZAIRE 1971/72). Der Handel bzw. Verarbeiter kann diese Preiserhöhungen nicht voll an den Verbraucher weitergeben, also schränkt er, wie erste Beispiele im Ölpalmenbereich gezeigt haben, den Vermarktungsraum teilweise ein. Selbst wenn aber die Verbraucherpreise entsprechend den Erzeugerpreisen erhöht werden (was wegen staatlicher Reglementierungen schwierig ist), so verstärkt dies nur die Attraktivität der Substitution dieser Waren durch Importe. Dies führt zu einem Hauptproblem der zairischen Landwirtschaft:

Aufgrund der Dominanz von wertvollen Bergbauprodukten im Export kann das Land es sich leisten, eine überbewertete Währung aus Gründen des nationalen Prestiges nicht zu korrigieren. Auch die jüngsten Abwertungen im Verhältnis zu europäischen Währungen, die eine Folge der Dollar-Abwertungen sind, vermochten an der prinzipiellen Überbewertung des Zaire nichts zu ändern. So werden die zairischen Agrarprodukte auf dem Weltmarkt verteuert, und andererseits haben ausländische Waren gute Chancen auf dem nationalen Markt in Zaire. Dies schlägt sich u. a. in hohen unkontrollierten Einfuhren aus Zambia und Congo nieder.

Es wird deutlich, daß der Raum zur Erhöhung der Erzeugerpreise äußerst gering ist.

Das Vermarktungssystem könnte durch Kostensenkung oder durch Leistungsanhebung verbessert werden. Der größte Anteil der Kosten eines in Kinshasa verkauften Grundnahrungsmittels fällt jedoch im Bereich des Einzelhandels an, nämlich 54 % (BIRD 1970, Vol. II). In diesem nahezu unkontrollierbaren Bereich, der oft nur Umverteilungscharakter hat und in dem sich die versteckte Arbeitslosigkeit besonders deutlich manifestiert, ist eine wirksame Rationalisierung kaum möglich. Die übrigen Teilbereiche der Vermarktung sind jedoch ohnehin schon staatlich stark reglementiert, ohne daß jedoch immer wirksame Kontrollmechanismen zur Verfügung ständen. So sind auch im Bereich des Großhandels oder aber der staatlichen Transportmittel weitere Eingriffsmöglichkeiten kaum vorhanden. Ob die Einführung eines rein staatlichen Vermarktungssystems hier eine wirkungsvolle Alternative bieten kann, ist zweifelhaft und bedarf zumindest umfangreicher Untersuchungen.

Es läßt sich also feststellen: Für die Erhöhung der Erzeugerpreise ist nur ein sehr schmaler Raum gegeben, die Rationalisierungsmöglichkeiten bzw. staatlichen Eingriffsmöglichkeiten in den Vermarktungsprozeß sind gering. Gegenwärtig erscheint also das Ziel der Erhöhung ländlicher Einkommen in Verbindung mit dem Ziel der einheimischen Deckung des nationalen Nahrungsmittelbedarfes nicht vereinbar. Bei Kontinuität der bestimmenden Faktoren wird es günstiger bleiben, Nahrungsmittel verstärkt aus den Nachbarländern zu importieren und das Ziel der Erhöhung ländlicher Einkommen im Bereich einiger Exportkulturen zu erreichen trachten.

Zusammengefaßt kann festgehalten werden:

Die Thematik entwicklungspolitisch wirksamer Arbeiten wird durch vorgegebene politische Prioritäten wesentlich bestimmt. Zunächst müssen die Räume ermittelt werden, die der entwicklungspolitischen Zielsetzung adäquat sind. Dann muß eine Regionalisierung innerhalb der politisch determinierten Sachkomplexe nach meist statischen Merkmalen vorgenommen werden. Schließlich müssen die funktionalen

Interdependenzen innerhalb des Problembereiches und das prozessuale Geschehen zwischen dem Problembereich und benachbarter Bereiche erfaßt werden, und zwar stets nur unter den Aspekten der vorgegebenen thematischen und regionalen Einengung der Untersuchung.

Aus der Vielzahl der möglichen Ansatzbereiche wurde hier für Zaire exemplarisch der Bereich ‚Erhöhung ländlicher Einkommen durch verstärkte Nahrungsmittelproduktion' für eine potentielle Konfliktregion überprüft.

Mit Hilfe flächendeckender Regionalisierungen zu Bereichen wie ‚Wert der Agrarproduktion und der vermarkteten Produktion; regionale Einkommens- und Preisgefüge; Transportkostenrentabilität' kann eine gewisse Differenzierung des Raumes nach statischen Gesichtspunkten vorgenommen werden. Wirksame Entscheidungshilfen können jedoch erst die folgenden Untersuchungsphasen liefern. Sie decken die Interdependenzen zwischen denjenigen Kräften auf, die das Bild der Regionalisierung bestimmten. Im vorliegenden Fall waren das Interdependenzen zwischen Produktionsmenge, Erzeugerpreis, lokale und außerlokale Transportkosten, sonstige Vermarktungskosten, Verbraucherpreis und Welthandelspreis.

Modelle derartiger Funktionsmechanismen können nach einer entsprechenden Erweiterung als Grundlage entwicklungspolitischer Entscheidungen dienen, weil sie genau in die Faktorenebenen zielen, die von den Entscheidungsträgern in Staat und Verwaltung beeinflußt werden können.

Literatur

ARRÊTÉ no. 1236/70 (Ministère de l'Intérieur) du 31. 7. 1970: Résultats du récensement de la population de la R.D.C.

BANQUE du Zaire (Ed.): Rapport Annuel 1971–1972, Kinshasa 1973.

B.I.R.D. (Ed.): L'économie congolaise; Evolution et perspectives (en trois volumes), Déc. 1970 (Rapport AE 13 a)

BORCHERT, G.: Die Wirtschaftsräume der Elfenbeinküste. Hamburg 1973 (= (HABAK 13).

BREITENGROSS, J. P. und F. MÜHLENBERG (Hrsg.): Fallstudie Sierra Leone. Entwicklungsprobleme in interdisziplinärer Sicht. 2 Bde. Stuttgart 1972 (Wiss. Schriftenreihe BMZ Nr. 24).

BUREAU International du Travail (Ed.): Rapport sur les salaires dans la République du Congo. Genf 1960.

CHENERY, H. B. und W. J. RADUCHEL: Substitution in planning models. — In: CHENERY, H. B. (Ed.): Development planning. Cambridge Mass., 1971.

COMELIAU, C., H. LECLERCQ, H. RAMAZANI: Perspectives de développement au Congo. IRES, Cellule de l'Economie Publique; Compte-rendus de la réunion du 20. 3. 1971.

FISCHER, G.: Praxisorientierte Theorie der Regionalforschung. Tübingen 1972.

HUYBRECHTS, A.: Transports et structures de développement au Congo. Paris IRES 1970.

KAPAJI, N.: Projets d'investissements et croissance de l'économie zairoise de 1970 à 1975. — In: Zaire Afrique 70, Déc. 1972, S. 607–619.

K.D.L. (Ed.): Tarifs et Règlement Général des Transports. Fasc. II, Réimpression 1971.

Mission interdisciplinaire des Uélé 1959–1961: Enquête de Fuladu, 1959. L'emploi du temps du paysan dans un village Zande. Brüssel CEMUBAC 1972.

MONCEF, A.: Informationssammlung und -verarbeitung als Voraussetzung der gesamtgesellschaftlichen Planung und Steuerung in Theorie und Praxis afrikanischer Staaten. Vortrag Konferenz FES in Berlin, 15.–19. 11. 1971 (hektogr.).

MOULIN, L. de St.: Les statistiques démographiques en R.D.C. In: Congo-Afrique 1971, S. 377–386.

— La répartition par région du Produit Intérieur Brut zairois. — In: Zaire-Afrique 1973, S. 141–161.

ONATRA (Ed.): Règlements et Tarifs Généraux des Transports. 2 Bde., Kinshasa 1967 ff. (Lose-Blatt-Sammlung).
ONRD, Institut National de Statistique (Ed.): Bulletin des Statistiques Générales. Katanga/Shaba: Lubumbashi 1968 ff. Bandundu: Bandundu 1969 ff. Kasai Occ.: Katanga 1968 ff. Kasai Or.: Mbuji — Mayi 1969 ff.
République Démocratique du Congo: Groupe Consultatif (Ed.): Politique, perspectives et moyens du développement. Transports et Communications, Agriculture. Kinshasa Mai 1971.
République du Zaire, Ministère de l'Agriculture (Ed.): L'agriculture zairoise en tableaux synoptiques. Kinshasa Oct. 1971.
République du Zaire, Ministère de l'Economie Nationale (Ed.): Conjoncture Economique No 8—12, Kinshasa 1968—1972.
VERHAEGEN, G.: Le rôle de l'agriculture dans le développement économique du Zaire. — In: Zaire — Afrique 74 (April 1973), S. 205—220.
Zaire, L'Hebdomadaire de l'Afrique Centrale. Kinshasa 1971 ff.

Diskussion zum Vortrag Breitengroß

Prof. Dr. W. Manshard (Freiburg)

Für die von Präsident Mobutu geforderte zukünftige Priorität des agrarischen Sektors ergibt sich die Frage nach der Weiterentwicklung der agrarischen Betriebsformen bzw. der entsprechenden Bodennutzungssysteme. Welche Möglichkeiten sehen Sie in dieser Beziehung für Zaire? Bekanntlich hatten die Belgier im Kongo das ziemlich effiziente System der „Paysannats indigènes" aufgebaut, das durch eine straffe Regelung des Wanderfeldbaus mit einem „Korridor-System"des Anbaus (unter Einhaltung einer Art von Flurzwang) zeitweilig von fast einer Million afrikanischer Bauern praktiziert wurde. Diese Formen einer „Disziplinierung" des Wanderfeldbaus, die sich auch sehr stark auf die gesamte Siedlungsstruktur auswirkten, verfielen jedoch schnell nach dem Abzug der Belgier. Wie sehen Sie die weitere Entwicklung auf diesem Gebiet? Werden z. B. in Zukunft staatlich beaufsichtigte Pflanzungen eingerichtet werden? Gibt es Ansätze zur Gründung von „Farm Settlements" oder zu neuartigen genossenschaftlichen Betriebsformen?

Prof. Dr. K. Hottes (Bochum)

Verflechtung von Regionen ist in Entwicklungsländern nicht zuletzt ein Problem, dessen sich der planende Staat nicht zuletzt auch außerhalb der Infrastrukturplanung annehmen muß (Abbau von Stammesvorurteilen u. a. m.). Der wirtschaftliche Zusammenschluß mehrerer afrikanischer Staaten zu Wirtschaftsgemeinschaften ist so lange ohne wesentliche praktische Folgen, als die betroffenen Staaten gleiche und ähnliche, untereinander nicht austauschbare Produkte — meist agrarische und industrielle R o h s t o f f e erzeugen. Was nutzt dann eine vielleicht ausgebaute verkehrliche Infrastruktur ohne Verkehrsspannung?

Dr. J. P. Breitengroß (Hamburg)

Generell ist anzumerken, daß nach Erlangung der Unabhängigkeit fast alle Ansätze zu moderneren Betriebsformen in der traditionellen Landwirtschaft Zaires aufgegeben wurden. Dies ist zum größten Teil auf den Auszug belgischer Farmer und Administratoren aus weiten Landesteilen zurückzuführen. Gegenwärtig liegen die staatlichen Förderungsmaßnahmen der traditionellen Landwirtschaft weit hinter denen vergleichbarer Länder (Elfenbeinküste, Madagaskar) zurück. Die wenigen Anstrengungen konzentrieren sich größtenteils auf die Einführung moderner Plantagenwirtschaft in verkehrserschlossenen Räumen. Versuche auf genossenschaftlicher Basis haben meist wegen finanzieller Mißwirtschaft die hierin gesetzten Erwartungen nicht erfüllt, als Folge wird derartigen Ansätzen in weiten Teilen der Bevölkerung mit Mißtrauen begegnet.

Grundvoraussetzung für eine Modernisierung und Intensivierung sowohl der Nahrungsmittel- als auch der Agrarexportproduktion ist die Reorganisation der Vermarktung und die Bereitstellung kostengünstiger Verkehrsträger. Sicher sind im zwischenstaatlichen Bereich die Austauschmöglichkeiten gering und die Orientierung der Warenströme nach Übersee weitaus größer als die Verkehrsspannung mit Nachbarländern. In dem flächenmäßig großen Staat Zaire jedoch ist die kontinuierliche Bedienung der Passivräume durch Verkehr die wichtigste Voraussetzung zur Steigerung der Produktion über den Eigenbedarf des jeweiligen Farmers hinaus. Dies könnte zu einem erwünschten Ausgleich im Nahrungsmittelsektor zwischen Verbrauchs- und Produktionsregionen führen, während heute der Mehrbedarf der Verbrauchsregionen durch Importe aus Nachbarländern und selbst Südafrika gedeckt wird.

STRUKTURELLE UND FUNKTIONALE RAUMGLIEDERUNG ALS BASIS REGIONALER ENTWICKLUNGSPLANUNG IN COSTA RICA

Mit 12 Figuren

Von Helmut Nuhn (Hamburg)

VORBEMERKUNGEN

Geographische Entwicklungsländerforschung, die den Anspruch erhebt, mit zu einer Lösung der behandelten Probleme beizutragen, sollte nicht nur Forschung über Entwicklungsländer mit dem Interessenhorizont und den Instrumenten des europäischen Wissenschaftlers sein, sondern verstärkt integriert werden in die Länder selbst und in die dort vorhandenen Ansätze und Bemühungen um eine Erkenntnis der komplexen Zusammenhänge. Der weitaus größte Teil deutscher Überseeforschung ist nach wie vor einseitig auf Datenextraktion und Verwertung der Ergebnisse für den einheimischen Wissenschaftsbetrieb ausgerichtet. Nur in Einzelfällen werden die Arbeiten auch in den Sprachen der Gastländer publiziert und ausgewertet.

Diese Situation wird teilweise durch die traditionelle Wissenschaftsorganisation und die wenig flexible Universitätsstruktur erklärt, dürfte aber mitbedingt sein durch das Selbstverständnis des Faches, das auch Angewandte Geographie nach der Einführung der Studienrichtung für Diplomgeographen nur formal rezipiert hat. Vieles, was mit dem Anspruch der Praxisrelevanz erstellt wird, ist für die Anwendung ohne Bedeutung, weil es nicht den eigentlichen Zielsetzungen der Praxis entspricht oder wegen aufwendiger Verfahren aus Zeit- und Kostengründen nicht in größerem Rahmen realisiert werden kann.

Die im folgenden erläuterten Arbeitsverfahren zur geographischen Raumgliederung als Grundlage der Entwicklungsplanung wurden durch die Mitarbeit in Behörden Costa Ricas angeregt und im Rahmen eines Regionalisierungsgutachtens für die nationale Planungsbehörde erprobt. Sie setzen im Team geleistete Vorarbeiten zur geographischen Landesaufnahme auf einer höheren Bedeutungsebene fort und stehen im Zusammenhang mit Bemühungen um neue Ansätze in der angewandten Entwicklungsländerforschung, die in den letzten Jahren von Hamburg aus unternommen wurden.

GEOGRAPHISCHE VORAUSSETZUNGEN UND METHODISCHE ANSÄTZE

Der zentralamerikanische Staat Costa Rica stellt, gemessen an der Landesfläche von knapp 51 000 qkm und der Einwohnerzahl von 1,8 Mio. (1971), ein kleines Land dar. Unter Berücksichtigung der starken Differenzierung der naturgeographischen Grundstrukturen und des räumlich wechselnden sozio-ökonomischen Entwicklungsstandes ergibt sich eine markante Gliederung in Teilräume mit abweichender Ausstattung und unterschiedlichen Problemen, wie sie eher in größeren Ländern anzutreffen ist.

Die annähernd 100 km breite Landbrücke wird durch eine über 3000 m aufragende, zentrale Gebirgskette in einen immerfeuchten, karibisch beeinflußten Raum mit Jahresniederschlägen bis zu 8 m und ein wechselfeuchtes pazifisches Gebiet mit 2—5 Monaten Trockenzeit gegliedert. Den heißen Tiefländern, die durch ausgedehnte Sümpfe, Ebenen und Bergzonen aufgebaut werden, stehen die gemäßigt temperierten und kühlen Gebirgsräume mit eingeschalteten Becken und Talsystemen gegenüber. Häufige Erdbeben, Vulkanausbrüche, Flutkatastrophen und Trockenperioden erschweren eine kontinuierliche Nutzung und Inwertsetzung in regional differenzierter Weise.

Unterschiedliche Wirtschaftsformen und räumlich wechselnde Besitz- und Sozialstrukturen bedingen ein kleinräumiges sozio-ökonomisches Strukturmosaik. Eine nach Art und Intensität der landwirtschaftlichen Bodennutzung gegliederte Karte

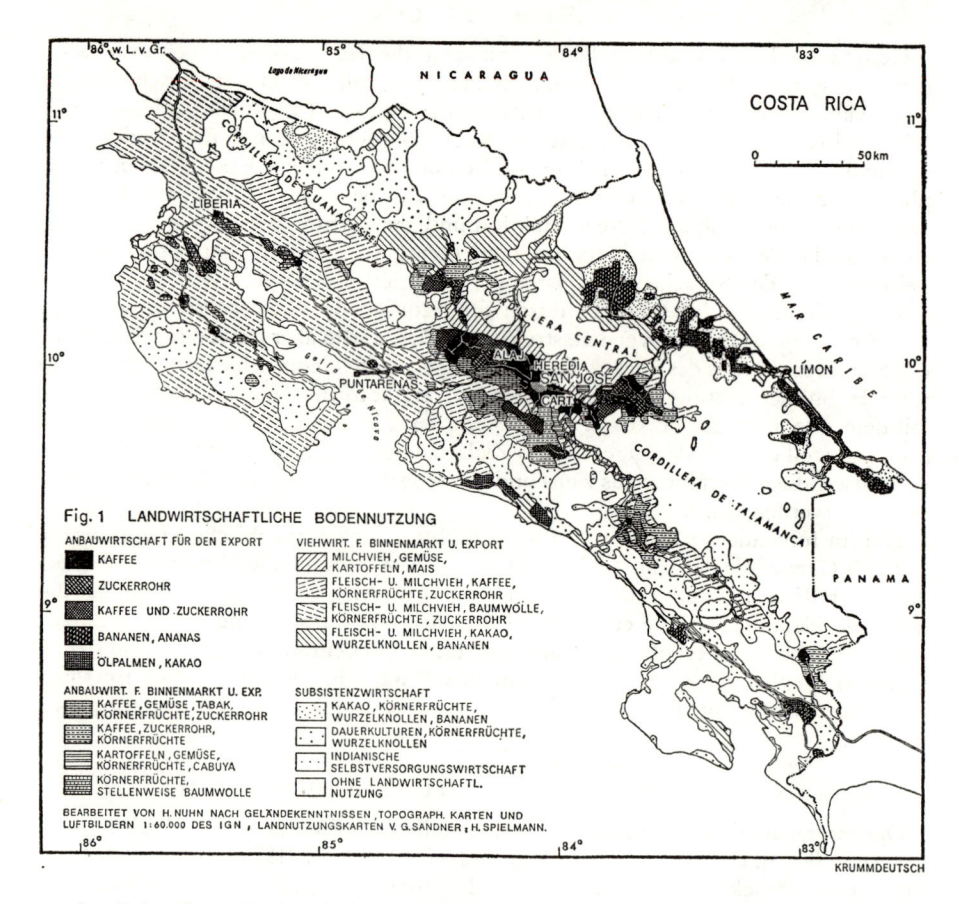

Fig. 1 LANDWIRTSCHAFTLICHE BODENNUTZUNG

verdeutlicht diesen Sachverhalt (vgl. Fig. 1). Die in dunklen Schraffuren wiedergegebenen Gebiete exportorientierter Anbauwirtschaft sind zugleich Räume dichter Verkehrserschließung, hoher Bevölkerungskonzentration, guter sozialer Versorgung und intensiven innovatorischen Wandels. Die helleren Schraffuren kennzeichnen die

Beharrungsräume mit vorwiegender Subsistenzwirtschaft. Gebiete mit überproportionaler Entwicklungsdynamik und Verdichtungsproblemen heben sich von Stagnations- und Entleerungsräumen sowie unerschlossenen Arealen ab. Auch bei einer vergleichenden Betrachtung von Gebietsgröße, Einwohnerzahl, Erschließungsstand und Entwicklungsdynamik der Provinzen treten die Gegensätze hervor (vgl. Fig. 2). Während die bedeutenden Provinzen San José, Alajuela und Heredia neben flächen-

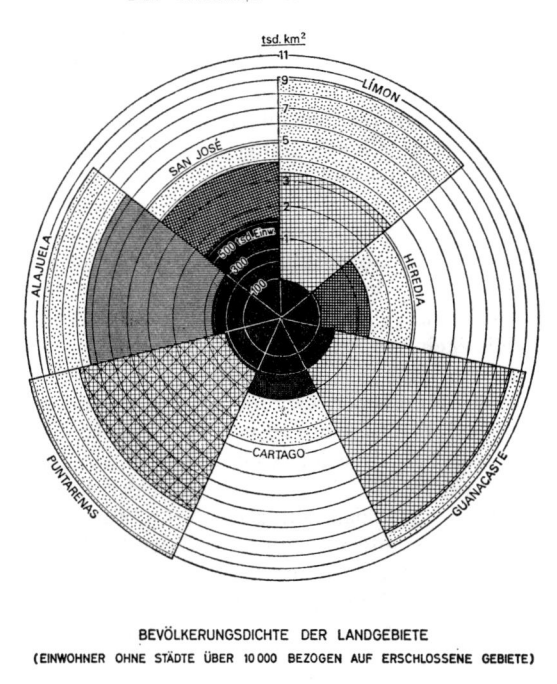

Fig. 2 EINWOHNERZAHL, FLÄCHENGRÖSSE UND ERSCHLIESSUNG
DER PROVINZEN COSTA RICAS 1972

BEVÖLKERUNGSDICHTE DER LANDGEBIETE
(EINWOHNER OHNE STÄDTE ÜBER 10 000 BEZOGEN AUF ERSCHLOSSENE GEBIETE)

UNERSCHLOSSENE GEBIETE   164   62-65   43   26   21 EINW. JE KM²

mäßig kleinen, dicht bevölkerten Kernräumen im Hochland auch ausgedehnte Tieflandgebiete umfassen, bleiben die Provinzen Guanacaste, Puntarenas und Limón ganz auf die weniger erschlossenen Tiefländer beschränkt. Da sich die politischen und wirtschaftlichen Interessen im Hochland konzentrieren,[1] fehlt den Erschließungsgebieten weitgehend die erforderliche Unterstützung, was eine Verstärkung des regional unausgeglichenen Wachstums zur Folge hat.

[1] 1971 lebten 24 % der Einwohner im Bereich der Landeshauptstadt, weitere 20 % im Umland zwischen Cartago im Osten und Naranjo im Westen und insgesamt 61 % im zentralen Hochland. Auch im sozialen Bereich ist die Area Metropolitana mit 64 % der Oberschulen, 60 % der Krankenhausbetten und einer Rate von 8,5 Ärzten pro 1000 Einwohner im Vergleich zu 0,7–1,4 Ärzten in den ländlichen Provinzen überproportional ausgestattet.

Aus diesen Erläuterungen wird deutlich, daß eine räumlich differenzierte Betrachtung der Grundstrukturen, des Entwicklungspotentials und der Probleme durch die Planung unbedingt erforderlich ist. In den bisher vorgelegten nationalen Mehrjahresplänen fehlen diese räumlichen Bezüge, was mit zu den unbefriedigenden Ergebnissen bei der Erreichung der Ziele beigetragen hat. Auch in Costa Rica haben die Entwicklungsplaner erkannt, daß nationale Durchschnittswerte und Globalzahlen wenig beitragen zur Erfassung der sozio-ökonomischen Realitäten und zu einer sinnvollen Weiterentwicklung der Ressourcen. Seit 1970 bemüht man sich aus diesem Grunde verstärkt um eine Regionalisierung der Planung und der Verwaltung.

Regionalplanung setzt räumliche Einheiten voraus, die im Hinblick auf Planungs-, Verwaltungs- und Forschungsaufgaben als Bezugseinheiten angesehen werden können. Planungsregionen in diesem Sinne sind sowohl Leistungsräume als auch Zuständigkeits- und Durchführungsräume. Die allgemeinen Kriterien für ihre Abgrenzung müssen aus den planerischen Zielvorstellungen abgeleitet werden. Im vorliegenden Falle mangelt es an verbindlichen politischen und fachlichen Konzepten von seiten der Regierung. Insbesondere gesellschafts- und wirtschaftspolitische Leitvorstellungen fehlen sowie Entscheidungen darüber, ob eine gleichgewichtige oder ungleichgewichtige Regionalentwicklung, ob Produktivitätsinvestitionen oder Sozialinvestitionen angestrebt werden sollen. Bei der Regionalisierung kann deshalb zunächst nur von allgemeinen Kriterien wie räumliche Strukturierung und funktionale Organisation, Eignung, Tragfähigkeit und Trendverhalten ausgegangen werden.

Unter Raumstrukturen sind in diesem Zusammenhang die standortmäßig fixierten, wenig veränderlichen erdräumlichen Grundeigenschaften des physisch-geographischen und sozio-ökonomischen Bereichs zu verstehen. Sie lassen sich im Rahmen einer geographischen Strukturanalyse mit weitgehend gesicherten kartographischen und statistischen Methoden beschreiben. Die funktionalen Beziehungen werden erfaßt durch die wirtschafts- und sozialräumlichen Verflechtungen, insbesondere durch die zentralörtliche Hierarchie und die Interferenz der Einflußbereiche. Unter Beschränkung auf die Kriterien Struktur und Funktion und ihre Gewichtung im Hinblick auf Eignung und Entwicklungstendenz wurde eine Serie von analytischen Basiskarten und komplexen Raumgliederungen erarbeitet, die eine wichtige Grundlage für die Abgrenzung von Planungsregionen in Costa Rica liefert. Im Rahmen der vorliegenden Kurzdarstellung soll vorrangig auf das Verfahren zur Strukturraumgliederung eingegangen werden.

Eine synthetische Raumgliederung erfolgt in herkömmlicher Weise durch Übereinanderlegen analytischer Karten raumprägender Einzelmerkmale und eine generalisierende Zusammenfassung sich deckender Areale bzw. durch eine Gliederung nach dominanten Merkmalen unter Vernachlässigung der weniger hervortretenden Erscheinungen. Bei einer mathematischen Formalisierung der Karteninformation und einer Anwendung multivariater statistischer Rechenverfahren bieten sich heute auch objektivere Lösungsmöglichkeiten an, mit deren Hilfe große Datenmengen unter Einsatz des Computers verarbeitet werden können.

Für eine Raumklassifizierung im Sinne einer geographischen Typisierung oder einer Regionalisierung hat man in den letzten Jahren mit Erfolg Faktorenanalyse und Distanzgruppierung verwendet. Nach den richtungsweisenden Arbeiten von BERRY sind in diesem Zusammenhang unter den deutschsprachigen Autoren insbesondere STEINER, KILCHENMANN, GEISENBERGER und BÄHR zu nennen. Das Verfahren ermöglicht eine Untergliederung von Räumen auf der Basis einer größeren Zahl von Einzelvariablen, aus denen komplexe Strukturindizes abgeleitet werden, die sich nach ihrer Ähnlichkeit gruppieren lassen. Die wesentlichen Teilschritte sind: Korrelationsanalyse, Faktorenextraktion, Faktorenwertberechnung und Distanzgruppierung.[2]

RÄUMLICHES BEZUGSSYSTEM ZUR INFORMATIONSERFASSUNG

Eine Regionalisierung Costa Ricas unter Verwendung mathematisch-statistischer Verfahren wird erschwert durch die lückenhafte Basisinformation und hat sich insbesondere mit dem Problem einer genauen räumlichen Zuordnung der meist nur sach-

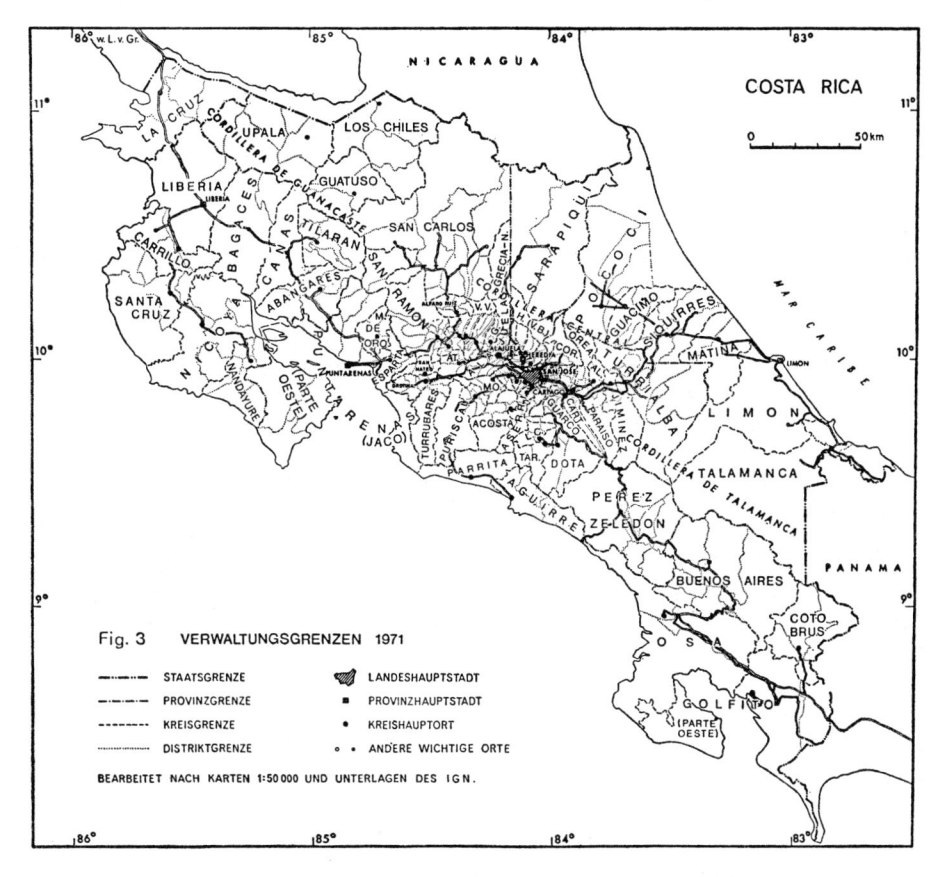

Fig. 3 VERWALTUNGSGRENZEN 1971

— · — · — STAATSGRENZE
— · · — PROVINZGRENZE
- - - - - KREISGRENZE
· · · · · · DISTRIKTGRENZE

▨ LANDESHAUPTSTADT
■ PROVINZHAUPTSTADT
● KREISHAUPTORT
∘ · ANDERE WICHTIGE ORTE

BEARBEITET NACH KARTEN 1:50 000 UND UNTERLAGEN DES IGN.

lich und zeitlich eindeutig fixierten Statistiken zu beschäftigen. Die räumliche Basis für Datenerhebung, Planung und Verwaltung bildet in Costa Rica wie in den meisten Ländern die politische Territorialgliederung (vgl. Fig. 3). Diese in ihren Grundlagen

---

[2] Das mathematische Verfahren der Faktorenanalyse und seine Problematik wird in umfangreichen deutschsprachigen Darstellungen von PAWLIK und UEBERLA näher erläutert. Im vorliegenden Falle fand die Hauptachsenmethode mit Varimax-Rotation Anwendung. Auf eine Diskussion methodischer Einzelfragen muß in diesem Zusammenhang verzichtet werden.

auf das vorige Jahrhundert zurückgehende Gebietseinteilung entspricht weitgehend nicht mehr der gegenwärtigen wirtschaftlichen, sozialen und verkehrsmäßigen Situation.[3] Da mit einer Verbesserung des Gesamtsystems aus politischen Gründen nach fehlgeschlagenen Versuchen kaum zu rechnen ist, empfiehlt sich die Einführung eines ergänzenden Konzepts, das als objektive räumliche Bezugbasis und offizielle Grundlage für die Datenerhebung und -verarbeitung neben der administrativen Gebietsgliederung Verwendung finden kann.

Ein solches Bezugssystem sollte folgende wichtige Anforderungen erfüllen[4]:
1. Es muß das gesamte Staatsgebiet gleichmäßig und kontinuierlich erfassen, unabhängig von politisch-historischen und topographisch-geographischen Erscheinungen und zeitlichen Veränderungen.
2. Es muß neutrale, gleichgroße und gleichförmige Grundflächen haben, die einfach und eindeutig zu lokalisieren sind und direkte Vergleiche untereinander ermöglichen.
3. Die einheitlichen Grundflächen müssen regelmäßig teilbar sein, damit die Bezugsfläche dem Genauigkeitsgrad der Basisinformation angepaßt werden kann und je nach Problemstellung und Maßstab der Untersuchung beliebige Zusammenfassungen, Abgrenzungen und Gliederungen möglich sind.
4. Eine Verwendung elektronischer Datenverarbeitung sollte für die Aufnahme, Speicherung, Berechnung und Ausgabe der Information mit Hilfe von Schnelldrucker und Zeichenmaschine gewährleistet sein.

Diese Voraussetzungen werden weitgehend von genormten geometrischen Informationsrastern mit eindeutig definierten räumlichen Einheiten erfüllt. Insbesondere Planquadrate wurden mit Erfolg als Bezugsbasis für Raumanalysen verwendet; sie erlauben eine schnelle Flächen- und Entfernungsorientierung und liefern für metrisch skalierte Merkmale eine unmittelbare Aussage über Dichtewerte.

Gestützt auf die vorliegenden Erfahrungen wurde für Costa Rica ein flexibles räumliches Bezugssystem entwickelt und im Rahmen einer Strukturraumgliederung erprobt[5]. Als Basislinien für den Informationsraster fanden der 84. westliche Längengrad und der 10. nördliche Breitengrad Verwendung, die bei der gewählten Kartengrundlage als Geraden abgebildet werden. Ihr Schnittpunkt liegt im Hochland nordöstlich der Hauptstadt San José. Ausgehend von diesem Zentrum wurden Quadrate von 10 km Seitenlänge konstruiert, die das gesamte Staatsgebiet als Quadratgitternetz überziehen (vgl. Fig. 4). Die Großquadrate mit einer Fläche von 100 qkm werden in Mittelquadrate von 5 km und, soweit erforderlich, in kleinere Einheiten unterteilt, die

---

[3] Statistiken, die Mittelwerte für räumlich unzusammenhängende, unterschiedlich strukturierte Gebiete darstellen (vgl. Provinz und Cantón Puntarenas u. a., Fig. 3), können nicht als repräsentativ angesehen werden und verleiten bei unkritischer Auswertung zu Fehlinterpretationen.

[4] Vergleiche hierzu die Diskussion über die Notwendigkeit und Leistungsfähigkeit eines räumlich orientierten Datensystems, insbesondere HÄGERSTRAND (1955, 1971), MATTI (1966) und STAACK (1966) sowie die Veröffentlichungen der Akademie für Raumforschung und Landesplanung — Forschungs- und Sitzungsberichte Bd. 42, 1968 und die Überblicksdarstellung von DHEUS (1972).

[5] Ähnliche Systeme haben u. a. beim Aufbau zentraler Datenbanken in Schweden und in der Schweiz Anwendung gefunden. In Deutschland wurden, basierend auf den Gauss-Krüger Koordinaten der amtlichen großmaßstäbigen Kartenwerke, bisher nur für räumlich begrenzte Untersuchungen im Stadtbereich vergleichbare Verfahren mit Erfolg angewendet; insbesondere für die Berechnung von Koeffizienten zur Typisierung und Abgrenzung von Gebieten ähnlicher Struktur und ähnlicher Entwicklung.

je nach Ausrichtung und Genauigkeitsgrad der Untersuchung als räumliche Bezugsbasis dienen können.

Für die Benennung der Planquadrate erwies sich ein vereinfachtes Kennziffernsystem praktikabler als die jeweilige Koordinatenbezeichnung der Eckpunkte. Das südwestlich des Nullpunktes gelegene Feld mit der Hauptstadt San José wurde als Mittelpunkt gewählt, weil das wirtschaftliche und politische Leben des Landes einseitig auf diese Großstadt zentriert ist. Bei der vierstelligen Kennzahl zeigen die ersten beiden Ziffern die Zeile an, sie bleiben mithin für alle von Ost nach West aufeinanderfolgen-

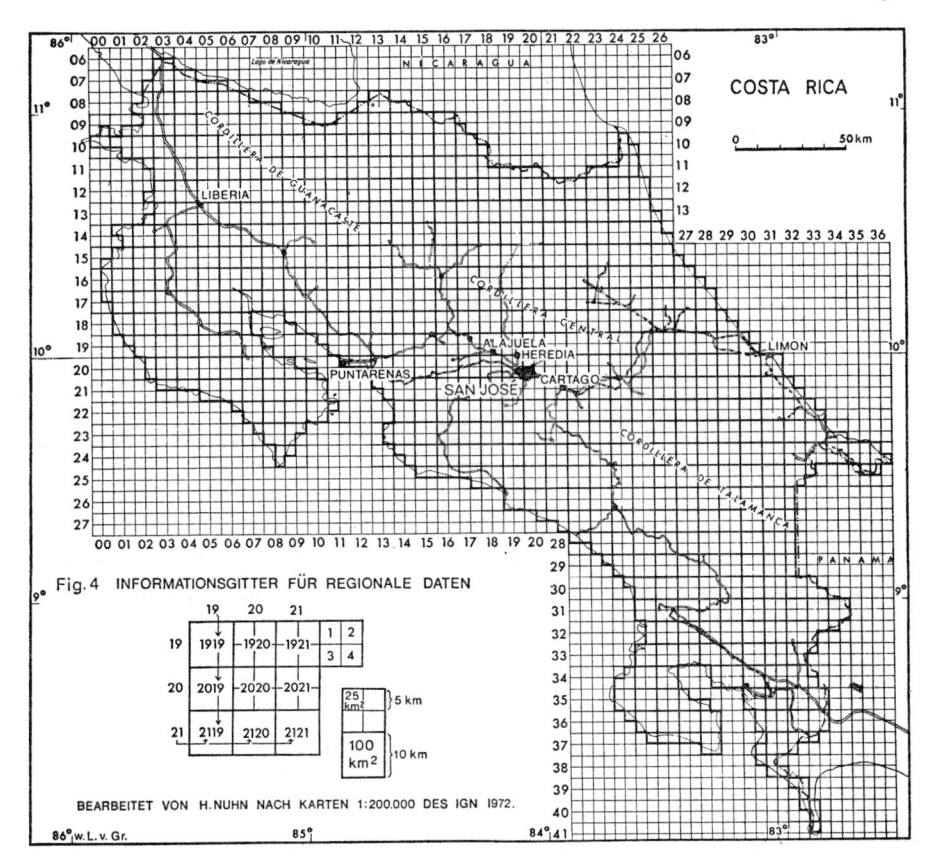

Fig. 4 INFORMATIONSGITTER FÜR REGIONALE DATEN

BEARBEITET VON H. NUHN NACH KARTEN 1:200.000 DES IGN 1972.

den Quadrate gleich, während die beiden letzten Ziffern die Zuordnung zu einer Spalte angeben, also von Nord nach Süd gelesen, gleichbleiben[6]. Die mittelgroßen Quadrate erhalten neben der Kennziffer des Großquadrates eine Zusatzzahl von 1—4 (vgl. Fig. 4).

[6] Die Zahlenkombination des Mittelpunktquadrates 2020 wurde so gewählt, daß die Spaltenkennziffern nach Westen hin kontinuierlich abnehmen (von 20—0) und nach Osten hin ansteigen (von 21—36), während die Zeilenkennziffern nach Norden hin abnehmen und nach Süden hin ansteigen. Durch dieses System läßt sich die Lage eines jeden Quadrates nach Himmelsrichtung und Entfernung zur Landeshauptstadt unmittelbar erkennen.

STATISTISCHES VERFAHREN ZUR STRUKTURRAUMGLIEDERUNG

Im folgenden sollen Verfahrensweise und Ergebnisstruktur der Raumklassifizierung auf Quadratrasterbasis an einem einfachen Beispiel physisch-geographischer Merkmale kurz erläutert werden, ohne dabei auf inhaltliche Aussagen im einzelnen einzugehen[7]. Im agrarischen Entwicklungsland Costa Rica mit seinen extremen tropischen Bedingungen kommt den naturgeographischen Faktoren bei der Ausprägung der großräumigen Differenzierung und der starken inneren Kammerung besondere

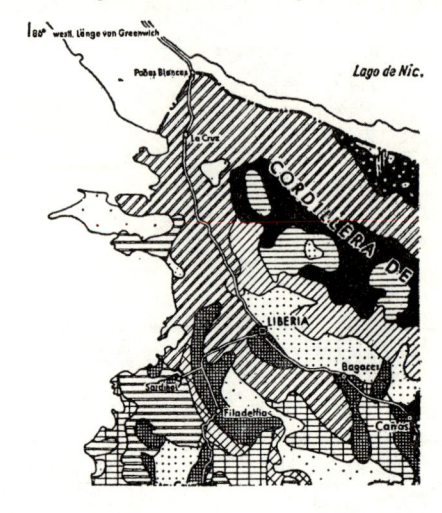

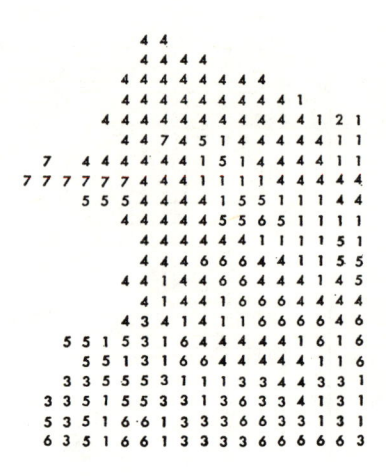

```
                                    4 4
                                  4 4 4 4
                              4 4 4 4 4 4 4
                            4 4 4 4 4 4 4 4 1
                          4 4 4 4 4 4 4 4 4 4 1 2 1
                          4 4 7 4 5 1 4 4 4 4 4 1 1
          7   4 4 4 4 4 4 4 1 5 1 4 4 4 4 1 1
          7 7 7 7 7 7 4 4 4 1 1 1 1 4 4 4 4
                    5 5 5 4 4 4 4 1 5 5 1 1 1 4 4
                      4 4 4 4 4 5 5 6 5 1 1 1 1
                      4 4 4 4 4 4 1 1 1 1 5 1
                      4 4 6 6 6 4 4 1 1 5 5
                      4 4 1 4 6 6 4 4 4 1 4 5
                        4 1 4 4 1 6 6 6 4 4 4
                        4 3 4 1 4 1 1 6 6 6 6 4 6
                    5 5 1 5 3 1 6 4 4 4 4 4 1 6 1 6
                    5 5 1 3 1 6 6 4 4 4 4 4 1 1 6
                    3 3 5 5 5 3 1 1 1 3 3 4 4 3 3 1
                  3 3 5 1 5 5 3 3 1 3 6 3 3 4 1 3 1
                  5 3 5 1 6 6 1 3 3 3 6 6 3 3 1 3 1
                  6 3 5 1 6 6 1 3 3 3 3 6 6 6 6 6 3
```

Fig. 5 AUSSCHNITT AUS DER KARTE POTENTIELLE AGRARNUTZUNG
  <u>Intensive Nutzung:</u>
  Ein- und mehrjährige Kulturen,
  Vieh- und Forstwirtschaft (Ia,b,c)
  Dauerkulturen, Vieh-u.Forstwirtschaft
  <u>Extensive Nutzung:</u>
  Ein- und mehrjährige Kulturen,
  Vieh- und Forstwirtschaft (IIg)
  Einjähr.Kulturen,Vieh-u.Forstw.(IIh)
  Dauerkulturen,Vieh-u.Forstw.(IIi,IIk)
  Dauerkulturen u.Forstwirtsch.(IIo,p)
  Forstliche Nutzung (IIIr,s)
  Nicht nutzbar (IV)

AUSSCHNITT AUS DEM KODIERUNGSBLATT DER VARIABLEN POTENTIELLE AGRARNUTZUNG
Kode   Mögliche Landnutzung
  <u>Intensive Nutzung:</u>
1   Ein-u.mehrjähr.Kulturen,
    Vieh-u.Forstwirtschaft
2   Dauerkulturen,Vieh-u.Forstwirtsch.
  <u>Extensive Nutzung:</u>
3   Ein-u.mehrjährige Kulturen,
    Vieh-u.Forstwirtschaft
4   Dauerkulturen,Vieh-u.Forstwirtsch.
5   Dauerkulturen u.Forstwirtschaft
6   Forstwirtschaft
7   <u>Nicht land-u.forstw.nutzbar</u>

Bedeutung zu, worauf bereits einleitend hingewiesen wurde. Im Rahmen einer Regionalisierung für die Entwicklungsplanung müssen die unterschiedlichen naturräumlichen Gegebenheiten deshalb Berücksichtigung finden und neben den sozial- und wirtschaftsräumlichen Strukturen analysiert und gewichtet werden. Aus der Fülle der in diesem Zusammenhang interessierenden Einzelmerkmale steht wegen der eingeschränkten Materiallage für Costa Rica nur ein begrenzter Teil zur Verfügung. Bei der Auswahl der Variablen wurden Schwerpunkte im Bereich von Oberflächen- und Bodengestalt sowie Klima- und Vegetationsausprägung gebildet.

---

[7] Die Programme wurden im Rechenzentrum der Universität Hamburg auf dem System TR 440 bearbeitet. Dem Beratungsstab wird für die vielfältige Unterstützung gedankt.

Im einzelnen konnten folgende Karten erstellt und ausgewertet werden: Geologie, Relieftypen, Bodenklassen, thermische Höhenstufen, Intensität der Jahresniederschläge, Anzahl der humiden und ariden Monate, ökologische Vegetationszonen und natütliches Agrarpotential.

1. Für die Verrechnung muß die kartographisch fixierte Primärinformation auf der Basis des Quadratrasters in Zahlen verschlüsselt und als Zeile bzw. Spalte eienr Tabellenmatrix lagekonform gespeichert werdeu (vgl. Fig. 5). Hierbei können absolute reale Meßwerte (Niederscḷagshöhe, Straßenlänge, Bevölkerungszahl) und mit

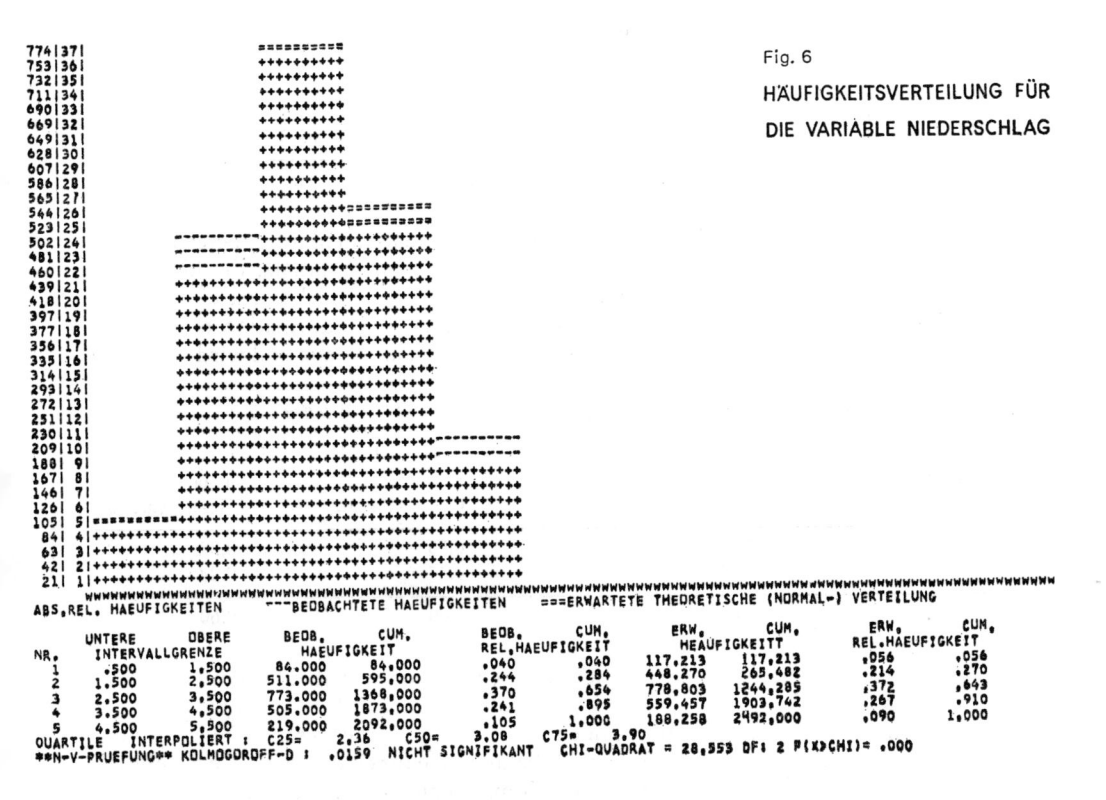

Fig. 6
HÄUFIGKEITSVERTEILUNG FÜR
DIE VARIABLE NIEDERSCHLAG

NR.	UNTERE INTERVALLGRENZE	OBERE	BEOB. HAEUFIGKEIT	CUM.	BEOB. REL.HAEUFIGKEIT	CUM.	ERW. HAEUFIGKEITT	CUM.	ERW. REL.HAEUFIGKEIT	CUM.
1	.500	1.500	84.000	84.000	.040	.040	117.213	117.213	.056	.056
2	1.500	2.500	511.000	595.000	.244	.284	448.270	265.482	.214	.270
3	2.500	3.500	773.000	1368.000	.370	.654	778.803	1244.285	.372	.643
4	3.500	4.500	505.000	1873.000	.241	.895	559.457	1903.742	.267	.910
5	4.500	5.500	219.000	2092.000	.105	1.000	188.258	2492.000	.090	1.000

QUARTILE INTERPOLIERT : C25= 2.36 C50= 3.08 C75= 3.90
N-V-PRUEFUNG KOLMOGOROFF-D : .0159 NICHT SIGNIFIKANT CHI-QUADRAT = 28.553 DF: 2 P(X>CHI)= .000

Einschränkung auch Nominalklassen qualitativer Merkmale (Bodengüte, Relieftyp, Landnutzung) verarbeitet werden, sofern sie binär oder rangkodiert sind. Im vorliegenden Falle wurden diejenigen Variablen, die nur in der Form von qualitativen Gegenstandsklassen skaliert waren, im Hinblick auf ihre Eignung für die Landesentwicklung gewichtet und in eine Rangordnung gebracht.

2. Nach der Auswahl der Variablen und ihrer Kodierung für die Computerverarbeitung erfolgt zunächst eine Prüfung der statistischen Struktur der Rohdaten (vgl. Fig. 6). Ergeben sich hierbei Abweichungen von den Prämissen des verwendeten mathematischen Modells, besteht die Möglichkeit einer Transformation der Daten zur Erreichung einer besseren Vergleichbarkeit und Anpassung an die geforderten Voraussetzungen.

3. In einem weiteren Schritt wird die Beziehung der Variablen untereinander durch ein geeignetes Korrelationsverfahren aufgedeckt und die Signifikanz der Koeffizienten getestet. Danach ist es möglich, Variablen, die nichts zur Erklärung des Problems beitragen, auszuscheiden bzw. durch andere zu ergänzen. Im vorliegenden Fall wurde mit 6 von 8 rangkorrelierten Variablen weitergearbeitet (vgl. Tab. 1a).

Tab. 1a: *Korrelationsmatrix der 6 rangkodierten physisch-geographischen Variablen für die Faktorenlösung*

Relieftypen	1	1					
Bodenklassen	2	0.51	1				
Höhenstufen	3	0.50	0.29	1			
Niederschläge	4	0.27	0.18	0.22	1		
Trockenzeit	5	—0.12	—0.10	—0.13	—0.74	1	
Vegetation	6	0.46	0.28	0.58	0.62	—0.61	1
Variable	Nr.	1	2	3	4	5	6

4. Basierend auf der Korrelationsmatrix werden sogenannte Faktoren berechnet, die komplexe Strukturmaße darstellen und die gemeinsame Varianz, die hinter den Ausgangsvariablen steht, erfassen. Für das bearbeitete Beispiel wurde eine rotierte Zweifaktorenlösung ausgewählt, die 60 % der Ausgangsinformation erfaßt (vgl. Tab. 1b). Faktor I erklärt 53 % der extrahierten Gesamtvarianz und wird durch die

Tab. 1b: *Kennzahlen der ersten 2 physisch-geographischen Faktoren nach der Rotation*

Faktor	Eigenwert	Erklärte Varianz	
		Extrahierte Gesamtvarianz	Totale Gesamtvarianz
I	1.92	0.53	0.32
II	1.67	0.47	0.28
Insges.	3.60	1.00	0.60

Merkmale Niederschlag und Trockenzeit hoch geladen bei zusätzlichem Hervortreten der Vegetation, die ja insbesondere vom Wasserhaushalt abhängt. Faktor II wird markiert durch Relief und Boden sowie durch die thermische Höhenstufung. Bezogen auf die Klimavariablen umfaßt Faktor I die für eine horizontale Raumgliederung in den Tropen herangezogenen Komponenten und Faktor II die Merkmale für eine vertikale Gliederung.

Tab. 1c: *Ladungsmatrix der ersten 2 physisch-geographischen Faktoren nach der Rotation*

Variablen	Nr.	Faktor I	Faktor II
Relieftypen	1	0.13	—0.73
Bodenklassen	2	0.05	—0.61
Höhenstufen	3	0.17	—0.69
Niederschläge	4	0.84	—0.18
Trockenzeit	5	—0.87	0.03
Vegetation	6	0.64	—0.52

5. Nach der Prüfung der verschiedenen Faktorenlösungen wird auf der Grundlage der ausgewählten Ladungsmatrix, der Mittelwerte und Streuung sowie dem ursprünglichen Variablensatz für jedes der verwendeten Rasterquadrate eine Strukturmaßzahl berechnet und, soweit keine Weiterverarbeitung zu einer Isolinienkarte mit dem Plotter vorgesehen ist, entsprechend der ursprünglichen Datenmatrix direkt vom Schnelldrucker in Raumlage ausgegeben. Die hierbei anfallenden Teilblätter lassen sich leicht zum vollständigen Gitter zusammenkleben und photomechanisch auf den gewünschten Maßstab reduzieren (Fig. 7)[8]. Hierdurch entfällt die

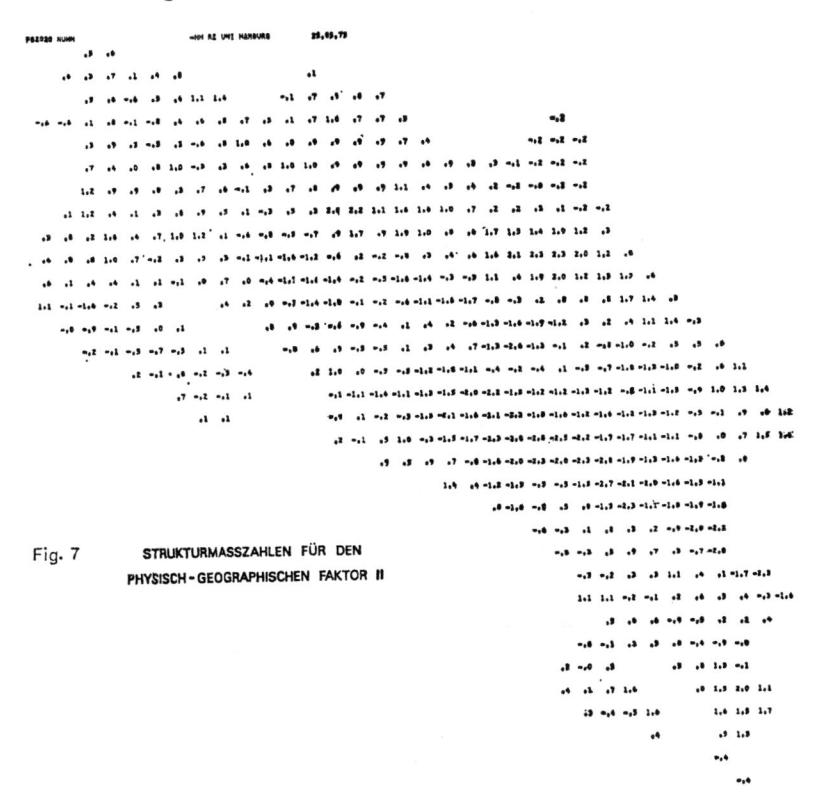

Fig. 7 STRUKTURMASSZAHLEN FÜR DEN PHYSISCH-GEOGRAPHISCHEN FAKTOR II

zeitraubende manuelle Übertragung der Daten auf das räumliche Bezugssystem, und es ergibt sich eine direkte Auswertungsmöglichkeit für eine weitere kartographische Umsetzung.

6. Anschließend werden die auf das Großgitter bezogenen Faktorenwerte schrittweise im Distanzgruppierungsverfahren zu strukturverwandten Klassen zufammengefaßt. Einblick in Art und Umfang der Gruppierung vermittelt der Aufspaltungsstammbaum (Fig. 8). Daneben werden zur besseren Erfassung der räumlichen Zusammenhänge die Ergebnisse der relevanten Gruppierungsschritte wieder direkt lagekonform vom Computer ausgedruckt (vgl. Fig. 9). Eine vergleichende Be-

---

[8] Im vorliegenden Fall handelt es sich bei 2092 Grundeinheiten des 25 qkm Rasters um 10 und bei 505 Großquadraten des 100 qkm Rasters um 4 Teilblätter (vgl. Fig. 7).

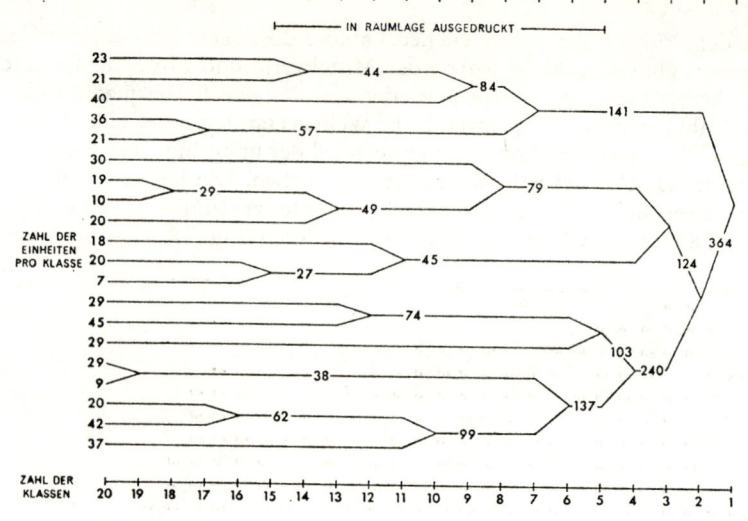

Fig. 8 AUFSPALTUNGSSTAMMBAUM DER DISTANZGRUPPIERUNG FÜR DIE PHYSISCH-GEOGRAPHISCHEN STRUKTURMASS ZAHLEN AUF DER BASIS DER FAKTOREN I UND II (LETZTE 20 SCHRITTE).

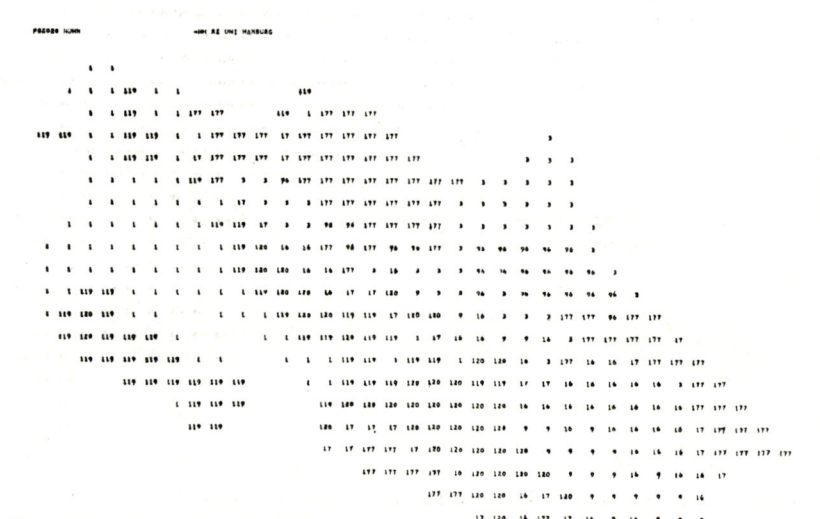

Fig. 9 KLASSIFIZIERUNG DER PHYSISCH-GEOGRAPHISCHEN STRUKTURMASSZAHLEN FÜR DIE FAKTOREN I UND II
496. DISTANZGRUPPIERUNGSSCHRITT

trachtung der Ergebnisse erlaubt eine Auswahl der jeweils geeigneten Raumgliederung (vgl. Fig. 10a—d) und kann ohne erneute Umorganisation für eine generalisierte Kartendarstellung ausgewertet werden.

Mit dem geschilderten Verfahren lassen sich je nach Ausrichtung und Maßstab der Untersuchung durch einen Austausch der Variablensätze in kürzester Zeit gleichartig bzw. ähnlich strukturierte Raumeinheiten ausgliedern. Im Rahmen der Regionalisierungsarbeit wurden weitere Schwerpunkte in den Bereichen Verkehr, Agrarwirtschaft und Bevölkerung gelegt und auch eine gemeinsame Verarbeitung aller Variablen vorgenommen[9].

WEITERVERARBEITUNG DER ERGEBNISSE UND AUSBLICK

Neben der strukturräumlichen Analyse kommt der Erfassung des funktionalen Beziehungsgefüges für eine geplante Raumentwicklung besondere Bedeutung zu. Hier-

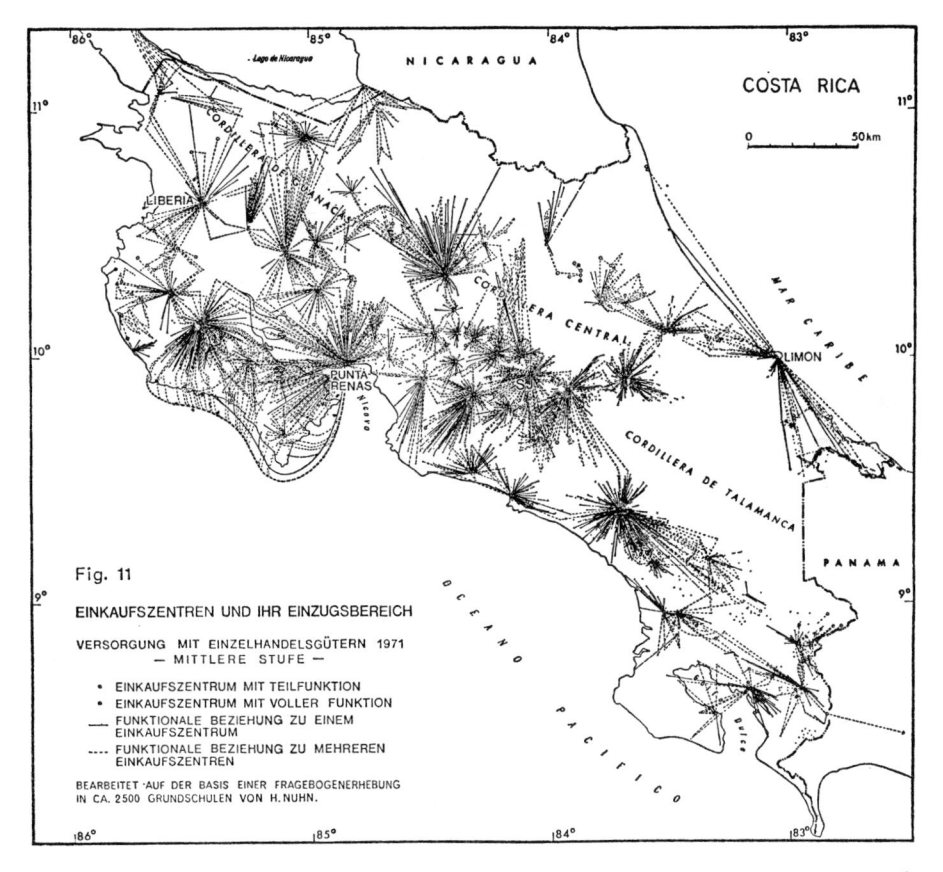

Fig. 11

EINKAUFSZENTREN UND IHR EINZUGSBEREICH

VERSORGUNG MIT EINZELHANDELSGÜTERN 1971
— MITTLERE STUFE —

• EINKAUFSZENTRUM MIT TEILFUNKTION
• EINKAUFSZENTRUM MIT VOLLER FUNKTION
— FUNKTIONALE BEZIEHUNG ZU EINEM EINKAUFSZENTRUM
---- FUNKTIONALE BEZIEHUNG ZU MEHREREN EINKAUFSZENTREN

BEARBEITET AUF DER BASIS EINER FRAGEBOGENERHEBUNG IN CA. 2500 GRUNDSCHULEN VON H. NUHN.

[9] Die gefundenen Raumgliederungen besitzen Gültigkeit im Rahmen der Voraussetzungen des Verfahrens und dürfen darüber hinaus nicht verabsolutiert werden. Die Ergebnisse bestätigen einen Teil der vermuteten Grenzlinien und brachten neue Erkenntnisse, insbesondere dort, wo die komplexen Zusammenhänge nicht klar überschaubar waren.

bei konzentriert sich das Interesse auf das System der hierarchisch gestaffelten Zentralorte und ihre Einzugsbereiche sowie die Wechselbeziehungen und Verflechtungen der verschieden strukturierten Räume untereinander. Zur Messung dieser Zusammenhänge sind in den hochentwickelten Ländern detaillierte Methoden erarbeitet worden, die auf Material basieren, das in den jungen Staaten der Dritten Welt meist nicht zur Verfügung steht. Im vorliegenden Falle wurde deshalb eine Fragebogenak-

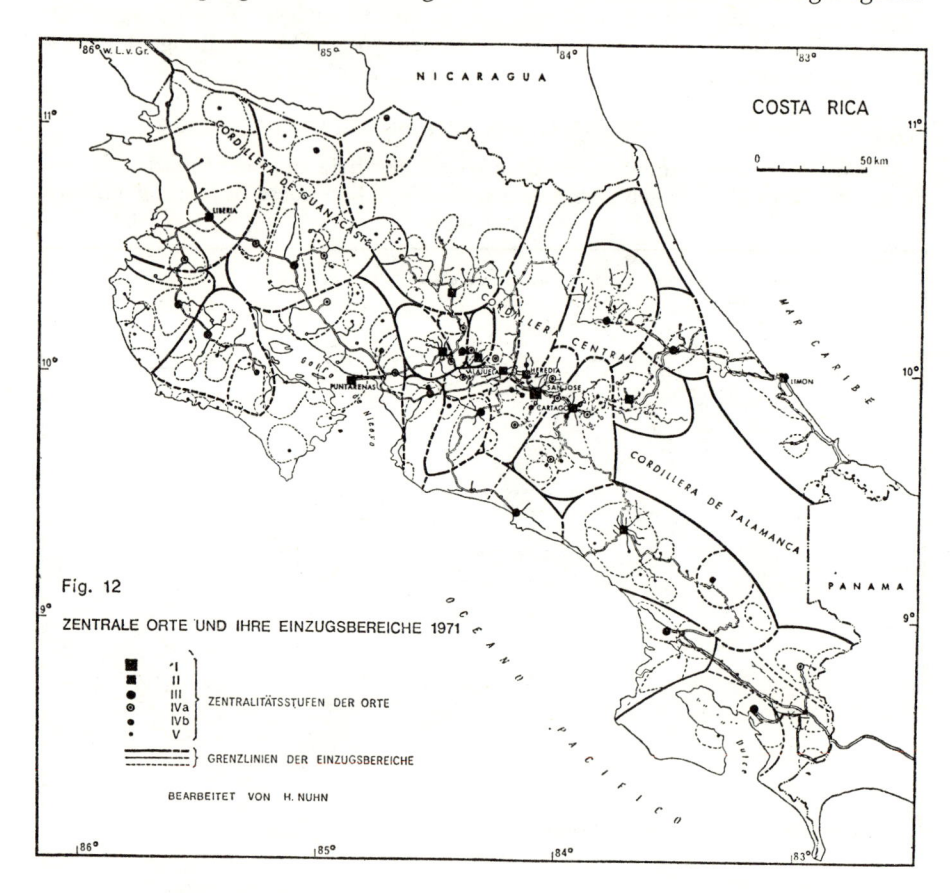

Fig. 12
ZENTRALE ORTE UND IHRE EINZUGSBEREICHE 1971

ZENTRALITÄTSSTUFEN DER ORTE: I, II, III, IVa, IVb, V
GRENZLINIEN DER EINZUGSBEREICHE
BEARBEITET VON H. NUHN

tion im ganzen Lande durchgeführt, die gute Unterlagen zur Ausstattung der Mittelpunktorte mit zentralen Einrichtungen und zur Abgrenzung der Einzugsbereiche zentraler Orte erbrachte.[10] Zwei Karten sollen einen Einblick in die noch nicht abgeschlossenen Auswertungen geben. Fig. 11 zeigt die Versorgungsbereiche für Einzelhandelsgüter des periodischen Bedarfs, und Fig. 12 bietet neben den Einzugsberei-

[10] Es handelt sich um ca. 2500 Erhebungsbögen mit je 10 Fragen zur Abgrenzung der Versorgungsbereiche, die von den Leitern der Grundschulen ausgefüllt wurden, und um ca. 200 Fragebögen zur Ausstattung zentraler Orte, die von den Kommunalbehörden auf der Grundlage der Gewerbesteuerkartei bearbeitet wurden.

chen der unteren, mittleren und oberen Stufe eine Klassifizierung der Orte nach dem Grad ihrer Ausstattung mit zentralen Einrichtungen.

Basierend auf den Ergebnissen der Strukturraumgliederung und der funktionalräumlichen Analyse lassen sich unter Berücksichtung der politischen und administrativen Aspekte komplexe Großräume ausgliedern, die in sich relativ homogen sind und von einem übergeordneten Versorgungszentrum bedient werden. Unter Einbeziehung zusätzlicher Kriterien wie Ausbau der Verkehrsverhältnisse, Dynamik des Bevölkerungswachstums und der inneren Kolonisation sowie Tragfähigkeitsberechnungen lassen sich Regionsgrenzen ableiten, die bei gebührender Berücksichtigung entwicklungspolitischer Momente auch den zukünftigen Erfordernissen stärker Rechnung tragen. Die nach diesen Gesichtspunkten abgegrenzten komplexen Planungsregionen[11] bieten günstigere Voraussetzungen als räumliche Bezugsbasis für Entwicklungsplanung und Verwaltung als die historisch überlieferten, weder der gegenwärtigen noch der zukünftigen Situation angepaßten administrativen Einheiten der Provinzen.

Abschließend muß die Frage nach der Bedeutung der entwickelten Verfahren für die Regionalplanung in Costa Rica im speziellen und die Weiterentwicklung der Geographie im Hinblick auf eine Anwendung der Ergebnisse im allgemeinen gestellt werden.

1. Es dürfte einsichtig geworden sein, daß durch die Koppelung von systematischer Informationserfassung, Speicherung und Verarbeitung durch aufeinander abgestimmte Standardprogramme der Entwicklungsplanung ein schnell arbeitendes und vielfältig einsetzbares Instrument bereitgestellt wird, das eine sachgerechte Einbeziehung der räumlichen Komponente in die Planung ermöglicht. Hieraus läßt sich die Anregung ableiten, daß die Geographie sich beim Einsatz des Computers nicht nur für Rechenprozeduren interessieren sollte, sondern auch für die vielfältigen Möglichkeiten der Informationserfassung, Aufbereitung, Speicherung und Ausgabe.

2. Bei einer Beurteilung der Ergebnisse vorliegender Arbeit darf nicht übersehen werden, daß ein hoher technischer und zeitlicher Aufwand zur Kodierung, Lochung, Datenkorrektur und Programmaustestung erforderlich ist. Es muß nachdrücklich darauf hingewiesen werden, daß sich erhebliche neue Probleme bei der Anwendung von Verfahren ergeben, die vorher nur mit einer kleinen Zahl von Fällen getestet wurden.[12] Arbeitsweisen, die im spielerischen Experiment des Wissenschaftlers brauchbare Ergebnisse liefern, scheitern häufig bei der Anwendung in der Praxis und müssen neu durchdacht und verändert werden. Daraus erwächst die Forderung an den Geographen, sich stärker für die Operationalisierung und Verwertbarkeit seiner Verfahren in der Praxis einzusetzen.

3. Offen bleibt die Frage nach der Nutzung der teilweise im Gastland und teilweise in Deutschland erarbeiteten konkreten Ergebnisse der Regionalisierungsarbeit durch die verantwortlichen Planer in Costa Rica. Hierbei wirken sich der fehlende direkte Kontakt, die nur zeitweise vollzogene Integration in die Institution sowie die man-

---

[11] Auch nach einer Ratifizierung durch die zuständigen politischen Gremien besitzen die Regionsgrenzen nur mittelfristige Gültigkeit und müssen im Abstand mehrerer Jahre überprüft und den veränderten Entwicklungsprozessen angepaßt werden. Auf der Basis der Regionalisierung ist ein Planungsmodell zu entwickeln, das durch ein System konkreter Teilziele aufgefüllt wird und Ausbauorte, Förderungsgebiete und Reserven für Erholung und Naturschutz enthält.

[12] Limitierende Faktoren stellen u. a. Speicherkapazität und Belastbarkeit der Rechenanlage dar.

gelnde Kontinuität und allgemeine Instabilität wie in den meisten Ländern der Dritten Welt negativ aus. Es läßt sich daraus die Forderung ableiten, daß die Geographie, soweit sie an einer Anwendung ihrer Ergebnisse interessiert ist, stärker in die Praxis hineinwirken muß, stärker organisatorische Belange zu berücksichtigen hat und sich voll den Problemen und Fragestellungen der Planer öffnen sollte.

Literatur

I Regionale und allgemeine Beiträge

BOBEK, H.: Entwicklung der Geographie — Kontinuität oder Umbruch. Mitt. d. Österr. Geogr. Ges., 114 (1972), S. 3—18.
CEPAL: La planificación en América Latina. Boletín Económico de América Latina, 7 (1967), S. 109—130.
Dirección General de Estadística y Censos: El Area Metropolitana de San José segun los Censos de 1963 y 1964. San José 1967.
HOTTES, K. H.: Planungsräume, ihr Wesen und ihre Abgrenzungen. Veröff. d. Akad. f. Raumforschung und Landesplanung, Forschungs- und Sitzungsberichte, 77 (1971), S. 1—17.
KALNINS, A.: Reorganización administrativa y financiera del régimen municipal de Costa Rica. San José 1969.
LAUER, W.: Naturgeschehen und Kulturlandschaft in den Tropen — Beispiel Zentralamerika. Tübinger Geographische Schriften, 34 (1970), S. 83—105.
NUHN, H. und S. PÉREZ R.: Estudio geográfico regional de la Zona Atlántico Norte de Costa Rica. San José 1967.
— Landesaufnahme und Entwicklungsplanung im Karibischen Tiefland Zentralamerikas. Erdkunde, 23 (1969), S. 142—154.
— Costa Rica. Meyers Kontinente und Meere, Bd. Mittel- und Südamerika. Stuttgart 1969, S. 153—158.
— Costa Rica (Monograph and land use map). World Atlas of Agriculture, Plate 47, und Vol. 3, Novara 1970, S. 209—220.
OFIPLAN: Plan de desarrollo económico y social de Costa Rica 1965—1968. Tomo I, II. San José 1966.
— Previsiones del desarrollo económico y social 1969—1972 y planes del sector público. Tomo I, II. San José 1970.
OTREMBA, E.: Struktur und Funktion im Wirtschaftsraum. Berichte z. dt. Landeskunde, 23 (1959), S. 15—28.
RULL SABATER, A.: La planificación económica y social en Centroamérica. Madrid 1972.
SANDNER, G.: Aufbau, Arbeitsmethoden und Aufgaben der Zentralstelle für Angewandte Geographie am Instituto de Tierras y Colonización in Costa Rica. Nürnberger Wirtschafts- und Sozialgeographische Arbeiten, 5 (1966), S. 65—76.
SANDNER, G. und H. NUHN: Das nördliche Tiefland von Costa Rica; Geographische Regionalanalyse als Grundlage für die Entwicklungsplanung. Berlin 1971.
SANDT, B.: Kriterien der Entwicklungsplanung in Lateinamerika. Arbeitsberichte des Ibero-Amerika-Instituts für Wirtschaftsforschung an der Universität Göttingen, 7 (1969).
STEGER, H. A.: Stand und Tendenzen der gegenwartsbezogenen Lateinamerikaforschung in der BRD. ADLAF-Informationsdienst, 8 (1973), S. 5—40.
SPIELMANN, H. O.: Viehwirtschaft in Costa Rica; Struktur, Entwicklung und Stellung der Rinderhaltung in einem tropischen Entwicklungsland. Diss. Hamburg 1969.
TROLL, C.: Die Geographische Strukturanalyse in ihrer Bedeutung für die Entwicklungshilfe. Basler Beiträge zur Geographie und Ethnologie, Geogr. Reihe, 5 (1963), S. 25—51.
WIRTH, E.: Über die Bedeutung von Geographie und Landeskenntnis bei der Vorbereitung wirtschaftlicher Entscheidungen und bei langfristigen Planungen in Entwicklungsländern. Nürnberger Wirtschafts- und Sozialgeographische Arbeiten, 5 (1966), S. 77—83.

II Informationsraster

DHEUS, E.: Geographische Bezugssysteme für regionale Daten. Stuttgart 1970.
JÜNGST, P. und H. SCHULZE-GÖBEL: Raumdimensionierung statistischer Daten als sozialgeographisches Problem. Rundbrief, Institut für Landeskunde, 5 (1972), S. 1—7.
KILCHENMANN, A.: Möglichkeiten der geographischen Datenerfassung in EDV-Informationssystemen. Geographica Helvetica (1972), S. 25—30.
MATTI, W.: Raumanalyse des Hamburger Stadtgebietes mit Hilfe von Planquadraten. Hamburg in Zahlen, 100 Jahre Statistisches Amt, Sonderheft des Statistischen Landesamtes, Hamburg 1966, S. 149—176.
STAACK, G.: Das Koordinatennetz als Bezugssystem für regionale Daten. Stadtbauwelt, 9 (1966), S. 726—729, 746 ff.
Statistisches Amt Zürich: Die Bevölkerungs- und Wirtschaftsstruktur der Stadt Zürich im Lichte kleinräumiger Datengliederung, Zürich 1969.
TOMLINSON, R. F.: Environment Information Systems. Proceedings of the UNESCO/IGU First Symposium on Geographical Information Systems, Ottawa 1970.
Akademie für Raumforschung und Landesplanung (Hrsg.): Die Gliederung des Stadtgebietes. Forschungs- und Sitzungsberichte, 42 (1968).
HÄGERSTRAND, T. und A. KULINSKI (Hrsg.): Information Systems for Regional Development. Lund Studies in Geography, Ser. B, 37 (1971).
NORDBECK, ST.: Location of areal data for computer processing. Lund Studies in Geography, Ser. C, 2 (1962).

III Statistische Verfahren

BÄHR, J.: Regionalisierung mit Hilfe von Distanzmessung. Raumforschung und Raumordnung, 29 (1971), S. 11—19.
— Gemeindetypisierung mit Hilfe quantitativer statistischer Verfahren; Beispiel: Regierungsbezirk Köln. Erdkunde, 15 (1971), S. 249—264.
BARTELS, D. (Hrsg.): Wirtschafts- und Sozialgeographie. Köln 1970.
BERRY, B. J. L.: A method for deriving multi-factor uniform regions. Przeglad Geograficzny, 23 (1963), S. 263—282.
— Relationships between regional economic development and the urban system. The case of Chile. Tijdschrift voor Econ. en Soc. Geografie, 60 (1969), S. 283—307.
CHORLEY, R. J. und P. HAGGETT: Models in Geography. London 1967.
COLE, J. P. und C. A. M. KING: Quantitative Geography, London 1968.
GEISENBERGER, S. u. a.: Zur Bestimmung wirtschaftlichen Notstands und wirtschaftlicher Entwicklungsfähigkeit von Regionen. Eine theoretische und empirische Analyse anhand von Kennziffern unter Verwendung von Faktoren- und Diskriminanzanalyse. Abhandlung der Akademie für Raumforschung und Landesplanung, 59 (1970).
— Faktorenanalytische Untersuchungen der Stadt- und Landkreise Baden-Württembergs im Hinblick auf ihren Entwicklungsstand 1966. Raumforschung und Raumordnung, 30 (1972), S. 251—256.
HAUTAMÄKI, L.: The use of multi-variable methods in regional geographical analysis. Fennia, 99 (1970), S. 1—24.
— Some classification methods in regional geography. Fennia, 103 (1971).
ISARD, W.: Methods of regional analysis: An introduction to regional science. Cambridge, Mass. 1967.[5]
KILCHENMANN, A.: Untersuchungen mit quantitativen Methoden über die fremdenverkehrs- und wirtschaftsgeographische Struktur der Gemeinden im Kanton Graubünden. Diss. Zürich 1968.
— Statistisch-analytische Landschaftsforschung. Geoforum 7 (1971), S. 39—53.
— Quantitative Geographie als Mittel zur Lösung von planerischen Umweltproblemen. Geoforum 12 (1972), S. 53—71.
LAUSCHMANN, E.: Grundlagen einer Theorie der Regionalpolitik. Hannover 1970.

PAWLIK, K.: Dimensionen des Verhaltens. Eine Einführung in die Methodik und Ergebnisse faktorenanalytischer psychologischer Forschung. Stuttgart 1971.
STEINER, D.: Die Faktorenanalyse; ein modernes statistisches Hilfsmittel des Geographen für die objektive Raumgliederung und Typenbildung. Geographica Helvetica 20 (1965), S. 20—34.
STÄBLEIN, G.: Modellbildung als Verfahren zur komplexen Raumerfassung. Würzburger Geographische Arbeiten, 37 (1972), S. 67—93.
THURSTONE, L. L.: Multiple-factor analysis. Chicago 1965.[7]
ÜBERLA, K.: Faktoren-Analyse. Berlin 1968.

Diskussion zum Vortrag Nuhn

Prof. Dr. W. Ritter (Darmstadt)

Herr BREITENGROSS hat in seinem Vortrag offen zugegeben, daß in Zaire eine Regionalisierung nicht sinnvoll möglich ist, weil noch keine ausreichend intensiven funktionalen Verflechtungen bestehen, von einigen inselartigen Kleinräumen abgesehen. Bei den von Ihnen verwendeten Methoden wäre nun Voraussetzung, daß Costa Rica bereits enge volkswirtschaftliche Verflechtungen über sein gesamtes Staatsgebiet besitzt.

Sie haben allerdings die funktionale Regionalisierung nicht näher gezeigt, sondern nur die physisch-geographischen Eignungsräume vorgeführt. Solche Räume kann man natürlich für jedes Gebiet der Erde nach der gezeigten Methode erarbeiten. Die Frage ist, ob dies für das Land bereits brauchbar ist oder noch nicht.

E. Blohm (Altenkirchen)

Inwieweit haben Sie sich mit dem Problem der mathematischen Vorbedingungen der Linearität und Normalverteilung Ihrer Daten befaßt? Denn die Interpretationsmöglichkeit der Ergebnisse hängt in hohem Maße von diesen Vorbedingungen ab, wie K. ALLERBECK (1972) „Datenverarbeitung in der empirischen Sozialforschung" deutlich macht.

Dr. H. Nuhn (Hamburg)

Die im vergangenen Jahrzehnt in den Ländern Lateinamerikas unternommenen Bemühungen um den Aufbau einer nationalen Entwicklungsplanung haben durchweg unbefriedigende Ergebnisse gebracht, was u. a. darauf zurückzuführen ist, daß die erstellten Global- und Sektoralprogramme die räumliche Dimension nicht bzw. nur unzureichend berücksichtigen. Diesen Mangel bemüht man sich durch den Ausbau der Regionalplanung zu beseitigen, und in diesem Zusammenhang kommt der Regionalisierung nach Gesichtspunkten struktureller Homogenität bzw. funktionaler Verflechtung besondere Bedeutung zu. Auf Ersuchen und in Zusammenarbeit mit der zentralen Planungsbehörde in Costa Rica konnte an dem Fragenkomplex mitgearbeitet werden unter Anwendung von Methoden, die bisher vorwiegend in höher entwickelten Ländern erprobt worden sind. Herrn RITTER beschäftigt in diesem Zusammenhang die Frage, ob das Vorgehen vom Objekt her (Vorhandensein einer funktionalen Verflechtung) und von der Materialbasis her (gesicherte Datenbasis für die Statistische Auswertung) bereits zulässig ist.

Beide Fragen können bejaht werden. Seit mehr als 10 Jahren beschäftigen sich Hamburger Geographen mit Problemen Zentralamerikas und insbesondere Costa Ricas, für das flächendeckende Luftbildbefliegungen, topographische Kartenaufnahmen und statistische Erhebungen vorliegen. Wesentliche Beiträge zur Landeserforschung wurden durch das Instituto Interamericano de Ciencias Agrícolas in Turrialba (Interamerikanisches Agrarinstitut), das von Nordamerikanern betriebene Tropical Scicnce Center in San José und staatliche Dienststellen wie das Instituto de Tierras y Colonización geleistet. Eine gute persönliche Kenntnis der wichtigsten Landesteile und die Möglichkeit für umfangreiche Fragebogenerhebungen im ganzen Lande schufen zusätzliche Voraussetzungen für eine zusammenfassende Materialaufbereitung, die ihren Niederschlag in ca. 30 thematischen Karten gefunden hat, die als Grundlage für die statistische Auswertung dienten.

Auf den Komplex der funktionalen Raumgliederung konnte aus Zeitgründen nur sehr kurz eingegangen werden. In diesem Zusammenhang wurde auf die starke zentral-periphere Spannung zwischen dem Hauptstadtgebiet im zentralen Hochland und den weniger erschlossenen Randgebieten hingewiesen. Die Karten zur Verkehrserschließung und zentralörtlichen Bereichsgliederung (vgl. Fig. 11 u. 12) weisen deutlich auf das Vorhandensein funktionaler Verflechtungen hin, die dort, wo sie noch unzulänglich entwickelt sind, durch Regionalplanungsmaßnahmen verstärkt werden müssen.

Die Frage von Herrn BLOHM berührt zwei wichtige mathematische Voraussetzungen, die bei der Anwendung von Korrelationsrechnung und Faktorenanalyse auf geographische Variablen meist nicht direkt erfüllt sind. Nur wenige mir bekannte Arbeiten haben sich bisher randlich mit diesem Problem und seiner Lösung durch Transformation der Daten auseinandergesetzt, ohne zufriedenstellende allgemeine Ergebnisse zu erzielen. Im vorliegenden Falle wurden die Variablen mit unterschiedlichem Ergebnis auf Normalverteilung geprüft (vgl. auch Fig. 6); Transformationsversuche unterblieben, weil die verwendete Rangkorrelation im Gegensatz zu anderen Korrelationsverfahren keine Normalverteilung voraussetzt. Die grundsätzlichen Probleme sind damit allerdings nur teilweise umgangen und bedürfen noch einer allgemeinen systematischen Untersuchung.

MOBILITÄT VON INDUSTRIEARBEITERN IN BOGOTÁ

Mit 4 Abbildungen

Von W. Brücher (Tübingen)

In der Diskussion um die Entwicklungsmöglichkeiten für die Länder der Dritten Welt wird allgemein die Industrialisierung als der aussichtsreichste Weg angesehen. Von einer eigentlichen Aufwärtsentwicklung kann aber nur dann gesprochen werden, wenn gleichzeitig mit dem Wachstum des Bruttoinlandsproduktes auch der Lebensstandard der Masse der Bevölkerung steigt. Soll dies durch Industrialisierung erreicht werden, dann müßte sich die Anhebung des Lebensstandards gerade bei denjenigen zuerst zeigen, die entscheidend zum Industrialisierungsprozeß beitragen: bei den Industriearbeitern. Das heißt, das Wachstum der industriellen Produktion in einem Entwicklungsland sollte dort gleichzeitig eine Zunahme der Industriebeschäftigten nach sich ziehen und eben diesen Beschäftigten auch einen steigenden Lebensstandard ermöglichen.

Dieses für die Entwicklungsländer bedeutsame Postulat soll hier an einem Beispiel in Kolumbien untersucht werden, wo der Industrialisierungsprozeß bereits zu Anfang des Jahrhunderts einsetzte. 1969 hatte die verarbeitende Industrie in dem damals 20 Mill. Einwohner zählenden Land einen Anteil von 18,4 % am Bruttoinlandsprodukt und beschäftigte 331 000 Personen, was nur 5,7 % der Erwerbstätigen entsprach (Depto. Administr. Nac. Estadística, 1969, und Asoc. Nac. de Industriales, 1970). Trotz einer verhältnismäßig günstigen Streuung der verarbeitenden Industrie auf eine größere Zahl von Städten konzentriert sich rund die Hälfte der Beschäftigten auf die Hauptstadt Bogotá und auf die traditionsreichste Industriestadt Medellín.

An einer Gruppe von Industriearbeitern aus Bogotá — und in einigen Vergleichen dazu aus Medellín — wird hier untersucht, ob mit dem Status des Industriearbeiters tatsächlich eine *entscheidende* Hebung des Lebensstandards und der sozialen Situation erreicht wird. Als Untersuchungsgrundlage dient die räumliche Mobilität der Arbeiter zwischen Land und Stadt und innerhalb von Bogotá selbst. Denn wenn man einerseits davon ausgehen darf, daß räumliche Mobilität, also Umzugstätigkeit, aus sozialen Positionswechseln resultieren kann (vgl. Schaffer, 1968, S. 185), so müssen sich umgekehrt innerhalb einer Gruppe aus der Form ihrer Umzugstätigkeit bestimmte allgemeine *Tendenzen* sozialer Positionswechsel ablesen lassen. Gerade in einem Entwicklungsland können solche von räumlichen Gegebenheiten ausgehenden sozioökonomischen Untersuchungen sinnvolle Ergänzungen zu rein statistischen Auswertungen sein, zumal die dort vorhandenen statistischen Unterlagen häufig lückenhaft und mit Vorsicht zu verwerten sind.

Die folgenden Überlegungen sind Teilergebnisse industriegeographischer Untersuchungen, die im Sommer 1972 durchgeführt wurden. Sie stützen sich vorwiegend auf eine Befragung von 890 Industriearbeitern in Bogotá und 740 in Medellín, d. h. von 1 % der Industriebeschäftigten entsprechend dem Zensus von 1969. Der Rücklauf von 458 Antworten in Bogotá und 432 in Medellin entsprach 51,5 % bzw. 58,4 %.

Da eine statistisch einwandfreie Stichprobe aus der gesamten Arbeiterschaft beider Städte technisch nicht realisierbar war, wurde die Befragung in insgesamt 13 Betrieben mit jeweils über 100 Beschäftigten und verschiedenster Branchenzugehörigkeit durchgeführt. Die Zuverlässigkeit dieser Stichprobe wird für Bogotá durch eine Auswertung der Karteikarten von über 1 % (950) der Industriearbeiter in der dortigen staatlichen Sozialversicherung (Instituto Colombiano de Seguros Sociales) bestätigt, denn in beiden Erhebungen schwankte der Anteil der nicht in Bogotá geborenen Arbeiter nur zwischen 70 % und 71 %. Befragung und ergänzende Karteiauswertung konzentrierten sich auf Angaben über regionale und soziale Herkunft, Motive der Land-Stadt-Wanderung, regionale Mobilität innerhalb der Städte, Wohnverhältnisse sowie Bildungs- und Einkommensniveau der Arbeiter. Unter den Begriff Arbeiter fallen hier Hilfsarbeiter, Angelernte und Facharbeiter. Die Untersuchung befaßt sich im folgenden besonders mit Bogotá, weil hierüber bessere Unterlagen vorliegen, aber auch, weil Bogotá nicht wie Medellín als eigentliche Industriestadt angesehen werden kann — und gerade deshalb viel typischer für Lateinamerika ist.

Betrachten wir nun unter dem genannten Aspekt zunächst die Mobilität der befragten Arbeiter zwischen Land und Stadt. Der Zuwanderungsbereich von Bogotá (Abb. 1), durch die Zentralkordillere klar von dem von Medellín getrennt, erstreckt sich über die Ostkordillere über mehr als 250 km nach NE. Besonders auffällig ist, daß mehr als zwei Drittel der Zugewanderten aus Gemeinden stammen, deren geschlossene Hauptsiedlungen 1964 weniger als 5000 Einwohner zählten, also eindeutig dem ländlichen Raum zugeordnet werden müssen. Weite Teile gerade dieses Zuwanderungsbereiches gehören zu den Gebieten Kolumbiens, deren landwirtschaftliche Besitzstruktur besonders stark durch Klein- und Zwergbetriebe geprägt wird. 56 % der befragten Zugewanderten in Bogotá geben als Beruf des Vaters Landwirt, Landarbeiter und — wohl mehr aus Prestigegründen — Viehzüchter an, die restlichen nennen Handwerker, Arbeiter, Bauarbeiter und Händler. Die Zugewanderten stammen also nahezu ausnahmslos aus armem bis elendem Milieu.

Tabelle 1

Motive für die Migration von heutigen Industriearbeitern nach Bogotá und Medellín

	Bogotá	Medellín
Wunsch nach höherem Einkommen	66,8 %	62,3 %
Neugier	3,9 %	1,7 %
familiäre Gründe	10,5 %	19,5 %
Violencia	7,6 %	7,8 %
Militärdienst	8,5 %	3,9 %
Bildungsmöglichkeiten	2,0 %	0,9 %
sonstige	0,7 %	3,9 %
	100,0 %	100,0 %

(Quelle: Auskünfte von 322 Arbeitern in Bogotá und von 230 Arbeitern in Medellín, Mitte 1972).

So sind denn auch die Motive (Tabelle 1) der Abwanderung eindeutig: während die vielzitierte Neugier nach den Verlockungen der großen Stadt, familiäre Gründe, die „Violencia", d. h. der Bürgerkrieg von 1948 bis Anfang der sechziger Jahre, der Militärdienst in der Stadt und Bildungsmöglichkeiten bei zusammen nur einem Drittel die Wanderung motivierten, gaben die übrigen klar den Wunsch nach höherem Einkommen an. Für dieses beherrschende Motiv spricht auch, daß 58 % direkt, also ohne

Etappe, von ihrem Geburtsort nach Bogotá zogen und mehr als die Hälfte der restlichen sogenannten „Etappenwanderer" zunächst in einen größeren Ort als ihr Geburtsort zogen, bevor sie sich in Bogotá niederließen.

Die Niederlassung, die anschließende Integration in die ansässige Bevölkerung und die spätere Mobilität innerhalb von Bogotá sollen nun unter dem Aspekt betrachtet werden, *zwischen* welchen Vierteln verschiedener sozialer Schichten sich diese Prozesse abspielten. Es soll dann der Versuch gemacht werden, aus der *räumlichen Mobilität* zwischen den Vierteln Rückschlüsse auf die *vertikal-soziale Mobilität* zu ziehen.

Als Basis hierfür wird eine Zuordnung der offiziellen Viertel, der „barrios", zu sechs verschiedenen Sozialschichten benutzt, nach der Bogotá 1970 vom Departamento Administrativo Nacional de Estadística kartiert wurde (Abb. 2). Als Bewertungsmaßstab wurden ausschließlich materielle Kriterien angewandt: Konstruktionsmaterial der Häuser, deren baulicher Zustand, infrastrukturelle Einrichtungen, Haushalts- und Luxusgeräte, Einkommensniveau, Personendichte pro Wohnraum. Die auf dieser Basis erfolgte Einstufung in Viertel sechs verschiedener sozialer Schichten entbehrt deshalb natürlich absoluter Genauigkeit. Ihr wird jedoch allgemein eine weitgehende Zuverlässigkeit und die Eignung als Unterlage für sozialgeographische Untersuchungen zugestanden. Allerdings darf die Einstufung nicht an westeuropäischen Maßstäben gemessen werden: so ist hier z. B. die untere Mittelschicht nach hiesigen Vorstellungen durchaus noch zur armen Bevölkerung zu rechnen. Im folgenden seien die Hauptcharakteristika der einzelnen Viertel stichwortartig umrissen[1]:

Unterste Schicht:
> Häuser ohne festen Plan, aus Abfall- und Ausschußprodukten. Wenn Trinkwasserversorgung, Kanalisation und Stromleitungen überhaupt vorhanden, dann gemeinsam genutzt. Extrem niedrige, unregelmäßige Einkommen. Haushalts- und Luxusgeräte fehlen. Allgemein handelt es sich um „Invasionsviertel".

Unterschicht:
> Meist in Schwarzarbeit gebaute Steinhäuschen mit Basisinfrastruktur in gemeinsamer Nutzung. Etwas höhere, aber immer noch sehr niedrige Einkommen. Wenige oder keine Haushalts- und Luxusgeräte. Hohe Personendichte pro Wohnraum.

Untere Mittelschicht:
> In der Regel überwiegen Häuser des Sozialen Wohnungsbaus (Instituto de Crédito Territorial). Alle infrastrukturellen Einrichtungen in individueller Nutzung. Niedrige Einkommen, aber bereits einige Haushalts- und Luxusgeräte.

Mittelschicht:
> Solide, modern eingerichtete Häuser mit entsprechender infrastruktureller Ausstattung. Große Zahl von Haushalts- und Luxusgeräten. Überwiegend mittlere Angestellte mit mittlerem Einkommen, z. T. eigene Fahrzeuge.

Obere Mittelschicht:
> Überwiegend komfortable Wohnungen in Blocks, die vom Banco Central Hiptecario erbaut wurden, in Vierteln mit Grünzonen und günstigen Verkehrsverbindungen. Höhere Berufe mit Einkommen, die noch im „normalen Bereich" liegen. Große Zahl von Haushalts- und Luxusgegenständen, Autos.

Oberschicht:
> Außergewöhnlich hohe Einkommen. Luxuriöse Wohnbauten (überwiegend einzelne Villen) in Grünzonen. Außerhalb des normalen Lebensstandards.

[1] Nach den unveröffentlichten Anweisungen zur Durchführung der Kartierung „Manual Diligenciamiento Carpeta". Karte veröffentlicht in: Depto. Administrativo Nacional de Estadística, Boletín Mensual de Estadística No. 229, Bogotá Aug. 1970.

Die Karte (Abb. 2) zeigt eindeutig, daß die traditionelle Einteilung Bogotás in wohlhabenden Norden und armen Süden nur noch in Relikten zutrifft. Charakteristisch für die jüngere Entwicklung ist vielmehr die Verarmung der Altstadt und die Bildung relativ zentrumsnaher Mittelstandsviertel, vor allem aber eine nahezu geschlossene Einkreisung der Stadt durch Armenviertel und marginale Elendsviertel, sei es an den unteren Gebirgshängen, sei es im Westen in der Ebene.

Die Zuwanderer ließen sich ganz überwiegend in den randlichen und randnahen Bereichen nieder, z. Z. ihrer Ankunft also in den meist ungeplanten Wachstumszonen.

Daß auffälligerweise nur ein verschwindend geringer Anteil von 5 % der Zugewanderten als erstes Wohnviertel ein marginales Elendsviertel, ein „tugurio", angibt, hat zwei Gründe: einmal findet in den „tugurios" häufig eine — wenn auch begrenzte — Sanierung vom Elendsviertel zum Armenviertel statt, in der Regel durch Eigeninitiative der Bewohner. Folglich ist der Anteil derer, die direkt nach ihrer Ankunft in Bogotá in ein tugurio zogen, sicher etwas höher als die genannten 5 %, die auf der Zuordnung zu den einzelnen Sozialschichten aus dem Jahre 1970 basieren. Zum zweiten zieht ein Teil der Neuankömmlinge bei Ankunft für einige Zeit zu Familienangehörigen oder Freunden in randnahe Viertel der Unterschicht oder der Unteren Mittelschicht. Nur ein kleiner Teil der Zuwanderer geht ins Stadtinnere, dort besonders in die Slums in Teilen und im Umkreis der Altstadt. Dieses letztere Ergebnis steht im Gegensatz zu der häufig zu lesenden These, der überwiegende Teil der Zuwanderer zöge zunächst ins Zentrum und von dort an die Peripherie.

Gerade weil die Bevölkerung von Bogotá überwiegend aus Zuwanderern zusammengesetzt ist, integrieren sich diese nach ihrer Niederlassung offensichtlich vollkommen in die Ansässigen. Betrachten wir deshalb von nun ab die Gesamtheit der befragten Arbeiter, also gebürtige *Bogotanos* und Zugewanderte.

Insgesamt ist die durchschnittliche Zahl der Umzüge pro Befragten mit 1,6 gering, zumal die Zugewanderten im Mittel bereits seit fast 16 Jahren ansässig sind. Es mag diese niedrige Mobilitätsrate bereits als erstes Indiz dafür gewertet werden, daß nach der Annahme eines Arbeitsplatzes in der Industrie kein ausgeprägter sozialer Aufstieg stattgefunden hat. Denn wäre dies der Fall gewesen, so hätte sich wahrscheinlich — gerade bei dem ausgeprägten Sinn der Kolumbianer für äußeres Prestige — ein sichtbarer Trend in sozial höher stehende Viertel gezeigt. Die in dieser Form noch nicht ausreichend belegte These soll im folgenden durch eine genauere Untersuchung der Mobilität zwischen den einzelnen Vierteln gestützt werden.

Verfolgen wir nun den Ablauf der Umzugstätigkeit aller Arbeiter zwischen den Vierteln im Hinblick auf die Zuordnung dieser Viertel zu den einzelnen sozialen Schichten. Das Schaubild (Abb. 3) stellt den bei der Umzugstätigkeit erfolgten prozentualen Auf- bzw. Abstieg in sozial höher- bzw. tieferstehende Viertel dar. Ein Drittel der Arbeiter blieb bei ihren Umzügen immer im selben sozialen Niveau und genau die Hälfte wohnt heute in Vierteln derselben sozialen Schicht wie zu Beginn. Die Zickzackbänder stellen den Anteil derer dar, deren Umzugstätigkeit zwischen höher- und tieferstehenden Vierteln fluktuierte. Die Tendenz zum Statischen muß aber im Grunde noch höher sein, da zusätzliche Umzüge innerhalb ein und desselben Viertels quantitativ nicht erfaßt werden konnten. Fast 27 % stiegen zwischen dem ersten und dem derzeitigen Viertel auf, allerdings wechselten nahezu ebenso viele in sozial niedrigere Viertel über.

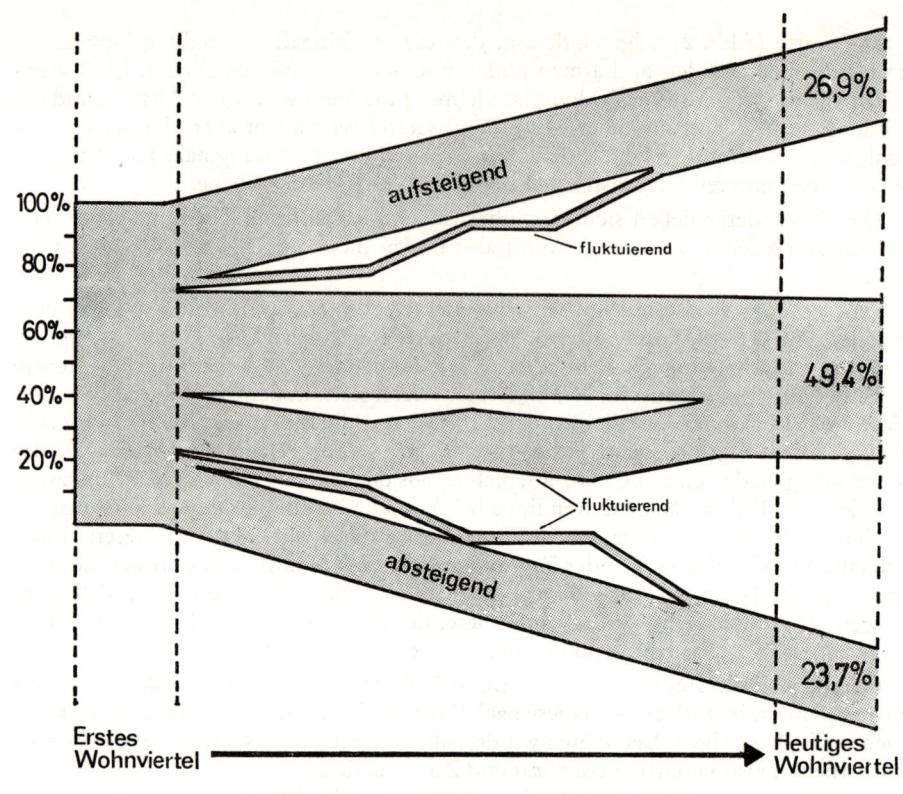

Räumliche Mobilität von Industriearbeitern zwischen Vierteln verschiedener Sozialschichten in Bogotá

Quelle: Befragung von 458 Arbeitern WB 1973

Vergleichen wir nun (Abb. 4), parallel dazu, die Verteilung aller Arbeiter auf die verschiedenen Schichten bei ihrem ersten und bei ihrem derzeitigen Wohnsitz nebeneinander. Es zeigt sich, daß der Anteil der heutigen Wohnsitze in Vierteln der Unterschicht leicht zurückgegangen ist und der Anteil an den Vierteln der Unteren Mittelschicht um diese Differenz zugenommen hat. Es hat also ein, allerdings kaum signifikanter, Aufstieg aus Vierteln der Unterschicht in Viertel der Unteren Mittelschicht stattgefunden. Die geringe Zahl der in Elends- und andererseits in Mittelstandsvierteln Wohnhaften ist konstant geblieben. So gut wie niemand wohnt in Vierteln der beiden obersten Schichten. Zusätzlich muß noch die nicht meßbare Zahl derjenigen Personen in Rechnung gezogen werden, die — wie erwähnt — in begrenzt sanierten marginalen Elendsvierteln gewohnt haben, die also durch diese Sanierung eine Aufwertung des Viertels in die Untere Schicht erlebten. Zusammenfassend kann gefolgert werden, daß *der Aufstieg in Viertel höherer sozialer Schichten äußerst gering war und sich zudem fast allein zwischen den unteren drei Schichten abgespielt hat.*

Es muß an dieser Stelle noch einmal betont werden, daß alle Befragten in Betrieben mit mehr als 100 Beschäftigten arbeiten und damit bereits zu den Privilegierten unter

Zuordnung der Wohnviertel von Industriearbeitern zu sechs sozialen Schichten in Bogotá

Quelle Befragung von 458 Arbeitern, Mitte 1972   WB 1973

den Industriearbeitern zählen: sie erhalten nämlich höhere Löhne und betriebliche Sozialleistungen als die Arbeiter in Mittel-, Klein- und Kleinstbetrieben, die immerhin 49 % der Bogotaner Industriebeschäftigten stellen. Das bedeutet, daß eine Stichprobe aus der gesamten Arbeiterschaft mit Sicherheit ein noch ungünstigeres Ergebnis gehabt hätte!

Wie überwiegend die Wohnungen der Arbeiter heute auf Viertel der drei ärmsten Schichten, besonders auf die der Unterschicht verteilt sind, geht auch aus Abb. 2 hervor: diese beruht auf der genannten Stichprobe aus der Sozialversicherungskartei und enthält die Wohnungen von über 1 % der Bogotaner Arbeiter.

Die Motive der Umzugstätigkeit konnten nicht quantitativ erfaßt werden. Ganz allgemein kann sie jedoch *nicht* als Folge sozialer Positionswechsel angesehen werden. Auch spielt die Nähe zum Arbeitsplatz keine Rolle, denn wie die Karte zeigt, konzentrieren sich die Wohnungen nicht auf den engeren Umkreis der wichtigsten Industriezonen. Immerhin wohnen 3/4 der Arbeiter weiter als 4 km vom Arbeitsplatz entfernt. Offensichtlich sind die wichtigsten Umzugsgründe Familienwachstum, Wohnraummangel und der Wunsch nach gesichertem Wohnrecht und einer eigenen, individuellen Behausung.

Tabelle 2

Monatslöhne von Industriearbeitern (bei Einstellung) in Bogotá und Medellín

	Bogotá	Medellín
200— 400 Col. Pesos	1,7 %	3,7 %
> 400— 600 Col. Pesos	42,0 %	67,1 %
> 600— 800 Col. Pesos	16,6 %	11,4 %
> 800—1000 Col. Pesos	12,5 %	10,4 %
>1000—1200 Col. Pesos	9,6 %	3,3 %
>1200—1400 Col. Pesos	5,0 %	1,3 %
>1400—1600 Col. Pesos	4,3 %	1,5 %
>1600—1800 Col. Pesos	1,4 %	0,4 %
>1800—2000 Col. Pesos	1,4 %	0,1 %
>2000 Col. Pesos	5,5 %	0,8 %
	100,0 %	100,0 %

(Stand: Aug.—Nov. 1971, ohne Sozialleistungen. Wechselkurs ungef. 6 Col. Pesos = 1 DM. Quelle: Karteikarten von 950 Industriearbeitern in Bogotá und 749 in Medellín, Instituto Colombiano de Seguros Sociales).

Unbestritten haben die Industriearbeiter gewisse soziale Privilegien erreicht, wie z. B. die obligatorische Mitgliedschaft in der staatlichen Sozial- und Krankenversicherung, Schutz des Arbeitsplatzes, Sozialleistungen der Betriebe und einen gesetzlich garantierten Mindestlohn. Auch verdoppelten sich die Reallöhne nahezu von 1955—1968 (Oficina Internacional del Trabajo, 1970, S. 206).

Die Löhne jedoch, wie sie im November 1971 bei Einstellung gezahlt wurden (vgl. Tab. 2), sind nach wie vor extrem niedrig: 43,7 % der Arbeiter, in Medellín sogar 70,8 %, erhielten damals weniger als umgerechnet 100 DM monatlich. Das heißt, sie mußten beispielsweise für ein Paar Schuhe eine Woche, für ein Fahrrad zwei Monate arbeiten. Zwangsweise werden deshalb Lohnerhöhungen zunächst für Nahrungsmittel und elementare Konsumgüter ausgegeben. Für die Verbesserung des Wohnkomforts bleiben, wenn überhaupt, nur sehr begrenzte Mittel. So bestehen 61 % aller Wohnungen aus nur 1 oder 2 Räumen, und im Schnitt kommen auf einen Raum fast 3 Personen.

Ganz vereinzelten, besonders spezialisierten Facharbeitern, die bis zum Fünffachen eines Hilfsarbeiters verdienen können, mag es gelingen, in die Mittelschicht aufzusteigen. Andererseits sind die beruflichen Aufstiegsmöglichkeiten wiederum sehr begrenzt. Einmal ist dies auf das niedrige Schulbildungsniveau der Arbeiter zurückzuführen, zum anderen auf die immer noch mangelnde Breitenwirkung der staatlichen Berufsschulorganisation SENA. Aber auch das Desinteresse, ja sogar ein gewisser Widerstand vieler Unternehmer gegen eine Intensivierung der Berufsausbildung darf hier nicht unerwähnt bleiben. So konnte die *Masse der Industriearbeiterschaft keine einschneidende Verbesserung ihres sozialen Niveaus erreichen.* Diese Ergebnisse bestätigen die These von LANNOY und PÉREZ von 1961 (S. 112), daß nämlich *die Industrialisierung Kolumbiens von Anfang an die soziale Schichtung des Landes nicht verändert hat.*

Die künftige Entwicklung kann kaum optimistischer beurteilt werden. Wenn auch erste Anzeichen auf ein Absinken der Bevölkerungszuwachsrate im Lande hindeuten, so wird doch noch auf lange Sicht ein Überangebot an Arbeitskräften bestehen, das die Zahlung sehr niedriger Löhne erlaubt. 1969 lag die Quote der offenen Arbeitslosigkeit in Bogotá bei 10—12 %. Es kommt hinzu, daß die aktuelle Industrialisierung der Entwicklungsländer in die Epoche der Automation und Kapitalintensivierung fällt. Auch die kolumbianische Industrialisierungspolitik zielt auffallend auf eine Förderung kapitalintensiver Produktionsprozesse ab. Für arbeitsintensive Industrien bleibt also immer weniger Raum, und selbst bei einer anhaltend günstigen Entwicklung der industriellen Produktion ist nur ein relativ bescheidener Zuwachs an Arbeitsplätzen zu erwarten.

Literatur

ALBRECHT, G.: Soziologie der geographischen Mobilität. Zugleich ein Beitrag zur Soziologie des sozialen Wandels. Stuttgart 1972.
AMATO, P. W.: Environmental quality and locational behaviour in a Latin American city. Urban Affairs Quarterly 5, Beverly Hills, Cal. 1969/70, S. 83—101.
Asociación Nacional de Industriales: La economía colombiana 1970. Medellín o. J. (Faltbogen).
BRÜCHER, W.: Die moderne Entwicklung von Bogotá. Geogr. Rundschau 21, 1969, S. 181—189.
CARDONA GUTIÉRREZ, R. (Hrsg.): Migración y desarrollo urbano en Colombia. Memoria del 2° seminario nacional sobre urbanización, mayo 15—18, 1969. Bogotá 1970.
CARDONA GUTIÉRREZ, R.: Migración, urbanización y marginalidad. In: Asoc. Col. de Fac. de Medicina, Seminario nacional sobre urbanización y marginalidad, Bogotá 1969, S. 63—87.
Centro de Investigaciones para el Desarrollo: Alternativas para el desarrollo urbano de Bogotá, D. E. . Univ. Nacional de Colombia, Bogotá, 1969.
Departamento Administrativo Nacional de Estadística: Boletín Mensual de Estadística No. 229, Bogotá Aug. 1970.
— Industriezensus von 1969, unveröff. Computerbögen.
DIX, R. H.: Colombia: the political dimensions of change. New Haven — London 1967.
FLINN, W. L.: Rural and intra-urban migration in Colombia: two case studies in Bogotá. In: RABINOVITZ, F. F. u. TRUEBLOOD, F. M. (Hrsg.), Latin American urban research Bd. 1, Beverly Hills, Cal. 1971, S. 83—93.
Oficina Internacional del Trabajo: Hacia el pleno empleo. Un programa para Colombia, preparado por una misión internacional organizada por la Oficina Internacional del Trabajo. Biblioteca Banco Popular, Bogotá 1970.
LANNOY, J. L. DE u. PÉREZ RAMÍREZ, G.: Estructuras demográficas y sociales de Colombia. Freiburg u. Bogotá 1961.
ROSSI, P. H.: Why families move. A study in the social psychology of urban residential mobility. Glencoe, Ill. 1955.
SCHAFFER, F.: Prozeßhafte Perspektiven sozialgeographischer Stadtforschung — erläutert am Beispiel von Mobilitätserscheinungen. Münchner Studien z. Sozial- u. Wirtschaftsgeographie Bd. 4, Festschr. f. W. HARTKE, Kallmünz 1968, S. 185—207.
SIMMONS, A. B. u. CARDONA GUTIÉRREZ, R.: La selectividad de la migración en una perspectiva histórica: el caso de Bogotá 1929—1968. In: CARDONA G., R. u. RODRÍGUEZ, E., Las migraciones internas, Asoc. Col. Fac. de Medicina, Bogotá 1972, S. 163—178.
VALLEJO, C.: La situación social en Colombia. Centro de Investigación y Acción Social, Bogotá 1969.

Diskussion zum Vortrag Brücher

R. Kreth (Hamburg)

Zu Recht haben Sie Ihren Untersuchungen zur horizontalen und vertikalen sozialen Mobilität ein Schichtmodell zugrunde gelegt. Nicht erwähnt wurden die Kriterien dieses Modells. Meines Wissens gibt es in ganz Lateinamerika nur ein einziges validiertes Schichtmodell, und zwar nach dem Kriterium des Berufsprestiges. Können Sie die Kriterien nennen, nach denen Ihr Modell aufgestellt wurde?

H. Pachner (Kornwestheim)

Meine erste Frage bezieht sich wie die meines Vorredners auf Ihre Begriffsinhalte der sozialen Schichten. Einkommen (z. B. „hoch") und Art des Wohnens allein und unquantifiziert können noch nicht die Bevölkerung einer Stadt in räumlich-relevantem Sinne differenzieren. Eine breitere Nominal-, vielleicht auch eine Ordinalskalierung sind meiner Erfahrung nach möglich.

Zum anderen ist mir der inhaltliche Zusammenhang von dem gezeigten Tugurio, das einen Meliorisationsprozeß durchlaufen hat, und den aufgezeigten Mobilitätserscheinungen bei Industriearbeitern allgemein nicht klar; es dürfte sich ja kaum um ein reines Industriearbeiter-Tugurio gehandelt haben. Daran schließt sich noch eine Zusatzfrage an: Möglicherweise existiert in Kolumbien eine ähnlich große Differenzierung von Stellung und Einkommen verschiedener Berufspositionen ungelernter bzw. höchstens angelernter Industriearbeiter. Inwiefern wirken sich Prestige und Lohn auf die vertikale bzw. horizontale Mobilität aus?

Meine dritte und letzte Frage bezieht sich auf Ihre angesprochenen Motivationen für Zu- und Abwanderung. Nach meiner Erfahrung in den Barrios verschiedener Städte Venezuelas handelt es sich meist nicht um einzelne isolierte Motive, sondern um Motivationskomplexe; wenn auch die Schwerpunkte wechseln, so spielen doch meist mehrere Gründe eine Rolle.

R. Hanke (Berlin)

Der Referent hat nur eine geringe Rückwanderung von Arbeitern in die ursprünglichen Herkunftsgebiete feststellen können. Nun werden aber in der Regel familiäre Bande zu diesem Herkunftsgebiet weiterbestehen. Daher stellen sich u. a. folgende Fragen:
1. In welchem Maße werden Familienangehörige in die Stadt nachgezogen?
2. Wurde der Umfang eines möglichen Kapitalflusses von dem Zuzugsgebiet, dem Arbeitsplatz in der Stadt, in das Herkunftsgebiet untersucht und welcher Art bzw. wie umfangreich sind die durch diesen Kapitalzufluß vorgenommenen Investitionen?

Prof. Dr. E. Gormsen (Mainz)

Sie sagten, daß in besseren oder mittleren Wohnvierteln hie und da vernachlässigte Häuser zu beobachten sind, die ja auf eine allmähliche Verschlechterung der Sozialstruktur hindeuten. Andererseits zeigten Sie die beiden Bilder, aus denen eine Verbesserung des Bauzustandes eines Tugurios zu ersehen war. Läßt sich daraus allgemein schließen, daß ein sozialer Aufstieg (oder Abstieg) auch innerhalb eines Viertels stattfindet, also unabhängig von der durch Sie untersuchten räumlichen Mobilität?

B. Bleyer (München)

Der Referent hat dargestellt, daß die Industriearbeiter (ca. 5 %) ihren Lebensstandard nicht wesentlich erhöht haben. Ich hätte mir gewünscht, daß stärker herausgearbeitet wäre, daß die Kopie der Industrialisierung europäischer Dimensionen einer wachsenden Mehrheit der Erwerbspersonen nicht nur den Aufstieg versperrt, sondern auch eine steigende Arbeitslosigkeit garantiert und damit das Gefälle zwischen sozialen Gruppen, aber auch zwischen den wenigen Industrieräumen und den übrigen Regionen stabilisiert oder sogar vergrößert.

W. Stehle (Tübingen)

Sie haben in ihrem Referat aufgezeigt, daß durch Industrialisierung bzw. Industrieansiedlung in der jetzigen Form kein bedeutsamer sozialer Aufstieg für breitere Schichten der Bevölkerung erreicht wird. Sehen Sie irgendwelche Möglichkeiten, auf längere Sicht einen sozialen Aufstieg der Masse der Bevölkerung in Entwicklungsländern zu erreichen?

Dr. W. Brücher (Tübingen)

Für die Zuordnung zu sozialen Schichten in Lateinamerika steht nicht allein das Kriterium des Berufsprestiges zur Verfügung. In Bogotá wurde durch das staatliche statistische Amt DANE der Versuch unternommen, die Bewohner der einzelnen Stadtviertel in sechs Schichten einzuteilen, indem man, wie ich betonte, rein *materielle* Kriterien anwandte: Qualität der Wohnbauten und der Infrastruktur, Grad der Ausstattung mit Haushaltsgeräten und Luxusgegenständen, Einkommensniveau etc. Unter dem Aspekt dieser Einteilung ist eine sozialgeographische Differenzierung der Stadtbevölkerung durchaus möglich und sinnvoll. Wenn die geschilderte Einteilung und die darauf aufbauende Kartierung auch nicht absolut genau sein können, so werden sie doch in Kolumbien allgemein anerkannt und boten eine selten günstige Unterlage für eine Untersuchung wie diese.

Für die nicht in Bogotá geborenen Arbeiter (70 %) war die Abwanderung aus den Herkunftsgebieten definitiv. Eine Rückwanderung findet praktisch nicht statt. Über einen Rückfluß von Kapital an nicht mitgezogene Familienmitglieder wurden keine Untersuchungen durchgeführt. Wenn ein solcher überhaupt stattfindet, dann kann er wegen der erwähnten extrem niedrigen Löhne keinen nennenswerten Umfang haben. Die anhaltend starken familiären Bindungen äußern sich vielmehr darin, daß die Zugewanderten Verwandte nach sich ziehen bzw. ihnen die Übersiedlung nach Bogotá erleichtern: 41 % der Befragten gaben eine solche „familiäre Hilfe" an. Abgesehen davon nannten lediglich 12 % einen zweiten Grund für die Abwanderung, so daß man nur bei einer unbedeutenden Minderheit von einer Kombination mehrerer Migrationsmotive sprechen kann.

Art und Durchführung der Befragung ließen es nicht zu, detaillierte Zusammenhänge zwischen Lohnniveau und räumlicher sowie vertikaler Mobilität zu klären. (Offensichtlich werden in der Frage „horizontale" und „räumliche" Mobilität als identisch angesehen.) In Bogotá stuft man jedoch eindeutig das Prestige einer Person nach dem Niveau ihres Wohnviertels ein, und folgerichtig wird allgemein versucht, in einem möglichst angesehenen Viertel zu wohnen. Diese Tatsache gestattet es, aus der räumlichen Mobilität *Tendenzen* sozial-vertikaler Mobilität abzulesen.

Anhand von zwei Lichtbildern wurde beispielhaft die Melioration eines Tugurios erläutert. Die Masse seiner Bewohner erlebte also dadurch einen sozialen Aufstieg, der durch meine Untersuchungen der räumlichen Mobilität nicht erfaßt werden konnte. Solche leider nicht quantifizierbaren Aufstiege müssen zu den durch die Befragung ermittelten hinzugerechnet werden. Sie ändern aber nichts am Gesamtergebnis, nämlich der äußerst geringen sozialen Mobilität der Arbeiter, weil sie zu begrenzt sind und sich zwischen den zwei, höchstens drei unteren Schichten abspielen. (Bei dem gezeigten Tugurio handelt es sich nicht um ein reines Industriearbeiterviertel; solche gibt es — von vereinzelten Werkssiedlungen in Medellín abgesehen — in keiner der kolumbianischen Großstädte.)

Zum Schluß wies ich bereits darauf hin, daß die derzeitige Form des Industrialisierungsprozesses in Kolumbien keine Abhilfe für die zunehmende Arbeitslosigkeit bietet. Außerdem stellen die Unternehmen, als Reaktion gegen die sehr strengen Gesetze zum Schutz der Arbeitsplätze, möglichst wenig neue Arbeitskräfte ein. Sie kompensieren durch Vergabe von Überstunden und Kapitalintensivierung, wodurch der Trend zur Automation noch verstärkt wird. Es ist richtig, daß sich das Gefälle zwischen den Industriestädten und den übrigen Regionen sowie zwischen sozialen Gruppen mit dem industriellen Wachstum vergrößert. Selbst innerhalb der Industriearbeiterschaft führen hohe Unterschiede in Lohnniveau und Sozialleistungen (vgl. Tab. 2) zu einer sichtbaren Differenzierung.

Auf die erwartete „Gretchenfrage" nach Möglichkeiten, in den Entwicklungsländern für die Masse der Bevölkerung einen sozialen Aufstieg zu erreichen, kann ich kein Rezept liefern. Im industriellen Bereich können Ansätze eventuell mit der Ansiedlung arbeitsintensiver Handwerksbetriebe und Kleinindustrien geschaffen werden. Aber auch dies ist mit größeren Schwierigkeiten verbunden und würde die Massenarbeitslosigkeit nicht beseitigen.

KRITERIEN DER WIRTSCHAFTLICHEN UND SOZIALEN BEURTEILUNG VON LANDREFORMPROJEKTEN IN KOLUMBIEN, AM BEISPIEL DES LANDREFORMPROJEKTES ATLÁNTICO 3

Mit 3 Karten und 6 Tabellen

Von G. Mertins (Gießen)

I.

Die 1961 in Kolumbien per Gesetz initiierte „soziale" Agrarreform hat sehr eindeutige Leitbilder.[1] Das zuerst genannte und wichtigste lautet: Verbesserung der agrarsozialen Struktur mittels Änderung der Landeigentumsverhältnisse. Als vordringlichste Maßnahmen dazu werden angeführt: Eliminierung der ungerechten Landeigentumskonzentration (50,5 % der LN gehören 0,5 % aller Betriebe; Tab. 1) bei gleichzeitiger Beseitigung kaum existenzfähiger Klein- und Kleinstbetriebe (76,5 % aller Betriebe sind kleiner als 10 ha, 62,5 % kleiner als 5 ha; zusammen bewirtschaften sie 8,8 % der LN).

Als geeignetste Lösungsmöglichkeiten sind genannt: Aufteilung (Parzellierung) nicht oder nur extensiv genutzter Ländereien von Mittel- und Großbetrieben zur Schaffung neuer, lebensfähiger Familienbetriebe bzw. zur Aufstockung bestehender Klein- und Kleinstbetriebe. Ferner: rechtliche Zuerkennung von Ländereien an diejenigen, die diese bisher als Pächter bearbeiteten oder sie als colonos, als squatter, selbständig, jedoch ohne Rechtstitel bewirtschafteten. — Aus der selbständigen Bewirtschaftung können die bisherigen Pächter, Teilpächter, colonos etc. jetzt einen Rechtsanspruch auf die betreffenden Ländereien geltend machen.

Weitere wichtige Punkte des Agrarreformgesetzes sind: die wirtschaftliche Nutzung bisher brachliegender oder unzureichend genutzter Flächen, Steigerung der agraren Produktion wie Produktivität sowie ein ganzes Bündel von flankierenden infrastrukturellen Maßnahmen, die insgesamt alle eine Anhebung des Lebensstandards der Landbevölkerung bewirken sollen.

Nun ist die Notwendigkeit einer Agrarreform in Kolumbien nicht nur mit dem Ziel des Ausgleichs der bestehenden, sehr konträren Landbesitzstruktur und den daraus resultierenden sozialen Disparitäten zu sehen. Ein mindestens gleichgewichtiges Postulat ist die Beachtung des enormen Bevölkerungswachstums und das sich daraus ergebende Problem der Bereitstellung zusätzlicher Arbeitsplätze, auch im agraren Sektor.

Kolumbien weist mit 3,3 % (1970) eine der höchsten Wachstumsraten der Welt auf. In der Dekade 1960—1970 hat die Bevölkerung um 38 % zugenommen; 1964 waren es nach dem offiziellen Zensus 17,5 Mio., für 1975 werden 25,3 Mio. geschätzt (Kruse-Rodenacker, 1972: 33/34; Mertins, 1973: 7/8). Dabei ist fast die Hälfte der kolumbianischen Bevölkerung jünger als 15 Jahre (Planeacion, 1969: 27/28).

[1] Artikel 1 des kolumbianischen Agrarreformgesetzes (Gesetz 135) von 1961.

Tabelle 1: *Landwirtschaftliche Betriebsgrößenklassen in Kolumbien 1960*

	Anzahl der Betriebe	%		Fläche (in ha)	%		Durchschnittsgröße in ha
< 5 ha	756605	62,5	} 76,5	1238976	4,5	} 8,8	1,6
5– 10 ha	169145	14,0		1164749	4,3		7
10– 50 ha	201020	16,7		4210777	15,4		21
50– 100 ha	39990	3,3		2680471	9,8		67
100– 500 ha	36010	3,0		6990471	25,5		194
500–1000 ha	4141	0,3		2730764	10,0	} 50,5	665
1000–2500 ha	1975	0,16	} 0,52	2808210	10,3		1417
>2500 ha	786	0,06		5513409	20,2		7015

Quelle: DANE, Directorio nacional de explotaciones agropecuarias (censo agropecuario) 1960; resumen nacional, Bogotá 1964:39 (umgerechnet)

Tabelle 2: *Verteilung der städtischen und ländlichen Bevölkerung sowie der städtischen Bevölkerung nach Größenklassen der Städte in Kolumbien 1938-1951–1964*

	1938			1951			1964		
	in 1000 Ew.	% d. städt. Bevölkerung	% d. Gesamt-bevölkerung	in 1000 Ew.	% d. städt. Bevölkerung	% d. Gesamt-bevölkerung	in 1000 Ew.	% d. städt. Bevölkerung	% d. Gesamt-bevölkerung
Großstädte (>100000 Ew.)	608	23	7	1698	38	15	4656	51	27
Mittelstädte (20–100000 Ew.)	490	18	6	880	20	8	1664	18	9
Kleinstädte (1500–20000 Ew.)	1594	59	18	1890	42	16	2773	31	16
städtische Bevölkerung	2692	100	31	4468	100	39	9093	100	52
ländliche Bevölkerung	6010		69	7080		61	8391		48
Kolumbien, gesamt	8702		100	11548		100	17484		100

Quellen: PLANEACION, 1969:29/30 JLO 1971²:387

Das Problem verschärft sich durch eine sehr ungleiche räumliche Verteilung der Bevölkerung. Die Llanos des Orinoco und die sogenannte Amazonía Colombiana, ca. 50 % des Staatsgebietes, haben nur 3,3 % der Bevölkerung. Die Bevölkerungsdichte liegt dort unter 1 Ew./km². Die „andere" Hälfte Kolumbiens weist unterschiedlich strukturierte Regionen auf, mit einem allerdings eindeutigen Übergewicht der andinen Region.

Diese umfaßt fast 40 % der Fläche, jedoch 79 % der Bevölkerung. Hier sind die gesamtwirtschaftlichen Aktivitäten des Landes konzentriert, liegen die wichtigsten städtischen Wachstumszentren: Bogotá, Medellín, Cali, Manizales, Armenia, Pereira, Ibagué, Bucaramanga etc.

Die karibische Region weist 17,7 % der Bevölkerung und 9,8 % der Fläche auf, ist — mit allerdings weitem Abstand — die zweitwichtigste Kolumbiens.

Zu dem enorm hohen Bevölkerungswachstum tritt eine starke Land-Stadt-Wanderung, initiiert durch die bürgerkriegsähnlichen Unruhen ab 1948, seit Anfang der 60er Jahre immer stärker ursächlich abgelöst durch die wachsende Wohlstandsdisparität zwischen ländlichem Raum und den großen Industrie- wie Handelszentren.

In den Städten über 100 000 Ew. lebt heute bereits fast 1/3 der Bevölkerung Kolumbiens (Tab. 2). Die Mittel- und Kleinstädte wachsen zwar absolut. Ihr Anteil an der Gesamtbevölkerung stagniert jedoch 1951—1964, bei der städtischen Bevölkerung ist er sogar rückläufig. Rapider geht der prozentuale Rückgang der ländlichen Bevölkerung vor sich: im Zuge der Land-Stadt-Wanderung verschiebt sich seit Jahren der Anteil der Land- zugunsten der Stadtbevölkerung um 1 % p. a., hauptsächlich zugunsten der Großstädte.

Bei gleichbleibender Tendenz werden 1985 ca. 75 % der Bevölkerung in den Städten wohnen, knapp 50 % allein in den Großstädten. Für 1970 wird aber bereits die Arbeitslosenrate, einschließlich der Unter- oder Teilzeitbeschäftigten in den Städten, auf 23 % aller Erwerbsfähigen, absolut auf 1,5 Mio. geschätzt. Für 1985 rechnet man mit einer Arbeitslosenrate von 35 %, d. h. mit 4 Mio., im ungünstigen Falle sogar mit 40 %.[2] Anders ausgedrückt: jährlich wächst z. Z. die Zahl der Erwerbsfähigen um ca. 200 000. Davon können vielleicht 30 000 im primären Sektor (ohne Bergbau) untergebracht werden (meistens handelt es sich um „jobs" auf kleinen Familienbetrieben), jedoch nur z. Z. 10 000—12 000/J. im sekundären Sektor (PÄTZ, 1970:44; ILO, 1971³: 34).

Ohne jetzt ein mögliches Verteilungsschema der bis 1985 notwendigen 4—4,5 Mio. neuen Arbeitsplätze auf die einzelnen Sektoren der kolumbianischen Volkswirtschaft auszudiskutieren,[3] dürfte klar sein, daß *eine* Maßnahme zur Abschwächung der Land-Stadt-Wanderung und damit gleichzeitig zur Minderung der Arbeitslosenrate die verstärkte Schaffung von Arbeitsplätzen im agraren Sektor ist.

An diesem Postulat sind die Maßnahmen der Agrarreform von 1962 bis 1972 *ebenfalls* zu messen, wurde doch bereits 1963 eine jährliche Neuschaffung von mindestens

---

[2] Bei der Fortschreibung der Entwicklung der letzten Jahre bis 1985 und unter der Annahme, daß weiter nichts geschieht. Eine Arbeitslosenrate von 40 % würde die Forderung auf 4—4,5 Mio. neue Arbeitsplätze bis 1985 erhöhen. — Es ist etwas unklar wie die ILO-Studie bei Nennung dieser Zahlen (1971³:34) dann unter Angabe des jährlichen Wachstums der arbeitsfähigen Bevölkerung um 3,5 % (1971³:43) auf die Forderung „five million more jobs" kommt, wobei noch eine Arbeitslosenrate von 5 % einkalkuliert ist.

[3] Vgl. die teilweise massive Kritik am „Verteilungsschema" der ILO bei KRUSE-RODENACKER (1972:97—100) und RADKE (1971:6—14).

20 000 Familienbetrieben sowie eine Aufstockung von 5000 Familienbetrieben/J. für notwendig erachtet, um die seinerzeit bestehende Arbeitslosigkeit im agraren Sektor bzw. das Problem der Subsistenzbetriebe zu lösen. Dabei wurde die jährliche Wachstumsrate der ländlichen Bevölkerung, d. h. die jährlich neu ins Erwerbsleben Eintretenden, nicht berücksichtigt.[4]

II.

Die offizielle Statistik des INCORA[5] weist für die Zeit von 1962 bis 1972, also in 10 Jahren, die Neuschaffung von knapp 20 000 landwirtschaftlichen Betrieben aus, insgesamt ca. 100 000 Personen betreffend, was nach den Schätzungen von 1963 einer Jahresrate entspricht (Karte 1, Tab. 3). Zum Vergleich: die Zahl der landsuchenden Familien wird auf 500 000 geschätzt, ca. 2,5 Mio. Personen betreffend (KRUSE-RODENACKER, 1972:115).

Tab. 3: *Von INCORA 1962–1972 neu geschaffene landwirtschaftliche Betriebe bzw. an bereits bestehende Betriebe vergebene Landtitel*[1].

	Anzahl	ha (gesamt)	durchschnittliche Betriebsgröße (ha)
1. Auf gekauften und enteigneten Ländereien	9432	163 805	17,4
2. Auf geschenkten und an den Staat infolge unzureichender Nutzung zurückgefallenen Ländereien	3935	89 752	22,8
3. Innerhalb staatlicher Kolonisationsprojekte[2]	6264	?	?
	19 631		
4. Landtitelvergabe an bereits bestehende Betriebe auf Staatsland	119 805	3 477 064	29

[1] bis 30. 6. 1972
[2] bis 31. 12. 1968

Quellen: INCORA: Reforma agraria colombiana, informe actividades, Cali 1972:9/10, 15
TAMAYO BETANCOUR, 1971:166

Die größte Anzahl sind Neuansetzungen auf von Großbetrieben gekauften und — gegen Entschädigung! — enteigneten Ländereien. Hiervon wurde wiederum der Hauptteil innerhalb großer, räumlich geschlossener Landreformprojekte geschaffen (vgl. das nachfolgend diskutierte Beispiel Atlántico 3). Da in den meisten dieser Landreformprojekte umfangreiche, kostspielige Be- und Entwässerungsmaßnahmen notwendig sind bzw. bereits durchgeführt wurden, also günstige produktionstechni-

---

[4] FEDER (1963/87); ders. schätzte bereits 1965 (123/124) die Zahl der notwendigen neuen Betriebe auf 20 000—30 000/J., die der aufzustockenden Betriebe auf 5000—10 000/J. „INCORA ought to settle 35 000 families during the first four years and about 100 000 in the subsequent five-year period" (1965:124). Jedoch: „In terms of actual settlement, the performance of INCORA has been negligible" (1965:127).

[5] INCORA = Instituto Colombiano de la Reforma Agraria, das 1961 (Gesetz 135) gegründete, offizielle kolumbianische Agrarreforminstitut.

sche Voraussetzungen gegeben sind, weisen die hier angesetzten Betriebe eine durchschnittliche Größe von unter 10 ha auf.

Aber ca. 25 % der unter dieser Kategorie aufgeführten Betriebe sowie fast 50 % der Betriebe auf geschenkten und an den Staat infolge unzureichender Nutzung zurückgefallenen Ländereien sind keine echten Neuanlagen. Es handelt sich um bereits bestehende colono-Betriebe auf Privateigentum, die von den einstigen Eigentümern — wenn überhaupt — nur in einem sehr langwierigen und teuren Prozeß sowie unter Zahlung erheblicher Entschädigungssummen hätten zurückerlangt werden können, praktisch also für sie wertlos waren. So ist ein Hauptteil der Landschenkungen wie der freiwilligen Landverkäufe an INCORA zu erklären. Die entsprechenden colono-Betriebe erhielten von INCORA Rechtstitel für das von ihnen z. T. seit Jahren genutzte Land.

Verteilen sich die in Tab. 3 unter 1 und 2 genannten Betriebe auf fast alle Departamentos Kolumbiens, so ist bei den innerhalb der staatlichen Kolonisationsprojekte angesetzten Betrieben eine eindeutige Konzentration am E- und SE-Fuß der E-Kordillere sowie in dem anschließenden Tiefland festzustellen. Es handelt sich vorwiegend um bereits vor 1961 begonnene, infolge mangelnder und falscher Planung fast gescheiterte Projekte, die dann von INCORA übernommen werden mußten und z. T. mit Erfolg fortgeführt werden.[6]

Die jahrelange Diskussion über die vor allem von den Großgrundbesitzern propagierte verstärkte Kolonisierung in diesen Regionen, anstelle von Parzellierungsmaßnahmen in den dicht besiedelten andinen Bereichen, ist noch nicht ganz abgeklungen.[7] Es setzt sich jedoch langsam die Meinung durch, daß eine gelenkte, sinnvolle Erschließung der weiten Tiefländer der Llanos Orientales und der Amazonía Colombiana zwar notwendig ist, jedoch nicht die Lösung der agrarsozialen Problem herbeiführen kann.

Die Unkosten für die Anlage einer Kolonistenstelle von ca. 50 ha im SE Kolumbiens (Projekte Caquetá 1 und Arauca) betrugen 1970 zwischen 2500 und 4000 US-Dollar, einschließlich des ersten größeren Kredits für Hausbau, Geräte, Rodung, Saatgut etc. (DANE, 1971:40). Allein aus der Krediteinhöhe ist zu ersehen, daß — bei fehlendem Eigenkapital der Kolonisten — eine zügige Urbarmachung und Bearbeitung des zugeteilten Landes gar nicht möglich ist. — Ohne auf die notwendigen Infrastrukturmaßnahmen, die Lagerhaltungs- und Transportprobleme einzugehen, zeigt sich, daß bei den limitierten finanziellen Möglichkeiten des INCORA eine rasche Schaffung von Arbeitsplätzen im agraren Sektor mittels verstärkter Kolonisationsmaßnahmen nicht gegeben ist.

[6] Erste Vorläufer waren das 1948 gegründete „Instituto de Parcelaciones, Colonizaciones y Defensa Forestal", aus dem 1953 das „Instituto de Colonización y Inmigración" hervorging. Die von diesen erstellten Kolonisationspläne — das einzige nennenswerte Ergebnis — wurden dann von der „Caja de Crédito Agrario, Industrial y Minero" („Caja Agraria"), ab 1956 u. a. auch die offizielle Kolonisationsbehörde, zum Teil ausgeführt (vgl. BRÜCHER, 1968:35; EIDT, 1967:26/27).

[7] Sie verlief unter den Schlagwörtern „colonización — parcelización". — Ein typisches, in ähnlicher Form immer wiederkehrendes Argument für die Kolonisierung der heißen Tiefländer E-, SE- und S-Kolumbiens lautete: „It is folly to resettle farm people in the established farming areas when there are millions of hectares of good land in the jungles of the Amazonas River" (FEDER, 1965:130).

Auf keinen Fall liegt — wie es noch MONHEIM ausführte (1966:139) — in Kolumbien „der Schwerpunkt des Reformprogrammes in einer Erschließung der noch wenig genutzten Tiefländer im Norden und Osten des Staatsgebietes und in einer Umsiedlung großer Bevölkerungsteile aus der Sierra in diese neu zu erschließenden Räume".

Rein zahlenmäßig machte bis 1972 die Landtitelzuerkennung an colonos auf Staatsland den größten Aktivposten der Landreform aus. Regional zeichnen sich dabei die Schwerpunkte der spontanen, ungelenkten Kolonisation ab (vgl. Karte 1).

Diese Rechtstitelvergabe ist nun keine echte landreformerische Maßnahme, etwa mit dem Ansetzen neuer Betriebe vergleichbar. Vielmehr ist es eine Legalisierung de facto bestehender Zustände, da die betreffenden campesinos als colonos, als squatter, z. T. bereits über viele Jahre hin das entsprechende Land in „Besitz" hatten und nutzten. Jedoch hat die offizielle Bestätigung des bisher gewohnheitsmäßig als Besitz angesehenen Landes einen wichtigen Vorteil für die colonos gebracht: sie haben jetzt Zugang zu den billigeren staatlichen Anbaukrediten.

Alle in Tab. 3 aufgeführten Betriebe sowie alle anderen Klein- und Mittelbetriebe (deren größenmäßige Festsetzung regional differiert, generell aber zwischen 80 und 100 ha liegt) in den Projektzonen, können seit 1964 von INCORA sogenannte „überwachte" Kredite (crédito supervisado) erhalten. Diese dienen vornehmlich der Anbauförderung bestimmter Produkte und sollen insgesamt einen wirtschaftlichen Aufschwung der betreffenden Betriebe ermöglichen. — Da viele Betriebe diesen Kredit bereits mehrfach in Anspruch genommen haben, die Statistik nur die Summe aller bewilligten Anträge ausweist, ist eine Aussage über die diesen Kredit ausnutzenden Betriebe mit großen Fehlern behaftet.

Ein knappes Fazit der unter II. summarisch vorgetragenen und kurz erläuterten Daten lautet: die bisherigen, 1962—1972 erbrachten Maßnahmen reichen nicht aus, um die eingangs skizzierten Probleme auch nur annähernd zu lösen.

Am Beispiel des Projektes Atlántico 3 sollen die Kriterien diskutiert werden, die zur Beurteilung der großen, geschlossenen Landreformprojekte an sich wichtig sind sowie für deren Beitrag zur Lösung agrarsozialer und bevölkerungsmäßiger Probleme Kolumbiens.

III.

Das Landreformprojekt Atlántico 3 umfaßt den S-Teil des gleichnamigen Departamentos in N-Kolumbien, im Dreieck zwischen Río Magdalena und Canal del Dique, der größtenteils vordem jährlich ein-, oft zweimal überschwemmt wurde. Zahlreiche, in ihrer Ausdehnung stark variierende Seen (ciénagas) sowie Altläufe und andere kleinere Wasserarme charakterisierten diesen Bereich (Karte 2).

Die periodisch inundierten Regionen wurden in der Trockenzeit von angrenzenden Haziendabesitzern als saisonale Ergänzungsflächen für die extensive Weidewirtschaft beansprucht, gleichzeitig auch von den unteren agrarsozialen Schichten, die als colonos jährlich ein Stück Land von 1,5—2 ha (roza) zum Anbau von lebenswichtigen Grundnahrungsmitteln benötigten. Daraus erwuchsen zu Beginn der 50er Jahre die ersten größeren Konflikte.[8] Der von der Regierung 1955/1956 gebaute, ca. 70 km lange Deich unterband zwar die Überschwemmungen im südlichen Teil, jedoch verschärften sich die Auseinandersetzungen zwischen den Haziendabesitzern, die ihre Betriebsgrenzen in die austrocknenden Seen verschoben, und den colonos, denen dadurch nicht mehr in ausreichendem Maße Land zur Verfügung stand. Hinzu kam der mit dem Austrocknen der Seen einhergehende Rückgang der Fischerei. Damit wurde

---

[8] Eine detaillierte Darstellung der sozio-ökonomischen Situation und der Auseinandersetzungen, die dann zur Installierung des Landreformprojektes Atlántico 3 führten, findet man bei Mertins (1973:274—282).

auch die davon lebende Bevölkerungsschicht, teilweise mit den colonos identisch, in Opposition zu den von den staatlichen Institutionen unterstützten Haziendabesitzern gebracht. Die verschärft auftretenden Gegensätze führten zu bewaffneten Zusammenstößen und kulminierten in der Verhängung des Belagerungszustandes über diese Region im Oktober 1963.

Unmittelbar darauf, im Dezember 1963, wurde das Landreformprojekt Atlántico 3 geschaffen. Die Maßnahmen des INCORA begannen nach den erforderlichen Vorarbeiten über ein halbes Jahr später, im Juli 1964, liefen erst ab Anfang 1965 auf vollen Touren.

Wichtig ist festzuhalten, daß dieses Projekt — wie fast alle großen Landreformprojekte — in einem agrarsozialen, damit innenpolitischen Krisengebiet quasi als Soforthilfeprogramm von dem INCORA installiert werden mußte. Wenn auch die Dringlichkeit derartiger Projekte außer Zweifel steht, so war a priori eine regionale Auswahl und Koordinierung nach anderen Kriterien (u. a. volkswirtschaftlichen, bodenkundlichen, größere und leichtere Verfügbarkeit von Ländereien) nur schwer möglich. Alle derartigen Projekte waren bis jetzt gewissermaßen innenpolitisch vorgegeben.

Innerhalb des Landreformprojektes Atlántico 3 wird hier nur der S-Teil, der sogenannte Teil 1, vorgestellt (Karte 3). Dessen Entwicklung wurde ab 1964 wesentlich durch einen Weltbankkredit finanziert, wofür mit 11 Mio. US-Dollar fast 2/3 der für das gesamte Projekt aufgewandten 15,9 Mio. US-Dollar zur Verfügung standen.

Nach Abschluß der umfangreichen Be- und Entwässerungsarbeiten, der anderen Infrastrukturmaßnahmen, dem Ankauf bzw. der Enteignung der notwendigen zusammenhängenden Flächen etc. stehen seit 1971 im Teil 1 4115 ha für 778 Betriebe zur Verfügung. Davon umfassen 225 Betriebe 6 ha, 553 Betriebe sind 5 ha groß. Es handelt sich um Richtbetriebsgrößen, für deren Festsetzung bei den gegebenen produktionstechnischen Bedingungen und unter Einhaltung der Bodennutzungssysteme hier 3 Faktoren entscheidend waren:
a) Gewährung eines ausreichenden Lebensunterhaltes für eine 6—8köpfige Familie;
b) Sicherstellung der kontinuierlichen Rückzahlung der Kredite;
c) reale Möglichkeit der Anhebung des Lebensstandards für die bewirtschaftende Familie.

Da die Betriebsflächen innerhalb planmäßig aufgeteilter, geschlossener Areale, sogenannten Parzellationen (parcelaciones) liegen, nennt man die neuen Besitzer parceleros. Die Landtitelüberschreibung an die parceleros erfolgte bis jetzt noch nicht. Man will erste Ergebnisse abwarten, die Qualifikation und die Bereitschaft zur Mitarbeit bei den parceleros weiterhin prüfen sowie auch mehr Eingriffsmöglichkeiten haben, falls größere Veränderungen in den ersten Jahren notwendig sind.

Die zu jedem Betrieb gehörende Fläche bildet nicht eine geschlossene zusammenhängende Besitzparzelle. — Vielmehr nehmen innerhalb der einzelnen Parzellationen die Dauerkulturen jeweils einen geschlossenen Block ein, die Saisonkulturen ein bis zwei andere Blöcke. Jeder Block ist also eine große, geschlossene Nutzungsparzelle, in dem die entsprechenden Flächen der einzelnen parceleros liegen. So können größere Arbeiten wie Saat, Düngung, Schädlingsbekämpfung, Bewässerung, Ernte etc. auf den betreffenden Blöcken kostensparend zu einem bestimmten Zeitpunkt und nach Möglichkeit maschinell durchgeführt werden. Die zu einem Betrieb gehörenden Stücke innerhalb eines solchen Blockes sind durch kleine Grenzmarkierungen ausgewiesen; die hier geernteten Produkte werden gesondert notiert. Eine Genossenschaft

Tabelle 4: Betriebsformen nach Betriebsgröße, Bodennutzungs- (Fruchtfolge-)systemen im S-Teil (Teil 1) des Landreformprojektes Atlántico 3

Areal	Betriebs-form	ha/Betrieb	Zahl der Betriebe	Fläche ges. ha	Fruchtfolgen 1.–5. Jahr	ab 6. Jahr	Art der Bewässerung
1	1A[1]	5	239	1195	2 ha Zitrus; 1 ha Tomaten, 2 ha Erdnuß/3 ha Hirse	2 ha Zitrus, 2 ha Tomaten, 1 ha Zwiebeln/1 ha Tabak, 1 ha Mais	ständige Bewässerung
1	1B	5	109	545	3 ha Baumwolle, 2 ha Erdnuß/ 4 ha Hirse, 1 ha Zwiebeln	3 ha Baumwolle, 2 ha Erdnuß/ 1,5 ha Zwiebeln, 3,5 ha Bohnen	ständige Bewässerung
2	2A[1]	5	205	1025	2 ha Zitrus, 1 ha Tomaten, 2 ha Erdnuß/3 ha Hirse	2 ha Zitrus, 1,5 ha Tomaten, 1,5 ha Erdnuß/1,5 ha Bohnen, 1,5 ha Zwiebeln	ständige Bewässerung
3	3A	6	61	366	3 ha Papaya; 3 ha Baumwolle/ 3 ha Hirse	3 ha Papaya; 3 ha Baumwolle/ 2 ha Zwiebeln, 1 ha Bohnen	ständige Bewässerung bei Papaya, sonst ergänzende Bewässerung
3	3B	6	89	534	3 ha Baumwolle, 1 ha Tomaten, 2 ha Erdnuß/4 ha Hirse, 2 ha Mais	2 ha Zwiebeln, 1 ha Tomaten, 3 ha Bohnen/4 ha Erdnuß, 2 ha Tabak	ergänzende Bewässerung
3	3C	6	75	450	2,5–5 ha Weide, 3,5–1 ha Hirse	5 ha Weide–1 ha Hirse	ergänzende Bewässerung
			778	4115			

[1] Vom 1.–3. Jahr werden zusätzlich Hirse und Erdnüsse zwischen den Zitrusbäumen angebaut.

Quellen: Unterlagen des INCORA-Projektes Atlántico 3 in El Limón und Barranquilla sowie der TAHAL Consulting Engineers Ltd, Barranquilla; Eigene Erhebungen und Befragungen, 1968–1970

Tabelle 5: *Rohertrag, Produktionskosten, Kapitaldienst, Reinertrag und Betriebs- (= Familien-)einkommen bei den verschiedenen Betriebsformen für 1973 im S-Teil (Teil 1) des Landreformprojektes Atlántico 3*

Betriebs-form	Anbauprodukte und -fläche	Rohertrag/Anbau-prod. u. -fläche in US $ (Tab. 4)	Rohertrag/ Betrieb Pesos[7]	Prod. Kosten/ Betrieb[8] [9] (Pesos)	Kapitaldienst f. Weltbankkredit (Pesos)	Reinertrag/ Betrieb[10] in: Pesos u. US $	Betriebs- (= Fam.-) Einkommen[11] in Pesos u. US $
1A/2A	2 ha Zitrus[1] 2 ha Erdnuß 1 ha Tomaten 3 ha Hirse 2 ha Erdnuß[2] 2 ha Hirse[2]	400 1080 990 1050 864 462	109035	(−) 46325 (=) 62710	(−) 30150 (=) 32560	27676 P. = 1230 D.	35376 P. = 1572 D.
1A	2 ha Zitrus[3] 2 ha Erdnuß 1 ha Tomaten 3 ha Hirse	1600 1080 990 1050	106200	(−) 35207 = 70993	(−) 30150 (=) 40843	32217 P. = 1432 D.	39917 P. = 1774 D.
1B	3 ha Baumwolle 2 ha Erdnuß 4 ha Hirse 1 ha Zwiebeln	1701 1080 1400 1200	98573	(−) 45453 (=) 53120	(−) 30150 = 22970	19524 P. = 868 D.	27744 P. = 1233 D.
3A	3 ha Papaya 3 ha Baumwolle[4] 3 ha Hirse	4320 1134 945	143978	(−) 39076 (=) 104902	(−) 36180 (=) 68722	58414 P. = 2596 D.	66514 P. = 2956 D.
3B	3 ha Baumwolle[4] 1 ha Tomaten 2 ha Erdnuß 4 ha Hirse[5] 2 ha Mais[6]	1134 990 1080 1260 525	112253	(−) 49050 (=) 63203	(−) 36180 (=) 27023	22970 P. = 1021 D.	31570 P. = 1403 D.

Quellen: INCORA: Atlántico No. 3, Irrigation Project, Quarterly Report, Bogotá 31.12.1969:17–25; Unterlagen des INCORA-Projektes Atlántico 3 in El Limón und Barranquilla sowie der TAHAL Consulting Engineers Ltd. in Barranquilla; Eigene Erhebungen und Befragungen, 1968–1970

[1] Nach 5 Jahren: 5 to/ha.
[2] Zwischen den Zitrusbäumen angebaut; der Ertrag war bei Erdnuß um 20%, bei Hirse um 56% geringer als bei normalem Anbau.
[3] Nach 7 Jahren: 20 to/ha.
[4] Trockenfeldbau: 1,8 to/ha.
[5] Teilbewässerter Anbau: 4,5 to/ha.
[6] Teilbewässerter Anbau: 3,5 to/ha.
[7] 1 US-Dollar = 22,50 Pesos.
[8] Darin sind die Löhne für die familieneigenen Arbeitskräfte enthalten.
[9] Produktionskosten (geschätzt) bei: Erdnuß auf 5000 Pesos/ha; Tomaten auf 6500 Pesos/ha; Hirse auf 1800 Pesos/ha; Baumwolle auf 5500 Pesos/ha; Zwiebeln auf 8000 Pesos/ha; Mais auf 2400 Pesos/ha; Zitrus (5. Jahr) auf 3500 Pesos/ha; Zitrus (7. Jahr) auf 5200 Pesos/ha; Papaya (2. Jahr) auf 4650 Pesos/ha; zuzüglich jeweils 9% Kapitaldienst für die Anbaukredite.
[10] Unter Berücksichtigung von 15% für weitere, nicht zu spezifizierende Unkosten.
[11] Betriebs- (= Familien-) einkommen = Reinertrag („Gewinn") zuzüglich der Löhne für die familieneigenen Arbeitskräfte.

übernimmt die Vermarktung aller Produkte. Nach Abzug der anteiligen Anbaukosten, der jeweils fälligen Zinszahlungen etc. erhält jeder parcelero den ihm zustehenden Reinertrag ausbezahlt.

Eine Übersicht über die einzelnen Betriebsformen nach Größe, Bodennutzungssystemen, Art der Bewässerung etc. vermittelt Tab. 4. Die künstliche Bewässerung er-

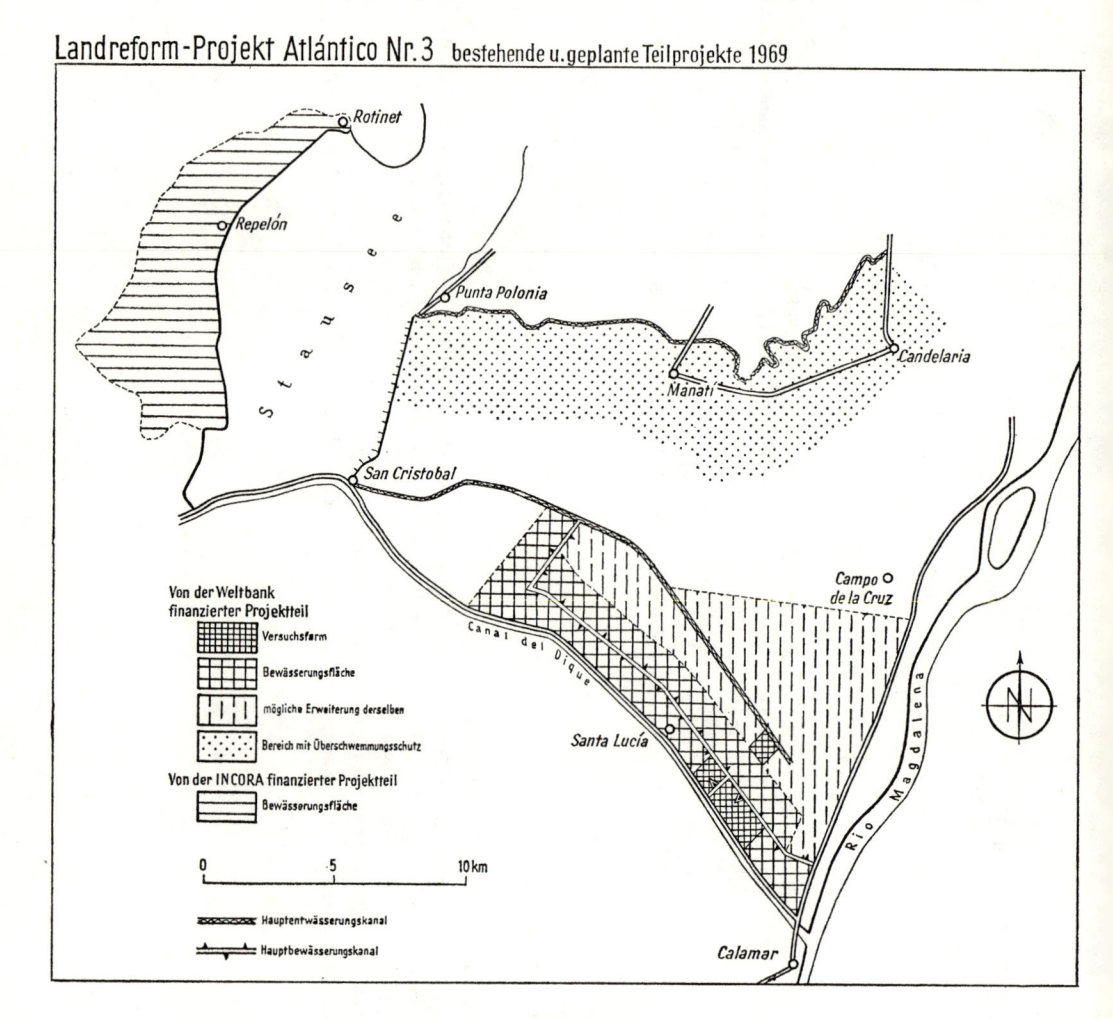

Landreform-Projekt Atlántico Nr. 3 bestehende u. geplante Teilprojekte 1969

laubt bei Saisonkulturen einen zweimaligen Anbau/J. Die Fruchtfolgen sind vorgeschrieben und für die betreffenden Betriebe verbindlich, können aus marktwirtschaftlichen Gründen jedoch wechseln.

Rohertrag, Produktionskosten, Kapitaldienst, Reinertrag etc. im Jahre 1973 sind für die verschiedenen Betriebsformen in Tab. 5 ausgewiesen. Der Rohertrag und die Produktionskosten mitsamt den Löhnen für die familieneigenen Arbeitskräfte wurden nach vorliegenden Unterlagen von 1970/71 für 1973 geschätzt. Von dem Reinertrag

(d. h. dem „Gewinn") wurden 15 % für evtl. nicht erfaßte Unkosten (Genossenschaftseinlage, Kapitaldienst, für andere INCORA-Kredite etc.) abgesetzt.

Deutlich zeichnen sich in betriebswirtschaftlicher Hinsicht Unterschiede zwischen den einzelnen Betriebsformen ab, was auch im Vergleich durch eine Ertrags-Kosten-Analyse bestätigt wird (Tab. 6). Die hier nicht wiedergegebene Analyse der Verhältnisse von Reinertrag/J. bzw. Betriebseinkommen/J. zu den Investitionskosten lassen die gleichen Schlüsse für die jeweiligen Betriebsformen zu.

Tab. 6: *Vergleichende Ertrags/Kosten-Analyse bei 6 Betriebsformen innerhalb des S-Teils (Teil 1) des Landreformprojektes Atlántico 3.*

Betriebsform	Ertrags/Kosten-Relation 1973
1 A/2 A	1,34:1
1 A	1,45:1
1 B	1,23:1
3 A	1,68:1
3 B	1,26:1

Quelle: MERTINS, 1973:292.

Die geringeren Reinerträge, damit die geringere Rentabilität bei gleichem Kapitaldienst, erklärt sich bei den Betriebsformen 1B und 3B durch das Fehlen von Dauerkulturen, bei 3B zusätzlich durch die zeitlich nur beschränkt mögliche, ergänzende Bewässerung.

Die größtenteils über den Weltbankkredit finanzierten landeskulturellen wie infrastrukturellen Maßnahmen belasten umgerechnet jeden Hektar Anbaufläche mit 2674,2 US-Dollar, von anderen anteiligen Kosten für den Deichbau, den Stausee etc. abgesehen. Das ergibt a priori eine durchschnittliche, hypothekarisch abgesicherte Belastung von 13 371 US-Dollar für einen 5-ha- bzw. von 16 045,2 US-Dollar für einen 6-ha-Betrieb, deren Rückzahlung bei 6 %iger Verzinsung in 25 Jahresraten erfolgen soll.

Dessen ungeachtet liegen sowohl das Betriebs-(= Familien-)Einkommen und der Reinertrag (hier mit einer Ausnahme, Betriebsform 1B) weit über der ursprünglich als Norm für das Betriebseinkommen angesetzten 900 US-Dollar/J. — Setzt man das durchschnittliche Pro-Kopf-Einkommen in Kolumbien für 1970/71 mit 315—320 US-Dollar an und rechnet — hoch gegriffen — zwei Erwerbstätige je Familie, so beträgt hier das Familieneinkommen je nach der Betriebsform das Zwei- bis Fünffache des kolumbianischen Durchschnitts.

Demzufolge ist die betriebswirtschaftliche Situation der neu angesetzten Betriebe z. Z. positiv zu beurteilen und für die betreffenden Familien ist eine echte Verbesserung des Lebensstandards gegeben.

Ebenso arbeitet der gesamte Projektteil bei einem internen Zinsfuß der Investitionskosten von 13 %erfolgreich, d. h. die Rendite des investierten Kapitals ist nach volkswirtschaftlichen Gesichtspunkten durchaus ansehnlich.[9]

---

[9] Entwicklungsprojekte hält man heute insgesamt bereits für erfolgreich, wenn der interne Zinsfuß 10 % erreicht.

Drei, bisher noch nicht herausgestellte Faktoren spielen dabei insgesamt eine wichtige Rolle:
1. Die Aufsicht über Planung, Koordination und Durchführung aller projektbezogenen Maßnahmen, einschließlich der Vermarktung, durch die ausländische Consulting-Firma, deren Verpflichtung an die Gewährung des Weltbankkredites gekoppelt war und für die 6 Aufbau- und die ersten 5 „Funktions"jahre vorzunehmen war. — Dabei stellt sich natürlich die Frage, ob die bisherige, kontinuierliche und erfolgreiche Arbeit durch deren abzusehendes Ausscheiden u. U. negativ beeinflußt werden könnte.
2. Ferner ist — bei guter verkehrsmäßiger Anbindung — die Nähe (65—80 km) zu einem bedeutenden Absatzmarkt wichtig, zu der mit ca. 700 000 Ew. viertgrößten Stadt Kolumbiens, zu Barranquilla, gleichzeitig das Oberzentrum für N-Kolumbien.
3. Von Barranquilla aus ist zudem ein schneller Transport der für den Export vorgesehenen Produkte (vor allem Zitrusfrüchte, Papaya) per Flugzeug und Schiff möglich, wobei der US-amerikanische Markt der Hauptabnehmer ist. Barranquilla ist daneben auch der geeignete Ort für den binnenländischen Versand aller Produkte.

IV.

Zum Schluß stellt sich das eingangs aufgeworfene Problem wieder mit aller Schärfe und wird zum Hauptkriterium für die Beurteilung dieses sowie ähnlicher Projekte.

Kann man bei Investitionen von 13 371 bzw. 16 045,2 US-Dollar für einen 5- bzw. einen 6-ha-Betrieb noch von einem Agrarreformprojekt im Sinne der eigentlichen Zielsetzung der Agrarreform sprechen? Sicherlich war dieses Sanierungsprogramm unumgänglich notwendig. Wenn man für 11 Mio. US-Dollar jedoch nur 778 Betriebe neu schaffen bzw. umsetzen kann, denn fast 75 % sind ehemalige colonos oder Eigentümer von Klein- und Kleinstbetrieben aus dem S-Teil des Departamentos Atlántico, so steht der finanzielle Aufwand zu der Masse der flächenmäßig unterbesetzten Klein- und Kleinstbetriebe sowie der landsuchenden Bevölkerung in keinem Verhältnis.

Da fast alle großen, geschlossenen Landreformprojekte in Kolumbien eine ähnliche Konzeption aufweisen, verschärft sich die Frage nach der agrarsozialen und damit auch nach der innenpolitischen Effizienz dieser Landreformmaßnahmen. Selbst bei Anerkennung der Notwendigkeit derartiger sehr teuerer, regional begrenzter agrarer Entwicklungsprogramme — von ebenso „begrenztem" Effekt und noch kaum volkswirtschaftlichen Nutzen aufweisend — stellen diese keinen echten Beitrag zur Lösung der mit der Arbeitsplatzbeschaffung im agraren Sektor gekoppelten sozialen Probleme dar, haben sie — auf das gesamte Land bezogen — nur eine geringe sozialpolitische Wirkung.

Aus diesen Gründen ist jedoch ein Überdenken der bisherigen Konzeption der Agrarreform dringend geboten, die in der 1961 verkündeten und später (u. a. Gesetz 1a von 1968) erweiterten Form als gescheitert gilt (KRUMWIEDE, 1971:165 ff.; TAMAYO BETANCOUR, 1971:185).

Ein möglicher, in jüngster Zeit häufig ernsthaft diskutierter Schritt sieht radikal die beschleunigte Aufteilung, ein „break up", nicht intensiv genutzter Großbetriebe vor mit dem Ziel der Schaffung lebensfähiger Klein- und Mittelbetriebe sowie der Absorption eines wesentlichen Prozentsatzes der zukünftigen Arbeitskräfte im agraren Sektor.[10]

Selbstverständlich sind auch die durch das starke Bevölkerungswachstum sich ergebenden Probleme einer ausreichenden Nahrungsmittelversorgung zu beachten, die eine Steigerung der Agrarproduktion erforderlich machen. Diese nahm in den Jahren 1950—1967 durchschnittlich um jährlich 3,3 % zu (Mohr, 1971:5), hielt also gerade mit dem Bevölkerungswachstum Schritt, womit noch keine Verbesserung der Nahrungsmittelversorgung der breiten Masse erreicht wurde. Dazu reichen auch die Weizen- und Mehlimporte nicht aus (1969: 0,25 Mio. t für 16,2 Mio. US-Dollar).

Das Defizit in der Agrarproduktion — wie auch die Nahrungsmittelversorgung — könnte einmal durch eine Produktivitätssteigerung auf den bereits nach moderneren Gesichtspunkten arbeitenden Mittel- und Großbetrieben erzielt werden, also durch eine „vertikale" Produktionssteigerung. Dem steht die geforderte „horizontale" Produktionssteigerung gegenüber, d. h. durch Schaffung neuer Anbauflächen in noch nicht erschlossenen Regionen oder auf bisher noch nicht oder unzureichend genutzten Großbetrieben. Da damit gleichzeitig die Gründung neuer landwirtschaftlicher Betriebe, d. h. die Bereitstellung neuer Arbeitsplätze gekoppelt ist, wird dieses Mittel vorrangig z. Z. empfohlen (Dorner und Felstehausen, 1970:233—235).

Erst der nächste Schritt sieht die wichtige staatliche Unterstützung im infrastrukturellen und technischen Sektor mit Krediten, durch Vermarktungserleichterungen, landwirtschaftliche Beratung etc. vor. Temporär sollen also bewußt Subsistenzbetriebe geschaffen werden, um die Arbeitslosigkeit und den sozialpolitisch eminent gefährlichen Landhunger der unteren sozialen Schichten einzudämmen. Ein Risiko, wenn der zweite Schritt zu lange hinausgezögert wird.

Die ab Mitte 1970 immer aggressiver auftretende usuario-Bewegung mit gelenkten, z. T. gleichzeitigen Besetzungen von landwirtschaftlichen Großbetrieben in verschiedenen Landesteilen durch landlose Landarbeiter, colonos, Besitzer von Kleinstbetrieben etc. erfordert jedoch schnelles staatliches Handeln und ist eine eindeutige Reaktion auf die bisherigen Landreformmaßnahmen.

Die Agrarreform in Kolumbien erweist sich so in erster Linie als ein politisches, und zwar als ein sozial- wie innenpolitisches Problem; sekundär sind ökonomisch-technische Fragen.

---

[10] Seers (1970:381); Ilo (1971³:76): „A sufficiently dramatic improvement in irrigation zones or colonisation appears unlikely. The cost, for one thing, would be too great. The only avenue left is in a quicker rate of redistribution of large farms. Without this, it is in any case difficult to visualise how the longer-term objectives can be attained." Vgl. auch Mertins (1973:207—211).
Nach Angaben des INCORA lagen in Kolumbien 1970 die durchschnittlichen Kosten für die Erstellung eines 5,5 ha großen Betriebes innerhalb von Bewässerungsprojekten bei 8795 US-Dollar (vgl. die höheren Kosten im Projekt Atlántico 3, S. 196), für die Anlage einer 50 ha großen Kolonistenstelle betrugen sie 3250 US-Dollar und für die Schaffung eines durchschnittlich 19,1 ha großen Betriebes innerhalb von Parzellationsprojekten (Aufteilung von Großbetrieben) machten sie 3250 US-Dollar aus. Die letzte Möglichkeit wäre demnach aus finanziellen Erwägungen und — da schneller „sichtbare" Erfolge zu erzielen sind — aus innenpolitischen Gründen vorzuziehen. — Über die Anlage von Kolonistenstellen in bislang unerschlossenen Regionen vgl. S. 193.

Literatur

BRÜCHER, W.: Die Erschließung des tropischen Regenwaldes am Ostrand der kolumbianischen Anden — Der Raum zwischen Rio Ariari und Ecuador —, 1—218, Tübingen 1968 = Tübinger Geogr. Studien, Heft 28.

Departamento Nacional de Estadística (DANE; Ed.): Debate agrario, documentos, — 1—227, Bogotá 1971.

Departamento Nacional de Planeación: La población en Colombia: diagnóstico y política. — In: Revista de Planeación y Desarollo, 1 (4), Bogotá 1969:19—81. Zitiert: Planeación, 1969 . . .

DORNER, P. und H. FELSTEHAUSEN: Agrarian Reform and Employment; the Colombian Case. — In: International Labour Review, 102, Genf 1970:221—240.

EIDT, R. C.: Modern Colonization as a Facet of Land Development in Colombia, South America. — In: Yearbook of the Ass. of Pacific Coast Geographers, 29, Oregon State Univ. 1967:21—42.

FEDER, E.: The Rational Implementation of Land Reform in Colombia and its Significance for the Alliance for Progress. — In: América Latina, 6 (1), Rio de Janeiro 1963:81—106.

— When is Land Reform a Land Reform? The Colombian Case. — In: The American Journal of Economics and Sociology, 24, Lancaster/Pa. 1965:113—134.

International Labour Office (ILO, Ed.): Towards full Employment, a Programme for Colombia. — 1—471, Genf 1971³. Zitiert: ILO, 1971³ . . .

KRUMWIEDE, H. W.: Die kolumbianische Agrarreform: Analyse des Scheiterns einer Sozialreform. — In Vierteljahresberichte, Probleme der Entwicklungsländer, 44, Hannover 1971:151—177.

KRUSE-RODENACKER, A. u. a.: Länderstudie Kolumbien. — 1—274, Berlin 1972.

MERTINS, G.: Agrarstruktur und Agrarreform in N-Kolumbien, agrargeographische Analyse einer Großregion eines tropischen Entwicklungslandes. — 1—402, unveröff. Habil.-Schrift, Fachbereich Geowissenschaften und Geographie, Gießen 1973.

MOHR, H. J.: La agricultura dentro de un proyecto de desarollo integral. — In: Centro de Investigación y Acción Social, CIAS (Ed.): Hacía una reforma agraria masiva, Bogotá 1971:5—21.

MONHEIM, F.: Junge Strukturwandlungen in den tropischen Andenländern. — In: Dtsch. Geographentag Bochum 1965; Tagungsbericht und wiss. Abhandlg. Wiesbaden 1966:133—146.

PÄTZ, H.-J.: Regionale Entwicklungsgesellschaften in Kolumbien. — 1—127, Göttingen 1970 = Arbeitsberichte d. Ibero-Amerika-Inst. f. Wirtschaftsforschung a. d. Univ. Göttingen, Heft 8.

RADKE, D.: Die Kolumbien-Studie der ILO — Ein Beitrag zum Weltbeschäftigungsprogramm? 1—16, Berlin 1971.

SEERS, D.: New Approaches suggested by the Colombia Employment Programme. — In: International Labour Review, 102, Genf 1970:377—390.

TAMAYO BETANCOUR, H.: Tendencias de los principales efectos de una reforma agraria en Colombia. — In: DANE (Ed.): Debate agrario, documentos, Bogotá 1971:151—194.

Diskussion zum Vortrag Mertins

W. Felber (Wien)

1. Wieviel ha jährlich wurden von der Landreformgesellschaft enteignet oder erworben?
2. Die Frage der Bodengüte der enteigneten oder Bauern überantworteten Betriebe blieb unberücksichtigt. Wie liegt der Fall in Kolumbien?
3. Sie haben von einem „gewissen Fortschritt" im Zusammenhang mit der Landreform gesprochen. Wenn Sie Frage 1 beantwortet haben, in 10 Jahren seien 3,8 Mill. ha Kleinbauern übergeben worden, dann ist doch das nur für den Geburtenüberschuß von zwei Jahren ausreichend. Wo ist hier der Fortschritt?

W. Stehle (Tübingen)

Können Sie Zahlenwerte nennen, wie sich die enorm hohen Kosten (13 000 $) für einen 5 ha großen Betrieb aufschlüsseln? Sind es Kosten für das enteignete Land oder für Be- und Entwässerung, Maschinen etc.?

Prof. Dr. G. Mertins (Gießen)

1. Insgesamt wurden 1962—1972 von dem INCORA 3,8 Mio. ha (durch Enteignung gegen Entschädigung, Kauf, Schenkung und Rückfall nicht genutzter Ländereien an den Staat) erworben. Eine Angabe, wieviel durchschnittlich je Jahr von der Landreformgesellschaft erworben wurde (380 000 ha) führt nicht weiter, da die Schwankungen von Jahr zu Jahr sehr stark sind. Jedoch einige Zahlen über die jährlich (gegen Entschädigung) enteigneten sowie über die angekauften Flächen: 1962 = 872 ha, 1964 = 25 474 ha, 1966 = 23 627 ha, 1967 = 57 910 ha, 1969 = 27 986 ha. Im Vergleich zu den durchschnittlich erworbenen Flächen/Jahr sieht man, einen welch hohen Anteil oft die an den Staat zurückgefallenen nicht genutzten Ländereien ausmachten.
2. Diese Frage ist schwierig und zugleich pauschal-einfach zu beantworten. Es gibt keine quantitativen Angaben hinsichtlich der Bodengüte der erworbenen Flächen. Diese gehören den verschiedensten Bodengüteklassen an. Es sind — wenn auch im geringen Umfang — Enteignungen und Verteilungen von Ländereien auf fruchtbaren, lehmig-sandigen Alluvialböden vorgekommen, z. B. im Cauca-Tal und in der Bananenzone von Santa Marta, wo zusätzlich Be- und Entwässerungskanäle, Eisenbahnen etc. die Infrastruktur und damit den Wert der verteilten Ländereien erhöhten.
3. Bei ca. 22 Mio. Einwohnern und einer Wachstumsrate von 3 %/Jahr beträgt die Bevölkerungszunahme in einem Jahr ca. 660 000 Personen, d. h. man müßte mit 300 000—320 000 neuen Familien in 20—25 Jahren rechnen. So darf man m. E. für die heutige Situation jedoch nicht argumentieren. Vielmehr ist von den jetzt existierenden ca. 500 000 landsuchenden Familien auszugehen, die ca. 2,5 Mio. Personen (= 1/10 der kolumbianischen Bevölkerung) umfassen.

Bei der — zur Zeit noch rhetorischen — Forderung, jährlich an 50 000 Familien Land zu verteilen, würden, 10 ha/Familie als unterer Durchschnitt angenommen, jährlich 500 000 ha benötigt, d. h. die in den letzten 10 Jahren erworbenen Ländereien würden 6—7 Jahre ausreichen unter der Voraussetzung, daß sie sich für die landwirtschaftliche Nutzung eignen. Jedoch würde bei dieser hypothetischen Kalkulation nur der bestehende Überhang abgebaut; die auf 10 %/Jahr geschätzte Zuwachsrate bleibt unberücksichtigt.

Wenn ich von einem „gewissen Fortschritt" gesprochen habe, so bin ich mir bewußt, daß dieser bei der Menge der landsuchenden Bevölkerung und der hohen Wachstumsrate gering ist und auch bei den derzeitigen Möglichkeiten der Landreformgesellschaft keine einschneidenden Änderungen zu erwarten sind. Vielmehr gilt die Agrarreform in der 1961 verkündeten und später erweiterten Form als gescheitert, was ich aber im Vortrag zum Ausdruck brachte.

Den „Fortschritt" sehe ich in dem Beginn der Landreform überhaupt, daß dadurch breiten Bevölkerungsschichten die Existenz und die Möglichkeiten des Landreformgesetzes bewußt wurden.

Die anteiligen Kosten für die Anlage des Be- und Entwässerungssystems sowie für damit zusammenhängende Maßnahmen (Pumpstationen, Brückenbauten, Wegeneubauten etc.) machten mit ca. 79,5 % den Hauptteil der Gesamtkosten bei der Schaffung eines 5-ha- bzw. 6-ha-Betriebes aus. Die Kosten für den Landkauf betrugen durchschnittlich 3,6 %, die für weitere Infrastrukturmaßnahmen (hauptsächlich für Straßen- und Wegebauten) lagen bei 9,5 %. Jedoch waren bereits während der Laufzeit des Weltbankkredits Zinsen für denselben zu zahlen; sie gingen — da sie ebenfalls umgelegt und anteilsmäßig bei jedem Betrieb hypothekarisch eingetragen wurden — mit ca. 7,3 % in die Gesamtkosten bei den jeweiligen Betrieben ein.

SLUMS UND SLUMSANIERUNG IN INDIEN

Erläutert am Beispiel von Jamshedpur, Jaipur und Madras

Mit 9 Abbildungen, 8 Bildern und 3 Tabellen

Von Jürgen Blenck (Bochum)

Ziel dieses Vortrags soll es sein, an einem Beispiel — der Evaluierung sozialer Entwicklungsprojekte (vgl. Musto 1972) — Möglichkeiten und Aufgaben der Angewandten Sozialgeographie im Rahmen der Entwicklungsländerforschung aufzuzeigen.[1]

1. ZUM BEGRIFF „SLUM"

Ausgehend von den Untersuchungen der Chicagoer Soziologenschule in den 20er Jahren, setzte man lange Zeit Slums mit sozialen Anomalien, sozialer Desintegration und Kriminalität gleich (CLINARD 1970, S. 3 ff.; SPIEGEL 1970, S. 2954; u. a.). Dieser, von den Verhältnissen in den USA geprägte und im Sprachgebrauch weit verbreitete Slumbegriff wurde und wird zum Teil unkritisch für Elendsviertel anderer Länder, insbesondere Entwicklungsländer verwendet, obgleich zum Beispiel die Kriminalitätsrate der Slums oft nur minimal über dem Durchschnitt der Stadt liegt (GOVT. OF ANDHRA PRADESH 1964, S. 1; NAMBIAR 1965, S. 125).

Viele kritische Autoren lehnen dagegen für die gleichen Gebiete meist den Begriff Slum ab und verwenden entweder regionale Bezeichnungen (shanty town, favela, hedschra, bustee, cheris, chawls, u. a.; vgl. INDIA PLANNING COMMISSION 1968,

---

[1] Mein Dank gilt vor allem Herrn Prof. Dr. Dr. K. Hottes, der mir die Teilnahme am DFG-Projekt Bevölkerungsgeographie (Land-Stadt-Wanderung und innerstädtische Wanderungen in indischen Großstädten am Beispiel von Jamshedpur, Jaipur und Madras) ermöglichte, ferner der DFG, die den 7monatigen Aufenthalt in Indien (September 1971—März 1972) finanzierte.

Von den zahlreichen Ämtern, Instituten, Firmen und Einzelpersonen, die uns bei der Geländearbeit in Indien halfen, seien hier stellvertretend genannt:

in Jamshedpur: Die Firmen TISCO und TELCO, insbesondere die Herren Master und Mistri (TISCO-Planungsamt), Gandhi (TELCO) und Kapadia (TISCO), ferner Dr. Y. B. Vishwakarma (Xavier Institute).

in Jaipur: Prof. Dr. Indra Pal (Departm. of Geography) und Prof. Dr. R. Heilig und Frau.

in Madras: Slum Clearance Board.

Ihnen allen sowie unseren 20 indischen Interviewern und allen Slumbewohnern, die uns Interviews gaben, sei vielmals gedankt.

Für ihre Diskussionsbereitschaft möchte ich meinen Kollegen, Herrn Dr. Bronger (Sozioökonomische Probleme im ländlichen Indien), Herrn Auf der Landwehr (Stadtgerichtete und innerstädtische Wanderungen im Städtedreieck Vijayawada-Tenali-Guntur) und Herrn Baum (Konsumgeographische Untersuchungen im Raum Hyderabad, insbesondere der Vergleich stadtnaher Dörfer mit großstädtischen Slums) vielmals danken.

Besonders herzlich möchte ich meiner Kollegin, Fräulein Dipl.-Geogr. Hannelore Wiertz danken, mit der ich in Indien die Unterlagen zu vorliegendem Aufsatz erheben konnte und die mich bei der Ausarbeitung des Manuskriptes kritisch und tatkräftig unterstützte.

S. 207 ff.; DESAI/PILLAI 1970), euphemistische Bezeichnungen (renewal-area, low income area, lower class neighbourhood, Sanierungsgebiet; vgl. CLINARD 1970, S. 4, 75 Fußnote) oder beschränken sich auf die Charakterisierung der Physiognomie, wie es WIRTH (1954) mit dem Begriff „Lehmhüttensiedlungen" getan hat. Auch die Unterscheidung in „slum" (kleingeschrieben), der für „physischen Wohnnotstand" steht, und „Slum" (großgeschrieben), der die Verbindung von schlechten Wohnverhältnissen und asozialer Lebenshaltung charakterisieren soll (LEISTER 1970, S. 83), scheint mir die unklare Begriffsdefinition, vor allem im Hinblick auf die angelsächsische Literatur, eher noch zu verstärken.

Da man den Begriff „Slum", insbesondere in Entwicklungsländern, kaum abschaffen kann, möchte ich vorschlagen, ihn recht allgemein zu fassen, damit er anwendbar bleibt.

Unter „Slums" möchte ich deshalb großstädtische Substandard-Wohngebiete verstehen, die von rassisch, ethnisch, religiös, wirtschaftlich, sozial und/oder juristisch stark unterprivilegierten Gruppen bewohnt werden.[2] Der Begriff „Substandard" ist quantitativ nicht faßbar, da von Land zu Land, von Stadt zu Stadt, aber auch im Laufe der Zeit, unterschiedliche Wohnbedingungen als diskriminierend betrachtet werden.[3] Je größer die Kluft zwischen privilegierter und unterprivilegierter Gruppe ist, d. h. je geringer die Chance des Entrinnens aus dem Status des Unterprivilegiertseins ist (z. B. durch die Hautfarbe[4]), desto extremer werden sich die Verhältnisse in Richtung auf sozial empfundenes Elend gestalten. Je geringer die Kluft zwischen privilegierter und unterprivilegierter Gruppe ist, d. h. je größer die Chance ist, durch Arbeit, Ausbildung oder Umzug den Substandard-Wohngebieten der unterprivilegierten Gruppe zu entkommen, desto eher werden die Wohnverhältnisse als bescheiden, aber nicht mehr als sozial diskriminierend empfunden werden. Hier möchte ich dann nicht mehr von Slums, sondern von Wohngebieten unterer Einkommensgruppen sprechen. Die Grenze von Slums zu Wohngebieten unterer Einkommensgruppen ist m. M. nach fließend, ihre Festlegung unterliegt nur zu einem geringen Teil wissenschaftlichen Kriterien, sondern vorwiegend politischen Wertungen der jeweiligen Bearbeiter. Dies sollte man sich bei der Beurteilung der Slum-Literatur jeweils vor Augen halten.

Vom Definitionskriterium der unterprivilegierten Gruppe ausgehend, wird es bei der Erforschung der Slums erforderlich, den sozialökonomischen Hintergrund des betreffenden Landes, d. h. das kulturerdteilspezifische Herrschafts- und Ausbeutungssystem in die Betrachtung einzubeziehen. So könnten vielleicht der Rentenkapitalismus des Orients, das Protektionssystem des Tribalismus in Schwarz-Afrika, das kapitalistische Wirtschaftssystem Anglo-Amerikas, Europas und Südafrikas mit ihren gestuften Herrschafts- und Ausbeutungsstrukturen, an deren unterster Stufe Farbige und Gastarbeiter stehen, oder das Kastensystem Indiens konstitutiv für regionale und damit auch für sozialgeographische Slumtypen sein. Sollte diese These zutreffen,

---

[2] CLINARD 1970, S. 3: „People who live in slum areas are isolated from the general power structures and are regarded as inferior".

[3] Wichtig ist hierbei das Kommunikationssystem und die Informationsgeschwindigkeit. Gerade die Verbreitung des Fernsehens kann dazu beitragen, die eigene soziale, unterprivilegierte Position schärfer zu sehen und sich nicht mehr mit Wohnverhältnissen zufrieden zu geben, die man bisher als „Standard" betrachtete.

[4] Oft erkennt man ja schon an Hautfarbe, Aussehen, Kleidung, Sprache, Verhalten, Berufsangabe und Wohnort, daß derjenige zur unterprivilegierten Gruppe gehört.

wäre auch der Weg der Slumsanierung aufgezeigt: nicht nur physische Sanierung von Bau- und Wohnsubstanz wäre erforderlich, sondern darüber hinaus soziale Rehabilitation unterprivilegierter Gruppen. Dies am Beispiel Indiens zu zeigen, soll Aufgabe dieses Vortrags sein.

2. SLUMS IN INDIEN ALS RÄUMLICHER AUSDRUCK DES KASTENSYSTEMS IN GROSSSTÄDTEN

Mindestens 15 Millionen Inder, d. h. ca. 3 % der Bevölkerung Indiens leben in Slums. Der Anteil der Slumbewohner an der Gesamtbevölkerung indischer Großstädte variiert zwischen 20 und 60 %.[5]

In Indien lassen sich, trotz fließender Übergänge und trotz aller regionaler Varianten, physiognomisch vier Slumtypen unterscheiden[5a]:

A. Primitive Wohnzellen für unterste Einkommensgruppen, in Bombay „chawls" genannt, die 10—15 qm große Einraumwohnungen in mehrgeschossigen Wohnblocks aufweisen. Toilette, Wasserhahn und Küche sind jeweils nur für 12—24 Familien, meist außerhalb des Hauses, vorhanden.

B. Altstadtviertel mit dichtester Hüttenbebauung im Hinterhof oder am Straßenrand. Teilweise baufällige Altstadtgebäude werden, einschließlich der Veranda, zimmerweise an 5—20köpfige Familien vermietet, ferner wird die Hoffläche mit eingeschossigen Einraumhütten und -häusern bis auf einen kleinen Gang zugebaut. Dieser Typ ist vor allem in Old Delhi verbreitet (BHARAT SEVAK SAMAJ 1958).

C. Hüttenwohngebiete, bustees oder cheris genannt, werden meist auf marginalem, drainagelosem oder nicht beanspruchtem Land, so auf Friedhöfen, an Kanalrändern, in ehemaligen Bewässerungstanks oder in Baulücken errichtet (Bild 1 und 6).

D. Gebiete mit pavement dwellern, die oft seit Jahrzehnten am Straßenrand wohnen und nachts meist durch ein Zeltdach geschützt sind, das sie mit Nägeln an der Wand befestigen und am Boden mit Steinen beschweren. Teilweise verdienen die pavement dweller bis zu 20 DM im Monat, indem sie vor den Toren von Lagerhallen Wächterdienste leisten. In der Angappa Naicken Street (Madras—Georgetown) wurden im Januar 1972 auf einem 700 m langen Teilstück 69 pavement-dweller-Familien kartiert (Bild 3).

Der tägliche Kampf gegen Unrat, Gestank, Ungeziefer, Ratten, Seuchen und Witterungseinflüsse, die bedrückend hohe Wohndichte und vor allem die Unsicherheit der Wohnbesitzverhältnisse charakterisieren die Wohnsituation in indischen Slums. Sowohl die sanitären wie auch die Wohnbesitzverhältnisse verschlechtern sich von Typ A nach Typ D (vgl. Tab. 1). Angesichts der Größe des Wohnungsproblems nei-

---

[5] CLINARD 1970, S. 74; CENSUS OF INDIA 1961, 1971; eigene Berechnungen. Vgl. auch: ALAM 1965; BHARAT SEVAK SAMAJ 1958; BOSE 1970; BULSARA 1970; CHHAWAL 1970; DHEKNEY 1959, DWARKADAS 1957; GORE 1970; HUYCK 1968; INDIAN STATISTICAL INSTITUTE 1960, 1961, 1962; IYENGAR 1959; MAJUMDAR 1960; MAMORIA 1965; NAMBIAR 1965; RAJAGOPALAN 1962; RAO/DESAI 1965; RAO 1970; H. H. SINGH 1972; R. L. SINGH 1955, 1964, 1971; U. SINGH 1966; D'SOUZA 1968; SOVANI 1966; Turner 1962.

[5a] Diese Typisierung beruht, neben der Auswertung der Literatur, auf Beobachtungen in 6 der 8 Millionenstädte (Calcutta, Bombay, Delhi, Madras, Hyderabad, Bangalore), 3 der 10 Städte zwischen 500 000 und 1 Mill. Einw. (Agra, Jaipur, Madurai) und 21 der 124 Städte zwischen 100 000 und 500 000 Einw. (Jamshedpur, Cochin, Amritsar, Srinagar, Mysore, Coimbatore, Vijayawada, Tiruchirapalli, Ajmer, Ranchi, Rourkela, Udaipur, Alleppey, Asansol, Thanjore, Mathura, Vellore, Dindigul, Quilon, Kanchipuram, Bokaro Steel City).

Tabelle 1: *Sanitäre Verhältnisse und Wohnbesitzverhältnisse in den vier indischen Slumtypen.*

	A Primitive Wohnzellen in mehrgeschossigen Wohnblocks	B Altstadt-Hinterhöfe	C Hüttenwohngebiete	D Pavement Dweller
Wohnbesitzverhältnisse	bei regelmäßiger Mietzahlung praktisch unkündbar	Mündlicher Mietvertrag, jederzeit kündbar	Pacht, Unterpacht, Untermiete. Ungeregelte Verhältnisse. Häufig Vertreibung bei Nutzung der Parzelle als Bauland.	geduldet, oft verjagt
Trinkwasser	ein Wasserhahn, 2× tägl. 1 Std., für 12–24 Familien	ein Wasserhahn, 2× tgl. 1 Std., für 12–24 Familien	Selten Brunnen. Wasserhahn, 2× tägl. 1 Std., für 20–100 Familien	öffentliche Brunnen, Hydranten
Abwasser	unterirdische Kanalisation	unterirdische Kanalisation oder Straßenrand	oft drainagelos, Stauwasser	Straßenrand
Toiletten	eine Toilette für 6–24 Familien	eine Toilette für 6–24 Familien, Straßenrand	Straßenrand und abgelegene Plätze	Straßenrand
Licht	Kerosinlampen im Haus, tw. Straßenbeleuchtung. Keine Toilettenbeleuchtung	Kerosinlampen im Haus	Kerosinlampen in der Hütte	Straßenbeleuchtung
Straßenverhältnisse	Teerstraßen und unbefestigte Wege	befestigte Straßen und unbefestigte Wege	unbefestigte Wege	befestigte Straßen
Lage	oft peripher, arbeitsplatzorientiert	in der Altstadt	oft peripher, auf marginalem Land, in Baulücken	im Zentrum, im Hafengebiet, arbeitsplatzorientiert
Witterungsschutz (Monsunregen, Hitze, Hochwasser)	ausreichender Schutz gegen Monsunregen, ungenügende Durchlüftung, starke Hitze	Einsturzgefahr der Lehmhütten bei Monsunregen, geringe Brandgefahr in der Trockenzeit	Hochwassergefährdung, Einsturzgefahr der Lehmhütten bei Monsunregen, große Brandgefahr in der Trockenzeit	sehr ungenügender Schutz, Häuserschatten, Toreinfahrten

gen indische Behörden oft dazu, Typ A und B nicht als Slums zu bezeichnen, sofern geteerte Straßen, Wasserzapfsäulen am Straßenrand, öffentliche Toiletten und elektrische Straßenbeleuchtung vorhanden sind.[6] Dies wirft die Frage nach dem Kriterium „Substandard" auf, die keineswegs von europäischer Sicht aus beantwortet werden darf (vgl. STANG 1970, S. 78). Die Wohnverhältnisse in diesen großstädtischen Hüttenslums sind denen ländlicher Räume, abgesehen von der Wohndichte, recht ähnlich, ja oft sogar sanitär überlegen (MAMORIA 1965, S. 108 ff.). Der Slumbewohner vergleicht seinen Wohnstandard jedoch nicht mit dem Dorf, als Vergleichsbasis dienen ihm vielmehr städtische Wohnverhältnisse mit individuellem Bad, Toilette und Trinkwasseranschluß, mit überschwemmungsfreiem, kühlem Wohnraum. In Untersuchungen zum Arbeiterwohnungsbau in Indien werden von AGGARWAL (1952, S. 306—314) Wohnstandards definiert, die je Erwachsenen eine Mindestwohnfläche von 5,4 qm vorsehen.[7] Dieser Wert wird aber selbst in ausgesprochenen Mittelklassegegenden nur zum Teil erreicht.[8]

Das Problem der indischen Slums kann deshalb vom Kriterium „Substandard-Wohnverhältnisse" allein nicht erfaßt werden, es wird erst auf dem Hintergrund der sozialen Verhältnisse verständlich. Das indische Kastensystem[9], das man ohne Übertreibung als das bisher perfekteste Herrschafts- und Ausbeutungssystem der menschlichen Geschichte bezeichnen kann, da es ohne physischen Zwang funktioniert[10], ist zwar durch Gesetz 1949 bezüglich seiner diskriminierenden Auswirkungen abgeschafft worden (DRAGUHN 1970, S. 72, Fn. 45), es hat jedoch, was den sozialen Rang des Einzelnen anbetrifft, bisher kaum an Wirkung eingebüßt. Nach hinduistischem Glauben wird dem Menschen durch Geburt ein bestimmter Beruf und damit vor allem ein unveränderlicher Platz in der Gesellschaftshierarchie zugewiesen. Die Rangstufe im Kastensystem, in die der Einzelne hineingeboren wird, ergibt sich nach den Vorstellungen der Hindu-Religion aus den Taten und Sünden seines vorausgegangenen Lebens. Die Pflicht eines Hindu ist es, den ihm von den Göttern zugeteilten Platz in der Gesellschaftshierarchie schicksalhaft zu akzeptieren. Jede Auflehnung führt zu einem Rückfall im weiteren Verlauf der Seelenwanderung.

Von hieraus gesehen hat sich der niedrig-kastige Inder geduldig in die unwürdigsten Wohn- und Lebensverhältnisse zu schicken, von hieraus ist vielleicht die oft geschilderte Apathie der Slumbewohner zu verstehen.[11]

---

[6] MADRAS: Final Settlement Scheme: North Madras A, A1—A25, S. 30 oben; Interim General Plan Greater Delhi 1956.

[7] Für eine 5köpfige Familie sind vorgesehen:

Wohnraum	13,5 qm
Veranda (zusätzl. Schlafraum)	5,4 qm
Küche	4,3 qm
Bad	2,1 qm
WC	1,1 qm
	26,4 qm

Das Grundstück soll eine spätere bauliche Erweiterung zulassen, es soll nicht mehr als zu 33 % bebaut sein. Die Wohnung soll mit Trinkwasser und Elektrizität versorgt sein.

[8] RANSON 1938, S. 136; da sich die Wohnsituation seit 1938 kaum verbessert hat, dürfte diese Aussage auch heute noch gelten.

[9] Vgl. BRONGER 1970 u. a.; DUBOIS 1906; HUTTON 1969; KANTOWSKY 1972; MANDELBAUM 1970; ROSS 1961; ZIMMER 1973.

[10] Vgl. auch HUXLEY 1959.   [11] VENKATARAYAPPA 1972, S. 23, 87; CLINARD 1970, S. 74, 78.

Trotz aller gesetzlichen Vorschriften, die die Gleichberechtigung der Scheduled Castes herbeiführen soll, gibt es für niedrigkastige Inder bisher kaum eine Chance, dem Slumdasein zu entrinnen. Seinem Kastenrang entsprechend findet er nur niedrige, „unreine", d. h. schlecht bezahlte Arbeit. Seine Kinder haben zwar die Chance, über ein Staatsstipendium ein Universitätsstudium zu absolvieren, sie finden jedoch nach Examensabschluß mangels Protektion von Kastenangehörigen keinen whitecollar-job und liegen deshalb oft jahrelang dem Vater auf der Tasche.

Der größte Teil der Slumbewohner ist nur temporär beschäftigt. Der Verdienst reicht nur knapp für das Notwendigste. Bei Arbeitslosigkeit oder Krankheit, aber auch bei Heirat einer Tochter, ist er auf Kredite von Angehörigen der Geldverleiheroder Händlerkasten (Bild 2) angewiesen, aus deren Schuld er dann bei Zinsen zwischen 70 und 300 % bis an sein Lebensende kaum entkommen kann (BLENCK 1974).[12]

Die Slums sind pockennarbig über die Stadt verteilt und konzentrieren sich in der Nähe der Arbeitsplätze[13], da den Slumbewohnern kaum Geld für öffentliche Verkehrsmittel bleibt. Kleinere Slums sind meist nur mit einer Kaste und damit meist nur

---

[12] Zur Verschuldung vgl. VENKATARAYAPPA 1972, S. 40 f. (82,4 % der von ihm untersuchten Slum-Haushalte waren mit über 100 Rs. (= 50 DM) verschuldet, d. h. mit mehr als einem Monatseinkommen, das kaum zum Leben reicht) und GOVT. OF ANDHRA PRADESH 1964.
Im Sonari-Bustee/Jamshedpur (vgl. TISCO 1959) waren von 2035 Familien 1176 (= 57,8 %) verschuldet, und zwar in Höhe von

0— 500 Rs.	481 Familien
500—1000 Rs.	303 Familien
1000—2000 Rs.	257 Familien
2000—3000 Rs.	68 Familien
3000—4000 Rs.	29 Familien
4000—5000 Rs.	11 Familien
5000 und mehr Rs.	27 Familien
	1176 Familien

Hierin sind jedoch noch nicht die Bindungskredite der Händler inbegriffen. Die Händler gewähren ihren Kunden gern diese Bindungskredite, um sich einen festen Kundenstamm zu halten. Lebensmittel und Stoffe dürfen dann nur beim kreditgebenden Händler zu überhöhten Preisen (= Zins!) eingekauft werden.
Aufschlußreich sind die Gründe der Verschuldung:

Krankheit	103
Ernährung der Familie	602
Heirat	317
Kauf von Land oder Tieren	59
Kauf von Schmuck	6
Begräbniszeremonien	37
Amortisierung v. Schulden	63
Hausbau u. Reparatur	187
Sonstige (Religiöse Feste, Alkohol, Fahrradkauf)	47
	1421

Die Zinsen betragen etwa 300 % im Jahr, das durchschnittliche Familieneinkommen liegt bei 115 Rs. Nur 10 % können für die Schulden erübrigt werden, was in den meisten Fällen nur für die Zinsen, nicht aber für die Amortisation ausreicht. Bei Zahlungsunfähigkeit müssen Knechtsdienste geleistet werden.

[13] Aus der großen Zahl der kasten- und berufsspezifischen Slums einige Beispiele: Berufsbettler-, Türwächter-, Bauarbeiter-, Fabrikarbeiter-, Coolie-, Sweeper- (Feger), Dhobi- (Wäscher), Dienstleistungs-, Riksha-Fahrer-Slums.

von einer Berufsgruppe bewohnt, größere Slums zeigen eine Kombination mehrerer Kasten, die jeweils weitgehend separat wohnen.

In ihrer Sozialstruktur den Hüttenslums ähnlich sind ehemalige Dorfkerne, die, durch die Stadterweiterung aufgefüllt, heute von städtisch bebauten Flächen umschlossen werden. Diese Dorfkerne weisen Brunnen und kleine Stauteiche, kleine Tempel und eine stärker differenzierte Kastenstruktur auf. Neben Arbeitern und Dienstleistungspersonal finden sich hier auch Viehhalter und Gemüsebauern.

Slums sind damit als Substandard-Wohngebiete von einkommensschwachen Angehörigen tiefstehender Kasten räumlicher Ausdruck des Kastensystems in indischen Großstädten (Abb. 1; BLENCK in Fischer-Länderkunde).

3. SLUMSANIERUNG IN INDIEN — EINE NEGATIVE BILANZ

Von der Feststellung ausgehend, daß Slumsanierung nicht nur eine Verbesserung sanitärer Wohnverhältnisse beinhalten darf, sondern auch zu sozialer Rehabilitation führen muß, ist nun die Frage zu stellen, was bisher in Indien im Rahmen der Slumsanierung geleistet wurde.

Bereits 1897 und 1911[14] wurden von der englischen Verwaltung die Bombay und Calcutta Improvement Acts erlassen. In diesen Gesetzen, denen weitere folgten, wird Slumsanierung weitgehend als Prophylaxe gegenüber Gefahren verstanden, die vor allem der übrigen Gesellschaft drohen[15]: Epidemien, Seuchen, Brandkatastrophen, Verfall von Moral und Sitten und, davon ausgehend, soziale Gefahren wie Aufruhr und Revolution.

Die bis 1956 durchgeführten Maßnahmen galten weitgehend dem Bau sanitärer Anlagen im Slumgebiet: Trinkwasser, Abwasser und Toiletten. Nicht unerwähnt bleiben soll der Werkswohnungsbau durch Firmen, Eisenbahn und Stadtverwaltung für Arbeiter, Feger und Kanalreiniger.

Im Jahre 1956 wurde das „National Slum Clearance and Improvement Act" erlassen, das Zuschüsse in Höhe bis zu 37,5 % der Bausumme durch das Central Government für den Wohnungsbau von einkommensschwachen Familien vorsieht.[16] In der Zeit von 1956 bis 1969 wurden knapp 70 000 Wohneinheiten finanziert, d. h. in ganz Indien pro Jahr ca. 5350 Wohneinheiten (GOVT. OF INDIA 1970, S. 401).

Angesichts der knappen Finanzlage — der Haushalt Indiens entspricht etwa dem Nordrhein-Westfalens — ist trotz der Verdoppelung der Gelder für den Sozialen Wohnungsbau im IV. Fünfjahresplan mit keiner einschneidenden Änderung der Slumsituation zu rechnen. Es lassen sich bestenfalls die allernotwendigsten sanitären Versorgungs- und Entsorgungseinrichtungen in Slums sowie wenige Mustersanierungen finanzieren. Die indische Regierung bemerkt deshalb auch recht pessimistisch: „It is not possible for public operations to touch even the fringe of this problem" (GOVT. OF INDIA 1970, S. 402).

Das Problem der sozialen Rehabilitation von Slumbewohnern blieb bislang karitativen Vereinigungen überlassen (TAMIL NADU SLUM CLEARANCE BOARD 1971, S. 56 ff.).

Es soll nun an Beispielen geprüft werden, ob Slumsanierung wirklich den Slumbewohnern hilft.

---

[14] Weitere Gesetze bis in die 40er Jahre.

[15] Slums werden oft als Geschwür oder Krebs der Stadt bezeichnet.

[16] Calcutta und Bombay: unter 250 Rs./Familie und Monat, im übrigen Indien 175 Rs. Vgl. DESAI/PILLAI 1970, S. 167—168.

Die indische Großstadt. Entwurf zu einer idealtypischen Strukturskizze

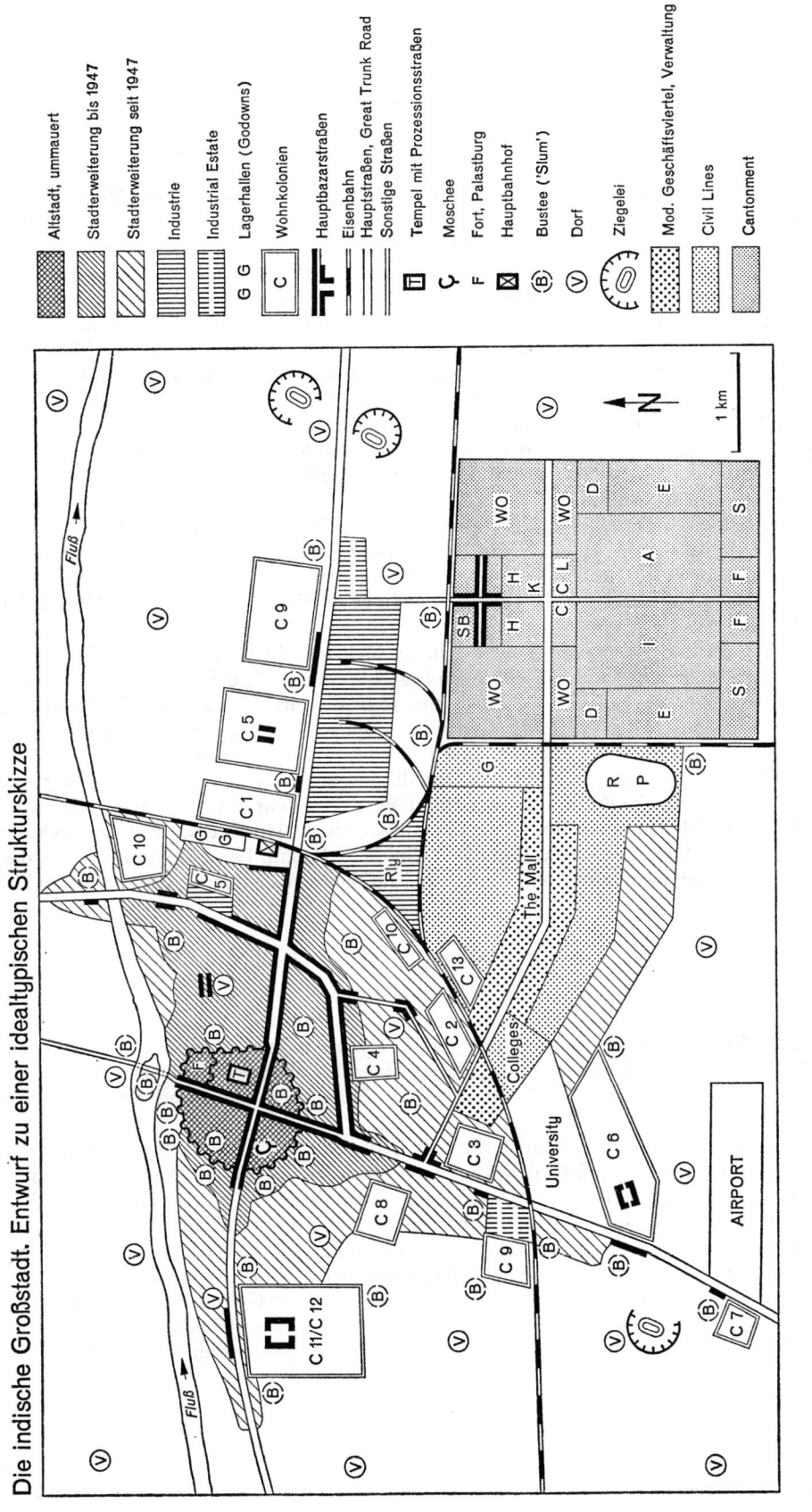

▓	Altstadt, ummauert
▨	Stadterweiterung bis 1947
▩	Stadterweiterung seit 1947
▤	Industrie
▥	Industrial Estate
G G	Lagerhallen (Godowns)
C	Wohnkolonien
┣	Hauptbazarstraßen
╫	Eisenbahn
═	Hauptstraßen, Great Trunk Road
—	Sonstige Straßen
🛕	Tempel mit Prozessionsstraßen
ℂ	Moschee
F	Fort, Palastburg
⊠	Hauptbahnhof
(B)	Bustee ('Slum')
(V)	Dorf
⌬	Ziegelei
░	Mod. Geschäftsviertel, Verwaltung
░	Civil Lines
░	Cantonment

Abb. 1 Die indische Großstadt. Entwurf zu einer idealtypischen Strukturskizze

4. JAMSHEDPUR: SLUMPROPHYLAXE EINER COMPANY TOWN

Die Stahlstadt Jamshedpur (465 000 Einwohner 1971), als Company Town in Privatbesitz der Parsenfamilie Tata, zeichnet sich nicht nur durch einen für Entwicklungsländer vorbildlichen Werkswohnungsbau aus (STANG 1970), sondern traf auch durch Erschließung von Hüttenwohngebieten für privates Dienstleistungspersonal, Rikscha-Fahrer, Handwerker und kleine Händler Vorsorge gegen die Entstehung ungeregelter Hüttenslums auf dem Werksgelände (Abb. 2 und Bild 4). Diese, als bustees bezeichneten Gebiete, wurden von der Company mit Brunnen, Toiletten, Abwassergräben und elektrischer Straßenbeleuchtung ausgestattet (open-developed-plot-System) und anschließend parzellenweise für einen Zeitraum von 10 Jahren verpachtet. Verlängerungen der Pachtdauer sind möglich, die Pachtgebühr ist minimal.

Anstelle der Brunnen sind heute Wasserzapfsäulen getreten, die dreimal täglich 2—4 Stunden Wasser spenden. Ferner wurden die bustees mit Schulen, Community Centers und Arztstationen versehen.

Durch die sicheren Pachtverhältnisse wird die Eigeninitiative der Hüttenbewohner geweckt, die sich in gepflegten Hütten, z. T. auch im Bau von kleineren, zweigeschossigen Häusern auf den 30 bis 180 qm großen Parzellen widerspiegelt. Anregung und praktische Hilfe erhalten die Bustee-Bewohner durch die Social-Welfare-Officer der Firma Tata.

Außerhalb der Company Town, d. h. auf Gelände, das nicht mehr der Firma Tata untersteht, haben sich Randsiedlungen (vgl. BLENCK 1973) gebildet, die teilweise aus Dörfern hervorgegangen sind. Auch hier greift die Firma Tata durch die Erstellung von Gemeinschaftseinrichtungen (Schulen, Büchereien, Apotheken, Arztstationen, Nähschulen, Community Centers, Spielplätze und Brunnen) helfend ein.

Finanziert werden die Anlagen durch die Firma Tata unter Ausnutzung aller Zuschußmöglichkeiten und Sonderabschreibungen des Central und State Government. Im Vergleich zu anderen indischen Großstädten ist in Jamshedpur, primär durch die Sozialeinstellung der Parsen-Community initiiert (KULKE 1968; DRAGUHN 1970), das Slumproblem als minimal und weitgehend auf die Randsiedlungen beschränkt, zu bezeichnen.

5. JAIPUR: SLUMSANIERUNG DURCH „EIGENHEIMBAU"

Jaipur, Hauptstadt Rajasthans mit 613 000 Einwohnern (1971), eine nach den Silpa-Sastra-Schriften im 18. Jahrhundert geplante Residenzstadt (BRETZLER 1970; UNNITHAN/SINGH 1969), dehnte sich Anfang des 20. Jahrhunderts mit einem Geschäfts- und Wohnviertel von der Altstadt in Richtung Hauptbahnhof aus. Beiderseits dieser Entwicklungsachse kam es zur Entstehung von Hüttensiedlungen und zur Auffüllung von Dorfkernen (Abb. 3).

Im Jahre 1948 verlagerte man diese Hüttensiedlungen nach dem open-developed-plot-System an den Stadtrand, um auf den freiwerdenden Flächen Baugelände für höhere Einkommensgruppen und Verwaltungsgebäude zu schaffen. Im Zuge dieser Aktionen wurden auch einige Randslums vor den Mauern der Altstadt beseitigt, teils aus optischen Gründen, teils zur Schaffung eines Geschäftsviertels für Händler aus Westpakistan, die während der Teilung Indiens 1947 nach Jaipur gekommen waren.

Bei dem Versuch, die verlagerten Hüttensiedlungen im Gefolge der weiteren Stadtausdehnung um 1970 abermals zu beseitigen, kam es zu erheblichen sozialen Spannungen, die durch einen Sanierungsplan des Urban Improvement Trust's beschwich-

JAMSHEDPUR - BHALUBASA BUSTEE
„ open developed plots "

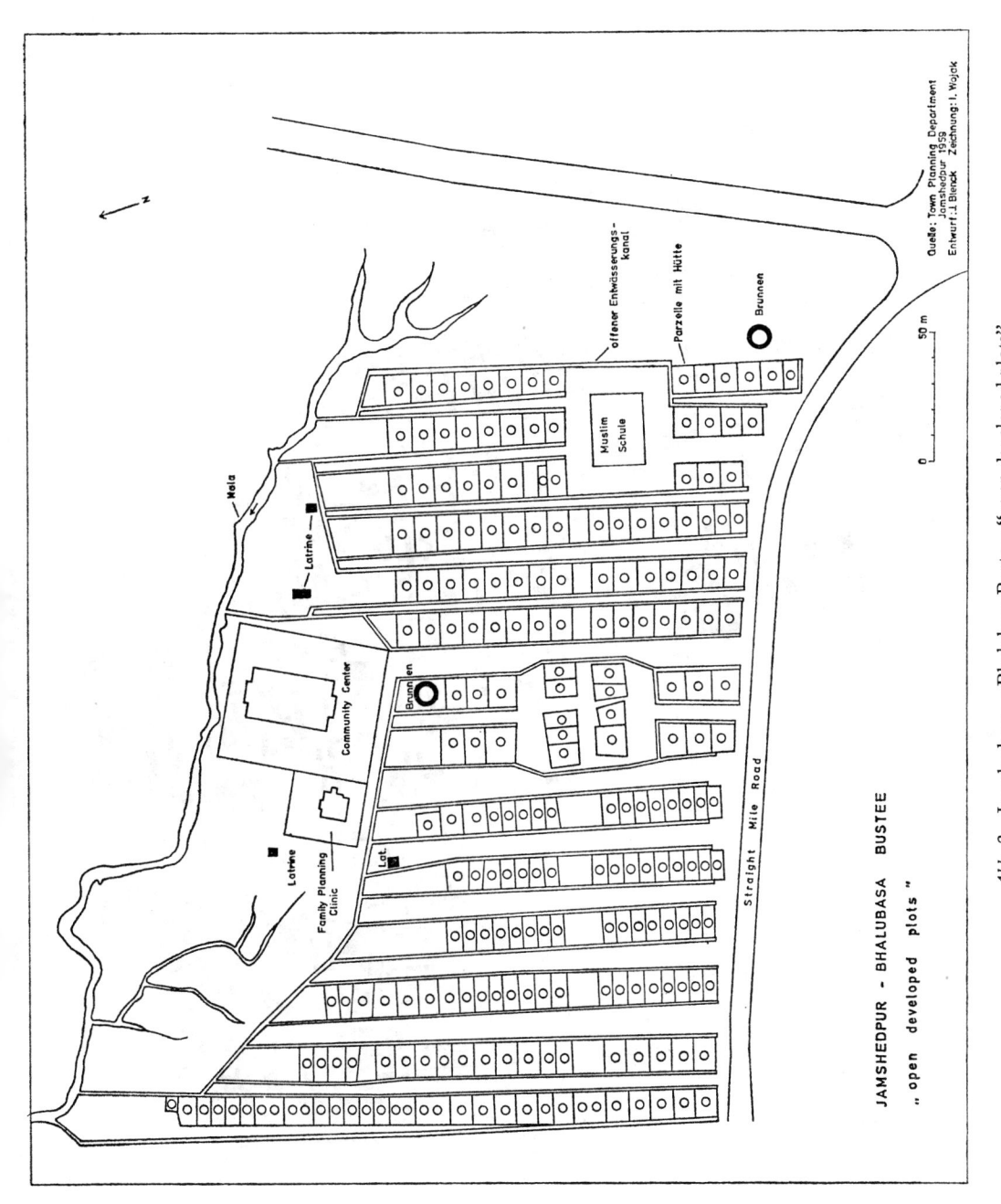

Abb. 2 Jamshedpur – Bhalubasa Bustee: "open developed plots"

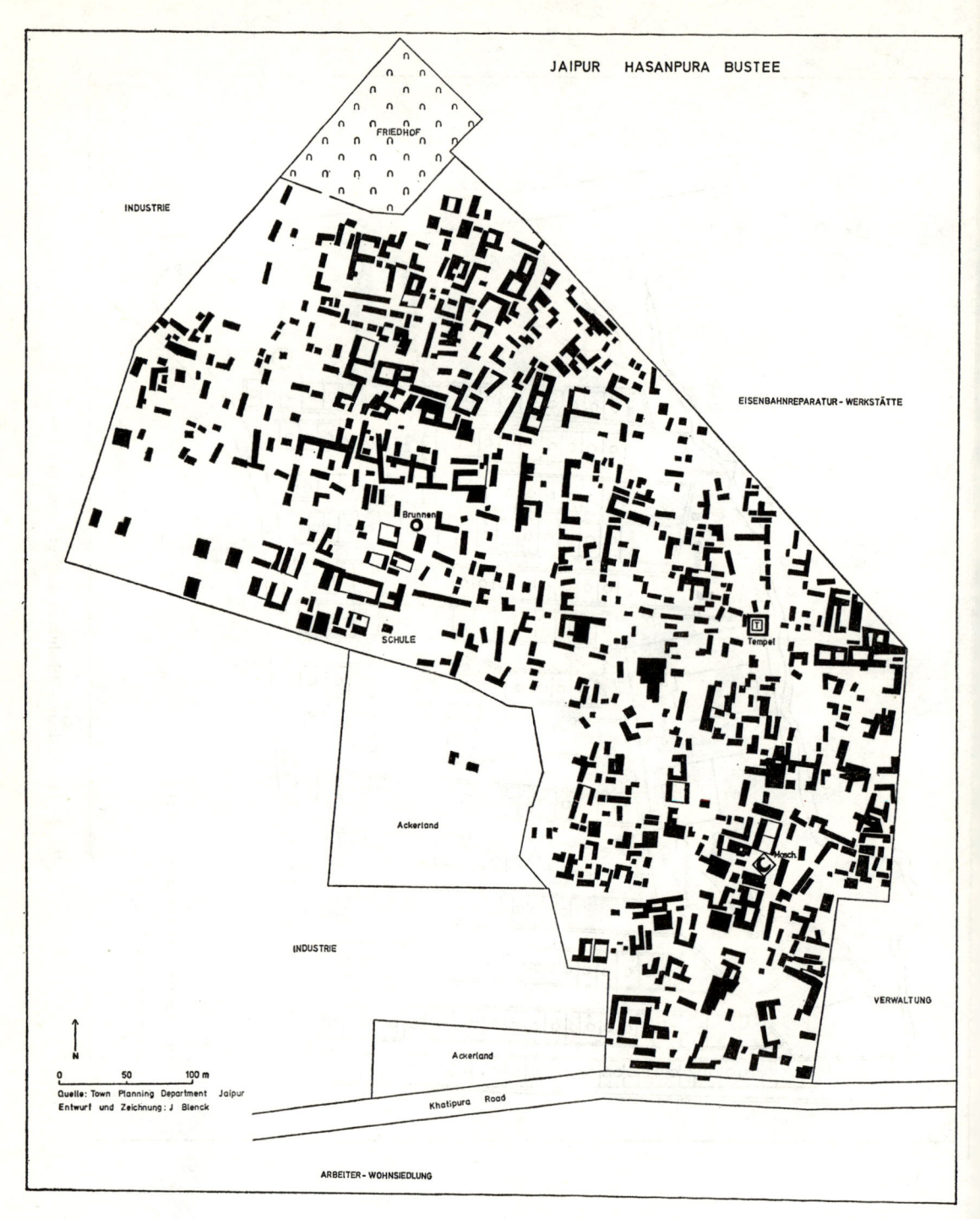

Abb. 4 Jaipur — Hasanpura Bustee

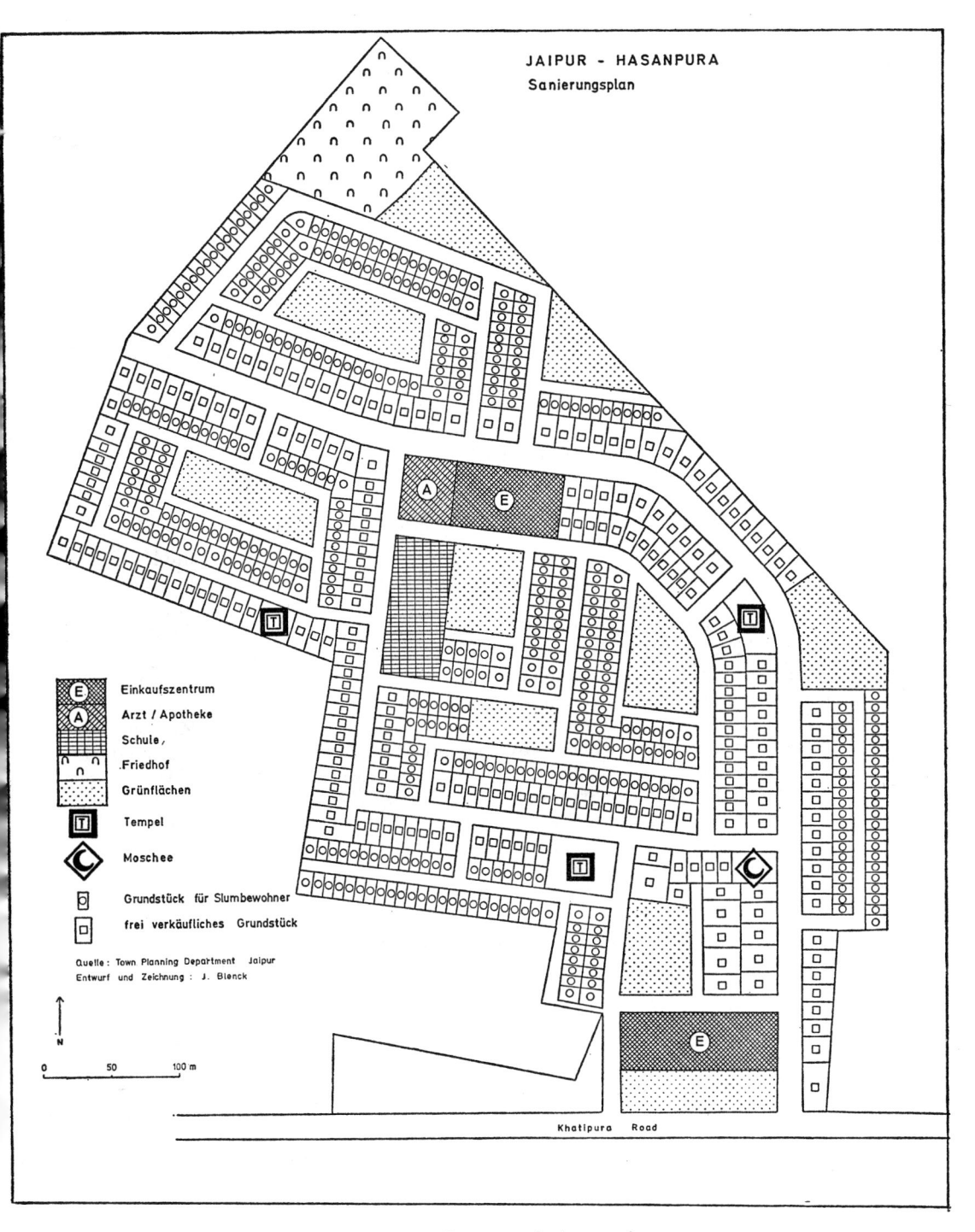

Abb. 5 Jaipur — Hasanpura: Sanierungsplan

tigt werden konnten, der künftig bei der Sanierung aller Hüttensiedlungen Anwendung finden soll (vgl. URBAN IMPROVEMENT TRUST JAIPUR 1972).

Das Gelände der Hüttensiedlung (Abb. 4 und 5) wird vom Planungsamt aufgekauft, parzelliert und mit allen Versorgungs- und Entsorgungseinrichtungen nebst Einkaufszentrum, Schule, Tempel, Moschee, Arztstation und Grünfläche versehen.

Die Bewohner der Hüttensiedlung erhalten eine etwa 120 qm große Bauparzelle zum Vorzugspreis von 3 DM/qm angeboten. Staatliche Darlehen sollen Kauf der Parzelle und Bau des Hauses erleichtern.

Die übrigen, etwa 200—300 qm großen Parzellen werden auf dem freien Markt für etwa 15 DM/qm angeboten, um auf diese Weise die gesamte Sanierung zu finanzieren.

Da die Aktion 1972 erst im Anlaufen war, können Ergebnisse noch nicht analysiert werden. Es steht nur zu befürchten, daß die Vorzugsparzellen, die immerhin 700 Rs. kosten (vgl. Anm. 12), allzu schnell aus der Hand der Hüttenbewohner in das Eigentum von Händlern und Geldverleihern übergehen oder daß sie zweckentfremdet verpachtet werden. Eine Umfrage im Frühjahr 1972 ergab, daß etwa die Hälfte der Hüttenbewohner, aus überwiegend finanziellen Gründen, Hasanpura mit der Sanierung verlassen werden.

6. MADRAS: SLUMSANIERUNG ALS SOZIALER SIEBUNGSPROZESS

Madras, mit 2,5 Mill. Einwohnern (1971) Hauptstadt Tamil Nadus, hatte 1971 1200 Hüttenslums mit etwa 900 000 Einwohnern (TAMIL NADU SLUM CLEARANCE BOARD 1971). Unter Ausklammerung der überbelegten Altstadtquartiere definiert man in Madras nur Hüttensiedlungen und Gebiete mit pavement dwellern als Slums.

Die Zahl der Slums und der Slumbewohner hat sich im Laufe der letzten zehn Jahre verdoppelt, während die Gesamtbevölkerung von Madras nur um knapp 40 % zunahm. Der Prozentsatz der Slumbewohner erhöhte sich von 25 % auf 36 %.

Während im Zeitraum von 1961 bis 1971 die Slums einen jährlichen Zuwachs von 10 000 Familien zu verzeichnen hatten, konnten demgegenüber jährlich nur 1400 Unterkünfte im Rahmen der Slumsanierung geschaffen werden (GOVT. OF TAMIL NADU 1971, S. 76; TAMIL NADU SLUM CLEARANCE BOARD 1971, S. 20).

Ich möchte nun am Beispiel von Madras — Thandavaraya Chatram, wo seit etwa 15 Jahren die Sanierung im Gange ist, die Entwicklung und die Auswirkungen der Sanierungspolitik in Madras aufzeigen.

Bis 1951 verstand man unter Slumsanierung weitgehend nur die Vertreibung von Slumbewohnern aus der Innenstadt an den Stadtrand (BALASUNDARAM 1957; NAMBIAR 1965, S. 141—142; VIVEKANANDAN 1966). Im Zuge solcher Slumbeseitigungen füllte sich auch das kleine, am ehemaligen Stadtrand gelegene Dorf Chetput Thangal mit Slumbevölkerung auf. Mit Beginn des II. Fünfjahresplanes im Jahre 1956 standen erstmals Gelder für Slum-Sanierung und -Improvement von seiten der Zentralregierung zur Verfügung. In Thandavaraya Chatram setzte 1956 die Sanierung nach dem Bau der Durchgangsstraße mit der Erschließung von Hüttenbauparzellen nach dem open-developed-plot-System ein (Abb. 6). Es wurden 80 qm große Grundstücke ausgewiesen und mit unterirdischen Abwasserleitungen, Toiletten und Waschplätzen ausgestattet. Zum Bau der Hütte wird Baumaterial im Werte von 70 DM zur Verfügung gestellt. Für je acht Familien wird eine Wasserzapfsäule errichtet, ferner werden die Wege befestigt und mit elektrischer Beleuchtung versehen. Der Pachtzins beträgt 2—3 Rupien, d. h. etwa 1 DM/Monat (NAMBIAR 1965, S. 143), ein Betrag, den die Slumbewohner bisher auch zu zahlen hatten.

Einige Jahre später beginnt man auf benachbarten Flächen, nach Auffüllung des Bewässerungstanks, eingeschossige Zweifamilienhäuser mit gleicher sanitärer Ausstattung zu bauen. Sie werden für 10 Rs. (= knapp 4 DM) je Wohneinheit vermietet, ein Betrag, der für viele Slumbewohner bereits bei weitem zu hoch liegt.

Nachdem man durch den Census 1961 (NAMBIAR 1965) erstmals genaue Zahlen über Slums und Slumbewohner von Madras zur Verfügung hatte, beschloß das Housing Board, sparsamer mit der Fläche umzugehen und künftig zweigeschossige 4-, 12- und 18-Familien-Wohnblöcke zu bauen.

Im Wahlkampf 1970 wurde das Slumproblem zu einem Wahlschlager der dravidischen DMK-Partei, die wohl nicht zuletzt durch die Stimmen der Slumbewohner die Wahl gewann. Im September 1970 gliederte man ein Slum Clearance Board aus dem Housing Board aus. Um auf den zur Verfügung stehenden Baulandflächen die doppelte Bevölkerungszahl unterzubringen und mit dem gleichen Geld mehr zu erreichen, baut man seit 1970 nur noch 3–4geschossige, recht dicht zusammenstehende Wohnblocks für je 24–32 Familien (Abb. 6; Bild 5 und 8). Die Wohnungen sind 18 qm groß und umfassen Wohnraum, Küche, Vorraum, WC und Bad (Abb. 7). Die Miete liegt bei 10 Rs. (= knapp 4 DM) und steigt bei Wasser- und Elektrizitätsan-

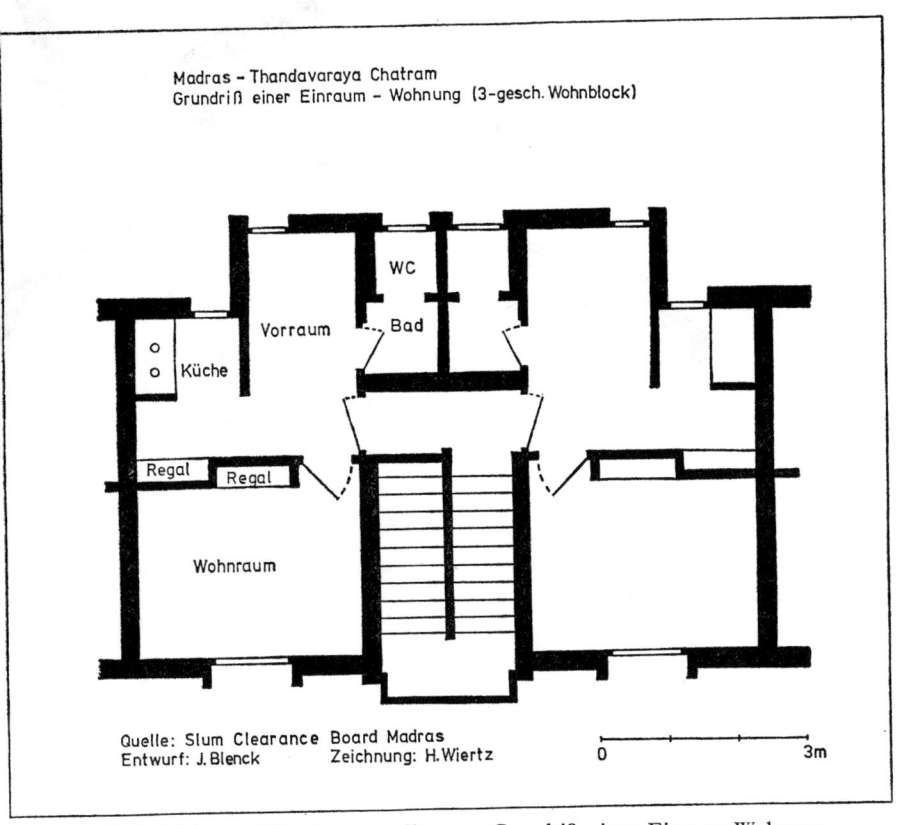

Abb. 7 Madras — Thandavaraya Chatram: Grundriß einer Einraum-Wohnung (3-gesch. Wohnblock)

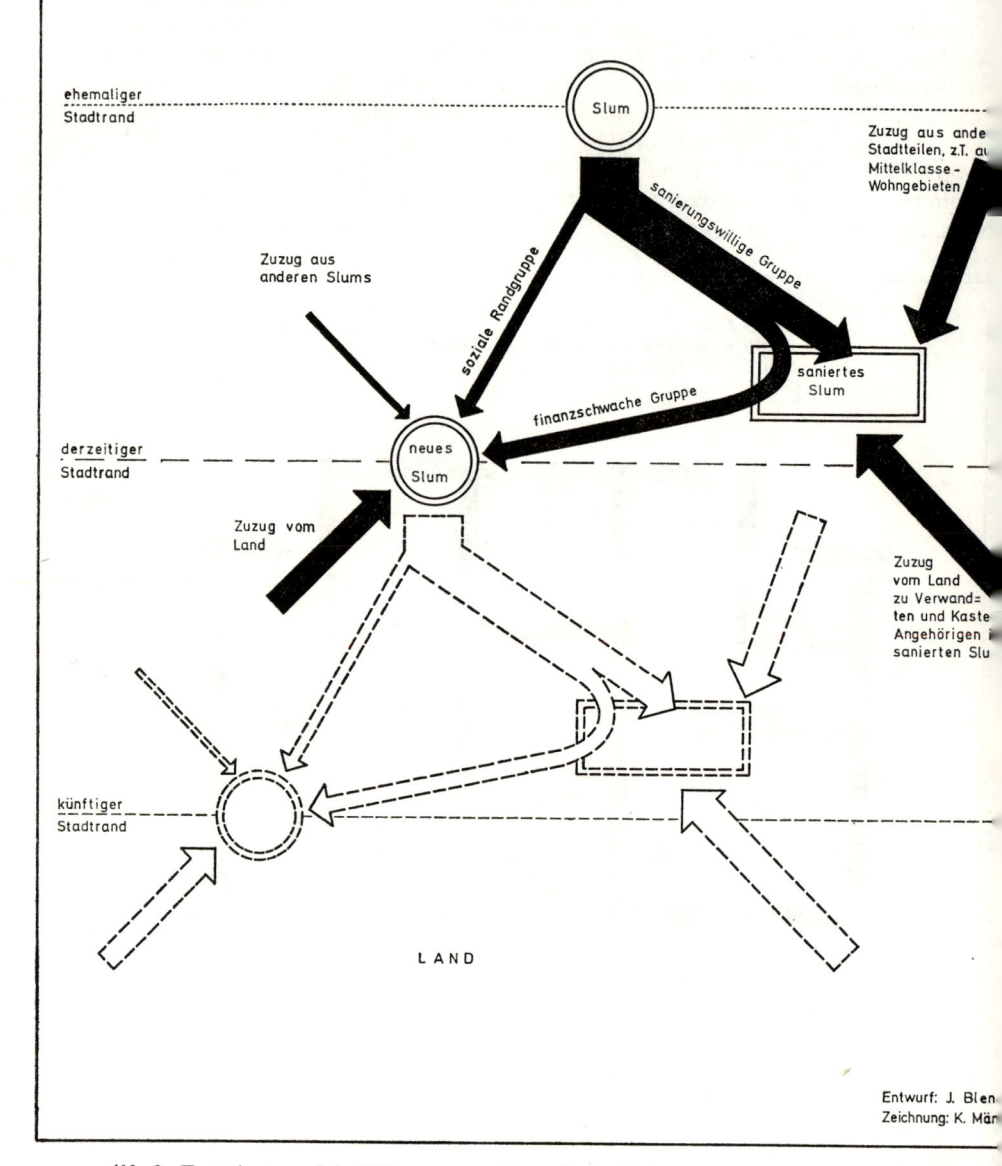

Abb. 8 Entstehung und Auffüllung neuer Slums durch Slumsanierung in indischen Großstädten: Schematische Darstellung

schluß auf 14 Rs. In der indischen Presse wird von Luxuswohnungen für Slumbewohner gesprochen (TAMIL NADU SLUM CLEARANCE BOARD 1971, S. 95).

Es erhebt sich nun die Frage, ob diese Wohnungen, nicht zuletzt infolge der relativ hohen Miete, wirklich nur von Slumbewohnern, d. h. vor allem von Scheduled Castes und unteren Shudra-Kasten bezogen werden.

Die Karte der Kastengliederung in Thandavaraya Chatram[17] (Abb. 6) unterscheidet zwischen oberen Kasten (Brahmanen = Priester; Kshatriya = ehemals Krieger; Vaishya = Händlerkasten) in rotem Farbton, obere und untere Shudra-Kasten (Handwerker- und Bauernkasten) in Hell- und Dunkelgelb, Scheduled Castes (Harijans, „Unberührbare") in Hellbraun, Christen, meist getaufte Scheduled Castes, in Dunkelbraun, und Muslim, meist konvertierte Scheduled Castes aus der Zeit der mohammedanischen Beherrschung Indiens, in Grün.

In den randlichen Hüttenwohngebieten, die noch nicht saniert sind, und im Gebiet der open-developed-plots umfassen Scheduled Castes und Christen 71 % der Bewohner, im Gebiet der Wohnblöcke reduziert sich ihr Anteil dagegen auf 43 % (Tab. 2). Auch in den beiden Wartesiedlungen, in denen die Hüttenbewohner vor dem Einzug in die Wohnblocks provisorisch untergebracht werden, damit man auf dem Slumgelände die Wohnblocks errichten kann, erreichen die Scheduled Castes und Christen nur 45 %. Der fehlende Anteil von Scheduled Castes und Christen siedelt sich als soziale Randgruppe auf marginalem Land an und bildet den Grundstock eines neuen Slums. Die Bewohner des Friedhof-Slums stellen mit 85 % Scheduled Castes und Christen solch einen sozialen Sanierungsrest dar (Abb. 6; Bild 6). Auch Tabelle 3 vermittelt einen Eindruck von dem sozialen Siebungsprozeß, der durch die Slumsanierung in Thandavaraya Chatram initiiert wurde.

Das Ergebnis der Analyse von Thandavaraya Chatram, das auf etwa 2200 Fragebögen des Slum Clearance Boards und auf 500 Interviews im Rahmen des DFG-Projektes Bevölkerungsgeographie basiert, ist in einem Schema eines Sanierungsablaufes dargestellt (Abb. 8): Ein am ehemaligen Stadtrand gelegenes Slum wird saniert, wobei die soziale Randgruppe zuerst an den Stadtrand abwandert und dort ein neues Slum bildet. Die sanierungswillige Gruppe zieht in die neuen Wohnblöcke, wobei sich eine finanzschwache Gruppe abspaltet, die ihre Wohnung für eine höhere Miete an Wohnungsuchende aus Mittelklassegegenden weitervermietet und selbst in Stadtrandslums zieht.

Der gesamte Vorgang wiederholt sich bei der nächsten Sanierung.

Diese Entwicklung möchte das Slum Clearance Board Madras künftig verhindern. Im Laufe der nächsten sieben Jahre sollen unter Ausschöpfung aller Mittel des Central Government, die nicht von anderen Bundesstaaten ausgenutzt werden, und mit Hilfe von Rendite-Objekten wie Einkaufszentren, Märkte (Bild 7; Abb. 6), Kinos und Hotelbauten, alle Slums in Madras saniert werden und die Slumbewohner in Wohnblöcken untergebracht werden. Die Slumbewohner werden bis Ende 1973 erfaßt und erhalten Ausweise mit Familienphoto, die gleichzeitig ein Anrecht auf eine Wohnung darstellen. Ab Ende 1973, mit dem Abschluß der Erfassungs-Kampagne, soll dann in Madras ein Zuwanderungsstop für Slumbewohner erlassen werden. Der Erfolg bleibt abzuwarten.[18]

[17] Die Kreissektoren zeigen die prozentuale Kasten-Verteilung für die Hüttensiedlungen, während im sanierten Teil die Kastenstruktur genau in der Wohnung lokalisierbar war (vgl. Tabelle 2).
[18] Jüngste Beobachtungen vom September 1973, für die ich Herrn Prof. Hottes und Frl. Wiertz vielmals danke, zeigen bisher beachtliche Erfolge der Slumsanierung.

Tabelle 2: *Madras — Thandavaraya Chatram: Kastengliederung*

	Jothi Ammal Nagar (1)		Kamaraj Nagar (2)		Jothi Nagar (3)		open developed plots (4)		Cemetery Slum (5)		Hüttenwohngebiete (1–5)		Indrani Nagar (6)		Rani Anna Nagar (7)		Wartesiedlungen (6 und 7)		Wohnblöcke (8)	
	Zahl	%	Zahl	%	Zahl	%	Zahl	%	Zahl	%	Zahl	%	Zahl	%	Zahl	%	Zahl	%	Zahl	%
obere Kasten	2	0,4	3	1,1	—	—	—	—	—	—	5	0,4	1	1,3	—	—	1	0,7	15	1,5
obere Shudra	57	10,5	51	19,1	15	15,8	—	—	—	—	123	10,9	19	25,3	18	22,8	37	24,0	194	20,0
untere Shudra	71	13,1	57	21,3	9	9,5	—	—	3	3,0	140	12,4	31	41,4	11	14,0	42	27,3	278	28,6
Scheduled Castes	344	63,5	133	49,8	45	47,4	91	75,8	67	67,0	680	60,6	13	17,3	39	49,3	52	33,8	312	32,0
Christen	45	8,3	13	4,9	12	12,6	28	23,4	18	18,0	116	10,4	8	10,7	9	11,4	17	11,0	113	11,6
Muslim	23	4,2	10	3,8	14	14,7	1	0,8	12	12,0	60	5,3	3	4,0	2	2,5	5	3,2	61	6,3
	542	100	267	100	95	100	120	100	100	100	1124	100	75	100	79	100	154	100	973	100

Quelle: Slum Clearance Board Madras (2251 Fragebögen) und eigene Erhebungen

Tab. 3: *Madras—Thandavaraya Chatram 1972: Slumsanierung als sozialer Siebungsprozeß, dargelegt an sozialökonomischen Daten.*

	Wohnblöcke	Hütten
Zahl der Familien	1029	1181
Zahl der Personen	5386	4955
Personen je Familie	5,2	4,2
Verhältnis Alphabeten zu Analphabeten	95:5	75:25
Zahl der Vegetarier	8	0
Zahl der Familien mit Family planning	35 (=%)	15 (=1,5%)
Beschäftigung (in %)		
permanent:temporär	67:33	47:53
monatl. Pro-Kopf-Einkommen	37 Rs.	30 Rs.
monatl. Familieneinkommen	179 Rs.	132 Rs.
zahl der Fahrräder	310	70
	(30%)	(7%)

Quelle: Slum Clearance Board Madras, 2210 Fragebögen.

7. ZUSAMMENFASSUNG

Faßt man nun die bisherigen Ergebnisse zusammen und stellt sie in den größeren Zusammenhang des sozialökonomischen Entwicklungsprozesses in Indien, so ergeben sich folgende Tendenzen:

a) Unter Slumsanierung wird in Indien bisher weitgehend Verbesserung physischer Wohnverhältnisse verstanden. Das Problem der Rehabilitation von sozial unterprivilegierten Kasten ist bisher nur durch Gesetz gelöst.

b) Die Slumsanierung kommt bisher nur teilweise den Slumbewohnern zugute. Weitere Erfolge werden durch die sozialen und wirtschaftlichen Auswirkungen des Kastensystems verhindert. Eine Ausnahme scheint die Sanierung nach dem flächenschluckenden open-developed-plot-System zu bilden.

c) Die Slumsanierung hält bisher auch nicht annähernd Schritt mit dem Anwachsen der Slums durch Zuwanderung vom Lande. Verursacht wird dies vor allem durch die Finanz- und Wirtschaftssituation, aber auch durch die Sozialpolitik Indiens.

d) Durch erhebliche Zunahme der Land-Stadt-Wanderung und des bisher nur geringen Verstädterungsprozesses (Abb. 9; DAVIS 1951; DAVIS in TURNER 1962; PEACH 1970; BRONGER 1973a, S. 86 ff.; BLENCK in Fischer Länderkunde) ist künftig mit einem explosionsartigen Anwachsen der Slumbevölkerung zu rechnen. Bisher wanderte nur jeder achte aus dem ländlichen Bevölkerungsüberschuß in die Stadt ab (Abb. 9; CENSUS OF INDIA 1961). Ausgelöst durch die rasante Bevölkerungszunahme Indiens verschärft sich aber durch Schrumpfen des Nahrungsspielraumes die wirtschaftliche Not auf dem Lande. Verursacht durch Kastensystem, Realteilung, Hochzeits- und Begräbnis-Verschuldung nebst Wucherzinsen, leben insbesondere unterbeschäftigte Landarbeiter und Mitglieder unterer Dienstleistungs- und Handwerkerkasten am äußersten Rande des Existenzminimums. Dieser Zustand wird sowohl durch den beginnenden Einsatz von Landmaschinen bei Großgrundbesitzern einerseits als auch durch die Verdrängung traditioneller Handwerke und Dienstleistungen durch die industrielle Fabrikation (Töpfe, Schuhe, Stoffe, Rasierapparate) andererseits noch akzentuiert (vgl. DESAI 1969; ROTHERMUND 1970; BRONGER 1973b).

e) Durch Zentralitätsballung und Industriekonzentration in dominierenden Großstädten einerseits und durch eine entwicklungshemmende dezentralisierte zentralörtliche Struktur (BRONGER 1970) in kleineren zentralen Orten andererseits richtet sich der Zuwanderungsstrom vom Lande unter Überspringen der unbedeutenden Unter- und Mittelzentren überwiegend auf die Großstädte, deren Wachstum bereits seit 1931 überproportional zunimmt (Abb. 9).

Slums sind damit in Indien räumlicher Ausdruck eines ungleichgewichtigen sozialökonomischen Entwicklungsprozesses, der vor allem Angehörige tiefstehender, unterprivilegierter Kasten trifft und ihren sozialen und wirtschaftlichen Spielraum stark einengt.

Lösbar ist das Slumproblem nur, wenn es als Teil der sozialen und wirtschaftlichen Entwicklungsplanung Indiens betrachtet wird. Kurzfristig sollten alle Maßnahmen unterstützt werden, die Hilfe zur Selbsthilfe leisten und Sicherheit der Wohnbesitzverhältnisse schaffen. Das Herausführen der Slumbewohner aus der Abhängigkeit der Händler und Geldverleiher wird jedoch in absehbarer Zeit nicht durchführbar sein. Durch schärfere Kontrollen sollte aber gewährleistet werden, daß die im Rahmen der

Bevölkerungsentwicklung Indiens 1901-1971

a. Anteil der städtischen und ländlichen Bevölkerung an der Gesamtbevölkerung Indiens 1901-1971

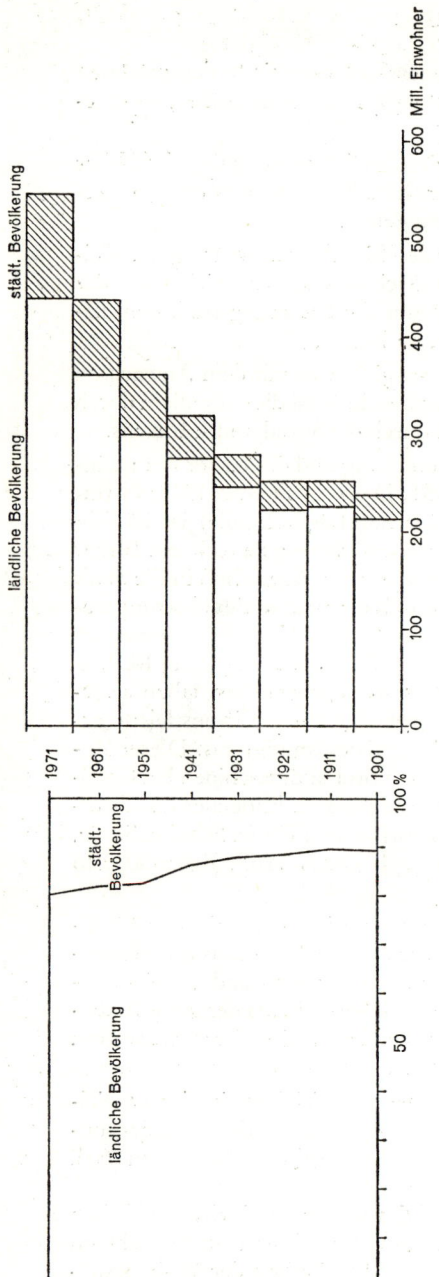

b. Anteil der Größenklassen der Städte an der gesamten Stadtbevölkerung Indiens 1901-1971

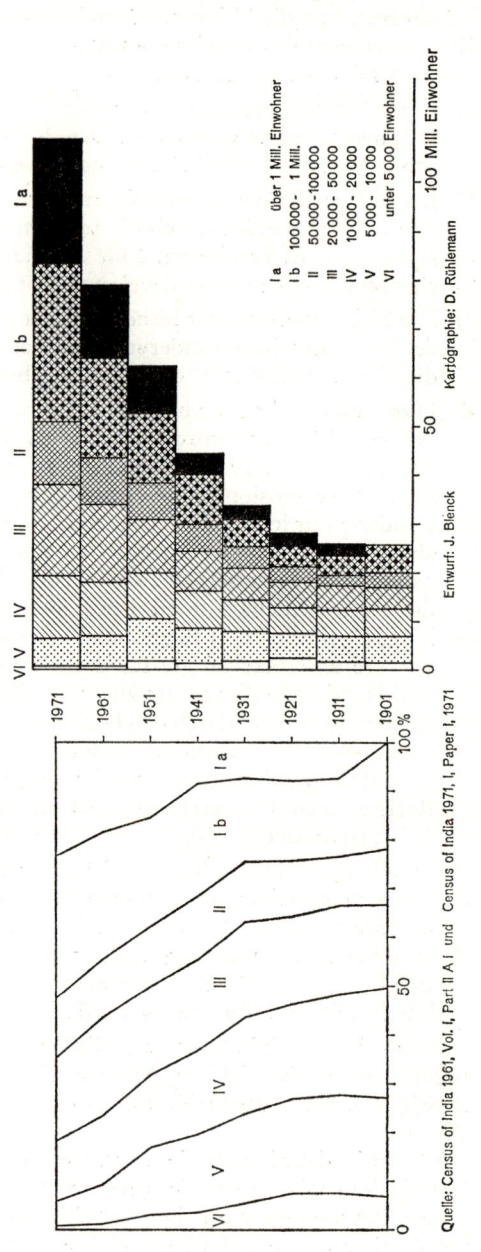

I a über 1 Mill. Einwohner
I b 100 000 - 1 Mill.
II   50 000 - 100 000
III 20 000 - 50 000
IV   10 000 - 20 000
V   5 000 - 10 000
VI   unter 5 000 Einwohner

Quelle: Census of India 1961, Vol. I, Part II A I und Census of India 1971, I, Paper I, 1971

Entwurf: J. Blenck   Kartographie: D. Rühlemann

Abb. 9 Bevölkerungsentwicklung Indiens 1901–1971

Bild 1 Vijayawada — Krishnalanka: Dhobi-(Wäscher)-Kolonie auf marginalem, drainagelosem Land. (Photo: Blenck, September 1971)

Bild 2 Vijayawada — Krishnalanka: Lebensmittelhändler, bei dem ein großer Teil der Slumbewohner verschuldet ist; ringsum Wohnhütten der Slumbevölkerung (Photo: Blenck, September 1971)

Bild 3 Madras — Georgetown: Pavement Dweller in der Angappa Naicken Streer. Wohnplatz von zwei Familien je fünf Personen. Rechts davon Warenlager der Nähmaschinenfabrik Singer. (Photo: Blenck, Januar 1972)

Bild 4 Jamshedpur — Mohulbera Bustee: "open developed plots". Trinkwasserbrunnen, offene Kanalisation. Ziegelgedeckte Lehmhäuser mit Innenhöfen. Im Hintergrund Abraumhalde des Stahlwerkes. (Photo: Blenck, Okt.71)

Bild 5 Madras — Thandavaraya Chatram: 3-geschossige Wohnblocks für ehemalige Slumbewohner. Links Wasserzapfsäule. Vgl. auch Abb. 6 und 7. (Photo: Blenck, Januar 1972)

Bild 6 Madras — Thandavaraya Chatram: Cemetery Slum, auf einem Friedhof errichtet durch eine finanzschwache soziale Randgruppe im Gefolge einer Slumsanierung. Vgl. auch Abb. 6 und 8. (Photo: Blenck, Dezember 1971)

Bild 7 Madras — Thandavaraya Chatram: Markthalle im Bau, als Rendite-Objekt zur Finanzierung der Slum-Sanierung. Vgl. auch Abb. 6. (Photo: Blenck, Januar 1972)

Bild 8 Madras — Mount Road: 4-geschossige Wohnblocks im Bau für dort ansässige Slum-Bewohner. Links Bauwerbungstafel des Slum Clearance Boards (= Parteiwerbung der regierenden dravidischen DMK-Partei) an der Hauptdurchgangsstraße von Madras. (Photo: Blenck, Dezember 1971)

Slumsanierung errichteten Wohneinheiten auch wirklich Slumbewohnern zugute kommen.

Langfristig sollte sich die Slum-Sanierungspolitik auf die Slum-Prophylaxe konzentrieren, da sie billiger ist als die Sanierung. Eine staatlich geförderte Infrastruktur- und Industrieansiedlungs-Politik sollte sich um eine gleichgewichtige Förderung von einer Reihe weiterer Entwicklungsschwerpunkte bemühen, um die Slum-Ballung in Millionenstädten zu verhindern.

Die Entwicklungspolitik der Bundesrepublik Deutschland sollte sich in Indien auf kastensystemüberwindende Projekte konzentrieren, auch wenn diese nicht so werbewirksam sind wie das systemimmanente Rourkela-Projekt.

Ohne eine spürbare Reduzierung der Bevölkerungsexplosion (vgl. Abb. 9), die nur denkbar ist durch evolutionären Wandel des Kastensystems, ist das Problem der Slumsanierung wie auch das der wirtschaftlichen Entwicklung Indiens nicht lösbar (vgl. auch DRAGUHN 1970).

Literatur

ABRAMS, CH.: Man's Struggle for Shelter in an Urbanizing World. — Bombay o. J. (1970).
AGGARWAL, S. C.: Industrial Housing in India. — New Delhi 1952.
— : Recent Developments in Housing. — New Delhi 1958.
ALAM, S. M.: Hyderabad-Secunderabad (Twin Cities). — Bombay 1965.
ALAM, S. M./KHAN, W.: Metropolitan Hyderabad and its Region. — A Strategy for Development. — New York 1972.
ALBRECHT, G.: Soziologie der geographischen Mobilität. — Stuttgart 1972.
ANDERSON, N.: The Urban Community: a World Perspective. — New York 1959.
BALASUNDARAM, D.: History of Slums in Madras City. — Madras 1957.
BARNABAS, A. P.: The Experience of Citizens in getting Water Connections. A Survey Report on Knowledge, Communication and Corruption. — New Delhi 1965.
BEHRENDT, R. F.: Soziale Strategie für Entwicklungsländer. Entwurf einer Entwicklungssoziologie. — Frankfurt ²1968.
— Die Zukunft der Entwicklungsländer als Problem des Spätmarxismus. — In: Bohnet, M. (Hrsg.): Das Nord-Süd-Problem. — München 1971, S. 86—101.
BESTERS, H./BOESCH, E. E. (Hrsg.): Entwicklungspolitik. Handbuch und Lexikon. — Berlin/Mainz 1966.
BHARAT SEVAK SAMAJ: Slums of Old Delhi. — Delhi 1958.
BLENCK, J.: Randsiedlungen vor den Toren von Company Towns, dargestellt am Beispiel von Liberia. — In: Hottes, K. u. a.: Liberia 1971. — Bochumer Geographische Arbeiten Heft 15/1973, S. 99—124.
— Exogene und endogene entwicklungshemmende Strukturen, Abhängigkeiten und Prozesse in den Ländern der Dritten Welt, dargelegt am Beispiel von Liberia und Indien. — In: Festschrift für Prof. Dr. Hans Graul, Heidelberger Geographische Arbeiten Heft 40, 1974 (im Druck).
— Die Städte Indiens. — In: Uhlig, H. (Hrsg.): Südasien. — Fischer Länderkunde Band 2, Frankfurt (im Druck).
BOBEK, H.: Die Hauptstufen der Gesellschafts- und Wirtschaftsentfaltung in geographischer Sicht. — In: Die Erde 90/1959, S. 259—298.
BOHNET, M. (Hrsg.): Das Nord-Süd-Problem. — München 1971.
BOSE, A.: Urbanization in India. An Inventory of Source Materials. Bombay 1970.
BREESE, G.: Urban Development Problems in India. — Annals of the Association of American Geographers 53/1963, S. 253—265.

Breese, G. (ed.): The City in Newly Developing Countries. — London/New York 1969.
Bretzler, G.: Jaipur — Studien zur Stadt- und Sozialgeographie einer indischen Großstadt. — Diss. Bochum 1970.
Bronger, D.: Der sozialgeographische Einfluß des Kastenwesens auf Siedlung und Agrarstruktur im südlichen Indien. — In: Erdkunde XXIV/1970, S. 89—106, 194—207.
— Kriterien der Zentralität südindischer Siedlungen. — Deutscher Geographentag Kiel, Tagungsbericht und wissenschaftliche Abhandlungen, Wiesbaden 1970, S. 498—518.
— Räumliche Grundlagen der Verflechtung in Andhra Pradesh. — Materialien und kleine Schriften Nr. 4, Bochum 1973a.
— Kaste und Familie in Indien. — In: Uhlig, H. (Hrsg.): Südasien. — Fischer Länderkunde Band 2, Frankfurt (im Druck).
— Formen räumlicher Verflechtung von Regionen in Andhra Pradesh als Grundlage einer Entwicklungsplanung. — Habilitationsschrift Bochum 1973b.
Bulsara, J. F.: Patterns of Social Life in Metropolitan Areas. — Bombay 1970.
Census of India 1961: Vol. I, India, Part IX: Census Atlas. — New Delhi 1970.
— 1961: Vol. I, India, Part II A i: General Population Tables· — New Delhi 1964.
— 1971: Paper I/1971. Provisional Population Totals. — New Delhi 1971.
Chatterjee, S. P. (ed.): Proceedings of Symposium on Problems of Metropolitan Growth and Planning in Developing Countries. — 21st International Geographical Congress India 1968, Calcutta 1970.
Chhawal, R. P.: Slums in Jaipur. A Geographical Study. Department of Geography, University of Rajasthan, Jaipur 1970 (Masch.).
Clinard, M. B.: Slums and Community Development. — New York 1970.
Davis, K.: The Population of India and Pakistan. — Princeton 1951.
Desai, A. R./Pillai, S. D. (ed.): Slums and Urbanization. — Bombay 1970.
Desai, A. R. (ed.): Rural Sociology in India. — Bombay 1969.
Dhekney, B. R.: Hubli City: a Study in Urban Economic Life. — Dharwar 1959.
Draguhn, W.: Entwicklungsbewußtsein und wirtschaftliche Entwicklung in Indien. — Schriften des Instituts für Asienkunde in Hamburg, Band 28, Wiesbaden 1970.
Dubois, J. A.: Hindu Manners, Customs and Ceremonies. — Oxford 1906.
Dupuis, J.: Madras et le Nord du Coromandel. — Paris 1960.
Dwarkadas, K.: The Problem of Industrial Housing and Slum Clearance. — Bombay 1957.
Fonseca, A. J. (ed.): Challenge of Poverty in India. — London 1971.
Fritsch, B. (Hrsg.): Entwicklungsländer. — Köln ²1973.
Gore, M. S.: Inmigrants and Neighbourhoods: two Aspects of Life in a Metropolitan City. — Tata Institute of Social Sciences Series No. 21, Bombay 1970.
Govt. of Andhra Pradesh, Bureau of Economics and Statistics: Report on the Socio-Economic Survey of Slum Dwellers in Hyderabad City. — Hyderabad 1964.
Govt. of India, Ministry of Works, Housing and Supply: Slum Clearance Scheme. — Delhi 1956.
Govt. of India, The Publications Division, Ministry of Information and Broadcasting: Slum Clearance in India. — Delhi 1958.
Govt. of India, Planning Commission: Fourth Five Year Plan 1969—1974. — New Delhi 1970.
Govt. of Madras, Directorate of Town Planning: Madras City Metropolitan Plan. — Madras o. J. (1970).
Govt. of Tamil Nadu, Rural Development and Local Administration Department: Madras Metropolitan Plan 1971—1991. — Madras 1971.
Guha, U.: A short Sample-Survey of the socio-economic Conditions of Saheb-Bagan Bustee, Rajabazar, Calcutta. — Calcutta 1958.
Hauser, P. M.: Urbanization in Asia and the Far East. — Calcutta 1957.
Herbert, J. D./Huyck, A. P. van: Urban Planning in the Developing Countries. — New York 1968.
Hunter, D. R.: The Slums. Challenge and Response. — London 1964.
Hutton, J. H.: Caste in India. — London ⁴1969.
Huxley, A.: Schöne neue Welt. — Frankfurt 1959.

Huyck, A. P. van: The Housing Threshold for Lowest-Income Groups: The Case of India. — In: Herbert, J. D./Huyck, A. P. van: Urban Planning in the Developing Countries, New York 1968, S. 64—109.
India Planning Commission: Encyclopädia of Social Work in India. — 3 vols. New Delhi 1968.
Indian Conference of Social Work: Report of the Seminar of Slum Clearance. — Bombay 1957.
Indian Statistical Institute, Bombay Branch: Report on the Survey into the economic Conditions of middle class Families in Bombay City. — Bombay 1955.
Indian Statistical Institute Calcutta: A preliminary Report on Housing Conditions. — Delhi 1960.
— Tables with Notes on Housing Conditions. — Delhi 1961, 1962.
Indische Botschaft, Bonn, Presseabteilung: Indien im Querschnitt. — Bonn 1970.
Interim General Plan Greater Delhi. — Delhi 1956.
Iyengar, K. S.: A socio-economic Survey of Hut Dwellers in Hyderabad City. — Hyderabad 1959.
Iyer, S. S./Verma, K. K.: A Roof over their Heads: a Study of Night-Shelters in Delhi. — Delhi 1964.
Kantowsky, D.: Indien, Gesellschaftsstruktur und Politik. — Frankfurt 1972.
Kar, N. R.: Calcutta als Weltstadt. — In: Schultze, J. H. (Hrsg.): Zum Problem der Weltstadt. Berlin 1959, S. 127—158.
Kulke, E.: Die Parsen — The Parsees. A Bibliography on an Indian Minority. — Freiburg/Br. 1968.
Leinwand, G.: The Slums. — New York 1970.
Leister, I.: Wachstum und Erneuerung britischer Industriegroßstädte. — Schriften der Kommission für Raumforschung der Österreichischen Akademie der Wissenschaften Band 2, Wien 1970.
Lindauer, G. D.: Slums — Soziale Probleme der Verstädterung. — In: Aus Politik und Zeitgeschichte, 13. März 1971, Beilage 11/1971 zur Wochenzeitung Das Parlament.
Lippsmeier, G.: Probleme der unkontrollierten Verstädterung in der Dritten Welt. — Starnberg 1972.
Madras: Final Settlement Scheme. — Madras 1963—1965.
Madras Sanitary Welfare League: A General Report on the Conditions of the Slums of Madras. — Madras 1933.
Madras School of Social Work: Report on the Study of Social Welfare in the Slums of Madras. — Madras 1965.
Majumdar, D. N. (Ed.): Social Contours of an Industrial City. Social Survey of Kanpur 1954—56. — Bombay 1960.
Mamoria, C. B.: Social Problems and Social Disorganization in India. — Allahabad ²1965.
Mandelbaum, D. G.: Society in India. — 2 vols. London 1970.
Modak, N. V./Ambdekar, V. N.: Town and Country Planning and Housing. — New Delhi 1971.
Moore, B.: Soziale Ursprünge von Diktatur und Demokratie. Die Rolle der Grundbesitzer und Bauern bei der Entstehung der modernen Welt. — Frankfurt 1969.
Musto, S. A.: Evaluierung sozialer Entwicklungsprojekte. — Schriften des Deutschen Instituts für Entwicklungspolitik, Band 9, Berlin 1972.
Nambiar, P. K. (ed.): Slums of Madras City. — Census of India 1961, Vol IX, Madras, Part XI-C, Madras 1965.
Oakley, D./Unni, K. R. (ed.): The rural Habitat: Dimensions of Change in Village Homes and House Groupings. — New Delhi 1965.
Peach, G. C. K.: Urbanization in India. — In: Beckinsale/Houston (ed.): Urbanization and its Problems, Oxford 1970, S. 297—303.
Punekar, S. D./Rao, K.: A Study of Prostitutes in Bombay. — Bombay ²1967.
Rajagopalan, C.: The Greater Bombay. A Study in Suburban Ecology. — Bombay 1962.
Ranson, C. W.: A City in Transition. Studies in the Social Life of Madras. — Madras 1938.
Rao, M. S. A.: Urbanization and Social Change: a Study of a rural Community on a metropolitan Fringe. — New Delhi 1970.
Rao, V. K. R. V./Desai, P. B.: Greater Delhi. A Study in Urbanisation 1940—1957. — Bombay 1965.
Ross, A. D.: The Hindu Family in its urban Setting. — Toronto 1961.
Rothermund, D.: Die historische Analyse des Bodenrechts als eine Grundlage für das Verständnis gegenwärtiger Agrarstrukturprobleme, dargestellt am Beispiel Indien. — In: Albertini, R. von (Hrsg.): Moderne Kolonialgeschichte. Köln 1970, S. 293—309.

Rowley, G.: Urban Growth within Developing Countries. — In: Geoforum 13/1973, S. 69—74.
Schäfers, B.: Elendsviertel und Verstädterung in Lateinamerika. — Arbeitsunterlage 7 zur Lateinamerikaforschung, Sozialforschungsstelle an der Universität Münster, Dortmund o. J. (1967).
Schirmer, P./Teismann, R.: Aspekte des Verstädterungsprozesses in Entwicklungsländern. — Arbeitsberichte des Ibero-Amerika-Instituts für Wirtschaftsforschung an der Universität Göttingen, Heft 3, Göttingen o. J. (1968).
Schöller, P.: Hongkong — Weltstadt und Drittes China. — In: Geographische Zeitschrift 55/1967, S. 110—141.
Segal, R.: Die Krise Indiens. — Frankfurt 1968.
Senghaas, D. (Hrsg.): Imperialismus und strukturelle Gewalt. Analysen über abhängige Reproduktion. — Frankfurt 1972.
Siddiqui, M. K. A.: Life in the Slums of Calcutta. — In: Economic and Political Weekly, Bombay 1969, S. 1917—1921.
Singh, H. H.: Kanpur, Land Use in a Million City. — In: Chatterjee, S. P. (ed.): Proceedings of Symposium on Urban Land Use. 21st International Geographical Congress India 1968, Calcutta 1972.
Singh, R. L.: Banaras: a Study in Urban Geography. — Benares 1955.
— Bangalore. An Urban Survey. — Varanasi 1964.
— (ed.): India. A Regional Geography. — Varanasi 1971.
Singh, U.: Geographic Analysis of Slum Areas in Indian Cities with special Reference to Kanpur. — In: The Nat. Geogr. Journal of India, Vol. 12,3/1966, S. 178—187.
Smith, V. A./Spear, P. (ed.): The Oxford History of India. — Oxford 1970.
D'Souza, V. S.: Social Structure of a planned City: Chandigarh. — Bombay 1968.
Sovani, N. V.: Urbanization and Urban India. — Bombay 1966.
Spiegel, E.: Slum. — In: Handwörterbuch der Raumforschung und Raumordnung. Hannover ²1970, S. 2952—2959.
Stang, F.: Die indischen Stahlwerke und ihre Städte. — Kölner Forschungen zur Wirtschafts- und Sozialgeographie Band VIII, Wiesbaden 1970.
Statistisches Bundesamt Wiesbaden (Hrsg.): Statistisches Jahrbuch für die Bundesrepublik Deutschland 1972. — Mainz 1972.
Strahm, R. H.: Industrieländer. — Entwicklungsländer. — Stein/Nürnberg 1972.
Sturm, R.: Die Großstädte der Tropen. — Tübinger Geographische Studien Heft 33, 1969.
Tamil Nadu Slum Clearance Board, Madras: Slum Clearance — First Year in Madras. — Madras 1971.
Tisco: Socio-economic Report on Sonari-Bustee. — Jamshedpur 1959.
Turner, R. (ed.): India's Urban Future. — Berkeley/Los Angeles 1962.
Turner, J. F. C.: Uncontrolled Urban Settlement: Problems and Policies. — In: Breese, G.: The City in Newly Developing Countries, London 1969, S. 507—534.
United Nations: Demographic Yearbook 1970. — New York 1971.
Unnithan, T. K. N./Singh, Y.: Jaipur City. — Jaipur 1969.
Urbanek, F.: Indien hinter der Fassade. — Wiesbaden 1969.
Urban Improvement Trust Jaipur: Financial Aspects of Development of Hasanpura Scheme, Jaipur. — Jaipur 1972.
Venkatarayappa, K. N.: Slums. A Study in Urban Problems. — New Delhi 1972.
Vivekanandan, K.: Slums of Madras City. — School of Architecture and Planning, Department of Town and Country Planning, Madras 1966.
West Bengal, Calcutta Metropolitan Planning Organization: Basic Development Plan for the Calcutta Metropolitan District 1966—1986. — Calcutta 1966.
West Bengal, State Statistical Bureau: Report on the Bustee Survey in Calcutta 1958—59. — 4 vols. Alipore 1963.
Wirth, E.: Die Lehmhüttensiedlungen der Stadt Bagdad: Ein Beitrag zur Sozialgeographie orientalischer Städte. — In: Erdkunde VIII/1954, S. 309—316.
Zimmer, H.: Philosophie und Religion Indiens. — Frankfurt 1973.

Diskussion zum Vortrag Blenck

Dipl.-Geogr. Burkhard Bleyer (München)

Unbesehen von der Tatsache, daß wir soeben einen der besten Vorträge des heutigen Tages gehört haben, bitte ich den Referenten zumindest seine Unfähigkeit zu relativieren, eine Verbindung aufzustellen zwischen den Kolonialstrukturen und der Slumbildung. Slumbildung als Ableitung der Bevölkerungsexplosion wurde doch nur möglich durch die einseitige Einführung hygienischen und medizinischen „Fortschritts". Daß das Kastensystem den Kolonialstrukturen entgegenkommt, darf doch den ursprünglichen Bedingungen in den Entwicklungsländern nicht als alleinige Erklärung für Slumbildung zugeschrieben werden. Ich möchte nur auf den Handelsimperialismus der Industriestaaten hinweisen.

Wolfgang Zimmermann (Göttingen)

Nicht die Kastenverhältnisse in Indien sind die Ursache der Armut, sondern die koloniale Ausbeutung, denn in dieser Zeit wurde die Sozialstruktur des Landes zerstört (Beispiel: Vernichtung der einheimischen Gewerbetreibenden, der hochentwickelten Baumwollverarbeitung durch englische Exporte). Das Kastenwesen diente den Kolonialherren als Mittel der Ausbeutung. Heute liegt sein Zweck darin, die sozialökonomischen Ursachen der Unterentwicklung zu verschleiern, um sie auf religiöse Umstände zurückzuführen.

Weiter, Indien ist zwar formal selbständig, trotzdem wird dieses Land weiter ausgebeutet (Beispiel: $^3/_4$ der Entwicklungshilfe dient dazu, die Zinsen der Kredite zu zahlen; die in den Fabriken erwirtschafteten Gewinne werden grundsätzlich ausgeführt in die Kapitalgeberländer, so dient die Arbeit der Einheimischen nicht dem Aufbau des Landes, sondern nur der Profitmaximierung ausländischer Monopole; die hergestellten Produkte werden für die Industrieländer produziert — vgl. Rollei-Werke in Singapur).

So erklärt sich auch das geringe indische Nationalbudget, die daraus folgenden knappen Mittel der Sanierung.

Wem dient aber diese Sanierung? Der Aufrechterhaltung von Ruhe und Ordnung, der Verhinderung sozialer Revolutionen, indem man den Slumbewohnern „hilft" und ihnen im gleichen Atemzug hohe Mietpreise abverlangt.

Durch „Besänftigung" der Slumbewohner verlängert das System sein Leben und damit auch die Ausbeutung der Bevölkerung.

Dr. Jürgen Blenck (Bochum)

Bei der Erforschung der Ursachen für die Unterentwicklung der Länder der Dritten Welt können grundsätzlich zwei entgegengesetzte Standpunkte unterschieden werden:
1. Die Ursachen sind *allein* endogener Natur: entwicklungshemmende Naturgegebenheiten, fehlendes Startkapital und statisches Sozialsystem. Dieser Standpunkt wird als bürgerlich bezeichnet.
2. Die Ursachen sind *allein* exogener Natur: einseitige politische, aber mangelnde wirtschaftliche Dekolonisation; Nachwirkung der kolonialen Ausbeutung und Fortsetzung derselben durch die verfeinerte, getarnte Methode des Wirtschaftsimperialismus. Dieser Standpunkt wird als marxistisch bezeichnet.

Beide Standpunkte sind durch eine Fülle von Literatur belegt und bestehen m. M. nach zu Recht. Beide Erklärungsprinzipien, für sich allein genommen, werden aber heute weitgehend nur noch in der politischen Diskussion benutzt. In der Entwicklungsländerforschung berücksichtigt man dagegen heute beide Erklärungsprinzipien. Aufgabe einer sozialgeographisch fundierten, regionalorientierten Entwicklungsländerforschung sollte es deshalb sein, die von Kulturerdteil zu Kulturerdteil, von Land zu Land, ja oft sogar von Region zu Region eines Landes verschiedenen, in Jahrhunderten historisch gewachsenen endogenen und exogenen entwicklungshemmenden Faktoren in ihrem jeweils individuellen Zusammenwirken aufzuzeigen. Erst dann ist Therapie möglich.

Für das Beispiel Indien erachte ich den Einfluß exogener Faktoren, d. h. den entwicklungshemmenden Einfluß der britischen Kolonialzeit und des „Handelsimperialismus" der postkolonialen Zeit

für zwar bestehend, aber doch für relativ gering gegenüber den endogenen Faktoren, und zwar aus folgenden Gründen:
1. Das fast perfekte, religiös überhöhte, spezifisch indische Herrschafts- und Ausbeutungssystem, das Kastensystem, ist von den Engländern kaum angetastet worden. Sie haben die Machtspitze okkupiert und das von früheren Invasionsgruppen, insbesondere den mohammedanischen Mogulen, entwickelte Herrschaftsprinzip der „indirect rule" übernommen: d. h. hochkastige Hindus organisieren Tributzahlungen für die Herrscher, die dafür den obersten Kasten militärischen Schutz gewähren. Ansonsten arbeitet das Kastensystem perfekt, d. h. ohne physische Gewalt, nur durch die Einsicht in die religiösen und sozialen Notwendigkeiten, in die man hineingeboren wird. (Vgl. auch D. K. FIELDHOUSE, Die Kolonialreiche seit dem 18. Jahrhundert. Fischer Weltgeschichte Band 29, Frankfurt 1965, S. 122). Die Behauptung von P. A. BARAN (Politische Ökonomie des wirtschaftlichen Wachstums, Neuwied 1966, S. 246), daß „die britische Verwaltung in Indien systematisch Struktur und Grundlage der indischen Gesellschaft" zerstört habe, beruht auf einseitiger Auswahl der Quellen.
2. Oft zitiert, aber ungenügend belegt ist das Beispiel der Vernichtung des hochentwickelten und „wohlhabenden" Weberhandwerks durch die Konkurrenz englischer Produkte. Hierzu möchte ich dreierlei bemerken:
    a) Zwar war das indische Textilhandwerk hochentwickelt und von großer Bedeutung für den indischen Export der vorbritischen Zeit. Nach den Berichten von J. A. DUBIOS (Hindu Manners, Customs and Ceremonies, Oxford ³1906, Kap. VI, S. 80 ff.), der von 1792 bis 1823 in Südindien lebte, profitierten daran jedoch lediglich wenige Angehörige der Händlerkasten, während die Masse der Weber am Rande des Existenzminimums vegetierte. Mit der englischen Herrschaft hatte dies nichts zu tun.
    b) Bis 1870 etwa betraf die Konkurrenz durch billige britische Exporte lediglich diejenigen Weber, die in der Umgebung der Hafenorte und entlang der wenigen schiffbaren Flüsse wohnten. Abgelegene Regionen wurden erst betroffen, als ab 1870 die Eisenbahn raumwirksam zu werden begann. (DRAGUHN 1970, S. 111).
    c) Der größte Teil des indischen Weberhandwerks wurde jedoch vernichtet durch die Konkurrenz indischer Baumwollspinnereien. So gründete z. B. der Parse Tata 1877 bzw. 1887 die größten indischen Baumwollspinnereien in Nagpur und in Bombay. — Die indischen Weber teilten ihr Schicksal mit den Webern aller Länder, die den Industrialisierungsprozeß durchlaufen haben.
3. Die Auswirkungen des „Handelsimperialismus" sind in Indien m. M. nach relativ gering. Zwar gibt es viele Markenartikel (z. B. Nivea, Bosch-Batterien, Nescafé), die in Indien in Lizenz hergestellt werden. Diese Artikel werden jedoch bisher nur von einer minimalen Bevölkerungsschicht konsumiert.
Außerdem bestehen für alle Artikel, die auch in Indien hergestellt werden können, ganz erhebliche Einfuhrbeschränkungen bzw. Einfuhrverbote. Ferner wird die Einfuhr derjenigen Güter untersagt, die indischen Arbeitnehmern ihren Beruf nehmen könnten. So gibt es z. B. in der indischen Millionenstadt Madras außerhalb der ausländischen Konsulate keine Photokopiergeräte.
4. Die Behauptung, die in den indischen Fabriken erwirtschafteten Gewinne würden „grundsätzlich" in die Kapitalgeberländer ausgeführt, ist falsch. Ausländische Beteiligungen an indischen Firmen sind nur möglich bei mindestens 50 % indischer Beteiligung. Insbesondere an größeren Firmen (so Bosch in Bangalore) ist der indische Staat beteiligt.
5. Ein Beleg für die These, daß primär das Kastensystem in Indien entwicklungshemmend ist, bietet das gelungene TELCO-Projekt in Jamshedpur. Initiator dieses Projektes ist die Parsenfamilie Tata. Die Parsen, vor den Mohammedanern im 8. Jahrhundert aus Persien geflohen, stehen in Indien außerhalb der Kastenordnung. Bei ihnen dominiert im wirtschaftlichen Bereich das Leistungsprinzip vor dem Prinzip persönlicher Beziehungen bzw. dem Prinzip der Kastenhierarchie.
In Jamshedpur wird ein alter Mercedes-Lkw-Typ gebaut. Lizenzgebühren brauchen nicht mehr gezahlt werden. Dieser Tata-Lkw wird inzwischen in viele Entwicklungsländer exportiert, ferner werden sogar Ersatzteile, deren Produktion sich für Mercedes nicht mehr rentieren würde, deren Vorhandensein jedoch für Mercedes aus Kundendienstgründen wünschenswert erscheint, nach Stuttgart-Untertürkheim geliefert.

6. Es bliebe dann also noch der Vorwurf, daß die britischen Kolonialherren durch „einseitige" Einführung hygienischen und medizinischen Fortschritts der Bevölkerungsexplosion und damit auch der Slumbildung Vorschub geleistet haben und daß sie ferner den Industrialisierungsprozeß in Gang gebracht haben. Das aber sind m. M. nach positive Entwicklungsaspekte. Daß es Indien allerdings noch nicht weiter gebracht hat, liegt im Kastensystem begründet, dessen Existenz durch die sich sozialistisch nennende Regierung eher konserviert als beseitigt wird.

Heinrich Pachner (Kornwestheim)

Bei Ihren sehr interessanten Ausführungen über die Slums in einigen indischen Städten ist mir eines aufgefallen: Meiner Meinung nach kann man „Slums" auch als die Viertel einer Stadt ansehen, in die Zuwanderer aus dem ländlichen Raum allmählich in die Stadt hineinwachsen können. Meine Frage lautet deshalb: Gibt es eigentlich nicht wie in lateinamerikanischen „Slums" eine positive Eigenentwicklung durch Anstieg des Einkommens und fortschreitende Anpassung an städtisches Leben? Wie ist es bestellt um eine soziale, vielleicht sogar um eine räumliche Entmischung dieser Wohnviertel im Prozeß der Urbanisierung?

Dr. Jürgen Blenck (Bochum)

Im Gegensatz zu anderen Teilen der Erde, wo Slums Durchgangsstationen im Entwicklungsprozeß von ländlichen zu städtischen Lebensformen darstellen sollen, möchte ich diese Frage für Indien verneinen. Im Rahmen unserer Untersuchungen zu stadtgerichteten und innerstädtischen Wanderungen in indischen Großstädten konnten wir feststellen, daß die Slumbewohner nur teilweise Zuwanderer aus ländlichen Gebieten umfassen und daß ein großer Teil der Familien seit Generationen in den Slums lebt.

Die Zuwanderung vom Land in die Stadt erfolgt meist nur dann, wenn man in der Stadt einen adäquaten Ansatzpunkt hat, d. h. wenn man dort Unterkunft und Auskommen bei Verwandten oder zumindest bei Angehörigen der gleichen Kaste finden kann. Der Ort der Ansiedlung in der Stadt ist damit weitgehend durch Kaste/Religion, Sprache und Herkunft determiniert. Ein Ausbrechen aus dieser Regel wäre für die meisten Zuwanderer zu teuer, da Nachbarschaftshilfe nur im Rahmen der eigenen Kaste gewährt wird. Auf diese Weise ist auch der Umfang und die Reichweite der innerstädtischen Wanderungen eingeengt.

Slums in indischen Großstädten sind, wie unsere Untersuchungen zeigen, daher weitgehend Substandard-Wohngebiete tiefstehender Kasten, die sich auch größtenteils nur durch Zuwanderer **tiefrangierender** Kasten auffüllen. Angehörige höherer Kasten sind in (größeren) Slums meist nur dann vertreten, wenn sie dort als Priester, Lehrer, Händler, Geldverleiher u. ä. beruflich tätig sind.

Karl Petersen (Heidelberg)

Im Beitrag zum Slumproblem in Indien ist deutlich geworden, mit welcher Hilflosigkeit die Lösung dieser Frage angegangen wird. Und es ist ja bekannt, daß das Slumproblem für weite Teile der Erde — besonders auch für Lateinamerika — in gleicher Weise zutrifft. Um eine deutliche Alternative hierzu aufzuzeigen, scheint es mir notwendig, einmal zu untersuchen, wie die Volksrepublik China diese Frage bewältigt hat. Dies ist auch gerade deshalb wichtig, weil noch vor 40—50 Jahren die gesellschaftlichen Verhältnisse in China enge Parallelen zu denen von Indien aufgewiesen haben.

Dr. Jürgen Blenck (Bochum)

Vergleiche zwischen Indien und China zu ziehen, mag aus europäischer Sicht naheliegend erscheinen. Manche versuchen, damit die Überlegenheit des Sozialismus zu beweisen. Tatsächlich ergeben sich in der Ausgangslage Indiens und Chinas viele, auch enge Parallelen, jedoch mit zwei, allerdings entscheidenden Ausnahmen: dem Sozialsystem und dem darauf basierenden Wirtschaftsgeist. In China hatte von jeher der Tüchtige eine Chance zum Weiterkommen. In Indien bestand dagegen keine Chance, aus dem Kastensystem auszubrechen, da man in eine Kaste hineingeboren wird. Insofern ist es vielleicht auch nicht verwunderlich, daß ein großer Teil der Funktionärsposten der kommunistischen Partei Indiens in der Hand von Brahmanen, der alten Priesterkaste, ist, daß dagegen die Gruppe der Scheduled Castes, die die KPI eigentlich vertreten will, so gut wie keine höheren Funktionäre stellt.

Prof. Dr. Therese Pippan (Salzburg)

Eine sehr starke Zunahme der Slumgebiete erfolgte z. B. in Calcutta nach der Teilung in Indien und Pakistan, wo sehr viele Hindus aus Pakistan nach Indien einwanderten und in die Städte strömten. Die amtliche Starthilfe konnte vielfach nicht den Aufbau einer Existenz garantieren.

Es wäre auch sehr wichtig, den Slumbewohnern Arbeit zu verschaffen, damit sie die besseren Quartiere bezahlen können.

Dr. Jürgen Blenck (Bochum)

Über Slumbildung in Calcutta im Gefolge der Teilung Indiens im Jahre 1947 und dem daraus resultierenden Bevölkerungsaustausch zwischen Indien und Ost-Pakistan kann ich nichts aussagen, da wir Calcutta nicht untersucht haben. Unsere Untersuchungen in Jaipur/Rajasthan im Rahmen des DFG-Projektes „Bevölkerungsgeographie" lassen jedoch eindeutig erkennen, daß die Flüchtlinge aus Westpakistan allenfalls nur kurzfristig in Slums wohnten und relativ rasch aus den Notaufnahmelagern in feste, mittelständische Wohngebiete umzogen. In beachtenswertem Umfang wurden auch für diese Flüchtlinge, z. T. mit staatlicher Hilfe, eigene Wohnkolonien errichtet. So existierten z. B. in Jaipur mehrere Sindhi- und Punjabi-Colonies.

Die sozialökonomische Integration der Flüchtlinge vollzog sich relativ rasch, und zwar aus dreierlei Gründen: 1. handelte es sich weitgehend um Angehörige höherer Kasten, die z. B. in Jaipur von Angehörigen gleicher Kasten in großem Umfang Hilfe erhielten. 2. brachten die Flüchtlinge, die in Westpakistan zur wohlhabenderen Bevölkerungsschicht zu zählen waren, auch Geld und Schmuck mit, wodurch ihr wirtschaftlicher Neubeginn sehr erleichtert wurde. 3. nutzten die Flüchtlinge die Chance, die sich durch den technischen und wirtschaftlichen Strukturwandel bot. Sie ergriffen teilweise Berufe, die es in der alten, arbeitsteiligen Kastenordnung nicht gab, wie Verkauf und Reparatur von Fahrrädern, Autos, Maschinen und Elektrogeräten. Hier ist vor allem die Gruppe der Sikh führend, eine Hindu-Reformsekte ohne Kastenordnung, deren Grundsatz „working is worship" an Luther erinnert.

Andere Sindhi- und Punjabi-Gruppen, die in Westpakistan als Händler tätig waren, wandten sich nach anfänglicher erfolgloser Konkurrenz mit dem einheimischen traditionellen Handel, der in der Altstadt von Jaipur lokalisiert ist, dem Handel moderner Industrieerzeugnisse zu, der heute am Südrand der Altstadt und entlang der Straße zum Hauptbahnhof zu finden ist (Abb. 3). Entgegen dem alten Basarprinzip, wonach jede Gasse meist nur mit einem Handelsartikel bzw. einer Handelsartikelgruppe oder nur mit einem Handwerk ausgestattet ist, zeigen die Einkaufsstraßen der aus Pakistan stammenden Händler eine Kombination vorwiegend modernerer Artikel, die keine Konkurrenz für die Basarstraßen der Altstadt sind: Kleider, Anzüge, Unterwäsche, Elektroartikel, Radios, Schallplatten, Büromaterial, Bücher, Konserven und Nahrungsmittel für „europäischen" Bedarf, Drogerien, Apotheken, Chemische Reinigungen.

Zur zweiten Frage: Selbstverständlich wäre es wichtig, den Slumbewohnern auch regelmäßig Arbeit zu geben, damit sie die neuen Wohnungen bezahlen können. Das dürfte jedoch augenblicklich noch ein fernes Zukunftsziel sein. Es darf aber nicht übersehen werden, daß es den Slumbewohnern im Durchschnitt bereits besser geht als der überwiegenden Masse der Scheduled Castes, die als Gelegenheitsarbeiter (Tagelöhner) und bestenfalls als kleine Pächter auf dem Lande ein sehr karges Dasein fristen. Konsumgeographische Vergleichsuntersuchungen im ländlichen Umland und in Slums von Hyderabad durch Herrn G. A. Baum, Institut für Entwicklungsforschung und Entwicklungspolitik der Ruhr-Universität Bochum, bestätigen meine Ergebnisse von Madras (vgl. auch Tabelle 3).

Prof. Dr. Wigand Ritter (Darmstadt)

Ein kurzer Beitrag zu diesem Problem aus Ländern eines anderen Kulturkreises, nämlich aus Saudi Arabien. Es gibt auch dort am Rande der Städte Wohnviertel, die physiognomisch durchaus den indischen Beispielen vergleichbar sind.

Diese sind von zuwandernden ehemaligen Nomadenfamilien bewohnt. Sie sind aber keine Slums und auch keine Wohngebiete unterer Einkommensschichten, sondern eine allererste Anpassung der Zuwanderer an das seßhafte Leben im städtischen Milieu. Diese Hüttensiedlungen dienen der unmittelbaren Deckung des Wohnbedarfs und zugleich der psychologischen und sozialen Bewältigung eines krassen Unterschiedes der Lebensformen. Sie wandeln sich auch nach einer Generation von selbst zu ganz normalen Stadtvierteln orientalischer Art. Man kennt auch keine abwertende Bezeichnung, sondern nennt sie auf arabisch Hedschra = Zuwandererviertel.

Dr. Jürgen Blenck (Bochum)

Herrn Prof. RITTER möchte ich für seine ergänzenden Bemerkungen aus dem Orient danken. Ich möchte hier jedoch gewisse Zweifel anmelden, da man m. W. nach soziale Integrationsprozesse ländlicher Zuwanderer, einschließlich Umschichtungs- und Entmischungsprozessen, in orientalischen Großstädten noch nicht ausreichend untersucht hat. Der physiognomische Wandel einer slumartigen Siedlung zu einem Wohngebiet unterer oder mittlerer Einkommensgruppen im Zeitraum einer Generation sagt eigentlich noch nichts aus, solange man nicht gleichzeitig innerstädtische Wanderungsbewegungen und die daraus resultierenden Verdrängungsprozesse untersucht hat.

DER BEITRAG DER GEOGRAPHIE ZUR ENTWICKLUNGSLÄNDER-FORSCHUNG AM BEISPIEL NORD-AUSTRALIENS UND NEU-GUINEAS

Von E. Reiner (Köln)

Australien unterliegt wie alle anderen Länder der Erde dem gleichen Zwang, im Wettkampf wirtschaftlicher und politischer Entwicklungen (Schweinfurth 1966) alle gegebenen Möglichkeiten des Landes zu nutzen.

Die Geographie leistet dabei einen Beitrag, über den ich zu berichten habe.

Dabei handelt es sich insbesondere um die unter dem Begriff „Nördliches Australien" (Twidale 1959) oder Nord-Australien verstandenen Gebiete: in Australien im Jargon kurzweg das „Outback", „The North" genannt. Es ließe sich darüber streiten, ob die in Australien unerschlossenen Gebiete als Entwicklungsland bezeichnet werden dürfen und inwieweit sie „unerschlossen" sind!

Für Neu-Guinea stimmt es wohl voll und ganz!

Es ist müßig, hier die Diskussion zu entfachen.

Für die zu gebende Darstellung möchte ich dieses Gebiet des nördlichen Australiens aber doch unter dem Begriff „Entwicklungsland" einreihen und zeigen, daß gerade hier ein wesentlicher Beitrag zur Methodik einer zielgerichteten Forschung auf dem Gebiet der Entwicklungsländer-Forschung geleistet wurde. Im benachbarten tropischen Gebiet von Neu-Guinea hat diese Methode ihre Richtigkeit unter Beweis gestellt. Vergleichen wir zuerst einmal die in allen Kontinenten mit der eigentlichen Entwicklungsländer-Forschung einsetzenden Zielrichtungen, so wird — wie es Dudley Stamp (1949) in einem groß angelegten Plan verfolgte, immer wieder die Frage der möglichen agrarischen Nutzung und damit verbunden die Frage der Landnutzung in den Vordergrund der Erörterung gestellt. Dies gilt sowohl hinsichtlich der gegenwärtigen wie der potentiellen Nutzung. An ihrer Kenntnis ist jeder Regierung gelegen, die die Möglichkeiten wirtschaftlicher Entwicklungen erkunden will, — wenn nicht bereits ansehnliche mineralische Rohstoffe die Frage der Entwicklung in andere Bahnen oder die Frage agrarischer Nutzung in den Hintergrund drängten. Das Problem der agrarischen Nutzung stellt sich aber überall primär als Erweiterung der Ernährungsfläche ein. Die ständige Zunahme der Bevölkerung aller Entwicklungsländer verlangt in einer auf Anbau ausgerichteten Wirtschaft die vermehrte Bereitstellung von genügend Nahrungsmitteln. Daneben ist aber eine Spezialisierung der Landnutzung zu erkennen, um über den gesteigerten Export auf den Weltmarkt zu drängen, um so die wirtschaftliche Lage des Landes zu verbessern (Hetzel 1972 u. a.) (wobei die Einflüsse der Kreditgeber-Länder unberücksichtigt bleiben!).

Entsprechend der besonderen Situation Australiens als eines von Europäern besiedelten Kontinentes mit bisher[1] überwiegend agrarischem Export, insbesondere den Produkten der Viehwirtschaft, stellte sich rasch die doppelte Frage:

---

[1] Das Wort „bisher" bezieht sich auf die gesamte wirtschaftliche Entwicklung bis 1970. Seither haben Erz-Exporte einen Großteil der Außenhandelsbilanz ausgemacht.

a) Erweiterung des Exportes.
b) Verbesserung der inneren wirtschaftlichen Situation — und das unter den besonderen klimatischen Bedingungen eines Kontinentes, der wiederholt die Rückschläge lang anhaltender Trockenheit zu spüren bekam (HEATHCOTE 1969).
Sind die Ausgangspositionen gegeben, so fragt sich, wie ist zu verfahren?

Aus zeitlichen und politischen Gründen war eine langwierige Untersuchung bestimmter Landschaften in der altbewährten Weise oder eine dem Zufall überlassene Erkundung unmöglich.

Die Größe des Raumes zwang zu einer mehr systematischen Arbeit. Beispiele hierfür lagen vor in den Untersuchungen angelsächsischer Geographen, auch hier wieder voranstehend DUDLEY STAMP (1948) mit seiner während des Krieges 1940—45 durchgeführten systematischen Durchmusterung der Landnutzung Großbritanniens.

Ansätze finden sich auch bei BOURNE (1931), HERBERTSON (1905), HARTSHORNE (1939) u. a. Kenntnisse dieser Arbeiten haben den Hintergrund abgegeben für eine Arbeit, die sich aus der Praxis ergab. Für die Ansätze der Untersuchung war wohl der wesentlichste Entscheidungspunkt, daß für große Gebiete Nord-Australiens, vornehmlich zuerst einmal für den Raum südlich von Darwin, statt großmaßstäblicher Karten nur Luftbilder als einziger Orientierung zur Verfügung standen.

Die Durchmusterung der einzelnen Luftbilder und eine erste topographische Orientierung führten zur Erkenntnis, daß — kombiniert mit einer geringen Geländekenntnis — bestimmte Muster von Landschaftseinheiten erkannt wurden.

Hier setzt nun der Erkenntnis-Prozeß ein, der versucht, zuerst über die topographische Abgrenzung von Räumen zu einer Gliederung der Landschaft zu kommen. Die Untersuchung wurde dann im Gelände ausgedehnt auf Böden und die zugeordnete Vegetation.

Es führt zu der schon 1948 von CHRISTIAN und STEWART (1948) gefundenen Schlußfolgerung „We have defined this unit which is a composite of related units as an area or group of areas throughout which there is a recurring pattern of topography, soil and vegetation. A change in the pattern determines the boundary of a land system."

Mit dieser Formulierung, daß ein sich wiederholendes Muster der Geländeformen, des Bodens und der Vegetation jeweils ein bestimmtes Gebiet — also eine Landschaft — kennzeichne, war es möglich, die Räume in erster Annäherung landschaftlich zu gliedern und damit der weiteren Untersuchung im speziellen zuzuführen. Da es sich, wie verständlich, nicht um individuelle Landschaften handelte, sondern mehr um Typen von Landschaftsformen, wurde entsprechend auch die so gefundene Einheit „Land-System" genannt und in einer späteren Definition diese im obigen Sinne verstanden. Zugestanden aber wurde auch, daß innerhalb eines so gefundenen Land-Systems mehrere Unter-Einheiten vorhanden sind. Diese durften aber auch nicht zu vielfältig sein und mußten sich in das Landsystem einfügen. So blieb es im Rahmen von 1—10 Einheiten, die sich wesentlich nur in Verschiedenheiten eines oder zwei der drei wichtigsten Faktoren, Topographie = Oberflächenform, Boden und Vegetation unterschieden.

Eines der Ergebnisse dieser ersten Großraum-Untersuchung des Katherine Darwin Reportes der CSIRO (1948) war die Einrichtung einer großen Versuchs-Station und Farm in Katherine, um hier in praxi die Möglichkeiten des Anbaues und der Landnutzung allgemein zu erproben. Diese Versuchsstation wurde auf dem unter allen untersuchten Gebieten am besten für Anbau geeigneten Landsystem — dem Tipperary

Landsystem — angelegt. Diese Station besteht noch heute und hat wertvolle Erkenntnisse landwirtschaftlicher Praxis in randtropischen Trockengebieten erbracht. Es wurde dabei gezeigt, wie man diese Gebiete wirtschaftlich optimal nutzen kann. Andere Stationen sind das Ord River-Projekt für Bewässerungs-Anbau und Humpty Doo für Reisanbau sowie des Range Management Projectes in Alice Springs. Mit dieser Methode einer ersten Luftbild-Untersuchung und anschließender Gelände-Erkundung wurden dann systematisch weitere Räume Nord-Australiens untersucht.

Gleichzeitig war der Wunsch aufgekommen, auch für die Entwicklung der tropischen Gebiete in Neu-Guinea Unterlagen zu erhalten. So wurde eine besondere Abteilung der Division of Land Research, der australischen Forschungsgemeinschaft, mit dieser Aufgabe betraut und zwischen 1959 und heute in Neu-Guinea eine systematische Untersuchung durchgeführt. LÖFFLER wird (1974) hierüber zusammenfassend in der geographischen Rundschau berichten.

Halten wir fest: Ausgangspunkt der Gliederung von Räumen ist das „Pattern" oder Muster. Ursache sind die auf den Luftbildern erscheinenden unterschiedlichen Muster der Reflexion der Oberfläche. Die Reflexion muß verschieden sein, da jede Oberfläche unterschiedlich gestaltet ist! — Die unterschiedliche Oberflächengestaltung hat aber auch bestimmte, ihr inhärente Besonderheiten, nämlich eine bestimmte Form der Bodenbildung und demzufolge eine bestimmte Form der Vegetation. Sind diese so signifikant, daß sie eine Gliederung zulassen?

Diese Art der Inventarisierung von Landschaften war ein Erfolg! Der ersten Untersuchung folgende detaillierte Untersuchungen, z. B. Boden-Untersuchungen, haben dieses Vorgehen ebenso bestätigt wie die sich ständig fortsetzenden Land-Untersuchungen, die heute mehr als 40 % Neu-Guineas und rund 30 % des australischen Kontinents ausmachen. Die sich ständig in der Form der Darstellung verändernden nunmehr 31 Berichte (Reports) zeigen aber auch, daß innerhalb des Teams, das die Untersuchung durchführte, kritische Ansätze wirksam und damit Verbesserungen erreicht wurden. HAANTJENS (1968), der Leiter der Neu-Guinea-Abteilung, ein Bodenkundler, hat 1968 die Frage gestellt, ob nicht in der Methode der Begrenzung des Landsystems und der darin enthaltenen Einheiten eine Unsicherheit vorherrsche, die sich aus einem Durcheinander verschiedener Überlegungen herleite, die u. a. durch die taxonomische, die genetische Betrachtung und die Frage nach dem Maßstab der Kartenerstellung gegeben seien.

Diese Frage folgte dem Symposium, daß 1968 in Canberra über Land Evaluation zahlreiche Wissenschaftler zusammengeführt hatte. Hier war versucht worden, aus der Relativierung zu einer mehr absoluten objektiven Bewertung von Land zu kommen. HAANTJENS fordert daher auch für die Abgrenzung des Landsystems mehr quantitative Ansätze. Diese sollen vor allem bei der morphologischen und bodenkundlichen Darstellung gewonnen werden.

Die Untersuchungen laufen daher im Augenblick stärker in Richtung einer Quantifizierung. So sehr eine Objektivierung der Erfassung von Landschaften, i. e. der Landsysteme wünschenswert erscheint, so sehr muß man sich davor hüten, dem Trugschluß zu verfallen, daß „Land" sich in seiner individuellen Gestaltung rein zahlenmäßig erfassen lasse, um etwa darauf gestützt durch entsprechende Kombinationen sich die Land-Systems errechnen zu lassen! Es kann sich dabei höchstens um grobe Typisierung handeln.

Der Interpretations-Vorgang, der ja hier vorgenommen wird mit Hilfe der Luftbilder, ist ein subjektiver Erkenntnis-Vorgang. Es gilt, bestimmte, allgemein erkannte

Formen in ihrer Relation zu ihrer Umgebung zu erfassen und damit zu einer Gliederung zu kommen. Die Objektivierung ist dem Team der Interpreten überlassen, denn es handelt sich ja beim Landsystem um eine Landschaft, die bestimmte typische Formen erkennen läßt, die abzugrenzen sind! Der Versuch allerdings, diese Werte für eine mechanische Erfassung von Landsystems einzusetzen, hat bis heute keinen Erfolg gehabt (LÖFFLER pers. Mitt.).

Gehen wir von der bisher geübten Methode aus, dann ist die vollständige Inventarisierung von Neu-Guinea und Australien nur noch eine Frage der Finanzierung und des politischen Interesses, aber nicht eine der Methode selbst!

Kehren wir aber noch einmal zu der Frage zurück, ist die Dreiheit: Oberflächenform, Boden und Vegetation so miteinander verbunden, daß sie als Faktoren so aufeinander wirken, daß eine Veränderung des einen Faktors auch eine Veränderung des anderen zur Folge hat und daß damit der Charakter dieses Gebietes so verändert wird, daß wir von einem Landschaftswechsel sprechen können? Gleichzeitig ergibt sich die Frage nach dem „Pattern" im Luftbild; wie ist es zu fassen, um als Einheit verstanden zu werden! Es kann nicht nur eine Textur-Änderung sein, sondern es muß sich ja in seiner Gesamtheit deutlich von der Umgebung abheben! (Es wäre ein Fehlschluß, das Muster als „Typ" zu fixieren und dieses dann weltweit zu verwenden oder über große Strecken zu projizieren, denn jedes Muster steht in Relation zum umgebenden Raum, eingeschlossen das Klima!)

Also es ist die Einheit aus Morphologie, geprägt durch das Relief und Entwässerungsnetz, die darauf wachsende Vegetation und die im Luftbild dann nicht sichtbaren, aber in grober Annäherung — also indirekt — zu erschließenden Böden. Als Typus ist damit das Landsystem genügend charakterisiert. Als Landschaft individueller Prägung wird es wohl nicht immer klar abzugrenzen sein, wenn Kontraste zu benachbarten Landsystems fehlen. Am deutlichsten ist das in Tiefland-Gebieten. Als Beispiel diene das Sepikgebiet (Neu-Guinea), wo nur die Grundwasser-Verhältnisse und die Böden eine Änderung bewirken, während das Relief gleich oder annähernd Null ist.

Auch in den flachen, ebenen Gebieten Nord-Australiens ist es ähnlich. Im geographischen Sinne wird hier der Landschaftswandel, wie ihn LAUTENSACH (1953) formuliert hat, deutlich!

Da aber die In-Wert-Setzung dieser Untersuchungen unter wissenschaftlichen Gesichtspunkten steht, ist es notwendig, auch gleichzeitig eine Bewertung der so gefundenen Räume oder Landsystems vorzunehmen. Aufgrund der Tatsache, daß es letztlich um Erweiterung der Nährfläche geht, ergab sich die Frage der Klassifizierung.

Unter allen möglichen Formen ließ sich die von KLINGEBIEL und MONTGOMERY (1961) erarbeitete am besten anwenden. Ihre 8 Klassen wurden z. T. für die lokalen Verhältnisse in Neu-Guinea abgeändert. In Nord-Australien war diese Klassifikation noch nicht nötig, da nur Weidebetrieb im Vordergrund stand und die Frage nach dem notwendigen Angebot an Futter durch die Vegetationsgliederung beantwortet war.

Mit dieser Klassifikation war also eine aus der natürlichen Ausstattung abzuleitende Nutzungsmöglichkeit (Land Capability) verbunden. So ließ sich dann gezielt die weitere Durchführung von Maßnahmen einleiten.

Es scheint mir interessant, daß sich parallel zu diesen Untersuchungen in Australien eine neue Form der Landschaftsgliederung entwickelte, die AITCHISON und GRANT (1968) Terrain Classification nannten und wobei in der Bewertung und Gliederung die vom Ingenieur geforderten Maßstäbe als Kriterien einer Gliederung eingesetzt wurden. Auch hier wurde bereits eine entsprechende Systematik aufgebaut. Eine Diskussion hierüber muß ich aber ausklammern.

Die Inventarisierung von Landschaften in erster Annäherung, um eine Grundlage für weitere Untersuchungen zu erhalten, scheint mir mit dieser Methode einer naturräumlichen Gliederung (s. auch LÖFFLER 1973), wie sie von deutschen Geographen für Mitteleuropa durchgeführt wurde, übereinzustimmen und vom Methodischen her der richtige Weg, um für alle weiteren Fragen der Nutzung, insbesondere der wirtschaftlichen Nutzung, aber auch für politische Überlegungen, die Grundlage zu geben. Es ist damit eine Frage nach den Resourcen, die ein Land hat, eine notwendige Untersuchung.

Ich hoffe dargelegt zu haben, daß sie wissenschaftlich als Grundlagen-Forschung ihre Anwendbarkeit unter Beweis gestellt haben.

Diese Methode hat breitere Anwendung gefunden. Dies kann für Afrika gesagt werden, wo bereits große Gebiete im Zentralen und Östlichen Teil des Kontinents in dieser Weise inventarisiert wurden. Ebenso ist im Dezember 1972 von BECKETT und WEBSTER (1972) und Mitarbeitern eine Studie über Terrain Evaluation by means of a data bank im Geograph. Journal erschienen, aus der die breitere Anwendung dieser Methode ersichtlich wird.

Nach eigener Erfahrung in Afghanistan möchte ich dazu aber dann noch sagen, daß es der vom Kreditgeber her beeinflußte, oft auf detaillierte Ziele gerichtete Einsatz von Mitteln ist, der aus Mangel an grundlegenden Kenntnissen des Landes, i. e. der Landschaft schlechthin, sich dann oft als Fehlplanung erweist.

Ursache ist wohl, daß Grundlagen-Forschung keine unmittelbar realisierbaren Erfolge bringt, daher schiebt man sie gerne vor sich her, bis die Notwendigkeit dazu zwingt! In Australien und Neu-Guinea hat man diese Grundlagen-Forschung betrieben. Die Erfolge beweisen durchaus die Richtigkeit der Methode und des begangenen Weges.

Literatur

AITCHISON, G. D. & GRANT, K. (1968): Terrain Evaluation for Engineering, in G. A. STEWART (Ed.): Land Evaluation.; Macmillan of Australia, 1968, 125—146.

BECKETT, P. H. T., WEBSTER, R. et al. (1972): Terrain Evaluation by means of a Data Bank; Geogr. Journal, London, vol. 138, 1972, p. 430—456.

BOURNE, R. (1931): Regional survey and its relation to stocktaking of the agricultural resources of the British Empire; Oxford For. Mem; vol. 13, 1931, p. 16—18.

CHRISTIAN, C. S. & STEWART, G. A. (1948): Katherine-Darwin Report, CSIRO Land Research Series, No. 1, Melbourne, 1948.

C.S.I.R.O. (1948): Land Research Series, No. 1 ff., Melbourne 1948.

DUDLEY STAMP, Sir (1948): The Land of Britain. Its use and Misuse; London 1948, 507 S.

— (1949): World Land Use Survey i. e. as Chairman of I.G.U. Commission I.G.U. Newsletter und folgende Arbeiten verschiedener Autoren.

HAANTJENS, H. A. (1968): The Relevance for Engineering of Principles, limitations and Developments in Land System Surveys in New Guinea (Paper 514 T); Proc. 4th Conference Austral. Road Res. Board, 1968; vol. 4, pt. 2, p. 1593—1612.

HARTSHORNE, R. (1939): The nature of geography; Ann. Assoc. Am. Geogr. vol. 29, 1939, pt. 3+4.

HEATHCOTE, R. L. (1969): Drought in Australia: A problem of perception; Geogr. Rev. New York vol. 59, 1969, p. 175—194.

HETZEL, W. (1972): Seehafenplätze und -Wege der Binnenstaaten Tschad und Zentralafrikanische Republik. — In: BRAUN, G. (Hrg.): Räumliche und zeitliche Bewegungen; Würzburger Geogr. Arbeiten, Heft 37, 1972, S. 371—400.

HERBERTSON, A. J. (1905): The major natural regions. An essay in systematic geography; Geogr. Journal. London, vol. 20, 1905, p. 300—312.

KLINGEBIEL, A. A. & MONTGOMERY, P. H. (1961): Land capability classification; Agric. Handbook, 210. Soil Cons. Service, U S Dept. Agriculture, 1961.

LAUTENSACH, H. (1953): Über die Begriffe Typus und Individuum in der geogr. Forschung; Münchener Geogr. Hefte, No. 3, 1953.

LÖFFLER, E. (1974): Land Resources Surveys in Ostneuguinea; Geogr. Rdsch. Braunschweig, 1973 (im Druck).

SCHWEINFURTH, U. (1966): Australien: Ferner Osten wird naher Norden; Außenpolitik, 17. Jg., H. 10, 1966, S. 581—592.

TWIDALE, C. R. (1959): Das nördliche Australien. — Geogr. Rdsch. Braunschweig, 11, 1959, S. 439—448.

Diskussion zum Vortrag Reiner

Prof. Dr. G. Richter (Trier)

Sind Sie bei Ihrer „land-capability-classification" vom Luftbild allein ausgegangen, oder haben Sie, was mir richtiger erschiene, zuerst die Verhältnisse auf Testflächen näher untersucht, um sie dann im Luftbild besser wiedererkennen zu können?

W. Felber (Wien)

Steriles, oberflächliches Beschreiben ist ein schlechter Beitrag der Geographie zur Entwicklungsländerforschung. Die Beiträge des heutigen Nachmittags schienen durch den Vortrag ein wenig aufgehellt. Aber diese Apotheose auf dieses Beispiel erlaube ich mir zu trüben.

Es ist unter den Tisch dividiert worden, daß Landnahme in Nordaustralien so etwa erfolgt, daß Aboriginals da und dort Tickets gratis erhalten, um abtransportiert zu werden — irgendwohin. Oder daß 80 % des Entwicklungsetats für die Aboriginals wieder in weiße Hände zurückfließen, oder daß Papuas für die gleiche Tätigkeit in Neu Guinea nur 1/5 der Löhne erhalten wie die weiße Bevölkerung. Alles ist mit dem Thema „Der Beitrag der Geographie zur Entwicklungsländerforschung am Beispiel Nordaustraliens und Neu Guineas" nicht zur Sprache gekommen, sondern der Schwerpunkt lag auf „naturräumlicher Gliederung". Wir sollten mehr, wie das heute schon gefordert wurde, auf die Mikrostruktur eingehen, statt trivial irgendetwas zu beschreiben.

Dr. E. Reiner (Köln)

Die Untersuchungen, wie auch in dem Referat angegeben, waren eine Integration von Luftbild-Interpretation und Geländearbeit entlang bestimmter Routen, um möglichst alle „Pattern" (Muster), die auf dem Luftbild gefunden wurden, im Gelände zu überprüfen. Es wird auf die Arbeiten von CHRISTIAN, C. S., Methodology of Integrated Surveys, in: Aerial Surveys and Integrated Studies, Proc. Toulouse Conf. UNESCO, Paris, Amsterdam 1969 verwiesen.

Der von Herrn FELBER hier gegebene schriftliche Beitrag war nicht in gleicher Weise nach dem Referat als Diskussions-Bemerkung gegeben worden.

Dies erlaubt mir auf die oben gegebene Erklärung etwas ausführlicher einzugehen.

Die vorgegebene Aufgabe im Rahmen der Vorträge zu diesem Teil des 39. Deutschen Geographentages war, ein Beitrag zur Entwicklungsländer-Forschung zu geben.

Es war meine Aufgabe, den methodischen Weg aufzuzeigen, der in Australien bei der Frage nach möglicher Entwicklung bisher ungenutzter Räume begangen wurde. Indem ich den von der CSIRO, insbesondere aber den von der Division Land Research and Regional Survey begangenen Weg nachzeichnete und darauf verwies, daß diese Methode sich bisher gegenüber allen mehr aus wirtschaftlicher Sicht begonnenen „Projekten" bewährt hat, konnte von „steriler, oberflächlicher" Beschreibung keine Rede sein. Herr FELBER konnte seiner anfänglichen Bemerkung keine bessere Methode einer Grundlagenforschung entgegensetzen. Darüber hinaus, was sollten die ausfälligen Bemerkungen über die sozialen Verhältnisse der Eingeborenen Australiens bzw. der Kostenvergleich zwischen der Entlöhnung von Papua und Europäer in diesem Rahmen?

1. haben diese mit einer mehr methodischen Erörterung über Verfahrensweisen der Forschung nicht direkt zu tun.
2. Die Frage einer Mikrostruktur ist eine Folge-Aufgabe der Grundlagen-Forschung. Diese darzustellen war nicht meine Aufgabe. Angedeutet wurde diese jedoch. Ich verweise Herrn Felber darauf, daß die *Australian National University* mit ihrer Abteilung *Research School of Pacific Studies*, insbesondere der „The New Guinea Research Unit" unter Leitung von Prof. Dr. O. K. H. SPATE eine beachtliche Reihe von Untersuchungen in den N. G. Res. Bulletins veröffentlicht hat. In diesen werden viele Aspekte der wirtschaftlichen und sozialen Aspekte der Klein-Gruppen untersucht.
3. Natürlich muß bei einer Grundlagen-Forschung der Nachdruck auf der „naturräumlichen Gliederung" liegen, denn ohne eine Erkenntnis derselben können keine Folge-Untersuchungen durchgeführt werden. Die zitierte Untersuchung der Oxford-Gruppe bestätigt dies.

Ich empfehle Herrn FELBER, sich etwas mehr mit der geographischen Literatur über den Pazifischen Raum bzw. Australien und den dort gegebenen Ergebnissen zu beschäftigen, ehe er mit einer pauschalen und völlig ihres Hintergrunds entbehrenden, auch zum Vortrag unsachlich vorgetragenen Behauptung auftritt.

Ich darf ihn zuerst auf die Gesamtheit der Land Research Series Melbourne, CSIRO 1948 ff. hinweisen, um zu erkennen, welche Probleme bei einer möglichen Landnutzung und Hilfe seitens des Europäers aufgrund der terrestischen Gegebenheiten auftreten und wie sie zu überwinden sind. Für den Südwest-Pazifik, insbesondere Neu-Guinea, aber empfehle ich dringend, die wohl wichtigste und bedeutendste Arbeit, ein Musterbeispiel moderner Länderkunde sich vorzunehmen, den Band BROOKFIELD, H. & HART, D.: Melanesia, Methuen, London, 1971.

Schlußdiskussion zur Sitzung Geographie und Entwicklungsländerforschung

Dr. H. Schönwälder (Abidjan)

Herr BRONGER hatte in seinem Grundsatzreferat die These aufgestellt: Will sich die Geographie aktiv an der Lösung der Probleme der Entwicklungsländerforschung beteiligen, so muß sie sich stärker auf die Ausführung der Planung konzentrieren. Als Fazit der heutigen Sitzung kann diese These nur nachhaltig wiederholt und bekräftigt werden, denn die vorgetragenen Referate haben zum größten Teil nur Analysen zu Sachverhalten in Entwicklungsländern geliefert; einige haben auch Ansätze zu Planungen gezeigt. Damit kann aber die Problematik der Entwicklungsländer noch nicht bewältigt werden. Die Planung führt zu Projekten, und diese Projekte müssen realisiert werden. Die Geographie sollte daher bald nach Möglichkeiten suchen, wie sie durch eine Beteiligung an der Umsetzung von Planung in die Realität einen aktiveren Beitrag zur Lösung der Probleme der Entwicklungsländer liefern kann. Die heutige Sitzung hat leider methodisch dazu kaum weiterführende Elemente beigetragen.

4. RAUMORDNUNG UND LANDESPLANUNG

Leitung: K.-A. Boesler, R. Klöpper, G. Kroner, H. Schamp

EINFÜHRUNG

Dr. G. Kroner (Bonn-Bad Godesberg)

Meine Damen und Herren!

Ich eröffne die Sitzung „Raumordnung und Landesplanung", zu der Sie sich so erfreulich zahlreich heute eingefunden haben.

Zwar hat es auf den Deutschen Geographentagen in den letzten Jahren mehrfach einzelne Referate gegeben, in denen Beiträge der Wissenschaft zur Raumordnung und Landesplanung, auch zur Verwaltungsgebietsreform (allgemein: für die Praxis) vorgetragen wurden. Auch sind Fragen der Raumforschung in manchen Vortragssitzungen behandelt worden. Auf dem Geographentag 1961 wurde in einer Sitzung „Gegenwartsfragen der geographischen Wissenschaft und ihre Stellung in Öffentlichkeit und Schule" das Verhältnis von „Landesplanung und Geographie" behandelt. Sitzungen auf den Deutschen Geographentagen 1965 in Bochum und 1967 in Bad Godesberg befaßten sich mit Problemen der bzw. Beiträgen zur angewandten Geographie. Eine eigene, geschlossene Sitzung „Raumordnung und Landesplanung" hat es bislang nicht gegeben.

Unsere heutige Zusammenkunft ist daher ein Novum. Das begrüßen wir, wenngleich wir es schon in der Vergangenheit als sehr nützlich empfunden hätten, wenn gerade diesem Fragenkreis größerer Platz eingeräumt worden wäre. Wenn in der jüngeren Vergangenheit immer wieder die Forderung erhoben worden ist — und ich füge hinzu: sich wohl auch Gehör verschafft hat —, daß sich die Wissenschaft an die Praxis anzunähern und damit letztlich den Forderungen der Zeit zu stellen habe, so gilt diese Forderung m. E. in ganz besonderem Maße für den Bereich der Raumordnung und Landesplanung, zu deren Gestaltung insbesondere auch die Geographen aufgerufen sind.

Der für die Vorbereitung der heutigen Sitzung eingesetzte Ausschuß hat erfreut zur Kenntnis genommen, daß ihm eine ganze Reihe von Vortragsangeboten unterbreitet wurde. Der Ausschuß war daher gezwungen, eine Auswahl zu treffen, und hat dies — in Anlehnung an die Ausschreibung — insbesondere unter zwei Gesichtspunkten getan. Er war der Auffassung, daß zum einen Beiträge aus der Praxis der Raumordnung und Landesplanung gebracht werden sollten, zum anderen hingegen Forderungen an eine künftige Raumordnung und Landesplanung im Sinne einer integrierten Entwicklungsplanung Berücksichtigung finden sollten. Er hat es bedauert, daß sich im Rahmen der Sitzungsthemen verschiedene Referate nicht haben unterbringen lassen, obwohl ihre Fragestellung sicherlich für einen nicht geringen Teil der Teilnehmer von Interesse gewesen wäre.

Leider hat sich unlängst ergeben, daß Herr Dr. Perry aus London, der uns über das „Freizeitverhalten der Londoner Bevölkerung — vorläufige Ergebnisse einer Großumfrage und Gedanken zur Modellbildung für Planungszwecke" berichten wollte, sein Referat nicht ausarbeiten und hier halten konnte. Wir bedauern, daß auf diese Weise der Zeitplan etwas in Unordnung geraten ist. Ich hoffe jedoch, daß die auf diese Weise gewonnene Zeit einer nützlichen Diskussion mehr Raum gibt.

Wir haben vorgesehen, zuerst die Referate der Herren Hottes und Reiners vortragen zu lassen und anschließend gemeinsam zu diskutieren. Nach einer Pause sollen dann die ebenfalls inhaltlich einander berührenden Referate der Herren Danz, von Rohr und Schultes gehalten und danach en bloc diskutiert werden.

ENTWICKLUNGSSCHWERPUNKTE — ENTWICKLUNGSACHSEN — ZENTRALÖRTLICHES SYSTEM
EINE KRITISCHE ANALYSE

Mit 1 Karte

Von Karlheinz Hottes (Bochum)

I. BEGRIFFLICHE GRUNDLEGUNG

Wirtschaftliches *Wachstum* (Klatt, 1970, Oream-Nord 1973) war in den letzten beiden Jahrzehnten das bestimmende Ziel gesamtwirtschaftlichen Denkens und Handelns. Wachstumstheorien wurden wesentlicher Inhalt ökonomischer Modelle und Theoriengebäude; die Wirtschaftspolitik stand unter der Faszination der Wachstumsrate des Pro-Kopf-Einkommens. Die Unternehmen — ob in marktwirtschaftlichen oder planwirtschaftlichen Systemen — berechneten Wachstumsraten des Umsatzes, der Produktivität, der Marktanteile. Ein, wie man wähnte, prognostizierbares Wachstum der Bevölkerungen schlug sich in der Vorausberechnung des materiellen und geistig/kulturellen Massenkonsums nieder; Wachstum wurde damit in beiden zurückliegenden Jahrzehnten *das* Leitbild für Planung und darauf basierende politische Entscheidungen und Handlungen (Misra und andere, 1971): Nationale und internationale Entwicklungspolitik — Regionalpolitik (Vanneste, Brügge 1971) — kommunale Politik, *sie* alle waren eigentlich nicht *entwicklungs-*, sondern ausschließlich *wachstums*bestimmt.

Die Übertragung dieses Leitbildes in räumliche Dimensionen erfolgt über den Begriff des „pôle de croissance", erstmalig durch Perroux (1950, 1955), der dann als „growth-center", „groeipol" (Paelinck, 1961), Wachstumspol/Wachstumszentrum in allgemeine Diskussion und Anwendung kam. Sektoral entstand der Begriff der Wachstumsindustrien, mit dem sich I. Leister (Leister, 1966) auf dem Geographentag 1965 in Bochum ausführlich auseinandersetzte. Solche Wachstumsindustrien anzusiedeln, wurde von manchen kommunalen und regionalen Planungsinstanzen zum *ausschließlichen* Ziel ihrer Industrieansiedlungspolitik erklärt.

Die Operationabilität der Wachstumsmodelle stieß bald auf Grenzen:
a) Wachstum erfolgt nie gleichmäßig, weil die Wachstumsbedingungen unterschiedlich sind und diese sich *nur* unvollkommen oder unter Anwendung unverhältnismäßig hoher Kosten bzw. Anstrengungen einigermaßen egalisieren lassen. Die Folgen sind: regionale und sektorale Disparitäten, die sich beim Festhalten an ausschließliches Wachstumsdenken immer mehr vergrößern!
b) Wachstum geht Hand in Hand mit Umstrukturierung: Wachstumsprozesse sind immer mit partiellen Veränderungen, Stagnationen, Schrumpfungen u. U. bis zum Totalausfall, wie z. B. dem Ausbleiben eines Geburtenüberschusses, verbunden.
c) *Fortwährendes* Wachstum ist Utopie! Nach Verlangsamung und endlich nach Abschluß eines bestimmten Wachstumsvorgangs ist es allenfalls möglich (und angeraten), neue Wachstumsinitiativen zu ergreifen, die andere Bezugsräume oder

auch andere Sektoren betreffen können: Die jetzt einsetzende Aktivierung von Kräften und Mitteln zur Umweltgestaltung stehen hierfür als Beispiel.

Daraus erhellt, daß der Begriff Wachstum in der deutschen Sprache in unserem Zusammenhang richtiger durch *Entwicklung* ersetzt werden sollte, sofern es sich nicht um die Bezeichnung eines in Wachstumsrichtung zielenden Tatbestandes, wie etwa die Wachstumsrate des Pro-Kopf-Einkommens, oder eines bestimmten Wirtschaftszweiges, etwa Wachstumsindustrien im Gegensatz zu Stagnationsindustrien handelt. Da Zentren und räumlich zu fassende Pole geographisch wie regionalpolitisch integrative Gebilde sind, ja intern durch die Aktivität seiner Bewohner gesteuerte und von externen Kräften beeinflußte raumbezogene Prozesse beinhalten, die keineswegs immer gleichgerichtet verlaufen, wird man auch hier richtiger von Entwicklungszentren oder Entwicklungspolen als von Wachstumspolen und -zentren sprechen. Entsprechend muß man die Entwicklungs*achse*, ob vorhanden oder geplant, als einen Planungs*raum* definieren, in dem sich Entwicklungsprozesse vielfach funktional und strukturell verflochten bündeln (Hottes, 1972).

Diese Ausgangsprämisse bedeutet selbstverständlich eine Absage an die sehr enge ökonomische Definition der Entwicklungspole, wie sie jüngst Klemmer (Klemmer, 1972) formulierte:

„Ein Entwicklungspol muß daher als eine Schlüsselindustrie angesehen werden, die mit einer größeren Zahl von anderen Produktionen in einem funktionalen (Verflechtungs-)zusammenhang steht und hierbei mehr Impulse abgibt (Impulsüberschuß), als sie von anderen empfängt. Diese motorische Industrie (Perroux, 1964) (eigene Einfügung: aus dem Sekundärbereich) ist somit der entscheidende Kristallisationspunkt bzw. der die Polarisierungseffekte ausübende Faktor."

Vorstehender theoretischer Ansatz sieht einseitig nur die Industrie und umfaßt zudem mit dem sekundären Sektor eine Reihe von Branchen, die räumlich zur Streuung neigen und daher für eine dezentralisierte — also nicht polarisierte — Standortpolitik geeignet erscheinen.

Unsere Prämisse als geographische Ausgangsprämisse umfaßt den gesamten räumlichen Inhalt einer Einheit als eine strukturelle, prozessuale, ihre Grenzen aus Inhalt und Aufgabe zu bestimmende und planerisch zu verändernde Ganzheit. Sie geht weiter als der Vorschlag der Bundesregierung (Bundesraumordnungsprogramm, 1972), wonach „Entwicklungsachsen die Voraussetzungen für eine schwerpunktmäßige Konzentration wirtschaftlicher Aktivitäten und der Siedlungstätigkeit schaffen sollen." Immerhin ist diese Auffassung noch umfassender als jene, die kochbuchartig davon ausgeht: man nehme oder baue eine Autobahn, eventuell dazu noch einen Kanal, eine Eisenbahn, eine Pipeline, ziehe beiderseits in einigem Abstand je einen begrenzenden Strich, und eine Entwicklungsachse ist fertig. Kreuzungspunkte solcher *Verkehrsachsen*[1] (vgl. dazu Lentacker, 1971) wären danach Entwicklungspole!

Der Begriff Entwicklung ist weiterhin aus anderer Sicht brauchbarer als der Begriff Wachstum: Er beinhaltet nämlich nicht nur eine abgeschlossene Entwicklung, z. B. eine räumliche Entwicklung, als Ergebnis, sondern umfaßt gerade auch das Entwickeltwerden im Sinne planerischen und ordnenden Beeinflussens als einen in die Zukunft fortwährenden, in unserem Sinne räumlich gebundenen Prozeß, wie es in den

---

[1] Eine weitverbreitete Auffassung, der man in Diskussionen mit Vertretern anderer EWG-Staaten immer wieder begegnet (u. a. Lentacker, 1971).

Begriffen Regionalentwicklungsplan — Stadtentwicklungsplan zum Ausdruck kommt.

Daraus leitet sich ein primäres Anliegen der geographischen Forschung und die Berechtigung zur Behandlung dieses Themas auf diesem Geographentag ab: Indem räumliche Strukturen — hier Entwicklungsschwerpunkte — Entwicklungsachsen — zentralörtliche Bereiche — festgestellt, verändert oder sogar neu geschaffen werden sollen, werden räumliche Einheiten und ihre Gefügeinhalte verändert. Wo man solche Veränderungen prognostiziert, können deren Auswirkungen Gegenstand theoretisch simulativer Untersuchungen werden, die sich, den Möglichkeiten der Geographie gemäß, auf räumliche Einheiten unterschiedlicher Größe und Ausdehnung beziehen können. Dabei brauchen diese Räume zunächst nicht unbedingt von einer geographisch begründeten Grenze umsäumt zu sein, handelt es sich doch bei neuen oder sich weitenden Entwicklungsachsen quer durch bisher agrarbestimmte Gebiete um Planungsräume, die erst später zu neuartigen, innerhalb von Grenzen integrierten Raumeinheiten werden sollen.

Entwicklungen, wie sie von den gegenwärtigen Planungskonzeptionen in so vielen westeuropäischen Ländern vorgesehen sind, beinhalten punktuelle oder bandartige *Konzentration* von Strukturelementen und Funktionen sowie ihre Durchsetzung durch ein entsprechendes planerisches und politisches Handeln.

Für die hierin nicht einbezogenen Räume bedeutet jedoch eine solche Konzentration günstigstenfalls Festschreibung des bestehenden Zustandes und der bestehenden Inhalte, wahrscheinlich aber Schrumpfung, verbunden mit fortschreitender Verdünnung, letztlich im Sinne von *Dispersion*. Mit der Verachsung entstehen jedenfalls räumlich abgrenzbare, sozial- und wirtschaftsräumlich zu fassende Restbereiche zwischen den Achsen, die sich nicht nur durch einen gegenüber den Achsen verschiedenen Inhalt, sondern auch durch ein Zurückbleiben der Funktionen und Leistungen bestimmen lassen. (Wenn man diese daraus resultierende Disparität auch zwar nicht unbedingt öffentlich wünschen wird, muß man sie doch infolge der Knappheit der Mittel in Kauf nehmen.) Allein schon diese andere — disperse — Raumstruktur bedingt ein unterschiedliches Organisationsgefüge dieser Zwischenräume, wozu aber bisher keinerlei Leitlinien entwickelt sind.

Schließlich aber, und hier kommen wir zu einem zweiten Hauptproblem unseres Themas: Wenn man das Achsen/Pol-Konzept wirklich über einen ganzen Staat auslegt, muß ein genügend ansatzbereites Volumen an Menschen, an Kapitalien für bauliche und betriebliche Investitionen, an Funktionen wie schließlich auch Interaktionen vorhanden sein, um einen Pol oder eine Achse inhaltlich und prozessual zu erfüllen. Diese Voraussetzungen sind aber selbst in den dichtbesiedelten westeuropäischen Ländern nur in einzelnen Regionen gegeben:
Denn:
Das Überziehen eines ganzen Staates mit solchen Achsen/Pol-Konzeptionen geht davon aus, was in den 50/60er Jahren durchaus legitim für einen Planer war, daß Bevölkerung und Wirtschaft, aber auch die Nachfrage nach immer diversifizierterer Dienstleistung ständig weiterwachse. Dagegen spricht:
1. Die Bevölkerungszahl und damit die Arbeitskraft stagniert im sog. Nullwachstum;
2. der Kapitalzuwachs wird in Zukunft immer stärker durch notwendige, aber unproduktive öffentliche Investitionen beschnitten und damit eine niedrigere Steigerungsrate aufweisen, so daß auch von daher eine „Füllung" neuer Achsen bezweifelt werden muß.

3. Produktionsverlagerungen aus technologischen und außenwirtschaftlich-entwicklungspolitisch bedingten Gründen werden sogar zusätzlich zur partiellen Entleerung bereits bestehender Achsen führen.

Es muß daher dringend davor gewarnt werden, die Achsenkonzeption (wenn auch nur in Anlehnung an Verkehrslineamente) in Gebiete vorzutreiben, in denen regional oder national auf längere Zeit kein Bedürfnis zu planerisch notwendiger *band*artiger Verdichtung besteht. Diese Gebiete und die Restbereiche zwischen Achsen brauchen, da sie aus verschiedensten Gründen einer aktiven Landespflege (HOTTES/BLENCK/-MEYER, 1973) im Sinne *gezielter* Instandhaltung und Ausbaus bedürfen, eine räumliche Organisationsform und Konzeption, die sich ihrer aufgabenbedingten Eigenart anpaßt. Sie ist durch ein wohlgeordnetes zentralörtliches System im Zusammenspiel zwischen Zentrale und dispersen Einflußbereichen optimal gegeben (vergl. das Beispiel Schwedens).

II. ENTWICKLUNGSACHSEN ALS RÄUMLICHE ERSCHEINUNG

Wenngleich wir also Entwicklungsachsen als ein verflochtenes und ausgerichtetes Gefügebündel definiert haben, ist es notwendig, seine einzelnen Bestandteile zu analysieren. Einmal leiten sich aus diesen Gefügeelementen die manchmal irrig-einseitigen Achsen-Definitionen ab, zum anderen können sie als Dominanten (HOTTES/MEYNEN/OTREMBA, 1972) bestehende und künftige Achsen wirtschaftsräumlich prägen.

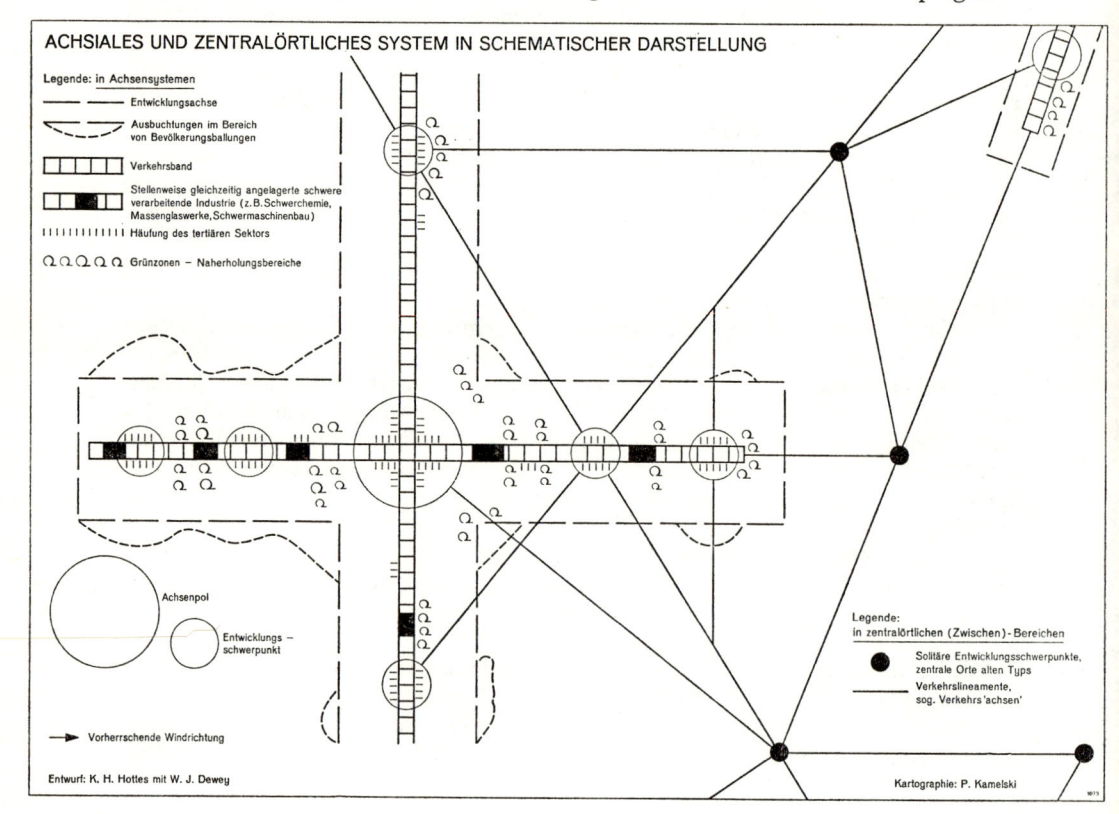

Entwicklungsachsen sind, wie wir sahen, nicht ausschließlich *Verkehrsachsen* — aber das Vorhandensein eines leistungsfähigen verkehrlichen Infrastruktur*bündels* ist *unabdingbar*. Die Verschiedenheit der Verkehrsarten, die in einer Achse gebündelt vorkommen, und die kurzhubige Veränderung im Verkehrsbedarf, bedingen mehrere, mindestens zwei verschiedene Verkehrswege für den *Massen*verkehr sowie immer Leitungs- und Nachrichtenverkehrssysteme.

Quer zu den Achsial-Linien verlaufen leistungsfähige Verkehrswege verschiedener Art, die das Achsen-Umland und seinen Einflußbereich anbinden, aber auch dafür sorgen, daß der *nicht* achsenbezogene Durchgangsverkehr den verkehrshemmenden Achsenbereich rasch überwinden kann. Daraus erhellt, daß m. E. eine Entwicklungsachse (selbstverständlich auch eine „Entwicklungsachse" zweiten oder dritten Grades!) niemals auf *einer* Straße oder wenigen parallel laufenden Verkehrswegen durch Leerräume basieren oder als solche konzipiert werden kann. Man täte gut daran, solche Achsen einheitlich als *Verkehrsachsen* zu bezeichnen. Sie sind notwendig zur Verbindung zwischen Wirtschaftsräumen und zwischen den zentralen Orten im Rahmen zentralörtlicher Bereiche.

Entwicklungsachsen sind *Siedlungsbänder*, d. h. sie müssen — falls altüberkommen — eine gegenüber den Nachbarbereichen verdichtete Bevölkerung oder, wenn in Entstehung befindlich und gefördert, eine sich verdichtende Bevölkerung und damit eine sich verdichtende Besiedlung aufweisen.

Im Gegensatz zum linearen Muster der Verkehrsanlagen wird sich die Besiedlung auch außerhalb der Entwicklungsschwerpunkte stellenweise in die Breite auswachsen oder sich in zonale, funktional bestimmte Parallelbänder aufgliedern (z. B. Verkehr mit angelagerter Industrie mittig und parallel dazu die Besiedlung.

Entwicklungsachsen weisen immer wieder gezielt geförderte oder aufgrund von Kontakt-, Transport- und anderen Standortvorteilen entstandene *Industrien* auf. In diesem Sinne wird die Industrie zur „motorischen Kraft", weil Industrialisierung Beschäftigung für die wachsende bzw. dichte Bevölkerung schafft und eine Auslastung der Infrastruktur sichert.

Dem punktuellen Charakter der Industrieansiedlung entsprechend muß Industrie nicht als *durchlaufendes* Band entwickelt sein, sondern kann sich perlschnurhaft mit Unterbrechungen, in jedem Falle aber linienhaft, aufreihen. Selbstverständlich kann man nicht jede linienhafte, etwa als Industriegasse zu bezeichnende Verdichtung von Standorten Entwicklungsachse nennen. Aus dem Mittelalter überkommene Industriegassen waren meist nur durch Wasserläufe als Energie- oder Hilfsstoffträger verbunden, und was Zufahrten anbetraf, auf Querverkehr über die Höhen angewiesen.

Entwicklungsachsen sind schließlich Lineamente, auf denen sich in bestimmten Abständen niedere und mittlere, institutionelle wie privatwirtschaftliche *Infrastruktur* aufreihen wird, gleichzeitig der Bevölkerung wie der Wirtschaft dienend. Im Sinne einer Verstärkung des Trends zur Dienstleistungsgesellschaft gewinnt die gezielte Einordnung dieses Sektors auf die Achsen an Bedeutung.

In Ergänzung zur institutionellen — meist geförderten und daher gelenkten — Infrastruktur, mangelt es oft an einer linearen Verteilung des übrigen, meist privatwirtschaftlichen tertiären Sektors, der sich zwecks Konzentration des Angebots in Nutzung von Kontaktvorteilen und höherer Attraktivität für Benutzer und Käufer lieber an bestimmten Stellen akkumuliert.

III. ENTWICKLUNGSACHSEN ALS INSTRUMENT DER PLANUNG

Entwicklungsachsen lassen sich nach verschiedenen Gesichtspunkten klassifizieren:
1. Fast alle Regionalprogramme weisen Abstufungen nach der *Intensität* der Besetzung aus und unterscheiden Achsen 1., 2. und 3. Ordnung. Hierin liegt eine Inkonsequenz. Eine Entwicklungsachse ist nicht eine geometrisch aufzufassende Linie — in diesem Sinne also auch eben *nicht* eine evtl. geradlinige *Verkehrsachse*, sondern ein bestehendes oder zu schaffendes strukturverdichtetes *Funktionsbündel-Band*. Eine Aufreihung von Orten ohne tatsächliche oder planmäßig angestrebte bandartige Verbindung ist noch keine Achse. Auf den meisten Achsen 2. Ordnung, aber insbesondere auf den Achsen 3. Ordnung werden nur punktuelle Maßnahmen an weitständigen zentralen Orten und evtl. Verkehrslinien-Kreuzungen angestrebt, ohne daß je eine achsiale Raum*erfüllung* möglich wäre. So definiert der Entwurf des Bundes-Raumordnungsprogramms 1972 (Entwurf Bundes-Raumordnungsprogramm Teilzielsystem, Stand September 1972) nochmals ausdrücklich:

> „Entwicklungsachsen 2. Ordnung sollen in der Regel Verdichtungsräume und Oberzentren mit zentralen Orten der anderen Stufen und weitere Entwicklungsschwerpunkte durch überregional bedeutsame Verkehrslinien verbinden."

Solche „Achsen" wären danach also gar nur Verkehrs*linien*. Damit entbehrt ein solches *Achsen*system jeder Schlüssigkeit. Ja, es wird eigentlich bestätigt, daß Achsensysteme nicht grundsätzlich durchläufig angelegt sein müssen, sondern, daß zwischen Achsen-Teilstücken und Polen (Entwicklungsschwerpunkten) Zwischenräume bestehen können, die lediglich durch Liniamente — nicht durch Achsen — verbunden sein müssen (vgl. Schema-Skizze).
2. Man unterscheidet weiterhin Entwicklungsachsen mit *Ordnungsfunktionen* und mit *Erschließungsfunktionen*. Der Bundes-Raumordnungsprogramm-Entwurf sieht auch diese Unterscheidung einseitig. Entwicklungsachsen mit Ordnungsfunktion sollen eine ungeordnete Ausweitung „der Siedlungsflächen verhindern, die Erhaltung von Freiräumen ermöglichen und sich auf die Haltestellen des öffentlichen Nahverkehrs zurückbeziehen." Auf den Achsen mit Erschließungsfunktion sollen sich Förderung und Verstärkung der gewerblichen Einrichtungen und Siedlungen auf zentrale Orte und/oder Entwicklungsschwerpunkte beschränken. Dazu braucht man aber keine „Achse", sondern es genügt ein Bereichs-System zentraler Orte. Außerdem: Entwicklungsplaner würden unter dem Begriff „Erschließungsfunktion" die Entwicklung einer Achse mit dem Ziel einer achsialen Flächenerschließung verstehen, wie sie etwa für die Achse Lüttich/Antwerpen oder Lüttich/Brüssel notwendig erscheint, während eine Achse mit Ordnungsfunktion als eine bestehende Achse mit zu ordnendem Inhalt definiert werden sollte.

IV. ZUR INNEREN ORDNUNG DER ACHSEN

Wie wir nunmehr erkennen, sind auf Entwicklungsachsen eine ganze Reihe von Strukturelementen mit deutlicher Ausrichtung angelegt, wobei es zu einer Innenbänderung kommen kann. Planerisches Handeln darf sich damit nicht nur in einer Ausweisung von Achsen erschöpfen, sondern muß sich vielmehr auf die Anordnung der Funktionen auf der Achse selbst mit beziehen. Hier bieten sich zunächst sektoral abgesetzte Streifenstrukturen an, die jedoch, wie wir sahen, nicht alle Funktionen umfassen können: nur der Verkehr läuft linear ganz durch. Eine Zonierung in breiteren Achsen kann, wie etwa im Ruhrgebiet, dazu führen, daß mehrere parallele Achsen mit entsprechender Innenbänderung ausgebildet oder vorzusehen sind.

Megalopolissysteme (GOTTMANN, 1961, zu den Verhältnissen im Ruhrgebiet HOTTES, 1970) sind im Hinblick auf Achsialstrukturen und ihre Innengliederung Sonderfälle. Sie sind zwar nicht prinzipiell als quasi „entwickelte Entwicklungsachsen", sondern als Ballungen aufzufassen, sie sind aber manchmal, wie an der Ostküste der USA, an der japanischen Ostküste oder auch in Oberitalien richtungsorientiert. Ähnliches gilt für die „industrial belts", die einst de Geer (de GEER, 1927) keineswegs ausschließlich als gebündelte Aufreihung von Industriestandorten definierte. Megalopolissysteme lassen sich meist in Achsialmuster auflösen — wie z. B. im Bereich der „Randstad Holland" oder des Ruhrgebietes, sofern sie nicht ohnehin noch erhebliche Freiräume in Achsenrichtung aufweisen, was zu einer Aufstückelung in Längsrichtung führt.

Einen besseren Ansatz bieten Konzepte, die nach dem Verdichtungsgrad eine Zonierung nach Ballungskernzonen und Ballungsrandzonen (Landesentwicklungsplan I) vorsehen, die natürlich auch selbstverständlich auf Solitärballungen angewandt werden können ... oder: solche nach der planerischen Aufgabe, wonach man Ordnungszonen und Ausbauzonen unterscheiden kann oder nach der Art und Intensität der geplanten Verdichtung mit dem Ziel einer wirklichen Achsenbildung in eine „Zone quantitative" und eine „Zone qualitative" (BADOUIN-SAMADE 1967).

Die Tatsache, daß, wie wir sahen, die zentralen Funktionen nicht durchgängig auf den Achsen angelegt sind, erfordert neben einer irgendwie gearteten Bänderung eine zentralörtliche, hierarchische Innengliederung mit entsprechender punktuell ansetzender Förderung.

Die Schmalheit der Bänder führt dabei bei den Oberzentren zu einer Verzerrung der idealtypisch-gleichseitigen Sechsecke zu Sechseckrauten, wie man dies schon aufgrund der Forschungen Körbers (KÖRBER, 1966) im Ruhrgebiet erkennen kann und was seinen Niederschlag in den ersten Vorschlägen zur Gebietsneugliederung fand: Die Achsen sind in Längsrichtung mit vielen einander konkurrierenden Zentren besetzt, diese selbst greifen aber extra-achsial weit in die Umgebung hinaus.

Ob es zur Versorgung des achsialen und extra-achsialen Zuordnungsbereiches genügt, nur die wichtigsten Entwicklungspole auszubauen — wie z. B. Lyon und Marseille auf der Rhone-Achse[2] oder ob man pro Achse mehrere hohe, jedoch qualitativ deutlich voneinander zu unterscheidende Zentralen fördert — etwa Frankfurt-Wiesbaden-Mainz oder Nîmes-Montpellier-Beziers (LAMOUR 1968, DUGRAND, FERRAS, SCHULTZ, VIELZEUF, VIGOUROUX, VOLLE 1969) muß zunächst dahingestellt bleiben. In jedem Fall aber entstehen damit auf den Achsen noch zusätzliche Entwicklungs*schwerpunkte*, wie ich sie zum Unterschied von den Entwicklungs*polen* nennen möchte.

Da solche auf dem tertiären Sektor beruhenden Entwicklungsschwerpunkte auf die unmittelbare Benutzung durch die Umgebung abgestellt sein müssen, ergibt sich daraus automatisch die Verbindung zu der auf einer Achse sich lokal ballenden Wohnbevölkerung — d. h. zur Konzeption von funktional-integrierten Siedlungsschwerpunkten (Siedlungsverband, 1969), die gemäß der heute angestrebten verkehrsplane-

---

[2] Vgl. die in den Notes 1969 festgelegten Grundsätze der zentralen französischen Landesplanung.

rischen Konzeption an Haltestellen des öffentlichen Nahverkehrs angeschlossen werden sollen (vgl. Schema-Skizze).

Dort wo sich zwei oder mehrere Achsen 1. Ordnung kreuzen, ist eine Anhäufung von Standortvorteilen aller Art (normalerweise außer Rohstoffen) gegeben. Es sind Orte bester infrastruktureller Erreichbarkeit und Ausstrahlungsmöglichkeit. Solche Kreuzungspunkte sind daher unter den Entwicklungsschwerpunkten nochmals besonders hervorgehoben: Sie sind die eigentlichen Entwicklungs*pole*. Sie sind darüber hinaus oft genug gleichzeitig Focus und Ausgangspunkt materieller und geistiger Innovationen. Sie werden zum bevorzugten Arbeitsplatz im tertiären Sektor und damit Zielort, ja angestrebter und tatsächlicher Wohnort der Dienstleistungsgesellschaft. Ihre Beziehungsfelder umfassen jedoch nicht nur die Entwicklungsachsen, sondern auch die Zwischenbereiche zwischen den Achsen und zentralörtliche Strukturen ohne Bindung an Achsen. Diese Entwicklungspole, Zentren hoher und höchster Ordnung, verklammern also die beiden Raumordnungssysteme, das achsiale und das zentralörtliche fest miteinander. Als Beispiele mögen Lüttich, Köln, Düsseldorf, Frankfurt und Mailand gelten.

V. DIE ANWENDBARKEIT DES ACHSENPRINZIPS

Aus Gesagtem erhellt, daß die Anwendung des in die deutsche Landesplanung eingeführten Achsenprinzips durchaus Grenzen aufweist:

Das Potential reicht gar nicht aus — man denke nur an das Nullwachstum der Bevölkerung — um so viele Achsen zu füllen. Ist es schon daher wenig sinnvoll, Achsennetze, die ganze Verwaltungsräume abdecken, zu entwerfen, so ist die gewählte Darstellungsweise erst recht oft ungeschickt: 14 % der Fläche Nordrhein-Westfalens ist von schematischer Achsendarstellung bedeckt, ja es werden zumindest optisch für den Nicht-Eingeweihten eine Rückkehr zum „Gießkannenprinzip" und Planungs-, Genehmigungs- und Finanzierungsgrenzen" vorgegeben. Sollten jedoch die vorgegebenen Außenbegrenzungen der Achsen tatsächlich absolute Schranken für eine Förderung darstellen, werden auf kürzester Entfernung Disparitäten nicht ausgeglichen, sondern derart aufgerissen, daß man sich um die grundgesetzlich garantierte auch regional aufzufassende Chancengleichheit sorgen muß.

Gleichwohl muß bescheinigt werden, daß das Achsenprinzip als Planungsansatz an sich nicht schlecht ist; meine Kritik richtet sich gegen die Ausschließlichkeit der Anwendung! Sicherlich ist es in bandartigen und für künftige bandartige Ballungsräume ein Steuerungsinstrument[3], das gezieltes Investieren erleichtert. Es bieten sich durch Ordnung auf der Achse und vernünftige Richtungswahl für neue Achsen — nicht zuletzt auch im Hinblick auf Abfluß- und Windrichtungen — auch bessere Möglichkeiten für Umweltgestaltung und Umweltschutz. In der Planungspraxis wird mit Hilfe des Achsenprinzips hoffentlich eine effektivere Zusammenarbeit und Terminabstimmung zwischen Verkehrs- und Regionalplanung zustande kommen.

VI. ZENTRALÖRTLICHE BEREICHE ALS RÄUMLICHE ERSCHEINUNG UND ALS INSTRUMENT DER PLANUNG

Zentrale Orte sind punktuelle Konzentrationen mit unterschiedlich hohem Bedeutungsüberschuß im tertiären Sektor. Aus diesen Unterschieden ergibt sich eine Hierarchie der zentralen Orte. Sie beruht auf einer unterschiedlichen Menge und Qualität

---

[3] Dazu in ähnlicher Weise kritisch KLEMMER, 1972 und GACHELIN, 1973.

von Benutzern aus Nah- und Ferndistanzen wie schließlich aus dem Orte selbst. In bestimmten großen Städten, besonders aber in bandartigen Ballungen kann es sogar zu einem Übergewicht der örtlichen Benutzer kommen, und zwar dergestalt, daß die Einrichtungen solcher zentraler Orte, obwohl sie die bedeutendsten ihres ganzen Einflußbereiches sind, hauptsächlich von den Einwohnern der Stadt und ihres unmittelbaren verstädterten Umlandes genutzt werden (vgl. die Stellung Gelsenkirchens bei KLUCZKA, 1970, S. 31). In sich verdichtenden Räumen bleibt zwar das CHRISTALLERsche geoökonomische Modell generell gültig, aber das Netz zieht sich zusammen, während in den sich entvölkernden Gebieten kleinere und mittlere Zentralen verkümmern. Eine bessere Verkehrsausstattung begünstigt diesen Prozeß in Industrieländern. Im Ergebnis steht also neben bandartig-achsial sich verstädternden Räumen mit einer dichten Aufreihung zentraler Örtlichkeiten, ein weit gespanntes Gefüge zentraler Orte und der ihnen zuzuordnenden Umgebungsbereiche in vornehmlich agrarisch genutzten Regionen.

In solchen Regionen sind die zentralen Orte also Knotenpunkte punktueller und linearer Infrastrukturen. Sie werden dadurch zum gegebenen Ansatzpunkt verschiedener Förderungsmaßnahmen, nicht zuletzt auch von solchen, die den Bewohnern der ländlichen Räume zusätzliche Bildungs- und Beschäftigungsmöglichkeiten bieten. Sie sind die „Entwicklungsschwerpunkte".

Die Förderung der zentralen Orte wirkt hier als Förderung der Region: Disparitäten werden gestoppt und abgebaut. Die staatliche Förderung in manchen Bundesländern — wie z. B. Bayern — setzt daher an zentralen Orten an, wozu die verschiedenen Planungsträger beitragen:

Ziel ist eine fortschreitende Integration innerhalb dieser zentralen Orte sowie zwischen ihnen und ihrer Umgebungsregion. Eine flächenmäßige Vergrößerung solcher zentraler Orte ist oftmals notwendig — soweit ist auch eine vernünftige kommunale Neuordnung zu verstehen!

Selbstverständlich müssen sich in zentralörtlichen Systemen wegen der notwendig vorhandenen Interdependenzen (oder Interaktionen) auch lineare Ausstattungen ausbilden: Verkehrsnetze, Leitungsnetze, gerichteter drahtloser Verkehr und flächenhaft verbreitbare Kommunikationsmittel erfüllen den Raum. Diese Erschließung führt zu einer weitgehenden inneren Verflechtung und damit zu einer wirklichen zentralräumlichen Einheit, den zentralörtlichen Bereich. Bei unvollkommener Erschließung gibt es nur unvollkommene zentralörtliche Systeme, ja ohne solche Erschließung unterbleibt sogar die Ausbildung von lokalen Märkten, wie man es in vielen unterentwickelten Regionen beobachten kann (vgl. z. B. BRONGER, 1973). Pulsiert auf den Verkehrswegen ein reger Regional- und darüber hinaus evtl. ein Transitverkehr, kann es sich um Verkehrsachsen handeln. Solche Verkehrsachsen verbinden die zentralen Orte untereinander — aber auch den zentralörtlichen Bereich mit den Entwicklungspolen und anderen Zentralen auf den bandartigen Entwicklungsachsen in an sich ländlichen Räumen — wie etwa am Alpenrand oder an der adriatischen Badeküste. So bietet sich das zentralörtliche System als das vorteilhafteste geoökonomisch begründete Steuerungssystem für die räumliche Organisation agrarischer Räume, aber auch selbst agrarisch-schwach-industrialisierter und ländlicher Erholungsräume an, welch letztere man tunlichst nicht zu Siedlungsbändern entwickeln und zumindest vom dichten Durchgangsverkehr freihalten sollte.

VII. ERGEBNISSE

Realer als ein wie auch immer geartetes flächenübergreifendes Achsialsystem ist der Kompromiß zwischen den vorbezeichneten beiden Systemen, ein Kompromiß, der ein geographisch bedingtes, weil allein flächendeckendes Erfordernis erfüllt. Aus ihm ergibt sich die *planungsräumliche* Grundgliederung:

a) Entwicklungsachsensysteme in Ballungsräumen
   Zu unterscheiden wären: (HOTTES, 1971, HOTTES/Arbeitsgruppe, 1973)

   aa) Erschließungsachsen:
   Neu eingerichtete oder geplante Achse zur Schaffung und Einbeziehung eines neuen Bandes in ein achsiales Gebilde:
   Kennzeichen: Starkes Ansteigen des sekundären und durchschnittliches Ansteigen des tertiären Sektors
   Beispiel: Lüttich — Antwerpen (schon im fortgeschrittenen Stadium)
   Brüssel — Gent — Ostende (weniger weit fortgeschritten)

   ab) Ordnungsachsen:
   Bestehende Achsen, die im wesentlichen hinsichtlich ihres standörtlich gegebenen Inhaltes räumlich geordnet werden müssen:
   durch Zonierung (zentrale Funktionen, Umweltschutz usw.), durch achsiale Zusammenfassung von Verkehrslinien, wo diese noch keine entsprechende Bündelung aufweisen.
   Kennzeichen: Weitgehendes Stagnieren der Beschäftigungsverhältnisse, ein Zunehmen der Industrien auf den Achsenstrecken außerhalb der Entwicklungspole
   Beispiel: Antwerpen — Brüssel
   Achsen im Ruhrgebiet

   ac) Regenerationsachsen
   Achsen mit stagnierender und/oder zurückgehender Leistungsfähigkeit, mit vornehmlich rückläufiger Arbeitsplatzdichte. Es hängt vom planerischen Entscheid ab, ob die Achsenbänder sich auf Verkehrsachsen (= Achsen 2. Ordnung) reduzieren sollen und das achsenumgebende bandartige Gebiet in ein extra-achsiales Raumsystem umgewandelt wird, oder ob eine echte Regeneration in Form eines strukturellen Wandels durch gezielte Innovation der Wohngebäude und Betriebsanlagen eingeleitet werden soll.
   Kennzeichen vor dem Einsetzen der Planungsmaßnahmen:
   weitgehende Rückläufigkeit bezüglich
   — Bevölkerung (flächenhaft)
   — sämtlicher Beschäftigungssektoren
   zögernde Aufnahme neuer Investitionstätigkeit
   Beispiel: Maas — Sambre — Achse,
   Valenciennes — Lens — Bethune.

b) Extra-achsiale zentralörtliche Bereiche zwischen den Achsen und in den vorhin bezeichneten ländlichen Gebieten.

c) Zentralörtliche Bereiche und Entwicklungsachsensysteme werden zusammengehalten, bedient und belebt von Zentren:

   ca) Den Entwicklungspolen auf den Achsen, am stärksten in deren Kreuzungspunkten = Achsenpolen.

cb) Den Zentralpolen in größeren nicht achsial geballten zentralörtlichen Systemen (z. B. München) als den überragenden Zentren — sowie ihnen untergeordnet.
cc) Untergeordnete Zentren unterschiedlicher Bedeutung auf den Achsen selbst (— oft sog. Siedlungsschwerpunkte —) und Zentren unterschiedlicher Stärke in den zentralörtlichen Bereichen.

Aus einer solchen Raumgliederung ergeben sich u. a. drei Ansätze:
1. Eine mögliche der geoökonomischen Wirklichkeit angepaßte Umorientierung der Planungs- und Ausführungsinstitutionen:
Planungsämter für die Ordnung in ländlichen Räumen,
Planungsämter für die Ordnung in Ballungsräumen.
Da ihnen aus der räumlichen Organisation, der Raumgliederung und der Raumstruktur unterschiedliche Aufgaben zuwachsen, werden sie auch unterschiedliche Strategien, selbst bei gleicher Leitbildvorgabe (z. B. Qualität des Lebens) anzuwenden haben.
2. Diese Unterscheidung ist eine Grundlage für raumadäquate gezielte Förderung. Sie aber ist auch unabdingbar für eine entsprechend gezielte Entwicklungshilfe, bei der es darum geht, einerseits explodierende Ballungsbereiche in Entwicklungsländern zu ordnen und andererseits Markt/Verflechtungsbereiche im Sinne zentralörtlicher Bereichssysteme aufzubauen.
3. Es bleibt zu prüfen, inwieweit dieses angewandt-geographische System über die vorgelegten wirtschafts- und zentralräumlichen Gliederungen hinaus ein ertragreicher Ansatz für ein umfassendes kulturräumliches Gliederungssystem sein könnte.

Literatur

BADOUIN, SAMADE: Manifeste II — Pour une politique d'aménagement de l'espace, in: Economie méridionale Nr. 57, 1967.
BRONGER, D.: Formen räumlicher Verflechtung von Regionen in Andrha Pradesh als Grundlage einer Entwicklungsplanung. Habil. Schrift Bochum 1973.
Bundesraumordnungsprogramm: (Teil: Zielsystem) — Entwurf. Stand September 1972.
DUGRAND, FERRAS, SCHULTZ, VIELZEUF, VIGOUROUX, VOLLE: L'organisation urbaine entre Sète et le Rhone, in: Societé Langedocienne de Geographie Bd. 3, Nr. 4 Montpellier 1969, S. 387—509.
GACHELIN, C.: Théorie de la Polarisation et Developpement Régional, Manuskript Ceres Lille, Juni 1973.
DE GEER, S.: The American Manufacturing Belt, Geografiska Annaler IX, 1927.
GOTTMANN, J.: Megalopolis. The urbanized Northeastern seabord of the United States, New York 1961.
HOTTES, K.: Sozialökonomische Voraussetzungen für eine Weltstadt in der nordwesteuropäischen Megalopolis, in: Informationen des Instituts für Raumordnung, 20. Jahrg. Nr. 24, 1970, S. 757—768.
— Entwicklungsachsen und Entwicklungspole zwischen der Rhein-Ruhr-Zone und Dünkirchen-Calais, in: Konferenz für Raumordnung in Nordwesteuropa, 5. Studientagung, Brügge 1971. S. 103—120.
— Planungsräume; ihr Wesen — ihre Abgrenzungen in: „Theorie und Praxis bei der Abgrenzung von Planungsräumen", Forschungs- und Sitzungsberichte der Akademie für Raumforschung und Landesplanung, S. 1—18, Hannover 1972.
HOTTES, BLENCK, MEYER: Flurbereinigung als Instrument aktiver Landschaftspflege, dargestellt an Beispielen aus dem Hochsauerland und seinen Randgebieten, in: Forschung und Beratung — Reihe C — Heft 26, Hiltrup bei Münster 1973.

— Dewey, W. J. u. Arbeitsgruppe: Entwicklungsachsen und Entwicklungsschwerpunkte zwischen Rhein-Ruhr und der belgisch-französischen Nordseeküste, Forschungsbericht an den Siedlungsverband Ruhrkohlenbezirk, Bochum, Masch. Schrift 1973.

— Meynen, Otremba: Wirtschaftsräumliche Gliederung der Bundesrepublik Deutschland, Forschungen zur Deutschen Landeskunde Bd. 193, Bonn-Bad Godesberg 1972.

— Teubert, von Kürten: Die Flurbereinigung als Instrument aktiver Landespflege, ercheint 1974 in der Schriftenreihe für Flurbereinigung.

Klatt, S.: Wirtschaftswachstum und Wachstumspolitik, in: Handwörterbuch für Raumforschung und Raumordnung, Band III, Hannover 1970, Spalten 3792—3807.

Klemmer, P.: Die Theorie der Entwicklungspole — strategisches Konzept für die regionale Wirtschaftspolitik? in: Raumforschung und Raumordnung, Heft 3, 30. Jahrg. 1972, S. 102—107.

Kluczka, G.: Nordrhein-Westfalen in seiner Gliederung nach zentralörtlichen Bereichen, in: Landesentwicklung — Schriftenreihe des Ministerpräsidenten des Landes Nordrhein-Westfalen, Heft 27, Düsseldorf 1970, S. 31.

Körber, J.: Die Regionalplanung im Strukturwandel des Ruhrgebietes (und spätere Arbeiten), Tagesbericht und wiss. Abh., Deutscher Geographentag Bochum 165, Wiesbaden 1966, S. 174—182.

Landesentwicklungsplan I: Nordrhein-Westfalen vom 28. 11. 1966, Min. Blatt NW 1966, S. 2260 H sowie Änderung vom 17. 12. 1970, Min. Blatt NW, Jahrg. 1971, S. 200 H.

Landesentwicklungsplan II: Nordrhein-Westfalen vom 3. III. 70, Min. Blatt NW 1970, S. 494.

Lamour, P.: Le Languedoc devant le 6e Plan et le Marché Commun, in: Languedoc — Rousillon-Flash Informations, Suppl. 4, 1968, S. 1—54.

de Laversin, J.: L'aménament du territoire et la régionalisation, Paris 1970.

Leister, I.: Begriff und Bedeutung der ‚Growths Industries' in Großbritannien, in: Geographentag Bochum 1965, Tagungsbericht Wiesbaden 1966, S. 385 ff.

Lentacker, F.: Les Aspects d'Urbanisme et de Communication, 5. Studientagung der Konferenz für Raumordnung in Nordwesteuropa, S. 117—136, Brügge 1971.

Misra, Pioro, Gruchmann, Wojtasiewicz, Lutrell, Bylund und Hansen: Growth Poles and Growth Centres in Regional Policies and Planning United Nations, Research Institute for Social Development, Genf 1971.

Notes et Etudes Documentaires: Aménagement du Territoire Nr. 3, 640-3, 641-3, 642-3, 643-3, 644, Paris 1969.

Oream Nord: Docamenor = Documentation Aménagement Nord: Pôles de Croissance: Eléments bibliographiques Nr. 37 f. Lille 1973.

Paelinck, J.: Groeipolen en polarisatie verschijnselen in de regionaal economische analyse, in: Problemen von Economische Ontwikkeling, Serug, Gent 1961, S. 187—202.

Perroux, F.: Economic Space, Theory and Applications, in: The Quarterly Journal of Economics 1/1950.

— Note sur la notion de pôle de croissance, in: Economie Appliquée Nr. 1 und 2, 1955.

— La firme motrice dans la région motrice, in: L'Economie du XXe siècle, 2. Auflage, Paris 1964.

Siedlungsverband Ruhrkohlenbezirk (Herausgeber): Siedlungsschwerpunkte im Ruhrgebiet, „Schriftenreihe" Nr. 28, Essen 1969.

Vanneste, O.: The Growth Pole Concept and the Regional Policy, Cahiers de Bruges Nr. 24, Brügge 1971.

METHODIK UND PROBLEMATIK LANDESPLANERISCHER PLÄNE

Mit 2 Abbildungen

Von Herbert Reiners (Mönchengladbach)

Die „Methodik und Problematik landesplanerischer Pläne" selbst wird durch den Zwang, darüber in einer knappen halben Stunde eine einigermaßen treffende Aussage zu machen, nur noch komplexer, gleichwohl sei dieser Versuch gewagt.

EINLEITEND EINIGE VORBEMERKUNGEN

1. Bereits vor Inkrafttreten des *Raumordnungsgesetzes*[1] des Bundes im Jahre 1965 sind in einzelnen Bundesländern *Landesplanungsgesetze*[2] erlassen, z. T. novelliert worden. Erwartungsgemäß offenbart sich jeweils eine eigene Methodik, die sich insbesondere auf die Zielaussage und Darstellung der angestrebten Landesentwicklung auswirkt.
Die Rechtsgrundlagen für Raumordnung und Landesplanung sind in Anlage 1 zusammengestellt.
2. Zusätzlich zur Thematik sei betont, daß hier in der Tat lediglich die *Landesplanerischen Pläne* zur Erörterung stehen, d. h. solche Darstellungen, die nach der Landesplanungsgesetzgebung der Länder *die verbindlichen Ziele* für die *Landesentwicklung* enthalten.
Von diesen Programmen und Plänen, die übrigens regelmäßig im Raumordnungsbericht der Bundesregierung aufgeführt werden (zuletzt 1972, BT-Drucksache VI/3793, S. 68 ff.), kann hier nur ein Überblick gegeben werden, wobei entsprechend der Herkunft des Referenten Nordrhein-Westfalen etwas stärker in den Vordergrund der Betrachtung gestellt werden wird.
3. Die Pläne haben *rechtsverbindlichen Charakter* und unterscheiden sich gerade dadurch von den übrigen in Raumforschung und Landesplanung benutzten Karten, Skizzen, Handzeichnungen einschließlich des in manchen Ländern eingeführten Raumordnungskatasters.[3]
4. Neben verbalen Äußerungen über Grundsätze und Ziele der Raumordnung und Landesplanung in den einschlägigen Gesetzen, in Programmen und Richtlinien

---

[1] Raumordnungsgesetz (ROG) vom 8. April 1965 (BGBl. I, S. 306).
[2] NW — (1.) Landesplanungsgesetz vom 11. März 1950 (GV. NW. S. 41).
        (2.) Landesplanungsgesetz vom 7. Mai 1962 (GV. NW. S. 229).
    Bay — Bayerisches Landesplanungsgesetz (Bay LPlG) vom 21. Dez. 1957.
    SH — Gesetz über die Landesplanung (Landesplanungsgesetz) vom 5. Juli 1961 (GuVBl. Schl.-H. S. 119).
    H — Hessisches Landesplanungsgesetz vom 4. Juli 1962 (GuVBl. S. 311).
    BaWü — Landesplanungsgesetz vom 19. Dez. 1962 (GBl. 1963, S. 1).
    S — Landesplanungsgesetz (SLPlG) vom 27. Mai 1964 (ABl., S. 525).
[3] Bisher eingeführt in Niedersachsen, Nordrhein-Westfalen und Schleswig-Holstein.

haben landesplanerische Zielaussagen vor allem in der *kartographischen Darstellung* ihre adäquate Ausdrucksform gefunden.

NUN ZUR SACHE SELBST:

1. Die Anlage 2 enthält — nach Ländern geordnet, eine Zusammenstellung der landesplanerischen Programme und Pläne im engeren Sinne, also rechtsverbindliche planerische Aussagen zur künftigen Landesentwicklung sowie sonstige Programme und Pläne. Im einzelnen ergibt sich daraus in Verbindung mit einer Betrachtung bisher vorliegender Programme und Pläne, von denen eine Auswahl in Anlage 3 aufgeführt ist, folgendes:
    1. Unterschiedlichkeit der verwendeten Begriffe (LEPr, LROPr, LEPl usw.) und Methoden,
    2. Verschiedenartigkeit der Planfolge (3- bzw. 2stufig),
    3. unterschiedliche Handhabung in der Veranschaulichung landesplanerischer Zielaussagen: die konkrete, in den einschlägigen Vorschriften enthaltene Festlegung, daß die Pläne „in textlicher und zeichnerischer Darstellung" zu erarbeiten sind, ist nur in wenigen Gesetzen enthalten, aus manchen ist auf die vorgesehene kartographische Darstellung nur indirekt zu schließen, aus anderen ist der methodische Hinweis aus der Darlegung des Inhalts bzw. aus Nebenbestimmungen zu entnehmen.

Auf zwei Sonderentwicklungen sollte hingewiesen werden, obwohl diese über landesplanerische Pläne hinausgehen: Kreisentwicklungspläne[4] einerseits und Landschaftsrahmenpläne[5] andererseits.

Bisher gibt es in der funktionalen Hierarchie eine Planfolge in vier Ebenen:
    Bundesraumordnung — als Raumplanung für das gesamte Bundesgebiet,
    Landesplanung — im eigentlichen Sinne als Raumplanung innerhalb des Landes,
    Regionalplanung — für Teilräume des Landes,
    Bauleitplanung — als kommunale Raumplanung für das Gebiet einer Gemeinde.

Zwar handelt es sich bei den *Kreisentwicklungsplänen* um eine Erscheinung, die vorerst auf BaWü und SH beschränkt ist. Bedenklich erscheint nach der juristischen Diskussion, daß die Einführung dieser sog. Kreis- bzw. Stadtentwicklungspläne zu einer (weiteren) Einschränkung der gemeindlichen Planungshoheit führen könnte.

Die bisher lediglich in Rheinland-Pfalz und Schleswig-Holstein gesetzlich vorgesehenen *Landschaftsrahmenpläne* suchen im landesplanerischen Instrumentarium eine Möglichkeit zur Durchsetzung der Belange von Naturschutz und Landschaftspflege. Im einzelnen hat dazu auch die MKRO in ihrer Empfehlung „Raumordnung und Landschaftsordnung" vom 16. Juni 1971 Stellung genommen.

---

[4] in BaWü: Entwicklungsprogramme der Kreise, gem. § 33 LPlG i.d.F. vom 25. Juli 1972 (GBl. 1972, S. 459).
   in SH: Kreisentwicklungspläne, gem. § 11 Abs. 1 LPlG vom 13. April 1971 (GS. Schl.-H., Gl. Nr. 230).

[5] in RhPf: gem. § 12 Abs. 5 LPlG RhPf vom 14. Juni 1966 (GV. Bl. 1966, S. 177).

Vom BMI ist seinerzeit eine Kollage vorgenommen worden, die nach Entwicklungsplänen und -programmen der Länder einmal
die Zentralen Orte[6]
und zum anderen
die Entwicklungsachsen[7]
zusammengefaßt darstellt. Bei oberflächlicher Betrachtung könnte auf eine große Divergenz in der Aussage geschlossen werden.[8] Dies scheint durch die Verschiedenartigkeit der der Legende zu entnehmenden Begriffe einerseits und die länderweise spezifische kartographische Darstellung andererseits leicht begründbar. Jedoch — abgesehen von der reichlich unterschiedlichen Relevanz der herangezogenen Teile ergibt sich eine größere Zahl von Gemeinsamkeiten, die nur an einem Teilaspekt erläutert werden können, z. B. enthält eine Skizze zum nw LEPr (1964) eine Darstellung der Entwicklungsachsen,[9] die die sog. Bandinfrastruktur analytisch erkennen läßt. Kaum anderes enthält für diesen Sachbereich das rhpf LEPr (1968) in einer Darstellung „Erschließungs- und Entwicklungs-

---

[6] „Zentrale Orte", nach Entwicklungsplänen und -programmen der Länder (i. M. 1:1000000) bestehend aus:
SH — Landesraumordnungsplan SH vom 9. 6. 1969.
NS — Landesraumordnungsprogramm vom 18. 3. 1969 (Plan A).
NW — Landesentwicklungsplan I vom 28. 11. 1966 (Einteilung des Landesgebietes in Zonen, Gemeinden und städtische Verflechtungsgebiete mit zentralörtlicher Bedeutung).
RhPf — Landesentwicklungsprogramm vom 2. 6. 1968 (Regionen, Zentrale Orte und Mittelzentren).
H — Landesentwicklungsplan Hessen '80, Mitte 1970 (Einwohner der Verflechtungsbereiche, der Ober- und Mittelzentren).
BaWü — Landesentwicklungsplan (Entwurf) vom 5. 12. 1967 (Zentrale Orte und Entwicklungsachsen).
Bay — Ein Programm für Bayern I vom 22. 4. 1969 (Zentrale Orte und Gemeinden, die als Zentrale Orte vorgeschlagen sind).
S — Zweiter Raumordnungsbericht (Zentrale Orte und ihre Bereiche — Studie zum Raumordnungsplan i. M. 1:300000).

[7] „Entwicklungsachsen, nach den Entwicklungsplänen und -programmen der Länder" (i. M. 1:1000000)
bestehend aus:
SH — Landesraumordnungsplan SH vom 9. 6. 1969.
NS — Landesraumordnungsprogramm vom 18. 3. 1969 (Plan A).
NW — Landesentwicklungsplan II vom (irrtümlich) 28. 11. 1966 (richtig: 3. 3. 1970!) (Entwicklungsschwerpunkte und Entwicklungsachsen).
RhPf — Landesentwicklungsprogramm vom 2. 6. 1968 (Regionen, Zentrale Orte und Mittelzentren) (Erschließungs- und Entwicklungsnetz).
H — Großer Hessenplan — Landesentwicklungsplan Hessen '80 — Mitte 1970 (Zentrale Orte und Entwicklungsbänder).
BaWü — Landesentwicklungsplan (Entwurf) vom 5. 12. 1967 (Zentrale Orte und Entwicklungsachsen).
S — Zweiter Raumordnungsbericht (Studie zum Raumordnungsplan i. M. 1:300000).

[8] vgl. dazu ISTEL, W., Entwicklungsachsen und Entwicklungsschwerpunkte — Ein Raumordnungsmodell — München, 1971, 163 S., 66 z. T. mehrf. Abb., Lit. u. Tab.

[9] Landesentwicklungsprogramm, gem. Bekanntmachung des Ministers für Landesplanung, Wohnungsbau und öffentliche Arbeiten vom 7. August 1964 (MBl. NW. S. 1205; SMBl. NW 230).

netz".[10] Der Unterschied besteht darin, daß diese Analyse im nw LEPl II[11] überschritten ist, hin zu einer systematischen Darstellung der Entwicklungsschwerpunkte und -achsen — im Kern bei aller Unterschiedlichkeit im einzelnen die prinzipiell gleiche Aussage. Ähnliches kann auch einem Versuch zur Vereinheitlichung der anscheinend so sehr divergierenden Aussage entnommen werden, den das BMI im Rahmen der Vorbereitung des BROPr unternommen hat — „Raum- und siedlungsstrukturelle Gliederung des Bundesgebietes".[12] Daraus geht insbesondere die Unzulänglichkeit der bisherigen Konzeption der Entwicklungsachsen hervor, die, wie unschwer zu erkennen ist, nicht selten an den Ländergrenzen enden.

2. Statt einer kritischen Gesamtanalyse der bisher vorliegenden landesplanerischen Programme und Pläne muß sich deren Betrachtung auf eine beispielhafte Erläuterung beschränken (Anlage 3).

2.1. Dem *niedersächsischen Landesraumordnungsprogramm*, das für das ganze Landesgebiet die Ziele der Raumordnung festlegen und die angestrebte Entwicklung des Landes in den Grundzügen darlegen soll,[13] sind als zeichnerische Darstellung drei Pläne beigefügt.[14]

Trotz der im NROG enthaltenen Forderung nach gleichrangiger beschreibender und zeichnerischer Darstellung[15] ist der Textteil des LROPr so eingehend formuliert, daß er eine kartographische Aussage entbehren könnte. Darüber hinaus fehlt es in diesem Text an einer Bezugnahme auf die Pläne — eine Methodik, die im Hinblick auf die Rechtsrelevanz des LROPr als Einheit von Text und Karte[16] nicht befriedigen kann.

Der Planinhalt der „Entwicklungskonzeption", Plan A i. M. 1:500 000 und ohne topographische Grundlage, ist im Plan B „Planungen" auf der Grundlage der Übersichtskarte 1:300 000 bereits präzisiert und enthält die üblichen Aussagen über die zentralörtliche Gliederung, die Abgrenzung von vorhandenen und zu entwickelnden Schwerpunkträumen, die förderungswürdigen Gebiete, die Naturparke bzw. Erholungsräume sowie die wichtigsten Elemente des überregionalen Verkehrs.

2.2. Die Trennung zwischen den verbalen Programmen und den Landesentwicklungsplänen, deren bevorzugte Aussageform die Karte ist — der Begleittext wird

---

[10] Karte 16 zum LEPr RhPf vom 24. April 1968, hrsg. Staatskanzlei — Oberste Landesplanungsbehörde — des Landes Rheinland-Pfalz, Mai 1968.

[11] Landesentwicklungsplan II — Entwicklungsschwerpunkte und Entwicklungsachsen — vom 3. März 1970 (MBl. NW., S. 493; SMBl. NW. 230).

[12] Beilage zum Referentenentwurf des BMI des Abschnittes „Zielsystem für das Bundesraumordnungsprogramm" (Apr. 1972).

[13] Das Landesraumordnungsprogramm ist durch das ns Landesministerium nach § 3 Abs. 2 NROG vom 30. März 1966 (Nds. GVBl. S. 69) am 18. März 1969, dessen 1. Änderung — Abschnitt „V Zentrale Orte" — am 2. Febr. 1971 beschlossen worden (veröffentlicht: Schriften der Landesplanung Niedersachsen/Sonderveröffentlichung, hrsg. vom Niedersächsischen Minister des Innern, Hannover 1971).

[14] Plan A Entwicklungskonzeption
Plan B Planungen
Plan C Besonders zu fördernde Gebiete.

[15] § 4 Abs. 1 NROG vom 30. März 1966 (Nieders. GV. S. 69).

[16] WITT, WERNER, Pläne und Planzeichen in der Raumordnung; in: Informationsbriefe für Raumordnung R 1.6.2, insbes. Ziff. 6.5, S. 11, 1969, hrsg. Bundesminister des Innern, Köln-Stuttgart, Verlag W. Kohlhammer GmbH., Deutscher Gemeindeverlag GmbH.

demzufolge auch als „Erläuterungsbericht" gekennzeichnet[17] — erscheint in NW am klarsten durchgeführt. Im LEPl I — Einteilung des Landesgebietes in Zonen und Gemeinden und städtische Verflechtungsgebiete mit zentralörtlicher Bedeutung — wird die „räumliche Zugehörigkeit der Gemeinden zu den drei Gebietskategorien Ballungskerne, Ballungsrandzonen und ländliche Zonen"[18] bestimmt. Die Abgrenzung der drei Zonen bildet die generelle Voraussetzung für den konkreten räumlichen Bezug der im Landesentwicklungsprogramm in Ausrichtung auf die einzelnen Zonen dargestellten vorrangigen Planungsaufgaben und Ziele. Darüber hinaus kennzeichnen die in der ländlichen Zone dargestellten Gemeinden und städtischen Verflechtungsgebiete mit zentralörtlicher Bedeutung den für den Ausbau der kommunalen Infrastruktur geeigneten Ansatzpunkt.[19]

Dieser Plan, dessen Änderung nach Abschluß des 1. Neugliederungsprogramms zur kommunalen Gebietsreform bereits vollzogen ist,[20] hat die stärkste Bedeutung erlangt bei der kommunalen Neugliederung in NW, ferner bei der Standortbestimmung von Hauptschulen, von weiterführenden Schulen und Sportanlagen, bei der Förderung städtebaulicher Maßnahmen, bei der Vergabe von Wohnungsbauförderungsmitteln und der Aufstellung des Krankenhausplanes NW.[21]

2.3. Sowohl nach Inhalt und Terminologie im Bereich der Regionalpläne[22] herrscht eine relative Einheitlichkeit, wenn auch Abweichungen in der kartographischen Darstellung im einzelnen in reichem Maße in Erscheinung treten. Dies hat verschiedene Ursachen. Indessen, unterschiedliche Raum- und Wirtschaftsstruktur, divergierende Flächengrößen und voneinander abweichende Akzente hinsichtlich der künftigen Landesentwicklung haben sehr verschiedene Ausdrucksformen gerade in dieser Ebene entstehen lassen — verschieden von Land zu Land, verschieden auch innerhalb der Länder von Region zu Region.

Die *hessischen regionalen Raumordnungspläne* dienen der sozialen, kulturellen und wirtschaftlichen Entwicklung des Planungsraumes.[23] Es ist davon auszugehen, daß der Plan eine wesentliche Grundlage der Zielaussage ist, wenn dies auch nicht im Gesetz niedergelegt wurde.

Der Regionale Raumordnungsplan der regionalen Planungsgemeinschaft Untermain — sachlicher und räumlicher Teilplan I —,[24] besteht aus einem Text, in welchem die Siedlungsstruktur (einschließlich der Industrie und Gewerbegebiete) unter Beachtung bestimmter Grundsätze festgelegt ist, die Städte und Gemeinden als zentrale Orte mit einer Gliederung nach Ober-, Mittel-, Unter- und

---

[17] Die seit Jahren in NW geübte Praxis hat dazu geführt, daß diese in der Neufassung des LaplaG (1972) nicht einmal ausdrücklich festgelegt wurde. Stattdessen ist dies jedoch in der Verordnung zur Änderung der Durchführungsverordnungen zum LaplaG vom 20. Februar 1973 (GV. NW., S. 228) geschehen (s. dort Art. III § 1 Abs. 2 und 3!).

[18] REINERS, H., Landesplanerische Pläne in Nordrhein-Westfalen; in: Untersuchungen zur Thematischen Kartographie (2. Teil). Forsch. u. Sitz. Berichte d. Akad. f. Raumforschung u. Landesplanung, Bd. 64, S. 119. Hannover, Gebr. Jänecke Verlag, 1971.

[19] Erläuterungsbericht zum Landesentwicklungsplan I, Ziff. 1.

[20] Landesentwicklungsplan I — Einteilung des Landesgebietes in Zonen, Gemeinden und Städtische Verflechtungsgebiete mit zentralörtlicher Bedeutung — vom 28. Nov. 1966, in der Fassung vom 17. Dez. 1970 (MBl. NW., S. 199, SMBl. NW. 230).

[21] REINERS, H. (1971), S. 120/121.   [22] vgl. Anlage 2, Sp. 1.3.

[23] § 1 Abs. 2 Ziff. 3 i. V. m. §§ 5 bis 7 HLPlG i.d. Fassung vom 1. Juni 1970 (GV. Bl. I, S. 360ff.).

[24] Erlaß d. HMPr. vom 20. 9. 1972 (St. Anz. Nr. 42/1972, S. 1745).

Kleinzentren sowie drei Gemeindekategorien (Zuwachsgemeinden, Siedlungsschwerpunkte, Gemeinden mit Eigenentwicklung) ausgewiesen und schließlich regionale Grünzüge dargestellt sind.

Die zugehörige Karte, auf der Grundlage von Verkleinerungen der TK 50 auf den Maßstab 1:100 000, enthält diese Festlegungen im einzelnen.

Die vielfältigsten Formen in methodischer und kartographischer Hinsicht liegen für diese Planungsebenen wahrscheinlich in NW vor:[25]

Für die zeichnerische Darstellung des GEP waren in der 3. DVO zum LaplaG (1962) Vorschriften erlassen,[26] sowohl hinsichtlich der zu erfassenden planungsrelevanten Elemente[27] als auch bezüglich des Maßstabs.[28] Da jedoch die Einbeziehung der Elemente ebenso in das Ermessen der Landesplanungsgemeinschaften gestellt war wie die Wahl des Maßstabs, kam es zu eigenen und speziellen Darstellungsmethoden in räumlicher und sachlicher Hinsicht, wie die Übersicht veranschaulicht.

Dazu einige Beispiele:

Landesplanungsgemeinschaft Rheinland
GEP, TA Kreis Kempen-Krefeld, kreisfreie Stadt Krefeld[29]
— Siedlungsbereiche und Bereiche, die Versorgungsanlagen von überörtlicher Bedeutung vorbehalten bleiben sollen
GEP, TA Niederrhein (Kreis Kleve und nördlicher Teil des Kreises Rees)[30]
— Freizonen, Verkehrs- und Leitungsbänder und Flugplätze (Entwurf)

Landesplanungsgemeinschaft Siedlungsverband Ruhrkohlenbezirk
GEP 1966, insgesamt[31]
GEP 1966, Detail: Essen/Bottrop/Gelsenkirchen
GEP Regionale Infrastruktur (Entwurf)[32]

Landesplanungsgemeinschaft Westfalen
GEP, TA Hochstift Paderborn (Kreise Büren, Höxter, Paderborn und Warburg),[33] insgesamt
GEP, TA Hochstift Paderborn, Detail: Stadt Paderborn und Umgebung

Das Ergebnis — die „Ungebundenheit" des freien Schaffens, äußerst unterschiedliche Darstellungen, deren Vergleichbarkeit nicht gewährleistet war. Eine Vereinheitlichung wurde deshalb aus sachlichen Gründen, aber auch wegen der Notwendigkeit der Anpassung der DVO an das novellierte Landesplanungsgesetz (1972)[34] erforderlich.

[25] vgl. Anlage 4.   [26] vom 16. Februar 1965 (GV. NW. S. 39; SGV. NW. 230).
[27] § 3 Abs. 2 a.a.O.   [28] § 3 Abs. 1 a.a.O.
[29] Landesplanungsgemeinschaft Rheinland (Hrsg.), Gebietsentwicklungsplan, Teilabschnitt Kreis Kempen-Krefeld, Düsseldorf, 1970.
[30] Landesplanungsgemeinschaft Rheinland (Hrsg.), Gebietsentwicklungsplan, Teilabschnitt Niederrhein II, Düsseldorf, 1972 (Entwurf).
[31] Siedlungsverband Ruhrkohlenbezirk (Hrsg.), Gebietsentwicklungsplan 1966, Köln, 1967.
[32] Siedlungsverband Ruhrkohlenbezirk (Hrsg.), Gebietsentwicklungsplan „Regionale Infrastruktur" (Entwurf), Essen, 1972.
[33] Landesplanungsgemeinschaft Westfalen (Hrsg.), Gebietsentwicklungsplan, Teilabschnitt Hochstift Paderborn, Münster, 1968 (Entwurf).
[34] Landesplanungsgesetz in der Fassung der Bekanntmachung vom 1. August 1972 (GV. NW. S. 244; SGV. NW. 230).

Die inzwischen in Kraft getretene Neufassung der sog. 3. DVO[35] enthält eine landeseinheitliche Regelung für Form und Inhalt landesplanerischer Pläne insoweit, als *erstens* der Planinhalt,[36] d. h. die zeichnerischen Darstellungen, die künftig ein vollständiger GEP enthalten muß, nach Umfang und Art der Darstellung festgelegt werden. *Zweitens* wird der Maßstab 1 : 50 000 landeseinheitlich für die Gebietsentwicklungspläne vorgeschrieben,[37] zumal er sich bei Verwendung des amtlichen Kartenwerkes TK 50 des Landesvermessungsamtes NW als zweckmäßige Bezugsgrundlage der regionalplanerischen Darstellung anbietet.[38] Hinsichtlich der Rechtsverbindlichkeit der landesplanerischen Aussage bestimmt ein in einem GEP dargestellter Siedlungsbereich nach der bisherigen Rechtsauffassung und Verwaltungspraxis lediglich dessen allgemeine Größenordnung und annähernde geographische Lage.[39]

3. Die unterschiedliche kartographische Veranschaulichung landesplanerischer Pläne hat — nach einigen vorausgegangenen,[40] wenn auch erfolglosen Bemühungen — erneut die Notwendigkeit bestätigt, eine Vereinheitlichung der Planzeichen anzustreben. Dies um so mehr, als nicht nur Schwierigkeiten in der Zusammenarbeit zwischen Bund und Ländern,[41] zwischen benachbarten Bundesländern, sondern auch mit den europäischen Nachbarstaaten auftreten.

3.1. Dem zu begegnen hat eine durch den Strukturausschuß der MKRO geschaffene Arbeitsgruppe „Planzeichen" zunächst ungeachtet der noch bestehenden Verschiedenartigkeiten der Begriffe für etwa vergleichbare Planungsebenen einen Katalog der Signaturen, der zu verwendenden flächen- und linienhaften Elemente sowie der Symbole für Regionalpläne — als Mindestaussage — für eine Maßstabsspanne von 1 : 50 000 bis 1 : 250 000 zusammengestellt. Indessen wäre dieser verdienstvollen Tätigkeit ein etwas zügigerer Fortgang zu wünschen.

3.2. Daß dieser Arbeit eine nicht unbeachtliche praktische Bedeutung zukommt, geht daraus hervor, daß nach Abstimmung der zu verwendenden Planzeichen zwischen den beteiligten Ländern NW, H und RhPf ein gemeinsamer Raumord-

---

[35] Verordnung zur Änderung der Durchführungsverordnungen zum Landesplanungsgesetz NW vom 20. Februar 1973 (GV. NW., S. 228).
[36] Art. III § 2 Abs. 5 a.a.O.   [37] Art. III § 2 Abs. 2 a.a.O.
[38] So auch in der Begründung zu Art. III § 2 Abs. 3 der Verordnung zur Änderung der Durchführungsverordnungen zum Landesplanungsgesetz vom 20. Februar 1973 (GV. NW. 1973, S. 228).
[39] REINERS, H., (1971), S. 125.
[40] Planzeichen für Raumordnungs- und Entwicklungspläne, aufgestellt von der Arbeitsgemeinschaft der Landesplaner in der Bundesrepublik Deutschland, hrsg. vom Niedersächsischen Minister des Innern (Landesplanungsbehörde), 1965; Bayerisches Staatsministerium für Wirtschaft und Verkehr (Landesplanungsstelle) (Hrsg.), Planzeichen zur Erstellung von Raumordnungsplänen (i. M. 1 : 50 000), München 1965; Niedersächsischer Minister des Innern (Hrsg.), Raumordnung und Landesplanung in Niedersachsen — Planzeichen — Hannover 1970; Der Ministerpräsident des Landes Schleswig-Holstein — Landesplanungsbehörde — (Hrsg.), Planzeichen für Regional- und Regionalbezirkspläne des Landes Schleswig-Holstein, Kiel 1970.
[41] Nach dem ROG haben die Länder „bei raumbedeutsamen Maßnahmen darauf Rücksicht zu nehmen, daß die Verwirklichung der Grundsätze (der Raumordnung) in benachbarten Bundesländern und im Bundesgebiet in seiner Gesamtheit nicht erschwert wird" (§ 4 Abs. 4). Außerdem sollen die obersten Landesplanungsbehörden der Länder den für die Raumordnung zuständigen Bundesminister über „die in ihren Ländern aufzustellenden und aufgestellten Programme und Pläne (sowie über) die beabsichtigten oder getroffenen sonstigen landesplanerischen Maßnahmen und Entscheidungen von wesentlicher Bedeutung" unterrichten (§ 10 Abs. 2).

nungsplan „Siegen—Betzdorf—Dillenburg"[42] erarbeitet worden ist, um die starken topographischen, historischen, sozioökonomischen und funktionalen Verflechtungen in diesem Bereich und die Problematik des Grenzraumes selbst zu lösen.

Daß auf europäischer Ebene ähnliche Bestrebungen im Gange sind, sei angemerkt.

3.3. Praktiziert werden angemessene Lösungen allerdings bereits seit längerem insofern, als bei der Erarbeitung von grenzüberschreitenden Raumordnungsplänen, selbst wenn diese auf die Festlegung von wichtigen Strukturelementen beschränkt bleiben, zunächst gemeinsam von den Beteiligten ein Legendenentwurf erarbeitet wurde. Dies geschah z. B. im Rahmen der Deutsch-niederländischen[43] und Deutsch-belgischen Raumordnungskommissionen,[44] an deren Beratungen deutscherseits Vertreter von NS, NW und RhPf sowie der Bundesregierung teilnahmen.

Abschließend darf eine der Vorbemerkungen noch einmal aufgenommen und folgende Aspekte in den Vordergrund gestellt werden:

1. Bei landesplanerischen Plänen handelt es sich — abweichend von anderen thematischen Darstellungen, die als Planungsgrundlagen ganze Atlanten füllen, die auch als Forschungs- und Informationskarten dienen — um *rechtsverbindliche Aussagen*. Landesentwicklungspläne und Gebietsentwicklungspläne sind nämlich verbindliche Richtlinien für alle raumbedeutsamen Planungen und Maßnahmen[45]; sie sind von allen öffentlichen Planungsträgern zu beachten[46] und verpflichten insbesondere die Gemeinden zur Anpassung der Bauleitpläne[47].

2. Pläne der Landesplanung richten sich — mit wenigen Ausnahmen — nie gegen oder an den einzelnen Staatsbürger, sondern an die *öffentlichen Planungsträger*[48]. Ihr Planinhalt ist regelmäßig nicht allgemein-, sondern nur behördenverbindlich. Erst bei

---

[42] Staatskanzleien — Oberste Landesplanungsbehörden — der Länder Hessen, Nordrhein-Westfalen und Rheinland-Pfalz (Hrsg.), Grenzüberschreitende Landesplanung Siegen—Betzdorf—Dillenburg, o.O. (Düsseldorf), 1972.

[43] Ein Abkommen über eine gemeinsame Beratung von Problemen der Raumordnung und Landesplanung im beiderseitigen Grenzraum ist in Vorbereitung. Gleichwohl besteht etwa seit 1967 eine recht enge Zusammenarbeit. Sie zu fördern, raumbedeutsame Planungen und Maßnahmen sowie großräumige Fachplanungen in den Grenzgebieten miteinander abzustimmen, Leitlinien und Grundsätze der Raumordnung zur Entwicklung der Grenzräume zu erarbeiten und auf die Vereinheitlichung der Grunddaten, die für Struktur und Raum Bedeutung haben, hinzuwirken, sind die Aufgaben, um deren Lösung sich die Kommission bemüht.

[44] Die Zusammenarbeit mit Belgien ist institutionalisiert durch das Abkommen zwischen der Regierung der BRD und der Regierung des Königreiches Belgien über die Zusammenarbeit auf dem Gebiet der Raumordnung vom 3. Februar 1972 (veröffentlicht u. a. in Mitt. d. Landesstelle für Naturschutz und Landschaftspflege in NW, 9. Jg., Bd. 2, Heft 6, August 1972).

[45] § 11 Abs. 5 und § 13 Abs. 5 Landesplanungsgesetz NW

[46] § 5 Abs. 4 i.V.m. § 4 Abs. 5 ROG.

[47] § 1 Abs. 3 des Bundesgesetzes vom 23. Juni 1960 (BGBl. I, S. 341) i.V.m. § 15 Abs. 1 und § 16 des Landesplanungsgesetzes NW.

[48] SEEGER, J., Grundfragen des Planungsrechts; in: Raumforschung und Raumordnung, 14. Jg., 1956, Heft 4, S. 193–201.

SEEGER, J., Rechtliche Probleme der Landesplanung; in: Probleme und Aufgaben der Landesplanung, ein Tagungsbericht, Akademie der Diözese Rottenburg 1961, 22 S.

der Transformation — insbesondere in einem Bebauungsplan — werden rechtswirksame Festsetzungen auch für den Bürger rechtsverbindlich[49].

3. Landesplanerische Pläne müssen für eine Transformation hinreichend konkret sein und gleichzeitig verwaltungsgerichtlicher Prüfung standhalten. Die für manche Darstellung sich ergebende Problematik besteht darin, daß einerseits die Landesentwicklungspläne in ihrer Aussage hinreichend genau, d. h. räumlich konkret sein müssen, daß andererseits bei den Gebietsentwicklungsplänen i. M. 1 : 50 000 die räumliche Abgrenzung der Siedlungsbereiche bereits so weit konkretisiert ist, daß die Möglichkeit eines Eingriffs der Regionalplanung in die gemeindliche Planungshoheit nicht mehr ausgeschlossen werden kann.

4. Hier wird erkennbar, daß für bestimmte Planungsebenen eine angemessene *Maßstabsfolge*[50] eingehalten werden sollte, so z. B.
LROProgramme 1 : 500 000 und kleiner
LEPläne 1 : 200 000 bis 1 : 500 000
Regionalpläne 1 : 25 000 bzw. 1 : 50 000
Bauleitpläne 1 : 10 000 und größer

5. Als *topographische Grundlage* für landesplanerische Pläne ist für die sehr bedeutsame Regionalebene die Verwendung der amtlichen topographischen Kartenwerke zu empfehlen. Jedoch kann eine z. T. widersinnige Handhabung der topographischen Grundlage zu neuen Schwierigkeiten führen, wenn z. B. großmaßstäbige topographische Kartenwerke als Grundlage für landesplanerische Darstellungen verkleinert werden. Sie täuschen nämlich damit eine größere Genauigkeit des thematischen Inhalts vor, als er von den Planverfassern beabsichtigt ist.

Darüber hinaus reichen Verwaltungsgrenzenkarten, nicht selten auch Karten mit Eintragungen von Orten mit einem vereinfachten Gewässernetz aus.

Damit ist natürlich das Problem der eigentlichen optimalen Bezugsgrundlage für planerische Karten noch nicht gelöst. Zweifellos bedarf der Planer zur Bestandsaufnahme des vollen Informationsgehaltes der topographischen Karte. Über deren Reduzierung für eine weitergehende planerische Verwendung nachzudenken, gilt noch als unbewältigte Aufgabe.

Es ist versucht worden, sowohl auf die verschiedenartigen Methoden der landesplanerischen Pläne nach Inhalt und Darstellungsweise als auch auf die in vielfacher Beziehung bestehenden Probleme hinzuweisen. Lösungsversuche wurden zumindest im Ansatz berührt, an weiteren einen angemessenen Beitrag zu leisten, ist Sache der Berufskollegen, die an entsprechender Stelle in der planenden Verwaltung und in der Raumordnung und Landesplanung praktisch tätig sind.

---

[49] SEEGER, J., (1956), S. 196, Fußnote 8. EBEL, H. u. WELLER, H., Allgemeines Berggesetz (ABG) vom 24. Juni 1865 (GS. S .705) mit Erläuterungen; in: Sammlung Guttentag, Bd. 257, 1963 (2. neu bearb. Aufl.) Fußnote Nr. 7 und § 3 Abs. 6, S. 587/588, Berlin, Walter de Gruyter u. Co.
[50] WITT, W., (1969), Ziff. 2.1, S. 4.

Anlage 1

Rechtsgrundlagen für Landesplanung und Raumordnung

Bund
Raumordnungsgesetz (ROG) vom 8. April 1965 (BGBl. I, S. 306).

Baden-Württemberg (BaWü)
Landesplanungsgesetz in der Fassung vom 25. Juli 1972 (Ges. Bl. 1972, S. 459).

Bayern (Bay)
Bayerisches Landesplanungsgesetz (BayLplG) vom 6. Febr. 1970 (GV. Bl., S. 9).

Hessen (H)
Hessisches Landesplanungsgesetz in der Fassung vom 1. Juni 1970 (GV. Bl. II, S. 360).

Niedersachsen (NS)
Niedersächsisches Gesetz über Raumordnung und Landesplanung (NROG) vom 30. März 1966 (Nieders. GV., S. 69).

Nordrhein-Westfalen (NW)
Landesplanungsgesetz in der Fassung der Bekanntmachung vom 1. August 1972 (GV. NW., S. 244/ SGV. NW. 230).

Rheinland-Pfalz (RhPf)
Landesgesetz für Raumordnung und Landesplanung (Landesplanungsgesetz — LPlG —) vom 14. Juni 1966 (GVBl., S. 177).

Saarland (S)
Saarländisches Landesplanungsgesetz (SLPG) vom 27. Mai 1964 (ABl., S. 525, 621).

Schleswig-Holstein (SH)
Gesetz über die Landesplanung (Landesplanungsgesetz) vom 13. April 1971 (GS. Schl.-H., Gl. Nr. 230).

Abbildungsverzeichnis

[1] Übersicht 1: Landesplanerische Programme und Pläne und sonstige Programme und Pläne.
[2] Zentrale Orte, nach den Entwicklungsplänen und -programmen der Länder.
[3] Entwicklungsachsen, nach den Entwicklungsplänen und -programmen der Länder, zu 2) und 3) zusammengestellt vom BMI.
[4] Entwicklungsschwerpunkte und -achsen, aus: Landesentwicklungsprogramm (1964), Skizze 2.
[5] Erschließungs- und Entwicklungsnetz, aus: Landesraumordnungsprogramm Rheinland-Pfalz (1968).
[6] Entwicklungsschwerpunkte und -achsen, aus: Landesentwicklungsplan II Nordrhein-Westfalen (1970).
[7] Raum- und siedlungsstrukturelle Gliederung des Bundesgebietes, aus: Referentenentwurf des BMI zum Abschnitt „Zielsystem" für das Bundesraumordnungsprogramm 1972.
[8] Entwicklungskonzeption, aus: Landesraumordnungsprogramm Niedersachsen (1969), Plan A.
[9] Planungen, aus: Landesraumordnungsprogramm Niedersachsen (1969), Plan B.
[10] Einteilung des Landesgebietes in Zonen, Gemeinden und Städt. Verflechtungsgebiete mit zentralörtlicher Bedeutung, aus: Landesentwicklungsplan I Nordrhein-Westfalen (1970).
[11] Regionaler Raumordnungsplan der regionalen Planungsgemeinschaft Untermain — Sachlicher und räumlicher Teilplan I —.
[12] Übersicht 2: Methodik der Regionalplanung in Nordrhein-Westfalen (1972) — Räumliche und sachliche Darstellung des Gebietsentwicklungsplanes —.

[13] Siedlungsbereiche und Bereiche, die Versorgungsanlagen von überörtlicher Bedeutung vorbehalten bleiben sollen, aus: Gebietsentwicklungsplanung der Landesplanungsgemeinschaft Rheinland, Teilabschnitt Kreis Kempen-Krefeld und kreisfreie Stadt Krefeld, Düsseldorf 1970.
[14] Freizonen, Verkehrs- und Leitungsbänder und Flugplätze, aus: Gebietsentwicklungsplan der Landesplanungsgemeinschaft Rheinland, Teilabschnitt Niederrhein (Entwurf), Düsseldorf 1972.
[15] Gebietsentwicklungsplan (1966) des Siedlungsverbandes Ruhrkohlenbezirk.
[16] Raum Essen, Bottrop, Gelsenkirchen, aus: Gebietsentwicklungsplan des Siedlungsverbandes Ruhrkohlenbezirk (1966).
[17] Gebietsentwicklungsplan des Siedlungsverbandes Ruhrkohlenbezirk „Regionale Infrastruktur" (Entwurf), Essen 1972.
[18] Gebietsentwicklungsplan der Landesplanungsgemeinschaft Westfalen, Teilabschnitt Hochstift Paderborn, Münster 1968 (Entwurf).
[19] Stadt Paderborn und Umgebung, aus: Gebietsentwicklungsplan der Landesplanungsgemeinschaft Westfalen, Teilabschnitt Hochstift Paderborn.
[20] Raumordnungsplan „Siegen-Betzdorf-Dillenburg", aus: Grenzüberschreitende Landesplanung, Siegen-Betzdorf-Dillenburg, o. O. (Düsseldorf), 1972.

Anlage 2

Land	Landesplanerische Programme und Pläne			Sonstige Programme und Pläne			
	1.1.	1.2.	1.3.	2.1.	2.2.	2.3.	2.4.
Bayern – Bay LPlG v. 6. Febr. 1970 (GV. Bl. S. 9)	Landesentwicklungsprogramm (Art. 4 i.V.m. Art. 137)		Regionalpläne (Art. 4 i.V.m. Art. 17)		Fachliche Programme und Pläne (Art. 4 i.V.m. Art. 13 Abs. 2 Ziff. 7 u. Art. 15)	Einzelne Ziele d. Raumordnung u. Landesplanung (Art. 4 i.V.m. Art. 26)	
Baden-Württemberg – LPlG i.d.F. v. 25. Juli 1972 (GS. Bl. 1972, S. 459)	Landesentwicklungsplan (§ 23 i.V.m. § 25 Abs. 1 Ziff. 1)		Regionalpläne (§ 23 i.V.m. §§ 28–31)	Entwicklungsprogramme der Kreise (§ 33)	Fachliche Entwicklungspläne für einen oder mehrere Fachbereiche (§ 25 Abs. 1 Ziff. 2)		
Hessen – HLPlG i.d.F. v. 1. Juni 1970 (GV. Bl. II, S. 360)	Landesraumordnungsprogramm (§ 1 Abs. 2 Ziff. 1 i.V.m. § 2)	Landesentwicklungsplan (§ 1 Abs. 2 Ziff. 2 i.V.m. § 3)	Regionale Raumordnungspläne (§ 1 Abs. 2 Ziff. 3 i.V.m. § 5)				Grenzüberschreitende Regionalplanung (§ 9)
Niedersachsen – NROG v. 30. März 1966 (Nieders. GV. S. 69)	Landesraumordnungsprogramm (§ 12 Abs. 1 u. 2)		Bezirks- und Teilbezirks-Raumordnungsprogramme (§ 3 Abs. 3)		Entwicklungsprogramme (§ 11 Abs. 1)		

Land	Landesplanerische Programme und Pläne			Sonstige Programme und Pläne			
	1.1.	1.2.	1.3.	2.1.	2.2.	2.3.	2.4.
Nordrhein-Westfalen – LPlG NW i.d.F. v. 1. Aug. 1972 (GV. NW. S. 244)	Landesentwick- lungs- programm (§ 9 i.V.m. § 10)	Landesentwick- lungspläne (§§ 9 i.V.m. § 11) räumliche und sachliche TA (§ 11 Abs. 3)	Gebietsentwick- lungspläne (§§ 9 i.V.m. § 12) räumliche und sachliche TA				
Rheinland-Pfalz – LPlG RhPf v. 14. Juni 1966, (GV. Bl. 1966, S. 177)	Landesentwick- lungsprogramm (§ 9 Abs. 1 i.V.m. § 10)		Regionale Raum- ordnungspläne (§ 9 Abs. 1 u. § 12 Abs. 1)		Fachliche oder räumliche Teilpläne (§ 12 Abs. 4)	Landesplaneri- sche Gutachten (§ 9 Abs. 2 i.V.m. § 11 Abs. 6)	Landschafts- pläne (§ 12 Abs. 5)
Saarland – SLPlG v. 27. Mai 1964 (ABl. S. 525, 621)	Raumord- nungs- programm (§ 2 Abs. 1 u. 2 i.V.m. § 3)	Raumordnungs- plan (§ 2 Abs. 1 u. 3 i.V.m. § 4) Raumordnungs- teilpläne (§ 2 Abs. 4)					
Schleswig-Holstein – LPlG Schl.-H. v. 13. Apr. 1971 (GS. Schl.- H., S. 152; Gl. Nr. 230)	Landesentwick- lungsgrund- sätze (§ 2)	Landesraum- ordnungsplan (§ 3 Abs. 1 i.V.m. § 5)	Regionalpläne (§ 3 Abs. 1 i.V.m. § 6)	Kreisentwick- lungspläne (§ 11 Abs. 1)			

1.1. *Landesraumordnungsprogramme und -pläne*   Anlage 3

BaWü   Landesentwicklungsplan vom 22. Juni 1971, gem. Gesetz über die Verbindlichkeitserklärung des Landesentwicklungsplans sowie nach der Verordnung über die Verbindlichkeitserklärung des Landesentwicklungsplanes vom 11. April 1972 (Ges. Bl. 1972, S. 169).

Bay   — liegt noch nicht vor! —
Als Vorbereitung dienen:
    Ein Programm für Bayern I vom 22. 4. 1969
    Ein Programm für Bayern II vom 29. 7. 1970
    hrsg. Bayerisches Staatsministerium für Wirtschaft und Verkehr.

H   Hessisches Landesraumordnungsprogramm (Teil A: Auf lange Sicht aufgestellte Ziele der Raumordnung und Landesplanung), gem. Gesetz über die Feststellung des Hessischen Landesraumordnungsprogramms und zur Änderung des Hessischen Landesplanungsgesetzes (Hessisches Feststellungsgesetz) vom 18. März 1970 (Hess. GV. Bl., S. 265).

NS   Landes-Raumordnungsprogramm vom 18. März 1969. 1. Änderung — Abschnitt „V. Zentrale Orte" vom 2. Februar 1971, hrsg. Niedersächsischer Minister des Innern, Schriftenreihe der Landesplanung Niedersachsen, Sonderveröffentlichung, Hannover (weitere Änderungen bzw. Ergänzungen sind in Vorbereitung!).

NW   Landesentwicklungsprogramm, gem. Bekanntmachung des Ministers für Landesplanung, Wohnungsbau und öffentliche Arbeiten vom 7. August 1964 (MBl. NW., S. 1205; SMBl. NW. 230).
In Vorbereitung: Gesetz zur Landesentwicklung (Landesentwicklungsprogramm) — Entwurf — (LT-Drucksache 7/1764 vom 16. 5. 1972).

RhPf   Landesentwicklungsprogramm vom 24. April 1968, 2 Bände, hrsg. Staatskanzlei — Oberste Landesplanungsbehörde — des Landes Rheinland-Pfalz, Mai 1968.

S   Raumordnungsprogramm (Erstens: Allgemeiner Teil) vom 10. Oktober 1967.
Raumordnungsprogramm (Zweitens: Besonderer Teil) vom 28. April 1970.
in: Raumordnung im Saarland
    Zweiter Raumordnungsbericht 1970.
      hrsg. Landesplanungsbehörde — Minister des Innern — Saarbrücken 1970.

SH   Raumordnungsplan für Land Schleswig-Holstein, gem. Bekanntmachung des Ministerpräsidenten — Landesplanungsbehörde — vom 16. Mai 1969 (ABl. Schl.-H., S. 315).
Gesetz über Grundsätze zur Entwicklung des Landes (Landesentwicklungsgrundsätze) vom 13. April 1971 (GuVBl. Schl.-H., S. 157).

1.2. *Landesentwicklungspläne (Auswahl)*

H   Großer Hessenplan „Hessen '80" — Landesentwicklungsplan — enthält u. a.
Teil A des Hessischen Landesraumordnungsprogramms:
Auf lange Sicht aufgestellte Ziele der Landesplanung und raumpolitische Grundsätze.
Teil B des Hessischen Landesraumordnungsprogramms:
Gesichtspunkte, die bei der Aufstellung von regionalen Raumordnungsplänen zu beachten sind, hrsg. Hessischer Ministerpräsident, Wiesbaden, X, 117 S.
Landesentwicklungsplan „Hessen '80" — Durchführungsabschnitt für die Jahre 1971–1974 (enthält u. a.:
1. Endgültige Feststellung des Landesentwicklungsplanes Hessen '80.
2. Anlage zum Kabinettbeschluß vom 27. 4. 1971 über die endgültige Feststellung des Landesentwicklungsplanes), hrsg. Hessischer Ministerpräsident, Wiesbaden, 1971, X, 122 S.
Der Große Hessenplan „Ein neuer Weg in die Zukunft"; in: Schriften zum Großen Hessenplan, Heft 1, hrsg. Hessischer Ministerpräsident, Wiesbaden, 1965, 127 S.
Der Große Hessenplan — Durchführungsabschnitt für die Jahre 1968—1970; in: Schriften zum Großen Hessenplan, Heft 2, hrsg. Hessischer Ministerpräsident, Wiesbaden, 1968, 96 S.

Der Große Hessenplan — Ergebnisrechnung für die Jahre 1965–1967; in: Schriften zum Großen Hessenplan, Heft 3, hrsg. Hessischer Ministerpräsident, Wiesbaden, 1968, 135 S.
Landesentwicklungsplan Hessen '80, Verkehrsbedarfsplan II, hrsg. Hessischer Minister für Wirtschaft und Technik, Wiesbaden 1972, 145 S., 73 Übersichtskarten, Kartenanlagen.

NW   Landesentwicklungsplan I vom 28. 11. 1966 in der Fassung vom 17. 12. 1970 — Einteilung des Landesgebietes in Zonen, Gemeinden und städtische Verflechtungsgebiete mit zentralörtlicher Bedeutung (MBl. NW., S. 199/SMBl. NW. 230).
Landesentwicklungsplan II vom 3.3. 1970 — Entwicklungsschwerpunkte und Entwicklungsachsen (MBl. NW., S. 493/SMBl. NW 230).

1.3. *Regionalpläne (Auswahl)*

BaWü Gebietsentwicklungsplan für den mittleren Neckarraum vom 14. März 1972.
Gebietsentwicklungsplan für das südliche Oberrheingebiet vom 22. Juni 1971.

H   Regionaler Raumordnungsplan der Regionalen Planungsgemeinschaft Untermain — Sachlicher und räumlicher Teilabschnitt I — gem. Bekanntmachung des Hessischen Ministerpräsidenten vom 20. 9. 1972 (StAnz. 42/1972, S. 1745).

NS   Raumordnungsprogramm für den Regierungsbezirk Aurich vom 9. Dezember 1971.
Raumordnungsprogramm für den Regierungsbezirk Osnabrück vom 5. April 1972.

NW   Landesplanungsgemeinschaft Rheinland
Gebietsentwicklungsplan, Teilabschnitt kreisfreie Stadt Mönchengladbach, kreisfreie Stadt Rheydt,
Textliche und zeichnerische Darstellung, Düsseldorf, 1971.
Gebietsentwicklungsplan, Teilabschnitt Landkreis Grevenbroich,
Textliche und zeichnerische Darstellung, Düsseldorf, 1968.
Gebietsentwicklungsplan, Teilabschnitt Niederrhein,
(Teil I: Textliche Darstellung der Größenordnung der zukünftigen Bevölkerung und die zeichnerische Darstellung der Siedlungsbereiche und der Bereiche, die Versorgungsanlagen überörtlicher Bedeutung vorbehalten bleiben sollen).
(Entwurf)
Düsseldorf, 1970.
(Teil II: Zeichnerische Darstellung der Freizonen, der Verkehrsbänder, der Leitungsbänder und der Flugplätze).
(Entwurf)
Düsseldorf, 1972.
Siedlungsverband Ruhrkohlenbezirk
Gebietsentwicklungsplan 1966,
Zeichnerische und textliche Darstellung, Erläuterungsbericht;
in: Schriftenreihe des SVR, Heft 5, 1967, Köln: Deutscher Gemeinde Verlag GmbH und W. Kohlhammer Verlag GmbH.
Landesplanungsgemeinschaft Westfalen
Gebietsentwicklungsplan, Teilabschnitt Tecklenburg,
Textliche Darstellung, Erläuterungsbericht, zeichnerische Darstellung, Münster 1973.
Gebietsentwicklungsplan, Teilabschnitt Kreis Siegen,
Textliche Darstellung, Erläuterungsbericht, zeichnerische Darstellung, Münster 1971.

SH   Regionalplan für den Planungsraum IV mit Erläuterungsbericht (Begründung);
in: Schriftenreihe „Landesplanung in Schleswig-Holstein", Heft 6, 1967.
hrsg. Ministerpräsident des Landes Schleswig-Holstein, Staatskanzlei — Landesplanungsabteilung, Kiel.

2.0. *Sonstige Programme und Pläne*

H, NW, Grenzüberschreitende Landesplanung „Siegen — Betzdorf — Dillenburg"
RhPf Erarbeitet und hrsg. von den Staatskanzleien — Oberste Landesplanungsbehörden — der Länder Hessen, Nordrhein-Westfalen, Rheinland-Pfalz, in Zusammenarbeit mit den Regie-

rungspräsidenten in Darmstadt, Arnsberg und Koblenz, sowie mit der Landesplanungsgemeinschaft Westfalen, Text mit Übersichtsplan (i. M. 1:100000).

Methodik der Regionalplanung in Nordrhein-Westfalen (1972)   Anlage 4
— Räumliche und sachliche Darstellung des Gebietsentwicklungsplanes

Landesplanungsgemeinschaft Rheinland:
Räumlich: in Teilabschnitten ein oder mehrere Kreise bzw. kreisfreie Städte, z. B. Erfttal (= Kreise Bergheim und Euskirchen), kreisfreie Städte Mönchengladbach und Rheydt
Sachlich: I — Darstellung (textlich) der künftigen Struktur und Größenordnung der Bevölkerung sowie Darstellung (zeichnerisch) der Siedlungs(Wohn- und Industrieansiedlungs-)bereiche und der Bereiche, die Versorgungsanlagen von überörtlicher Bedeutung vorbehalten bleiben sollen,
          II — Darstellung (zeichnerisch) der Freizonen, der Verkehrs- und Leitungsbänder und der Flugplätze
Maßstab: 1:50000 (= Verkleinerung der TK 25)

Landesplanungsgemeinschaft Ruhrkohlenbezirk (SVR)
Räumlich: Verbandsgebiet
Sachlich: I — Wohnsiedlungsbereiche, Gewerbe- und Industrieansiedlungsbereiche, Freizonen (= land- und forstwirtschaftliche Bereiche), außerdem Verkehrsbänder von übergeordneter Bedeutung
          II — Regionale Infrastruktur
Maßstab: 1:100000 (= Verkleinerung der TK 50)

Landesplanungsgemeinschaft Westfalen:
Räumlich: in Teilabschnitten ein oder mehrere Kreise bzw. kreisfreie Städte, z. B. Hochstift Paderborn (= Kreise Büren, Höxter, Paderborn und Warburg)
Sachlich: wie bei SVR (I), zuzüglich Übernahme der Darstellung des Landesentwicklungsplanes I (Gemeinden und städtische Verflechtung mit zentralörtlicher Bedeutung sowie Gemeinden mit Versorgungsbereichen verschiedener Größenordnung).
Maßstab: 1:75000 (= Verkleinerung der TK 50)

Diskussion zu den Vorträgen Hottes/Reiners

Dr. F. Vetter (Berlin)

Mit der gezeigten Graphik des Achsialsystems von Nordrhein-Westfalen sagten Sie aus, daß die Fläche der Achsen 4500 km² oder 13 % der Gesamtfläche des Bundeslandes Nordrhein-Westfalen betrage. Wie haben Sie diese Zahlenangaben ermittelt? Wie wurde die Fläche der Achsen quantitativ erfaßt und gegen das nicht einbezogene Umland abgegrenzt? Oder ist das ganze lediglich als Übernahme des Landesentwicklungsplans zu verstehen, der ja anschließend an Ihr Referat von Herrn REINERS noch einmal gezeigt wurde? Aber auch in diesem Falle wäre es interessant zu erfahren, wie die genannten Flächen quantitativ ermittelt worden sind.

Leider ist auch die gezeigte Bleistiftskizze bisher nicht genauer erläutert worden. Vielleicht können Sie auch dazu noch etwas sagen.

Prof. W. Ritter (Darmstadt)

Bandstrukturen im Sinne der gezeigten Entwicklungsachsen lassen sich im Raume vorfinden und haben zu den Vorschlägen der Planer Anlaß gegeben. Diese Konzepte scheinen mir aber in höchstem Grade voluntaristisch, sie sind, soviel ich weiß, noch nirgends empirisch geprüft worden. Die Achsenkonstruktionen gehen ja bis zu den weltumspannenden Siedlungsbändern der Ecumenopolis von DOXIADIS, bei denen ich das Gefühl habe, daß diese und auch die Achsensysteme, die uns für die BRD gezeigt wurden, in der Praxis völlig unbrauchbar sind. Ich glaube nicht, daß rein verkehrsbezogene Achsen über größere Distanzen aufgebaut werden können. Wo solche in der Realität anzutreffen sind, spielen geographische Randeffekte bei ihrer Entstehung sehr stark mit, wie dies etwa bei den Fremdenverkehrsregionen an den Küsten der Fall ist.

J. Deiters (Karlsruhe)

Herr HOTTES hat in seinem Referat den ökonomischen Erklärungsansatz der Entwicklungspole als sektoral ausgerichtete Multiplikatortheorie des sekundären Wirtschaftsbereichs („Schlüsselindustrien") durch P. KLEMMER (1972) als zu eng kritisiert und eine Begriffserweiterung vorgeschlagen. Damit wurde eine — wenn auch möglicherweise enge, so doch — operationale Definition durch eine vollständig inoperationale („... Ganzheit") ersetzt. Das ist wohl auch der Grund dafür, weshalb Herr HOTTES den Entwicklungsaspekt im raumordnungspolitischen Konzept der zentralen Orte nicht hat klären können. Die Theorie der zentralen Orte wurde vom Referenten generell als gültig und als brauchbares Instrument der Raumordnung anerkannt. Dabei wurde übersehen, daß diese Theorie ein statisches Gleichgewichtsmodell darstellt; für die Raumordnungspolitik hingegen bedarf es dynamischer und zur Prognose fähiger Erklärungsansätze, wie sie beispielsweise die Theorie der Entwicklungspole anbietet. Es hätte in dem Referat darum gehen müssen, die Verbindung zwischen den Konzepten der Entwicklungspole und der zentralen Orte herzustellen.

Herr HOTTES, können Sie bitte auf diesen Zusammenhang noch einmal eingehen?

Dr. G. Kluczka (Bonn-Bad Godesberg)

Mit dem Vortrag von Herrn Professor HOTTES wurde „eine kritische Analyse" der aktuellen Planungsinstrumente „Entwicklungsschwerpunkte — Entwicklungsachsen — zentralörtliches System" angekündigt. Eine solche kritische Analyse blieb uns der Referent jedoch schuldig. Sie mußte m. E. schon deshalb ausbleiben, weil der Vortragende auf eine Definition der genannten Begriffe und in diesem Zusammenhang auf ein Aufzeigen ihres unterschiedlichen Verständnisses bei den Planungsverantwortlichen verzichtet hat. Mit keinem Wort wurde darauf eingegangen, daß sich Entwicklungsschwerpunkte/Entwicklungsachsen einerseits und zentrale Orte/Verflechtungsbereiche andererseits als lineares bzw. flächenhaftes Entwicklungsprinzip der Raumplanung verstehen und einander ergänzen sollen. Die derzeit heftige Diskussion um die Entwicklungsachsen als Kommunikationsträger bzw. Siedlungsband — wäre nicht wenigstens sie eine kritische Anmerkung wert gewesen? Oder die im beispielhaft angeführten Nordrhein-Westfalen praktizierte, unterschiedliche Vorstellung von Entwicklungsachsen mit Ordnungsfunktion (in Verdichtungsräumen) und solchen mit Erschließungsfunktion (angrenzende und ländliche Gebiete)? In diesen und weiteren Fragen hatte ich eine „kritische Analyse" erwartet.

Dr. W. Istel (München)

Die eben gehörten Ausführungen waren eher dazu angetan, den Hörer zu verwirren, als vielmehr das Wesen der Entwicklungsschwerpunkte und Entwicklungsachsen herauszuarbeiten. Das konnte auch nicht gelingen, wenn man das Verständnis des Referenten über Entwicklungsachsen an seiner Feststellung mißt, daß die Entwicklungsachsen des Landes Nordrhein-Westfalen 14 % der Fläche des Landes ausmachen. Dem indikativen Wesen landesplanerischer Pläne, die Rahmenpläne, die Handlungsanweisungen sind, kann man nicht durch Ausplanimetrieren bestimmter kartographischer Darstellungssignaturen näher kommen.

Die Behauptung, daß das Entwicklungskonzept der Entwicklungsschwerpunkte und Entwicklungsachsen in den einzelnen Bundesländern grundsätzlich anders geartet sei und keine gemeinsame Basis vorläge, dürfte auf mangelnder Kenntnis der Literatur beruhen. Allen Plänen liegt letzten Endes das System punkt-axialer Entwicklung zugrunde, wobei die Bündelung der Bandinfrastruktur im Entwicklungsschwerpunkt maßgebendes Prinzip ist. Ob die Bandinfrastruktur sich zwischen zwei Wachstumspolen bandartig parallel bündelt und so jeder Ort im Verlauf der Bandinfrastruktur gleiche Lagechance besitzt oder die Bandinfrastruktur sich in einem Schwerpunkt etwa sternförmig punktuell bündelt, ist nur eine Variante ein und desselben Prinzips.

Zum anderen ist es nur eine Frage der Dimension, ob das punkt-axiale Prinzip im Bereich stadtregionaler Entwicklungen, also zur axialen Ordnung der Verdichtungsräume Anwendung findet, ob es als Verbindungssystem zwischen Gravitationskernen mit ihren Räumen dient oder schließlich als Entwicklungsmodell in die Tiefe des ländlichen Raumes hinein räumliche Leitvorstellung wird. Entwicklungsachsen sind immer Linien bevorzugten Leistungsaustausches.

Wenn gesagt wurde, es gäbe bisher noch keinerlei empirische Untersuchungen zum Modell der Entwicklungsschwerpunkte und Entwicklungsachsen, so ist dem entgegenzuhalten, daß das Land Nordrhein-Westfalen mehrere Jahre vor Erscheinen des Landesentwicklungsprogrammes im Jahre 1964 eingehende Untersuchungen angestellt hat. Für Baden-Württemberg basieren die Untersuchungen zur punkt-axialen Entwicklung auf den Veröffentlichungen von GERHARD ZIEGLER. Für Bayern liegen eigene Forschungsergebnisse vor. Für Österreich hat BOBEK bandartige Verdichtungen von Siedlungen und Arbeitsstätten beschrieben; detaillierte Analysen und Diagnosen für Vorarlberg, mit einer konsequenten Konzeption der punktaxialen Entwicklung, hat WURZER erarbeitet. Derartige empirische Untersuchungen mit Planungskonsequenzen liegen z. B. auch für die Tschechoslowakei und für Polen vor.

Theoretische Überlegungen zum Prinzip der punkt-axialen Entwicklung gehen vom Gravitationsmodell aus. Ansätze hierfür sind bereits bei von THÜNEN zu finden, sie erscheinen im System zentraler Orte nach dem Verkehrsprinzip bei CHRISTALLER, werden fortgeführt von LÖSCH und jüngst von VON BOEVENTER sowie von MEINKE in seinem Landnutzungssystem entlang des Verkehrsbandes eines kernstädtischen Einflußbereiches.

Gestatten Sie noch eine kurze Bemerkung zu der Forderung des Redners, Planungsämter für ländliche Räume und Ballungsräume getrennt einzurichten, um, wie er sagte, eine „Grundlage für adäquate Förderung" zu haben. Diese Forderung bedeutet einen Rückschritt zur bisher vom Staat geübten Förderung von nach dem Homogenitätsprinzip abgegrenzten Räumen, ein Prinzip, das in der Festsetzung von funktionalen Räumen als Gebietseinheiten für das Bundesraumordnungsprogramm überwunden wurde. Auch die Regionen der Länder bilden als funktionale Raumeinheiten die Grundeinheit strukturräumlicher Entwicklungspläne.

Dr. G. Duckwitz (Bochum)

Zum Problem integrierte Raumplanung (Entwicklungsplanung): Von einer solchen Planung kann solange nicht gesprochen werden, wie sie sich auf Achsen und Entwicklungsschwerpunkte konzentriert, ohne die Ansprüche an den Freiraum definiert zu haben. Eine kritische Analyse hätte diese Einseitigkeit aufdecken müssen.

Dr. G. Kroner (Bonn-Bad Godesberg)

Zunächst eine Anmerkung zu der Aussage von Herrn REINERS, daß aus einer Betrachtung der vom Bundesministerium des Innern seinerzeit vorgenommenen Kollage der Entwicklungspläne und -programme der Länder auf keine große Divergenz in der Aussage geschlossen werden könne. Sicherlich ist richtig, wenn er feststellt, daß die bisherige Konzeption der Entwicklungsachsen noch unzulänglich sei. Daß aber die Entwicklungsachsen zum Teil an den Ländergrenzen enden, belegt nicht nur die Unzulänglichkeit der bisherigen Konzeption, sondern auch die Divergenzen. Gleichwohl wird es insbesondere noch erheblicher Bemühungen um einen Ausbau der Konzeption der Entwicklungsachsen — auch seitens der Geographie — bedürfen. Insofern ist auch die von Herrn KLUCZKA an Herrn HOTTES gerichtete Anforderung, am Anfang seines Referates hätte eine konkrete Definition auch zu den Entwicklungsachsen stehen müssen, nur insoweit relevant, als angesichts der Auffassungsunterschiede einzelner Autoren wie auch in Programmen und Plänen der Länder dies zum gegenwärtigen Zeitpunkt nur *eine* Definition (von verschiedenen möglichen) hätte sein können.

Es werden aber auch noch manche Bemühungen zu einer Vereinheitlichung der Planzeichen erforderlich sein, auf die Herr REINERS hingewiesen hat (Arbeitsgruppe „Planzeichen" des Ausschusses für Strukturfragen der Ministerkonferenz für Raumordnung). Die bestehenden Unterschiede und Schwierigkeiten, die es zu beseitigen gilt, werden noch deutlicher, wenn man an eine Vereinheitlichung im Rahmen internationaler Zusammenarbeit denkt. Auch hier sind entsprechende Bestrebungen im Gange, u. a. in einer Arbeitsgruppe für „Zusammenarbeit auf dem Gebiet der kartographischen Grundlagen für die Raumordnung" des Komitees der Hohen Beamten der Europäischen Raumordnungs-Ministerkonferenz.

Prof. Dr. Dr. K. Hottes (Bochum)

Die Kürze der verfügbaren Zeit ließ nicht Zeit für die umfassendere Erörterung vieler Probleme. So wurde eine Definition der Ansprüche an den Freiraum, wie sie Herr DUCKWITZ mit Recht fordert, nur aus den bestehenden Plänen heraus gegeben. Entweder sind diese Räume — wie in Nordrhein-Westfalen — in älteren auf ein zentralörtliches Organisationsschema zurückgehenden Gebietsentwicklungsplänen festgeschrieben, die freilich im Verhältnis zu den Achsensystemen einer Überarbeitung bedürfen, oder sie werden heute vage als „ländliche Räume" Naherholungsräume definiert. Der Forderung nach integrierter Raumplanung möchte ich — wie auch zu Ende meines Referats geschehen — voll beipflichten!

Die Achsen wurden — wie Herr VETTER vermutet — aus der Karte des Landesentwicklungsplanes II — Nordrhein-Westfalen ausgemessen. Es sollte damit gezeigt werden, daß die von den gewählten Darstellungsmethoden ausgehende optische Wirkung eigentlich irreführend ist, indem sie netzbandartige Planungsräume vorgibt, die nicht vorhanden und im Ganzen (viele Achsen 2. und 3. Ordnung, Achsen 1. Ordnung südlich von Mechernich/Veytal) auch längerfristig nicht ausgestattet werden können. Für die Bewohner werden, wenn man die Abgrenzungsstriche nicht näher erläutert, Investitionsgrenzen gesetzt, die z. B. zu ungerechtfertigten Grundstücksspekulationen führen können. Dabei darf Nordrhein-Westfalen noch bescheinigt werden, daß es mit der Breite der Bänder, im Gegensatz zur Darstellungsweise einiger anderer Bundesländer, noch relativ sparsam umgegangen ist.

Die Bleistiftskizze wird der Veröffentlichung beigegeben; wichtig erscheint mir, daß die Achsensysteme aus Achsenabschnitten bestehen, die von unterschiedlichem Typ sind, worüber hier nicht mehr gesprochen werden konnte . . ., und daß sie in Zwischen- und Randgebieten zu Verkehrsachsen — besser Verkehrslinien — als den notwendigen regionalen und überregionalen Verbindungslinien „schrumpfen" können.

Ich freue mich, daß Herr RITTER mit mir darin übereinstimmt, daß es rein verkehrsbezogene Achsen über große Distanzen nicht gibt. Selbstverständlich ist eine solche Innenbänderung ideal-typisch. In jedem Fall wird eine Anlagerung der schweren verarbeitenden Industrie in die unmittelbare Nähe leistungsfähiger Massengutverkehrswege erfolgen, wie man planerisch auch bestrebt sein wird, die Bänder in Querrichtung durch Naherholungsflächen — Grünzüge — aufzulockern, die — vgl. den gültigen Entwicklungsplan für das Ruhrgebiet — Umweltschutzfunktionen übernehmen können.

Dr. H. Reiners (Mönchengladbach)

Sicherlich falsch ist es, wenn die von den Achsen — unterschiedlicher Wertigkeit — bedeckten Flächen planimetrisch ermittelt und zum Kriterium für den Vergleich mit anderen Ländern innerhalb der BRD und Westeuropas, vielleicht sogar für eine Bewertung hinsichtlich des Umfanges des erfaßten und noch „freien" Landesgebietes herangezogen werden. Demgegenüber werden in dem nordrhein-westfälischen LEPl II „alle Teilräume erfaßt, auch die wirtschaftsschwachen und einseitig strukturierten Gebiete. Auf diese Weise werden die im wechselseitigen Zusammenhang stehenden Erfordernisse der geordneten Verdichtung der Besiedlung, des gezielten Ausbaues der Infrastruktur und der Sicherung des arbeitsleistungsbedingten Leistungsaustausches im gesamten Landesgebiet erstmals in eine in sich schlüssige Konzeption für die künftige Landesentwicklung einbezogen" (LOWINSKI, H., Landesentwicklungsplan II aufgestellt, in: Der Gemeinderat, 24. Jg., H. 4, 1970, S. 93—95). Die kartographische Veranschaulichung dieser landesplanerischen Zielsetzung geschieht durch Entwicklungsachsen und Entwicklungsschwerpunkte, die durch unterschiedlich breite Bänder und verschieden große Kreissignaturen die Mehrstufigkeit versinnbildlichen.

Eine landesplanerische Zielkonzeption erschöpft sich keineswegs in einem einzigen Plan. Dies ist am Beispiel des Landes NW gezeigt worden, indessen nicht umfassend, sondern beschränkt auf die bisher vorliegenden LEPl I und II. Es wurde aber ausgeführt, daß weitere Pläne in Vorbereitung sind. Erwähnt wurden der LEP III — Festlegung von Gebieten mit besonderer Bedeutung für Freiraumfunktionen, IV — Festlegung von Gebieten in der Umgebung von Flughäfen und sonstigen Flugplätzen mit vergleichbaren Auswirkungen, in denen Planungsbeschränkungen zum Schutz der Bevölkerung vor Fluglärm erforderlich sind, V — Festlegung von Gebieten für den Abbau von Lagerstätten. Dazu kommen eine Darstellung der zentralörtlichen Gliederung für das gesamte Landesgebiet sowie die Festlegung von Gebieten für flächenintensive Großvorhaben (einschließlich Standorte für die Energieversorgung), die für die Wirtschaftsstruktur von besonderer Bedeutung sind (vgl. § 35 des Entwurfes eines Gesetzes zur Landesentwicklung (LEPr) vom 16. 5. 1972, Landtagsdrucksache 7/1764). Damit dürfte auch die Grundlage für die Verwirklichung der integrierten Entwicklungsplanung geschaffen sein.

Die verschiedenartigen Beiträge sowohl der Referenten als auch der Teilnehmer an der Diskussion haben erkennen lassen, daß die Auffassungen über Entwicklungsschwerpunkte und -achsen in Theorie und Praxis erheblich auseinandergehen. Eine Vereinheitlichung wäre hier, sofern eine solche angesichts der recht unterschiedlichen sachlichen Voraussetzungen in den einzelnen Bundesländern, beim Bund und in den Nachbarländern überhaupt erreichbar ist, unter Zugrundelegung vergleichbarer Merkmale notwendig.

INTEGRIERTE ENTWICKLUNGSPLANUNG

FORDERUNGEN AN EINE KÜNFTIGE RAUMORDNUNG UND LANDESPLANUNG, DARGESTELLT AM BEISPIEL DES DEUTSCHEN ALPENRAUMES

Mit 4 Abbildungen

Von Walter Danz (München)

Meine Ausführungen lassen sich in den folgenden vier Thesen zusammenfassen:
1. Im deutschen bzw. bayerischen Alpenraum beginnen sich die Lebensbedingungen zunehmend negativ zu verändern.
2. Die Instrumente zur Steuerung der Entwicklung haben bisher weitgehend versagt.
3. Die Entwicklung läßt sich zuverlässig nur steuern durch die Integration des Planungsprozesses bezüglich seiner Organisation und seiner gesamtgesellschaftlichen Strukturen sowie der räumlichen und fachlichen Integration von Sozialsystemen und Ökosystemen.
4. Von einer künftigen Raumordnung und Landesplanung ist die Konzeption einer umfassenden Überlebensstrategie als integrierte Entwicklungsforschung und -planung zu fordern.

Zu These 1: Im bayerischen Alpenraum laufen derzeit u. a. folgende Entwicklungen ab, die durch Statistiken und empirische Forschungen belegt werden können, wobei selbstverständlich z. T. beträchtliche lokale Unterschiede bestehen:[1]
— Die mittelfristige *Bevölkerungsentwicklung* der Jahre 1961—1970 liegt mit einer Zunahme von 6,8 % wesentlich unter dem bayerischen Landesdurchschnitt (10,1 %).
— Die Bevölkerungszunahme wird weniger durch Geburtenüberschuß, als vielmehr durch einen *positiven Wanderungssaldo* verursacht. Die hohe Mobilität in den Fremdenverkehrsgemeinden kommt in erster Linie dadurch zustande, daß vorwiegend jüngere, im Erwerbsleben stehende Personen fortziehen, während ältere, vielfach aus dem Erwerbsleben ausgeschiedene Personen zuziehen *(Überalterung)*.
— Die Gesamtzahl der *Erwerbspersonen* hat sich im bayerischen Alpengebiet von 1961 bis 1970 um 0,4 % vermindert, während sie in Bayern um 4,2 % angestiegen ist. Besonders kritisch erscheint diese Tendenz, weil der im Alpengebiet vorherrschende Dienstleistungssektor sehr personalintensiv ist und eine Zunahme an Leistungen in der Regel nur über eine entsprechende Zunahme an Arbeitskräften erreicht werden kann.

---

[1] Ein Literaturverzeichnis als Beleg für die genannten Sachverhalte findet sich am Schluß der Arbeit. Soweit nicht anders vermerkt, liegt den nachfolgenden Ausführungen das Gebiet der 150 amtlich anerkannten Bergbauerngemeinden des bayerischen Alpenraumes zugrunde. Dieses Gebiet deckt sich in etwa mit dem Raum zwischen der morphologischen Alpengrenze und der österreichischen Landesgrenze.

— Die Zahl der Erwerbspersonen im *produzierenden Gewerbe* hat sich zwischen 1961 und 1970 im bayerischen Alpenraum um 1,2 % erhöht (in Bayern um 9,9 %).
— Der Anteil der Erwerbspersonen in *privaten und öffentlichen Dienstleistungen*, zu denen auch der Fremdenverkehr gehört, hat sich von 42,6 % (1961) auf 50,2 % (1970) erhöht (Bayern: von 33,7 % auf 39,6 %). Danach findet derzeit jede zweite Erwerbsperson des bayerischen Alpengebietes ihre Existenzgrundlage im tertiären Wirtschaftsbereich.
— Seit 1950 hat sich der Bestand an *Wohngebäuden* um jährlich rd. 3 % erhöht, gegenüber einer Wachstumsrate der Wohnbevölkerung von 0,75 %. Gegenüber dem bayerischen Landesdurchschnitt wuchs der Gebäudebestand im bayerischen Alpengebiet prozentual fast doppelt so rasch. Diese Entwicklung hat sich seit 1970 noch beschleunigt, u. a. durch die starke Zunahme der Wochenend- und Ferienhäuser sowie der Zweitwohnungen.
— Damit werden der *Landwirtschaft* die ebenen, maschinell leicht zu bearbeitenden Talböden für Siedlungszwecke entzogen. Es verbleiben ihr vor allem die Hanglagen, die feuchten Streuwiesen und die Almen. Da die Bewirtschaftung der *Almen* nur durch gesunde Talbetriebe gesichert werden kann, muß eine erfolgreiche Sanierung der Almen die Sanierung der Talbetriebe zur Voraussetzung haben.
— Die *Waldentwicklung* ist gekennzeichnet durch die Verdrängung artenreicher Mischbestände und Ersatz durch Fichtenmonokulturen. Ursache dafür ist neben einer in der Vergangenheit auf kurzfristige Gewinnmaximierung ausgerichteten Forstpolitik vor allem der extrem hohe Schalenwildbestand (Verhinderung der Verjüngung des Bergwaldes durch Verbiß der Sämlinge, Fegen und Schälen in den Schonungen).
— *Die Fremdenübernachtungen* haben zwischen 1960 und 1970 um 30 % (Bayern: 38 %) auf rd. 22 Mio. zugenommen. Gegenwärtig entfallen jedoch immer noch 3 von 4 Übernachtungen auf das Sommerhalbjahr. Im Rahmen des *Naherholungsverkehrs* fanden in den letzten Jahren jährlich 5—7 Mio. Tagesausflüge aus dem Raum München ins Alpengebiet statt. Bis zum Jahre 1980 rechnet man mit einer Verdoppelung dieses Wertes.
— Die damit zusammenhängenden *Verkehrsverhältnisse* beeinträchtigen den Erholungswert des bayerischen Alpengebietes inzwischen beträchtlich. Viele Täler und Orte wurden „verkehrsgerecht" ausgebaut. Häufig fehlt aber der Raum für eine Umgehungsstraße, weil zwischen Hangfuß und See- bzw. Flußufer alles zugebaut wurde (z. B. Tegernsee, Schliersee).
— Die *wasserwirtschaftlichen Verhältnisse* haben sich in den letzten Jahrzehnten entscheidend verschlechtert. So haben sich die anthropogen bedingten Erosionsflächen in einigen Einzugsgebieten von Wildbächen verdrei- bis vervierfacht. Die Oberflächenabflüsse der Niederschläge haben sich in einer Reihe von Untersuchungsgebieten bedrohlich erhöht. Ursachen sind der Rückgang der Almwirtschaft, die abnehmende Speicherfähigkeit des denaturierten Waldbodens und vor allem die Vergreisung des Bergwaldes. Folgen sind die Zunahme von Wildbachkatastrophen und der Rückgang gleichmäßiger Quellschüttungen. Darüber hinaus führte die starke Siedlungstätigkeit zu einer kaum mehr unter Kontrolle zu bringenden Verschmutzung der Grund- und Oberflächengewässer. Die Vorfluter werden damit bereits von der Quelle weg stark belastet.
— Die *Luftverschmutzung* hat in den größeren Orten des Alpenvorlandes und in den Alpentälern extrem zugenommen. In Rosenheim wurden von einem Meßwagen des bayerischen Landesamtes für Umweltschutz höhere Schadstoffkonzentrationen

ermittelt als in der City von München. Die föhnbedingten häufigen Inversionswetterlagen führen besonders in den stark besiedelten Alpentälern zu verstärkter Smogbildung (Kfz.-Verkehr und Öl-Hausbrand).
— Eng mit der Luftverschmutzung durch das Auto geht die *Lärmbelästigung* einher. Meßergebnisse wurden bisher nicht veröffentlicht. Entlang der Hauptstraßen in Garmisch-Partenkirchen, Bad Tölz, rund um den Tegernsee, in Schliersee, Ruhpolding, Inzell, Berchtesgaden und Bad Reichenhall dürften sie jedoch kaum geringer ausfallen als in München, Frankfurt oder Kassel.

Diese unvollständige Auswahl von Beispielen mag die zu Beginn aufgestellte These belegen, daß sich die Lebensbedingungen auch in den bayerischen Alpen zunehmend negativ zu verändern begonnen haben.

Zu These 2: Bayern hat erst seit dem Jahre 1970 ein *Landesplanungsgesetz,* das den Rahmen des Raumordnungsgesetzes des Bundes aus dem Jahre 1965 ausfüllt. Mit dem Landesentwicklungsprogramm ist nicht vor 1974 zu rechnen. Regionalpläne werden aller Voraussicht nach nicht vor 1976 zur Verfügung stehen. So konnte der § 1 Abs. 3 BBauG, wonach sich die Bauleitpläne den Zielen der Raumordnung und Landesplanung anzupassen haben, bisher in Bayern nicht rechtsverbindlich vollzogen werden. An diesem Sachverhalt ändern auch eine Reihe von einschlägigen Bekanntmachungen nichts, die zur Beachtung der Erfordernisse der Landesplanung bei der Bauleitplanung im Alpen- und Voralpengebiet aufrufen. Obwohl insbesondere von geographischer Seite (u. a. RUPPERT und MAIER) seit Jahren auf das Problem der Zweitwohnsitze aufmerksam gemacht wurde, haben die politischen Führungsgremien mit dem Einsatz des seit 1970 zur Verfügung stehenden Instrumentariums zu lange gezögert. Dazu kam der überaus großzügige Vollzug des Bundesbaugesetzes durch die Kommunalverwaltungen, insbesondere was Siedlungsvorhaben im Außenbereich betrifft.

Eine Fachplanung verdient demgegenüber der positiven Hervorhebung. Der sog. „Alpenplan" der Obersten Baubehörde im Bayerischen Staatsministerium des Innern sieht vor, die Hochwassergefahren im gesamten Einzugsbereich der Alpenflüsse einzudämmen. Hierzu ist in erster Linie die Ordnung der flächenhaften Bewirtschaftung im Rahmen der Land- und Forstwirtschaft anzustreben. Zusammen mit dem Bayerischen Staatsministerium für Ernährung, Landwirtschaft und Forsten wurde 1969 eine Denkschrift „Schutz dem Bergland-Alpenplan" herausgegeben, in der für die anstehenden Aufgaben ein Investitionsbedarf von annähernd 1 Mrd. DM ausgewiesen wurde. Neben wasserwirtschaftstechnischen Baumaßnahmen werden auch Mittel zur Anhebung der Waldgrenze, zur Verjüngung von Bergwäldern, zur Melioration von Almen und Heimweideflächen, zum Wirtschaftswegebau, zur Ablösung von Waldweiderechten und zur Lawinenverbauung eingesetzt. Der Bund beteiligt sich an diesem für einen Zeitraum von ca. 30 Jahren konzipierten Investitionsprogramm zu etwa der Hälfte.

Zu These 3: Die Entwicklung läßt sich m. E. nur zuverlässig steuern durch die Integration des Planungsprozesses bezüglich seiner Organisation und seiner gesamtgesellschaftlichen Strukturen sowie der räumlichen und fachlichen Integration von Sozialsystemen und Ökosystemen.

Abb. 1 soll die *Integration der Organisation des Planungsprozesses* veranschaulichen. Nach einem Schema, das in Anlehnung an Ausführungen von JANTSCH von mir entworfen wurde, setzt die Relevanz einer Planung bei den Ergebnissen der *Entwick-*

lungsforschung ein. Ohne konkrete und weitgehend gesicherte wissenschaftliche Erkenntnisse erscheint Entwicklungsplanung wenig sinnvoll. Schließlich gibt erst die Kenntnis der Entwicklungstrends und ihre Beurteilung und Bewertung den Anstoß zur Planung (Invention). In der Regel ist das der Fall bei Friktionen zwischen dem bestehenden gesellschaftlichen Wert- und Normensystem und den von der Forschung festgestellten Trends.

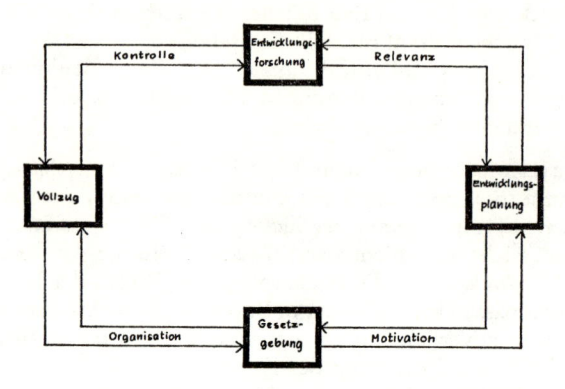

Abb. 1 Integration der Organisation des Planungsprozesses

Bis zur Mitte der 60er Jahre beschränkte sich der Planungsprozeß in Deutschland weitgehend auf ressortbezogene *Gesetzgebung* und ressortbezogenen *Vollzug*. Eine umfassende Planung begann in den Bundesländern erst mit der Verabschiedung der Landesplanungsgesetze, wobei diese Planungen vielfach die Festschreibung bestehender Verhältnisse beinhalteten. Insofern handelte es sich mehr um Anpassungs- als um Entwicklungsplanung. Erst eine deutliche Wertung im Hinblick auf bestimmte Entwicklungsziele und die Setzung von Prioritäten kennzeichnen die *Entwicklungsplanung*, was in den jüngeren Landesentwicklungsprogrammen deutlich zum Ausdruck kommt. Wir stehen heute erst an der Schwelle der Einbeziehung der Entwicklungsforschung in den Planungsprozeß. Das erklärt sich aus der bisher geübten Praxis, die Ziele der Planung aus dem politischen Willensbildungsprozeß ad hoc abzuleiten. Mangels Informationen über die komplexen Zusammenhänge im Raum war das die Zeit der ressortbezogenen Fachplanungen. Mit der zunehmenden Heranziehung von Erkenntnissen der Entwicklungsforschung dürfte auch die Neigung der Politiker zu integrierten Gesamtplanungen wachsen.

Aufgabe der eigentlichen Entwicklungsplanung ist der Systementwurf, also die Formulierung von Entwicklungszielen und von (z. T. alternativen) Wegen zur Erreichung der Ziele. Die Konzeption eines in sich widerspruchsfreien Zielsystems mit echten Chancen der politischen Realisierung ist wohl eine der schwierigsten Aufgaben der Entwicklungsplanung. Sie konnte nur selten zufriedenstellend gelöst werden. Das neu gegründete Alpeninstitut für Umweltforschung und Entwicklungsplanung hat sich durch die Integration von Forschung und Planung der Lösung dieser Aufgabe besonders zugewandt.

Der Kreis in Abb. 1 schließt sich mit der Kontrolle der Vollzugsebene durch die Entwicklungsforschung, also mit der Überprüfung des Grades an Übereinstimmung von Soll- und Istzustand. Die Kontrollfunktion wird aber auch in umgekehrter Richtung wirksam. Nicht alle Systementwürfe sind als Systemkonstruktion vollziehbar, so daß sich letztlich immer ein Kompromiß aus theoretischer Entwicklungsplanung und praktischem Vollzug im Raum niederschlagen wird. Insofern hängen Gesetzgebung, Planung und in gewisser Weise auch die auf Raumgestaltung bezogene Forschung von den Möglichkeiten des Vollzugs ab.

In Abb. 2 ist die *Integration der gesamtgesellschaftlichen Strukturen* des raumrelevanten Planungsprozesses in zwei Dimensionen veranschaulicht. In der vertikalen Dimension hat man nach ATTESLANDER vier Ebenen zu unterscheiden:

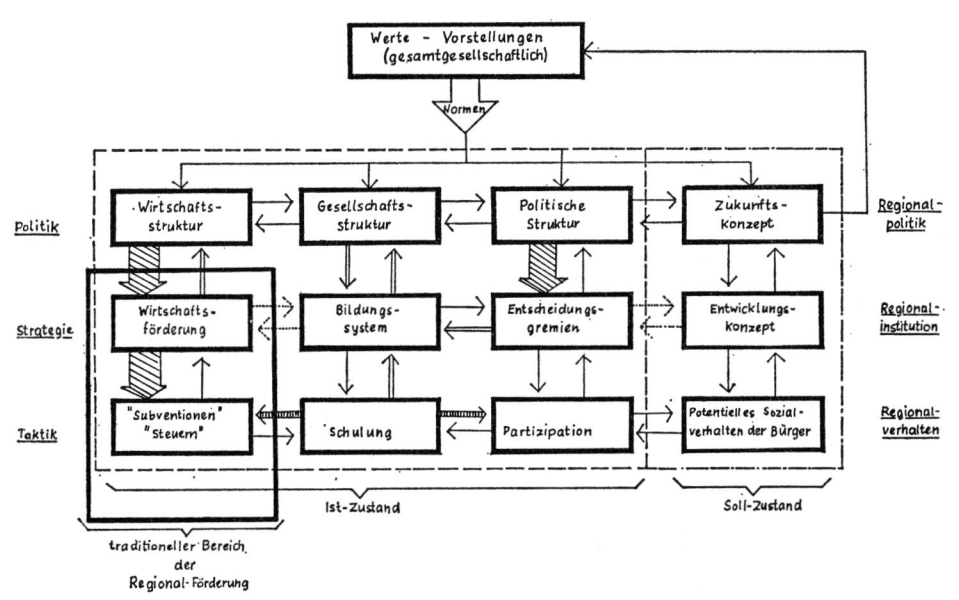

Abb. 2 Integration der gesamtgesellschaftlichen Strukturen des Planungsprozesses
(nach Atteslander)

1. Jegliche Konzeption einer Entwicklungsplanung hängt von gesellschaftlichen Werten und Vorstellungen ab, die sich in bestimmten Normen äußern.
2. Der Planungsprozeß umfaßt wirtschaftliche, soziale und politische Bereiche. Er hat sich an ganz bestimmten Zukunftsvorstellungen zu orientieren („Politik").
3. Auf der Ebene der Strategie sind Konzepte für Wirtschaftsförderung, Bildungs- und Sozialentwicklung, für politische Entscheidungsmechanismen und schließlich integrale Entwicklungskonzepte feststellbar.
4. Auf der taktischen Ebene sind Maßnahmen formulierbar, die wiederum den 4 Bereichen entsprechen. Das effektive Sozialverhalten ist einerseits durch die Bedingungen des Ist-Zustandes und andererseits durch Zielvorstellungen, also durch den Soll-Zustand geprägt.

„Es ist unschwer einzusehen, daß partikulare regionale Entwicklungsmaßnahmen, die unsystematisch und ohne strategische Konzeption erfolgen und ohne Formulierung einer allgemeinen Politik durchgeführt werden, disfunktionale Folgen und offene gesellschaftliche Konflikte ergeben. Regionale Entwicklung ist durch isolierte Maßnahmen langfristig nicht denkbar. Somit ist auch ausschließliche Wirtschaftsförderung als taktische Maßnahme, die nicht von einer entsprechenden Politik im sozialen und politischen Bereiche unterstützt wird bzw. die mit keiner Strategie im Bereiche des Bildungswesens und der Entscheidungsgremien koordiniert ist, langfristig zum Scheitern verurteilt" (ATTESLANDER 1972, S. 15).

Ein grundsätzliches Problem, von dessen Lösung langfristig die Existenz menschlichen Lebens abhängen wird, ist die *Integration von Sozialsystemen und Ökosystemen*. Dabei gilt es zu unterscheiden zwischen der interregionalen und der intraregionalen Integration.

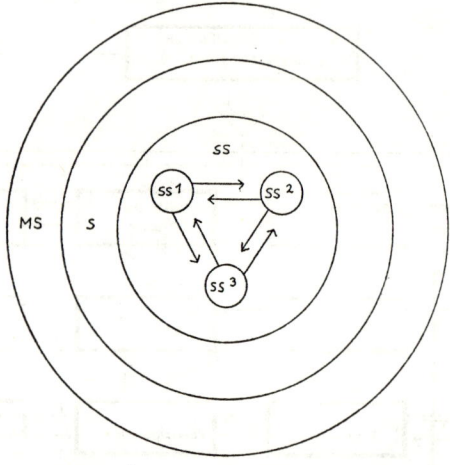

Abb. 3 Räumliche Integration von Öko- und/oder Sozialsystemen (nach Atteslander verändert)
MS = Metasystem = Beziehungen des Systems zu anderen Systemen
S = System   = Öko- oder Sozialsystem
SS = Subsysteme = von der Planung zu integrierende ökologische und/oder soziale Teilsysteme

Abb. 3 zeigt die räumlichen Beziehungen eines Öko- oder Sozialsystems zu anderen Systemen (Metasystem) und zu den einzelnen Teilsystemen, die von der Planung zu integrieren sind. „Wir wissen einerseits über die Wechselwirkungen zwischen System und Metasystem außerordentlich wenig, und zwar sowohl theoretisch wie empirisch. Andererseits wird Planung meistens im Subsystem der „Wirtschaftsförderung" (SS^1) vorangetrieben ohne gleichzeitige Berücksichtigung der Planung im Bildungssystem (SS^2) oder im politischen System (SS^3). Wir wissen ebenfalls theoretisch wie empirisch außerordentlich wenig über die Wechselwirkungen zwischen den einzelnen Subsystemen. Erfolgt nun Planung einseitig im Subsystem „Wirtschaftsförderung" ohne entsprechende parallele Maßnahmen in den übrigen Subsystemen (z. B. im Bildungssystem und im politischen System), so werden disfunktionale Folgen kaum ausbleiben. Trotz dieser Tatsache wird bis heute bei der Förderung regionaler Entwicklung meist einseitig das Subsystem „Wirtschaft" berücksichtigt. Zudem wird übersehen, daß Förderungsmaßnahmen oft nicht aufgrund der systeminternen Bedingungen konzipiert werden, sondern daß man bei den Zielsetzungen vornehmlich Angleichungen an das Metasystem anstrebt. Auf diese Weise ist aber eine Planung innerhalb des Systems „Region" nicht gewährleistet, da in diesem Falle im Sinne des mechanistischen Modells exogene Zielsetzungen als regionale Planungsziele unüberprüft übernommen werden" (ATTESLANDER 1972, S. 13).

Die intraregionale Integration von Sozial- und Ökosystemen zeigt Abb. 4 anhand eines *Regelkreisschemas* im Sinne der Kybernetik. Das Sozialsystem (Regler) wirkt über die Planung (Stellgröße) auf die Strukturen von Wirtschaft, Gesellschaft und Politik (Stellglied) ein. Deren Entscheidungen („Stellen") verändern das Ökosystem (Regelstrecke). Die Reaktion (Regelgröße) des Ökosystems kann durch empirische Untersuchungen (Meßwerk) gemessen werden und fließt über die Kommunikationskanäle an

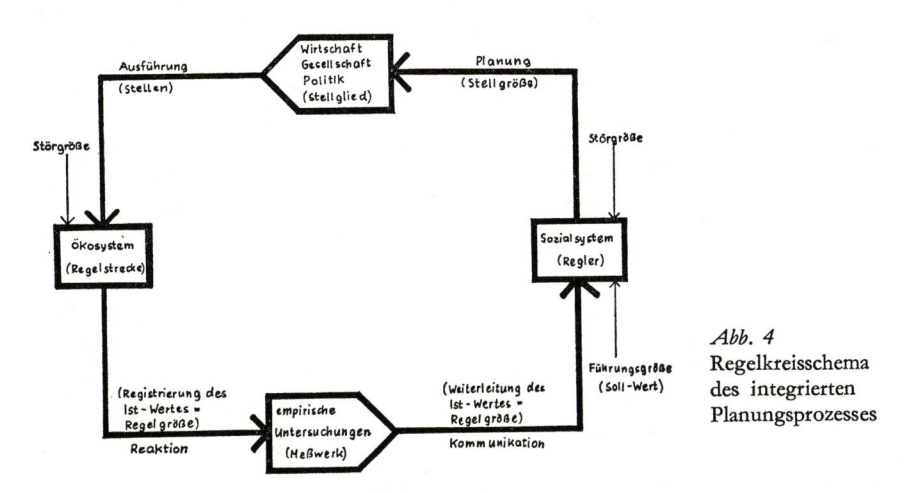

Abb. 4
Regelkreisschema des integrierten Planungsprozesses

das Sozialsystem zurück (Rückkoppelungseffekt). Stimmt der Istwert der Regelgröße nicht mit dem vom Sozialsystem geforderten Sollwert überein, dann wird die Diskrepanz durch Einführung einer neuen Führungsgröße in eine neue Planung vom Sozialsystem als Regler auszugleichen versucht, womit der Kreislauf von neuem beginnt. Zwischen den einzelnen Phasen dieses Kreislaufes liegen zum Teil erhebliche zeitliche Phasenverschiebungen, insbesondere zwischen dem Einwirken auf das Ökosystem und der Reaktion des Sozialsystems auf die veränderten Umweltverhältnisse. Bei den beiden Zustandsvariablen (Sozial- und Ökosystem) sind gewisse systemimmanente Eigengesetzlichkeiten (Störgrößen) zu berücksichtigen, die die Vorwegbestimmbarkeit von Reaktion und Planungsziel erheblich einschränken. Die Isolierung der Störgrößen und das Studium ihrer Wirkungszusammenhänge wird damit zur fundamentalen Voraussetzung für eine sinnvolle Planung.

Die Frage, welche Führungsgröße als Sollwert jeweils vom Sozialsystem in den (geschlossenen) Regelkreis neu eingebracht werden soll, ist die Frage nach den generellen Zielen der Planung. Sie greift bereits stark in das gesellschaftspolitische Wertsystem hinein.

Zu These 4: Als einen Ansatzpunkt für die Neubelebung der „Leitliniendiskussion" (DITTRICH) in der Raumordnung und Landesplanung stelle ich die Forderung nach einer umfassenden und integrierten *Überlebensstrategie für die Zukunft*. Die Formeln der „wertgleichen Lebensbedingungen" und der „ausgewogenen Lebens- und Wirtschaftsbeziehungen" in allen Landesteilen sind Relativbegriffe, die sich aus dem im Grundgesetz verankerten Gleichheitsgrundsatz ableiten. Sie berücksichtigen nicht die Tatsache, daß bei einer stetigen Steigerung des Anspruchsniveaus die begrenzten natürlichen Ressourcen zur Befriedigung dieser Ansprüche nicht mehr ausreichen. Dieser Sachverhalt wurde von HARDIN in anschaulicher Form als „Tragik der Allmende" bezeichnet.

Von einer künftigen Raumordnungspolitik erwarte ich mir Aussagen über die Grenzen des Wachstums von Wirtschaft und Bevölkerung, über die Belastung und Belastbarkeit der einzelnen Landschaftsteile mit abiotischem Inventar. Hier scheint mir die Einführung eines völlig neuen Wertsystems dringend erforderlich, das nicht die Gleichheit der materiellen Lebensbedingungen aller Bürger zum Ziel hat, und damit die Gleichheit, in die kollektive Katastrophe zu steuern. Vielmehr geht es bei der Konzeption einer künftigen Raumordnungspolitik um den Entwurf einer Überlebensstrategie, die sich viel stärker an qualitativen Lebensäußerungen zu orientieren hätte. Der vielzitierte Begriff der „Lebensqualität" beinhaltet nach seinem Autor FORRESTER die Resultierende aus den Komponenten Ernährung, räumliche Bewegungsfreiheit, Umweltverschmutzung und materieller Lebensstandard. Das exponentielle, quantitative Wachstum von Wirtschaft und Bevölkerung hat in manchen Teilen der Welt bereits zu katastrophalen Zuständen geführt, die die so definierte Lebensqualität — auch global gesehen — seit den 60er Jahren sinken lassen.

Noch scheinen wir eine, wenn auch kurz bemessene, Frist zu haben, die Verhältnisse zum Besseren zu wenden. Aufgabe der Raumordnung und Landesplanung sollte es deshalb m. E. sein, die Globalmodelle von FORRESTER und des Club of Rome zur Lage der Menschheit (MEADOWS u. a.) zu regionalisieren. Auf der wissenschaftlichen Grundlage einer Bilanz der verfügbaren Ressourcen (Klima, Wasser, Boden, Energie, Rohstoffe, Vegetation, Freiflächen) und der erkennbaren Ansprüche an die Ressourcen ist eine Konzeption zu erarbeiten, die die langfristige nachhaltige Nutzbarkeit dieser nicht vermehrbaren Ressourcen sicherstellt.

Mit anderen Worten: Das Leben von der Substanz muß wieder zu einem Leben von den Zinsen der nicht vermehrbaren Substanz der natürlichen Lebensgrundlagen umgestaltet werden. Diese Forderung an eine künftige Raumordnung und Landesplanung bedarf für jede Region als räumliche Planungseinheit der Konkretisierung. Da nicht jede Region mit den gleichen Ressourcen ausgestattet ist, müssen auch die Lebens- und Wirtschaftsbedingungen in den einzelnen Regionen unterschiedlich sein. Materielle Schlechterstellungen sind daher besser im Rahmen eines räumlichen Finanzausgleichs zu regeln, als durch die Schaffung standörtlich bedenklicher Wirtschaftsprojekte.

Es läßt sich für den Alpenraum — wie für jeden anderen Raum — ein Katalog von aufeinander abgestimmten Maßnahmen aufstellen, der diesen Forderungen entspricht. Es würde den Rahmen dieser Veranstaltung sprengen, diesen Katalog im einzelnen vorzutragen. Im übrigen bedarf jede dieser Maßnahmen und ihre räumliche Konkretisierung noch einer gründlichen Forschung und Planung. Das Alpeninstitut für Umweltforschung und Entwicklungsplanung wird diese Fragen einer vertieften Bearbeitung zuführen und dabei eng mit den bestehenden Hochschulinstituten, Behörden und Verbänden zusammenarbeiten.

Literatur

ATTESLANDER, P.: Die letzten Tage der Gegenwart. Bern 1971.
— Soziologische Aspekte der Regionalisierung. Vortragsnotizen zur Tagung „Raumplanung in der Alpenregion" im Juni 1972 in Bozen (vervielf.).
Bayerische Staatsregierung: Schutz dem Bergland — Alpenplan — 10-Jahresprogramm Wildbachverbauung — Almen/Alpen in Bayern 1/2, München 1969—1972.

BUCHWALD, K.: Umwelt und Gesellschaft zwischen Wachstum und Gleichgewicht. Raumforschung und Raumordnung 1972/4/5, 147—167.
DANZ, W.: Aspekte einer Raumordnung in den Alpen. WGI — Berichte zur Regionalforschung 1, München 1970.
— Die Integralmelioration als Raumordnungsmaßnahme gegen hochwasserbegünstigende Wirtschaftseingriffe im Alpenbereich. Wasser und Boden 9/1970, 267—270.
— Der Regelkreis „Alpenlandschaft" und das Problem der integrierten Umweltplanung. Symposion „Interpraevent 1971", Villach/Kärnten 1971.
— Die Alpenstadt — Utopie oder Realität? Beilage „zeitgemäße form" der Süddeutschen Zeitung vom 10. 11. 1971.
— Alpine Umwelt. Baumeister 10/1971, 1245—1252.
Deutscher Alpenverein: Umweltschutz — spleen-show-chance? München 1972.
Deutscher Werkbund Bayern: Die Zukunft der Alpenregion. Lage, Tendenzen und Notwendigkeiten. Eine Aktion. München 1972.
DITTRICH, E.: Haben wir eine konkrete raumpolitische Leitlinie? Informationen d. Inst. f. Raumforschung 10/1960, 17.
FORRESTER, J. W.: World Dynamics. Cambridge/Mass. 1971.
— Alternatives to Catastrophe. Ecologist 1971, Vol. 1, 14/15.
— Der teuflische Regelkreis. Stuttgart 1972.
HARDIN, G.: Die Tragik der Allmende. In: Gefährdete Zukunft — Prognosen angloamerikanischer Wissenschaftler, hrsg. v. M. LOHMANN, München 1970, 30—48.
JANTSCH, E.: Perspektives of Planning. OECD-Publications, Paris 1969.
— In die Zukunft vorausschauen. In: Technologie der Zukunft, hrsg. v. R. JUNGK, Berlin 1970.
JOBST, E.: Über die Beziehungen zwischen Land- und Forstwirtschaft im oberbayerischen Bergbauerngebiet. Mitt. aus der Staatsforstverwaltung Bayerns, München 1962.
— Warum Strukturverbesserungen im bayerischen Alpengebiet? Wasser und Boden 9/1970, 264—267.
JOBST, E. und J. KARL: Berglandschaft in Gefahr. Bayerland 1969/10.
KARL, J.: Um die Zukunft der bayerischen Gebirgslandschaft. Allg. Forstzeitschrift 1967, 526—529.
— Die Alpen werden öde und lebensfeindlich — wenn wir nicht handeln. Das Tier 8/1970, 48—51.
— Sanierung Halblechgebiet als Integralmaßnahme im Alpenraum. Garten und Landschaft 1/1972, 18—20.
KARL J. und W. DANZ: Der Einfluß des Menschen auf die Erosion im Bergland. Schriftenreihe d. Bayer. Landesstelle für Gewässerkunde 1, München 1969.
MEADOWS, D. u. a.: Die Grenzen des Wachstums. Bericht des Club of Rome zur Lage der Menschheit. Stuttgart 1972.
MEISTER, G.: Ziele und Ergebnisse forstlicher Planung im oberbayerischen Hochgebirge. Forstwiss. Centralblatt 2 und 4/1969.
— Der Wald in Oberbayern als sozialpolitische Aufgabe. Allg. Forstzeitschrift 16/1970, 342—343.
— Wald—Wild—Wasser. Bayernland 3/1971, 7—13.
— Wald—Wild—Almwirtschaft in Oberbayern. Allg. Forstzeitschrift 14/1972, 239—241.
— Forstwirtschaft — Teil des Umweltschutzes im Hochgebirge. Unser Wald 3/1972, 77—80.
MEISTER, G. und W. DANZ: Das Achental-Modell. Zielvorstellungen zur Sicherung einer Kulturlandschaft. Bayerland 4/1973.
RUPPERT, K. und J. MAIER: Der Münchner Naherholungsraum. Raumforschung und Landesplanung, Beiträge zur regionalen Aufbauplanung in Bayern, München 1969.
— Der Zweitwohnsitz im Freizeitraum — raumrelevanter Teilaspekt einer Geographie des Freizeitverhaltens. Informationen des Instituts für Raumordnung 6/1971, 135—137.
SCHMUCKER, L.: Bedeutung der Berg- und Seilbahnen für Fremdenverkehr, Raumordnung und Umweltschutz. Verkehr und Technik 12/1972, 517—521.
STREIBL, M.: „Erholungsraum Alpen" — eine Sofortmaßnahme für die Neuordnung des Alpenraumes. Garten und Landschaft 1/1972.
WICHMANN, H. (Hrsg.): Die Zukunft der Alpenregion? Fakten, Tendenzen, Notwendigkeiten. München 1972.

ZIELKONFLIKTE ZWISCHEN DER FORDERUNG INTEGRIERTER ENTWICKLUNGSPLANUNG UND DER ANWENDUNG DES PUNKT-ACHSIALEN PRINZIPS DER SIEDLUNGSENTWICKLUNG

Von Hans-Gottfried v. Rohr (Hamburg)

1. BEGRIFFE

Bereits in der Formulierung des Themas sind zwei Begriffe enthalten, die in der Raumplanung erst relativ kurze Zeit verwendet werden:
— integrierte Entwicklungsplanung
— punkt-achsiales Prinzip.

Es kann noch keineswegs unterstellt werden, daß diese Begriffe überall gleich verstanden werden. Von einer einheitlichen „Sprachregelung" kann im Gegenteil keine Rede sein.

Es ist deshalb unumgänglich, den folgenden Ausführungen Definitionen der Begriffe „integrierte Entwicklungsplanung" und „punkt-achsiales Prinzip" voranzustellen. Dies geschieht nicht, um auf bestimmten Formulierungen zu bestehen. Es geht lediglich darum, die hinter den verwendeten Begriffen stehenden Zusammenhänge zumindest für dieses Referat zu bezeichnen und deutlich einzugrenzen. Deshalb bitte ich, die folgenden Ausführungen zu den Begriffen nur so zu verstehen, daß sie primär Voraussetzung, nicht Gegenstand der Diskussion sind.

Die beiden genannten Begriffe gehören zum Vokabular, das im Rahmen einer neuen Phase der Planungsentwicklung und vor allem des Planungsverständnisses geprägt worden ist (vgl. Wagener, 1972, S. 24 f.). Diese Phase begann in der zweiten Hälfte der sechziger Jahre. Sie ist durch eine erheblich größere Unvoreingenommenheit — um nicht zu sagen: positive Voreingenommenheit — gegenüber jeglicher Planung gekennzeichnet. Die Flut der Pläne und Programme der letzten Jahre — ob raumbezogen oder nicht — ist dafür ein deutliches Zeichen.

Der Begriff „integrierte Entwicklungsplanung" enthält teilweise bereits eine Reaktion auf diese Pläneflut. Grundsätzlich ist „integrierte Entwicklungsplanung" die Bezeichnung für eine Raumentwicklungsstrategie. Zur Charakterisierung läßt sie sich in zwei Ansätze auflösen.

Der erste Ansatz betrifft das „Wie" dieser Strategie, wie es in der Formulierung „*Entwicklungs*planung" zum Ausdruck kommt. Berücksichtigt man die Erfahrungen der letzten 20 Jahre, so zeigt sich, daß allein passives Ordnen der Entwicklung in Gemeinden und Regionen nicht ausreicht. Es ist vielmehr notwendig, aktiv Impulse zu setzen, z. B. Vorleistungen vor allem im Infrastrukturbereich zu erbringen, um zielgerechte Entwicklungen einzuleiten oder zu verstärken, also von staatlicher Seite her „entwickelnd" einzugreifen.

Der zweite Ansatz betrifft das „Womit" der Strategie, indem von „*integrierter*" Planung die Rede ist. Das setzt voraus, daß bisher eine desintegrierte Planung existiert hat. Dies ist in der Tat in mehrfacher Hinsicht der Fall: Insbesondere die raumrelevante Investitionsplanung und -realisierung wird — in den meisten Bundesländern bis heute — von verschiedenen Ebenen der Verwaltungshierarchie mit unterschiedlichen oder gar nicht fixierten zeitlichen Planungshorizonten und abweichenden, manchmal konträren räumlichen Präferenzen betrieben. Dies führt zum vielzitierten Gießkanneneffekt, der die räumliche Verteilung der Investitionen eher vom Zufall als von Landesentwicklungszielen abhängig machte (vgl. JOCHIMSEN u. a., 1971, S. 32/33).

Integrierte Entwicklungsplanung will demgegenüber die
— räumliche Konzentration,
— fachliche Koordination und
— zeitliche Synchronisierung

der raumrelevanten öffentlichen Investitionen aller Ebenen der Planung und des Vollzugs. Dies führt u. a. — und das interessiert hier besonders — zu einer generellen Einschränkung der Entwicklungsansatzpunkte sowie zu einer etappenweisen Realisierung langfristiger Zielvorstellungen unter Beachtung von Entwicklungsprioritäten:

These 1: Unter integrierter Entwicklungsplanung ist die Konzentration aller Raumentwicklungsbemühungen unter fachlichen, zeitlichen und räumlichen Gesichtspunkten zur zielgerechten Steuerung von räumlichen Entwicklungsprozessen zu verstehen.

Hier ist anzumerken, daß vielfach bereits unter „Entwicklungsplanung" ein Vorgehen verstanden wird, das den Integrationsaspekt voll umfaßt. Die Möglichkeiten einer Entwicklungsplanung im aufgezeigten Sinne sind unmittelbar von der Integration aller Entwicklungsziele und -vorhaben abhängig (vgl. Raumplanung — Entwicklungsplanung, Hannover 1972).

Der zweite einleitend genannte Begriff — punkt-achsiales Prinzip — soll nach ISTEL (1971, S. 20) erstmals im Rahmen der Vorüberlegungen zum Landesentwicklungsprogramm Nordrhein-Westfalen aus dem Jahre 1964 verwendet worden sein. Er beinhaltet eine räumliche Leitvorstellung zur Entwicklung regionaler Siedlungsstrukturen. In diesem Referat wird dabei strikt auf den Maßstab der Gemeindeebene, also derjenigen Ebene abgestellt, wo die konkrete Verwirklichung raumordnerischer Ziele stattfindet. Die genannte Leitvorstellung entspricht grundsätzlich der Strategie der integrierten Entwicklungsplanung. Zwar herrscht in bezug auf Punkte und Achsen bzw. Linien der Entwicklung eine weitgehende Sprachverwirrung ohne anerkannte Definitionen, so daß dem von ISTEL erweckten Eindruck relativ einheitlicher Vorstellungen (1971, S. 101 ff.) in keiner Weise zugestimmt werden kann. Eine Interpretation der verschiedensten offiziellen Raumentwicklungsvorstellungen auf Landes und Regionalebene zeigt jedoch zumindest dahingehend Übereinstimmung, daß Punkte und Achsen im Sinne einer Beschränkung der zu entwickelnden Strukturen ausgewiesen werden. Es wird davon ausgegangen, daß nicht alle Orte entwickelt werden können, sondern daß dies nur bei ausgewählten Siedlungen möglich ist, die über ihre funktionale Verflechtung mit der Umgebung Entwicklungsimpulse an eine Fläche weitergeben können.

Über Größenordnung, Ausstattung und Funktionen von Punkten und Achsen der Regionalentwicklung bestehen im einzelnen große Auffassungsunterschiede. Einig ist man sich jedoch darin, daß die mit der integrierten Entwicklungsplanung angesteuerte zielgerechte Landesentwicklung nur über eine räumlich-selektive Entwicklung im obigen Sinne verwirklicht werden kann:

These 2: Das Konzept der punkt-achsialen Siedlungsentwicklung ist im Prinzip direkt aus der Forderung integrierter Entwicklungsplanung ableitbar.

2. DER GRUNDLEGENDE ZIELKONFLIKT

Nach dieser Feststellung erhebt sich die Frage, wo die Zielkonflikte im Sinne des Themas liegen. Die Antwort lautet: Sie liegen nicht im Grundsatz, sondern in der *Anwendung* des Grundsatzes der punkt-achsialen Siedlungsentwicklung.

Mittlerweile haben sich alle Bundesländer in den zur Zeit gültigen Plänen und Programmen der Landes- und Regionalentwicklung dazu bekannt, bestimmte Punkte, teilweise an Leitlinien der Bevölkerungs- und Wirtschaftsentwicklung vorrangig zu fördern. Im folgenden werden diese Punkte und Linien als „Entwicklungsschwerpunkte" und „Entwicklungsachsen" bezeichnet. Damit soll weder verschwiegen werden, daß einige Bundesländer andere Begriffe verwenden, noch soll über den im einzelnen unterschiedlichen Begriffsinhalt hinweggegangen werden. Die Verwendung der genannten Begriffe für die Vorstellungen aller Bundesländer ist nur auf der Basis des kleinsten gemeinsamen Nenners berechtigt: Punkte und in einigen Fällen Achsen als Elemente räumlich-selektiver Siedlungsentwicklung. Nur darauf beziehen sich auch die weiteren Ausführungen.

Geht man von den Grundsätzen der integrierten Entwicklungsplanung aus und stellt sie dem punkt-achsialen Prinzip in seiner Anwendung in den derzeit gültigen Plänen und Programmen der Raumentwicklung gegenüber, so zeigt sich:

These 3: Der Grundwiderspruch im Sinne des Themas ergibt sich daraus, daß die Ausweisungen von Entwicklungsschwerpunkten und -achsen vielfach zu zahlreich erfolgen, als daß eine wirksame Steuerung regionaler Entwicklungsprozesse ermöglicht würde.

In der Feststellung des „zu zahlreich" sind zwei grundverschiedene Ansatzpunkte enthalten:

a) In *langfristig* gültigen Plänen oder Programmen, die also letztlich Zielvorstellungen zur ausgeglichenen Raumstruktur enthalten, werden zu viele zu entwickelnde Schwerpunkte oder Achsen ausgewiesen.

b) In den Raumentwicklunsplänen, die der derzeitigen Investitionstätigkeit und Förderpolitik der öffentlichen Hand zugrunde liegen, die also dementsprechend auch *mittelfristig* relevante Zielvorstellungen enthalten, wird zuviel gleichzeitig angepackt. Dies ist schon allein damit zu verdeutlichen, daß die Raumentwicklungspläne mit mittelfristigen und mit langfristigen Aussagen in den Bundesländern in der Regel identisch sind.

Im folgenden werden der langfristige und der mittelfristige Aspekt nacheinander abgehandelt.

3. ENTWICKLUNGSACHSEN IN LANGFRISTIGER SICHT

Beim langfristigen Aspekt ist die Behandlung von Entwicklungsachsen und Entwicklungsschwerpunkten zu unterscheiden. Bei den Entwicklungsachsen im hier vertretenen Sinne taucht erneut das Problem divergierender Begriffsauffassungen auf. Bei aller Unterschiedlichkeit lassen sich aus Gesetzen, Plänen und Programmen der Länder jedoch zwei Kategorien von Achsen ableiten:

Kategorie A: Entwicklungsschwerpunkte werden durch Achsen im Sinne von gebündelten Verkehrsinfrastrukturen verbunden. Gemeinden an oder auf Achsen sind genauso zu behandeln wie abseits gelegene Gemeinden, es sei denn, sie sind als Schwerpunkte der staatlichen Entwicklungspolitik — in welcher Bezeichnung auch immer — ausgewiesen.

Dies ist in Baden-Württemberg (für den ländlichen Raum), in der gemeinsamen Landesplanungsarbeit Hamburg/Niedersachsen, die das südliche Hamburger Umland betreut, sowie in Hessen, Nordrhein-Westfalen und Rheinland-Pfalz der Fall.

Kategorie B: Es sind ebenfalls Schwerpunkte und Achsen, die diese verbinden, ausgewiesen. Über die Schwerpunkte hinaus wird jedoch auch den anderen auf der Achse liegenden Gemeinden eine Entwicklung zugebilligt, die über die der Gemeinden abseits von Achsen hinausgehen kann. Auf diesem Standpunkt stehen Baden-Württemberg (für Verdichtungsrandzonen u. ä.), Bayern und der Gemeinsame Landesplanungsrat Hamburg/Schleswig-Holstein für das Hamburger Umland nördlich der Elbe.

Man kann sich auf den Standpunkt stellen, daß überhaupt nur die zweite Auffassung die Anwendung des Begriffes „Entwicklungsachse" sinnvoll erscheinen läßt. In jedem Falle ist nur die zweite Auffassung im Rahmen dieser Ausführungen von Interesse, worin die gezielte Steuerung der Siedlungstätigkeit im Mittelpunkt steht.

Entwicklungsachsen der Kategorie B sind in Baden-Württemberg und im nördlichen Hamburger Umland ausgewiesen worden, um durch ihren Ausbau den Problemen im Randbereich und im Umland expandierender Großstädte entgegenzutreten. In Bayern sind sie zusätzlich „zur Förderung entwicklungsbedürftiger Gebiete" (BayLPlG Art. 2 Abs. 4) vorgesehen. In Anbetracht dieser Aufgaben der Entwicklungsachsen, wobei sich auch die folgenden Ausführungen nur auf die Kategorie B beziehen, ist festzustellen:

These 4: In Räumen mit Tendenz zu großräumiger, flächenhafter Siedlungsentwicklung kann es sinnvoll sein, Entwicklungsachsen auszuweisen, sofern der Siedlungsdruck eine Beschränkung auf einzelne Entwicklungsschwerpunkte nicht zuläßt. In Räumen mit Tendenz zur Verringerung des Entwicklungspotentials oder entsprechender Gefahr und damit zur Verringerung von Investitionsanreizen steht jedoch eine Ausweisung von Entwicklungsachsen im Gegensatz zu den Grundsätzen der integrierten Entwicklungsplanung.

Die erste Aussage der These 4 — Entwicklungsachsen eingesetzt gegen Entwicklungsdruck — läßt sich z. B. mit den Erfahrungen im nördlichen Hamburger Umland erhärten. Es wäre dort unrealistisch gewesen, die sich vielfach ringförmig ausbreitende Besiedelung auf einige Siedlungsschwerpunkte beschränken zu wollen. Die Konzentration umfangreicherer Siedlungstätigkeit im Verlauf der sogenannten „Aufbauachsen" war zwar keineswegs überall erfolgreich (vgl. GERHARDT, 1972, S. 230 ff.). In der gegebenen Situation sollte die daran anknüpfende Kritik jedoch weniger das Ziel selbst als die Mittel in Frage stellen, mit denen versucht wurde, das Ziel zu erreichen.

In schwer zu entwickelnden Räumen besteht dagegen keine Notwendigkeit, Entwicklungsachsen der zweiten Kategorie festzulegen. Selbst größere Entwicklungsschwerpunkte können im Gegenteil nur unter konzentriertem Einsatz öffentlicher Mittel so attraktiv gemacht werden, daß der Gefahr einer Verringerung des Entwicklungspotentials dauerhaft entgegengetreten werden kann. Wenn in dieser Situation neben den Entwicklungsschwerpunkten auch andere Gemeinden auf Achsen berechtigt sind, bevorzugt Gelder der öffentlichen Hand in Anspruch zu nehmen, dann bedeutet dies Zersplitterung der Investitionsmittel und -anreize: Die Gießkanne ist nicht ausrangiert, sondern nur in ein neues Modell umgetauscht worden.

4. ENTWICKLUNGSSCHWERPUNKTE IN LANGFRISTIGER SICHT

Als nächstes ist auf die „Punkte" des punkt-achsialen Prinzips — weiterhin in langfristiger Sicht — einzugehen. Gemäß den Grundsätzen dieses Prinzips und der integrierten Entwicklungsplanung handelt es sich dabei also um Orte, auf die die Bevölkerungs- und Wirtschaftsentwicklung schwerpunktmäßig zu konzentrieren ist, um die Ziele der Landes- und Regionalentwicklung erreichen zu helfen. Es wurde bereits darauf hingewiesen, daß die so verstandenen Entwicklungsschwerpunkte bei den einzelnen Bundesländern verschieden bezeichnet werden. Auch in bezug auf die angemessene Mindestgrößenordnung der Entwicklungsschwerpunkte, die im dargestellten Sinne wirken sollen, herrscht Uneinigkeit.

In den meisten Bundesländern sind generell Mittelzentren bzw. die dieser Größenordnung entsprechenden Orte, in einigen Ländern auch kleinere Orte noch als Entwicklungsschwerpunkte vorgesehen.

Demgegenüber wird in der Raumforschung und Raumordnungspolitik heute vielfach davon ausgegangen, daß ein Entwicklungsschwerpunkt mit zukünftig weniger als 40 000 Einwohnern in seinem Versorgungsbereich im Sinne der integrierten Entwicklungsplanung langfristig nicht entwicklungsfähig ist (vgl. Beirat für Raumordnung, Empfehlung zum Zielsystem . . ., Punkte 4.2, 4.3; Thesen zur Raumordnungspolitik der SPD, These 6). Es ist dabei selbstverständlich, daß die Zahl 40 000 nur eine Größenordnung angibt und nicht um ihrer selbst, sondern um des Entwicklungspotentials willen gilt, das 40 000 Einwohner in der Regel repräsentieren (vgl. KLOTEN u. a., 1970). Es wird jedoch deutlich, daß selbst bei optimistischer Beurteilung der Zukunft schwer zu entwickelnder ländlicher Räume keineswegs alle zur Zeit ausgewiesenen Entwicklungsschwerpunkte die genannte Größenordnung werden erreichen können.

Dies soll nicht bedeuten, daß die Zahl der von den Ländern bezeichneten Zentralen Orte, vor allem der Mittelzentren, als zu hoch anzusehen ist. Die meisten Bundesländer beziehen sich bei der Ausweisung Zentraler Orte nach wie vor auf Christaller und betrachten dementsprechend primär die Versorgungsfunktion der Orte in bezug auf zentrale Dienste für den zuzuordnenden Versorgungsbereich als ausschlaggebend. Entwicklungsschwerpunkten kommt darüber hinaus die grundlegende raumordnungspolitische Aufgabe zu, zum Abbau regionaler Entwicklungsungleichgewichte beizutragen. Dies ist über den bevölkerungsadäquaten Ausbau zentraler Dienstleistungsangebote, also ausschließlich folgeleistungsorientierter Wirtschaftszweige, kaum möglich. Ansatzpunkt dazu ist vielmehr, über die konzentrierte Bereitstellung von Arbeitsplätzen bzw. deren Förderung einen Arbeitsmarkt ausreichender Größe zu schaffen und die Attraktivität des Entwicklungsschwerpunktes — in bezug auf Konsum *und* Investitionen — so zu steigern, daß Selbstverstärkungseffekte wirksam werden können (vgl. HELLBERG, 1972, S. 60 ff.).

These 5: Entwicklungsschwerpunkte im Sinne der integrierten Entwicklungsplanung sind nicht grundsätzlich mit Zentralen Orten einer bestimmten Stufe gleichzusetzen. Dies gilt insbesondere für schwer zu entwickelnde ländliche Räume, wo nur ein Teil der Mittelzentren wird in die

Lage versetzt werden können, mindestens 40 000 Einwohner im Versorgungsbereich zu erreichen.

Nur Hessen und Niedersachsen haben in ihren Raumentwicklungsplänen in diesem Sinne zwischen Entwicklungsschwerpunkten und Zentralen Orten unterschieden. Die schwerpunktmäßige Förderung des Bevölkerungs- und Wirtschaftswachstums ist in Hessen den „gewerblichen Entwicklungsschwerpunkten" (Gr. Hessenplan 1970, S. 14 f.) und in Niedersachsen den „Schwerpunkträumen" bzw. den „in der Entwicklung befindlichen Schwerpunkträumen" (Landesraumordnungsprogramm 1969/71, S. VI/1) vorbehalten. Sowohl in Hessen als auch in Niedersachsen steht diesen Schwerpunkten eine große Zahl von Mittelzentren ohne zusätzliche Funktionen gegenüber.

5. DER MITTELFRISTIGE ASPEKT

Jedoch nicht nur bei langfristigen Zielvorstellungen, auch bei der Auflösung dieser Zielvorstellungen in mittelfristige Etappenziele tauchen Zielkonflikte im Sinne des Themas auf. Dabei ist davon auszugehen, daß nur ein räumliches „Nacheinander" der Investitionstätigkeit, nur das Setzen von Entwicklungsprioritäten Erfolg erwarten lassen kann:

Integrierte Entwicklungsplanung fordert nicht nur eine räumliche Konzentration, sondern auch eine zeitliche Abstimmung der Entwicklungsbemühungen. Unter der Voraussetzung knapper Mittel bedeutet dies, daß die ausgewählten räumlichen Schwerpunkte der Entwicklungsförderung durch neue abgelöst werden, sobald ausreichende Entwicklungserfolge erzielt worden sind. Dieses Prinzip wird in der regionalen Wirtschaftsförderung schon seit einigen Jahren gehandhabt (vgl. Gesetz über die Gemeinschaftsaufgabe „Verbesserung der regionalen Wirtschaftsstruktur" 1969, § 4 (2)). In diesem Punkt liegt eine weitere wesentliche Abweichung zwischen den Grundsätzen der integrierten Entwicklungsplanung und der Anwendung des punktachsialen Prinzips der Siedlungsentwicklung: Entwicklungsschwerpunkte und Entwicklungsachsen sind bisher fast nur in Konzepte bzw. Programme ohne konkrete zeitliche Befristung umgesetzt worden, also ohne daß zeitliche Entwicklungsprioritäten angegeben sind. Gerade diese Prioritäten sind notwendig, um die täglich vonstatten gehende, mittelfristig zu planende Investitionstätigkeit der öffentlichen Hand im Sinne der Ziele der Raumentwicklung wirksam werden zu lassen:

These 6: Es widerspricht den Grundsätzen der integrierten Entwicklungsplanung, eine langfristig gültige Raumentwicklungskonzeption der auch mittelfristig wirksamen Raumentwicklungspolitik unmodifiziert zugrunde zu legen. Bei knappen staatlichen Mitteln fehlt damit eine wesentliche Voraussetzung der integrierten Entwicklungsplanung.

6. ZUSAMMENFASSUNG

Die aufgezeigten Probleme gelten keineswegs nur für ländliche Räume. Vor allem der zuletzt angeschnittene Aspekt der räumlichen Entwicklungsprioritäten gilt genauso z. B. für das Umland expandierender großstädtischer Verdichtungsräume. In schwer zu entwickelnden ländlichen Räumen häufen sich jedoch die behandelten Schwierigkeiten. Die integrierte Entwicklungsplanung enthält letztlich die Forderung, daß um so weniger Schwerpunkte der Entwicklung gleichzeitig zu fördern

sind, je geringer die Entwicklungschancen und je schlechter das Verhältnis von einsetzbaren Mitteln zu den Entwicklungserfordernissen sind. Indem
— Entwicklungsachsen der Kategorie B vielfach auch dort ausgewiesen werden, wo keine raumordnungspolitische Notwendigkeit besteht,
— Entwicklungsschwerpunkte in so großer Zahl ausgewiesen werden, daß langfristig das zu einer sich selbst tragenden Entwicklung notwendige Potential nicht überall garantiert werden kann,
— Entwicklungsprioritäten zur räumlichen Konzentration der mittelfristig verfügbaren Mittel nur selten gesetzt werden,
wird dieser Forderung nicht entsprochen.

Literatur

1. Veröffentlichungen der Länder

Landesentwicklungsplan *Baden-Württemberg,* Landtagsdrucksache 5400 vom 22. 6. 1971.
Bayerisches Landesplanungsgesetz vom 6. 2. 1970, GVBl. 1970, S. 9 ff.
Landesentwicklung *Bayern* — Zentrale Orte und Nahbereiche in Bayern, München 1972.
Empfehlung der Gemeinsamen Landesplanungsarbeit *Hamburg/Niedersachsen* zur räumlichen Entwicklung in der Fassung vom 8. 5. 1969.
Entschließung des Gemeinsamen Landesplanungsrates *Hamburg/Schleswig-Holstein* über die Entwicklung der an den Endpunkten der Aufbauachsen gelegenen Orte und der zwischen ihnen und Hamburg liegenden Gebiete vom 5. 4. 1956.
Großer *Hessen*plan — Landesentwicklungsplan, 1970.
Niedersächsisches Landesraumordnungsprogramm vom 18. 3. 1969 (geänderte Fassung vom 2. 2. 1971).
Landesentwicklungsplan II, MBl. *Nordrhein-Westfalen,* Ausgabe A, 1970, S. 494 ff.
Landesentwicklungsprogramm *Rheinland-Pfalz,* Mainz 1968.
Raumordnungsprogramm des *Saarlandes* vom 10. 10. 1968, ABl. 1969, S. 37 ff.
Gesetz über die Grundsätze zur Entwicklung des Landes, GVBl. für *Schleswig-Holstein*, 1971, S. 157 ff.

2. Sonstige Veröffentlichungen

Beirat für Raumordnung: Empfehlung zum „Zielsystem für die räumliche Entwicklung der Bundesrepublik Deutschland" vom 28. 10. 1971.
GERHARDT, J.: Positive Bevölkerungsentwicklung im Raum Hamburg, Hamburg in Zahlen 1972, Heft 7, S. 230 ff.
Gesetz über die Gemeinschaftsaufgabe „Verbesserung der regionalen Wirtschaftsstruktur" vom 6. 10. 1969, BGBl. I, S. 1861 ff.
HELLBERG, H.: Zentrale Orte als Entwicklungsschwerpunkte in ländlichen Gebieten. Beiträge zur Stadt- und Regionalforschung, Heft 4, 1972.
ISTEL, W.: Entwicklungsachsen und Entwicklungsschwerpunkte — ein Raumordnungsmodell, München 1971.
JOCHIMSEN, R., KNOBLOCH, P., TREUNER, P.: Gebietsreform und regionale Strukturpolitik — das Beispiel Schleswig-Holstein, Opladen 1971.
KLOTEN, N., ZEHENDER, W., HÖPFNER, K.: Das Größenproblem in der Regionalpolitik, Manuskript, Tübingen 1970.
LANGENHAN, H.: Der Entwurf des Landesentwicklungsplans von Baden-Württemberg, in: Veröffentlichungen der Akademie für Raumforschung und Landesplanung, Forschungs- und Sitzungsberichte, Bd. 56, Hannover 1969, S. 1 ff.

Raumplanung — Entwicklungsplanung, Veröffentlichungen der Akademie für Raumforschung und Landesplanung, Forschungs- und Sitzungsberichte, Bd. 80, Hannover 1972.

Thesen zur Raumordnungspolitik der SPD, Bonn o. J. (1973).

WAGENER, F.: Für ein neues Instrumentarium der öffentlichen Planung, in: Veröffentlichungen der Akademie für Raumforschung und Landesplanung, Forschungs- und Sitzungsberichte, Bd. 80, Hannover 1972, S. 24 ff.

TENDENZEN SIEDLUNGSSTRUKTURELLER VERÄNDERUNGEN IM MANNHEIMER MITTELBEREICH ALS FOLGE RAUMWIRKSAMER STAATSTÄTIGKEIT — POLITISCH-GEOGRAPHISCHE BESTANDSAUFNAHME FÜR DIE STADTENTWICKLUNGSPLANUNG

Von Wolfgang Schultes (Mannheim)

Meine Herren Sitzungsleiter, meine Damen und Herren!
Ich habe zu Ihnen über das Thema „Tendenzen siedlungsstruktureller Veränderungen im Mannheimer Mittelbereich als Folge raumwirksamer Staatstätigkeit" zu sprechen. Ich möchte dieses Thema seinem Schwerpunkt nach konkretisieren mit dem Zusatz „Politisch-geographische Bestandsaufnahme für die Stadtentwicklungsplanung".

1. PLANUNGSWISSENSCHAFTLICHE BERATUNG DER KOMMUNALPOLITIK IM RAHMEN ZIELORIENTIERTER STADTENTWICKLUNGSPLANUNG DURCH DIE GEOGRAPHIE

Die Kommunalpolitik erwartet von der planungswissenschaftlichen Geographie die Bestandsaufnahme derjenigen Entwicklungsprozesse, „. . . . als deren Folgewirkungen offensichtlich soziale Defizite und eine weitgehende Funktionsbeeinträchtigung städtischer Räume zu nennen sind" (J. J. Hesse, 1972[1]), sie erwartet aber auch einen konzeptionellen Beitrag zur Kontrolle und Gestaltung dieser Entwicklungsprozesse, also zur Stadtentwicklungsplanung.

Bei der Bestimmung eines Selbstverständnisses geographischer Stadtentwicklungsplanung findet man sich zunächst konfrontiert mit der etablierten Stadtplanung. Mit Gerd Albers wird man feststellen können: Stadtplanung als „. . . physische Gestaltung städtischer Räume" war bisher im wesentlichen „. . . Mittel der Anpassung der räumlichen Umwelt an einen gesellschaftlichen Prozeß" (G. Albers, 1969[2]).

Stadtentwicklungsplanung als „Summe aller kommunalen Planungsaktivitäten" muß aber mehr leisten als solche „Anpassungsplanung", sie muß allerdings auch mehr leisten als die sogenannte „integrierte Entwicklungsplanung" i. S. bloßer Koordinierung flächenbezogener, finanzieller und personeller Fachplanung, wie sie z. B. von Harald Schulze im Planungsstab beim 1. Bürgermeister der Freien und Hansestadt Hamburg realisiert worden ist (Schulze, H., 1970[3]).

---

[1] Hesse, Joachim Jens: Stadtentwicklungsplanung: Zielfindungsprozesse und Zielvorstellungen. Schriftenreihe des Vereins für Kommunalwissenschaften e. V. Berlin Bd. 38. — Stuttgart, Berlin, Köln, Mainz (1972), S. 11.

[2] Albers, Gerd: Über das Wesen der räumlichen Planung. Versuch einer Standortbestimmung. In: Stadtbauwelt 1969 H. 21. S. 10—14, 12.

[3] Schulze, Harald: Integration von flächenbezogener und finanzieller Planung. Vortrag auf der Tagung „Neue integrierte Systeme der Planung und Budgetierung" in der Universität Freiburg am 18./19. 6. 1970.

Nach Joachim Jens Hesse, der als Mitglied der Projektgruppe Stadtberatung im Kommunalwissenschaftlichen Forschungszentrum Berlin an der Erstellung des „Nürnberg-Planes" teilgenommen hat, soll Stadtentwicklungsplanung vielmehr „... als eine in die Zukunft hinein offene... rationale Strategie begriffen werden", die im Konfliktfall jeweils zu überprüfen ist, neue Lagen berücksichtigt und die Zielvorstellungen selbst wieder von der vorgefundenen Problemsituation her reflektiert.[4]

Ein solcher Begriff von Stadtentwicklungsplanung hat Konsequenzen für das wissenschaftliche Selbstverständnis der mit der Planung beauftragten Planungswissenschaft; ich definiere daher:

Raumplanungswissenschaft ist vorrangig zielfindungs- und entscheidungsorientiert, sie hat emanzipatorisch-didaktische Funktion gegenüber allen Planungsbeteiligten und Planungsbetroffenen; ihr erstes Ziel ist es, Planungsprozesse so offen zu gestalten, daß aus Planungsbetroffenen Planungsbeteiligte werden können. Sie kann sich also nicht allein auf wissenschaftlich-inhaltliche Bestandsaufnahme und Zielplanung beschränken, sie muß vielmehr auch zur „Planung des Planungsprozesses" konzeptionell beitragen.

Die *Raumplanungswissenschaft Anthropogeographie* findet ihre Untersuchungsgebiete in als Umwelt bzw. Lebensraum bewußt erlebbaren Aktionsräumen. Mit den Methoden der empirischen Sozialforschung werden die Beziehungen Mensch—Umwelt erfahrungswissenschaftlich festgestellt; ihre Darstellung dient der besseren Orientierung und zielkonformen Gestaltung in den Aktionsräumen. Abzustellen ist insbesondere auf die als Handlungsvoraussetzungen determinativ-restriktiv wirkenden regionalen Ausstattungssituationen. Für die *Politische Geographie* konkretisiere ich weiter definitorisch:

Die Politische Geographie untersucht und erklärt die existenz- und entwicklungsbegründenden Handlungsvoraussetzungen der Gesellschaft, soweit sie als System raumwirksamer Staatstätigkeit, also als Infrastruktur, Raumqualität schaffen. Soweit die Politische Geographie im örtlichen Bereich die Kommunalpolitik planungswissenschaftlich berät, gilt ihr Schwerpunktinteresse dem Zusammenhang zwischen Infrastrukturausstattung und Territorialstruktur.

Als „Territorialstruktur" bezeichne ich mit Erhard Mäding „... die räumliche Gliederung der öffentlichen Verwaltung"; Merkmale der Territorialstruktur sind:
1. die Zahl der Verwaltungseinheiten,
2. das Gebiet als zugewiesener Wirkungsraum, zugleich Begrenzung der räumlichen Zuständigkeit und
3. die Leistungsfähigkeit der Verwaltungseinheiten zur Aufgabenerfüllung, ihre Verwaltungskraft (E. Mäding, 1968[5]).

Umfang und Effektivität raumwirksamer Staatstätigkeit der kommunalen Körperschaften sind aus dem Vergleich von Verwaltungskraft und Infrastrukturproduktion zu beurteilen; die Territorialstruktur als funktionale Gliederung öffentlicher Aufgaben und Zuweisung zugehöriger Wirkungsräume ist zu messen an Zuständigkeit und Fähigkeit der Funktionsträger, die Siedlungsentwicklung durch entwicklungsplaneri-

---

[4] Hesse, Joachim Jens: a. a. O. S. 34.
[5] Mäding, Erhard: Elemente der Gebietsorganisation. In: Raumordnung und Verwaltungsreform. Tagungsbericht. Mitt. a. d. I. f. Raumordnung H. 64. — Bad Godesberg 1968. S. 48—69, 48 und 56.

sche Vorsorge zu gestalten — die Gemeinde soll, ich zitiere hier weiter ERHARD MÄDING, „... in der Lage sein, ein System der optimalen Infrastruktur zu produzieren und zu tragen".[6]

2. POLITISCH-GEOGRAPHISCHE BESTANDSAUFNAHME FÜR DIE STADTENTWICKLUNGSPLANUNG MANNHEIMS

Nach dem Grundsatz der Allzuständigkeit verwalten die Gemeinden „... in ihrem Gebiet alle öffentlichen Aufgaben allein und unter eigener Verantwortung, soweit die Gesetze nichts anderes bestimmen" — so heißt es in § 2 der Gemeindeordnung für Baden-Württemberg, ähnliche Formulierungen finden sich in allen Gemeindeordnungen in der BRD. Überall wird die Feststellung dieser Allzuständigkeit aber auch mit dem Hinweis auf die kommunale Leistungsfähigkeit relativiert; mit der Formulierung in § 10 der Gemeindeordnung für Baden-Württemberg heißt das: Als „... Produzent der örtlich gebundenen Lebensumstände" (W. RASKE, 1971[7]) schafft „... die Gemeinde ... in den Grenzen ihrer Leistungsfähigkeit die für das wirtschaftliche, soziale und kulturelle Wohl ihrer Einwohner erforderlichen Einrichtungen".

Am Beispiel der Stadt Mannheim und ihres Mittelbereiches soll hier im folgenden dargestellt werden, ob und inwieweit die Leistungsfähigkeit der Verwaltungseinheiten im Verdichtungsraum eingeschränkt ist, ob und inwieweit die Voraussetzungen für eine funktionsfähige Stadtentwicklungsplanung erfüllt sind.

Vorweg kann festgestellt werden: Wesentliche Voraussetzungen für eine am übergeordneten Gesamtrauminteresse orientierte Raumplanung fehlen:
— die Diskrepanz zwischen einheitlichem Lebensraum und zersplittertem Verwaltungs- und Planungsraum wächst,
— das Dotationssystem verfestigt den Stadt-Land-Gegensatz, indem es die Umlandgemeinden tendenziell begünstigt,
— die landesentwicklungsplanerischen Zielsetzungen bleiben weithin gesetzlich fixierte Deklamationen,
— der Zielplanungsentwurf der Landesregierung zur Gemeindereform im Stadt-Umland Mannheims läßt eine Zusammenfassung der regionalen Leistungsfähigkeit nicht erwarten, im Gegenteil: Die Landesregierung schlägt eine neue Verwaltungsebene — den Nachbarschaftsverband — zur „Lösung" des Stadt-Umland-Problems vor, ohne diesem ausreichende Kompetenzen gesetzlich zuweisen zu wollen.
Die Entwicklungsprozesse sind im einzelnen wie folgt zu kennzeichnen.

2.1. DIE DISKREPANZ ZWISCHEN EINHEITLICHEM LEBENSRAUM UND TERRITORIALSTRUKTURBEDINGTEM PLANUNGSRAUM WÄCHST[8]

— Die Abwanderung deutscher Kernstadteinwohner in das z. T. auch baulich mit der Kernstadt zusammenhängende Umland am Kernstadtrand nimmt zu; die auf Mannheim als übergeordnetes Zentrum gerichtete überregionale Zuwanderung

---

[6] a. a. O., S. 61.

[7] RASKE, WINFRIED: Die kommunalen Investitionen in der Bundesrepublik. Struktur — Entwicklung — Bedeutung. Schriftenreihe des Vereins für Kommunalwissenschaften e. V. Berlin Bd. 30. — Stuttgart, Berlin, Köln, Mainz (1971). S. 122.

[8] Vgl. SCHULTES, WOLFGANG: Struktureller Zusammenhang und funktionale Verflechtung im Stadt-Umland Mannheims. In: Mannheimer Aspekte des Stadt-Umland-Problems. Beiträge zur Statistik der Stadt Mannheim H. 70. Hrsg. v. Statistischen Amt. — Mannheim 1973. S. 15—48.

deutscher Einwohner verbleibt im Umland; die sozialschichtgebundene Entmischung der deutschen Wohnbevölkerung der Kernstadt wird durch die kompensatorische Ausländerzuwanderung beschleunigt.[9]
— Das Volumen der Berufspendelwanderung insbesondere aus dem engeren Verflechtungsbereich in die Kernstadt ist erheblich gewachsen; insgesamt ist der arbeitszentrale Einzugsbereich der Kernstadt stabil geblieben, weil auch die arbeitszentrale Verflechtungsintensität (1970 gg. 1961) konstant geblieben ist.
— Die zentralörtliche Inanspruchnahme Mannheims durch das Umland erfolgt vorzugsweise in betriebswirtschaftlich-defizitären Infrastrukturbereichen (weiterführende Schulen, Kultureinrichtungen, Krankenhäuser, öffentlicher Nahverkehr), ohne daß sich die Umlandgemeinden an den von ihnen bewirkten zentralörtlichen Zusatzkosten wirksam beteiligten.
— Die Ausdehnung der bebauten Gemeindefläche nach dem Maximalprinzip, falsche Industriestandorte und zunehmende gewerbliche „Auffüllung" in den Umlandgemeinden des engeren Verflechtungsbereiches sind Zeichen unzureichender Verwaltungskraft oder falsch verstandener Planungshoheit, sie behindern eine sinnvollfunktionale Arbeitsteilung im Kerngebiet des Rhein-Neckar-Verdichtungsraumes. Der scheinbare Entballungsprozeß erweist sich als ringförmig-flächige Verlagerung der Verdichtung an den Kernstadtrand.

2.2. DAS DOTATIONSSYSTEM, ALSO DER KOMMUNALE FINANZAUSGLEICH UND INSBESONDERE DIE GEWÄHRUNG VON INVESTITIONSZUSCHÜSSEN DURCH DAS LAND, BEGÜNSTIGT TENDENZIELL DIE UMLANDGEMEINDEN[10]

Im Rahmen eines von der Akademie für Raumforschung und Landesplanung in Auftrag gegebenen Forschungsvorhabens meines Lehrers KLAUS-ACHIM BOESLER zur „Entwicklung der räumlichen Struktur der Standortqualitäten im Rhein-Neckar-Raum durch raumwirksame Staatstätigkeit" habe ich die Infrastrukturproduktion aller kommunalen Funktionsträger im Mannheimer Mittelbereich für die Rechnungsjahre 1957—69 analysiert;
dabei habe ich festgestellt:
— Gemessen an der Steuerkraftsumme je Einwohner waren erwartungsgemäß die Gemeinden überdurchschnittlich finanzstark, die auch hohe Realsteuerkraft hatten; finanzstark waren auch die Gemeinden, in denen relativ hohe Realsteuerkraft durch Schlüsselzuweisungen ergänzt wurde; bemerkenswert war aber insbesondere, daß die Mehrzahl der Umland-„Wohngemeinden" ihre Realsteuerschwäche, gemessen an ihren Aufgaben, durch Schlüsselzuweisungen weitgehend kompensieren konnte.
— Entsprechend ihrer zentralörtlichen Leistungsverpflichtung hatte die Kernstadt hohe Gesamtausgaben und zugleich hohe zwangsläufige Ausgaben[11], also einen unmittelbar leistungswirksamen Ausgabenschwerpunkt, während die Mehrzahl der Umlandgemeinden bestandswirksamen Ausgabenschwerpunkt bei den Anlageinvestitionen hatte.

[9] Das wirtschaftsgeographische Institut der Universität Bonn (Direktor: Prof. Dr. K. A. BOESLER) untersucht z. Zt. im Auftrag der Stadt Mannheim die „Motive und Ursachen der Stadt-Land-Wanderung im Raum Mannheim"; mit Ergebnissen ist im Frühjahr 1974 zu rechnen.
[10] Vgl. SCHULTES, WOLFGANG: Politisch-geographische Aspekte des Stadt-Umland-Problems im Raum Mannheim-Heidelberg. Ein Beitrag zur empirischen Infrastrukturforschung. — Berlin 1972.
[11] Zu den „zwangsläufigen" Ausgaben rechne ich die Personalausgaben, die Umlagen an übergeordnete Gebietskörperschaften und Dritte, den Schuldendienst sowie die Sachausgaben.

— Die Investitionsfinanzierung war in der Kernstadt deutlich ungünstiger als in den Umlandgemeinden: die insgesamt ungünstigere Zuweisungsposition der Kernstadt gegenüber Bund und Land und der erheblich höhere Darlehensanteil — also der Zwang zu höherer Eigenfinanzierung — lassen den Schluß zu, daß die gleichzeitige Deckung von Infrastrukturbedarf auch bei gleichem Investitionsvolumen wegen der Zinsfolgelasten und der Eigenmittelverknappung „teurer" war als im Umland.
— Vergleichsweise hat die Kernstadt 1957—69 ein erhebliches Mehr an zentraler Versorgungs- und Bandinfrastruktur erstellt (Kraftwerke und öffentlicher Nahverkehr sind als bedeutendste Aufgabenbereiche zu nennen), so daß der Anteil der Erschließungsinfrastrukturproduktion trotz der umfangreichen Umland-Baugebietserschließung in der Kernstadt erheblich höher ist.
Für das Stadt-Umland-Verhältnis ist daher ein deutliches Gefälle bei der Folgeinfrastrukturproduktion charakteristisch, das neben Schulbauten vor allem durch den vermehrten Bau von Spiel-, Sport- und Erholungseinrichtungen bzw. -anlagen im Umland bewirkt worden ist.[12]
— Mit den aus der Kernstadt abgezogenen Steuerkraftspitzen sind rechnerisch die Zweckzuschüsse des Landes für Freizeitinfrastrukturbauten im Umland finanziert worden, ohne daß die Kernstadt zugleich ausreichend von der Zentralortsverpflichtung entlastet und für eigene Freizeitinfrastrukturleistungen freigestellt worden wäre. Diese Begünstigung des Umlandes durch das Land hat die „Einheitlichkeit der Lebensverhältnisse" im Stadt-Umland Mannheims erheblich beeinträchtigt.[13]

2.3 DIE LANDESENTWICKLUNGSPLANERISCHEN ZIELSETZUNGEN BLIEBEN BISHER WEITGEHEND OHNE EINFLUSS AUF DAS GESTALTUNGSHANDELN DER LANDESREGIERUNG

Im Landesentwicklungsplan Baden-Württemberg vom 22. 6. 1971, der durch Gesetz und Verordnung der Landesregierung vom 11. 4. 1972 für verbindlich erklärt worden ist, wird für den „Verdichtungsraum um Mannheim" festgestellt:
— „Es ist zu erwarten und anzustreben . . ., daß sich die Wohn- und Arbeitsstätten und Infrastruktureinrichtungen im Rhein-Neckar-Raum weiter verdichten. Durch Konzentration in Siedlungsschwerpunkten und -bändern und eine sinnvolle räumliche Zuordnung der Flächen für Arbeitsstätten und Wohnungen, der Verkehrs-

---

[12] Zur infrastrukturellen Erschließung rechne ich:
— die Bauflächenerschließung durch Einrichtungen und Anlagen zur Ver- und Entsorgung sowie durch Verkehrswege,
— die verkehrliche Erschließung durch Einrichtung und Betrieb von Verkehrsmitteln für den Innerorts- und Nahverkehr.
Zu den infrastrukturellen Folgebereichen rechne ich Anlagen und Einrichtungen
— der Sicherheit und Ordnung,
— der Bildung und Ausbildung,
— der Kultur und des Gemeinschaftslebens,
— des Sozialen und der Gesundheit,
— des Spiels, des Sports und der Erholung,
sowie sonstige Einrichtungen und Anlagen wie Wasserbauten, Bauhöfe und Friedhöfe.
[13] Vgl. KÜBLER, WALTER: Finanzielle Aspekte des Stadt-Umland-Problems im Raum Mannheim. In: Mannheimer Aspekte des Stadt-Umland-Problems. Beiträge zur Statistik der Stadt Mannheim H. 70. Hrsg. v. Statistischen Amt. — Mannheim 1973. S. 49—54.

und Grünflächen lassen sich in diesem als Werk- und Wohnlandschaft gleichermaßen geeigneten Raum nachteilige Verdichtungsfolgen vermeiden.[14]
— „Durch [seine] Lage in der Rheinachse am Schnittpunkt bedeutender Verkehrslinien und bei [seiner] bisherigen starken Entwicklung, insbesondere auf wirtschaftlichem Gebiet, [hat das Oberzentrum Mannheim] hervorragende Entwicklungsaussichten. Voraussetzung für ihre Verwirklichung ist allerdings, daß neben städtebaulichen Maßnahmen auch Verbesserungen in der Siedlungsstruktur und im Verkehrswesen vorgenommen werden. Einer Zersiedlung und einer weiteren Zersplitterung der Infrastruktureinrichtungen muß entgegengewirkt werden".[15]

Als landesentwicklungsplanerisches Ziel für das Kerngebiet des Rhein-Neckar-Verdichtungsraumes fordert die Landesregierung also hauptsächlich eine weitere Konzentration in der Siedlungsstruktur und die Abwehr weiterer Zersiedlung und Infrastrukturzersplitterung. Als Hauptmaßnahmenbereiche, in denen Voraussetzungen für die Zielverwirklichung erfüllt werden müssen, werden vor dem Hintergrund der „Allgemeinen Grundsätze und Entwicklungsziele" bezeichnet:
1. Entwicklung raumplanerischer Zielvorstellungen für sinnvolle städtebauliche Lösungen, also Stadtentwicklungsplanung,
2. Verbesserung in der Siedlungsstruktur, also Reform der Territorialstruktur, und
3. Verbesserungen im Verkehrswesen, also im wesentlichen Ausbau des öffentlichen Nahverkehrs.

Diese aus der Sicht der Kernstadt begrüßenswerten Ansatzpunkte für eine planvolle Strukturierung des Regierungshandelns gegenüber dem Verdichtungsraum Rhein-Neckar finden im tatsächlichen Regierungshandeln bisher keine durchgreifende Anwendung: Z. B. die Standort- und Kapazitätsplanung im weiterführenden Schulwesen läßt eine zeitgemäße Konzentration leistungsfähiger Einrichtungen in diesem wichtigen Infrastrukturbereich nicht erwarten. Auch bei der kommunalen Gebietsreform steht der von der Landesplanung vorgelegte Zielplanungskartenentwurf im Gegensatz zu den landesplanerisch festgelegten Grundsätzen.

2.4. DER „ENTWURF DER KONZEPTION DER LANDESREGIERUNG ZUR LÖSUNG DES STADT-UMLAND-PROBLEMS" IM RAUM MANNHEIM SIEHT EINE WIRKSAME REFORM DER TERRITORIALSTRUKTUR NICHT VOR

In ihrer Konzeption bezieht sich die Landesregierung ausdrücklich auf die o. a. „Entwicklungsziele der Landesplanung", sie anerkennt die Dringlichkeit einer Lösung des Stadt-Umland-Problems und unterstreicht, daß „... es zur Verwirklichung der raumordnerischen Entwicklungsziele auch wirksamer organisatorischer Maßnahmen [bedarf], wenn die Funktionsfähigkeit dieser Räume ... auf Dauer erhalten und gefördert werden soll".[16]

Als Maßnahme zur Verbesserung der gemeindlichen Verwaltungsstruktur im Stadt-Umland sieht die Landesregierung vor:
1. die Eingliederung von Umlandgemeinden in die Stadt, wenn so enge bauliche und sozio-ökonomische Verflechtungen mit der Stadt bestehen, „... daß die kommunalen Aufgaben in diesem Raum im Blick auf das öffentliche Wohl einheitlich

---

[14] Landesentwicklungsplan Baden-Württemberg vom 22. Juni 1971. Hrsg. vom Innenministerium Baden-Württemberg. — Stuttgart 1972. S. 264.   [15] a. a. O., S. 265.
[16] Innenministerium Baden-Württemberg: Entwurf der Konzeption der Landesregierung zur Lösung des Stadt-Umland-Problems. Vom 30. Januar 1973, S. 1.

durch die Stadt wahrgenommen werden sollten", oder wenn die Stadt „... zur Sicherung einer funktions- und strukturgerechten Entwicklung der Stadt" auf die Eingliederung von Umlandgemeinden angewiesen ist.
Die Landesregierung sieht weiter vor:
2. den Zusammenschluß von Umlandgemeinden untereinander „zur besseren räumlichen Gliederung des Umlandes" oder „zur Bildung leistungsfähiger Gemeinden, die den besonderen Anforderungen an die Verwaltung in der Nachbarschaft der Stadt genügen und damit die Stadt entlasten können" oder „als Voraussetzung und Grundlage für eine ausgewogene partnerschaftliche Zusammenarbeit mit der Stadt".[17]

Als „Regelmindestgröße des örtlichen Verwaltungsraumes" sieht die Landesregierung eine Gemeinde vor, die „... nach Möglichkeit deutlich über der für den ländlichen Raum geltenden Regelmindestgröße ... von 8000 Einwohnern" liegt, in „besonders stark verdichteten" Räumen sind die Voraussetzungen für eine Entlastung der Kernstadt „.... in der Regel ab einer Einwohnerzahl von mindestens 20 000 gegeben".[18]

Für die „... auch nach Durchführung der Gemeindereform" erforderliche „ständige und umfassende Zusammenarbeit zwischen Stadt und Umland" sieht die Landesregierung die Bildung von „Nachbarschaftsverbänden" vor. In dem für den Raum Mannheim-Heidelberg vorgeschlagenen Nachbarschaftsverband würden sich, wenn die beschränkten Eingliederungsvorstellungen der Landesregierung realisiert würden, die Kernstadteinwohner und die Umlandeinwohner zahlenmäßig im Verhältnis 4:1 gegenüberstehen. Dennoch soll in der Verbandsversammlung „... das Stimmgewicht der Kernstadt ebenso groß [sein] wie das der weiteren Mitglieder zusammen". Mit diesem unausgewogenen und undemokratischen Stimmverhältnis sollen
— „unter Beachtung der Ziele der Raumordnung und Landesplanung die geordnete Entwicklung des Nachbarschaftsbereichs [gefördert und ein] Ausgleich der Interessen zwischen Stadt und Umland [bewirkt werden];
— ferner soll „eine Abstimmung zwischen [Nachbarschaftsverbandsmitgliedern] bei der Bauleitplanung, der kommunalen Entwicklungsplanung und bei Maßnahmen des Planungsvollzugs" herbeigeführt werden,
— und schließlich soll „die Bewilligung öffentlicher Mittel an Mitglieder des Nachbarschaftsverbandes ... davon abhängig gemacht werden [können], daß dieser die vorgesehene Maßnahme befürwortet.[19]

Noch vor dem Bekanntwerden des „Zielplanungsentwurfes" der Landesregierung für die Gemeindereform im Stadt-Umland Mannheims hat die Stadt Mannheim in Übereinstimmung mit dem baden-württembergischen Städtetag den Grundsätzen der Landesregierung und mit verfassungsrechtlichen Bedenken auch der Bildung eines

---

[17] a. a. O., S. 2 f.   [18] a. a. O., S. 3.
[19] a. a. O., S. 4 f. In der neuesten Version der „Grundsätze der Landesregierung zur Lösung des Stadt-Umland-Problems vom 20. 8. 73 ist dem Nachbarschaftsverband allein die Zuständigkeit für die Flächennutzungsplanung zugewiesen. Das Stimmgewicht der Verbandsversammlungsmitglieder „... richtet sich grundsätzlich nach ihrer Einwohnerzahl". Aber: „Eine ausgewogene Verteilung der Stimmgewichte im Verhältnis der Kernstadt zum Umland ist sicherzustellen". Vgl. Bekanntmachung des Innenministeriums über die Grundsätze der Landesregierung zur Lösung des Stadt-Umland-Problems. Vom 20. August 1973. Nr. IV 2 H/111. In: Gemeinsames Amtsblatt des Landes Baden-Württemberg 21/1973. S. 735—738, 737 f.

Nachbarschaftsverbandes nur für den Fall zugestimmt, daß den Eingliederungswünschen der Stadt i. S. einer nachgewiesenen Erfüllung der von der Landesregierung genannten Kriterien entsprochen wird.

Vor der Beschlußfassung im Kabinett über die auch wegen anstehender Kreistagswahlen zeitlich stark verzögerte Vorlage zur Territorialstrukturreform im Raum Mannheim ist die Landesregierung in der Interpretation ihrer eigenen Grundsätze und Leitlinien immer weiter vor dem Druck der über die Partei- und Fraktionsgrenzen im Landtag hinweg bestehenden Mehrheit der *Land*tagsabgeordneten zurückgewichen. Zunächst sah sie plötzlich den Verdichtungsprozeß im Rhein-Neckar-Raum im Gegensatz zu ihrem eigenen Landesentwicklungsplan als nicht mehr so weit fortgeschritten an, daß man von „besonders stark verdichtet" sprechen könnte, sie überwand also zunächst die für diese Räume vorgesehene Regelmindestgröße von 20 000 Einwohnern für selbständige Umlandgemeinden; dann hat sie sich unter dem inzwischen verstärkten Druck der interfraktionellen Fraktion der Umlandbürgermeister auf die ja eigentlich nur „für den ländlichen Raum geltende Regelmindestgröße" von 8000 Einwohnern zurückgezogen, und „zufällig" haben im engeren nordbadischen Umland Mannheims die Mehrzahl der Gemeinden 8000 und mehr Einwohner. In der Konsequenz dieser restriktiven Haltung ist die Landesregierung jetzt offenbar für den Raum Mannheim der Meinung, daß die Bildung des wegen seines Stimmverhältnisses in der Verbandsversammlung von vornherein gelähmten Nachbarschaftsverbandes die von der Kernstadt geforderte Eingliederung von Umlandgemeinden ersetzen soll.

Lediglich eine einzige Gemeinde, die über engste funktionale Verflechtung hinaus wie mindestens noch zwei andere Gemeinden mit Mannheim auch baulich zusammenhängt, soll nach den Vorstellungen der Landesregierung nach Mannheim eingegliedert werden. Unglücklicherweise hat der Ministerpräsident von Baden-Württemberg ausgerechnet dieser Gemeinde noch 1972 vor der letzten Landtagswahl die Erhaltung ihrer Selbständigkeit zugesichert.[20]

Obwohl von der Kernstadt eine ausführliche planungswissenschaftliche und politische Begründung ihrer Stellungnahme zur Gemeindereform im Stadt-Umland Mannheims gegeben worden ist[21], hat die Landesregierung auf eine sachliche Begründung ihres Zielplanungskartenentwurfs bisher verzichtet; insbesondere hat sie auch nicht nachgewiesen, welche etwaigen Entlastungsfunktionen die auch künftig selbständigen Umlandgemeinden ohne jede wirksame Änderung der Territorialstruktur wahrnehmen sollen.

Ich fasse zusammen:

1. Die Kommunalpolitik erwartet von der planungswissenschaftlichen Geographie einen konzeptionellen Beitrag zur Stadtentwicklungsplanung.
2. Stadtentwicklungsplanung wird begriffen „... als eine in die Zukunft hinein offene ... rationale Strategie", die im Konfliktfall jeweils zu überprüfen ist, neue La-

---

[20] Nachdem sich der Ausschuß für Verwaltungsreform des Landtags von Baden-Württemberg am 6. 7. 73 gegen eine Eingliederung dieser Gemeinde nach Mannheim ausgesprochen hat, hat nun auch die Landesregierung ihren Zielplanungsentwurf vom 23. 5. 73 „bereinigt": die neue Zielplanungskarte vom 20. 8. 73 sieht keine Eingemeindung nach Mannheim mehr vor.

[21] Vgl. Gemeinderatsvorlage des Oberbürgermeisters der Stadt Mannheim Nr. 289/73 zur „Gemeindereform im Stadt-Umland Mannheims" vom 16. 4. 73.

gen berücksichtigt und die Zielvorstellungen selbst wieder von der vorgefundenen Problemsituation her reflektiert (J. J. Hesse, 1972).
3. Planungswissenschaftliche Anthropogeographie stellt die Beziehung Mensch—Umwelt erfahrungswissenschaftlich fest und berücksichtigt insbesondere die als Handlungsvoraussetzungen determinativ-restriktiv wirkenden regionalen Ausstattungssituationen.
4. Die Politische Geographie untersucht und erklärt die existenz- und entwicklungsbegründenden Handlungsvoraussetzungen der Gesellschaft, soweit sie als System raumwirksamer Staatstätigkeit — also als Infrastruktur — Raumqualität schaffen.
   Mit ihrem Schwerpunktinteresse am Zusammenhang zwischen Infrastrukturausstattung und Territorialstruktur hat erst die Politische Geographie in Mannheim auf die Bedeutung dieses Zusammenhanges für die künftige Stadtentwicklungsplanung aufmerksam machen können.
5. Im Stadt-Umland Mannheims wächst die Diskrepanz zwischen einheitlichem Lebensraum und territorialstrukturbedingt zersplittertem Planungsraum.
6. Das Dotationssystem, also der kommunale Finanzausgleich und insbesondere die Gewährung von Infrastrukturinvestitionszuschüssen durch das Land, begünstigt tendenziell die Umlandgemeinden. Die zugewiesene „Arbeitsteilung" zwischen Zentralortslasten in der Kernstadt und Freizeitinfrastrukturausbau im Umland beeinträchtigt die „Einheitlichkeit der Lebensverhältnisse" im Stadt-Umland Mannheims erheblich.
7. Die landesentwicklungsplanerischen Zielsetzungen blieben bisher ohne durchgreifenden Einfluß auf das Gestaltungshandeln der Landesregierung; soweit die Fachplanung des Landes im Stadt-Umland Mannheims raumwirksam ist, bleibt sie ohne planvolle Koordinierung.
8. Mit ihrem Zielplanungsentwurf zur Gemeindereform im Stadt-Umland Mannheims hat die Landesregierung ihre eigene Konzeption zur Lösung des Stadt-Umland-Problems durch Territorialstrukturreform ignoriert; die Hoffnung der Kernstadt auf eine durchgreifende Änderung der Territorialstruktur, also die Hoffnung auf eine nachhaltige Verbesserung der Voraussetzungen für die Stadtentwicklungsplanung im Mittelbereich Mannheims bleibt bisher unerfüllt.
9. Wenn die bis 1975 vorgesehene gesetzliche Regelung der Gemeindereform nicht doch noch erheblich über den bisher vorgelegten Entwurf hinausgeht, bleibt die Zersplitterung der Planungskompetenzen erhalten; die Möglichkeit zu zusammenhängender Stadtentwicklungsplanung im zusammenhängenden Lebensraum Rhein-Neckar bliebe weiter auch dort eingeschränkt, wo sie durch den baden-württembergischen Gesetzgeber verbessert werden könnte. Die Funktionsfähigkeit der kommunalen Selbstverwaltung in diesem Raum könnte nicht unbetroffen bleiben.

Diskussion zu den Vorträgen Danz, v. Rohr und Schultes

B. Bleyer (München)

Es ist gefährlich, den Glauben zu verbreiten, daß die Zerstörung jetziger ökologischer Systeme automatisch eine Minderung des Erholungswertes zur Folge hat. Ich hoffe, historisch-genetisch arbeitende Geographen unterstützen mich in der Auffassung, daß in der Vergangenheit sich ökologische Gleichgewichte immer neu eingestellt haben, bei gleichzeitiger Steigerung des „outputs" für die jeweiligen Gesellschaftsstrukturen. Im übrigen mag für einzelne der Erholungswert (Einzelhausbesitzer) im Schwinden sein, insgesamt hat sich aber der Erholungswert im Alpenraum gesteigert.

Sollte trotz Bildung neuer Ökosysteme (dazu zähle ich auch neue Technologien und soziale Innovationen) die Tragfähigkeit nicht wesentlich gesteigert werden, so darf nicht einfach ein allgemeiner „Numerus clausus" gefordert werden. Diese Entscheidung ließe nämlich nicht nur die Ursprungsräume der Erholungsbedürfnisse, die weiterhin wachsen, außer acht, sondern würde auch die Privilegien der jetzigen Begünstigten des Alpenraumes (z. B. Zweitwohnbesitzer, Bewohner mit günstigen Standorten an Ausfallschneisen) konservieren. Eine Umschichtung der Erholungsuchenden und ein Wachstumsstop für die Verdichtungsräume müßten bei einer Konstanthaltung der Zahl der Erholungsuchenden die Konsequenz sein.

Kurzum, der durchscheinende Optimismus hinsichtlich integrierter Entwicklungsplanung führt nicht automatisch zu interesselosen und konfliktlosen Raumstrukturen.

W. Schramke

Ich möchte vor allem zurückgreifen auf das von Herrn Dr. DANZ gehaltene Referat, obwohl auch Herr SCHULTES soeben in dankenswerter Weise eine entsprechende Problemebene berührt hat. Zwei durchaus nicht unvermittelte Eindrücke haben sich während dieser Kasseler Tage für mich verstärkt: Da ist zum einen die wohltuende Überzeugung, daß die Ära sich dem Ende zuneigt, in der jeder große Geograph sein ureigenes, kühnes und meist ontologisch verankertes Weltmodell entwarf. Und da ist zum anderen die Feststellung, daß in unserer Disziplin lange überfällige Anstrengungen gemacht werden, von der Theorie her die davongelaufene (für schlecht gehaltene) Praxis der sozialräumlichen Planung einzuholen. Gerade wenn diese Bemühungen begrüßt werden, müssen Konzepte zur gedanklichen Ordnung planerischen Handelns der notwendigen Kritik in zureichender Trennschärfe ausgesetzt werden. In diesem Sinne bitte ich, meine Bedenken zu teilen, ob uns ein Entwurf, der — wie modifiziert auch immer — auf Diagramme nach JANTSCH rekurriert, wirklich den Anschluß verschafft an den von uns konstatierbaren Stand der Theorie politischer Planung. In bewußter Schärfe ist zu fragen, ob uns Komplexität unzulässig reduzierende Regelkreisvorstellungen, die überdies befürchten lassen, daß sie hilflos der Gefahr affirmativer Deskription zum Opfer fallen, das verschaffen können, was vorrangig nottut: Analytizität unserer Kategorien.

Zur Konkretisierung will ich nur zwei der wichtigsten Leerstellen des von Herrn Dr. DANZ vorgestellten Entwurfs aufzeigen:

Wo ist die Frage nach der Kontingenz und nach den Restriktionen staatlicher Planungstätigkeit? Und wo sind die Fragen nach den *Bedingungen* der Legitimationsproblematik und nach der *Funktion* der Forderung nach Integration entstehender Partizipationsansprüche?

Dr. U. I. Küpper (Köln)

Aufgrund der präzisen wie auch gesellschaftspolitisch engagierten Forderungen an eine Politische Geographie als planungsberatende Wissenschaft wurden hohe Erwartungen über neue Ansätze zur Lösung der bekannten Stadt-Umland-Problematik im Rahmen der vom Referenten behandelten kommunalen Neugliederung geweckt. Insbesondere die Bezüge auf zielfindungsorientierte, den Planungsbetroffenen stärker einschaltende Stadtentwicklungsplanung (J. J. HESSE u. a.) wurden nicht erkennbar für die Mannheim-Studie in Anspruch genommen. Wie wurde die Gleichsetzung von „einheitlichem Lebensraum" mit dem mittelfunktionalen Bereich der Großstadt abgesichert? Wurde die Bevölkerung nicht nur über ihre Mobilität, sondern auch über ihre komplexen sozialen Erfahrungsbereiche befragt? Nehmen erweiterter Aktionsradius und Erlebnisintensität parallel zueinander zu? Welche räumliche Ausdehnung hat heute die „Örtliche Gemeinschaft", deren grundgesetzlich garantierte Selbständigkeit sicher im Sinne der sie erfahrenden Bürger ist?

Sie skizzierten Ihren Neugliederungsvorschlag, der planungswissenschaftlich belegt sein soll. Mir sind quantifizierbare, zu eindeutigen Ergebnissen führende Kriterien vor allem aus dem Bereich der Verwaltungswissenschaft bekannt, hier werden Mindest- und Optimalkapazitäten von Einrichtungen der verschiedenen Stufen errechnet (F. WAGENER usw.). Haben Sie, entsprechend Ihrem gesellschaftspolitisch orientierten Ansatz, außer diesen technokratischen Kriterien, die primär die Effizienz der Verwaltung spiegeln, weitere Beurteilungsmöglichkeiten für einen konkreten, planungswissenschaftlich belegten Entwurf gefunden?

Prof. Dr. K. Hottes (Bochum)

Entscheidend erscheint mir, wie auch aus Ihrem Vortrag hervorging, das Mißverhältnis zwischen dem Investitionsvolumen pro Einwohner in der Kernstadt und den Umlandgemeinden. Das rührt daher, daß die Kernstadt höhere laufende (z. B. Gehälter für zentrale Dienste), nicht *beleihbare* Unkosten als die Landgemeinden hat, die dadurch relativ mehr investieren können. Auf bauliche Investitionen erhalten sie aber auch mehr Kommunal-Kredite, was ihre Investitionen zusätzlich erleichtert. Haben Sie hiervon spezielle Daten oder Indexzahlen?

Prof. Dr. K.-A. Boesler (Bonn)

Herr Kollege Schätzle hat das Präsidium gefragt, worin nach unserer Meinung der Fortschritt für Raumforschung und Landesplanung besteht, den diese Sitzung gebracht habe.

Darf ich Sie, Herr Kollege Schätzle, so verstehen, daß Sie nach den gewonnenen Erkenntnissen über die Stellung unserer Wissenschaft zur Raumforschung und Landesplanung fragen? Denn die Klärung dieses Verhältnisses scheint mir gegenwärtig um so erforderlicher, als wir uns an einem Punkt befinden, an dem

a) sich die Geographie, besonders die Wirtschafts- und Sozialgeographie in zunehmendem Maße um eine Verstärkung ihrer Praxisorientierung bemüht und dadurch auch ein Wandel in empirischen Forschungsansätzen eingetreten ist. Dies haben einige der Vorträge des heutigen Vormittags auch gezeigt;

b) Raumforschung und Landesplanung sich einer veränderten Funktion im Rahmen der politischen Planung gegenüber sehen.

Insofern schien mir diese Sitzung zu diesem Zeitpunkt durchaus nützlich zu sein.

Dr. W. Danz (München)

Es ist richtig, daß sich in der Vergangenheit ökologische Gleichgewichte häufig neu eingestellt haben, keineswegs jedoch immer in einer für den Menschen positiven Weise (vgl. Verkarstung der Gebirge des Mittelmeerraumes). Für die jeweiligen Gesellschaftsstrukturen mag dies bisweilen zu einer Steigerung des ökonomischen „outputs" geführt haben. Für die nachfolgenden Generationen war das allerdings vielfach mit der Verminderung des ökologischen „outputs" verbunden (z. B. beim Wasserhaushalt), was in der Regel eine Schmälerung der Lebensgrundlagen bedeutet.

Niemand hat bisher ernsthaft einen „numerus clausus" für den Alpenraum gefordert. Es ist jedoch nachdrücklich darauf hinzuweisen, daß die Probleme des Alpengebietes nicht in erster Linie unter der Funktion „Erholungswert für außeralpine Bevölkerungsgruppen" gesehen werden dürfen, sondern vor allem unter der Funktion „Lebensraum für die einheimische Bevölkerung" und „ökologischer Ausgleichsraum" (z. B. Sicherung des Wasserdargebots). Unter dieser Abstufung der Prioritäten hat die integrierte Entwicklungsplanung einen Ausgleich zu schaffen, der weder automatisch noch konfliktlos herbeigeführt werden kann.

Die berechtigten Partizipationsansprüche sind dabei an die jeweilige Staatsregierung als Träger der Raumordnung und Landesplanung heranzutragen. Die Berücksichtigung dieser Ansprüche hängt allerdings wesentlich davon ab, inwieweit es gelingt, die Partizipationsanliegen verständlich und auf der Basis der vorhandenen Gesetze vorzutragen. Mit der ständigen Beteuerung der „Komplexität" des Planungsgegenstandes und dem Beklagen fehlender „Analytizität unserer Kategorien" wird man weder den Erfordernissen staatlicher Planung noch dem gegenwärtigen Stande der Wissenschaft gerecht.

Dr. Hans-Gottfried v. Rohr (Hamburg)

Zur Frage von Herrn Kluczka, auf welche Weise die Auswahl von Entwicklungsschwerpunkten mit mehr als 40 000 Einwohnern im Versorgungsbereich erfolgen soll:

Eine eindeutige Antwort kann auf diese Frage zur Zeit nicht gegeben werden. Es wird damit einer der wunden Punkte der derzeitigen raumordnungspolitischen Diskussion angesprochen. Hier liegt einerseits einer der Schwerpunkte in der gegenwärtigen Regionalforschung, andererseits jedoch auch ein Bereich mit besonders starker Divergenz zwischen wissenschaftlich Wünschbarem und politisch Machbarem.

Gestatten Sie mir abschließend eine Bemerkung zu der vorhin aufgeworfenen allgemeinen Frage nach dem „Nutzen" dieser Veranstaltung, also nach dem möglichen Beitrag zum Fortschritt bei der Lösung aktueller raumordnungspolitischer Probleme. Meines Erachtens konnte kein Beitrag in dieser Richtung geleistet werden. Aber das sollte man von Veranstaltungen in der Art des Geographentages heute auch gar nicht mehr erwarten. Erwarten sollte man jedoch, daß der Weg oder zumindest seine Richtung aufgezeigt werden, in der die Lösung der uns beschäftigenden Probleme erfolgversprechend erscheint. Wenn dazu heute ein Beitrag geleistet werden konnte, dann aus meiner Sicht jedoch bestenfalls in der Weise, daß diejenigen wenigstens etwas verunsichert worden sind, die meinten, die Geographie als Wissenschaft wäre bereits heute grundsätzlich in der Lage, Problemlösungen anzubieten.

W. Schultes (Mannheim)

Soweit sich die Diskussionsbeiträge der Herren Professor Hottes, Dr. Kluczka und Dr. Küpper auf mein Referat bezogen, wurde ich gefragt,
— welcher Vorgang meine „politisch-geographische Bestandsaufnahme für die Stadtentwicklungsplanung" veranlaßt hat, und wie diese Bestandsaufnahme vorgenommen worden ist (Dr. Kluczka),
— welche Funktion ich der Eingemeindung zur Lösung des Stadt-Umland-Problems beimesse (Dr. Kluczka),
— inwieweit die Vorstellungen Mannheimer Bürger in die Bestandsaufnahme eingingen (Dr. Küpper),
— ob und auf welcher Grundlage Prognoserechnungen durchgeführt worden seien (Dr. Küpper),
— ob strukturtypische „Meßzahlen" in der Einnahmen- und Ausgabenstruktur der kommunalen Haushalte festgestellt werden konnten (Prof. Hottes).

1. Die Aufgabenstellung einer „politisch-geographischen Bestandsaufnahme für die Stadtentwicklungsplanung Mannheims" resultiert aus meiner Tätigkeit als wissenschaftlicher Mitarbeiter und „Planungsbeauftragter" für Stadtentwicklungsplanung im Statistischen Amt der Stadt Mannheim. Ein unmittelbarer Anlaß war die Konfrontation aller Gemeinden Baden-Württembergs mit den Vorstellungen der Landesregierung zur Gemeindereform, verbunden mit der Verpflichtung zur Stellungnahme.
Bestandteil dieser Stellungnahme waren die in den Anmerkungen 8, 11 und 21 meines Referates genannten Arbeiten bzw. Vorlagen.
Analysiert wurden struktureller Zusammenhang und funktionale Verflechtung im Stadt-Umland Mannheims; primäres Ziel war die Abgrenzung und strukturelle Aufnahme des Bereiches, der auf Grund der hohen Verflechtungsintensität seiner Funktionsstandorte unbedingt im Gestaltungsraum der Mannheimer Stadtentwicklungsplanung enthalten sein sollte.
Bei der Erarbeitung einer an den stadtentwicklungsplanerischen Erfordernissen „Effizienz, Transparenz und Partizipation" (W. Steffani, 1971) orientierten Alternativkonzeption gingen wir von der Einsicht aus, daß eine wirkungsvolle Reform im engeren Verflechtungsbereich Mannheims nicht ohne die territorial-strukturelle Zusammenfassung aller kommunalen Potentiale möglich sein würde.
Wir waren aufgefordert, Stellung zu nehmen zur Frage der Abgrenzung unseres „Verwaltungsraumes", also zur Frage möglicher Eingemeindungen von Umlandgemeinden, und zur Frage nach Abgrenzung und Konstruktion eines „Nachbarschaftsverbandes" zwischen Kernstadt und Umland. Im stadtentwicklungsplanerischen Interesse haben wir uns nach intensiver Strukturanalyse für die Eingemeindung der Gemeinden im engeren Verflechtungsbereich und für die Zusammenarbeit mit dem weiteren Umland im Nachbarschaftsverband entschieden. Bei zwischengemeindlichen Problemen ist eine Eingemeindung des kleineren Partners sicher nicht die einzige oder gar beste Lösung, das Angebot der baden-württembergischen Landesregierung enthielt jedoch keine gleich wirkungsvolle Alternative, die wir verantwortungsbewußt hätten wählen können.
2. Mit dem von Prof. Dr. K. A. Boesler betreuten Forschungsvorhaben „Motive und Ursachen der Stadt-Land-Wanderung im Raum Mannheim", dessen Konzept ich inhaltlich mitverantworte, haben wir mit einer breit angelegten „Kommunalen Umfrageforschung" begonnen, deren Ergebnisse erheblichen Einfluß auf die Gestaltung unseres Entwicklungsprogrammes nehmen werden. Für

den unmittelbaren Anlaß der Gemeindereform lagen aus diesem Forschungsvorhaben allerdings noch keine Ergebnisse vor; die Repräsentation des Bürgerwillens wurde hier durch den Gemeinderat wahrgenommen.

3. Jedes Entwicklungsprogramm setzt Bevölkerungs- und Arbeitsplatzprognosen voraus. Auch wir arbeiten an diesen Prognosen. Dabei bemühen wir uns intensiv um die Einführung eines strukturgerechten Wanderungsansatzes bei der Bevölkerungsprognose, der in anderen städtestatistischen Prognosen häufig ausgeklammert oder durch pauschale Annahmen ersetzt worden ist. Die Prognosen sind kleinräumig bezogen auf Bereiche mit durchschnittlich 10—20 000 Einwohnern. In einer Status-quo-Prognose werden „Übergangswahrscheinlichkeiten" für jeden Bezirk errechnet, die durch Kenntnisse oder Annahmen über Großbauten, Sanierungen, Betriebsverlegungen etc. sowie nach Bestandsfortschreibungen modifiziert werden.

4. In der Tat habe ich bei den Vorarbeiten zu meiner Diplom-Arbeit im Raum Mannheim-Heidelberg siedlungstypische Einnahmen- und Ausgabenstrukturen in den kommunalen Haushalten feststellen können (vgl. Anmerkung 10 in meinem Referat), die in erster Linie durch die Konstruktion des Kommunalen Finanzausgleichs bedingt sind.

K. A. BOESLER, der Leiter des damaligen Forschungsvorhabens, hat über diese Ergebnisse im Ausschuß „Raum und Natur" der Akademie für Raumforschung und Landesplanung berichtet; die Veröffentlichung erfolgt in dem Forschungs- und Sitzungsbericht der Akademie.

5. LANDSCHAFTSÖKOLOGIE UND UMWELTFORSCHUNG

Leitung: W. Lauer, H. Leser, P. Müller, J. Schmithüsen, S. Schneider

WAS VERSTEHEN WIR UNTER LANDSCHAFTSÖKOLOGIE

Von Josef Schmithüsen (Saarbrücken)

Landschaftsökologie ist in den letzten Jahren mit dem Bewußtwerden der Umweltproblematik fast zu einem Modewort geworden. Es erscheint in wissenschaftlichen Untersuchungen, Buchtiteln und Forschungsprogrammen, in der Benennung von Lehrveranstaltungen, von Lehrstühlen und Instituten, und zwar nicht nur im Bereich der Geographie und der Biologie, sondern auch in anderen Wissenschaftszweigen, insbesondere auch solchen, die auf die Anwendung wissenschaftlicher Erkenntnisse für Landschaftspflege und Landesplanung ausgerichtet sind. Für Personen, die sich mit solchen Arbeitsrichtungen befassen, ist der Name Landschaftsökologe ebenfalls ein gängiges Wort geworden.

Wir sehen darin einerseits die erfreuliche Tatsache, daß geographisches Denken sich ausbreitet und zunehmend wirksam wird, z. T. offenbar unter dem Druck praktischer Probleme, zu deren Lösung es nützliche Beiträge zu liefern vermag. Denn Landschaftsökologie repräsentiert, nicht nur von der Entstehung dieses Begriffs her, sondern vor allem in den Forschungsaufgaben, die damit programmatisch gestellt werden, ein Kerngebiet der geographischen Wissenschaft, ganz abgesehen davon, wie man Landschaftsökologie im einzelnen interpretieren mag. Die Erkenntnis der Notwendigkeit ökologischer Forschung in der Landschaft hat mit beigetragen zu der allgemeinen Anerkennung der vorher lange Zeit umstrittenen geographischen Landschaftslehre oder Geosynergetik. Von deren wissenschaftlicher Fragestellung aus sind viele Probleme, die jetzt brennend akut geworden sind, schon seit Jahrzehnten erkannt worden, und mit der landschaftlichen Betrachtungsweise sind die Voraussetzungen dafür geschaffen worden, diese Probleme wissenschaftlich zu begreifen und forschungsmethodisch zu bewältigen. Auf diesen Vorarbeiten begründet sich z. B. auch das internationale Forschungsprogramm der UNESCO „Man and the Biosphere" (MAB).

Andererseits ist mit dem Zugriff Außenstehender nach dem plötzlich interessant gewordenen klangvollen Wort Landschaftsökologie die Gefahr einer Sinnveränderung des ursprünglich gemeinten Begriffs entstanden, so daß das Wort mehrdeutig wird und damit an Wert verliert. Die Unsicherheit seiner Auslegung, die auf der zwar einprägsamen, aber doch nicht sehr glücklichen Wortform beruht, macht sich, auch in der Geographie selbst, bereits unangenehm bemerkbar. Zwei prinzipiell unterschiedliche Auslegungen des Begriffs stehen einander gegenüber, was aber offenbar manchen Autoren, die das Wort benutzen, noch nicht bewußt ist und daher leicht zu Mißverständnissen führt.

In diesem Vortrag möchte ich die Unterschiede dieser Auffassungen und die Gründe ihrer Entstehung aufzeigen, um damit eine klärende Diskussion anzuregen, die auf eine Einigung über den Inhalt des Begriffs Landschaftsökologie zielen sollte. Ich darf von vornherein sagen, daß ich dazu keine Patentlösung anzubieten habe und auch nicht beabsichtige, die eine oder andere Richtung dogmatisch zu vertreten. Möglicherweise wird es neuer Begriffsprägungen bedürfen, um die durch die Mehrdeutigkeit des Wortes schon entstandene Konfusion wieder auszuräumen.

Über die Ursache dieser Konfusion kann folgendes vorweg gesagt werden: CARL TROLL, der den Terminus Landschaftsökologie einführte, hatte dabei den Wortbestandteil Ökologie eindeutig in dem Sinne des biologischen Wissenschaftsbegriffs als Erforschung der Leben-Umwelt-Relation gemeint, während andere, denen offenbar der biologische Begriff nicht genügend bekannt war, aus der Rückübersetzung von Landschaftsökologie zu „Landschaftshaushaltslehre" verleitet wurden, das wohlklingende Fremdwort Ökologie ganz allgemein auf den landschaftlichen Stoff- und Energieumsatz anzuwenden, und daher z. B. auch in rein anorganischen Landschaften, in denen es keine Leben-Umwelt-Relation gibt, von deren Ökologie zu sprechen. Das deutsche Wort Landschaftshaushalt gibt von sich aus keinen Anlaß zu einer Beschränkung auf Leben-Umwelt-Relation. Damit entsteht aber ein ganz anderer Sinn, der eher dem von „Ökonomie" entspricht als dem, was die Biologie seit mehr als einem Jahrhundert mit Ökologie gemeint hat.

Läßt man die zweite Auffassung gelten, dann verändern sich zugleich die Voraussetzungen für die Klärung der schwierigen Frage, in welcher Art und Weise der Ökologiebegriff in der Kulturlandschaft auf den Menschen und die von ihm gesteuerten Wirkungssysteme angewandt werden kann. Das gleiche Problem überträgt sich damit zwangsläufig auch auf die Frage nach dem Inhalt des Ökosystembegriffs. Dieser war ebenfalls in einem biologischen Sinn mit dem Namen „ökologisches System" von R. WOLTERECK (1927) begründet und von A. G. TANSLEY (1935) auf die jetzt übliche Wortform Ökosystem gebracht worden.

Eine Interpretation von Landschaftsökologie setzt die Kenntnis des Sinns der Wortbestandteile Landschaft und Ökologie voraus. Über den Inhalt des Landschaftsbegriffs ist in den letzten 30 Jahren auf breiter internationaler Ebene eine gewisse Übereinstimmung erreicht worden, und für einige der wichtigsten Sprachbereiche (Deutsch, Russisch, Japanisch und Englisch) wird auch an der Verständigung über die Terminologie gearbeitet. Über gelegentliches Störfeuer in unseren Zeitschriften gegen den Landschaftsbegriff ist die internationale Wissenschaft längst zur Tagesordnung übergegangen. Die Bedeutung der landschaftlichen Methode für die Geographie und deren praktische Anwendung kann heute nur noch von weltfremden Theoretikern oder aus reiner Obstruktion bestritten werden.

Ein Begriff rechtfertigt sich durch seine Zweckmäßigkeit. Mit dem wissenschaftlichen Landschaftsbegriff, so wie wir ihn seit etwa 25 Jahren auffassen, arbeitet man heute interdisziplinär, und zwar nicht nur in Deutschland, sondern auch in vielen anderen Sprachräumen. Von unterschiedlichen Nuancen der Formulierung dürfen wir hier absehen. Als zweckmäßig hat sich der Landschaftsbegriff damit erwiesen, daß sich von seiner Konzeption aus ein umfassendes System von Forschungsmethoden ableiten läßt, mit deren Hilfe sehr komplexe Probleme des geosphärischen Synergismus in allen räumlichen Dimensionsstufen der Erforschung zugänglich gemacht werden.

Die Affuassung der Landschaft als räumlich-strukturiertes Wirkungssystem aus den drei nach unterschiedlicher Gesetzlichkeit erfaßbaren Teilsystemen des Anorganischen, des Biotischen und des Nootischen (H. BOBEK und J. SCHMITHÜSEN, 1949) hat sich als ein passender Schlüssel bewährt, um viele auch für die Praxis wichtige Probleme einer systemtheoretischen Durchleuchtung und damit auch neuen Methoden der quantitativen Analyse zugänglich zu machen. Daher ist es verständlich, daß sich diese Auffassung der Landschaft in praxisnahen Wissenschaften, die der angewandten Geographie nahe stehen, reibungsloser und schneller durchgesetzt hat als bei manchen Geographen. Für die Geographie ist es fast schon höchste Zeit geworden, dafür zu sorgen, daß ihr die theoretische Weiterentwicklung ihrer ureigensten Aufgabe nicht in den Händen der Anwendungswissenschaften davonläuft.

Der Begriff Ökologie, der zweite Bestandteil in dem Wort Landschaftsökologie, ist als Name für eine bestimmte wissenschaftliche Fragestellung der Biologie mit dem eigens neu dafür geprägten Terminus 1866 von E. HAECKEL in seinem Werk „Generelle Morphologie der Organismen" eingeführt worden. HAECKELS Ausgangspunkt für die Wortwahl war seine Absicht, die Gestalt und die Lebensweise der Organismen, soweit dieses möglich ist, aus deren Beziehungen zu der Welt, in der sie leben, zu erklären. Er nahm dafür das griechische Wort oikos (= Haus, Wohnung, „Umwelt"!) in Anspruch. Im Rahmen der Physiologie, deren Aufgabe es sei, die Leistungen der Organismen zu erklären, habe die Ökologie, die HAECKEL deshalb auch „Relations-Physiologie" nannte, die Aufgabe, die Leistungen der Organismen in ihren Beziehungen zur Außenwelt zu untersuchen und zu erklären (HAECKEL 1866, Bd. 2, S. 236, Anmerkung 1).

Ökologie, so formulierte HAECKEL, sei die „Wissenschaft von den Beziehungen des Organismus zur umgebenden Außenwelt, wohin wir im weiteren Sinne alle Existenzbedingungen rechnen können" (ebenda Bd. 2, S. 286), und er fügte hinzu: „Als organische Existenzbedingungen betrachten wir die sämtlichen Verhältnisse des Organismus zu allen Organismen, mit denen er in Berührung kommt". Mit diesem Zusatz erfaßte er auch bereits die Synökologie, die seit C. SCHRÖTER (1896) als besonderer Zweig der Autökologie gegenübergestellt wird. Auf die Biozönose konnte HAECKEL nicht Bezug nehmen, weil es diesen Begriff damals noch nicht gab. Die Möglichkeit, den Ökologiebegriff auch auf den Menschen und die „Kette der Wechselbeziehungen" mit der von diesem selbst beeinflußten Lebensumwelt anzuwenden, hatte HAEKKEL ebenfalls schon angesprochen und dabei beispielhaft auf ökologische Zusammenhänge in der Landschaft verwiesen (ebenda 1866, Bd. 2. S. 235).

Die Versuche der Ausweitung des Ökologiebegriffs auf die gesamte Geographie (Geography as human ecology) durch H. H. BARROW (1923) und andererseits auf die gesamte Naturwissenschaft in der holistischen Naturphilosophie von K. FRIEDERICHS (1937) sind hier nicht näher zu behandeln. Sie müssen aber erwähnt werden, weil darin Ausgangspunkte für einen Teil unserer gegenwärtigen Problematik liegen. Nach FRIEDERICHS ist Landschaftsforschung ein Teilgebiet der Ökologie. In dieser Auffassung wäre, ebenso wie in der von BARROW, ein Terminus Landschaftsökologie überflüssig.

Den Begriff Landschafsökologie hat C. TROLL 1939 erstmals verwendet in dem Aufsatz „Luftbildplan und ökologische Bodenforschung". Das Ziel dieser Arbeit war, die Verwendungsmöglichkeit des Luftbildes für die Landschaftsforschung zu demonstrieren. C. TROLL legte dabei den Schwerpunkt darauf, zu zeigen, welche Fülle von Informationen durch wissenschaftlich begründete Interpretation aus dem konkreten Bildinhalt indirekt gewonnen werden kann auf Grund der „Vertrautheit mit den ökologischen Zusammenhängen der Landschaft" (C. TROLL 1939, S. 244) und in Verbindung mit ökologischen Testuntersuchungen im Gelände. Er zeigte, wie die Kenntnis der Beziehungen des Pflanzenwuchses zu den Standortsfaktoren es erlaubt, aus der Abbildung der Vegetation auf viele im Luftbild nicht direkt wahrnehmbare Tatsachen zu schließen, wie z. B. auf Bodeneigenschaften, Grundwasserverhältnisse, Verwitterungsvorgänge, den Grad menschlicher Wirkungen und manches andere. „Die Vertrautheit mit den ökologischen Zusammenhängen" erlaubt es, auf diese Weise auch „landschaftsökologische Karten" (S. 244) zu zeichnen, wie es z. B. englische Forstwissenschaftler bereits getan hatten.

„Das Bestreben, die Luftbildpläne durch die ökologische Analyse in natürliche Räume zu gliedern, führten den Forstmann und Praktiker R. BOURNE auf Wege, die sonst von der theoretischen Geographie begangen wurden" (C. TROLL 1939, S. 286). BOURNE hatte nämlich mit seinen Begriffen der „Sites" und der „Site-Associations" das begründet, was wir dann als naturräumliche Gliederung weiter entwickelt haben.

Die von C. R. ROBBINS in Nord-Rhodesien mit Hilfe der Vegetation aus dem Luftbild erarbeitete Land-Klassifikation ist nach C. TROLL „in vollem Sinn eine topographische Analyse und Gliederung des Gebietes .... Die aufgestellten Typen sind auch kleinste ökologische Landschaftseinheiten, die bodenkundlich — hydrologisch — morphologisch charakterisiert und erklärt und zum Teil auch benannt werden und für die auch die landwirtschaftlichen Möglichkeiten angegeben werden" (C. TROLL 1939, S. 268).

Nach C. TROLL „steht meistens die Pflanzendecke im Mittelpunkt der Beobachtung, einmal weil sie der geschlossene und sichtbare Ausdruck für den ganzen Komplex der klima- und bodenökologischen Faktoren ist, weil sich andererseits auch viele kulturgeographische Verhältnisse, vor allem die Landwirtschaft, auf denselben Grundlagen aufbauen" (C. TROLL 1939, S. 296). Entscheidend ist also immer dabei — dieses zu zeigen ist der Sinn dieser ausführlichen Zitate — ökologische Forschung im biologischen Sinne und eine dementsprechende ökologische Ausbildung und Erfahrung der Bearbeiter. „Ein geschulter Ökologe könnte in wenigen Wochen terrestrischer Aufnahme mit dem Luftbildplan in der Hand einen Überblick auf Bodenwert und landschaftliche Möglichkeiten ... gewinnen" (C. TROLL 1939, S. 272).

Dazu auch noch ein Beispiel, das keinen Zusammenhang mit der Vegetation hat: In bezug auf die im Luftbild gut unterscheidbaren Weiß- und Schwarzwasserflüsse der Tropen sagte C. TROLL: „Da sich Weiß- und Schwarzwasser auch in hygienischer Hinsicht ganz verschieden verhalten, angeblich sogar in bezug auf die Malariabrutstätten, können derartige Luftbeobachtungen recht große praktische Bedeutung erlangen. Dieses eine Beispiel möge genügen, um zu zeigen, daß sich entscheidende Forschungen über die Ökologie unerschlossener Länder auf dem Wege über die Aero-Limnologie vorwärtstreiben lassen" (C. TROLL 1939, S. 262).

„Als Landschaftskunde und als Ökologie treffen sich hier (d. h. in der Luftbildforschung) die Wege der Wissenschaft". Aus dieser Gegenüberstellung entsteht dann die gewichtige Wortverbindung in dem Satz: „Luftbildforschung ist zu einem sehr hohen Grade Landschaftsökologie" (C. TROLL 1939, S. 297).

Ohne direkten Zusammenhang mit dieser eindeutigen klaren Ableitung des Begriffs folgen dann (man möchte sagen leider) zwei weitere Sätze: „Die Luftbildforschung ... führt auf der gemeinsamen Ebene des Landschaftshaushaltes verschieden marschierende Wissenschaftszweige zusammen" (ebenda). „Das gemeinsame Ziel ist das Verständnis der Raumökologie der Erdoberfläche" (ebenda). Die beiden hier unvermittelt auftretenden und von C. TROLL nicht interpretierten Stichwörter „Landschaftshaushalt" und „Raumökologie" bieten leider Anhaltspunkte zu Auslegungen, die in eine andere Richtung führen, als der Autor nach dem gesamten übrigen Inhalt seines Aufsatzes beabsichtigt hatte. „Landschaftshaushalt", hier ohne Kommentar hinter Landschaftsökologie gesetzt, bietet geradezu einen Anreiz dazu, den ursprünglichen Sinn von Ökologie umzuprägen, was nicht in C. Trolls Absicht lag, wie er selbst mehrfach ausdrücklich betont hat.

Obwohl das Hauptthema C. Trolls in seinem Aufsatz von 1939 die Luftbildinterpretation war, hat er darin doch die verschiedensten Aspekte der ökologischen Landschaftsforschung zum mindesten angedeutet. Anderes, was in diesem Zusammenhang weniger zur Geltung kommen konnte, hat er in späteren Aufsätzen ergänzt und ausgeweitet. Ich darf das als bekannt voraussetzen.

Landschaftsökologie in diesem Sinne war, wie ich mit den Zitaten gezeigt habe, von vornherein auch auf die Erforschung von Leben-Umwelt-Relationen in der Kulturlandschaft bezogen, nämlich auf alle jene Probleme im Bereich des menschlichen Wirkens, bei denen die Menschen mit ihrer Aktivität in der Landschaft an biotische Gesetzlichkeit gebunden sind wie bei der Wirtschaft mit Pflanzenwuchs und Tierleben und anderen Arten des Umgangs mit Biozönosen oder aber auch bei dem Verhalten der Menschen selbst in bezug auf ihre in der eigenen physischen Konstitution begründete ökologische Valenz. Die Bedeutung dieser Forschungsprobleme repräsentiert sich in der Entwicklung eigener Wissenschaftszweige wie Land- und Forstwirtschaftsökologie, medizinische Geographie und andere. Sie alle finden in der ökologischen Landschaftsforschung im Sinne von C. Troll ohne besondere logische Komplikation ihren Platz.

Etwas grundlegend anderes geschieht aber, wenn manche Autoren das gesamte funktionale System der Landschaft selbst als deren Ökologie bezeichnen und damit einen ursprünglichen Wissenschaftsbegriff versachlichen zu dem Sinn materielles Funktionssystem. Diese Umdeutung ist zustande gekommen, indem man ohne Rücksicht auf den Sinn des von Haeckel geschaffenen Wortes Ökologie den Trollschen Begriff Landschaftsökologie fälschlich als Landschaftshaushaltslehre ins Deutsche übersetzte. Von da aus ergibt sich kein notwendiger Bezug zum Biotischen, sondern der damit gewählte andere Ausgangspunkt ist die ökonomische Vorstellung eines Haushalts im Sinne von Einnahmen und Ausgaben, Stoff- und Energieumsatz und Bilanz. Von Haushalt in diesem Sinne kann man selbstverständlich auch in einem rein anorganischen System reden, wie es seit langem geschieht, wenn man z. B. von dem Wasserhaushalt eines Gletschers spricht. Übrigens ist das deutsche Wort Haushalt schon vor 150 Jahren von den Physiokraten und „Landesverschönerern" auch auf die Landschaft angewandt worden. So lesen wir z. B. bei A. v. Voit (1824): „Man hat nicht nur einzelne Erzeugnisse des Landmannes zu beachten und begünstigen, sondern es muß die ganze Haushaltung einer Landschaft geprüft und gewürdigt werden".

K. Rosenkranz, dessen Formulierung des Landschaftsbegriffs von 1850 der heutigen systemtheoretischen Auffassung standhält, damals aber noch keine Resonanz fand, hatte in dem gleichen Sinn von der landschaftlichen „Ökonomie" gesprochen. Wenn Ökonomie wegen der spezifisch wirtschaftlichen Bedeutung für Landschaftshaushalt heute nicht mehr anwendbar ist, so müßte dasselbe erst recht für Ökologie gelten, da dieses Wort für einen besonderen Sinn eigens geschaffen worden ist.

Auf die vielen Varianten der Umdeutung von Ökologie kann ich hier nicht eingehen. Man sollte aber auf jeden Fall interdisziplinär eine Klärung anstreben. Denn sonst wird ein weites Tor für vielerlei neue Mißverständnisse geöffnet. Gerade in dieser Zeit, in der die aktuelle Umweltproblematik die Landschaftsforschung so stark antreibt, dürfte es besonders wichtig sein, einen engeren Kontakt zwischen der Geographie und anderen Disziplinen, insbesondere auch mit der Landschaftspflege und der Planungswissenschaft, herbeizuführen. Ich denke dabei z. B. an die für unser Thema förderlichen systemtheoretischen Ansätze von H. LANGER, mit denen sich m. E. auch die Geographen rechtzeitig auseinandersetzen sollten, damit wir in der Theorie, in der Praxis der Forschung und in der Anwendung der Landschaftslehre eine gemeinsame oder doch wenigstens gegenseitig verständliche Sprache behalten.

Für LANGER ist Landschaftsökologie funktionale Systemforschung, also Geosynergetik in meinem Sinne. Er spricht daher auch bei anorganischen Systemen von deren Ökologie. Den klassischen Begriff HAECKELS, den er auch benutzt, hat er zu Bio-Ökologie umbenannt, um ihn von seinem eigenen Ökologiebegriff zu unterscheiden.[1]

Beide Begriffe haben aber im Grunde nur den Namen gemeinsam. Das wird vollends deutlich, wenn man das Problem ihrer Anwendung auf den Menschen bedenkt. Der Mensch lebt nicht in Biozönosen, deren Gestaltung und Verhalten sich in Relation zur Umwelt nur nach biotischer Gesetzlichkeit vollzieht, sondern seine gesellschaftlich organisierten Lebensformen und ihr Wirken in den Funktionssystemen der Landschaft sind auf Ideen begründete Aktionen, die nur in ihren materiellen Folgen, aber nicht in ihrer Entstehung naturgesetzlich erfaßbar sind. Die materiellen Folgen des menschlichen Wirkens in der Landschaft können funktionalistisch erfaßt und zum großen Teil auch quantifiziert werden. Aber die Welt der Mittel, mit denen der Mensch seine Umwelt umgestaltet, ist kein biogenetisches Phänomen wie die Anpassung der Lebensformen von Pflanzen und Tieren an die Existenzbedingungen ihrer Außenwelt. Sondern es ist ein geistesgeschichtliches Phänomen, das mit ökologischer Forschung (im biologischen Sinn) allein nicht verstanden werden kann. Die Kulturlandschaft nur ökologisch erklären zu wollen, ist zweifellos ein Weg in eine Sackgasse. Daß es ökologische Probleme in der Kulturlandschaft gibt, hatten wir schon gesehen. Dazu gehören einmal die direkten anthropophysischen Relationen wie Leistungsfähigkeit, Gesundheit usw. und andere Probleme der verschiedensten Dimensionen bis zu den weltweiten Effekten des menschlichen Wirkens auf die Existenzbedingungen der gesamten Biosphäre.

Als Fazit zurück zu der Frage des Themas. Wir können diese zur Zeit nicht eindeutig beantworten, sondern nur feststellen, daß im derzeitigen Sprachgebrauch nebeneinander sehr Verschiedenes unter Landschaftsökologie verstanden wird. Wir wissen, was der Initiator des Begriffs damit gemeint hat, nämlich ökologische Forschung (im Sinne des biologischen Ökologiebegriffs) in der Landschaft. Ökologische Landschaftsordnung wäre dafür ein weniger mißverständlicher Ausdruck als Landschaftsökologie.

Wir wissen, daß andere darunter etwas verstehen, was mit dem Begriff von C. TROLL nur den Namen gemeinsam hat, weil dabei dem Wortbestandteil Ökologie

---

[1] Solange wie bei LANGER das Bewußtsein für den inhaltlichen Unterschied der Begriffe wach bleibt, handelt es sich letztlich nur um die Frage der terminologischen Einigung. Eine gefährliche Verwirrung entsteht aber durch die zwiespältige Verwendung des gleichen Wortes, ohne daß man sich den prinzipiellen Unterschied der Begriffe bewußt macht. Als Beispiel dafür ein Zitat aus jüngster Zeit. Der Schweizer Biologe P. TSCHUMI kennzeichnet Ökologie im Sinne von HAECKEL als „die Wissenschaft von den Beziehungen der Lebewesen unter sich sowie zwischen diesen und ihrer Umwelt". Er fährt dann aber fort: „Man kann sie (die Ökologie) auch als die Lehre von der Ökonomie der Natur bezeichnen" (TSCHUMI 1972, S. 19).

eine ganz andere Bedeutung gegeben wird. Dabei können wir mindestens drei Gruppen von verschiedenen Meinungen unterscheiden.

Die erste weitet den Begriff Ökologie aus im Sinne von FRIEDERICHS: „Ökologie als Wissenschaft von der Natur oder biologische Raumforschung". Sie ist gegenüber C. TROLL mehr eine graduelle Abweichung, die aber im Extrem dazu führt, daß nicht nur die gesamte Biogeographie, sondern auch die gesamte Landschaftsgeschichte als Ökologie aufgefaßt wird. Wie weit man FRIEDERICHS darin zu folgen vermag, ist weniger eine Frage der Wissenschaft als der Weltanschauung.

Die zweite Gruppe hat über die Rückübersetzung das Wort Ökologie für einen ganz anderen Sinn in Besitz genommen, nämlich für die funktionalistische Erforschung der Dynamik landschaftlicher Wirkungssysteme.

Die dritte Gruppe ist für die begriffliche Auseinandersetzung weniger interessant, aber für den Verbrauch der Terminologie die gefährlichste. Ich meine damit den faulen Kompromiß, heterogene Begriffsinhalte zu vermengen und unterschiedlos mit dem gleichen Wort zu bezeichnen.

Ob es nützlich ist, den Begriff Landschaftsökologie in dem einen oder anderen Sinne zu verteidigen, ist im Augenblick noch nicht abzusehen. Dazu müßte erst die Entscheidung fallen, was wir in Zukunft unter Ökologie verstehen wollen. Für den geosphärischen Synergismus und die geosynergetischen Systeme der verschiedenen landschaftlichen Dimensionen haben wir in diesen eben genannten Termini bereits brauchbare Begriffe, mit denen man auskommen könnte, ohne dafür Ökologie in Anspruch nehmen zu müssen. Auch aus einem anderen Grunde ist aber eine interdisziplinäre Einigung über den Ökologiebegriff dringend erforderlich. Denn in gleicher Weise hängt daran auch die Klärung des Ökosystem-Begriffs, der im Augenblick vor allem im Zusammenhang mit dem „Man and the Biosphere" (MAB)-Forschungsprogramm viel weniger entbehrlich zu sein scheint als Landschaftsökologie.

Literatur

BARROW, H. H.: 1923, Geography as Human Ecology. Annals Assoc. Amer. Geographers, vol. XIII.
BOBEK H. und J. SCHMITHÜSEN: 1949, Die Landschaft im logischen System der Geographie. Erdkunde, 3.
BOURNE, R.: 1930, Air Survey within the Empire. The Air Annual of the British Empire, vol. 2.
FRIEDERICHS, K.: 1937, Ökologie als Wissenschaft von der Natur. Bios 7, Leipzig.
HAECKEL, E.: 1866, Generelle Morphologie der Organismen. 2 Bände, Berlin.
LANGER, HANS: 1968, Wesen und Aufgabe der Landschaftsökologie. Mskr. Inst. f. Landschaftspfl. und Naturschutz der TH Hannover.
LANGER, H.: 1970, Landschaftsökologie. Mskr. Inst. f. Landschaftspfl. und Naturschutz, TH Hannover.
NEEF, E.: 1967, (Hrsg.) Probleme der landschaftsökologischen Erkundung und naturräumlichen Gliederung. Leipzig (Wiss. Abh. d. Geogr. Ges. d. DDR, 5, 1967).
ROBBINS, C. R.: 1934, Northern Rhodesia, an experiment in the classification of the land with the use of aerial photographs. Journal of Ecology, 22.
ROSENKRANZ, K.: 1850, System der Wissenschaft. Ein philosophisches Encheiridion. Königsberg.
SCHMITHÜSEN, J.: 1942, Vegetationsforschung und ökologische Standortslehre in der Bedeutung für die Geographie der Kulturlandschaft. Zsch. Ges. f. Erdk. zu Berlin.
— 1944, Landeskundliche Darstellungen zu den Blättern der topograph. Übersichtskarte des deutschen Reiches 1:200 000. Ber. z. dt. Landeskunde.
— 1948, Fliesengefüge der Landschaft und Ökotop. Berichte zur deutschen Landeskunde, 5.

— 1964, Was ist eine Landschaft? Erdkundliches Wissen, 9, Wiesbaden.
— und E. Netzel: 1962/63, Vorschläge zu einer internationalen Terminologie geographischer Begriffe auf der Grundlage des geosphärischen Synergismus. Geogr. Taschenbuch 1962/63.
Schröter, C. und O. Kirchner: 1896—1902, Die Vegetation des Bodensees. Lindau 1896. Der Bodensee — Forschgn. 9. Abschn., 1. Hälfte.
Sochava, V. B.: 1972, Geographie und Ökologie. Peterm. geogr. Mitt., S. 89—98.
Tansley: 1935, The use and abuse of vegetation concepts and terms. Ecology, 16.
Thienemann, A.: 1941, Leben und Umwelt. Bios 12, Leipzig.
Tschumi, P.: 1972, Umwelt als beschränkender Faktor für Bevölkerung und Wirtschaft.
Troll, C.: 1939, Luftbildplan und ökologische Bodenforschung. Zeitschrift der Gesellschaft f. Erdkunde 1939, S. 241—298.
— 1950, Die geographische Landschaft und ihre Erforschung. Stud. Gen. 3. Jhrg., H. 4/5.
Voit, A. von: 1824, Beiträge zur allgemeinen Baukunde, eine Sammlung technischer Beobachtungen und Erfahrungen über Architektur, Hydrotechnik, Mechanik und Landwirtschaft Augsburg und Leipzig.

Diskussion zum Vortrag Schmithüsen

Prof. Dr. E. Otremba (Köln)

Das Arbeitsgebiet der Landschaftsökologie bedarf der Ausweitung auf die ökologischen Probleme der anthropogenen Wirkungsgefüge, insbesondere auf die Industriegebiete und die Bevölkerungsballungen. Es ergaben sich hierfür seit alter Zeit und auch in der modernen Forschungsarbeit der Wirtschaftwissenschaften genügend Ansatzpunkte. Die Problematik taucht, um nur einige tragfähige Ansätze zu nennen, in der Orientierung der Physiokraten schon im 18. Jh. auf; sie setzt neu an in der theoretischen Standortsforschung des 19. Jh.s und in der Gegenwart in der Problematik der Flächenzuweisung für bestimmte Aktivitäten wirtschaftlichen Tuns im Rahmen der modernen Raumordnung.

H. Carstens (Hamburg)

Die Ökologie ist zur Zeit das verbale Paradepferd der Geographie. Ich halte eine effiziente Arbeit und Forschung innerhalb der Landschaftsökologie solange für unmöglich, wie sich Geographen zwar um die Erfassung von Klima, Boden, Relief, Vegetation und Wasserhaushalt bemühen, aber sich ihres angeknacksten Selbstbewußtseins wegen gegen eine Zusammenarbeit mit Vertretern anderer Geowissenschaften sträuben.

Eine Wissenschaft definiert sich nach ihrem Objekt und nach ihrer Methodik. In Ihrem Referat ging es lediglich um das Objekt; die Methodik wurde ausgespart. Erläutern Sie bitte, welcher spezifischen Methodik sich die Landschaftsökologie bedient, wie kann sie vor allen Dingen die bislang nur mangelhaft definierten Zusammenhänge (?) exakt messen und quantifiziert wiedergeben?

Prof. Dr. J. Schmithüsen (Saarbrücken)

Den ergänzenden Bemerkungen von Herrn Otremba kann ich nur zustimmen und kann in diesem Zusammenhang noch darauf hinweisen, daß im Rahmen des Internationalen MAB-Programms von deutscher Seite ein Projekt vorgesehen ist, das sich am Beispiel des Untermaingebietes speziell mit der Erforschung ökologischer Probleme eines industrialisierten Ballungsraumes befassen soll.

Zu den Fragen von Herrn Carstens möchte ich folgendes bemerken:

Ich habe nicht den Eindruck, daß sich die Geographen gegen eine Zusammenarbeit mit Vertretern anderer Geowissenschaften sträuben. Ich darf nur an die Mitarbeit der Geographen in internationalen Symposien für Landschaftsforschung, in der Gesellschaft für Ökologie und in vielen regionalen Planungsgremien erinnern. Wir bemühen uns seit Jahrzehnten nicht nur um die Erfassung einzelner Geländefaktoren, sondern haben in der Geographie die methodischen Grundlagen der ökologischen Landschaftsforschung entwickelt, auf denen — wie wir mit Befriedigung feststellen können — in zunehmendem Maße die interdisziplinäre Zusammenarbeit aufbaut. Ich fühle mich daher in meinem Selbstbewußtsein nicht angeknackst.

Jede empirische Wissenschaft — und die Geographie ist zweifellos eine solche — definiert sich m. E. nach ihrem Objekt, und der Begriff des Objekts, dessen Erforschung die Wissenschaft sich zum Ziel setzt, impliziert in seiner Konzeption schon einen methodischen Ansatz. So weit bin ich — wie ich glaube — mit Ihnen einig. Bei ihrer Arbeit bedient sich aber die Wissenschaft nicht nur fachspezifischer Methoden, sondern sie muß alle Methoden mit heranziehen, die irgendwie dazu beitragen können, die Erforschung des Objektes zu fördern. Dieses hier näher auszuführen, würde einen eigenen Vortrag erfordern. Ich darf mir daher vielleicht erlauben, auf einen kleinen Aufsatz in dem Band „Moderne Geographie in Forschung und Unterricht" (SCHROEDEL, 1970) zu verweisen, in dem ich zu diesem Thema einiges gesagt habe.

DIE BEDEUTUNG DER GEOMEDIZIN BEI DER ÖKOLOGISCHEN LANDSCHAFTSFORSCHUNG

Mit 10 Abbildungen

Von Helmut J. Jusatz (Heidelberg)

Die Krankheiten des Menschen, der Tiere und der Pflanzen sind hinsichtlich ihres Vorkommens und ihrer Verbreitung auf der Erde räumlich differenziert. Die Erforschung dieser räumlichen Beziehungen ist das Aufgabengebiet der medizinischen Geographie, die in der Mitte bis zum Ende des vergangenen Jahrhunderts einen Höhepunkt ihrer wissenschaftlichen Entwicklung erreicht hat und seit dem Ende des letzten Weltkrieges eine ungeahnte Renaissance erlebt. Von medizinischer Seite kommt dieser neuen Entwicklung der medizinischen Geographie eine Rückbesinnung auf Gedanken, Thesen und Theorien entgegen, die gegenüber einer einseitigen Überbewertung belebter Krankheitserreger als alleiniger Ursache von übertragbaren Krankheiten und Epidemien nunmehr wiederum die gesamte Umwelt des Menschen, der Tiere und der Pflanzen mit der Vielfalt ihrer Erscheinungen in die wissenschaftliche Ursachenerforschung von Krankheitsverbreitung, Krankheitsabläufen und Epidemieausbrüchen einbezieht.

Seit mehr als 40 Jahren wird diese Forschungsrichtung in der Medizin als die geomedizinische bezeichnet.

Was soll heute unter Geomedizin verstanden werden? Geomedizin ist im eigentlichen Wortsinne geographisch orientierte Medizin oder auch raumbezogene Medizin. Die geomedizinische Forschung soll dabei nichts anderes als ein raumbezogenes Denken in der Medizin fördern. Sie stellt denjenigen Zweig der ärztlichen Wissenschaft dar, der sich mit der Untersuchung der räumlichen und zeitlichen Bindungen von Krankheitsvorgängen an das Erdgeschehen im weitesten Sinne des Wortes befaßt, also auch mit Einschluß der Vorgänge in der Atmosphäre (Jusatz, 1953b).

Es gibt seit langem bereits Krankheiten, die sogar geographische Herkunftsbezeichnungen tragen, wie z. B. die indische Cholera, die asiatische Grippe, das Mittelmeerfieber, das Felsengebirgsfieber u. a. Dadurch kommt zum Ausdruck, daß bestimmte Krankheiten in irgendeiner Form an bestimmte geographische Gebiete gebunden sind, in denen sie besonderen ökologischen Bedingungen unterliegen. Zur Erforschung dieser räumlichen Beziehung auf der Erde bedarf es in diesem Grenzgebiet zwischen Medizin und Geographie der Aufklärung derjenigen Umweltbedingungen, die eine Krankheitsverbreitung in bestimmten geographischen Räumen ermöglichen, fördern oder begrenzen. Wenn für die Aufklärung dieser Zusammenhänge, wobei mit geographischen Methoden medizinische Tatbestände zur Darstellung kommen, heute das Wort Geomedizin verwendet wird, so darf nicht vergessen werden, daß die ursprüngliche Konzeption dieser Forschung auf die Lehren des Hippokrates zurückgeführt werden kann. Dieser Gedanke der Beeinflussung von Krankheitsvorkommen durch geographische oder klimatische Faktoren wurde im Laufe der Geschichte der Heilkunde oft völlig vergessen, jedoch in verschiedenen Zeitabschnitten der Entwicklungsgeschichte der Medizin immer wieder neu zum Ausgangspunkt für die Aufstellung medizinischer Sachverhalte unter geographischen Gesichtspunkten.

Das Arbeitsfeld der medizinischen Geographie hat im vergangenen Jahrhundert eine ungewöhnliche Ausweitung erfahren. Es erschienen Lehrbücher und Karten über Krankheitsverbreitung auf der Erde, die großen physikalischen Weltatlanten von W. und A. K. JOHNSTON (1856) und H. BERGHAUS (1837/48) brachten Weltkarten über die Verbreitung verschiedener Krankheiten. Eine Fülle von einzelnen Angaben wurde gesammelt und vorgelegt, zuletzt von AUGUST HIRSCH (1881) in seinem zweibändigen „Handbuch der historisch-geographischen Pathologie". Eine Aufklärung der Ursachen der Bindungen zwischen Krankheitsvorkommen und geographischen Räumen gelang jedoch nicht. Diese Bestrebungen wurden von der bakteriologischen Ära abgelöst, in der die Entdeckung eines spezifischen Krankheitserregers das Kausalbedürfnis ausschließlich befriedigte.

Alle diese Vorarbeiten, die von der medizinischen Geographie im vergangenen Jahrhundert geleistet wurden, können jedoch nicht als geomedizinische Untersuchungen im eigentlichen Sinne der Begriffsbildung des Wortes „Geomedizin" bezeichnet werden, weil sie die Zusammenhänge zwischen einem Krankheitsvorkommen in den untersuchten Räumen „mit der Gestalt der Erde und mit den auf ihrer Oberfläche im Zeitablauf einwirkenden Kräften" (RODENWALDT 1952) nicht berücksichtigt haben.

Diese Kräfte umfassen eine Vielzahl von Einzelerscheinungen, die jede nicht für sich allein ursächlich das Zustandekommen von Krankheitsverbreitungen in einer Landschaft oder in einer Klimazone bedingen, sondern in den meisten Fällen in einem Wirkungsgefüge verschiedener Faktoren, die gewissermaßen im Akkord auf den Menschen einwirken.

Forschungsobjekt bleibt der Mensch in seinen Auseinandersetzungen mit den „pathogenen Komplexen" (MAX. SORRE, 1943), die als Einflüsse des Ortsklimas, des Bodens, des Wassers, der Strahlung, der Tier- und Pflanzenwelt des betreffenden Raumes auf den Menschen wie in einem Netzwerk zusammen einwirken.

Der Mensch ist zwar ein quasi ubiquitärer Erdbewohner, seine Daseinsbedingungen können nach den Erkenntnissen der Allgemeinen Ökologie beurteilt werden, er unterliegt aber in viel stärkerem Maße denjenigen Lebensbedingungen, die ihm an seinem eigentlichen Wohnsitz durch die spezifische Umwelt dieses seines Lebensraumes geboten werden. Es ist Aufgabe der Speziellen Ökologie des Menschen, die Erforschung dieser speziellen Bedingungen eines geographisch abgegrenzten Lebensraumes aufzuklären (JUSATZ, 1944). Eine derartige Analyse läßt sich in den meisten Fällen nicht auf einzelne Faktoren beschränken. Hierbei ist vielmehr zu beachten, daß „eine scharfe Trennung von Natur- und Kulturwesen im Menschen gar nicht möglich ist, es läßt uns aber der Zwang der Stoffgliederung gar keine andere Möglichkeit, als den Menschen zunächst einmal getrennt einerseits in seinen klar biologisch erfaßbaren Erscheinungen und Reaktionen, zum anderen in seinen sozialen Gruppierungen und Handlungen im geographischen Raum der Länder und Landschaften zu betrachten" (KH. PAFFEN, 1969).

Nach diesen anthropogeographischen Vorstellungen wird bei der folgenden Darstellung der Bedeutung der Geomedizin für die ökologische Landschaftsforschung nur diejenige Seite berücksichtigt werden, die sich mit den *Einwirkungen der natürlichen Faktoren der Naturumwelt auf den Menschen und seine Krankheiten* befaßt.

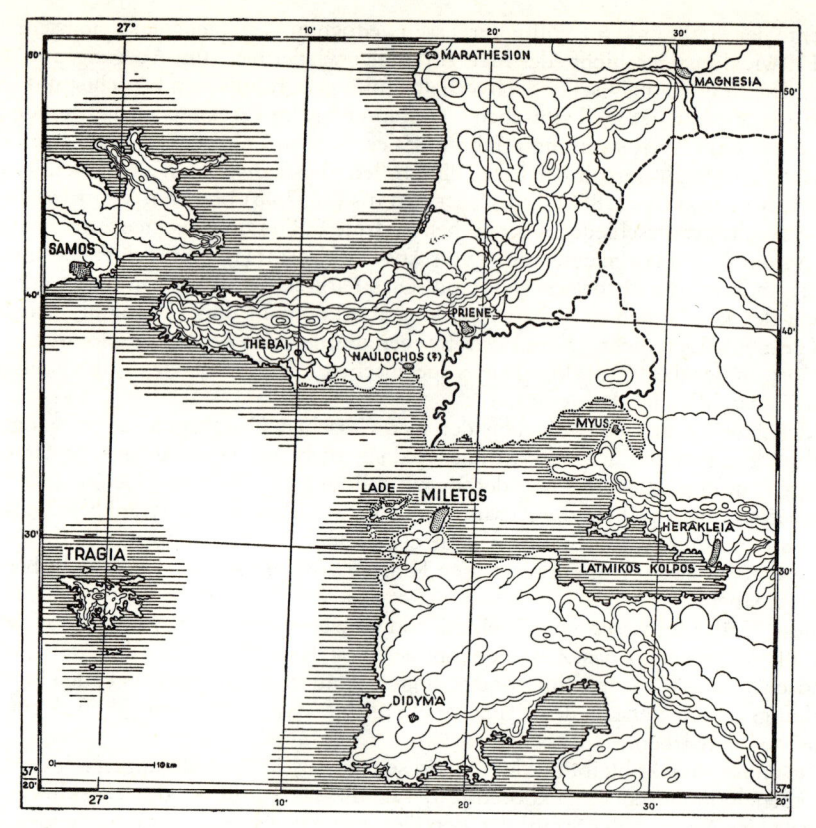

Abb. 1 Der Zustand des Mäandertales und des Latmischen Golfes um 451 v. Chr. (nach WIEGAND und SCHRADER aus: Welt-Seuchen-Atlas, Band I).

Die einzelnen *Geofaktoren*, die für geomedizinische Analysen in Betracht kommen, können aus der folgenden vorläufigen Liste (JUSATZ, 1969) entnommen werden:
1. *Geomorphologische* Bedingungen der Ortslage, Oberflächengestalt der Erde und ihre Veränderungen im Laufe der Geschichte,
2. *orographische* Verhältnisse,
3. *hydrologische* Situation mit dem Faktor Wasser in stagnierender oder fließender Form, Qualität und Quantität, Veränderungen wie Überschwemmungen,
4. *edaphische* Faktoren, die vom Untergrund ausgehen, Bodenarten, Bodenfeuchtigkeit, Bodenexhalationen usw.,
5. *klimatische* Faktoren in Form von Einwirkungen der Atmosphäre, des Wetters und des Lokalklimas,
6. *weitere biotische* Faktoren der natürlichen Umwelt, wie z. B. Tierbestand, Tierhaltung, Ektoparasitenbefall, Ernährungsgrundlage, Verwendung von landschaftseigentümlichen pflanzlichen Produkten, Pflanzenkrankheiten (Geophytomedizin).

Erst durch das Zusammenwirken dieser einzelnen Faktoren der natürlichen Umgebung der Menschen werden die Grundlagen geschaffen für die Aufstellung eines *geo-*

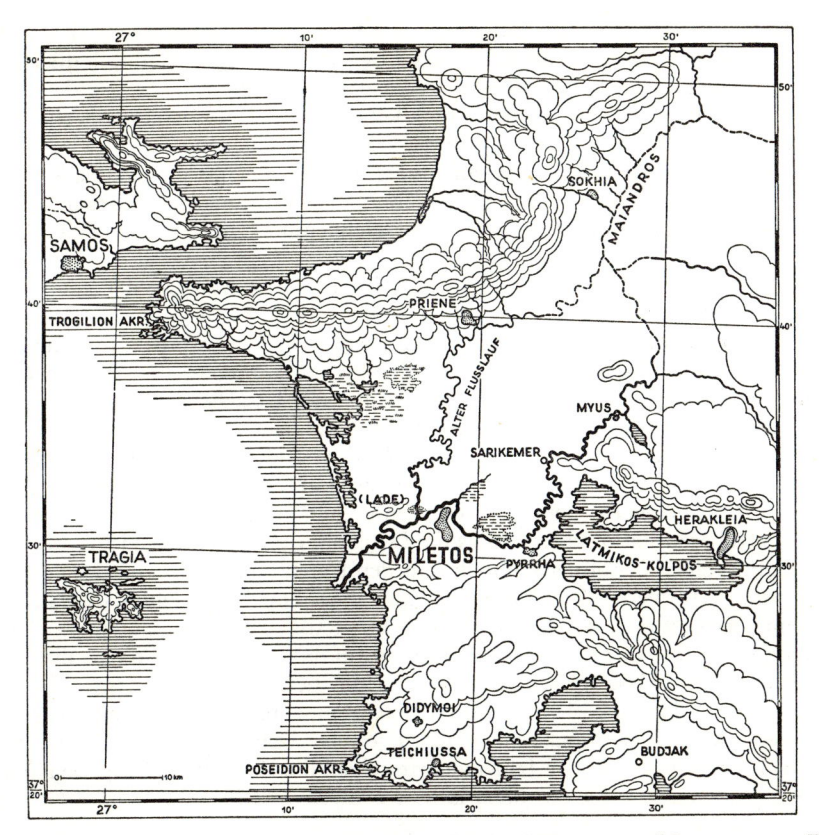

Abb. 2 Topographie des Mäandertales im 20. Jahrhundert (nach WIEGAND und SCHRADER aus: Welt-Seuchen-Atlas, Band I).

ökologischen Systems für eine Krankheitsverbreitung in einem bestimmten Erdraum.

Der Ausgang jeder Analyse über das örtliche Vorkommen einer Krankheit des Menschen muß die Krankheit selbst sein in ihrer Entität. Während aber das aetiologische Prinzip allein vorherrschend die Systematik der Krankheiten bestimmt hatte, gibt es eine medizinisch-geographische Einteilung der Krankheiten, nach denen sich ihr örtliches Vorkommen nach drei übergeordneten Gesichtspunkten ordnen läßt.

Wir können unterscheiden:

A. *Globales* Vorkommen ubiquitärer oder kosmopolitischer Krankheiten.
B. *Zonal beschränkt* vorkommende Krankheiten.
C. *Lokal* begrenzt auftretende Krankheiten.

Je nachdem eine Krankheit in die eine oder andere Gruppe eingereiht werden kann, ist sie für die medizinische Geographie von größerer oder geringerer Bedeutung.

Obwohl der Mensch als quasi ubiquitäres Lebewesen die Krankheiten, die ihn befallen, überallhin auf der Erde verschleppen und somit die Ausweitung von Krankheiten fördern kann, gibt es Grenzen für das Auftreten von Krankheiten, die der Mensch nicht beeinflussen kann. Sie wurden zunächst empirisch durch die medizinische Geographie erfaßt, wie z. B. bei der zonalgebundenen Verbreitung der Malaria, ohne daß daraus weitergehende Schlüsse gezogen wurden, obwohl durch die Begrenzung der Nosozonen eine Kausalität zum Ausdruck kommt.

Der räumlichen Abgrenzung der Krankheitsareale oder Nosozonen liegen offenbar polyfaktoriell bedingte Systeme zugrunde. Nur in den seltensten Fällen wird ein Faktor für sich allein wirksam sein, vielmehr stellt sich jede zonale oder lokale Begrenzung einer Krankheitsverbreitung als Ergebnis eines Wirkungsgefüges mehrerer Faktoren dar, die wir heute als Geofaktoren bezeichnen und zum größten Teil erkennen können.

Die Aufklärung dieser Zusammenhänge ist nunmehr Aufgabe der geomedizinischen Forschung geworden.

Es darf hier an dieser Stelle an den ersten Hinweis erinnert werden, den ERNST RODENWALDT (1952), den wir mit Recht als den Inaugurator der geomedizinischen Forschung ansehen (JUSATZ), durch die Aufklärung der Ursachen für die Verseuchung des Mäandertales in Kleinasien mit Malaria gegeben hat.

Er sah in Kleinasien während des 1. Weltkrieges im Priene-Werk von WIEGAND und SCHRADER die beiden Karten mit dem Zustand des Mäander-Tales aus der Zeit um 451 v. Chr. neben der heutigen Situation und erkannte als Ursache der Versumpfung des früheren Latmischen Golfes die Dynamik des Ausfüllungsdeltas des Mäander, der mit seinen Geröllmassen nicht nur den Hafen von Myus, sondern auch den Hafen von Milet verschüttet hatte. Die Einwohner von Myus hätten ihre Stadt verlassen müssen — wegen der Mücken, wie es von PAUSANIAS berichtet wurde. Dann ist der Lauf des Mäander vom rechten Talrand auf das linke Talufer durch die Geröllmassen der Nebenflüsse verdrängt worden, schließlich wurde der Latmische Golf abgeschnürt, und zurück blieben ausgedehnte Sümpfe und Überschwemmungsgebiete, in denen die Malariamücken brüteten. Die Oberflächengestalt der Erde und ihre Veränderungen im Laufe der Jahrhunderte schien die Erklärung abzugeben, warum dieses ganze Gebiet unter der Malaria sehr schwer zu leiden hatte (RODENWALDT, 1952) (Abb. 1 u. 2).

Die geomorphologische Analyse als Element der Seuchenforschung (RODENWALDT, 1935), stellt einen ersten Weg zur Erkenntnis der Wirkung von Geofaktoren auf die Krankheitsverbreitung in einem umgrenzten Erdraum dar, denen eine kausale Bedeutung zugemessen werden muß.

Ähnliche Verhältnisse liegen auch bei anderen, durch Arthropoden übertragene Krankheiten vor, wie z. B. bei der durch Filarien hervorgerufenen Elephantiasis, die sich durch eine schon äußerlich bei der Bevölkerung einer Landschaft auffallenden Verdickung der Extremitäten zu erkennen gibt. Hier gelang es ERNST RODENWALDT (1937) zum ersten Male in Indonesien eine lückenlose Kausalkette vom Erreger über den Überträger zum erkrankten Menschen mit Einschluß jener Geofaktoren aufzustellen, von denen das Verbreitungsareal bestimmt wird (Abb. 3).

Mit diesen Beispielen dürfte der Beweis für die Bedeutung geomedizinischer Analysen für die Landschaftsforschung erbracht worden sein.

Innerhalb einer derartigen Kausalkette kommt dem einen oder anderen Geofaktor bevorzugt ein bestimmter Stellenwert zu, der je nach dem Komplex eine Bedeutung für die räumliche Ausbreitung einer bestimmten Krankheit hat.

Eine auf einen Großraum bezogene Betrachtung kann nur generalisierend Aussagen aufstellen. Die geomedizinische Forschung muß ins Detail gehen und Beobachtungen in umschriebenen Erdräumen durchführen, als deren kleinste Zelle eine Landschaft oder Landschafts-Verbände gelten können. Hierbei muß eine Analyse des Krankheitsvorkommens in einem derartig umschriebenen Erdraum mit der ganzen Komplexität der Umwelt mit allen ihren Korrelaten zu den biologischen Gegebenheiten und soziokulturellen Verhältnissen rechnen.

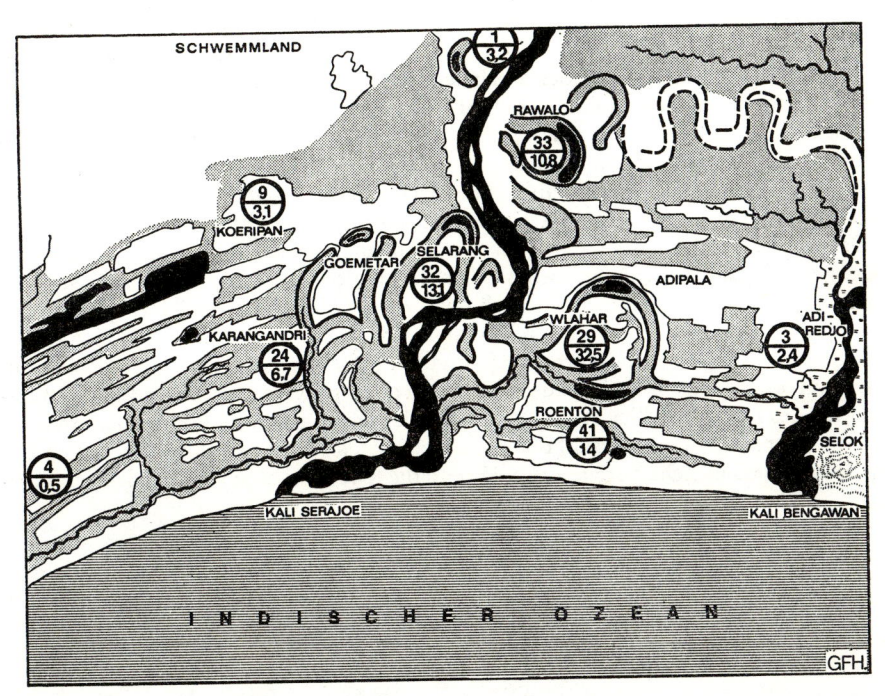

Abb. 3 Vorkommen von Filarien-Befall und Vorkommen von Elephantiasis bei der Bevölkerung am Serajoe (nach RODENWALDT 1937). — Alles ohne Bedeutung für die Erörterung der geomorphologischen Situation, Wege, Eisenbahnen, Ortschaften, ist fortgelassen worden. Die Karte enthält im wesentlichen nur eine Darstellung der hydrologischen Verhältnisse. Schwarz: Flüsse, recente Lagunen und offene Wasserflächen; grau: als Reisefelder benutzte Flächen, unter ihnen zahlreiche alte Lagunen westlich und östlich des Serajoedeltas. Prozentzahlen: Bei den Ortschaften in der oberen Hälfte des Kreises Prozentsatz an Trägern von Microfilaria malayi bei Erwachsenen. Promillezahlen: In der unteren Hälfte des Kreises Promillesatz der Elephantiasis in diesen Ortschaften.

Bevor wir Regeln für ein geomedizinisches Lehrgebäude aufstellen, wollen wir aus der Empirie heraus anhand von Beispielen eine Auswahl von einzelnen Geofaktoren der natürlichen Umwelt des Menschen in ihren Wirkungen auf ein lokales Krankheitsgeschehen kennenlernen, wobei aus jedem dargestellten Beispiel das Ineinandergreifen einzelner Geofaktoren und ihre Bedeutung für das Krankheitsvorkommen in einer bestimmten Landschaft ohne weiteres abgelesen werden kann.

Beginnen wir mit einem einfachen Beispiel, das uns zeigt, wie aus der ärztlichen Erfahrung durch die Beobachtung der Wiederkehr der gleichen Krankheitserscheinung bei vielen Menschen eine ursächliche Verknüpfung zur Ökologie des betroffenen Personenkreises in dem bestimmten Beobachtungsgebiet mit seinen charakteristischen

Landschaftseigenschaften gefunden werden kann, so daß hier von einer „Kleinraumgeomedizin" gesprochen werden kann.

Im Bodensee-Gebiet wurde viele Jahre hindurch von den Augenärzten eine auffällig starke Häufung von eigenartigen Splitterverletzungen der Augen bei der Landbevölkerung beobachtet, die immer im Sommer zur Zeit des Häufelns der Kartoffeln auftraten. Diese Splitterverletzungen kamen fast ausschließlich bei Arbeiten mit der Hacke auf Äckern vor, die sich im Gebiet der Schotterfelder der Niederterrasse der letzten Eiszeit nördlich des Bodensees befanden. Der Zusammenhang zwischen dieser lokal beschränkt auftretenden Erkrankung und der Landschaftseigentümlichkeit des Gebietes, in denen sie vorkam, läßt sich durch folgendes geoökologische Schema darstellen: Niederterrasse der letzten Eiszeit — Schotterfelder — Kartoffelanbau — Methode des Häufelns der Kartoffeln mit der Hacke auf steinigen Böden — Absplittern von Steinteilchen — Splitterverletzungen der Augen.

Das zweite Beispiel, das zu Beginn der geomedizinischen Forschungsarbeiten bekanntgemacht wurde, betrifft ebenfalls bestimmte geoökologische Verhältnisse in einem süddeutschen Raum, der sich nach den Feldforschungen von WILHELM RIMPAU durch eine besondere Eigenart der Bodenverhältnisse charakterisieren läßt. RIMPAU (1949) hat vor 30 Jahren die Verteilung von über 1000 Erkrankungen an sogenanntem Schlamm- oder Erntefieber in Süd-Bayern zum geologischen Aufbau und der Bodenstruktur des Landes südlich der Donau in Beziehung gesetzt. Er konnte nachweisen, daß die überwiegende Mehrzahl der Erkrankungen sich auf den sandigen Böden der tertiären Hügellandschaft ereignete, während die lehmig-tonigen Böden der Schotter-

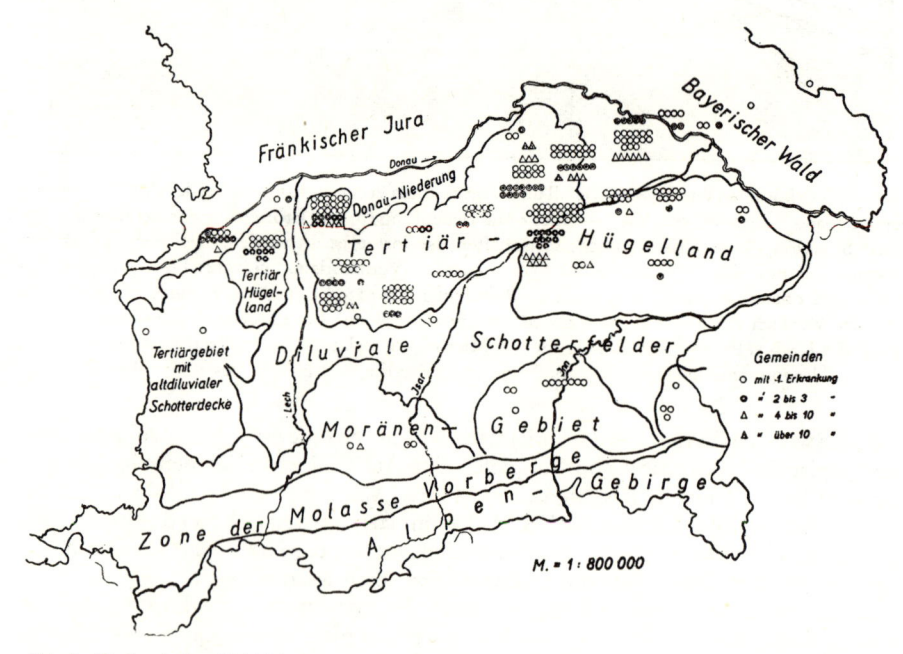

Abb. 4 Endemisches Feldfieber-Vorkommen (Leptospirose) im tertiären Hügelland südlich der Donau (nach W. RIMPAU 1949).

gebiete fast völlig frei blieben (Abb. 4). Da die Erreger dieser Erntefieber, die Leptospiren sich im feuchten Boden ebenso gut halten wie im Wasser, stellt die Durchtränkung der Flußufer und ihre Verseuchung mit Leptospiren das wichtigste Bindeglied in der Infektkette zwischen dem tierischen Reservoir, Feldmäusen und kleinen Nagetieren, und dem als Erntearbeiter exponierten Menschen dar (Abb. 5).

Eine sehr begrenzte Bindung an die kleinste Zelle in einem Landschaftsgefüge ergibt sich in Flußtälern, in denen eine Stromverlangsamung durch zahlreiche mäanderartige Windungen zur Durchtränkung der Flußufer führt, ganz besonders, wenn derartige Örtlichkeiten dazu noch zu Badezwecken oder zum Camping benutzt werden. Eine derartig enge Bindung an eine Flußlandschaft fand sich z. B. an der mittleren Charente, hier konnte ich das „Fièvre de Charente" durch eine Kombination einer geoökologischen Analyse mit einer serologischen Diagnose als Leptospiren-Infektion aufklären (JUSATZ 1941).

In den beschriebenen Beispielen, bei denen verschiedene Geofaktoren im Spiel sind, decken sich die beschriebenen Krankheitsräume nicht immer mit dem Landschaftsbegriff. Die geomedizinische Forschung muß daher das Auftreten und die Verbreitung einer bestimmten Krankheit in verschiedenen Räumen verfolgen.

Bei zwei für Europa neuen Krankheiten konnte seit ihrem ersten Auftreten die auffällige Bindung ihrer Krankheitsareale an bestimmte Landschaftseigentümlichkeiten beobachtet werden.

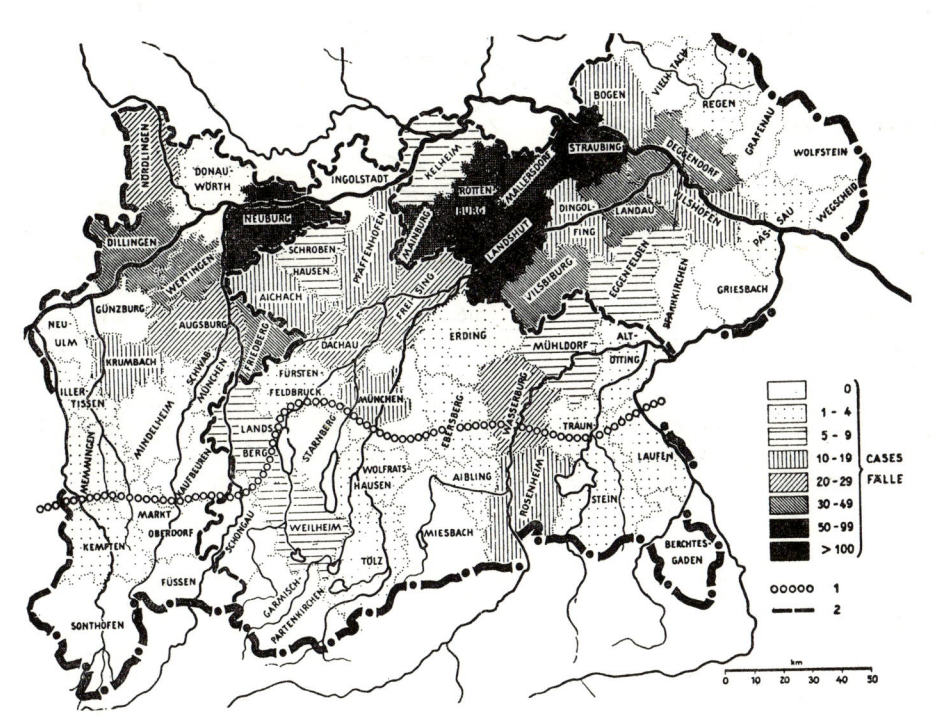

Abb. 5 Endemisches Feldfieber-Vorkommen (Leptospirose) im tertiären Hügelland südlich der Donau (nach W. RIMPAU 1949).

Für die Tularämie, jene seuchenhafte Erkrankung von Wühlmäusen, Feldmäusen, Hamstern, Lemmingen, Erdhörnchen und Eichhörnchen, Feldhasen und Kaninchen sind inzwischen Nistgebiete bekanntgeworden, die als Dauerherde für die Aufrechterhaltung dieser Seuche in Europa gelten können. Eine geoökologische Erforschung eines Dauerherdgebietes, wie z. B. des ältesten mitteleuropäischen Vorkommens im Marchfeld nördlich von Wien oder des Dauerherdgebiets am Steigerwald (Abb. 6), hat zur Aufstellung eines Ökosystems geführt, das sich mit den aus Rußland und aus Nordamerika beschriebenen ökologischen Verhältnissen der Verbreitungsgebiete der Tularämie vergleichen läßt.

Tabelle II. Beispiele für konkordante Ökosysteme der Tularämie (Isozönose):

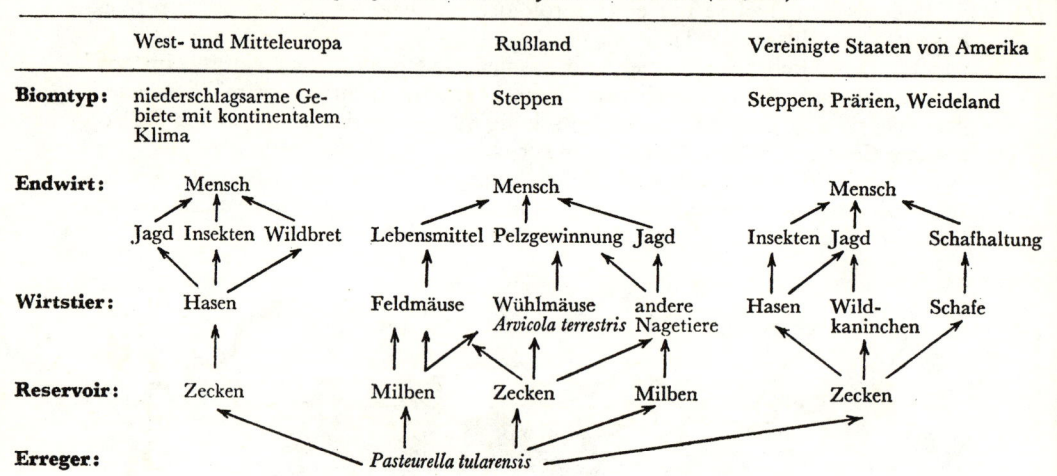

	West- und Mitteleuropa	Rußland	Vereinigte Staaten von Amerika
Biomtyp:	niederschlagsarme Gebiete mit kontinentalem Klima	Steppen	Steppen, Prärien, Weideland
Endwirt:	Mensch ↑ Jagd Insekten Wildbret	Mensch ↑ Lebensmittel Pelzgewinnung Jagd	Mensch ↑ Insekten Jagd Schafhaltung
Wirtstier:	Hasen	Feldmäuse Wühlmäuse *Arvicola terrestris* andere Nagetiere	Hasen Wildkaninchen Schafe
Reservoir:	Zecken	Milben Zecken Milben	Zecken
Erreger:	— — *Pasteurella tularensis* — —		

Das Gebiet, in dem diese Erscheinungen nun seit 20 Jahren festgestellt worden sind, zeichnet sich gegenüber der weiteren Umgebung des Frankenlandes durch eine relative *Niederschlagsarmut* — mit Jahresniederschlägen unter 600 mm — aus, zweitens ist die relative *Milde des Klimas* mit einem Temperaturmittel von über 10° C an mehr als 160 Tagen des Jahres das charakteristische Merkmal für den am weitesten nach Osten vorgeschobenen *wärmsten Klimaraum Süddeutschlands*, und drittens ist die Besonderheit der Vegetation, gekennzeichnet durch das Vorkommen von wärmeliebenden *Eichen-Hainbuchen-Wäldern* und *Resten von Steppenheiderasen*, als Ausdruck für eine *Naturlandschaft mit ursprünglich steppenähnlichem Charakter* (Abb. 6).

Abb. 6 Geoökologische Darstellung des Naturherdes der Tularämie am Steigerwald (nach H. J. Jusatz 1958, 1961).
1—7 Erkrankungsfälle beim Menschen auf dem Lande.
8—9 Erkrankungsfälle beim Menschen durch Wildbret.
10 Steppenheiderasen.
11 Umgrenzung des Trockengebietes mit Jahresniederschlag unter 600 mm.
12 Grenzen der naturräumlichen Landschaftsgliederung.
13 Umgrenzung des Gebietes mit Temperaturmittel über 10 °C an 160 Tagen des Jahres.

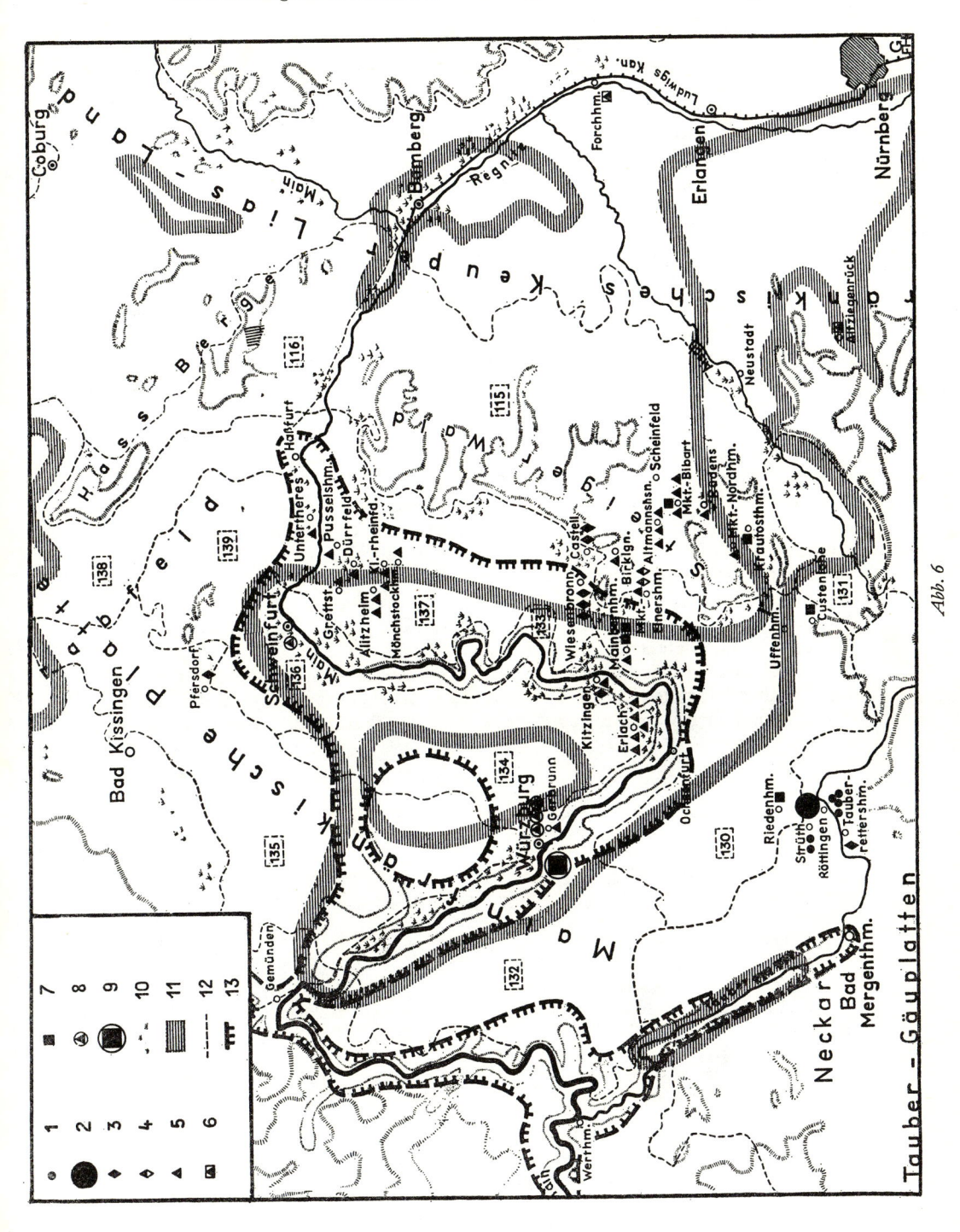

Die Bedeutung der Geomedizin bei der ökologischen Landschaftsforschung

Abb. 6

Den sonnenreichen Kalkabhängen des Steigerwaldes als „essentielle Naturherde" entsprechen östlich die Steppenreste des Marchfeldes nördlich von Wien und westlich die Verhältnisse des französischen Epidemiegebietes in der Côte d'Or um Dijon mit den exponierten Hängen pontischer Hügel auf Kalkuntergrund.

Für die Aufrechterhaltung der Seuchen-Nistgebiete zwischen zwei epidemischen Ausbrüchen ist nicht so sehr die Populationsdichte der Reservoirtiere verantwortlich als vielmehr der Befall dieser Tiere mit Ektoparasiten (Zecken, Milben, Läuse). Im Körper der Zecken können sich die Tularämie-Erreger über einen Zeitraum von vielen Monaten bis zu zwei Jahren infektionstüchtig erhalten. Somit sind infizierte Zecken als „perenniierende Infektionsquelle" in fast allen Seuchengebieten anzusehen.

Auch die zweite, in Mitteleuropa neu aufgetretene Erkrankung, nämlich die Virus-Meningoenzephalitis läßt eine eigenartige Bindung ihrer Ausbreitungsgebiete an geoökologische Bedingungen erkennen, wobei wiederum Zecken als Überträger dieses Virus eine ausschlaggebende Rolle spielen.

Diese Erkrankung, die ursprünglich als sog. „Russische Frühjahrs-Sommer-Enzephalitis" beschrieben worden ist, hat sich in den letzten Jahrzehnten ebenfalls vom Osten kommend, nach der Tschechoslowakei und nach Österreich ausgebreitet (RADDA, 1973). Einzelfälle sowie Virusisolierungen sind auch aus der Bundesrepublik beschrieben worden.

Es wäre ein Beitrag für die ökologische Landschaftsforschung, wenn sich bei einem Vergleich der Standortsbereiche gleichartiger Lebensgemeinschaften, die der Ausbreitung dieser beiden neuen Krankheiten in Mitteleuropa zugrunde liegen, sich funktionale Beziehungen zwischen den Populationen der Kleinsäuger und ihren Ektoparasiten, deren ökologischer Valenz und dem physiogeographischen Charakter der Befallsgebiete ergeben würden. Hier würde die Bedeutung der Geomedizin für die ökologische Landschaftsforschung sichtbar.

Die geomedizinische Erforschung des Vorkommens einer Krankheit in einer Landschaft hat für die Erkennung unerkannter Seuchen-Reservoire in der Tierwelt, die nach russischer Auffassung auch als „elementare Naturherde" (PAWLOWSKI, 1963)

Abb. 7 Darstellung des Vorkommens von arteriosklerotischen Herzerkrankungen im Vereinigten Königreich (nach G. M. HOWE, 1970).

S.   Standardisierte Sterblichkeitsziffer
S.M.R. 100 = Nationale Rate = 26,1 männliche Todesfälle auf 1000 männliche Lebende
1 121 und darüber   = extrem hoch
2 108—120   = mäßig hoch
3 100—107   = vergleichsweise höher
                      = Nationaler Durchschnitt
4 94— 99   = vergleichsweise niedriger als nationaler Durchschnitt
5 86— 93   = mäßig niedrig
6 85 und weniger   = extrem niedrig
7   = signifikant
8   = nicht signifikant
9   = städt. Gebiete
10   = ländliche Gebiete
11   = Gebiete mit einer Bevölkerung von weniger als 68 000 werden durch diese kleinste Fläche wiedergegeben.

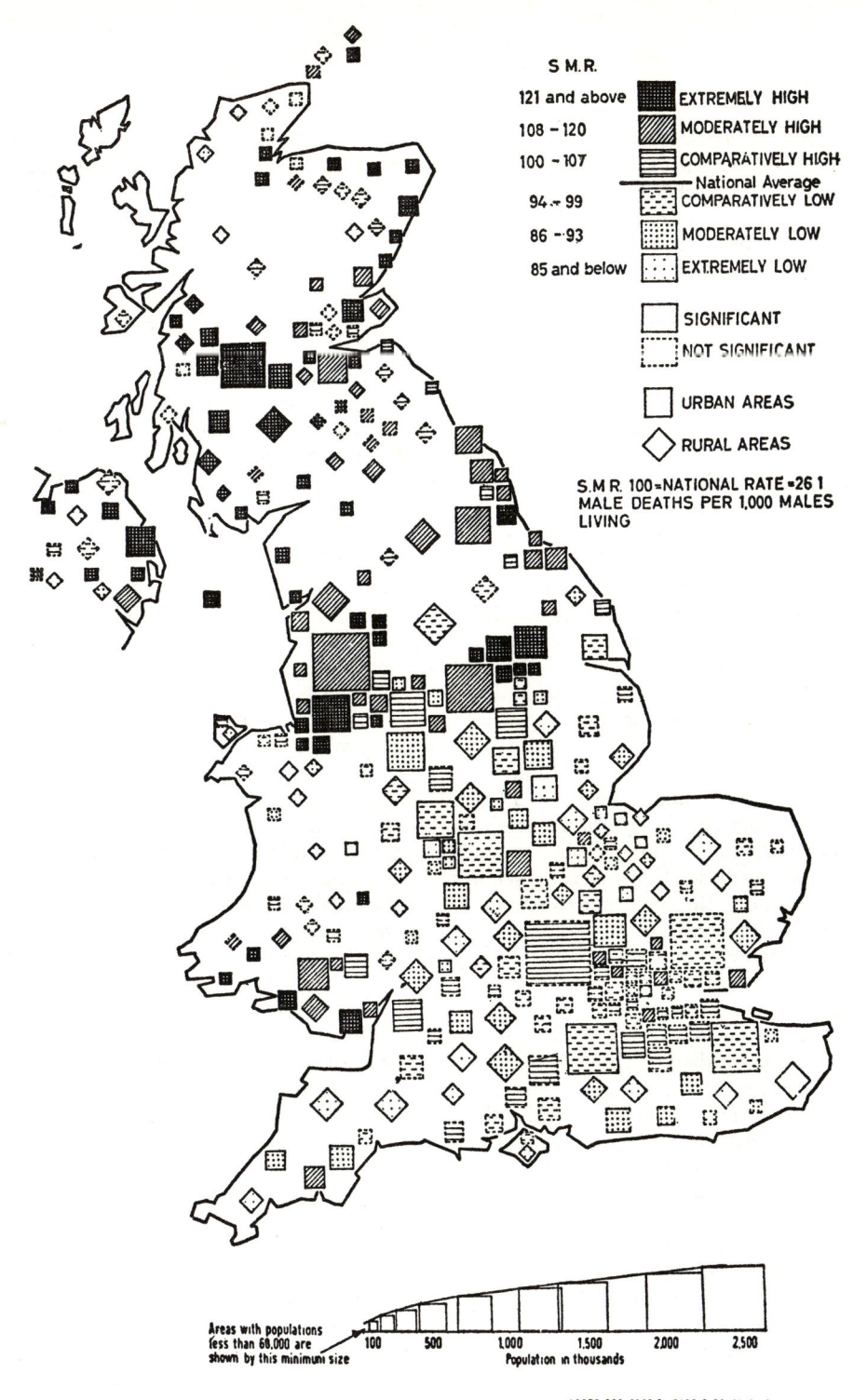

Abb. 7

bezeichnet werden, ihre besondere Bedeutung. Es können sich hier völlig unabhängig vom Menschen Biozönosen entwickeln, durch die der Herd eines Krankheitserregers in enzootischer Form bestehen bleiben kann, als sog. Anademie. Gelegentliches Vorkommen von einzelnen Infektionen beim Menschen ist Ausdruck für die sog. „Sylvatische Form" einer Seuche, wie wir es bei Dengue, Gelbfieber, Pest, Tollwut, Tularämie und Zecken-Virusenzephalitis kennen.

Aus der großen Reihe der Geofaktoren, die bei der Ausbreitung einer Krankheit mitwirken können, seien hier nur noch die orographischen und klimatischen Faktoren angeführt.

Immer wieder im Laufe der Medizingeschichte ist der Versuch gemacht worden, die Gesundheitslage einer Stadt oder Siedlung aus den besonderen Verhältnissen ihrer geographischen Lage zu begründen. Je mehr bejahrte Menschen in einer Stadt anzutreffen waren, desto gesünder sollte sie sein. Es war die „Salubrität", die auf Grund einer mehr oder weniger geringen Mortalität ihrer Einwohner gegenüber anderen Plätzen hervorgehoben wurde. Tatsächlich lassen sich ganz erhebliche Unterschiede in der Mortalität gegenüber einem nationalen Mittelwert mit Abweichung von erheblichen Prozenten nach oben und unten auch heute finden, wie es der National Atlas of disease mortality in the United Kingdom von G. MELVYN HOWE (1972) zeigt (Abb. 7).

Es gibt eine untrügliche Verknüpfung zwischen dem Auftreten einer Krankheitserscheinung und der orographischen Lage eines Ortes — unter Einbeziehung der besonderen klimatischen Situation, nämlich das Auftreten der Föhnkrankheit, hervorgerufen durch den Gebirgsföhn in den Quertälern der Nordalpen, wobei das Auftreten dieser Krankheitserscheinungen auf diese Föhntäler beschränkt ist.

Der orographischen Lage wurde in Verbindung mit Klimafaktoren schon sehr lange vor der Entdeckung der Krankheitserreger eine große Bedeutung für die Ausbreitung von Epidemien zuerkannt. Die Bezeichnung einer Landschaft als Sommerfrische stammt aus dieser vorbakteriologischen Zeit. Nach L. VON HÖRMANN stammt der Ausdruck „Sommerfrische" von den „Sommerfrisch-Wohnungen" von Oberbozen, die nach der Überlieferung schon vor 250 Jahren anläßlich des Auftretens der Pest von den Bozenern auf dieser luftigen Höhe erbaut worden sind. Nach Ansicht des Geographen BEDA WEBER ist das „Sommerfrisch-Wesen" aus der Furcht vor der Malaria zu erklären (H. KINZL, 1960). Die Bevölkerung der Talgründe der Etsch flüchtete während der heißen Sommermonate in höher gelegene Gegenden als einfachstes und wirksamstes Mittel gegen die Malaria. Vor allem zogen die Bozener mit Kind und Kegel im Sommer auf den Ritten. Auch die Luftkurorte der deutschen Mittelgebirge verdanken ihre Entstehung der geomedizinisch bedeutsamen Tatsache, nämlich der Benutzung offensichtlich seuchenfreier Gebiete in bestimmten mittleren Höhenlagen als Zufluchtsorte bei Epidemiegefahren und zur Rekonvaleszenz nach einer überstandenen Infektionskrankheit, wie z. B. schon damals der Grippe Anfang des 19. Jahrhunderts. Nach der Jahrhundertmitte stieg in den Luftkurorten des Thüringer Waldes die Anzahl der Besucher an, „die zum nicht geringen Teil vor der Cholera in den Städten Berlin, Magdeburg, Halle, Erfurt und Gotha nach der gesunden Waldluft geflüchtet sind" (JUSATZ, 1967b). Auch die heilklimatische Anwendung des Mittelgebirgsklimas gegen Tuberkulose mit der Einrichtung der ersten Lungen-Heilstätte im Jahre 1854 in Görbersdorf in Schlesien ist hier zu erwähnen.

Hier müssen wir auch der sog. Medizinischen Topographien oder Ortsbeschreibungen gedenken, die im vergangenen Jahrhundert, obwohl von Ärzten verfaßt, doch zur medizinischen Geographie zu rechnen sind. Sie erleben heute eine gewisse

Renaissance durch die Herausgabe von Medizinischen Länderkunden (JUSATZ, 1967a).

Ich könnte noch einige Beispiele aus den Tropen hier anfügen, in denen der Mensch als „Störfaktor" die Umwelt so verändert hat, daß unabsehbare Folgen einer Krankheitsverbreitung oder Seuchengefahr eingetreten sind, wie es z. B. durch die großen Dammbauten und Bewässerungsanlagen für Monokulturen im Sudan bereits geschehen ist, in deren Folge eine Ausbreitung der Bilharziose unter der Bevölkerung eingetreten ist.

Wenn wir einen Schritt weitergehen und heute in unserer hochzivilisierten Welt mit ihrer bald überwiegend urbanisierten Bevölkerung auch die künstlich von Menschen geschaffenen Großstädte als „Stadtlandschaften" den natürlichen Landschaften gleichstellen, dann wird es eine Aufgabe der nahen Zukunft werden, diese Stadtlandschaften mit ihren Auswirkungen auf die menschliche Gesundheit und auf das Vorkommen von Krankheiten nach geomedizinischen Grundsätzen zu untersuchen.

Im Ausland, besonders in England und USA, sind bereits erste Ansätze gemacht worden, wobei z. T. allerdings sozioökonomische Fragestellungen im Vordergrund standen. Sie sind aber zunächst als Materialsammlung beachtenswert.

Alle diese Versuche legen die Frage nahe, wieweit durch geomedizinische Untersuchungen eine Aussage über die *Qualität eines Raumes* gemacht werden kann und ob sich Räume verschiedener Qualität durch verschieden starkes Vorkommen von Krankheiten vergleichen lassen.

Man kann zwar die Qualität eines Raumes im Hinblick auf eine einzelne Krankheit beschreiben und mit anderen vergleichen, wie z. B. bei der Malaria, deren verschieden starkes Auftreten in benachbarten Räumen sich als hypo-, meso- oder hyperendemische Situation beschreiben läßt. In Einzelfällen läßt sich das Freibleiben einer Landschaft oder eines Ortes und damit die Qualität eines Raumes auch geoökologisch begründen, wie z. B. Höhenlagen über 2000 m, weil die klimatischen Bedingungen einer ungestörten Mückenentwicklung abträgig sind, oder malariafreie Oasen in der Sahara, weil deren Wasserqualität wegen eines zu hohen Salzgehaltes keine Larvenentwicklung der Anophelen zuläßt.

In jüngster Zeit ist der Versuch gemacht worden, die geomedizinische Analyse eines Gebietes durch eine Verbesserung der epidemiologischen Methodik mit Hilfe von Computer-Auswertungen der Krankheitsmeldungen der einzelnen Krankenhäuser bis zur Aufstellung eines sog. „Krankheitspanoramas" für das Einzugsgebiet eines jeden Krankenhauses fortzuführen. Auf diese Weise hat H. J. DIESFELD (1973c) im Rahmen des Schwerpunktprogrammes der Deutschen Forschungsgemeinschaft „Afrika-Kartenwerk" Lake-Victoria die Krankenhausmeldeziffern (27 Infektionskrankheiten betreffend) von 50 Krankenhäusern in Kenia, Uganda und Tansania mit biostatistischen Methoden ausgewertet, auf die Bevölkerung des jeweiligen Krankenhaus-Einzugsgebietes bezogen und zu nosochoretisch relevanten Umweltfaktoren des Geochoros und des Biochoros aus den Bereichen der Klima- und Agrargeographie mit Unterstützung der Herren HECKLAU und JÄTZOLD in Beziehung gesetzt. Er hat dabei in Anlehnung an die Theorie der zentralen Orte von CHRISTALLER (1933) die Krankenhaus-Einzugsgebiete bestimmt (Abb. 8).

Das jeweilige „Krankheitsmuster" eines jeden Krankenhauses ergibt sich somit aus der Zusammensetzung des Vorkommens der verschiedenen Krankheiten nach Art und Häufigkeit und wird auf das Krankenhaus-Einzugsgebiet bezogen. Die Einzugsgebiete mit gleichem oder sehr ähnlichem „Krankheits-Panorama" werden mit Be-

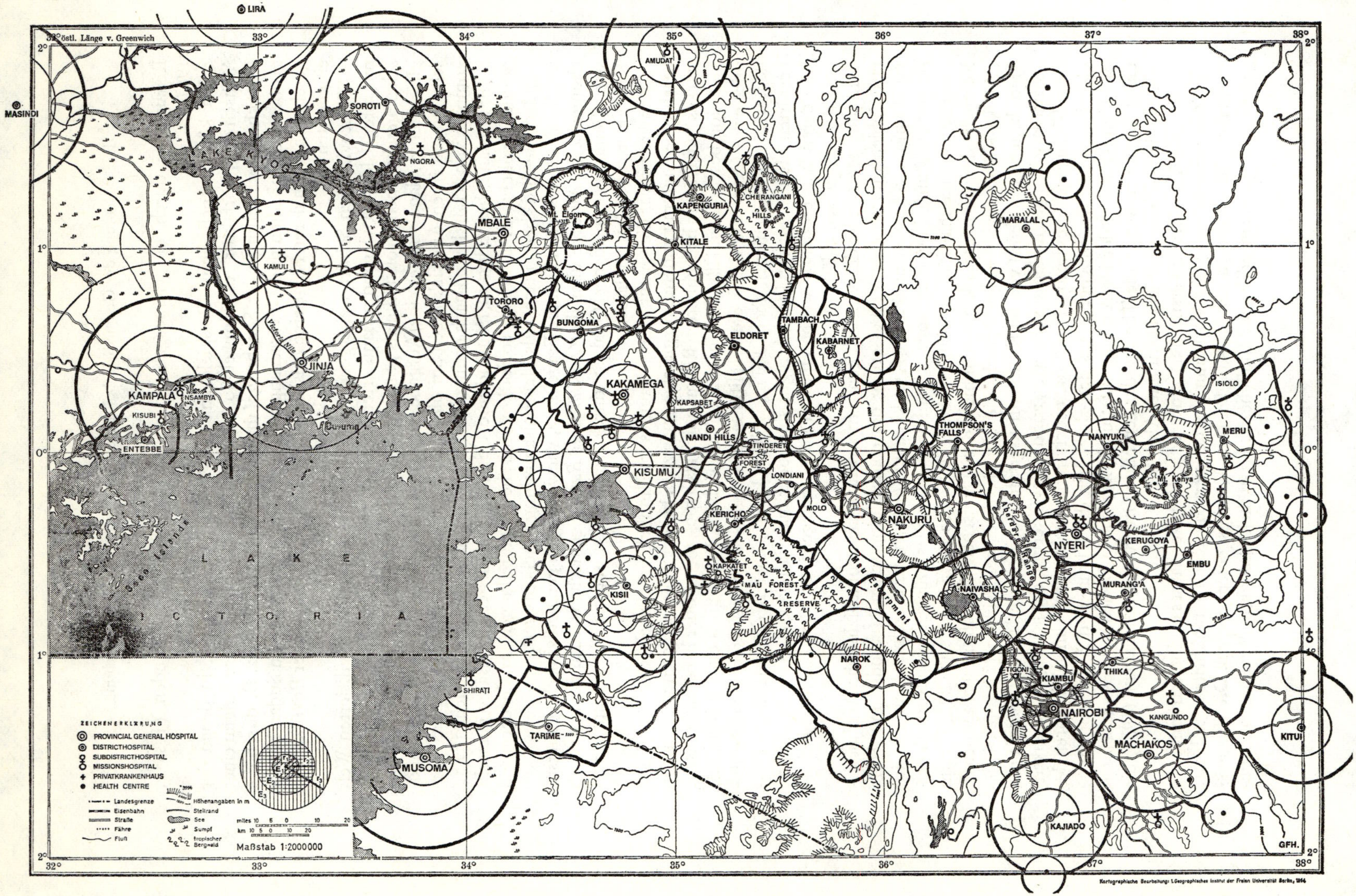

Abb. 8 Krankenhaus-Einzugsgebiete nordöstlich des Victoria-Sees mit zentralen Orten und Plätzen mit Health Centres (nach H. J. DIESFELD, 1973a, b, c).

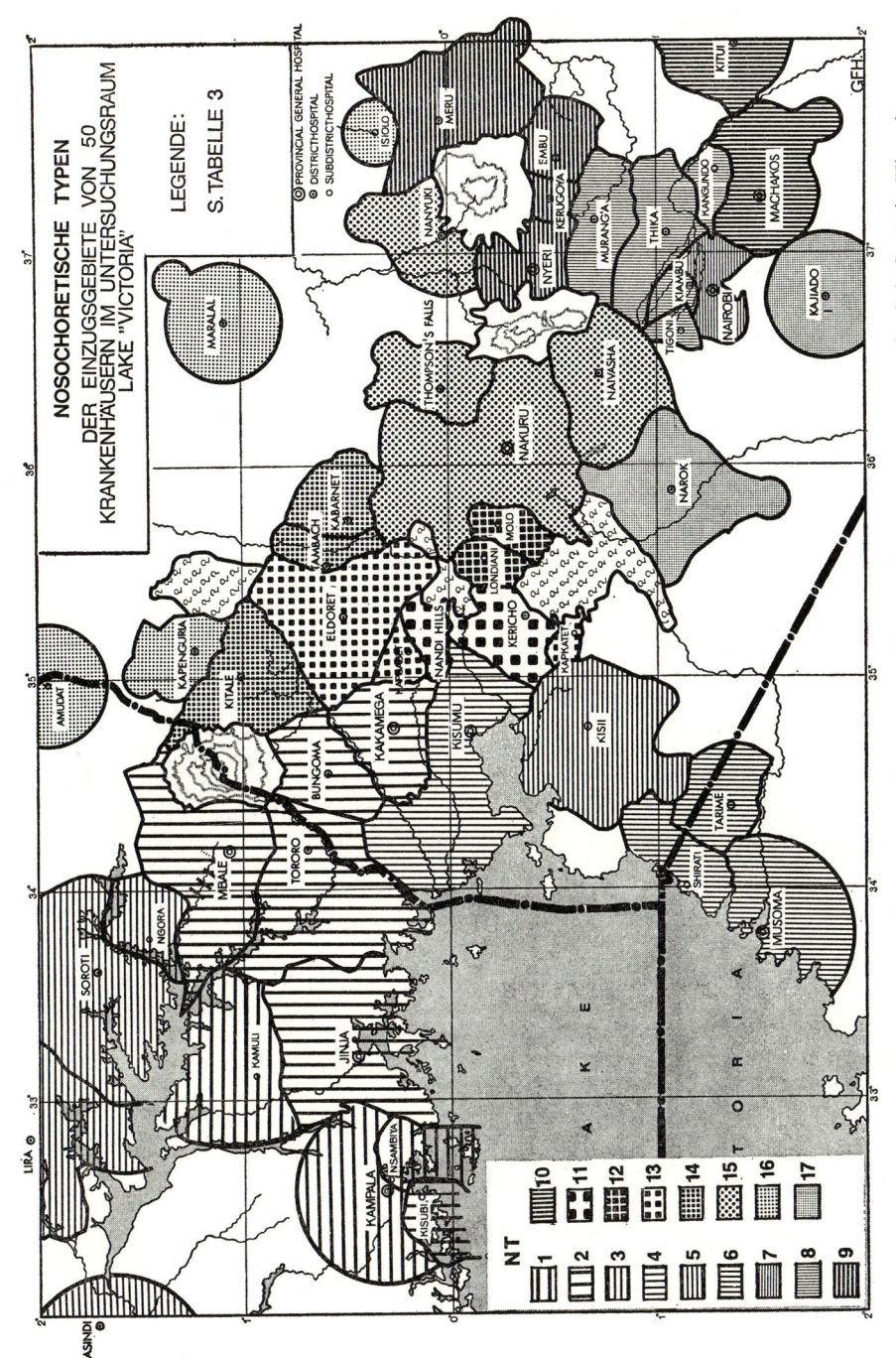

Abb. 9 Darstellung der nosochoretischen Typen (1—17) der Einzugsgebiete von 50 Krankenhäusern nordöstlich des Lake Victoria (nach H. J. DIESFELD, 1973a, b, c).

rücksichtigung ihrer orographischen Lage, ihrer klima- und agrargeographischen Charakteristika zu Typen zusammengestellt. Auf diese Weise gelang es DIESFELD (1973b) 17 Gruppen von nosochoretischen Typen nachzuweisen, die sich untereinander durch verschieden starkes Vorkommen von bestimmten Kombinationen von Infektionskrankheiten gegeneinander abgrenzen lassen und deren Areale als Nosochoren aufgefaßt werden (Abb. 9).

Für die Einordnung in diese Gruppen wurden die agrar- und klimageographischen Merkmale herangezogen, so daß auch eine geoökologische Begründung für jeden Nosochoros gegeben werden konnte. DIESFELD (1973c) konnte dabei auch einige Infektionskrankheiten gewissermaßen als führende Symptome in diesen Arealen erkennen, so daß hier gewissermaßen von „Charakterkrankheiten" gesprochen werden kann, wie z. B. Schlafkrankheit für das Seeufer Ost-Ugandas oder Zoonosen und Leishmasiasen für das nordöstliche Kenia mit einer ausgesprochen nomadischen Viehhaltung.

Der nächste Schritt zur geomedizinischen Qualifizierung des Raumes steht noch aus. Je nach dem Stellenwert, d. h. der Schwere einer der führenden *„Charakterkrankheiten"* und der Gefährdung durch ihre seuchenhafte Verbreitung oder auf Grund der wirtschaftlichen Verluste, die sie zur Folge haben, würde es möglich sein können, verschiedene „Raumqualitäten" aufzustellen. In Verbindung mit den bioökologischen und sozialgeographischen Daten lassen sich Beziehungen oder auch Abhängigkeiten feststellen, so daß aus dem Vorhandensein von gewissen Charakterkrankheiten in einem bestimmten Raum auch auf bestimmte geoökologische Verhältnisse oder auch menschliche Verhaltensweisen Rückschlüsse getroffen werden können.

Es lassen sich bereits heute schon Nosochoren erkennen, die nur den regenfeuchten Tropen zuzuordnen sind, während andere nur in den Savannengebieten, von Ausnahmen abgesehen, anzutreffen sind.

Wenn wir aus den vorliegenden Beobachtungen, die ja keineswegs Zufälligkeiten beschreiben, zu bestimmten Schlußfolgerungen kommen wollen, dann tritt die Frage nach gewissen Regeln auf, die diesen Bindungen zwischen Krankheitsvorkommen und einem bestimmten Erdraum oder einer Landschaft zugrunde liegen.

Wir können folgendes feststellen:

Es ist

1. *die Konstanz der Erscheinungen*, die wir als *erste Regel* anerkennen wollen: Die Wiederkehr der gleichen oder nahezu gleichstarken Krankheitsvorkommen im gleichen Raum nach jahrzehntelangen Beobachtungszeiten. Hierfür dürfte das Beispiel des Vorkommens der knotigen Form des Kropfes in verschiedenen Gebirgsgegenden der Erde angeführt werden. Für die Schweiz liegen Beobachtungen über eine Konstanz des Kropfvorkommens in den gleichen Dörfern an der Reuß wie 20 Jahre vorher vor (Abb. 10).
2. *Die Konkordanz der Erscheinungen*, d. h. das Auftreten einer bestimmten Krankheit mit gleicher oder nahezu gleicher Intensität in voneinander entfernt liegenden Landschaften mit gleichem geoökologischen Charakter.
3. *Die lokale Beschränkung* oder zonale Begrenzung des Vorkommens einer bestimmten Krankheit durch eine ökologisch strenge Bindung an ein für sie spezifisches, lokal oder zonal vorkommendes Biotop mit dem Charakter eines Dauerherdgebietes. Für diese geomedizinisch bedeutsame Erscheinung haben russische Forscher in den vergangenen 30 Jahren außerordentlich wertvolle Untersuchungen geliefert. Zur Aufklärung der Ursachen der in den zentralasiatischen Sowjetrepubliken vorkom-

menden Hautkrankheiten, der Haut-Leishmaniasen und Erkrankungen der inneren Organe durch Leishmaniase, die nach den Stichen von Sandfliegen, Phlebotomen, von Nagetieren auf den Menschen übertragen werden, haben russische Forscher seit 30 Jahren in den halbwüstenartigen Landschaften der zentralasiatischen Sowjetrepubliken die Höhlen der Nager, der Wüstenspringmäuse, der Erdhörnchen und Stachelschweine aufgespürt und den artenreichen Befall von blutsaugenden Ektoparasiten und Insekten beobachtet. Durch den ständigen Austausch von *Leishmania*-Protozoen zwischen den Höhlenbewohnern und ihren Parasiten kann ein derartiger Naturherd jahrzehntelang potentiell aufrechterhalten werden (PETRISCHTSCHEWA 1971).

4. Entsprechend dem *Wirkungsgesetz der Umweltfaktoren* in der Ökologie von THIENEMANN (1939) gilt auch für die Verbreitung von Krankheiten die Regel, daß diejeni-

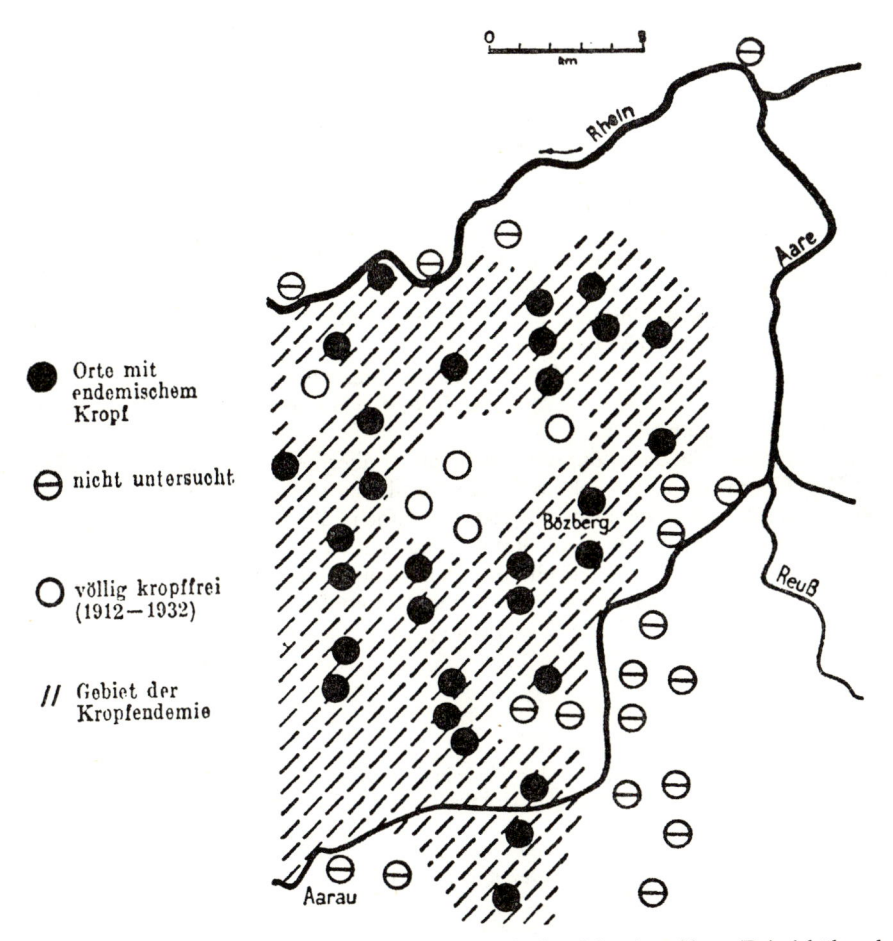

Abb. 10 Konstanz des örtlichen Kropf-Vorkommens in den Schweizer Alpen (Beispiel über das Kropf-Vorkommen in den gleichen Dörfern 1912 und 20 Jahre später mit kropffreien Inseln (nach TH. DIETERLE und J. EUGSTER, 1934)).

gen lebenswichtigen Faktoren jeweils eine Schlüsselposition einnehmen, die gerade noch im Minimum zur Verfügung stehen.

Das beste Beispiel dieses Minimumgesetzes ist die Verbreitung der Schlafkrankheit in Afrika, für die das Verbreitungsgebiet der Zungenfliegen, der Glossinen bzw. die dort herrschenden geoökologischen Bedingungen für die Entwicklung der Tsetse-Fliegen den Minimumfaktor darstellen.

Durch die Kenntnis der Amplitude der Lebensbedingungen der Glossinen, d. h. ihre ökologische Valenz wird es dann auch möglich sein, das potentielle Verbreitungsgebiet der Schlafkrankheit in Afrika genau zu bestimmen.

Unter Beachtung dieser Regeln sollte die geomedizinische Forschung mit Hilfe geographischer Methoden medizinische Tatbestände aufzeichnen und in Verbindung mit Geofaktoren verarbeiten, um zur Aufstellung eines Gesundheitsindex und eines Krankheitsindex für Landschaften, Länder und Klimazonen auf ökologischer Grundlage zu kommen.

Hier liegt eine große Zukunftsaufgabe für die medizinische Geographie vor, die in engster Zusammenarbeit zwischen Geographen und Medizinern in Angriff genommen werden sollte. Ihre Bedeutung ist jetzt auch von der Weltgesundheitsorganisation erkannt worden, die bereits mehrere Expertenseminare veranstaltet hat.

Eine Bekämpfung vieler Tropenkrankheiten ist ohne genaue Kenntnis der Ökologie der tierischen Überträger und der Reservoirtiere heute nicht mehr möglich. Neue Programme der Ausrottung oder auch nur der laufenden Überwachung von Infektionskrankheiten in den Tropen würden ohne geomedizinisch ausgerichtete „Vektor-Ökologie" erfolglos bleiben.

Das Ziel der geomedizinischen Forschungsarbeit und ihre Bedeutung für die ökologische Landschaftsforschung bestehen in der *Prognose*, der Voraussage über die optimale Nutzbarmachung eines Erdraumes für den Menschen, etwa im Sinne der Konzeption von WILLY HELLPACH (1965), der *Geurgie*, der Lehre, die Erde für den Menschen bewohnbar zu machen.

Die Grundlage für diese Zukunftsarbeit bildet aber heute eine enge Verbindung zwischen Geomedizin und ökologischer Landschaftsforschung, wobei der Satz GEORG STICKERS aus seinem Buch über die Pest noch gültig ist:

„In seinem ganzen Werden und Bestehen, auch noch auf seinem höchsten Kulturstande, ist das Menschengeschlecht mit Pflanzenwelt und Tierwelt unlösbar verknüpft und von beiden abhängig; seine kleine Pathologie macht damit keine Ausnahme und die *große* Pathologie, die Epidemiologie, natürlich auch nicht."

Literatur

CHRISTALLER, W. (1933): Die zentralen Orte Süddeutschlands. Jena.
DIESFELD, H. J. (1970): The Evaluation of Hospital Returns in Developing Countries. *Meth. Inform. Med.* 9:27—34.
— (1973a): The Definition of the Hospital Catchment Area and its Population as a Denominator for the Evaluation of Hospital Returns in Developing Countries. *Int. J. Epidemiol.* 2:47—53.
— (1973b): Structure Analysis for Regional Hospital Planning. A Contribution towards Measurement of Needs and Efficiency as a Prerequinte for Health Planning. *Int. J. Epidemiol.* 2:55—61.
— (1973c): Die geomedizinische Analyse des Untersuchungsraumes „Lake Victoria". Geomedizinische Karte E 15 u. Beiheft. Schwerpunktprogramm Afrika Kartenwerk der Deutschen Forschungsgemeinschaft (in Vorbereitung).

DIETERLE, R. und EUGSTER, J. (1934): Kropfvorkommen in der Schweiz. *Arch. Hyg.* 111:136—145.
HELLPACH, W. (1965): Geopsyche. 7. Aufl. Stuttgart.
HINZ, E. (1968): Regionale Unterschiede im Vorkommen von Helminthosen beim Menschen in Südnigeria. *Z. Tropenmed. Parasit.* 19: 227—244.
— (1973): Die geomedizinische Analyse des Untersuchungsraumes „Südnigeria". Geomedizinische Karte W 15 und Beiheft. Schwerpunktprogramm Afrika Kartenwerk der Deutschen Forschungsgemeinschaft (in Vorbereitung).
HIRSCH, A. (1881): Handbuch der historisch-geographischen Pathologie. 2. Aufl. Stuttgart.
HÖRMANN, L. VON: *Z. f. dtsche Wortforschung* I:79.
HOWE, G. MELVYN (1972): National Atlas of disease mortality in the United Kingdom. 2nd ed. Th. Nelson. London.
— (1970): Some recent Developments in Disease Mapping. The Royal Society of Health Journ. 90:16—20.
JUSATZ, H. J. (1939): Zur Entwicklungsgeschichte der medizinisch-geographischen Karten in Deutschland. *Mitt. d. Reichsamts f. Landesaufnahme,* Berlin. Nr. 1, 11—22.
— (1941): Europäisches Feldfieber (Schlammfieber) in Südwestfrankreich. *Zschr. Hyg. (Berlin)* 123:374—382.
— (1944): Ökologie des Menschen als Forschungsaufgabe. *Petermanns geograph. Mitt.* (Gotha). 7/8:227—228.
— (1953a): Die Bedeutung geomedizinischer Untersuchungen für den Amtsarzt. *Öff. Gesd.* 15:41—49.
— (1953b): Geomedizin als Forschungsrichtung. *Universitas.* 8:505—511.
— (1958): Die Bedeutung der Landschaftsökologischen Analyse für die geographisch-medizinische Forschung. *Erdkunde* XII:284—289.
— (1961): Landschaft und Krankheit. *MNU* 14:193—198.
— (1966): The Importance of Biometeorological and Geomedical Aspects in Human Ecology. *Int. J. Biometeor.* 10:323—334.
— (Hrsg.) (1967a): Zur Einführung. In: Medizinische Länderkunde — Geomedical Monograph Series. Bd. 1. KANTER, H.: Libyen/Libya. Berlin — Heidelberg — New York.
— (1967b): Die Bedeutung der medizinischen Ortsbeschreibungen des 19. Jahrhunderts für die Entwicklung der Hygiene. In: Studien zur Medizingeschichte des 19. Jahrhunderts (Red.: W. ARTELT und W. RÜEGG) Bd. I: Der Arzt und der Kranke in der Gesellschaft des 19. Jahrhunderts. Stuttgart.
— (1969): Geomedizin und Medizinische Topographie. In: Lehrbuch der Hygiene. 2. Aufl. (Hrsg. H. GÄRTNER und H. REPLOH). Stuttgart.
— (1971): Geomedical Research in Ernst Rodenwaldt's Scientific Work. *Geoforum* 7:95—100.
— (1972): Vierzig Jahre Geomedizin. Zum zwanzigjährigen Bestehen der Geomedizinischen Forschungsstelle der Heidelberger Akademie der Wissenschaften. *Münch. med. Wschr.* 114:1701—1704.
— (1974): Geomedizinische und geoökologische Forschungen auf dem Gebiet der Epidemiologie von Infektionskrankheiten, erläutert an Beispielen. In: Fortschritte der geomedizinischen Forschung (Hrsg. JUSATZ, H. J.) Franz Steiner Verlag, Erdkundliches Wissen, Heft 35; Wiesbaden.
KINZL, H. (1960): Beda Weber (1789—1858) als Geograph. In: „Schlern-Schriften", Band 206 (Festschrift Heuberger 1960), Univ. Verlag Wagner, Innsbruck S. 67—70.
PAFFEN, KH. (1969): Stellung und Bedeutung der physischen Anthropogeographie. Wiss. Buchgem. Darmstadt.
PAWLOWSKI, J. (1948): Leitfaden der Parasitologie des Menschen, Teil II. Moskau.
— (1963): Natural foci of human infections. Translated from Russian. Israel Program for Scientific Translations. Jerusalem.
— (1964): Die natürliche Herdförmigkeit der ansteckenden Krankheiten des Menschen im Zusammenhang mit der Landschafts-Epidemiologie der Zooanthroponosen. Moskau (rss.).
PETRISCHTSCHEWA, P. (1971): Die Rolle der natürlichen Biozönosen in der Übertragung menschlicher Krankheitserreger. *Moderne Medizin* 1:101—109.

RADDA, A., LOEW, J. und PRETZMANN, G. (1963): Untersuchungen in einem Naturherd der Frühsommer-Meningoencephalitis in Niederösterreich. II. Virusisolierungsversuche aus Arthropoden und Kleinsäugern. *Zbl. Bakt., I. Abt. Orig.* 190 : 281—298.

RADDA, A. (1974): Geoökologische Gesichtspunkte beim Vorkommen der zentraleuropäischen Meningoenzephalitis.In: Fortschritte der geomedizinischen Forschung (Hrsg. JUSATZ, H. J.). Franz Steiner Verlag, Wiesbaden.

RIMPAU, W. (1949): Die Leptospirose als Problem der Geo-Epidemiologie und der Vergleichenden Medizin. *Grenzgebiete der Medizin* 2 : 380—382.

— (1954): Geomedizinische Landeskunde. *Off. Ges.dienst* 16 : 335 pp.

RODENWALDT, E. (1935): Geomorphologische Analyse als Element der Seuchenbekämpfung. *Hippokrates* 6 : 375—381, 418—425.

— (1937): Lückenlose Kausalreihe einer Endemie. *Forschungen und Fortschritte* 13 : 118—119.

— (1952): Einleitung zum Welt-Seuchen-Atlas — World Atlas of Epidemic Diseases ! : 1—6 Hamburg.

SORRE, M. (1943): Les fondements biologiques de la géographie humaine. Essai d'une écologie de l'homme. Paris.

STICKER, G. (1908): Abhandlungen aus der Seuchengeschichte und Seuchenlehre I. Bd.: Die Pest. Gießen.

Thienemann, A. (1939): Grundzüge einer allgemeinen Ökologie. *Arch. hydrobiol.* 35 : 267—272.

World Health Organization (1972): Vector Ecology *Wld. Hlth. Org. techn. Rep. Ser.* No. 501. Genf.

Diskussion zum Vortrag Jusatz

Dr. G. Glaser (Paris)

Erlauben Sie mir, noch einmal auf das internationale, zwischenstaatliche und interdisziplinäre UNESCO-Programm „Der Mensch und die Biosphäre" (MAB) hinzuweisen. Geomedizinische und medizinisch-geographische Studien, wie sie hier vorgetragen wurden, fallen fast in jeden der 13 Projektbereiche dieses Programms. Als Beispiel sei nur auf ihre Bedeutung im Rahmen der Projektbereiche 1 (Tropische und subtropische Waldökosysteme), 4 (Aride und semi-aride Gebiete) oder 6 (Hochgebirge) hingewiesen.

Der Referent hat vorher bereits die bisher vorgesehene deutsche Beteiligung im MAB-Programm erwähnt, bei der es sich um Forschungen zur Mensch-Umwelt-Wechselwirkung in stark urbanisierten und industrialisierten Gebieten (Rhein-Main-Gebiet) handeln soll (Projektbereich 11). Ich möchte jedoch wünschen — und ich bin sicher, hier im Sinne des MAB-Sekretariats in der UNESCO zu sprechen —, daß sich deutsche Wissenschaftler der verschiedensten Disziplinen, Geomediziner, besonders aber auch Geographen als Naturwissenschaftler und Sozialwissenschaftler an anderen Projektbereichen beteiligen. Dies muß keineswegs nur in Form großer Projekte mit Sonderforschungsmitteln geschehen, sondern es sollte eine Organisationsstruktur geschaffen werden, die sicherstellt, daß auch die üblichen Einzelstudien, wie sie etwa hier von Herrn Professor JUSATZ dargestellt wurden, als deutsche Beiträge zum Programm „Der Mensch und die Biosphäre" zur Geltung kommen.

Prof. Dr. D. Schreiber (Bochum)

Die Aktivität der Medizinmeteorologie nimmt seit 30—40 Jahren ab, die der Geomedizin zu. Was sind die Ursachen? Wie ist der begriffliche Unterschied?

Nach Vorhersagen werden Flußwassertemperaturen steigen. Wie sehen Sie geomedizinisch die Situation beispielsweise von Köln, wenn die Temperatur des Rheins um 10° C steigt?

Prof. Dr. H. J. Jusatz (Heidelberg)

Wenn wir die geomedizinische Betrachtungsweise in ihrer umfassenden Problematik weiter entwickeln wollen, wird auch die Medizin-Meteorologie einbezogen werden, soweit sie sich auf die bioökologischen Fragen bezieht. Insofern gehört auch die aufgeworfene Frage nach einer Änderung der geomedizinischen Situation bei Erhöhung der Flußwassertemperaturen in das Arbeitsgebiet der Geomedizin.

Für das UNESCO-Programm „Der Mensch und die Biosphäre" besteht leider in medizinischen Kreisen noch kein genügendes Verständnis, wir werden uns aber von geomedizinischer Seite darum bemühen.

DIE ANWENDUNG VON FERNERKUNDUNGSVERFAHREN ZUR ERFASSUNG DER UMWELTBELASTUNG MIT BEISPIELEN VON DER MITTLEREN SAAR

Mit 10 Abbildungen

Von S. Schneider (Bonn)

Nach den bei der Bundesanstalt für Gewässerkunde vorliegenden Untersuchungen ist heute bereits mehr als die Hälfte des Dargebots an Oberflächenwasser stärker als „mäßig" verschmutzt, d. h. es kommt für die Wasserversorgung und den Badebetrieb nicht mehr in Frage. Außerdem muß bei zunehmendem Wirtschaftswachstum und bei damit entsprechend steigendem Wohlstand mit einem höheren spezifischen Wasserverbrauch gerechnet werden. Während z. Z. der Bedarf noch bei 160—200 l je Kopf und Tag in der Bundesrepublik Deutschland liegt, ist für die nächsten Jahre mit einer Steigerung auf das Doppelte zu rechnen. Die Trinkwasserversorgung, die Fischerei und die Erholung an den Gewässern werden aber durch die organische Belastung der Gewässer, den sauerstoffzehrenden Abfällen der Gemeinden und durch das sauerstoffzehrende aufgewärmte Kühlwasser der Kraftwerke sehr stark beeinträchtigt. Die Energiewirtschaft rechnet mit einer Verdoppelung des Energie- und Kühlwasserbedarfs je Dekade. Die Bundesanstalt für Gewässerkunde gibt darauf basierend die Prognose, daß das Kühlwasserdargebot unserer Vorfluter für die sogenannte Durchlaufkühlung zu Beginn der 80er Jahre erschöpft sein dürfte.

Derartige pauschale Aussagen für das Staatsgebiet verlangen eine regionale und sachlich detaillierte Untersuchung der Umweltbelastung und ihrer Ursachen, bevor geeignete Schutzmaßnahmen und Raumplanungen eingeleitet werden können. Überwachung und Beobachtung sollen wiederholbar und meßbar sowie in ihren Daten vergleichbar sein. Erst mit der Integration von Meßdaten, Indikatoren und Grenzwerten der Umweltbelastung werden der Landschaftspflege, Raumordnung und dem Umweltrecht wirksame Unterlagen zur Verfügung gestellt. Synoptische und synchrone Überwachung über größere Flächen verlangt eine erhöhte Übersicht bietende Aufnahmeplattform wie sie von den verschiedenen Luft- und Raumfahrzeugen vom Hubschrauber bis zu den Satelliten je nach dem geforderten Maßstab und der Aufgabenstellung angeboten wird.

Die modernen Lufterkundungssysteme registrieren und messen neben der Radioaktivität und den magnetischen und gravimetrischen Kraftfeldern vor allem die elektromagnetischen Strahlungen verschiedener Wellenbereiche des elektromagnetischen Spektrums (Abb. 1). Der sichtbare Spektralbereich, der bis vor kurzem der einzige für die Geländeerkundung aus der Luft darstellbare und damit auswertbare Teil des Spektrums war, ist gegenüber den nicht mit den Augen wahrnehmbaren elektromagnetischen Wellenbereichen unverhältnismäßig gering. Dennoch ist das photographisch gewonnene Luftbild der informationsreichste Teil der bisher erschlossenen Spektralbereiche. Konecny stellt fest, daß für die geometrische Erfassung topographi-

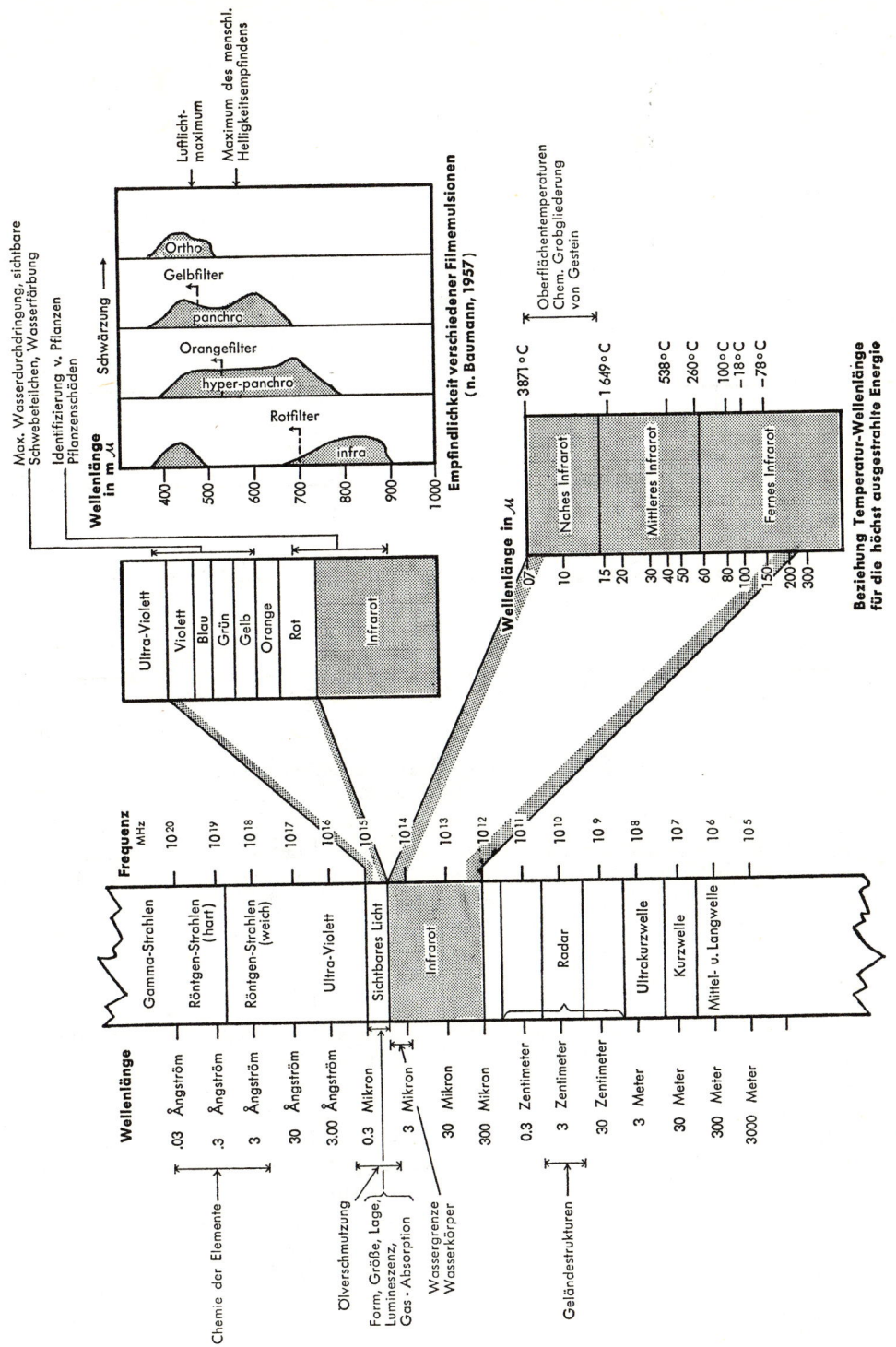

Abb. 1 Die elektromagnetischen Wellenbereiche, insbesondere des Sichtbaren und des Infrarot
(Entwurf: S. Schneider)

scher Daten das Luftbild schon von der Auflösung her bis zu 30fach günstigere Bedingungen als die übrigen Sensoren bietet.

Nachdem es im sichtbaren Teil des Spektrums gelang, für die Farbbereiche Blau, Grün, Rot und Infrarot die optimale Empfindlichkeit auf entsprechenden Emulsionen und mit geeigneten Filtern zu erreichen, war auch eine optimale, differenzierte Bildwiedergabe zu erwarten.

Der Farbfilm erbrachte eine Differenzierung in den Bereichen Blau, Grün und Rot; der Infrarotfarbfilm dagegen in den Bereichen Grün, Rot und nahes Infrarot (Abb. 2). Letzterer erlaubte eine günstige Unterscheidung von Vegetationsgrün in-

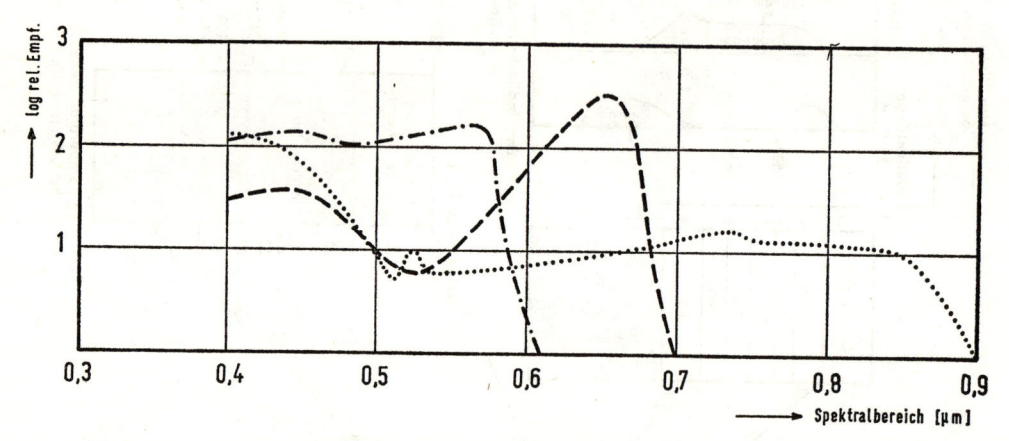

Abb. 2 Spektrale Empfindlichkeit der photographischen Schichten beim Infrarotfarbfilm (nach Albertz-Kreiling 1972)

folge der hohen Reflexionseigenschaften im Mesophyll des Blattes, außerdem von Wassergrenzen, Wasserpflanzen und Bodenfeuchte, eine relativ gute Durchzeichnung der Schattenpartien, von Bereichen starker Reflexion, sowie von Dunst und Rauch. Vereinzelt erlaubt der IR-Farbfilm die Früherkennung von Vegetationsschäden.

Diese Emulsionen sowie ausgewählte Film-Filter-Kombinationen führten schließlich zur systematisch vorgehenden mit mehrlinsigen Kameras arbeitenden „Multispektralphotographie" (Abb. 3).

Die Auswertung derartiger „Multispektralaufnahmen" erfolgt im allgemeinen über Farbmischprojektoren, die mit entsprechenden Farbfiltern versehen sind und eine ausreichende Differenzierung der zu untersuchenden Objekte bieten.

Neben der photographischen Kamera stehen der Fernerkundung aus der Luft Abtastgeräte, sogenannte „Linescanner", zur Verfügung, die über Detektoren die von den Objekten emittierte Strahlung in den verschiedenen Spektralbereichen des Sichtbaren und des Nichtsichtbaren, vor allem des thermalen Infrarot, erfassen (Abb. 4). Im Gegensatz zu den nach dem Echolot-Prinzip arbeitenden aktiven Systemen (Radar) spricht man hierbei von passiven Systemen.

Die Ausdehnung der bildlichen Information in die nicht mehr photographisch erfaßbaren infraroten Spektralbereiche beruht auf der Erkenntnis, daß Wärmestrahlung von allen Körpern emittiert wird, solange ihre Temperatur über dem absoluten Nullpunkt liegt.

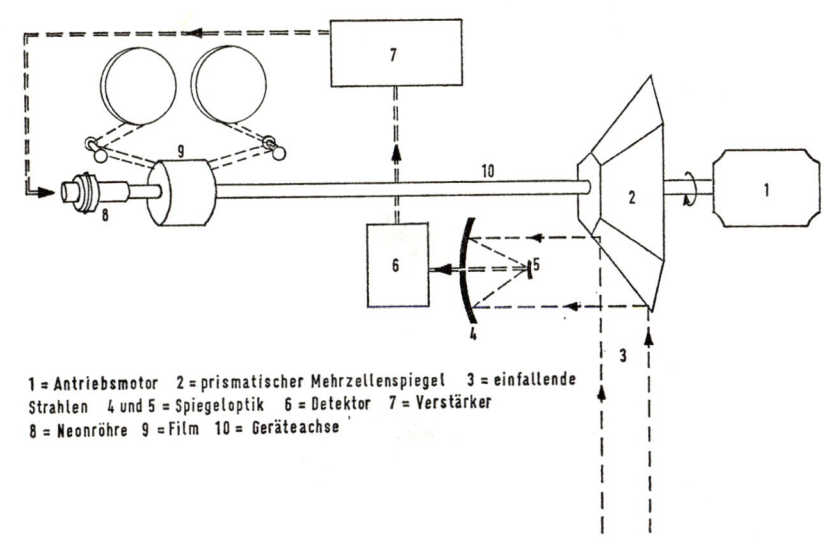

1 = Antriebsmotor 2 = prismatischer Mehrzellenspiegel 3 = einfallende Strahlen 4 und 5 = Spiegeloptik 6 = Detektor 7 = Verstärker 8 = Neonröhre 9 = Film 10 = Geräteachse

Abb. 4 Schema eines Infrarot-Linescanners (nach Haefner 1965)

Die Beschaffung von Informationen über die Umweltbelastung wird durch Kombination von Daten aus verschiedenen Meßkanälen der Fernerkundung mit Geländedaten erfolgen. Weil die je Spektralbereich aufgenommene Strahlungsintensität wahlweise auf luftbildähnlichen Filmstreifen abgebildet oder auf Band gespeichert werden kann, geht die Entwicklung dahin, Spektraldaten mehrerer Kanäle elektronisch zu mischen, um simulierte Misch-Luftbilder oder als Endziel die thematische Karte über den computergesteuerten Plotter zu gewinnen.

Die thermographischen Aufnahmeverfahren basieren auf dem Empfang von Wärmestrahlen in den atmosphärischen „Infrarotfenstern" 3—5 und 8—14 Mikron (Mikron = eintausendstel Millimeter). Durch streifenweises Abtasten des Geländes (= scanning) quer zur Flugrichtung kann die Wärmestrahlung mit bis zu 0,5° Genauigkeit aufgenommen werden bei einer Auflösung von 3 m aus 1000 m Entfernung. Zusätzliche Vorteile der „Thermographie" sind die Unabhängigkeit von der Beleuchtung sowie von Dunst und Qualm. Um von den qualitativen Aussagen (wärmer — kälter) zu einer absoluten Messung der Temperaturwerte zu kommen, enthalten neuere Geräte sog. Schwarzkörper als Eichbasen. Außerdem kann der zusätzliche Einsatz eines IR-Radiometers (Strahlungsthermometers) vergleichbare Kurven der Oberflächentemperatur des Untersuchungsgebietes gewinnen. Das Strahlungsthermometer zeigt nicht die vorhandenen Temperaturen als Tönungsunterschiede, wie es der IR-Linescanner tut, sondern mißt kontinuierlich direkt die Oberflächentemperatur. Bei einer Flughöhe von 100 m umfaßt das Meßfeld 5 x 5 m (Abb. 5).

Mit diesen hier vorgestellten Aufnahme- und Auswerteverfahren stehen synoptische und synchrone sowie vergleichende Erfassungsmethoden zur Verfügung, um auch Zusammenhänge, Abhängigkeiten und Entwicklungen über weitere Gebiete zu erkennen und zu verfolgen.

Die aus der Photointerpretation bereits bekannten Betrachtungsbereiche von Luftbildern finden sich auch in den nichtsichtbaren Teilen des Spektrums. Sie vermitteln

Übersicht über größere zusammenhängende Räume und Erscheinungen in Verbindung mit der Umgebung, Aufsicht auf die Flächenbedeckung und -nutzung, Einsicht in verdeckte oder vom Boden nicht vollständig einsehbare Räume, Durchsicht durch Gewässer und obere Bodenschichten, Überwachung von Schäden und Belastungen sowie Beobachtung von Veränderungen.

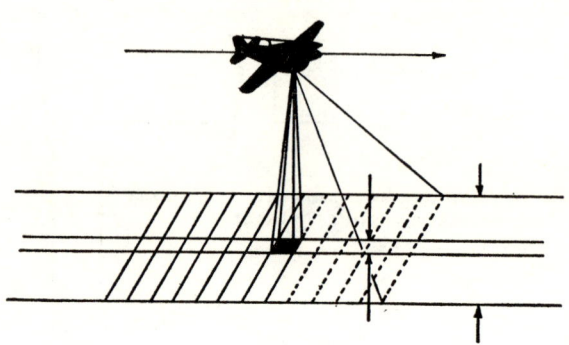

Abb. 5 Gesichtsfeld des Linescanners (Streifenabtastgerät) und des Strahlungsthermometers (IR-Radiometer)

Die Untersuchung der Umweltsituation in Räumen starker Bevölkerungsverdichtung und industrieller Ballung besitzt besonderes Interesse. Während die Möglichkeiten zur Erfassung der Luftverschmutzung durch Fernerkundungsverfahren, z. B. bestimmter Gase, von Dunstglocken, Nebel- und Smoglagen noch in der technologischen Erprobung sind, wurden erste Aufnahmen von Kaltluftströmen zur Frischluftventilation im mittleren Saartal (Geographisches Institut der Universität Saarbrücken) und vor allem im Taunusvorland (Regionale Planungsgemeinschaft Untermain) untersucht, wobei das Problem der Hangbebauung und der Behinderung des Abflusses in die gefährdeten Talräume diskutiert wurde.

Die durch Abwässer und Aufheizung immer stärker gefährdete Wassergüte war das Untersuchungsziel einer interdisziplinären Forschungsgruppe unter Leitung der Bundesforschungsanstalt für Landeskunde und Raumordnung. An dem vom Bundesministerium des Innern geförderten Forschungsvorhaben waren das Geographische Institut der Universität Saarbrücken, der Deutsche Wetterdienst, die Deutsche Forschungs- und Versuchsanstalt für Luft- und Raumfahrt, das Staatliche Institut für Hygiene und Infektionskrankheiten, Saarbrücken, und die Bundesanstalt für Vegetationskunde, Naturschutz und Landschaftspflege, Bonn, beteiligt.

Als Modell wurde zunächst ein Abschnitt der mittleren Saar zwischen Saarbrücken und Saarlouis ausgewählt. Es ist beabsichtigt, neben dieser Modelluntersuchung an einem Mittelgebirgsfluß, auch die Bedingungen für die Anwendung von Fernerkundungsverfahren an einem Alpenfluß und einem Tidefluß jeweils in Verbindung mit Verdichtungsräumen zu studieren, um Parameter bei unterschiedlichen Flußsystemen und unterschiedlichen regionalen Bedingungen zu gewinnen.

Luftbilder aus verschiedenen Film-Filterkombinationen, thermographische und radiometrische Aufnahmen sollten die Fragen nach den Einleitern in die Saar, ihre Differenzierung nach Herkunft und Größe sowie ihren Einfluß auf die Gewässergüte beantworten.

Zwischen Frühjahr 1971 und Herbst 1972 wurden vier Bildflüge in Farbe und Infrarotfarbe, ein Bildflug mit der dreilinsigen Zeiss MUK 8/24, drei Thermalflüge und zwei radiometrische Meßflüge durchgeführt.

Das stereoskopisch (Spiegelstereoskop) und multispektral (Farbmischprojektor) ausgewertete Bildmaterial diente zunächst zur Registrierung aller im Oberflächenwasser erkannten Verschmutzungen, Verwirblungen, Fahnen und Schaumstreifen; anschließend wurden auf der topographischen Grundkarte 1 : 5000 die gefundenen Einleiter eingetragen (Abb. 6). Ein Vergleich mit den Unterlagen des Wasserwirtschaftsamtes ergab bereits nach den ersten Befliegungen, daß von 60 vorhandenen Einleitern im Untersuchungsabschnitt 51 Stellen in Luftbildern oder in Thermalabbildungen identifiziert und beschrieben werden konnten. Bei den nicht erkannten neun Einläufen handelt es sich um relativ geringe Wassermengen oder um zum Aufnahmezeitpunkt nicht vorhandene Immission. Allein von den 17 bekannten thermalen Einleitern von Kühlwasser konnten 15 mit Hilfe des IR-Linescanners aufgespürt werden. Allerdings mußten die Ergebnisse der Früh- und Abendaufnahmen kombiniert werden, wobei auffiel, daß morgens bei Sonnenaufgang sechs Immissionen nicht erkannt

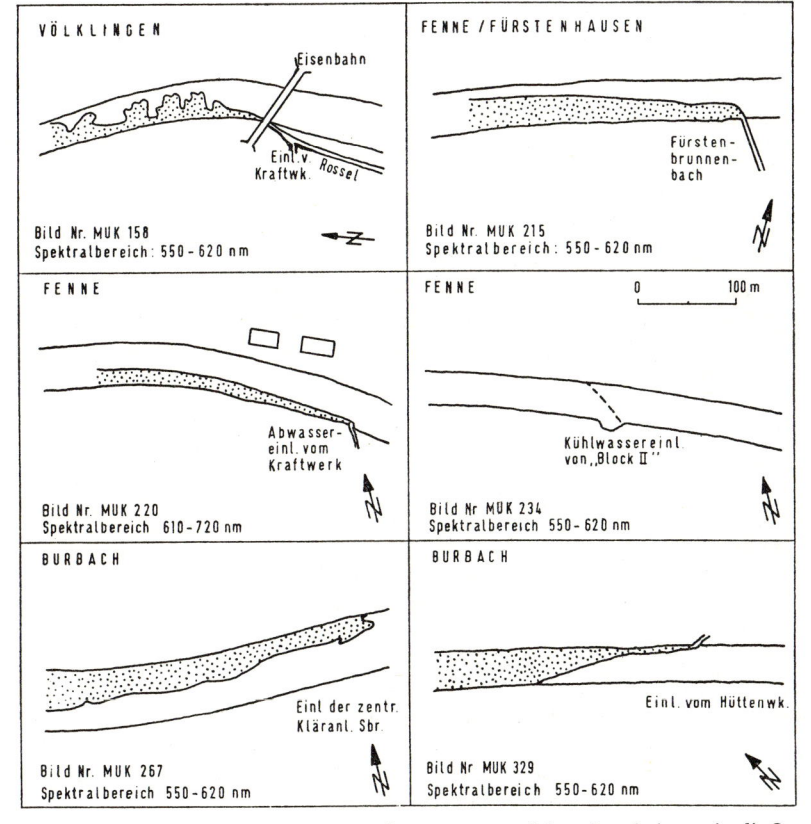

Abb. 6 Einige charakteristische Erscheinungsformen von wäßrigen Immissionen in die Saar nach Multispektralbildern. (Entw. V. Kroesch).

wurden, die sich abends zeigten, während zwei Immissionen nur morgens erschienen, die abends fehlten. Hier dürfte sich die Abhängigkeit von Produktionsvorgängen spiegeln.

Ein Beispiel dafür, wie sich warmes Wasser im Fluß ausbreitet, ist der Einleiter der Burbacher Hütte, der eine verhältnismäßig geringe Menge stark aufgeheizten Wassers als helle Fahne am rechten Ufer abgibt (Abb. 7). Die Fahne ist jedoch nach ca. 100 m wieder verschwunden, d. h. es ist eine weitgehende Vermischung mit dem Wasser der Saar ohne nachhaltige Erwärmung des Flusses eingetreten.

Ähnliches zeigt der Flußbereich beim Kraftwerk Fenne, wo drei thermale Einleiter festgestellt und im Äquidensitenauszug erkennbar gemacht wurden (Abb. 8). Alle drei Einleiter erfassen mit ihrer Fahne die ganze Flußbreite, wobei der Einleiter von Block II (rechts) besonders kräftig kontrastiert (vgl. Abb. 6) und den Fluß so aufheizt, daß die Einleiter vom Kraftwerk und vom Fürstenbrunnenbach nur wenig kontrastieren, weil sie in bereits relativ warmes Wasser einmünden.

Die Erfolgsquote von verschiedenen Filmemulsionen, die bei den ersten Befliegungen verwendet wurden, gab Hinweise für die künftige Anwendung von Film-Filter-Kombinationen:

Auf dem panchromatischen Film wurden von den Einleitern 55 % erfaßt, auf Farbfilm 72 % und auf Infrarotfarbfilm 84 %. Die Auswertung der später erfolgten Multispektralphotographie mit der MUK 8/24 erbrachte sogar 94 %. Aus diesen Untersuchungen konnte gefolgert werden, daß in träge fließenden Gewässern oder Seen mit den angewandten Aufnahmemethoden die wesentlichen Abwassereinleiter erfaßt werden können.

Mit Hilfe des IR-Strahlungsthermometers konnten die bislang qualitativen Angaben (wärmer — kälter) quantifiziert werden. In kurzer Zeit konnte an Hand kontinuierlicher Meßkurven ein Überblick über die Verteilung der Temperatur der Wasseroberfläche mit einer Genauigkeit von ca. 0,5° C gewonnen werden (Abb. 9).

Aus den Kurven der Oberflächentemperatur, die durch Messungen vom Boot aus kontrolliert wurden, ergab sich, daß die thermalen Zuflüsse — vorwiegend der Kraftwerke — ein erhebliches Ansteigen der Wassertemperatur der Saar um etwa 12° C auf knapp 30 km Strecke bewirkten. Die durch die Hüttenwerke verursachten Temperaturerhöhungen sind im Vergleich dazu gering. Die außerordentliche thermische Belastung der Saar im Meßgebiet durch die Konzentration von vier thermischen Kraftwerken mit Flußwasserkühlung und zahlreichen Industriewerken wurde deutlich und dürfte die Standortwahl neuer sowie den Ausbau bisheriger Kraftwerke beeinflussen.

Die starke Erwärmung des Flußabschnitts wirkt sich flußabwärts weit über das Untersuchungsgebiet aus. Ihre Folge ist neben einer Erhöhung der Verdunstung vor allem ein Ansteigen der Nebelhäufigkeit im Saartal.

Z. Z. wird außerdem untersucht, ob die Ergebnisse der IR-Radiometer-Meßflüge über die Bestimmung der Oberflächentemperatur hinaus, für die Berechnung der Wärmemengen, die der Saar mit dem Kühlwasser zufließen, ausgewertet werden können. Lorenz (Dt. Wetterdienst) berechnete die Wärmezufuhren der Einleiter der vier im Untersuchungsabschnitt liegenden Kraftwerke und verglich sie mit der an den Meßtagen anfallenden Stromerzeugung. Die bisherigen Ergebnisse lassen erwarten, daß von 2° C Erwärmung des gesamten Flußwassers an, sinnvolle Ergebnisse über die zugeführten Wärmemengen zu erwarten sind.

Neben der thermalen Belastung bestimmt die Verschmutzung durch industrielle und kommunale Abwässer die Gewässergüte. Sofern von Ölfilmen und Detergen-

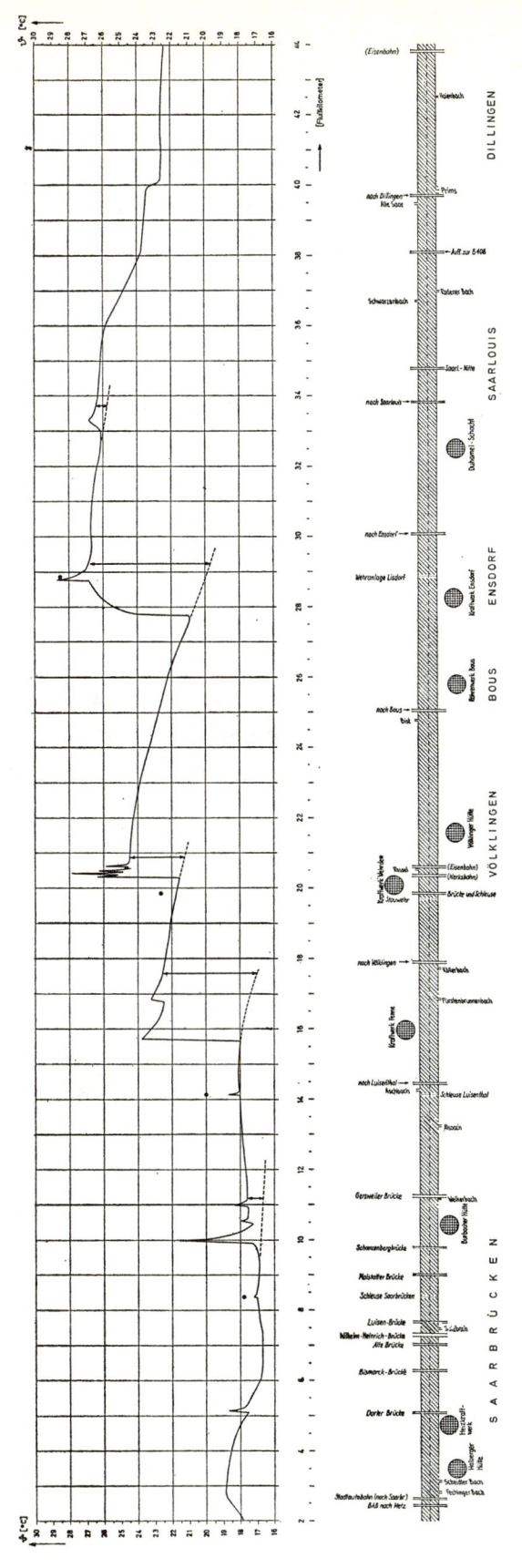

Abb. 9 Die Oberflächentemperatur der Saar am 5. Oktober 1971 nach Aufzeichnungen des in einem Hubschrauber installierten Infrarot-Radiometers aus 100 m Flughöhe. Die Kurve zeigt die Mittel der Temperaturen, die in der Zeit zwischen 9.30 und 12.00 Uhr mit zwei, in einigen Abschnitten auch vier Meßflügen festgestellt wurden. Die Signatur ● kennzeichnet die Wassertemperatur in 50 cm Tiefe, gemessen um 13.00 Uhr. Die gestrichelt gezeichneten Kurvenabschnitte geben in etwa den Temperaturverlauf der Oberflächenwasser wieder, der sich ohne Beeinflussung durch weitere Einleitungen einstellen würde. Die relativ kurzen Abstände der Emittentenstandorte an diesem Flußabschnitt behindern eine rechtzeitige Abkühlung des aufgewärmten Flußwassers auf seine "Normaltemperatur", bevor ein erneuter Temperaturanstieg erfolgt. Bei einer Lufttemperatur zwischen 10 und 13° C zur Zeit des Meßflugs und einer erheblichen Temperaturdifferenz zwischen Wasseroberfläche und Luft entsteht eine starke Verdunstung und Abkühlung der Wasseroberfläche; darauf weisen auch die über der Oberflächentemperatur liegenden Meßwerte aus 50 cm Tiefe hin. Die vor dem Zufluß aus dem Kraftwerk bei km 27,5 einsetzende Erwärmung beruht auf sich flußaufwärts schiebendes Kühlwasser des Kraftwerks.

Zeichnung: Lorenz/Kroesch 1971
Fernerkundung Saar, BfLR 1972

448   S. Schneider

tien, die sich auf IR-Farb-Luftbildern deutlich abhoben, abgesehen wird, erscheint die Wasserfärbung oder Tönung im Luftbild allein nicht ausreichend, um die stoffliche Verschmutzung zu beurteilen. Deshalb wurden in dieser Untersuchung die Unkrautgesellschaften unter den Wasserpflanzen als Indikator für die Wassergüte herangezogen. Mitarbeiter der Bundesanstalt für Vegetationskunde haben mit Hilfe der Infrarot-Farbluftbilder eine Kartierung der Wasserpflanzen im Befliegungsabschnitt vorgenommen und ihr Vorkommen in Beziehung zu den vier Wassergütestufen gesetzt (Abb. 10). Kammlaichkraut-Bestände (Potamogeton pectinatus), der Grundstock aller Wasserpflanzen, wurden saarabwärts bis zur Rosselmündung verfolgt, von wo ab die Saar so stark verunreinigt und aufgeheizt wird, daß ein Verödungsabschnitt über die Grenze des Untersuchungsgebiets hinaus jeglichem Pflanzenwuchs ein Ende setzt.

Die im Gelände punkthaft gewonnenen Ergebnisse sind durch Luftbildinterpretation linienhaft ausgewertet und kartiert worden. Ein unmittelbarer Zusammenhang

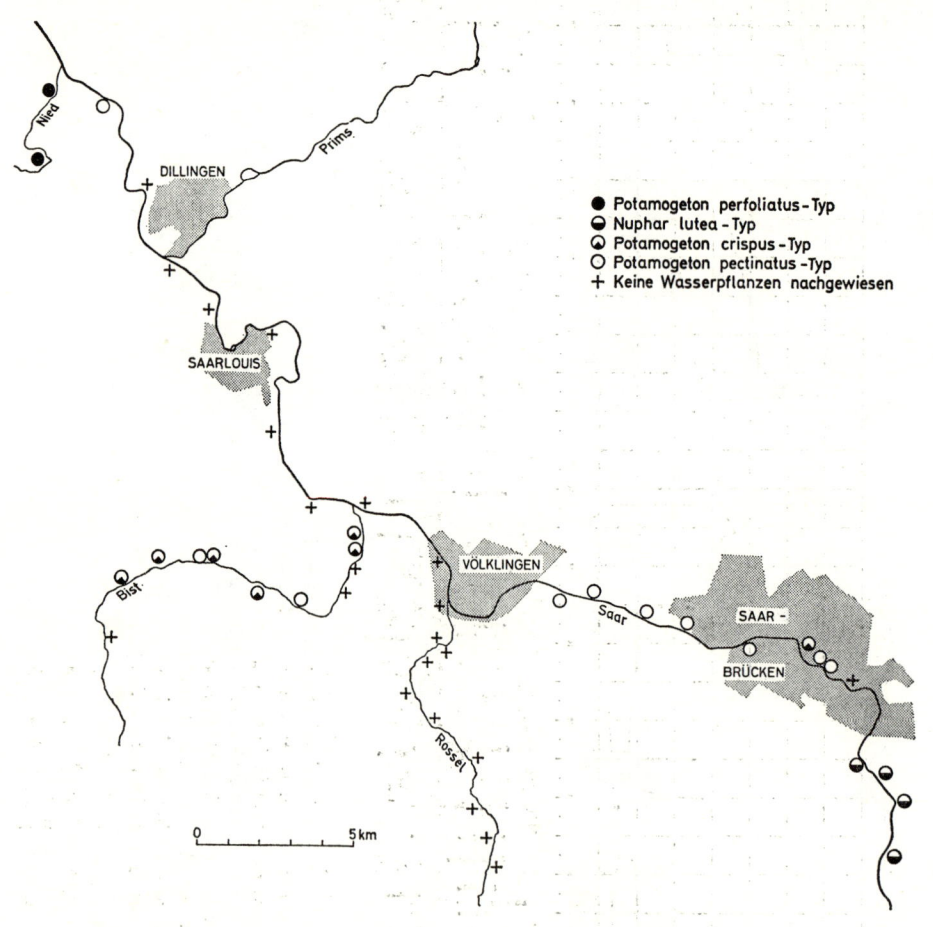

Abb. 10   Wasserpflanzenvorkommen an der mittleren Saar. Zwischen Völklingen und Dillingen fällt das Fehlen jeglicher Wasserpflanzen auf. (Entwurf: A. Krause, 1971).

Abb. 3 Multispektralbilder der dreilinsigen Zeiss-MUK 8/24 von panchromatischem Film (Aviphot Pan 33) mit Farbfilter (1) Blaugrün (450–580 nm), (2) Gelborange (550–620 nm) und (3) Dunkelrot 610–720 nm). Sie zeigen die kanalisierte Mündung der stark verschmutzten (Spülwässer und Schlamm), aus Lothringen kommenden Rossel in die Saar bei Völklingen.

Bild: Hansa-Luftbild GmbH
Freig. Reg. Präs. Münster 3844,
v. 20. 9. 1972.

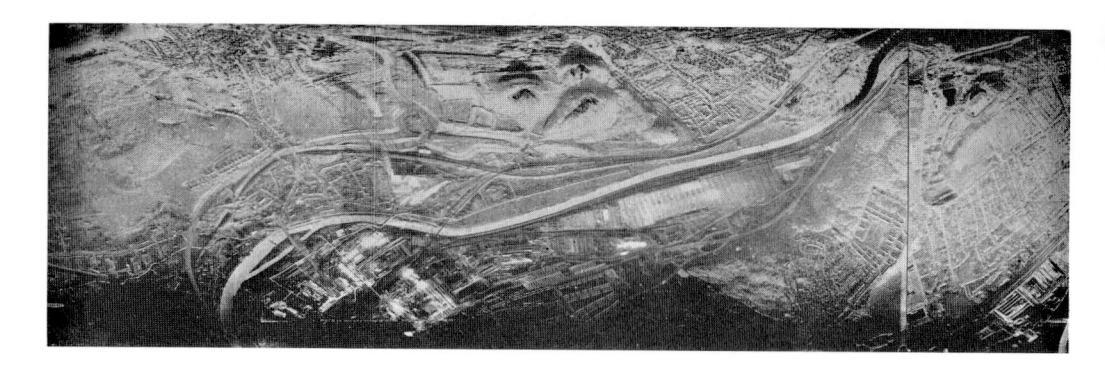

Abb. 7 Thermalbild aus dem Bereich der Völklinger Hütte (Äquidensitenauszug). Unter den Rohr- und Bahnbrücken laufen vier Einleiter in die Saar, von denen sich der Einleiter des aufgewärmten Kühlwassers der Hütte am deutlichsten abhebt. Auch die Wärmeprozesse in der Produktion und das aufgewärmte Lockermaterial auf den drei Spitzhalden treten hervor.

Bild: Agfacontour, DFVLR. 8–14 μm, 2. 6. 1971, 5.30 Uhr.

Abb. 8 Thermalbild bei Fenne/Saar mit drei Einleitern vom Kraftwerk Block II, Kraftwerk Fenne und vom Fürstenbrunnenbach. (Äquidensitenauszug).

Bild: Agfacontour, DFVLR, 8–14 μm. 2. 6. 1971, 5.30 Uhr.

zwischen Abwassereinleitung und Verödungsstrecke konnte augenfällig nachgewiesen werden. Im Infrarotfarbbild konnten Zonen fehlenden Bewuchses von unterschiedlicher Länge in Verbindung gebracht werden mit Abwassereinleitern in die Saar; die Verödungsstrecken betrugen hier 40, 25 bzw. 145 m.

Wenngleich der Fluß im Befliegungsabschnitt durchwegs eine hochgradige Verschmutzung aufwies, konnte mit Hilfe der IR-Farbbilder doch eine Differenzierung in den unteren Gütestufen festgestellt werden: oberhalb Saarbrücken noch eine Vielzahl von Wasserpflanzen, zwischen Saarbrücken und Völklingen nur noch das bereits erwähnte Kammlaichkraut und unterhalb der Rosselmündung ein völliges Fehlen von Wasserpflanzen.

Die Registrierung von Schaumstreifen (Detergentien), von Ölflecken und von Einleiterfahnen ergänzt die Information über die Gewässergüte ebenso wie die kontinuierliche Aufzeichnung der Wassertemperatur und ihrer Veränderungen, die in Stichproben vom Boot aus kontrolliert wurde. Karten der Unterwasservegetation und der Gewässeraufheizung lassen eine Differenzierung der im Untersuchungsraum unterschiedlich stark belasteten Abschnitte zu. Die Ursache der Gewässerbelastung ist hier in erster Linie in der Ballung von Industrie, Bergbau und Kraftwerken zu sehen, die im bandartigen Talraum sich mit Wohngebieten hoher Dichte mischt.

So lag es nahe, in Verbindung mit diesem Projekt aus dem gleichen Bild- und Datenmaterial eine Reihe von Untersuchungen über den Talraum vorzunehmen, die sich mit der Nutzung und Flächenbelastung beschäftigen. Neben Karten der Flächennutzung (1:25 000), des Ortsgrüns und der Verkehrsdichte konnten Studien über die Zersiedlung (Wälder), die Deponien (Brach) und die Sozialbrache (Berenyi) vorgelegt werden.

English Summary:

This paper reports about the application of remote sensing systems for environmental control of the Saar river. Multispectral photography, infrared-linescanners and infrared radiometers have been used for detection of emission sources of sewage or thermal pollution.

Multispectral photography combined with infrared-thermography and radiometry allowed to identify all sources of water pollution. A coordinated approach in environmental control would have a number of advantages for data gathering and information.

Literatur

1. ALBERTZ/KREILING: Photogrammetrisches Taschenbuch. Verlag Herbert Wichmann, Karlsruhe 1972.
2. BERENYI, ISTVAN: Brachliegende landwirtschaftliche Nutzflächen im Saarland. Eine Untersuchung über Ausdehnung und Entwicklung der Sozialbrache am Beispiel der Gemeinde Bous mit Hilfe der Interpretation falschfarbiger Luftbilder. Saargutachten der Bundesforschungsanstalt für Landeskunde und Raumordnung, Bonn-Bad Godesberg, 1972. Manuskript.
3. BRACH, FRIEDGARD: Möglichkeiten der Anwendung von Fernerkundungsverfahren zur Untersuchung von durch Deponien bedingten Umweltschäden. Saargutachten der Bundesforschungsanstalt für Landeskunde und Raumordnung, Bonn-Bad Godesberg, 1972. Manuskript.
4. KONECNY, G.: Geometrische Probleme der Fernerkundung. Bildmessung u. Luftbildwesen *40* (4), 1972.

5. LORENZ, D., KROESCH, V. u. MIOSGA, G.: Das thermale Verhalten der Einleiter in die Saar. In: Die Überwachung der Gewässergüte mit Hilfe von Fernerkundungsverfahren, untersucht am Beispiel der mittleren Saar. Gutachten der Bundesforschungsanstalt für Landeskunde und Raumordnung für das Bundesministerium d. Innern, Bonn—Bad Godesberg. 1974. Im Druck.
6. Region. Planungsgemeinsch. Untermain: Lufthygienisch-meteorologische Modelluntersuchung in der Region Untermain = 3. Arbeitsbericht, März 1972: Infrarot-Thermographie. Frankfurt a. M., 1972.
7. WÄLDER, CHRISTOPH: Möglichkeiten der Feststellung von Zersiedlungserscheinungen mit Hilfe des Luftbildes. Saargutachten der Bundesforschungsanstalt für Landeskunde und Raumordnung, Bonn-Bad Godesberg, 1972. Manuskript.

Diskussion zum Vortrag Schneider

Prof. Dr. W. Eriksen (Hannover)

Meine Frage zielt auf das Problem der Verwendung von IR-Aufnahmen für geländeklimatische Untersuchungen. Welche Möglichkeiten sind inzwischen entwickelt, aus den abgebildeten Oberflächentemperaturen direkt auf die Temperaturwerte der auflagernden Luft zu schließen?

Generell möchte ich feststellen, daß wir dankbar sein müssen, durch den Vortrag erneut auf die hervorragenden Anwendungsmöglichkeiten der vielfältigen, inzwischen entwickelten Apparaturen im Bereich des „remote sensing" hingewiesen worden zu sein. Es ist nur zu bedauern, daß vor allem aus finanziellen Gründen einzelne Geographische Institute nur noch in beschränktem Maße in der Lage sind, an intensiver Forschung dieser Art teilzunehmen, es sei denn in enger Zusammenarbeit mit entsprechend ausgestatteten Institutionen auch anderer Fachrichtungen.

Prof. Dr. D. Schreiber (Bochum)

Dieser Vortrag hat gezeigt, wie recht C. TROLL vorausschauend hatte, als er formulierte, Landschaftsökologie ist Luftbildforschung. Ist es schon möglich, zeitliche und räumliche Unterschiede der Transpirationsintensität, die ja mit der Assimilationsintensität korreliert, aufzunehmen? Dies wäre für die Ökologie ein sehr wertvoller Schritt.

Dr. Fezer (Heidelberg)

Die nächtlichen Kaltluftströme in den Tälern des Odenwaldes sind nicht nur proportional zur Fläche des Einzugsgebietes, sondern auch zum Gründlandanteil. Beim Planen von „Grünzügen" sollte man überall, wo Frischluft fließen soll, Grasflächen vorsehen.

Prof. Dr. W. Bach (Honolulu)

Ich möchte zu diesem interessanten Vortrag von Herrn SCHNEIDER zwei Bemerkungen machen und daran zwei Fragen anschließen.
1. Es wurde gezeigt, wie man mit den verschiedensten Methoden des „remote sensing" eine ganze Reihe von Problemen lösen kann. Unter anderem wurde auch behauptet, man könnte spektrometrische Methoden vom Flugzeug oder Satelliten aus in der Luftreinhaltung einsetzen. Ich möchte — ehe ich konkret frage — vorausschicken, was man in der Luftreinhaltung kontrolliert und folglich an Daten braucht. Durch die gesetzlich festgelegten Immissionsgrenzwerte werden die Schadstoffkonzentrationen in der Atemluft auf zeitlicher und räumlicher Basis zum Schutze der Gesundheit überwacht. Um es ganz deutlich zu sagen, in der Luftreinhaltung braucht man Daten, ausgedrückt in ug/m³ oder ppm, die die Schadstoffkonzentration in Atemhöhe für eine bestimmte Zeitperiode angeben. Nun meine konkreten Fragen: Wie bekommen Sie, wenn Sie z. B. mit einem Hubschrauber über einer Stadt fliegen, die Schadstoffkonzentrationen in Atemhöhe der Stadtbevölkerung, für einen bestimmten Ort und eine bestimmte Mittelungszeit (die kürzeste Mittelungszeit beträgt in der BRD 30 Minuten)? Oder, wenn Sie spektrometrisch von einem Satelliten aus messen, wie bekommen Sie die Konzentration in Atemhöhe, die allein in der Luftreinhaltung ausschlaggebend ist, da

Sie doch akkumulativ durch die gesamten Luftschichten von der Erdoberfläche bis in 200—400 km Höhe messen?

2. Meine zweite Bemerkung und Frage bezieht sich auf die Stimulierung der sog. Frischluftzufuhr von Bergkämmen in Tälern und die damit angeblich verbundene Durchmischung und Verdünnung der Luftverunreinigung. Der Terminus Frischluft ist vielleicht nicht ganz glücklich gewählt. Was gemeint ist, ist reinere und kühlere Luft. Nun, auf den Kämmen und oberen Hangwänden kühlt sich die Luft durch die Stefan-Boltzmann'sche Ausstrahlung ab, wird schwerer und bewegt sich der Schwerkraft folgend hangabwärts. Dabei erwärmt sie sich adiabatisch um rund 1° C/100 m Abstieg. Aber wegen des Wärmeinseleffektes der Stadt- und Industrielandschaft im Tal wird bei einer Reliefenergie von einigen hundert Metern, die eingeflossene Luft sicher um einige Grad Celsius niedriger sein als die sich dort befindenden Luftmasse. Meine spezifische Frage: kann es unter solchen physikalischen Bedingungen überhaupt zu einer Durchmischung und Verdünnung kommen? Oder wird es vielmehr so sein, daß die eingeflossene Kaltluft eine Bodeninversion bildet mit stabiler Luftschichtung, die gerade wegen der katabatischen Luftzufuhr die Dispersion der Schadstoffe vermindert oder gar vollständig unterdrückt?

Prof Dr. S. Schneider (Bonn)

Zu Prof. Dr. Eriksen

Mehrfach sind mit Hilfe der Thermographie geländeklimatische Untersuchungen durchgeführt, ich darf zu den Verfahren auf die Arbeiten von D. LORENZ, Meteor. Observat. Hohenpeißenberg sowie von CASPAR u. a. Dt. Wetterdienst, Offenbach, verweisen. Forschungen auf dem Gebiet der Fernerkundung sollten möglichst in Gruppen und unter Benutzung eines Pools von Aufnahme- und Auswertgeräten vorgenommen werden. In München besteht im Geologischen Institut der Universität die Zentralstelle für Geophotogrammetrie und Fernerkundung, die von der Deutschen Forschungsgemeinschaft gefördert wird.

Zu Prof. Dr. Schreiber

Die von C. TROLL mit Recht hervorgehobene enge Verbindung von Luftbildinterpretation zu landschaftsökologischer Forschung bezieht sich auch auf die Umweltforschung allgemein. Die direkte zeitliche und räumliche Erfassung der Transpirationsintensität aus Luft- und Raumfahrzeugen ist noch im Versuchsstadium. Ein erstes großzügig angelegtes Experiment war das Barbados Oceanographic and Meteorological Experiment (BOMEX) im Jahre 1969, bei dem Infrarot Spektrometer und Radiometer u. a. zur Aufnahme von Wasserdampfprofilen und zur Erforschung der Umgebung von Kumuluswolken herangezogen wurden. Spektrometrische Versuchsmessungen aus Flugzeugen sind auch aus der Bundesrepublik bekannt.

Zu Prof. Dr. Fezer

Da sowohl Hangbebauung durch Siedlungen wie Baumbestand abfließende Kaltluftströme blockieren, ist seitens der Regionalplanung bei der Anlage von „Frischluftschneisen" auch an Grasflächen gedacht.

Zu Prof. Dr. Bach

Da die Sensoren zur Fernerkundung nicht ausschließlich auf Flugzeuge und Hubschrauber als Trägerplattform beschränkt sind, könnten und sollten Schadstoffkonzentrationen in Atemhöhe auch in diesem Niveau gemessen werden; aus verschiedenen Entfernungen wäre durch vergleichende Messungen und Interpretationen (z. B. der Kontraste) die noch mögliche Erfaßbarkeit zu prüfen.

Die Überlegungen, daß durch einfließende schwere Kaltluft eine Bodeninversion eintritt, ist theoretisch plausibel. Voraussetzung wäre eine Bodeninversion in einer möglichst geschlossenen Wanne. Es dürften aber weder die unterschiedlichen Oberflächenformen, noch die unterschiedliche Stärke der Berg- und Talwinde bzw. die Kleinzirkulation der Wald-Feldwinde berücksichtigt werden. Die Erfahrungen mit der Hangbebauung als störende Blockade gegenüber einer vor der Bebauung ausreichenden Ventilation scheinen diese theoretische Überlegung nicht zu bestätigen.

DAS MIT ‚UMWELT' ANGESPROCHENE BEZIEHUNGSSYSTEM ALS AUSGANGSPUNKT DER UMWELTFORSCHUNG UND UMWELTHYGIENE

Mit 3 Abbildungen und 1 Schema

Von F. Wilhelm Dahmen (Siegburg)

Herr Professor Müller hat in seiner Einleitung auf die Abnützung der Begriffe Ökologie und Umwelt hingewiesen. Verstärkt wird sie durch Mißverständnisse infolge unklarer oder unvollständiger Begriffsbestimmung und halbverstandener Begriffsinhalte.

Hieraus ergibt sich die Notwendigkeit zur Klarstellung und zur Weiterentwicklung von Begriffen durch deren Präzisierung und Differenzierung. Ich will versuchen, zu einer Klärung des Begriffs Umwelt beizutragen und von hier aus zu Ansatzpunkten der Umweltforschung und der Umwelthygiene vorzustoßen.

1. DER UEXKÜLLSCHE UMWELTBEGRIFF

Uexküll untersuchte die verschiedenen möglichen Beziehungen eines Lebewesens zu seiner Umgebung. Er stellte fest, daß diese Beziehungen schon durch die Struktur des Lebewesens vorbestimmt sind.

„Die Sonne, die einen Mückenschwarm tanzen läßt, ist nicht die unsere, sondern eine Mückensonne, die ihr Dasein dem Mückenauge verdankt."

„Die Umwelt des Tieres, die wir gerade erforschen wollen, ist nur ein Ausschnitt aus der Umgebung, die wir um das Tier ausgebreitet sehen — ... Jedes Subjekt spinnt seine Beziehungen wie die Fäden einer Spinne zu bestimmten Eigenschaften der Dinge und verwebt sie zu einem festen Netz, das sein Dasein trägt."

Die Trennung tierischer Artwelten als gesonderte Sphären soll im Worte ‚Umwelt' festgehalten und betont werden. Dieser Begriff ist auf den Menschen wegen seiner Weltoffenheit nicht oder nur bedingt — nämlich im rein biologischen Sinne — anwendbar.

„Die ganze reiche, die Zecke umgebende Welt schnurrt zusammen und verwandelt sich in ein ärmliches Gebilde, das zur Hauptsache noch aus drei Merkmalen und drei Wirkmalen besteht: ihre Umwelt. Die Ärmlichkeit der Umwelt bedingt aber gerade die Sicherheit des Handelns, und Sicherheit ist wichtiger als Reichtum."

Am Beispiel der Eiche und ihrer Bedeutung für einen Jäger, ein Mädchen, oder für Fuchs, Eule, Ameise, Borkenkäfer und Schlupfwespe untersucht Uexküll die Frage: „Wie nimmt sich das gleiche Subjekt (Eiche) als Objekt in verschiedenen Umwelten aus, in denen es eine wichtige Rolle spielt?"

Er kommt zu dem Ergebnis: „Wollte man all die widersprechenden Eigenschaften, die die Eiche als Objekt aufweist, zusammenfassen, es würde nur ein Chaos daraus entstehen. Und doch sind sie alle nur Teile eines in sich festgefügten Subjekts, das alle Umwelten trägt und hegt — von allen Subjekten dieser Umwelten nie erkannt und ihnen nie erkennbar."

2. WIE UMWELT ZUSTANDE KOMMT

(Vgl. Abb. 1)
Für das Verhältnis eines Gegenstandes zu seiner Umgebung gibt es drei Möglichkeiten:

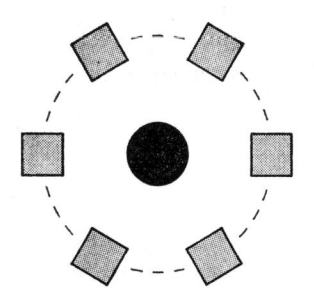

    keine Beziehungen zur Umgebung   →   keine Umwelt
    Beziehungen zu *Teilen* der Umgebung   →   Umwelt als Ausschnitt der Umgebung
    Beziehungen zur *gesamten* Umgebung   →   Umwelt = Umgebung

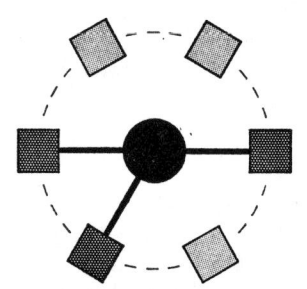

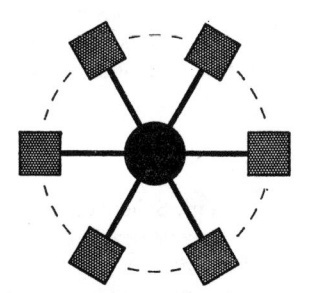

Nur im zweiten Fall hat es Sinn, den neuen Begriff Umwelt einzuführen, da er sich von Umgebung definitiv unterscheidet: Aus der Umgebung eines Gegenstandes lassen sich nur diejenigen Teile, zu denen er Beziehungen hat, als seine Umwelt herauslösen. Dieser Umwelt-Begriff bleibt nur dann praktikabel, wenn man ,Umwelt' auf *die* Teile der Umgebung beschränkt, zu denen eine *direkte* Beziehung besteht.

Vielfach bestehen Umweltbeziehungen zu *Teilen* realer Gegenstände. Diese Teile oder Eigenschaften sind daher als *Umweltqualitäten* aufzufassen; der reale Gegenstand als *Umweltträger*.

Abb. 1 Wie Umwelt zustande kommt

Keine Beziehungen zur Umgebung:
KEINE UMWELT

Beziehungen zu Teilen der Umgebung:
UMWELT

Beziehungen zur gesamten Umgebung:
UMWELT = UMGEBUNG

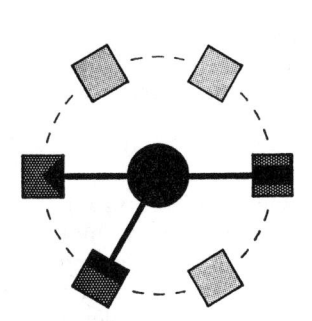

Umweltträger bieten Umweltqualitäten

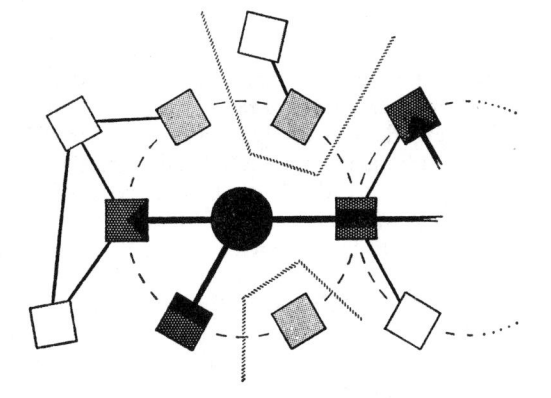

Umwelt als Ausschnitt aus Systemen

Entwurf: F. W. Dahmen

Die Umwelt eines bestimmten *Umwelteigners* umfaßt Teile oder Eigenschaften *mehrerer* verschiedener Gegenstände. Diese stehen mit anderen Gegenständen — umweltbedeutsamen wie auch umweltunwichtigen — in Beziehung und bilden mit ihnen Systeme unterschiedlicher Art.

Der Komplex der Systeme, zu denen alle Umweltträger einer Umwelt gehören, bildet das *Fundament dieser Umwelt.* Man kann diese Systeme nach ihrer Eigenart unterscheiden, z. B. natürliche und anthropogene oder physische, soziale, technische und ökonomische. Aber das ist keine Gliederung der Umwelt an sich, sondern ihrer Träger und Fundamente.

Aufgrund dieser Überlegungen kann man den Begriff Umwelt nicht nur — wie es Uexküll tat — für Tiere und auch nicht nur für Pflanzen als Umwelteigner anwenden, sondern schlechthin für alle Gegenstände, die mit Teilen oder Eigenschaften ihrer Umgebung in direkter Beziehung stehen.

Umwelt kommt also dadurch zustande, daß ein *Umwelteigner* (Lebewesen, Lebensgemeinschaft, Ökosystem bzw. geosphärische Einheit / im weiteren Sinne auch ein Kulturobjekt u. v. a.) *Umweltansprüche* stellt, welchen Teile der Umgebung als *Umweltqualitäten* gegenüberstehen (zu denen der Umwelteigner in Beziehung tritt). Umweltqualitäten werden vielfach von *Umweltträgern* als deren Teile oder Eigenschaften geboten (z.B. Bestandteile von Pflanzen, Tieren, Boden, Luft), während die Umweltträger ihrerseits zu größeren Systemen gehören (z. B. zu einem See, einem Moor, einer Heide). Sie bilden zusammen das *Umweltfundament* des jeweiligen Umwelteigners.

3. DEFINITION UND GLIEDERUNG DER UMWELT

(Vgl. Schema „Was bedeutet Umwelt?")

Umwelt bezeichnet alles und nur das in der Umgebung eines Gegenstandes (Umwelteigners), was für ihn von *direkter* Bedeutung ist. (Es müssen also noch andere als nur räumliche Beziehungen zu den Teilen der Umwelt bestehen.)

Klaus hat in der Sprache der Kybernetik eine praktisch inhaltsgleiche Definition gegeben (zit. bei Langer): „Die Umgebung U" (unpräzise! — der Verf. Exakt: die ‚Umwelt') „eines Systems S ist die Gesamtheit aller Systeme $U_1, U_2 \ldots$, die mindestens ein Element besitzen, dessen Output zugleich Input eines Elements von S ist oder die mindestens ein Element enthalten, dessen Input Output eines Elements von S ist."

In der Differenzierung zwischen $U_1, U_2 \ldots$, und in ihrer Bezeichnung als Systeme liegt auch bereits eine Präzisierung des Umweltbegriffs, die sich durch eine Unterscheidung der *eigentlichen Umwelt* von der dahinterstehenden *Umweltbasis* (aus Trägern und Fundamenten bestehend) ausdrücken läßt.

Zur Zeit wird das Wort Umwelt vor allem im außerwissenschaftlichen Bereich durchweg im Sinne von Umweltbasis benützt. Das zeigt sich deutlich, wenn Boden, Wasser und Luft als die wichtigsten Teile der Umwelt herausgestellt werden. Auf solche Weise wird der Zugang zu einer differenzierteren Betrachtung verbaut und damit auch zur klaren Erkenntnis unterschiedlicher Ansatzpunkte der Umweltforschung und Umwelthygiene. Nur wenn Umwelt gemäß obiger Definition im engen Sinne der eigentlichen Umwelt verstanden wird, kommt man zur Erkenntnis eines Komplexes von Beziehungen, auf den im nächsten Abschnitt näher eingegangen wird. Er erweist sich als grundlegend für das Verständnis und die Beeinflussung der mit ‚Umwelt' angesprochenen komplexen Beziehungsgeflechte.

Eine *Gliederung der Umwelt* kann bei dieser Betrachtung nicht nur — wie es oft geschieht — nach den unterschiedlichen Umweltträgern und -fundamenten vorgenommen werden, sondern auch nach der Art der Beziehung zwischen einem Umwelteigner und seiner Umwelt. Eine Gliederung der eigentlichen Umwelt verlangt sogar solches Vorgehen. Hierbei ergibt sich folgendes:

Alle Lebewesen haben eine biotische Umwelt; beim Menschen kommt eine geistige hinzu. Die biotische Umwelt gliedert sich in eine physische, eine physiognomische und eine informative Schicht[1].

Bei nichtlebendigen und komplexeren Umwelteignern lassen sich andere Schichten erkennen, welche der Struktur und Konstitution solcher Eigner entsprechen. Hier bedarf es noch weiterer Erforschung.

4. BEZIEHUNGSKOMPLEXE IN UMWELTSYSTEMEN

(Vgl. Schema „Was bedeutet Umwelt?" sowie Abb. 2 und 3)

Umwelteigner, Umweltansprüche, Umweltqualitäten, Umweltträger und Umweltfundamente bilden zusammen mit den Neben- und Folgewirkungen sowie -produkten der Existenz des Umwelteigners ein Umweltsystem.

In einem Umweltsystem lassen sich vier verschiedene Beziehungskomplexe unterscheiden. Dies gilt jedoch nicht nur für Lebewesen als Umwelteigner, auch wenn das im Schema abgebildete System und die Erläuterungen zunächst auf dieses Beispiel zugeschnitten sind.

Der *umweltfordernde Beziehungskomplex* umfaßt diejenigen Beziehungen zwischen Umwelteigner und Umweltansprüchen, welche auf der Konstitution des Umwelteigners beruhen. (Ein Frosch z. B. stellt andere Umweltansprüche als ein Vogel!)

Zwischen den Umweltansprüchen und den Umweltqualitäten bestehen funktionale Beziehungen. Bei Lebewesen, Lebensgemeinschaften und Ökosystemen machen sie den *ökologischen Beziehungskomplex* aus. Bei einem Wirtschaftsbetrieb als Umwelteigner würde man dagegen den entsprechenden Komplex als den ökonomischen, bei einer Maschine als den technischen Umweltkomplex bezeichnen können. Somit kann man allgemeingültig von einem *umweltbedingenden Beziehungskomplex* sprechen.

Ausgehend von der funktionalen Beziehung zwischen Umweltansprüchen und Umweltqualitäten kann man die (direkte) Umwelt auch als Menge aller Umweltqualitäten beschreiben, welche mit dem Bündel der Umweltansprüche korrespondieren. Diese Entsprechung zwischen Ansprüchen und Qualitäten ist von erheblicher Bedeutung für Umweltforschung und Umwelthygiene.

Der *umweltbietende Beziehungskomplex* umfaßt die Umweltträger und die Systeme, zu denen die Umweltträger gehören: das Umweltfundament. Beides zusammen kann man als Umweltbasis bezeichnen. Sie ist zumindest im physischen Bereich in der Gesamtwirtklichkeit verankert — ein anderer Ausdruck für die Tatsache, daß es hier keine völlig geschlossenen Systeme gibt.

Im Bereich der Umweltbasis, d. h. beim Blick auf die Eigenart der verschiedenen Umweltträger und -fundamente, ist es sinnvoll und richtig, von einer natürlichen bzw. einer technischen, einer sozialen Umwelt usw. zu sprechen. Aber die Eigenart

---

[1] Selbstverständlich kann *ein* Umweltträger gleichzeitig Qualitäten mehrerer oder sogar aller Umweltschichten bieten.

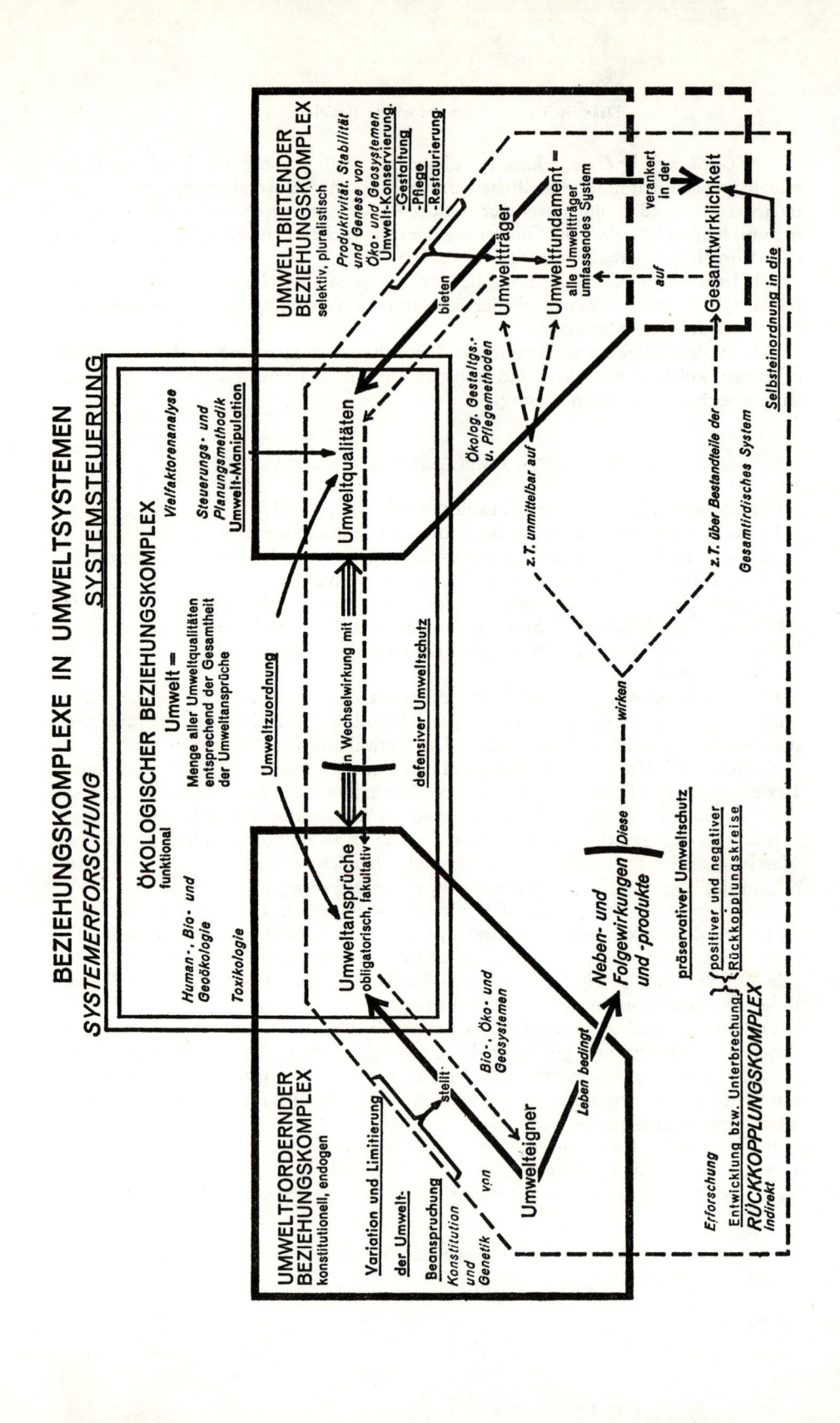

BEZIEHUNGSKOMPLEXE IN UMWELTSYSTEMEN
SYSTEMERFORSCHUNG   *SYSTEMSTEUERUNG*

ÖKOLOGISCHER BEZIEHUNGSKOMPLEX
funktional

Umwelt =
Menge aller Umweltqualitäten entsprechend der Gesamtheit der Umweltansprüche

Human-, Bio- und Geoökologie

Toxikologie

Vielfaktorenanalyse

Steuerungs- und Planungsmethodik
Umwelt-Manipulation

UMWELTBIETENDER BEZIEHUNGSKOMPLEX
selektiv, pluralistisch

Produktivität, Stabilität und Genese von Öko- und Geosystemen
Umwelt-Konservierung
-Gestaltung
-Pflege
-Restaurierung

bieten

Umweltträger

Umweltfundament = alle Umweltträger umfassendes System

auf

Gesamtwirklichkeit

verankert in der

Ökolog. Gestaltgs.- u. Pflegemethoden

Umweltqualitäten

Umweltzuordnung

in Wechselwirkung mit

defensiver Umweltschutz

Umweltansprüche
obligatorisch, fakultativ

z.T. unmittelbar auf

z.T. über Bestandteile der
Gesamtirdisches System

Selbsteinordnung in die

Neben- und Folgewirkungen und -produkte

Diese wirken

präservativer Umweltschutz

{ positiver und negativer Rückkopplungskreise }

UMWELTFORDERNDER BEZIEHUNGSKOMPLEX
konstitutionell, endogen

Variation und Limitierung der Umwelt-Beanspruchung
Konstitution und Genetik

Bio-, Öko- und Geosystemen

stellt

Umwelteigner

Leben bedingt

von

Erforschung

Entwicklung bzw. Unterbrechung
RÜCKKOPPLUNGSKOMPLEX
indirekt

WAS BEDEUTET UMWELT?

Der Begriff Umwelt im Sinne der Biologie bezeichnet alles und nur das, was in der Umgebung eines Lebewesens von direkter Bedeutung für dasselbe ist. Er kann auch auf Lebensgemeinschaften, Ökosysteme und größere geosphärische Einheiten angewandt und auf Kulturobjekte übertragen werden.

Gliederung der Umwelt in Schichten nach der Umweltwirkung

BIOTISCHE UMWELT: (bei Lebewesen)		GEISTIGE UMWELT: (nur beim Menschen)	
physische Schicht	— naturgesetzlich auf den Körper wirkend	rationale Schicht	schichtspezifisch Verstehen, Verwirklichung und Erfüllung fordernd
physiognomische Schicht	— als Erlebnisqualität Stimmung und Verhalten beeinflussend	aesthetische Schicht ethische Schicht	
informative Schicht	— als Bedeutungsträger Information vermittelnd	religiöse Schicht	

Natürliche Umwelteigner:
Lebewesen, Lebensgemeinschaften, geosphärische Einheiten.

Kultürliche Umwelteigner:
z.B. Bauwerke, Kunstwerke, Maschinen, Menschengruppen, Wirtschaftsbetriebe, Industriebetriebe.

Umweltansprüche (beispielhafte Aufzählung):

physisch	physiognomisch	informativ
Platz, Wärme, Wasser, Nahrung, Strahlung, Giftfreiheit.	erlebbare Qualitäten, Gestalten, Vorgänge, Abwechslung, Pausen.	wahrnehmbare und unterscheidbare Bedeutungsträger in angemessener Intensität und Dichte.

Umweltqualitäten (beispielhafte Aufzählung):

physisch	physiognomisch	informativ
Raum, Temperatur, Säuregrad, div. stoffl. Eigenschaften, mech., elektr. und magn. Kraftfelder.	Figuren, Farben, Töne, Düfte als Einzelqualitäten und Komplexe; Verhaltensweisen.	Licht, chem. u. mechan. Reize, Formen, Farben, Muster, Abfolgen.

Beispiele für Umweltträger:
div. Stoffe und Dinge wie Wasser u.v.a. chem. Substanzen, Luft, Sonnenstrahlung, Gesteine, Böden, Pflanzen, Tiere.

Beispiele für Umweltfundamente:
der Wirt eines Endoparasiten, Ökotope bzw. -systeme wie ein See, Moor, Heide- oder Waldkomplex, Tal, Berg, Meeresteil.

ANSATZPUNKTE EINER UMFASSENDEN UMWELTHYGIENE
SCHWERPUNKTE GRUNDLEGENDER UMWELTFORSCHUNG

Entwurf: F. W. Dahmen

der Basis ist primär unbedeutend für das Wechselspiel zwischen Umweltansprüchen und Umweltqualitäten, wie sich an der Haltung von Tieren unter eventuell völlig künstlich zustandegebrachten Bedingungen aufweisen läßt. Zweifellos hat auch diese Differenzierung der Umweltbasis große Bedeutung im Rahmen der Umweltforschung und -hygiene. Denn die Eigenart und der Systemcharakter der Umweltbasis müssen mehr als bisher beachtet werden.

Die drei bis jetzt genannten Beziehungskomplexe werden von einem *Rückkopplungskomplex* überlagert und durchdrungen, welcher zustandekommt durch Neben- und Folgewirkungen sowie -produkte, ohne die eine Existenz des Umwelteigners

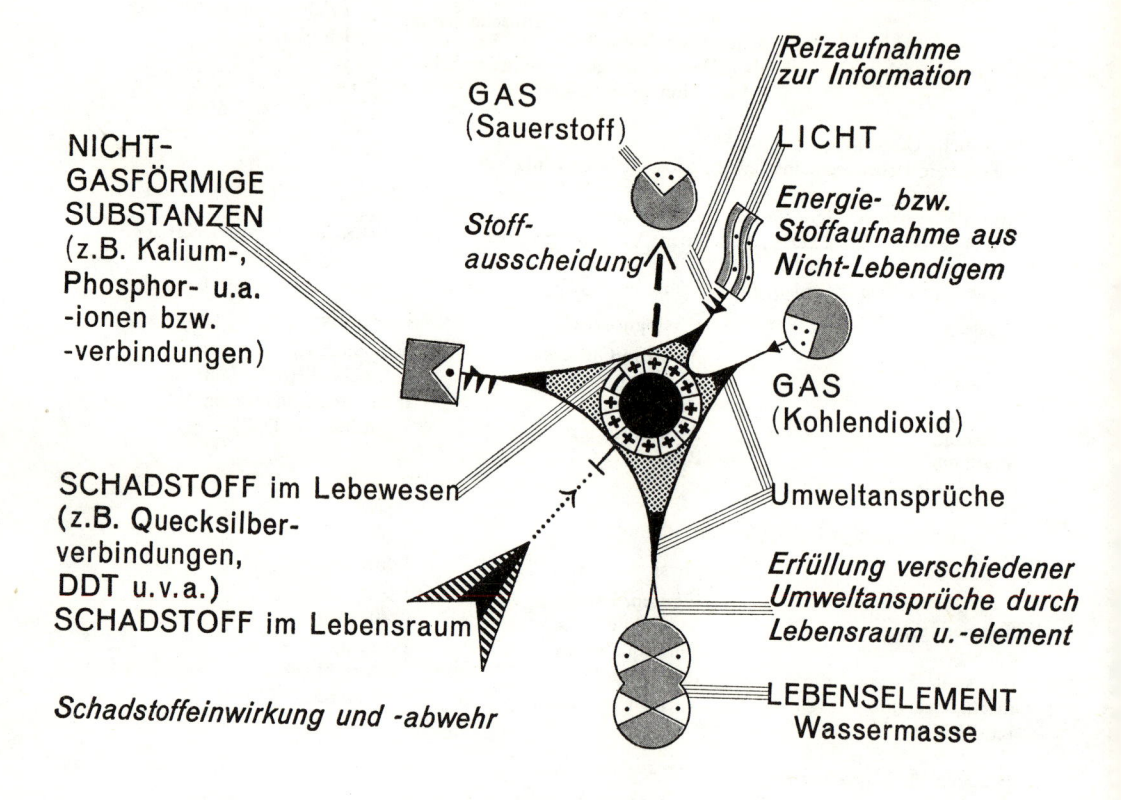

Abb. 2 Umweltsystem einer autotrophen (grünen) Pflanze, z.B. einer Alge / vereinfacht.

nicht möglich ist. Diese wirken direkt oder auf Umwegen auf die Umweltbasis und so schließlich auf den Umwelteigner zurück. Es lassen sich positive und negative Rückkopplungen erkennen, wobei die negativen uns vielfach als Zivilisationsschäden vor Augen treten und uns zu schaffen machen. Hierdurch erst wurde die allgemeine Aufmerksamkeit auf die Umweltprobleme gelenkt.

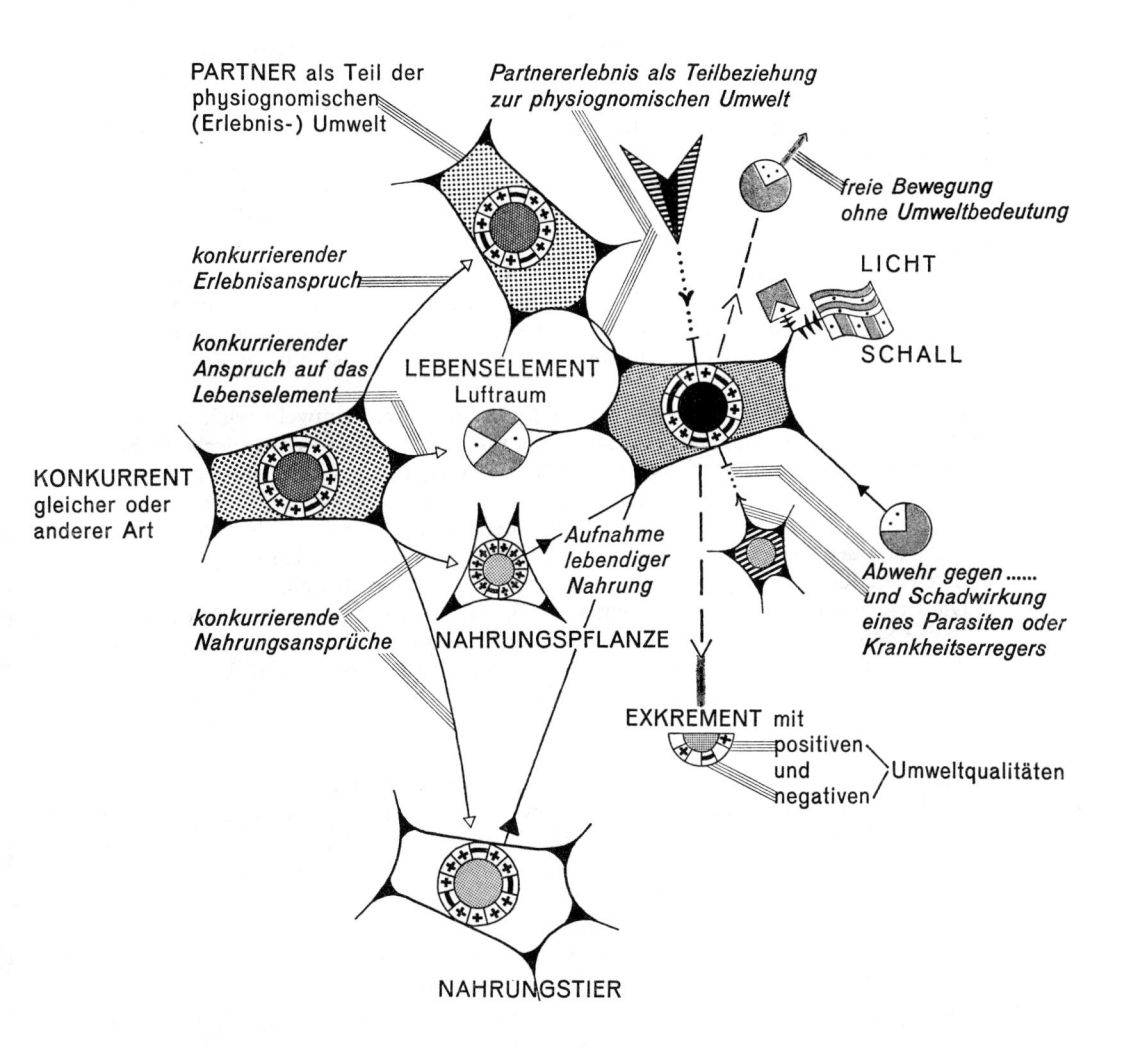

Abb. 3 Umweltsystem eines höheren Tieres — z. B. eines Bären — vereinfacht.

5. VERKNÜPFUNG UND ÜBERLAGERUNG VERSCHIEDENER UMWELTSYSTEME

(Vgl. Abb. 3)

Umweltsysteme können auf zweierlei Art miteinander in Verbindung treten:

Zunächst kann ein *Umwelteigner* für einen anderen *zugleich Umweltträger* sein. Ein weitverbreitetes Beispiel dieser Art sind Nahrungsketten. Man kann aber auch an zuliefernde, weiterverarbeitende und den Vertrieb übernehmende Wirtschaftsbetriebe denken. Bei dieser Art Verknüpfung — gewissermaßen einer Verkettung — kann man die Umweltsysteme einzelner Lebewesen oder Wirtschaftsbetriebe bildhaft als Elementarbausteine ansprechen, die zusammen komplexere ökologische oder z. B. ökonomische Systeme bilden, Elementarbausteine, vergleichbar den Atomen in der Chemie. In solcher Betrachtung liegt der Schlüssel zum ontologischen Verständnis für das Zustandekommen, die Struktur und Stabilität von Ökosystemen. Hier tut sich der Forschung noch ein weites Feld auf; ein Feld, das nicht nur durch neue Daten und Phänomene gekennzeichnet ist, sondern daneben neue Möglichkeiten des Verstehens und, darauf aufbauend, zu gezielter Steuerung bietet.

Auf dieser Grundlage kann man eine Definition von ‚*Ökosystem*' versuchen, die etwa folgendermaßen lauten müßte: „Ökosysteme sind aus Umweltsystemen zahlreicher, zum Teil verschiedenartiger Lebewesen bestehende Vernetzungskomplexe, die sich durch einheitliche Struktur und weitgehende Geschlossenheit gegen die Umgebung abgrenzen lassen."

Die Verflechtung dieser Elemente der Ökosysteme durch Umweltbeziehungen bedingt das Zustandekommen der Ökosysteme, ihre Spezifität und dynamische Stabilität, aber auch ihre Andersartigkeit gegenüber organismischen Ganzheiten. Die räumlichen Abwandlungen und Grenzen der Ökosysteme sowie ihre zeitliche Veränderung und Entwicklung sind oft auf Unterschiede und Änderungen der äußeren Bedingungen oder ihrer Zusammensetzung und Infrastruktur zurückzuführen, die eine Umweltveränderung für mindestens eines ihrer Elemente bedingen.

Die Erkenntnis von Umweltsystemen als Bausteine von Ökosystemen bildet demnach den Schlüssel zu ihrem ontologischen und strukturellen Verständnis. Sie kann in ihrer Bedeutung vielleicht verglichen werden mit der Erkenntnis des Atomaufbaus aus Kern und Elektronen und dem darauf aufbauenden Verständnis der chemischen Bindung durch Valenzelektronen.

Die zweite Verknüpfungsart von Umweltsystemen ergibt sich aus ihrer verschiedenen Wesensart. Die bisherigen Beispiele bezogen sich zwar überwiegend auf Umweltsysteme, deren Umwelteigner Lebewesen oder von Lebewesen mitgetragene komplexere Objekte waren. In diesen Fällen kann man von ökologischen Umweltsystemen sprechen. Gelegentlich wurden aber auch schon andersartige Umweltsysteme angedeutet, etwa bei Wirtschaftsbetrieben, die als Umwelteigner fungieren. Ebenso kann man den oben entwickelten Umweltbegriff auf Wirtschaftsbetriebe, soziale Gruppen, Bauwerke und Maschinen anwenden. In solchen Fällen handelt es sich um ökonomische, soziale oder technische Umweltsysteme.

Viele reale Gegenstände können nun *zugleich Umwelteigner in mehreren, verschiedenartigen Umweltsystemen* sein. Hierdurch wird eine *Überlagerung und Durchdringung wesensverschiedener Umweltsysteme* möglich und ist in der Wirklichkeit vielfältig gegeben. Beispielsweise sind die Haustiere eines landwirtschaftlichen Betriebs zugleich Umwelteigner in einem ökologischen System einerseits wie andererseits Elemente in einem ökonomischen und/oder technischen. Das Florieren des landwirtschaftlichen Betriebes hängt ja u. a. vom Gedeihen seiner Nutztiere ab; das bedeutet: sein ökonomisches System basiert auf einem ökologischen. Soweit die Nutztiere auch als Zugtiere eingesetzt werden, gründet zusätzlich noch das technische System auf dem ökologischen.

Vieles an diesen Zusammenhängen — gerade auch die Abhängigkeit anthropogener Umweltsysteme von ökologischen — ist noch zu erforschen und bietet wichtige Ansatzpunkte zu einer umfassenden Umwelthygiene.

6. SCHWERPUNKTE GRUNDLEGENDER UMWELTFORSCHUNG

(Vgl. *kursiven* Eindruck im Schema „Was bedeutet Umwelt?")

Der komplexe Gegenstand Umwelt und erst recht die noch komplexeren Umweltsysteme und Systemverknüpfungen verlangen Denkansätze, die auf Erfassen und Verstehen von Gegenständen mit Komplex- und Systemcharakter gerichtet sind. Der in der klassischen Naturwissenschaft so fruchtbar gewesene Ansatz der Beschränkung auf isolierte Objekte und Phänomene sowie auf isolierte und lineare Beziehungen zwischen den Elementen der Wirklichkeit führt hier nicht weiter. Nunmehr müssen Gegenstände zugleich nach mehreren bis vielen Kriterien charakterisiert, Zustände und Veränderungen als vielfaktoriell bedingt und Beziehungen zwischen mehreren Gegenständen als vieldimensionales Netzwerk aufgefaßt werden. Dies bringt rechnerische und darstellungsmäßige Erschwernisse; ganz abgesehen von den größeren Schwierigkeiten bei der Feststellung bzw. Beschaffung und Speicherung der notwendigen Daten. Eine wichtige Rolle spielt auch die Frage der Unabhängigkeit von Faktoren, die zur Charakterisierung mittels Faktorenkombinationen herangezogen werden.

Typische Beispiele aus planungs- und umweltrelevanten Bereichen sind die vielfaktorielle Bestimmung von Standorten sowie die darauf basierende Bestimmung von Nutzungseignung und Belastbarkeit; ebenfalls die Erfassung der toxischen Gesamtsituation und davon abzuleitender vielfaktoriell bestimmter Belastungsgrenzen für Menschen, andere Lebewesen oder Ökosysteme.

Im *umweltfordernden Beziehungskomplex* stellt sich die Frage nach der Abhängigkeit der Umweltansprüche von der Konstitution des Umwelteigners sowie nach Möglichkeiten zur Variation und Limitierung der Umweltansprüche durch Strukturveränderung der Umwelteigner-Systeme. Hierzu gehören beispielsweise die Züchtung frostresistenter oder anspruchsloserer Kulturpflanzen wie auch Abhärtung bzw. Training von Menschen und Haustieren. Hierher gehört ebenso die Änderung sozialer, technischer oder ökonomischer Systeme, deren Konstitution bestimmte zivilisatorische Umweltansprüche bedingt — etwa das Auto als Statussymbol.

Im *ökologischen Beziehungskomplex* ist es von besonderer Wichtigkeit, Umweltansprüche und Umweltqualitäten in gleichartigen Bezugssystemen vieldimensional zu erfassen. Aufbauend hierauf bedarf es der planerischen und praktischen Zuordnung adäquater Ansprüche und Qualitäten sowie weiterer Erforschung der Manipulierbarkeit der Umwelt (z. B. durch Düngung, Klimaregulation). Dabei werden Bewertungsmaßstäbe für vieldimensional bestimmte Gegen- und Zustände notwendig.

Im *umweltbietenden Beziehungskomplex* stellt sich das Spiegelbild zum umweltfordernden in der Weise dar, daß die Abhängigkeit bestimmter Umweltqualitäten bzw. ganzer Umwelten von den sie darbietenden Umweltträgern und -fundamenten zu erforschen ist — ein typisches Beispiel der Analyse komplexer Systeme. Erst auf dieser Basis wird man dann auch die Wandelbarkeit und Entwicklungsfähigkeit sowie die Belastbarkeit der Umweltbasis erforschen und so brauchbare Grenz-Werte ableiten können. Was oft pauschal als „Nutzung und Belastung des Naturhaushalts" bezeichnet wird, erweist sich bei solcher Betrachtung als ein Bündel von Fragen an verschiedenste Ökosysteme — Probleme, deren Erforschung bereits zunehmend in Gang kommt. Man wird darauf achten müssen, nach der Erforschung der Ökosysteme selbst nunmehr die Abhängigkeit bestimmter Umweltqualitäten von diesen Systemen ins Blickfeld zu rücken sowie auch die Ergebnisse für Planung und Praxis aufzubereiten.

Im *Rückkopplungskomplex* steht die Erforschung natürlicher wie auch zivilisatorischer Rückkopplungen an — positiver wie negativer — samt der Frage ihrer Steuerung bzw. ihrer Machbarkeit oder Unterbrechung. Ganz besonders gefordert ist in diesem Bereich eine Systemerforschung in größtem Rahmen — letztlich bis hin zur Behandlung gesamtirdischer Systeme. Dabei kann es sich sowohl um ökologische wie ökonomische etc. handeln.

Neben die Frage, wie negative Rückkopplungen zu vermeiden bzw. abzufangen sind, muß in steigendem Maße diejenige treten, wie positive Rückkopplungen gefördert bzw. initiiert werden können. Konkret ist beispielsweise nicht nur eine Verhinderung von Hungersnöten durch Vermeidung raubbauartiger Landwirtschaft geboten, sondern gleichfalls Aufbau und Vermehrung der Bodenfruchtbarkeit durch entsprechende Standort- und Landschaftsgestaltung sowie pflegliche Bewirtschaftung.

7. ANSATZPUNKTE UMFASSENDER UMWELTHYGIENE

(Vgl. unterstrichenen Eindruck im Schema „Was bedeutet Umwelt?")

Im vorangegangenen Abschnitt wurden schon einige Ansatzpunkte aufgezeigt, da ihnen entsprechende Forschungen vorausgehen müssen. Im beiliegenden Schema sind weitere angedeutet. Generell ist dabei auf die Möglichkeit und Notwendigkeit von Systemsteuerungen hingewiesen. Die vorangestellten Aussagen über Umweltsysteme haben wohl erkennen lassen, daß ein Ansetzen an „kurzen" Zusammenhängen und Einzelphänomenen den mit ‚Umwelt' angesprochenen komplexen Beziehungsgeflechten nicht gerecht werden kann, sondern eher die Gefahr birgt, Folgeschäden heraufzubeschwören, die unter Umständen den Primärerfolg später ins Gegenteil verkehren.

Auch dürfte deutlich geworden sein, daß es allein mit einem Umwelt*schutz*, der einerseits gewisse Handlungen unterbindet oder begrenzt und andererseits bestimmte Umweltträger oder -fundamente konservierend schützt, sicher nicht getan ist. Wenngleich solche abwehrenden Maßnahmen auch aus einem umfassenderen Programm einer Umwelt*hygiene* nicht herausgelassen werden können. Zur Bewältigung des derzeitigen, sich immer noch verschärfenden Umweltdilemmas sind darüber hinaus dringend pflegende, gestaltende und entwickelnde Aktivitäten notwendig sowie letztlich ein Überdenken der Stellung des Menschen in dieser Welt und eine darauf aufbauende bessere Einordnung in die Gesamtwirklichkeit unumgänglich.

Die einzelnen Beziehungskomplexe der Umweltsysteme bieten folgende Ansatzpunkte:

Variation und Limitierung der Umweltbeanspruchung im *umweltfordernden Beziehungskomplex* kann nicht nur durch direkte Manipulation der Ansprüche erreicht werden, sondern dauerhaft vor allem durch Konstitutionsänderung der Umwelteigner. Da die zivilisatorischen Umweltansprüche besonders gefährliche Neben- und Folgewirkungen sowie -produkte bedingen, muß an der technischen, ökonomischen und sozialen Struktur unserer Zivilisation angesetzt werden. Dies ist auch viel leichter möglich als an der natürlichen, da die Zivilisation als Menschenwerk leichter vom Menschen gewandelt und weiterentwickelt werden kann. Konkret würde dies beispielsweise bedeuten, das Auto durch entsprechende Wandlung der sozialen Strukturen als Statussymbol zu entthronen und es durch technische Änderungen umweltgerecht zu machen, soweit es nicht durch andere, umweltschonendere Verkehrsmittel zu ersetzen ist.

Im *ökologischen Beziehungskomplex* kann man durch richtige Zuordnung von Ansprüchen und Qualitäten (konkret z. B. ein standortgerechter Anbau bzw. seine Vorplanung) nicht nur erhöhte Produktivität bewirken, sondern zugleich Kalamitäten und damit auch die Notwendigkeit des Einsatzes ökologisch bedenklicher Mittel vermeiden und kann so zur Hebung der biologischen Nahrungsqualität kommen. Entsprechendes gilt auch für den Aufbau neuer Siedlungen.

Als konkretes Beispiel aus der Landschaftsplanung und -pflege kann ich nur kurz auf die erste ökologische Auswertekarte zur Bodenkarte 1 : 50 000 des Landes Nordrhein-Westfalen hinweisen. Sie stellt für jede Bodeneinheit vier wichtige Standortfaktoren — Ökokordinaten — graphisch und kartographisch dar. Mit Hilfe von Ökodiagrammen für landschaftspflegerisch wichtige Pflanzen, in denen die entsprechenden Standortansprüche in graphisch gleicher Weise wiedergegeben sind, läßt sich schnell und zuverlässig eine Auswahl standortgerechter Pflanzen vornehmen. Hier wird praxisbezogene „Umweltzuordnung" aufgezeigt, d. h. eine Anwendung der Ansatzpunkte zur Umweltforschung und Umwelthygiene, wie sie aus dem vorstehend beschriebenen Umweltsystem abgeleitet wurden. Eine ausführliche Erläuterung der ökologischen Auswertekarte und Ökodiagramme findet sich im Niederrheinischen Jahrbuch 1972; eine kürzere erscheint in den Berichten der Deutschen Bodenkundlichen Gesellschaft.

Demgegenüber sind die Möglichkeiten einer Umweltmanipulation nicht nur begrenzt, sondern meist auch so aufwendig, daß sie darin ein Limit ihrer Anwendung finden. Jedenfalls stellt eine im *umweltbietenden Beziehungskomplex* ansetzende Gestaltung, Pflege oder Restaurierung mit dem Ziel einer dauerhaft tragfähigen Umweltbasis den wirtschaftlicheren und langfristig sichereren Weg dar.

Nur als Notlösung kann im *Rückkopplungskomplex* ein defensiver Umweltschutz angesehen werden, d. h. das Bemühen, Schadwirkungen unmittelbar vor ihrem Wirksamwerden abzufangen (z. B. Wasser aufzubereiten oder Atemluft durch Gasmasken zu reinigen). Leider sind wir bereits mehrfach zum Einsatz solcher Mittel gezwungen. Wir sollten uns aber klar sein, daß wir hier auf der letzten Linie kämpfen und vor allem, daß hierbei die Umweltbasis ungeschützt bleibt, daher Basisschäden und vor allem Spätschäden auf solche Weise nicht abgefangen werden können.

Die Möglichkeit hierzu bietet sich dagegen bei einem präservativen Umweltschutz, einem Abfangen von Neben- und Folgewirkungen oder -produkten direkt am Entstehungsort (z. B. Kläranlagen oder Abgasfilter). Die Unterbrechung unvermeidlicher negativer Rückkopplungskreise setzt gleich am Entstehungsort an, so daß diese gar nicht erst in Fluß kommen. Sie erweist sich somit als wichtiger Teil einer Umwelthygiene und entspricht am besten dem eigentlichen Sinn des Wortes Umweltschutz. Im Ansatz noch besser sind nur die Variation oder Limitierung von Umweltansprüchen, da sie entsprechende Neben- und Folgewirkungen überhaupt nicht entstehen lassen.

Als dringende Ergänzung ist aber die Anregung und Begünstigung positiver Rückkopplungskreise anzusehen. Dieser Bereich einer umfassenden Umwelthygiene gehört wesentlich zur Umweltpflege und -gestaltung und wäre einer staatlichen Einwirkung durch entsprechende Förderungsmaßnahmen und Regelungen leicht zugänglich.

Um die Rangfolge der aufgezeigten Ansatzpunkte wenigstens anzudeuten, seien folgende Thesen aufgestellt:

■ Wer die Umweltbeanspruchung nicht angemessen begrenzt und keine richtige Zuordnung von Beanspruchendem und Beanspruchtem vornimmt, muß später mit hohem Aufwand manipulieren und oft irreparable Basisschäden hinnehmen!

■ Wer keinen ausreichenden präservativen Umweltschutz treibt, muß später defensiven betreiben sowie viele Umweltträger und -fundamente restaurieren.

■ Wer Umweltträger und -fundamente nicht konserviert, pflegt und funktionsfähig gestaltet sowie weiterentwickelt, muß später aufwendig restaurieren — soweit dies überhaupt noch möglich ist — und muß zahlreiche Steuerungsfunktionen übernehmen, welche die gestörten Basissysteme nicht mehr selbst zu leisten vermögen.

Literatur

ALEXANDER, C.: Die Stadt ist kein Baum — Bauen und Wohnen Nr. 7/67.
DAHMEN, F. W.: Ansatzpunkte zur Lösung der Umweltprobleme — Garten und Landschaft Nr. 6/70.
— Was bedeutet Umwelt? — Ldsch. verbd. Rhld., Arbeitsstudie Nr. 21, 1971.
— Landschafts- und Umweltpflege — Der Niederrhein, 4/71.
— Die Antwort eines Landschaftsplaners auf die Umweltproblematik — Sonderheft Umwelt, Deutscher Heimatbund 1971/S. 39—57.
— Die Erde hat keinen Notausgang/Umweltschutz ist Menschenschutz — Mercator-Verlag, Duisburg, 1971.
— Landschaftsplanung, eine notwendige Ergänzung der Landes-, Orts- und raumbezogenen Fachplanung — (Landsch. verbd. Rhld., Arb. Studie Nr. 15, 1971) — Druck: Kleine Schriften des Deutschen Verbandes für Wohnungswesen, Städtebau und Raumplanung e. V., Nr. 51/1972, Köln.
— Die Problematik der Umwelt — Botschaft und Dienst, Nr. 11/12-1972, S. 8—14.
— Die Auswertung von Bodenkarten für die Landschaftspflege, insbesondere der BK 50 des Geologischen Landesamtes von Nordrhein-Westfalen — Deutsche Bodenkundliche Gesellschaft, Nr. 16, S. 89—100; 1973.
— Aufgaben und Ziele künftiger Landschaftspflege im Rheinland — Niederrheinisches Jahrbuch 1972, Krefeld 1973.
DAHMEN, F. W. u. G.: Ökodiagramm/Vordruck mit Graphik zur vielfaktoriellen Kennzeichnung der Standortansprüche von Pflanzen und der Standortqualitäten von Pflanzenstandorten — Selbstverlag, Siegburg, 1972/2. erweiterte Auflage 1973.
— Eine ökologische Auswertekarte zur Bodenkarte 1:50 000 für Zwecke der Landschaftspflege und Nutzungsplanung — Niederrheinisches Jahrbuch 1972, Krefeld 1973.
DAHMEN, F. W. u. HEISS, W.: Umwelt — Schlagwort oder rettende Einsicht? — 2. Auflage, Selbstverlag, Siegburg, 1973.
DAHMEN, F. W. u. WOLFF-STRAUB, R.: Auswertekarte zur Bodenkarte von Nordrhein-Westfalen 1:50 000, natürliche Standortfaktoren: Blatt L 4704, Krefeld — Rheinland-Verlag Bonn, 1973.
ELLENBERG, H.: Ökosystemforschung — Springer-Verlag Berlin, Heidelberg, New York, 1973.
HABER, W.: Grundzüge einer ökologischen Theorie der Landnutzungsplanung — Innere Kolonisation, Heft 11/1972.
KLAUSEWITZ, W. mit SCHÄFER, W. u. TOBIAS, W.: Umwelt 2000/Kl. Senckenberg-Reihe Nr. 3 — Verlag Waldemar Kramer, Frankfurt 1971.

KLINK, H.-J.: Geoökologie und naturräumliche Gliederung/Grundlagen der Umweltforschung — Geographische Rundschau Nr. 1/1972, Jahrgang 24.
LANGER, H.: Systemtheoretische Probleme der Landschaftspflege — Landschaft und Stadt, Nr. 3/1969.
MERTENS, H.: Die Bodenkarte 1:50 000 v. Nordrhein-Westfalen — Niederrheinisches Jahrbuch 1972, Krefeld 1973.
MERTENS H. mit PAAS, W.: Bodenkarte von Nordrhein-Westfalen 1:50 000, Blatt L 4704, Krefeld, Krefeld 1969.
NEEF, E. mit BIELER, J.: Zur Frage der landschaftsökologischen Übersichtskarte/Ein Beitrag zum Problem der Komplexkarte — Petermanns Geograph. Mitteilg., Jg. 115, 1971, 1. Quartalsheft, VEB Hermann Haack, Geogr.-Kartogr. Anstalt, Gotha, Leipzig.
SCHMITHÜSEN, J.: Begriff und Inhaltsbestimmung der Landschaft als Forschungsobjekt von geograph. u. biolog. Standpkt. — Archiv Naturschutz u. Ldsch. forschg., Bd. 8, 1968, Heft 2.
THIENEMANN, A. F.: Leben und Umwelt/Vom Gesamthaushalt der Natur — Rowohlts Deutsche Enzyklopädie Nr. 22, Hamburg, 1956.
UEXKÜLL, J. v.: Streifzüge durch die Umwelten von Tieren und Menschen/Bedeutungslehre — Rowohlts Deutsche Enzyklopädie Nr. 13, Hamburg, 1956.
VESTER, F.: Das Überlebensprogramm — Kindler-Verlag, München, 1972.

Die Abbildungen 2 und 3 zeigen Ausschnitte aus einer größeren Graphik, in der versucht wurde, die Struktur und Stabilität von Ökosystemen aus der Vernetzung verschiedener Umweltsysteme in vereinfachter Form anschaulich zu machen. Zum Zwecke der Verdeutlichung von Umweltsystemen wurden hier nur zwei Grundelemente dieser Graphik wiedergegeben: das Umweltsystem einer autotrophen (grünen) Pflanze und das eines höheren Tieres.

Diskussion zum Vortrag Dahmen

Prof. Dr. J. Schmithüsen (Saarbrücken)
Am Anfang des Vortrags war von der Umwelt im Sinne von J. von UEXKÜLL (subjektbezogene Merk- und Wirkwelt des einzelnen Organismus) die Rede, später bei der Erläuterung des Schemas der Beziehungskomplexe dagegen von objektiviert betrachteten „Umweltqualitäten" und Wirkungssystemen. Das gleiche Wort Umwelt wird dabei in verschiedener Bedeutung benutzt. Vielleicht wäre es besser für den UEXKÜLLschen Begriff den schon vor langer Zeit von FRIEDERICHS dafür vorgeschlagenen Terminus „Eigenwelt" (des Organismus) zu verwenden.

THEMATISCHE UND ANGEWANDTE KARTEN IN LANDSCHAFTS-ÖKOLOGIE UND UMWELTSCHUTZ

Von Hartmut Leser (Basel)

Zusammenfassung: Der Aufsatz geht von den Anforderungen der Praxis aus, daß in Landschaftsökologie und Umweltschutz nur ganz bestimmte thematische Karten aus dem Bereich der Physischen Geographie erwartet werden. Neben den bekannten komplex-thematischen Karten werden in der Praxis auch analytisch-thematische Teilinhaltsdarstellungen verwendet. Echte „angewandte" Karten sind aber erst solche thematische Karten, die völlig neue Inhalte aufweisen. Sie stützen sich zwar auf physiogeographische Grundlagenforschung, stellen diese Ergebnisse jedoch bewertet oder in Planungskarten umgesetzt dar. Diese synoptisch-angewandten (thematischen) und synthetisch-angewandten (thematischen) Darstellungen sind wirkliche angewandte Karten, die eine Untergruppe der thematischen Karten bilden: Jede angewandte Karte ist zugleich thematische, aber nicht jede thematische Karte — auch wenn sie ohne planerisch orientierte Umsetzung gelegentlich der Praxis als Arbeitskarte dient — ist eine angewandte Karte.

1. BEGRIFFSUNTERSCHEIDUNG: THEMATISCHE KARTE/ANGEWANDTE KARTE

Mit der immer stärkeren Anwendung geographischer Forschungsergebnisse in der Praxis wird es häufiger notwendig, Fakten quantitativ auszudrücken oder sie in topographischen und thematischen Karten darzustellen. Thematische Karten repräsentieren dabei — gemessen am Forschungsgegenstand — die Möglichkeit, sowohl quantitative wie auch qualitative Ergebnisse raumbezogen und übersichtlich darzustellen. Im Zusammenhang mit der praktischen Anwendung geographischer Forschungsergebnisse stellt sich damit auch die Frage nach dem Inhalt der Begriffe „thematische" und „angewandte" Karte. Dieses Problem wurde in der kartographischen Literatur gelegentlich schon erörtert, vielfach aus dem Blickwinkel einer Systematisierung der Karten, weniger unter dem Aspekt, daß die Praxis an Inhalt und Form der Karten spezielle Anforderungen stellt, die bei einer Begriffsbestimmung und Systematisierung ebenfalls berücksichtigt werden müßten. Wird dabei streng vom Karteninhalt ausgegangen, lassen sich zwischen thematischen und angewandten Karten sehr wohl Unterscheidungen vornehmen, die — werden sie von den Anforderungen und Erwartungen der Praxis her getroffen — zu eindeutigen Kriterien führen. Wenn innerhalb der geographischen Forschungsarbeit zwischen allgemeiner Geographie, Methodologie, Methodik und Anwendung getrennt wird, so lassen sich aus der großen Gruppe der thematischen Karten auch die angewandten Karten ausgliedern. In der Definition der „Thematischen Karte" oder „Themakarte" wird sich an E. Meynen (1966, 1970) gehalten, dem auch andere Autoren folgen (z. B. G. Hake, 1970): „Karte, in der Erscheinungen und/oder Sachverhalte zur Erkenntnis ihrer selbst dargestellt sind. Der Karten(unter)grund dient zur allgemeinen Orientierung und/oder zur Einbettung des

Themas in die Situation." Ausführlicher sind die Definitionen bei E. ARNBERGER (1966), E. IMHOF (1972), H. WILHELMY (1966) und W. WITT (1967). Auch der weiteren Untergliederung in analytische, komplexe, synoptische und synthetische Themakarten schließen sich viele Autoren an. „Thematisch" sind in der Physischen Geographie alle jene Karten, die innerhalb der einzelnen physiogeographischen Teilgebiete „Themen" darstellen: Relief in der Geomorphologie, bodengeographische Situation in der Bodengeographie, Wasserverhältnisse in der Hydrogeographie etc. Solche Karten sind zwar topographische Karten eines bestimmten Themas, aber dabei im Sinne einer Anwendung in der Praxis gleichzeitig noch keine „angewandten" — d. h. anwendbaren — Karten. Der Begriff „angewandte Karte" ist, wie schon von anderen Autoren betont wurde (G. HAKE, 1970; H. WILHELMY, 1966; W. WITT, 1967; u. a.), bereits seit langem nicht mehr synonym für „thematische" Karte, sondern er hat eigene Bedeutung erlangt. Es können heute keineswegs mehr darunter topographische Karten mit Spezialeintragungen verstanden werden (H. WILHELMY, 1966), die besser als „angewandte topographische Karten" zu bezeichnen sind (E. MEYNEN, 1966, 1970). Unter dem Begriff „angewandte Karten" sollten heute nur jene physiogeographischen Karten verstanden werden, die inhaltlich umgesetzt worden sind und in dieser neuen, nicht mehr allein für die Wissenschaft selber gedachten Form tatsächlich in der Praxis Verwendung finden (können).

Es geht übrigens an dieser Stelle nicht darum, zu erörtern, weshalb und wieso die Fülle der vorliegenden thematischen Karten der physiogeographischen Teilgebiete in der Praxis außerhalb der hochschulgeographischen Forschung bisher nicht oder kaum angewendet wird. Die Hauptursache dafür liegt weniger in der Darstellungsform der Karten begründet als im Karteninhalt selber. Greift man die genannten Themakartenbeispiele auf, so bedeutet das, daß in der außerwissenschaftlichen Praxis mit der geomorphologischen, bodengeographischen oder hydrogeographischen Karte traditioneller Art allein nicht viel anzufangen ist, sondern daß erst beim Vorliegen anderer Inhalte, Maßstäbe und damit auch Formen der Karten eine Anwendung in der Praxis gesichert werden kann. Wenn von der „reinen" geomorphologischen Karte[1] nur Kennzeichnungen des oberflächennahen Untergrundes bzw. des von bodenkundlichen und geologischen Karten nicht dargestellten „geologischen Substrats" (H. KUGLER, u. a. 1965) oder echte morphographische Angaben wie Hangneigungsareale, Reliefenergiewerte oder Wölbungsradien erwartet werden, so handelt es sich bei diesen Auszügen von Teilinhalten einer (gesamt-)morphographischen Karte — auch bei gesonderter oder kombinierter Darstellung — noch nicht um angewandte Karten, sondern um thematische. Erst wenn der Inhalt der geomorphologischen Karten innerhalb einer weiteren Karte für die Praxis bewertet wird oder gar eine Umsetzung in neue, praxisnahe Sachverhalte erfolgt, kann von echten angewandten Karten gesprochen werden. Beispiel: Bewertung des morphographischen Inventars auf Grund einer morphographischen Karte einschließlich der in dieser erfolgten

---

[1] An anderer Stelle (H. LESER, 1973) wurde bereits darauf hingewiesen, daß z. B. innerhalb der großen Gruppe der geomorphologischen Karten schon beträchtliche Differenzierungen im Hinblick auf irgendeine mögliche Anwendung bestehen und daß nicht jede geomorphologische Karte großen Maßstabs eo ipso von einem Praktiker, der ja in erster Linie heute Nichtgeograph ist, verwendet werden kann, weil er für seine Arbeit — bei der es ja vor allem um „nicht-geographische" Probleme geht, nur ganz besondere Sachverhalte aus dem breiten Angebot der geomorphologischen Forschung benötigt.

Darstellung der rezenten Morphodynamik (jedoch ohne morphogenetische Angaben) auf Bodenerosionsgefährdung oder auf Meliorationsmaßnahmen. Werden nun aus dieser Bewertungskarte neue Karten entwickelt, die raumordnerische oder sonstige planerische Maßnahmen darstellen, die sich durch die geomorphologischen Bewertungen begründen lassen, kann ebenfalls von angewandten Karten gesprochen werden. Sie stellen im Beispielsfall einen anzustrebenden Planungszustand dar, der zwar die geomorphologischen Verhältnisse des Gebiets berücksichtigt, sie jedoch nicht zum Hauptgegenstand der Kartendarstellung macht. Bei den angewandten Karten geht es also nicht mehr allein um die Darstellung von Sachverhalten der Physischen Geographie, sondern um deren Umsetzung und Weiterverwendung im praktischen Leben. Daraus folgert auch: Jede angewandte Karte ist gleichzeitig eine thematische Karte, weil sie ein bestimmtes Thema darstellt (E. MEYNEN: „Thematische Auswerte- oder Interpretationskarte." 1970). Diese Begriffsunterscheidung ist deshalb wichtig, weil damit deutlich wird, daß jenes innerhalb der Geographie gehörte Argument, man produziere ja anwendungsfähige Karten und die Praxis habe sich nur zu bedienen, aus wissenschaftslogischer und kartographischer Sicht nicht zu vertreten ist. Für den Praktiker stehen, wie bereits gesagt, andere, vielfach nicht-geographische Probleme an, die bekanntlich von den meisten thematischen Karten der Geographie gar nicht dargestellt werden. Es gilt sich seitens der Geographie zu bemühen, diesen speziellen Erwartungen des Praktikers Rechnung zu tragen, auch dann, wenn dies für die geographische Wissenschaft eine Umstellung in Arbeitsweise und Teilzielen ihrer Forschungsarbeit bedeuten mag.

2. KARTEN FÜR LANDSCHAFTSÖKOLOGIE UND UMWELTSCHUTZ

Innerhalb der sachlich weitgespannten Bereiche Landschaftsökologie und Umweltschutz ist naturgemäß der Einsatz der unterschiedlichsten topographischen und thematischen Karten möglich. Es braucht nicht hervorgehoben zu werden, daß in Landschaftsökologie und Umweltschutz, in welchen zumeist räumliche Probleme zur Lösung anstehen, die Karte als Form der Darstellung räumlicher Sachverhalte eine besondere Rolle spielt. Gerade für den mit der Erfassung von komplexen räumlichen Systemen Nichtvertrauten erweist sich die Karte als einer der wichtigsten Datenträger und als eine der didaktisch wertvollsten Denkhilfen. — Da sich neben anderen Wissenschaften auch die Geographie um die Weiterentwicklung der thematischen Karten bemüht, hat sich inzwischen ein ausgedehntes Tätigkeitsfeld gebildet, das aber — trotz der erreichten Vielfalt im kartographischen Ausdruck — an traditionelle Aufnahmemethoden und Darstellungsverfahren der Disziplin anschließt. Dies allein kann jedoch für die stärkere Beteiligung der Geographie an der Lösung praktischer Aufgaben nicht genügen. Vielmehr muß die Geographie ihre kartographische Aufnahme- und Wiedergabemethodik weiterentwickeln, um sich dann über eine verstärkte Einstellung der Karteninhalte auf die Anforderungen der nicht-geographischen Praxis auch außerhalb des Faches einen ständigen Abnehmerkreis für die Forschungsergebnisse zu schaffen. — So haben zwar die von der Bundesanstalt für Landeskunde und Raumforschung herausgegebenen Karten der naturräumlichen Gliederung einen Zugang zur Praxis gefunden, doch wurde dort der Gedanke des Kartenwerks inhaltlich nicht ganz ausgeschöpft. Dies lag zum Teil an Inhalt und Darstellungsform der Karten selber, weil nämlich nicht die Inhalte der Naturräume, sondern gerade die in der geographischen Realität als Säume ausgebildeten „Grenzlinien" dargestellt wurden und zudem eine prägnante qualitative und quantitative Kennzeichnung der physiogeographischen Inhalte der naturräumlichen Einheiten fehlte. Auch die geomorphologischen Karten, um ein zweites Beispiel anzuführen, fanden gelegentlich in der nichtgeographischen Praxis Verwendung. Allerdings haben die zu kleinen Maßstäbe und die zu unsystematische morphographische Kennzeichnung des Reliefs eine umfassende Anwendung in der Praxis verhindert. — Beide Beispiele thematischer Karten aus physiogeographischen Teilgebieten zeigen, daß vom Ansatz her methodisches Rüstzeug für einen weiteren Einsatz und eine Fortentwicklung geographischer Karten gegeben sind, an die — auch im Zeichen der Entwicklung eines allgemein wachsenden Bewußtseins für räumliche Probleme und ihrer komplexen Verbindungen zu allen Lebensbereichen des Menschen — angeknüpft werden sollte.

2.1. Karteninhalte und Maßstäbe

Im Rahmen mehrerer praktisch orientierter Untersuchungen, die am Geographischen Institut der TU Hannover durchgeführt wurden, stellten sich seitens der Praxis ganz bestimmte Erwartungen und Anforderungen für die Untersuchung landschaftsökologischer und umweltschützerischer Probleme heraus, die mit den in der Geographie gebräuchlichen Karteninhalten allein nicht abzudecken waren. Diese Erwartungen werden hier kurz dargelegt, ohne daß ihnen damit absolute Gültigkeit zugesprochen werden soll. Die Anforderungen an die physiogeographischen Karten waren anders als erwartet, besonders infolge der Tatsache, daß die herkömmlichen physiogeographischen Karten mit komplexem oder analytischem Charakter nur noch den Wert von Arbeitskarten besaßen, die für die Entwicklung der übrigen (angewandten) Darstellungen zwar große Bedeutung hatten, den Praktiker jedoch nur selten interessierten. Sie tauchen aber gelegentlich wieder in den „Teilinhaltsdarstellungen" auf. — Grundsätzlich werden in Inhalt und Form der Karten vom Praktiker folgende, allerdings unterschiedlich gewichtete Erwartungen gehegt (Abb. 1):

Karteninhalte:
(1) Komplex-thematische Darstellungen
(2) Analytisch-thematische Darstellungen
(3) Synoptisch-angewandte Darstellungen
(4) Synthetisch-angewandte Darstellungen

Kartenmaßstäbe:
Möglichst große Maßstäbe, ohne daß damit jedoch das Erkennen räumlicher Zusammenhänge unmöglich wird.

„Räumliche Zusammenhänge" bedeutet dabei — auch unter fachfremden Praktikern — nicht eine allgemeine Synthese mit „Schilderung der räumlichen Grundzüge" eines Gebietes. Vielmehr handelt es sich um spezielle quantitative oder qualitative Kennzeichnungen von Raumeinheiten, die in der Karte den räumlichen Kontext erkennen lassen, gleichzeitig aber konkrete planerische Schlußfolgerungen erlauben, die aus ökonomischer oder politischer Perspektive gezogen werden müssen. Solche Fakten können entweder (1) komplex dargestellt werden, so daß die Darstellungsform an traditionelle Karteninhalte der physisch-geographischen Teilgebiete angelehnt ist, oder auch (2) einzeln (d. h. analytisch), indem man Teilsachverhalte — zur Veranschaulichung eines besonderen räumlichen Phänomens — aus komplexen Aufnahmen oder Karten herauszieht. Schließlich (3) können bewertete Teilinhalte un-

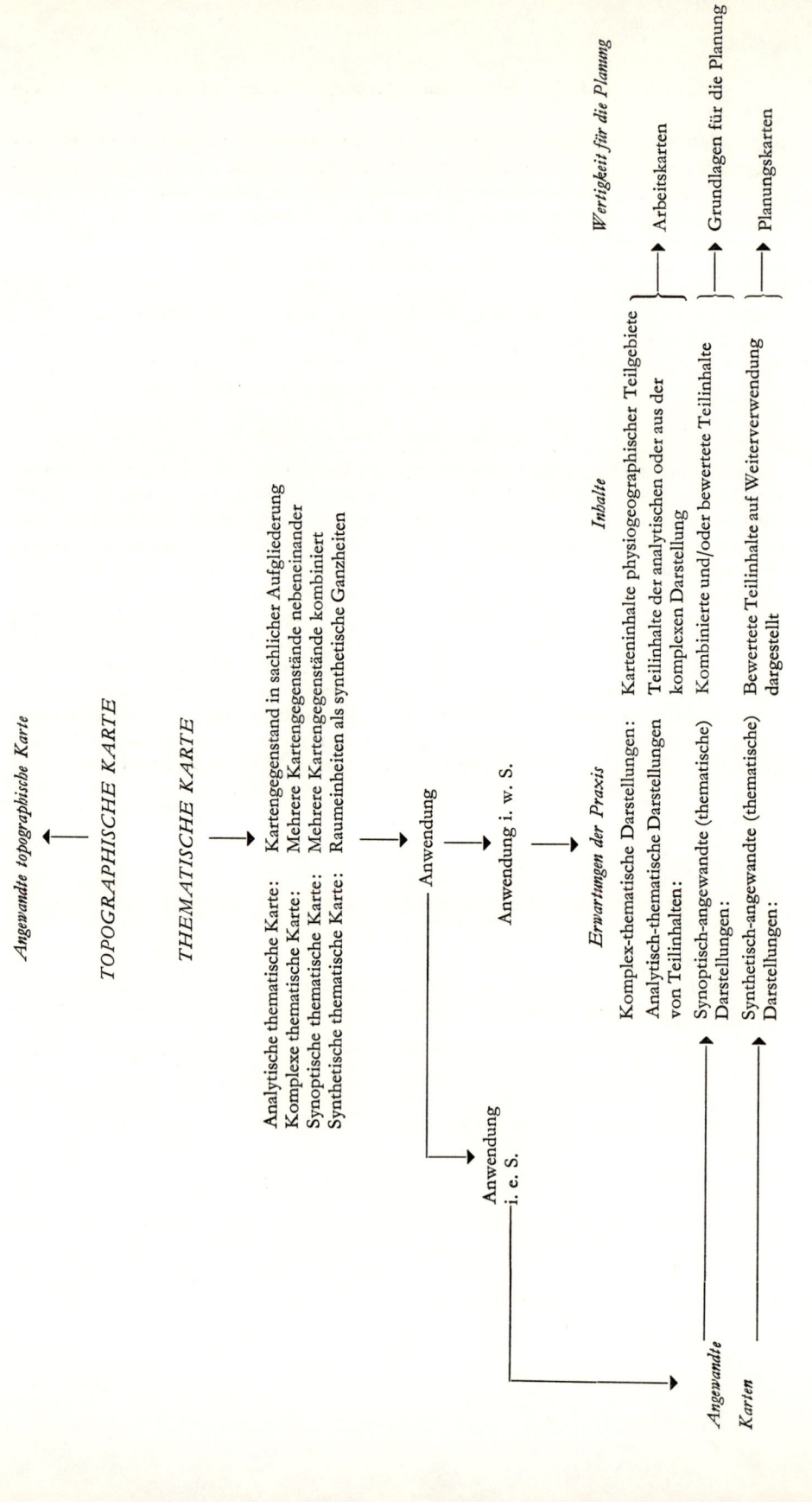

Angewandte topographische Karte

TOPOGRAPHISCHE KARTE ←

THEMATISCHE KARTE → Kartengegenstand in sachlicher Aufgliederung
  Mehrere Kartengegenstände nebeneinander
  Mehrere Kartengegenstände kombiniert
  Raumeinheiten als synthetische Ganzheiten

→ Anwendung → Anwendung i. w. S. →

Analytische thematische Karte:
Komplexe thematische Karte:
Synoptische thematische Karte:
Synthetische thematische Karte:

↓ Anwendung i. e. S.

Erwartungen der Praxis

Komplex-thematische Darstellungen:
Analytisch-thematische Darstellungen von Teilinhalten:
Synoptisch-angewandte (thematische) Darstellungen:
Synthetisch-angewandte (thematische) Darstellungen:

Inhalte

Karteninhalte physiogeographischer Teilgebiete
Teilinhalte der analytischen oder aus der komplexen Darstellung
Kombinierte und/oder bewertete Teilinhalte
Bewertete Teilinhalte auf Weiterverwendung dargestellt

Wertigkeit für die Planung

⟶ Arbeitskarten
⟶ Grundlagen für die Planung
⟶ Planungskarten

Angewandte Karten ⟶

terschiedlicher physiogeographischer Karten miteinander kombiniert und/oder mit Sachverhalten aus der Geographie des Menschen in Beziehung gesetzt werden, woraus echte „angewandte" (bzw. anwendbare) Karten resultieren, die unter 1. („Begriffsunterscheidung") herausgearbeitet wurden.

2.2. Aufnahmemethoden

Diese eben für Karteninhalte und -maßstäbe genannten allgemeinen Erwartungen wirken auf den ersten Blick keineswegs neu. Sie gewinnen aber ein anderes Gewicht, wenn die Aufnahmemethoden betrachtet werden. Die häufig durch kompilatorischen Charakter ausgezeichnete geographisch-thematische Karte[2], wenn sie nicht gerade ein enggefaßtes naturwissenschaftliches Thema hat, tritt wegen der teilweise sehr speziellen Erwartungen der Praxis völlig in den Hintergrund. Statt dessen fordert man induktiv gewonnene physiogeographische Sachverhalte, d. h. mit naturwissenschaftlichen Arbeitsweisen großmaßstäbig aufgenommene Fakten. Diese Kartierungen erfolgen in den Maßstäben 1:5000 bis 1:25 000 und werden ggf. in den nächst kleineren Maßstab (1:10 000 bzw. 1:50 000) verkleinert oder generalisiert. Arbeits- und Darstellungsmaßstab sind von der Problemstellung und der Größe des Arbeitsgebietes sowie der zur Verfügung stehenden technischen und damit finanziellen Mittel abhängig. Da es sich beim Angehen praktischer Probleme in der Regel um verhältnismäßig kleine Geländeausschnitte handelt, ist eine größtmaßstäbige Aufnahme durchaus ökonomisch, zumal die Ergebnisse dann einen hohen Genauigkeits- und Aussagewert besitzen. Die bereits als Beispiel erwähnte morphographische Karte, die als Grundlage für eine Reihe weiterer Bewertungs- und Anwendungskarten dienen kann, erfordert demnach sehr gründliche Geländeaufnahmearbeit, bei der alle Erscheinungen des Reliefs kartiert werden müssen. Zusätzliche Hilfen, wie maschinelle Anfertigung von Karten der Böschungswinkelareale als einem Teilinhalt der morphographischen Karte, bleiben von dieser Arbeitsweise nicht ausgeschlossen. Auch die landschaftsökologische Karte wird durch die Aufnahme von Pflanzen- oder Tiergesellschaften, deren Indikatorwert für die Aussage über Raumqualität bekannt ist oder der durch Eichungen ermittelt werden kann, mit der exakten naturwissenschaftlichen Reliefaufnahme vergleichbar.

Stellt man diese Methodik beispielsweise den bekannten Karten zur naturräumlichen Gliederung gegenüber, wird das andersartige Vorgehen deutlich.

Wenn die Praxis daneben schließlich Karten der Übersichtsmaßstäbe erwartet, so dürfen diese nur an die großmaßstäbigen Aufnahmen (s. o.) angeschlossen werden, die allein hinreichende Gewähr für genaue Aussagen auch im Übersichtsmaßstab bieten. Sollen diese Übersichtskarten nicht wieder auf Fakten beruhen, die aus anderen fachspezifischen Karten (geologischen, bodenkundlichen, pflanzensoziologischen etc.) kompiliert wurden, sondern auf echten geomorphologischen oder landschaftsökologischen Kriterien, müssen großmaßstäbig aufgenommene physiogeographische Karten zu ihrer Grundlage gemacht werden. Im anderen Falle würde wieder am eigentlichen Problem der Analyse der komplexen Inhalte räumlicher Einheiten vorbeigegangen. Kleinmaßstäbige Karten für die Praxis können also nur durch Verklei-

---

[2] Darunter werden solche Karten verstanden, in denen auf mehr oder minder vollständiger topographischer Grundlage Teilsachverhalte der Physischen Geographie dargestellt werden, die nicht auf Grund vollständiger Kartierungen physiogeographischer Gegenstände gewonnen wurden, sondern auf Kartenauswertungen, Statistiken oder Übersichtskartierungen beruhen.

nerung oder Generalisierung der großmaßstäbigen Grundlagenaufnahmen, d. h. durch Sonderung bestimmter, qualitativ oder quantitativ festgelegter räumlicher Merkmale, erstellt werden. Auf diese Weise gewinnen auch die kleinmaßstäbigen Karten für die Praxis einen völlig neuen Wert, weil sie genauer und aussagekräftiger sind als Kompilationen, die mehr oder weniger direkt im Publikationsmaßstab vorgenommen werden.

2.3. Darstellungsmethoden

Wird nun das von Inhalt, Maßstab und Aufnahmemethodik her beleuchtete Problem noch unter dem Aspekt der Darstellung gesehen, ergibt sich als Konsequenz, daß (1) die thematische Karte, (2) die Bewertungskarte — als Form der angewandten Karte — und (3) die echte angewandte Karte je nach Problemstellung und Benutzerkreis einen anderen Charakter bekommen muß. Da durch die großmaßstäbige Aufnahme ein nach vielen Richtungen hin bearbeitbares Material vorliegt, sind bei dessen Anordnung — d. h. in Form der genannten drei Darstellungsmöglichkeiten — keine Grenzen gesetzt. Die bereits beschriebene komplexe Themakarte wird, trotz ihres hohen wissenschaftlichen Wertes, für den Praktiker vielfach nur bescheidene Bedeutung besitzen, weil in den meisten dieser Karten mit fachspezifischen Begriffen und Definitionen gearbeitet wird, die dem Nicht-Geographen (gleiches gilt aber sinngemäß auch für andere Wissenschaften) unverständlich bleiben. Auch eine einwandfreie wissenschaftliche und kartographische Darstellung ist dann nicht „lesbar"! Anders schon die Bewertungskarte: An Hand der exakten Aufnahme und des Aufstellens von Parametern (häufig nur von lokaler Gültigkeit; aber gerade dies kann den Wert einer Untersuchung für einen bestimmten Raum ausmachen), z. B. für den Bodenabtrag im Rahmen von Bearbeitungsmaßnahmen der Äcker, können Areale ausgeschieden werden, die dem Praktiker direkt zeigen, ob und welche landschaftshaushaltlichen Änderungen sich in einer bestimmten physiogeographischen Raumeinheit unter gewissen Nutzungsarten einstellen. Durch solche einfachen „Gut-Schlecht"-Unterscheidungen und deren kartographische Ausweisung werden dem Praktiker direkt verwertbare Forschungsergebnisse bereitgestellt. Wenn nun aus dieser Karte vom Planer oder auch vom physiogeographischen Spezialisten innerhalb eines Planungsteams eine „Karte der potentiellen Nutzung" des Raumes unter dem Aspekt des Bodenabtrags oder anderer ökologischer Faktoren angefertigt wird, ist aus dem zunächst unbewerteten, dann auch bewerteten physiogeographischen Grundlagenmaterial eine echte angewandte Karte mit synthetischem Charakter entstanden. Vergleicht man diese dann mit den analytisch-thematischen Karten, die reines Aufnahmematerial (Bodenarten oder Bodenformen, Reliefformen etc.) enthalten oder den daraus entwickelten komplexen Themakarten (z. B. „Morphographie und rezente Morphodynamik" oder „Bodenerosion"), wird der Unterschied zwischen analytisch- bzw. komplex-thematischer und angewandter Karte deutlich.

3. BEISPIEL: DIE MORPHOGRAPHISCHE KARTE UND IHRE VERWENDUNG IN LANDSCHAFTSÖKOLOGIE UND UMWELTSCHUTZ

Für alle thematischen Karten der physiogeographischen Teildisziplinen läßt sich in praxisorientierten Untersuchungen die Unterscheidung in komplexe Themakarte, angewandte Bewertungskarten und synthetische angewandte Karte durchführen. An dieser Stelle soll das Relief als Beispiel herausgegriffen werden, um zu zeigen, daß al-

lein mit der Reliefgestalt³ — ausgedrückt in den morphographischen Verhältnissen —
beträchtliche Beiträge zu einer besseren Charakterisierung des Landschaftshaushaltes
geleistet werden können. Dabei wird über die reine morphographische Karte hinausgegangen und aus dieser eine Bewertungs- und eine angewandte Karte entwickelt.
Vorausgesetzt ist die Erkenntnis, daß dem Relief im Landschaftshaushalt steuernde
Funktion zukommt, die besonders deutlich in der Ausbildung des Geländeklimas,
der Entwicklung der Formen der Bodenzerstörungen oder in der Gestaltung der Hydro- und Pedotope ihren Ausdruck findet.

Morphographische Karten großen Maßstabs, die nach einer, das gesamte Relief
umfassenden Kartierungsmethode aufgenommen werden (z. B. H. KUGLER, 1964,
1965, 1968) verfügen infolge ihres großen Maßstabs, ihrer vollständigen und quantitativen Reliefmerkmalskennzeichnung über zahlreiche Auswertungsmöglichkeiten,
die eine Hilfe bei der planerischen Arbeit an landschaftsökologischen Problemen darstellen. Als Karten unterstreichen sie zudem das räumliche Moment, das bei der Anwendung landschaftsökologischer Erkenntnisse im Umweltschutz zunehmend an
Bedeutung gewinnt.

Beispiel: Morphographische Aufnahme einer Geländemulde im Bereich des Meßtischblattes Sarsted (3725)⁴. — Die Karte läßt enge Zusammenhänge zwischen Reliefformen, Verteilung des oberflächennahen Untergrundes (Substrataufnahme nach den
Bodenformentypen LIEBEROTHS) und den Formen der Bodenzerstörung erkennen,
die bei der morphographischen Reliefaufnahme (Methode KUGLER) ebenfalls mit erfaßt wurden. Die Karte ist in dieser Form eine komplex-thematische Karte, die für eine Bewertung des Geländes erst umgesetzt werden müßte.

Beispiel: Morphographische Aufnahme eines Tälchens im Bereich des Meßtischblattes Springe (3723)⁵. — Hier erfolgte die gleiche Anwendung der o. a. Aufnahmemethodik. Aus den Angaben der Relief- und Substrataufnahme und aus weiteren Kartierungen der Nutzung, der Bearbeitungsweise sowie anderer, landschaftshaushaltlich
wirksamer Faktoren, ergaben sich Möglichkeiten zur Herstellung von synoptisch-angewandten Karten in Form der Bewertungskarten, die direkte Aussagen über die Bodenerosionsanfälligkeit zulassen. Der große Aufnahmemaßstab von 1 : 5000 ermöglicht eine präzise Aussage über jedes Flurstück, wie sie aus der morphographischen
Karte allein oder gar aus einer morphogenetischen — vielleicht sogar kleineren Maßstabs — überhaupt nicht denkbar wäre. Diese Karten gingen dann in eine synthetische
angewandte Karte ein, die potentielle Nutzungen für das Gebiet vorsieht, wie sie aus
landschaftsökologischer Sicht notwendig wären.

Beispiel: Morphographische Aufnahme des Burgbergs von Esslingen am Neckar
im Bereich des Meßtischblattes Plochingen (7222). — Unterstützt durch geländeklimatologische Messungen und Aufnahmen nach der Methodik der Landesklimaaufnahme nach K. KNOCH (1963) ließ sich die komplex-thematische morphographische
Aufnahme in eine synthetisch-angewandte Karte der „potentiellen Nutzung" umsetzen, bei der die Frage der Bepflanzung des Burgbergs unter geländeklimatischen
Aspekten und der Frage der Erhaltung des Esslinger Burgbergs als citynahes Erho-

---

³ Auf die ebenfalls bestehende Möglichkeit, auch morphogenetische Inhalte — zusammen mit der
Morphographie — in angewandten Karten zu verarbeiten, wird hier nicht eingegangen.

⁴ Aufnahme: K. WINDOLPH, Geographisches Institut TU Hannover 1972 (Staatsexamensarbeit).

⁵ Aufnahme: P. DOMOGALLA, G. MAIR und R.-G. SCHMIDT, Geographisches Institut TU Hannover 1973 (Diplomarbeiten).

lungsgebiet der Stadtbevölkerung im Vordergrund stand (H. LESER, 1972, a). Aus Karten der Landnutzung in der Gegenwart sowie den beschriebenen Aufnahmen wurde eine den landschaftsökologischen Verhältnissen angemessene künftige Nutzung vorgeschlagen. Synoptisch-angewandte Bewertungskarten und analytisch-thematische Karten wurden hier nur als Arbeitsschritte zwischengeschaltet.

Beispiel: Landschaftsökologische Aufnahme des Neckartals bei Altbach am Neckar im Bereich des Meßtischblattes Plochingen (7222). — Auch hier wurden die bereits erwähnten geomorphologischen und geländeklimatologischen Methoden eingesetzt, um über Themakarten zu einer Kennzeichnung der Inhalte landschaftsökologischer Raumeinheiten zu kommen (H. LESER, 1972, b). Diese wurden in Beziehung zur gegenwärtig herrschenden und zu der in verschiedenen regionalen Planungen vorgesehenen künftigen Landnutzung gesetzt. Bewertungskarten wiesen nach, daß die naturräumlichen Einheiten durch die Art der Landschaftsnutzung im Haushalt gestört sind und daß die vorgesehene weitere Aufsiedlung des Gebietes mit Wohn- und Industrieanlagen zu einer Schädigung des Klima-, Wasser- und Bodenhaushaltes führen muß. Die angewandte (Planungs-)Karte versucht, auf empirischer Grundlage die Gebiete auszuweisen, in denen eine weitere Ausdehnung der Besiedlung möglich ist und solche, in denen aus Gründen der Erhaltung des natürlichen Gleichgewichts in der Landschaft eine weitere Ausdehnung des Siedelgebietes unsinnig wäre.

In diesem Zusammenhang wäre erwähnenswert, daß sich bei allen Untersuchungen herausstellte, daß die Methodik der Landschaftshaushaltsaufnahme weitgehend ausgereift ist, daß aber eindeutige Kriterien für die Bewertung der naturräumlichen Inhalte im Hinblick auf die künftigen Nutzungen noch erarbeitet werden müssen. Diese Aufgabe wird nun in Angriff genommen, nachdem die kartographischen Grundlagen erarbeitet sind und eine Möglichkeit für eine leserliche und korrekte Wiedergabe des geographischen Grundlagenforschungsmaterials gegeben ist.

4. ERGEBNISSE

4.1. Bedeutung und Notwendigkeit angewandter Karten für Landschaftsökologie und Umweltschutz

Die vorgeführten Beispiele thematischer und angewandter Karten sollen zeigen, daß die Physische Geographie heute schon in der Lage ist, der Praxis sehr differenzierte angewandte Karten vorzulegen. Allerdings reichen die bekannten thematischen Karten (geomorphologische, vegetationsgeographische, bodengeographische etc.) in der herkömmlichen Form dazu nicht aus. Statt dessen muß für das jeweilige Untersuchungsgebiet ein Kartensatz erarbeitet werden, der sowohl die bekannten geographisch-thematischen Karten (analytisch und komplex) umfaßt als auch neue Kartenformen, wie die (angewandten) Bewertungskarten und die (angewandten) Planungskarten. Beide Kartentypen hat man bislang sehr selten hergestellt, weil die zu ihrer Erarbeitung nötigen allgemein-gültigen Parameter für die Bewertung und die Prognose der Entwicklung des Landschaftshaushaltes noch nicht festgelegt wurden. Die Bewertungskarten stellen übrigens nicht nur eine einfache kartographische Umsetzung des regulären physisch-geographischen Karteninhaltes dar, sondern sie sind inhaltlich völlig neu, während die Darstellungsmethode an die bekannten Methoden thematischer Kartengestaltung anschließt. Auf Grund der Bewertungskarten, die — wie gesagt — über die gewöhnliche Bestandsaufnahme des physisch-geographischen Inventars hinausgehen, lassen sich dann die echten Planungskarten entwickeln. In sie gehen sowohl Ergebnisse der Bestandsaufnahme wie Fakten der Bewertung als auch andere Tatbestände ein, die außerhalb der Physischen Geographie erarbeitet werden. Mit ihnen wird das Tätigkeitsfeld des Planers erreicht, auf welchem auch Betätigungsmöglichkeiten für den Geographen zu finden sind. Sein Einsatz hängt dabei vor allem vom Arbeitsmaßstab des Untersuchungsobjekts ab: Bei einem räumlich ausgedehnten, komplexen Gegenstand werden neben dem Geographen auch andere Spezialisten an der Erarbeitung der angewandten Karten beteiligt sein, bei kleinen Objekten, die inhaltlich homogener sind, kann der planerisch tätige Physiogeograph die Erarbeitung der angewandten Karte selbst vornehmen.

Wie der Einsatz solcher Bewertungs- und angewandten Karten in der Praxis zeigte, legen Kommunalpolitiker und Planer — mit in der Regel nicht-naturwissenschaftlicher Ausbildung — auf sie großen Wert. Während z. B. in den geomorphologischen Karten fast ausschließlich wissenschaftliche Probleme dargestellt werden, die dem Praktiker nicht bekannt oder fremd sind und für die Bewertung eines räumlichen Sachverhaltes aus seiner Perspektive auch keine Rolle spielen, besitzen für ihn die auf Grund der geomorphologischen Aufnahme erarbeiteten Bewertungskarten oder auch die angewandten Karten durchschaubare Inhalte. Da auf ihnen beispielsweise Areale der Bodenerosion direkt ausgewiesen und in ihrem Umfang bewertet sind oder auf der Anwendungskarte in einem Vorschlag für die künftige Landnutzung auf diese Sachverhalte Rücksicht genommen ist, bedarf es für ihn keines Umdenkens in ihm fremde Vorstellungen naturwissenschaftlicher Disziplinen. Die praktische Verwendung einiger der vorgeführten Karten machte weiterhin deutlich, daß die physiogeographischen Inhalte thematischer und angewandter Karten durchaus gefragt sind. Besonders durch die räumliche Darstellung der Bewertung landschaftshaushaltlicher Zusammenhänge, die von den bekannten thematischen Karten der Physischen Geographie genausowenig dargestellt werden wie von den thematischen Karten anderer naturwissenschaftlicher Nachbardisziplinen, bietet sich bei der Planung künftiger Nutzungen der Landschaft, in der Landschaftspflege und im Umweltschutz ein weitgespanntes Anwendungsfeld physiogeographischer Grundlagenforschung. Entscheidend ist dabei, daß dazu übergegangen wird, die Rauminhalte bereits bei der Aufnahme zu quantifizieren — das bedeutet eine weitere Verfeinerung der Aufnahmemethodik! — und diese Quantifizierungen der analytisch- oder komplex-thematischen Karte bei den folgenden Arbeitsschritten zu erhalten und bis in die angewandten Karten, d. h. in die Bewertungs- und Planungskarten hineinzutragen. Durch die Entwicklung von Parametern und Modellen kann dies dann auch rationell für größere Gebiete differenzierterer Landschaftsstruktur getan werden. Dabei spielen vor allem das Relief — als Kriterium für die Abgrenzung der Raumeinheiten — und die biotischen Faktoren — als Indikatoren für die Belastbarkeit der Inhalte dieser Raumeinheiten durch die Nutzung des Boden-, Wasser- und Klimahaushaltes — eine Hauptrolle. Ihnen ist daher bei der weiteren landschaftsökologischen Forschung das Hauptaugenmerk zu widmen. Da nun bei solchen Raumbewertungen der aktuelle Zustand bestimmt und die Entwicklung des Landschaftshaushaltes auf diesen Zustand hin untersucht wird, ist gleichzeitig auch die aktuelle anthropogene Änderung des Naturgeschehens erfaßt. Daraus ergeben sich bekanntlich weitere Konsequenzen für die Lebensraumentwicklung, die heute nicht nur „Landschaftsgenese" im klassischen Sinne, d. h. mit vorwiegend historisch-genetischer nach rückwärts gerichteter Betrachtung ist, sondern auch alle künftigen Tendenzen und Möglichkeiten der Ökogenese umfaßt.

4.2. *Ausweitungsmöglichkeiten der geokartographischen Aufnahmemethoden*

Die mehrfach unterstrichene Bedeutung der morphographischen Karte — gleiches würde auch für die biogeographische gelten — ist bis heute in der allmählich sich auf den Umweltschutz ausrichtenden Landschaftsökologie noch nicht voll erkannt. Alle klassischen Teilgebiete der Physischen Geographie und ihre Forschungsgegenstände Relief, Boden mit oberflächennahem Untergrund, Wasser, Klima, Pflanzen, Tiere sowie deren Varianten durch anthropogene Einflüsse, die erst zusammen die „geographische Realität" (E. NEEF, 1967) ausmachen, können dabei von echten morphographischen Aufnahmen profitieren, deren Form- und Materialqualifizierungen und -quantifizierungen vielschichtige Auswertungsmöglichkeiten besitzen. Diese sind gerichtet auf eine Bewertung des natürlichen Potentials, wie es sich aktuell — d. h. anthropogen verändert — darbietet. Insofern ist eine klare Bestimmung des Tätigkeitsfeldes eines Physiogeographen gegeben, der über die Landschaftsökologie dem Umweltschutz zuarbeitet.

Gegenwärtig wird versucht, Bewertungsmöglichkeiten für das Geländeklima und die Substratkennzeichnungen auf Grund der morphographischen Verhältnisse zu finden, einerseits um den steuernden Anteil des Relieffaktors am Landschaftshaushalt genauer kennenzulernen, andererseits um das Relief als Parameter für eine rationelle und ökonomische Ansprache bestimmter landschaftshaushaltlicher Erscheinungen innerhalb der physiogeographischen Raumeinheiten unterschiedlicher Dimensionen verwenden zu können. Mit den methodischen sind gleichzeitig kartographische Probleme verbunden: Geht es doch weniger um grundsätzliche inhaltliche Änderungen der Karten als vielmehr um maßstabbedingte Varianten, die bei der Wahl der Parameter und in der Darstellungsmethodik neue Lösungsmöglichkeiten erfordern.

Die Aufmerksamkeit der Physiogeographen sollte sich erst auf diese methodischen Probleme konzentrieren, weil es im Endeffekt sicher besser ist, eine ausgereifte und vielseitig anwendbare Aufnahme- und Darstellungsmethodik zu besitzen, als vor der Lösung dieser Grundprobleme Pläne für Standortkartenwerke zu entwerfen (W. MÜLLER, 1973). Bei solchen werden sicher wegen der Komplexität der Materie, der hohen Unkosten einer landesweiten flächendeckenden Aufnahme, des vielfach zu kleinen Maßstabs und der möglicherweise raschen Veralterung derartiger Bestandsaufnahmen bedeutende Realisierungsschwierigkeiten auftreten. Eine im Augenblick wichtige Entwicklungsaufgabe stellt sich hingegen den Geomorphologen: Infolge der Steuerwirkung des Reliefs kommt diesem in der stark gegliederten, intensiv genutzten Kulturlandschaft Mitteleuropas mit ihren sich rasch ändernden anthropogenen Einflüssen auf die Landschaftshaushaltfaktoren grundlegende Bedeutung zu. Hier könnte eine umfassende Reliefaufnahme im Arbeitsmaßstab 1 : 10 000 und im Publikationsmaßstab 1 : 25 000 der Landschaftsökologie, dem Umweltschutz und den naturwissenschaftlichen Nachbardisziplinen (besonders Bodenkunde und Geologie) wesentlich weiterhelfen. Die Bedeutung eines solchen, vermutlich je nach Bedarf vorangetriebenen Kartenwerks, würde über die hinausgehen, welche die Geologische Spezialkarte der Deutschen Länder 1 : 25 000 für Wissenschaft und Praxis einmal besessen hat. Insofern ist die gegenwärtig laufende Schaffung einer Methodik für ein allgemeines großmaßstäbiges geomorphologisches Kartenwerk der Bundesrepublik Deutschland nicht nur eine Sache der Geomorphologie, sondern — vor allem auch wegen der morphographischen Teilinhalte der Karte — eine Angelegenheit, die alle physiogeographischen Disziplinen — einschließlich der Landschaftsökologie — angeht. Thematische Karten und echte angewandte Karten lassen sich mit einer geomorphologischen Karte dann auch in den übrigen Teilgebieten der Physischen Geographie wesentlich ökonomischer — und sicher auch fundierter — herstellen, als es heute noch der Fall ist.

Literatur

ARNBERGER (1966): Handbuch der thematischen Kartographie. Wien.
HAKE, G. (1970): Kartographie II. Thematische Karten, Atlanten, Kartenverwandte Darstellungen, Kartentechnik, Kartenauswertung. Sammlung Göschen 1245/1245a/1245b, Berlin.
IMHOF, E. (1972): Thematische Kartographie. Lehrbuch der Allgemeinen Geographie 10, Berlin/New York.
KUGLER, H. (1964): Die geomorphologische Reliefanalyse als Grundlage großmaßstäbiger geomorphologischer Kartierung. Wissenschaftliche Veröffentlichung Deutsches Institut für Länderkunde Leipzig N. F. 21/22: 541—655.
— (1965): Aufgabe, Grundsätze und methodische Wege für großmaßstabiges geomorphologisches Kartieren. Petermanns Geogr. Mitteilungen 109: 241—257.
— (1968): Einheitliche Gestaltungsprinzipien und Generalisierungswege bei der Schaffung geomorphologischer Karten verschiedener Maßstäbe. Petermanns Geogr. Mitteilungen, Erg.-H. 271: 259—279.
LESER, H. (1972a): Der Esslinger Burgberg im Landschaftsgefüge des Neckartales. Untersuchungen zur weiteren Bebauung von Freiflächen im citynahen Bereich der Stadt Esslingen a. N., Hannover. Als Manuskript vervielfältigt.
— (1972b): Probleme der Landschaftsökologie und des Umweltschutzes auf den Gemarkungen der Gemeinden Altbach, Deizisau und Zell (Mittleres Neckartal zwischen Esslingen und Plochingen). Hannover.
— (1973): Zum Konzept einer Angewandten Physischen Geographie. Geographische Zeitschrift 61: 36—46.
MEYNEN, E. (1968): Kartographische Fachbegriffe. Geographisches Taschenbuch 1966/69: 239—246.
— (1970): Die kartographischen Strukturformen und Grundtypen der thematischen Karte. Geographisches Taschenbuch 1970/72: 305—318.
MÜLLER, W. (1973): Zur Herstellung von Kartenunterlagen für die Landesplanung (Ökologische Standortkarte 1:200 000 von Niedersachsen). Vortrag Niedersächsisches Landesamt für Bodenforschung/Bundesanstalt für Bodenforschung 15. 2. 1973. Hannover.
NEEF, E. (1967): Die theoretischen Grundlagen der Landschaftslehre. Gotha.
PILLEWIZER, W. (1964): Ein System der thematischen Karten. Teil 1 und 2. Petermanns Geogr. Mitteilungen 108: 231—238 u. 309—317.
WILHELMY, H. (1966): Kartographie in Stichworten. Kiel.
WITT, W. (1967): Thematische Kartographie. Methoden und Probleme, Tendenzen und Aufgaben. Veröffentlichungen der Akademie für Raumforschung und Landesplanung, Abhandlungen 49. Hannover.

Diskussion zum Vortrag Leser

Dr. F. W. Dahmen (Siegburg)

Die Ausarbeitung angewandter Karten ist für die Praxis außerordentlich wichtig, da nur diese von den Planern ausgewertet werden. Wichtig ist dabei, einen Überblick über alle Möglichkeiten der Nutzung auf allen Flächen zu geben, einschließlich einer Übersicht der Flächenanteile der einzelnen Raumeinheiten.

Prof. Dr. G. Richter (Trier)

Ich begrüße die Zielsetzung Ihrer Ausführungen, mit der ich voll übereinstimme. Es ist allerdings nicht so, daß derartige Bewertungskarten der Bodenerosionsgefährdung mit Vorschlägen künftiger Nutzung kaum vorhanden wären. KURON, JUNG und SCHÜLER haben von bodenkundlicher Seite eine Reihe von größeren und kleineren Kartierungen vorgelegt, allerdings bezogen auf ihre landwirtschaftliche Nutzung.

Von „Formen der Bodenzerstörung" würde ich hier nicht sprechen, da die Bodenzerstörung erst das letzte Glied einer Folge von Abspülungs- oder Ausmehungsschäden ist, welches hier wohl noch nicht erreicht wurde. Schließlich wäre davon abzuraten, die Hangneigung bei großmaßstäblichen Karten zum Gradmesser der Bodenerosionsgefährdung zu machen. Wenig geneigte Hangköpfe zeigen häufig eine sehr viel stärkere Schädigung als steilere Lagen am Mittelhang, entsprechend ihrem Massenhaushalt aus Bodenabtrag und Bodenzuwanderung. Exakt kann hier allein das Bodenprofil Auskunft geben.

Prof. Dr. J. Birkenbauer (Kirchzarten)

Der Raumordnungsbeirat der Bundesregierung hat bedauert, daß von der Geographie bisher nur ein sehr grobes Instrumentarium (naturräumliche Gliederung) bereitgestellt worden ist. Er hat den Wunsch nach kleinräumlicher Kartierung ausgesprochen. Die von Herrn LESER vorgestellten Arbeiten scheinen nun gerade diese echte Lücke — die nicht bloß eine „ökologische Nische" darstellt — von geographischen Methoden her füllen zu können. Sie sind daher äußerst begrüßenswert.

Sind in die Untersuchung auch morphogenetische Kriterien, wie z. B. periglaziale Vorgänge, einbezogen worden? Wenn ja, in welcher Weise stimmen sie mit den Bewertungskriterien, die von den anderen Methoden her sich ergeben haben, überein, oder nicht? Worin könnte Übereinstimmung bzw. Nicht-Übereinstimmung begründet sein?

Dr. L. Finke (Bochum)

Ich möchte die Frage von Herrn DAHMEN aufgreifen und fragen, ob bei der Erarbeitung der Auswertekarte ‚Potentielle Nutzungsmöglichkeit' ein von einem Auftraggeber formulierter Katalog von Nutzungsanforderungen an das untersuchte Gebiet vorlag — dann wäre das von Herrn DAHMEN vorgeschlagene Verfahren der Bewertung wohl überflüssig. Immer dann, wenn in Form eines Zielkataloges die angestrebten Nutzungen nicht vorliegen, wird man allerdings um die von Herrn DAHMEN vorgeschlagene, sehr aufwendige Methode kaum herumkommen.

Prof. Dr. Gerhard Stäblein (Marburg)

Sie sprechen von Bewertungskarten. Ich frage danach, in welchem Sinn der Begriff Bewertung verwendet wird. Ist damit eine absolute Bewertung gemeint, etwa wie bei den Bodenwertzahlen der Reichsbodenschätzung, wo von den optimalen Bedingungen in der Magdeburger Börde ausgegangen wurde und im Vergleich dazu Bewertungen vorgenommen wurden? Oder handelt es sich um Bewertungsangaben, die ausdrücken, inwieweit die am unmittelbaren Standort selbst mögliche Nutzung optimal ist? Das wäre eine relative Bewertung, die den Anpassungsgrad der tatsächlichen Nutzung an die ökologischen Bedingungen ausdrücken würde. Dabei könnten aber ganz unterschiedliche Nutzungen wie etwa extensive Freizeitflächen und Flächen mit intensivem Feldgemüsebau gleiche Bewertungsstufen erreichen, wenn der gleiche Anpassungsgrad an die unterschiedlichen ökologischen Bedingungen gegeben ist.

Bei beiden Verfahren entsteht die Schwierigkeit, daß qualitativ sehr unterschiedliche Zustände der verschiedenen Nutzungen einer Bewertungsskala zugeordnet werden müssen. Eine solche Bewertung hängt aber doch von vielen Faktoren ab, die nicht durch die ökologischen Bedingungen bestimmt sind, sondern durch wirtschaftliche, politische und soziale Randbedingungen und Anschauungen. Dies wird in der Frage deutlich, ist eine Freizeitfläche oder ein Getreidefeld höher zu bewerten?

Daraus ergibt sich eine zweite Frage an den Referenten: Ist eine solche Bewertungskartierung nicht erst dann sinnvoll, wenn die räumlich ökologische Analyse im Hinblick auf vorgegebene Zielvorstellungen und auf außerökologische Bewertungskategorien erfolgt zur Optimierung bestimmter Raumordnungsgedanken? Denn sonst würden solche Bewertungskartierungen rasch mit den veränderten Bewertungskategorien überholt und wertlos.

Wäre es nicht besser, statt von Bewertungskarten von „ökologischen Eignungskarten" zu sprechen? Dabei würde von vornherein deutlich gemacht, daß die unterschiedlichen Nutzungen nicht gegenseitig qualitativ bewertet werden, sondern die qualitativen Aussagen rein von den ökologischen Bedingungen beurteilt werden.

Prof. Dr. H. Leser (Basel)

Für die anregenden Diskussionsbemerkungen danke ich. Die Antwort erfordernden Teile möchte ich kurz kommentieren. Zu Herrn RICHTER: Die Arbeiten von KURON u. a. standen hier nicht zur Debatte — sie sind selbstverständlich bekannt. Die Bodenerosion war doch lediglich ein Teilaspekt der vorgelegten Aufnahmen. — Es war nicht die Rede davon, daß die Hangneigung zum Gradmesser der Bodenerosion gemacht wurde, wie vielleicht aus der Angabe von Neigungswinkelmessungen in einigen Karten geschlossen werden konnte. Schon die gründlichen Bodenaufnahmen (Bodenart, Bodentyp; bzw. Bodenform) mit Bohrstock und in der Grube waren — neben umfangreichen Erosionskartierungen — die Gewähr dafür, daß die Hangneigungsmessungen in der Aufnahme nur eine untergeordnete Rolle zu spielen brauchten. Es sollte m. E. schärfer zwischen der Aufnahmemethode und der besonderen Form der Darstellung und Interpretation der Ergebnisse unterschieden werden. Darauf zielten auch meine auf kartographisch-methodische Gesichtspunkte ausgerichteten Ausführungen ab. — Zur Frage von Herrn BIRKENHAUER nach der Auswertung morphogenetischer Aufnahmen wäre zu sagen, daß durch die Kleinheit des Arbeitsgebietes solche in repräsentativer Weise nicht möglich waren. In dem zugrunde gelegten Untersuchungsmaßstab von 1:5000 spielten morphogenetische Aspekte, zumindest im engeren Arbeitsraum, keine Rolle. Das soll jedoch nicht heißen, daß z. B. periglaziale Decken o. ä. keine ökologische Bedeutung besitzen. — Was Herrn FINKES Frage angeht: Es hat kein Auftrag vorgelegen, sondern die Aufgabenstellung sollte einen solchen — quasi fiktiven — repräsentieren. Insofern war eine im Sinne von Herrn DAHMEN geforderte Aufnahme auch nicht das Ziel der Arbeit. — Grundsätzlich muß in diesem Zusammenhang noch bemerkt werden — und das gilt auch für die anschließende Frage von Herrn STÄBLEIN —, daß man nicht den zweiten vor dem ersten Schritt tun kann: Solange solche wie die hier vorgeführten und auf Grundlagenforschung (— auch in themakartographischer Hinsicht —) gerichteten Kartensätze von uns Geographen nicht öfter und zahlreicher vorgelegt werden, hat großes Theoretisieren über Grundsätzliches wenig Sinn — dazu ist nämlich die Faktenbasis zu schmal! Solange wir nämlich noch um Probleme einer ökonomisch vertretbaren Aufnahmemethodik und einer praktisch auch verwertbaren Darstellungstechnik ringen (— und wer von uns hat das in dem hier dargelegten Sinne schon in ausreichendem Maße getan? —), halte ich Diskussionen über „Auftraggeber" (— soll denn immer alles erst von außen an die Geographie herangetragen werden?!? —), „Zielkatalog" bzw. „relative oder absolute Bewertungsskala" für den bereits erwähnten „zweiten Schritt". — Wie Herr STÄBLEIN außerdem sehr richtig bemerkt, hängt eine solche Bewertung des natürlichen Potentials „aber doch von sehr vielen Faktoren ab". Das weiß man ja bereits seit der Begründung der Landschaftsökologie. Gerade die Schwierigkeiten der Erfassung und Auswahl der Landschaftshaushaltfaktoren wurden in der Literatur ausführlichst behandelt. Wenn man aber einmal noch mehr und genauere Daten hat, die bekanntlich nur aus vermehrter und intensiver Grundlagenforschungsarbeit resultieren können, dann wird es auch möglich sein, scharf getrennte relative und absolute Bewertungsskalen zu entwickeln. Zur zweiten Frage von Herrn STÄBLEIN: Hier müßte von Ihnen erst einmal der Nachweis geführt werden, was sich schneller ändert — „außerökologische Bewertungskategorien" und „Raumordnungsgedanken" oder an naturwissenschaftlichen Fakten orientierte Bewertungskategorien der ökologischen Raumanalyse. Zu den Karten: Für meine Begriffe sind „Bewertungskarten" „ökologische Eignungskarten", denn es werden die das natürliche Potential repräsentierenden Faktoren auf ihre Nutzungsmöglichkeiten hin untersucht (= „bewertet"). Diese Nutzungsmöglichkeiten untereinander zu bewerten und zu „außerökologischen Bewertungskategorien" in Bezug zu setzen ist dann Aufgabe des Planers. Das wären dann „Karten des Nutzungsarteneignungsvergleichs", die selbstverständlich auch eine Form von („allgemeinen") Bewertungskarten darstellen würden. — Zusammenfassend möchte ich erklären: Die

Diskussion kann sicher weiterkommen, wenn von den Geographen vermehrt ökologische Grundlagenforschung zum Zweck der Verwendung in der Praxis getrieben würde. Dann lassen sich auch die hier angeschnittenen Fragen der Darstellung, der Begriffssystematik und der Anwendung hinreichend beantworten. Nur können wir Geographen uns nicht immer auf den Standpunkt stellen, als hätte unser Fach die methodischen Schwierigkeiten der Aufnahme- und Darstellungstechnik schon beseitigt und es bedürfe nur noch weniger Begriffsretuschen. Um die Erarbeitung praktisch verwertbarer Grundlagenforschung kommt die Geographie nicht herum — dies ist der „erste Schritt", der noch getan werden muß.

DIE STRAHLUNGSBILANZ AN DER ERDOBERFLÄCHE ALS ÖKOLOGISCHER FAKTOR, IM WELTWEITEN VERGLEICH
(Kurzfassung)

Von A. Kessler (Bonn)

Die immer stärker werdende, künstliche Veränderung der Erdoberfläche stellt die Disziplinen, die an der Umweltforschung beteiligt sind, vor 2 entscheidende Fragen:
1. Quantitative Aussagen über das Ausmaß der bereits eingetretenen Veränderungen zu machen. Das setzt die Kenntnis des natürlichen Zustandes voraus.
2. Prognosen im Zusammenhang mit geplanten Maßnahmen zu erarbeiten.

Denkt man etwa an die wasserwirtschaftlichen Maßnahmen der Landesbe- und -entwässerung, an die Wärmebelastung der Flüsse und ihrer unmittelbaren Umgebung durch Kraftwerke, an die Vermehrung von Beton- und Asphaltflächen im Städtebau und an die damit einhergehende sommerliche Gefahr des Hitzestresses für den Fußgänger, so führen alle diese Beispiele und Gesichtspunkte auf die Frage der Energieumsätze in den einzelnen Ökosystemen hin. Für die Forschung ergibt sich daraus u. a. die Notwendigkeit, die Methoden des Wärmehaushaltskonzepts verstärkt anzuwenden.

In der Bedeutung gleichrangig steht neben dem Energiehaushalt eines Ökosystems sein Stoffhaushalt. Das Wasser, das bei den Energieumsätzen an der Erdoberfläche eine so außerordentlich wichtige Rolle spielt, stellt gleichsam die Verbindung zwischen diesen beiden Haushalten her. Energiehaushaltsuntersuchungen eines Ökosystems schließen daher immer auch Stoffhaushaltsuntersuchungen mit ein.

Die Strahlungsbilanz an der Erdoberfläche ist die wichtigste Komponente des Energieaustauschs zwischen den beiden Medien Luftraum und Untergrund. Wegen der großen Schwierigkeiten, die sich bei der Messung der Strahlungsbilanz — überhaupt der Wärmehaushaltskomponenten — ergeben, verfügte man bisher über verhältnismäßig wenig Beobachtungsmaterial. Die Lage hat sich in jüngster Zeit wenigstens für die Strahlungsbilanz wesentlich gebessert. Seit etwa 10 Jahren existiert ein globales Meßnetz für die Strahlungsbilanz.

Die Strahlungsbilanz kann durch künstliche Veränderungen an der Erdoberfläche entscheidend beeinflußt werden. Zwei Maßnahmen stehen im Vordergrund:
a) Änderungen der kurzwelligen Albedo — durch Veränderung und Entfernung von Vegetationsdecken, durch Bewässerung, durch Schaffung künstlicher Oberflächen (Asphalt) etc.
b) Änderungen der Oberflächentemperatur — durch Veränderung der Wärmekapazität und der Wärmeleitfähigkeit der Unterlage (Be- und Entwässerung, Auflockerung oder Verdichtung der Bodenstruktur), durch Änderung der Oberflächenrauhigkeit (Bebauung, Bepflanzung, Rodung).

Als Beispiele für derartige Veränderungen werden Strahlungsbilanzmessungen über verschiedenen Beständen (nach Tajchman) und bei Wüstenbewässerung (nach Aizenshtat) erörtert. Ein großräumiger Vergleich der Strahlungsbilanz in den Klimaten der Erde unter Berücksichtigung verschiedener Ökotope wird anhand von Tages- und Jahresgängen durchgeführt. Die umfangreichen Belege dafür sind in einem Aufsatz (Kessler 1973) veröffentlicht.

Literatur

Kessler, A., 1973: Zur Klimatologie der Strahlungsbilanz an der Erdoberfläche. Erdkunde Bd. 27; 1—10.
Miller, D. H., 1965: The heat and water budget of the earth's surface. Advances in Geophysics Vol. 11; 175—302.
Tajchman, S., 1967: Energie- und Wasserhaushalt verschiedener Pflanzenbestände bei München. Univ. München, Met. Inst. Wiss. Mitt. Nr. 12.

Diskussion zum Vortrag Kessler

Prof. Dr. W. Bach (Honolulu)

Ich habe das vielleicht überhört, aber könnten Sie bitte die Quellen Ihrer Rohdaten nennen, von denen Sie die Diagramme gezeichnet haben?

Budyko hat ja schon in den fünfziger Jahren eine ganze Reihe von empirischen Gleichungen aufgestellt, um die verschiedenen Strahlungskomponenten zu berechnen. Es wäre ja vielleicht sehr interessant, die berechneten mit den jetzt in großem Umfang vorhandenen gemessenen Daten zu vergleichen.

Mein dritter Punkt. Terjung hat versucht, auf Grund der Strahlungsbilanz eine Klimaklassifikation zu entwickeln. Sie haben mittlere Tages- und Jahresgänge der Strahlungsbilanz an der Erdoberfläche dargestellt. Was spezifisch wollen Sie damit zeigen?

Prof. Dr. H. Hagedorn (Aachen)

Bei der langwelligen Strahlung mit dem Beispiel der Stadt mit Erwärmung von unten erhebt sich die Frage, welche Rolle die Wärmeleitung und Wärmescheinleitung dabei spielen, und daran anschließend: Wie wird die Strahlung gemessen und wie die Wärmeleitung und -scheinleitung ausgeschaltet beim Meßwert?

Prof. Dr. D. Schreiber (Bochum)

Bei den Pflanzenbeispielen sind in der Energiebilanz die Wertunterschiede beim turbulenten Massenaustausch zwischen Fichte und Luzerne größer als zwischen Baumwolle und vegetationsloser Wüste. Wie ist das zu erklären?

Prof. Dr. F. Fezer (Heidelberg)

Was Sie „Bilanz" nennen, müßte korrekt „Strahlungssaldo" heißen, zur Not ginge „Nettostrahlung".

Prof. Dr. A. Kessler (Bonn)

Auf die Frage nach den Rohdaten wird auf Literaturverzeichnis (Kessler, 1973) verwiesen. Die zahlreichen bisher entwickelten empirischen Gleichungen befassen sich mit den durchschnittlichen Monatsmittelwerten oder Monatssummen der Strahlungsbilanz. Es fehlen Gleichungen für die mittleren Tagesgänge, weil bis vor kurzer Zeit Meßdaten über die Strahlungsbilanz nur sehr spärlich und die dazugehörigen mittleren Stundenwerte der „primitiven Klimaelemente" für derartige Rechnungen überhaupt nicht in ausreichendem Maße zur Verfügung standen. Die Klassifikation von Terjung befaßt sich daher mit den berechneten mittleren Monatssummen (nach Budyko) der Strahlungsbilanz. Für eine vergleichende ökologische Betrachtung sollte man jedoch nicht auf die Möglichkeiten einer differenzierenden Behandlung der Tagesgänge verzichten.

Zum Problem der Strahlungsbilanzmessung und der dabei auftretenden thermodynamischen Fragen wird auf die umfangreiche Spezialliteratur verwiesen. In KESSLER (1973) werden die gängigsten Meßgerätetypen erwähnt.

Die von Herrn SCHREIBER angesprochenen Unterschiede sind zurückzuführen 1. auf unterschiedliche Mittelungszeiträume (Stundenmittel, Tagesmittel), 2. auf die allgemeinen Versuchsanordnungen, z. B. isoliertes Baumwollfeld in Wüstengebiet (Oaseneffekte) bzw. Wald und Luzernefeld in allgemein feuchtem Klimamilieu, 3. ganz generell auf die steuernde Wirkung der verschiedenen Unterlagen auf den Ablauf der Austauschprozesse.

Im Sprachgebrauch hat sich der Begriff Strahlungsbilanz gegenüber den Begriffen Strahlungssaldo und Nettostrahlung durchgesetzt (engl. radiation balance, net radiation).

ENERGIEFLUSS UND -UMSATZ
IN AUSGEWÄHLTEN ÖKOSYSTEMEN DES SOLLINGS
Mit 3 Abbildungen

Von Christiane Kayser (Hannover) und Dr. Olaf Kiese (Stuttgart)

Im Rahmen des Internationalen Biologischen Programms werden im Solling die Gesetzmäßigkeiten im Ablauf biotischer und abiotischer Prozesse in verschiedenen Pflanzenbeständen untersucht, die für das deutsche Mittelgebirge typisch sind. Die Hauptuntersuchungen werden in einem *Luzulo fagetum typicum* als wichtigstem Laubwaldbestand und charakteristischer natürlicher Vegetationsformation, in einem Siebenstern-Fichtenforst als häufigster standortfremder Waldformation und in einem *Trisetum fluvescenti (Festuca rubra Fazies)* als Grünlandformation vorgenommen. Die drei Bestände liegen in ebenem Gelände in einer Höhe von 450—500 m. Es sind ausgesucht einfache Ökosysteme, die alle nahezu Modellcharakter besitzen.

Trotzdem sind die zu untersuchenden Problemkreise so vielfältig, daß sie nur durch eine intensive Zusammenarbeit von Wissenschaftlern der verschiedensten ökologischen Fachrichtungen bewältigt werden können. Eine Analyse dieser Ökosysteme läßt sich aufgrund der engen Verflechtung der einzelnen darin ablaufenden Prozesse nur erzielen, wenn dabei nicht jeder Fachwissenschaftler isoliert sein Einzelproblem betrachtet, sondern eine echte Kooperation stattfindet.

Als einheitliche Bezugsgröße aller Bilanzuntersuchungen wurde der jeweilige Energieumsatz zugrunde gelegt, der eine Einordnung der ökologischen Prozesse in verschiedene Trophiestufen gestattet. In der Hierarchie der Energiehaushaltsuntersuchungen befaßt die Meteorologie sich mit dem obersten „trophic level", nämlich mit dem Energieangebot, das dem jeweiligen Bestand aus der Atmosphäre zugeführt wird. In welcher Weise diese Energie im Ökosystem dann umgesetzt wird, soll ein einfaches Flußmodell (Abb. 1) zeigen:

Alle dargestellten Prozesse verlaufen tagsüber in Pfeilrichtung positiv, nachts findet eine Umkehr der Vorzeichen statt. Die kurzweiligen Strahlungsströme werden dann Null.

In allen drei Fällen haben wir es mit einem zweischichtigen Modell zu tun, das aus dem Hauptumsatzniveau im oberen Bereich der assimilierenden Biomasse und der Erdoberfläche als weiterem Umsatzniveau besteht. Die Energie gelangt als kurzwellige Global- oder langweilige Gegenstrahlung der Atmosphäre in den Bestand und wird z. T. reflektiert, z. T. im Hauptumsatzniveau absorbiert und z. T. durch den Bestand auf den Boden transmittiert. Der Bestand selbst gibt in Abhängigkeit von seiner Oberflächentemperatur eine Eigenstrahlung an die Atmosphäre ab.

Die im Hauptumsatzniveau absorbierte Strahlungsenergie wird zur Erwärmung von Biomasse, Oberflächen und Bestandsluft sowie zur Evapotranspiration verwendet. An der Erdoberfläche spielen sich ähnliche Prozesse in wesentlich kleinerer Größenordnung ab, da der transmittierte Energieanteil und damit der Energie-Input auf den Boden äußerst gering ist.

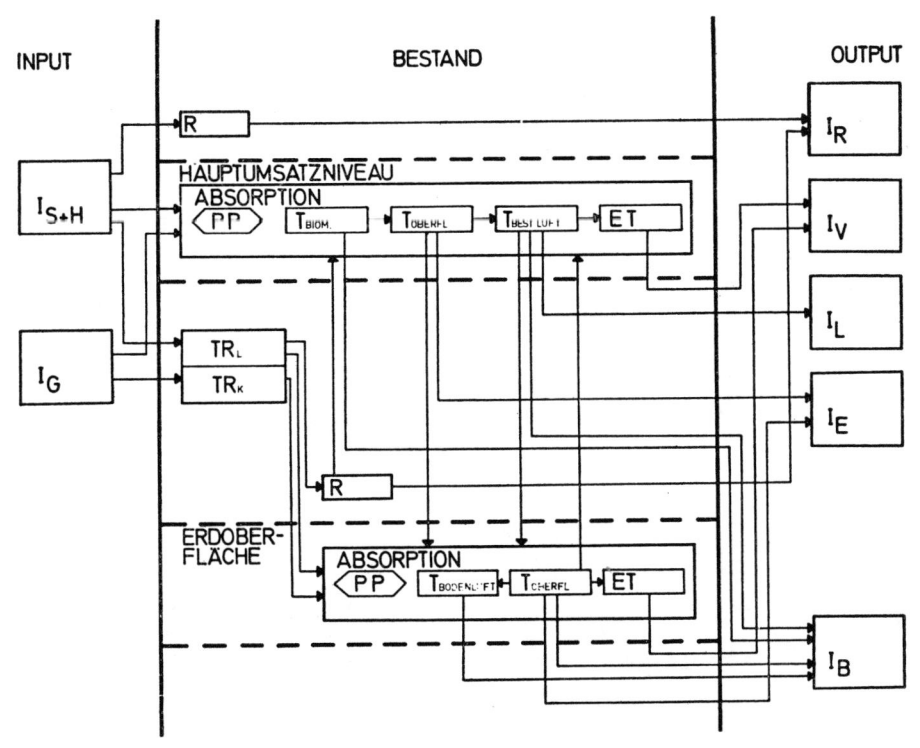

Abb. 1 Flußmodell der in den drei Beständen stattfindenden Energieumsätze und -ströme. (Die verwendeten Symbole sind in der Symboltafel auf S. 491 erläutert.)

Durch die Erwärmung der Bestandsluft wird ein konvektiver Austausch ausgelöst, der zu einer Abgabe von Wärme — im Strom fühlbarer Wärme — und Wasserdampf — im Strom latenter Wärme — an die Atmosphäre führt. Auf diese Weise wird dem Bestand eine Energiemenge von 80—90 % der Strahlungsbilanz wieder entzogen. Die restliche Energie des Bodenwärmestroms wird in Boden, Biomasse und Bestandsluft vorübergehend gespeichert. Die Jahresbilanz des Bodenwärmestromes ist jedoch ausgeglichen. Nur ca. 1 % der Globalstrahlung wird für die biochemischen Umsätze der Primärproduktion, die nächste Stufe der trophic levels, genutzt.

Unsere Messungen haben ergeben, daß das Angebot an Strahlungsenergie, das dem Bestand aus der Atmosphäre zur Verfügung gestellt wird, auf den Untersuchungsflächen im Solling in der Tagessumme für alle drei Bestände nahezu identisch ist. Trotz des relativ gleichen Strahlungsangebotes (Abb. 2) unterscheidet sich der eigentliche Input in den Bestand, die Strahlungsbilanz (Abb. 2), bei den drei untersuchten Ökosystemen deutlich, da deren Ausstrahlung und Reflexion sehr verschieden sind. Besonders die kurzwellige Albedo weist entscheidende Unterschiede auf. Ihre Werte liegen im Juli 1971 für die Wiese bei 22,9 %, für den Buchenbestand bei 13,9 % und für den Fichtenbestand bei 5,6 % der einfallenden Globalstrahlung. Hinzu kommt die unterschiedliche langwellige Ausstrahlung aufgrund der verschiedenen Oberflächentemperaturen der Bestände, die aber eine weniger wichtige Rolle spielt. Der prozentuale Anteil der Nettostrahlung an der Gesamtstrahlung aus der oberen Hemisphäre beträgt tagsüber etwa 21 % für die Wiese, 25 % für den Buchen- und 30 % für den Fichtenbestand (Juli 1971). Das sind 50 bzw. 56 bzw. 70 % der Globalstrahlung. Der Fichtenbestand macht sich so von vornherein ein wesentlich größeres Energiepotential verfügbar als die übrigen Bestände.

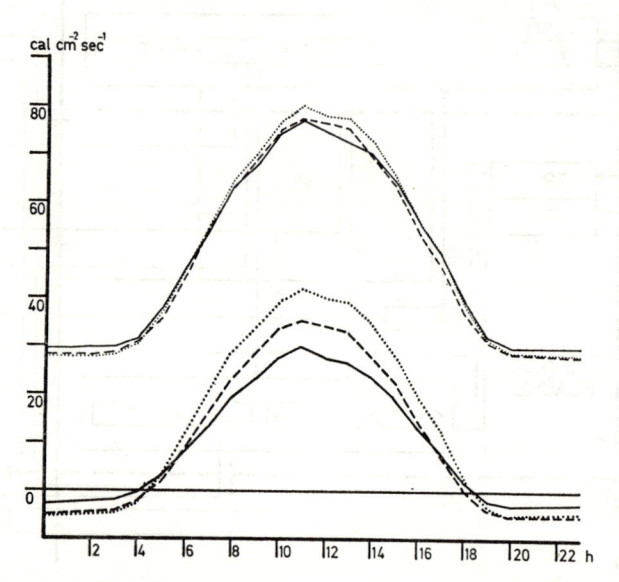

Abb. 2 Gesamteinstrahlung aus der oberen Hemisphäre (dünne Linien) und Strahlungsbilanz (dicke Linien) im Juli 1971; durchgezogene Linie: Wiese, gestrichelte Linie: Buchenbestand, punktierte Linie: Fichtenbestand.

Dieser relative Energieüberschuß im Hauptumsatzniveau des Fichtenbestandes erhöht sich noch, wenn man der Strahlungsbilanz auf ihrem Weg durch den Bestand folgt. Transmissionsmessungen in den Waldbeständen haben ergeben, daß die Durchlässigkeit des Buchenbestandes mit 7 % der Globalstrahlung auch bei voller Belaubung noch deutlich höher ist als die des Fichtenforstes (4 %). Durchlässigkeitsmessungen im Wiesenbestand sind nicht durchgeführt worden, aber ein Vergleich der Wärmeströme im Boden, deren Höhe direkt von der zur Erdoberfläche gelangenden Energie abhängt, zeigt, daß der Wiesenbestand (mit der geringsten Pflanzenmasse pro Flächeneinheit) die größte Durchlässigkeit aufweist. Das Verhältnis der verfügbaren Energie im Hauptumsatzniveau verschiebt sich infolgedessen auch durch die unterschiedliche Transmission noch einmal zugunsten der Fichte.

Den größten Anteil an den Energieumsätzen hat der Strom latenter Wärme, der in den untersuchten Ökosystemen auch die für die Umweltqualität wichtigste Wärmehaushaltsgröße darstellt, denn als Teilglied des Wasserhaushalts spielt die Evapotranspiration eine nicht unbedeutende Rolle für die immer problematischer werdende Wasserversorgung. Da unter den gegebenen Bedingungen ein Oberflächenabfluß weder unter den Waldbeständen noch auf der Wiese vorhanden ist, setzt sich die Grundwasserspende aus den Niederschlägen abzüglich der Verdunstung zusammen. Bei unterschiedlichem Bewuchs wird das Grundwasserreservoir aufgrund der unterschiedlichen Verdunstung ganz erheblich modifiziert.

Die Verdunstung eines Pflanzenbestandes setzt sich zusammen aus der Transpiration der Pflanzen, der Evaporation im Bestand und der Evaporation des Erdbodens. Letztere ist naturgemäß gering, da die zur Verfügung stehende Energie umfangreiche Umsätze nicht zuläßt.

Ausschlaggebend für die Verdunstung sind folgende Kriterien:

1. *für Transpiration und Evaporation*
1.1. Menge des Niederschlagswassers
1.2. Menge der verfügbaren Strahlungsenergie
2. *außerdem für die Transpiration*
2.1. Bau der Transpirationsorgane
2.2. Größe der transpirierenden Oberfläche
2.3. Dauer der Vegetationsperiode
3. *außerdem für die Evaporation*
3.1. Größe der Interzeption im Bestand
3.2. Durchlässigkeit des Bodens

Um die Bedeutung der einzelnen Parameter für die Verdunstungshöhe zu erfahren, muß man die für Evaporation und Transpiration verbrauchte Energie trennen. Mit dem von uns angewandten Sverdrup-Verfahren ist eine solche Trennung nicht möglich, aber über Wasserhaushaltsuntersuchungen läßt sich die Evaporation im Wald aus der Interzeption des Kronenraumes, der Streuinterzeption und dem Taufall berechnen. Die Kroneninterzeption im Fichtenbestand ist während der belaubten Phase 20—25 % höher als im Buchenbestand. Der Taufall ergibt sich aus dem nächtlichen negativen Energieumsatz des Stroms latenter Wärme. Er ist mit Maximalwerten um 0,4 mm pro Nacht unbedeutend. Die Untersuchungen zur Evaporation des Waldbodens laufen zur Zeit noch. Auf die Wiese läßt sich diese Methode nicht ohne weiteres übertragen, da sich hier exakte Interzeptionswerte nur schwer ermitteln lassen.

Die Transpiration ergibt sich als Differenz von Verdunstung und Evaporation. Direkte Transpirationsmessungen wurden im Rahmen von Gaswechseluntersuchungen an lebenden Pflanzen (SCHULZE, 1970) vom Botanischen Institut der Universität Würzburg in den einzelnen Beständen durchgeführt.

Das Zusammenwirken aller an der Verdunstung beteiligten Faktoren führt zu folgendem Ergebnis: Der Energieverbrauch des Stroms latenter Wärme beträgt in beiden Waldbeständen etwa 60 % der Strahlungsbilanz, wobei die Buche einen etwas höheren Energieanteil für die Verdunstung verbraucht als die Fichte. Aufgrund der hohen Strahlungsbilanz im Fichtenbestand liegt die Verdunstung hier jedoch mit 100 mm im Juli 1971 erheblich über der im Buchenbestand (76 mm).

Auf der Wiese zeigt der Strom latenter Wärme einen deutlichen Gang von 40—50 % der Strahlungsbilanz im Mai auf bis zu 70 % im Sommer mit erneuter Abnahme zum Herbst. Bei der geringen Strahlungsbilanz hat die Wiese daher den geringsten Wasserbedarf.

Bei einem Niederschlag von nur 17,6 mm im Juli 1971 zeigt der Fichtenwald den mit Abstand größten Grundwasserverbrauch (82 mm) gegenüber 58 mm bei der Buche). Die ohnehin bekannte ökologische Ungunst dieses lange Zeit so beliebten Forstholzes wird damit um einen weiteren Gesichtspunkt ergänzt.

Wenn auch die Anwendungsmöglichkeit des Sverdrup-Verfahrens gewissen Beschränkungen unterliegt, so bringt dieses Verfahren doch dort, wo man es benutzen kann, gegenüber anderen Methoden zwei wesentliche Vorteile:
1. Die große Genauigkeit, mit der quantitative Angaben einzelner Energieströme zu gewinnen sind. (Für den Strom latenter Wärme z. B., also den Verdunstungswärmestrom, bedeutet das zuverlässige Angaben bis in die Dimension cal/cm² · Zeiteinheit, für die daraus errechnete Verdunstungshöhe heißt das Zehntel-mm/Zeiteinheit.)
2. Die große zeitliche Auflösung, die Angaben bis zu ca. 15-Minuten-Intervallen gestattet.

Der dazu erforderliche instrumentelle Aufwand für die Messung und Registrierung der meteorologischen Größen ist jedoch ganz enorm (KIESE und SURKOW, 1971). Ziel muß es daher sein, aufgrund der an wenigen ausgesuchten Stellen gewonnenen prinzipiellen Erkenntnisse über die Systemzusammenhänge nach einmaligen Strukturuntersuchungen mit möglichst wenigen permanenten Messungen auch Aussagen über andere Systeme abzuleiten. Dafür ist die Aufstellung eines Modells notwendig, in dem jeder Schritt des Energieumsatzes und -transports in seiner funktionalen Abhängigkeit und Bedeutung erfaßt wird. Das Flußmodell (Abb. 1) ist ein erster Schritt. In einem Funktionsmodell (Abb. 3) ist versucht worden, die im einzelnen ablaufenden Prozesse kausalanalytisch darzustellen.

Das Hauptumsatzniveau der lediglich aus einer Baumschicht bestehenden einfachen Waldökosysteme, die im Sollingprojekt untersucht worden sind, wurde in die Kompartimente „Reibungsschicht", „laminare Grenzschicht", „Biomassenoberfläche" und „Biomasse" zerlegt. Eine analoge Unterteilung erfolgte hinsichtlich des sekundären Umsatzniveaus. Es wurde unterschieden zwischen den durch Energiezufuhr ausgelösten Prozessen sowie den dadurch beeinflußten Zustandsgrößen. Im Strahlung-Temperatur-Komplex erscheint die Temperatur der Biomassenoberfläche als zentrale Größe. An ihr vollzieht sich die Transformation der Strahlungsenergie in Wärme. Von hier baut sich nach beiden Richtungen ein Temperaturgradient auf, der dann einen Wärmetransport auslöst: einmal den Wärmeübergang in die laminare Grenzschicht, zum anderen die Wärmeleitung in die Biomasse. Außerdem ist die Biomassenoberfläche Quelle der langwelligen Strahlung des Bestandes.

Schließlich erscheinen als Energiesenke bzw. -quelle die Assimilation und die Respiration. Es soll damit auf den daran beteiligten Energieumsatz hingewiesen werden, der tagsüber etwa 1 % der verfügbaren Strahlungsenergie ausmacht, nachts aber nach BAUMGARTNER (1956) bis zu 10 % der nächtlichen Strahlungsbilanz betragen kann. Wir erreichen mit der Erwähnung dieser physiologischen Prozesse jedoch die Kopplungsstelle zur nächstfolgenden Trophiestufe des Ökosystems, die SCHULZE (1970) in einem Modell der Primärproduktion versucht hat darzustellen. Vom Temperatur-Komplex ergeben sich mehrere Querverbindungen zum Feuchte-Komplex. In erster Linie ist dabei die Bestimmung des Sättigungsdampfdrucks zu nennen, der eine reine Temperaturfunktion ist. Das Sättigungsdefizit der laminaren Grenzschicht wurde als ausschlaggebend für die Evaporation und die Transpiration gesetzt. Neben der verfügbaren Wärme ist auch das verfügbare Wasser ein die Verdunstung limitierender Faktor. Die Bereitstellung von Wasser beruht an der Bodenoberfläche auf anderen Gesetzmäßigkeiten als im Hauptumsatzniveau. Während im Boden dessen physikalische Struktur durch Wassergehalt, Saugspannung und kapillaren Aufstieg ausschlaggebend ist, spielen für die Transpiration an der Biomassenoberfläche die physiologischen Leistungen der jeweiligen Pflanze eine entscheidende Rolle. Als Faktoren werden dabei die Wasseraufnahme der Wurzeln, der Wassertransport in der Pflanze und die zur Wasserabgabe erforderliche Überwindung des Diffusionswiderstandes angesehen. Die unvollständige Darstellung dieser Prozesse soll wie bei der Primärproduktion nur als Hinweis für den hier notwendigen Anschluß eines Folgemodells verstanden werden.

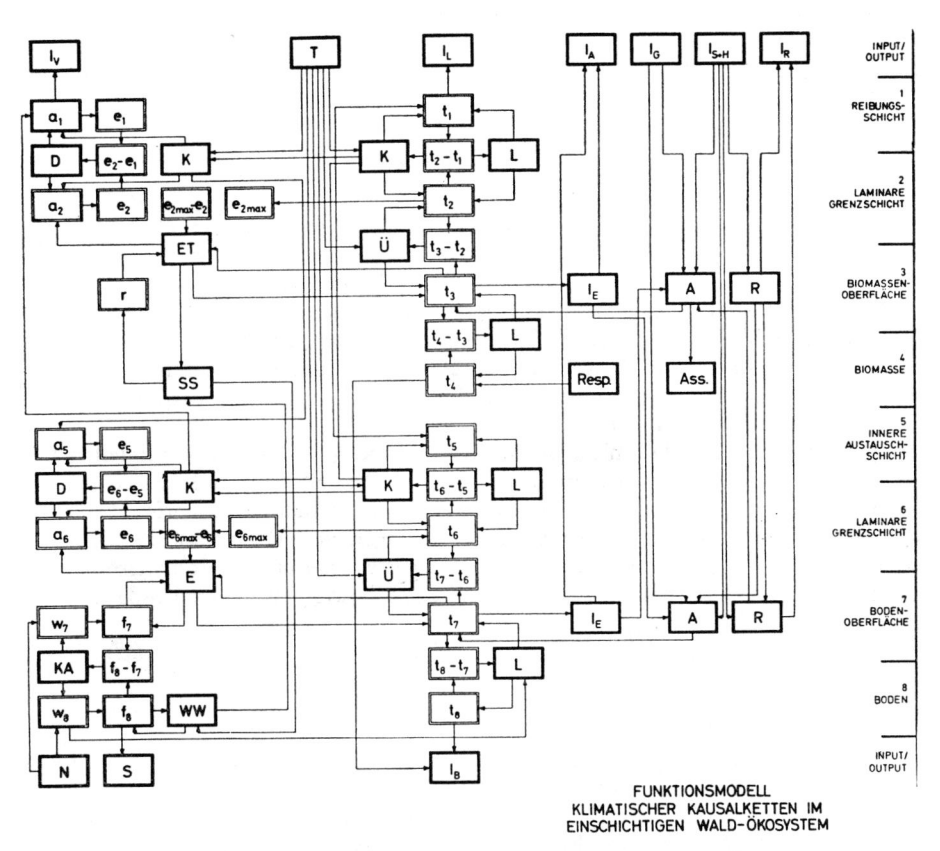

Abb. 3 Funktionsmodell klimatischer Kausalketten im einschichtigen Wald-Ökosystem. (Die verwendeten Symbole sind in der Symboltafel auf S. 491 erläutert.)

Besondere Erwähnung verdienen schließlich noch die Transportvorgänge. Die reine Wärmeleitung bedingt nur im Boden und in der Biomasse Energietransporte über größere Entfernungen, beim Wärmeübergang von den Oberflächen an die umgebende Luft aber bleibt sie auf kürzeste Entfernungen beschränkt. Der großräumige Energietransport erfolgt, abgesehen vom Strahlungsaustausch, durch Konvektion. Zu beachten ist, daß der Transport fühlbarer Wärme mit der freien Konvektion über eine eigene Dynamik verfügt. Im Gegensatz dazu ist der Transport latenter Wärme an diese Konvektion gebunden. Allerdings kann die durch Wind erzwungene Konvektion den Massenaustausch erheblich steigern. Daher wurde als weitere Inputgröße die

Turbulenz eingeführt — nicht als zusätzliche Wärmequelle, sondern als Verstärker von Austauschprozessen.

Das Modell stellt insgesamt die funktionalen Verflechtungen von Energiezufuhr, dem dadurch bedingten Ablauf von Prozessen und der hervorgerufenen Veränderung von Zustandsgrößen dar. Das Bestands- oder Ökoklima ergibt sich damit als Produkt der Energieumsätze. Das Modell soll keineswegs endgültig sein, sondern nur einen Weg aufzeigen, wie die ökoklimatische Forschung weitergeführt werden kann. Schließlich muß ein mathematisches Modell entstehen, das die aufwendige langjährige Messung aller Vorgänge durch kurzfristige Untersuchungen zu ersetzen gestattet.

Zusammenfassung

Bei vergleichenden Wärmehaushaltsuntersuchungen im Solling wurde festgestellt, daß unter einheitlichen äußeren Bedingungen (ebene Lage, räumliche Nähe, gleiche Höhe über NN, gleiches Energieangebot aus der Atmosphäre) im Wiesen-, Buchen- und Fichtenbestand unterschiedliche Energieumsätze stattfinden. Die insbesondere durch die verschiedene kurzwellige Albedo und Strahlungsdurchlässigkeit verursachten Differenzen in der Strahlungsbilanz der Bestände führen vor allem im Fichtenbestand zu einer gegenüber den übrigen Beständen deutlich höheren Verdunstung, die sich auf den Wasserhaushalt ungünstig auswirkt.

Um in Zukunft aus den mit großem Meßaufwand gewonnenen prinzipiellen Erkenntnissen über die Systemzusammenhänge auch Aussagen für andere Systeme ableiten zu können, wurde ein kausalanalytisches Funktionsmodell entworfen. Das Modell stellt die gesamten funktionalen Verflechtungen von Energiezufuhr, dem dadurch bedingten Ablauf von Prozessen und der hervorgerufenen Veränderung von Zustandsgrößen dar und soll als erste Grundlage für ein noch zu erstellendes mathematisches Modell dienen.

Literatur

BAUMGARTNER, A.: 1956, Untersuchungen über den Wärme- und Wasserhaushalt eines jungen Waldes. Ber. Dt. Wetterdienstes Nr. 28.

EILS, W.: 1972, Der Wärmehaushalt einer Wiese in Abhängigkeit von unterschiedlicher Bewuchshöhe. Ber. des Inst. f. Meteorologie u. Klimatologie der T. U. Hannover Nr. 7.

KIESE, O.: 1971, The Measurement of Climatic Elements which Determine Production in Various Plant Stands. Ecological Studies Vol. 2: S. 132—142.

— und SURKOW, R.: 1971, Zeitgemäße Meßwerterfassungsanlagen für bestandsmeteorologische Untersuchungen im Rahmen des Sollingprojekts. Meteorol. Rdsch. 24.

KIESE, O.: 1972, Bestandsmeteorologische Untersuchungen zur Bestimmung des Wärmehaushalts eines Buchenwaldes. Ber. des Inst. f. Meteorologie u. Klimatologie der T.U. Hannover Nr. 6.

SCHULZE, E. D.: 1970, Der CO_2-Gaswechsel der Buche (Fagus silvatica) in Abhängigkeit von den Klimafaktoren im Freiland. Flora 159.

SYMBOLTAFEL

Zustandsgrößen:
(Mit Index für das jeweilige Kompartiment, von oben an gerechnet.)

a	=	absolute Feuchte
e	=	Dampfdruck
e_{max}	=	Sättigungsdampfdruck
e_{max}-e	=	Sättigungsdefizit
t	=	Temperatur
w	=	Wassergehalt
f	=	Saugspannung
r	=	Diffusionswiderstand

Pflanzenphysiologische Energieumsätze:

Ass.	=	Aspiration
Resp.	=	Respiration
PP	=	Primärproduktion

Prozesse:

A	=	Absorption
D	=	Wasserdampfdiffusion
ET	=	Evapotranspiration
E	=	Evaporation
I_A	=	langwellige Ausstrahlung in die Atmosphäre
I_B	=	Bodenwärmestrom
I_E	=	langwellige Ausstrahlung von Boden- und Biomassenoberfl.
I_G	=	Gegenstrahlung der Atmosphäre
I_L	=	Strom fühlbarer Wärme
I_R	=	Reflexstrahlung
I_{S+H}	=	Globalstrahlung
I_V	=	Strom latenter Wärme
K	=	Konvektion
KA	=	kapillarer Aufstieg
L	=	Wärmeleitung
N	=	Niederschlag
R	=	Reflexion
S	=	Versickerung
SS	=	Saftstrom
T	=	Turbulenz
TR	=	Transmission
Ü	=	Wärmeübergang
WW	=	Wasseraufnahme der Wurzeln

ÖKOLOGISCHE STANDORTSDIFFERENZIERUNGEN AUF DER BASIS VON JAHRRINGANALYSEN IM BAUMGRENZBEREICH ZENTRALNORWEGENS
Mit 6 Abbildungen

Von Uwe Treter (Kiel)

Die Birken-Baumgrenze — nach Nordhagen (1928) eine biologische Grenze hohen Ranges und markierter als die Grenzen der Nadelbäume in anderen Gebieten — ist in Skandinavien vielfach beschrieben und regional z. T. sehr detailliert dargestellt worden. B. Aas (1964) liefert in Verbindung mit eigenen Untersuchungen eine so ausführliche Übersicht über die bisherigen Ergebnisse der Wald- und Baumgrenz-Untersuchungen in Skandinavien, daß an dieser Stelle auf einen Rückblick selbst auf die wichtigsten Arbeiten verzichtet werden kann.[1]

Unter Baumgrenze soll hier in Anlehnung an Aas (1964), Nordhagen (1943), Resvoll-Holmsen (1918) u. a. die gedachte Linie verstanden werden, die die höchsten Vorkommen ein- oder mehrstämmiger, baumförmiger Birken verbindet. Als baumförmig werden hier Birken mit einem mindestens 50 cm hohen, aufrechten Stamm angesehen. Nach dieser Definition ist die Birken-Baumgrenze mancherorts nahezu identisch mit der Artgrenze der Baumbirke.

Das Hauptproblem der Wald- und Baumgrenzforschung liegt m. E. nicht in der Beschreibung des regional in unterschiedlicher Ausprägung in Erscheinung tretenden Phänomens, sondern vor allem in der Erfassung und Kennzeichnung der dort ablaufenden und sichtbar werdenden Prozesse und deren Ursachen, zu denen insbesondere die Fluktuation der Grenzlage zu zählen ist.

B. Aas (1969) konnte bei einem Vergleich der Baumgrenzhöhen der Jahre 1918 und 1962/67 für einige Gebiete norwegischer Gebirge allgemein einen Anstieg der Birkenbaumgrenze feststellen. Bemerkenswert an den Ergebnissen seiner Auswertungen ist jedoch, daß die Lage der Baumgrenze in einigen Gegenden unverändert geblieben ist oder sich sogar gesenkt hat. Die überwiegend an Hand von Literatur- und Kartenangaben gewonnenen Ergebnisse stützte und belegte B. Aas durch Beobachtungen über die Verjüngung der Bestände im Baumgrenzbereich. Auch hier wurden wiederum nur Feststellungen getroffen und nicht den Ursachen nachgegangen.

AUFGABENSTELLUNG

Ein erster Schritt zur Klärung solcher Verschiebungen der Grenzlagen muß die Ermittlung der Altersstruktur der Birkenbestände im Grenzsaum zwischen Wald- und Baumgrenze sein. Hinreichend objektiv kann das allein durch Auszählen der Jahresringe an Stammscheiben oder Stamm-Bohrkernen durchgeführt werden. Ein Ab-

---

[1] Herr B. Aas erlaubte mir dankenswerterweise die Einsicht in sein im Druck befindliches Manuskript.

schätzen nach der Physiognomie führt in der Regel zu Fehlergebnissen, da z. B. 60—80jährige Baumbirken an der Baumgrenze Stammdurchmesser und Kronenausbildungen zeigen, wie sie für 20—30jährige Birken tieferer Lagen bezeichnend sind.

Höhenlage, Verteilung und Dichte der Birkenbestände sind im Baumgrenzbereich innerhalb eines Gebietes überaus vielfältig und unterschiedlich. Lokale Wind-, Schnee- und Feuchteverhältnisse dürften nach EKLUND (1944), FRIES (1913), NORDHAGEN (1928) und TOLLAN (1937) neben dem dominierenden Wärmefaktor von besonderer Bedeutung sein. Auch die Distanz zur Gipfelhöhe der Berge und die Gipfelform selbst wirken sich auf die Lage der Baumgrenze aus (B. AAS 1969).

Mit Hilfe dendrochronologischer Arbeitsmethoden soll der Versuch unternommen werden, Hinweise und quantitative Angaben über die lokalen bzw. standörtlichen Wuchsbedingungen zu erlangen, um auf diese Weise den Wirkungsgrad bestimmter Faktoren näher festlegen zu können.

Durch die mittlere Jahrringbreite als Maß für die durchschnittlichen Wuchsbedingungen eines bestimmten Zeitraumes ist die effektive Zuwachsleistung eines Baumes am besten zu kennzeichnen. Daneben können andere Parameter wie
— Variabilitätskoeffizient der Schwankungsbreite der Ausschläge des Kurvenverlaufs,
— Gegenläufigkeitsgrad (nach HUBER),
— Prozent der Jahrringausfälle,
— Korrelationsgrad zwischen verschiedenen Bäumen
zu einer Standortdifferenzierung beitragen.

Da mein bisheriges Datenmaterial für statistisch einwandfreie Aussagen noch nicht ausreicht, soll hier zunächst an Hand von vorläufigen Ergebnissen die Möglichkeit, dendrochronologische Arbeitsmethoden in die Forschung auch an der Birken-Baumgrenze einzubeziehen, vorgestellt werden. Um nicht den Eindruck entstehen zu lassen, man könne allein mit dendrochronologischen Methoden eine Standorts- oder Ökotopgliederung erreichen, sei ausdrücklich betont, daß dafür selbstverständlich alle verfügbaren qualitativen wie quantitativen Angaben für möglichst viele Faktoren herangezogen werden müssen.

METHODEN

Jahrringuntersuchungen wurden m. W. im Bereich der Birken-Baumgrenze Skandinaviens bisher noch nicht durchgeführt. Dagegen gibt es aber eine große Zahl von Untersuchungen an Koniferen an der montanen Wald- und Baumgrenze der Alpen und Skandinaviens von ARTMANN (1949), BREHME (1951), HUSTICH (1945), ERLANDSSON (1936), an der polaren Waldgrenze Nordamerikas und Skandinaviens von HUSTICH (1939) und aus Trockengebieten von FRITTS (1965, 1966), GASSNER/CHRISTIANSEN-WENIGER (1942), GLOCK (1950) u. a.

Die Methode der Jahrringanalyse beruht auf dem Prinzip, aufgrund von Ähnlichkeiten auf Gleichzeitigkeiten zu schließen. Sie wurde von zahlreichen Forschern wie ARTMANN, BAUCH, BREHME, ECKSTEIN, EIDEM, GLOCK, HUBER, HUSTICH, v. JAZEWITSCH, ORDING u. v. a. vorwiegend zu dendrochronologischen und klimatologischen Zwecken eingesetzt. Die Forstwirtschaft bedient sich der Jahrringanalyse zur Vorausschätzung der Ertragsleistung.

An dieser Stelle muß auf eine ausführliche Darstellung der dendrochronologischen Methoden verzichtet und auf die bereits genannten Arbeiten verwiesen werden. Es ist jedoch unerläßlich zum Verständnis der Auswertungsergebnisse meiner Untersuchungen und um vielleicht im vornherein mögliche Einwände auszuräumen, auf die in der Methode selbst, vor allem aber auf die im Probenmaterial liegenden Schwierigkeiten und Fehlergrößen aufmerksam zu machen.

Die Jahresringe — Querschnitte durch die jedes Jahr gebildeten Kegelmäntel des Holzkörpers — sind Ausdruck *aller* auf das Wachstum eines Baumes einwirkenden Faktoren. Die Variablen in diesem Gesamtfaktorenkomplex sind für den *einzelnen* Baum vornehmlich die Klima- und Witterungsfaktoren.

Der Mittelwert aus allen Jahrringbreiten eines Stammes ist (unter Berücksichtigung des Alterstrends) als Maß für den durchschnittlichen Zustand der für den einzelnen Baum geltenden gesamten Wuchsbedingungen anzusehen.

Vergleicht man an einem Standort sowohl die jährlichen Zuwachsbreiten (Jahrringe) als auch die Mittelwerte der Jahrringe mehrerer Stämme miteinander, so zeichnen sich Unterschiede ab, die verschiedene Ursachen haben. Die für ein eng begrenztes Gebiet als gleich zu betrachtenden Wuchsbedingungen können durch bestimmte Faktoren, etwa lokal- oder topoklimatische Einflüsse, modifiziert werden.

Um eine strenge Vergleichbarkeit des Materials eines Standortes zu gewährleisten, muß die Untersuchung sich auf *eine* Art beschränken. Diese Forderung scheint hier a priori erfüllt zu sein. Sie ist es jedoch nur bedingt, da die Birken an der Baumgrenze in starkem Maße zu Bastardbildungen neigen, insbesondere mit *Betula nana*. Da eine Bestimmung in der Regel äußerst fragwürdig ist, muß stets mit einem Unsicherheitsfaktor, der in der individuellen Schwankungsbreite der möglicherweise unterschiedlichen Bastardierungsgrade liegt, gerechnet werden. Durch Mittelwertsbildung eines hinreichend umfangreichen Probematerials kann jedoch die Ausschaltung der *genetisch* bedingten Individualausprägungen der jährlichen Zuwachsraten erwartet werden. Im folgenden wird trotz gewisser Bedenken die Baumbirke im Bereich der Baumgrenze als eine Art, nämlich *Betula (pubescens-) tortuosa*, angesehen.[2]

Die Wuchsraumverhältnisse, d. h. in erster Linie die Bestandsdichte (Abstand von Baum zu Baum) und die Kronenausbildung sollten an einem Standort für die zur Probenahme ausgewählten Stämme weitgehend gleich sein, da herrschende und beherrschte Stämme stark unterschiedliche und gelegentlich kaum synchronisierbare Jahrringfolgen zeigen. Für den Bereich der Baumgrenze selbst sind gleiche Wuchsraumverhältnisse in der Regel gegeben, da hier die Bäume natürlich einzeln oder in aufgelockerten Gruppen stehen.

Allerdings tritt bei der häufigen Vielstämmigkeit der Birken (s. NORDHAGEN 1928) eine gewisse Schwierigkeit auf, da oft kein deutlich ausgebildeter Hauptstamm ausgebildet ist und die Anzahl der Stämme von entscheidendem Einfluß auf die Entwicklung jedes einzelnen Schaftes ist.

Bei der Bewertung solcher Stämme wurde folgendermaßen verfahren: von gleichalten Stämmen eines Baumindividuums wurden die Jahrringbreiten gemittelt und die Stammschar letztlich wie ein Stamm behandelt. Bestanden jedoch größere Altersunterschiede zwischen den einzelnen Stämmen, so blieb dieses Material in der weiteren Auswertung unberücksichtigt.

Die Wuchsraumerweiterung infolge geringer Bestandsdichte, wie sie im Baumgrenzbereich in der Regel vorliegt, hat nach WECK (1955) gerade in den höheren Breiten eine besonders große Wirkung auf den Zuwachsgang, da „der Langtag in Verbin-

---

[2] Herrn KIELLAND-LUND, VOLLEBEKK, NORWEGEN, sei an dieser Stelle für entsprechende Hinweise herzlich gedankt.

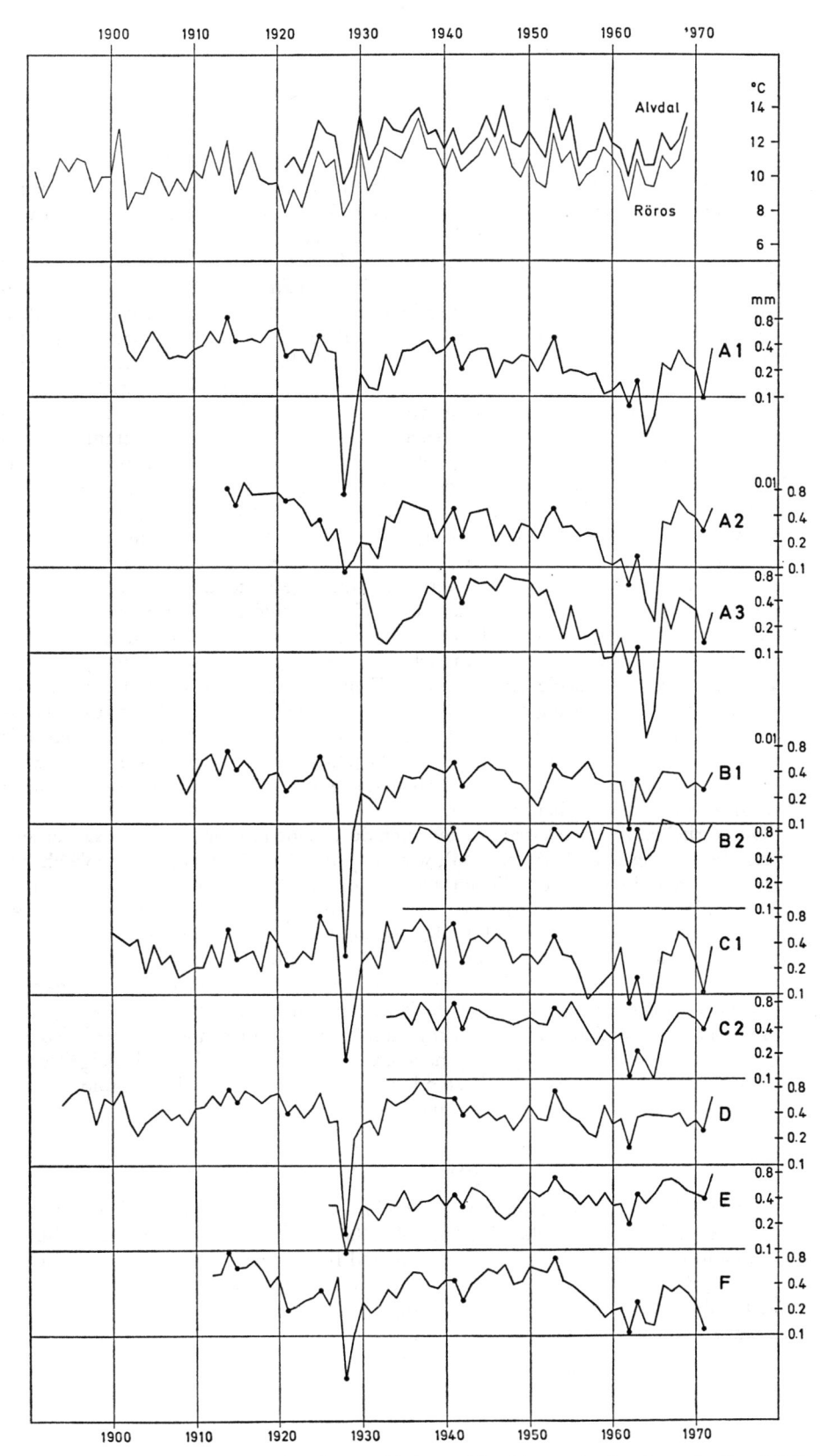

Abb. 1 Jahrring-Mittelkurven für die verschiedenen Altersklassen der Standorte A—F und Juli-Mitteltemperatur der Stationen Alvdal und Röros. Die Ordinate ist logarithmisch unterteilt.

dung mit niedrigem Sonnenstand die assimilatorische Wirksamkeit der Kronenfreistellung vergrößert." Ferner wird durch die Auflichtung eine verstärkte Wärmezufuhr zum Boden erreicht. So ist auch in diesem Zusammenhang die Exposition von einem bestimmten Stellenwert für die Standortsbewertung.

Aufgrund der Tatsache, daß keine Gleichheiten, sondern nur Ähnlichkeiten der Jahrringe vorliegen, der „durch Individualeigenschaften und Witterungsablauf bedingte Rhythmus der Jahrringbildung innerhalb verschiedener Zonen des gleichen Schaftes aber ziemlich gleichsinnig ist" (WECK 1955), genügt zur Kennzeichnung der Zuwachsraten je Baum eine Stammscheibe. Um möglichst genaue Werte zu erzielen, wäre es erforderlich, die Stammscheiben jeweils aus dem gleichen Stammabschnitt zu entnehmen, da die Jahrringe in der Schaftlänge zwar gleichsinnig, aber nicht gleichmäßig angelegt werden. Bei der Probenahme aus unterschiedlichen Stammabschnitten gehen in die Mittelwertsbildung Fehler ein, die nur durch ein entsprechend umfangreiches Probenmaterial ausgeglichen werden können.

Im Durchschnitt zeigen die Jahrringkurven nach einem kurzen Jugendanstieg mit zunehmendem Alter abnehmende Ringbreiten (Abb. 1). Die Abnahme nach Überschreiten eines Kulminationspunktes geschieht, lange ehe der Holzzuwachs als ganzes nachläßt, da sich der Zuwachs auf steigende Umfänge verteilt. Diese Kulminationspunkte liegen bei gleichalten Bäumen selbst eines Standortes nicht immer gleichzeitig. Aus diesem Grund sind Proben unterschiedlichen Alters nicht unmittelbar miteinander vergleichbar und vor allem nicht direkt in eine Mittelwertsbildung einzubeziehen. Da die von verschiedenen Autoren (EIDEM, EKLUND, HUSTICH, ORDING, RUDEN u. a.) zur Ausschaltung dieses Alterstrends entwickelten Formeln keineswegs zufriedenstellende Ergebnisse liefern, wurde bei der Auswertung von vornherein mit Altersklassen gearbeitet. Bei einer jeweils 20 Jahre umfassenden Klassengröße wird der Alterstrend zwar nicht ganz ausgeschaltet, aber doch stark in seiner Beeinflussung der Mittelwertsbildung herabgesetzt.

Die jährlichen Zuwachsraten können auch durch einen reichen Fruchtansatz erheblich reduziert werden (HUSTICH 1944), wie das Jahr 1971, für das eigene Beobachtungen vorliegen, in einer deutlichen Depression im Kurvenverlauf erkennen läßt (Abb. 1). Weitere Beeinträchtigungen des Zuwachses ergeben sich durch Schädlingsbefall, Frosteinwirkung während der Knospenentfaltung und durch den Verlust von Assimilationsfläche infolge Windbruchs an Ästen und Krone.

Alle diese individuellen Faktoren prägen neben den Standortsfaktoren Klima und Boden den jährlichen Zuwachs bzw. die jährliche Jahrringbreite.

Durch einen hinreichend großen Probenumfang ist es aber möglich, wie beispielsweise HUSTICH und ORDING gezeigt haben, diese „störenden" Individualeigenschaften auszuschalten, und die jeweils standörtlich bedingten klimatischen und edaphischen Einflüsse stärker hervortreten zu lassen.

UNTERSUCHUNGSGEBIET UND STANDORTE

Die Standorte, deren Untersuchungsergebnisse hier vorgestellt werden, liegen in Rondane (Abb. 2), einem über 2000 m hohen Gebirge in Zentralnorwegen zwischen Gudbrandsdal und Österdal. Ausschlaggebend für die Wahl dieses Gebietes ist die Tatsache, daß es über Rondane eine Fülle von Literatur gibt, wobei von besonderem Wert die hervorragende vegetationskundliche Gebietsmonographie von E. DAHL (1957) ist.

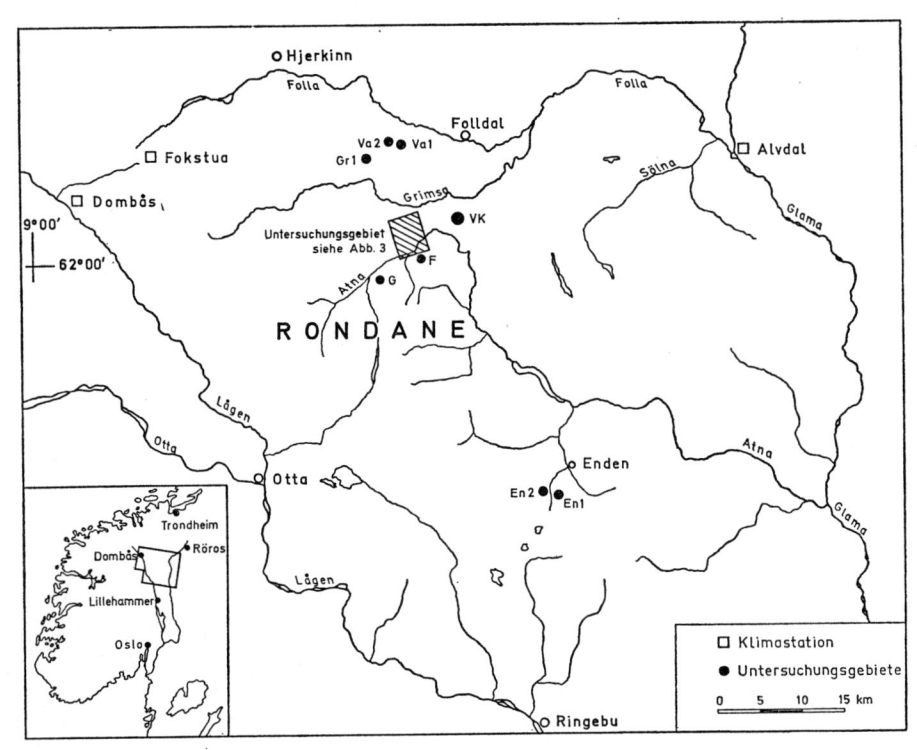

Abb. 2 Das Untersuchungsgebiet Rondane mit den Standorten, von denen Stammscheibenmaterial vorliegt.

An 13 Standorten dieses Gebietes wurden in den Jahren 1971 und 1972 zusammen 126 Stammscheiben entnommen und bisher ausgewertet. Dabei wurden etwa 25 000 Jahresringe gezählt. Im folgenden wird jedoch im wesentlichen auf die räumlich eng beieinanderliegenden Standorte A—F (Abb. 3) Bezug genommen.

Unter Standort wird hier ein Areal verstanden, das bei einer nicht zu großen Ausdehnung in bezug auf Klima, Exposition, Hangneigung, Höhenlage, Bodenverhältnisse, Art und Grad der Vegetationsbedeckung als quasi-homogen gelten kann. Je kleiner also ein solches Areal ist, desto eher ist bei geringer werdender Schwankungsamplitude der Ökofaktoren eine Homogenität zu erwarten. Wegen der hier jedoch z. T. sehr geringen Bestandsdichte ist es manchmal erforderlich, die Untersuchungsfläche etwas auszudehnen. Die Kartierung, die nach Luftbildern mit Geländekontrolle erfolgte, zeigt deutlich die lokalen Unterschiede in der Verteilung und Bestandsdichte der Baumbirken. Die Verebnung zwischen 1010 und 950 m ist nahezu baumfrei (Abb. 3).

Auf die Bodenverhältnisse wird bei der Beschreibung nicht näher eingegangen, da es sich innerhalb des Gebietes um ein relativ einheitliches Ausgangsgestein, den hellen Sparagmit, handelt und an Bodenbildung, abgesehen vom Standort D mit einer ausgeprägten Podsolierung, lediglich Rohhumusauflagen auf dem überwiegend groben Verwitterungsschutt zu beobachten sind.

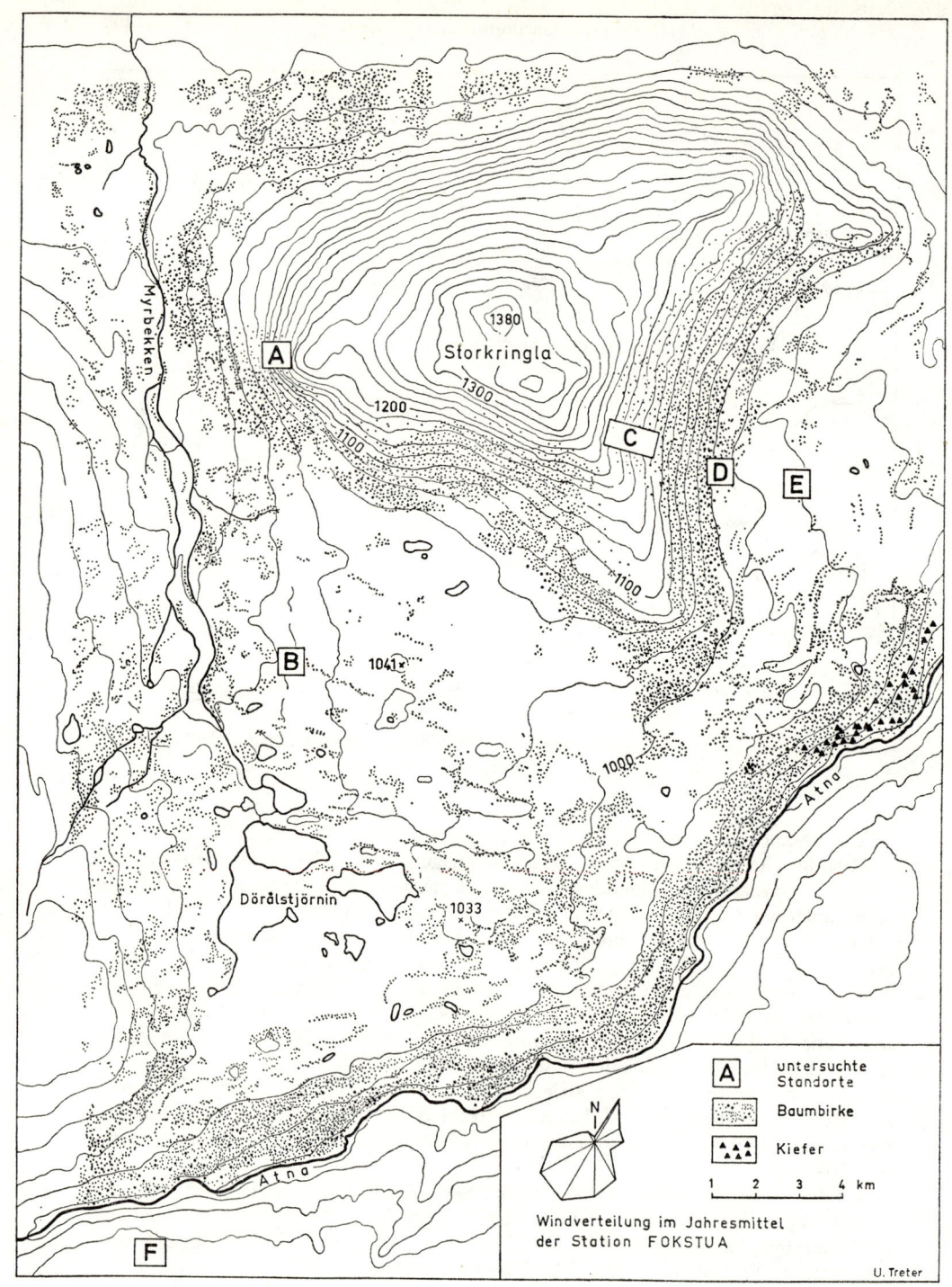

Abb. 3 Verteilung und Bestandsdichte von *Betula tortuosa* und Lage der Standorte A—F.

Die Fläche des Standortes A erstreckt sich in ca. 50 m Breite zwischen 1110 und 1150 m Höhe am etwa 23° geneigten, blockreichen Westhang der Storkringla (Abb. 3). Oberhalb von 1150 m kommt *Betula tortuosa* nur noch als Spalierstrauch vor. Die Artgrenze liegt bei etwa 1170 m. Die weitauseinanderstehenden 2—3,5 m hohen Birken sind z. T. mehrstämmig oder von Basaltrieben umgeben. Die Kronen sind in nordöstlicher Richtung windverformt. Eine flechtenreiche Zwergstrauchgesellschaft bedeckt, abgesehen von den zahlreichen Blöcken, nahezu vollständig den Boden. An Flechten sind es vorwiegend *Cetraria nivalis, C. islandica, C. cucullata, Alectoria ochroleuca* und verschiedene *Cladonia*-Arten, an Zwergsträuchern tritt neben *Betula nana, Vaccinium vitis-idaea, Empetrum nigrum, Arctostaphylos alpina* besonders *Loiseleuria procumbens* als Zeigerart windexponierter Standorte in Erscheinung. Die winterliche Schneedecke an diesem Hang ist nur äußerst dünn und lückenhaft, denn *Parmelia olivacea*, nach Nordhagen (1928) Zeigerart für die mittlere Schneemächtigkeit, bedeckt die Leeseiten der Stämme bis zum Boden hinab.

Das Alter von 16 untersuchten Stammscheiben dieses Standortes liegt zwischen 43 und 100 Jahren. (Da die Stammscheiben aber aus einer Stammhöhe von etwa 40 cm entnommen werden, müssen zur Ermittlung des absoluten Alters noch ungefähr 5 Jahre hinzugezählt werden. Im folgenden beziehen sich die Altersangaben immer auf das ausgezählte, *nicht* auf das absolute Alter.) Mit über 70 % überwiegen Stämme, die älter als 40 Jahre sind, wobei die Altersklassen 40—60 und 60—80 zu fast gleichen Teilen beteiligt sind (Tabelle 1). Birkenverjüngung, dessen Alter nur geschätzt wurde, ist mit nur 16 % sehr spärlich vertreten.

Tabelle 1:

Altersklasse	1—10		10—20		20—40		40—60		60—80		80—100	
	n	%	n	%	n	%	n	%	n	%	n	%
Standort A	3	16	—	—	2	11	6	32	7	37	1	5
B	4	20	—	—	2	10	8	40	6	30	—	—
C	—	—	—	—	—	—	15	65	8	35	—	—
D	—	—	—	—	—	—	—	—	7	100	—	—
E	—	—	—	—	—	—	8	100	—	—	—	—
F	—	—	—	—	—	—	5	62	3	38	—	—

Der Standort B liegt auf der flachkuppigen, moränenbedeckten Verebnung in 1000 m Höhe. Die Baumbirken, die bis 3 m hoch werden, stehen in unregelmäßigen, weiten Abständen vornehmlich in den zwischen den Kuppen sich ausdehnenden Mulden. Die Vegetationsdecke zeichnet diese Morphologie deutlich nach. Die Kuppen sind mit einem lückenhaften, immer wieder von winderodierten Kahlstellen durchsetzten Teppich aus *Loiseleuria procumbens* und verschiedenen Flechten bedeckt. In den geschützteren Mulden tritt *Loiseleuria* gegenüber *Betula nana, Empetrum nigrum, Arctostaphylos alpina, Vaccinium vitis-idaea, Calluna vulgaris* und einem üppigeren Flechtenbesatz deutlich zurück. Auch die *Parmelia olivacea*-Grenze, die zwischen 10 und 80 cm über dem Boden schwankt, zeichnet die geringsten Geländeunterschiede nach. Wie am Standort A ist auch hier der Jungwuchs nur sehr gering, während mit 70 % die Altersklassen 40—60 und 60—80 vertreten sind. Von der etwa 50 x 100 m großen Untersuchungsfläche wurden 16 Stämme zur Auswertung herangezogen.

Der Standort E liegt auf einer fast ebenen Fläche in 960 m Höhe. Da die Birken hier sehr weit verstreut stehen, mußte die Untersuchungsfläche auf 200 x 100 m ausgedehnt werden, um überhaupt hinreichend viele Bäume zu erfassen. Die Kronen der bis 3 m hohen Baumbirken sind stark in nordöstlicher Richtung verformt. In der flechtenreichen Zwergstrauchgesellschaft ist wiederum *Loiseleuria procumbens* dominant. Die *Parmelia olivacea*-Grenze in 5—20 cm Stammhöhe und die infolge Schneegebläse luvseitig blankpolierte Rinde der Stämme bestätigen die starke Windeinwirkung. Wie auf den Kuppen des Standortes B sind auch hier winderodierte Kahlstellen häufig. Die 8 Stämme der Untersuchungsfläche sind alle zwischen 40 und 60 Jahre alt. Verjüngung fehlt völlig.

Der relativ geschlossene Bestand am E-Hang der Storkringla löst sich etwa in 1050 m Höhe zu Einzelbäumen und Baumgruppen auf, die noch bis 1220 m Höhe aufsteigen. Zwischen 1220 und 1250 m wird die *Betula tortuosa*-Artgrenze durch Strauchformen gebildet. Hier am Standort C wird die Vegetation im Gegensatz zu den vorherigen Standorten überwiegend durch die Zwergsträucher *Betula nana, Juniperus communis nana, Salix glauca, S. lapponum, Vaccinium vitis-idaea, Empetrum nigrum, Calluna vulgaris, Arctostaphylos alpina* und *A. uva-ursi* bestimmt. *Loiseleuria procumbens* ist stark zurückgetreten, auch die Flechten sind von untergeordneter Bedeutung. Die *Parmelia olivacea*-Grenze liegt an den Stämmen zwischen 70 und 120 cm über dem Boden und gibt damit eine beträchtliche winterliche Schneebedeckung an. Die Baumbirken auf der 50 x 100 m Untersuchungsfläche erreichen Höhen bis 4 m. In der Altersstruktur (Tab. 1) sind wieder die Altersklassen 40—60 und 60—80 zu über 90 % vertreten. Anzeichen einer Verjüngung konnten nicht gefunden werden.

Der innerhalb eines dichten Bestandes mit bis zu 5 m hohen Bäumen am Hangfuß der Storkringla in 1000 m Höhe liegende Standort D scheint hinsichtlich der Alterszusammensetzung den anderen Standorten ähnlich zu sein. Alle der hier insgesamt nur von 7 Stämmen auf der 25 x 25 m großen Untersuchungsfläche entnommenen Proben liegen in der Altersklasse 60—80. Das Ergebnis dürfte jedoch unter den gegebenen Wuchsraumverhältnissen bei der zu geringen Probenzahl nicht repräsentativ sein. Nach Schätzungen dürften allerdings nur wenige Stämme unter 40 Jahren alt sein. Jungwuchs konnte auch hier nicht beobachtet werden.

In einem bemerkenswerten Gegensatz zu der Strauch- und Krautschicht der anderen Standorte steht hier der beherrschende Anteil von *Vaccinium myrtillus*. Andere Zwergsträucher sind von untergeordneter Bedeutung. Die Flechten haben weitgehend verschiedenen Moosen Platz gemacht. Zusammen mit der bis 180 cm über dem Boden liegenden *Parmelia oblivacea*-Grenze deutet das auf eine mächtige und relativ langanhaltende Schneedecke hin.

Am Standort F auf der rechten Seite des Atnatales zwischen 1065 und 1100 m Höhe in Nord-Exposition ist die Bestandsdichte von *Betuala tortuosa* wiederum nur sehr gering. Der überaus blockreiche Hang ist übersät von kleinen Quell- und Hangmooren, die meist schon durch ein *Salix glauca-Salix lapponum*-Gebüsch kenntlich sind. Daneben kommen auf trockneren Stellen *Betula nana*-reiche Zwergstrauchgesellschaften mit unterschiedlichem Flechtenanteil vor. Wie aus der bei 40 cm Stammhöhe ansetzenden *Parmelia olivacea*-Grenze abzulesen ist, ist die Schneedecke relativ dünn. Nur an geeigneten Geländevertiefungen sammelt sich der Schnee und bleibt länger liegen. Diese Stellen weisen sich durch typische Schneetälchen-Gesellschaften aus.

Die Inhomogenität dieses Standortes macht die Auswertung der ohnehin geringen Stammproben unter einheitlichen Gesichtspunkten unmöglich. Unter Berücksichtigung von Beobachtungen von anderen, hier nicht herangezogenen Standorten, verdichtet sich der Eindruck, daß die Zuwachsraten der Birke im Bereich der Hangmoore eine deutlich größere bis fast doppelte mittlere Jahrringbreite aufweisen als solche von trockeneren Standorten z. B. mit flechtenreichen Zwergstrauchgesellschaften vergleichbarer Höhenlage und Exposition. Die untersuchten Stämme des Standortes F liegen sämtlich in den Altersklassen zwischen 40 und 80. Auch hier fehlt der Jungwuchs völlig.

ERGEBNISSE

Die Altersstruktur im Baumgrenzbereich des nördlichen Rondanegebietes ist an den untersuchten Standorten bemerkenswert ähnlich, obgleich teilweise unterschied-

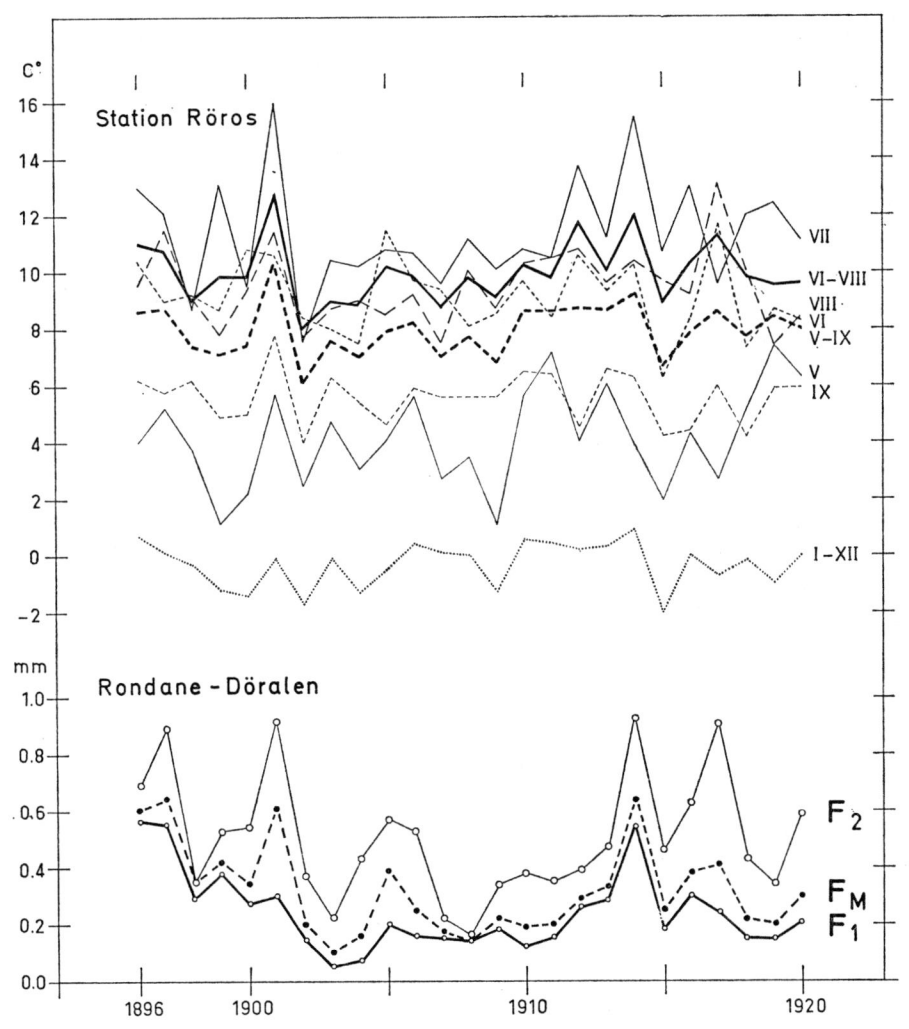

Abb. 4 Monatsmitteltemperaturen und Mittel verschieden zusammengefaßter Monatsmitteltemperaturen der Station Röros im Vergleich zu den Jahrringkurven zweier ausgewählter Bäume (F1 und F2) und dem Standortsmittel F_M im Döralen/Rondane für den Zeitraum 1896—1920. Die größte Übereinstimmung mit den Jahrringkurven zeigt die Temperaturkurve VI—VIII.

liche Standortsqualitäten vorliegen. Bäume der Altersklassen 40—60 und 60—80 beherrschen zu 70—100 % die meist sehr lockeren Bestände. Ältere Bäume und vor allem Bäume unter 40 Jahren sind nur vereinzelt vorhanden oder fehlen an den meisten Standorten ganz. An Standorten, an denen innerhalb eines längeren Zeitraumes keinerlei Verjüngung stattfindet, kann sich dann nach dem Absterben der vorhandenen Birken (schätzungsweise nach 60—80 Jahren) die Baumgrenze herabsenken. So kommt es dann, daß der derzeitigen Baumgrenze weit vorgeschoben ein einzelner, widerstandsfähigerer Baum von beträchtlichem Alter stehen kann.

Nach zahlreichen Autoren (HUBER 1949, ORDING 1941, ERLANDSSON 1936, HUSTICH und ELFVING 1944) steht die Temperatur als bedeutendster Faktor für den Zuwachs an der Baumgrenze in Skandinavien außer Frage. Zur Sommertemperatur bestehen nach ERLANDSSON (1936) positive Korrelationen. Dabei ist allerdings zu berücksichtigen, daß die Temperatur des vorhergehenden Sommers insofern von Bedeutung ist, als auch die Menge der Reserven vom Vorjahr auf den Radialzuwachs des laufenden Jahres einwirkt (HUSTICH und ELFVING 1944).

Dieser Zusammenhang zwischen Temperatur und Radialzuwachs zeigt sich überzeugend an allen Zuwachskurven (Abb. 1). Besonders deutlich wird er allerdings für den Zeitraum 1896—1920 in einem Vergleich von Kurven vom Standort F in Döralen/Rondane mit den verschieden zusammengefaßten Monatsmitteltemperaturen (Abb. 4).

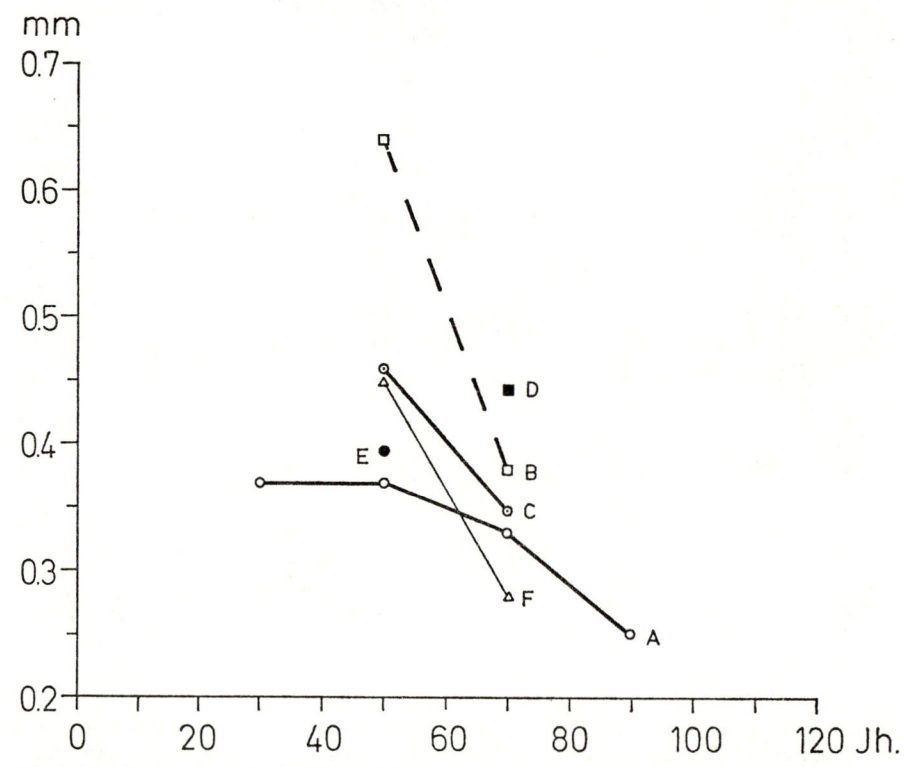

Abb. 5 Durchmesserzuwachs in Abhängigkeit vom Lebensalter der Bäume an den Standorten A—F im Döralen/Rondane.

Diese allgemein und selbst großräumig geltende positive Beziehung Sommertemperatur — Radialzuwachs wird durch topoklimatische Einflüsse von Standort zu Standort in unterschiedlicher Weise modifiziert.

In der Vegetation zeigen die Standorte A, B und E gewisse Übereinstimmungen: flechtenreiche Zwergstrauchgesellschaften mit einem hohen Anteil von *Loiseleuria procumbens*. Die Werte der mittleren Jahrringbreite unterscheiden sich jedoch deutlich voneinander (Abb. 5 und Tabelle 2). In der Altersklasse 40—60 stimmen die Standorte A (1120 m) und E (960 m), die 160 Höhenmeter voneinander entfernt liegen, mit 0,372 mm bzw. 0,392 mm sehr gut überein, während B (1000 m) mit 0,645 mm einen fast doppelt so großen Wert zeigt. In der Altersklasse 60—80 ist zwischen A und B ein nicht unbedingt überzeugender Unterschied vorhanden. Daß sich die mittlere Jahrringbreite der Bäume vom Standort B gegenüber denen der Standorte A und E abheben, liegt offensichtlich daran, daß in den flachen Mulden des Standortes B bereits eine hinreichende Schutzlage mit entscheidend besseren Wuchsbedingungen gegeben ist. (Inwieweit hier edaphische Begünstigungen in Form von besseren Bodenwasserverhältnissen vorliegen, müßte gesondert untersucht werden. Mit den aufgrund der Zuwachsermittlung vorliegenden Werten kann für solche weitergehenden Untersuchungen immerhin ein Anstoß gegeben werden). Die stark windexponierten Kuppen dürften hinsichtlich der Wuchsbedingungen mit denen des Standortes E vergleichbar

Tabelle 2:

Standort	mittl. Höhe ü. NN	Exposition	Altersklassen	Anzahl d. Stammscheiben	mittl. Jahrringbreite (mm)	Variabilitätskoeffizient	% d. Jahrringausfälle	Zahl d. Ausschläge in % der Größenklassen		
								0–50%	50–100%	>100%
A	1120	W	20– 40	2	0,368	68	4	—	—	—
			40– 60	6	0,372	58	3	47	31	22
			60– 80	7	0,331	55	6	47	25	26
			80–100	1	0,251	—	6	—	—	—
B	1010	—	20– 40	—	—	—	—	—	—	—
			40– 60	9	0,645	30	1	62	23	15
			60– 80	7	0,382	38	2	52	29	19
			80–100	—	—	—	—	—	—	—
C	1150	E	20– 40	—	—	—	—	—	—	—
			40– 60	15	0,471	38	1	57	24	19
			60– 80	8	0,348	54	7	36	26	38
			80–100	—	—	—	—	—	—	—
D	1000	E	20– 40	—	—	—	—	—	—	—
			40– 60	—	—	—	—	—	—	—
			60– 80	7	0,442	39	1	61	26	13
			80–100	—	—	—	—	—	—	—
E	960	—	20– 40	—	—	—	—	—	—	—
			40– 60	8	0,392	34	2	61	28	11
			60– 80	—	—	—	—	—	—	—
			80–100	—	—	—	—	—	—	—
F	1070	NW	20– 40	—	—	—	—	—	—	—
			40– 60	5	0,459	76	4	62	22	16
			60– 80	3	0,283	81	6	42	27	31
			80–100	—	—	—	—	—	—	—

sein. Hier sind die ohnehin wenigen Bäume ohne jeden Schutz den im Jahresmittel überwiegend aus südwestlichen Richtungen wehenden Winden ausgesetzt. Die damit verbundenen Ungunstfaktoren sind u. a.
— mechanische Beanspruchung der Blätter und Triebe, Verlust an Assimilationsfläche durch Windbruch,
— erhöhte Transpiration infolge gesteigerter Ventilation,
— erhöhte Frostgefährdung, insbesondere während der Kambialtätigkeit und des Blatttriebes.

Von den in etwa gleicher Höhe liegenden Standorten A, C und F weisen die Standorte C und F hinsichtlich ihrer Vegetationsgesellschaften und ihres Standortmilieus Gemeinsamkeiten auf, die sich auch in den Werten der mittleren Jahrringbreiten erkennen lassen. In beiden Standorten sind die winterlichen Schneemächtigkeiten relativ groß, wodurch nicht zuletzt auch der Wasserhaushalt dieser Standorte beeinflußt wird. Für C und F liegt die mittlere Jahrringbreite für die Altersklasse 40—60 mit 0,471 und 0,459 deutlich höher als die 0,372 mm für A. In der Altersklasse 60—80 liegen die Werte mit 0,283, 0,331 und 0,348 mm allerdings sehr dicht beieinander und erlauben keinerlei Differenzierung. Möglicherweise ist die Probenzahl für diese Klasse zu gering. Es wird in weiteren Untersuchungen festzustellen sein, ob es der Regelfall ist, daß bei so deutlichen Unterschieden der Werte der mittleren Jahrringbreite in der Altersklasse 40—60 dagegen kaum Unterschiede in der Altersklasse 60—80 auftreten.

Der Standort D, der sich von den anderen Standorten durch die *Vaccinium myrtillus*-bestimmte Bodenvegetation, die Bestandsdichte, Baumhöhe und Schneemächtigkeit unterscheidet, setzt sich auch mit dem Wert der mittleren Jahrringbreite in der Altersklasse 60—80 mit 0,442 mm deutlich ab (Abb. 5).

Der Variabilitätskoeffizient wie auch die %-Werte für die fraktionierten Kurvenausschläge lassen erkennen, daß die Amplitude der Kurvenausschläge für Stämme der Baumgrenze weiter und auch die Anzahl großer Ausschläge häufiger ist. Das bedeutet, daß sich der Wärmefaktor in Verbindung mit modifizierenden anderen Faktoren an der Baumgrenze einschneidender bemerkbar macht, da er hier eher ins Minimum gerät. Die relativ höhere Anzahl großer Ausschläge rührt in erster Linie von sehr niedrigen jährlichen Zuwachsraten her.

Generell erfolgt eine Abnahme der mittleren Jahrringbreite mit zunehmender Höhe. Bestimmte topoklimatische und wohl auch edaphische Faktoren bewirken allerdings eine gewisse Azonalität, wie der Vergleich insbesondere der Standorte A, B und E für das Untersuchungsgebiet gezeigt hat.

Die mittlere Jahrringbreite von *Betula tortuosa* in geschlossenen Beständen (ähnlich dem Standort D), zwischen 950 und 1050 m Höhe, liegen deutlich über denen der Birken an der Baumgrenze. Ebenso geringe Zuwachsraten wie an der Baumgrenze ergeben sich auch in tieferen Lagen an Standorten mit Wuchsbedingungen, die denen an der Baumgrenze gleich zu sein scheinen. Daher wurden diese beiden Standorttypen zusammengefaßt. In der Abb. 6 zeigen die vorläufigen Trendkurven, deren Werte aus den Altersklassenmitteln auf der Grundlage des gesamten bisher von mir ausgewerteten Materials berechnet wurden, diese so deutlich voneinander abgesetzten Zuwachsraten. Die altersbedingte Abnahme des Zuwachses kommt darin gut zum Ausdruck.

Abschließend möchte ich noch einmal ausdrücklich darauf hinweisen, daß die hier vorgelegten Ergebnisse nur vorläufigen Charakter haben können. Denn für statistisch abgesicherte Ergebnisse muß das Material sehr viel umfangreicher sein als das von mir benutzte.Ich bin aber der Meinung, daß schon zu diesem Zeitpunkt auf die Möglichkeiten hingewiesen werden soll, die in der Anwendung dendrochronologischer Arbeitsmethoden für die Forschung an der Baumgrenze liegen können.

Die Ergebnisse, die KOCH (1957) bei seinen Auswertungen von Stammscheibenmaterial von Fichte und Kiefer aus dem Thüringer Mittelgebirge zur Abgrenzung geländebedingter Klimaunterschiede erzielte, lassen einen ähnlichen Erfolg auch für die Wald- und Baumgrenzbereiche Skandinaviens erwarten.

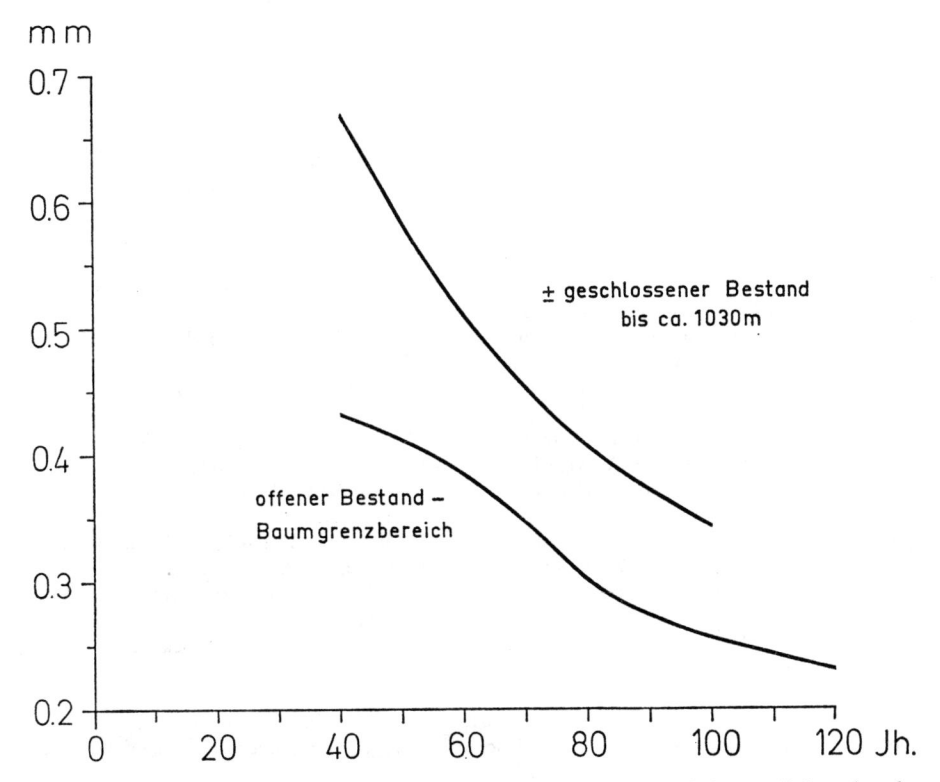

Abb. 6 Vorläufige Trendkurve des Durchmesserzuwachses in Abhängigkeit vom Lebensalter der Bäume für verschiedene Standortstypen in Rondane (Näheres im Text).

Zusammenfassung

In der vorliegenden Studie werden die Möglichkeiten der Anwendung dendrochronologischer Methoden für die Forschung an der Baumgrenze in Norwegen vorgestellt. Für 6 untersuchte Standorte in Rondane liegen erste vorläufige Ergebnisse vor. Das Alter der Birken im Baumgrenzbereich liegt mit 70—100 % überwiegend zwischen 40 und 60 Jahren. Verjüngung ist nur an sehr wenigen Stellen in geringem Ausmaß zu beobachten. Die Jahrringanalyse ergab unterschiedliche mittlere Zuwachsraten für die 6 Standorte. Die mittlere Zuwachsrate kann als Maß für die

Wuchsbedingungen eines bestimmten Standortes betrachtet werden. Übereinstimmung in der Größe der mittleren Zuwachsrate konnte zwischen stark windexponierten Standorten tieferer Lagen (960—1010 m) und Standorten an der Baumgrenze in 1150 m festgestellt werden. Für geschützte Standorte ergeben sich bei gleicher Höhenlage in der Regel deutlich höhere Zuwachsraten als für ungeschützte Standorte. Vor allem die Exposition zur vorherrschenden Windrichtung dürfte von entscheidender Bedeutung dabei sein. Auf der Grundlage umfangreichen Materials wird es möglich sein, geländeklimatische Einflüsse im Wald- und Baumgrenzbereich gegen die allgemein klimatischen Einflüsse abzugrenzen und in ihren Auswirkungen zu bewerten.

Literatur

AAS, B.: 1964, Björke — og barskoggrenser i Norge. — Unpublished thesis, Oslo.
— 1969, Climatically raised birch lines in Southeastern Norway 1918—1968. — *Norsk Geogr. Tidsskrift*, 23 (3) : 119—130.
ARTMANN, A.: 1949, Jahrringchronologische und klimatologische Untersuchungen an der Zirbe und anderen Bäumen des Hochgebirges. — Diss. Univ. München 1949.
BAUCH, J.: 1970, Aufbau regionaler Standardjahrringkurven zur Datierung historischer Bauten und Bildtafeln. — *Mitt. BFA* Forst-Holzwirtsch. Nr. 77 : 43—58.
BREHME K.: 1951, Jahrringchronologische und klimatische Untersuchungen an Hochgebirgslärchen des Berchtesgadener Landes. *Zschr. f. Weltforstwirtschaft*, 14 : 65—80.
DAHL, E.: 1957, Rondane. Mountain vegetation in South Norway and its relation to the environment. — *Skrifter Norske Videnskaps-Akad. Oslo, I. Mat.-naturv. kl.* 1956 (3) : 374p.
ECKSTEIN, D. und BAUCH, J.: 1969, Beitrag zur Rationalisierung eines dendrochronologischen Verfahrens und zur Analyse seiner Aussagesicherheit. — *Forstwiss. Centralbl.* Berlin 88 (4) : 230—250.
EIDEM, P.: 1953, Om svingningar i tykkelseltilveksten hos gran *(Picea abies)* og furu *(Pinus silvestris)* i Tröndelag. — *Medd. Norske Skogsforsöksvesen*, Bergen, 12 : 1—139.
Eklund, B.: 1954, Årsringsbreddens klimatiskt betingade variation hos tall och gran inom norra Sverige åren 1900—1944. — *Medd. fr. Statens Skogsf. Inst.*, Stockholm, 44 (8).
— 1944, Ett försök att numeriskt fastställa klimatets inflytande på tallens och granens radietillväxt vid de bådå finska riksskogstaxeringarna. — *Norrl. skogsv. tidskr.*, Stockholm, 3.
ERLANDSSON, S.: 1936, Dendrochronological Studies. — Geokronol. Inst. Stockholm. *Data* 23, Uppsala.
FRIES, TH. C. E.: 1913, Botanische Untersuchungen im nördlichsten Schweden. — *Vet. o. prakt. unders. i Lappl. anordn. av Luossavaara — Kiirunavaara A.—B.*, Uppsala. Flora och Fauna 2 : 1—361.
FRITTS, H. C. u. a.: 1965, Tree-ring characteristics along a vegetation gradient in northern Arizona. — *Ecology*, Durham, N. C., 46 (4) : 395—401.
— 1966, Growth-rings of trees: Their correlation with climate. Patterns of ring widths in trees in semiarid sites depend on climate-controlled physiological factors. — *Science*, Lancaster, Pa., 154 : 975—979.
GASSNER, G. und CHRISTIANSEN/WENIGER, F.: 1942, Dendroklimatologische Untersuchungen über Jahresringentwicklungen der Kiefer in Anatolien. — *Nova Acta Leopoldina N. F.* 12.
GLOCK, W. S.: 1950, Tree growth and rainfall — a study of correlation and methods. — *Smith. misc. Coll.*, 111 (18) : 1—47.
— 1937, Principles and methods of tree-ring analysis. — *Carnegie Inst. Wash. Publ.* 486, Washington.
HUBER, B.: 1943, Über die Sicherheit jahrringchronologischer Datierung. — *Holz als Roh- und Werkstoff*, 6 : 263—268.
— 1948, die Jahresringe der Bäume als Hilfsmittel der Klimatologie und Chronologie. — *Die Naturwissenschaften*, 35 (5) : 151—154.
— 1952, Beiträge zur Methode der Jahrringchronologie. — *Holzforschung*, 6 (2) : 33—37.

— und JAZEWITSCH, W. v.: 1950, Aus der Praxis der Jahrringanalyse. — *Allgem. Forstztschr.*, 5 : 443—444, 527—529; 7 : 233—235.

HUSTICH, I.: 1939, Notes on the coniferous forest on the east coast of Newfoundland-Labrador. — *Acta Geogr.*, 7 (1).

— 1945, The radial growth of the pine at the forest limit and its dependence on climate. — *Soc. Scient. Fenn. Comm. Biol., Helsingfors*, 9 (11).

— 1949, On the correlation between growth and the recent climatic fluctuation. — *Geogr. Annaler*, 32 (1—2) : 90—105.

— 1955, On forest and tree growth in the Knob Lake Area, Quebec-Labrador Peninsula. — *Acta Geogr.*, 13.

— und ELFVING, G.: 1944, Die Radialzuwachsvariationen der Waldgrenz-Kiefer. — *Soc. Scient. Fenn Comm. Biol., Helsingfors*, 9 (8).

v. JAZEWITSCH, W.: 1952, Beiträge zur Methodik der Jahrringchronologie. II. Die fraktionierte Gegenläufigkeitsstatistik. — *Holzforschung*, 6 : 82—89.

KOCH, H.-G.: 1957, Jahresringauszählungen an Waldbäumen zum Nachweis witterungsbedingter Zuwachsschwankungen. — *Ann. Meteorol., Hamburg*, 8 (1/2) : 21—35.

NORDHAGEN, R.: 1928, Die Vegetation und Flora des Sylenegebietes. Eine pflanzensoziologische Monographie. — *Skrifter Norske Videnskaps-Akad. Oslo, I. Mat.-naturv. kl.* 1927, 1 : 612 p.

— 1943, Sikilsdalen og Norges fjellbeiter. En plantesoziologisk monografi. — *Bergens museum skrifter* Nr. 22, 607 p.

ORDING, A.: 1941, Årringanalyser på gran og furu. — *Medd. Norske Skogforsöksvesen*, Oslo, 7 (2) : 105—354.

RESVOLL-HOLMSEN, H.: 1917, Litt om granen og birken ved deres hoidegraense i Valdresfjeldene. — *Tidsskr. f. skogbruk*, 25.

— 1918, Fra fjelskogene i det östenfjeldske Norge. — *Tidsskr. f. skogbruk*, 26 : 107—223.

TOLLAN, I.: 1937, Skoggrenser på Nordmöre. — *Medd. Nr. 20 fra Vestl. Forstl. Forsökstation, Bergen*, 6 (2) : 1—143.

RUDEN, T.: 1945, En vurdering av anvendte arbeidsmetoder innen trekronologi og årringanalyse. — *Medd. Norske Skogforsöksvesen, Bergen*, 9 (2) : 187—266.

WECK, J.: 1955, Forstliche Zuwachs- und Ertragskunde. — Neumann Verlag, Radebeul und Berlin, 2. Aufl.

LANDSCHAFTSÖKOLOGISCHE UNTERSUCHUNGEN IN DER ARGENTINISCHEN PUNA

Mit 9 Abbildungen und 2 Bildern

Von Dietrich J. Werner (Kiel)

Als argentinische Puna, früher auch Puna de Atacama genannt, werden die Hochlagen mit Binnenentwässerung des nordwest-argentinischen Andenraumes bezeichnet. Die argentinische Puna ist die südliche Verlängerung des Altiplano und der „zertalten Puna" (Troll 1928) von Bolivien. An ihrer Westseite wird die Puna von der sogenannten Hauptkordillere begrenzt. Im E und S ist nach Fochler-Hauke (1950/51) die Abgrenzung in der Wasserscheide zur Atlantik- bzw. Andenvorlandentwässerung gegeben. Im Gegensatz zu Fochler-Hauke wird vom Verfasser auch der argentinische Bereich der „zertalten Puna" im Gebiet des Rio San Juan und des Rio de La Quiaca zur argentinischen Puna gerechnet, da der Hochebenencharakter trotz der Täler erhalten bleibt.

Die argentinische Puna ist ebenso wie ihr östlicher Rand charakterisiert durch eine Vielzahl von etwa N—S verlaufenden Gebirgsketten mit dazwischengeschalteten, z. T. weiträumigen Senken, entstanden als Folge von Bruchschollentektonik mit Aufschiebungs-, teilweise sogar Überschiebungscharakter (Schwab 1970). Die gehobenen, meist keilförmigen Schollen bilden die Gebirgszüge, die abgesunkenen Partien die Becken, in deren zentralen Teilen Lagunen oder Salare liegen. An die Störungslinien der Bruchschollentektonik scheinen die vulkanischen Effusionen und Intrusionen gebunden zu sein, die besonders im westlichen und im zentralen Teil der Puna die Kammerung nur verstärken. Die Senken, die von bis über 6000 m aufragenden Gebirgszügen und Vulkankomplexen umrahmt werden, liegen zwischen 3300 und 4500 m Höhe.

Die argentinische Puna hat ein semiarides bis arides Hochlandklima, das durch die Kammerung stärker differenziert wird. Großräumig betrachtet, nimmt die Aridität von E nach W, aber auch von N nach S zu. Die Niederschläge fallen überwiegend als episodische Sommerregen, betragen über 300 mm jährlich im NE und nehmen auf unter 50 mm im W und SW ab (Abb. 2). Die mittleren Jahrestemperaturen liegen je nach Höhenlage zwischen 5° und 10° C. Die Tagesschwankungen der Temperatur liegen über 20° C und übertreffen die Jahresschwankungen um mehr als das Doppelte (Abb. 3). Vegetationsgeographisch gehört die argentinische Puna nach Cabrera (1957, 1968, 1971) zu den Vegetationsprovinzen „Puna" (3300—4300 m) und „Altoandina" (4300—max. 5600 m).

Da besonders Fochler-Hauke (1950/51), Czajka u. Vervoorst (1956), Cabrera (1957, 1968) und Schwab (1970) jeweils unter anderen Fragestellungen über die argentinische Puna berichtet haben, soll an dieser Stelle auf eine eingehendere Einführung verzichtet werden. Die eigenen Untersuchungen stehen daher im Vordergrund.

Über die ökologischen Verhältnisse der argentinischen Puna ist bisher relativ wenig bekannt. Besonders Cabrera ist es zu danken, daß wenigstens die Grundzüge der

Abb.1: Arbeitsgebiete in der argentinischen Puna und an ihrem Ostrand

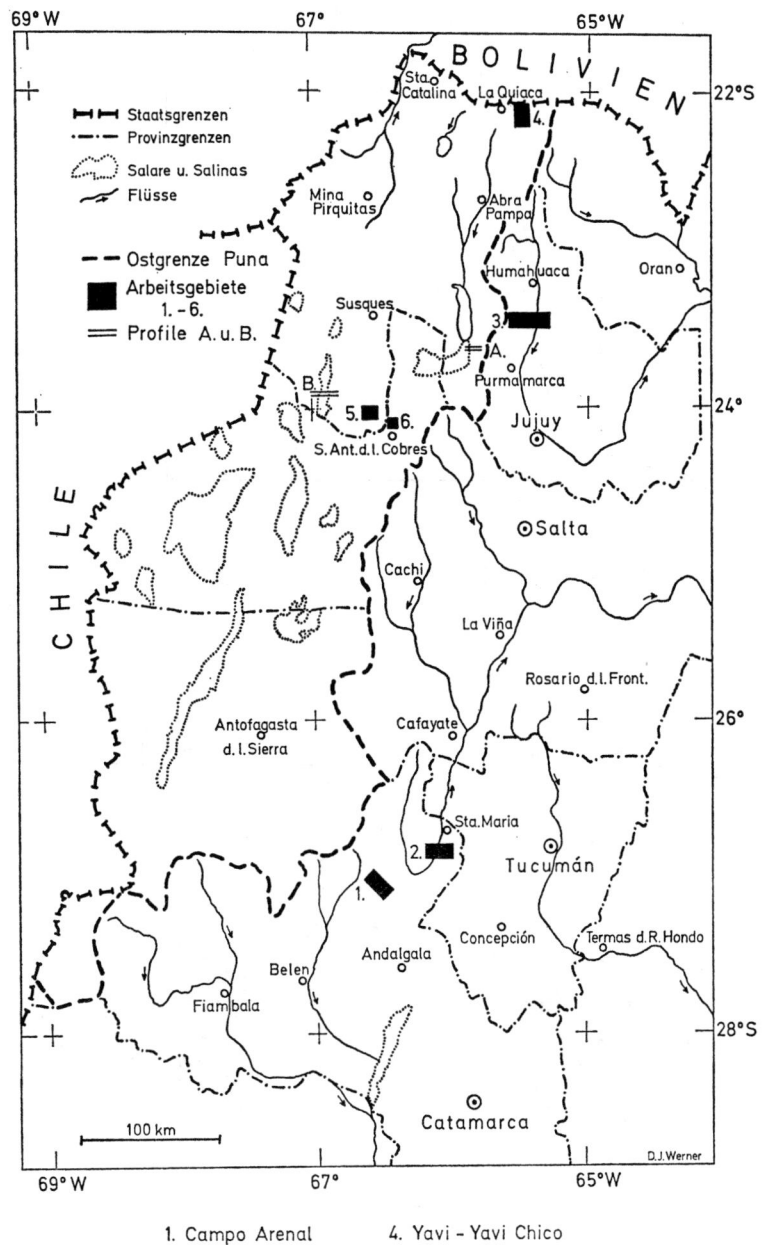

1. Campo Arenal
2. Entre Rios
3. Huacalera
4. Yavi – Yavi Chico
5. Cerro Tuzgle
6. San Antonio d. l. Cobres

A. Salinas Grandes
B. Salar de Cauchari

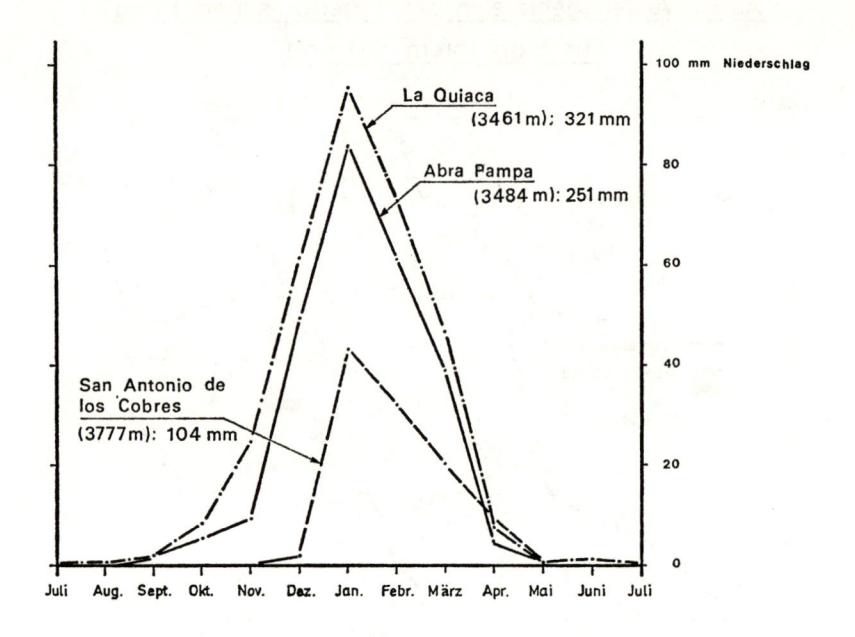

Abb. 2: **Niederschläge in der argentinischen Puna**

Quelle: A.L. Cabrera 1968   G. Leschewsky

Abb. 3: Jahresgang der Temperaturen von La Quiaca (3461 m)

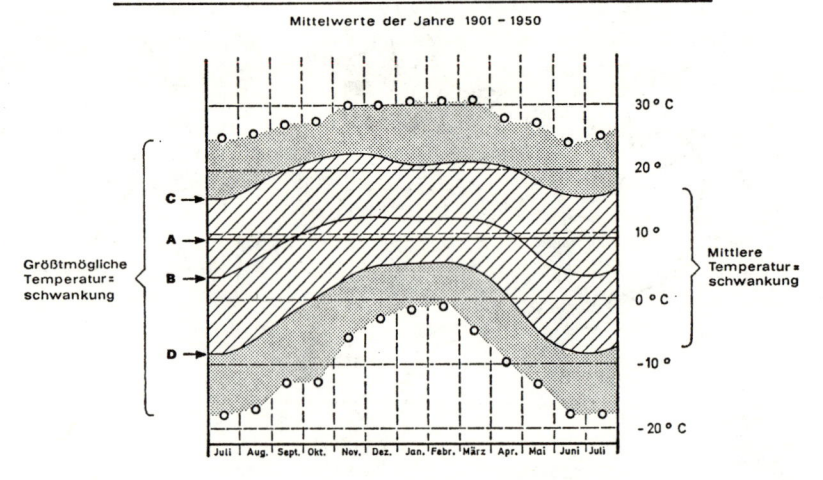

Mittelwerte der Jahre 1901 – 1950

Größtmögliche Temperaturschwankung

Mittlere Temperaturschwankung

A = Jahresmittel -, B = Monatsmittel -, C = Mittl. Max.-, D = Mittl. Min.-, O Absolute Extremtemperatur

Quelle: Servicio Meteorologico Nacional: Estadisticas Climatologicas Publ. B 1, Nr. 1, Buenos Aires 1958   G. Leschewsky

Vegetation und der ökologischen Valenz einer Reihe von Arten erforscht sind. Aufbauend auf den Arbeiten von CABRERA war es daher das Anliegen des Verfassers, durch pflanzensoziologische Aufnahmen in mehreren kleinen, jeweils weit auseinander liegenden Gebieten (Abb. 1) die Verbreitung, Artmächtigkeit und Soziabilität der Pflanzenarten zu untersuchen. Auf diese Weise ließ sich der ökologische Anpassungsspielraum der Arten leichter erfassen, bzw. die Zuordnung der von diesen Arten aufgebauten Pflanzengesellschaften zu bestimmten Standorten näher ergründen.

Alle im folgenden ausgeschiedenen Pflanzengesellschaften sind durchweg aus Arten mit xeromorphem Habitus aufgebaut. Die Pflanzen haben sich den teilweise extrem negativen Standortbedingungen der argentinischen Puna anzupassen, als da zu nennen sind:

Wassermangel während der meisten Zeit des Jahres,
hohe Strahlungs- und Verdunstungswerte,
große tägliche Temperaturschwankungen,
Minustemperaturen während des ganzen Jahres,
Salzanreicherungen bzw. Verhärtungen im Unter- oder Oberboden,
Erosionsanfälligkeit der Böden,
starke Windwirkungen,
Höhenlage (Ausklingen des Pflanzenwuchses),
Auftreten von herbivoren Tierarten.

Als positiv ist einzig zu nennen, daß die atmosphärische Feuchtigkeit, wenn auch unregelmäßig, zur Vegetationszeit am größten ist.

UNTERSUCHUNGEN IN DER ARGENTINISCHEN PUNA
(Abb. 4 und 5)

Mit der Abb. 4 sei der NE-Teil der argentinischen Puna vorgestellt, der südlich an Bolivien anschließt. Die Puna wird im E durch die Kammlinie der Sierra Santa Victoria mit Erhebungen über 5000 m abgegrenzt. Durch N—S verlaufende Ketten ist der gesamte Raum in mehrere, drei große und eine kleine, Längssenken unterteilt. Die beiden östlichen Senken sind in ihren südlichen Ausdehnungen durch Durchbrüche miteinander verbunden und entwässern nach S zur Laguna de Guayatayoc (außerhalb der Abb. 4). Im Norden dagegen, dort kaum durch Ketten getrennt, sind die beiden Senken von den Oberläufen des Rio de La Quiaca zertalt und lassen sich als „zertalte Puna" vom südlichen Teil durch eine Wasserscheide, die beide Senken quert, abgrenzen.

Die kleine Längssenke im W ist durch den Rio Santa Catalina mit dem großen Becken der Laguna de Pozuelos verbunden, dessen Zentrum von einem flachen See eingenommen wird. Alle Senken sind gekennzeichnet durch die Weiträumigkeit ihrer Bergfußebenen, die sich von den umrahmenden Gebirgszügen her abdachen und nur nahe am Gebirgsrand teilweise zerschnitten sind.

Im Bereich der „zertalten Puna" soll am Beispiel eines Ausschnittes einer größeren Kartierung die ökologische Differenzierung vorgestellt werden (Abb. 5).

Flächenhaft ausgedehnt tritt eine leicht nach NW sich abdachende Hochebene von durchschnittlich 3500 m Höhenlage in Erscheinung, die von einer Zwergstrauch-Steppe mit vorherrschend *Psila boliviensis* eingenommen wird (Bild 1). Durch Ausblasung und Ausspülung hat sich an der Bodenoberfläche Schutt angereichert, unter dem ein stark rot gefärbter, lehmiger Oberboden liegt. Der Unterboden ist durch einen mächtigen Kalkanreicherungshorizont ausgezeichnet.

In die Ebene eingeschaltet liegen eine Anzahl von flachen Wannen, in denen nach Regenfällen sich kurzfristig das auf der Fläche fließende Wasser sammelt. Diese Wannen, deren Genese wahrscheinlich zur Hauptsache durch Ausblasung zu deuten ist, sind von lehmig-sandigen, leicht salzhaltigen Sedimenten erfüllt und werden von ephemeren Gräsern und einem trockenheitsresistenten Wasserfarn (*Marsilea* sp.) bewachsen.

Wesentlich trockenere Standorte dagegen sind an den Aufragungen über der Fläche vertreten, wo auf schuttreichen Skelettböden und in den Spalten des Anstehenden

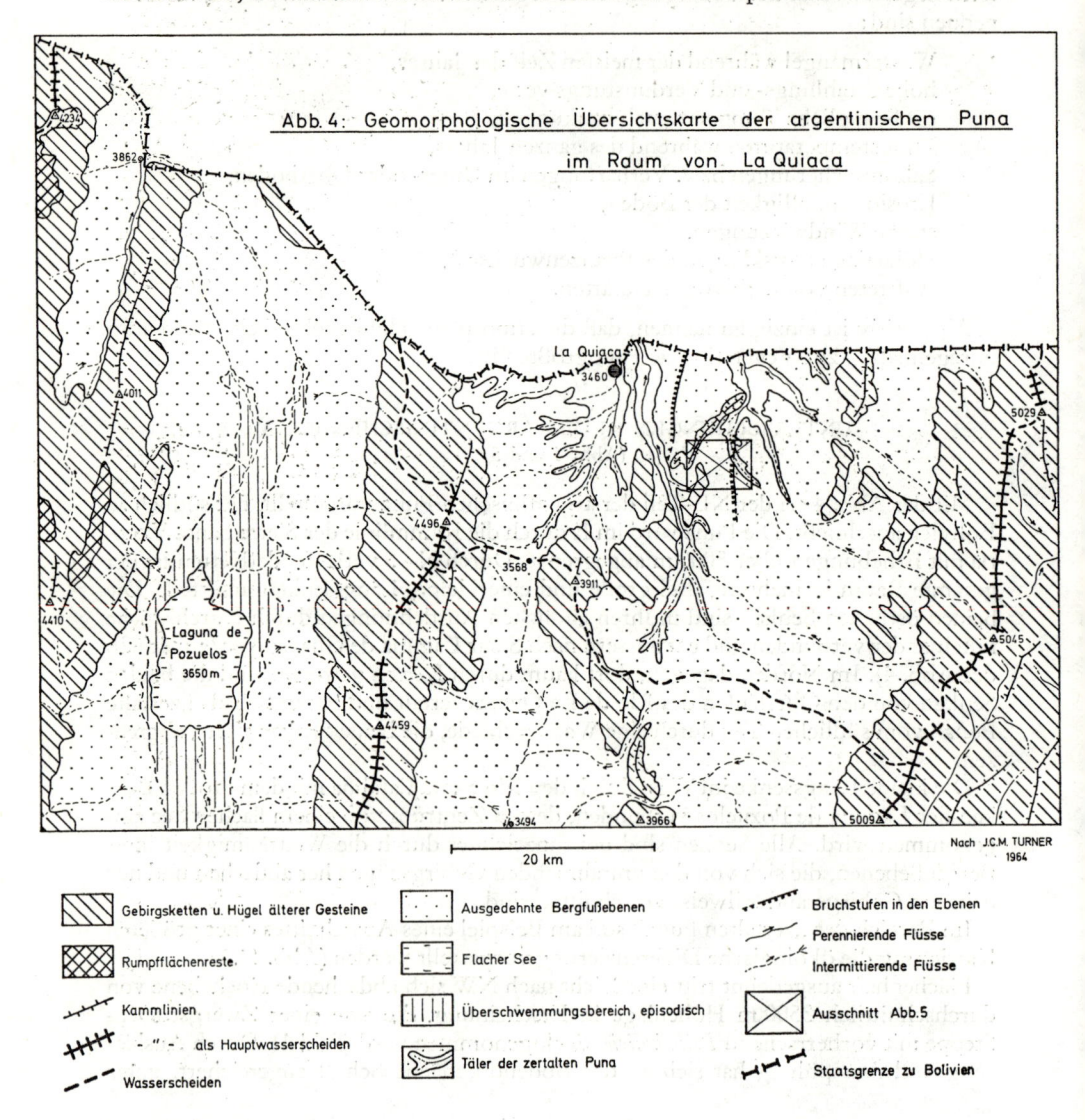

Abb. 4: Geomorphologische Übersichtskarte der argentinischen Puna im Raum von La Quiaca

Nach J.C.M. TURNER 1964

Gebirgsketten u. Hügel älterer Gesteine	Ausgedehnte Bergfußebenen	Bruchstufen in den Ebenen
Rumpfflächenreste	Flacher See	Perennierende Flüsse
Kammlinien	Überschwemmungsbereich, episodisch	Intermittierende Flüsse
- " - als Hauptwasserscheiden	Täler der zertalten Puna	Ausschnitt Abb. 5
Wasserscheiden		Staatsgrenze zu Bolivien

Bild 1 Hochfläche bei Yavi Chico an der Grenze zu Bolivien mit Strauchsteppe *(Psila boliviensis-Gesellschaft)*. Standort entspricht etwa der Aufnahme 2 in Tab. 1. Die Sträucher sind meist *Psila boliviensis*, Anreicherung von kantengerundetem Schutt an der Bodenoberfläche. — WERNER Jan. 1967.

Bild 2 Flache Rinne am SE-Fuß des Cerro Tuzgle in ca. 4500 m Höhe. Sichelförmig angeordnete Horste von *Festuca eriostoma*. Die Rinne ist geprägt durch die Auswurfhaufen und Grabgänge der Kammratte *Ctenomys budini* THOMAS. — WERNER März 1967.

Abb. 5: Ausschnitt aus der zertalten Punahochfläche südlich von Yavi (Prov. Jujuy, NW-Argent.)

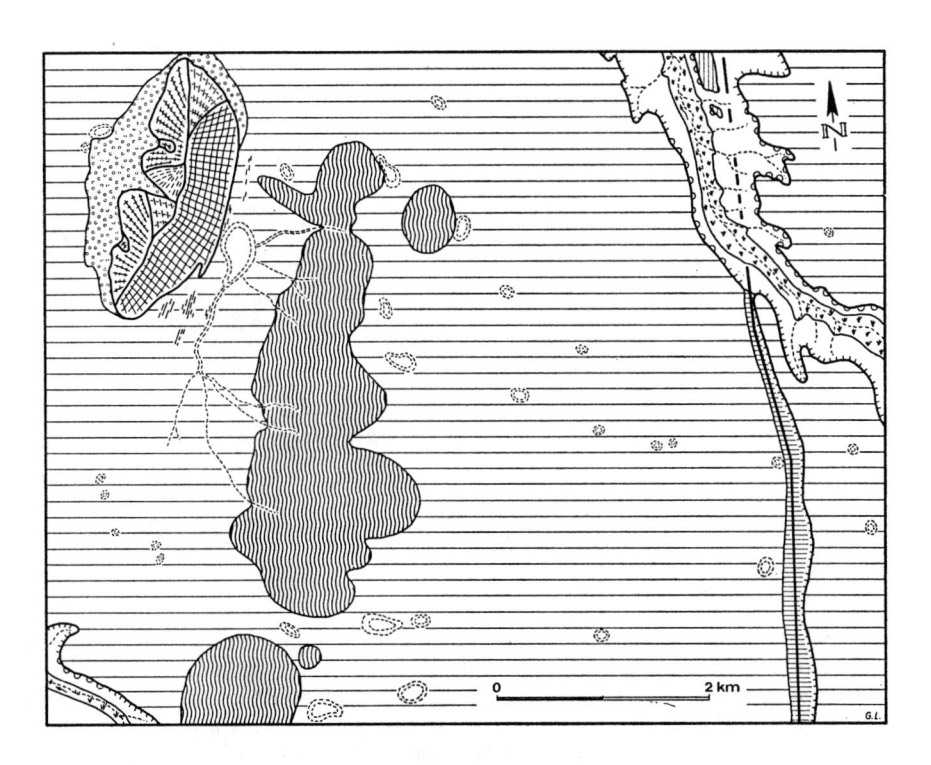

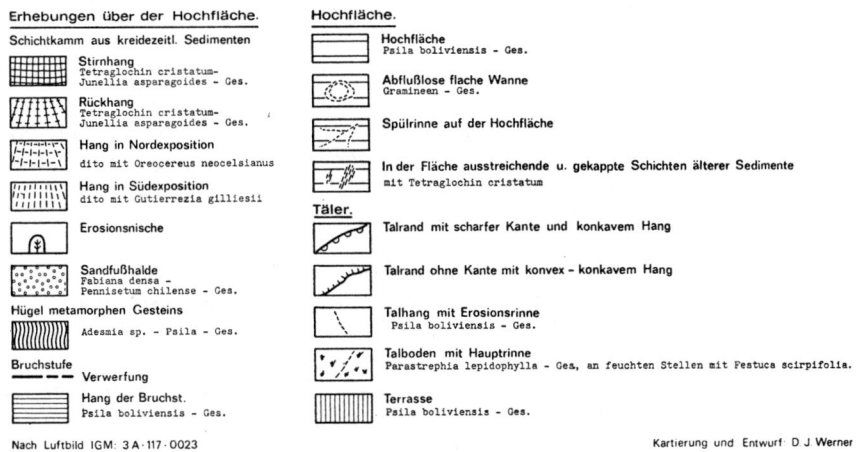

Erhebungen über der Hochfläche.

Schichtkamm aus kreidezeitl. Sedimenten

- Stirnhang
  Tetraglochin cristatum-
  Junellia asparagoides - Ges.
- Rückhang
  Tetraglochin cristatum-
  Junellia asparagoides - Ges.
- Hang in Nordexposition
  dito mit Oreocereus neocelsianus
- Hang in Südexposition
  dito mit Gutierrezia gilliesii
- Erosionsnische
- Sandfußhalde
  Fabiana densa -
  Pennisetum chilense - Ges.

Hügel metamorphen Gesteins
- Adesmia sp. - Psila - Ges.

Bruchstufe
- – – – Verwerfung
- Hang der Bruchst.
  Psila boliviensis - Ges.

Nach Luftbild IGM: 3 A · 117 · 0023

Hochfläche.

- Hochfläche
  Psila boliviensis - Ges.
- Abflußlose flache Wanne
  Gramineen - Ges.
- Spülrinne auf der Hochfläche
- In der Fläche ausstreichende u. gekappte Schichten älterer Sedimente
  mit Tetraglochin cristatum

Täler.

- Talrand mit scharfer Kante und konkavem Hang
- Talrand ohne Kante mit konvex - konkavem Hang
- Talhang mit Erosionsrinne
  Psila boliviensis - Ges.
- Talboden mit Hauptrinne
  Parastrephia lepidophylla - Ges, an feuchten Stellen mit Festuca scirpifolia.
- Terrasse
  Psila boliviensis - Ges.

Kartierung und Entwurf: D. J. Werner

verschiedene Dornstrauchgesellschaften gedeihen. Auf dem aus Kalken aufgebauten Schichtkamm stocken je nach Exposition und damit Feuchtigkeitsgehalt des Bodens unterschiedliche Ausbildungen der *Tetraglochin cristatum-Junellia asparagoides*-Gesellschaft, wobei in Nordexposition in stärkerem Umfange Kakteen beteiligt sind. Der Schichtkamm ist besonders auf seiner Leeseite von Flugsanden umgeben, deren andersgearteter Wasserhaushalt gegenüber der Umgebung eine andere Pflanzengesellschaft begünstigt. Besonders *Fabiana densa* und *Pennisetum chilense* sind hier vorherrschend, zwei Arten, die auch bei stärkerer Sandauflage auf der Fläche in die *Psila*-Gesellschaft eindringen. Die sanft gewölbten Hügel aus metamorphen Schiefern, die nur leicht über die Fläche aufragen, sind von einer der *Psila*-Gesellschaft verwandten Gesellschaft bewachsen, in der aber eine dornige Leguminose (*Adesmia* sp.) überwiegt.

Die Täler im kartierten Ausschnitt sind bis zu 30 m tief eingesenkt und haben eine die meiste Zeit des Jahres trockenliegende Talsohle, die von der *Parastrephia lepidophylla*-Gesellschaft eingenommen wird. Die Charakterart dieser Gesellschaft, eine feuchtigkeitliebende und hier grundwassernahe, aber salzarme Standorte besiedelnde Composite, ist der Tola-Halbstrauch der bolivianischen Puna. An stärker durchfeuchteten Stellen der Talsohle tritt das Gras *Festuca scirpifolia* bestandsbildend auf. Die Hänge der Täler werden von nur gering unterschiedlichen Varianten der *Psila boliviensis*-Gesellschaft eingenommen, die je nach Hangneigung, Exposition und Durchfeuchtungsgrad wechseln.

UNTERSUCHUNGEN IM ZENTRALEN TEIL DER ARGENTINISCHEN PUNA
(Abb. 6 bis 9)

1. Profil Salinas Grandes (Abb. 6)

Das Salar Salinas Grandes bildet zusammen mit der ihm verbundenen Laguna de Guayatayoc das Zentrum des größten endorheischen Einzugsgebietes der argentinischen Puna. Durch eine Reihe von N—S verlaufenden Gebirgsketten ist das gesamte Gebiet in viele kleine und einige große Längssenken aufgeteilt. Alle diese Senken sind in ihrer Entwässerung auf das Salar oder die Laguna als Erosionsbasis eingestellt.

Das Profil liegt am Ostrand der Salinas Grandes (Profil A in Abb. 1) und reicht von einem Höhenzug im E bis ins Salar hinein. Ausgehend von der vegetationslosen Salarfläche lassen sich mit zunehmender Entfernung vom Salar entsprechend den sich ändernden Standortbedingungen sieben Pflanzengesellschaften ausscheiden. Am Salarrand tritt zuerst die *Distichlis humilis-Anthobryum triandrum*-Gesellschaft auf, wobei das an extremeren Salzgehalt angepaßte Gras *Distichlis humilis* am weitesten in das Salar vordringt, eine Tatsache, die schon FRIES (1905) festgestellt hat. Diese Art bestimmt zusammen mit den Flachpolstern von *Anthobryum triandrum* fast ausschließlich die Gesellschaft.

In größerer Entfernung vom Salar, wo der Boden sandiger wird, tritt erst spärlich, dann bestandsbildend *Sporobulus rigens* f. *atacamensis* auf. Auch im Bereich der *Sporobulus rigens*-Gesellschaft ist der Salzgehalt noch beträchtlich. Bereits weniger salzhaltig sind die bis zu 1,5 m hohen Dünenstandorte innerhalb der zuletzt genannten Gesellschaft, wo besonders der Strauch *Chuquiraga atacamensis* zur vorherigen Art hinzutritt. Den eigentlichen Rand der Salarfläche nimmt in einem mehr oder weniger schmalen Streifen eine *Parastrephia*-Gesellschaft ein.

Auf der nach außen folgenden, leicht ansteigenden Fußfläche, einem salzfreien Standort, gedeiht die schon bekannte *Psila boliviensis*-Gesellschaft. Ebenso wie schon

Abb.6: **Profil Salinas Grandes**

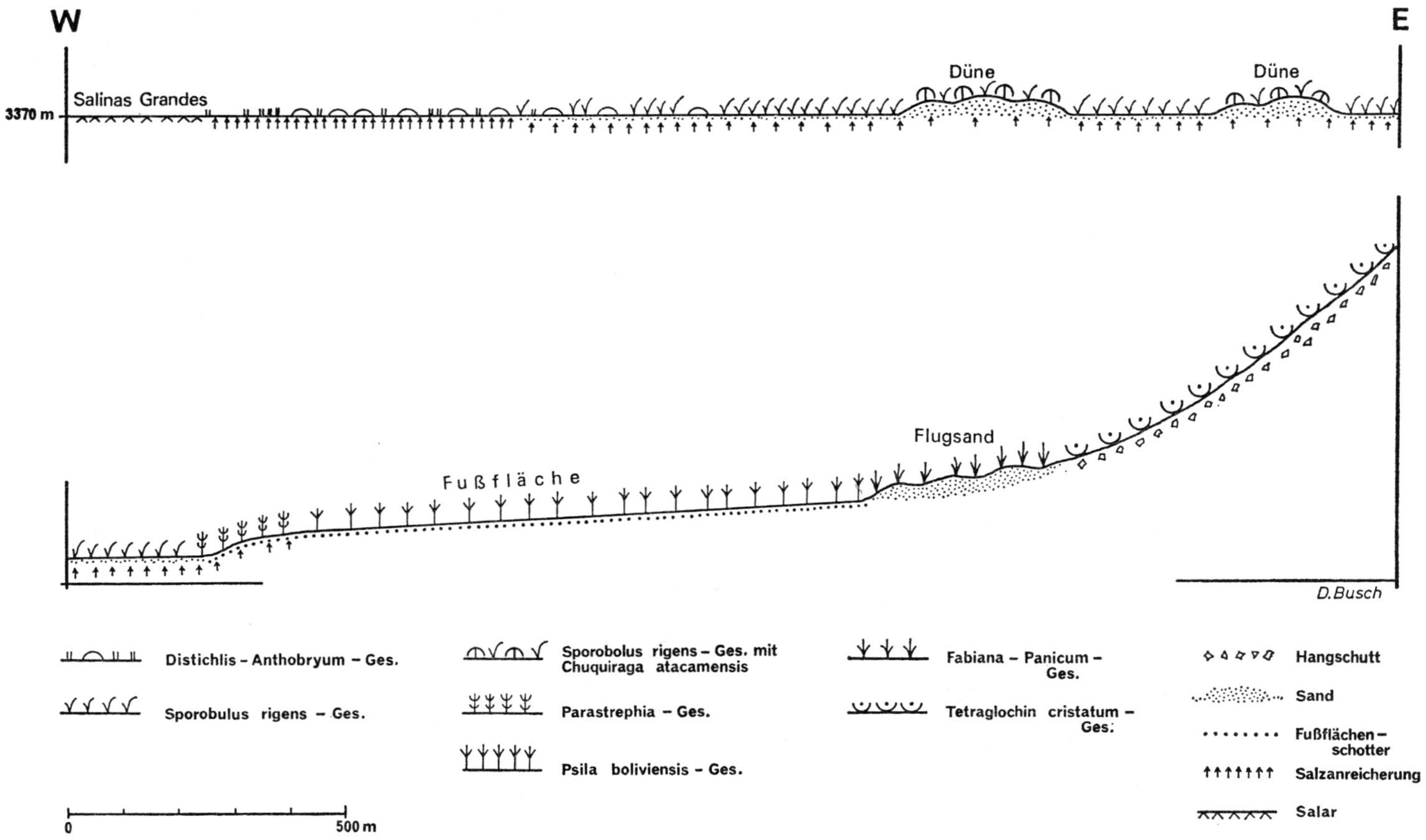

W — Salinas Grandes — 3370 m — Düne — Düne — E

Fußfläche — Flugsand — D.Busch

0 — 500 m

Distichlis – Anthobryum – Ges.	Fabiana – Panicum – Ges.
Sporobulus rigens – Ges.	Tetraglochin cristatum – Ges.
Sporobolus rigens – Ges. mit Chuquiraga atacamensis	Hangschutt
Parastrephia – Ges.	Sand
Psila boliviensis – Ges.	Fußflächen-schotter
	Salzanreicherung
	Salar

Abb. 7: Geomorphologische Übersichtskarte der argentinischen Puna (zentraler Teil)

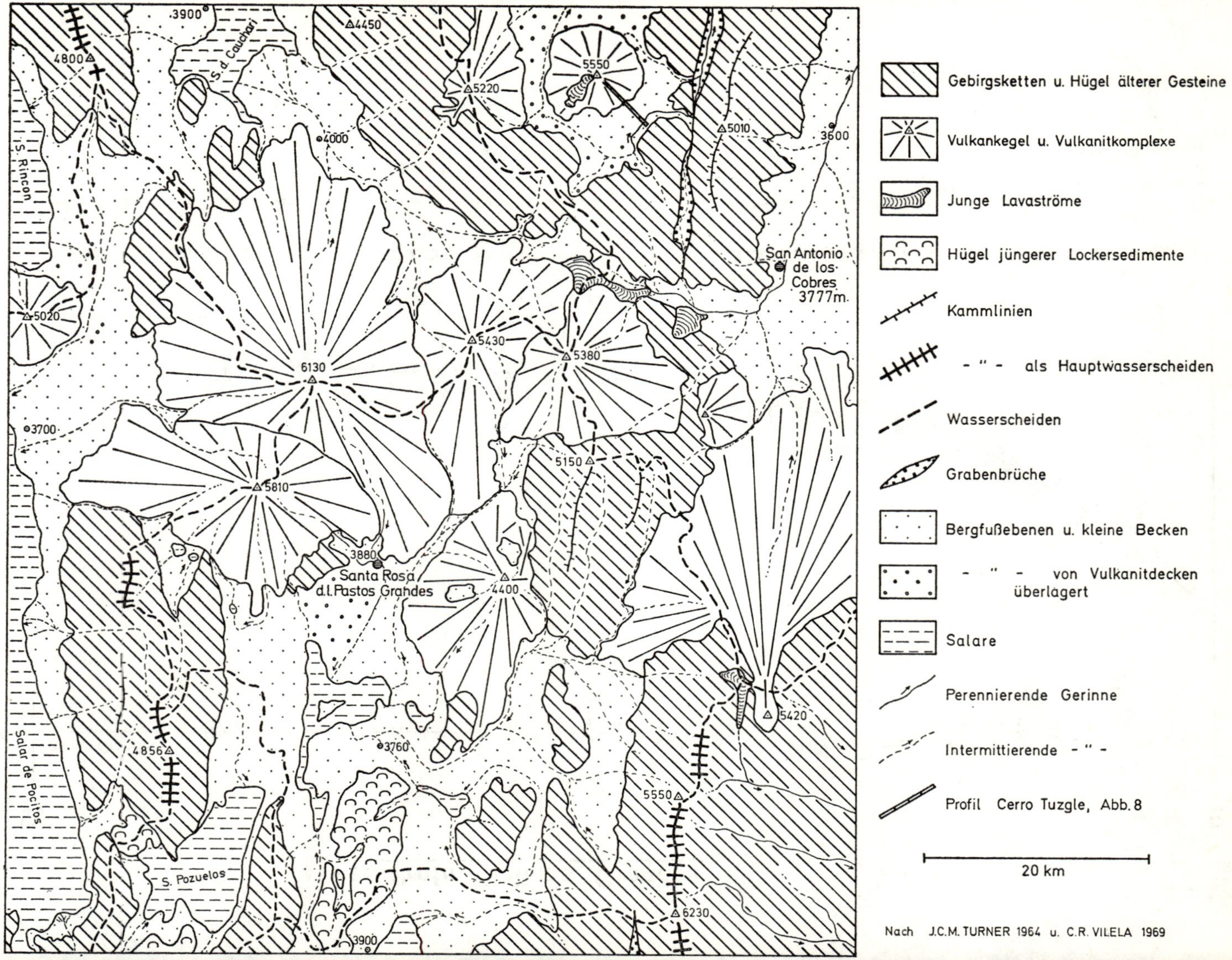

3900
4450
4800
S. d. Cauchari
5220
5550
5010
3600
4000
S. Rincon
San Antonio de los Cobres 3777 m.
5020
5430
5380
6130
3700
5150
5810
3880
Santa Rosa d. l. Pastos Grandes
4400
5420
3760
4856
Salar de Pocitos
5550
S. Pozuelos
6230
3900
Gebirgsketten u. Hügel älterer Gesteine
Vulkankegel u. Vulkanitkomplexe
Junge Lavaströme
Hügel jüngerer Lockersedimente
Kammlinien
- " - als Hauptwasserscheiden
Wasserscheiden
Grabenbrüche
Bergfußebenen u. kleine Becken
- " - von Vulkanitdecken überlagert
Salare
Perennierende Gerinne
Intermittierende - " -
Profil Cerro Tuzgle, Abb. 8
20 km
Nach J.C.M. TURNER 1964 u. C.R. VILELA 1969

im Bereich der „zertalten Puna" treten auf Flugsandanhäufungen *Fabiana densa* und *Pennisetum chilense* auf, denen sich noch *Panicum chloroleucum* bestandsbildend hinzugesellt. Die steinigen Hänge des anschließenden Höhenzuges sind von einer Dornstrauchgesellschaft eingenommen, in der *Tetraglochin cristatum* überwiegt.

2. Profil Cerro Tuzgle (Abb. 7 und 8)

Der Cerro Tuzgle liegt im zentralen Teil der argentinischen Puna, wo, wie schon eingangs erwähnt, durch eingeschaltete Vulkane oder Vulkankomplexe die Kammerung wesentlich enger ist (Abb. 7). Die Längserstreckung der einzelnen Senken ist dadurch in diesem Gebiet nicht so eindeutig ausgeprägt, läßt sich aber in ihren Grundzügen noch erkennen. Durch die Wasserscheiden, die teils den Kammlinien folgen, teils die Hänge von Vulkanen herabziehen oder einzelne Senkenzonen queren, sind die verschiedenen Einzugsgebiete voneinander abgegrenzt. In der SE-Ecke der Übersichtskarte (Abb. 7) wird der östliche Punarand mit den Zuflüssen zum Rio Calchaqui erfaßt. Das Terrain des Einzugsgebietes im NE entwässert zu den Salinas Grandes außerhalb des Kartenschnittes. Bei den übrigen sechs Einzugsgebieten sind die Salare als Erosionsbasen jeweils wenigstens am Rande der Übersichtskarte angeschnitten. Zwei Salare, S. de los Pastos Grandes und S. Pozuelos, liegen ganz im Übersichtsausschnitt.

Der Cerro Tuzgle, im NE der Abb. 7 gelegen, ist ein isolierter, 5550 m hoher Vulkankegel im südlichsten Teil einer sich weiter nach N erstreckenden Längssenke. Das in Abb. 8 wiedergegebene Landschaftsprofil umfaßt den Gipfel des Vulkans, seinen südöstlichen Abhang, die daran anschließende Fußebene und die in diese eingetieften Täler. Während in den bisherigen Beispielen die Zwergstrauch-Steppen der Vegetationsprovinz „Puna" dominiert haben, gehört das Gebiet des Cero Tuzgle wegen seiner Höhenlage in die Provinz „Altoandina", wo Horstgras-Steppen (Gramineenpuna nach HUECK 1950/51) vorherrschen.

Im Gebiet des Cerro Tuzgle lassen sich sechs Gesellschaften, in denen Samenpflanzen überwiegen, ausscheiden. Die Flechten-Gesellschaften der oberen Tuzgle-Abhänge und der sonstigen Felsstandorte sind nicht untersucht worden. Die flächenmäßig dominierende Gesellschaft des Gebietes ist die *Festuca eriostoma*-Gesellschaft, die die sandigen, trockenen Fußebenen und die flacheren, weniger schuttreichen Hänge dieser Höhenstufe besiedelt (Bild 2). Die namengebende Art der Gesellschaft, ein harthalmiges Horstgras, wächst in girlanden-, halbmond- oder ringförmiger Anordnung. Zur Klärung der Genese dieser Formen sind noch eingehende Untersuchungen nötig. Eine Vielzahl der an dieser Gesellschaft beteiligten Arten (Tabelle 2) gedeiht im Schutze der Horste. Neben der reinen Ausbildung dieser Gesellschaft treten besonders drei weitere Ausbildungen hervor, von denen zwei sowohl an Individuen wie an Arten verarmte Varianten darstellen. Die Verarmung findet sich einmal an Standorten, an denen durch Kolonien der Kammratte *Ctenomys budini* der Boden durch Grabgänge förmlich unterminiert ist (Bild 2, Vordergrund), zum anderen dort, wo der Dacit des Untergrundes nur von einem dünnen Sandschleier überdeckt ist. An den nördlich exponierten Hängen der in die Fußebene eingesenkten, trockenen Muldentäler gedeiht die Ausbildung mit dem Zwergstrauch *Parastrephia quadrangularis*. Die trockenen Schutthänge am Fuß von Felsburgen und die stärker verwitterten Granithügel in der Fußebene werden von der *Mulinum axilliflorum*-Gesellschaft eingenommen, in der neben den Horstgräsern in starkem Maße Zwergsträucher auftreten und auch untergeordnet die Hartpolster von *Azorella compacta* („Llareta") zu finden sind.

Abb. 8: Profil Cerro Tuzgle

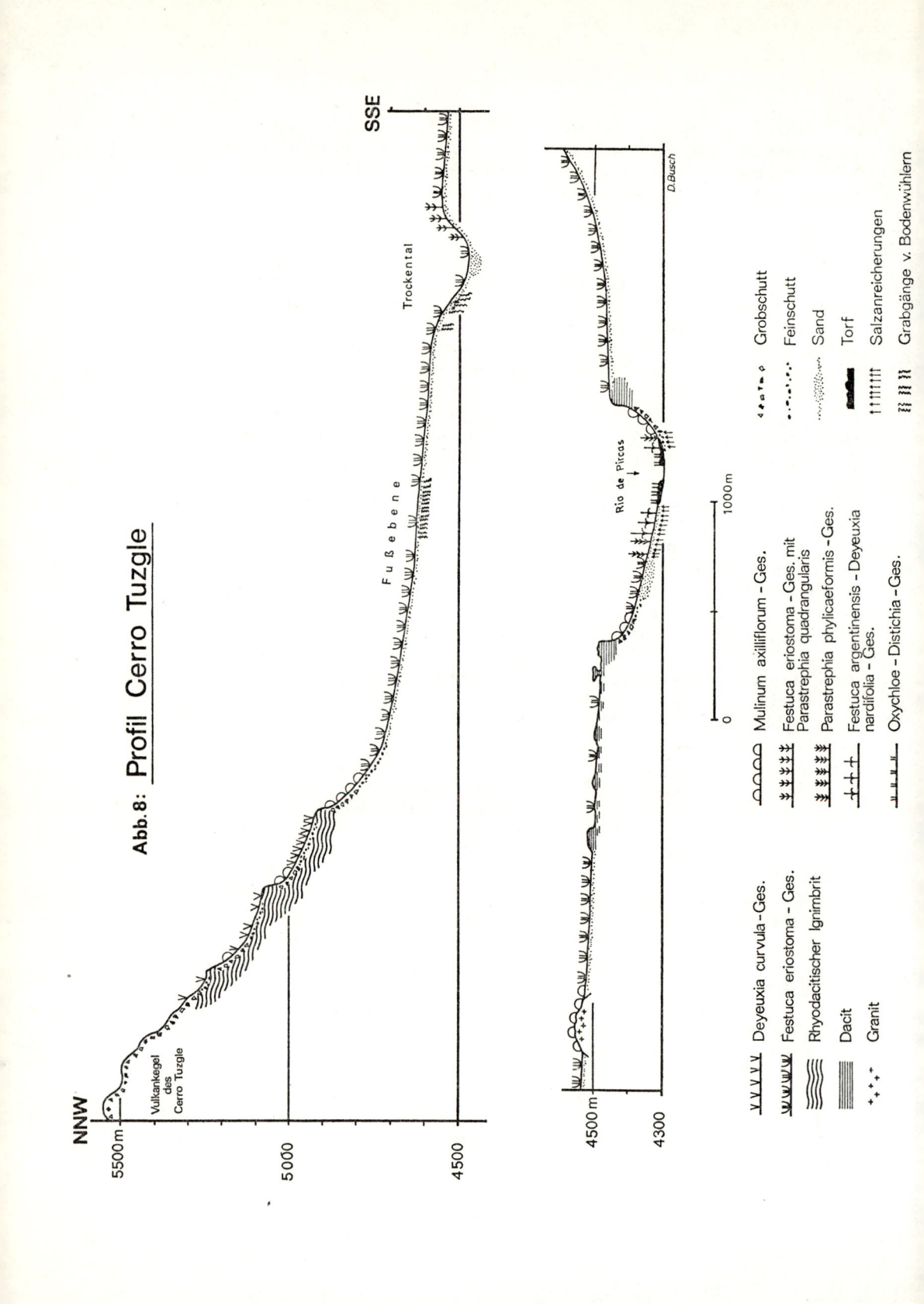

Abb.9: Profil Salar de Cauchari

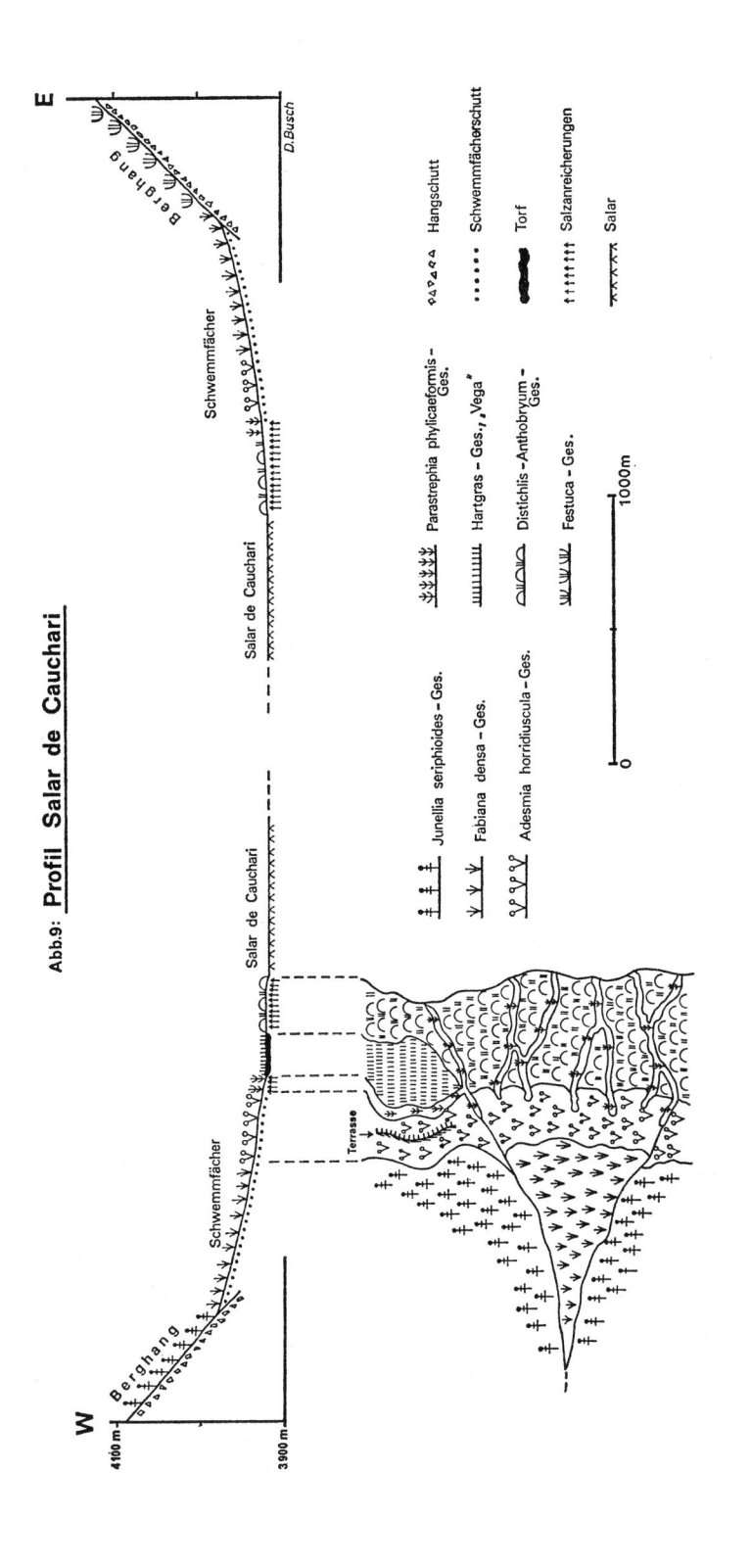

Tabelle 1: *Psila boliviensis — Gesellschaft in der Vegetationsprovinz „Puna"*

Ort			Yavi	Chico	Huacalera			S. Antonio d.l.C.		
Aufnahme Nr.			2	14	78	100	101	70	71	73
Höhe in m			3500	3350	3900	3700	3500	4080	4050	3950
Exposition			—	SSW	W	E	E	NNE	E	E
Neigung in °			±0	8	5	10	5	20	12	5
Vegetationsbedeckung %			30	25	35	20	20	25	20	15
Artenzahl			19	22	30	27	9	30	24	23
Strauchschicht										
Psila boliviensis (Wedd.) Cabr.	Compositae	N	3.2	3.2	2.1	2.2	2.2	.	.	.
Psila boliviensis var. latifolia (R. E. Fries) Cabr.	Compositae	N	.	.	.	.	.	.	.	.
Fabiana densa Remy	Solanaceae	N	+.1	r	+.1	+.1	.	2.2	2.2	2.2
Baccharis incarum var. lejía (Phil.) Cabr.	Compositae	N	.	.	r	.	.	+.1	+.1	+.1
Tetraglochin cristatum (Britt.) Rothm.	Rosaceae	N	.	.	1.1	1.1	+.1	.	.	.
Gutierrezia gilliesii Griseb.	Compositae	Ch	.	.	1.1	.	.	.	.	.
Senecio punensis Cabr.	Compositae	N	.	.	+.1	.	.	+.1	.	.
Prosopis ferox Griseb.	Leguminosae	M	r	r	.	.	.	.	.	.
Junellia asparagoides (Gill. et Hook.) Mold.	Verbenaceae	N	.	.	1.1	.	+.1	.	.	.
Adesmia sp.	Leguminosae	N	.	.	.	+.1	r	.	.	.
Oreocereus trollii (Kupper.) Backbg.	Cactaceae	S	.	.	.	+.2	.	.	.	.
Adesmia aff. horridiuscula A. Burk.	Leguminosae	N	.	.	.	.	.	+.1	+.1	1.1
Junellia sp.	Verbenaceae	N	.	.	.	1.1	.	1.1	1.1	+.1
Chersodoma argentina Cabr.	Compositae	N	.	.	.	.	.	r	r	r
Mutisia hamata Reiche	Compositae	Ch	.	.	.	.	.	+.1	r	+.1
Ephedra sp.	Ephedraceae	N	.	.	.	.	.	1.2	1.1	r

Gras-Kraut-Polster-Schicht

Art	Familie	LF	1	2	3	4	5	6	7	8
Portulaca rotundifolia R. E. Fries	Portulacaceae	H	1.1	+.1	.	+.1	.	.	+.1	r
Portulaca perennis R. E. Fries	Portulacaceae	H	2.1	r	+.1	r	.	.	r	r
Evolvulus sericeus Sw. var. holosericeus (HBK.) v. Ooststr.	Convolvulaceae	H	+.1	r	.	+.1	.	.	r	r
Hoffmansegia gracilis (R. et P.) Hock. et Arn.	Leguminosae	G	r	.	.	+.1	.	.	.	r
Euphorbia minuta Phil.	Euphorbiaceae	Th	.	r	.	+.1	.	.	r	+.1
Alternanthera microphylla R. E. Fries	Amaranthaceae	H	r	r	+.1	1.1	.	.	.	r
Hypsocharis tridentata Griseb.	Oxalidaceae	H	+.1	.	.	1.1	.	.	.	.
Dichondra argentea H. et B.	Convolvulaceae	H	1.1	.	.	1.1	.	.	.	.
Tephrocactus nigrispinus (K. Schum.) Backeberg	Cactaceae	S	r	r	.	.	r	.	1.2	+.2
Stipa leptostachya Griseb.	Gramineae	H	.	.	1.1	1.1	.	+.1	+.1	.
Cardionema ramosissima (Weinm.) Nels. et Macbr.	Caryophyllaceae	H	.	.	+.1	.	.	+.1	.	.
Tarasa tarapacana (Phil.) Krap.	Malvaceae	Th	.	.	1.1	.	.	r	.	r
Tephrocactus atacamensis (Phil.) Backeberg	Cactaceae	S	.	.	.	+.2	r	+.3	1.3	+.2
Bouteloua simplex Lag.	Gramineae	Th	.	.	.	1.1	.	+.1	+.1	+.1
Brayulinea gracilis (R. E. Fries) Schinz	Amaranthaceae	H	.	.	.	r	.	r	r	r
Poa calchaquiensis Hackel	Gramineae	H	.	.	.	1.1	.	1.1	+.1	.
Parapholis incurva (L.) Hubbard	Gramineae	H	.	.	.	1.1	.	.	.	+.1
Mediolobivia pygmaea (R. E. Fries) Backeberg	Cactaceae	S	.	.	.	.	.	.	.	.
Munroa andina Phil.	Gramineae	Th	.	.	.	.	r	r	.	.
Eustephiopsis speciosa R. E. Fries	Amaryllidaceae	G	.	.	.	.	.	r	r	+.1
Munroa decumbens Phil.	Gramineae	Th	.	.	.	.	.	1.1	1.1	+.1
Poa parviceps Hackel	Gramineae	H	.	.	.	.	.	+.1	+.1	.
Stipa plumosa Trin.	Gramineae	Ch	.	.	.	.	.	+.1	+.1	.
Stipa rupestris Phil.	Gramineae	H	.	.	.	.	.	.	r	.

Ferner weitere Arten in jeweils nur einer Aufnahme. Auswahl von acht Aufnahmen bei ingesamt 27 Aufnahmen der Psila boliviensis — Ges. Aufnahmen: D. J. Werner, Januar und März 1967.

Tabelle 2: *Festuca eriostoma* — Gesellschaft in der Vegetationsprovinz „Altoandina"

Ort			Cerro Tuzgle (Prov. Jujuy), südl. Fußebene								
Aufnahme Nr.			45	46	47	54	63	65	52	57	58	64
Höhe in m			4450	4450	4450	4450	4550	4400	4600	4450	4550	4400
Exposition			SE	N	N	E	E	SE	SSE	SE	E	SE
Neigung in °			5	10	5	5	5	±0	20	5	15	5
Vegetationsbedeckung %			25	25	25	20	15	15	30	25	25	20
Artenzahl			12	9	13	8	6	6	4	8	16	9
Strauchschicht												
Parastrephia quadrangularis (Meyen) Cabr.	Compositae	Ch	r	.	1.1	.	.	.	.	.	.	1.1
Mulinum aff. axilliflorum Gris.	Umbelliferae	N	.	.	.	r	.	r	.	.	1.1	.
Baccharis incarum Wedd.	Compositae	Ch	.	.	.	.	.	r	.	.	+.1	.
Gras-Kraut-Polster-Schicht												
Deyeuxia orbignyana Wedd.	Gramineae	H	.	.	.	.	.	.	1.3	1.3	+.2	1.2
Festuca eriostoma Hackel	Gramineae	H	2.3	2.3	2.3	r	1.2	2.3	2.3	2.3	2.2	1.2
Deyeuxia curta Wedd.	Gramineae	H	2.2	2.2	1.2	2.3	2.2	1.2	2.3	2.3	2.2	2.2
Anthobryum triandrum (Remy) Surgis	Frankeniaceae	Ch	.	+.1	.	2.2	+.2	1.3	.	2.3	1.3	1.2
Senecio xerophilus Phil.	Compositae	Ch	+.1	+.1	+.1	+.1	.	.	.	r	.	.
Adesmia patancana Ulbrich	Leguminosae	Ch	+.1	+.1	1.2	+.1	.	.	.	1.2	.	.
Pycnophyllum molle Remy	Caryophyllaceae	Ch	2.2	+.1	1.2	.	.	+.2	.	.	.	.
Chaetanthera sp.	Compositae	H	.	.	.	1.1	1.1	.	.	+.1	.	.
Tephrocactus glomeratus (Haw.) Backeberg	Cactaceae	S	r	r	r	.	.	.	.	.	r	.

Landschaftsökologische Untersuchungen in der argentinischen Puna   523

Art	Familie	LF	1	2	3	4	5	6	7	8	9	10
Werneria aretioides Wedd.	Compositae	Ch	.	.	.	+.2	.	.	.	.	.	.
Stipa sp.	Gramineae	H	.	.	.	.	.	.	1.2	.	+.2	r
Chaetanthera stübelii var. argentina Cabr.	Compositae	H	.	+.1	.	.	.	.	.	.	.	.
Senecio adenophyllus Mey. et Walp.	Compositae	Ch	r	.	.	.	.	+.3	.	.	.	r
Tephrocactus nigrispinus (K. Schum.) Backeberg	Cactaceae	S	r	.	r	.	.	.	.	.	.	.
Belloa virescens (Wedd.) Cabr.	Compositae	H	.	+.2	.	.	.	.	.	.	.	.
Melandryum sp.	Caryophyllaceae	H	.	.	.	.	.	.	.	+.1	.	.
Verbena sp.	Verbenaceae	Ch	.	.	1.2	.	.	.	.	.	.	.
Perezia ciliosa (Phil.) Reiche	Compositae	G	.	+.2	.	.	.	.	.	.	.	.
Poa calchaquiensis Hackel	Gramineae	H	+.1	.	.	.	.	.	.	.	.	.
Nototriche castillonii Burtt. et Hill.	Malvaceae	H	.	+.1	.	.	.	.	.	.	.	.
Stipa rupestris Phil.	Gramineae	H	.	.	.	.	.	.	.	.	.	+.1
Poa parviceps Hackel	Gramineae	H	.	.	.	.	.	.	.	.	.	+.1

Ferner sind noch jeweils nur in einer Aufnahme eine Reihe von Arten äußerst spärlich vertreten. Die zehn vorliegenden Aufnahmen stellen eine Auswahl von 26 Aufnahmen der Festuca eriostoma — Gesellschaft aus dem Bereich des Cerro Tuzgle dar.

Alle Aufnahmen wurden von D. J. WERNER zwischen dem 2. und 8. März 1967 gemacht.

Besonders begünstigte Standorte sind die dauernd wasserführenden Täler und die isoliert liegenden Grundwasseraustritte in vielen Tälern. Solche Standorte werden in der argentinischen Puna als „vegas" bezeichnet. So läßt sich z. B. beiderseits des Rio de Pircas die streifenartige Vegetationszonierung solch einer „vega" feststellen (Tabelle 4). Die innerste Zone am Wasser wird von der *Oxychloe andina-Distichia muscoides*-Gesellschaft eingenommen (Veg.-Aufn. 43a). Beide Arten bilden wasserdurchtränkte Hartpolster über einem bis zu 1 m mächtigen Wurzeltorf. Diesen hochandinen Moortyp rechnet STRAKA (1960) zu den soligenen Mooren. Nach außen schließt die *Festuca argentinensis-Deyeuxia nardifolia*-Gesellschaft (Veg.-Aufn. 43b und 44a) mit weichhalmigen Horstgräsern auf einer Varietät des Sodasolontschaks an. Es folgt dann die *Parastrephia phylicaeformis*-Gesellschaft (Veg.-Aufn. 44b), eine Halbstrauchgesellschaft auf einem Kryptosolontschak. In den Aufnahmen 44a und 44b treten auch die beiden Arten *Distichlis humilis* und *Anthobryum triandrum* stärker in den Vordergrund, ohne daß sie jedoch im Gegensatz zum Salar Salinas Grandes und Salar de Cauchari allein bestandsbildend sind.

Den ausklingenden Pflanzenwuchs oberhalb 4800 m Höhe an den Abhängen des Cerro Tuzgle soll die Tabelle 3 veranschaulichen. Eine Horstgrasgesellschaft mit *Deyeuxia curvula* löst hier auf skelettreichen Regosolen die *Festuca eriostoma*-Gesellschaft ab. Oberhalb 5300 m Höhe sind nur noch ganz vereinzelt höhere Pflanzen anzutreffen. Flechten beherrschen dann allein diese Höhenlagen.

3. Profil Salar de Cauchari (Abb. 9)

Das Salar de Cauchari ist dem nördlich anschließenden Salar de Olaroz verbunden. Beide nehmen den südlichen Teil einer schmalen, aber über 100 km langen Senke ein, die beiderseits von fast geradlinig durchlaufenden Gebirgsketten begrenzt wird. Das Südende des Salars de Cauchari reicht noch in die Übersichtskarte, Abb. 7, hinein. Das Profil liegt ca. 10 km nördlich des Blattrandes dieser Abbildung.

Der Rand des Salars de Cauchari wird durchweg von der *Distichlis humilis-Anthobryum triandrum*-Gesellschaft in einem unterschiedlich breiten Streifen eingenommen. An der dem Salar abgewandten Seite und in Rinnen innerhalb der genannten Gesellschaft tritt die *Parastrephia phylicaeformis*-Gesellschaft auf. Beide Gesellschaften fußen wie schon in den vorherigen Beispielen auf salzhaltigen Substraten, wobei jedoch die letztere Gesellschaft den weniger salzreichen Boden bevorzugt. An feuchten Stellen am Salarrand treten inselhaft „vegas" auf, die vorwiegend von Juncaceen und Cyperaceen bewachsen sind.

Die unteren Teile der in das Salar vorspringenden größeren und kleineren Schwemmfächer werden von einer Dornstrauchgesellschaft mit *Adesmia horridiuscula* besiedelt. Die oberen Teile der Fächer bevorzugt dagegen die *Fabiana densa*-Gesellschaft. *Fabiana densa*, ein Zwergstrauch, tritt im arideren Westen der argentinischen Puna teilweise an die Stelle von *Psila boliviensis*, die hier nicht mehr vorkommt. Die Berghänge beiderseits des Salars sind von unterschiedlichen Gesellschaften bewachsen. An den ostexponierten Hängen der W-Seite des Salars findet man eine Dornstrauchgesellschaft, in der *Junellia seriphioides* dominiert. Die westexponierten Hänge der E-Seite dagegen empfangen anscheinend etwas mehr Feuchtigkeit, die vom Pazifik hierhergelangt, und begünstigen eine *Festuca*-Horstgrasgesellschaft, die wohl hauptsächlich von *Festuca eriostoma* aufgebaut ist. In dieser Zone läßt sich also in ca. 4000 m Höhe das Ineinandergreifen der beiden Vegetationsprovinzen „Puna" und „Altoandina" anschaulich beobachten.

Tab. 3: *Vegetationsaufnahmen am oberen Cerro Tuzgle mit ausklingendem Pflanzenwuchs.*

Alle Standorte sind Schutthänge in SE-Exposition mit Neigungen zwischen 15° und 25°.

Aufnahme Nr.			50a	50b	50c	50d
Höhenlage in m			4800	4900	5100	5300
Vegetationsbedeckung in %			15–20	10		
Artenzahl			15	6	6	1
Art	Familie	LF				
Festuca eriostoma Hackel	Gram.	H	2.2	1.3	.	.
Stipa nardoides (Phil.) Hack. ex Hitchcock	Gram	H	+.1	r	.	.
Deyeuxia curvula Wedd.	Gram.	H	1.2	1.2	r	.
Phacelia sp.	Hydrophyl.	H	+.1	r	r	.
Perezia atacamensis (Phil.) Reiche	Comp.	G	r	r	r	.
Werneria poposa Phil.	Comp.	Ch	+.1	.	r	r
Senecio spegazzinii Cabr.	Comp.	Ch	r	.	r	.
Leuceria pteropogon (Griseb.) Cabr.	Comp.	G	r	.	r	.
Mulinum axilliflorum Griseb.	Umbellif.	Ch	r	+.1	.	.
Deyeuxia orbignyana Wedd.	Gram.	H	1.2	.	.	.
Belloa schultzii (Wedd.) Cabr.	Comp.	H	+.1	.	.	.
Azorella compacta Phil.	Umbellif.	Ch	r	.	.	.
Pycnophyllum molle Remy	Caryophyl.	Ch	+.3	.	.	.
Valeriana nivalis Wedd.	Valerian.	H	+.1	.	.	.
Anthobryum triandrum (Remy) Surgis	Franken.	Ch	+.3	.	.	.

Aus dem Vergleich der Verbreitung einzelner Pflanzenarten und der durch sie aufgebauten Gesellschaften lassen sich für die argentinische Puna eine Reihe von ökologisch wichtigen Aussagen machen, von denen an dieser Stelle nur einige herausragende wiedergegeben werden können:

1. Wie schon aus anderen Trockengebieten bereits bekannt ist, ruft in erster Linie der Wasserhaushalt die ökologische Differenzierung hervor. Substratunterschiede, Reliefeigenschaften, strahlungs- und windbeeinflußte Expositionsunterschiede ändern jeweils in unterschiedlichem Maße den Bodenwasserhaushalt und die von diesem abhängigen Erscheinungen wie Salz- und Kalkanreicherungen. Der Bodenwasserhaushalt ist auch für die Anordnung der Pflanzengesellschaften in der argentinischen Puna ein entscheidender Faktor.

2. *Parastrephia lepidophylla* und *P. phylicaeformis*, die eigentlichen Tola-Sträucher der Anden, besiedeln in Südperu und Bolivien weitflächig die feuchteren Hochebenen. In der trockeneren Puna Argentiniens und Nordchiles dagegen scheinen diese beiden Arten nur noch an die grundwassernahen, aber relativ salzarmen Standorte (Trockentalsohlen, Salar- und Flußränder) gebunden zu sein.

3. Der Zwergstrauch *Psila boliviensis* bildet auf den Hochebenen der Vegetationsprovinz „Puna" im südlichen Bolivien und im nördlichsten Argentinien die allein dominierende Art der Strauchsteppen. Mit zunehmender Aridität nach SW tritt *Fabiana densa* stärker bestandsbildend hinzu (Tabelle 1). Bei San Antonio de los Cobres kommen beide Arten in etwa gleicher Artmächtigkeit nebeneinander vor.

Tabelle 4: *Vegetationszonierung (von innen nach außen) einer Vega am Fuße des Cerro Tuzgle in 4396 m Höhe.*

Aufnahme Nr.		43a	43b	44a	44b
Vegetationsbedeckung		100%	95%	80%	50%
Oxychloe andina Phil. (Juncaceae)	H	3.3	.	.	.
Distichia muscoides Nees et Mey. (Juncaceae)	H	2.3	.	.	.
Deyeuxia eminens Presl. (Gramineae)	H	3.2	.	.	.
Festuca scirpifolia Kunth (Gramineae)	H	1.2	.	.	.
Triglochin maritima L. var. altoandina Cabr. (Scheuchzeriaceae)	H	1.1	.	.	.
Werneria heteroloba Wedd. f. microcephala Rockh. (Compositae)	G	1.1	.	.	.
Lilaeopsis andina Hill. (Umbelliferae)	G	+.1	.	.	.
Poa chamaeclinos Pilger (Gramineae)	H	+.1	.	.	.
Ranunculus exilis Phil. (Ranunculaceae)	H	r	.	.	.
Carex incurva Lightf. var. misera (Phil.) Kükenth. (Cyperaceae)	G	3.3	1.1	.	.
Werneria pygmaea Gill. (Compositae)	G	2.1	2.2	.	.
Plantago tubulosa Decne. (Plantagin.)	H	2.2	+.1	.	.
Gentiana prostrata Haenke (Gentianaceae)	Th	2.1	1.1	.	.
Hypsela oligophylla (Wedd.) Benth. et Hook. (Campanulaceae)	G	2.1	r	.	.
Calandrinia occulta Phil. (Portulacac.)	G	+.1	2.1	.	.
Festuca argentinensis (St. Yves) Türpe (Gramineae)	H	1.1	3.2	3.2	r
Deyeuxia nardifolia (Gris.) Phil. (Gramineae)	H	+.1	1.2	3.2	2.3
Werneria incisa Phil. (Compositae)	Ch	+.3	+.3	2.3	+.2
Deyeuxia nardifolia (Gris.) Phil. var. elatior Türpe (Gramineae)	H	.	.	+.1	.
Distichlis humilis Phil. (Gramineae)	G	.	.	3.3	2.2
Anthobryum triandrum (Remy) Surgis. (Frankeniaceae)	Ch	.	.	+.3	1.3
Parastrephia phylicaeformis (Meyen) Cabr. (Compositae)	N	.	.	r	2.2
Festuca eriostoma Hackel (Gramineae)	H	.	.	.	1.2

Weiter im Süden und Westen, in den trockeneren Zonen der Puna überwiegt dann *Fabiana densa*, bis sie allein bestandsbildend ist. Nach CABRERA (1957) soll *Psila boliviensis* bei Antofagasta de la Sierra allerdings noch inselhaft ein größeres Areal einnehmen.

4. Manche Arten vermögen sich an unterschiedlichste Standorte anzupassen. Dies soll *Anthobryum triandrum*, eine flachpolsterbildende Frankeniaceae verdeutlichen. Diese Art bildet zwei Ökotypen aus, einen davon auf den trockenen, aber salzfreien Flächen und Hängen der Provinz „Altoandina" (Tabelle 2) und den zweiten auf stark salzhaltigem Substrat mit oberflächennahem Grundwasser an Rändern von Salaren und Flüssen. Früher sind beide Ökotypen als unterschiedliche Arten angesehen worden.

5. Die *Sporobulus rigens*-Gesellschaft des Salars Salinas Grandes ist vom Verfasser bereits aus dem Campo Arenal, einem 1000 m tiefer liegenden Becken am SE-Rand der Puna auf ähnlichem Standort beschrieben worden (WERNER 1972). In beiden

Fällen treten als Sträucher jeweils unterschiedliche *Atriplex-* und *Chuquiraga*-Arten in der Gesellschaft auf. Im Campo Arenal kommt auch eine *Junellia seriphioides*-Gesellschaft, allerdings in anderer Ausbildung als im Bereich des Salars de Cauchari, vor. Diese Beispiele der in unterschiedlichen Höhenlagen bestandsbildend vorkommenden Arten *Sporobulus rigens* und *Junellia seriphioides* zeigen an, daß es sich trotzdem um ökologisch sehr nah verwandte Standorte handeln muß.

Zusammenfassung

Am Beispiel kleinräumiger Ausschnitte sind die Grundzüge der ökologischen Differenzierung der argentinischen Puna vorgestellt worden. Unterschiedliche Pflanzengesellschaften, von denen an dieser Stelle nur einige durch pflanzensoziologische Aufnahmelisten (Tabellen 1 bis 4) belegt werden können, kennzeichnen die verschiedenen Standorte. Abschließend sollen die wichtigsten Standorte mit ihren Pflanzengesellschaften tabellarisch aufgeführt werden:

Hochebenen und flache Hänge zwischen 3300 und 4300 m
 Zwergstrauchgesellschaften
 feuchtere Puna (100 mm) *Psila boliviensis*-Ges.
 trockenere Puna (100 mm) *Fabiana densa*-Ges.

Hochebenen und Hänge oberhalb 4300 m Horstgrasgesellschaften
 Festuca- und *Deyeuxia*-Ges.

Steinig-felsige Berghänge
 Dornstrauchgesellschaften verschiedener Ausprägung
 Tetraglochin-Junellia-Ges.
 Junellia seriphioides-Ges.
 Mulinum axilliflorum-Ges. (oberh. 4300 m)

Trockentalsohlen, Fluß- und Salarränder bei oberflächennahem Grundwasser
 Halbstrauchgesellschaften
 Parastrephia-Ges.

Flugsand- und salzfreie Sandflächen
 Fabiana-Pennisetum-Ges.

Stärker versalzte sandige Salarränder und Flußufer
 Sporobulus rigens-Ges.

Stark salzhaltige lehmige Salar- und Flußränder
 Distichlis-Anthobryum-Ges.

Sehr feuchte Fluß-, Salarränder und Quellaustritte („vegas")
 innen: Juncaceen-Cyperaceen-Hartpolstergesellschaften
 z. B. *Oxychloe-Distichia*-Ges.
 außen: Gramineen-Horstgrasgesellschaften
 Festuca scirpifolia-Ges. (unterh. 4200 m)
 Festuca argentinensis-Deyeuxia nardifolia-Ges. (oberhalb 4200 m)

Als wichtigster standortdifferenzierender Faktor kann der Wasserhaushalt in der argentinischen Puna gelten.

Nachwort

Die vorgetragenen Ergebnisse stellen einen kleinen Ausschnitt einer von W. CZAJKA angeregten größeren Untersuchung dar, die 1966/67 in der argentinischen Puna und an ihrem Ostrand durchgeführt und dankenswerter Weise von der Deutschen Forschungsgemeinschaft finanziert worden ist. Mein aufrichtiger Dank gilt besonders F. VERVOORST und A. L. CABRERA. Ersterer hat mich selbstlos auf kleinen Exkursionen in die Pflanzenwelt NW-Argentiniens eingeführt und mich auch sonst sehr unterstützt. CABRERA soll dagegen stellvertretend für die meist argentinischen Taxonomen genannt werden, deren Unterstützung beim Bestimmen des gesammelten Pflanzenmaterials mir von unschätzbarem Wert war.

Literatur

CABRERA, A. L. (1957): La vegetación de la Puna Argentina. — Rev. de Investigaciones Agricolas, *11*, 4, Buenos Aires, 317—412.
— (1968): Ecologia vegetal de la Puna. — Colloquium Geogr., *9*, Bonn, 91—116.
— (1971): Fitogeografia de la Republica Argentina. — Bol. Sociedad Argentina de Bot., *14*, 1/2, Buenos Aires, 1—42.
CZAJKA, W. u. F. VERVOORST (1956): Die naturräumliche Gliederung Nordwestargentiniens. — Pet. Mitt., *100*, Gotha, 89—102, 196—208.
FOCHLER-HAUKE, G. (1950/51): Zur Abgrenzung, Orographie und Morphologie der argentinischen Puna. — Die Erde 1950/51, 2, Berlin, 167—177.
FRIES, R. E. (1905): Zur Kenntnis der alpinen Flora im nördlichen Argentinien. — Nova Acta Reg. Soc. Scient. Upsaliensis, Ser. 4, 1, 1, Upsala, 1—205.
HUECK, K. (1950/51): Vegetationskarten aus Argentinien. — Die Erde 1950/51, 2, Berlin, 145—154.
SCHWAB, K. (1970): Ein Beitrag zur jungen Bruchtektonik der argentinischen Puna und ihr Verhältnis zu den angrenzenden Andenabschnitten. — Geol. Rdsch. *59*, 3, Stuttgart, 1064—1087.
SECKT, H. (1914): Vegetationsverhältnisse des nordwestlichen Teiles der Argentinischen Republik (Calchaquitäler und Puna de Atacama). — Pet. Mitt., *60*, Gotha, 84—85, 265—271, 298—322.
STRAKA, H. (1960): Literaturbericht über Moore und Torfablagerungen aus tropischen Gebieten. — Erdkde., *14*, Bonn, 58—63.
TROLL, C. (1928): Die zentralen Anden. — Ztschr. Ges. f. Erdkde. Sdbd. 1928, Berlin, 92—118.
TURNER, J. C. M. (1964a): Descripción geologica de la Hoja 7c-Nevado de Cachi (Provincia de Salta). — Bol. Direccion Nacional de Geol. y Min., *99*, Buenos Aires.
— (1964b): Descripción geologica de la Hoja 2b — La Quiaca (Provincia de Jujuy). — Bol. Direccion Nacional de Geol. y Min., *103*, Buenos Aires.
— (1964c): Descripción geologica de la Hoja 2c — Santa Victoria (Provincias de Salta y Jujuy). — Bol. Direccion Nacional de Geol. y Min., *104*, Buenos Aires.
VILELA, C. R. (1969): Descripción geologica de la Hoja 6c — San Antonio de los Cobres (Provincias de Salta y Jujuy). — Bol. Dirección Nacional de Geol. y Min., *110*, Buenos Aires.
WERNER, D. J. (1972): Campo Arenal (NW-Argentinien). Eine landschaftsökologische Detailstudie. — Biogeografica *1*, The Hague, 75—86.

> In many ways the background to prehistoric life is just as interesting as the people themselves, perhaps because our own moods can be determined by landscape or climate. Unfortunately we know even less about their environment than the things prehistoric people did...
>
> R. MASON 1962, S. 9f

DAS TRANSVAALISCHE LOWVELD ALS LEBENSRAUM STEINZEITLICHER JÄGER UND EISENZEITLICHER BAUERN

Mit 1 Karte und 5 Bildern

Von O. FRÄNZLE (Kiel)

1. EINLEITUNG UND PROBLEMSTELLUNG

Die Rekonstruktion des Lebensraumes längst vergangener Populationen ist eine komplexe paläo-ökologische Aufgabe, bei der Befunde verschiedener geographischer Disziplinen mit denen der Ur- und Frühgeschichte zu verknüpfen sind, um wahrscheinliche von weniger wahrscheinlichen Schlußfolgerungen hinreichend verläßlich abzugrenzen. Dementsprechend ist auch die vorliegende Studie das Ergebnis enger Zusammenarbeit zwischen dem Frankfurter Prähistoriker Prof. SMOLLA, Mr. WITT (Tzaneen, Transvaal), dem wohl besten Kenner der Sangoan-Kultur im Letaba District, und dem Verfasser. Unsere gemeinsame Beschäftigung mit Problemen der transvaalischen Prähistorie[1] wurde möglich im Rahmen des Afrika-Kartenwerkes der Deutschen Forschungsgemeinschaft, und so ist auch an dieser Stelle der Dank an diese Institution angenehmste Pflicht.

Die ungeheure Fundfülle Südafrikas und die Tatsache, daß die eigenen Untersuchungen sich auf das transvaalische Lowveld konzentrierten, bedingen für das Folgende eine Beschränkung auf das Gebiet südlich der Murchison Range (vgl. Karte). Dieser Raum liegt an der bisher weniger untersuchten Peripherie des altbesiedelten Afrika (vgl. hierzu CLARK, 1967), ist aber wegen seiner ausgeprägten strukturellen Gliederung und der starken Beeinflussung durch die pleistozünen Klimaschwankungen (FRÄNZLE, 1972) von besonderem Interesse für den prähistorisch arbeitenden Geographen.

Wie bereits die grundlegenden Untersuchungen von OBST & KAISER (1949) gezeigt haben, sind das Lowveld westlich der Lebombo-Berge und die daran anschließende Flächentreppe am Fuße der Großen Randstufe — sie könnte in Analogie zu den Verhältnissen in Swaziland als Middleveld bezeichnet werden — geologisch junge Gebilde und morphogenetisch geprägt durch eine Wechselfolge von Aktivitäts- und Stabilitätszeiten i. S. ROHDENBURGS (1970). Erstere führten zur Bildung bzw. Weiterentwicklung von Flächen, der Ablagerung von Schotterfächern und zur Talbildung, während letztere durch ein relatives Gleichgewicht von Abtragungs- und Aufschüttungsprozessen und damit durch Bodenbildung gekennzeichnet sind (FRÄNZLE, l. c.).

Die Abfolge morphodynamisch unterschiedlicher Phasen schließt weitreichende Veränderungen der Lebensraum-Qualität ein, die den Steinzeitmenschen vor jeweils neue Anpassungsprobleme stellten. Diese Wandlungen und die mit ihnen einherge-

---

[1] Da die Artefakt-Verteilung in Südost-Afrika aus morphogenetischen Gründen weithin in engem Zusammenhang mit der Bodenverteilung steht, wird sie auf der Bodenkarte zum SE-Blatt des Afrika-Kartenwerkes abgebildet.

henden Veränderungen der Besiedlung werden im folgenden für den pedologisch wie prähistorisch am besten faßbaren Zeitraum vom ausklingenden ‚Earlier Stone Age' (d. i. Mittelwürm)[2] bis zur Eisenzeit (d. i. ca. 1000 n. Chr.) analysiert.

2. DIE KULTUREN DES ‚MIDDLE STONE AGE'

2.1. *Artefakt-Verteilung und Lebensraum-Gestaltung*

Auf der Farm Dusseldorp (37 km südöstlich Tzaneen) sind Steinanreicherungen (stone lines) in Böden des Chromic und Ferric Luvisol- sowie des Rhodic Ferralsol-Typs[3] weit verbreitet. Ihre Oberfläche wird häufig auf den sanft geneigten Spülflächen unter spitzem Winkel von der heutigen Landoberfläche geschnitten, besonders, wo diese in den tiefer gelegenen vorfluternahen Bereichen in Bodenkolluvien angelegt ist.

Die folgenden Aufschlüsse an der Straße Tzaneen—Lydenburg geben einen besonders guten Einblick in die Artefakt-Verteilung innerhalb der Stone lines und der altersgleichen Flußablagerungen.

(1) Wasserscheide 2 km nördlich des Ngabitsi River (auf der Karte mit S_1 bezeichnet)
    (ii) >1 m mächtige Schicht von Quarz- und Quarzschutt (Stone line), reich an Artefakten der Jüngeren Sangoan-Kultur (vgl. Tabelle 1) und mit unregel-
    (i) mäßig auf- und abschwingender Untergrenze der Vergrusungszone des anstehenden Archaikums (Granit und Gneis) aufliegend.

(2) Straßenanschnitt 550 m nördlich des Ngwabitsi River (S_2)
    (ii) >1,5 m Ferralsol- und Luvisol-Sedimente;
    (i) >2 m Ngwabitsi-Schotter, die hangaufwärts in die Stone line des oben beschriebenen Aufschlusses übergehen; die Schotter enthalten zahlreiche zugerundete Sangoan-Artefakte, während frische Werkzeuge des gleichen Typs an der Oberfläche liegen.

Wie vergleichende bodengeographische und mikromorphologische Untersuchungen ergeben haben, sind diese Sangoan-zeitlichen Stone lines im transvaalischen Lowveld in einem etwa 5 km breiten Streifen am Fuße der Großen Randstufe weit verbreitet und das Ergebnis selektiv wirkender Bodenabtragung im Zuge mittelwürmzeitlicher Flächenbildungsprozesse (vgl. FRÄNZLE, l. c.). Hier nicht näher auszuführende Bilanzierungen zeigen, daß sie mit einer allgemeinen Erniedrigung der Landoberfläche um mehrere Meter einhergegangen sind.

Aufschlüsse in den sich ebensohlig verzahnenden Schotterkegeln des Ga-Selati, Tsolameetse und Makhutswi (d. i. 6 bis 19 km südlich des Ngwabitsi R.) und ihren Deckschichten gestatten eine weiterführende Differenzierung der jungquartären Sedimentationsfolge. Besonders interessant ist folgendes Profil:

(3) Straßeneinschnitt 150 m nordnordwestlich der Tsolameetse-Brücke an der Straße Trichardtsdal—Ofcolaco (A_1)
    (iii) 1,5 m fluvial sedimentiertes Rhodic Ferralsol-Material mit vereinzelten schichtungslos verteilten Geröllen;

---

[2] Es erscheint vorläufig zweckmäßiger, die englischen Bezeichnungen der steinzeitlichen Kulturstufen zu verwenden, da ‚Earlier Stone Age' und ‚Middle Stone Age' dem europäischen Paläolithikum vergleichbar sind, während das ‚Later Stone Age' typologisch dem Mesolithikum entspricht, aber erst um 1900 n. Chr. endete (vgl. Tabelle 1).

[3] Bodentypenbezeichnungen nach der FAO/Unesco-Klassifikation (DUDAL, 1968, 1970).

(ii) 0,8—1,5 m mächtige zelluläre Eisenkruste, entstanden durch Verkittung sedimentärer Goethit- und Hämatit-Konkretionen (5—15 mm Ø und datierbar durch einen ‚cleaver' (Schneidenkeil) des „Acheulio-Levalloisian" i. S. CLARKs (l. c.) oder des ‚Pietersburg-Complex' (vgl. Bild 5);

(i) >1,5 m grob geschichteter, schlecht sortierter Schotter ohne Artefakte.

Tabelle 1: Überblick über die im Text genannten Kulturstufen (nach CLARK, 1967, vereinfacht)

Stufe	Industrien	Alter (B. P.)
Later Stone Age	Smithfield	0 a — 10 000 a
Second Intermediate	Magosian	20 000 a
Middle Stone Age	Levalloisian Pietersburg Lupemban	40 000 a
First Intermediate	Acheulio-Levalloisian Sangoan	60 000 a
Earlier Stone Age	Acheulian	80 000 a — 100 000 a — 120 000 a

Schicht (i) ist durch eine sehr unebene Oberfläche ausgezeichnet und stellt den obersten Teil eines Schotterkegels dar, dessen gröbste Komponenten im Proximalbereich mehr als 0,5 Ø erreichen. Die des benachbarten Makhutswi-Kegels messen sogar mehr als 1 m in der Nähe der Randstufe; ihr Durchmesser verringert sich auf maximal 0,4 m bei der Einmündung in den Tsolameetse, worin die unterschiedliche Transportkraft der Flüsse zum Ausdruck kommt. Auch die Makhutswi-Schotter sind frei

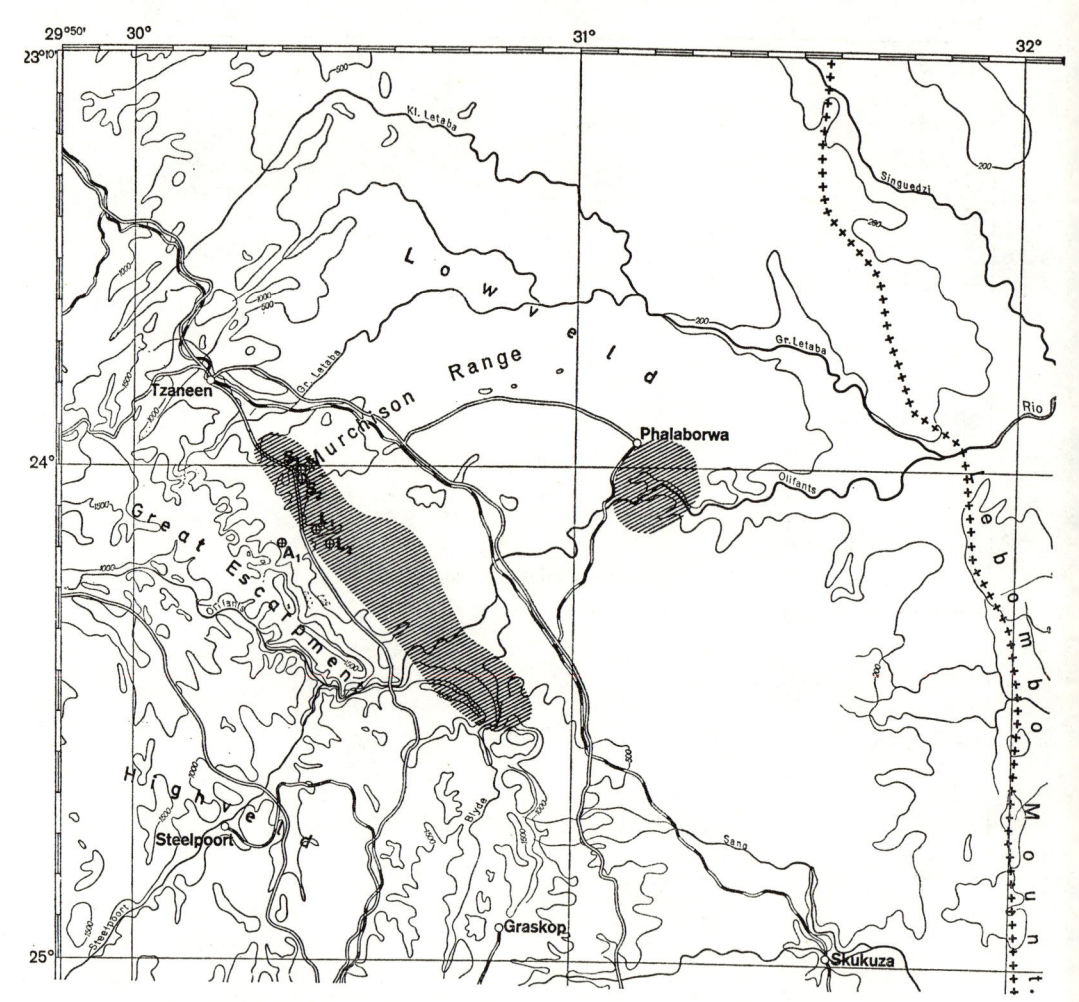

Karte: Verbreitungsgebiet der Sangoan-Industrien und Lage der im Text beschriebenen Aufschlüsse. Schraffiert: Sangoan-Verbreitung nach SMOLLA & KAUFMANN (in Vorbereitung), verändert; S_1: Sangoan-Funde auf Farm Dusseldorp; S_2: Sangoan-Funde in der 10-m-Terrasse des Ngwabitsi River; A_1: Schneidenkeil (cleaver) in der Eisenkruste am Tsolameetse River; L_1, L_2: Oberflächenfunde des ‚Later Stone Age'. Topographie ergänzt nach der Grundkarte 1:1 000 000 zum Südost-Blatt des Afrika-Kartenwerkes der Deutschen Forschungsgemeinschaft.

von synsedimentären Artefakten; nur auf dem Gelände der Farm Alsace fand Mr. WITT (frdl. mdl. Mitteilung) an der Oberfläche Werkzeuge des ‚Later Stone Age' (L_1, L_2). Die Schichten (ii) und (iii) dokumentieren den Umschwung von morphodynamischer Aktivität zu Stabilität, und Sedimente vom Typ (iii) sind im ganzen Escarpment-nahen Bereich als Deckschichten der Flußschotter verbreitet. Ihre Mächtigkeit kann 10 m überschreiten.

Sangoan-Artefakte erreichen ihre größte Dichte in der auf der Karte durch Schraffur gekennzeichneten Fußregion der großen Randstufe; stellenweise dürfte sich ihre Anzahl pro km² auf mehrere Hunderttausend (wenn nicht Millionen) belaufen. Auch wenn diese enorme Funddichte z. T. ihre Ursache darin hat, daß Werkzeuge etwa aufgrund geltender Taburegeln nur jeweils einmal — und zwar vom Hersteller — benutzt werden durften, oder daß sie in unverhältnismäßig großer Zahl im Rahmen von Initiationsriten gefertigt wurden, so bleibt sie doch auch überzeugender Hinweis auf günstige Jagd- bzw. Lebensbedingungen. Schon in rd. 20 km Entfernung vom Escarpment, wo auch die Stone lines wesentlich geringermächtig und nur noch fleckenhaft verbreitet sind, finden sich Sangoan-Werkzeuge — aber auch die des ‚Later Stone Age' — im wesentlichen in der unmittelbaren Umgebung von Vertisolen, die am Grunde kleiner und nur während der Regenzeit wassererfüllter Senken entstanden. Hier konzentrierte sich das Wild vor allem während der Trockenzeit und wurde daher eine besonders leichte Beute der steinzeitlichen Jäger.

Das östlich anschließende Gebiet ist — mit Ausnahme der Umgebung von Phalaborwa und der westlich Skukuza gelegenen Farm Toulon (frdl. mdl. Mitteilung von Frau Smuzinski, Kiel) — fundleer geblieben und fällt zusammen mit dem Verbreitungsgebiet grobkörniger Xerosole und Lithosole von extrem geringer Wasserkapazität. Erst die das transvaalische Lowveld im Osten begrenzenden Lebombo-Berge lieferten wieder Funde einer das Ende des ‚Middle Stone Age' bezeichnenden Lokalkultur, auf die weiter unten einzugehen ist. Man wird aus diesen Befunden den Schluß ziehen dürfen, daß der weitaus größte Teil des transvaalischen Lowvelds während der Jüngeren Sangoan-Zeit als Jagd- und Sammelgebiet nicht in Frage kam und hat in Bodeninventar und Formenschatz paläoklimatisch auswertbare Indizien, die den Schlüssel zum Verständnis dieser auffallenden Differenzierung des steinzeitlichen Lebensraums liefern.

2.2. Klima und Morphodynamik während der Jüngeren Sangoan-Zeit

Steinpflaster des oben beschriebenen Typs entstehen unter semiaridem Klima mit ausgeprägter Periodizität des Niederschlags und xeromorpher Vegetation, während die der Flächen(weiter)bildung voraufgehende Luvisol- und Ferralsoldynamik an wesentlich feuchteres Savannen- bis Regenwaldklima gebunden war. Der weitergehende Versuch einer quantitativen Abschätzung der Niederschlagshöhe während dieser Phase höchster morphodynamischer Aktivität knüpft an die Untersuchungen von LANGBEIN & SCHUMM (1958) über die Zusammenhänge zwischen Erosionsintensität, Niederschlagshöhe und Temperatur (als Parameter für die potentielle Verdunstung) an, wobei eventuellen Unterschieden in der hydrodynamisch wesentlichen Niederschlagsverteilung zwischen den US-amerikanischen Testgebieten dieser Autoren und dem afrikanischen Untersuchungsraum keine nennenswerte Bedeutung zukommen dürfte. Bei einer Jahresmitteltemperatur von 19° C — das ist der heutige Wert — erreicht die Bodenerosion ihr Maximum von 310 t · km^{-2} bei einem Jahresniederschlag von 560 mm; da der Jahresniederschlag aber mit 670 mm beträchtlich höher liegt, sollte die Abtragsrate bei etwa 235 t · km^{-2} liegen. Nimmt man nun — ausgehend von dem Ansatz FLOHNS (1969) für das Jungwürm — eine minimale Temperaturabsenkung von nur 3° C für das westliche Lowveld an, und unterstellt man ferner, daß die Stone line-Bildung hauptsächlich in der Phase stärksten Bodenabtrags erfolgte, so errechnet sich ein Jahresniederschlag von rd. 450 mm.

Dieser Wert hat den Charakter einer Minimalabschätzung und bleibt entschieden unter den Beträgen, die BUTZER (1967) seinen im „Atlas of African Prehistory" veröffentlichten Karten der hypothetischen Niederschlags- und Vegetationszonen zugrunde gelegt hat. Er hält in semiariden und semihumiden Gebieten eine Niederschlagsabnahme um 50 % für möglich, betont jedoch, daß seine diesbezüglichen Karten keine Rekonstruktionen interpluvialer Isohyeten darstellen sollen. Ausgehend von den O_{16}/O_{18}-Temperaturbestimmungen an Tiefseekernen rechnet er ferner mit einer Temperaturabnahme um mindestens 5° C für die kältesten Phasen des Mittel- und Jungpleistozäns.

Die Verringerung des Jahresniederschlages um wenigstens ein Drittel des heutigen Wertes und seine Konzentration auf eine verhältnismäßig kurze, aber morphodynamisch um so bedeutendere Sommerzeit ließen den Escarpment-nahen Teil des Lowvelds zum Bereich ausgedehnter Flächenbildung werden. Die dabei entstehenden Stones lines verzahnen sich ebensohlig mit den an der Randstufe extrem grobblockig entwickelten 10-m-Terrassen der obsequenten Flüsse. Diese waren während der sommerlichen Hochfluten schuttüberlastet und daher für Mensch und jagdbares Wild unpassierbar und kamen daher als Jagdgebiet kaum in Frage; während der winterlichen Trockenzeit lag der Grundwasserspiegel dagegen tief, und die edaphische Aridität war extrem. Die Sangoan-Horden suchten daher ihre Nahrung auf den in rascher Um- und Weiterbildung befindlichen Flächen sowie in den weiter vom Escarpment entfernten Niederungen und hinterließen hier Artefakte in großer Zahl.

Nach Ausweis des Werkzeuginventars stellen diese Horden die am weitesten nach Osten vorgestoßenen Teile einer aus Nord-Angola stammenden Population dar (MASON, l. c.) Vielleicht kehrten sie in ihr Ursprungsgebiet zurück, wo die Kulturentwicklung zum mikrolithischen Lupemban weiterging, oder sie wurden von den nach Osten drängenden Trägern der im Highveld beheimateten Pietersburg-Kultur vertrieben.

Möglicherweise sind die Werkzeuge in der Eisenkruste an der Tsolameetse-Brücke ein Hinweis auf die im Raume Ofcolaco bislang unbekannte frühe Expansionsphase der Pietersburg-Kultur[4], die durch eine beträchtliche Bevölkerungsdynamik ausgezeichnet war, und an deren Ende — d. i. 20 000—10 000 B. P. nach MASON (l. c.) — eine Reihe von lokalen Ausprägungsformen wie die Lebombo-Kultur stand. Die kolluviale bzw. alluviale Eisenkruste und ihre weitverbreiteten Deckschichten dokumentieren jedenfalls den durch Feuchterwerden des Klimas ausgelösten Umschwung der Morphodynamik in Richtung auf den vollpluvialen Zustand mit Feuchtsavannen-Vegetation, womit auch die Austrittstrichter der Randstufenflüsse zum Jagdgebiet wurden.

---

[4] Wegen der zu geringen Zahl von Funden in diesem nur schwer zerlegbaren Einschlußmittel ist ein statistisch gesicherter Beweis für die Zugehörigkeit der Artefakte zum Pietersburg-Komplex bisher nicht möglich gewesen.

3. DIE KULTUREN DES ‚LATER STONE AGE'

Da in Transvaal bislang keine umfangreicheren und vor allem keine typologisch klar ausgeprägten Funde der auf die Pietersburg-Zeit folgenden Magosian-Kultur (s. Tabelle 1) gemacht wurden (CLARK, l. c.), darf man annehmen, daß die Pietersburg-Leute das Land verlassen haben. Erst einige tausend Jahre später gibt es wieder Hinweise darauf, daß steinzeitliche Jägerhorden über den Vaal nach Norden vordrangen. Damit war die kulturelle Kontinuität unterbrochen, die über Jahrhunderttausende hin die frühen Acheul-Populationen mit der Pietersburg-Kultur verband; Transvaal wurde zum Randbereich der im Oranje-Freistaat konzentrierten Smithfield-Kultur, die sich nach MASON (l. c.) möglicherweise an kongolesische Sonderentwicklungen des Sangoan anschließen läßt und durch rasche Ausbreitung nach 10 000 B. P. gekennzeichnet ist.

Da Skelettfunde weitestgehend fehlen, sind die Träger der Smithfield-Kultur in ihrem Habitus noch weniger bekannt als die Pietersburg-Leute. Falls aber die Befunde von DREYER et. al. (zit. nach MASON, l. c.) von der Kap-Küste verallgemeinert werden dürfen, handelte es sich um Proto-Buschmänner. Sicher ist jedoch, daß Schaber die Hauptmenge ihrer Werkzeuge ausmachten; dazu kommen als interessante Neuschöpfung durchbohrte, abgeplattete Steinkugeln von Faust- bis mehr als Kopfgröße, die nach MASON (l. c.) und WITT (frdl. mdl. Mitteilung), der die vielleicht größte Sammlung besitzt, unter anderem zum Beschweren von Grabstöcken dienten.

Der in verschiedenen Ansätzen schon vor rund 30 000 Jahren zu beobachtende Trend zur Verkleinerung der Werkzeuge setzte sich in der Smithfield-Periode beschleunigt fort; kleine und mikrolithische Artefakte sind typisch für die mittlere und vor allem jüngere Stufe, die u. a. von INSKEEP (1967), MASON (1950, 1962) und VAN RIET LOWE (1947, 1952) beschrieben wurden. Als wesentliche Erfindung dieser Zeit sind Pfeil und Bogen zu werten.

4. DIE EISENZEIT

Die Horden der Jüngeren Smithfield-Zeit dürften mit den ersten Vertretern der südafrikanischen Eisenzeit zusammengetroffen sein, die nach C^{14}-Datierungen vor etwa tausend Jahren nach Transvaal einzudringen begannen. Die Träger dieser neuen Kultur waren Hottentotten, die aus dem Nordosten des Kontinents kamen, und Neger aus dem Nordwesten bzw. Mischpopulationen (MASON, l. c.). Sie brachten Herden von Rindvieh, Schafen und Ziegen ins Land und beherrschten vor allem die Kunst der Metallverarbeitung und die Töpferei.

Eisenzeitliche Ruinen sind in Transvaal nicht so großartig wie in Rhodesien, aber es gibt auch hier eindrucksvolle Rest großer ummauerter und durch Rundmauern gegliederter Dörfer, in denen eine straff organisierte, sozial gegliederte Bevölkerung unter der Führung von Häuptlingen lebte.

Literatur

BUTZER, K. W. (1967): Hypothetical rainfall and vegetation zones. In: Erl.-H. zu J. D. CLARK, Atlas of African Prehistory. Chicago—London. 8—9.

CLARK, J. D. (1967): Atlas of African Prehistory. Chicago—London.

DUDAL, R. (1968): Definitions of soil units for the Soil Map of the World. World Soil Resources Reports 33.

— (1970): Key to soil units for the Soil Map of the World. (hekt.-AGL: SM/70/2) — FAO, Rom.
FLOHN, H. (1969): Ein geophysikalisches Eiszeit-Modell. Eiszeitalter und Gegenwart 20, 204—231.
FRÄNZLE, O. (1972): The late Pleistocene planation surfaces and associated deposits and soils of the Transvaal lowveld. In: W. P. ADAMS & F. M. HELLEINER (Eds.), International Geography. Toronto. 251—253.
INSKEEP, R. R. (1967): The Late Stone Age in Southern Africa. In: W. W. BISHOP & J. D. CLARK (Eds.), Background to Evolution in Africa. Chicago—London. 557—581.
LANGBEIN, W. B. u. SCHUMM, S. A. (1958): Yield of sediment in relation to mean annual precipitation. Trans. American Geophys. Union 39, 1076—1084.
MASON, R. (1962): Prehistory of the Transvaal. Johannesburg.
OBST, E. u. KAYSER, K. (1949): Die große Randstufe auf der Ostseite Südafrikas und ihr Vorland. Geogr. Ges. Hannover, Sonderveröffentl. 3.
POSNANSKY, M. (1967): The Iron Age in East Africa. In: W. W. BISHOP & J. D. CLARK (Eds.), Background to Evolution in Africa. Chicago—London. 629—649.
VAN RIET LOWE, C. (1947): More neolithic elements from South Africa. S. Afr. archaeol. Bull. 2 (8), 91—96.
— (1952): Two hitherto undescribed Smithfield ‚B' tools — a gad and a gouge. S. Afr. J. Sci. 48 (6), 179—180.
ROHDENBURG, H. (1970): Morphodynamische Aktivitäts- und Stabilitätszeiten statt Pluvial und Interpluvialzeiten. Eiszeitalter und Gegenwart 21, 81—96.

Bild 1 Residuales Steinpflaster (Stone line) über vergrustem archaischem Gneis auf Farm Dusseldorp (S_1).

Bild 2 Sangoan-Faustkeil, grobe Form (Quarzit).

Bild 3 Sangoan-Faustkeil, feingearbeitet (Quarzit).

Bild 4 Grober Schneidenkeil (Cleaver) des Escarpment-nahen Sangoan (Quarzit).

Bild 5 Schneidenkeil (Cleaver) des ‚Acheulio-Levalloisian' oder der Pietersburg-Kultur in der Eisenkruste über den Tsolameetse-Schottern (A_1).

GEOMORPHOLOGISCHE UNTERSUCHUNGEN ZUR UMWELTFORSCHUNG IM RHEIN-MAIN-GEBIET

Mit 4 Abbildungen

Von A. Semmel (Frankfurt a. M.)

1. EINLEITUNG

Im Rahmen der Umweltforschung befaßt sich die Geomorphologie mit Reliefveränderungen, die durch den Menschen ausgelöst und beeinflußt werden. Von den hiervon betroffenen Formungsvorgängen ist die Bodenerosion am bekanntesten. Sie darf ohne Zweifel als der unter den heutigen Klimabedingungen in Mitteleuropa formungsintensivste Vorgang angesehen werden. Seit langem wird ihr deshalb von geomorphologischer Seite große Beachtung geschenkt. In jüngerer Vergangenheit hat vor allem Richter (1965) für die Bundesrepublik den Forschungsstand dargestellt und die verschiedenen Aspekte dieses Fragenkomplexes diskutiert. Neben der Bodenerosion gibt es jedoch noch andere Formungsprozesse, die durch den Menschen eingeleitet oder verstärkt werden können, wie z. B. Massenverlagerungen und Flußerosion. Im folgenden werden aus dem Rhein-Main-Gebiet geomorphologische Erscheinungen beschrieben, auf die der Mensch entscheidend einwirkt. Zugleich finden die dadurch entstehenden Veränderungen im Landschaftshaushalt und ihre ökologische Bedeutung Erörterung.

Die hier mitgeteilten Befunde resultieren zum Teil aus Aufnahmen für eine großmaßstäbliche geomorphologische Kartierung im Rhein-Main-Gebiet, an der gegenwärtig im Geographischen Institut der Universität Frankfurt a. Main gearbeitet wird. Eines der Ziele dieser Kartierung ist die Erfassung von Vorkommen, Umfang, Ursache und Auswirkung der durch den Menschen beeinflußten Reliefveränderungen. Die dabei ermittelten Befunde sind nicht nur für ökologische Fragestellungen von Bedeutung, sondern finden auch das Interesse von Institutionen, die sich mit Bauleitplanung, Verkehrswegebau u. ä. befassen. Über erste Resultate dieser Arbeiten ist bereits in Kurzfassungen von Vorträgen an anderer Stelle berichtet worden (Semmel 1972; Bibus und Semmel 1972). Die Ergebnisse dieser Arbeiten bilden zusammen mit anderen geowissenschaftlichen Grundlagen den Inhalt einer „Naturräumlichen Nutzungskarte 1:25 000", von der das erste Blatt vorliegt (Weiss 1973) und die als Planungsunterlage in Zusammenarbeit mit dem Hessischen Ministerium für Landwirtschaft und Umwelt und dem Hessischen Landesamt für Bodenforschung weiter entwickelt werden soll.

Die Einwirkung menschlichen Verhaltens auf reliefprägende Vorgänge äußert sich im Rhein-Main-Gebiet am augenscheinlichsten bei Massenbewegungen (Rutschungen, Fließungen), Hangabspülung, Winderosion, Massentransport durch den Pflug oder andere Ackergeräte und linienhafter (fluvialer) Erosion. Wenn auch die Hangabspülung flächenmäßig den größten Anteil unter diesen Vorgängen hat, so treten die anderen Prozesse oft viel auffälliger in Erscheinung. Das gilt insbesondere für die an verschiedenen Stellen des Rhein-Main-Gebietes zu beobachtenden Rutschungen. Sie seien deshalb zuerst erörtert.

2. MASSENVERLAGERUNGEN

Im Rhein-Main-Gebiet kommen an vielen Stellen tertiäre Gesteine an die Oberfläche, die sich durch einen hohen Gehalt an feinkörniger (schluffiger und toniger) Substanz auszeichnen. Hierzu können der Rupelton, der Schleichsand, der Cyrenenmergel, Teile der Cerithien-Schichten und der pliozänen Sedimente gerechnet werden. Die Neigung zu Rutschungen in diesem Gebiet ist seit langem bekannt und schon früher beschrieben worden (WENZ 1941; WAGNER 1941). Unsere bisherigen Kartierungen zeigen, daß die größten Massenverlagerungen an Hängen vorkommen, auf denen durch menschliche Tätigkeit der natürliche Landschaftshaushalt gestört wurde (vgl. auch WAGNER 1941, 21).

Das eindrucksvollste Beispiel stellt gegenwärtig die große Rutschung südlich von Bad Vilbel dar. Die dortige Situation wurde jüngst von HELLEBRAND (1971) beschrieben. Der im Cyrenenmergel eingeschnittene Hang nördlich der Berger Warte ist heute bewaldet. Auch auf relativ flachen Partien zeigen die Oberflächenformen, daß Bewegungen stattfinden oder stattgefunden haben. Neben zahlreichen Schollen, die zum Teil deutlich antithetisch gekippt sind, kann man immer wieder lobenartige Formen beobachten. Diese Gebilde befinden sich indessen heute weitgehend in Ruhe, denn es fehlen Anzeichen junger Materialausbrüche. Anders ist die Situation dagegen unterhalb der nicht mehr benutzten Müllkippe der Stadt Bad Vilbel. Hier kam es 1966 nach anhaltendem Regen zu einem umfangreichen Verfließen von Mergelmassen, das den Baumbestand zerstörte und erst kurz vor den ersten Wochenendhäusern auf den hangunterhalb liegenden Grundstücken zum Stillstand kam.

Die Ursache dieser enormen Bewegungen ist darin zu sehen, daß über den Mergeln liegende tertiäre Kiese abgebaut wurden. Die so entstandene Kiesgrube diente anschließend als Mülldeponie. Der Müll nahm offensichtlich große Wassermengen auf, wodurch eine außerordentliche Belastung und Durchfeuchtung des liegenden Mergels erfolgte. Damit waren die Voraussetzungen für ein Instabilwerden des Hanges gegeben.

Die Folge der Fließung ist unter anderem eine völlige Veränderung der ursprünglichen Standortbedingungen. War früher auf dem Hang das typische Bodenprofil ein Braunerde-Pelosol, der im oberen Teil aus lößlehmhaltigen Deckschutt (SEMMEL 1964) und im unteren Teil aus entkalktem und verbrauntem Cyrenenmergelsubstrat bestand, so liegt heute allenthalben kalkreicher Cyrenenmergel an der Oberfläche, der durch das aus den vielen Scherfugen austretende Wasser stark vernäßt ist.

Nicht immer läßt sich der Einfluß menschlicher Tätigkeiten auf Massenverlagerungen so gut erkennen wie hier. Dennoch ergab sich bei allen unseren bisherigen Untersuchungen, daß Fließungen unter Wald, also unter quasi-natürlichen Bedingungen nicht vorkommen. Erst mit der Entwaldung wird allem Anschein nach durch das Fehlen der stabilisierenden Durchwurzelung *eine* Bedingung für das Einsetzen von Fließungen geschaffen. Eine andere ist mit der stärkeren Durchfeuchtung des Bodens gegeben, die der Fortfall des Wasserentzugs durch die Vegetation mit sich bringt. Wenn hierzu auch gegenwärtig noch keine quantitativen Angaben gemacht werden können — entsprechende Meßreihen befinden sich erst im Aufbau —, so gilt doch auch generell für die von uns untersuchten Beispiele, daß die Bodenfeuchte unter nicht bewaldetem Gelände deutlich höher ist als bei sonst gleichen Bedingungen unter Wald (vgl. dazu u. a. auch WANDEL 1949, 538 ff.). Deshalb kommt es bereits auf Hängen von 4—5° Neigung im nicht bewaldeten Gebiet zu Fließungen von Mergeln. Als Beispiel seien hier die westexponierten Hänge des Wickerbach- und des Weilbach-Tals im Taunusvorland zwischen Frankfurt a. M. und Wiesbaden angeführt.

Auf dem westexponierten Hang des Wickerbach-Tals nördlich Wallau steht laut geologischer Spezialkarte (KÜMMERLE und SEMMEL 1969) Cyrenenmergel an, die Bodenkarte (SEMMEL 1970) verzeichnet entsprechend eine Pseudogley-Rendzina aus tertiären Mergeln. Beide Eintragungen sind großenteils unzutreffend, denn wie zahlreiche Baugruben zeigen, steht der Cyrenenmergel überwiegend erst in einigen Metern Tiefe an und tritt nur stellenweise an die Oberfläche. Er ist von Bachkies und mächtigem Jungwürm-Löß überlagert. Jedoch erreicht der Löß meist nicht direkt die Oberfläche, sondern über ihn wanderte eine Fließerde hinweg, die überwiegend aus weiter hangaufwärts anstehenden Cyrenenmergeln stammt. Da die Fließerde bei der bodenkundlichen Aufnahme mit dem Bohrstock nicht durchstoßen wurde, ist ihre Unterlagerung durch Löß nicht erkannt und weder auf der bodenkundlichen noch auf der geologischen Karte berücksichtigt worden.

Aufgrund der derzeitigen Aufschlußverhältnisse läßt sich nachweisen, daß die Fließerde erst nach der Entwaldung entstand. Das mergelige Substrat überlagert nämlich entweder eine Löß-Rendzina oder Reste einer stark erodierten Parabraunerde aus Löß. An keiner Stelle ist der Klimaxboden, die Parabraunerde, mehr vorhanden. Daß sie ursprünglich entwickelt war, zeigen die erwähnten Reste dieses Bodens an. Da solche flächenhaften Profil-Verkürzungen nur durch Beackerung oder intensive Beweidung und die damit verbundene Bodenerosion entstehen, kann die Überwanderung durch die mergelige Fließerde erst zur Zeit der Beackerung erfolgt sein. Das heißt, die künstliche Entwaldung hat offenbar die Stabilität des Hanges beseitigt und die Entwicklung von Fließerden ermöglicht, die maximal bis 50 m über 4—8° geneigte Hänge hinwegwanderten.

Bemerkenswert ist, daß nicht nur unter natürlichen Bedingungen während des Holozäns, sondern auch während des höheren Jungwürms unter periglazialen Klimaverhältnissen dieser Hang stabil war. In den Jungwürmlöß mit den stratigraphisch fixierbaren Naßböden E_2 und E_4 sowie mit dem Eltviller Tuff (Näheres in SEMMEL 1967) wanderte trotz der großen Neigung kein Cyrenenmergel in den Löß hinein (vgl. Abb. 1). Der Eingriff des Menschen war hier also teilweise mit weitreichenderen Folgen für die Hangformung und die Standortbedingungen verbunden als der Klimawechsel von der Kaltzeit zur Warmzeit. Mit KITTLER (1963) kann man hier von anthropogen verursachtem „Bodenfluß" sprechen.

Unter Wald kommt es in der Regel nicht zu größeren Verfließungen von Mergeln. Als Beispiel wird hier auf Abb. 1 verwiesen, wo die unterschiedliche Formung auf bewaldetem, nicht gravierend künstlich gestörtem Hang und auf entwaldetem Gelände dargestellt ist. Besonders gut sind diese Gegensätze im Rutschungsgebiet an der Berger Warte bei Bad Vilbel zu beobachten. Gegenwärtig in Bewegung befindliche Fließerdeloben sind unter Wald nur an Hängen mit mehr als ca. 20° Neigung zu beobachten. Bei den in Ruhe liegenden Loben auf flacheren Partien unter Wald läßt sich meist eindeutig nachweisen, daß hier in Vorzeiten geackert wurde. Entsprechende Beispiele sind auch auf dem westexponierten Hang des Kasernbachtals (Weilbachtal) zwischen Wallau und Diedenbergen zu finden.

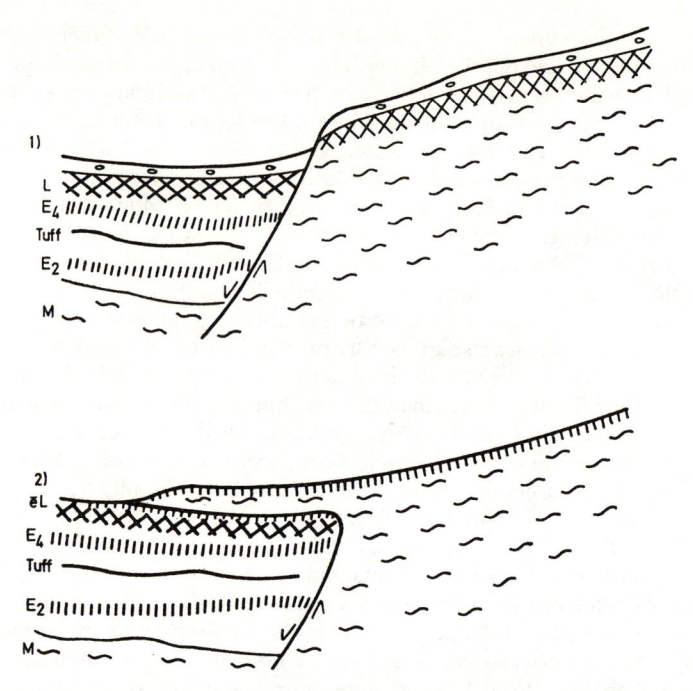

Abb. 1 Schematische Darstellung von durch junge Tektonik ausgelösten Rutschungen im Wickerbach- und Weilbachtal im südlichen Taunusvorland.
Das Beispiel 1 ist typisch für die Verhältnisse unter Wald. Die Schollenkante ist nicht verflossen.
L = Parabraunerde aus Löß oder lößlehmhaltigem Schutt.
E_4 und E_2 = Naßböden im Jungwürmlöß.
M = Cyrenenmergel.
Das Beispiel 2 zeigt das Verfließen der Schollenkante in unbewaldetem Gelände und die Überwanderung einer stark erodierten Parabraunerde (ēL) aus Löß.

Bei den Rutschungsschollen unter Wald bleiben in der Regel die scharfen Kanten erhalten, sie verfließen nicht. Es stellt sich hier überhaupt die Frage, weshalb Rutschungsschollen unter Wald in Bewegung sind, also Hänge sich durch Instabilität auszeichnen. Vereinzelt kann nicht ausgeschlossen werden, daß die Bewegungen noch Nachwirkungen von künstlichen Störungen sind, die länger zurückliegen. Bei den meisten näher untersuchten Vorkommen zeigen sich aber als auslösender Faktor Bewegungen, deren Ausmaß m. E. bisher viel zu gering eingeschätzt wurde. Hier wirken sich nämlich rezente tektonische Verstellungen aus. Für die Situation bei Bad Vilbel vermutete das schon HELLEBRAND (1971), im südlichen Taunusvorland können frühere Befunde (SEMMEL 1969, 104) dahingehend ergänzt werden, daß der gesamte westexponierte Hang des Wickerbachtals von jungen Verwerfungen intensiv durchsetzt ist. Die NW—SE- und NE—SW-streichenden Störungen begrenzen den Eppsteiner Horst im Westen. Ihrem Verlauf folgt das Wickerbachtal. In zahlreichen Aufschlüssen östlich Delkenheim, nördlich Wallau und östlich Breckenheim waren und sind Verstellungen zu finden, die auch noch den heutigen Oberflächenboden erfaßt haben. Zahlreiche Gebäudeschäden, z. B. an der Delkenheimer Turnhalle, weisen zusätzlich auf die Jugendlichkeit der Bewegungen hin. Genauere Angaben über den zeitlichen Verlauf solcher Verstellungen hoffen wir aus kürzlich eingerichteten Meßfeldern zu gewinnen (GÖBEL 1972).

Unter Wald und Grünland können die Sprunghöhen häufig bereits an der Oberfläche erkannt werden. Unter Acker sind sie dagegen ständig der Nivellierung durch den Pflug und andere Geräte ausgesetzt. Das gilt auch für die Fließerdeloben, die unter Acker so gut wie nie auffallen. Ihre Dynamik läßt sich deshalb mit Methoden, wie sie CROZIER (1973) vorschlägt, nicht erfassen. Gute Beispiele für eine solche unterschiedliche Ausbildung der Oberflächenformen findet man am ebenfalls tektonisch gestörten westexponierten Hang des Reichers-Berges zwischen Wallau und Diedenbergen.

Bei einer Betrachtung der ökologischen Auswirkung der in historischer Zeit erfolgten Fließerdebildung ist festzuhalten, daß die Überwanderung mit dem tonigen Mergelsubstrat gegenüber der vorher an vielen Stellen ausgebildeten Parabraunerde aus Löß oder deren Erosionsresten für die meisten Pflanzen eine deutliche Verschlechterung mit sich bringt. In den Bodenwertzahlen der Bodenschätzung drückt sich das ebenfalls aus. Etwas anders stellen sich die Relationen für den Weinbau dar. Hier liefern die Mergellagen, sofern sie nicht zu stark pseudovergleyt sind, besonders in Trockenjahren die höchsten Mostgewichte (ZAKOSEK 1967, 18). Wirtschaftlich bedeutsamer aber als diese ökologischen Folgen ist wohl der Schaden, der durch Fehler in der geologischen Kartierung entstehen kann, wenn, wie die eigene Erfahrung zeigt, die weitstreckige Überlagerung anderer Substrate nicht erkannt wird und darauf Baugrund-, Wasser- und Lagerstättengutachten basieren. Indessen zeigt sich m. E. kein überzeugendes und wirtschaftlich vertretbares Verfahren, daß solche Überwanderungen durch Mergelfließerden bei Entwaldung mit Sicherheit verhindern könnte. Aufwendige Dränagen sind aus Kostengründen nur für den Schutz von bestimmten Bauvorhaben zu empfehlen.

3. HANGABSPÜLUNG

Die Hangabspülung, auch aquatische Bodenerosion genannt, hat im Rhein-Main-Gebiet große Teile der beackerten Flächen erfaßt. Sie wird auf den Bodenkarten 1 : 25 000 flächenhaft dargestellt (BARGON 1967; PLASS 1972; SEMMEL 1970). Auf dem Blatt Hochheim a. M. ist z. B. auf ca. 12 % der Fläche das gesamte natürliche Bodenprofil abgetragen. Noch größeren Anteil haben die Profile, die nicht völlig, sondern nur teilweise erodiert wurden. Während bei den total erodierten Profilen die Standortqualität in der Regel deutlich verschlechtert ist, kann dies für die teilweise erodierten nicht in gleichem Umfang gelten. GROSSE (1971, 18) konnte in Niedersachsen sogar nachweisen, daß teilweise erodierte Parabraunerden höhere Erträge lieferten als nicht erodierte.

Obwohl uns vergleichbare Ertragsmeßzahlen nicht zur Verfügung stehen, scheint doch für die Parabraunerden aus Löß im Rhein-Main-Gebiet eine Verbesserung durch Bodenerosion nicht gegeben, denn Beobachtungen zeigen, daß, sobald der tonreiche B_t-Horizont vom Pflug erfaßt wird, die Auflaufbedingungen für die Saaten sich verschlechtern. Außerdem wird die Beackerung durch den hohen Tongehalt allgemein erschwert. Hierin besteht sicher ein Unterschied zu den niedersächsischen Lößböden, deren B_t-Horizonte geringere Tongehalte besitzen. Total erodierte Profile erreichen im Rhein-Main-Gebiet oft nur noch 50 % der früheren Bodenwertzahlen.

Am gravierendsten sind die Folgen der völligen Erosion auf sogenannten „Deckschutt-Böden" (SEMMEL 1964), also Böden, deren Solum auf eine 30—60 cm mächtige spätglaziale Solifluktionsdecke beschränkt ist. Diese Fließerde enthält eine Lößlehmkomponente, die den Nährstoffgehalt und den Wasserhaushalt des Bodens entscheidend verbessert. Wenn der Deckschutt abgetragen ist, tritt vor allem an steileren Hängen sehr häufig das unverwitterte Anstehende zutage. Auf diese Weise sind die meisten der sogenannten „Grenzertragsböden" entstanden. Auch eine Aufforstung verbessert die Böden nicht mehr, denn die durch Bodenerosion eingetretene Standortverschlechterung ist irreversibel. Das gilt nicht nur für die Deckschuttböden, sondern auch für viele andere der erodierten Böden. Untersuchungen auf mittelalterlichen Wüstungsfluren zeigen, daß die Böden auf Löß sich ebenfalls weitgehend nicht regeneriert haben (MACHANN und SEMMEL 1970). HARD (1965) berichtet ähnliches von Kalksteinböden.

Mit der Abtragung von Böden und gering mächtigen Deckschichten werden jedoch nicht nur Standortqualität und Ertragsfähigkeit verändert, sondern es können weitere Folgen eintreten, die negativ oder positiv zu bewerten sind. So schützt zwar eine Lößdecke das im darunter liegenden Gestein gespeicherte Grundwasser gegen Verunreinigungen der verschiedensten Art, andererseits ist die Grundwassererneuerung wegen der schlechten Durchlässigkeit des Lösses erschwert. Außerdem gelangt aus dem Löß sehr kalkhaltiges Sickerwasser in das Grundwasser, so daß dessen Carbonathärte deutlich ansteigen kann (THEWS 1969, 130). Beachtet werden muß auch die Verschlechterung der Filter- und Umtauschkapazität der Böden durch die Bodenerosion, wodurch die positive Rolle, die der Boden als Speicher und Adsorber gegenüber den verschiedensten Stoffen spielt, verringert wird (ULRICH 1972). Auf diese Weise erhöht sich die Gefahr der Eutrophierung von Gewässern.

Mit diesen Wirkungen der Hangabspülung vergleichbar sind Auswirkungen der Substratverlagerungen durch Pflug und andere Ackergeräte, die in völlig ebenem Gelände ebenfalls zur totalen Abtragung des natürlichen Bodens führen können (Abb. 2).

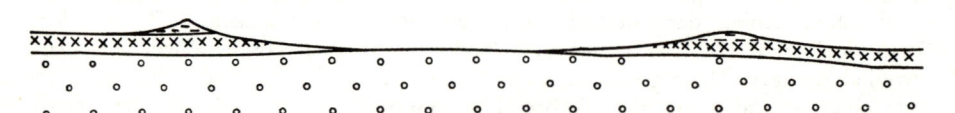

Abb. 2 Bodenerosion auf der Oberen Niederterrasse des Mains bei Okriftel.
Durch die Beackerung wurde in der Mitte der Hochflutlehm mit Parabraunerde (Kreuzsignatur) bis auf den liegenden Kies abgetragen und seitlich zu Ackerbergen aufgehäuft.

An den Parzellengrenzen entstehen dadurch bekanntlich Ackerberge (KOHL 1952; SCHAEFER 1954). Im Rhein-Main-Gebiet sind infolge solcher Abtragung vor allem die Standortbedingungen auf vielen Mainterrassen grundlegend verändert worden. Entweder fehlt stellenweise eine ursprünglich die Kiese überziehende Lößdecke oder auf den jüngsten Terrassen der Hochflutlehm. Dadurch können nunmehr — und das läßt sich mit praktischen Erfahrungen belegen — Verunreinigungen leicht in den nun an der Oberfläche liegenden Kies eindringen und das in diesem gespeicherte Grundwasser gefährden. Selbstverständlich beinhalten die zahlreichen Kiesgruben ähnliche Gefahrenquellen, zumal sie oft als Mülldeponien genutzt werden bzw. wurden.

Im Mittelpunkt unserer Untersuchungen über die anthropogen bedingte oder beeinflußte Hangabspülung stehen jedoch Dellen und ähnliche Formen, die die Hänge gliedern und gewissermaßen Leitformen der Bodenerosion darstellen (SCHMITT 1952, 105). Über den Zusammenhang solcher Formen mit der Bodenerosion ist schon mehrfach berichtet worden (vgl. dazu u. a. RICHTER 1965). Auf der

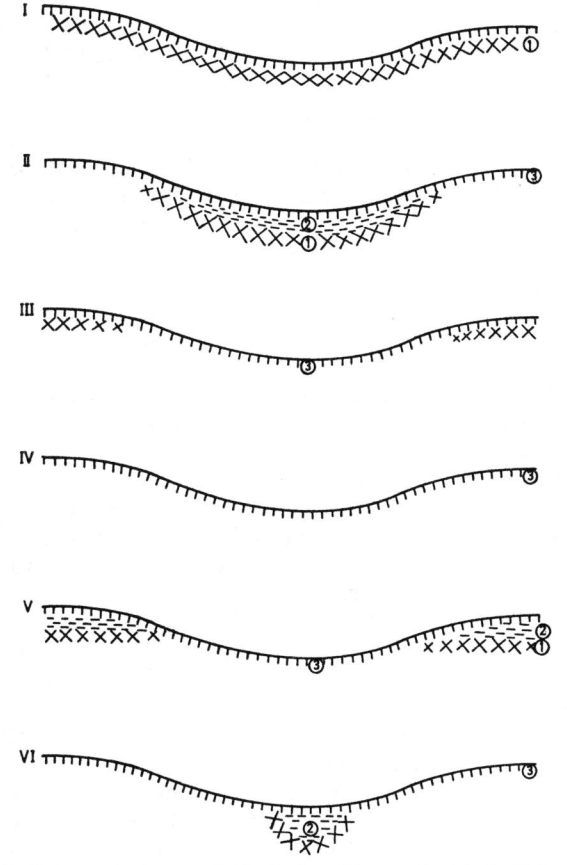

Abb. 3 Dellenquerschnitte von lößbedeckten Hängen des Rhein-Main-Gebietes.
1 = Parabraunerde 2 = Kolluvium 3 = Rendzina
Weitere Erläuterungen im Text.

Abb. 3 sind Querschnittstypen von Dellen wiedergegeben, die im Rhein-Main-Gebiet häufiger vorkommen (vgl. auch BIBUS und SEMMEL 1972).

Der Typ I zeigt die „normale", nicht künstlich veränderte Delle, wie sie als typische Periglazialform im beackerten Gelände nur noch selten anzutreffen ist. Über die Genese und teilweise anthropogene Überprägung solcher Formen finden sich Ausführungen in SEMMEL (1968). Unter Wald sind die Dellen auch bei recht steilen Hängen durchgehend von einer Parabraunerde oder Braunerde (je nach Ausgangsgestein) bedeckt. Diese Klimaxböden zeichnen den Zustand der Form nach, wie er nach dem Abklingen der periglazialen Prozesse zu Beginn des Holozäns vorlag. Die recht homogene Bodenausprägung sorgt zugleich für annähernd gleichwertige Standortqualität im gesamten Querprofil der Delle.

Bei dem Typ II handelt es sich um eine Form, deren randliche Bereiche totaler Abtragung unterlagen. Nur im mittleren Teil des Querprofils ist der Klimaxboden erhalten geblieben, allerdings wird er hier zum größten Teil von Kolluvium überdeckt. Die ursprünglich weitgehend homogene Standortqualität hat erhebliche Veränderungen erfahren. Gehen wir davon aus, daß das Ausgangsgestein Löß ist, so liegt als Produkt der totalen Bodenerosion auf den Hängen eine Rendzina (hier synonym für Pararendzina verwendet), die im Gegensatz zur vorher ausgebildeten Parabraunerde einen hohen, für viele Pflanzen ungünstigen Carbonatgehalt und einen unausgeglichenen Wasserhaushalt aufweist. Die Bodenschätzung drückt diese Verschlechterung der Bodenwertzahlen von 90—95 auf 40—45 aus. Im Zentrum des Querprofils hat sich dagegen die Standortqualität durch Ablagerung von humosem Kolluvium, das sich durch hohen Nährstoffgehalt, sehr hohe Umtauschkapazität und gute bodenphysikalische Eigenschaften auszeichnet, noch verbessert. Die Bewertung durch die Bodenschätzung nähert sich hier der Zahl 100. Indessen leidet die Qualität des Standorts hier häufig durch Verspülungs- und Überdeckungsgefahr, die vor allem junge Saaten gefährdet.

Der Typ III repräsentiert Formen, bei denen die Abtragung im Zentrum am stärksten wirkte. Dort ist dann auf Löß ebenfalls eine Rendzina ausgebildet, während in den randlichen Zonen das ursprüngliche Parabraunerde-Profil mit seinen guten Eigenschaften zumindest mit den unteren Teilen noch vorhanden ist. Die Qualität der Rendzina erfährt in diesem Beispiel in der Regel eine Verbesserung durch den günstigeren Wasserhaushalt gegenüber Typ II, denn der Hangwasserzuzug zum Dellenzentrum verhindert oftmals eine so starke Austrocknung wie auf den Hängen. Jedoch bleibt die Verspülungsgefahr als Nachteil.

Für den Typ IV gilt das gleiche hinsichtlich des Dellenzentrums, vielleicht mit der Einschränkung, daß hier die Bedingungen oft noch schlechter sind, weil eine seitliche Zufuhr von Bodenmaterial ausbleibt, die beim Typ III die Bodenkrume der Rendzina gelegentlich verbessert. Auf den Hängen herrschen indessen Bedingungen wie bei Typ II. Insgesamt gesehen ist der Typ IV der am stärksten im Vergleich zum Ausgangszustand veränderte und der ökologisch ungünstigste.

Eine Sonderform bildet der Typ V, der dann entsteht, wenn eine Hohlform seitlich von Ackerbergen begrenzt wird. Solche Formen hat Bibus (1973) jüngst aus der Wetterau beschrieben. In einer solchen Delle zeichnet sich das Zentrum des Querschnitts durch schlechte Standortsmerkmale wie bei Typ III aus, während in den Grenzzonen der Form besonders gute Bodenverhältnisse gegeben sind.

Der Typ VI ist nach den Untersuchungen von Richter und Sperling (1967) im nördlichen Odenwald sehr weit verbreitet. Seine Vorläuferformen unter Wald waren Schluchten oder Kerben, die unter Acker eingeebnet wurden (vgl. auch Käubler 1952). Ein ähnlicher Typ ist in Semmel (1968, 103 ff.) beschrieben. Die Hänge der ehemaligen Schlucht oder kerbenartigen Vorform sind sehr oft nicht mit einem Klimaxboden bedeckt, sondern tragen Rendzinen oder Ranker. Für den zentralen Teil des Querschnitts des Typs VI gelten hinsichtlich der Standortqualität die für den ebenfalls mit Kolluvium überlagerten zentralen Teil des Typs II gemachten Ausführungen. Die äußeren Bereiche tragen entweder noch Reste von Braunerden und Parabraunerden oder Rendzinen bzw. Ranker und differieren deshalb sehr stark in ihren Qualitäten.

Ziel unserer Untersuchungen ist es unter anderem, die Frage zu klären, welche Bedingungen der Bodenerosion jeweils zu der Ausbildung der verschiedenen Typen führen. Diese Frage läßt sich für den Typ V einfach beantworten, denn hier ist der Verlauf der Schlaggrenzen ausschlaggebend, an die die Ackerberge gebunden sind. Auch für den Typ VI ergibt sich, daß eine solche Entwicklung immer dann zu erwarten ist, wenn unter Wald ausgebildete steilwandige Formen nach der Rodung der Verfüllung und Verflachung durch die Beackerung ausgesetzt werden. Der Typ IV kommt sehr häufig im oberen Teil von Dellen-Längsprofilen vor. Er wechselt hier mit dem Typ III (SEMMEL 1961), wobei sich unterhalb dann oft Typ II anschließt. Die Typen III und IV sind voll in Funktion befindliche Abtragungsformen und stellen Bereiche intensiver Abspülung dar. Der Typ II funktioniert dagegen im zentralen Teil eindeutig als Akkumulationsform. Die Verschüttung kann durchaus auf total erodierte Bereiche übergreifen, so daß in den Dellen dann Kolluvium auf einer Rendzina liegt. Andererseits wird bei Starkregen durch Grabenreißen bereits akkumuliertes Material in größerer Mächtigkeit wieder aufgenommen und das darunter liegende Rohsubstrat angegriffen.

Auf manchen, oft recht flachen Hängen finden sich Dellen, die durchweg den Querschnittstyp III oder IV verkörpern. Warum es hier im unteren Bereich nicht zu stärkerer Akkumulation gekommen ist, ließ sich bisher nicht eindeutig klären. Verschiedentlich liegen an Hängen gleicher Neigung und gleichen Gesteins (überwiegend Löß) Dellen mit den Querschnittstypen II und III bzw. IV nebeneinander. Allem Anschein nach spielt eine Rolle, ob quer oder längs bzw. schräg zur Längsachse der Form geackert wird. In den meisten Dellen, die durchgehend dem Typ III oder IV entsprechen, erfolgt die Beackerung parallel oder schräg zur Längsachse. Dadurch sind offenbar gute Bedingungen für den Abtransport der im Dellentiefsten anfallenden Kolluvien gegeben. Auch hier könnte der Abspülung also durch entsprechende Ackertechnik entgegengewirkt werden. Dennoch ist die Bodenerosion mit solchen Maßnahmen allein nicht zu verhindern. Es bleibt abzuwarten, wieweit die Anwendung von Substanzen, die aggregatstabilisierend wirken, Erfolg hat.

4. LINEARE FLUVIALE EROSION

Der Einfluß menschlicher Tätigkeit auf die lineare fluviale Erosion ist von verschiedenen Seiten untersucht worden. Hier soll nicht die Auswirkung auf das Verhalten größerer Ströme erörtert werden, sondern das anthropogen beeinflußte Verhalten kleiner Bäche oder episodischer Wasserläufe. Diese haben in jüngerer Vergangenheit an verschiedenen Stellen des Rhein-Main-Gebiets deutlich an Erosionskraft gewonnen. Durch die Zunahme bebauten Geländes wird der Oberflächenabfluß verstärkt und eine zeitliche Konzentrierung hervorgerufen. Die dadurch entstehende stoßweise Wasserführung fördert die lineare Erosion. An einem Beispiel aus dem südlichen Taunusvorland sei dies näher erläutert.

Die Stadt Hofheim a. Ts. besitzt in ihrem Westteil ein getrenntes Abwassersystem. Alle Abwässer, die von Straßen und Dächern anfallen, werden nicht der Kläranlage zugeführt, sondern laufen in mehreren mit künstlichen Gräben versehenen Dellentälchen in Richtung Main. Diese Gräben sind in den letzten zehn Jahren deutlich tiefergelegt worden. Auf weite Strecken werden ihre Ufer kräftig unterschnitten. Die Zunahme der Erosionstätigkeit ist ohne Zweifel auf die erhebliche Vergrößerung des bebauten Geländes im Westteil der Stadt Hofheim zurückzuführen, denn die sonstigen Faktoren, die den Abfluß variieren könnten, sind gleichgeblieben. Durch Einbau eines Pegels hoffen wir, genauere Daten über den Zusammenhang zwischen fortschreitender Bebauung des Geländes und der Verstärkung des stoßweisen Oberflächenabflusses zu bekommen.

Die Einschneidung in den Dellentälchen hat dazu geführt, daß die Lößdecke über dem Terrassenkies in der Grabensohle auf langen Strecken ausgeräumt wurde und diese Abwässer direkt im Kies fließen und zum Teil in diesen einsickern. Auf Abb. 4 ist das schematisch dargestellt. Da unmittelbar unterhalb in einem Main-Altlauf die Trinkwasserbrunnen des Wasserwerks Hattersheim der Stadt Frankfurt a. M. stehen, die Wasser aus dem Kies entnehmen, scheint eine unmittelbare Gefährdung dieser Brunnen gegeben, denn die Abwässer weisen teilweise eine enorme Verschmutzung auf (Fäkalien, Altöl, Zuflüsse aus Müllhalden u. ä.). Trotzdem sind bisher keine Beeinträchtigungen der Trinkwasserqualität gefunden worden. Diese erstaunliche Tatsache läßt sich vielleicht damit erklären, daß bereits eine relativ kurze Wegstrecke im Kies genügt, um bestimmte Verunreinigungen aus dem Wasser zu entfernen. So werden etwa organische Verbindungen sehr schnell oxydiert (MATTHES 1972). Es bleibt zu hoffen, daß zukünftig nicht doch noch negative Überraschungen eintreten.

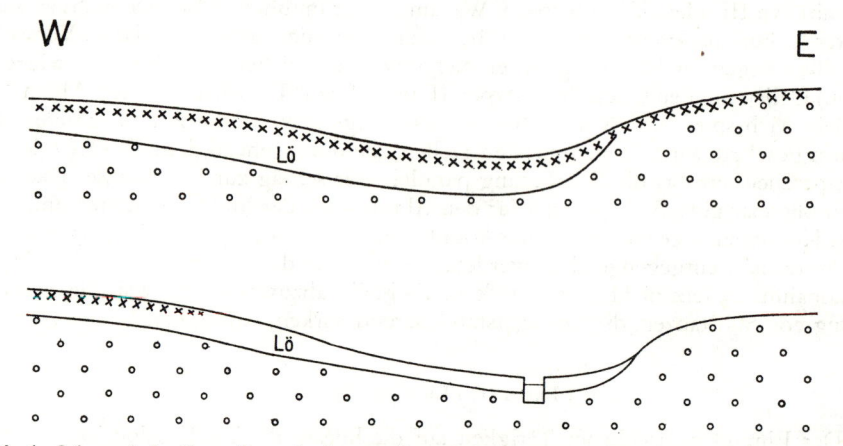

Abb. 4 Schematische Darstellung der jungen linearen Erosion in den Dellentälchen im südlichen Taunusvorland. Die beiden Profile zeigen Querschnitte vor der Entwaldung (oben) und im heutigen Zustand (unten). Weitere Erläuterungen im Text.

5. WINDEROSION

Die Winderosion kann sich ähnlich wie die Hangabspülung gegenwärtig im Rhein-Main-Gebiet nur auf beackertem Gelände auswirken. Sie ist außerdem an die vor allem südlich des Mains und des Rheins liegenden Flugsandfelder gebunden. Nennenswerte Winderosion auf feinkörnigeren Substraten, wie sie etwa von DIEZ (1972) aus dem bayerischen Alpenvorland beschrieben wird, konnte bisher von uns nicht beobachtet werden. Auf den beackerten Flugsandflächen kommt es dagegen an zahlreichen Stellen immer wieder zu Verwehungen. Hierzu ist bereits von anderen Autoren berichtet worden (u. a. WALTER 1950, 8). Gerade abgeschlossene Kartierungen LUX (1973) zeigen, daß in der Umgebung von Königstädten (südlich Rüsselsheim) stärkere Verlagerungen durch Wind stattgefunden haben bzw. noch stattfinden. Auch in den heutigen Wäldern finden sich Anzeichen für noch nicht lange zurückliegende Dünenwanderungen (vgl. auch WALTER 1950, BECKER 1965, 95). Solche jungen Verwehungen veränderten die Standortbedingungen.

Auf dem kalkfreien pleistozänen Flugsand, der im Untermain-Gebiet die größte Verbreitung besitzt, ist als Klimaxboden eine Braunerde ausgebildet, unter der Flugsand mit Tonbändern folgt (BECKER 1965, 66 ff.). Die Braunerde ist in einer in der Jüngeren Tundrenzeit entstandenen Deckzone entwickelt, die Lößlehm und Material des Laacher Bimstuffes enthält (SEMMEL 1969, 92 ff.; PLASS 1972a, 10 ff.). Dadurch werden die Bodenqualitäten gegenüber dem reinen Flugsand verbessert. Diese lehmige Decke fällt der Verwehung zuerst zum Opfer. Die erodierten Standorte haben deshalb geringere ökologische Qualitäten. Selbst eine Beendigung der Verwehung würde keine Möglichkeiten für eine Bodenregenerierung bilden, denn das günstige Ausgangssubstrat der Deckzone ist nicht mehr vorhanden. Auf den heute bewaldeten, in jüngerer Vergangenheit (bronzezeitlich bis 19. Jahrhundert) jedoch abgewehten Flugsanden sind in der Regel nur Ranker entwickelt. Selbst bei einer länger andauernden Bodenbildungsphase hätte die dann als Klimaxboden zu erwartende Braunerde nicht die relativ günstigen Eigenschaften der in der Deckzone ausgebildeten Braunerde.

Kurzfassung

Aus dem Rhein-Main-Gebiet wird über Vorkommen, Ausdehnung, Ursachen und ökologische Auswirkungen von Reliefformen und Formungsvorgängen berichtet, die von Menschen verursacht oder beeinflußt werden. Es handelt sich dabei um Formen und Prozesse von Massenverlagerungen (Hangrutschungen, Fließungen), Hangabspülung, linealer fluvialer Erosion und Winderosion.

Literatur

BARGON, E.: Bodenkarte von Hessen 1:25000, Bl. 5915 Wiesbaden, Wiesbaden 1967.
BECKER, E.: Stratigraphische und bodenkundliche Untersuchungen an jungpleistozänen und holozänen Ablagerungen im nördlichen Oberrheintalgraben. — Diss. nat. Fak. Univ. Frankfurt a. M., 145 S., Frankfurt a. M. 1965.
BIBUS, E.: Zur Genese des flachen Lößreliefs in der westlichen Wetterau. — Erscheint in Ber. oberhess. Ver. Natur- u. Heilkde. Gießen 1973.
— und SEMMEL, A.: Junge Reliefformung im Rhein-Main-Gebiet und ihre landschaftsökologische Bedeutung. — Belastung und Belastbarkeit von Ökosystemen, Tag. ber. Ges. Ökol. Gießen 1972, 163—168, 1 Abb., Augsburg 1972.
CROZIER, M. J.: Techniques for the morphometric analysis of landslips. — Z. Geomorph., N. F., *17*, 78—101, 4 Phot., 10 Fig., 5 Taf., Berlin—Stuttgart 1973.
DIEZ, TH.: Schwarzerdeähnliche Böden als Ergebnis junger äolischer Sedimentation. — Z. Pflanzenernähr. u. Bodenkde., *132*, 88—98, 3 Abb., Weinheim 1972.
GROSSE, B.: Die beschleunigte Bodenabtragung als ein anthropogen beeinflußter Teilprozeß der Erosion und Denudation. — Zt. deutsche geologische Ges., *122*, 11—21, Hannover 1971.
HARD, G.: Zur historischen Bodenerosion. — Z. Gesch. Saargegend, *15*, 209—219, Saarbrücken 1965.

KÄUBLER, R.: Beiträge zur Altlandschaftsforschung in Ostmitteldeutschland. — Pet. geogr. Mitt., *96.* Jg., 245—249, Gotha 1952.

KITTLER, G.: Bodenfluß. — Forsch. deutsch. Landeskde., *143*, 80 S., 10 Fig., Bad Godesberg 1963.

KOHL, F.: Ackerberge auf diluvialen Terrassen. — Geol. Bavar., *14*, 156—165, München 1952.

KÜMMERLE, E. und SEMMEL, A.: Geol. Kte. Hessen 1:25000, Bl. 5916 Hochheim a. M., Wiesbaden 1969.

MACHANN, R. und SEMMEL, A.: Historische Bodenerosion auf Wüstungsfluren deutscher Mittelgebirge. — Geogr. Zt., *58*, 250—266, 4 Abb., Heidelberg 1970.

MATTHESS, G.: Selbstreinigung des Grundwassers. — Bild der Wissenschaft 1972, 1033—1039, Stuttgart 1972.

PLASS, W.: Bodenkarte von Hessen 1:25000, Bl. 5917 Kelsterbach, Wiesbaden 1972.

— Erl. Bodenkte. Hessen 1:25000, Bl. 5917 Kelsterbach, 206 S., 40 Tab., 41 Prof., Wiesbaden 1972 (1972a).

RICHTER, G.: Bodenerosion. — Forsch. dt. Landeskd., *152*, 592 S., 9 Ktn., 102 Abb., 60 Bild. 71 Tab., Bad Godesberg 1965.

— und SPERLING, W.: Anthropogen bedingte Dellen und Schluchten in der Lößlandschaft. — Mz. naturw. Arch., *5/6*, 136—176, 11 Abb., Mainz 1967.

SCHAEFER, I.: Über Anwande und Gewannstöße. — Mitt. geogr. Ges. München, *39*, 117—145, München 1954.

SCHMITT, O.: Grundlagen und Verbreitung der Bodenzerstörung im Rhein-Main-Gebiet mit einer Untersuchung über Bodenzerstörung durch Starkregen im Vorspessart. — Rhein-Main-Forsch., *33*, 130 S., 66 Abb., 6 Fig., 1 Taf., Frankfurt a. M. 1952.

— Zur Kartierung und quantitativen Erfassung von Abspülschäden durch Bodenerosion. — Notizbl. hess. L.-Amt Bodenforsch., *83*, 246—256, 3 Abb., 3 Taf., Wiesbaden 1955.

SEMMEL, A.: Beobachtungen zur Genese von Dellen und Kerbtälchen im Löß. — Rhein-Main-Forsch., *50*, 135—140, 2 Fig., Frankfurt a. M. 1961.

— Junge Schuttdecken in hessischen Mittelgebirgen. — Notizbl. hess. L.-Amt Bodenforsch., *92*, 275—285, 3 Abb., 1 Tab., Wiesbaden 1964.

— Neue Fundstellen von vulkanischem Material in hessischen Lössen. — Notizbl. hess. L.-Amt Bodenforsch., *95*, 104—108, 1 Abb., Wiesbaden 1967.

— Studien über den Verlauf jungpleistozäner Formung in Hessen. — Frankfurt. geogr. Hefte, *45*, 133 S., 35 Abb., Frankfurt a. M. 1968.

— Quartär, in: KÜMMERLE, E. und SEMMEL, A.: Erl. geol. Karte. Hessen 1:25000, Bl. 5916 Hochheim a. Main, 51—99, 6 Abb., Wiesbaden 1969. Bodenkarte von Hessen 1:25000 Bl. 5916, Hochheim a. Main, Wiesbaden 1970.

— Junge Reliefformung im Rhein-Main-Gebiet. — Umweltreport, 327—329, Frankfurt a. M. 1972.

— und ZAKOSEK, H.: Erl. Bodenkarte Hessen 1:25000, Bl. 5916 Hochheim a. Main, 112 S., Wiesbaden 1970.

THEWS, J. D.: in: KÜMMERLE, E. und SEMMEL, A.: Erl. geol. Kte. Hessens 1:25000, Bl. 5916 Hochheim a. Main, Hydrogeologie, 109—144, Wiesbaden 1969.

ULRICH, B.: Die Filterfunktion von Böden. — Belastung und Belastbarkeit von Ökosystemen, Tgber. Ges. Ökol. Gießen 1972, 169—174, Augsburg 1972.

WAGNER, W.: Bodenversetzungen und Bergrutsche im Mainzer Becken. — Geol. u. Bauwesen, *13*, 17—23, 5 Abb., Wien 1941.

WALTER, W.: Neue morphologisch-physikalische Erkenntnisse über Flugsand und Dünen. — Rhein-Main-Forsch., *31*, 34 S., 17 Abb., 2 Taf., 1 Kte., Frankfurt a. M. 1951.

WANDEL, G.: mit einem Beitrag von MÜCKENHAUSEN, E.: Neue vergleichende Untersuchungen über den Bodenabtrag an bewaldeten und unbewaldeten Hangflächen im Nordrheinland. — Geol. Jb. 1949, 507—550, 29 Abb., Hannover 1951.

WENZ, W.: Erdrutschungen in der Umgebung von Frankfurt a. M. — Natur u. Volk, *71*, 479—484, 5 Bild. Frankfurt a. M. 1941.

ZAKOSEK, H.: Die Böden der hessischen Weinbaugebiete. — Abh. hess. L.-Amt Bodenforsch., *50*, 9—19, 3 Tab., Wiesbaden 1967.

Unveröffentlichte Diplom- oder Staatsexamensarbeiten im Geographischen Institut der J. W.-Goethe-Universität Frankfurt a. M.

GÖBEL, P.: Methoden zur Messung rezenter Bodenbewegungen auf bewaldeten Hängen im Taunus. — Frankfurt a. M. 1972.

HELLEBRAND, W.: Holozäne Reliefentwicklung in der Umgebung von Bad Vilbel. — Frankfurt a. M. 1971.

JOHE, K.: Geomorphologische Untersuchungen im Gebiet von Rüsselsheim. — Frankfurt a. M. 1973.

LUX, R.: Geomorphologische Untersuchungen im Gebiet von Königstädten. — Frankfurt a. M. 1973.

WEISS, I.: Naturräumliche Nutzungskarte 1:25000, Bl. 5916 Hochheim a. M., Frankfurt a. M. 1973.

DAS WIRKUNGSGEFÜGE DER BODENVERWEHUNG IM LUFTBILD

Mit 7 Abbildungen

Von Wolfgang Hassenpflug (Kiel)

Unter den Schäden, die in unserer natürlichen Umwelt durch menschliche Aktivitäten möglich werden oder erst entstehen, nimmt die Bodenerosion — hier diejenige durch Wind — eine besondere Stellung ein. Sie betrifft — im Unterschied zu industriell bedingten Umweltschäden — ausschließlich den agraren Bereich und ist dementsprechend sehr viel länger wirksam und schon seit längerem Gegenstand der Forschung.

Die Bodenverwehung ist ein Vorgang, der aus dem Zusammenwirken einer Vielzahl von Faktoren resultiert (vgl. dazu Abb. 1). Die vorliegenden messenden Untersuchungen zur Bodenverwehung sind auf den Zusammenhang dieser Faktoren mit dem Vorgang der Verwehung und mit seiner Intensität gerichtet. Untersuchungsmethoden sind Windkanalversuche mit wechselnden Bedingungen (Bagnold 1941, Chepil nach van Eimern 1960) oder auch Freilandversuche unter natürlichen Windverhältnissen (Kuhlmann 1957, 1958).

Im folgenden geht es darum, einige Einsichten, aber auch offene Fragen aufzuzeigen, die sich dann ergeben, wenn man die Wirkungszusammenhänge der Bodenverwehung nicht während ihres Ablaufes analysiert, sondern wenn man die Formen, die der einzelne Verwehungsvorgang hinterläßt, auf Luftbildern betrachtet und in Beziehung zu vorliegenden Forschungsresultaten setzt.

Es handelt sich hier um panchromatische Meßkammerbilder, die etwa 80 qkm aus der schleswiger Geest (Naturraum 697 der naturräumlichen Gliederung Deutschlands) im Aufnahmemaßstab 1 : 8000 erfassen und die Spuren eines Verwehungsvorganges vom März 1969 ebenso zeigen wie eine Vielzahl von steuernden Faktoren. Diese Faktoren sind im Luftbild teilweise anders gruppiert als in der systematischen Übersicht der Abb. 1.

In Grautonunterschieden treten Wasser- und Humusgehalt des Bodens hervor (Abb. 2, Pos. 2).

An Texturunterschieden ist die Art der Bodenbedeckung (Acker/Grünland) zu erkennen (Abb. 2, Pos. A, G).

Insbesondere aber lassen sich die Faktoren der Flureinteilung und Feldgrenzen (Abb. 1, Gruppe 4) klar und direkt meßbar dem Luftbild entnehmen. Wir werden dieser Faktorengruppe hier aus mehreren Gründen besondere Aufmerksamkeit schenken:

1. Die vollständige Behandlung aller Faktoren sprengt den hier verfügbaren Rahmen. Schon allein die im Bereich der Luftbildaufnahmen häufiger vorkommenden Arten der Feldgrenzen (Rain, Graben, Wall, Hecke, Wald, Graben + Wall, Graben + Hecke, Knick = Wall + Hecke) ergeben 56 Kombinationsmöglichkeiten der Ausbildung in Luv und Lee eines Feldes.

Das Wirkungsgefüge der Bodenverwehung im Luftbild   551

1 **Meteorologische Faktoren**
   Windgeschwindigkeit
   Relative Luftfeuchtigkeit
   Niederschlag

   A Feuchtezustand der Bodenoberfläche

2 **Faktoren der Bodenbeschaffenheit**
   Korngrößenverteilung
   Humusgehalt und -form
   Gehalt an $CaCO_3$ u.a. Salzen

   B Bodengefüge und seine Stabilität

3 **Faktoren der Bodenoberfläche und -bedeckung**
   Relief (Exposition)
   Bodenkultur
     (Bodenbearbeitung
       Art und Dauer der
       Vegetationsdecke)

   C Oberflächenrauhigkeit

   Bodenverwehung

4 **Faktoren der Flureinteilung und Feldbegrenzung**
   Feldlänge in Windrichtung
   Art der luvseitigen Feldgrenze
   Art der leeseitigen Feldgrenze

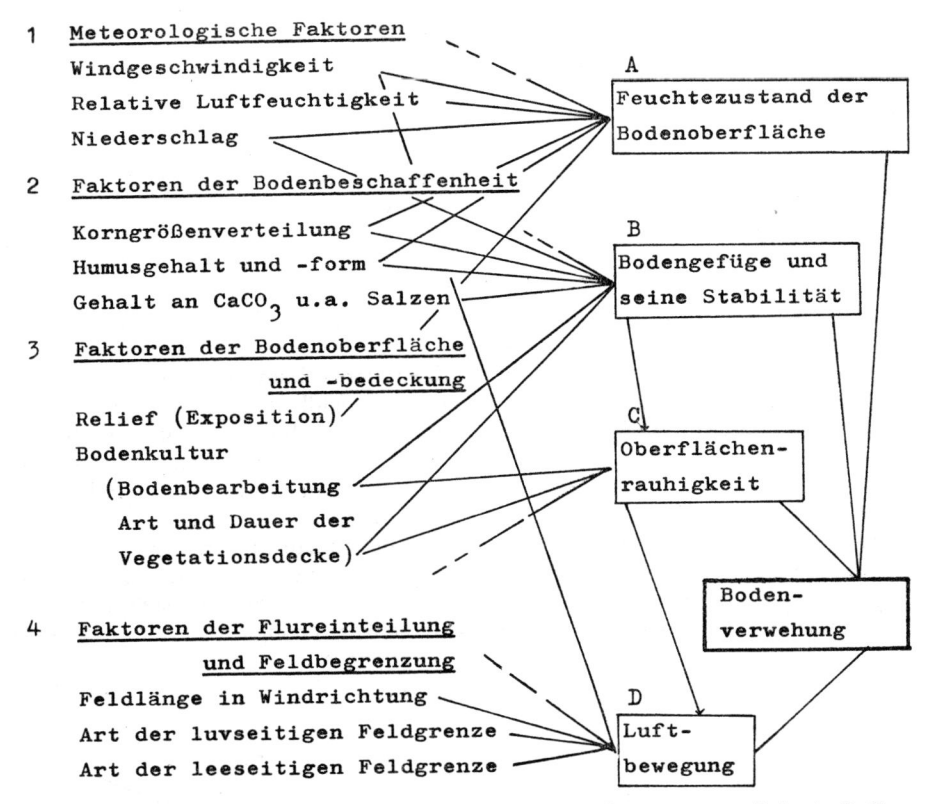

   D Luftbewegung

Abb. 1 Faktoren der Bodenverwehung. Eine Vielzahl von Einzelfaktoren, untergliedert in die Gruppen 1 bis 4 nach verschiedenen Autoren und sicher noch ergänzbar (gestrichelte Linien), wirkt zusammen und bestimmt die direkt wirkenden Faktoren A bis D. Nach einer von CHEPIL gemachten Unterscheidung (s. VAN EIMERN 1960) sind die Faktoren im Bereich A bis D sogenannte primäre und die ihnen zugrundeliegenden Faktoren in den Gruppen 1 bis 4 sekundäre bzw. Basisfaktoren.

2. Die Faktoren der Flureinteilung und Feldgrenzen spielen in den bisher vorliegenden messenden Untersuchungen zur Bodenverwehung eine untergeordnete Rolle.
3. Flureinteilung und Feldbegrenzung sind ein Werk des Menschen, mit dem er entscheidend in das Wirkungsgefüge der Bodenverwehung eingreifen kann, ein Werk, das hohe Kosten verursacht (vgl. das Programm Nord in Schleswig-Holstein) und das deshalb gerne einer Effektivitätskontrolle, wie sie ein extremer Sandsturm darstellt, unterworfen werden sollte.

Betrachten wir nun das Wirkungsgefüge der Bodenverwehung, so wie es sich im Luftbild in einem Einzelfall darstellt (Abb. 3). Auffallend sind die hellen Bereiche westlich der Feldteile 1 und 2. Es sind Ablagerungen aus Sand, der aus den östlich gelegenen, beackerten Feldteilen ausgeweht und hier im Grünland abgelagert worden ist. Die helle Farbe dieser Ablagerungen geht auf ihre Trockenheit und darauf zurück, daß die feineren, humushaltigen und dunkleren Bodenbestandteile noch weiter verfrachtet worden sind. Der Deflationsbereich ist demgegenüber dunkler und vielfach an kleinsträumigen Ablagerungen hellen Materials in den Vertiefungen des Ackerreliefs erkennbar.

Deflations- und Akkumulationsbereich lassen sich zu einem Verwehungsfall zusammenfassen, der sich wiederum mittels eines Verwehungsprofils in Richtung des Bodentransports durch den Wind beschreiben läßt. Die drei Verwehungsprofile durch die Feldbereiche 1 bis 3 (Pfeilrichtung) unterscheiden sich durch jeweils besondere Kombination der wirkenden Faktoren und dementsprechende Unterschiede in der Akkumulation. Das Verwehungsprofil 1 läßt sich so beschreiben (Abfolge in Richtung der Windbewegung): Graben als luvseitige Grenze des Deflationsbereichs; Deflationsbereich gepflügt, teils in Windrichtung, teils quer dazu, 250 m lang; Graben als leeseitige Grenze des Deflationsbereichs; Akkumulationsbereich auf Grünland, 60 m lang. — Das Verwehungsprofil 2 unterscheidet sich von diesem in zwei Punkten: der Deflationsbereich ist nur 85 m lang; der Akkumulationsbereich ist nur 20 m lang. Im Verwehungsprofil 3 fehlt bei gleicher Feldlänge wie im Verwehungsprofil 2 die Sandakkumulation und entsprechend die zugehörige Deflation vollständig; darauf lassen sich zwei Abweichungen im Wirkungsgefüge beziehen: die luvseitige Feldgrenze wird von ca. 5 m hohen Fichten auf einem Erdwall gebildet; der Bereich 3 ist dunkler, d. h. feucht-bindiger als 1 oder 2.

Aus dem Vergleich der Profile 1 und 2 läßt sich der Satz formulieren: die Akkumulationslänge nimmt bei sonst gleichem Wirkungsgefüge mit wachsender Deflationslänge zu. Diese Aussage läßt sich an weiteren Beispielen erhärten und steht in Übereinstimmung mit der Feststellung CHEPILS, daß die Auswehung nach Lee eines Feldes

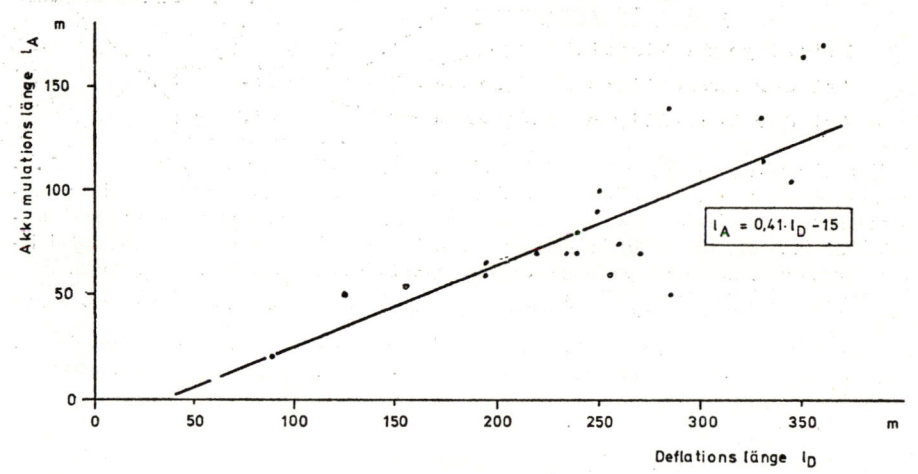

Abb. 4 Beziehung zwischen Deflationslänge und Akkumulationslänge bei der Bodenverwehung vom März 1969.

hin unter dem Einfluß der Saltation anwächst (Bodenlawine nach G. RICHTER, 1965, S. 169). Schon die Ausmessung von 21 Verwehungsprofilen erbringt eine Korrelation von $r = 0,76$ zwischen Deflationslänge l_D und Akkumulationslänge l_A. Sie ist auf dem 99 %-Niveau signifikant. Das zugehörige Diagramm zeigt Abb. 4.

Greifen wir noch ein Detail heraus: Deflations- und Akkumulationsbereich werden im Verlauf des Profils 1 (Abb. 3) durch einen Graben von 1 m Breite getrennt. Das

Abb. 2 Bodenverwehung westlich von Nordhackstedt. Alle Bilder dieses Berichts liegen auf der Top. Karte 1:50 000, Bl. L 1320 und sind — sofern nicht anders vermerkt — freigegeben unter der Nr. 1111/69 der Freien und Hansestadt Hamburg. Bei allen Bildern ist Norden = Oberkante Bildrand. Aufnahmedatum: 7. 4. 1969. Pos. 1: Verwehungsfall mit Fichtenhecke zwischen Deflations- und Akkumulationsbereich. Pos. 2: Grautonunterschiede, bedingt durch Unterschiede in Wasser- und Humusgehalt. A, G: Acker bzw. Grünland. Pos. 3: Heckenlücke mit Aussetzen der leeseitigen Schneeakkumulation. Pos. 4: Schnee- und Staubakkumulation leewärts einer dichten Fichtenhecke.

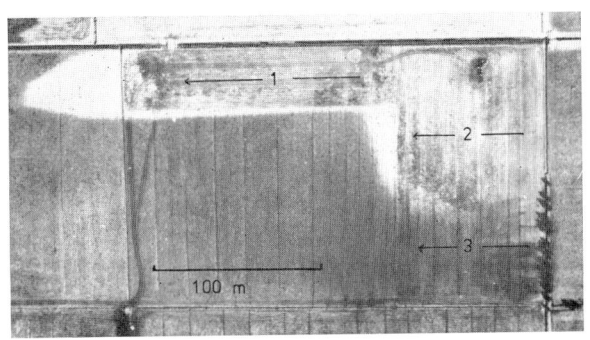

Abb. 3 Bodenverwehung am Südrand des Staatsforstes Lütjenholm. Aufnahmedatum: 3. 4. 1969.

Abb. 5 Bodenverwehung mit Wall bzw. Wallücke in Lee des Deflationsfeldes. Aufnahmedatum: 3. 4. 1969.

Abb. 6 Bodenverwehung am Westrand des Staatsforstes Lütjenholm. Aufnahmedatum: 3. 4. 1969.

a *Abb. 7* Bodenverwehung westlich Goldelund. M = Kartoffel- bzw. Rübenmieten b

a) 1969 mit Aufnahmedatum 3. 4. 1969.   b) 1970 mit Aufnahmedatum 9. 5. 1970. Freigegeben unter Nr. 706/70 der Freien und Hansestadt Hamburg.

Luftbild erlaubt uns, relativ rasch die Sandvolumina (hier als Querschnitte im Verlauf des Profils) abzuschätzen, die den Graben überquert haben und die darin aufgefangen worden sind: über den Graben hinaus gelangte eine Sandmenge, die auf 60 m Länge mindestens 2 cm mächtig ist (Erfahrungswert); das ergibt einen Querschnitt von 1,2 qm. Diese Menge konnte den Graben nur dadurch überwinden, daß die einzelnen Sandkörner ihren Weg in Sprüngen von mindestens 1 m Weite zurücklegten, nämlich im Vorgang der sogenannten Saltation. Was vom Graben aufgefangen wurde, blieb unter dieser Weite bzw. wurde lediglich am Boden — durch die Impulse der auftreffenden Sandkörner — entlanggeschoben. Das ist der sogenannte surface creep der schwereren Bodenpartikeln. Die Auffüllung des Grabens läßt sich — aus dem Vergleich zu seinem nicht-überwehten Teil — auf höchstens 20 cm ansetzen (stereoskopische Bildauswertung), so daß wir hier einen Querschnitt von 0,2 qm haben. Damit ergibt sich rein aus dem Luftbild — bezogen auf das gesamte umlagerte Volumen — ein Anteil von mindestens 5/6 für die Saltation und ein Anteil von höchstens 1/6 für den surface creep. BAGNOLD 1941, S. 35, nennt gewöhnliche Anteile des surface creep von 1/4 bis 1/5.

Andere Einsichten in die verschiedenen, durch den Wind ausgelösten Transportmechanismen ergeben sich dort, wo Erdwälle die leeseitigen Begrenzungen des Deflationsbereiches bilden. Abb. 5 ist ein Beispiel. Die Akkumulationslänge nimmt zu den am Südrand des Feldes gelegenen Profilen zu, weil dort auch die Deflationslänge größer ist. Für das Verwehungsprofil 1 gilt die Abfolge: Rain am Luvrand, quer zur Windrichtung beackertes Feld als Deflationsbereich. Wall als leeseitige Feldgrenze, geringe Akkumulation in Luv des Walles, größere Akkumulationslänge in Lee des Walles in Grünland. Das Profil 2 hebt sich davon dadurch ab, daß in seinem Verlauf der Wall eine Lücke hat und daß die Akkumulation in Luv der Lücke aussetzt und leewärts davon weiter als im Profil 1 vordringt. Dieses Bild entspricht fast genau der Fig. 64 bei Bagnold 1943, S. 192 und ist auch entsprechend zu erklären: Sandkörner, die als surface creep oder durch Saltation mit geringer Bahnhöhe bewegt werden, werden ausgefällt, sobald die Strömungslinien des Windes vom Boden abheben und über den Wall hinweggleiten. Nur Bodenteilchen, die leicht genug sind, diese Bewegung mitzumachen, gelangen auf die Leeseite des Walles. — Im Bereich der Wallücke können dagegen auch die am Boden oder dicht darüber bewegten Sandkörner ins leeseitige Feld gelangen, ja durch Bündelung der Stromlinien (Düseneffekt) ist hier eingangs die Geschwindigkeit so groß, daß jegliche Sedimentation unterbleibt und erst hinter der Lücke ein spindelförmiges Gebilde aufgeschüttet wird.

Der Ablauf der Bodenverwehung wird entscheidend dadurch beeinflußt, ob Windhindernisse in Luv des Deflationsbereiches vorhanden sind und welcher Art sie sind. Abb. 6 zeigt eine Situation, in der Wald, Knick und wechselnde Feldlänge sich in ihren Wirkungen schon recht komplex überlagern. Die Effektivität von Wald und luvseitigem Knick im Hinblick auf die Bodenverwehung ist dagegen mit einem Blick abzulesen: sie war bei den gegebenen meteorologischen Voraussetzungen nicht ausreichend, es hat Verwehung stattgefunden. — Untergliedern wir in zwei Bereiche: das Verwehungsprofil 1, in dessen Verlauf die größte Akkumulationslänge auftritt, ist durch eine Deflationslänge von 200 m (nach der Verwehung schon überpflügt und deshalb recht dunkel) und mindestens 110 m Entfernung vom luvseitigen Fichtenwald (600 m breit, 10—12 m hoch) gekennzeichnet. Wie stimmt dies mit den vorhandenen Messungen zur Windschutzwirkung eines Waldes überein? Der Zusammenstellung bei van Eimern 1964 (WMO-Report, Fig. 12 nach Naegeli) ist folgendes zu entnehmen: unmittelbar am leeseitigen Waldrand ist die Windgeschwindigkeit auf weniger als 20 % der Freilandwindgeschwindigkeit abgesunken; aber schon in einem leeseitigen Abstand, der der 10fachen Baumhöhe entspricht — hier also 100 bis 120 m — steigt die Geschwindigkeit wieder auf bis 80 % an. D. h. aber: wo im Profil 1 das Deflationsfeld beginnt, ist der Windschutz des Waldes praktisch schon „vorbei"; die Bodenverwehung setzt ein und führt zur markanten Akkumulation in Lee des feldbegrenzenden Knicks.

Und warum kommt es im Verlauf des Profils 2 nicht zur Verwehung, obwohl das Deflationsfeld hier weiter leewärts des Waldes beginnt?

Zwei Faktoren sind dafür verantwortlich: zum einen ist ein luvseitiger Knick mit entsprechendem leeseitigen Windschutz vorhanden, zum anderen wird die Deflationslänge im südlichen Teil des Feldes immer kleiner, um schließlich unter jene Minimallänge zu sinken, bei der unter dem gegebenen Faktorengefüge keine Verwehung mehr einsetzen kann und wo dementsprechend die leeseitige Akkumulationszone fehlt. Mit dem Luftbild ist diese Minimallänge, die für die Ermittlung optimaler Heckenabstände wichtig ist, auf bequeme Weise zu ermitteln. Im Bild setzt Verwehung bei Strecken größer 50 m ein. Dieser Wert ist für Profile mit luvseitigen Hecken extrem niedrig; Längen von 120 bis 150 m sind häufiger. Wo luvseitiger Windschutz fehlt, setzt Verwehung schon bei 40 bis 60 m ein, tauchen dabei dunkle Abschnitte im Deflationsbereich auf, die auf feuchte und bindige Stellen schließen lassen, so können die Werte auf über 100 m steigen.

Diese Angaben fußen auf Luftbildern, die Spuren eines Oststurmes vom 13. bis 20. März 1969 zeigen, mit Windstärken 4 bis 6, Gefrornis und leichtem Schneefall sowie rel. Luftfeuchtigkeit von 63 bis 81 %. — Das gibt Anlaß zur Frage, in welcher Weise sich das Erscheinungsbild der Bodenverwehung wandelt, wenn sich die meteorologischen Faktoren, insbesondere Windgeschwindigkeit und -dauer, ändern. Die Antwort gibt der Vergleich der Bilder 7a und 7b, die den gleichen Geländeausschnitt einmal 1969 unter den genannten Witterungsbedingungen und dann 1970 zeigen, als die Verwehung 6 statt 8 Tage dauerte, nur bis Windstärke 5 statt 6 ging, die maximale Windgeschwindigkeit nicht bei 28,3 sondern bei 22,7 m/sec lag, die rel. Luftfeuchtigkeit gleich war und nicht Schnee, sondern 0,6 mm Regen während der Verwehungstage fielen.

1969 waren Intensität und Dauer der Verwehung stark genug, um zu einer klaren Differenzierung von Deflationsgebiet (Bildmitte) und leeseitigem Akkumulationsgebiet zu führen. Das Deflationsgebiet ist relativ einheitlich dunkelgrau getönt, wobei die Tonabstufungen durch Feuchteunterschiede zu erklären sind. Punkt- und linienförmige Muster heller Tönung, die auf Ablagerungen verwehbaren Materials in Vertiefungen des Ackerreliefs hinweisen, fehlen weitgehend, so daß der theoretische Zustand bald erreicht zu sein scheint, bei dem die Auswehung durch Anreicherung der nicht-verwehbaren Bodenaggregate an Intensität verliert. Das Luftbild gibt auf dem Umweg über Massenbilanzierungen auch Auskunft darüber, welche Abtragshöhe dem Erreichen dieses Zustandes mindestens vorausgeht: das ausgewehte Material ist im leeseitig anschließenden Grünland großflächig (und wieder durch einen Graben zerschnitten) abgelagert worden; die maximale Akkumulationslänge kommt der zugehörigen Deflationslänge gleich. Die Akkumulationsfläche erreicht in der Bildmitte etwa die Hälfte der luvseitigen Deflationsfläche. Bei einer Aufschüttungsmächtigkeit von 3 cm, die nach parallelen Geländemessungen nicht zu hoch angesetzt ist, ergibt sich eine mittlere Abtragshöhe im Deflationsfeld von mindestens 1,5 cm.

Ganz anders im Bild 7b, bei dem die leeseitige Akkumulationszone fehlt, dafür aber das Deflationsfeld durch stärkere Grautonkontraste und eigenartig verschwommene Textur auffällt. Auch hier hat zwar Verwehung stattgefunden; sie hat sich aber auf die Umlagerung innerhalb des Deflationsfeldes beschränkt. Die dunklen Linien, die in unregelmäßigen Schlingen über die Felder ziehen, stellen Spuren der Landwirte dar, die durch Mist- und Jauchefahren der Verwehung Einhalt zu bieten versuchten; die nicht verwehungsgefährdeten dunkleren Feldteile sind in ökonomischer Ausführung von dieser Prozedur ausgespart. In systematischer Betrachtung stellt der Zustand dieser Aufnahme die Vorstufe des vorjährigen Zustandes dar: die Bodenverwehung besteht aus wiederholten Phasen des Sandtransports bei böig auffrischendem Wind und aus zwischengeschalteten Phasen temporärer Sedimentation bei nachlassendem Wind. Erst bei anhaltender Verwehung gelangt der Sand unter wiederholter Ablagerung und Aufnahme ganz über das Deflationsfeld hinweg und in das leeseitige Nachbarfeld hinein. Erst dadurch wird das Deflationsfeld von verwehbarem Sand „befreit" und gewinnt im Luftbild seine dunkle Tönung (Bild 7a), während die Akkumulationszungen sich als helle, auffällige Gebilde in das leeseitige Feld vorschieben.

Kehren wir abschließend noch einmal zu Abb. 2 zurück und fragen, ausgehend vom Verwehungsfall 1 nach dem Einfluß der leeseitigen Hecken auf die dahinter erfolgende Sandakkumulation. Die Beobachtung ist diese, daß der Grundriß der Sandakkumulation mit dem Längsprofil der Heckenhöhe korrespondiert: wo der Heckenbewuchs hoch ist, wächst auch die Länge der leeseitigen Sandfahne, wo er niedrig ist oder gar aussetzt, geht auch die Länge der Übersandung zurück. Hinter den knapp 6 m hohen Fichtenreihen im Südteil des Verwehungsfalls sind etwa 100 m lange Sandfahnen ausgebildet, hinter dem mittleren Feldrand, der als grasbewachsener Rain ausgebildet ist, erreicht die Übersandung nur eine Länge von 60 m. Häufig ist dank der Wetterlage auch Schnee in Lee von Hecken abgelagert worden; er ist im Luftbild noch an spezifischen Ausschmelzstrukturen zu erkennen (Abb. 2, Pos. 1, 3, 4). Dabei weisen die Schneefahnen stets eine geringere Länge als die Sandfahnen auf, die das dreifache spezifische Gewicht des Schnees und mehr besitzen. Lücken im Heckenbewuchs wirken auf die leeseitige Akkumulation genau umgekehrt wie Wallücken: hinter ihnen geht die Länge der Sandakkumulation zurück, Schneeakkumulation setzt in der Regel ganz aus (Abb. 2, Pos. 3).

So eindeutig diese formalen Beziehungen zwischen Heckenhöhe und Sandfahnenlänge sind, so komplex ist ihre prozessuale Entsprechung. Die Messungen der Strömungsverhältnisse an Hecken (van Eimern 1964, WMO-Report) stimmen darin überein, daß — ähnlich den Verhältnissen an einem Waldrand — die Windgeschwindigkeit an einer mitteldichten Hecke schon auf der Luvseite gebremst wird, ein wenig leewärts der Hecke ihr Minimum erreicht und sich dann wieder der Freilandgeschwindigkeit annähert, und zwar mit asymptotischem Verhalten und in einer Entfernung, die dem 20- bis 30fachen der Heckenhöhe entspricht. Dieser Art von Windbremsung entsprechend müßte eigentlich das windverfrachtete Material vollständig dicht hinter der Hecke abgelagert werden.

Eine Antwort auf diese Frage kann hier noch nicht gegeben werden; die statistische Analyse der im Luftbild enthaltenen Daten erscheint als Weg zu weiterer Klärung gangbar.

Literatur

BAGNOLD, R. A. (1941): The physics of blown sand and desert dunes. London.
EIMERN, J. VAN (1960): Die Bodenabtragung durch den Wind. Bayerisches Landwirtschaftliches Jahrbuch, Jg. 37, S. 488—508 (darin Forschungen von W. S. CHEPIL referiert).
EIMERN, J. VAN (1964): Windbreaks and shelterbelts. World Meteorological Organisation Technical Note No. 59, prepared by J. van Eimern u. a.
HASSENPFLUG, W./RICHTER G. (1973): Bodenerosion im Luftbild, Schriftenreihe „Landeskundliche Luftbildauswertung im mitteleuropäischen Raum", Heft 10, Bad Godesberg.
KUHLMANN, H. (1958): Quantitative Measurements of Aeolian Sand Transport. Geografisk Tidskrift, Nr. 57, S. 51—74. Kopenhagen.
LUX, H. (1965): Unsere Schutzpflanzungen in Erschließungsräumen. In: 20 Beiträge auf Gemeinschaftskurs im Programm Nord, S. 42—45, Kiel.
MESTEL, E. (1965): Windschutz im schleswig-holsteinischen Küstengebiet. Die Holzzucht, 19. Jg. H. 1/2, S. 15—19.
RICHTER, G. (1965): Bodenerosion — Schäden und gefährdete Gebiete in der Bundesrepublik Deutschland. Forschungen zur deutschen Landeskunde, Band 152 (Textteil, Kartenteil), Bad Godesberg.

6. THEMATISCHE KARTOGRAPHIE

Leitung: U. Freitag, H. Pape, W. Plapper, W. Sperling

ZUR METHODIK DER DARSTELLUNG DYNAMISCHER PHÄNOMENE IN THEMATISCHEN KARTEN

Mit 2 Karten und 3 Abbildungen

Von Werner-Francisco Bär (Frankfurt a. M.)

Zu den Hauptanliegen der thematischen Kartographie gehört die Darstellung dynamischer Phänomene. Während die kartographische Darstellung statischer Objekte oder Erscheinungen im wesentlichen keine oder kaum Probleme bereitet, ist die Wiedergabe dynamischer Phänomene mit Schwierigkeiten verbunden.

Unter dynamischen Phänomenen seien alle in der Zeit und/oder im Raum stattfindenden Veränderungen von Objekten oder Erscheinungen sowie die damit in Verbindung stehenden qualitativen und/oder quantitativen Differenzierungen verstanden. Es handelt sich also hierbei sowohl um die kartographische Darstellung von Bewegungen oder Abläufen, die sich in einem Raum und innerhalb bzw. zu einer bestimmten Zeit abspielen — also im wesentlichen um eine horizontale Veränderung — als auch um die Veranschaulichung von Entwicklungen, Trends, Tendenzen oder sogar Spannungen, die sich zu verschiedenen Zeitpunkten oder im Verlaufe bestimmter Zeiträume einstellen — also eher um eine vertikale Veränderung —. W. Behrmann (1941, S. 24) und W. Bormann (1955, S. 13) sprechen hierbei von einer Einführung der Zeit als 4. Dimension in das zweidimensionale Gebilde der Karte.

Begriffe wie Bewegung — als eine räumliche Veränderung —, Mobilität — als eine horizontale und vertikale Veränderung — sowie Dynamik — als die eine Veränderung auslösende Kraft — sollen hier dem Ausdruck ‚dynamisches Phänomen' untergeordnet werden.

Das Problem liegt hier m. E. — abgesehen von einer möglichen kartographischen Wiedergabe mit Hilfe sinnvoll aneinandergereihter oder sich überlagernder, transparenter Zustandsdarstellungen — in der Veranschaulichung zeitlicher und/oder räumlicher Veränderungen der Objekte oder Erscheinungen in *einer* kartographischen Darstellung. Es muß also versucht werden, durch die angewandte kartographische Darstellungsmethode dem Kartenleser unmittelbar anschaulich den Eindruck einer wirklichen oder potentiellen Veränderung und nicht denjenigen eines Zustandes zu vermitteln.

In den folgenden Ausführungen wird zunächst eine stark geraffte systematische Aufstellung einer aus ca. 3000 Beispielen getroffenen Auswahl der bisher angewandten Darstellungsmethoden aufgezeigt. Die betrachteten Darstellungen stammen aus physisch-thematischen Schulatlanten sowie vor allem aus Geschichts-, Regional- und Nationalatlanten und anderen Publikationen des In- und Auslandes. Die hier angewandten Methoden sollen kritisch untersucht und nach ihrer Anwendungsmöglichkeit zur Wiedergabe räumlich-zeitlicher Veränderungen überprüft werden. Schließlich werden einige Vorschläge zu möglichen Lösungen der im Thema gestellten Problematik vorgestellt.

Zur Besprechung der wichtigsten bisher angewandten Methoden zur Darstellung dynamischer Phänomene erscheint es angebracht, die thematischen Darstellungen nach ihren kartographischen Ausdrucksmitteln zu untersuchen.

Diese sind im wesentlichen aus den graphischen Grundelementen — Punkt, Linie und Fläche — aufgebaut. Als weitere Darstellungsmittel seien Farbe und Schrift genannt.

Zur Gliederung und Erläuterung der einzelnen Darstellungsmethoden dienen die genannten Ausdrucksmittel sowie die aus deren Ausgestaltung hervorgegangenen weiteren Zeichen und werden nach Möglichkeit *getrennt* behandelt. Zu unterscheiden sind: *Geometrische Signaturen, Symbole, Bildzeichen, lineare und flächige Darstellungen sowie Diagramme, Schrift und Farbe.*

GEOMETRISCHE SIGNATUREN

Aus der Fülle kartographischer Ausdrucksmittel seien zunächst die geometrischen Signaturen herausgegriffen (vgl. Abb. 1). Hierunter sind abstrakte geometrische Konfigurationen — wie Quadrat, Kreis, Dreieck oder Punkt — zu verstehen. Ihre meist unkomplizierten Formen erlauben eine gute Vergleichbarkeit, Meßbarkeit und Gruppierungsmöglichkeit, dafür aber meist eine sehr geringe Assoziation zu den darzustellenden Objekten. Man kann hier zwei Gruppen unterscheiden:

1. *Geometrische Signaturen einheitlicher Größe*

2. *Geometrische Signaturen uneinheitlicher Größe*

Bei den Zeichen einheitlicher Größe handelt es sich um Signaturen, deren Größen für ein und dasselbe wiederzugebende Objekt innerhalb einer kartographischen Darstellung nicht variiert werden. (Quantitäten können nur durch Auszählen erreicht werden.)

Bei den uneinheitlich großen Signaturen, den Größenzeichen, wechseln dagegen (meist zur Angabe von Quantitäten) die Ausmaße der Zeichen, wobei ihre Größen — gestuft oder kontinuierlich — willkürlich oder rechnerisch ermittelt werden können.

Zur Wiedergabe dynamischer Phänomene werden die geometrischen Signaturen nach der *Farbe,* durch die *Ausfüllung* und — mit Ausnahme der rechnerisch ermittelten Zeichen — auch nach ihrer *Form* differenziert. Zwei- bis dreifache Kombinationen sind verständlicherweise ebenso möglich.

Darstellung räumlicher Veränderungen

Zur Darstellung räumlicher Veränderungen sollten geometrische Signaturen möglichst vermieden werden. Am deutlichsten läßt sich noch eine Verlagerung im Raume bei Verwendung verschiedenfarbiger Zeichen herauslesen. Dies setzt eine klare Themenstellung und eine übersichtliche Legende voraus.

> In der Darstellung *Pendelverkehr für Arbeiter und Angestellte auf der Eisenbahn* 1929 (in 1:625 000) aus dem Saar-Atlas (S. 37g) werden die zwei berücksichtigten Zielorte als Quadrate rot und schwarz wiedergegeben. Die Anzahl der Einpendler wird durch Größenkreise in den entsprechenden Farben gekennzeichnet.

Darstellung zeitlicher Veränderungen

Wesentlich günstiger lassen sich mit geometrischen Signaturen die in der Zeit eingetretenen Veränderungen bestimmter Objekte darstellen, die sich auf einen Ort oder summarisch auf einen Raum beziehen. Durch Variation der Zeichen oder durch transparente Überlagerung unterschiedlich gestalteter Signaturen und deren Vergleich kann man Auskunft über die Veränderungen in der Zeit erhalten. Bei guter Darstellung können auf diese Weise die im Betrachtungszeitraum sich ergebenden Strukturveränderungen berücksichtigt werden.

> In der Darstellung *Stadt, Markt-Erhebung bzw. erste Erwähnung* (1:1,5 Mill.) aus dem Atlas von Oberösterreich (Bl. 8, Nebenkarte) werden zur zeitlichen Differenzierung Farben verwendet (Schwarz: Vor 1250, Rot: 1250—1500, Ocker: 1500—1850 und Grau: Nach 1850). Die Städte werden durch Quadrate, die Märkte durch Punkte veranschaulicht.
> Durch den Vergleich der farbigen und unterschiedlich geformten Signaturen, die je nach Fall aufeinanderliegen, können der Darstellung die Veränderungen entnommen werden.

Bei Verwendung verschiedener Farben empfiehlt es sich jedoch, die Abfolge der Zeiten einer sinnvollen Abfolge der Farben und bei Verwendung von Farbabtönungen einer Abfolge von Tonstufen gleichzusetzen, wobei die Farbe mit dem stärksten optischen Gewicht, die intensivste Farbe einer Farbenfolge oder die dunkelste Farbtonstufe für den ältesten Zeitpunkt oder Zeitraum vorgesehen werden sollten.

Im Falle einfarbiger Darstellungen kann mit Hilfe unterschiedlicher Signaturausfüllungen ähnlich verfahren werden.

Bei all diesen Darstellungen sollte versucht werden, die zwischen den erfaßten Zeitpunkten eingetretenen Wechsel zum Ausdruck zu bringen.

Darstellung quantitativer Veränderungen

Geometrische Signaturen erscheinen besonders geeignet zur Wiedergabe der auf einen Punkt oder summarisch auf einen Raum bezogenen Wert- oder Mengenangaben, die im Laufe bestimmter Zeiträume einer Veränderung unterliegen. Hierbei können sowohl positive oder negative als auch divergierende Entwicklungen (wie Zu- und Abnahme der Bevölkerung eines Raumes) oder sogar deren Bilanzen dargestellt werden.

Hierzu eignen sich wiederum Farben — wie Rot und Blau (Ausnahme: Farbassoziation zu den Objekten) — sowie deren Farbabtönungen zur zusätzlich wertmäßigen Differenzierung der darzustellenden Daten.

> In der Darstellung *Bevölkerungsentwicklung der Gemeinden 1950 bis 1956, Region Starkenburg* (1:200 000) aus dem vorläufigen Raumordnungsplan für das Land Hessen, Region Starkenburg, stehen flächenproportionale Quadrate für die Bevölkerungszahl der Gemeinden. Die Farbe der Quadrate gibt die positive (rot) bzw. die negative (blau) Bevölkerungsentwicklung an. Die unterschiedliche Ausfüllung der Quadratflächen veranschaulicht die prozentuale Entwicklung der Bevölkerung nach Schwellenwertbereichen.

Statt Farbabtönungen werden häufig auch Farben entgegengerichteter Farbenfolgen eingesetzt — beispielsweise Rot—Orange—Gelb für positive und Grün—Blau—Blauviolett für negative Entwicklungen.

Im Falle einfarbiger Darstellungen müßten die Signaturen mit kontrastreichen visuellen Rastermustern unterschiedlichen Dichtegrades ausgefüllt werden.

SYMBOLE

Mit Symbolen als mehr oder minder *schematischen* Abbildungen der Aufrisse oder Grundrisse von Objekten können zeitlich-qualitative Differenzierungen meist nur durch Veränderung der Farbe und/oder der Ausfüllung des Zeichens oder von Teilen desselben erfolgen — wie es in Darstellung *Kirchliche Architektur* (1:1 Mill.) aus dem Salzburg-Atlas (S. 53) zu sehen ist. (Farben entsprechen hier den Stilepochen.)

Einen Hinweis auf bestimmte Richtungen zur Veranschaulichung räumlicher Veränderungen kann man meist nur dem Aussehen mancher Zeichen entnehmen. (Beispiel: Kennzeichnung der Fahrtrichtung bei Schiffssymbolen.)

Obwohl Symbole eine gute Assoziation zu den darzustellenden Objekten erlauben, ist ihr Einsatz zur Wiedergabe dynamischer Phänomene recht selten.

BILDZEICHEN

Unter Bildzeichen sind vereinfachte, formtreue Abbildungen von Objekten zu verstehen, die im Aufriß oder meist in *perspektivischer* Sicht wiedergegeben werden. Trotz ihres Höchstmaßes an Assoziationsfähigkeit zu den wiederzugebenden Objekten finden sie noch weniger als Symbole Verwendung zur Darstellung von Veränderungen. Ihre häufig komplizierten Formen lassen bestenfalls eine farbliche Differenzierung zur Angabe verschiedener Zeiten zu.

LINEARE DARSTELLUNGEN

Unter lineare Darstellungen sind kartographische Ausdrucksmittel zu verstehen, die das graphische Element Linie als Hauptbestandteil aufweisen.

Mit linearen Darstellungen sollten nur in der Natur tatsächlich linienhaft auftretende Objekte und Erscheinungen oder nur im Raum gedachte Linien wiedergegeben werden.

Vom Graphischen her gesehen, weisen lineare Darstellungen eine Fülle von Variationsmöglichkeiten auf (vgl. Abb. 1). Durch *Verbreiterung* der Linien entstehen Bänder (vor allem zur Angabe von Quantitäten). Durch verschiedene *Linienarten*, durch verschiedene *Linienführung* sowie durch das Anbringen von *Zusatzzeichen* können weitere (vorwiegend qualitative) Differenzierungen vorgenommen werden.

Als besondere Zusatzzeichen seien Winkel- oder Dreieckszeichen genannt, die — rein graphisch gesehen — an eines der Linien- oder Bänderenden angebracht, diese zu richtungsweisenden Zeichen, den *Pfeilen* oder *Pfeilbändern* umgestalten.

Der Einsatz verschiedener *Farben* ermöglicht eine weitere Liniendifferenzierung. Zusätzliche Möglichkeiten schaffen Kombinationen der genannten Formen.

Darstellung räumlicher Veränderungen

Lineare Ausdrucksmittel eignen sich besonders zur Veranschaulichung sich im Raum linienhaft verändernder oder sich bewegender Objekte.

> In der Darstellung *Napoleons Feldzug in Rußland* (1:12 Mill.) aus Putzgers Historischem Schul-Atlas 1918 (S. 27) wird mit einer feinen ausgezogenen roten Linie der Zug Napoleons nach Moskau 1812 und mit einer entsprechenden blauen Linie der im gleichen Jahr stattfindende Rückzug veranschaulicht.

ABB. 1

GEOMETRISCHE SIGNATUREN

	GEOMETRISCHE SIGNATUREN EINHEITLICHER GRÖSSE	GEOMETRISCHE SIGNATUREN UNEINHEITLICHER GRÖSSE WILLKÜRLICH ERMITTELT	RECHNERISCH ERMITTELT
Keine Differenzierung	• • •	• • ● (ansteigende Linie)	• • ● (Kurve)
Differenzierung nach Farbe	● ● ● ○ ●	• ● ●	● ● ●
Differenzierung durch Ausfüllung	⊙ ◉ ⊗ ○ ●	⊙ ⊙ ⊗	⊙ ⊙ ⊗
Differenzierung nach Form	▲ ● ■	▲ ● ■	—
Kombination	△ ⊙ ⊠	△ ⊙ ⊠	⊙ ⊙ ⊗

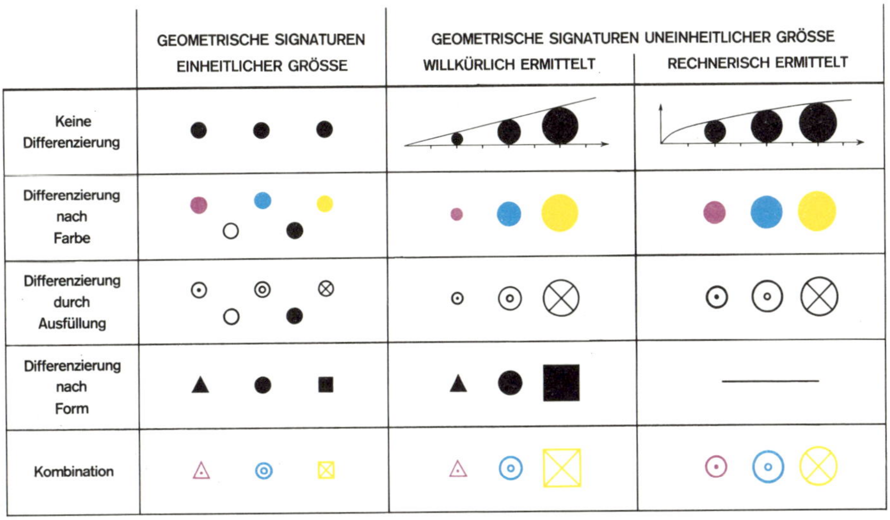

LINEARE DARSTELLUNGEN

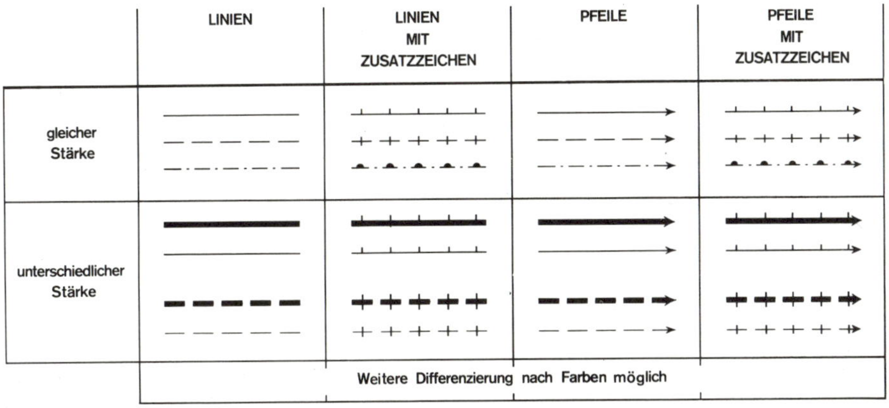

	LINIEN	LINIEN MIT ZUSATZZEICHEN	PFEILE	PFEILE MIT ZUSATZZEICHEN
gleicher Stärke	——— ——— ———	—+—+—+— —·—·—·—	——→ ---→	—+—+—→ —·—·—→
unterschiedlicher Stärke	▬▬▬ ——— ▬ ▬ ▬ - - - - -	▬+▬+▬ ——— ▬+▬+▬ —+—+—	▬▬▬→ ——→ ▬ ▬ → - - -→	▬+▬+→ —+—+→ ▬+▬+→ —+—+→

Weitere Differenzierung nach Farben möglich

FLÄCHENDARSTELLUNGEN

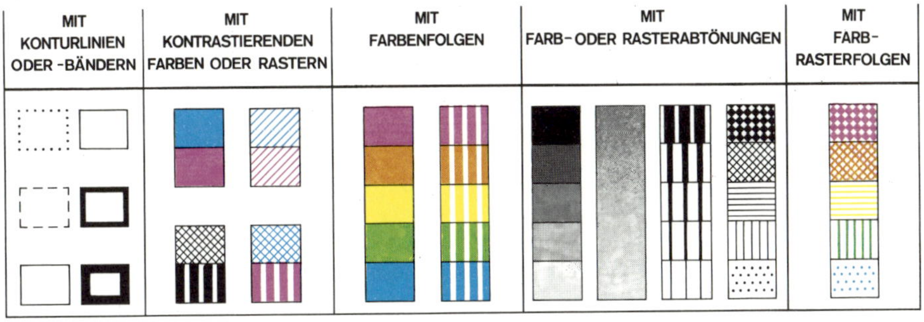

MIT KONTURLINIEN ODER -BÄNDERN	MIT KONTRASTIERENDEN FARBEN ODER RASTERN	MIT FARBENFOLGEN	MIT FARB- ODER RASTERABTÖNUNGEN	MIT FARB-RASTERFOLGEN

Obwohl nur mittelbar, so können bei entsprechender Themenstellung und Legende also in manchen Darstellungen den differenzierten reinen Linien räumliche Objektveränderungen entnommen werden.

Im Gegensatz zum vorhergehenden Beispiel wird unter dem Titel *Verdun* (Maßstab 1 : 500 000, Putzgers Historischer Schul-Atlas 1918, S. 43) durch die Linien eine senkrecht zu ihrem Verlauf stattfindende Bewegung im Raum angedeutet.

> Hier zeigen Linien unterschiedlicher Farbe und Strichart den Verlauf der Fronten am westlichen Kriegsschauplatz. In Blau werden die Stellungen der Deutschen, in Rot diejenigen der anderen Macht dargestellt. Die verschiedenen Linienarten veranschaulichen die veränderte Lage der Front.

Im übrigen sollten reine Linien oder Bänder nur verwendet werden, wenn mit ihnen die Bewegung in einer Richtung und deren Umkehr auf ein und derselben Strecke ausgedrückt werden soll (z. B. Pendlerbewegung).

Soll dagegen die räumliche Veränderung in nur eine bestimmte Richtung wiedergegeben werden, dann ist die Verwendung von Pfeilen, Pfeillinien oder Pfeilbändern zu empfehlen. Qualitative oder zeitliche Differenzierungen können hierbei durch verschiedene Farben oder durch verschiedene Stricharten der Pfeilschäfte vorgenommen werden, wie es in der Darstellung *Böhmischer Staat und Slowakei in den Jahren 1742 bis 1781 — Schlesische Kriege in den Jahren 1740 bis 1763* (1 : 3 Mill.) aus dem Atlas Československých Dějin (Karte 14b) zu sehen ist.

> Dort werden Differenzierungen durch die Art der Pfeilschäfte (für die Zeit) und durch die Farbe der Pfeile (für die Heeresmacht) wiedergegeben.

Vollziehen sich die räumlichen Bewegungen linienhaft auftretender Erscheinungen senkrecht zu ihrem Verlauf, so sind bisher und sollten auch weiterhin Linien mit einseitig angebrachten Zusatzzeichen verwendet werden. Beispiele sind genug aus den Darstellungen von Wetter- oder militärischen Fronten bekannt.

Außer diesen Einzeldarstellungen ist eine Kombination reiner Linien oder Bänder mit Pfeilen eine sehr beliebte Methode zur Veranschaulichung räumlicher Veränderungen.

> In der Darstellung *Meeresströmungen und Klimate* (Äquatorialmaßstab 1 : 180 Mill.) aus Debes Schul-Atlas 1917 (S. 16) stehen feine rote Linien für warme und grüngraue für kalte Meeresströmungen. Die Bewegungsrichtung veranschaulichen kleine schwarze Pfeile.

Darstellung zeitlicher Veränderungen

Verschiedene Zeitpunkte oder Zeiträume, in denen Objekte entstehen, in denen Veränderungen stattfinden oder in denen sich Objektbewegungen vollziehen, lassen sich am besten mit linearen Ausdrucksmitteln unterschiedlicher Farbe und/oder Gestalt aufzeigen. Am geeignetsten für eine Zeitenfolge erscheint die Verwendung von Farben einer Spektral- oder einer anderen Farbenreihe.

Durch die Aneinanderreihung verschiedenfarbiger oder u. U. verschieden gestalteter Linien, Bänder oder Pfeile kann die in einem Gesamtzeitraum bewältigte Strecke in einzelne Weg-Zeit-Abschnitte aufgegliedert werden. Auf diese Weise läßt sich jedenfalls ungefähr die Zeit für die zurückgelegte Strecke abschätzen bzw. ablesen.

Auskunft über Beschleunigung oder Verlangsamung eines sich bewegenden Objektes versucht man vielfach mit Hilfe von Fiedern, die entweder am Schaftende oder unmittelbar hinter der Spitze von Pfeilen angebracht sind, zu veranschaulichen. Der gewünschte Effekt wird jedoch nicht erreicht, wie es aus der Darstellung *Wasserbewegung an der Oberfläche im Februar* — im Atlantischen Ozean — (1:60 Mill.) von H. H. F. Meyer (1928, Abb. 51) zu ersehen ist.

> Die Anzahl und Stärke der Pfeilspitzen oder sog. Pfeilfiedern dient hier zur Bezeichnung der Geschwindigkeit in cm/sec. bzw. Sm/Etm. Die Stärke der Schaftlinien veranschaulicht die Beständigkeit der Wasserbewegung in %. (Die Aussparungen im Schaft kennzeichnen die Menge des beobachteten Materials.)

Darstellung quantitativer Veränderungen

Quantitative Veränderungen sind bei linearen Ausdrucksmitteln bisher vorwiegend mit Hilfe neben- oder aufeinanderliegender Bänder unterschiedlicher Breite aufgezeigt worden. Während im Falle einer Nebeneinanderlagerung die Bänder sehr viel Platz beanspruchen, ist bei einer Aufeinanderlagerung ein einwandfreier Vergleich der aufgezeigten Werte oder Mengen nur unter Verwendung transparenter Farben oder visueller Raster gegeben. (Vgl. Darstellung *Veränderung des Berufsverkehrs* von H. Müller 1964, Karte 4.)

FLÄCHENDARSTELLUNGEN

Unter Flächendarstellungen sind Wiedergaben zu verstehen, die die Fläche kartographisch ausgestalten. Die kartographisch angelegte Fläche kann entweder für eine flächenhaft verbreitete Erscheinung oder ein flächenhaft verbreitetes Objekt stehen, oder sogar die Wiedergabe eines statistischen Wertes, das auf ein Areal bezogen wird, veranschaulichen.

Im Gegensatz zu linearen Darstellungen können mit einzelnen, *alleinstehenden* Flächen normalerweise dynamische Vorgänge nicht zum Ausdruck gebracht werden. Bis auf wenige Ausnahmen (z. B. *einfarbig* geschummerte Flächen) bedürfen sie meist einer weiteren Fläche anderen Aussehens, um Veränderungen aufzuzeigen.

Aus der Fülle graphischer Möglichkeiten sind zur Veranschaulichung dynamischer Phänomene bisher folgende Methoden kombinierter Darstellung eingesetzt worden (siehe Abb. 1):

> Darstellung mit Hilfe von *Konturlinien oder -bändern*. Hierbei verliert die Linie ihre eigentliche Funktion und erhält eine andere Aufgabe.
> Darstellung mit Hilfe *kontrastierender Farben oder Raster*.
> Darstellung mit Hilfe von *Farbenfolgen*. Hierbei handelt es sich um Farben (als Töne oder Raster), die zu einer harmonischen und sinnvoll zusammengestellten Skala aneinandergereiht werden.
> Darstellung mit Hilfe von *Farb- oder Rasterabtönungen*. Hierzu werden sowohl gestufte wie stufenlose (Schummerton) Abtönungen gerechnet als auch Abfolgen visueller Flächenraster gezählt, die gesetzmäßig nach einem einheitlichen Muster oder ungesetzmäßig nach verschiedenen Mustern abgestuft sind.
> Darstellung mit Hilfe von *Farb-Rasterfolgen*. Hierbei handelt es sich um Flächenraster-Skalen, deren Stufen in den Farben von Farbenfolgen angelegt sind.

Darstellung räumlicher Veränderungen

Derartige Flächendarstellungen eignen sich zur Wiedergabe räumlicher Veränderungen.

Obwohl die Darstellung mit Hilfe von Konturlinien oder -bändern nicht zu den echten Flächenwiedergaben zu rechnen ist, bringt sie die flächenhaft im Raum auftretenden Veränderungen und die damit in Verbindung stehenden Verflechtungen recht deutlich zum Ausdruck. Hierzu eignen sich verschieden farbige Linien und Bänder eher als Linien unterschiedlicher Breite und Art.

In der Darstellung *Assyrisches Reich* (1 : 18 Mill.) aus Putzgers Historischem Schul-Atlas 1918 (S. 2b) fanden verschiedene Farben Anwendung: Blau für das assyrische Reich unter Salmanasar II. und Gelb für die Lage des Reiches unter späteren Herrschern.

Mit kontrastierenden Flächen lassen sich am besten Gegensätze, wie Raumgewinn und Raumverlust, bedrohender und bedrohter Raum oder sogar bestehende Spannungen ausdrücken. Dies geschieht am günstigsten in den Kontrastfarben Rot und Blau, Schwarz und Weiß oder mit Hilfe visueller Raster unterschiedlichen Musters. Als Beispiel kann die Darstellung *Verlust wirtschaftlicher Kraftquellen in den abgetrennten Gebieten* (ca. 1 : 13,5 Mill.) von K. TRAMPLER (1934, Abb. 10) genannt werden.

Im Gegensatz zu kontrastierenden Flächen sind Darstellungen, in denen die Areale mit Farben von Farbenfolgen angelegt und aneinandergereiht werden, ausgezeichnet in der Lage, aufeinanderfolgende Raumgewinne oder Raumverluste zu veranschaulichen. Beispiel: *Europa im zweiten Weltkrieg* (1942—1945) in 1 : 25 Mill. aus Putzgers Historischem Weltatlas 1961 (S. 129).

Um ständig zunehmende oder abnehmende Flächenveränderungen aufzuzeigen, ist die Verwendung von Farbabtönungen besonders angebracht. Als Beispiel möge hier die Darstellung *Ausbreitung der Urgermanen* (ca. 1 : 14,8 Mill.) aus der Deutschen Geschichte in Stichworten (Heft 1, Abb. 2) genannt werden. Die Reihenfolge der Farbtonstufen hängt nicht zuletzt von der Themenstellung ab.

Darstellung zeitlicher Veränderungen

Die Kennzeichnung bestimmter Zeiten oder bestimmter Zeitfolgen sollte bei Verwendung von Konturlinien oder -bändern entweder mit Hilfe von Farben einer Farbenfolge oder u. U. durch unterschiedlich aufgelöste Linien erfolgen.

Weniger geeignet für Zeitangaben erscheinen Arealfüllungen mittels Kontrastfarben oder -rastermuster.

Wiederum sind aber Flächentöne oder Flächenraster in den Farben von Farbenfolgen — u. U. auch mit gleitenden Schummertönen (bei unscharfen Raumabgrenzungen) — sehr zu empfehlen, wie das Beispiel *Europa im zweiten Weltkrieg* (1942—1945) schon zeigen konnte.

Noch günstiger für Zeitangaben sind Farbabtönungen. Üblich hierbei ist der Einsatz des hellsten Tones für die zuletzt eingetretene Veränderung. In der Darstellung *Die Teilung Polens 1772—1795* (1 : 9 Mill.) aus dem Großen Historischen Weltatlas (Band III, S. 139c) stehen beispielsweise drei Farbabtönungen für die Zeit-Raum-Veränderungen.

Darstellung quantitativer Veränderungen

Bei der Darstellung quantitativer Veränderungen haben wir es mit dem großen Feld der meist auf statistischen Daten beruhenden Flächenwiedergaben zu tun, die auf natürliche Räume bezogen nach der sog. geographischen Methode und auf administrative Einheiten bezogen als sog. Flächenkartogramme angelegt sind.

Zur Angabe quantitativer Veränderungen von Flächen ist m. E. die Konturlinien- oder Konturbändermethode zu vermeiden, da sie keinen einwandfreien Flächenvergleich gestattet.

Kontrastierende Flächen in Arealfärbung oder in visueller Rasterung sind dagegen zur Wiedergabe gegensätzlicher Wert- oder Mengenentwicklungen geeignet.

Farbenfolgen können ebenso Verwendung finden. Bei divergierenden Entwicklungen empfehlen sich jedoch Skalen unterschiedlicher Farbrichtung.

> In der Darstellung *Entwicklung der Bevölkerung 1869—1910* (1:1 Mill.) aus dem Atlas von Oberösterreich (Bl. 36) wird mit zwei Farbenfolgen die prozentuale Zu- und Abnahme der anwesenden Bevölkerung im betrachteten Zeitraum gezeigt.

Wesentlich geeigneter für quantitative Veränderungen erscheinen allerdings Farbabtönungen. Bei divergierenden Entwicklungen empfiehlt sich die Verwendung gegensätzlicher Farben. Hierzu werden auch häufig gesetz- oder ungesetzmäßig gestufte Rasterskalen angewandt.

Schließlich sei noch auf die zwei- oder dreifache Kombination von Flächenmethoden hingewiesen. Derartige Kombination durch beispielsweise Überlagerung visueller Raster und Farbtonstufen, wie sie W. BEHRMANN (1941) zur Darstellung der *Volksdichte 1925* und der *Veränderungen der Volksdichte 1875—1925* anwandte, erscheint angebracht. Die Kombination hingegen von Farbenfolgen und Farbabtönungen oder Farbkontrasten, die Gesamtentwicklungen als Ergebnis der Entwicklungstendenz mehrerer Zeitabschnitte veranschaulichen soll, ist nach Möglichkeit zu vermeiden. Bei Verwendung jedoch bestimmter Farben für bestimmte Entwicklungsrichtungen in den einzelnen Zeitabschnitten könnte durch ihre jeweilige Mischung die Entwicklungstendenz im Gesamtzeitraum veranschaulicht werden.

DIAGRAMME

Als Diagramme seien geometrische Figuren bezeichnet, die meist zur Wiedergabe von Zahlenwerten eingesetzt werden, und durch deren graphische Aufgliederung eine zusätzliche qualitative oder quantitative Aussage ermöglicht wird.

Hierher gehören neben den *gleichsam dimensionslosen* Diagrammen — wie Punkt-, Signaturen- oder Symboldiagramme als eine meist nach der Zählrahmenmethode erfolgte Zusammenstellung verschiedenartiger Zeichen —

alle *eindimensionalen* Diagramme (s. Abb. 2) — wie Kurven-, Stab-, Radial-, Linien-, Band- oder Pfeildiagramme —,

alle *zweidimensionalen* Diagramme (s. Abb. 3) — wie beispielsweise Kreis-, Halbkreis-, Quadrat- oder Dreiecksdiagramme —

und alle *dreidimensionalen* Diagramme (s. Abb. 3) — wie z. B. Quaderdiagramme —.

Ebenso sollten zu den Diagrammen alle Figuren gezählt werden, die durch eine Nebeneinander-, Ineinander- oder Aufeinanderstellung gekoppelt werden.

Darstellung räumlicher Veränderungen

Ähnlich den geometrischen Signaturen sind Diagrammfiguren nicht zur Darstellung räumlicher Veränderungen geeignet. Ausnahmen bilden die schon besprochenen Linien-, Band- oder Pfeilzusammenstellungen sowie die Radialdiagramme.

DIAGRAMME

EINDIMENSIONALE DIAGRAMME

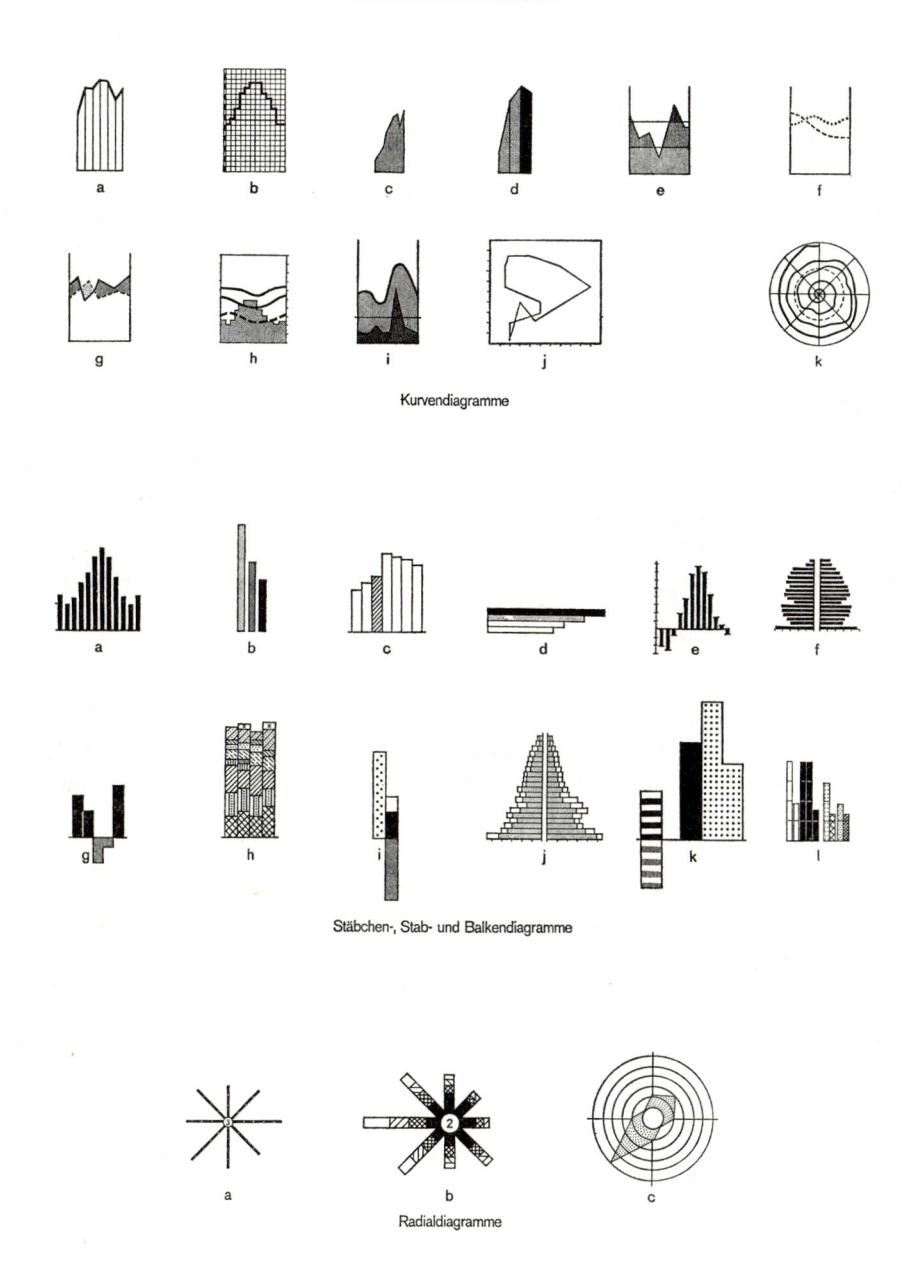

Kurvendiagramme

Stäbchen-, Stab- und Balkendiagramme

Radialdiagramme

Darstellung zeitlicher Veränderungen

Zur Angabe zeitlicher Veränderungen können Diagramme eher verwendet werden. Für kontinuierliche Zeitabläufe sind gleitende Kurven-, für unregelmäßige Zeitintervalle erscheinen gestufte Kurven- und Stab- oder Balkendiagramme besser angebracht. Weiterhin können zur Veranschaulichung von Zeitpunkten oder Zeiträumen die einzelnen Teile bestimmter Diagramme mit unterschiedlichen Farben oder visuellen Rastern versehen werden oder deren Lage in der Gesamtfigur Berücksichtigung finden.

Darstellung quantitativer Veränderungen

Hervorragend geeignet sind Diagramme jedoch zur Wiedergabe von Quantitäten und ihrer im Laufe bestimmter Zeiten eingetretenen Veränderungen. Im wesentlichen sollten mit Diagrammfiguren quantitative oder auch qualitative Veränderungen aufgezeigt werden, die sich nur auf einen Ort oder summarisch auf einen Raum beziehen.

Wie oben erwähnt, eignen sich eindimensionale Diagramme zur Angabe kontinuierlicher bzw. nicht kontinuierlicher Veränderungen.

Wesentlich platzsparender und vergleichbarer sind jedoch zweidimensionale Zeichen. Zur Wiedergabe von Quantitätsveränderungen eignen sich hierunter vor allem die zusammengestellten Figuren. Bestimmte Entwicklungsrichtungen werden durch Ausfüllung der Zeichen oder Zeichenteile mit Farben oder visuellen Rastern ausgedrückt. Im Falle gegensätzlicher Entwicklungen spielt u. U. auch die Lage der Figurenteile zu einer gemeinsamen Achse oder zu einem Achsenkreuz eine Rolle.

Dreidimensionale Figuren werden häufig eingesetzt, um Extremwerte noch einigermaßen positionstreu im Kartenbild unterzubringen. Da der Betrachter die 3. Dimension jedoch optisch nur schwer oder gar nicht erfassen kann, sollten derartige Figuren vermieden werden.

SCHRIFT

Bei der Beschriftung interessiert nur diejenige Schrift in Form von Zahlen, Namen oder erläuterndem Text, mit deren Hilfe eine thematische Aussage vorgenommen wird.

Häufig wird Schrift zur Wiedergabe von Veränderungen in der Zeit und/oder im Raum sowie zur Angabe der damit zusammenhängenden qualitativen oder quantitativen Aussagen herangezogen.

Sehr beliebt zur Veranschaulichung von Veränderungen ist ein Wechsel von Schriftarten, Schriftlagen oder vor allem Schriftfarben, wie aus der Darstellung *Universitäten im Mittelalter* (1:25 Mill.) aus Putzgers Historischem Weltatlas 1961 (S. 58 II) zu ersehen ist.

Vielfach ist die Schrift für thematische Aussagen m. E. nur ein Verlegenheitsmittel.

FARBE

Auf eine gesonderte Betrachtung der Verwendung der Farbe zur Wiedergabe dynamischer Phänomene kann verzichtet werden, da sie bei den einzelnen Ausdrucksmitteln ausreichend mitbehandelt wurde.

KOMBINATIONSDARSTELLUNGEN

Um der Vollständigkeit willen, müssen auch noch die Kombinationsdarstellungen genannt werden. Hierbei handelt es sich um *trennbare* und um *nicht trennbare* Kombinationen aller bisher besprochenen Ausdrucksmittel, wobei sich verständlicherweise einige Methoden schon aus rein graphischen Gründen ausschließen.

WEITERE DARSTELLUNGSMETHODEN

Als Ausweichmöglichkeiten seien noch einige übliche Methoden zur Darstellung dynamischer Phänomene erwähnt:
a) Die sog. kinematographische Methode (BEHRMANN 1941, S. 29) — eine Aneinanderreihung von Karten —
b) Die Deckblattmethode
c) Die Methode des durchscheinenden Rückseitenaufdrucks (IMHOF 1972, S. 198)

Bei diesen Methoden werden verschiedene Zeitpunkt- oder Zeitraumdarstellungen entweder nebeneinander- oder mittels transparenter Zeichenträger aufeinandergelegt oder auch durch einen seitenverkehrten durchscheinenden Druck auf der Kartenrückseite aufgebracht und verglichen.

d) Außerdem muß noch der Film als eine Methode zur kontinuierlichen Erfassung von Karten besonders genannt werden; eine Methode, die vor allem für didaktische Zwecke noch stark ausgebaut werden sollte.

Nach Betrachtung und Analyse der verschiedenen Darstellungsmethoden seien abschließend noch zwei Vorschläge zu möglichen Lösungen der im Thema angeschnittenen Probleme vorgestellt:

VORSCHLAG ZUR KARTOGRAPHISCHEN DARSTELLUNG MIT HILFE GEOMETRISCHER SIGNATUREN (vgl. Karte 1)

Diese Darstellung stellt einen Vorschlag zur kartographischen Wiedergabe *langfristiger* Entwicklungen von Objekten oder Erscheinungen dar.

Auf der Grundlage einer Gemeindegrenzenkarte des Stadt- und Landkreises Offenbach (Kartengrundlage: Verkleinerung der Gemeindegrenzenkarte von Hessen 1 : 250 000) wurde eine Darstellungsmethode für die Wiedergabe der Gemeindebevölkerung und ihrer quantitativen Veränderung im Laufe mehrerer Zeiträume ausgearbeitet.

In dieser Darstellung wird eine Kombination einheitlich und uneinheitlich großer geometrischer Signaturen verwendet.

a) Als einheitlich große Zeichen werden Rechtecke eingesetzt, die so in die Kartengrundlage eingetragen sind, daß sie mit den Kernen der jeweiligen Ortschaften übereinstimmen. Die Rechtecksignaturen unterscheiden sich voneinander nur durch ihre Ausfüllung, die in Form schematischer Kurven erfolgt. Diese Kurven veranschaulichen die Entwicklungstendenz der Gemeindebevölkerung innerhalb von vier Zeiträumen. Für die Eintragung der einzelnen Zu- oder Abnahmen werden die Rechteckgrundlinien in gleiche Abschnitte aufgeteilt (hier: Zeitgleiche Abstände von 15 Jahren). Die vorliegenden Zeichen stellen die 16, aus Zu- und Abnahme und nach Ablauf von 4 Zeiträumen sich ergebenden Entwicklungstypen dar. Eine Ausnahme bildet das Zeichen für Stagnation. Die Berücksichtigung von Stagnationsphasen wäre ebenso möglich.

b) Der Bevölkerungsstand am Ende der vier Zeitabschnitte wird zusätzlich mit Hilfe uneinheitlich großer, rechnerisch ermittelter (flächenproportional) geometrischer Signaturen wiedergegeben. Um derartige Signaturen besser den Rechtecken anpassen zu können, wurden für die Darstellung Quadrate ausgewählt, deren Flächenmitten jeweils mit den Mitten der einbeschriebenen Rechtecke übereinstimmen.
c) Zusätzlich werden die Quadrate mit Tonstufen von Farbabtönungen belegt, um die prozentuale Bevölkerungsentwicklung während des ganzen Zeitraumes aufzuzeigen.

VORSCHLAG ZUR KARTOGRAPHISCHEN DARSTELLUNG MIT HILFE FLÄCHENHAFTER AUSDRUCKSMITTEL (vgl. Karte 2)

In dieser Darstellung wird der Versuch unternommen, die räumlich flächenhafte Veränderung, d. h. die *flächenhafte Bewegung und Gegenbewegung* von Objekten oder Erscheinungen, kartographisch zu veranschaulichen. (Kartengrundlage: Grenze des Stadt- und Landkreises Offenbach aus verkleinerter Gemeindegrenzenkarte von Hessen 1 : 250 000.)

Die dabei angewandte Methode kann beispielsweise zur Wiedergabe friedlicher oder kriegerischer Inbesitznahme und/oder Räumung bestimmter Gebiete verwendet werden.

a) Die Kernräume verschiedener Herrschaftsbereiche werden flächenhaft in Kontrastfarben angelegt.
b) Die räumlich-positive Veränderung, d. h. eine Besetzung oder Eroberung, wird mit Hilfe verschieden starker Schraffurbänder in den Farben der raumgewinnenden Macht veranschaulicht, wobei die Schraffurbänder mit dem Jüngerwerden des Zeitpunktes an Stärke abnehmen.
c) Die verlorenen Gebiete werden in einer helleren Tonstufe der entsprechenden Farbe wiedergegeben, und zwar nur die zwischen den Schraffurbändern liegenden Partien.
d) Besetzte und wieder verlorene oder geräumte Gebiete werden dagegen mit Hilfe gleichsam transparenter Schraffuren angelegt. Diese Schraffuren sind aus Zwei- oder Dreifachlinien aufgebaut. Die Anzahl der zu den einzelnen Gruppen zusammengefaßten Linien gibt den Zeitpunkt der räumlich-negativen Veränderung an. Auch hier stehen die schmalen ‚Bänder' bzw. Schraffuren, d. h. diejenigen mit geringerer Linienzahl, für den jüngeren und die breiteren für den älteren Zeitpunkt der Veränderung. Die Farbe der Schraffurlinien und die des Ausgangsgebietes der ihnen entsprechenden Macht ist die gleiche.
e) Zusätzlich können noch der alte und der neue Grenzverlauf in verschiedenen Linienarten eingetragen werden.

Mit Hilfe dieser Kombination verschieden getönter und unterschiedlich schraffierter Flächen läßt sich die räumliche Veränderung aus dem Kartenbild herauslesen.

SCHLUSS

Nach der Betrachtung der einzelnen Ausdrucksmittel ist festzustellen, daß durchaus Wege bestehen, um dynamische Phänomene kartographisch zu veranschaulichen.

Mit geometrischen Signaturen, Symbolen oder Diagrammfiguren können auf einen Ort oder summarisch auf einen Raum bezogene Veränderungen, mit linearen Darstel-

ABB. 3

DIAGRAMME

ZWEIDIMENSIONALE DIAGRAMME

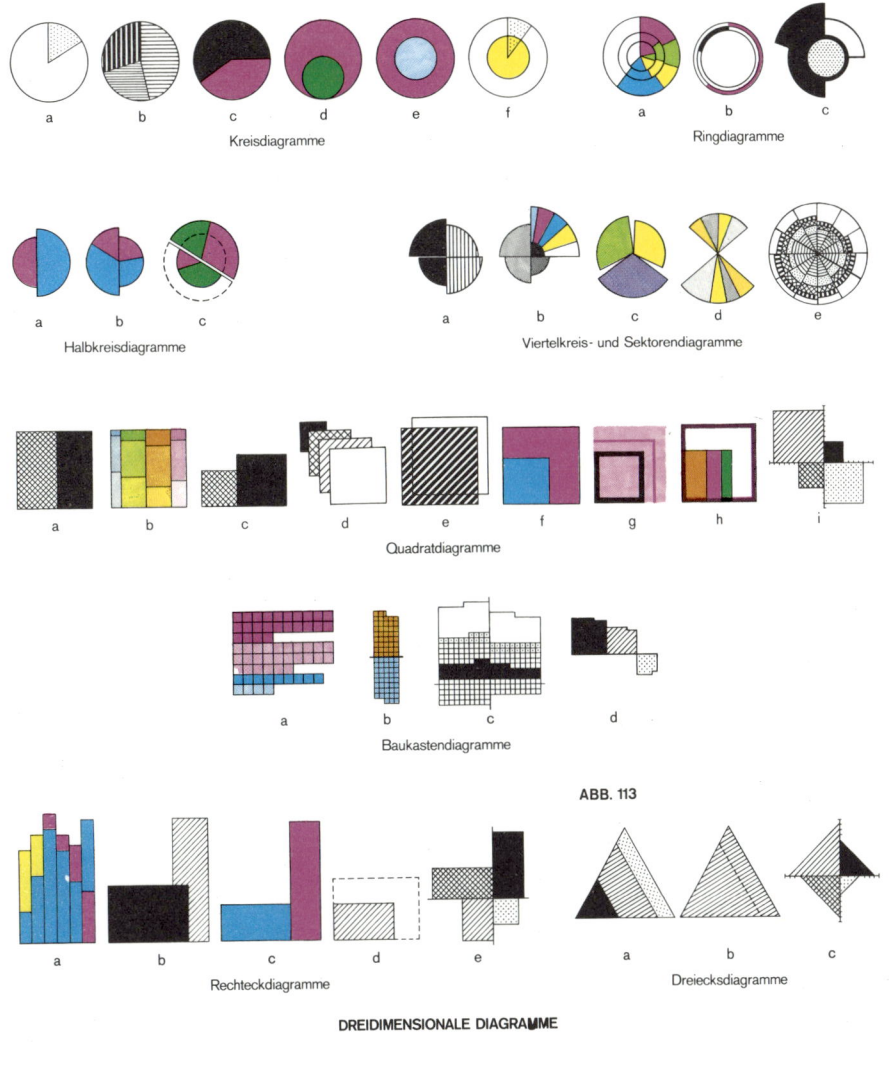

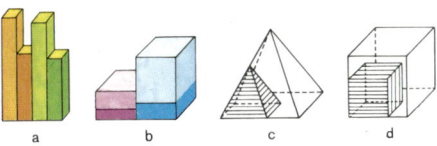

a b c d e f — Kreisdiagramme

a b c — Ringdiagramme

a b c — Halbkreisdiagramme

a b c d e — Viertelkreis- und Sektorendiagramme

a b c d e f g h i — Quadratdiagramme

a b c d — Baukastendiagramme

ABB. 113

a b c d e — Rechteckdiagramme

a b c — Dreiecksdiagramme

DREIDIMENSIONALE DIAGRAMME

a b c d

Geographisches Institut
der Universität Kiel
Neue Universität

KARTE 1

BEVÖLKERUNGSENTWICKLUNG IN DEN GEMEINDEN DES STADT- UND LANDKREISES OFFENBACH VON 1895 BIS 1955

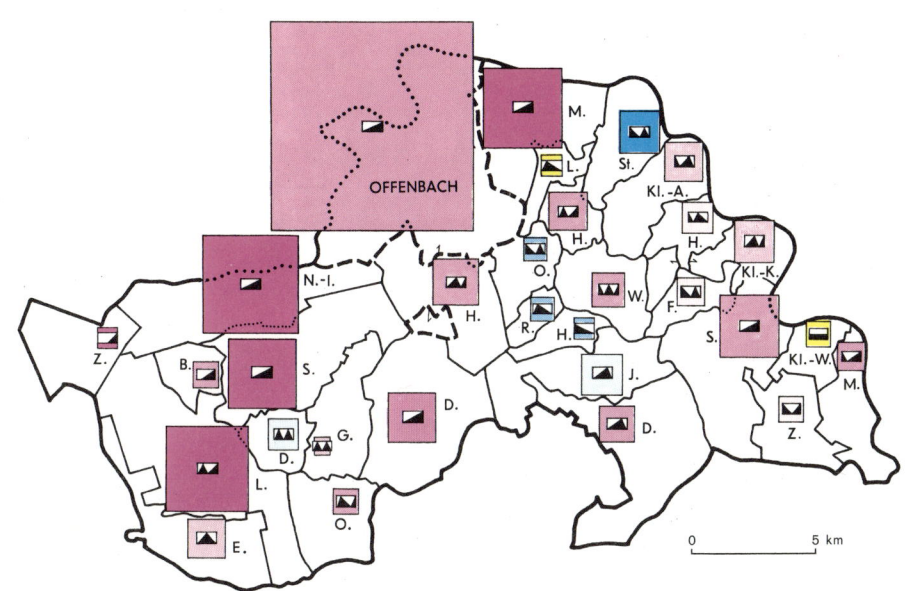

Typische Kurven der Bevölkerungsentwicklung von 1895 bis 1955

	1895–1910	1910–1925	1925–1939	1939–1955
	Z	Z	Z	Z
	A	Z	Z	Z
	Z	A	Z	Z
	Z	Z	A	Z
	Z	Z	Z	A
	A	A	Z	Z
	A	Z	A	Z
	Z	A	A	Z
	S	S	S	S
	A	Z	Z	A
	Z	A	Z	A
	Z	Z	A	A
	A	A	A	Z
	A	A	Z	A
	A	Z	A	A
	Z	A	A	A
	A	A	A	A

Z: Zunahme   S: Stagnation   A: Abnahme

- - - Stadtkreisgrenze
——— Gemeindegrenze

Die Einwohnerzahlen sind zum überwiegenden Teil fingiert

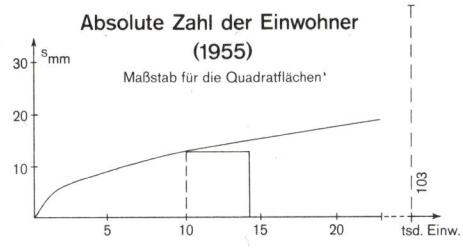

Absolute Zahl der Einwohner (1955)
Maßstab für die Quadratflächen

Prozentuale Zu- und Abnahme der Bevölkerung von 1895 bis 1955

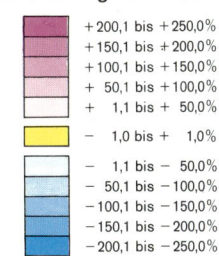

- +200,1 bis +250,0 %
- +150,1 bis +200,0 %
- +100,1 bis +150,0 %
- + 50,1 bis +100,0 %
- + 1,1 bis + 50,0 %
- − 1,0 bis + 1,0 %
- − 1,1 bis − 50,0 %
- − 50,1 bis −100,0 %
- −100,1 bis −150,0 %
- −150,1 bis −200,0 %
- −200,1 bis −250,0 %

Quellen: Hist. Gem. Verz. f. Hessen
MALSI, M.: Die Struktur des Landkreises Offenbach

Geographisches Institut
der Universität Kiel
Neue Universität

KARTE 2

VERSUCH DER DARSTELLUNG EINER RÄUMLICHEN VERÄNDERUNG

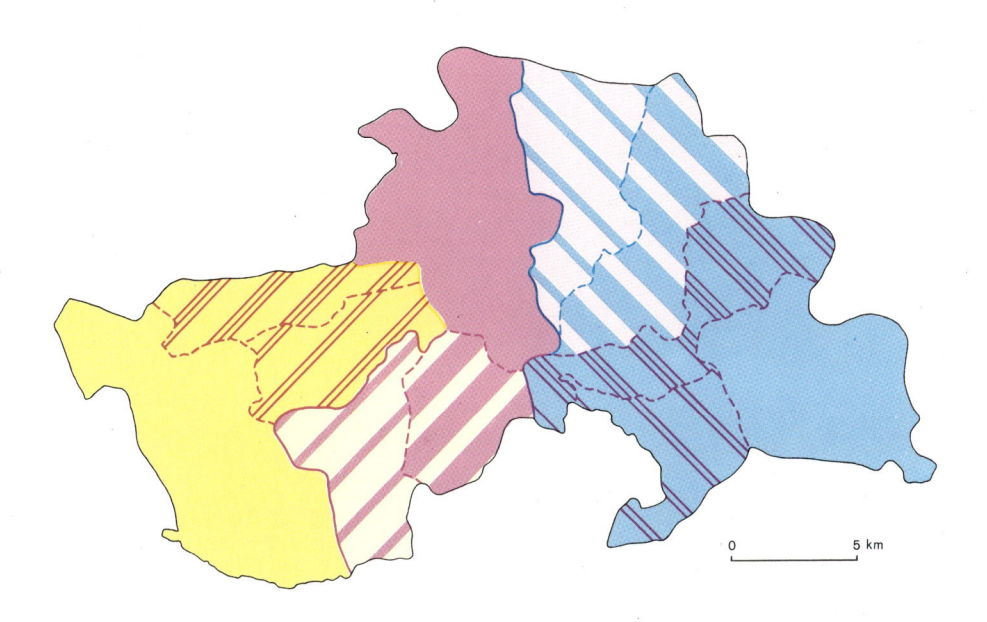

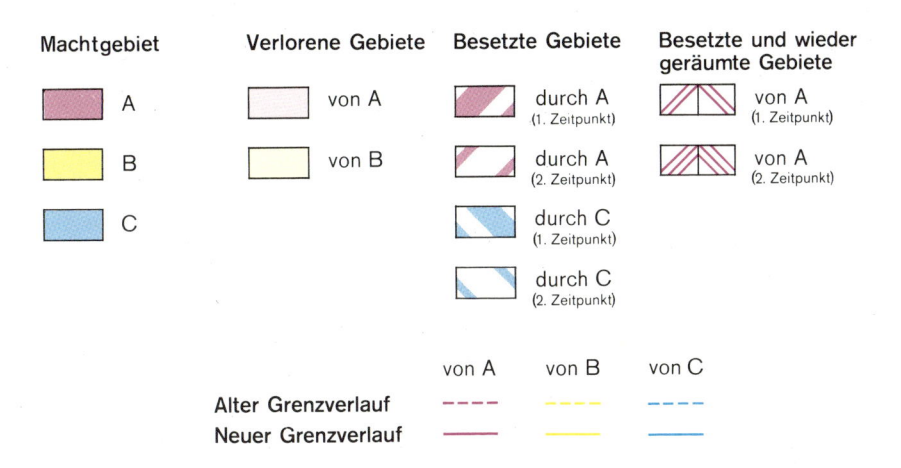

Machtgebiet	Verlorene Gebiete	Besetzte Gebiete	Besetzte und wieder geräumte Gebiete
A	von A	durch A (1. Zeitpunkt)	von A (1. Zeitpunkt)
B	von B	durch A (2. Zeitpunkt)	von A (2. Zeitpunkt)
C		durch C (1. Zeitpunkt)	
		durch C (2. Zeitpunkt)	

	von A	von B	von C
Alter Grenzverlauf	----	----	----
Neuer Grenzverlauf	——	——	——

Die im Kartenausschnitt wiedergegebenen Verhältnisse sind frei erfunden

Geographisches Institut
der Universität Kiel
Neue Universität

lungen möglichst nur linienhaft und mit Flächendarstellungen nur flächenhaft verbreitete Objekte oder auf ein Areal bezogene Werte wiedergegeben werden.

Zur Darstellung von Veränderungen eignen sich zweifellos die Farben am besten. Mit Farben aus Farbenfolgen oder mit Tonstufen bzw. mit stufenlosen Abtönungen von Farben können wertvolle Effekte und Ergebnisse erzielt werden.

Nicht zu unterschätzen ist der große Wert visueller, in ihren einzelnen Elementen wahrnehmbarer Raster, die entweder ein- oder verschiedenfarbig neben anderen Ausdrucksmitteln oder in Form einer zweiten Schicht die gleichsam darunterliegenden überlagern.

Bei allen Darstellungen sollte versucht werden, die zwischen den erfaßten Zeitpunkten stattfindenden Veränderungen oder Entwicklungen zu veranschaulichen, auch wenn damit Strukturveränderungen verbunden sind. Zumindest kann durch eine sehr starke Aufgliederung einer Gesamtzeitspanne oder einer Gesamtstrecke in einzelne Abschnitte eine weitgehende Annäherung an einen lückenlosen Übergang erreicht werden.

Abschließend sei festgestellt, daß es sicherlich noch näher zu untersuchende Methoden gibt, die zu einer Veranschaulichung des Dynamischen beitragen könnten.

Jeder neue kartographische Versuch der Veranschaulichung dynamischer Phänomene sollte bewirken, daß mit Hilfe der angewandten Darstellungsmethode die Veränderungen im Raum und in der Zeit für den Kartenleser unmittelbar erkennbar sind.

Literatur

ARNBERGER, E.: Die kartographische Darstellung von Typen der Bevölkerungsveränderung. In: Veröffentlichungen der Akademie für Raumforschung und Landesplanung, Forschungs- und Sitzungsberichte, Band 64, Hannover 1971, S. 1—36.
— Die Signaturenfrage in der thematischen Kartographie. In: Mitteilungen der Österr. Geogr. Gesell., Band 105, Wien 1963, S. 202—234.
— Thematische Kartographie, Wien 1966.
BÄR, W.-F.: Zur Methodik der Darstellung dynamischer Phänomene in thematischen Karten — unter besonderer Berücksichtigung von Planungs- und Geschichtskarten. In: Frankfurter Geographische Hefte, Heft 50, Frankfurt am Main (im Druck).
BEHRMANN, W.: Statische und dynamische Kartographie. In: Jahrbuch der Kartographie, Leipzig 1941, S. 24—34.
BORMANN, W.: Zur Dynamik und Methodik in der Kartographie. In: Kartographische Nachrichten, Bielefeld 1955, S. 12—21.
FRENZEL, K.: Zur Frage des optischen Gewichts von Signaturen für thematische Karten. In: Erdkunde, Bonn 1965, S. 66—70.
HEYDE, H.: Die Ausdrucksformen der Angewandten Kartographie. In: Kartographische Nachrichten, Bielefeld 1961, S. 185—188.
IMHOF, E.: Thematische Kartographie. — Beiträge zu ihrer Methode. In: Die Erde, Berlin 1962, S. 73—116.
— Thematische Kartographie, Berlin 1972.
JUSATZ, H. J.: Die Darstellung von Krankheiten und Seuchen im Kartenbild. In: Geographisches Taschenbuch 1962/63, Wiesbaden 1963, S. 322—333.
MEYNEN, E.: Bauregeln und Formen des Kartogramms. In: Geographisches Taschenbuch 1951/52, Stuttgart 1951, S. 422—434.
— Die thematische Raumdarstellung — Karte und Kartogramm in der Landesbeschreibung. In: Geographisches Taschenbuch 1956/57, Wiesbaden 1957, S. 462—466.

— Geographische und kartographische Forderungen an die historische Karte. In: Blätter für deutsche Landesgeschichte, Wiesbaden 1958, S. 38—64.

— Kartographische Ausdrucksformen und Begriffe thematischer Darstellung. In: Kartographische Nachrichten, Gütersloh 1963, S. 11—19.

Müller, H.: Darstellungsmethoden in Karten der Landeskunde und Landesplanung. In: Veröffentlichungen des Niedersächsischen Instituts für Landeskunde und Landesentwicklung, Reihe A: Forschungen zur Landes- und Volkskunde, Band 77, Heft 1, 2 und 3, Göttingen und Hannover 1964, 1965 und 1966.

Ogrissek, R.: Die Karte als Hilfsmittel des Historikers, Gotha und Leipzig 1968.

Pillewizer, W.: Ein System der thematischen Karten. In: Petermanns Geographische Mitteilungen, Gotha 1966, S. 231—238 und 309—317.

Plapper, W.: Probleme der Genesedarstellung. In: Untersuchungen zur thematischen Kartographie (1. Teil). Veröffentlichungen der Akademie für Raumforschung und Landesplanung, Forschungs- und Sitzungsberichte, Band 51, Hannover 1969, S. 43—52.

Preobraženskij, A. I.: Ökonomische Kartographie, Gotha 1956.

Schiede, H.: Die Farbe in der Kartenkunst. In: Kartengestaltung und Kartenentwurf — Ergebnisse des 4. Arbeitskurses Niederdollendorf der Deutschen Gesellschaft für Kartographie, Mannheim 1962, S. 23—37.

v. Schumacher, R.: Zur Theorie der geopolitischen Signatur. In: Zeitschrift für Geopolitik, Berlin 1935, S. 247—265.

Witt, W.: Bevölkerungskartographie. In: Veröffentlichungen der Akademie für Raumforschung und Landesplanung, Abhandlungen, Band 63, Hannover 1971.

— Thematische Kartographie — Methoden und Probleme, Tendenzen und Aufgaben —, Hannover 1967.

Quellenverzeichnis der im Text genannten kartographischen Darstellungen

Atlas Československých Dějin, Prag 1965.

Atlas von Oberösterreich, Linz 1958 ff.

Behrmann, W.: Statische und dynamische Kartographie. In: Jahrbuch der Kartographie, Leipzig 1941, S. 24—34.

Debes' Schul-Atlas, Leipzig 1917.

Gehl, W.: Deutsche Geschichte in Stichworten, Heft 1, Breslau 1938.

Großer Historischer Weltatlas, Teil III, München 1963.

Müller, H.: Darstellungsmethoden in Karten der Landeskunde und Landesplanung. In: Veröffentlichungen des Niedersächsischen Instituts für Landeskunde und Landesentwicklung, Reihe A: Forschungen zur Landes- und Volkskunde, Band 77, Heft 1, Göttingen und Hannover 1964.

Putzger — Historischer Weltatlas, Bielefeld 1961.

Putzgers Historischer Schul-Atlas, Bielefeld 1918.

Saar-Atlas, Gotha 1934.

Salzburg-Atlas, Salzburg 1955.

Trampler, K.: Der Unfriede von Versailles, München 1934.

Vorläufiger Raumordnungsplan für das Land Hessen — Region Starkenburg. Hrg. von der Landesplanung, Wiesbaden 1957.

Wüst, G.: Der Ursprung der Atlantischen Tiefenwässer. In: Zeitschrift der Gesellschaft für Erdkunde, Sonderband, Berlin 1928, S. 506—534. (Darin Tafel XXXV: Darstellung von H. H. F. Meyer.)

Diskussion zum Vortrag Bär

Dr. F. Werner (Berlin)

Ihre Beispiele sind zunächst plausibel, doch habe ich Bedenken hinsichtlich der Argumentationsart. Sie haben eine Vielzahl von Darstellungsbewertungen gegeben. Diese Aussagen sind — durchaus positiv gesehen — auf der Ebene des plausiblen handwerklichen Erfahrungsschatzes, der mir allerdings prüfbar scheint. So wurde z. B. das Lesen einer Karte — d. h. auch der Nachvollzug der Information über dynamische Phänomene — experimentell-psychologisch analysiert. Ähnliches wäre hier zur Bestätigung Ihrer Aussagen möglich.

Prof. W. Ritter (Darmstadt)

Sie haben uns einen kleinen Ausschnitt des zur Darstellung dieser Probleme vorhandenen Handwerkszeuges vorgeführt. Was ich dabei völlig vermisse, ist jeder Versuch, auf die damit verbundenen wissenschaftlichen Probleme einzugehen, bzw. auf die Darstellung von komplizierten dynamischen Vorgängen, wie sie die Forschung aufdeckt. Wie würden Sie z. B. Dinge darstellen wollen wie Multiplikationseffekte, Rückkoppelungs- und Sekundäreffekte, wie sie im Zuge der Entwicklung eines Landes auftreten und von denen wir gestern gehört haben.

Dr. W.-F. Bär (Frankfurt a. M.)

Sinn und Zweck des Vortrages war es, auf Grund des vorliegenden Quellenmaterials eine Systematik der bisher angewandten kartographischen Darstellungsmethoden dynamischer Phänomene aufzustellen und durch eigene Lösungsvorschläge zu ergänzen. Da es sich bei diesen Phänomenen von Natur aus meist um vielschichtige, komplizierte Vorgänge handelt, ist es notwendig, sich über deren Komponenten und deren adäquate Wiedergabe klarzuwerden. Daraus ergibt sich die analytische Betrachtung der bisher angewandten Darstellungsmethoden, wie ich sie an Hand von Kartenbeispielen zu veranschaulichen suchte. Diese Beispiele stammten sowohl aus dem elementar- als auch aus dem komplex-analytischen Darstellungsbereich. Im letzteren Falle wurden bewußt nur die dynamischen Komponenten hervorgehoben und besprochen.

Erst mit Hilfe einer systematischen Analyse der bisherigen Darstellungsmethoden ist der Schritt zur optimalen kartographischen Wiedergabe komplexer Zusammenhänge möglich. Es muß also jedem Kartenentwerfenden selbst überlassen bleiben, aus dem Katalog der kartographischen Darstellungsmöglichkeiten die den kartierten Objekten oder Erscheinungen angemessenen Methoden auszuwählen und „handwerklich" zu kombinieren.

Zur Auswahl der kartographischen Darstellungsmethoden kann man natürlich auch experimentell-psychologische Untersuchungen anstellen, normalerweise unterliegt aber diese Auswahl der mehr oder weniger intuitiven Entscheidung des Kartenautors. Da es bisher keine Patentrezepte gibt, sind derartige systematische Überlegungen zur Erleichterung der Auswahl kartographischer Methoden gedacht.

PRINTERMAP, EINE COMPUTER-KARTOGRAMM-METHODE FÜR KOMPLEXE, CHOROLOGISCHE INFORMATION

Mit 13 Abb. u. einem Computer-Programm

Von Gerhard Stäblein (Marburg)

1. GEOGRAPHIE, KARTOGRAPHIE UND AUTOMATION

Gehen wir davon aus, daß Geographie die chorologische Wissenschaft ist, die durch Komparation von Objekten und Prozessen der Magnitude verschiedener Ordnung von rd. 10^2 bis 10^{10} cm die relevanten Strukturen der Mensch-Umwelt-Beziehung untersucht, so kommt der „*Karte*" eine zentrale Bedeutung zu. *Lokalisation*, räumliche *Organisation* und zeitliche *Transformation* sind die drei grundlegenden geographischen Fragestellungen. Die daraus folgenden Aussagen sind ihrem Wesen nach mehrdimensional und können in einem sprachlich deskriptiven Nacheinander nur eindimensional unzureichend dargestellt werden. Nur die Karte erlaubt es, zahlreiche Sachverhalte ohne eine deskriptive Linearität im chorologischen Nebeneinander zweidimensional zu erfassen. Die räumlichen Lagebeziehungen werden topologisch richtig nebeneinander und nicht nacheinander dargestellt.

Versuchen wir uns dies an einem *Beispiel* zu verdeutlichen: Menschen leben in Unterfranken. Der Geograph fragt 1. nach dem Wo im Raum, nach der räumlichen Ortung (Lokalisation) all der Sachverhalte, die für die Menschen in Unterfranken wesentlich sind im Hinblick auf ihre räumliche Umweltbeziehung. Das sind z. B. Bevölkerungsdichte, landwirtschaftlich genutzte Flächen, Industriebetriebe, Berufspendler, Bevölkerungsveränderung u. a. Diese Information kann kartiert werden, und zwar qualitativ oder quantitativ, punktuell oder flächenhaft, skalar oder vektoriell.

Der Geograph fragt 2. nach dem Wie im Raum, danach, wie die Sachverhalte in Unterfranken zueinander liegen und in Beziehung stehen. Die räumliche Organisation zeigt sich z. B. darin, daß Industrieballungsräume und Agrarräume ein spezifisches räumliches Muster für Unterfranken bilden. Das kann im Kartenbild verdeutlicht werden.

Der Geograph fragt 3. nach dem Werden im Raum, danach wie die räumliche Organisation sich in Unterfranken mit der Zeit verändert hat, z. B. wird die Bevölkerungsdichteverteilung in Unterfranken am Tag anders sein als in der Nacht, heute anders als vor 100 Jahren oder in 100 Jahren. Diese Frage nach der zeitlichen Transformation ist wiederum unmittelbar kartierbar.

Die Karte ist daher das direkt chorologische Informationsmittel. Daraus folgt, etwas überspitzt formuliert, eine wissenschaftliche Abhandlung ohne Karte ist keine geographische Arbeit. Die Karte ist das chorologische Informationsmittel sowohl für deskriptive, als auch für analytische, als auch für synthetische Fragestellungen in der Geographie.

Es lassen sich vier Karten-Typen unterscheiden:

1. Die *Distributions-Karte;* sie zeigt die Verteilung von Sachverhalten im Raum positionstreu, z. B. eine Karte der einzelnen Standorte der Industrie (vgl. Abb. 5).

2. Die *Choroplethen-Karte;* sie zeigt die Verteilung von Sachverhalten im Raum bezüglich von willkürlichen (schematischen oder irregulären) Regionen, z. B. eine Bevölkerungsdichtekarte verschiedener Provinzen in flächenfüllender Darstellung (vgl. Abb. 10).
3. Die *Isoplethen-Karte;* sie zeigt die Verteilung von kontinuierlichen Sachverhalten im Raum durch Flächen gleichen Ausprägungsintervalls, z. B. eine Höhenschichtenkarte (vgl. Abb. 6).
4. Die *Isarithmen-Karte;* sie zeigt eine kontinuierliche Verteilung von Sachverhalten im Raum durch Interpolation gewonnene Linien gleicher Wertausprägung, z. B. eine Höhenlinienkarte.

Die zur Kartierung herangezogenen räumlich variierenden Gesichtspunkte können einfache Variable sein oder komplexe Variable. Einfache Variable sind z. B. Zahl der Industriebetriebe in einem Landkreis (das ist eine einfache metrische oder quantitative Variable) oder Vorhandensein bzw. Nichtvorhandensein von Weinbau in einem Landkreis (das ist eine einfache nominale oder qualitative Variable). Komplexe Variable sind Rechengrößen aus z. T. vielen einfachen Variablen abgeleitet, denen oft keine direkt reale Anschaulichkeit zukommt, so z. B. die Faktorenwerte (factor scores), die sich für die Landkreise bei einer Faktorenanalyse ergeben.

Die Fülle der raumrelevanten Daten, die durch Kartieren aufbereitet werden sollen, macht es mit herkömmlichen kartographischen Mitteln und Methoden unmöglich, den Bedürfnissen der Raumforschung und Raumplanung an aktuellen thematischen Karten nachzukommen. Deren Herstellung ist teuer und zeitraubend, daher sind die Karten bei ihrem Erscheinen oft bereits veraltet. Erinnert sei daran, daß die Planungsatlanten der Bundesländer der BRD z. T. über ein Jahrzehnt gebraucht haben und dann nur wenig aktuelle Information enthalten.

Große Datenmengen in kurzer Zeit aufzubereiten ist die Aufgabe der elektronischen Datenverarbeitung (HAGERSTRAND 1967, KILCHENMANN 1972). Die EDV-Automation erfaßt deshalb auch unmittelbar die Kartographie. Von der Automation im Hinblick auf die Datengewinnung, Datenspeicherung, Datenverarbeitung und Programmsteuerung durch Computer für einzelne Stufen bei der Kartenherstellung soll hier nicht weiter die Rede sein (vgl. TOBLER 1966, MEINE 1969, MEYNEN 1969, THOMPSON 1971), sondern nur vom Computer-Output, der direkt Karten liefert. Hier kann man grundsätzlich zwei Ausgabeformen unterscheiden:
1. Der „*Printer*", der zeilenweise die Computerergebnisse ausdruckt.
2. Der „*Plotter*", ein computergesteuertes Zeichengerät.

Schon in den fünfziger Jahren wurden *Plotterkarten* vorgestellt (TOBLER 1959) und besonders in den letzten Jahren sind auch im deutschsprachigen Raum verschiedene Versuche entwickelt worden (TÖPFER 1968, GÄCHTER 1969, 1971, KADMON 1971, JUNIUS 1972, SEELE u. WOLF 1973). Solche Plotterkartenprogramme sind bisher weitgehend auf spezielle Problemstellungen und Apparate zugeschnitten und nicht ohne weiteres übertragbar. Der Printer dagegen ist bei jeder EDV-Anlage vorhanden. Die Printerkarten-Programme sind meist leichter auf andere Rechenanlagen kompartibel.

2. ANSÄTZE DER COMPUTERKARTOGRAPHIE MIT DEM PRINTER

Zunächst stellen wir einige Kartenbeispiele verschiedener Programme vor, die mit dem Printer des Computers entstanden sind, bevor wir näher auf die Herstellung der PRINTERMAP eingehen. Zwei Ausdrucke mit dem *PRINTERMAP-Programm* zei-

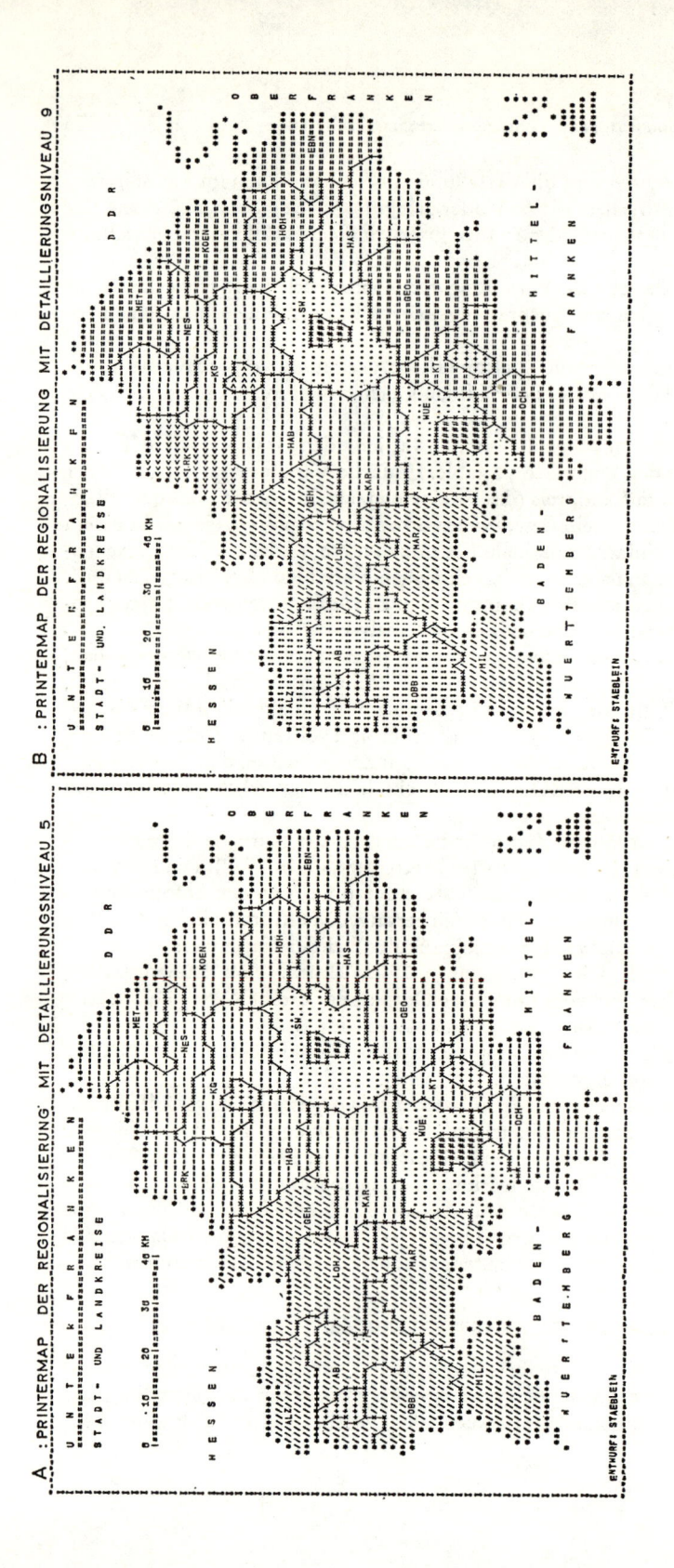

Abb. 1 Printerkarten nach dem Programm PRINTERMAP. Dargestellt sind die Kreise Unterfrankens nach Strukturtypenklassen aufgrund einer Faktorenanalyse mit unterschiedlichem Distanzierungsniveau.

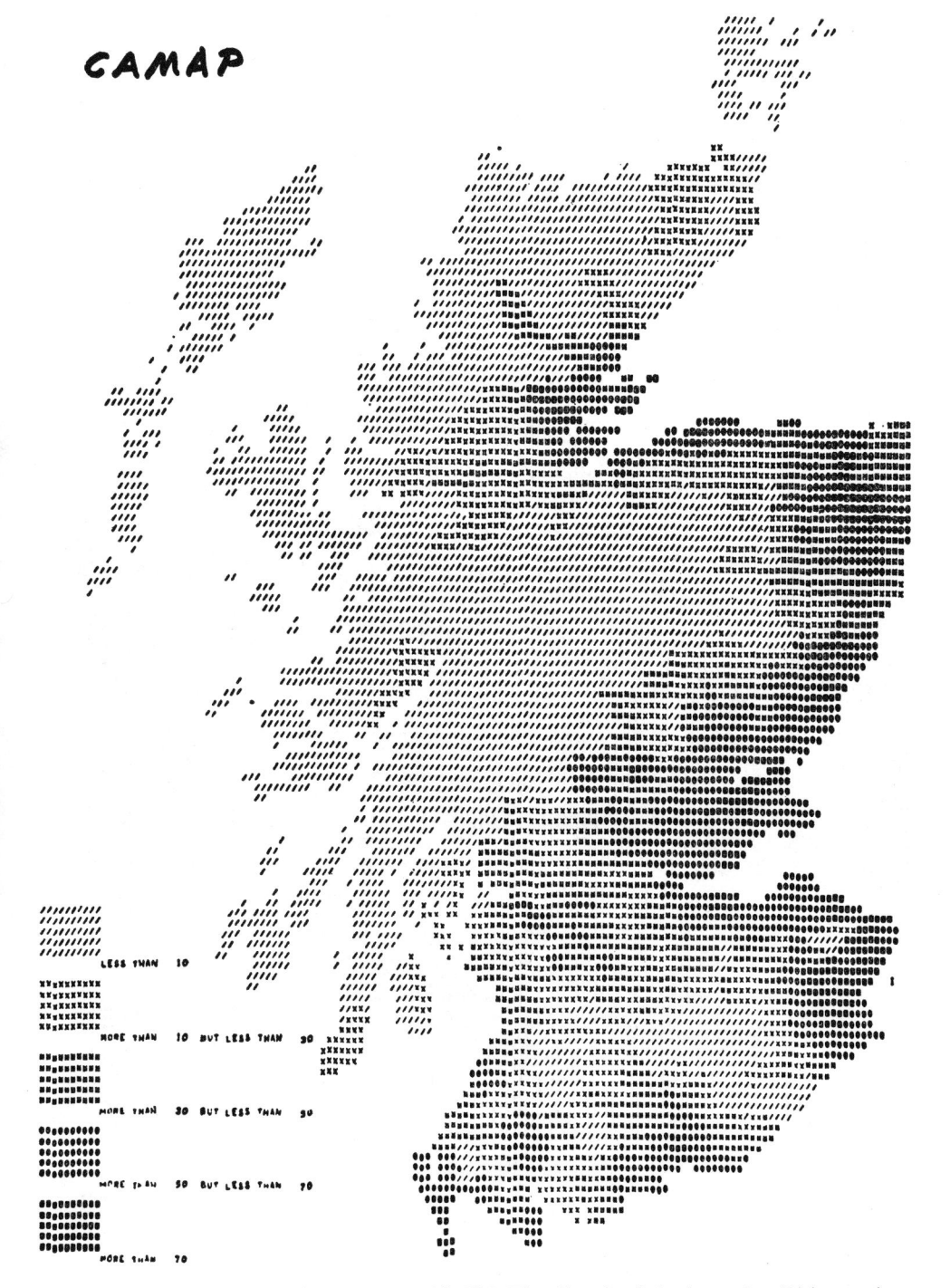

Abb. 2 Printerkarte nach dem Programm CAMAP. Eine Choroisoplethenkarte einer Dichteverteilung in Schottland auf der Grundlage der Gemeindeareale.

gen die Stadt- und Landkreise Unterfrankens, wie sie bis 1972 bestanden (Abb. 1). Die Kreise sind nach faktorenanalytisch ermittelten Strukturtypen mit zwei unterschiedlichen Detaillierungsniveaus vom Computer in einem Rechengang auskartiert (STÄBLEIN 1972). Da es sich bei den dargestellten komplexen Variablen um nominale Skalen handelt ohne metrische Intensitätsunterschiede, sind die Signaturen auch in nahezu gleicher Wertigkeit gewählt.

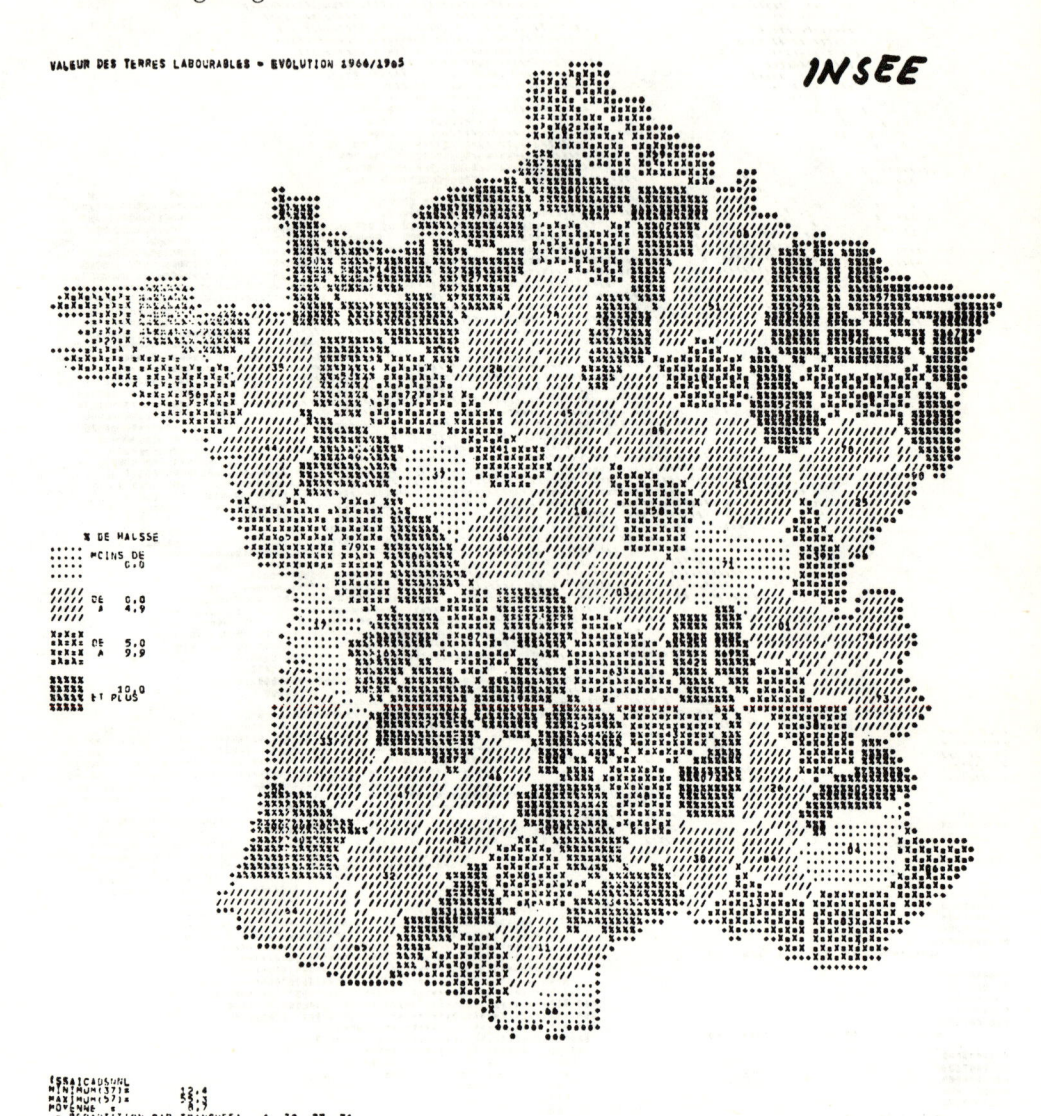

Abb. 3 Printerkarte nach dem Programm INSEE. Eine Choroplethenkarte des Wertzuwachses 1965/66 des bearbeitbaren Landes für die 95 Departements Frankreichs.

Verglichen mit herkömmlichen Karten ist dieses in einzelnen Rasterzeichen des Printers geschriebene Kartenbild der PRINTERMAP optisch etwas ungewohnt. Die Rasterung durch Druckerplätze in 120 Spalten und 61 Zeilen bringt es mit sich, daß die topographischen Gegebenheiten generalisiert sind und nur ungefähr lagetreu und raumtreu wiedergegeben werden. Da es sich also um eine kartenähnliche Darstellung mit nur räumlicher Lagezuordnung handelt, möchte ich entsprechend der Definition von MEYNEN (1972, 315) von einem *Kartogramm* sprechen. Auf einen ästhetischen Anspruch wird bei dieser Gebrauchskarte verzichtet. Den Ansprüchen aber einer chorologischen Information wird die PRINTERMAP voll gerecht. Die qualitativen (bzw. quantitativen) Zuordnungen zu den Choroplethen relativieren eine sonst oft nur tabellarische Feststellung, z. B. in Abb. 1a der Landkreis Lohr gehört zur Typenklasse 3, durch die visuell klare Angabe der Lage und Größe der Choroplethen, in unserem Fall der Kreise in Unterfranken.

Die Überlegenheit der Printerkarte liegt vor allem in der Geschwindigkeit der Herstellung. Diese PRINTERMAP, die mit dem Telefunken-Computer TR4 der Zentralen Rechenanlage der Philipps-Universität Marburg erstellt wurde, wird vom Printer in wenigen Sekunden ausgedruckt; die maximale Geschwindigkeit des Druckers beträgt 1000 Zeilen pro Minute.

Das *CAMAP-Programm* wurde an der Universität Edinburgh für einen KDF-9-Computer entwickelt. Die beiliegende Printerkarte (Abb. 2) zeigt eine Dichteverteilung in Schottland auf der Grundlage der Gemeindeareale, ohne daß deren Grenzen oder weitere konstante Informatoren ausgegeben wären. Da die Grenzen der Basisareale fehlen, wird die Choroplethenkarte zu einer Isoplethenkarte. Zur topographischen Identifikation müßte man eine transparente Basiskarte verwenden. Die Variable ist einer metrischen Skala zugeordnet. Deshalb wird versucht, eine entsprechende Grauwertabstufung zu erreichen. Das geschieht einmal durch unterschiedliche Einzelzeichen sowie durch Überdrucken mehrerer Zeichen auf eine Position.

Das *INSEE-Programm* stammt aus Marseille. Als Hardware wurde ein Computer der Firma Bull General Electric verwendet. In beiliegender Choroplethenkarte (Abb. 3) wird der Wertzuwachs 1965/66 des bearbeitbaren Landes für die 95 Departements Frankreichs dargestellt. Die Grauskala entsprechend der Werteskala wird hier durch einzelne Druckerzeichen und alternierende Zeichenfolgen in 4 Stufen simuliert. Die Departements sind durch Zahlen gekennzeichnet und durch Blankfolgen abgegrenzt. Zusätzlich werden die Küstenlinie und Festlandsgrenzen sowie Legende und statistische Angaben mit ausgegeben.

Das *INMAP-Programm* ist von der Comisión Mixta de Coordinación Estadística in Spanien für eine IBM 360/40 entwickelt und benötigt 16 K Kernspeicherplätze, d. h. 13 384 Speichereinheiten. Die Choroplethenkarte (Abb. 4) zeigt den Anteil des staatlichen Sektors an der Einschulung in die Primarstufe für die Gemeinden der Provinz Barcelona. Daß dabei gerade die Städte durch einen geringen Anteil des staatlichen Sektors herausfallen wegen der großen Zahl von Privatschulen in den Städten, kann man der Karte erst durch den Vergleich mit einer beschrifteten Basiskarte entnehmen. Die Gemeindegrenzen bleiben weiß und die Provinzgrenze wird mit einem Sternzeichen ausgedruckt. Jede weitere Information fehlt. Das graphische Element der einzelnen Druckerzeichen tritt zurück gegenüber der Grauwert-Abstufung in 5 Stufen durch mehrfaches Überdrucken. Dies wird vor allem auch dadurch erzielt, daß diese Karte in 4 getrennten Druckbahnen von zusammen 480 Spalten und nahezu 300 Zeilen eine wesentlich feinere Rasterung besitzt. Dadurch können auch die topographischen Gegebenheiten weniger generalisiert wiedergegeben werden. Es ergibt sich daraus andererseits erhöhte Computerzeiten und Kosten für die Herstellung sowie die Notwendigkeit einer Kartenmontage.

Das *LINMAP-Programm* ist vom Ministry of Housing and Local Government in Großbritannien entwickelt worden (Rosing 1969, Wood 1970). Es ist ein umfassendes Informationssystem, das weitgehend eine Datenbank voraussetzt. Der vorliegende Ausdruck (Abb. 5) zeigt eine Distributionskarte von London und den umgebenden Counties auf der Basis der einzelnen Positionen des Druckrasters. Zusätzliche Information wird in diesem Beispiel nicht eigens gegeben. Die verschiedenen Varian-

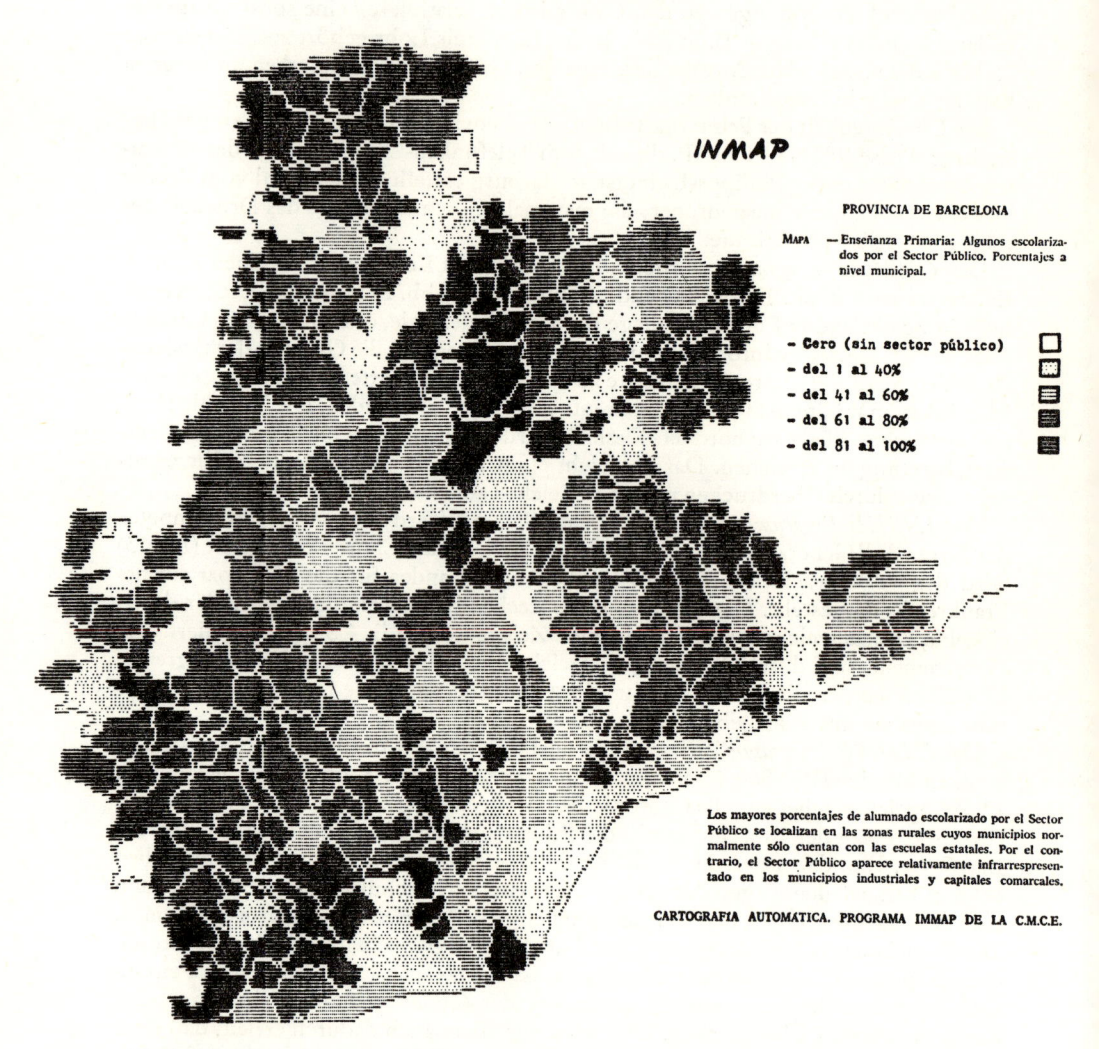

Abb. 4 Printerkarte nach dem Programm INMAP. Eine Choroplethenkarte des Anteils des staatlichen Sektors an der Einschulung in die Primarstufe für die Gemeinden der Provinz Barcelona.

ten des LINMAP-Programms ermöglichen darüber hinaus choroplethische und isoplethische bzw. isarithmische Darstellungen verschiedener Aggregation und Maßstabtransformationen. In einem Zusatzprogramm COLMAP ist es möglich, Druckplattenvorlagen für einen photokompositorischen Offsetdruck für drei Farbplatten zu erstellen (GAITS 1969).

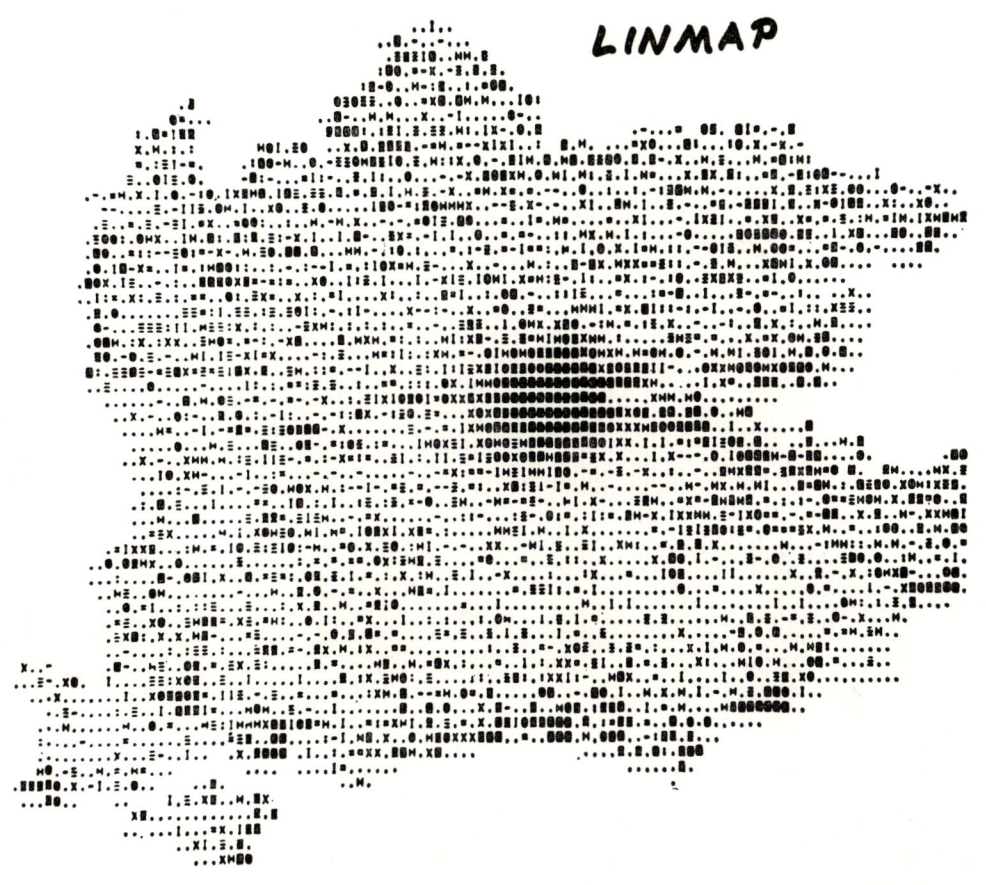

Abb. 5 Printerkarte nach dem Programm LINMAP. Eine Distributionskarte für London und die umgebenden Counties.

Das *SYMAP-Programm* ist bisher das eleganteste und in verschiedensten Variationen angewandte System für kartographischen Computerausdruck mit dem Printer. Es wurde an der Havard University in den USA entwickelt (SCHELL 1967, ROBERTSON 1967). Die vorliegende Isarithmenkarte (Abb. 6) ist von dem Instituto Geográfico y Catastral in Madrid erstellt worden (COUREL-MENDOZA 1972). Sie zeigt die Veränderung der Bevölkerungsdichte in der Periode 1960—1970. Auch hier werden die Graustufen, die den unterschiedlichen Werteintervallen entsprechen, durch

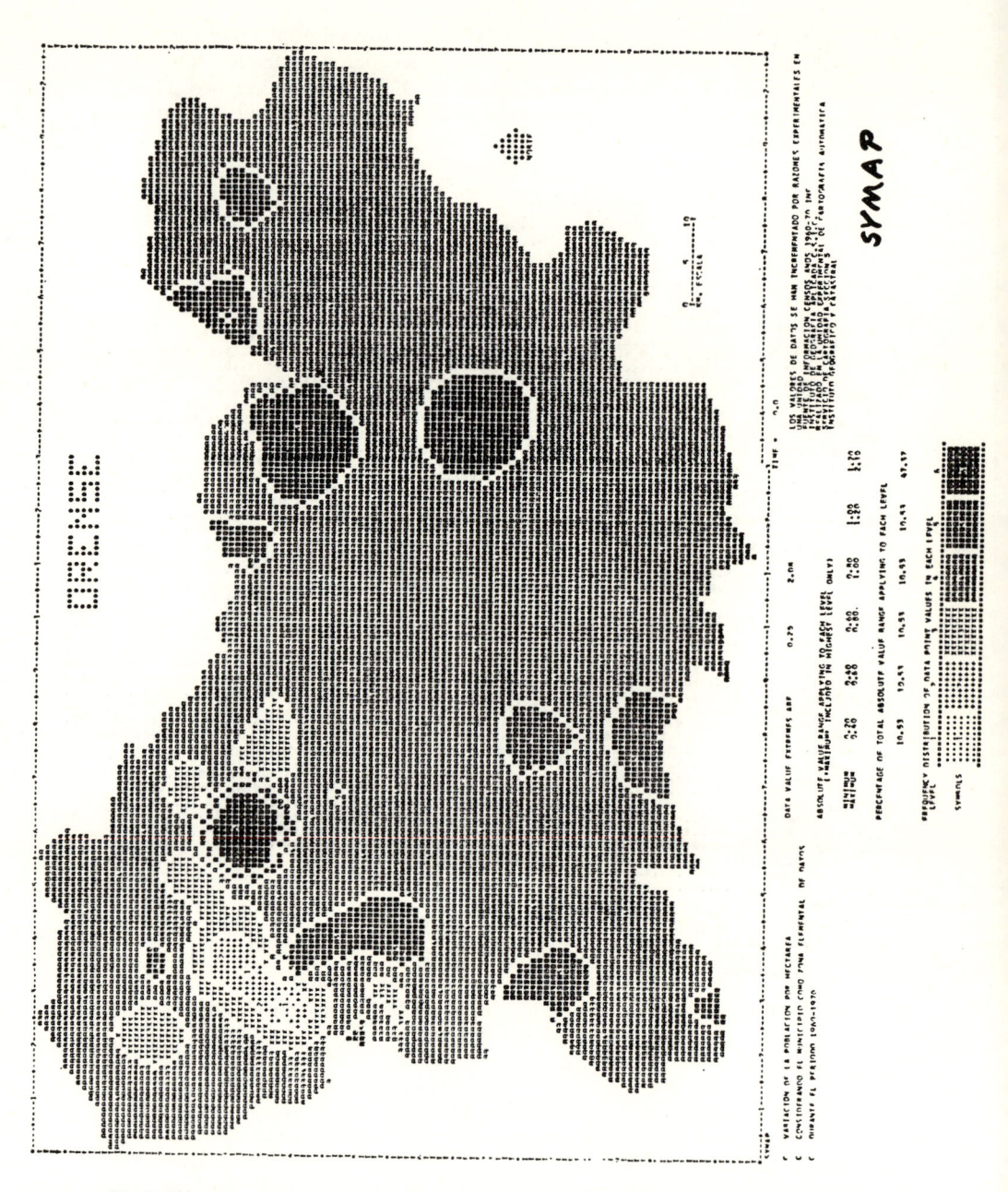

Abb. 6 Printerkarte nach dem Programm SYMAP. Eine Isoplethenkarte der Veränderung der Bevölkerungsdichte 1960—1970 in der spanischen Provinz Orense.

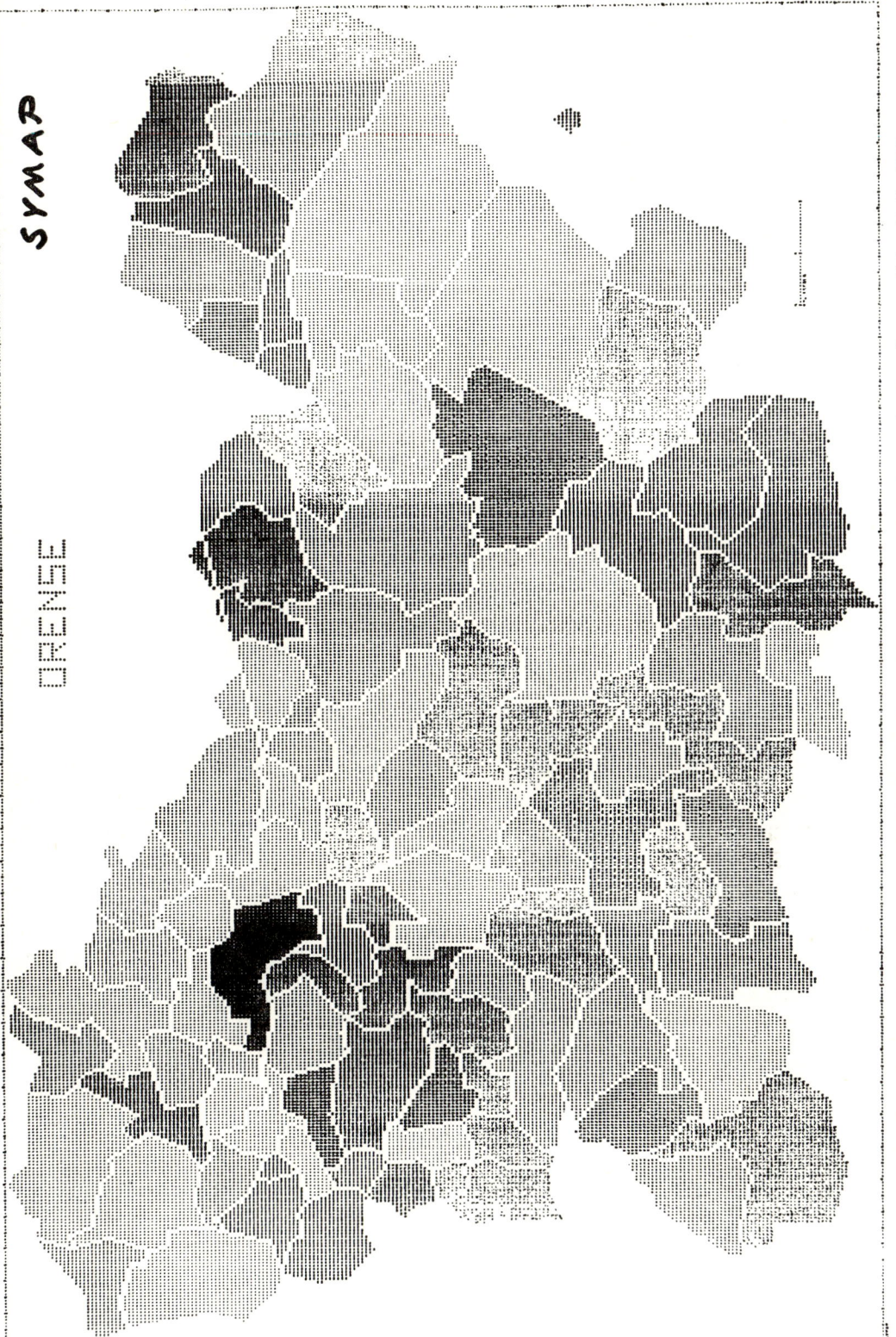

Abb. 7 Printerkarte nach dem Programm SYMAP. Eine Choroplethenkarte der Veränderung der Bevölkerungsdichte 1960–1970 in der spanischen Provinz Orense auf der Grundlage der einzelnen Gemarkungsflächen.

mehrfaches Überdrucken der Druckpositionen erreicht. Die verschiedenen Isoplethen sind durch Niveauzahlen gekennzeichnet. Konstante Informatoren, die Legende mit Quellenangaben und mit statistischen Angaben über die spezielle Werteausprägung werden mit ausgedruckt. Auch hier ist die Karte aus mehreren Druckbahnen, nämlich drei, montiert.

Neben solchen Interpolationskarten aufgrund einzelner mit Koordinaten und Kodierung eingegebenen Daten sind im SYMAP-System auch der Ausdruck von Choroplethen- und Isoplethenkarten möglich. Ein Beispiel für eine Choroplethenkarte (Abb. 7) ist die SYMAP der Veränderung der Bevölkerungsdichte in der spanischen Provinz Orense auf der Grundlage der Gemarkungsflächen. In dieser Karte zeigt sich ein häufig auftretender Schönheitsfehler, der bei aus Bahnen montierten Computerkarten deutlich wird, nämlich die Moireebildung aufgrund der unterschiedlichen Farbbandabnutzung des Printers. Durch die normalen Computerprotokollausdrucke werden meist nur die Zeilenanfänge bedruckt und daher das Band dort stärker abgenutzt. Solches kann man dadurch vermeiden, daß man nicht mit dem Farbband des Printers, sondern mit aufgelegten Kohle- oder Farbpapieren ausdrucken läßt.

Es gibt ausgetestete Programmvariationen der SYMAP für die verschiedensten Computertypen (vgl. CONTEXT 1973): für IBM 7090/94, 360, 370; BURROUGHS 3500, 5500, 5700, 6700; CDC 6000, 6400, 6500, 6600, UNIVAC 1106, 1108, GE 425, 600; XDS SIGMA 5, SIGMA 7, PDP 10, TR 440, SPECTRA 70/45. In der Version für die IBM 360 werden 200 000 Kernspeicherplätze benötigt, für die IBM 7090/94 32 000 Ganzworte. Der Ausdruck einer solchen Karte benötigt rd. 5 bis 8 Minuten. Auch in Deutschland liegen inzwischen Erfahrungen mit SYMAP vor (RASE u. PEUKKER 1971, SCHÄFER 1971). Das SYMAP-System wird in Augsburg, Berlin, Duisburg, Nürnberg, Saarbrücken, Stuttgart und in der Bundesforschungsanstalt für Landeskunde und Raumordnung in Bad Godesberg verwendet.

Es gibt noch eine Reihe weiterer ähnlicher Programme für Printerkarten, so etwa das POPMAP-Programm, das ebenso wie das GRID und RGRID auf dem Computer IBM 360/67 an der Universität Michigan USA entwickelt wurde. In Schweden wurde das *System NORMAP* entwickelt, das mit verschiedenen Unterprogrammen wie NORK, NORP, NORLOK der systematischen Datenerfassung in einem Gitternetzsystem über das ganze Land dient, wobei eine Verortung mittels polygonaler Algorithmen durchgeführt wird. Die Ausgabe erfolgt in der Regel in topologischen Matrizen der Einzelwerte in steuerbaren Maßstäben verschiedener Integrationsstufen (NORDBECK 1962; NORDBECK u. RYSTEDT 1967, 1971).

Das *GEOMAP-Programm* ist aus einer frühen Version des SYMAP-Programms entwickelt worden. Damit wurde auf einer IBM-370/155-Computeranlage der Universität Zürich u. a. der Computer-Atlas der Schweiz erstellt (KILCHENMANN u. a. 1972). In einem Rasterfeld aus 140 Zeilen und 110 Spalten Druckerzeichen werden die Variablen für die 190 Bezirke der Schweiz als Choroplethen-Muster, in um 90° gedrehter Anordnung zum Kartenbild, ausgedruckt (Abb. 8). Die Grauskala wird auch hier durch mehrfachen Überdruck erreicht.

Als letztes Beispiel sei das *Programm THEKA* erwähnt (Abb. 9), das für eine CDC 3300 an der Universität Erlangen entwickelt wurde, mit dem ebenfalls Choroplethen-Muster zusammen mit konstanten Informatoren und der Legende in 134 Spalten und 94 Zeilen ausgegeben wird. Im Rahmen dieser Projektstudie wurden von SEELE und WOLF (1973) verschiedene interessante Anwendungsbeispiele von Printerkarten und darüber hinaus von Plotterkarten veröffentlicht.

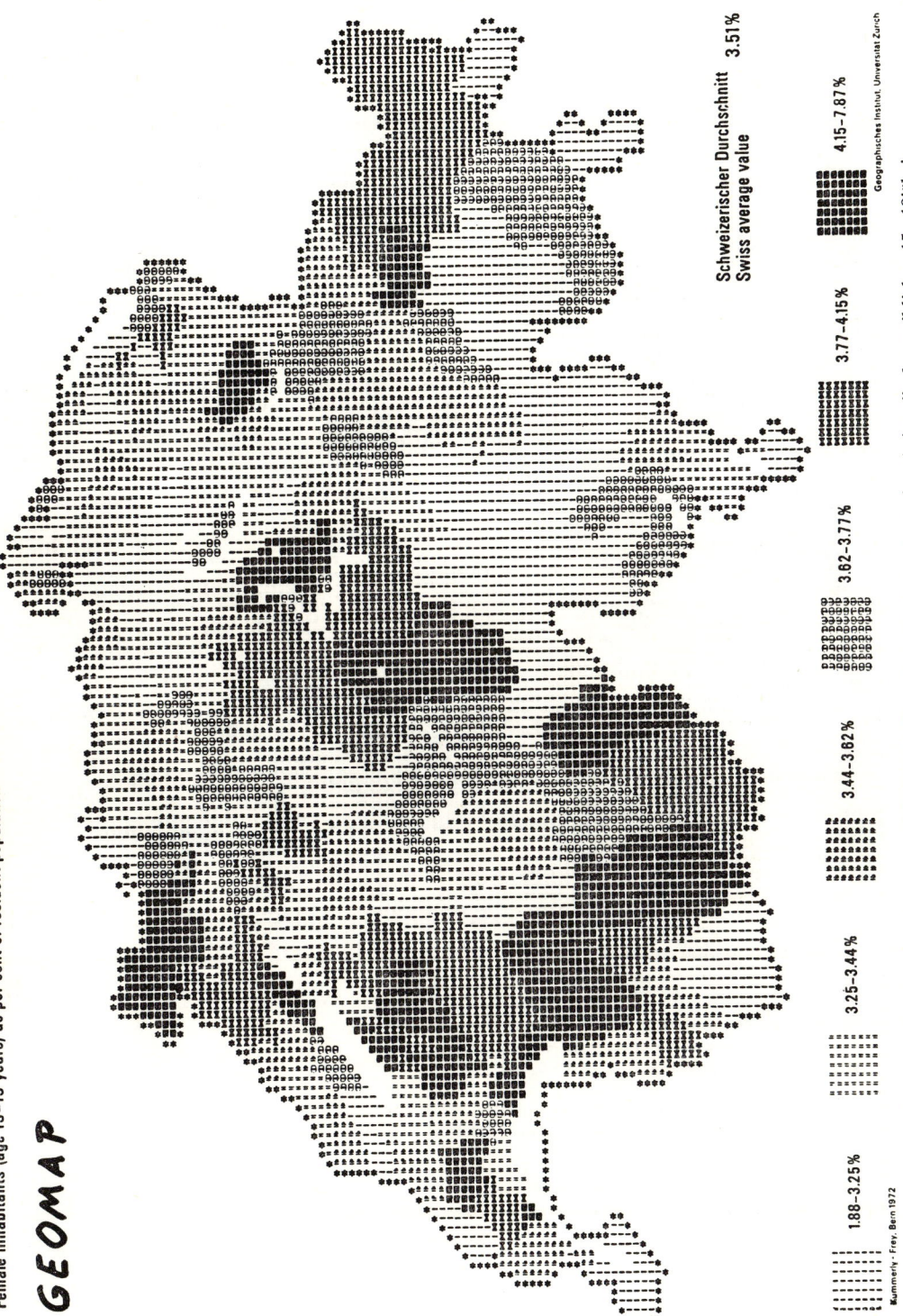

Geschlecht weiblich im Alter 15–19 Jahre in Prozent der Wohnbevölkerung
Female inhabitants (age 15–19 years) as per cent of resident population

GEOMAP

| 1.88–3.25% | 3.25–3.44% | 3.44–3.62% | 3.62–3.77% | 3.77–4.15% | Schweizerischer Durchschnitt 3.51%
Swiss average value | 4.15–7.87% |

Geographisches Institut, Universität Zürich

Abb. 8 Printerkarte nach dem Programm GEOMAP. Eine Choroisoplethenkarte des %-Anteils der weiblichen 15–19jährigen an der Wohnbevölkerung in den Bezirken der Schweiz 1970.

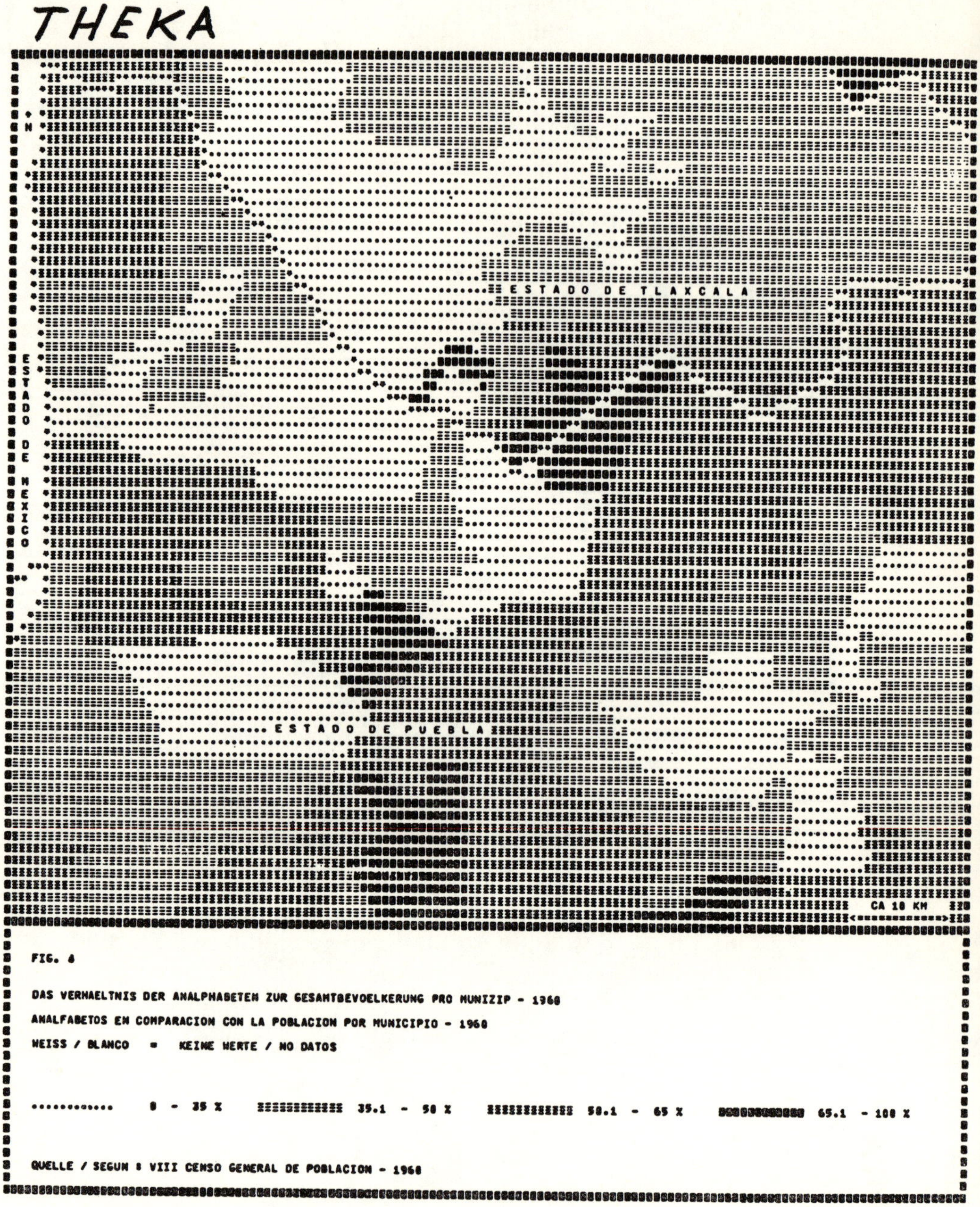

Abb. 9 Printerkarte nach dem Programm THEKA. Eine Choroisoplethenkarte des Verhältnisses der Analphabeten zur Gesamtbevölkerung in den Gemeinden des Beckens von Puebla und Tlaxcala in Mexico.

Printermap, eine Computer-Kartogramm-Methode 585

ZAHL DER BETTEN DER UEBERNACHTUNGSBETRIEBE UND FERIENWOHNUNGEN 1971

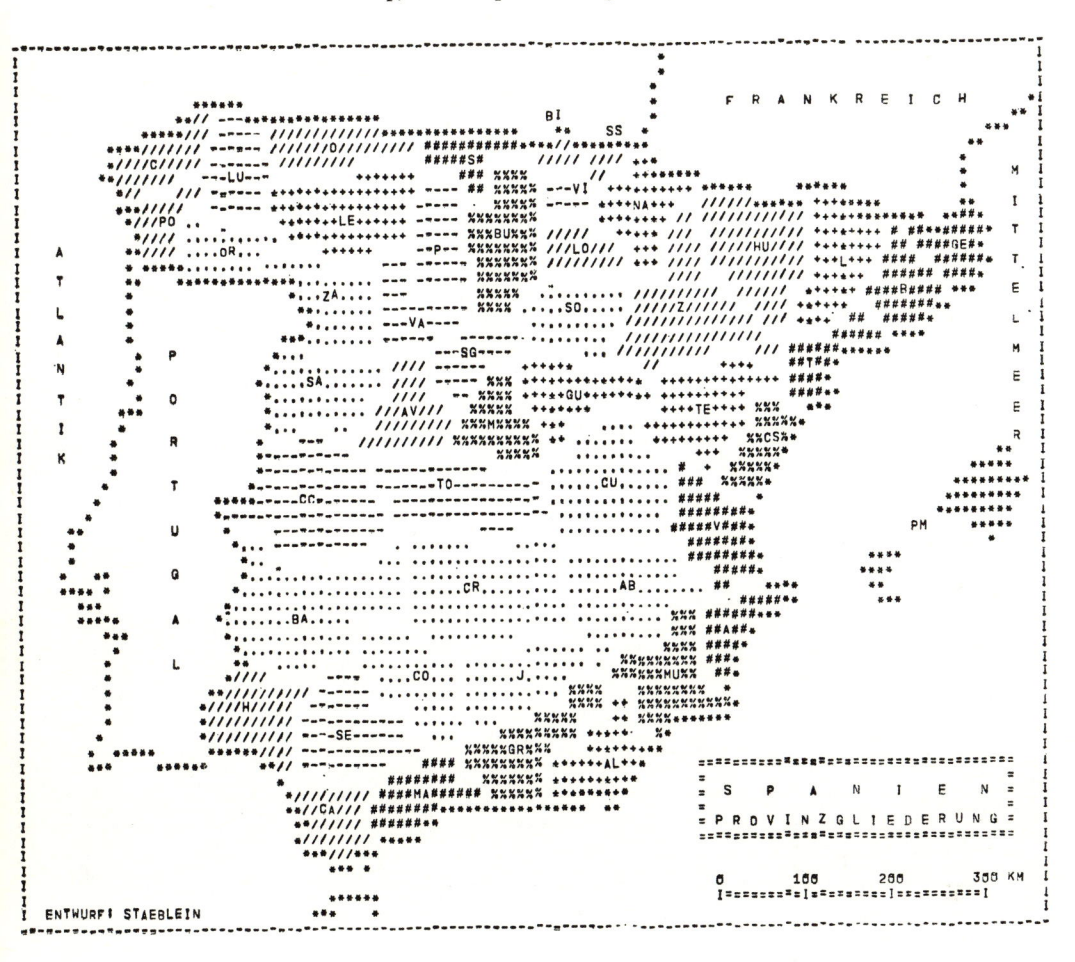

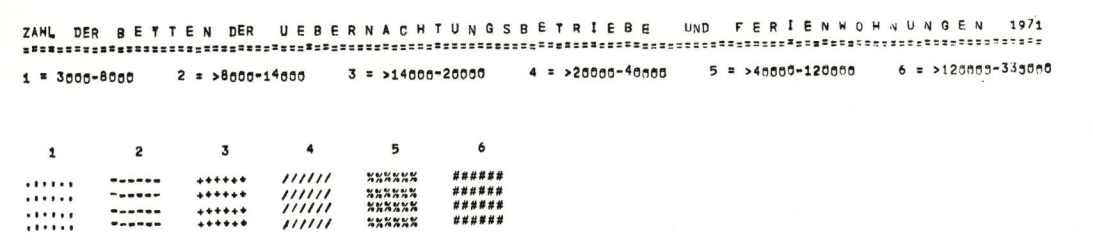

1 = 3000-8000   2 = >8000-14000   3 = >14000-20000   4 = >20000-40000   5 = >40000-120000   6 = >120000-335000

1	2	3	4	5	6
.....	-----	+++++	//////	xxxxx	#####
.....	-----	+++++	//////	xxxxx	#####
.....	-----	+++++	//////	xxxxx	#####
.....	-----	+++++	//////	xxxxx	#####

Abb. 10 Printerkarte nach dem Programm PRINTERMAP. Eine Choroplethenkarte der Bettenkapazitäten von Übernachtungsbetrieben und Ferienwohnungen 1971 in den Festlandsprovinzen Spaniens.

3. ERLÄUTERUNG DER PRINTERMAP

Unser PRINTERMAP-Programm beschränkt sich gegenüber einigen angeführten Beispielen auf die Erstellung eines Kartogramms (Abb. 10). Die Standardform des Programms verwendet ein *Rasterfeld* von 7320 Druckplätzen in 120 Spalten und 61 Zeilen, die einem Printerbogen entsprechen und belegt jeden Rasterplatz nur mit höchstens einem der 61 Druckerzeichen. Das Ziel des Programms ist es, ohne Sonderwünsche in einer Rechenanlage mittlerer Größe ein Kartogramm zu realisieren und ohne daß zusätzlich eine Karten- oder Legendenmontage notwendig ist.

Verfolgen wir die Entstehung einer solchen PRINTERMAP. *Die chorologische Informationsmatrix enthält Konstantenplätze und Variablenplätze*, die entsprechend der jeweiligen Thematik und Werteausprägung besetzt sind. Der erste Schritt bei der Anwen-

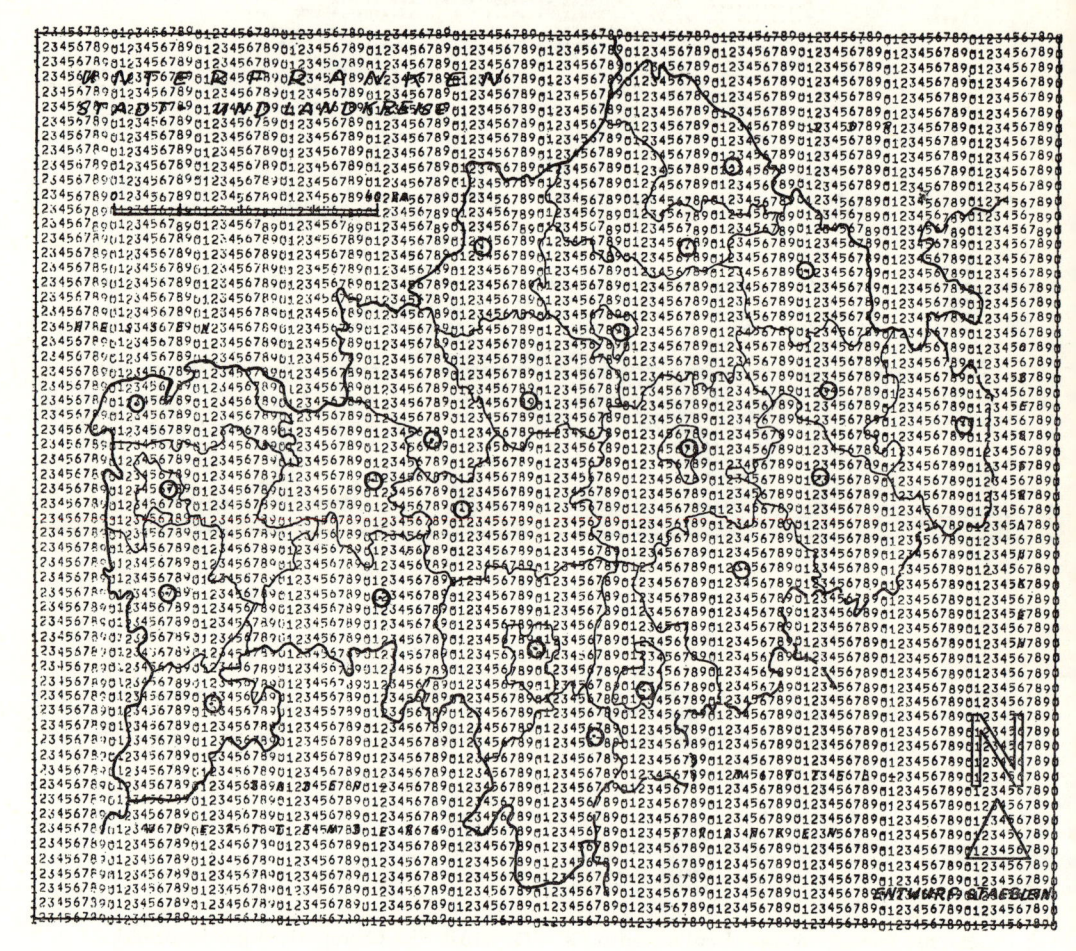

Abb. 11 Printerraster und Transparentkarte, daraus wird durch generalisierende Übertragung die Vorlagekarte der PRINTERMAP mit Kennung der Konstanten und Variablenplätzen entwickelt.

dung des Programms ist die Übersetzung einer vorliegenden Basiskarte in das Printerraster. Dazu verwendet man ein vom Printer mit Zahlenfolgen ausgefülltes Blatt. Mit einem Variograph wird aus einer Basiskarte durch Vergrößerung bzw. Verkleinerung eine in den Computer-Blattschnitt von 30 × 25,5 cm eingepaßte Transparentkarte gezeichnet. Diese Transparentkarte wird in den Printerraster unter Generalisierung übertragen (Abb. 11). Es entsteht somit eine handgezeichnete *Vorlage* für die PRINTERMAP, aus der für jede Druckposition ablesbar ist, welche Konstanten bzw. Variablenzuordnung gewünscht ist. Die unterschiedlichen Variablenfelder werden mit einstelligen alphanumerischen (Buchstaben und Ziffern) und hollerithischen (Sonderzeichen) Namen belegt.

Diese Vorlagekarte muß nun dem Computer mittels Lochkarten mitgeteilt werden. Da eine Lochkarte nur 80 Spalten enthält, sind für jede 120 Positionen lange Kartenzeile 2 Lochkarten notwendig. Dabei werden die ersten 60 *Anweisungen* auf die 1. Lochkarte, die Anweisungen für die Plätze 61—120 auf die 2. Lochkarte gelocht (Abb. 12). Für jede Kartenzeile ist es nun notwendig, mit zwei weiteren Lochkarten eine *Typenkennung* vorzunehmen, und zwar in der Weise, daß die nachgeordneten Typenkennungslochkarten überall dort, wo in der Spalte der Anweisungslochkarte keine Konstante, sondern ein Variablenname steht, ein V gelocht wird. Unsere Vorlagekarte wird somit in 244 Lochkarten abgeschrieben. Zur Ordnung werden die Lochkarten gelabelt, d. h. durchnumeriert. Mit den Anweisungen und Typenkennungslochkarten kann im Zusammenhang mit den 106 Lochkarten des PRINTERMAP-Programms die Karte ausgedruckt werden.

Das System des PRINTERMAP-Programms (vgl. Anhang) wurde von mir entwickelt. Das Programm in der vorliegenden Form in der Programmsprache Fortran wurde in Anpassung an die speziellen Verhältnisse des TR4 von Herrn ZÖFEL von der Zentralen Rechenanlage der Universität Marburg geschrieben. Das *PRINTERMAP-Programm* hat einen Speicherbedarf von ca. 3000 Ganzworten Arbeitsspeicher und benötigt zusätzlich ein simuliertes Hilfsband. Das Programm enthält zwei Unterprogramme, eines zum Einlesen der Lochkarten (READCEF) und eines zur Zusammenfassung von Hexaden im Hollerithformat (KETTE).

Die *Grundkarte*, z. B. die Kreisgrenzenkarte Unterfrankens (Abb. 13) kann mit beliebigen thematischen Inhalten gefüllt werden. In Abbildung 13 sind alle Variablenplätze einheitlich mit einem Punkt ausgedruckt. Für die Gestaltung der variablen und konstanten Signaturen stehen die 61 Druckerzeichen zur Verfügung, nämlich die Ziffern 0—9, die 26 Buchstaben A—Z und 25 Sonderzeichen, wie Punkt, Doppelpunkt, Komma, Prozentzeichen u. a.

Die Anweisung für den Ausdruck spezieller thematischer Karten erfolgt durch „*Problemlochkarten*" (vgl. Abb. 12), die den Lochkarten des eigentlichen PRINTERMAP-Programms und den Lochkarten der Grundkarte nachgeordnet werden. Die Problemeinleitungslochkarte bestimmt in ihren ersten beiden Spalten die Anzahl der Druckexemplare; in einem Programmlauf können bis zu 99 Ausdrucke der gleichen thematischen Karte erfolgen. In den Spalten 3 und 4 der Problemeinleitungskarte wird die Anzahl der verwendeten Variablen angegeben; in unserem Fall sind es die 27 Kreise Unterfrankens. Die Anzahl der Variablen ist durch die Menge der möglichen einstelligen Variablennamen auf 62 beschränkt. Spalte 5 und 6 der Problemeinleitungslochkarte gibt an, in wieviele Typen bzw. Wertklassen die Variablen ausgegeben werden sollen. Die Anzahl der Typen haben wir in diesem Programm aufgrund der Erfahrung mit thematischen Karten auf 10 beschränkt. In zwei folgenden Pro-

```
!                                                                      -011
                                                                        012
!                                                                      -013
!                                                                       014
                                                                        021
          *                                                             022
                                                                       I023
                                                                        024
!     U  N  T  E  R  F  R  A  N  K  E                                   031
                                                                        032
      N   *  **                                                        I033
                                                                        034
!           ======================================================041
                                                                        042
*=*=    *  **LL****                                                    I043
              VV                                                        044
!                                                                       051
                                                                        052
        ***LLLLLLLL**                                                  I053
           VVVVVVVV                                                     054
```

(USW. FUER DIE ZEILEN 6 BIS 57)

```
!                                                                     *00581
000**   *                                                              VV582
VVV                                                                    I583
!                                                                       584
                                                                      ***591
                                                                        592
*=*       *                                                            I593
                                                                        594
!  ENTWURF: STAEBLEIN                                                   601
                                                                        602
        *                                                              I603
                                                                        604
-------------------------------------------------------------------- -611
                                                                        612
-------------------------------------------------------------------- -613
                                                                        614
ZZZZZZZZZZZZZZZZZZZZZZZZZZZZZZZZZZZZZZZZZZZZZZZZZZZZZZZZZZZZZZZZ
1507 5
1234567890ABCDEFGHIJKLMNOPQ
*+†#!//----/-----=*//=//-..
#.X-.
G R U P P I E R U N G    D E R    K R E I S E    U N T E R F R A
N K E N S    N A C H    S T R U K T U R T Y P E N K L A S S E N
(LEERKARTE)
(LEERKARTE)
AUFGRUND EINER FAKTORENANALYSE MIT JE 6 STRUKTURDATEN (1968)
UND DISTANZ-GRUPPIERUNG IM 3-DIM. FAKTORENRAUM
ZZZZZZZZZZZZZZZZZZZZZZZZZZZZZZZZZZZZZZZZZZZZZZZZZZZZZZZZZZZZZZZZ
(LEERKARTE)
```

Abb. 12 Protokoll der Eingabe der Grundkarte und der Problemlochkarten für den Ausdruck der PRINTERMAP von Abb. 1a.

blemlochkarten erfolgt eine Auflistung der auftretenden Variablennamen und der zugeordneten Druckerzeichen. Eine weitere Problemlochkarte gibt eine Liste der Typenzeichen für die Legendenerstellung. Es schließen sich Kommentarkarten an, die nach einem Seitenvorschub zusammen mit der Legende ausgedruckt werden. Dabei wird jeweils der Inhalt zweier Kommentarkarten zu einer Zeile zusammengefaßt. Nach einer Problemschlußkarte ist es möglich, für den gleichen Programmlauf weitere Problemstellungen einzugeben, die dann fortlaufend mit ausgegeben werden. Dadurch wird es möglich, einen zusammenhängenden Atlas auf einer Grundkarte ausdrucken zu lassen. Die jeweiligen Legenden werden auf einem Zwischenblatt ausgedruckt.

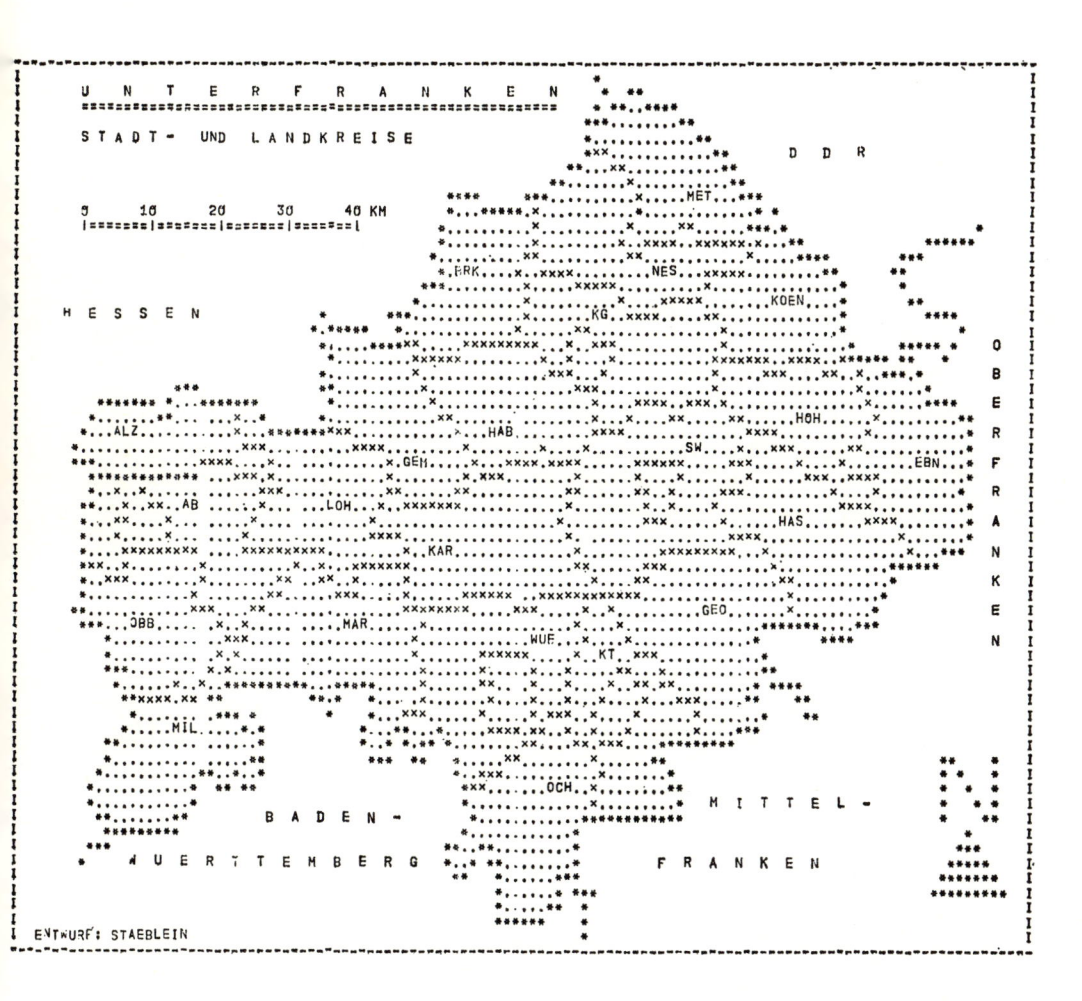

Abb. 13 Grundkarte der PRINTERMAP, Kreisgrenzenkarte der Kreise Unterfrankens. Alle Variablenplätze der Choren sind mit Punkten aufgefüllt.

4. BEISPIEL DER ANWENDUNG DER PRINTERMAP ALS UNTERPROGRAMM

Es sei kurz auf ein Beispiel der Anwendung der PRINTERMAP als ein Unterprogramm einer faktorenanalytischen Regionalisierung mit Hilfe der Cluster-Analyse hingewiesen (STÄBLEIN 1972). Die Strukturunterschiede der unterfränkischen Landkreise sollten untersucht werden, um durch eine komplexe Typenbildung ein chorologisches Modell zu errechnen für die Anordnung der Typen zu Regionen nach dem Gesichtspunkt struktureller Homogenität.

Eine Faktorenanalyse ergab eine Verteilung der unterfränkischen Kreise im Faktorenraum, wobei verschiedene Punktgruppierungen (Cluster) deutlich hervortreten. Nach den Distanzen in diesem Faktorenraum ließ sich eine absteigende Hierarchie struktureller Verwandtschaft der Kreise berechnen. Der Verknüpfungsbaum (linkage tree) gibt keine anschauliche Information darüber, wie sich die Typenklassen auf den verschiedenen Detaillierungsniveaus regional verteilen. Das konnte unmittelbar durch den Anschluß des PRINTERMAP-Programms für beliebige Distanzierungsniveaus ausgedruckt werden (Abb. 1).

5. VOR- UND NACHTEILE DES PRINTERMAP-PROGRAMMS

Abschließend sei noch einmal auf die wesentlichen Vor- und Nachteile des PRINTERMAP-Programms in der vorliegenden Standardform hingewiesen:

1. Bezüglich der *Software*: Das PRINTERMAP-Programm ist kurz (wenig über 100 Lochkarten), leicht kompartibel und braucht wenig Rechenzeit. Bis zu 99 Exemplare sind pro Programmlauf von einer Karte möglich. Es können mehrere verschiedene thematische Karten zu einer Grundkarte auf einmal ausgedruckt werden. Die Zahl der möglichen Variablenfelder ist auf höchstens 62 beschränkt. Die Zahl der auszudruckenden Typen bzw. Intervallklassen ist höchstens 10.
2. Bezüglich der *Hardware*: Der Programmlauf für die PRINTERMAP braucht relativ wenig Arbeitsspeicher, nämlich 3000 Einheiten. Es genügen Rechenanlagen mittlerer Größe, wie z. B. Telefunken TR4. Es werden keine zusätzlichen Geräte benötigt, sondern der normale Printer wird verwendet mit normalem Computerpapier.
3. Bezüglich des *Input*: Die Anwendung des PRINTERMAP-Programms auf neue Regionen ist rasch möglich. Eine erste gestalterische Kontrolle des späteren Ausdrucks ist bereits bei der Vorlagekarte gegeben.
4. Bezüglich des *Output*: Die PRINTERMAP zeigt ein grobes, gerastertes Kartenbild. Der Zeichenvorrat ist beschränkt auf die 61 Druckerzeichen. Es ist ein Blattschnitt von höchstens 30 × 25,5 cm möglich. Diese Computerkarte wird in wenigen Sekunden fertig mit Beschriftung und Legende ausgedruckt.

Literatur

COUREL Y DE MENDOZA, J. M. B. 1972: Mapas estadisticos formados en ordenador. — Geographica, 14 (2): 97—106, Madrid.

GÄCHTER, E. u. KILCHENMANN, A. 1969: Neuere Anwendungsbeispiele von quantitativen Methoden, Computer und Plotter in der Geographie und Kartographie. — Geographica Helvetica, 24: 68—81, Bern.

GÄCHTER, E. 1971: Anwendungsbeispiele der EDV in der Kartographie. — Kartographische Nachrichten, 21: 16—21, Gütersloh.
GAITS, G. M. 1969: Thematic Mapping by Computer. — Cartographic Journal, 6: 50—68, London.
HAGERSTRAND, T. 1967: The computer and the geographer. — Trans. Inst. Brit. Geogr., 42: 1—19, London.
JUNIUS, H. 1972: Herstellung thematischer Karten mit einer numerisch gesteuerten Zeichenanlage.— Kartographische Nachrichten, 22: 104—107, Gütersloh.
KADMON, N. 1971: KOMPLOT — simple computer mapping on a drum plotter. — Cartographic Journal, 8: 139—144. London.
KILCHENMANN, A. 1972: Möglichkeiten der geographischen Datenerfassung in EDV-Informationssystemen. — Geographica Helvetica, 27: 25—30, Bern.
KILCHENMANN, A., STEINER, D., MATT, O. F. u. GÄCHTER, E. 1972: Computer-Atlas der Schweiz. Bevölkerung, Wohnen, Erwerb, Landwirtschaft. Eine Anwendung des GEOMAP-Systems für thematische Karten. 1—72, 68 Karten, Bern.
MEINE, K. H. 1969: Bibliographie zur Automation in der Kartographie. 1—47, Bonn.
MEYNEN, E. 1969: Datenverarbeitung und thematische Kartographie. — Veröff. d. Akad. f. Raumforschung u. Landesplanung — Forsch. u. Sitz. Ber., 51: 11—26, Hannover.
— 1972: Die kartographischen Strukturformen und Grundtypen der thematischen Karte. — Geogr. Taschenbuch 1970/72: 305—318, Wiesbaden.
NORDBECK, S. 1962: Location of areal data for computer processing. — Lund Studies in Geography, C 2: 1—39, Lund.
NORDBECK, S. u. RYSTEDT, B. 1967: Computer Cartography point in polygon programs. — Lund Studies in Geography, C 7: 1—31, Lund.
— 1971: Computer Cartography, a multiple location program. — Lund Studies in Geography, C 12: 39—66, Lund.
RASE, W. D. u. PEUCKER, T. K. 1971: Erfahrungen mit einem Computer-Programm zur Herstellung thematischer Karten. — Kartographische Nachrichten, 21: 50—57, Gütersloh.
ROBERTSON, J. C. 1967: The Symap program for computer mapping. — Cartographic Journal, 4: 108—113, London.
ROSING, K. E. 1969: Computer Graphics. — area 1 (1): 2—7, London.
SCHÄFER, H. 1971: Bericht über erste Erfahrungen in der Automation statistisch-thematischer Karten im Institut für Landeskunde. — Nachrichten aus dem Karten- und Vermessungswesen, Reihe I, 52, Frankfurt/M.
SCHELL, E. 1967: Symap, a Computer Mapping Technique. — Proc. of the 2nd International Meeting, Commission on Applied Geography (CAG 2), Univ. of Rhode Island.
SCHMIDT, A. H. (Ed.) 1973: Context. — Laboratory for Computer Graphics and Spatial Analysis. Graduate School of Design, Harvard University, 4: 1—6, Cambridge/Massachusetts.
SEELE, E. u. WOLF, F. 1973: Darstellung thematischer Karten mit Schnelldrucker und Plotter auf der CD 3300. — Mitteilungsblatt d. Rechenzentrums d. Univ. Erlangen—Nürnberg, 15: 1—162, Erlangen.
STÄBLEIN, G. 1972: Modellbildung als Verfahren zur komplexen Raumerfassung. — Würzburger Geogr. Arb., 37 (Gerling-Festschr.): 67—93, Würzburg.
THOMPSON, M. M. 1971: Automation in Cartography. Report of Commission III. — Internationales Jb. f. Kartographie, 11: 51—59, Gütersloh.
TOBLER, W. R. 1959: Automation and Cartography. — Geographical Review, 49: 526—534, New York.
— 1966: Automation dans le préparation des cartes thématiques. — Internationales Jb. f. Kartographie, 6: 81—93, Gütersloh.
TÖPFER, F. 1968: Zur Kartogrammherstellung mit Rechenautomaten. — Vermessungstechnik, 15: 65—71, Berlin.
WOOD, D. 1970: Linmap, statistical Mapping by Computer. — ECODU — X, Proceedings, Brighton.

Anhang:

Protokoll des PRINTERMAP-Hauptprogramms in der Version für einen TR4-Computer in der Programmsprache FORTRAN.

```
C     PRINTERMAP
      INTEGER VN(80),VZ(80),A(80),B(4,60),Z(120),F(6),D(61,27),TP(80),
     1 DK(30,20),DT(10)
      IFZ=62
      REWIND 30
   20 CALL HEADCF(A,IW)
      DO 21 I=1,60
   21 IF (A(I).NE.35) GOTO 22
      GOTO 23
   22 WRITE (30) (A(I),I=1,60)
      L=L+1
      GOTO 20
   23 NZ=L/4
   24 CALL HEADCF(A,IW)
      DO 25 I=1,6
   25 IF (A(I).EQ.42) A(I)=0
      NEX=10*A(1)+A(2)
      IF (NEX.EQ.0) GOTO 26
      NV=10*A(3)+A(4)
      NT=10*A(5)+A(6)
      CALL HEADCF(VN,IW)
      CALL HEADCF(VZ,IW)
      CALL HEADCF(TP,IW)
      IK=0
   37 CALL HEADCF(A,IW)
      DO 34 I=1,60
   34 IF (A(I).NE.35) GOTO 35
      GOTO 36
   35 IK=IK+1
      DO 28 I=1,60
   28 Z(I)=A(I)
      CALL HEADCF(A,IW)
      DO 29 I=61,120
   29 Z(I)=A(I-60)
      DO 27 J=1,20
      IE=6*J
      IA=IE-5
      M=0
      DO 30 I=IA,IE
      M=M+1
   30 F(M)=Z(I)
   27 CALL KETTE(F,DK(IK,J))
      GOTO 37
   36 NK=IK
      REWIND 30
      DO 14 L=1,NZ
      DO 2 K=1,4
      READ (30) (A(I),I=1,60)
      DO 2 I=1,60
    2 B(K,I)=A(I)
      DO 6 I=1,60
      IZ=B(1,I)
      IF (B(2,I).EQ.31) GOTO 7
      Z(I)=IZ
      GOTO 6
    7 DO 8 J=1,NV
    8 IF (IZ.EQ.VN(J)) GOTO 9
      Z(I)=IFZ
      GOTO 6
    9 Z(I)=VZ(J)
    6 CONTINUE
      DO 10 I=61,120
      IZ=B(3,I-60)
      IF (B(4,I-60).EQ.31) GOTO 11
      Z(I)=IZ
      GOTO 10
   11 DO 12 J=1,NV
   12 IF (IZ.EQ.VN(J)) GOTO 13
      Z(I)=IFZ
      GOTO 10
   13 Z(I)=VZ(J)
   10 CONTINUE
      DO 14 J=1,20
      IE=6*J
      IA=IE-5
      M=0
      DO 15 I=IA,IE
      M=M+1
   15 F(M)=Z(I)
   14 CALL KETTE(F,D(L,J))
      DO 31 IEX=1,NEX
      WRITE (1,100)
  100 FORMAT ('1')
      DO 32 L=1,NZ
   32 WRITE (1,101) (D(L,J),J=1,20)
  101 FORMAT (1X,20A6)
      IF (NZ.LT.61) WRITE (1,100)
      DO 33 IK=1,NK
   33 WRITE (1,101) (DK(IK,J),J=1,20)
      DO 38 IT=1,NT
      DO 39 M=1,6
   39 F(M)=TP(IT)
   38 CALL KETTE(F,DT(IT))
      WRITE (1,102) (IT,IT=1,NT)
  102 FORMAT (////1X,10(3X,I1,6X))
      WRITE (1,103)
  103 FORMAT (1X)
      DO 40 L=1,4
   40 WRITE (1,104) (DT(IT),IT=1,NT)
  104 FORMAT (1X,10(A6,4X))
   31 WRITE (1,105)
  105 FORMAT (/////' PROGRAMM PRINTERMAP (HR 0,3,04), PROGRAMMAUTOR:',
     1 'PETER LOEFEL')
      GOTO 24
   26 WRITE (1,100)
      END
```

Diskussion zum Vortrag Stäblein

Dr. H. Nuhn (Hamburg)

Zur Frage der Klassenbildung möchte ich kurz ergänzen, daß diese Probleme durch Untersuchungen in Zürich — ich verweise auf Arbeiten von Kishimoto und Brassel — schon weitgehend zufriedenstellend gelöst sind. Sicher könnte Herr Stäblein diese Verfahren, die auf Vorarbeiten von Jenks und Cooloon beruhen, ohne Schwierigkeiten in sein Programm einbauen.

W. Brüschke (Berlin)

Sie weisen immer auf den schnellen Output hin. Dieser schnelle Output ist nicht so wichtig, da Druckerzeit nichts kostet. Entscheidend ist, wie schnell und einfach der Input möglich ist. Über die Eingabezeit für eine Karte wird nichts gesagt. Ist das nicht etwas Augenwischerei?

L. Vogler (Berlin)

Die Anzahl der räumlichen Einheiten von 62 Feldern ist für die Bearbeitung von größeren Gebieten etwa auf Gemeindebasis für einen Regierungsbezirk unzureichend, da die Vorbereitung des Eingaberasters zu aufwendig wird.

H. Kern (Berlin)

Die Entwicklung der Computer-Kartographie wendet sich von den Printer-Maps hin zu solchen Verfahren, die auch erhöhten kartographischen Anforderungen genügen können. Die Nachteile bei den hier vorgestellten Printer-Maps liegen in den unvollständig realisierten Grautönungen, im Fehlen von automatischen Vergrößerungs- und Verkleinerungsprozeduren und in der Beschränkung auf flächenbezogene Informationen. Es erscheint daher als notwendig, die Computer-Kartographie auf technisch und kartographisch adäquateren maschinellen Hilfsmitteln weiterzuentwickeln.

Dr. H. Nuhn (Hamburg)

Die Vorträge von Herrn Stäblein und Herrn Rase ergänzen sich in ihrer Art sehr gut. Herr Stäblein hat neben einem allgemeinen Überblick über die bisher verwendeten Standardprogramme ein einfaches Programm für den „Hausgebrauch" vorgestellt und Herr Rase die vielfältigen Möglichkeiten eines komplizierten Systems erläutert, wie es in aller Zukunft wohl kaum geographischen Instituten zur Verfügung stehen wird. Für die meisten interessierten Benutzer dürfte eine Zwischenstufe von Bedeutung sein, wie sie in den eingangs erläuterten Beispielen von Herrn Stäblein vorgeführt wurde. Die Ergebnisse dieser Programme mit Vorschubunterdrückung und Mehrfachdruck bzw. Übereinanderdruck verschiedener Zeichen liefern doch graphisch wesentlich bessere Ergebnisse und die meisten für das „Hausmacherprogramm" genannten Vorzüge gelten für diese Programme auch. War es möglich, auch diese Programme vergleichend zu testen oder scheiterte das an finanziellen Problemen bei der Programmbeschaffung?

Prof. Dr. G. Stäblein (Marburg)

Ich danke den Diskussionsrednern für ihre Anregungen und Ermutigung anspruchsvollere Programme für Computer-Kartographie zu entwickeln. Die vorgeführten Printermap-Beispiele stellen einen einfachen Ansatz dar, der aber gerade deshalb nicht nur vom Spezialisten anzuwenden und weiterzuentwickeln ist. Im einzelnen möchte ich folgendes sagen:

Zu Herrn Dr. Nuhn:

Der Hinweis darauf, vor die chorologische Matrizeninformation geeignete Datenaufbereitungsprogramme zu setzen, wie z. B. die programmgesteuerte Klassenbildung, ist richtig. Gerade durch das Beispiel der faktorenanalytischen Typisierung der unterfränkischen Kreise habe ich versucht, auf die Möglichkeit hinzuweisen, das Printermap-Programm als Unterprogramm an unterschiedliche Aufbereitungsverfahren räumlicher Daten anzuschließen. Im angegebenen Beispiel handelt es sich um eine Klassenzuordnung nach Distanzgruppen bzw. Cluster im Faktorenraum, so daß die von Ihnen erwähnten Fragen der Klassenbildung aus einer Grunddatenverteilung nicht auftraten. Ich stimme Ihnen zu, daß hier die Möglichkeit besteht, die von ihnen erwähnten und viele andere bestehende Programme vor- und direkt anzuschalten.

Zu Herrn Brüschke:

Wenn ich von der Entstehungszeit der Printermap gesprochen habe, so ist Ihre Frage berechtigt, welche Benutzerzeiten insgesamt für die Realisierung der Printermap auftreten. Ich darf das also ergänzen. Die Abschnittszeiten setzen sich aus verschiedenen Phasen zusammen:
1. Einlesen des Printermapprogramms,
2. Einlesen der jeweiligen Grundkarte,
3. Einlesen u. Bearbeitung eines oder mehrerer Probleme (d. h. verschiedene Kartenthemen),
4. Ausdrucken der verschiedenen Printermaps in jeweils gewünschter Stückzahl.

Soll in einem Abschnitt nur eine Printermap ausgegeben werden, ist die Abschnittszeit relativ höher, als wenn das Printermap-Programm bereits auf dem Programmbibliotheksspeicher abgerufen werden kann, mehrere verschiedene Printermaps in jeweils mehreren Exemplaren gewünscht werden; z. B. ein Programmlauf also einschließlich aller Eingabe- u. Rechenzeiten für 10 Probleme und je 3 Exemplare, also insgesamt 30 Printerkarten, dauerte auf der TR4 8 Minuten 9 Sek. Für eine Karte wurden dabei durchschnittlich 16,3 Sekunden gebraucht.

Zu Herrn Vogler:

Das Programm ist aufgrund der notwendigerweise einstelligen Variablennamen und dem auf 62 beschränkten Zeichenvorrat für nicht mehr als 62 Variablen in einem Einblattausdruck verwendbar. Wenn also in einem darzustellenden Regierungsbezirk mehr als 62 Einheiten auftreten, besteht die Möglichkeit, das Areal in zwei oder mehr getrennten Printermaps auszugeben. Diese kann man dann zusammensetzen, und in jedem Teilblatt sind bis 62 Variablenfelder möglich. Die Aufwendung für die Vorbereitung des einzelnen Eingaberasters ist im wesentlichen nicht abhängig von der Zahl der Variablenfelder (Gemeindeareale), sondern von der Zahl der Variablenplätze, die aber auch zu wenigen Variablenfeldern gehören können.

Zu Herrn Kern und Dr. Nuhn:

Ich stimme Ihnen voll zu, daß es notwendig ist, in der Computer-Kartographie über den Printer hinaus und zu anspruchsvolleren chorologischen Informationssystemen mit Plotterkarten zu kommen. Die Frage, die sich dabei stellt ist natürlich, ob im einzelnen dem Geographen Zugang zu solchen Programmen und ausreichende Rechenzeiten zur Verfügung stehen. Von den angeführten Programmen erscheint mir das SYMAP-Programm am besten für geographische Arbeiten geeignet. Ausgetestete Programme für verschiedene Computer-Systeme, wie ich oben erwähnt habe, kann man beim Laboratory for Computer Graphics and Spatial Analysis der Graduate School of Design der Harvard University 520 Gund Hall, 48 Quincy Street, Cambridge, Massachusetts 02138 USA, kaufen. Das SYMAP-Programm war für den mir zur Verfügung stehenden TR4-Computer zu umfangreich, so daß ich nicht aus Ehrgeiz für ein neues Programm, sondern aus praktischen Gründen das „Hausmacherprogramm" der PRINTERMAP entwickelt habe.

ENTWURF UND REINZEICHNUNG THEMATISCHER KARTEN IM DIALOG MIT DEM COMPUTER

Mit 11 Abbildungen

Von Wolf-Dieter Rase (Bonn-Bad Godesberg)

1. GRUNDLAGEN DER SYSTEMENTWICKLUNG

Es ist ein grundlegendes Organisationsprinzip der Datenverarbeitung, daß vor der eigentlichen Programmierung und auch vor der Anschaffung von Geräten eine Systemanalyse durchgeführt wird. Die Systemanalyse besteht normalerweise darin, daß bestehende Organisationsstrukturen, Arbeitsabläufe und Arbeitsziele kritisch durchleuchtet, auf Rationalität untersucht und gegebenenfalls verändert und den projektierten Zielen besser angepaßt werden.

Das bedeutet für die thematische Kartographie, daß nicht einfach kartographische Methoden und Techniken, die seit Jahrhunderten für die manuelle Zeichenarbeit entwickelt worden sind, kritiklos in ein Computerprogramm umgewandelt werden. Ein kartographischer Roboter, der alles besser und schneller macht als der menschliche Kartograph und dabei weder über Ermüdungserscheinungen noch über zu geringes Gehalt klagt, kann nicht das Ziel einer Automatisierung sein. Man muß zuerst eine Etage tiefer gehen und die bisher angewandten Methoden und Techniken kritisch werten, um nicht den Zeichenmanierismus gewisser Seitenzweige der thematischen Kartographie nachzuvollziehen, allerdings mit sehr hoher Geschwindigkeit.

Als Grundlage für unsere Systementwicklung dienten uns vier Punkte:

1. Die thematische Karte ist ein Medium für die optimale Übermittlung eines räumlich orientierten Sachverhaltes.
2. Der Empfänger des Übermittlungsvorganges kann sowohl der Kartenentwerfer selbst, als auch andere Zielgruppen sein.
3. Die optimale Übermittlung ist abhängig
    a) von der Zielgruppe
    b) vom beabsichtigten Übermittlungszweck.
4. Da wir nicht wissen, wie der Übermittlungsvorgang, selbst bei genau definierten Zielgruppen und Übermittlungszwecken, optimiert werden kann, muß das Optimum durch Probieren gefunden werden.

Punkt 1 führt wohl kaum zu divergenten Meinungen.

Zu Punkt 2 wäre zu sagen, daß die Karte hier als Teil des Kreislaufs der wissenschaftlichen Erkenntnis verstanden wird (Abb. 1).

Die Karte kann dabei ein Bestandteil der Analyse als auch des Modells sein. Innerhalb des Kreislaufs ist der analysierende Wissenschaftler selbst die Zielgruppe, bei der Dokumentation des Modells, z. B. in Form einer Veröffentlichung, ändert sich die Zielgruppe. Aus forschungsbegleitenden Karten werden dokumentierende Karten.

Punkt 3, das Problem der Übermittlung ist, zumindest implizit, immer ein Bestandteil der thematischen Kartographie gewesen.

Aus den Bemerkungen zu Punkt 2 und aus Punkt 4 ergibt sich die Folgerung, daß eine große Anzahl von Karten angefertigt werden müssen. Das kostet Geld, und Geld ist meistens knapp. Deshalb ist man, insbesondere im planerischen Bereich, schon recht früh auf die Idee gekommen, das Rationalisierungsinstrument des Computers auch für kartographische Zwecke einzusetzen. Beispiele dafür haben wir im vorangegangenen Vortrag gesehen.

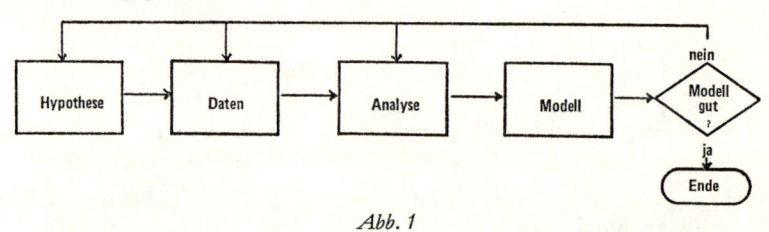

Abb. 1

Die Qualität einer Schnelldruckerkarte, so wirkungsvoll und ökonomisch sie in manchen Fällen auch ist, entspricht nicht den Ansprüchen, die in der Regel an gedruckte Karten gestellt werden. Computeratlanten in der Form des Atlas der Schweiz werden darum, Herr Kilchenmann wird mir zustimmen, nicht der vorherrschende Atlastyp der Zukunft sein.

Die rein manuelle Herstellung ist aber, selbst wenn man Versuche zur Optimierung des Visualisierungsprozesses ausschließt, sehr kostspielig und langsam. Es muß nun ein Weg gefunden werden, aus diesem Dilemma herauszukommen.

2. BEZIEHUNGEN MENSCH—MASCHINE

Bei der Herstellung einer thematischen Karte muß man zwei Funktionen sehr scharf trennen, die beim konventionellen Kartenzeichnen ineinander übergehen: erstens das eigentliche Kartendesign, wie Auswahl der Darstellungsmethode, Klassenbildung, Abbildungsfunktion für Proportionalsymbole, Plazierung von Situation, Legende und Zusatzinformationen; zweitens rein mechanische Arbeiten, wie Berechnung von Symbolgrößen, Flächenschraffierungen und andere Zeichenvorgänge. Gerade aber die Rechen- und Zeichenvorgänge machen die Kartenherstellung teuer, weil sie personalaufwendig sind.

Abb. 2 ist eine Gegenüberstellung der wesentlichen Eigenschaften von Mensch und Computer.

	MENSCH	**COMPUTER**
Funktionen	Verstehen	Wissen
Notwendige Elemente	Einsicht	Beobachtung
	Folgerung	Darstellung
	Zusammenfügen	Trennen
Unterschiede	nicht reproduzierbar	reproduzierbar
	individuell	systematisch
	intuitiv	logisch
	unvorhersehbar	vorhersehbar
	Theorien	**Algorithmen**

Abb. 2

Man kann aus dieser natürlich recht anthropomorphen und auch bis an die Grenze des Zumutbaren vereinfachenden Gegenüberstellung den Schluß ziehen, daß ein Computersystem für immer wiederkehrende, nur geringfügig variierende Arbeiten sehr gut geeignet ist, in der Kartographie eben die mechanischen Rechen- und Zeichenvorgänge. Sobald aber eine Komplexitätsstufe erreicht wird, die ein hohes Maß an Zusammenschau und intuitiver Beruteilung verlangt, ist der Mensch dem Computer immer überlegen.

Bei der Entwicklung eines computergesteuerten Systems für die Herstellung thematischer Karten müssen deshalb die beiden Teilsysteme, der Mensch auf der einen Seite, die EDV-Anlage auf der anderen Seite, in optimaler Weise integriert werden, um die Nachteile des einen durch die Vorteile des anderen auszugleichen. Die Kommunikation zwischen beiden Teilsystemen ist dabei ein sehr wichtiger Aspekt. Da die Herstellung einer Karte vom Entwurf bis zur Veröffentlichung im Wechsel von kreativen und reproduzierenden Phasen abläuft, soll die kommunikative Interaktion in Form eines Dialoges stattfinden; da die Karte ein graphisches Medium ist, handelt es sich um einen graphischen Dialog.

Auch Schnelldruckerkarten sind, je nachdem, wie man den Begriff auslegt, im Dialog mit dem Computer entstanden, denn nach dem ersten Versuch wird man in der Regel eine zweite Karte ausdrucken lassen, z. B. mit einer anderen Klasseneinteilung der Werte, mit veränderter Situation usw. Auf die zweite Karte folgt die dritte, auf die dritte die vierte. Die Visualisierung der räumlichen Information kann auf diese Weise immer weiter verbessert und auch wechselnden Zielgruppen angepaßt werden.

In der Informationstechnik wird der Begriff „graphischer Dialog" nur gebraucht, wenn wirklich ein Zwiegespräch vorliegt, d. h., wenn der Computer direkt auf Steuerbefehle und andere Eingriffe des menschlichen Bedieners reagiert und vom Bediener sofortige Entscheidungen über die Computer vorgegebenen Aktivitäten verlangt werden.

3. DATENAUFNAHME, HUMAN ENGINEERING UND EVOLUTIONÄRER EXPERIMENTALISMUS

Der erste Schritt für die Automatisierung der Kartographie ist die Datenaufnahme, d. h. die geometrischen Bezüge, wie Ortsmittelpunkte oder Kreisflächen, müssen in eine numerische Form gebracht werden, um von einem Computerprogramm verarbeitet werden zu können. Man benutzt dazu in der Hauptsache Koordinatenerfassungsgeräte, kurz Digitizer genannt. Auf einem Tisch wird die Grundkarte aufgespannt, ein Operateur bewegt einen Zeiger oder eine Fadenkreuzlupe auf dem Tisch, dessen Position bei Knopfdruck auf einem Datenträger festgehalten wird. Im Gegensatz zum Off-line-Betrieb, wo die vom Digitizer abgegebenen Positionsmeldungen direkt auf dem Datenmedium registriert werden, steuert bei unserem System ein Kleincomputer die Datenerfassung. Der Rechner schreibt dem Operateur z. B. vor, welchen Ort er als nächsten aufnehmen muß. Dadurch werden ein Teil der menschlichen Unzulänglichkeiten ausgeschlossen, etwa, wenn der Operateur vergessen sollte, einen Ort aufzunehmen, was in einer Gemeindekarte im Maßstab 1 : 300 000 bis 1 : 500 000 doch sehr leicht vorkommt. Für die Digitalisierung von Flächeneinheiten wird die Unterstützung des Operators durch ständige Plausibilitätskontrollen unbedingt notwendig, wenn man kosten- und zeitaufwendige Korrekturmaßnahmen nach der Datenaufnahme vermeiden will. Das Programm prüft z. B. sofort, ob eine Fläche wirklich geschlossen ist, korrigiert die Anschlußpunkte zu den Nachbarflächen und baut eine für die Verarbeitung geeignete Datenstruktur auf.

Bei offensichtlichen Operateurfehlern werden Warnungen ausgegeben. Bei der gesamten Systementwicklung sind wir von zwei wichtigen Prinzipien ausgegangen:
1. Das Prinzip des „Human Engineering".

Die Ausstattung mit Geräten und Programmen muß den anatomischen, physiologischen und psychologischen Voraussetzungen des Menschen so gut wie möglich angepaßt werden, um die Fehleranzahl so gering wie möglich zu halten. Deshalb werden Koordinaten unter Programmkontrolle aufgenommen, um durch die Schwächen der menschlichen Natur bedingte Fehler, deren Korrektur sehr viel Arbeit erfordert, von vornherein weitgehend auszuschalten.
2. Das Prinzip des „evolutionären Experimentalismus".

Hinter diesem gescheit klingenden Begriff verbirgt sich ein Vorgang des stetigen Überprüfens, ob das System den beabsichtigten Zielen gerecht werden kann, ob die Ziele noch die gleichen sind wie beim Beginn der Systementwicklung, und ob insbesondere das Prinzip des „human engineering" stets beachtet wurde.

Wir haben zum Beispiel die Erfahrung gemacht, daß es sehr störend und fehlerauslösend ist, wenn der Operateur beim Digitalisieren die Blickverbindung zur Karte verliert, um eine eventuelle Fehlermeldung zu überprüfen oder eine Taste zu drücken. Fehlermeldungen und Warnungen sollten deshalb besser auf akustischem Wege gegeben, Bedienungshandlungen „blind" vorgenommen werden. Entsprechende Zusatzgeräte müssen angeschafft und die Programme modifiziert werden.

4. KARTENHERSTELLUNG

Für den nach der Aufnahme der topographischen Datenbasis folgenden eigentlichen kartographischen Prozeß gelten die gleichen Prinzipien. Dieser Prozeß gliedert sich in drei große Funktionsgruppen:
a) Zusammenführung der topographischen Bezugsdaten mit den zu kartierenden Werten und ein erster Kartenentwurf mit Standard-Programm-Parametern.
b) Änderungen des Entwurfs im Dialog mit dem EDV-System.
c) Auszeichnung der Karte auf einem computergesteuerten Zeichengerät und Weiterverarbeitung zur Druckvorlage.

Punkt a) ist der gleiche Vorgang wie bei den besprochenen Schnelldrucker-Karten, für Punkt c) sind bei der computergesteuerten Herstellung topographischer Karten schon sehr viel Erfahrungen gewonnen worden, auf die wir zurückgreifen können.

Zwischen dem ersten Entwurf und der Reinzeichnung muß der Kartograph die Möglichkeit haben, „kosmetische Operationen" an der Karte vorzunehmen. Darunter fallen Korrektur von Abbildungsmaßstab und Abbildungsfunktion, Versetzen von Symbolen, Auslöschen von verdeckten Linien usw. Diese Operationen erfolgen im graphischen Dialog mit der Rechenanlage über ein Bildschirmgerät.

Der Kartograph gibt über eine Tastatur Befehle an den Rechner; die Befehle werden interpretiert und in entsprechende Aktivitäten umgesetzt. Ein Steuerknüppel ist mit einem elektronischen Fadenkreuz auf dem Bildschirm verbunden, dessen Position vom Programm bestimmt werden kann. Deshalb ist auch eine graphische Eingabe durch Anfahren von Koordinaten auf dem Schirm möglich.

Wie ein solcher Korrekturprozeß aussehen kann, sollten die Abb. 3 bis 10 demonstrieren. Sie sind das Ergebnis eines experimentellen Programmsystems in der BfLR, das laufend weiter ausgebaut wird.

Abb. 3   Abb. 4

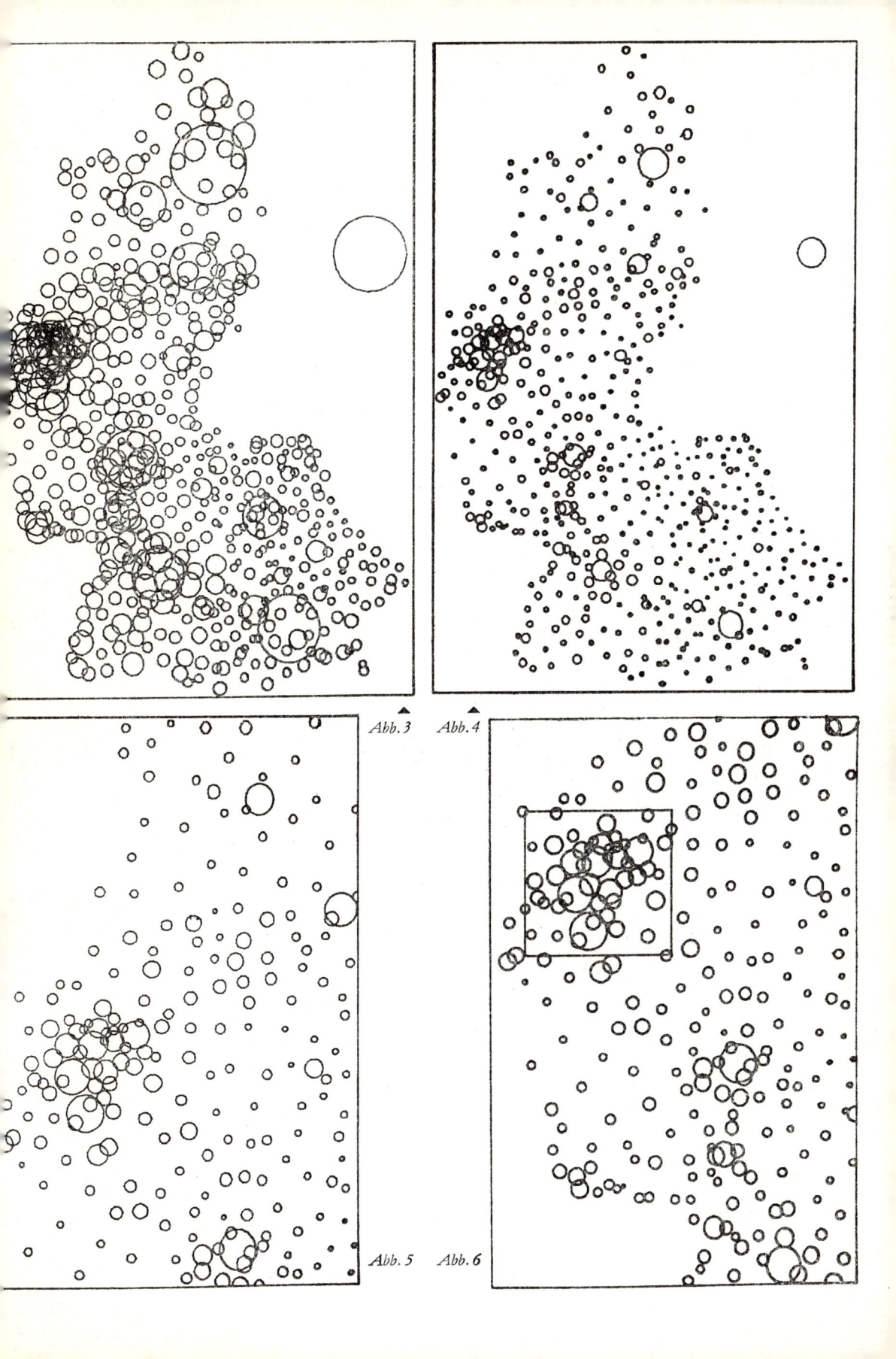

Abb. 5   Abb. 6

Abb. 7

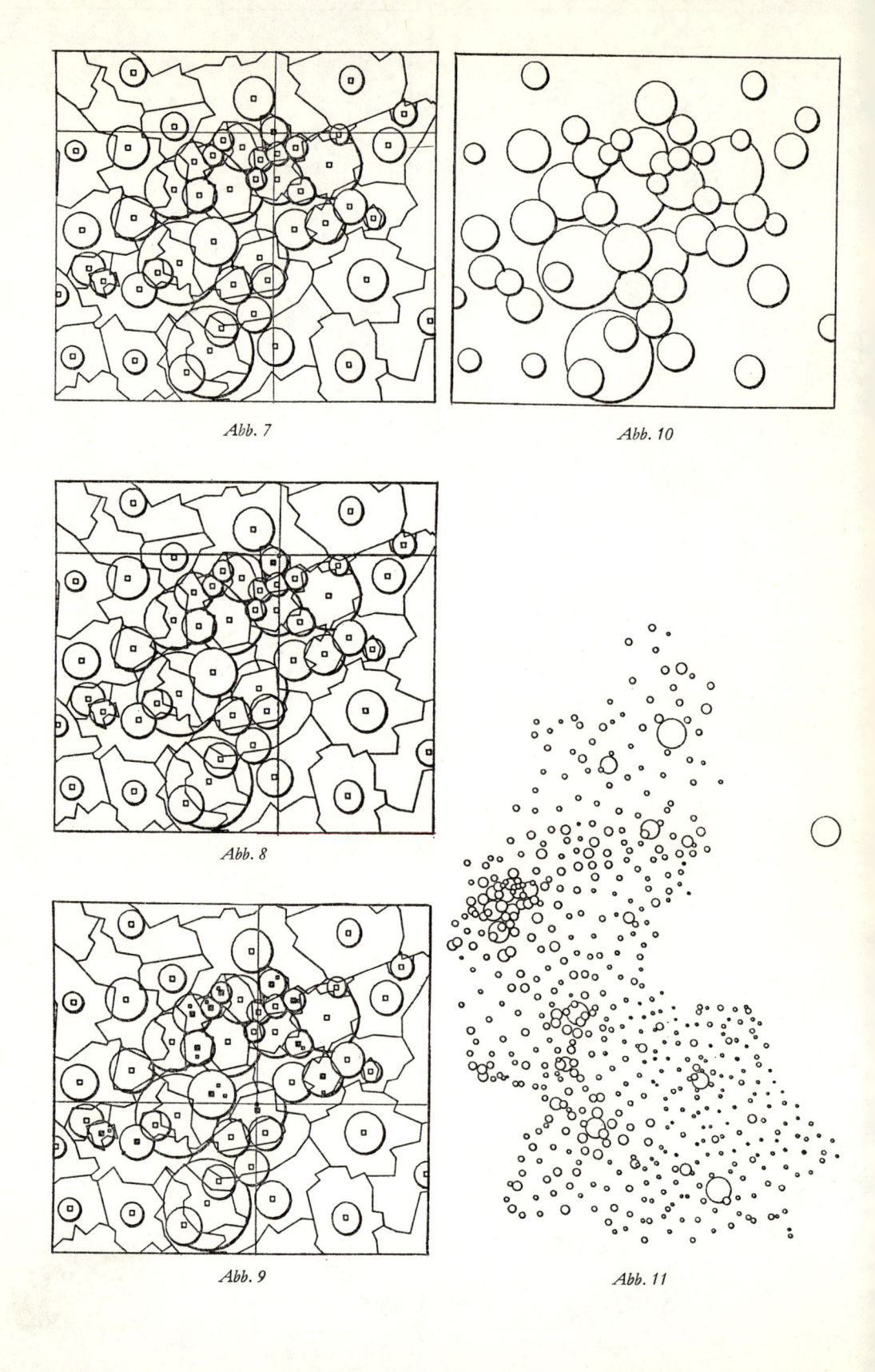

Abb. 10

Abb. 8

Abb. 9

Abb. 11

Der Kartograph läßt sich den ersten Entwurf einer Karte auf den Bildschirm bringen (Abb. 3). Es handelt sich dabei um Daten aus der Arbeitsstättenzählung 1970, und zwar die Anzahl der Beschäftigten insgesamt, bezogen auf Kreise. Die Abbildungsfunktion der Kreise ist offensichtlich schlecht gewählt; der nächste Versuch (Abb. 4) bringt ein akzeptables Ergebnis. Der Kartograph kann sich nun Problemgebiete im beliebigen Maßstab vergrößert darstellen lassen (Abb. 5 u. 6), in unserem Fall das Ruhrgebiet. Der Ort der Kreissymbole wird nach zusätzlicher Darstellung der Grenzen (Abb. 7) mit Hilfe eines beweglichen, mit dem Steuerknüppel verbundenen Fadenkreuzes angefahren und neu positioniert. Die kleineren Quadrate bezeichnen den neuen Bezugspunkt (Abb. 8 u. 9). Von Zeit zu Zeit kann sich der Bediener ein neues Bild ausgeben lassen (Abb. 10), um entweder weiter zu verbessern oder sich einem anderen Kartenausschnitt zuzuwenden. Bei Abb. 10 wurden die verdeckten Linien der sich überlappenden Kreise per Programm ausgelöscht und auch ein Schatten mit einer imaginären Lichtquelle gezeichnet, um den optischen Eindruck zu verbessern.

Ist die Karte zur Zufriedenheit des Bearbeiters korrigiert worden, können die Parameter entweder für eine spätere Bearbeitung weggespeichert oder gleich eine Reinzeichnung auf einem computergesteuerten Zeichentisch vorgenommen werden (Abb. 11).

Literatur

BOYLE, A. R.: Computer aided compilation, Hydrographic conference January 1970.

GANSER, K., RASE, W. u. SCHÄFER, H.: EDV-Konzept für die Bundesforschungsanstalt (BfLR). Rundbrief, Institut für Landeskunde 1972/2.

Graphic System Design and Application Group, Preliminary user's notes on interactive display system for manipulation of cartographic data. University of Saskatchewan, Electrical Engineering Dept. 1972.

PEUCKER, T. K.: Computer Cartography. Association of American Geographers, Commission on College Geography Ressource Paper No. 17, Washington, DC., 1972.

— Computer Cartography: a working bibliography. Dept. of Geography, Univ. of Toronto, Discussion Paper No. 12, 1972.